中 国 建 筑 教 育

Chinese Architectural Education

2018 中国高等学校建筑教育学术研讨会论文集

Proceedings of 2018 National Conference on Architectural Education

主 编

2018 中国高等学校建筑教育学术研讨会论文集编委会

华南理工大学建筑学院

Chief Editor

Editorial Board for Proceedings of 2018 National Conference on Architectural Education, China

School of Architecture, South China University of Technology

中国建筑工业出版社

图书在版编目（CIP）数据

2018中国高等学校建筑教育学术研讨会论文集/2018中国高等学校建筑教育学术研讨会论文集编委会，华南理工大学建筑学院主编. —北京：中国建筑工业出版社，2018.11

（中国建筑教育）

ISBN 978-7-112-22805-8

Ⅰ.①2… Ⅱ.①2… ②华… Ⅲ.①建筑学-教育-中国-学术会议-文集 Ⅳ.①TU-4

中国版本图书馆CIP数据核字（2018）第232365号

2018中国高等学校建筑教育年会暨院长系主任大会围绕“新时代、新征程——建筑教育的机遇与挑战”为主题，设定“教育理念与模式探索”“课程改革与教学创新”“行业发展与建筑教育”“城市设计与建筑教育”“乡村营建与建筑教育”“合作交流与联合教学”六个议题。经论文编委会评阅，遴选出各类论文124篇以供学术研讨。

责任编辑：陈 桦 王 惠 柏铭泽

责任校对：芦欣甜

中国建筑教育

2018中国高等学校建筑教育学术研讨会论文集

Proceedings of 2018 National Conference on Architectural Education

主 编

2018中国高等学校建筑教育学术研讨会论文集编委会

华南理工大学建筑学院

*

中国建筑工业出版社出版、发行（北京海淀三里河路9号）

各地新华书店、建筑书店经销

霸州市顺浩图文科技发展有限公司制版

北京建筑工业印刷厂印刷

*

开本：880×1230毫米 1/16 印张：40 字数：1350千字

2018年11月第一版 2018年11月第一次印刷

定价：**108.00**元

ISBN 978-7-112-22805-8

（32873）

编 委 会

前言

根据中国高等学校建筑教育年会筹备组的安排，一年一度的 2018 中国高等学校建筑教育年会暨院长系主任大会由华南理工大学建筑学院承办，于 11 月在广州召开。届时全国建筑教育界同仁将聚首花城，共同切磋、交流和探讨中国建筑学学科专业发展和建筑学教学改革的新发展、新成果和新经验。

自去年建筑学专指委院长系主任年会在深圳大学成功举办以来，全国高等学校建筑学学科专业指导委员会的工作发生了一些变化：按照正常工作节奏，2018 年应该是建筑学专指委的换届年，但在今年年初，教育部下文明确表示土建类各个学科专指委将要收编在教育部重新架构的整体学科布局框架中，并重新组建建筑和土木大类学科教指委。因此，原先以建筑学专指委包括各个教学专业委员会组织的各项教学研讨活动不再以专指委直接命名，后经与教育部商量，教育部同意在新的教指委成立之前，仍然可以专指委名义组织先期已经确定的各项教学研讨活动，因此除了年度的优秀作业评选以外，其他均按计划正常开展并取得预期的成果。

党的十九大成功召开，为中国下一阶段中国特色社会主义新时代发展指明了新目标和新方向。今年适逢十九大召开后的开局之年，也是中国改革开放 40 周年的重要历史节点，在此时代背景下，2018 中国高等学校建筑教育年会暨院长系主任大会确立了“新时代、新征程——建筑教育的机遇和挑战”的大会研讨主题，具有深远的意义。

年会筹备组对全国（包括港澳台地区）及新加坡等地发出研讨会论文征集通知，内容包括且不限于以下专题：

1）教育理念与模式探索

2）课程改革与教学创新

3）行业发展与建筑教育

4）城市设计与建筑教育

5）乡村营建与建筑教育

6）合作交流与联合教学

论文征集通知发出后，得到各建筑院校广大师生的积极响应。筹备组共收到论文 150 余篇，经评委会认真初审、讨论和复议，最终录用 124 篇。应征论文作者来自 50 余所院校，录用论文作者来自 40 多所院校。

录用论文展现了教育改革的众多创新方向和丰富实践经验，充分反映了新时期建筑教育的探索和求实精神。教学体系的比较、构思和批评，可谓百家争鸣；联合工作坊、设计竞赛、教学研究、建造等支撑传统课程的新型教学方法不断优化和探索；绿色节能、大数据等前沿技术在建筑学教学课程中的应用日益丰富，且呈现如火如荼之趋势；文化遗产保护与利用、城市活力、乡村振兴、健康产业等当代热点问题也有越来越多的积极响应；两岸及海内外教学理念继续交流碰撞，春华秋实，开花结果。总体而言，这些教育改革和实践的新成果，体现出本次年会定位“新时代、新征程”的特点。

按照惯例，年会筹备组将先行印刷《2018 中国高等学校建筑教育学术研讨会论文集》供与会者交流。在此，我代表上一届全国高等学校建筑学学科专业指导委员会，并以我个人的名义，诚挚感谢华南理工大学建筑学院孙一民院长领导的年会执行委员会在较短时间内高效率、高水准的筹备工作，以及为年会组织工作所付出的辛劳、智慧和努力！同时感谢筹备组各位院士、院长和教授对本次年会的积极支持，感谢中国建筑工业出版社对建筑学专业教育和教学工作一如既往的支持，感谢他们将此次论文结集出版！

王建国

2018 年 10 月

目　录

Contents

教育理念与模式探索

课程改革与教学创新

行业发展与建筑教育

城市设计与建筑教育

乡村营建与建筑教育

合作交流与联合教学

教育理念与模式探索

李振宇　梅卿　朱怡晨
同济大学建筑与城市规划学院；yichen. zhu@tongji. edu. cn
Li Zhenyu　Mei Qing　Zhu Yichen
College of Architeoture and UrabPlanning，Tongji University

基于共享建筑学的建筑专题设计教学*

Architectural Design of Special Topics Based on Sharing Architecture

摘　要：在信息时代的背景下，共享建筑学作为一个新兴议题已成为本次建筑专题设计课程的研究主题。文章着重从课题缘起、教学进程、课程启示三个方面概述了本次专题设计的历程。在共享建筑学的研究背景下，以设计结合共享的理念引导学生在前期自主策划任务书、中期深化推敲方案、后期创新表达图纸，形成完整的设计手法和逻辑。同时，结合老师和评图嘉宾评述与讨论，为共享建筑学议题带来新的思辨，同时也为未来的建筑专题设计课程的探索提供参考和借鉴。

关键词：建筑学；共享；建筑设计；建筑教学

Abstract：Under the background of information age，sharing architecture as a new topic has become the research theme of this architectural design course. This paper summarizes the course of the project design from three aspects：the origin of the project，the teaching process and the curriculum inspiration. Under the research background of sharing architecture，students are guided by the idea of combining design with sharing to form a complete design method and logic by planning tasks independently in the early stage，deepening the deliberation scheme in the middle stage and innovating the expression drawings in the later stage. At the same time，with the comments and discussions of the teachers and the evaluation guests，it brings new speculation for the sharing of architectural issues，and also provides reference for the exploration of future architectural design courses.

Keywords：Architecture；Sharing；Architectural Design；Architectural Teaching

1　缘起：共享建筑学的契机

在全球化和信息化的时代背景下，当代建筑学的发展存在五对矛盾：（1）算法与体验：大量设计工作可由计算机代劳；（2）共享与专属：形式追随功能已不是定律，二者界限消弭；（3）当代与传统：成定论的都是传统，而当代即意味着非传统；（4）社会与美学：社会责任与伦理责任的关系；（5）建构与生态：人工环境与自然环境的平衡。对“共享建筑学”的探讨，正是源起于“共享与专属”这对矛盾之中。随着信息化和全球化，城市和建筑的认知识别依然开始悄悄而迅速地发生改变，让建筑的共享在信息识别方面轻松易得；由此，“共享建筑学”得以成为可能。

如何在经济全球化、政治多极化、社会信息化和文化多元化的信息社会背景下，将共享理念运用于建筑创作之中，成为解决社会和城市问题的手段，是一个值得

*基金项目：国家自然科学基金，项目编号：51678412。

深思的课题。本次由李振宇带队的四年级自选题课程[1]，通过以共享建筑设计为主题，对共享的主客体、类型以及空间形式的表达等问题进行探究，为共享建筑学的发展与探索提供新的视角。

2 教学：设计结合共享

2.1 设计前期——立足选题，自主策划

专题建筑设计，是同济五年制建筑学专业的四年级第二学期的课程设计统称，是在学生完成系统的建筑设计训练之后，为培养学生能力的拓展和分化而提供的自选型设计教学板块。

在本次专题设计课程中，同学们围绕“共享建筑设计——同济书院”的主题展开为期 8 周的学习与探讨。同济书院既作为校内师生交往交流的平台，也是共享理念在教育建筑领域的探索和示范的重要载体。因此，本次设计要求在选定基地（图 1）的基础上自拟任务书，策划书院的基本功能与可选功能并探究多样的共享模式与对应的空间模式。

图 1　选定基地——毗邻衷和楼、同文楼、建筑与城市规划学院 C 楼、D 楼以及同济大学东一门

2.1.1 从“观察”到“体验”——共享建筑案例调研

在设计课程正式开始前，为使同学加深对共享建筑的理解，教学团队实地参观了位于上海黄浦江沿岸的船厂 1862 和复兴 SOHO 的 3Q 共享办公空间。

船厂 1862 原是船厂的造机车间，空间高敞。限研吾在设计中尽可能保留巨大空间的尺度感，同时对沿江立面设置多个挑出阳台，既是观景的空间，也成为活跃滨江景观的要素（图 2）。其商业、文化、居住、景观等多功能复合共享的功能业态设置，也为城市带来活力源泉（图 3）。

复兴 SOHO 的 3Q 共享办公空间则是将规整的功能空间划分为大、中、小不同尺度，办公桌位以灵活可变的组团形式置入其中，空间丰富、视线通透，达到形成

图 2　调研团队在船厂 1862 前合影

图 3　船厂周边业态共享讲解

共享空间的目的。其中的共享厨房，成为上班族在办公之余用餐与交流的主要场所，活力十足（图 4）。

图 4　复兴 SOHO 的中庭空间及共享厨房

2.1.2 从“1”到“10000”——共享主体的探索

共享建筑的使用主体是设计之初的重点研究对象。共享的关键，在于可以实现不同群体对于同一建筑的共同享有状态。基于同济校园内这一特定环境，以及同济书院使用主体类型和数量的不同，教学团队确立了一个从“1”到“10000”的基本故事线：1 栋建筑；10 位常住建筑内的学生代表或老师代表；100 位经营与管理建筑内活动的骨干；1000 位长期参与活动的核心会员；以及每个季度 10000 人次参与活动的非会员（图 5）。

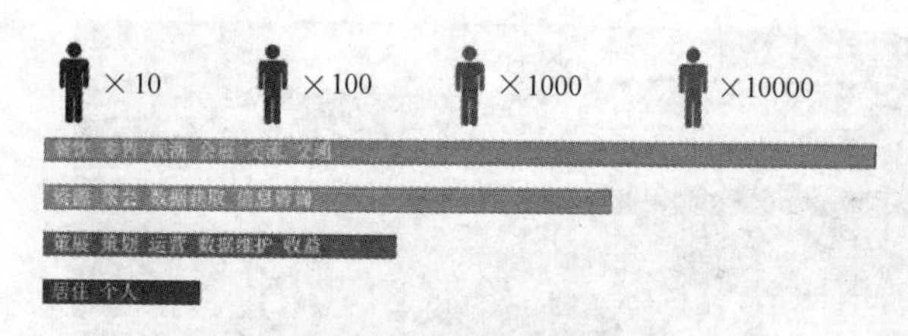

图 5　从“1”到“1000”的故事线

虽然不同的群体数量相差很大，但在共享建筑中，他们扮演的角色是相同的，每个人既是共享的发起者，也是共享的参与者；他们同时共享着建筑，也被建筑所共享。

2.1.3　从“空间”到“事件”——共享模式的触发

学生自主策划设计任务书是本次设计最为重要的一环。在一般常规设计课程中，传统任务书规定了建筑所需要的功能以及该功能所需要的建筑面积，而这样的规定本身，就一定程度上降低了不同功能之间共享的可能性。因此，本次设计的任务书中，只限定需要的空间类型以及可能发生的事件，使得学生能灵活组织空间与事件的关系达到触发共享模式的目的。此外，对于不同空间类型，既有所有学生共同约定的部分，也有可以自由选择的部分（表 1）。由此，空间的价值也不再由单一的事件体现。事件共享了空间，而空间也共享了事件。

自主策划任务书　　　　表 1

空间类型	可能发生的事件及对应要求
个人休息空间	需满足 10 人独立休息要求，考虑 10 人共用的共享设施
公共休息空间	分时休憩，提供小型睡眠舱、睡袋等
运动空间	含健身设施，可运动与交流，24h 开放
餐饮空间	考虑开放厨房，并满足 25 人同时就餐
阅览空间	至少满足 50 人同时使用
研讨空间	形式可变，满足不少于 20 人的研讨需求
展览空间	室内与室外相结合，形式不定
实验空间	实验舱可以清零更改，流线与参观分开
集会空间	可供小型集会、活动、演讲、表演等，一面可开敞，与其他公共空间可融合
信息盒	一个对外的室外展示面
停车空间	至少 20 个车位
底层路径	底层需保留从既有道路穿越场地到达国康路校门的路径，形式自定
快闪店	以集装箱为单位；商业可以以临时嵌入形式短期运营
跳蚤市场	可发送售卖旧货，杂货互换等活动
游戏空间	引入最新科技成果，如人机交互、虚拟现实等新颖娱乐方式
快件集散	满足场地周边收发快递的需求
Night Club	夜间娱乐活动，形式不定

基本要求　　可选功能

2.2　过程推演——概念演进，设计推敲

在确定了共享主体以及策划任务书之后，课程中的六位学生便根据自己对共享的理解，开始了统一主题下的不同思路的推演：即从初步构思-概念成型-细节推敲直至最终设计完成，整个过程主要可分为三个阶段，历时六周（表 2）。每个阶段六位学生都在明确共享模式、满足策划案的时候，反复重新审视和明晰设计中的关键词，逐步将其凝练，最后达到设计与构思统一的目的。同时，在形成清晰的设计主题、完成新型任务书要求的前提下，同学们也逐步开展对共享模式的推敲与探索。

2.3　成果表达——概念演进，设计生成

因为选题的特殊性，在设计方案基本完成后最终成果的表达上，如何以创新的方式凸显本次设计在空间、时间、事件、使用者等方面的特质，有侧重的表达共享建筑的特点是需要重点考虑问题之一。

对于时间维度的共享，王子宜清晰表达了建筑内部中庭和外部台阶两个空间，在不同时间下使用情况的差异；陈锟也用对比的方式展现了三个共享“盒子”在昼和夜不同时间下使用者行为与活动的不同（图 6）。

图 6　王子宜（左）和同学（右）图纸局部

在空间维度上，杨学舟利用结构塑造共享空间，可以看出钢结构体系的加入使得共享空间更为可变和灵活，最终实现了其共享路径垂直化的构思（图 7）；而金大正的展“管”设计则将管道对于共享空间的分隔与串联作用表现得很到位（图 8）。

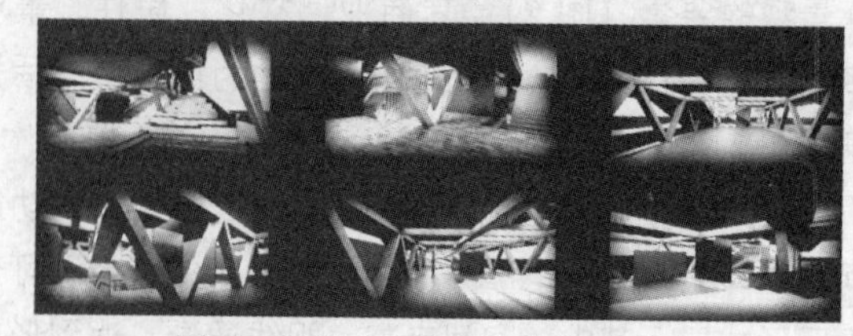

图 7　杨学舟图纸-结构塑造共享

在事件和使用者的维度上，李梦瑶和沈婷均采用轴侧图表达核心空间，并在其中刻画人的活动行为，以此来强调共享模式的运行方式（图9）。李梦瑶（图9左）根据点、线、面三种空间层级的不同，分别容纳由少至多的空间使用者。空间内可发生的事件也从小型的休

初步构思-概念成型-细节推敲方案演化表（图片来自学生设计及相关案例研究） 表2

学生	共享模式	第一阶段 初步构思(2周)		第二阶段 概念成型(2周)		第三阶段 细节推敲(2周)
杨学舟	共享路径	关键词	消失的边界—"1－1＝2"	关键词	共享路径的垂直化	
		1　－　1　＝　2				
		新型共享空间：即消除明确边界、构建复合功能的可能性		实现较小占地里的最大化共享，将共享路径在空间高度层面拉伸		完成设计：Path of Sharing
陈琨	共享盒子	关键词	由共享行为出发	关键词	三个盒子	
		通过开放的、戏剧性的交通空间作为共享行为的发生器		通过盒子隔墙上下错动，楼板串通，实现人群的半分隔半共享的状态		完成设计："合和盒"
王子宜	共享之坡	关键词	弱限定	关键词	共享与专属	
		共享桌子＋布雷根兹美术馆的启示使用弱限定创造灵活功能空间		通过斜坡，形成以专属小空间环绕共享大空间的互动关系		完成设计："共享之坡"
金大正	共享管道	关键词	共享记忆的可能性	关键词	空间管道＋水平分隔	
		记忆＋书院＋共享 坡道代替楼梯成为空间的一部分		管是共享的客体，通过管壁开放度的控制实现与外界间的模糊界限		完成设计：展"管"
李梦瑶	共享点线面	关键词	群体的共享	关键词	点线面的共享叠加	
		同一空间下不同的群体的不同行为，往往可以给建筑带来更多的活力		点(集装箱)＋线(廊道)＋面(大空间)形成点、线、面交织共享性		完成设计：点·线·面

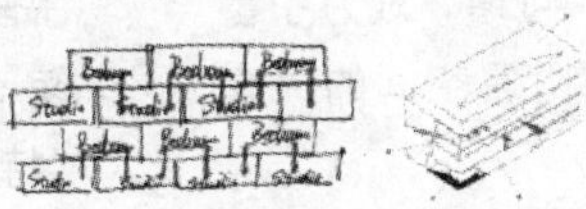

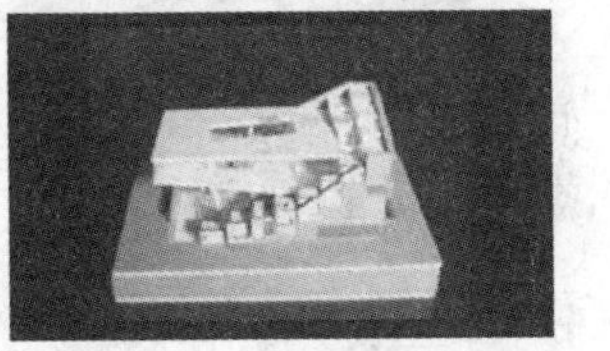

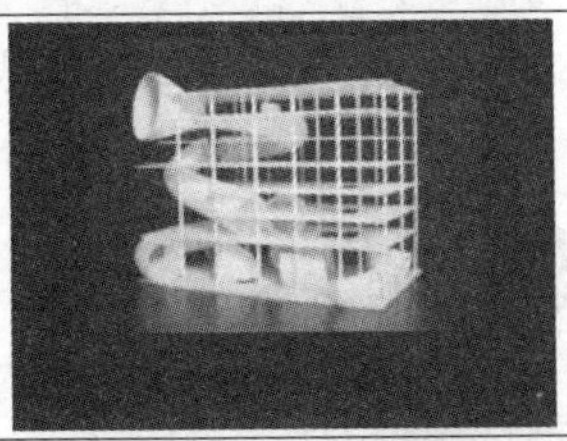

续表

学生	共享模式	第一阶段 初步构思(2周)		第二阶段 概念成型(2周)		第三阶段 细节推敲(2周)
沈婷	共享阶梯	关键词	独享与共享	关键词	共享阶梯的串联作用	
		独享+共享——独立+联合——共享空间的打造		不同尺度的共享阶梯可以串联不同功能、不同私密性的空间来实现共享性		完成设计:阶·享

息、研讨活动演变到大型的集会、观演活动，由此形成公共性由弱至强的共享空间；而沈婷（图9右）则利用由底层至顶层的阶梯引导人流，视觉上连贯、通透。最终，多功能的阶梯可停、可观、可游、可憩，成为了事件发生的核心空间，也成为周边相邻附属空间的共享内核。

图8　金大正图纸-展“管”

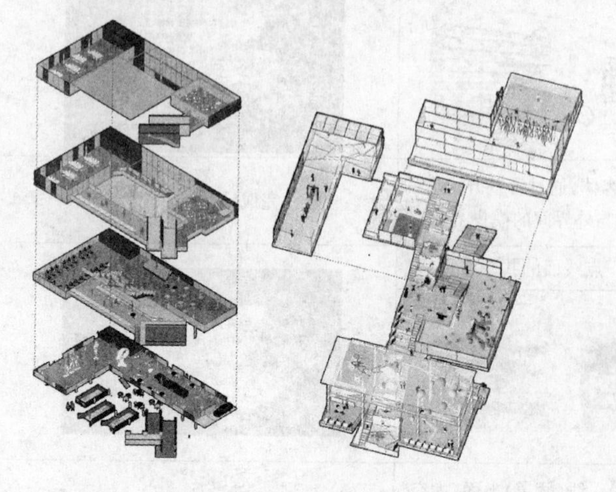

图9　李梦瑶（左）和沈婷（右）图纸局部

3　启示：共享新思辨

作为同济大学本科四年级课程“共享建筑——同济书院”课题设计的收尾，六位同学在建筑与城市规划学院c楼219迎来终期评图。两位评图嘉宾分别是来自“特赞”的创始人兼CEO范凌、以及“好处 Meet Best”的创始人兼CEO何勇（图10）。

图10　共享建筑设计课程教学团队及评图嘉宾合影

针对此次课程设计的主题——共享建筑学，以及同学们的设计成果，两位嘉宾发表了详实且独到的见解，为此次课程设计的主题带来新的思辨。

3.1　共享与经济：从形式制造者到项目策划者

过去我们认为，建筑要通过房地产才能贡献经济。但共享建筑学，意味着建筑师有机会直接贡献到经济中，因此空间的制造应该对应一个完整项目的运行与诞生。在同学的方案中，更多的是体现在功能，而缺少了如何去管理这个空间，如何让人去使用空间的这个维度，因此在这一点的思考，可以在未来走的更加深入些。

3.2　共享与互联网：信息时代建筑的“碎片化”

互联网带来的最大作用可能在于权力的碎片化、资源的碎片化、空间的碎片化等。因此，在信息时代到来的前提下，建筑面临的碎片化是什么？如何通过共享建筑学的契机，将新的基础设施连结起来形成网络，进而引起城市空间的变革，可能是信息时代建筑创作的新挑战。

3.3　共享与未来：一种推演与前进的源动力

建筑学通常通过历史推演未来的，但是共享给了建筑学问题一线走向未来的生机，即可以用共享来畅想未来建筑。例如场景化的空间、可变的空间、有限公共性的空间等与之相关的新议题，乃至利用“实验建筑”的模式把共享的概念由模糊推至清晰，在其中不断观察与试错。

4　结语

在2015年和2016年本科生三年级下的自选题设计中，李振宇团队分别选择了两个题目：“绿色总领馆”是与某国驻上海总领馆合作的题目；“相亲博物馆”则是受屈米“Concept、Context、Content”报告的启示，从人民公园“相亲角”需求演变而来。这两个题目都有较好的效果与特色。而今年“共享建筑——同济书院”的题目则是针对本科四年级下学期的同学，以更高的要求、全新的视角——共享理念开展建筑设计（表3）。

2015-2018 建筑专题设计横向对比一览表　表3

年份	2015	2016	2018
设计题目	绿色总领馆	相亲博物馆	同济书院
年级	本科生三年级下学期	本科生三年级下学期	本科生四年级下学期
时长	8周	8周	8周
任务书设计	自拟功能	一男一女一组，自拟功能	自拟（基本要求+可选功能）
设计要点	开放、绿色、生态	Concept Context Content	多元、复合、共享
历年优秀作业			

在整个设计过程中，学生从现场调研、策划任务书、推演方案、图纸表达方面都完成较好。同时，在教学过程中，学生与学生、学生与老师、学生与评委之间都对选题的前沿性进行了充分的沟通与讨论，完成了教学中从“前喻时代”到“互喻时代”的转变，老师和学生都收获颇丰，对共享建筑学从理念到设计都是一次新的尝试和推动。未来类似的专题设计课程会有更新的期待和更大的挑战，这些新的期待和挑战将引导我们，不断在教学上进行长期的探索和实践。

附录

①课程基本信息：

课程名称：共享建筑设计——同济书院

课程时长：8周

指导教师：李振宇

助教：朱怡晨、梅卿

学生：杨学舟、陈锟、王子宜、金大正、李梦瑶、沈婷

评图嘉宾：范凌、何勇

参考文献

[1]　吴志强，前言：同济精神之未来教学演绎[M]//同济大学建筑与城市规划学院编．开阔与建构，同济大学建筑与城市规划学院教学文集1．北京：中国建筑工业出版社，2007.

[2]　李振宇，朱怡晨．迈向共享建筑学[J]．建筑学报，2017（12）：60-65.

[3]　李振宇．从现代性到当代性：同济建筑学教育发展的四条线索和一点思考[J]．时代建筑，2017（3）：75-79.

[4]　袁小宜，叶青，刘宗源，沈粤湘，张炜．实践平民化的绿色建筑——深圳建科大楼设计[J]．建筑学报，2010（01）：14-19.

[5]　同济大学建筑与城市规划学院教学文集，传承与探索，Exploration & development. 2，series Ⅱ：Papers on architectural and planning education by the Tongji School[M]．中国建筑工业出版社，2007.

薛名辉　孙澄　邵郁
哈尔滨工业大学；yi _ zhu@vip. 126. com
Xue Minghui　Sun Cheng　Shao Yu
Harbin Institue of Technology

“双主体”模式下的建筑学专业实践教学体系构建*

Construction of Architecture Professional Practice Teaching System under the “Double Subject” Mode

摘　要：面对着日益复杂的城市与建筑发展问题，建筑学专业的内涵与外延都发生着深刻的变化，促使着建筑学专业人才培养模式的变革。其中，将“单核心”的培养主体拓展为“高等学校+社会机构”互动协同的“双主体”结构，并基于此构建新型实践教学体系，是哈工大建筑学专业教学改革的主要举措之一；具体体现为搭建联合育人平台，打造双师型教学团队，形成全链条的实践课程体系，以及重点建设特色实践教学环节等。

关键词：双主体；建筑学专业；实践教学体系

Abstract：Faced with the increasingly complex urban and architectural development issues，the connotation and extension of the architecture professional has undergone profound changes，prompting the transformation of the architectural professional training model. Among them，the expansion of the “single core” training body into the “double subject” structure of “colleges and institutions” and the construction of a new practice teaching system is one of the main measures for the teaching reform of Harbin Institute of Technology. The concrete embodiment is to build a joint education platform，create a double-teacher teaching team，form a practical curriculum system of the whole chain，and focus on building characteristic practice teaching links.

Keywords：Double subject；Architecture professional；Practice teaching system

1　建筑学专业“双主体”人才协同培养模式

建筑学专业是一门注重创新与工程实践的传统工科专业。面对日益复杂的城市与建筑发展问题，其内涵与外延发生着深刻的变化：一方面，人居环境的可持续发展对建筑设计行业提出新的要求，以绿色技术、BIM 技术和建筑工业化等新兴热点的科技创新为中心的建筑产业现代化成为行业发展的动力；另一方面，以“互联网+”为主要增长点的新经济模式日益影响着社会生活的每一处角落，建筑学专业如何适应这一发展也是需要深入思考的问题。

我国传统的建筑学专业教育以《堪培拉协议》为顶层指导，形成了对应执业建筑师所需要的知识、能力和职业情感培养的建筑学专业教育评估标准。然而，在当今社会和生活变化的新形势下，这种单一指向的培养模式已较难应对产业发展所提出的新需求。同时，作为以高速发展、互联网时代海量信息为主要特征的高等教育，开放与多元已成为当代学生的典型特质，“以学生为中心”已成为高等教育发展的首要趋势；在这一趋势

* 教育部新工科研究与实践项目《建筑学专业“双主体”拔尖创新人工协同培养模式》。

下，如何培养出契合国家、社会发展需要，符合建筑行业产业未来发展的建筑学专业人才至关重要。因此，传统的建筑学专业人才培养模式面临新的变革，而拓展专业人才培养主体，整合资源，形成高校与社会实践结合更为密切的优势互补的教育体系，是人才培养的必然趋势。

2017 年，哈尔滨工业大学建筑学专业借助国家推广新工科研究的契机，对专业培养体系进行新一轮改革，其中关键的一点，就是将高等学校“单核心”的培养主体拓展为一种新型的“高等学校+社会机构”的互动协同的“双主体”结构；构建高校与社会机构（科研院所、设计机构、房地产企业等）全周期融合的实践教学平台，并依托这一平台重构建筑学专业实践教学体系。

2018 年初，哈工大建筑学院以《建筑学专业“双主体”拔尖创新人才协同培养模式》为名的研究课题获批教育部新工科研究与实践项目。

2 “双主体”培养模式下的实践教学体系建构

“双主体”的人才协同培养模式，其主要理念在于整合教育资源，增强“设计实践”、“人才培养”、“科学研究”三方的融合互动，发挥与建筑产业紧密联系的优势，以全周期实践能力和创新能力塑造为目标，深化建筑学科人才培养改革，升级建筑学科专业，培养建筑科技创新和设计创新人才，以推动国家和地区建筑设计行业发展，服务产业转型升级。

在这样的理念指引之下，哈工大建筑学专业针对实践教学体系进行了一系列改革举措：

(1) 完善实践教育基地建设，搭建“双主体”协同互动的“联合育人平台”：主要指在前期的 16 家以国企设计机构为主的工程实践教育基地之外，又拓展了 9 家民营设计机构作为第二批合作单位；同时，根据每家企业的特点，就“联合育人平台”的责任、权利、义务、运行方式签署《联合育人框架协议》。后续还将联合企业共同建立工程实践教育平台教育指导委员会和工作委员会等。

(2) 整合内外资源，打造由企业联合指导教师和院内具备工程背景的专业教师共同组成的、高水平“教师+工程师”双师型教学团队。2018 年 5 月，建筑学院成功举办了首届“北国芳华”学术周及评图节系列活动；活动中，4 家不同类型的设计机构（国企建筑设计机构、知名事务所、民企建筑设计机构、规划设计院）都派出主力设计师深入参与评图、座谈、学术讲座等活动（图 1）。后续，这一以评图为核心的校企合作模式将常态化进行，并力争在其他教学环节进一步拓展。

图 1　评图节后的座谈及反馈环节

(3) 在本科至硕士的教育阶段中，通过渐进式的实践环节形成全链条的实践课程体系：改革原有的建筑师业务实践环节，按年级将其拆分为不同训练目标的几个阶段，学生按年级、分批次赴工程实践教育基地进行实践教学。同时，由专门的责任教师对应不同的实践阶段，并与工程实践教育基地的人事部门专项对接。

如图 2 所示，整个实践环节分为两个板块：校内实习板块，包括传统的绘画实习、表现实习、计算机实习、工地实习、测绘实习等，属于常规课程教学体系。校外实习板块，更多体现“双主体”育人特色，包括一年级的建筑认知实习，二年级的设计过程认知实习、三年级的方案创作实习，四年级以及硕士阶段的综合设计实践等。两个板块同时对应于建筑学专业的核心设计课程线，并相辅相成，为学生打造了全链条的实践教学环节体系。

3 特色实践教学环节

3.1 一年级的建筑认知实习

建筑认知实习是整个实践链条的第一环，针对一年级末的建筑学专业学生。经过一年的专业学习之后，这部分学生已树立起初步的设计思维，并对专业产生了相当的兴趣；但由于专业教育一直在校内，学生对未来的职业出口——设计机构并没有直观的了解，对于优秀建筑作品的认知也缺乏一定的经验。

针对这样的情况，建筑认知实习将课程定位为“建筑师带领下的一场城市建筑之旅”，利用暑假期间，学生赴指定城市，对该城市的专业设计机构进行参访，并在专业建筑师的带领之下，对设计机构的建筑作品进行初步认知；其主要目的在于使学生对专业进行更为全面的认知，树立专业信心，培养对专业的浓厚兴趣。

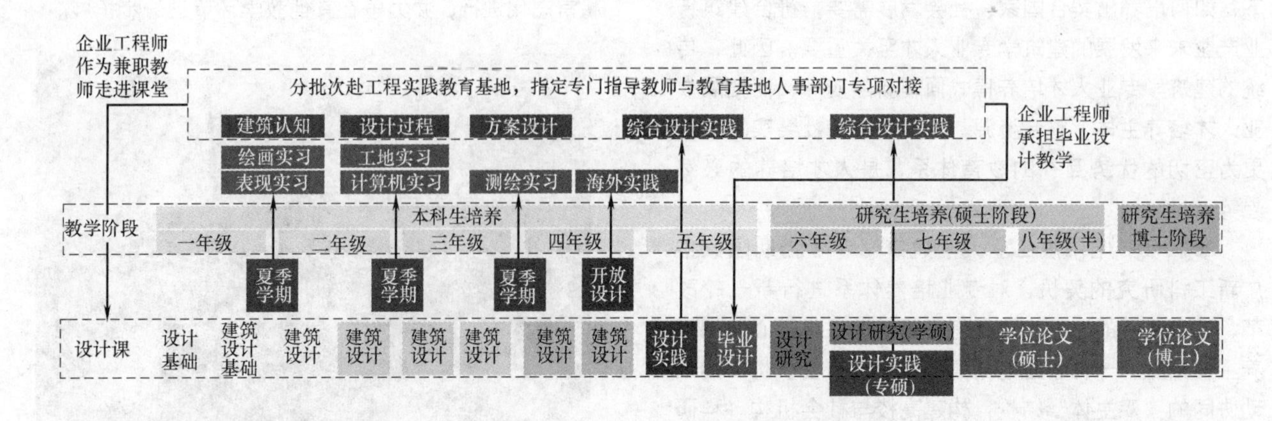

图 2　哈工大建筑学专业渐进式实践课程体系

2018 年暑假，针对 2017 级本科生，建筑认知实践课程设置了 5 条路线，共 8 家设计机构参与其中（表 1）。

建筑认知实习指定城市与企业列表　　表 1

指定城市	指定设计机构	企业类型
北京	中国中元国际工程有限公司	大型国企
	MAT Office	小型事务所
上海	华建集团华东都市建筑设计研究院	大型国企
	上海风语筑展示股份有限公司	民营企业
杭州	GOA 大象设计	民营企业
深圳	深圳寿恒建筑设计事务所有限公司	小型事务所
	深圳华阳国际设计集团	民营企业
成都	中国建筑西南设计研究院有限公司	大型国企

课程分为两个时间段，其中指定时间段为 7 月 30 日—8 月 5 日，学生应在此时间内，至指定城市的指定设计机构进行 2～3 天的参访及交流活动；这部分实习计划由企业导师与课程责任教师共同制定。在这一时间段内，其余时间学生仍需分小组在指定城市进行不少于 2 天的城市建筑自由认知活动，该部分计划由小组拟定，课程责任教师负责审核及调整。

在计划拟定时，设计机构具备充分的自由度，可根据自身的特点酌情制定实践计划。如位于北京的大型国企中元国际工程有限公司，就为本次实习安排了两个特色环节：在实习的一开始由院总建筑师进行讲座《建筑师的实践》，之后留出一天的时间，对设计院的作品——正处于施工后期阶段的商业综合体凯德 MALL 进行实地参观（图 3）。位于上海的华建集团华东都市设计研究院，则亲切地安排了学生与两位不同年龄（年近 80 岁的一位前辈女建筑师和年龄 40 岁的一位青年建筑师）的哈工大校友以建筑职业发展为主题进行座谈（图 4）。而位于杭州的 GOA 大象设计，则对近年来涉猎较多的小镇项目进行了梳理，为学生安排了一次为期 3 天的以木守西溪酒店、GOA 总部大楼、云安小镇为主的江南小镇之旅（图 5）。

除了以上这些特色环节之外，设计机构还利用这次实习的机会，组织丰富的团建活动，如杭州大象 GOA 在实习中特意安排了与建筑师一起包饺子的活动；位于成都的中建西南院，则利用这次实习的契机，组织了哈尔滨工业大学——浙江大学——上海交通大学三校师生与本院建筑师一起进行联谊活动。

图 3　参观中元国际工程有限公司作品凯德 MALL

在课程考核方面，希望学生能够将本次实习的收获真实记录并展示出来，作为课程考核的依据，其中规定要完成的部分为不少于 3 天的城市建筑参观日记，以及不少于 1000 字的实习心得。除此之外，学生可以根据他整个实习阶段的感受，自由的完成属于他的“城市游记”（图 6～图 8）。作业完成方式虽各有千秋，但其中饱含着学生在本次实习中的所感所想，相信对于这些刚

图 4　在华建集团华东都市设计研究院
与青年建筑师刘智伟交流

图 5　参观 GOA 大象设计作品木守西溪

刚迈入建筑学专业门槛的同学来说是极为珍贵的。

3.2　五年级的综合设计实践

综合设计实践是另一特色的实践过程，主要面向五年级的建筑学专业学生。经过前面四年的专业学习之后，这部分学生已经初步具备了走向工作岗位的能力；这时，为其提供难度适宜的真实的综合性设计实践机会，对其专业学习的提高大有裨益。

哈工大建筑学专业的五年级综合设计实践中，一直采用“进阶式”模式：即将整个实习期分为三段：第一阶段 1 周，为设计实践开题及培训；第二阶段 8 周，至指定工程实践教育基地实习；而实践基地也要派出专门的经验丰富的一线建筑师作为学生的指导教师，与课程责任教师一起商定学生的实习计划，这样的做法可以有效的保证实习质量；第三阶段 6 周，是自由实习阶段，给学生一定的自由度，学生可根据个人意向自由选择实践单位，但实习成果要由学院统一进行考核（表 2）。

图 6　建筑认知实习作业之北京游记

这样的“进阶式”模式，在有效保证实习质量的同时，也兼顾了多元性，这一直是哈工大建筑学专业实践的主要特色之一。近年来，又在此基础上进行了持续改进，如进一步拓展学院工程实践教育基地的构成；与企业商议，在传统的工程实践之外，增设以设计机构为主体的人才培养环节，如设计师讲堂、企业团建会、专题工作坊等；另外，加强学院对于实习过程的把控，要求企业人事部门按周期反馈学生的实习表现信息等（表 3）。希望通过以上的举措，能够进一步增加校企“双主体”之间的互动，增强“设计实践”与“人才培养”的互为融合。

图 7　上海建筑认知实习作业之局部——得见前辈

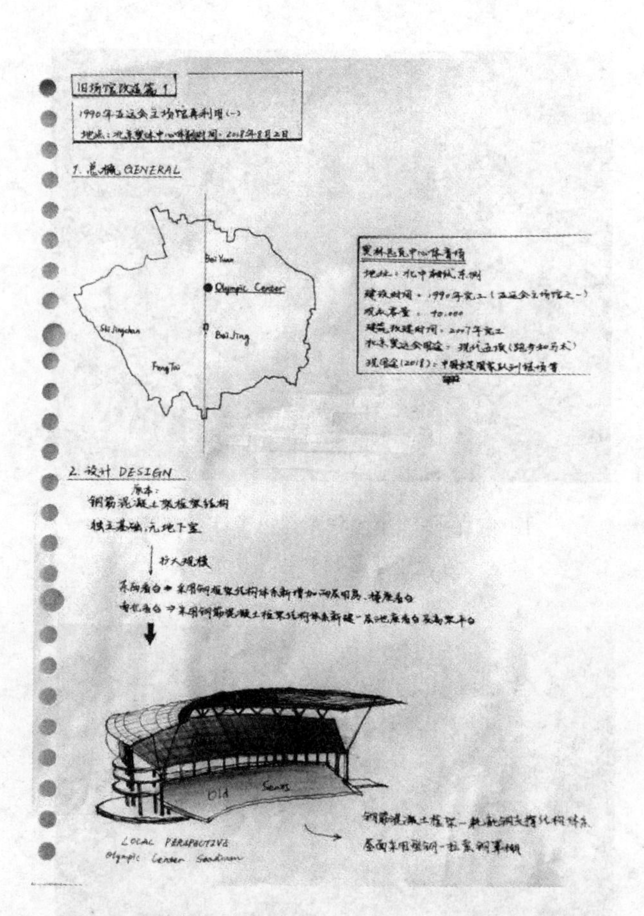

图 8　建筑认知实习作业——学生自绘建筑认知笔记

哈工大建筑学院进阶式综合设计实践计划　　　　表 2

阶段	任务	时间	具体内容
第一阶段	结合毕业设计选题的建筑师业务实践培训	第四学年夏季学期学时 1周	责任教师与毕业设计指导教师协作完成业务实践培训教学
第二阶段	指定工程实践教育基地实习	第五学年秋季学期 1-8 周	双导师制，一位是学院毕业设计指导教师，另一位是实习基地经验丰富的建筑师作为指定导师。双导师共同指导毕业生实习、考核出勤率，并按照教学大纲组织各环节实践教学。
第三阶段	自选设计机构设计实践	第五学年秋季学期 8-14 周	根据个人情况自行选定符合要求的实习地点和实习单位

4　结语

建筑学，从本质上说，是一门强实践性的学科，实践教学对于建筑学专业人才培养意义重大。当前，在“新工科”的大趋势下，在建筑业发展面临着新的转型升级的背景下，探索适合建筑设计行业未来走向的人才培养模式，构建一整套彰显“双主体”特色，并促进“双主体”协同的建筑学专业实践教学体系，具有积极的现实意义。

设计机构学生实习情况反馈表　　　　表 3

学生	责任设计师	评价	参与项目	工作情况
A	胡工	工作态度认真，积极主动，能按时完成任务，但对图面色彩和整体协调还存有提升空间	临港浦江公租房社区	住宅模型、环境模型与概念设计
B	谢工	学习很认真，理解能力强，设计思路清晰	理想康城国际南区	场地与户型设计
C	赵工	态度认真，工作主动，有较好的美学基础	浦江小镇中心	建筑形体、立面设计与场地设计
D	汪工	踏实可靠，有较强的责任心和学习欲	西溪医院	深化医院平面与内部空间
		……		

参考文献

[1] 梅洪元，孙澄．哈尔滨工业大学面向国际化的建筑学专业卓越人才培养模式探索［J］．城市建筑，2015（6）：60-64.

[2] 孙澄，董慰．转型中的建筑学学科认知与教育实践探索［J］．新建筑，2017（3）：39-43.

向科　胡炜　何悦
华南理工大学建筑学院；490907008@qq. com
Xiang Ke　Hu Wei　He Yue
School of Architecture，South China University of Technology

创新教育理念与建筑学研究生创新教育实践

Innovative Education Concept and Innovative Education Practice for Postgraduates in Architecture

摘　要：面对当今开放的国际竞争环境和建筑学科发展的要求，培养创新型建筑人才是其中的关键，也是难点。本文以中国建筑学研究生创新教育为研究对象，通过分析国内建筑学研究生教育现状和对比西方建筑院校创新成果，着重强调需切实将创新教育理念落实到国内的建筑学研究生教育中，在转变教学观念、夯实教学基础、探索新型教学模式、扩大国际交流、强化科研和社会服务导向等几个方面，提出了一些建筑学研究生创新教育实践的策略及方法。

关键词：创新教育；建筑学研究生教育；创新型人才

Abstract：When faced with environment of openly international competition and requirement of architectonic development，it is crucial but tough to foster innovative talents. This thesis takes the postgraduates innovation education of Chinese architecture as research object，aims to analyze the current situation of domestic architecture postgraduates education and compared with innovation achievement of western architecture colleges，which emphasizes the need to implement the innovation education concept into domestic postgraduates education of architecture. In transforming teaching concept，tamping teaching foundation，exploring new education pattern，expanding intercultural communication，intensifying scientific research and social service orientation fields，raise strategies and methods in architecture postgraduates in the practice innovation education.

Keywords：Innovation education；Architectural postgraduate education；Innovative talent

1　建筑学研究生创新教育的背景

1.1　创新教育的重要性

在日益激烈的国际竞争中，科技是第一生产力，人才是第一资源，创新是引领发展的第一动力。科技创新需要人才为基础。中国需要通过教育培养一大批创新型人才，为科技创新提供强有力的支撑。在教育中如何激发和培养学生的创新能力成为重要研究领域。

1.2　建筑学研究生教育新探索

中国建筑学科的发展逐渐摆脱了盲目复古与盲目崇洋媚外的窠臼，呈现了对各式中国特色建筑道路的探索。传承与创新相结合是一种具有适应性和生命力的发展方式。建筑学研究生教育作为培养高层次、高素质建筑学科人才的主流渠道，应在传承中国传统建筑文化的基础上，开展建筑学创新教育的探索，培养具有国际视野和文化自信的创新型人才，满足建筑学科在新时代、新形势下的发展趋势。

1.3　建筑学研究生创新教育现状

事实上，创新教育理念是大多数国内建筑学研究生教育的基本目标，也都通过校训、院规、信条等形式不断被提及和强调。在认识层面上，创新教育的重要性是不言而喻的。近年来，各地高校也通过不同的教学改革来提升研究生教育中对创新的追求。不过总体而言，在创新教育理念向教学实践落实的过程中，还存在着起步晚、教学方式墨守成规、缺乏创新能力培养手段和方法、对创新和实践的关系认知不足等问题。

1.4 借鉴西方高校创新教育

与中国传统的中庸思想不同，西方的创新意识启蒙较早，创新教育发展较成熟、完善，因此西方创新教育成果值得借鉴。建筑学研究生创新教育的特色个例当属AA建筑联盟学院，该校的成立最早来自于1847年两位不满传统学院派建筑教育的年轻建筑师的发想。AA坚持学生个性，鼓励独立自主，创新探险，培养出众多建筑界国际级顶尖人物。如著名建筑师扎哈·哈迪德、伯纳德·屈米、雷姆·库哈斯、斯蒂文·霍尔、伊东丰雄等等。AA不仅培育了众多普利兹克建筑奖得主，许多西方建筑院校院长也都出自AA，足以展现出其创新教学的成果。此外，例如比利时根特大学基于"敢于思考"的教学信条，在推动多元化主义的同时，重视多主体教育和国际化交流。通过激活性的教学方法培养学生独立思考和批判性思维，运用小组研讨交流获取知识，最终帮助学生养成终身学习的意识与习惯，良好践行了创新型人才的目标。

2 创新教育理念与建筑学研究生教育

创新教育主要内容包括创新精神、创新能力及创新人格的培养，是一种以学生为中心的教育理念。创新教育具有个体特异性、基础全面性、问题探究性、知识开放性、自由民主性和客观超越性六个特征。对于建筑学研究生创新教育具有启示性（图1）。

2.1 培育建筑学创新教育环境

创新教育环境不仅仅是中国建筑教育系统内部环境，还包括其外部社会整体环境，以及国际的大环境。目前国际、国内的创新环境均已形成，对建筑教育会形成良好的推动作用。需要进一步挖掘建筑创新教育的潜力和拓展建筑创新教育的国际视野。

2.2 激发建筑学研究生的创新精神

创新精神主要包括对新鲜事物的敏锐好奇和对完美的执着追求。创新精神看重的是从无到有，而非简单的重复和再创造。建筑学需要创新来推动，否则我们生活的城市和空间将缺乏发展的动力。

创新精神的培养并非一朝一夕，需要通过传统教学观念的改变，同时配合教学方式的革新，将教学方法从灌输式教学转变为问题式教学、探索性教学和实践性教学，调动学生的积极性，形成创新意识。

2.3 培养建筑学研究生的创新能力

创新能力包括创新思维能力和创新实践能力。建筑学研究生创新能力的培养多来源于实践和科研。一方面基于既有经验的总结和反思，在掌握原理基础上的举一反三，更重要的是如何探索和发现，需要更多综合的知识和开阔的视野。

2.4 塑造建筑学研究生的创新人格

创新人格主要包括创新责任感、创新使命感、奉献精神、执着精神、坚韧意志、承担挫折以及良好态度等种种性格，这是坚持创新、求实的根本保证。而建筑学研究生需要的人格还包括了拥有社会责任、表达欲望、大胆改变、自我审思、勇于超越、自主思考、可持续观等多样化的创新品格。

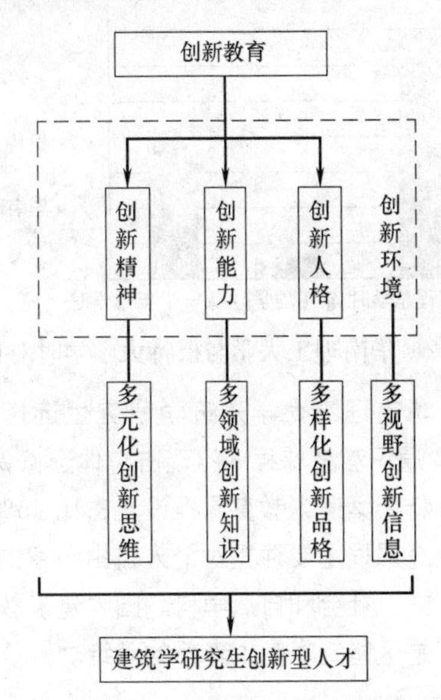

图1 建筑学研究生创新型人才培养导图

3 切实将创新教育理念融入到建筑学研究生教育中

3.1 教学观念：敢于思考

观念的转变是实施创新教育的关键和前提。创新思维源于传统思维过程，高于传统思维。创新思维能超越或突破人们固有的理解，使人们的理解上一个层次。创造性思维是创造力的催化剂。"敢于思考"是一种创新思维的必经过程。通过思考，可以从已知和未知看到问题，从而使思维活动得到飞跃。

教学过程中应该鼓励学生独立思考，引导学生提出质疑培养学生的批判性思维。这些恰恰是中国的传统建筑学教育较为缺失的部分。学生与教师处于平等的关系，学生要敢于挑战教师的权威，拥有主观能动性。

3.2 教学基础：夯实基础，加强通识教育

以国内华南理工大学为例，建筑学研究生学时为三年（专业学位年限也调整为与学术学位一致）。在第一年修完大部分课程，第二年和第三年主要为导师课和工程实践以及以学位论文为核心的研究工作。而西方大部分院校多采用一到两年学时，且课程跨度与之同步，期间穿插实践和研究工作。尽管国内高校的教育时长更长，但在课程平均学时强度上却不如西方院校。例如比利时根特大学年平均学时高于华南理工大学三倍之多（差别如此之大的一个原因是国内建筑学研究生的导师课和学位论文写作难以统计精确学时）（图2）。

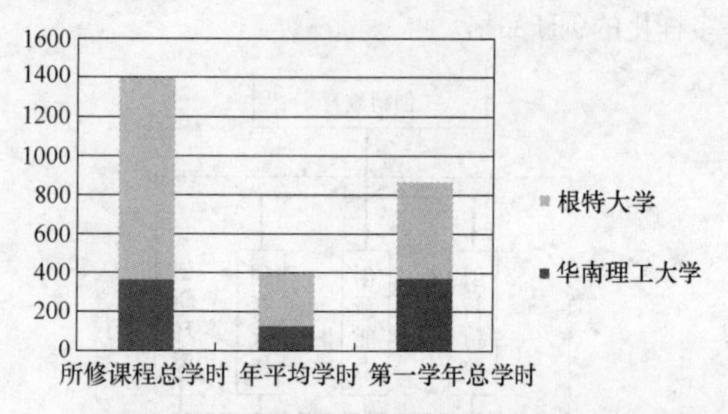

图2 华南理工大学与根特大学学时对比

其次，华南理工大学建筑学研究生选修课程共有47门，其中通识教育课程8门，占总体选修课的17%，而比利时根特大学通识教育课程设置占比45%（图3）。西方通识教育课程主要注重对个人自由心智的启发，其主要包括人文、社会和自然学科。国内建筑教育体系中所缺乏的正是这些针对基本素养的补给。

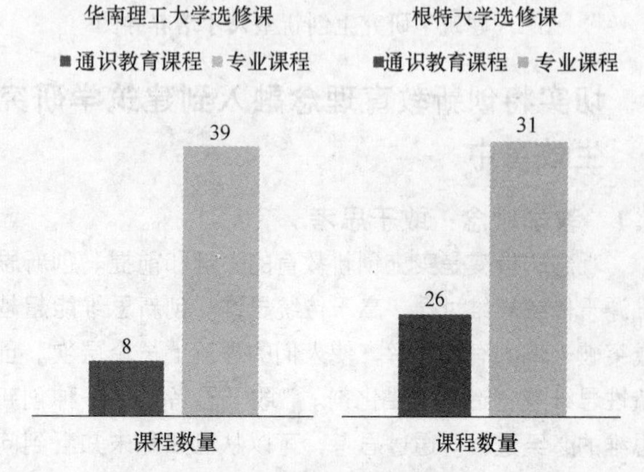

图3 华南理工大学与根特大学通识教育课程对比

华南理工大学建筑学院硕士生导师160名，其中建筑学研究生课程授课教师共49名。2017年华南理工大学建筑学院建筑学研究生招生人数（含建筑学专硕与学硕学生）共154人，平均授课师生比约为0.3（49/154≈0.31）。其中有些课程是1～2名教师面对154名学生。而比利时根特大学建筑学研究生每年有将近60个学生，研究生课程授课教师共29名，授课师生比大约为0.5（29/60≈0.48）。国内较低的授课比会在客观上降低教学质量，造成师生交互脱节。

因而，国内建筑学校的研究生教育应适度提高教学和科研的强度，改善授课师生比，加强教师与学生的联系。同时加强通识教育，提高通识教育课程的比例，对于提升学生综合素养，夯实创新品格具有相当的意义。

3.3 教学方式：探索新型教学模式

当前国内建筑学研究生教育模式主要分为“一对一”的导师制教育与“一对多”的集体课教育方式，两者相互补充、相互完善（图4）。“一对一”有利于学生对于自我的表达，而“一对多”集体课有助于导师解决学生的共通性问题（一对多也需控制比例数字）。但是这两种教育方式本质是相同的，都是一种单向的传递式教育，学生往往处于被动状态，难以激发学生的创新精神和培养学生的创新能力。

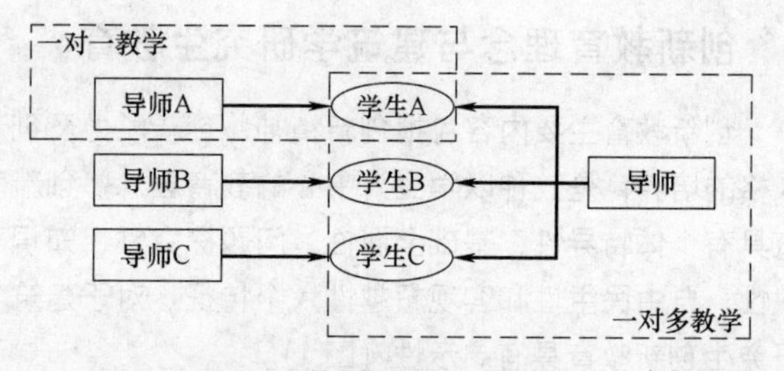

图4 传统教学模式简图

创新思维需要碰撞，建筑研究生教育也需要通过新型的教育模式来碰撞出新的火花。新型教学模式可以通过传统知识传递方式来创造。

例如可以将原有的“一对一”的方式演化为“多对一”的方式，可以是研讨式教学、校外导师合作、项目教学等。这类“多对一”的教学方式提倡一种互喻型师生关系，学生和老师可以在其中共同学习，成为学术与项目研究上的伙伴（图5）。学生在其中通过团队的交流感受到知识，也可以通过思想交汇创造出新思考。

进一步，将“多对一”的方式演化为“多对多”的方式（图6），可以形成工作坊式的交流，以及跨专业跨领域的校内资源整合。这种方式不仅可以形成学生之间的互助性学生关系，让研究生之间通过科研和实践互相交流和提高自我认识；而且还可以整合学校优质资源

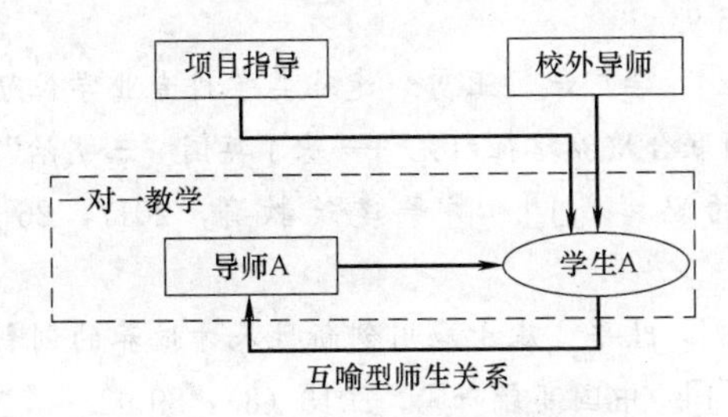

图 5　多对一教学模式简图

链接社会资源，促进学生参与各类实习。当前，在国内许多高校已经出现了类似的非正式教学模式，往往通过联合工作坊、设计竞赛等形式出现，但尚未很好地纳入教学主体框架内。

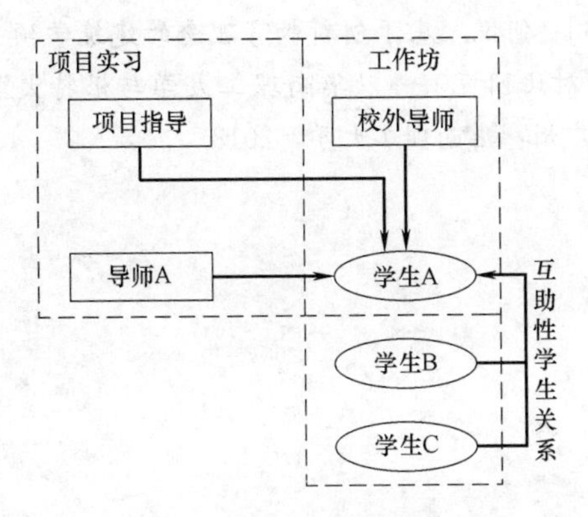

图 6　多对多教学方式

此外，当前国内建筑学研究生教育目前的主流课程设置所存在的弊端还体现在学生间互相学习和交流机会的减少，学生可能会花较多时间在导师工作室或者自由组建的相对狭窄的小团体内，对于学生的学术视野、互相激发甚至交流能力都有所影响。

3.4　国际交流：多视野的创新信息——促进国际教学共享

思想文化交流、交融、交锋是世界大趋势。具备国际视野和掌握建筑学科发展的最新动态，才能产生创新的灵感。

目前，国内外高校的联合培养机制逐渐成熟，国内外学术交流也逐渐向学生扩展，或许可以借此机会，探索国际扩大教育交流以促进创新能力培养的可能性。例如，鼓励学生参与国际竞赛、国际教育平台活动、国际交换生与留学项目，充分吸收国外优秀经验，开放创新合作。利用网络平台展开国际公开课、公开讲座、公开学术答辩、国际实习项目。邀请国外教授作为建筑学研究生的校外导师或参与学术交流。

通过一系列方法简化学生获取国际化知识的方式，实现国际教学共享，整合国际资源，培养国际化视野等。

3.5　实践教育：强化科研和社会服务导向

国内建筑学研究生培养的是面向建筑行业的高端人才，不仅要能解决具体的实践问题，更重要的是具备思考和逻辑推演的能力，进一步具备创造力。中国兴盛的建筑市场造成了当前建筑学研究生教育过程中实践具有相当的比重，在导师带领下的学生能接触许多真实的实践课题。但实践是一把双刃剑，重视实践能积累丰富的设计经验，同时也难免会被实践中的许多具体问题所束缚。

西方的建筑学研究生教育更注重的是以实践为载体，着重对历史问题、社会问题、城市问题的分析和解答，更重视过程中的解题思路和采取的分析方法，更有助于创新能力的培养。

因此，或许国内的建筑学研究生的实践教育，可以将重心转向研究的层面而非工程的层面，减少功利性。对学生参与的实践项目应有所选择（包括规模、类型、时间期限等）。包括华南理工大学建筑学院在内的许多高校开始注重社会志愿服务实践、自主创新研究课题、校企合作平台等形式，例如扎根乡村、走进社区、联合科技企业、开展社会调研等，既能发挥学生的专业特长、培养学生综合能力，也能服务社会，取得多赢。

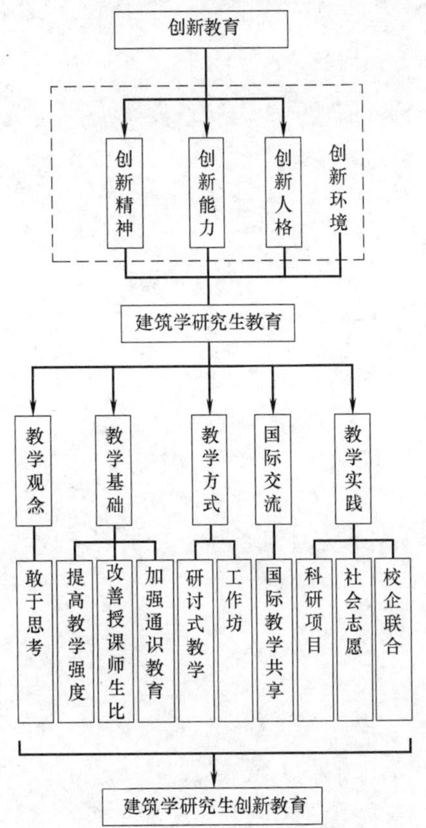

图 7　建筑学研究生创新教育思维导图

4 总结

创新教育理念不能总是停留在言说的层面，需要与建筑学研究生教育切实加以融合。各高校在转变教学观念、夯实教学基础、探索新型教学模式、强化科研和社会服务导向、扩大国际交流等方面在不断探索新的教学实践策略及方法，在循序渐进地加以优化和提高（图7）。但更重要的是，应该探索基于创新教育理念的建筑学研究生教育改革的顶层设计，在师资投入、教学计划、课程设置、社会力量参与等方面有所创新。

参考文献

[1] 王建国，张晓春. 对当代中国建筑教育走向与问题的思考王建国院士访谈［J］. 时代建筑，2017（3）：6-9.

[2] 李广斌，王勇. 建筑类学科专业学位研究生产学研联合培养路径研究——基于英国“三明治”教育模式的思考［J］. 高等建筑教育，2017，26（4）：36-40.

[3] 眭平. 基于应用创新性人才培养的创新教育实践［J］. 中国高教研究，2013（8）：89-92.

[4] 李德英. 实践教学与高校创新型人才培养研究［J］. 经济研究导刊，2016（32）：87-88.

[5] 李蔚然，朱勤文. 新时期拔尖创新人才的要素构成及其培养探索［M］. 应对全球化和提高质量的挑战国际学术会议，2011：9-13.

[6] 何悦. 基于创新教育理念的建筑学硕士研究生课程对比研究——以华南理工大学与根特大学为例［D］. 广州：华南理工大学，2018.

叶飞
西安建筑科技大学建筑学院；yefeidesign@126. com
Ye Fei
College of Architecture，Xi' an University of Architecture and Technology

“多线共生”建筑教学体系改革的思考

Thoughts on the Reform of “Multiline Symbiosis” Architectural Teaching System

摘 要：建筑教育现代转型时期教学体系的完整性和包容性的矛盾，需要通过建立共识的目标体系和实施纽带来达成平衡。通过梳理建筑学主体脉络和线索，形成分阶段目标体系，用以指导课程教学，实现体系完整同时兼具包容性。并通过西安建筑科技大学建筑学两条主线多条辅线“多线共生”的教学体系搭建尝试实现的可能性。

关键词：多线共生；建筑教育；教学体系；改革

Abstract：The contradiction between the integrity and inclusiveness of the teaching system in the modern transition period of architectural education needs to be balanced by establishing a consensus target system and implementing links. By combing the main thread and clues of architecture，a phased target system is formed to guide the teaching of the course and realize the integrity and inclusiveness of the system. Through the construction of the teaching system of “multiline symbiosis” with two main lines and multiple auxiliary lines，xi' an university of architecture and technology tries to realize the possibility.

Keywords：Multiline symbiosis；Architecture education；Teaching system；Reform

国内建筑教学体系大体都承袭“布扎”体系并兼具现代建筑形式，改革开放后引入“包豪斯”构成训练作为基础教学，逐渐完善以“建筑功能和空间设计”为线索的设计主干课程（主线），强调以类型化的建筑功能与空间设计为线索渐次递进教学。此外设置美术美学、人文理综、建筑设计理论、建筑历史理论、建筑技术、职业实践等多个系列课程和实践训练（辅线）。近年来这种单一主线的体系在逐渐改变和转型，部分院校系统或局部引入国外院校现代教学理念和方法，从形式的空间和建构概念等入手实施基础训练，建筑设计训练也突破建筑类型和功能的限制，以空间为线索设置系列设计课程，其他如空间操作、体积法、软件工具生成设计等各种理念和方法，也在教学中得到不同程度的运用。另外一个现象就是专业评估在提升国内整体教学水平和质量的同时也带来了教学同质化现象，引起了关于特色化、差异化办学的思考和探索。建筑教学体系的延续性、完整性和差异化、实验性、现代化，构成了当前中国建筑教学转型的基本特征和面貌。

1 教学体系完整性和包容性的平衡

为了保证教学质量，教学体系需具备体系的完整性和适度的延续性，但其实建筑教育一直都具有“实验性”特征，我国建筑教育正处在如前所说的转型时期则更是如此，各种思潮、概念、方法通过国际交流和网络资讯从国内外先锋院系直达学生桌面，各种课程教改在年轻教师的课堂上得以实施。旧的教学体系如不接纳这些改变就会僵化不前，但如大量采纳实验性教学又会有碎片化风险，体系性的调整要取得全员认同并在师源不齐整的条件下推行又十分困难，这就是当前建筑教学体系完整性和包容性之间的矛盾。解决矛盾需要转换角度，用广泛认同的原则来统一协调，从培养目标和能力体系入手来研讨，建立共识的目标体系和实施纽带，容纳实现目标的不同方法，达成整体性和包容性之间的平衡。

本文以西建大建筑学专业 2018 版培养方案的研讨和修编为例，梳理在上述思想指导下尝试进行建筑教学体系改革的思考。

2 新时代背景下的培养目标表述

我国当前的建设形势，已从增量走向存量、从粗放建设走向精细化建设、从高效快速型走向理性研究型。对建筑人才的需求更加注重专业知识复合型、专业能力综合型的多样化、适应型人才。人才培养出口正在从单一出口（向设计院输送设计人才）向多元出口（向设计机构、建设单位、管理机构、科研单位、高等院校等输送复合型人才）转变。

国家高等教育政策支持创新创业教育，鼓励创新创业人才培养，提倡各高校进行地域性、特色化办学，凸显各自的地域特色。工程教育领域 2010 年开始实施卓越工程师教育培养计划，2017 年开始“新工科”研究项目，工程教育既强调工程实践又高度重视创新，这是中国教育面对国际、国内发展形势实施的战略规划。

综上所述，建筑教学应把握当前国家建设的方略和走向，培养兼具工程实操能力和发展战略眼光的多元、复合、创新型人才。

3 能力培养要求

实现多元、复合、创新的培养目标最重要的是能力培养。能力包括获取知识和应用知识的能力、创新的能力、表达和协调的能力等，要经由教学体系的安排，通过课堂教学、设计实践、创新训练等环节来实现。这就需要把总体的能力目标分解梳理，进行恰当的表述，再落实到教学体系的各个阶段，成为每个阶段各门课程内容设置和教学组织的纲领。

3.1 学习能力

能够持续通过自主学习获取知识，拓展知识，乃至树立终身学习的意识，不断更新自身知识。

3.2 设计能力

能通过调查研究发现设计问题，能运用恰当工具和技术，采用科学方法分析问题并得出有效结论，进而应用专业知识和技能完成方案设计，创造性解决具有复杂特征的设计问题。

3.3 科学思维和创造性思维能力

理解设计学科是科学思维和创造性思维并重的学科，在科学性分析问题同时要具备独立思考、开放视野和创造性思维能力，并具备批判精神。

3.4 工具使用和表达能力

能够选择、掌握和使用现代通用技术和专业工具，在各阶段、各层面开展设计工作。能够用语言、文字、图纸、模型等手段清晰表达设计。

3.5 沟通协调和团队协作能力

能够在社会性、专业性和国际化视野前提下进行有效沟通，实现信息交流，能够实现团队协作和分工组织合作乃至逐渐培养出团队领导和管理能力。

3.6 基本工程实践能力

了解工程设计实践的过程和环节，明白建筑师的基本职责，具备基本工程实践能力，即通过现场工作发现现实问题，通过沟通理解设计需求并通过设计回应问题和需求，提出解决方案，能够向业主方准确地表达设计思想。

4 主体脉络的梳理和阶段目标的明确

能力目标是笼统的，它和课程体系、教学组织之间需要建立一个纽带，来实现转换和协调。基于对建筑学核心范畴关系和本体层面的认知，在原有教学体系和近年来教改的基础上整理出系列脉络和线索，每条线索均由简到难、由浅入深在每个培养阶段描述一个阶段性目标，用来指导该阶段的主干课程教学以及不同系列课程之间的相互交叉协调。

4.1 理论脉络

以“理论——思辨”为线索、建筑历史与理论课程系列为支撑，通过渐次的理论教学和研讨，使学生在了解、掌握历史和理论知识的基础上，激发和培养学生主动思考、研究的能力、理论思辨能力以及独立探索的精神。

4.2 主体脉络

以“场所——文脉”“行为——功能”“空间——形态”“材料——建构”为四条关键线索、以建筑设计主干课程系列为支撑，用以协调每个阶段设计主干课程的教学组织和课程教学安排、内容设置和成果要求。并同理论、技术、方法等脉络在每个阶段的要求相互协调关联。

4.3 技术脉络

以“建造——机能”“绿色——生态”为关键线索、以建筑技术课程和相关学科课程为主要支撑，理顺技术课程的自身纵向逻辑，在横向和设计、方法取得协调，在不同阶段发挥技术课程的教学作用。

4.4 方法脉络

方法脉络在教学体系中纵横贯穿，既有思维方式和设计方法，也有设计程序、表达、工具等内容，所以单独形成脉络。以“程序——方法”“工具——表达”作为关键线索，由所有课程系列作为支撑。建立起能够让学生体系化掌握设计方法和专业工具的教学全过程。

图1以主体脉络的“场所——文脉”线索为例，表述不同阶段在场所和文脉方面需要达成的目标，用以指导每个阶段相关教学的内容设定和教学组织。

脉络	线索	一年级	二年级	三年级		四年级	五年级	
主体脉络	场所 & 文脉	场所体验与生活感知,通过观察、体验与认知活动,激发生活感知与想象能力;学习场地基础知识和初步设计方法,通过单一空间建筑设计,初步回应对场地的理解。	场所要素、特征与记忆认知,通过环境调研、要素梳理、生活体验,理解场所当中独特的品质与情境,尝试建立空间与场所特征的联系;理解“场所记忆”概念,尝试实现场所当中的时间与空间的统一,设计回应对场所记忆以及人的尊重。	场所精神与文脉梳理,了解文脉的复杂性、多样性,建立场所精神与文脉概念;掌握场所调查方法,初步实现场所中情境、精神与空间形态的统一,体现对人文环境的理解与回应。	生活本质与意义理解,深入调查特定环境中的居住生活，理解居住功能及人的生活与所在地文脉的紧密联系,回应居住场所在特定环境文脉中的意义,实现功能与空间、生活与意义的一体延续。	专题设计,基于城市文脉视角,通过城市地段调查及测绘,综合分析、解析其特征与价值、问题与挑战,明确设计目标、定位并制定设计任务书;进一步探索城市文脉设计的途径与方法,实现以价值特征为导向的城市、建筑及环境设计。	设计实践,通过实践锻炼加深对建筑的社会属性、文化属性和历史属性的理解,将文脉的设计方法应用于实践。	毕业设计,以现实需求与问题为导向的综合设计,全面训练学生在城市整体环境中分析、把握和体现建筑文脉的能力、进一步确立本土建筑学观念。

图1　主体脉络“场所——文脉”线索的阶段目标

5　多线共生的教学体系架构

通过脉络、线索的梳理和阶段性目标的明确，逐渐形成以设计主干课程为主线辅以通识、美学、理论、技术、数字、绿色建筑、执业基础、相关学科、实践训练等多条辅线的教学体系架构。明确每条线自身的知识要点和前后逻辑关系，同时通过阶段目标来关联协调主副线之间知识学习和技能培养的交叉协作，形成“多线共生”的教学体系（图2、图3）。

设计主干课程在以“建筑功能与空间设计为线索”（主线一）基础上，从2012年开始由刘克成教授带领教学团队，展开以“建筑学专业认知规律为线索”的教学改革，以“自在具足，心意呈现”为核心理念，以“生活与想象、空间与形态、材料与建构、场所与文脉”为四维交错的线索搭建新的设计主干课程（第二主线），实现两条主线并行的教学体系。

两条主线1～3年级目前平行实施，但允许老师们的实验性教学在阶段目标的控制下展开。如1、2年级基础教学，部分班级引入香港中文大学顾大庆老师的空间建构方法来进行基础训练，几种教学方法的教学成果通过期末答辩周的公开答辩展评，在对比中相互学习、交流。

从4年级开始交叉互通，同学们可以根据兴趣爱好挑选课题，4年级上下学期studio课程和5年级毕业设计课程已经实现全院征集选题加校际联合设计选题。通过题目审核、向学生公开推介、师生双向选择成组、教学过程控制、期末公开全员答辩的教学组织流程，实现多元化、可选择教学安排。同时老师的科研项目成果有机会设置创新课题、反哺教学，做到了研教结合。

辅线课程除了自身体系梳理清晰之外，特别强调和主线之间的协调交叉关系。如为了加强绿色建筑学科特色教学，对绿色建筑系列课程进行前后关系梳理，将绿色建筑概论课提前到一年级下学期开设，延续到第九学期的太阳能建筑设计，每个学年均有绿色建筑系列的课程，形成本科全覆盖的绿色建筑教学。同时，绿色建筑作为设计和技术交叉的课程，需要协调和设计、物理、设备、数字技术课程的教学内容、时段安排，如在4年级设计studio课程中开设绿色建筑专门方向的设计课题，来提高学生绿色建筑知识和技能的综合运用能力。

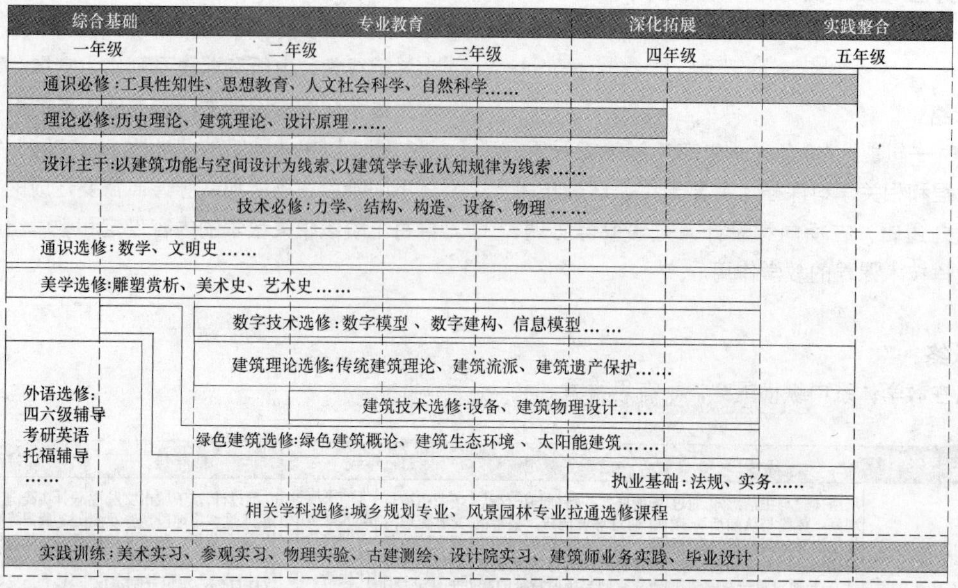

综合基础	专业教育		深化拓展	实践整合
一年级	二年级	三年级	四年级	五年级

通识必修：工具性知性、思想教育、人文社会科学、自然科学……

理论必修：历史理论、建筑理论、设计原理……

设计主干：以建筑功能与空间设计为线索、以建筑学专业认知规律为线索……

技术必修：力学、结构、构造、设备、物理……

通识选修：数学、文明史……

美学选修：雕塑赏析、美术史、艺术史……

数字技术选修：数字模型、数字建构、信息模型……

建筑理论选修：传统建筑理论、建筑流派、建筑遗产保护……

外语选修：四六级辅导 考研英语 托福辅导 ……

建筑技术选修：设备、建筑物理设计……

绿色建筑选修：绿色建筑概论、建筑生态环境、太阳能建筑……

执业基础：法规、实务……

相关学科选修：城乡规划专业、风景园林专业拉通选修课程

实践训练：美术实习、参观实习、物理实验、古建测绘、设计院实习、建筑师业务实践、毕业设计

图 2 课程体系

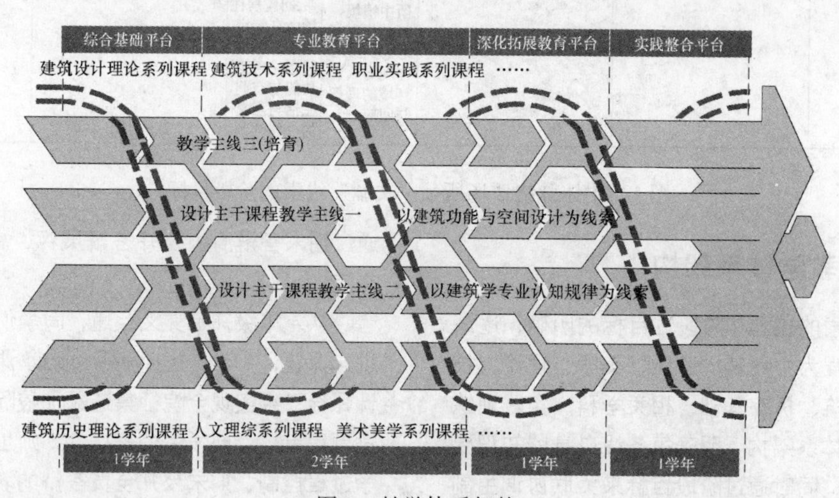

图 3 教学体系架构

6 结语

通过明确总体目标、梳理脉络线索、分解阶段性目标，保证教学体系整体性同时实现对实验性教学的包容度和开放度。在继承传统和融汇多年教改成果基础上，搭建多线共生的教学体系和课程体系架构用以指导教学组织，保证大规模教学的整体水平和教学质量。篇幅所限，仅表述关于教学体系的认识和改革尝试，未能展开支撑本架构的课程内容设计、教学组织方法、教学过程控制和教学结果评价等实践内容详情。

参考文献

[1] 常青. 建筑学教育体系改革的尝试——以同济建筑系教改为例 [J]. 建筑学报，2010（10）：4-9.

[2] 顾大庆. “布扎——摩登”中国建筑教育现代转型之基本特征 [J]. 时代建筑，2015（5）：48-54.

朱宁
清华大学建筑学院；13717742900@163.com
Zhu Ning
School of Architecture，Tsinghua University

以科研成果带动教学实践，强化学生学以致用意识
——以2018中国国际太阳能十项全能竞赛清华大学赛队实践教学为例

Research Leads to Teaching While Learning from Practice
——An Example of Teaching Practice from Team THU in SDC2018

摘　要： 国际太阳能十项全能竞赛（Solar Decathlon）是自2002年由美国能源部发起的国际性专业竞赛，其目标是通过建筑设计与工程技术集成，搭建完全由太阳能光电作为能源供给的小住宅，2018中国国际太阳能十项全能竞赛在山东德州落下帷幕，清华大学赛队获得总分亚军。对此次赛事进行回顾，本文以遮阳表皮、三维扫描、装配式内装、智能家居等四点为例，分析实践教学对学生提升专业技能的原因；提出真正支撑学生充分获得知识，学以致用的实践创新，要回归到教师团队的科研成果的转化中。以科研成果带动教学实践，强化学生学以致用意识，是以学生为学习主体，提升建筑学专业教育效果的良好途径。

关键词： 建筑教育；实践教学；国际太阳能十项全能竞赛；科研成果转化

Abstract: The Solar Decathlon (SD) is an international professional competition sponsored by the US Department of Energy since 2002. The goal is to integrate architectural design with engineering technology to build detached houses that are completely powered by solar photovoltaics. In the SD China 2018 in Dezhou, Shandong Province, the Team Tsinghua University won the Second. Reviewing the event, this paper discusses the process that practical teaching improves students' professional skills by taking four examples: shading facade, 3D scanning, assembly-style interior and smart home. It points out that the innovation of teaching practice which really supports students to acquire knowledge fully and to apply what they have learned, should be returned to the transformation of the scientific research achievements. A good way to improve the effectiveness of architectural education is that research leads to teaching while learning from practice, and finally to take students as the main body of learning.

Keywords: Architectural education; Teaching practice; Solar Decathlon; Research achievements transformation

1　背景

国际太阳能十项全能竞赛（Solar Decathlon）是自2002年由美国能源部发起的国际性专业竞赛，其目标是通过建筑设计与工程技术集成，搭建完全由太阳能光电作为能源供给的小住宅，评审五项设计特色并测试五项技术指标；目前已有欧洲区、北美区、中国区、中东区、非洲区等多个赛区，竞赛具有世界性影

响力。2018 中国国际太阳能十项全能竞赛（SDC2018）在山东德州落下帷幕，在来自 8 个国家和地区、34 所高校组成的 19 支赛队的激烈角逐中，清华大学赛队获得总分亚军。

清华大学赛队的建筑作品 The WHAO House 是为即将退休的活力老人设计的模块化、可定制的装配式智能住宅产品。WHAO 分别代表 Worthy（价值）、Healthy（健康）、Aesthetic（美观）与 Organic（有机），这是对未来个性化养老住宅的追求。The WHAO House 将先进的智能家居技术与健康自然的室内外环境结合，将清洁能源的高效运用与分区控制的节能策略结合，在模块化、装配式建造的基础上，提供自由透明的定制方案，带来灵活有机的住宅布局，以低价高效的方式满足客户的个性化需求。

2 方法

为期 20 天紧锣密鼓的现场建造，赛队学生经历了酷暑和暴雨的考验，亲自动手进行搭建，并指导施工队实现设计意图，在各专业厂家的配合下完成了从结构吊装、水暖安装、内外装修、太阳能配电系统和智能家居系统调试等全部流程，真正将设计图纸在自己手中变为现实。在接下来 15 天的竞赛和展示环节，赛队学生充分发挥学科整合的优势，通过中英文讲解、智能家居体验、多媒体演示等丰富的展示方式，得以将建筑作品更加全面立体的展现。

SDC 作为一项激励学生为学习主体，兼有实践育人与社会服务的赛事，代表着高等教育中的一种理想模式，回顾本届赛事所展现出来的经验并进行剖析，能够启发未来建筑教育实践的探索和创新。

3 科研成果转化教学实践

对此次赛事进行回顾，真正支撑学生充分获得知识，学以致用的实践创新，要回归到教师团队的科研成果的转化中。在本次赛事的建筑作品中，双层表皮、三维扫描、装配式内装、智能家居等，成为学生设计作品中的亮点，这也离不开近年来教师团队的科研探索。

3.1 遮阳表皮

在对夏季遮阳表皮的研究中，赛队所依托科研团队中林正豪对外侧表皮的材质、颜色、穿孔率等做了详细的研究，并搭建了对比实验房，通过开启空调维持同样室内温度，获得了最佳表皮组合方式（图 1）。在本次竞赛中，德州与北京气候类似，表皮的研究为本次建筑方案提供了减少空调能耗的启示，沿用了上下部 12% 的最佳穿孔率，中部表皮密排的研究成果，赛队学生通过简化幕墙挂板的设计，采用模块化拼装方式，快速搭建外立面，在实现材质肌理美观的同时保障了室内空调环境的稳定（图 2）。

学生在立面设计中，采用四种标准模块总数 600 多个，加上不多于 40 个的非标模块，组成了建筑作品的所有立面外挂板。通过 L 型外挂件进行水平定位，钢龙骨的进深定位，木挂板的模块最终调整竖直方向的位置，形成三个维度的安装定位，在实现快速安装的同时保证了外观的整体效果（图 3）。

图 1　对比实验房测试现场

（图片来源：林正豪）

图 2　The WHAO House 实景图

（图片来源：黄致昊）

图 3　建筑表皮安装现场

（图片来源：刘泽洋）

3.2 三维扫描

现场装配式的方案和紧张的施工周期带来的是多项

工程的并行作业，而钢结构的安装精度又决定了所有与其连接的产品都不能有过大的误差，否则无法承受现场修改结构尺寸带来的时间延误。因此，在现场施工的前一周，借鉴韩冬辰利用三维扫描仪，对工程各个环节进行精度控制的理论与实践[1]，笔者及学生团队对混凝土独立基础及其预埋螺栓、钢结构主体进行了定位比对（图4）。

扫描的结果，确实有助于对钢结构框架吊装预案的制定。扫描显示，对照图纸的尺寸，钢结构所有构件的尺寸误差都在20mm以内，但是螺栓定位的误差约有一半的在20mm以上，最大的一个竟然有80mm之多。对不同程度产生错位的螺栓，分别制定了不同的解决方案。螺栓误差在0～20mm之间的，钢结构支座的孔径足够大可满足这个偏差；20～40mm的则通过敲打螺栓（已知螺栓的偏差方向）可以复位；而对于80mm误差的一个，只能采取修改支座，现场采用火焰切割扩孔，满足螺栓的位置（图5）。

三维扫描仪的预先应用争取了吊装环节的主动性，在紧凑的竞赛建造过程中赢得了一定的时间（图6）。学生们在这个过程中了解到信息传递对建造过程的重要指导作用。

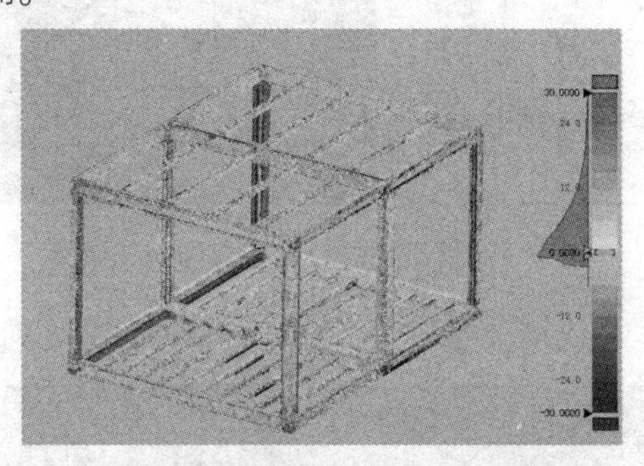

图4 钢结构点云图（图片来源：韩冬辰）

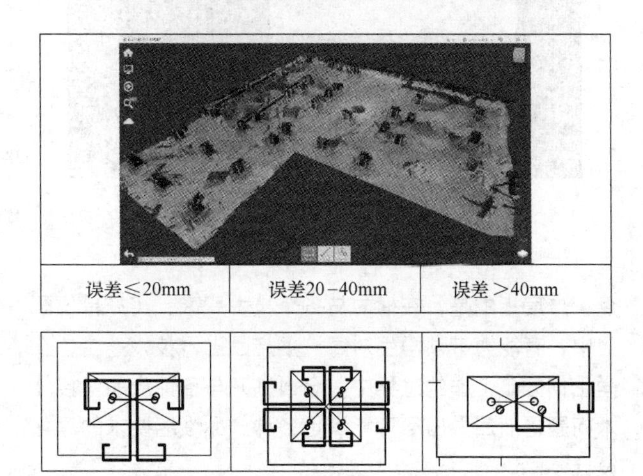

图5 现场独立基础点云图及误差示例
（黑色阴影圆表示实际螺栓位置，空心圆圈表示图纸设计位置；螺栓直径24mm）

图6 现场吊装过程

3.3 装配式内装

采用装配式内装修的方案，赛队赢得了比制定施工方案时更多的现场时间，学生们真正感受到前期精确的制定每一块板材尺寸、定位、施工顺序，所带来现场的速度优势。原定10天完成的装配式内装修，包括集成卫生间，仅用了7天时间即完成。标准化的板材、构造、拼缝以及现场专业化的安装工人，是本次缩短工期的保证。

装配式内装是笔者在国家自然科学基金《性能导向的既有多层住宅分户微改造技术策略与构造节点研究》项目中的主要研究，并主要对内装修中的厨房、卫生间的管线集成、批量实施与多个厂家进行过深入配合[2]。在研究中发现，给排水、供暖通风空调的各类管线，与装配式内装龙骨、板材、门窗套等，在BIM软件中的一体化设计，是提升施工精度和速度的前提。

本次竞赛中，学生技术团队充分与内装厂家对接设计方案，管线与内装所占技术空间明确分区，内装精确到每块板材的尺寸、定位，尤其要在设计中解决施工顺序问题，即从阳角、门窗套向阴角拼板的顺序，保障完成面的严丝合缝（图7）。卫生间的一些特殊做法（如侧向水箱的壁挂式坐便器），也来源于笔者在科研项目中曾经的尝试，并收到良好效果（图8）。

值得一提的是，厂家为赛队提供了良好的建议：尽管赛队采用了模块化整体吊装的结构，但装配式内装修仍然在现场实施，保证不会因运输、吊装使完成面变形，而导致现场出现极其难以调整的困境。

3.4 智能家居

智能家居不仅仅需要达成酷炫的展示效果，更需要跟产品设计的目标结合起来。本次竞赛方案的主旨是服

图 7　餐厅、厨房内装全景
（图片来源：黄致昊、商宇航）

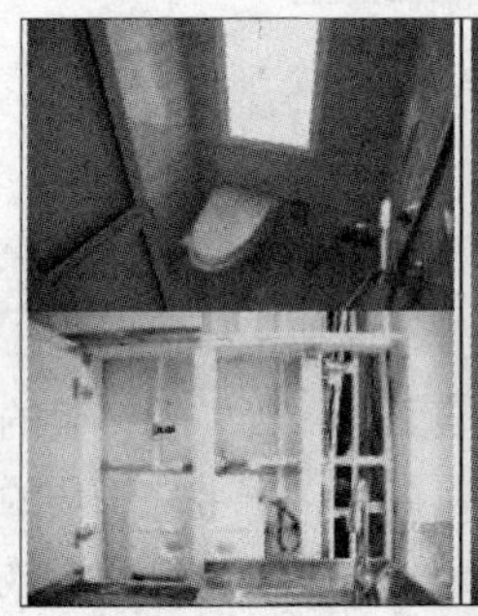

图 8　老旧小区改造的卫生间做法
与本次竞赛集成卫生间实景

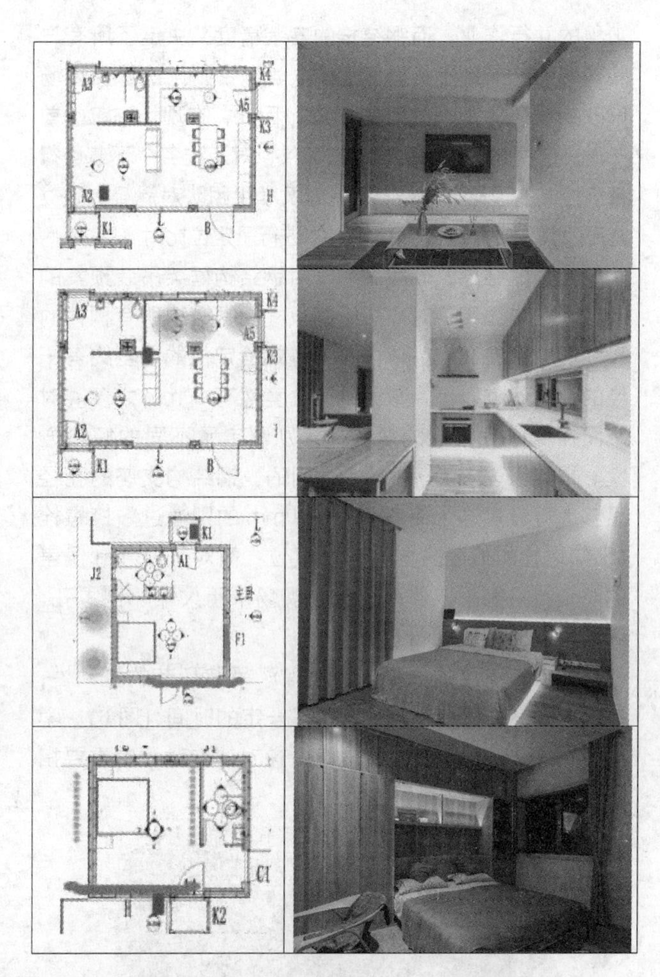

图 9　情景模式的控制后台与现场效果
（图片来源：夏雨妍、黄致昊）

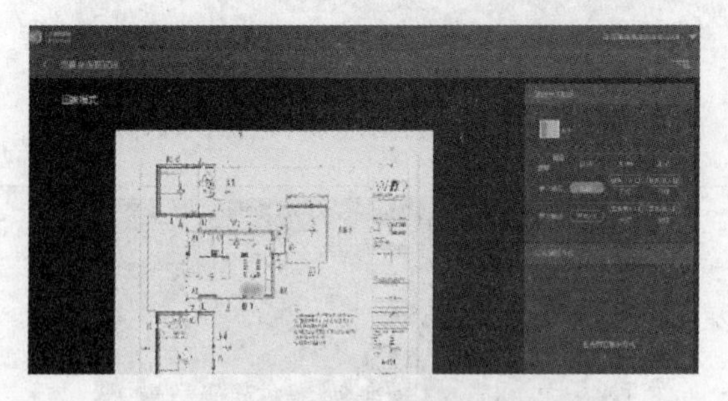

图 10　可视化的后台编辑界面
（图片来源：幻腾智能）

务于活力老人高效、健康的居家生活，智能家居也围绕其展开。赛队所依托的清华大学建筑学院成立了可持续住区研究中心，在近两年的科研课题中，着力打造一套随科研前沿不断滚动更新的健康家居的技术标准，其中《居住建筑健康室内空气质量标准》[3]、《居住建筑健康光环境标准》[4]最有代表性，在常规各种技术评价标准的基础上，设定了与空气、照明设备结合的智能家居技术体系，并已经在合作方旭辉集团的实验房中经过了调试验证。本次竞赛在这套体系的基础上，特别注重张昕对非视觉光环境的研究成果应用[5]，将起居室、老年人卧室设定为当前专家决策的健康照明模式，满足其 24 小时的健康光环境需求。

在智能家居厂家的配合下，赛队将理论结合实践，将标准付诸实施，调试出了满足健康标准的 24 小时健康光环境情景模式（图 9、图 10），通过 3 分钟的时间使其在评委评审过程中集中展示。

4　小结

竞赛是各个高校展示实践教学效果的大平台，而支撑实践教学效果的是教师团队的科研成果的深度和技术研发的广度。深度指的是对科学问题和规律的掌握，并能够从发现问题、设计方案、实验测试、验证效果、批量实施的全流程中积累，凝练成为付诸实践教学的重点；广度指的是，在横向与各个技术厂家、实施单位配合中，有能力带领学生对每一类产品进行技术整合，在学生们分工合作的过程中，全面铺开与各种产品对接技术问题，而后做出尽可能满足各种产品性能要求的深化设计。

实践教学的创新有赖于科研成果的滚动发展，尽管本科生和低年级的硕士研究生是本次赛队的主要力量，但通过科研成果的学以致用，一方面开拓了学生们对建筑行业的视野，不再局限于制图、模型的低层次设计，真正体验了从材料、产品到建筑的整个过程；一方面锻炼了学生们在校内无法锻炼的能力，即与各种实施方的沟通能力，成为建筑方案深化、设计深度达成的必要条件。

参考文献

[1] 韩冬辰，张弘，董元铮，林正豪．建筑逆向设计教学实践［C］// 古国华，童滋雨．数字·文化——2017 年全国建筑院系建筑数字技术教学研讨会暨 DADA2017 数字建筑国际学术研讨会论文集．北京：中国建筑工业出版社，2017.

[2] 朱宁，姜涌，王强，关文民，张桂连．既有多层居住建筑卫生间同层排水分户批量改造研究［J］．建筑学报，2017（9）：88-92.

[3] 清华大学（建筑学院）—旭辉控股（集团）有限公司可持续住区联合研究中心．居住建筑健康室内空气质量标准［S］．北京：清华大学，2017．11.

[4] 清华大学（建筑学院）—旭辉控股（集团）有限公司可持续住区联合研究中心．居住建筑健康光环境标准［S］．北京：清华大学，2017．11.

[5] 郭琳，张昕．健康光环境的范围界定与标准衔接问题［J］．照明工程学报，2017（6）：38-41.

戴秋思　杨威　张斌
重庆大学建筑城规学院，山地城镇建设与新技术教育部重点实验室；daiqiusi@cqu. edu. cn
Dai Qiusi　Yang Wei　Zhang Bin
Faculty of Architecture and Urban Planning，Chongqing University；Key Laboratory of New Technology for Construction of Cities in Mountain Area

建筑设计基础课程的教学演进与解读

Teaching Evolution and Interpretation of Architectural Design Foundation Course

摘　要：“建筑设计基础”课程是建筑学专业的“设计启蒙”课程，历来受到建筑院校的重视。论文系统考察了重庆大学建筑城规学院该课程自改革开放至今40年来的发展演进，解析并总结出教学内容在不同时段所呈现的特点，即图面建筑时期、渐进发展时期、构成系列成型时期和空间操作训练时期，揭示出前后教学内容有传承更有发展，教学改革是不断自我调整和完善的过程。反思教学过程的历时性为后续教学方向的准确把握提供参照。

关键词：建筑设计基础；教学内容；演进；传承与发展

Abstract：“Architectural Design Foundation” course is a “design enlightenment” course for architecture majors，which has always been attached great importance to by architectural colleges and universities. This paper systematically investigates the development and evolution of the course in the School of Architecture and Urban Planning of Chongqing University since the reform and opening up in the past 40 years. The characteristics of the teaching contents are analyzed and summarized in different periods，that is，the period of graphic architecture，the period of gradual development，the period of forming series and the period of space operation training，which reveals that the teaching contents have inheritance and development and the teaching reform is a process of self-adjustment and improvement. The reflection on the teaching process can provide reference for the following teaching direction.

Keywords：Architectural Design Basis；Content of Courses；Evolution；Inheritance and Development

1　背景与缘起

21世纪建筑学学科建设正在发生革命性的变化：一方面源于百花齐放的设计思想；另一方面来自于不断突破的建造技艺和高科技的辅助设计手段，剧烈地冲击着课堂内外教与学的传统模式。社会对建筑专业人才的需求催生了建筑学专业院校数量的迅速增加，至2017年的全国建筑教育国际学术研讨会为止，其总数已由20世纪的不足80所增长到了近300所。重庆大学建筑城规学院（前身是重庆建筑工程学院，后文简称我院）作为建筑类的老八校，如何定位自己，如何在同大于异的全国建筑教育系统中定位自己的角色，突显自身的教学特色，这是我院持续探讨的问题，也是教学体系优化中所面临的重要课题。“教育应该是一个不断创新的过程”，建筑学教育也不例外。“建筑设计基础”教学板块作为建筑学专业入门的基础内容，倍受学界的重视，开展过各种大胆的尝试或变革。我院的“建筑设计基础”教学体系、教学内容先后吸取了各个时期的不同理念，并随着学科发展和社会需求的变化做出调整。笔者结合自己十年来参与该教学板块的实践经验，爬梳了该课程在教学内容上的变化，提炼并总结出各个阶段的特点，拟从宏观层面去反思教学的历时性，为后续教学方向的准确把握提供参照。

2 课程在不同时期的建设与特点

2.1 课程定位

在建筑教育的整个过程中，一年级是“设计启蒙”的学习阶段，其重要性不言而喻。根据现阶段我院的建筑设计系列目标体系的制定计划，一年级位于基础平台中的底层（表1）。

建筑设计系列目标体系图示　　表1

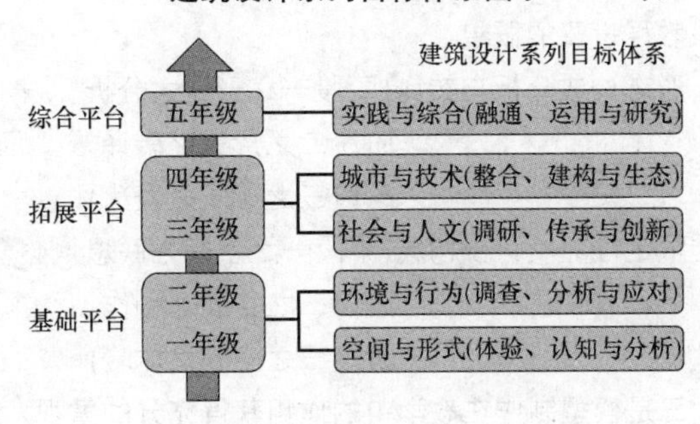

2.2 教学时段分期与教学内容特点

笔者研究的时间跨度是从改革开放后恢复教学开始至今，根据教学内容的相似性、延续性和特色性为分期依据，同时为便于论述以十年为一阶段，初步划分为四个时段（表2）：

改革开放后的20世纪80年代；20世纪90年代的十年基本属于过渡与衔接期，因篇幅有限，论文未对此阶段作单独论述；2000年的前十年为空间构成训练的成型期；2010年以后至今为建造探索期。这样的分期只是粗略的，课程建设本身是渐进性的过程，不存在绝对的时间划分点。探讨的目标是厘清每一阶段的特色及其背后的生发机制，发现其中的基本走向。

教学时段分期示意图　　表2

2.2.1 图面建筑时期及渐进发展时期（1977-1999年）

改革开放初期，全国各建筑院校基本上沿用了此前的建筑教育体系，采用以渲染和表现为核心内容的方法，虽然在设计题材上增加了不少现代建筑的训练内容，学生在设计作业中也不乏后现代、解构等风格，但其切入角度通常是从其外部形态入手，评价标准通常为构图和表现。这一影响是深远的，直到1980年代末，我国的建筑教育处于一个逐步恢复并持续改革的阶段。学院式教育体系是该阶段的主流，注重知识积累和基本功的训练，强调艺术熏陶和师承关系。受学院式“图面建筑”、“绘画建筑”的影响，构成训练作为设计初步的必修课，而且课程所占比重逐渐增加，分析我院（当时为重庆建筑工程学院建筑系）在1988年实施的设计初步教学大纲（表3）后发现，构成版块的课时比重占到了整个初步课程的20%，这是对学院式教学的补充，是鲍扎建筑教育体系的中国化过程。在课后教师还鼓励学生进行各种标志、徽章等平面设计的投标活动，以开发训练学生的创造能力[1]。

重庆建工学院建筑系设计初步课程教学大纲（1988年9月）　　表3

学期	版块	作业内容	学时
一	建筑概论		4
	线条练习	(1) 铅笔线条	8
		(2) 墨线练习	16
		(3) 铅笔抄绘—民居抄绘	16
		(4) 钢笔抄绘—民居施工图抄绘	16
		(5) 古建抄绘—绣绮亭抄绘	16
	测绘	(6) 铅笔测绘—校园小建筑	24
二	渲染	(7) 水墨渲染—退晕、叠加练习	16
		(8) 水墨渲染—山崖边的民居茶室	16
		(9) 单色渲染—水边民居茶室	16
		(10) 彩色渲染—国外某商场	16
	构成	(11) 点构成	8
		(12) 线构成	8
		(13) 面构成	8
		(14) 肌理及色彩构成	8
		(15) 立体构成	16
	小设计	(16) 公园大门（冷饮店设计）	40

资料来源：1988年重庆建工学院建筑系教学档案

2.2.2 构成系列训练成型时期（2000-2009年）

20世纪90年代教学内容的主流延续了学院式教学以及对局部教学环节内容的微调；进入21世纪，建筑设计初步课程改革的重要性、迫切性、必要性和现实意义被广泛认识。论文［2］探讨了课程改革的重点及原则，教学改革的特性等问题，总结了改革尝试的成绩并分析了不足。教研组逐级推进教案大纲的策划、优化，建设构成系列课程，在训练设计思维、强化设计分析、引入模型教学等方面取得了明显成效。

该时期的教案策划是根据全国有关院校在“建筑初步”课程教学大纲与计划的普遍原则和课程意向以及2000-2003届本院教改经验的基础上考虑教学大纲内容做出的，表4为2004年建筑设计一室一年级教学课题组编写的教学框架。教案明确指出该课程的定位——作为一门建筑学专业学生的实用性课程和启蒙教育第一课，是教学生如何观察、理解和把握建筑及其环境设计方法的“基本能力和素质训练”的课程。

建筑设计基础教学框架

（2004 年教学框架）　　表 4

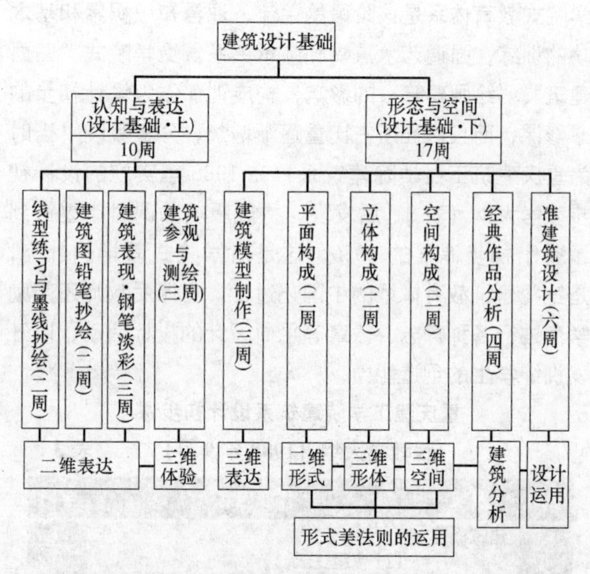

图表来源：2004 年建筑设计一室一年级教学课题组编写《〈建筑设计基础（上）〉教学控制要素》

“建筑设计基础”课程分为上、下两个学期、两个不同的阶段层次，即“设计基础（一）”与“设计基础（二）”，具体板块详见表 5。课题前后呈现出系统的关联性，按由浅入深、循序渐进的原则安排训练课题。前一阶段目标是认知与表达，整个进阶从二维到三维，从图纸到空间，从认知到体验再到表达，层层递进，渐次深入，提升初学者对建筑空间的认知与表达能力，开启初学者丰富的空间想象力；后一阶段目标是形态与空间，侧重从“构成”练习开始的设计基础训练，旨在开启初学者建筑审美的钥匙，顺序为平面构成、立体构成、空间构成，经典名作分析和准建筑设计。在保持这一基本框架的基础上，后续的教学内容在三个方面有较大的调整：

一是从只注重空间形体训练的九宫格模式走向关注环境的空间组织模式。这一变化是对长期以来空间形体的训练缺乏对外界环境问题进行考虑的反思。2008 年开始开展了“限定环境要素的空间构成”训练（表 4 中▲部分），拟定出从外部环境分析入手进行空间组织，以培养学生在设计中的环境景观意识。理解空间、形体、人的行为以及环境要素在设计中的互动关系。课题改进的过程中把握准了建筑空间和纯粹构成之间的关系，抓住了结合点，从只关注“内部空间”到“有内有外”的理念发展。论文［3］、［4］即探讨了环境与空间构成的关系。

二是整合课题，实现构成系列课程的体系化。通过四个阶段开展“建筑构成系列练习”，凸显形的基本要素和特征以及与建筑空间形式的关系：阶段一是对经典建筑案例的形式分析，这是对基于建筑构型的抽象思维能力的训练；阶段二是构成演绎，以阶段一的建筑平面形式构成图解为载体，运用点、线、面进行平面形态重组练习；阶段三是三维转换，运用工作模型的方法研究从平面到立体的转换，了解材料和肌理；阶段四是综合表达，将所有内容进行整理和编排，强调对过程阶段性和推进过程的展示。论文［5］进一步就构成课程如何适应建筑学专业的教学特点，以及两者如何衔接问题进行了研究和探讨，归纳并总结出现行“构成系列训练”阶段教程设置的概貌：

形态构成分析与转译(阶段一之形式之分析
阶段二之形式之转译
阶段三之形式之表达)

限定性环境科技构成(阶段一之空间之联想
阶段二之空间之创作
阶段三之空间之体验)

三是模型制作在教学中的作用获得充分的重视，形式上从追求还原性模型逐渐走向分析性模型。基于对某建筑特征的分析所做的有利于呈现自己分析和理解的模型，形式不限，必要时可采取剖切式模型、可变可拆可分离模型。于此，模型的意义得到了更恰当的发挥。

我院 2004 年前后一年级教学板块构成　表 5

学期	版块	作业内容	学时
一	建筑序论及初步认知表达	《空间.光影》作业	4
	基本线型练习	（1）铅笔线型和线型组合练习 （2）园林建筑墨线练习	16
	建筑图铅笔抄绘	经典建筑设计图纸抄绘	16
	徒手建筑表现图描绘练习	（1）建筑钢笔快速表现描绘 （2）建筑画钢笔淡彩	36
	建筑认知与实地测绘练习	校园建筑测绘+模型	24
二	平面构成	素色平面构成	16
	立体构成	（1）模型 （2）图纸表现	16
	形体与空间构成	（1）正方体九宫格模型 （2）图纸 ▲（3）限定环境的空间构成	24
	经典建筑作品分析	（1）模型 （2）图纸	32
	概念性建筑（准建筑）设计	（1）限定空间型（9mx9mx9m） （2）开放空间型（6mx9mx6m）	48

资料来源：笔者根据 2004 年前后教学任务书整理绘制

这个阶段的教学论文一方面关注教改内容，另一方面探讨设计思维、思维的切入方式等问题。如论文［6-8］从设计思维角度将话语思维引入教学，探讨其可操作性。论文［9］通过还原一个完整的教学过程，从选择设计题材入手，理性分析影响设计生成的要素，建构从抽象到具象的空间形态，最终实现完整的空间叙事。

2.2.3　空间操作训练时期

2010 年后我院引入建构课题，至此经历了从短题到长题的发展过渡，从局部的植入和探索开始，如今“建造”成为贯通“建筑设计初步”课程的教学主线，教学板块详见下表 6。

我院 2017 级“建筑设计初步”教学板块构成　　表 6

学期	版块	教学内容与阶段控制	学时
一	建筑认知与实地测绘	阶段一：尺度与空间感性认知 阶段二：基于身体尺度的建筑测绘 阶段三：建筑制图表达	32
	建筑材料与空间解析	阶段一：典例分析 阶段二：模型表达 阶段三：综合表达	24
	建筑空间元素与连接	阶段一：通过实例讲解材料连接基本知识 阶段二：杆件连接设计及构造处理 阶段三：综合表达	24
二	单一空间生成与表达	阶段一：典例分析 阶段二：典例模型重构 阶段三：综合表达	28
	复合空间的组合与表现	阶段一：二维组合练习 阶段二：三维组合练习 阶段三：复合空间建构	36
	实体建造	阶段一：独立构思和模型建造 阶段二：合作与优选模型建造 阶段三：足尺模型搭建	40
	概念性建筑设计	阶段一：形体模型推敲 阶段二：材料与结构表达的模型推进 阶段三：材料与结构表达的模型推进	40

资料来源：笔者根据 2017 级教学任务书整理绘制

在建筑学教育当中，一直并存着重建造和轻建造的两种倾向。张永和将“做”的精神引入并革新 MIT；日本的建筑学本科教育前三年是土木和建筑专业在一起上，建筑师的结构功底非常强；德语区的院校如 ETH 注重构造；AA 的教育理念非常自由，有手工搭建的构筑物，也允许完全没有力学基础的幻想建筑。在不同观念的冲击下，我们意识到建造的建筑学意义：它是建筑学的研究对象、物质基础和表达手段；对材料、工艺、构造和节点细部的忽视，让我们缺乏了创作的基础和原点[10]。在建筑创作中尊重结构逻辑、提倡结构理性是我们将要面临的方向。2013 年我院举办了由全体一年级学生参与的重庆大学第一届“建造季”学生建造竞赛活动，至今持续开展了六年。前两届以瓦楞纸板为建造主材；第三届拓展材料加入木材和竹材；第四届除了瓦楞纸板，加入了 PP 真空板、木、竹材料。初学者通过层层递进的手工操作过程去理解结构逻辑和建筑形态的内在关联性。通过建造节所获得的经验和知识，甚至可以伴随他们的职业生涯。

建造课题的引入促发了教学上广泛的思考和探索，例如论文［11-13］，论文［14］在教学中引入贴近日常生活的建造操作活动，来提升教学内容的趣味性和真实感，促进了各个教学环节的有效衔接。论文［15］对空间构成到建造实践教学转变过程的深层原因予以揭示，明确了教学中的目标指向。

一门课程如果能够较长时间地开设下去，说明课程探讨的是建筑学核心价值的问题，建造研究应该就是这样的课题，课程的形式和内容随着外在条件的改变而不断变化，可以预计这样的变化还将发生，我们也期待变化的发生，因为建造从来就是一种随条件改变而发生的活动。

3　结语

建筑学教学在持续地进行着系列的教改实践和教学体系的优化。诚然，我们需要总结的内容远远不止某一个课题。本论文通过梳理“建筑设计基础”课程历时性的演进，总结不同时期的教学内容与特点，发掘出各阶段在差异中有交叠、传承中更有发展。我们所践行的是寻找一条在原有体系基础上的微调与渐变、深化与优化，并非是颠覆性的“新”。在前行的过程中时不时地往后看看，这对我们找准前进的方向将大有裨益。

参考文献

［1］　阎波．中国建筑师与地域建筑创作研究［D］．重庆：重庆大学，2011.

［2］　陈纲，黄海静．建筑初步课程教学改革探讨［J］．重庆大学学报（社会科学版），2001（05）：203-205.

［3］　马跃峰，张庆顺．构成辅助设计启蒙——重庆大学建筑学专业构成系列课程教学改革研究［J］．建筑学报，2010（10）：32-35.

［4］　马跃峰，张翔，阎波．以环境要素介入空间生成——建筑学专业“空间构成”课程的教学研究与实践［J］．室内设计，2013，28（1）：6-10+27.

［5］　马跃峰，张庆顺．景观意识的融入：建筑设计基础空间教学研究［J］．中国园林，2011，27（7）：41-45.

［6］　戴秋思，邓蜀阳．“形”与“意”的思辩——建筑设计基础中的概念性建筑设计教学研究［J］．南方建筑，2013-10-31.

［7］　戴秋思，邓蜀阳．概念性建筑设计的切入方法与思维走向探讨［C］//全国高等教育建筑学学科专业指导委员会．2012 年全国建筑教育学术研讨会（论文集）．北京：中国建筑工业出版社，2012：230-284.

［8］　戴秋思，刘春茂．从话语思维到设计实践——限定环境要素的空间构成教学过程探究［J］．高等建筑教育，2011，20（2）：9-13.

［9］　戴秋思，杨威，张斌．叙事性的空间构成教

学研究［J］. 新建筑，2014（2）：112-115.

［10］包杰，姜涌，当前国内外建筑院校设计/建造课程的比较［J］. 建筑史. 2010：122-138.

［11］戴秋思，杨威，张斌. 基于建筑学专业低年级的建构教学实践与剖析［C］//全国高等学校建筑学学科专业指导委员会. 2014全国建筑教育学术研讨会论文集. 大连：大连理工大学出版社，2014.

［12］戴秋思，杨威，张斌. 建造视角下空间操作中的若干问题刍议——记“建筑设计基础”中的建造系列课程改革［C］//全国高等学校建筑学学科专业指导委员会. 2017年全国建筑教育学术研讨会论文集. 北京：中国建筑工业出版社，2017：516—519.

［13］张斌，杨威，刘智. 贴近日常体验的建造教学——以重庆大学建筑城规学院建造教学实验为例［J］. 高等建筑教育，2016，25（2）：105-109.

［14］杨威，邓蜀阳，阎波. 岂止于纸——重庆大学纸板建造实践［J］. 中国建筑教育，2015（1）：92-95.

杨青娟
西南交通大学；380882631@qq.com
Yang Qingjuan
Southwest Jiaotong University

基于 PDCA 的建筑学专业教学管理方法研究

The Research of Architecture Education Management Based on the Method of PDCA

摘 要：建筑专业教育需要持续的质量监控和反馈。本研究结合 PDCA 循环管理法，构建了多主体、多角度的计划、实施、检查、处理四阶段循环的教学管理方法。结合本单位教学研究和管理的改革探索，论文主要介绍了三个方面的研究内容，具体包括：四循环过程工作内容、相应问卷和调查方法、管理措施和体系构成。包括课程 IPA 问卷在内的相应调查问卷和教学管理体系构建清晰客观，具有较强的实施性，对建筑教学质量能起到很好的保障作用。

关键词：建筑教育；PDCA；IPA；教学质量管理

Abstract: Architectural education requires supervision and feedback constantly. This research combined the method of PDCA circular management, to set up a way of teaching management with the mode of a circulation: Plan, Do, Check and Action. Introducing exploration of the teaching research and management reform by the school of Architecture and design, Southwest Jiaotong University, three aspects are introduced: the major content of four-cycle working process, related questionnaires and investigation methods, management measures and system constitution. The construction of teaching management system which include the questionnaire of IPA (Importance Performance Analysis) is clear and objective, and has strong implementation.

Keywords: Architecture education; PDCA; IPA; Education Management

1 概述

建筑教育除了高等教育的基本特征和规律外，还特别突出实践性、创新性等方面的教学要求，类似师徒制等设计教学没有固定等模式和方法，教学质量也更难以准确评估。为了实现其教育质量的持续进步，必须使用适当的、稳定的流程来持续评估教学效果。专业教学评估即是与国际接轨的国家层面的教学质量评估体系。在这一框架下，各个建筑学教学单位也应该制定适用于本单位的教学评估和质量监控体系。

在教育质量监控相关研究中，有部分学者[1][2]已经提出将 PDCA 循环管理法运用于高等教育质量监控。其基本内涵是通过计划（Plan）、执行（Do）、检查（Check）和处理（Action）4 个循环过程，分析影响质量的因素，制定改进措施、执行计划、检查问题解决的效果、进行再改进和提高。李波、高丹[3]通过对 PDCA 循环特征进行了分析，得出了其运用与高校教学质量管理的必要性与可行性，并构建了 PDCA 循环理论在高校教学质量管理体系中的应用模式。许海深[4]等人基于 PDCA 方法构建教学质量监控和保障体系，通过教学状况的信息反馈，利用决策系统有效地调整教学活动和计划，从而提高教学质量。

因此借由 PDCA 的教学管理理念进行建筑学专业教育质量监控与管理是值得思考和探索，其有利于更好的提高人才培养质量，能有效保证教学效果达成教学目标，保证教学质量。

2 PDCA 简介

PDCA 的含义包括计划（Plan）、执行（Do）、检查（Check）和处理（Action）4 个循环过程。PDCA 循环又叫戴明环，是美国质量管理专家戴明博士提出的全面质量管理所应遵循的科学程序。PDCA 循环的实施，就是制订质量目标、执行计划措施、落实实施、持续反馈的过程，这个过程按照 PDCA 循环递进运转[4]。PDCA 循环模式强调高效合理的过程控制实施，强调在过程中不断自我发现、自我调节和自我完善，强调过程的不断流畅和不断进化。PDCA 循环每经历一次循环就会取得一次成绩，整体的质量水平就会获得一定的提升。如此逐步循环一次递进，质量能够得到持续提高，形成螺旋式上升。

基于 PDCA 的教育质量管理就是在教学过程实施"计划、实施，检查，反馈"循环过程，从单个课程、教学阶段和全过程多个层面重复这个循环过程。从而实现对教师个人和整体教学计划执行两个层面教学效果的全过程把控，并督促教学质量的不断提升。

3 PDCA 过程划分和内容分析

结合建筑学专业教学特点和人才培养需求，本研究提出了按照建筑学人才培养阶段设置 PDCA 过程，主要包括：教学计划制订、阶段人才培养、毕业生教学反馈和用人单位反馈多主体和多视角的参与。不同阶段针对特定的主体采用不同的调查问卷，以获得准确的信息，其相应阶段和问卷方法如下：

3.1 计划阶段（Plan）

根据专业教育目标以及专业实践、高等教育人才培养要求等相关教育教学目标、原则，教学执行机构制定专业教学计划，其中课程设置与内容、课程框架是非常重要的核心内容。学院对建筑学的课程框架进行深入剖析，完善了建筑学阶段培养目标，课程设置，结合既有的阶段明晰了素质与能力培养并重的培养框架，提出了课程优化建议。为了有效地开展教学质量管理，促使教学目标达成，构建了理论教学、实践教学和素质拓展"三位一体"的培养体系，针对不同年级的学习特点与需求分为专业基础阶段（一、二年级）、深化教育阶段（三、四年级）、综合提高阶段（五年级）三个不同阶段对学生进行培养，并设置以设计实践与理论课程为核心，人文与修养课程与科技知识与素质课程为支撑的三系列课程结构。

教学计划的效果需要进行实施、检查后反馈并不断完善和提高。

3.2 实施阶段（Do）

实施阶段的主体是教师，学院及系的教学管理起到了重要的保障作用。教师首先要了解自己所授课程的教学目标，在教学过程中，认真准备教学内容，设计教学方法，严格落实培养目标。系及学院环节保证课程开设的场地、设备需求，提供实施的基本保障。全方位地按照计划阶段所制定的目标与方案对学生进行培养。

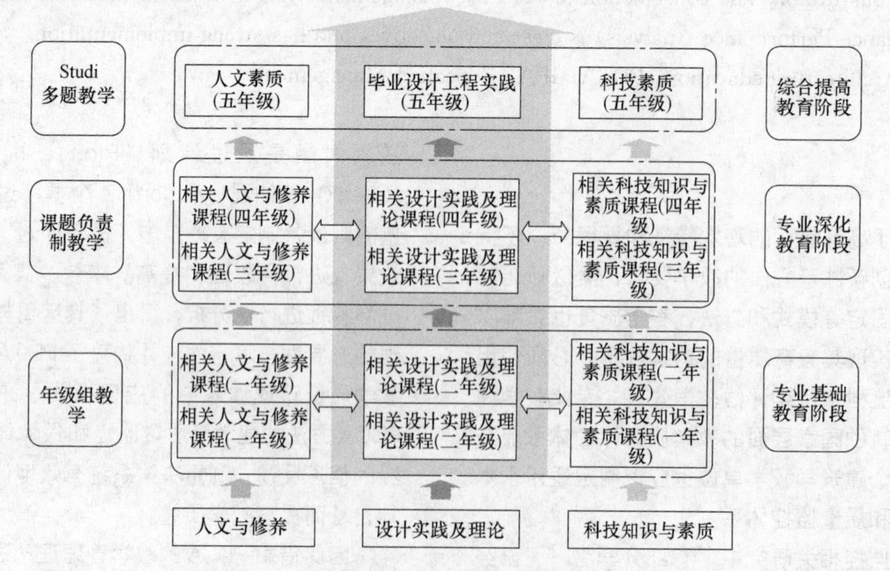

图 1 建筑学专业培养阶段划分（图片来自西南交通大学建筑与设计学院教学成果《建筑类专业通专结合的人才培养体系改革研究与实践》报告，2017 年四川省高等教育教学成果二等奖）

3.3 检查阶段（Check）

对任课教师、学生以及设计院等实践机构进行问卷调查，分别了解各专业老师对专业人才培养的意见和建议、学生对所学知识的掌握程度与对课程重要程度的认识以及实践机构对目前人才培养质量的反馈，包括：培养目标与设计实践需求的吻合度、建筑人才培养总体质量存在的问题等。其目标在于发现在某个阶段或某个环节实际教学效果与教学目标之间是否存在差异。针对具体的问题找出相应的影响因素，并提出后续改进措施和落实办法。我院结合教学阶段，针对任课老师、毕业生和设计机构设计了三种调查方法，不仅针对课程教学，也对教学计划、课程框架和教学效果进行调研和深度反思。

（1）教学三阶段问卷

采用分阶段问卷和访谈的方式，我院对三阶段（图1）培养目标和达成情况进行了资料和数据收集，设计了针对不同年级组教师的三份调查问卷，分别是：第一阶段（专业基础阶段）教学效果问卷；第二阶段（专业提高阶段）教学效果问卷；毕业阶段（综合提高阶段）教学效果问卷。相应问卷结果反映了阶段教学效果，也对课程设置调整、课程结构优化、课程内容更新等内容广泛收集了教师意见。

（2）IPA 课程调查分析

IPA（Important-Performance Analysis）是常用于旅游设施设计及运营的评价方法。借用这种方法，从总体上把握课程设置目标和教学效果的关系。课程 IPA 问卷针对建筑毕业生发放问卷，通过五级语意法调查对所有专业课程的重要性判断和满意度评价。再通过 SPSS 软件进行平均重要性和平均满意度的评价，绘制建筑学专业课程的 IPA 分布图（图2）。

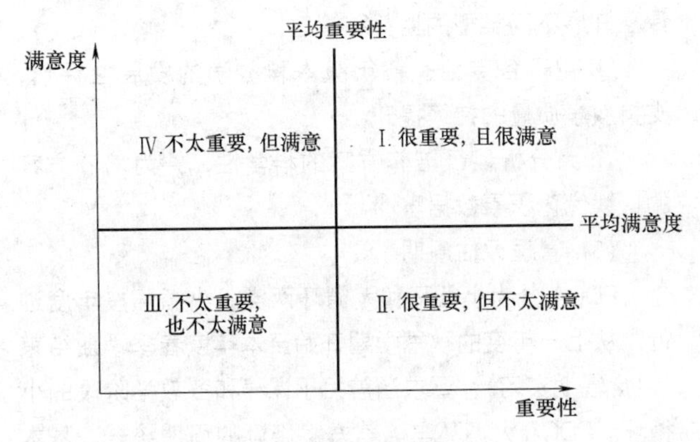

图2　课程 IPA 图说明

IPA 问卷反映了学生心目中的课程重要程度和满意度。位于不同象限的课程可以分成四类，针对不同类别管理措施所不同：

① 位于第一象限（非常重要且满意）的课程需要保持目前的教学质量；

② 位于第二象限的课程需要特别注意反思和问诊。学院安排听课、专家审查等环节要给予特别关注，督促尽快改善提升；

③ 位于第三象限的课程学生认为不太重要也不太满意。这类课程需要思考：为什么学生认为不太重要？是教学过程没有让学生认识到重要？还是确实不重要？针对不同原因，采取针对性做法，包括调整培养方案时优化课程设置，更新教学内容等不同后续追踪处理；

④ 位于第四象限的课程学生认为不重要但又满意的课程，这类课程从老师到学院都需要思考，是优化设置还是教学过程中强调课程的意义，让学生认识到课程的价值。

2018 年学院组织本届毕业生对所有专业课程进行了 IPA 问卷调查，平均满意度为 4.28。各门课程 IPA 象限分布图见图 3，学院已经根据课程的分布进行了讨论，对后续教学质量改进和培养方案修订进行了思考。

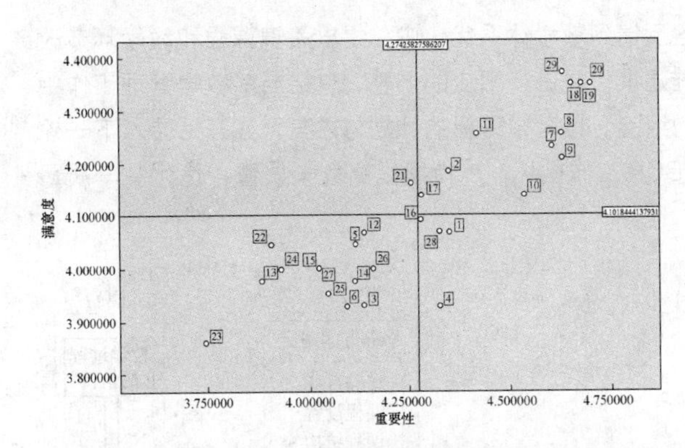

1.建筑设计基础Ⅰ 2.建筑设计基础Ⅱ 3.建筑构成 4.建筑构造 5.建筑结筑 6.计算机辅助设计 7.建筑设计AⅠ 8.建筑设计AⅡ 9.建筑设计AⅢ 10.中国建筑史 11.外国建筑史(英文) 12.建筑设备 13.建筑物理实验 14.建筑物理环境 15.城乡规划概论 16.建筑设计原理Ⅰ 17.建筑设计原理Ⅱ 18.建筑设计AⅣ 19.建筑设计AV 20.建筑设计AⅥ 21.城市设计 22.建构实习 23.工地实习 24.建筑表现 25.古建筑测绘实习 26.施工图实习 27.建筑设计快题训练 28.建筑设计实践实习 29.毕业设计毕业实习

图3　2018 年课程调研后生成的 IPA 图

（3）用人单位访谈研究

为了获取毕业生未来发展情况的反馈，与实习基地和用人单位进行多人次的访谈。重点获取用人单位对本院建筑专业本科教育及课程优化、学生个人能力侧重点、专业知识更新的建议，以便下一步优化培养方案，提升人才培养质量。

3.4 处理阶段（Action）

以系为主体、学院为管理方，对不同调查问卷和访谈结果进行数据统计和整理，分析总体教学质量，同时结合培养关键环节和要素的提取分析，将问卷结果等内容反馈到教学体系优化中，提出关键课程和教学环节改进建议，并进行相应的调整，总结当前教学管理工作中的经验。思考修订新的计划与方案，并开始转入下一轮PDCA工作循环，以持续提高教学质量，优化教学质量管理。

这个循环过程实质是计划、执行、检查、处理调整的循环过程，并且是不断重复不断螺旋上升的循环过程，以此保持学校建筑学教育的活力和生命力，实现教学过程中教师全方位的积极性与参与性。

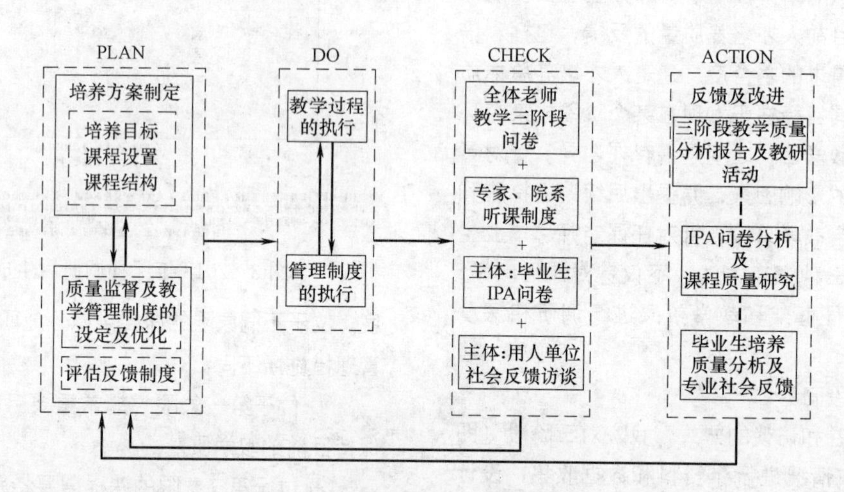

图4 教学管理PDCA流程与构成

4 学院PDCA教学质量管理实施办法和要求

PDCA教学质量管理的核心内容是教学单位本科教学质量保障体系的建设与实施情况。建筑学专业PDCA教学质量管理依托专业原有教学质量保障体系，但在工作内容和程序上需要进行针对性调整。其实施办法如下：

(1) 管理机构及其工作内容

由教学副院长直接领导的学院教学管理办公室负责本科PDCA教学质量考核工作的指导与审查，并组织专家开展对各专业的年度考核工作。管理工作具体包括：不同培养阶段教学效果反馈、PDCA过程落实监督、相关管理制度优化、分类课程督导等内容。

同时各系具体执行PDCA过程。以系为责任单位，针对具体专业每年按照各阶段要求开展调研、数据分析，针对性的进行教学研讨，开展课程审查，并最终提交总结报告。

具体的PDCA工作内容包括统计数据、报告评价和反思整改等形式。

·数据收集与统计　各系组织老师和学生参与PDCA教学质量问卷，与用人单位进行访谈交流。各系根据考核指标体系提供基本数据，并向学院提交数据统计和分析结果。

·报告评价　各系根据考核体系，撰写PDCA教学质量报告，主要整理并阐述上一年度在PDCA管理过程中发现的问题，并提出相应的整改措施。

·反思整改　学院教学管理办公室组织专家组和个专业教师代表，结合各系的报告内容，制定出新学年的教学改善思路、重点课程和管理目标。任课老师根据各种问卷结果反思自己课程等教学效果，反馈教学优化，并接受系和学院针对性的教学检查。

(2) PDCA管理结果应用

管理结果一方面用于各年级本科教学的发展性评价，支持教学质量的持续提升；另一方面分析现行培养方案的科学性，并为培养方案的持续优化积累数据。具体包括：

① 根据PDCA教学质量评价获得的IPA图对四类课程开展不同类型的监督和管理；

② 用于各专业、各年级本科教学的发展性评价，支持教学质量的持续提升；

③ 为分析现行培养方案的科学性，并为培养方案的持续优化积累数据。

(3) 管理评估周期

PDCA分为小循环和大循环两类。小循环按年度进行，从上一年度的秋季学期开始至本年度春季学期结束(包含暑期实习)，要求涵盖关于课程和各教学阶段的小循环。PDCA大循环与培养方案修订的周期统一，基本每四至五年进行一轮。主要内容是根据历年收集的数据和思考指导培养方案修订。

5 结论

基于PDCA的建筑学院教学管理方法评价强调多维度、多主体，保证对课程考核的横向广度和纵向深度，既考核课程本身的教学质量，又考核课程对整体人才培养目标实现的价值和意义，进一步支撑教学质量提升。在评价方法中毕业生问卷采取了IPA满意度评价方法。这是常用于旅游管理的一种方法，可以很好的判断相关课程的定位、意义及学生准确的心理评价，有利于评估现行培养方案的科学性，并为培养方案的持续优化积累数据。将PDCA的管理方法模式创新地用于教学环节，强调过程管理和循环提升，将不断深化教育教学改革，调动师生在教学建设、教学改革、教学组织与管理中的积极性和主动性。

参考文献

[1] 查建中. 工程教育宏观控制模型与培养目标和教育评估 [J]. 高度工程教育研究，2009 (3).

[2] 李波. PDCA循环理论在高校教学质量管理体系中的应用 [J]. 现代教育科学，2010 (5).

[3] 高丹，李国杰. 基于PDCA原理的高校内部教学质量监控体系构建 [J]. 中国农业教育，2010 (4).

[4] 许海深，刘君. 基于PDCA循环构建教学质量监控与保障体系 [J]. 齐齐哈尔大学学报 (哲学社会科学版)，2016 (2).

李琳
中央美术学院建筑学院
Li Lin
School of Architecture, Central Academy of Fine Art

从关键词研究到对关键问题的回应

——中央美术学院建筑学院十八工作室教学试验实录

From The Research Of Key Words To The Response To the Key Issues

—— Record Of Teaching Experiment Of 18 Studio Of The Architecture School of Central Academy of Fine Arts

摘 要：文本记录中央美术学院建筑学院 18 工作室在 2017-2018 年度的教学实践，介绍了工作室的建设思路、教学安排和教学成果。为了使毕业设计带有研究性的创作思路和深度，工作室逐步尝试了以关键词研究为带动，以设定设计关键问题并予以回应为模式的教学思路。

关键词：18 工作室；关键词；关键问题

Abstract: This paper records the teaching practice of 18 Studio of the architecture school in the period of 2017-2018, introduces the construction idea, teaching arrangement and teaching achievement of the studio. In order to make the graduation design with creative thinking and depth, the studio has been experimenting teaching ideas with key-word research as a driving force, set design-critical questions and then respond to them as a pattern.

Keywords: 18 Studio; Key words; Key issues

中央美术学院建筑学院自创设之初便坚持培养“有艺术家素养的建筑师”，也借鉴了一些美院其他艺术类专业的培养模式，包括进入高年级之后的毕业班工作室制度，每个工作室有明确的责任导师和学术方向。本科学生将在四年级第三学期进入各个毕业班工作室，先完成设计机构实习等课程，然后进入最后一年的课程学习和毕业创作，并最终以工作室为单位组织毕业创作展作为教学成果的呈现。本文记录中央美院建筑学院第十八工作室在 2017—2018 年度进行教学试验的思路、过程及成果，作为这短暂时光的总结，也为进一步反省与辨明方向。

1 工作室建设思路

十八工作室兼收建筑学专业方向和城市设计专业方向共 9 名学生，依托大建筑学的专业背景，希望发挥导师的城市研究特长以及学生对现象敏感，对设计执着等特点，共同以设计为载体开展对于未来城市生活的想象与试验。在一年多的教学实践中，工作室坚持的指导思路体现在以下三个方面：以城市立场介入建筑设计，以历史观点研究城市未来，以设计思考带动设计过程。

1.1 以城市立场介入建筑设计

我们从来都不能孤立地看待建筑单体的生成机制，城市的立场一方面能帮助学生建立能完整的设计格局，带动能真正影响城市环境的局部设计；另一方面从更大角度考量的设计需求往往也是寻找设计线索的重要出发点和源泉。

1.2 以历史观点研究城市未来

工作室同样希望在设计研究中能更多地开展对于城市和建筑未来发展可能性的想象，如果在教学中不能启动学生对于影响城市发展动态要素的认识，那么将错失教育本身的良机。但同时我们坚持，对城市未来的研究必须建立在对过去和历史有着充分了解的基础之上，因此可以这样看待我们此次毕业设计的主题："向未来学习"，即以开放心态接纳人类正时刻奔向未来的现实，学习过往应对这一现实的经验，并以当下高度复杂、多元和技术性为背景，形成有利于开展对未来想象的视角和途径。

1.3 以设计思考带动设计过程

最后一年的毕业设计阶段是对五年学习的阶段性总结，同时为了让毕业设计有区别于以往课题的思考和设计深度，那么就需要进行设计前的研究性铺垫，多看多想，带动设计的主观能动性，并挖掘学生自己比较感兴趣的议题，培养和锻炼对这一议题跟踪性研究的能力，最后通过设计语言将对它的理解进行呈现。

2 工作室教学安排

毕业班工作室 2017—2018 年的教学周期为从去年的 5 月到今年的 6 月，期间要完成教学大纲中的几个规定动作：施工图设计课程，设计机构实习，设计训练，快题设计课程及毕业设计等。除毕业设计之外，其余课程要求在第一学期结束前完成，而我们工作室为毕业设计进行的研究准备在第一学期也已经开始。因而从十八工作室服务于毕业设计的教学安排来看，可以分为工作铺垫、前期研究、设计选题、设计研究和设计解答等五个部分。

2.1 工作铺垫

这一过程开始于去年的第三学期，根据教学大纲对工作室安排的要求，需要实现的教学目标是通过施工图课程学习和设计机构实习，从设计深度上了解建筑设计的全过程阶段，通过快题设计课程训练学生快速设计以及设计表达的能力，也为报考研究生和毕业后就业的考试做些准备。这个阶段十分紧凑，工作室的施工图训练课程由清华建筑设计研究院六院副院长袁凌合作指导。

2.2 前期研究：关键词选择

从这个阶段开始，工作室比较注重打开学生的研究思路，在追随自然态势及社会发展脉络的同时，鼓励通过对城市微小变化的观察，帮助形成关于社会生活规律之洞见。为了让这一教学目标有现实的实现途径，我们设定了一个研究的标的物：城市便利店。针对这样一个城市发展到一定阶段的产物，我们能从它的发展历程、社会经济的影响要素，国内外便利店的异同，连锁便利店和传统便利店的区别、便利店选址要求，便利店空间设计特点，便利店背后的供应网络，现代技术在便利店中的应用，以及便利店的未来发展趋势等各个角度进行专题的讨论。期间我们发现，当前城市中任何微小个体都是城市发展和人类进步的缩影，能看出人们生活方式的变化，以及社会产品应对生活需求变化而做出的回应，而对这以过程的认知对于正确认识设计的价值和目标有着十分重要的价值和意义。

也是在这一过程中，每位同学都找了研究的兴趣点，亦即我们自主研究的第一步：关键词的选择和探讨，作为我们此后每周一次讨论课的主要议题。这些关键词包括：移动、联合、自媒体、共生、社群、学习、像素、叙事、人工智能。要求大家从这些关键词的概念，对人类生活的影响，对城市空间的作用，能体现这些影响和作用的案例等几个方面进行逐层深入的研究，经过这一过程，大家的研究视野被逐渐打开，这对后续的设计选题和设计研究都起到了积极作用。

2.3 设计选题

十八工作室比较强调建立在整体研究框架下的设计自主性，因此经过了关键词研究的阶段，鼓励每个学生为自己的研究兴趣点寻找一个设计载体，并作为设计选题。在这一过程中，指导老师根据学生的特点和选题方向，引导和判断选题的可行性，基地区位和范围，以及设计的预期目标。这个阶段在第一学期的后期以及第二学期的最初开展，有些同学选题较为顺利，有些则经过了反复的比较和推敲最终确定，相比过去按照任务书来进行设计的过程，这一阶段在一开始比较困难，但从锻炼和训练高年级学生的设计敏感度和自主研究能力看，这又是帮助能力进步的一个重要手段。

最终工作室九位同学的选题围绕三个类型开展，即“城市：生长与更新”；“社区：再造与服务”；“事件：参与及激励”。均从自身观察与体验的角度，向愿景提问，或多或少，或远或近地直面城市空间向更高效和更高质方向迈进的需求和努力。城市类型中有3位同学报名参加2018年全国建筑学专业“8＋”联合毕业设计，探讨重庆九龙半岛的城市更新和活力激发的可能性，另外两位一个关注未来城市形态，一个聚焦北京环铁地区艺术区与当地居民互利共生的可能模式。有另外三名同学分别希望通过在社区中置入以图书馆为主要功能的社区文化中心，以改善老旧社区便民服务设施为目的的综合性菜市场和老年公寓，以及回应自媒体时代年轻人需求的青年公寓，这三个设计载体来探讨社区未来综合提升的几个专注点。还有一位同学希望为央美百年校庆这一事件创造一个纪念性的庆典场所。

2.4 设计研究：关键性问题提出

在确定最终选题之后，摆在老师和学生面前的有两大困难：其一由于自主选题，往往选题较难，而且同学们设计预期较高，但距离最终开始毕业展的时间已经不到三个月，时间紧，任务重；其二工作室选题类型多样，之间的联系较少，给课题指导也带来一定的难度，为了每次指导都能对设计有所推动，上课中常采用集体讨论的方式，制定设计进度的周期安排表，并根据最后确定的展览时间进行实时调整。

当然，随着对课题了解和思考的深入，设计方向也在讨论中渐渐明晰起来。工作室教学中希望每个学生能够把握该用地和周边环境的特点，提取其中的核心信息，指出此次设计有针对性的关键性任务，成为能够指引方案生成，并不断深入和反思设计合理性的重要线索。这一关键性问题的确定对于此次毕业设计的深度和广度起到了很好的支持作用，相当于在前行道路上点亮了一盏明灯。

2.5 设计解答：关键性问题回应

在最后阶段的设计过程，就是各自针对确定的场地关键性问题做出回应的全过程。其中有几点我们一再强调：一是这个关键性问题是设计的线索，该问题的确定也不是一蹴而就的，需要经过一定的设计周期和多方案比较才能最终确定，因此一旦确定，是否对该问题有所回应成为设计逐步深入，并在各阶段予以评价的要点；其二，每个方案选取的场地都处于复杂的城市环境之中，除了关键性问题，必定会有该场地自身需要解决的基本问题，因此处理这些问题之间的关系，并使之相互促进，也是教学的训练目的之一；最后解决该关键性问题的策略和手段需要在设计的方方面面体现，包括整体的环境联系，场所内原有活动与新增减内容的关系，策略在空间上的体现，空间又如何引导新的使用模式等等。举李策同学的毕业创作为例，他在前期研究中对自媒体非常感兴趣，因此结合当前年轻人的居住和工作需求，希望探讨职住结合的年轻人社区，并将问题设定为：如何在有限的“未定义空间”内最大限度地实现人类无限的“自定义行为”？同时由于基地选址于北京二环以里，在老城区的边缘，因而又肩负着以年轻人的活力激发老旧社区的责任，所以最后的设计成果是一个综合考量的结果。参加重庆八校联合毕业设计的三位同学在激活九龙半岛的整体策略下，也提出了针对各个地块的关键性问题，但仍然需要讨论三个方案在场地和活动上的相互衔接。

3 工作室教学成果

经过五年级第一学期的设计准备和第二学期的毕业设计阶段，工作室于2018年5月底完成所有设计及布展工作，在这一年多的时间里师生充分交流，共同学习，营造了良好的工作室氛围。最后每一位学生都全面展示了自己的特长和在明确目标指引下的努力，总结他们从关键性问题出发进行的设计内容可以以下图（图1）概括。

3.1 毕业展览与答辩

毕业展览是中央美术学院的传统，也是最终检验和展示毕业创作成果的重要平台，每年的展览时间一般为一个月，供专业人士和公众指正。期间还会安排毕业工作室的评图，以及学院内部的设计评优工作。经抽签，十八工作室的展位位于建筑学院7号楼7层中庭，如图2、图3所示，基本反映出十八工作室展览概貌。

工作室毕业答辩于6月5日在7层中庭进行，答辩评委有中国科学院大学教授张路峰老师，维思平创始合伙人吴钢老师，北京市建筑设计研究院原九所所长杨洲老师，以及中央美术学院建筑学院教授程启明老师，答辩过程几位老师思路开阔，提出了许多中肯并有建设性的意见，作为学生临毕业前的最后一课，师生都有很大收获。其间既谈到建筑的本体问题，也谈到现在的学生应当具备哪些素质，以及毕业后如何选择自己的人生道路，都对学生有很大启发（图4、图5）。

生长与更新 | **关于城市**

李春蓉—关键词：后电厂精神—设计题目：汽机轰鸣——重庆发电厂汽机间更新计划
（废弃电厂如何在艺术的介入下实现“再发电”？）

梁志豪—关键词：共生机体—设计题目：共生机体——新型工业艺术游乐馆
（艺术与工业的互利共生如何驱动场所能量的转换与再生？）

房 潇—关键词：工业记忆—设计题目：又见黄桷——重庆工业文化演艺体验中心
（如何以艺术的生动形式与展演活动纪念一个文明时代的过去？）

李晨澍—关键词：再生—设计题目：废墟代谢——后工业时代下的城市革命
（如何在新技术发展下重新定义未来可能的城市形态？）

肖天植—关键词：渗透、编织—设计题目：生长的边缘——环艺艺术区迁移计划
（城市更新中是否能通过与在地功能的叠加，促进相互之间的渗透与融合？）

再造与服务 | **立足社区**

李 策—关键词：自媒体—设计题目：空间梦游者——自媒体创客住宅
（如何在有限的“未定义空间”内最大程度地实现人类无限的“自定义行为”？）

李慧鹏—关键词：联合—设计题目：“石叠”——红领巾社区图书馆建筑设计
（如何为市民创造内涵多样，文化精神富足的社区活动中心？）

蔡成凯—关键词：便民—设计题目：“菜市场+”和平里十四区便民服务中心
（如菜市场、社区中心等便民服务设施能否较好地植入老旧社区，并尊重和保护原有购物及交往模式？）

事件与激励 | **关于事件**

丛啸宇—关键词：百年校庆—设计题目：回响——以央美百年校庆为背景的庆典空间
（以事件为契机 能否用纪念性构筑物激励情感的共鸣？）

图1 设计题目与关键词和关键问题总述

图2 布展现场照片一

图3 布展现场照片二

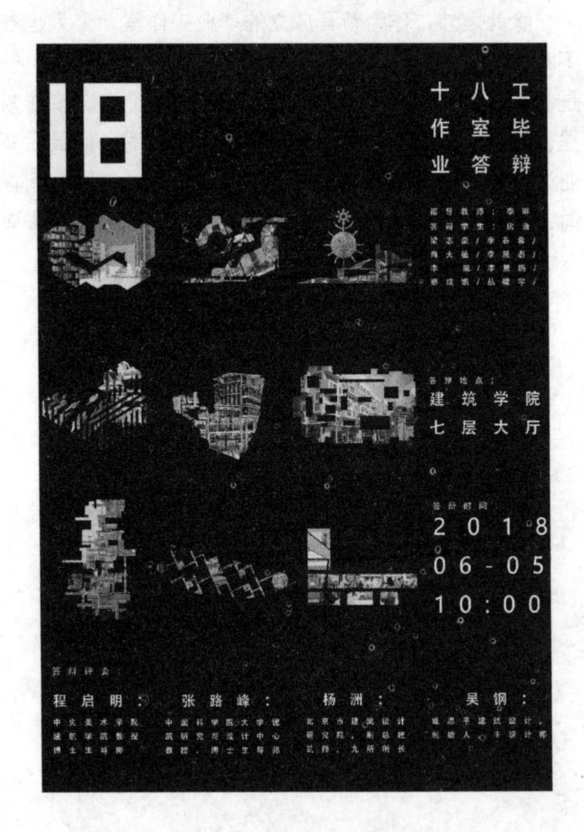

图4 18工作室答辩海报

图5　18工作室答辩现场

3.2　成果得失与总结

总体说来，在十名师生心血的精心浇灌下，这一年十八工作室满负前行，一来在总体上实现了预定的教学目标，贯彻了教学思路，亦即收获了不错的教学成果，每位同学较之一年前都更加明确了自己的擅长和未来的方向，可以说令人欣慰；此外长时间的相互浸润也培养了深厚的师生友情，为共同目标而努力的过程也令人难忘。最后工作室的两名学生分别获得了毕业设计一等奖和三等奖的好成绩，并在学院外请专家召开的评优会上得到认可，其中梁志豪同学也作为建筑学院唯一代表获得了中央美术学院“千里之行”的提名奖（一等奖空缺）。

除此之外，作为新晋成立的毕业工作室，个人也在不断积累教学经验，其中有两个方面需要继续探索，一是教学总体安排中，毕业选题的确定时间还应该往前提，如果能在第一学期期末就明确，那么同学们最后毕业设计的周期便可以增加，今年由于毕业展开展时间提前，最后只剩下三个月左右完成高强度设计，显得非常局促；其二，在教学预想中，作为指导老师，我总是希望学生能在建筑和城市设计的过程中加入艺术性的思维，也充分发挥美院的特长，因而邀请了长期在建筑学院执教的造型老师加入指导，但由于比较紧凑的教学安排，以及建筑设计和城市设计专业本身的复杂性，双方尚未找到有效的沟通交流方式，因而最初的设想也束之高阁，略有遗憾。但是设计与艺术进行结合的大方向不会变，希望日后有机会再进行尝试。

综上，此次连续一年的长课题安排对于每一个工作室成员来说都是一个特殊的体验，也因为课题的总体时间较长，才有可能去实践从关键词研究到对设计关键问题的提出和回应，这样的教学构想。作为一次试验，有得有失，但为日后继续前行做了一次有益的探索，还需继续前行。

参考文献

[1]　吕品晶. 建筑教育的艺术维度——兼谈中央美术学院建筑学院的办学思路和实践探索 [J]. 美术研究，2008 (1)：44-47.

[2]　林·范·杜因，包志禹. 以研究为导向的建筑教育 [J]. 建筑学报，2008 (2)：9-11.

[3]　李洁. 建筑学专业人才培养模式创新研究 [J]. 时代教育，2012 (5)：37.

[4]　丁沃沃. 过渡与抓换——对转型期建筑教育知识体系的思考 [J]. 建筑学报，2015 (5)：1-4.

胡英杰　田勇
河北工业大学；hu _ yingjie@qq. com
Hu Yingjie　Tian Yong
Hebei University of Technology Author Affiliation

基于“卓越工程师培养计划”及其升级版背景下的建筑设计课程教学改革的实践与思考
——以河北工业大学建筑学专业三年级民用建筑设计课程为例*

Practice and Reflection on teaching reform of Architecture Design Based on the “Program for Cultivating Extraordinary Engineers”

摘　要：基于“卓越工程师培养计划”的指导思想，河北工业大学建筑学专业本科三年级专业设计课程教学组数年来不断探索和尝试，取得了不少的成绩和变化也走了不少弯路。回顾建筑设计课程教学的变化，可以看到这个变化是“教与学”正在由封闭的“环”转变为向各个方向延展的“网”；教学活动由以教师中心到以市场需求为导向再到以创新型人才培养为中心；从促进学生接轨社会要求为出发点到以“大科学观”“大工程观”的社会需求为出发点；知识传播途径也由单向单维度向立体多维度转变。未来我们将继续“落实以学生为中心的理念，加大学生选择空间，方便学生跨专业跨校学习，增强师生互动，形成以学习者为中心的工程教育模式”。

关键词：卓越工程师培养计划；教学改革；建筑设计课

Abstract: Based on the guiding ideology of the “Excellent Engineer Training Program”, the teaching group of the design course for the junior undergraduates of Architecture Specialty in Hebei University of Technology has been exploring and trying for several years, and has made a lot of achievements and changes, and has also taken many detours. Reviewing the change of architectural design course teaching, we can see that this change is “teaching and learning” from the closed “ring” to the extension of the “network” in all directions. Teaching activities are centered on Teacher centered, market oriented and innovative talents training, From the starting point of promoting students to meet the social requirements to the starting point of the social needs of the big-science view and the Large-scale Engineering Perspective, The way of knowledge transmission is also changing from unidirectional single dimension to three-dimensional multi dimension. In the future, we will continue to “implement the student-centered concept, increase the space for students to choose, facilitate cross-disciplinary cross-school learning, enhance teacher-student interaction, and form a learner-centered engineering education

* 2016-2017 年度河北省高等教育教学改革研究与实践项目，项目号：2016GJJG026。

model”.

Keywords: Program for cultivating extraordinary engineers; Educational reform; Architectural design course

1 引言

“2010年我国启动了‘卓越工程师教育培养计划’(以下简称‘卓越计划’)。从设计理念上看，卓越计划具有三大特点：行业企业深度参与培养过程，学校按通用标准和行业标准培养工程人才，强化培养学生的工程能力和创新能力。”

2017年2月以来，教育部积极推进新工科建设，先后形成了“复旦共识”、“天大行动”和“北京指南”，并发布了《关于开展新工科研究与实践的通知》《关于推进新工科研究与实践项目的通知》，全力探索形成领跑全球工程教育的中国模式、中国经验，助力高等教育强国建设。

2017年6月，教育部副部长林蕙青指出“打造‘卓越工程师教育培养计划’的升级版…”高教司司长吴岩也提出“新工科是‘卓越工程师教育培养计划’的升级版”。教育部也发布正式文件称“将拓展实施‘卓越工程师教育培养计划’(2.0版)”。

“民用建筑设计”是建筑学专业的核心课程，该课程在三年级教学中包括文化建筑设计和建筑改扩建两个部分，分别安排在第五、六学期进行。在设计基础原理，建筑结构及选型，中国建筑史，场地设计、建筑构造，建筑物理等等先行课程的基础上，是建筑设计系列课中对设计能力培养的深入发展阶段，是学生在设计基础课学习完成后继续拓展和深化、表现方式上由手绘出图为主向电脑出图为主的转变，是建筑学专业课程体系的关键课程。

为响应教育部的“卓越计划”，为促进学生接轨社会要求，提升学生的工程素养，提升工程人才培养质量，河北工业大学建筑系基于“卓越计划”在三年级民用建筑课程的教学体系，教学方法等方面进行了数年的探索和尝试，不断完善教学方案，优化教学计划。取得了不少的成绩和变化，为了能够更好的面对新时期“工程教育”新的需求和挑战，我们总结以往希望能够为今后的教学发展获得更多的启示和途径。

2 初步教学改革

基于行业发展，对于设计人才提出的新要求，最初的构想是，从行业对从业者素质的需求出发，培养学生专业能力，促进学生在毕业后能迅速的适应设计院工作环境，更好地适应社会。2010年“卓越工程师教育培养计划”的提出，成为这一阶段教学改革的指引。

2.1 建筑设计行业对从业者的能力要求

分析设计单位项目流程，设计工作要求从业者应具备出四个方面的能力：学习能力、方案构思与设计能力、团队成员合作能力、表达能力。

2.2 基本思路

基本思路在于，分析设计单位方案部门工作环境特点、设计院项目的运作流程以及成果要求。从能力培养的角度，在任务编制、教学环境、教学环节设置、教学组织、评价方式等环节创造一种类似设计院的工作场景，对学生进度、学生作品内容进行社会情景的模拟控制。在“虚拟的工作场景”中学生可以全面体验设计院的工作内容、工作流程、管理方式和工作氛围；有利于形成自主学习意识，有利于建立团队合作意识；有利于培养设计创新意识。

(1) 任务编制以实际项目为依据，以真实的基地和社会需求作为训练题目，从任务编制上体现现实情境与法律法规对于建筑方案设计的影响。

(2) 教学形式由原来在专业教室学生徒手绘制、教师辅导为主的形式转变为，“集体讨论+集中讲解+一对一交流”多种模式；教学环境也有原来的专业教室授课为主转变为“圆桌会议+小型沙龙+讨论组+多媒体教室”多种环境组合；表达与表现形式由原来的徒手草图转变为“模型+电脑辅助+草图”等多种表现形式展示自己的方案。

2.3 教学方法优化

(1) 教学环节控制

将设计单位一个项目过程进行分解，可看到设计单位的工作流程分为七个阶段，如图1所示。

在教学环节设置上对设计院的工作状况进行情景模拟，如图2所示。

课程的教学组织分为五个环节：

环节一：对应设计单位的项目启动程序（介绍任务书项目基地情况，业主意图），课程采取集中授课，介绍阶段训练目标、课程训练基地与任务书；讲授相关理论，介绍相关规范与规定并布置课后自学任务。要求学生收集和整理基地信息，制作电子模型和实体模型，为设计准备第一手的设计分析资料。

	开会—项目启动	过程—前期分析与概念方案	开会—讨论	过程—方案深入	开会—讨论	过程—修改	开会—汇报
时间	1.5～2小时	4～5日	2～3小时	5日	1.5～2小时	1～2日	2～3小时
内容	·召集团队开会 ·介绍项目基地、任务书，业主意图	·基地踏勘 ·分析基地 ·案例分析 ·落实任务书指标并分析功能布局 ·出三到四个方案(功能策略，体型推敲)	·组员汇报人均2～3个方案 ·明确一到两个方案继续深化； ·总工控制方向	·功能结合结构调整； ·Sk模型与实体模型建立并建筑体量推敲； ·流线组织； ·推敲指标 ·结构体系确定 ·结合案例深入设计建筑形象	·针对功能，流线进行讨论提出建议； ·针对建筑体型与立面设计提出建议	·修改会议提出的问题； ·结合案例调整设计； ·制作汇报文件 ·制作汇报模型	汇报设计
形式	·拍摄照片； ·制作场地实体模型，电子模型	·搜集案例 ·手绘草图与电脑工具结合 ·手工模型—基本方案体块	PPT(方案设计理念)， 案例图片，设计意向图片 基本方案体块(实物或者SU	·实体模型(体块) ·SU模型 ·平、剖面图 ·指标	建筑平、立、剖面图打印A3，PPT展示相关分析图，模型渲染小稿	修改平面，立面，总平图并填色。方案效果图制作	·PPT ·手工模型 ·效果图
备注	·设计人员查阅相关规范及规定，并根据规定进行基地分析 ·个人为单位	·设计人员查阅相关规范及规定，并根据规定进行基地分析 ·个人为单位	项目组内工作人员讨论提出建设性意见； 总工把握方案发展方向	2～3人		主要设计2～3人 效果图辅助1人	

图1

	讲课—介绍训练题日	设计课—前期分析与概念生成阶段	评图课—第一次评图	设计课—方案深化阶段	评图课—第二次评图	设计课—方案细化阶段	评图课—第三次评图	设计课—方案成果系统表达阶段	评图课
时间	1.5～2小时	10日	4小时	7日	8～9小时	14日	4小时	14日	8小时
内容	·集中援课 ·介绍阶段训练意图与目标 ·课程训练任务相关理论讲授 ·介绍项目基地任务书，训练意图	·基础踏勘， ·场地分析与交通组织， ·案例分 ·教师辅导学生落实任务书指标并分析功能布局 ·每个学生出三到四个安案(功能策略，体型推敲) ·空间形态思考	·学生分组进行汇报 ·教师对方案提出建议	·功能结合结构调整； ·SU模型与实体模型建立并建筑体量推敲；推敲和基地周边环境关系 ·流线组织 结构选型与内部空间 ·细化场地设计 ·推敲指标 ·制作1:200模型，推敲结构与室内空间，建筑虚实关系，材料选择	·针对功能，流线进行讨论提出建议； ·针对建筑体型与立面设计提出建议 ·针对结构休系与空间塑造提出建议	·建筑室内外空间序列组织，与场地设计； ·确定建筑室内外交通组织 ·确定建筑风格及体型组合，对立面处理、门窗形式及有关尺寸进行推敲； ·制作1～200方案推敲模型。 ·对方案进行技术分析 ·推敲具体设计指标的详细	·针对A1图版布图，用色进行检视 ·对训练内容的图纸进行逐一审查，提出成果预期 ·结合模型检视室内外空间塑造， ·确定结构类型与布置 ·检查指标落实情况	·绘制方案阶段的建筑平、立剖面图 ·绘制建筑总平面图 ·绘制各分析图 ·制作效果图 ·绘制节点图 ·制作模型	·学生分组进行汇报 ·教师对方案进行指导与评价
形式	·拍摄照片 ·制作场地实体模型，电子模型	·手绘草图方案设计理念， ·案例图片，设计意向图片， ·基本方案体块(实物或者SV)	·设计草图 ·1:500模型	·手工模型 ·SV模型 ·平面图 ·指标	·A2图纸 ·1:200手工模型	·CAD图绘制 ·模型建立 ·手工模型制作 ·相关分析图制作	·CAD图纸 ·模型 ·相关图纸的参考案例	·带有布展性质的A1图纸 ·手工模型	·A1展板 ·各比例模型
备注	·教师介绍相关规范与规定并指导学生查阅 ·个人为单位	·教师介绍相关规范与规定并指导学生查阅 ·教师需辅导学生根据规范对基地进行分析 ·个人为单位	教师需要对学生的方案提出建设性意见；积极引导学生避免推翻之前的构思	·教师需辅导学生进行结构选型并结合功能空间关系细化合理 个人为单位	每两个老师评一组同学的方案提出建设性意见；积极引导学生	个人为单位		个人为单位	教师对成果予以评价
	环节一	环节二		环节三				环节四	环节五

图2

环节二：对应设计单位的前期调研分析与概念生成阶段（现场调研、基础资料整理分析、设计意向提出）组织学生进行两方面工作，一是对项目基地进行踏勘，进行基地分析；二是典型案例研究调查研究。辅助学生落实任务书指标并分析功能布局。通过调研有利于学生更真切地理解项目基本情况，有利于制订具有针对性的设计方案。要求学生以个人为单位，完成基地分析，发现问题，解决问题思路，案例分析、设计意向草图、概念方案（2～3个）等相关图纸绘制，将调研报告与案例分析成果制作为多媒体文件向教师汇报。

环节三：对应设计单位方案生成与深化阶段（方案生成、比较、深化），课程组织分为两个阶段：方案生成阶段和方案深化阶段。两个节点：方案生成阶段评图和方案深化阶段评图。方案生成阶段要求学生在概念方案的基础上，与教师讨论比较遴选出有潜力的方案进行进一步设计，该阶段的节点为一次重要的评图，评图专家由任课教师与设计单位工程师共同担任。方案深化阶段，学生综合评图专家意见在教师的辅助下进行方案优化与细化。对应的评图节点，实为控制进度与预审。教师依据《建筑工程设计文件编制深度规定》对训练内容的图纸进行逐一审查，并提出成果预期。

环节四：对应设计院的成果编制阶段．课程组织成果编制环节．修改完善上一阶段成果，绘制效果图、分析图。根据任务书要求，编制带有布展性质的A1图纸，制作手工模型。

环节五：对应设计单位的成果汇报，这个环节会邀请设计院从事一线方案设计的工程师、学院教师作为评委来对学生的最终作业成果进行评图，评图之前一周将课程训练目的课程设计任务书送交到各位评图专家处，以方便“评委”熟悉相关信息。评图课一般分为两个内容，第一部分内容模拟现实评标的情形或者是设计师向甲方汇报的情形；第二部分内容是年级师生总结会，类似于设计单位的方案设计总结会。

(2) 教学组织

教师牵头组织设计小组，引入“团队概念”，建立团队意识，每个设计小组人员上由学生自行搭配，组成人数一般为10～13人。团队在现状调研、方案评图、专题讨论等阶段协作完成训练任务。在“团队”里教师的角色发生转变，教师由“教导者”向“协助者”方向转变，类似于设计企业的“所长”更是主导设计教学的总设计师和责任老师。作为“所长”“总工”教师需要“辅助”学生将构思落地，需要对学生方案进行方案深化的讨论与点评。

在教学组织中引入新的成员“设计院建筑师和工程师”作为“客座教师”。在教学环节，“客座教师”结合实际工程有针对性的进行专题讲座；在评图环节“客座教师”能够更多的从实施工程的可能性及相关规范规定来讨论分析学士方案的优缺点。

(3) 专题讲座

教学环节的设计上采用专题式穿插教学，分为两种类型，一是在每次开始训练课题之前除了集中授课外都由教师或由设计单位工程师进行将设计中的核心知识点设计成相应的专题进行讲解。二是在课程当中，教师将设计难点和训练中遇到的疑惑进行梳理后进行专题讲座。

(4) 强化评图环节

评图活动对应设计单位的“方案讨论”和“小型评标”，分为组内评图，组间互评，最终评图。组内评图中学生互相学习讨论，教师参与指导。组间互评时设计小组的教师穿插到其他小组进行评图既是指导教师又扮演“甲方”的角色。

(5) 成果控制

标准：教学成果的控制按照《建筑工程设计文件编制深度规定》中方案设计的内容编制要求，同时参考设计单位在参与一般性建筑投标时提交料的要求控制学生作品的表现形式、设计深度。

形式：要求和鼓励学生采用多样化的成果形式表达设计理念，分数评判依据包括四种形式：手绘成果（方案阶段草图）、电脑出图（A1图幅展板及光盘）、PPT汇报文件（现场调研及评图汇报），各阶段方案模型、室内空间模型。

综合能力：成果控制不仅针对方案设计能力，还关注学生的综合能力（包括工作态度、创新能力、团队配合、学习能力等）。在整个教学过程中组织学生进行案例分析、现状调研、方案评价、方案汇报等环节，模仿设计院项目的运作流程以及成果要求，引导学生成为主动学习、积极交流、有团队意识、善表达、勤动手、有创新能力的专业人才，贴近设计院对设计师的能力要求。

2.4 总结

设计院情景模拟，“为学生创造了一个接近于真实工作情景的学习环境”，在此基础上构架的民用建筑设计课程的教学程序及教学方法，提高了教学质量和教学效率，使学生在知识、能力、素质等各个方面得到了发展。

3 新时期的探索与尝试

近年，悄然来袭的新工业革命正在影响和改变工程项目的方方面面，新工业革命对工程教育提出了新的需求。2017年，教育部提出“新工科”建设，以及其后形成的“复旦共识”、“天大行动”和“北京指南”，成为我们思考和践行专业设计课程的教学改革的引领和依据。

3.1 基本思路

“树立专业就是若干课程或实践的集合的概念”。扎实基本功的同时，积极拓展知识外延，打通各课程之间的隔膜，构建全方位立体的知识体系。精细化校企合作，建立“真实环境的实践教学”的平台。给予学生足够的选择权利，并据此建立新的学习制度。

(1) 以设计课为主轴，设置原理课支持原理课的创新、实践、思维等能力培养，同时拓展跨学科跨专业的知识外延。

(2) 探索“工学交替”的实践教学模式，与企业进行精细化合作，积极创造条件实施“真实环境的实践教学”。鼓励学生走进企业、行业部门进行实实在在的生产实习。

(3) 建立与毕业生工作的单位建立沟通的渠道，积极了解用人单位对于毕业生工作的反馈，了解企业对于人才素质培养的需求。

3.2 改进与探索

(1) 原理课与设计课相辅相成。精简课程，按照《高等学校建筑学本科指导性专业规范》将知识点进行整合以建筑设计主干课为“纲”设置建筑设计原理课程(图3)。建筑原理课程更为灵活，可以依据主干课的进度从时间和内容上给予主干课支撑。对于学生，建筑设计原理课是课程相关知识外延乃至跨学科知识的拓展。依据知识点的专业程度以及与实际工作的结合程度，原理课的授课人由教师或由设计单位聘请的“客座教师”担任。

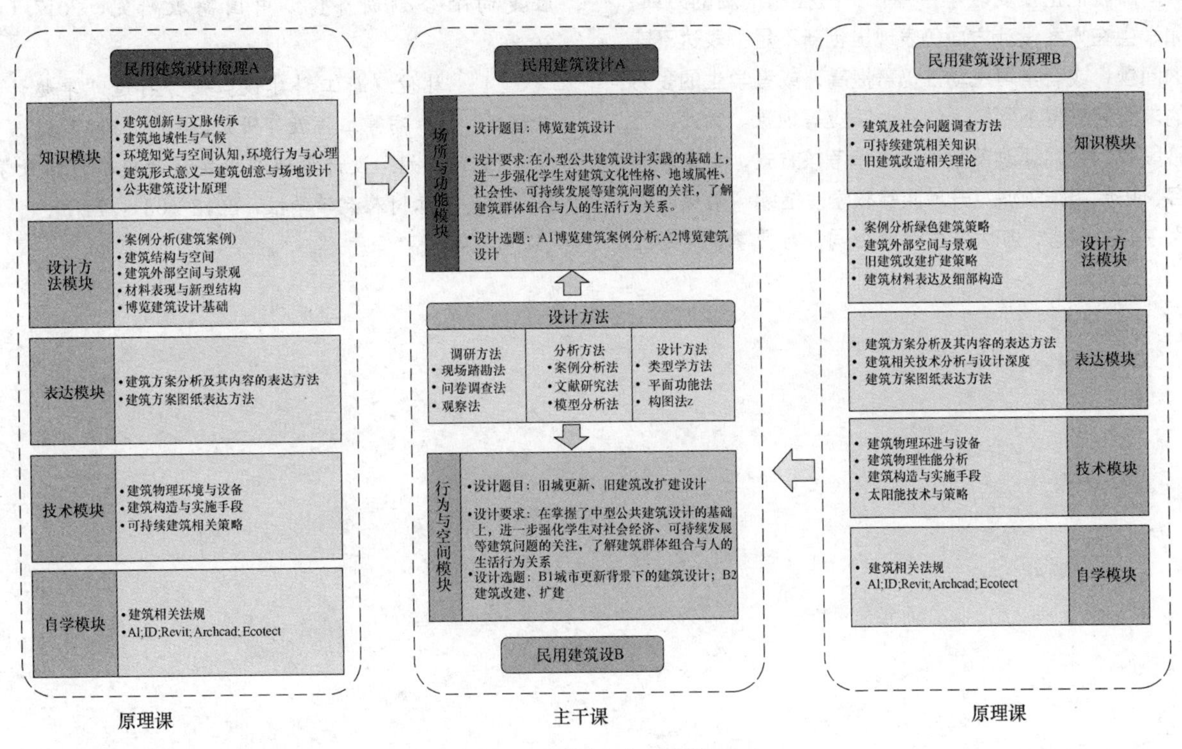

图3 原理课与主干课关系

(2) 推行理论与实践一体的“做中学”。与企业签订合作协议，鼓励学生在三年级学生在寒、暑假在企业导师的带领下参与合作企业的实际工作流程。校内教师与企业导师建立联系。通过通信与书面形式关注学生的实习情况，并收集企业导师的反馈信息用于改进教学。学生也在实践锻炼中建立立体的工程知识架构，发现自己的需求、培养学习兴趣、增加学习主动性、积极性。

(3) 设计企业建立长期合作关系，建立合作企业与企业导师库。每个学期的优秀作业都将进行最终评图，学院内进行公开展示的同时，邀请相关企业导师、在企业一线工作的校友与任课教师共同对学生作业进行评图，从行业标准、社会需求、作品质量等方面对学生作业进行评判。名列前茅的学时在最终考核成绩时予以加分，建立激励机制增强学生创新、竞争的积极性。

(4) 召开企业见面会，邀请毕业生用人单位到学院与教师面对面交流，倾听一线设计企业对于毕业生的评价和人才需求。比较实际工程项目运行过程与课程训练过程，总结设计训练课程中应注意提升的关键问题。探索以培养人才目标为导向、以真实问题为基础新型教学组织模式。

4 结语

回顾建筑设计课程教学的变化，可以看到这个变化是“教与学”正在由封闭的“环”转变为向各个方向延展的“网”；教学活动由以教师中心到以市场需求为导向再到以创新型人才培养为中心。从模拟现实情景为学生创造了一个接近于真实工作情景的学习环境促进学生接轨社会要求到以“大科学观”“大工程观”的社会需求为导向。知识构成也由单向单维度向立体多维度转变。

以往的教学程序及教学方法，提高了教育、教学质量，使学生在知识、能力、素质等各个方面得到了发展。同时我们也发现教学中存在一些控制不足的方面，例如学生在方案设计方面仍表现出创新不足、表达不充分的问题，或者学习主动性仍需提高，或者学生的多方面的求知需求得不到教学的及时回应等现象。因此，下一阶段我们会继续改革教学方法和考核方式，丰富教学内容，拓展实践领域，开展实验教学。继续“落实以学生为中心的理念，加大学生选择空间，方便学生跨专业跨校学习，增强师生互动，形成以学习者为中心的工程教育模式”。

参考文献

[1] 赵秀红. 高等教育怎样走上内涵发展之路[N]. 中国教育报，2015-12-05.

[2] 中华人民共和国教育部. 卓越工程师教育培养计划［R/OL］.（2015-06）. http://old.moe.gov.cn//publicfiles/business/htmlfiles/moe/s3860/201109/124884.html.

[3] 李茂国，朱正伟. 工程教育范式：从回归工程走向融合创新［J］. 中国高教研究，2017（6）：30-36.

[4] 林健. 新工科建设：强势打造“卓越计划”升级版［J］. 高等工程教育研究，2017（3）：7-14.

[5] 王娟. 设计类课程现实情景模拟控制教学初探［J］. 浙江树人大学学报，2012（03）：74-77.

张维
上海大学上海美术学院建筑系；wzhang. ut@gmail. com
Zhang Wei
Department of Architecture，Shanghai Academy
of Fine Arts，Shanghai University

贯通·融合·关联
——美术学院建筑系高年级设计教学计划深化策略探讨

Interconnection，Integration and Association
——Discussion on Deepening Strategy of Senior Design Teaching Program in Architecture Department of Academy of Fine Arts

摘 要：当代社会高速发展带给建筑专业更高要求的今天，高年级建筑设计教学计划的深化策略同样需要与时俱进。结合美术学院的艺术、人文学科特色，既要强调问题导向的综合研究能力，又要将不同学科资源的知识系统相互贯通、融合、关联起来，这两个方面是设计教学计划深化的重点与难点。

关键词：设计研究；学科融合；深化；策略

Abstract：Today，due to the rapid development of contemporary society，it brings higher requirements to the profession of architecture. The deepening strategy of the senior design teaching program in architecture also needs to keep the developing pace with the times. Taking the art and humanities characteristics of the Academy of Fine Arts as the basis，it not only emphasizes the problem-oriented comprehensive research capabilities，but also integrates the knowledge systems of different subject resources. These two aspects are the key points and difficulties in the deepening of senior design teaching program.

Keywords：Design research；Disciplinary integration；Deepening；Strategy

1 背景

社会的高速发展给建筑教育提出了更高的要求。如何在教学中结合社会发展的需求，提升高年级学生的研究、分析、深化、实践能力是教学的重点与难点。就美术学院高年级设计课程的客观条件而言，一方面，以上海大学上海美术学院建筑系高年级“设计与创新训练模块”与“专业拓展与整合目标模块”的教学目标与学时计划作为前提，我们将五年所学进行归纳、整合、应用、实践作为建筑设计教学的主要培养目标；另一方面，整合上海大学作为综合性大学在艺术、人文、社科等学科的资源优势，注重培养高年级学生设计研究能力与多学科知识点融会贯通的能力。在教学计划的深化过程中，笔者认为应当充分结合上述两个方面的条件，在课程的研究性、学科融合性、地域性、实践性等问题之间寻求恰当的平衡。

因此，本文将试图通过教学计划深化过程的梳理，来着重探讨以下两个问题：(1) 设计研究能力的培养与设计教学计划深化；(2) 多学科知识系统融合与设计教学计划深化。

2 目标设定

那么，应该制定什么样的目标与策略来应对和实施设计教学计划的深化？回顾我国建筑学教育的课程现状，基本上有以下两种方法：第一，通过整合高年级不同设计课来延长设计课程的总体课时。例如，设置17周左右的"长题"是一种全新的尝试；第二，平行开设研究与设计专题，以"发现—理论—研究—解决—应用"的技术路径来主导深化设计。因此，以上述两种策略的优点作为参考，同时结合上海美术学院建筑系课程设置的现状条件，笔者提出了第三种设计深化的设想。

首先，将设计研究能力的培养环节介入到设计教学环节中。日本著名建筑师塚本由晴（Yoshiharu Tsukamoto，1965-）曾在2010年联合出版了《TOKYO METABOLIZING》(东京代谢）一书。其中，塚本通过详细的研究认为建筑师"有必要摆脱因20世纪房屋所有权带来的居住空间持续缩减和相对隔绝的不良现状，需要创造一种更加开放、宜居的生活模式与住宅空间"。可见，通过设计研究的介入，发现设计课题当中的主要和次要矛盾、隐性和显性要素之间的关系，从而探索设计对象与其所在的社会环境之间新的关系，最终才能从本质上引导建筑设计的有效深化。

其次，将不同学科资源与知识点融合到设计教学环节当中，找到学科之间的共性与差异，从而培养学生应对未来工作中复杂、多元的设计任务的能力。另一位日本著名建筑师妹岛和世（Kazuyo Sejima，1956-）曾在2014年出版的《犬岛"家计划"》(Inujima "Art House Project"）一书中谈到她设计并建成，位于濑户内海的犬岛上的项目："当不同的人，用各种自己的方式去和犬岛联系起来，便会产生一个全新的犬岛。于是我开始思考，犬岛家计划的尝试，不正好是我思考实践至今的建筑尺度统合法都掌控不了的，一种风景尺度的建筑吗?"可见，即便对于建筑大师而言，艺术、景观、建筑、城市、乡村等不同领域的差异也导致了不同操作方式之间的陌生感。尽管产生了雾里看花般的困惑，但也会促发不同思路之间的质疑和发现新问题的可能；而这些学科的共同点在于，让设计主题以不同视角回归到对身体、尺度、空间、文脉、场所、时间等基本问题的关注。正如妹岛设计的犬岛项目，不同学科视角的交叉和叠加对建筑设计产生全新视野的推动——既能够立足地域及社会环境形成具有乡村历史文脉的空间，又精准回应了当代社会、艺术、空间、生活方式等诸多复杂、多元的使用要求。因此，将不同学科知识体系融合到设计教学当中，并不简单为了让建筑设计变得复杂，而在于找到最基本的共同点来明确建筑设计创新与深化的根源。

3 教学过程与深化策略

以下，是基于两次教学过程的记录和梳理所展开的关于设计教学深化的总结。限于篇幅，作业的内容在此仅做简单介绍，本文主要讨论设计教学的深化策略。

3.1 课程一：2018年毕业设计

3.1.1 课程一介绍

2018年毕业设计的任务是"趣城——文化设施建筑设计"[①]。该作业分为毕业论文研究（5周)、与建筑设计阶段（8周)，笔者此次仅承担建筑设计阶段的指导。设计课题要求为：自选场地并做好场地策划；自定设计主题和文化设施功能，可以是博览类建筑、文化馆类建筑等；建筑面积建议：5000m^2 以上 10000m^2 以下。

3.1.2 深化过程与策略

首先，为了直观的呈现设计研究能力的培养与设计教学计划深化的关系，笔者针对每个学生的进度与知识点置入情况做了整理，并制作出表格。这里，将一位同学赵小宝的教学过程和状态以"统计表"的形式展示出来（表1)。赵同学将设计场地选址在上海市长宁区仙霞路E2-03地块（古北路、天山路、天山支路的围合区域)。该地块的北、东、南侧均被4～6层的传统居住区包围，场地周边的老年人口密度较高（24%)。

其次，通过对"统计表"的分析，得到以下几方面问题，作为本次教学的一些归纳与总结。

(1) 研究介入设计的作用。在教学的某一个阶段当中，同时融合多个课题类型（概念设计、方案设计、地域环境、城市问题、社会问题）的知识点，打破了学生设计过程中过于侧重形式化、单体化、概念化的立场展开设计的问题，让学生在课题的调研阶段就进入到"理性分析"与"深化设计"之间互动发展的良性状态。例如，赵小宝同学在调研与概念提出阶段着重梳理了基地周边的社会、城市现状的相关问题，从而把博物馆单体设计任务逐渐发展成为：在该地区老旧社区转型与提升的语境之下，展开对都市环境、社会、公共空间、文化展览、休闲养老等综

① 该毕业设计的教学任务书是由本系高年级教学组的魏秦副教授负责、林磊副教授具体拟定。

合问题的整合设计（图 1-1）。这样的介入有效深化了设计主题，增加了空间设计的社会维度。

教学过程与知识点嵌入状态统超计表（赵小宝） **表 1**

教学内容				教学阶段与过程 课程：趣城—童年博物馆（2018 春：毕业设计）·学生：赵小宝				
问题类型	课题类型		知识点/研究方法	调研	概念/关键词	提案/磨合	深化	技术/表现
本体	建筑设计	概念设计	美学/艺术				●	
			感知/记忆/传统	●			●	●
			逻辑/理念	●	●	●		
			文化	●			●	
			场地	●	●			●
			空间	●	●	●	●	●
		方案设计	形式			●	●	●
			流线			●	●	
			尺度		●	●	●	●
			功能/使用	●	●	●	●	
			结构/构造/技术			●	●	
			秩序			●	●	
	城市设计/景观设计	地域环境	文脉		●			●
			路径	●			●	
			环境	●	●	●		
			城市空间	●	●	●	●	●
			景观要素				●	●
		城市问题	区域空间格局与特色					●
			历史区域的保护与更新	●		●		
			城市规划	●	●			
社会	社会研究	社会问题	社会调查	●				
			文献分析	●				
			问题研究	●				

（2）主（次）要素的引导。在教学过程中，一些要素被持续的关注，而一些要素仅在某个环节被关注。说明教学计划对于设计的主要问题应当有意识的引导，对相对次要的问题则应当放松。例如，赵同学在设计提案阶段对博物馆内外部的功能流线这一主要设计线索展开案例研究与细致推敲，通过设计不同尺度的院落空间形成交叠与组合的关系，从而实现了建筑内、外部空间的多元化组织。因此，这样的引导有效增强了博物馆建筑与社区图书馆、老人活动中心、餐厅、幼儿园等不同功能之间的串联与整合（图 1-2），也形成了建筑在形式与空间上的特色。

（3）不同阶段要素之间的动态组合。在设计的发展过程中，仅对某一方面问题展开研究是不充分的，设计需要根据不同阶段的深化要求将不同类型的问题研究进行动态的组合。仍以赵同学的设计过程为例，在其方案深化阶段当中，将童年博物馆的功能、结构、构造、空间设计、室内光环境、空间秩序等多样的研究内容介入到了设计深化环节。为此，在教学中引导了学生借助模型制作的方法来推敲这些复杂要素之间的整合，这样更有助于培养学生运用自己独特的设计推进工具来发展自己的设计思维（图 1-3）。

3.2 课程二：2017 年秋季学期景观设计

3.2.1 课程二介绍

2017 年秋季景观设计的任务是“黄浦江东岸滨江开放空间贯通景观设计”[①]。该课程全程共计 8 周，笔者

① 本次景观设计的教学任务书是由高年级教学组的林磊副教授具体拟定。

承担设计课程的全程指导。设计场地所处的位置为上海浦东新区上海船厂滨江绿地及两端贯通的区域。课题要求学生通过设计切实的解决场地中的诸多问题，并通过创造性、可实施性的设计方案改进滨江公共空间环境的品质，让其焕发新的活力。

3.2.2 深化的过程与策略

同样，为了直观呈现教学深化的路径，本文针对每个小组的进度和知识点的置入情况做了整理，并制作出下表。在此，仅将一个组（黄伟、魏雨轩、谢家琪）的教学过程以“统计表”的形式展示出来（表2）。教学中，三位同学的设计主要基于上海浦江东岸滨水空间场所发掘出的历史记忆，结合当代滨水公共空间更新的语境，展开对当代城市当中“消极空间”的重新认识、深度提炼与创新设计。

该设计课题深化的路径与“课程一”有所不同，主要是通过多学科知识系统的融合来推动设计深化。笔者通过对“统计表”的梳理，得到以下问题，作为针对本次教学的一些归纳和总结。

(1) 找到设计相关领域、学科之间的共性与差异。这次设计教学的课题虽然是景观设计，但仍然涵盖了建筑设计、城市设计、社会研究等多个领域的教学内容。例如，黄伟小组通过对原上海船厂滨江地区历史记忆的发掘，提取了该地区中的工业遗产元素，进而提炼成空间架构“桥”的意象，在很大程度上提升了滨水景观中人的多元体验（图2-1）。同时，设计结合电影艺术中的“库里康夫效应”（Kuleshov Effect），将不同场景之间的切换式体验，转化为滨水景观空间中人的体验变化（图2-2）。因此，教学的内容关联了历史、电影、空间、行为等学科的知识，从而引导学生有效应对复杂、多元的设计任务时的综合分析与操作能力。

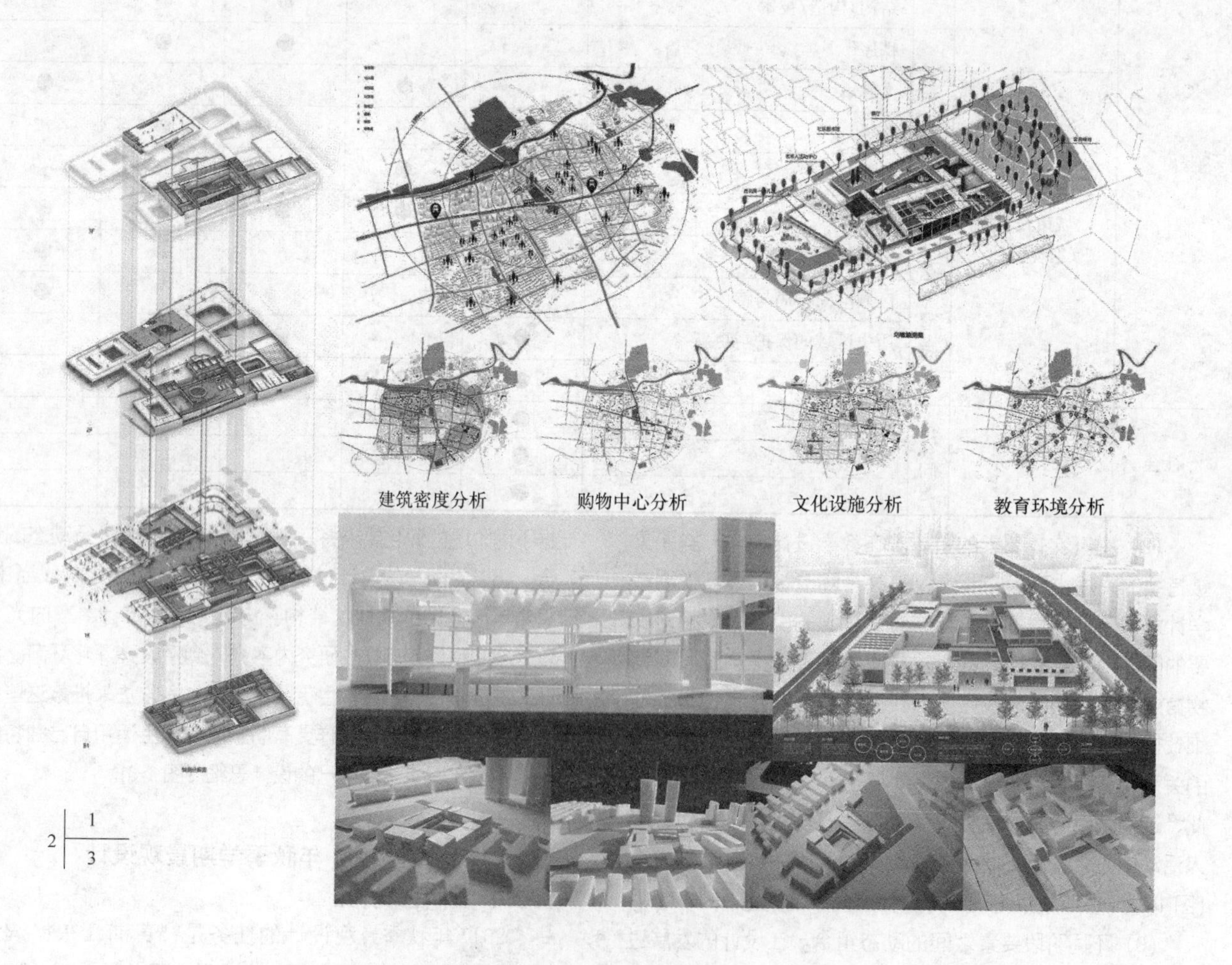

图1 2018年·毕业设计教学过程实录（赵小宝）
（图1-1. 基地周边与社会、城市相关的问题分析图；图1-2. 童年博物馆内外动线设计；图1-3. 模型制作过程与空间深化）

图 2　2017 年秋 · 景观设计教学过程实录（黄伟、魏雨杆、谢家琪）

（图 2-1. 滨水空间序列设计分析图；图 2-2. 滨水景观空间中人的体验变化分析图；

图 2-3. 模型推敲与大比例详图绘制的推敲与深化）

教学过程与知识点嵌入状态统超计表（黄伟等） **表 2**

<table>
<tr><td colspan="4" rowspan="2">教 学 内 容</td><td colspan="5">教学阶段与过程</td></tr>
<tr><td colspan="5">课程：3000 吨的记忆（2017 秋：景观设计）
学生：黄伟、魏丽轩、谢家琪组</td></tr>
<tr><td>问题类型</td><td colspan="2">课题类型</td><td>知识点/研究方法</td><td>调研</td><td>概念/关键词</td><td>提案/磨合</td><td>深化</td><td>技术/表现</td></tr>
<tr><td rowspan="12">本体</td><td rowspan="12">建筑设计</td><td rowspan="4">概念设计</td><td>美学/艺术</td><td></td><td>●</td><td>●</td><td>●</td><td>●</td></tr>
<tr><td>感知/记忆/传统</td><td>●</td><td>●</td><td>●</td><td></td><td></td></tr>
<tr><td>逻辑/理念</td><td></td><td></td><td>●</td><td></td><td></td></tr>
<tr><td>文化</td><td></td><td>●</td><td>●</td><td>●</td><td>●</td></tr>
<tr><td rowspan="8">方案设计</td><td>场地</td><td>●</td><td></td><td>●</td><td>●</td><td></td></tr>
<tr><td>空间</td><td>●</td><td></td><td>●</td><td>●</td><td>●</td></tr>
<tr><td>形式</td><td></td><td></td><td>●</td><td>●</td><td></td></tr>
<tr><td>流线</td><td></td><td>●</td><td>●</td><td></td><td></td></tr>
<tr><td>尺度</td><td></td><td>●</td><td></td><td></td><td></td></tr>
<tr><td>功能/使用</td><td></td><td></td><td>●</td><td>●</td><td>●</td></tr>
<tr><td>结构/构造/技术</td><td></td><td></td><td>●</td><td>●</td><td>●</td></tr>
<tr><td>秩序</td><td></td><td></td><td>●</td><td>●</td><td>●</td></tr>
</table>

续表

教学内容				教学阶段与过程 课程：3000吨的记忆（2017秋：景观设计） 学生：黄伟、魏丽轩、谢家琪组				
问题类型	课题类型		知识点/研究方法	调研	概念/关键词	提案/磨合	深化	技术/表现
本体	城市设计/景观设计	地域环境	文脉	●		●		
			路径	●		●	●	
			环境	●		●		
			城市空间	●	●	●	●	●
			景观要素	●		●		●
		城市问题	区域空间格局与特色			●		
			历史区域的保护与更新			●		
			城市规划	●			●	●
社会	社会研究	社会问题	社会调查	●				
			文献分析	●				
			问题研究	●				

（2）创新设计来自不同领域之间的融会贯通。教学中，引导了学生如何将原有场地当中的记忆深度发掘，进而促使场所活化、空间体验更新。为此，通过模型推敲、大比例详图的绘制等方法，引导学生深入讨论尺度、结构、构造、城市空间、景观等知识之间的贯通与关联（图2-3），让学生在合理运用建筑设计知识的前提下，对于景观设计有了不同于建筑设计的理解。教学需要建立创新思维机制，让学生自觉运用设计深化工具，促进其形成不断突破学科边界、进行自我训练的意志。

4 结语

美术学院高年级建筑设计课程承担了综合训练与能力提升的重要职责。因此，高年级建筑设计教学计划的深化策略同样需要与时俱进。通过上述教学实践可以证明：设计研究能力的培养、多学科知识系统融合这两个方面的技术路径给予了高年级设计教学深化非常重要的启发作用。作为设计深化的重要途径，它们能使学生清晰认识到建筑学的本质与外延，进而能够密切围绕设计主题展开深化与拓展。通过教学上的细致安排，使学生在正常的进度中自然而然地推进了问题研究，不知不觉让学生们完成了建筑设计核心知识点的梳理，无形之间让相关学科的知识系统贯通、融合到设计课程的各个环节。

参考文献

[1] 张永和．对建筑教育三个问题的思考［J］．时代建筑，2001（S1）：40-42.

[2] 王方戟，武蔚．高年级建筑设计课程中的阶段特征讨论［C］//全国高等学校建筑学学科专业指导委员会．2012全国建筑教育学术研讨会论文集．北京：中国建筑工业出版社，2012：403-405.

[3] 魏秦，王海松，何小青．体验·过程·阶段目标整合——谈美术院校背景下建筑系的建筑设计教学的模式探索［C］//全国高等学校建筑学科专业指导委员会．2009全国建筑教育学术研讨会论文集．北京：中国建筑工业出版社，2009：159-164.

[4] 北山恒，塚本由晴，西沢立衛．TOKYO METABOLIZING（东京代谢）［M］．东京：TOTO出版．2010.

[5] 妹島和世，長谷川祐子．犬島「家プロジェクト」（犬岛·家计划）［M］．东京：millegraph出版．2014.

刘川　任洁　易迎春
四川美术学院：1307696828@qq. com
Liu Chuan　Ren Jie　Yi Yingchun
Sichuan Fine Arts Institute

观念·形式
——艺术院校建筑学科“观念教学”改革研究

Concept and Form
——Research on the Reform of “Concept Teaching” in Architecture Discipline in Art Colleges

摘　要：在实施振兴乡村建设战略背景下，通过分析艺术院校建筑学科教学特点和现状，记录了一种始于概念、后经逐步具象化的形态逻辑操作方式。笔者试图以所主持的毕业创作课题为载体，在当代艺术与建筑学学科的交叉视角下，探索建筑学学科观念教学的改革方式，为艺术院校建筑教育提出一种新的教学发展方向。

关键词：振兴乡村；当代艺术；观念教学

Abstract：In view of that background of the strategy of revitalize village construction，through the analysis of the teaching feature and current situation of architecture discipline，a kind of logical operation mode is recorded，which begins by the concept and is gradually visualized. Based on the graduation project of sichuan academy of fine arts，this paper tries to explore the reform method of architectural discipline concept teaching from the cross Angle of contemporary art and architecture，and proposes a new teaching development direction for architecture education of art college.

Keywords：Revitalization of villages；Contemporary art；Teaching idea

1　引言

在当今全球城市化浪潮的席卷下，场所的变迁将乡村发展推向了一个自我文化否定的困境之中，“是拥抱城市化的标签，还是坚守本土文化的存在根基”成为我国乡村振兴建设过程中无法回避的问题。高校作为培养乡村振兴建设人才的重要基地，同样面临着新时代、新要求背景下，建筑教学改革的新挑战。

基于此，笔者将近期所主持的以“云南坝美乡村振兴建设”为主题的建筑学专业毕业创作教学成果进行了梳理，试图从观念教学的方法入手，重新思考当代艺术、乡村建设、建筑学科教学之间的交叉关系，强化空间建构与艺术观念的融合，探索在艺术院校的建筑学学科中进行“观念教学”改革实践的方式与方法。

2　当代艺术背景下的艺术院校建筑学学科教学现状

2.1　艺术类院校建筑学学科的缘起

自2000年来，着眼于国内外建筑设计教育领域的发展趋势，包括中央美术学院，中国美术学院、四川美术学院等传统艺术类院校开始陆续恢复建筑学学科教学，在市场多元化需求以及时代趋势所向的背景下，当代建筑艺术及其他艺术形式同现代的科学技术和社会需求紧密结合，强调当代建筑设计的多元化及艺术性是当前艺术类院校建筑学学科发展的主要方向[1]。

2.2 艺术类院校建筑学学科的发展特点

区别于工科院校的教学体系，艺术类院校的建筑学专业教学往往强调艺术环境下跨学科专业的发展，以培养具有强烈艺术情怀的建筑师为目标，建立了以个性潜能为根本的课程体系。借以艺术院校的浓厚艺术氛围，为建筑学教育的发展提供了独特的办学条件。

3 艺术院校“观念教学”教学模式改革

3.1 观念教学模式存在的基础情况

观念教学模式在当前艺术院校的教学实践中运用并不广泛，以四川美术学院建筑学学科教学为例，建筑艺术系首以“创新型、复合型、应用型”的培养目标为基础，致力于培养掌握建筑学学科基本理论知识、技术方法，兼具当代艺术修养的建筑艺术创作型人才。其中，采用“多维立体倒金字塔”（图1）培养体系方式，强调以观念教学开拓和更新学生的创新思维和设计逻辑，形成艺术院校建筑学学科，跨界、跨领域、跨学科的“三跨”教学特色。

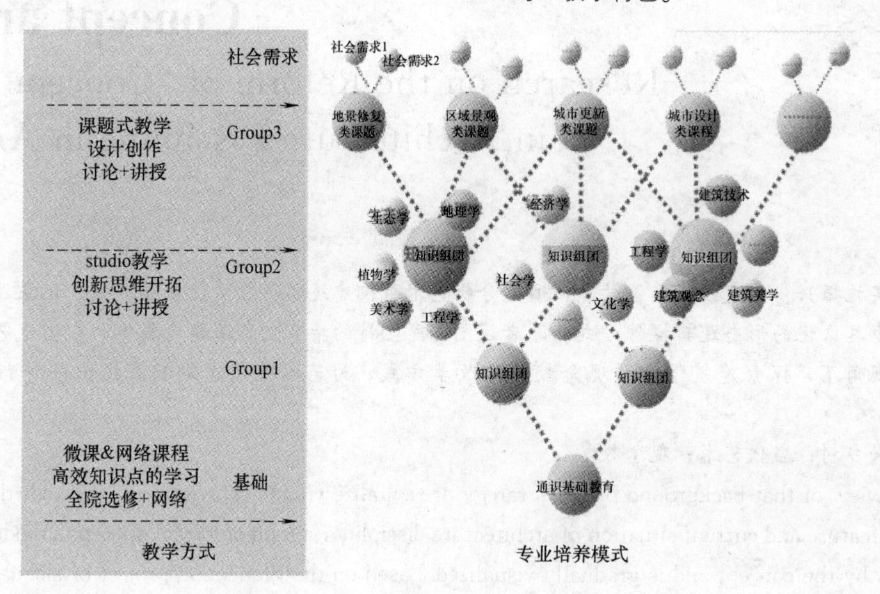

图1 “多维立体倒金字塔”人才培养模式

3.2 观念教学模式的定义

在当代艺术思潮背景下，利用雕塑艺术、绘画艺术、装置艺术、多媒体艺术等多学科技术手段，针对设计场地的特征属性，引导学生形成具有跨界、跨领域、跨学科特点的设计概念。围绕设计概念，进一步强化学生设计思维的逻辑性，指导其完善支撑设计观念所需的各项系统。最终，辅助其合理选择核心设计观念表达的方式及手段，呈现出具有自我观念特征的设计成果。

3.3 观念教学模式的特征

观念教学模式通过其跨学科性、引导性、逻辑性和传达性的特点，可以有效增强学生设计理念的独创性，拓展设计思维的开阔性，以及提升设计方法的多样性。

（1）跨学科性

基于观念教学模式的跨学科性特点，观念教学能够有效扩建学生知识体系，构建系统化的设计逻辑，并为后期设计提供有效的理论支撑。

（2）引导性

在设计初期，促进学生发散性思维，并引导其从众多设计思路中，有效提取出一个具有自我主张特性的设计概念方向，作为下阶段设计的基础。

（3）逻辑性

在设计中期，强化学生设计思维的严密性和科学性，始终围绕设计概念，进行设计方案的推敲及形成，保障设计观念在设计过程中的有效落实。

（4）传达性

在设计末期，结合艺术类院校的艺术特点，利用当代艺术的多种表现手段，立体及多方位的展现设计成果，进一步完善并增强设计观念的表达。

4 观念性教学模式在毕业设计中的运用

艺术院校的毕业创作都坚持以当代艺术为导向，对社会实时话题保持较高的敏锐度，以四川美术学院建筑学学科为例，近年来对乡村振兴建设话题的持续关注，使其保持了坚持观念教学的一贯性。笔者所主持的本次毕业创作以“云南坝美乡村振兴建设”为主题，对观念教学模式进行了有效运用，并落实到毕业创作的四大阶段中。

4.1 第一阶段：专题研究

(1) 观念设计专题：讲授观念设计的内涵、特征以及方法，强调学生对于观念设计的理解。

(2) 当代艺术专题：设置当代艺术文献检索、案例分析、展陈观摩等教学环节，激发学生艺术性观念思维的形成。

(3) 成果表达专题：开展艺术及建筑展陈方式的讨论及分析，帮助学生理解艺术表达形式在建筑设计成果表达中的重要性。

4.2 第二阶段：观念衍生

(1) 场地感知：了解场地、发现问题，采用图片采集、仪器测量、草图描绘、居民走访、问卷调查等方式，提取出：山、水、木、田、人、畜、舍等特征要素。

(2) 理性分析：对场地的地域文脉、地理特征、材料特性、人口结构、民族文化、风土人情、生活习俗、宗教文化、生产方式等方面，进行系统性分析。

(3) 发散性思维：鼓励学生从艺术、民俗、文化、宗教、建构等方面着手，依托场地感知和理性分析，形成不同的设计主张。

(4) 观念提取：通过师生互动，共同探讨并从多个设计方向中，提炼出适合于各组的设计概念方向，作为下阶段设计的基础。

4.3 第三阶段：情景创作

(1) 初期情景设定——目的：根据设计观念设定语境，提出初期概念草图。重点强调设计观念与场地间的契合度，以及设计观念的创新性。

(2) 中期情景构建——目的：进一步深化设计方案，形成较为完善的设计草图。重点强调设计观念与空间形式的落地性，以及设计观念到形式建构的转换。

(3) 后期情境完善——目的：完善设计成果，完成最终的设计成果。重点强调设计形式的多样性，以及设计观念的传达性。

5 观念教学模式在毕业设计中的成果展现

5.1 “游源承梦”——乡村的保育与活化

5.1.1 要点：再造场所、孩童教育、传承文脉

本设计针对城市化进程加快所引起的乡村空心化以及本土文化断层的问题，重点关注大量的留守儿童的教育现状以及本土文化传承现状，提出唤醒青少年对自身价值认同是乡村的复兴设计的来源和日渐荒芜的耕地重启的生机的观点。以家学为基础将儿童的教育场所作为传播和弘扬文化的媒介，目的是希望通过场所的再造新兴壮族村落的文化氛围，提升儿童参与和接触本土文化的积极性，自下而上的解决文化断层问题。也正因秉持着这个原则，故将整个设计取名为“游源承梦”，意为希望孩子们能够游走在坝美整个桃花源里，在传统文化的本源里，自然地继承着将传统文化发扬传承下去的梦想（图 2）。

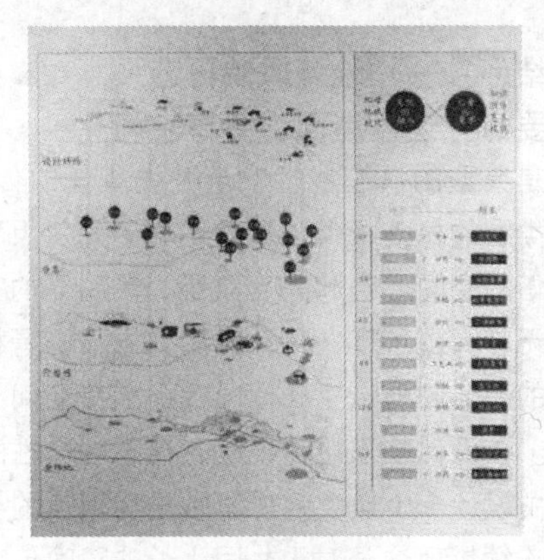

图 2 设计策略

5.1.2 具体做法

提出“庠序计划”（图 3）的观念设计，即以孩童教育场所为载体，为儿童提供了传统手工艺作坊、户外游戏场所，以及集市等具有教育价值且趣味十足的公共空

图 3 “庠序计划”

间，目的是希望通过场所中多个文化、风俗场所等节点的发展，激活村落的文化教育，以建筑本身潜移默化的影响村落的文化延续方向（图 4）。

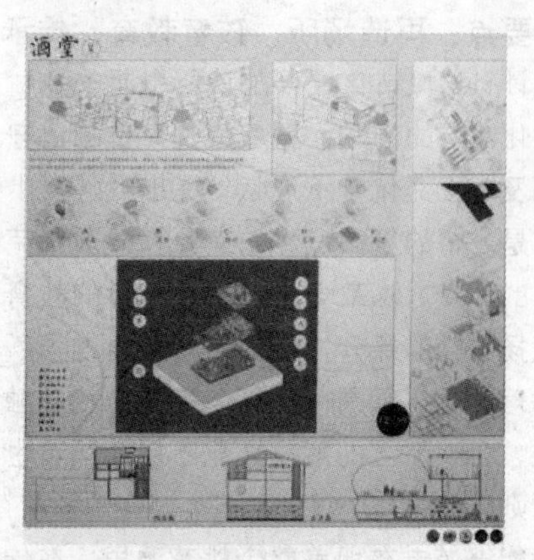

图 4 酒堂建筑单体设计图

5.2 “结庐”——地域风貌再造

5.2.1 要点：连续屋面、共享空间

坝美是典型的具有乡村旅游开发背景的传统村落，和许多同类型的村落相似，数十年旅游开发为坝美村带来了不和谐的空间形态和村落氛围，最明显的空间特征是密集、无序、超尺度，归咎背后的原因则是村民以个体为单位的无节制野蛮生长，导致了坝美空间结构的混乱和崩溃。该设计基于这种现状，提出观念性的设计构想——借由设计一个连续的屋顶来重构坝美的村落空间（图 5）。连续屋顶这一对于共同生长的隐喻传递了我们对坝美现状的回应和表达（图 6）。屋顶的连续性在物理层面上决定了居住空间的连续性，而“同在一个屋檐下”的叙述语言也会以共享空间以及这种生活体验，唤起村民对其他个体的关注（图 7）。

图 5 连续屋顶意向图

5.2.2 具体做法

根据地形、道路、高差等制约因素，将村落划分成 11 个相互联系又相对独立的单元，每个单元包含 8 户到 15 户不等，并将其称为一个组团（图 8）。结合村民的生活习惯，每个组团都包含有四种不同类型的共享空间，其中包含共享餐厨空间，共享储藏空间，共享门厅空间，共享娱乐空间。

图 6 建筑组团意向图

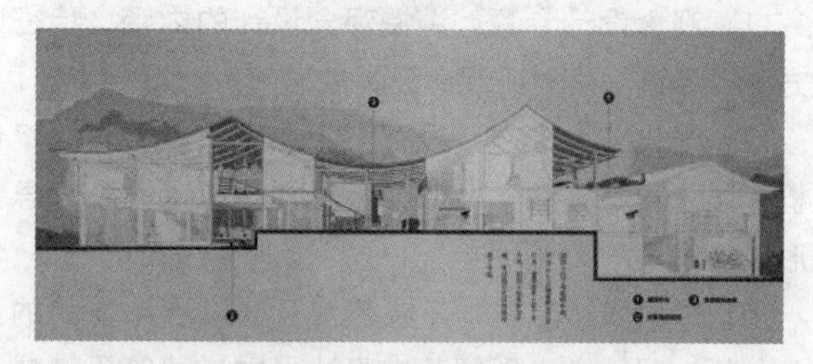

图 7 连续屋顶总体示意图

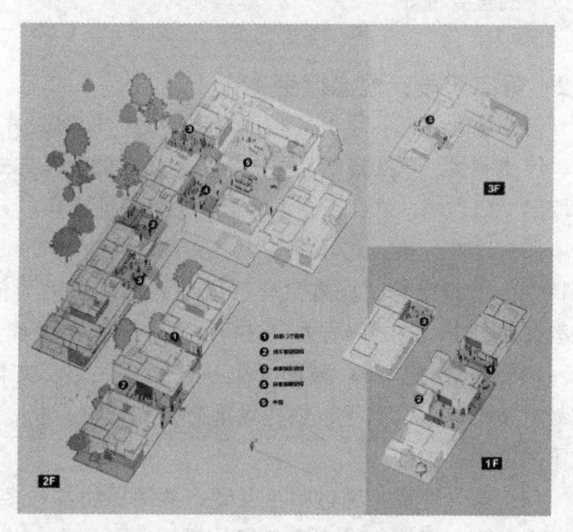

图 8 组团共享空间示意图

5.3 “一方”——艺术点亮乡村

5.3.1 要点：当代艺术、乡村发展模式的更新

实施振兴乡村战略部署需要有艺术，才会使乡村发展具有地域个性，才不会变成模式化。乡村艺术的实践是用艺术手段重建人与人、人与自然的关系。把村庄、艺术与自然、当地人与外来者、城市和乡村等多种层级串联，较好地凸显了乡村的个性及地域性（图 9）。

5.3.2 具体做法

本设计基于旅游开发所带来的文化冲击这个问题，重新发掘并整理坝美村现有的的农耕文化和水文化

(图 10)，同时，在形式上借鉴了越后妻有和许村的乡建模式，提出“艺术村”概念。在具体形式上，采取以高度艺术化处理的“方盒”形式植入场地（图 11、图 12）。其中，“方盒”的具体形态由周边环境决定，“方盒”的功能、材料由场地资源衍生。不同形态的“方盒”是对坝美村地域特征的高度概括，而当代艺术派的形态与原始村落形成的冲击对比，体现出坝美村独有的文化特质，也引发人们对于乡村发展建设的思考。

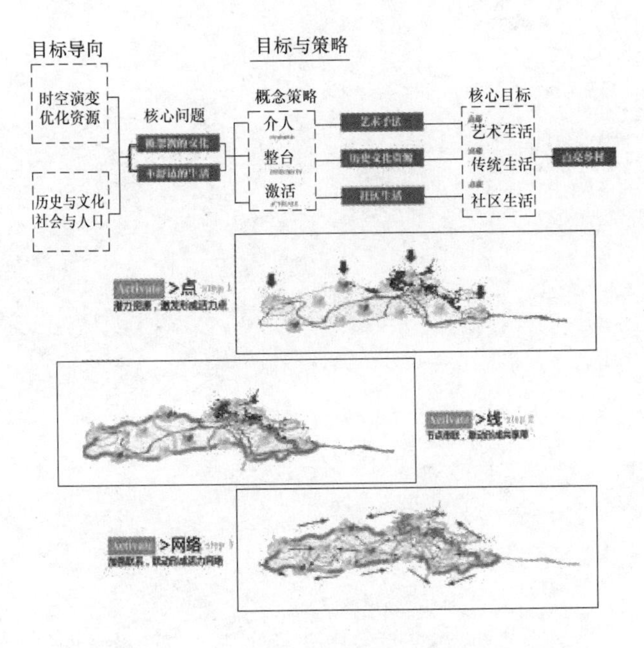

图 9　设计策略

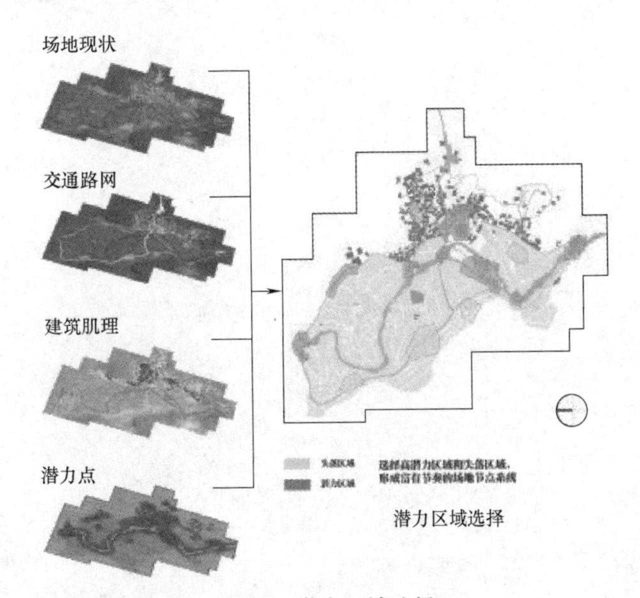

图 10　潜力区域选择

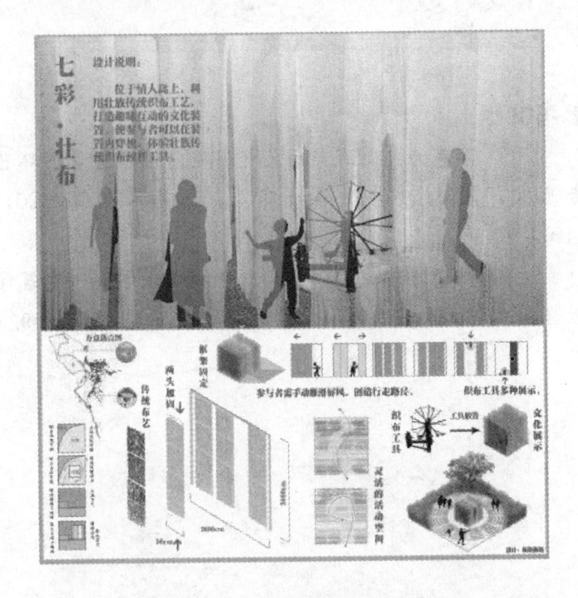

图 11　方盒形态

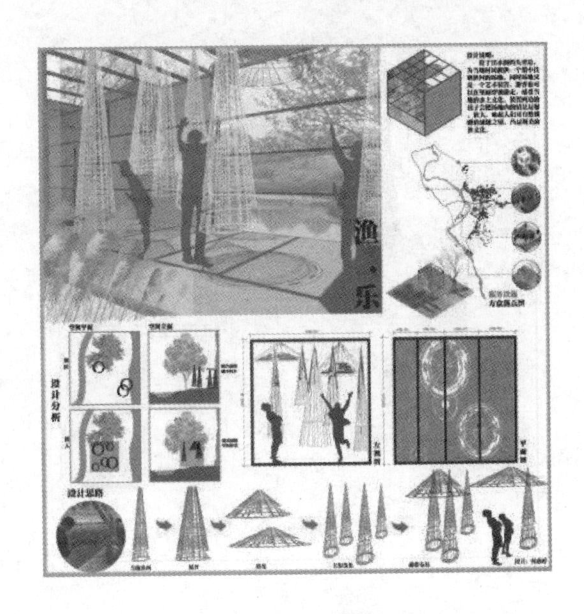

图 12　方盒形态

6　结语

选择“云南坝美乡村振兴建设”作为本次毕业创作的课题，并将观念教学模式贯穿其中，是四川美术学院建筑艺术系在新的教学大纲要求下，对我校传统建筑教学模式改革的一次有益尝试。

从教学成果来看，本次教学模式的改革取得了一定的成效，有效的增强了我校建筑学专业学生的创新性和逻辑性，设计能力和专业水平也得到了较大提高。同时，当代艺术与建筑学学科视角的交叉，也为国内艺术院校建筑学学科的教学建设带来了启发性和可借鉴性。

参考文献

[1] 李晶涛. 形式与语义——观念艺术背景下环艺专业空间建构教学改革研究 [J]. 艺术教育，2017（17）：192-193.

[2] 卢峰，黄海静，龙灏. 开放式教学——建筑学教育模式与方法转变 [J]. 新建筑，2017（3）：44-49.

[3] 许建和，宋晟，严钧. 建筑学专业创造性思维训练思考 [J]. 高等建筑教育，2013，22（3）：122-125.

[4] 贾巍杨. 探寻实地调研的意义——真实地形建筑设计课题教学切入方式初探 [C] //全国高等学校建筑学学科专业指导委员会. 2014 全国建筑教育学术研讨会论文集. 大连：大连理工大学出版社，2014.

韩如意
香港中文大学建筑学院；hanruyi86@sina.com
Han Ruyi
School of Architecture，the Chinese University of Hong Kong

从三大类别建筑院校的课程比重分析看当代中国建筑教育的趋同问题

Discussion on the Problem of Convergence in Contemporary China's Architectural Education from the Perspective of Weight of Different Course Categories in Three Types of Architecture Schools

摘　要：“趋同”是当代中国建筑教育的一个突出问题。文章选取3类共24所已通过建筑学专业教育评估的学校，对比分析其课程体系。借助量化数据和可视化图表的手段，先以学校为单位对6类课程的比重进行计算，再以学校类别为单位对其进行比较，发现3类建筑院校的课程比重非常接近，表现出明显的趋同。对其原因进行分析，发现专指委制定的指导性文件发挥了重要作用。
关键词：中国建筑教育；趋同；课程比重；量化比较；指导性文件
Abstract: "Convergence" is a prominent problem in contemporary Chinese architectural education. This paper selects 24 schools in 3 categories that have received accreditation of the professional degree in architecture of China to compare and analyze their curriculum system. By means of quantitative data and visualization charts, the weightings of six course-categories are calculated on a school-based basis and then compared on a school-categories-based basis. It is found that the weight of different course categories in three types of architecture schools is much the same, showing a clear convergence. By analyzing the reasons, it is found that the guidance documents formulated by the NSBAE play an important role.
Keywords: Chinese architectural education; Convergence; Weight of different course categories; Quantitative comparison; Guidance documents

1　对国内建筑教育的初步观察

纵观当代中国各建筑院校的教学体系设计，可谓各有千秋，“多元探索乃至多极性的尝试”日渐增多，发展自身特色成为众多学校强调的重点；然而，若仔细对比各校学生的设计成果，无论是课程作业，还是参加优秀教学成果展的作品，不同学校之间并无明显差别。这一现象，顾大庆教授称之为“手段多元而成果趋同”。

造成这种现象的原因，或许与近年来中国高等教育领域对“创新”的大力推崇有一定关系。各级各类高校以改革的思路谋发展，在整体水平得到大幅度提升的同时，却也一定程度上出现“为改而改”的问题。一些学校盲目引进新颖甚至新奇的教案，但由于师资条件等限制，实际教学过程中很多细节未能贯彻执行，教学成果无法达到预期。曾有老师向笔者抱怨：“一味地教改导致教学的实施过程、教改列的计划条目、最后搞研究说的理论方法，完全是三摊事”。

基于上述对当前复杂情况的初步观察，为不囿于各校精心设计的体系构架，也避免以设计成果的主观判断作为评价的主要依据，本文尝试从另一个角度来探讨当代中国建筑教育的趋同问题，即“手段”与“成果”的中间环节——落实执行的教学计划。采用定量的方法，比较不同类别学校的课程比重，以可视化图表的形式直观阐释学校之间的差异程度，论证“趋同”的普遍性并分析其形成的原因。

2 三大类别建筑院校课程比重的量化分析

当代中国的建筑教育在工科、综合、艺术、农业、林业、师范等多种类型的高等院校中都有开设。按道理来说，学校类型不同，培养目标和教育模式应该有所不同，实施的教学计划也应该能够反映其差异。但实际情况呢？表 1 是截至 2015 年 5 月通过全国高等学校建筑学专业教育评估的学校名单，笔者根据教育部高校信息数据库规定的院校类型，将通过评估的学校分为三组，从中选取：工科类 13 所、综合类 10 所，艺术类 1 所，共 24 所学校进行比较。选样基本涵盖三个类型下的各层次院校。

将选取的样本学校的教学计划中所列出的各门课程，按照表 2 所示的分类方法，分为“公共课”和“专业课”2 个大类，“专业课”下再细分为“技术及业务课”“史论课”“图艺课”“设计课”“实习课”5 个子项。

截至 2015 年 5 月，全国 56 所通过评估的建筑院校类别统计 **表 1**

	工科院校	综合院校	艺术院校
1	清华大学(2013)	东南大学(2014)	中央美术学院(2015)
2	同济大学(2014)	重庆大学(2012)	
3	天津大学	浙江大学(2013)	
4	哈尔滨工业大学(2012)	湖南大学(2015)	
5	西安建筑科技大学(2015)	深圳大学(2012)	
6	华南理工大学(2012)	华侨大学(2012)	
7	合肥工业大学	郑州大学	
8	北京建筑大学	厦门大学	
9	北京工业大学	广州大学(2011)	
10	西南交通大学	上海交通大学	
11	华中科技大学	西安交通大学	
12	沈阳建筑大学	南京大学	
13	大连理工大学	中南大学(2011)	
14	山东建筑大学(2011)	武汉大学(2011)	
15	昆明理工大学	烟台大学	
16	南京工业大学(2012)	天津城建大学	
17	吉林建筑大学	南昌大学	
18	武汉理工大学	四川大学(2011)	
19	河北工程大学	内蒙古科技大学	
20	青岛理工大学(2015)	新疆大学	
21	安徽建筑大学(2015)		
22	北方工业大学(2011)		
23	中国矿业大学(2011)		
24	苏州科技学院(2011)		
25	内蒙古工业大学		

续表

	工科院校	综合院校	艺术院校
26	河北工业大学		
27	福州大学		
28	北京交通大学		
29	太原理工大学		
30	浙江工业大学		
31	西北工业大学(2011)		
32	广东工业大学		
33	长安大学		
34	福建工程学院		
35	河南工业大学		
总计	35	20	1

注：
灰色的单元格代表选为样本的学校
括号内的数字代表采用的教学计划版本，由于资料收集的限制，各校的版本不全是同一年份的，集中在 2011—2015 年区段
学校的排列顺序按照其通过评估的时间顺序

本文采用的课程分类方法　　表 2

公共课		由高等学校安排给各个系科的统一基础课程
专业课	技术及业务课	力学、水、暖、电、结构、构造、施工类课程
	史论课	历史、设计理论课程
	图艺课	美术、制图类课程
	设计课	课程设计练习以及设计原理、背景的讲授
	实习课	课程实习及实践实习

据此方法，分别统计三类共 24 个学校的各类课程的学分比重，结果如表 3 所示。

为了更加直观地比较这些数据，笔者按院校类型分组，以雷达图的形式呈现各校各类课程的比重关系，如图 1～图 3 所示。

在工科院校的雷达图中，样本学校的图形重合程度较高，“设计课”“实习课”“公共课”三类的学分比重明显高于“技术及业务课”“史论课”和“图艺课”。

综合院校的图形重合程度不如工科院校高，“公共课”和“设计课”两端集中突出，“实习课”各校比重差别较大；但与工科院校相似的是，“技术及业务课”“史论课”“图艺课”三类课程比重较低且基本重合。

艺术院校只有中央美术学院一校通过评估，样本数量少，但其形状与综合院校具有共同点，即“公共课”和“设计课”的比重较为突出。而与其他两类院校不同的是，该校“史论课”的比例也较高。

选取的 24 所通过评估的建筑院校的教学计划中各类课程学分比重统计　　表 3

院校类型	学校	公共课%	技术及业务课%	史论课%	图艺课%	设计课%	实习课%
工科院校	清华大学	24.7	9.7	3.8	7.5	30.6	23.7
工科院校	同济大学	19.3	12.8	6.4	6.9	32.1	22.5
工科院校	哈尔滨工业大学	16.2	13.8	6.9	6.1	29.5	27.5
工科院校	西安建筑科技大学	23.8	6.9	2.5	5.3	30.7	30.7
工科院校	华南理工大学	23.2	10.1	4.8	6.8	26.1	29
工科院校	山东建筑大学	22	13.7	3.3	8	29	24
工科院校	南京工业大学	19.6	13.1	3.6	7.7	31.6	24.4
工科院校	青岛理工大学	23.4	11.7	4.7	5.8	30.4	24
工科院校	安徽建筑大学	20.5	12.7	4.9	6.5	30.5	24.9
工科院校	北方工业大学	22.1	11.1	4.2	4.2	28.4	30
工科院校	中国矿业大学	22.2	10.2	4.2	8.6	24	30.8

续表

院校类型	学校	公共课%	技术及业务课%	史论课%	图艺课%	设计课%	实习课%
工科院校	苏州科技学院	20.9	10	3.9	8.7	32	24.5
工科院校	西北工业大学	18.5	11.2	3.8	11.5	24.1	30.9
综合院校	东南大学	25	12.2	7	6.4	29.5	19.9
综合院校	重庆大学	20.5	12.4	3.9	7	37.1	19.1
综合院校	浙江大学	21.3	13.8	5.8	11	36.3	11.8
综合院校	湖南大学	17.9	15.8	6.7	6.9	25.4	27.3
综合院校	深圳大学	24.5	12.1	3.2	6.5	32.1	21.6
综合院校	华侨大学	26.3	12.9	2.7	14.5	26.9	16.7
综合院校	广州大学	27.8	7	4.9	7.7	21.5	31
综合院校	中南大学	18.9	15.2	3.9	6.1	28.4	27.5
综合院校	武汉大学	29.6	9.6	3.2	8	31.2	18.4
综合院校	四川大学	24.7	13.4	3.6	9.8	34.5	13.9
艺术院校	中央美术学院	30.2	11.6	13.3	7.6	26.7	10.7

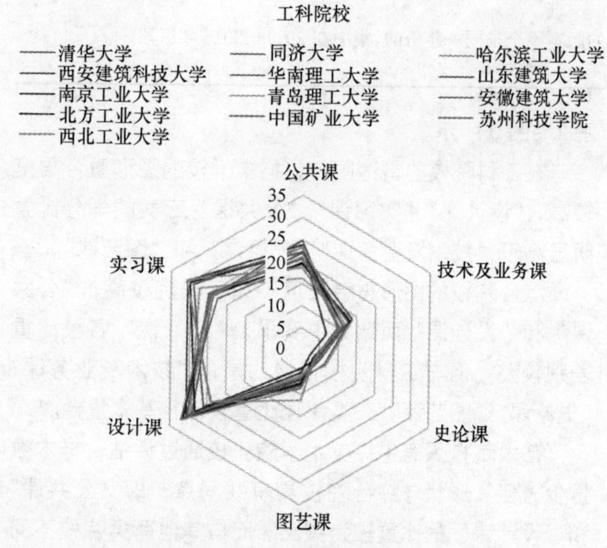

图 1　工科院校课程比重分析图

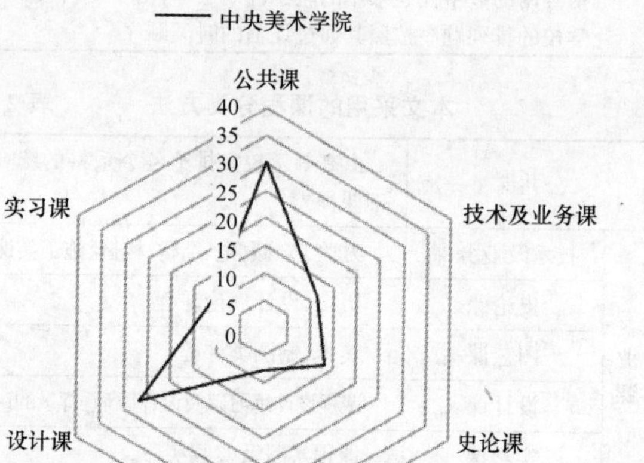

图 3　艺术类院校课程比重分析图

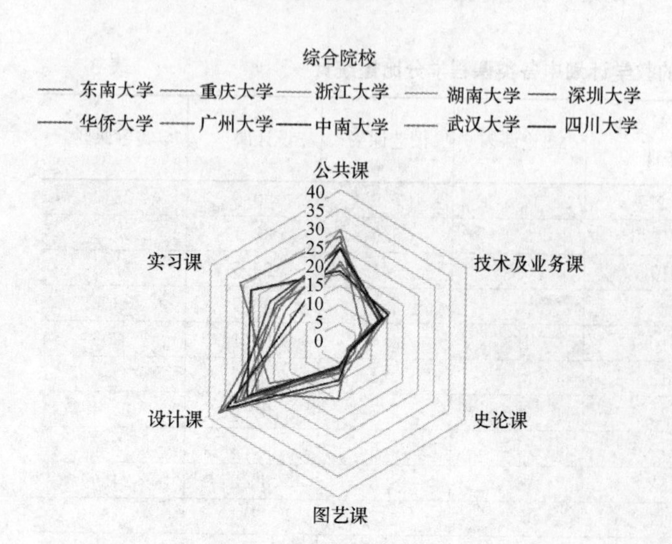

图 2　综合院校课程比重分析图

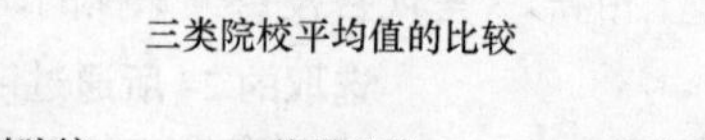

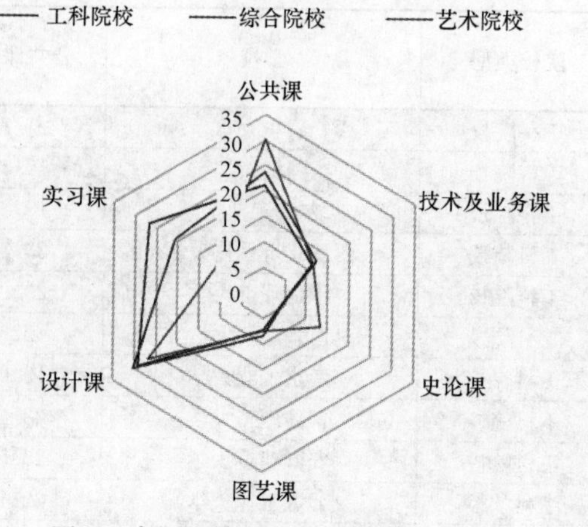

图 4　三类院校课程比重均值分析图

三类院校课程比重均值统计　　表 4

	公共课	技术及业务课	史论课	图艺课	设计课	实习课
工科平均	21.3%	11.3%	4.4%	7.2%	29.1%	26.7%
综合平均	23.7%	12.4%	4.5%	8.4%	30.3%	20.7%
艺术平均	30.2%	11.6%	13.3%	7.6%	26.7%	10.7%

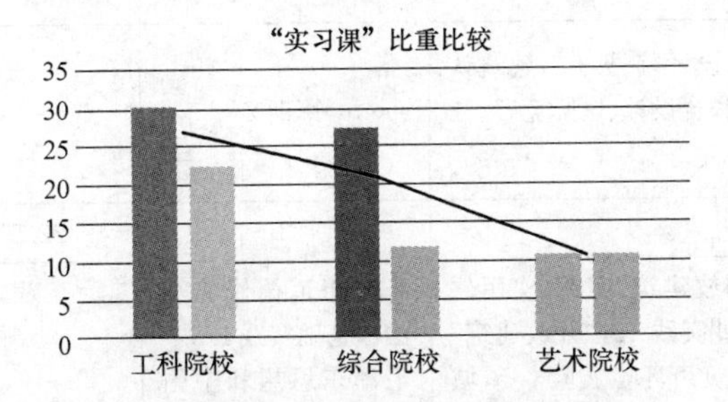

图 5　三类院校"实习课"比重分析图

为进一步分析当下中国建筑教育的整体情况，笔者计算三类院校各自的课程比重平均值，分别生成雷达图并将三者叠合，如表 4、图 4 所示。

根据均值叠合图可以清楚看到，三类院校的图形在"设计课""技术及业务课""图艺课"3 个端点几乎重合；"公共课"和"史论课"只有中央美术学院 1 个学校明显偏高，其余学校在这两个端点也非常接近。

也就是说，6 个课程类别中，只有在"实习课"一项，三类院校的比重存在明显差别，那么具体差在哪里呢？笔者从三类院校中各取"实习课"比重较高和较低者，将各校的实践教学安排归并为"美术相关""建筑相关""其他"三个子项进行分析，详见表 5，结果如图 5 所示。

三类学校中，工科院校的"实习课"比重最高，综合院校次之，艺术院校最低；但不同类别学校之间的实习环节设置并无明显差别。在"美术相关"类和"其他"类上，各校分值差别不大，且实习内容相近；而"建筑相关"类，即使是同一类别的学校，各自的学分值与课程数量也有显著差异。除了传统的"认识（参观）实习""测绘实习""施工实习""设计院实习""毕业实习"外，部分学校将"设计周（集中周）""联合教学（工作营）""软件培训"也归入其中。若撇开这类环节，比较剩下的真正接触实际、与工程实践密切相关的课程安排，各校相差不大，且都比重较低。

3　原因分析

通过上述量化比较可以看出，当下国内已通过建筑学专业教育评估的近半数建筑院校在"公共课""技术及业务课""史论课""图艺课""设计课"五个课程类别学分比重非常接近；而在"实习课"一类，看似各校差别较大，但部分学校的学分虚高，实际也较为接近。也就是说，从课程比重这一角度来看，当代中国建筑教育表现出明显的"趋同"现象。对其原因，笔者有以下推测。

3.1　多类课程比重相近，与专指委制定的教学指导性文件有关

1980 年代开始，建筑教育在中国进入快速发展时期，开办建筑学专业的高校迅速增多，但由于多数院校办学时间较短，办学条件、教学水平良莠不齐。在此背景下，建筑学专业学位教育和评估被提上日程：1986 年，全国高等学校建筑学学科专业指导委员会（下称专指委）成立；1988 年，全国高等学校建筑学专业教育评估委员会（下称评估委）成立；1992 年，评估委对清华大学、东南大学、同济大学和天津大学的本科建筑学专业进行评估试点。由此，专业评估成为调控建筑教育的有力工具。

专指委作为评估体系中重要的官方学术机构，先后制定过三个版本的本科教学指导性文件，发挥了强大的示范作用。1997 年 10 月，专指委第二届第四次会议正式通过了《建筑学专业本科教育五年制培养方案（试行）》，此后，又于 2003 年及 2013 年相继制定和发布了《全国高等学校土建类专业本科教育培养目标和培养方案及主干课程教学基本要求——建筑学专业》以及《高等学校建筑学本科指导性专业规范》，对国内高校的建筑学专业办学给予指导并对基本教学条件提出要求（表 6）。

比较三个版本的教学指导性文件：1997 版虽然限定了不同类别课程的比重，但并未控制总学时数，并且指明"课程设置及基本学时由各个学校自己制定实施计划，不求统一"，实行"控制最低标准"的原则。然而，2003 版进行了大幅调整，尤其注重从课程设置层面加强教学要求的细化，明确列出 15 门主干课程，并对其"基本内容""前修课程""教学与实践环节的方式和要求"进行了细致规定，甚至写明每一门课程的"建议总学时数"。之后的 2013 版，不再突出"主干课程"，而是强调"知识体系"的概念，以"知识领域""知识单元""知识点"的构建取代对课程内容的规定。此举应当是在有意识地减弱对课程设置的控制，为各校留出学时空间，提供发展特色的余地，但是，其附件中却又详细列出了各知识单元对应的参考课程及其参考学时，表现出欲放又止的探步前行之态（表 7）。

三类院校“学习课”比重统计 表5

类型	学校	美术相关	建筑相关	其他	合计
工科较高者	西北工业大学	素描实习2 水彩实习2 美术实习4 建筑画集中周6	建筑设计初步集中周4,建筑设计集中周(1)4,建筑设计集中周(2)4,建筑设计集中周(3)4,建筑设计集中周(4)4,建筑设计集中周(5)2,建筑设计集中周(6)4,认识实习2,居住区规划设计集中周2,建筑师业务实践42,毕业设计40,毕业实习5	军事训练3 公益劳动1 社会活动2	—
		14	117	6	137/30.3%
工科较低者	同济大学	艺术造型实习4	设计院实习16,历史环境实录3,设计院见习3,建筑认识实习1,创新能力拓展项目(国际联合设计、国际竞赛、社会实践)2,毕业设计16,设计周2	军训2	—
		4	43	2	49/22.5%
综合较高者	湖南大学	美术实习2	模型制作实践1,测绘实习1,“开放建筑”实践(实用软件培训)1,建筑物理实验1,建筑设计实践12,“开放建筑”实践1,认识实习2,施工见习1,建筑声环境实验0.5,城市与建筑设计综合(设计工作营模式)2,生产实习10,毕业设计(设计工作营模式)10,毕业实习2	思想道德修养与法律基础实践1.5 毛泽东思想和中国特色社会主义理论体系概论实践3	—
		2	44.5	4.5	51/27.3%
综合较低者	浙江大学	渲染周1.5 美术实习2	传统建筑测绘2,施工工地实习1.5,现代建筑考察1.5,建筑设计院业务实践2,毕业设计8	军训2	—
		3.5	15	2	20.5/11.8%
艺术	中央美术学院	春季写生1	建筑认识实习1,城市与传统建筑测绘考察1,设计机构实习3,快题训练1,毕业设计3	军训2	—
		1	9	2	12/10.7%

注：课程后面的数字是其学分值

目前国内各校建筑学专业的教学计划基本上都是以专指委下发的指导性教学大纲为基础，由此不难理解为什么通过评估的学校的各类课程比重会如此接近。教学计划的课内总学时数有限，若要达到指导性文件的要求，即使只是满足“最低参考学时”，所剩无几的剩余学时数对于整体比重的分布不会有太大影响。

3.2 “实习课”虚高，与指导性文件和“卓越计划”有关

如表7所示，专指委制定的教学指导性文件中关于“实践教学环节”的要求在逐步升级，内容的广度和细度在不断延伸。具体来说，前两个版本变化不大，但2013版出现显著调整，相关条目的数量较之前增加了一倍。笔者认为，当下某些学校名目繁多的“实习课”或多或少是受到了指导性文件的影响，试图紧追强调实践的改革步伐。

那么指导性文件中关于“实践教学环节”的规定又是受到什么的影响呢？2010年5月，国务院常务会议审议并通过了《国家中长期教育改革和发展规划纲要(2010—2020年)》，明确提出要创立高校与科研院所、行业、企业联合培养人才的新机制。为贯彻落实这一要求，2010年，教育部在天津正式启动“卓越工程师教育培养计划”，拟用10年培养百余万高质量的各类型工程技术人才。落实到建筑教育领域，强化“实践教学环节”就成为应对“卓越计划”的重点改革措施之一，无论是各级各类建筑院校还是专指委都铆足力气加大“实习课”的学分比重。因此不难理解为何2013版指导性文件会突然大量增加“实习课”的相关要求，又为何一些学校的“实习课”比例会占到总学分的40%。

4 结语

通过上述的量化与比较分析，可以发现当代国内的建筑院校在课程比重层面确实存在明显的趋同问题，而国家机器的指导与调控是造成该问题的重要原因之一。不可否认，专指委制定的教学指导性文件在推动建筑学专业的设置标准建立，以及提升建筑教育的整体质量方面做出了很大贡献，但其强有力的示范作用却也一定程度上引发了“趋同”。

专指委制定的三版教学指导性文件 表6

<table>
<tr>
<td>

1997版</td>
<td>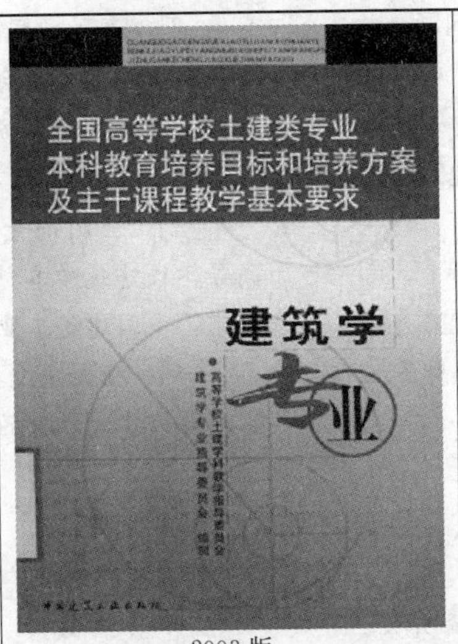

2003版</td>
<td>

2013版</td>
</tr>
<tr>
<td>·必修课约占总学时80—90%，其中：
公共课约占24%
专业课(基础课)约占36%
专业课约占40%
·选修课约占总学时10%—20%；
·城市规划原理和建筑设计原理(居住、公共)必须独立开设；
·与注册建筑师制度相关的建筑经济、管理与法规必须开设</td>
<td>·教学计划规定的课内总学时一般控制在3000学时左右，其中：
公共基础课：专业基础课：专业课=30%：40%：30%
三个课程门类下详细列出各门建议课程；
·对15门主干课程进行详细规定：涵盖课程基本要求、基本内容、教学与实践环节的方式和要求、前修课程、建议总学时数；
·对实践教学环节的内容、学时、安排进行了详细规定；
·列出多门主干课程的推荐教材</td>
<td>·教学计划规定的课内总学时一般控制在3000学时左右，其中：
<table>
<tr><td rowspan="2"></td><td colspan="2">知识学习</td><td rowspan="2">实践训练</td></tr>
<tr><td>参考学时</td><td>百分比</td></tr>
<tr><td>工具、人文科学、自然科学知识体系</td><td>768学时</td><td>26%</td><td rowspan="3">41周</td></tr>
<tr><td>专业知识体系</td><td>1800学时</td><td>60%</td></tr>
<tr><td>自主设置</td><td>432时</td><td>14%</td></tr>
</table>
·专业知识体系的知识领域分为6类：专业基础10.7%、建筑设计48%、建筑历史及理论11.5%、建筑技术20.9%、建筑师执业基础1.8%、建筑相关学科7.1%</td>
</tr>
</table>

三版指导性文件对于“实践教学环节”的规定 表7

<table>
<tr><th>1997版</th><th>2003版</th><th>2013版</th></tr>
<tr>
<td>建筑测绘
建筑认识实习
建筑画实习
建筑工地实习
设计院实习(不少于一学期)
毕业设计及实习</td>
<td>军事理论与技能训练(3周)
渲染实习(2周)
素描实习(1周)
水彩实习(2周)
快速设计与表现(2周)
测量实习(1周)
工地劳动及调研实习(2周)
古建测绘实习(2周)
计算机实习(2周)
设计院实习(16周)
论文综合训练(15周)</td>
<td>“实验”领域：
建筑设计Ⅰ/建筑初步小制作(2学时)
建筑设计Ⅰ/建筑初步足尺或大比例模型实验(16学时)
建筑热学实验(6学时)
建筑光学实验(4学时)
建筑声学实验(4学时)
建筑材料试验(6学时)
建筑设计(模型)实验192学时

“实习”领域：
建筑认识实习Ⅰ(1周)
建筑认识实习Ⅱ(1周)
素描实习(2周)
色彩实习(2周)
计算机艺术表现实习(1周)
有价值建筑物测绘实习(2周)
工程实践/建筑设计院实习(16周)
建筑快速设计实习(2周)

“设计”领域：
建筑设计(Ⅰ/Ⅱ/Ⅲ/Ⅳ)(864学时)
钢筋混凝土肋梁楼盖设计(1周)
钢结构设计(1周)
建筑构造(0.5周)
工程概预算(1周)
毕业设计(16周)
毕业论文(16周)</td>
</tr>
</table>

想要改变这一现状，需要专指委和各建筑院校两方面的共同努力。所幸，专指委已经认识到这一问题，并且开始有意识地改变做法，尝试对课程设置“松绑”，让各学校有调配学时比例的余地。尽管仍需进一步改进，但已不失为一个好的开始。另一方面，各建筑院校也需要发挥主观能动性，根据自身的特定条件有针对性地发展，让“特色”不止停留在教学体系的设计上，而是切实落实到课程比重、设计成果等教学实施的方方面面，为实现国家层面的建筑教育多样化贡献自身的独特性。

参考文献

[1] 全国高等学校建筑学学科专业指导委员会．建筑学专业本科教育五年制培养方案（试行）[A]．(1997-10)．长沙．东南大学档案馆归档资料．

[2] 高等学校土建学科教学指导委员会，建筑学专业教育指导委员会．全国高等学校土建类专业本科教育培养目标和培养方案及主干课程教学基本要求——建筑学专业 [M]．北京：中国建筑工业出版社，2003．

[3] 全国高等学校建筑学学科专业指导委员会．高等学校建筑学本科指导性专业规范（2013 版）[M]．北京：中国建筑工业出版社，2013．

[4] 顾大庆．美院、工学院和大学——从建筑学的渊源谈建筑教育的特色 [J]．城市建筑，2015 (16)：15-19．

[5] 仲德崑．中国建筑教育——开放的过去，开放的今天，开放的未来 [C] //全国高等学校建筑学学科专业指导委员会．2013 全国建筑教育学术研讨会论文集．北京：中国建筑工业出版社，2013：4-9．

刘烨　王韬　孟璠磊
北京建筑大学；liuye@bucea.edu.cn
Liu Ye　Wang Tao　Meng Fanlei
Beijing Universityof Civil Engineering and Architecture

深度思考，广阔视野
——多班教学的“展·评”模式研究

Deep Thinking, Broad Vision
——The “Exhibition and Evaluation” Mode of Multi-class Teaching

摘　要： 设计课题是建筑学专业教育的重要组成要素，而成果评价则是设计课题的关键环节。在多班组织教学的语境下，空间、时间有限的前提下，针对学生开展高效的展·评活动需要任课教师的策划。本文基于对多班教学评图优势和限制的分析，以北京建筑大学建筑学低年级班级为例，说明单班以评为主、多班以展为基础的和展评整合的“展·评”方式的限制条件、展开方式以及效果。

关键词： 设计课题；成果评价；展·评方式；多班教学

Abstract: Design topic is an important component of architectural education, and the evaluation of results is the key of it. In the context of multi-class teaching organization, with the space and time limit, exhibition and evaluation activities need to be planned to geteffective. Based on the analysis of the advantages and limitations of evaluation for the multi-class teaching, it takes various grades of Beijing university of civil engineering and architecture as an example to illustrate the limitations, development and effects of the “exhibition · evaluation” mode, which includes single class' evaluation, multi-class' “exhibition · evaluation” mode.

Keywords: Design topics; Evaluation of results; Exhibition and evaluation method; Multi-class teaching

1　设计课程的评图

设计课程是建筑学专业教育的主干，而设计课题是设计课程的核心。课题的开展依次为教学设计、辅导推进和成果评价三部分。成果评价，即为评图，不仅是对设计课题的回顾和总结，也是激发学生与同辈、与业内人士自主学习交流的教学组织方式[1]。合理有效的展览或讲评的活动，学生可以看到针对同一个问题——设计题目，多样答案——设计方案。学生对设计作品设计思路的宣讲，教师和评图嘉宾的点评，使得宣讲者和观众短时内经受思维逻辑训练[2]，促使学生自动完成针对设计的纵向梳理。学生基于对题目既有的思考，试图理解同辈的设计，以短期的思考，自动获得大量信息，包括不限于设计切入点、设计思路、设计手法、表达手段等。此外，任课教师外的校内外教师，执业建筑师等作为评图嘉宾，将为学生建立更多的观察、解读视角，丰富设计视野。近年来，针对设计课题的成果评价，各大建筑院校以公开评图、教学成果展览的形式展现。诚如前文所述，这一环节不仅是对外的宣传，更是教学的重要环节。在各大院校扩招、多班教学的语境下，如何利用有限的时间和空间，基于学生基数的特点，通过任课教师对评图环节的策划，调动学生的积极性，完成个体设计思路的深入表达和达成设计思考整体的广泛视野，做到深度和广度的协调。此阶段，师生之间、评图嘉宾与学生之间的交流方式，应当被记录，总结归纳，继而充分设计[3]。

2 基于基数多班教学评图的优劣

评图常见的方式是讲评、展览，还包括针对设计课题的教学论文、优秀作品集等。展览和讲评是最常用的方式。讲评活动的师生间互动最直接、充分，但对时间的要求最高。展览活动充分展示设计作品，但单独开展不易表达设计思路。多班教学的往往具有一定规模，既由因指导教师、学生产生的设计方案的差异性，进而提升评图的趣味和意义，也因为学生人数本身成为评图的时间、空间限制。

2.1 多班教学的规模优势

多班教学具有明显的规模优势。不同的指导教师和学生的设计作品，是针对同一个题目的丰富作答。这一优势在评图结合展览时充分体现。展览上设计作品出现的形式是静态的、自明的。这种形式允许参观者针对某些感兴趣的点反复浏览，设计作品承载的信息能被充分接纳。当设计课堂承载多班级时，以展览形式交流，这一优势被最大化，利于师生针对作业差异性进行研究。此时，调动学生的积极性是展览效果优劣的决定因素。

2.2 多班教学的时空限制

多班教学的时间限制，主要体现在讲评活动。讲评突出学生个体对设计课题的系统思考、层次解答，体现学生设计思路的完成性、推进的深入程度、技能技法，设计思路到建筑空间的转换细节等。任课教师和评图嘉宾对学生作品的全方面点评，学生对此做出的回应，师生讲评讨论时思维激越，都是教学环节的一部分，具有开阔学生专业视野的作用。此间，时间和精力投入，是师生不得不面对的限制。按照建筑学专业评估要求，生师比为 8～12：1。按照学生宣讲、教师评价、学生答疑的基本环节，每个学生 30 分钟，加之任课教师对设计题目的阐释，1 个 20～24 人班级的讲评活动时间将超过 10 小时。当教学组织时，学生班级达到 2 个或更多时，长时间的答辩往往降低学生的参与度，对教师和校外评图嘉宾的投入也有较高要求。

在空间方面，对于多班级尤其是低年级教学大平台来看，大规模的教学展览对空间面积要求较高，对展览的策划、设计和布置工作及工作强度要求也相应提高。

3 多班教学的展・评活动

北京建筑大学建筑学院采取低年级大平台的教学组织方式。一年级“设计初步（1)、(2)”课程 5 个专业，9 个班级集中授课，分别辅导的方式；二年级“建筑设计（1)、(2)”课程采取 3 个专业，7 个班级集中授课，分别辅导的方式；其中，建筑学专业的城市设计（方向）和大师实验班采用相同课题；三年级“建筑设计(3)、（4)”课程建筑学专业单独授课，城市设计（方向)、大师实验班和建筑学班级分设题目，授课、辅导。因此，在“展・评”活动，体现出了差异性。按课题覆盖班级的广度，以 1 个班、2 个班和 9 个班为代表的“展・评”方式各有不同。

3.1 单班以讲为主的“展・评”方式

以讲为主的“展・评”方式主要实现在三年级城市设计（方向）和大师实验班。以上班级单班教学，人数在 20 人左右，设计题目专业且深入，以大于等于 8 周的长题目为主，为在评图活动中，充分展开学生的设计思路，展开学生各个环节推进工作，一般采取所有学生宣讲，任课教师和评图嘉宾依次点评的方式。同时，学生图纸和模型伴随讲评活动进行展示。

3.2 多班以展为基础的“展・评”方式

以展为补充的“展・评”方式主要实现在二年级的城市设计（方向）和大师实验班。两个班共用一套题目，课题结束后共同组织展览和讲评活动。2017—2018 年春季“生物实验研究中心设计”的期末展评活动中，参加讲评活动的学生人数约 50 人，展览空间为北京建筑大学西城校区创空间（面积 400 余 m^2）。任课教师设计了以下环节：(1) 预先布置展览（全部图纸和模型)；(2) 学生投票选取 10 份作品；(3) 10 份作品的设计者宣讲，教师及嘉宾点评；(4) 学生二次投票选取 10 份作品；(5) 二次投票选取的设计者如未与第一次人选重合，进行补讲；(6) 公布结果（图 1)。

这一系列环节中，学生通过听取（1）大于等于 10 人次的作品宣讲及点评，回顾了设计过程，引发了对自身设计思路的梳理；(2) 参与两次投票选取，主动地通过展览浏览所有人作品，深度了解他人设计思路、推进方式；(3) 校外评图嘉宾对于设计的思考，拓宽思路。对于任课教师来说，通过讲评，直观了解学生在设计领域的学习动态。学生两次投票选取优秀作品的差异，正充分体现了学生对讲评活动的投入听取，对设计思路的充分理解，是这场展・评的经典部分。

3.3 多班的展评整合的“展・评”方式

展评整合的“展・评”方式实现在一年级“设计初

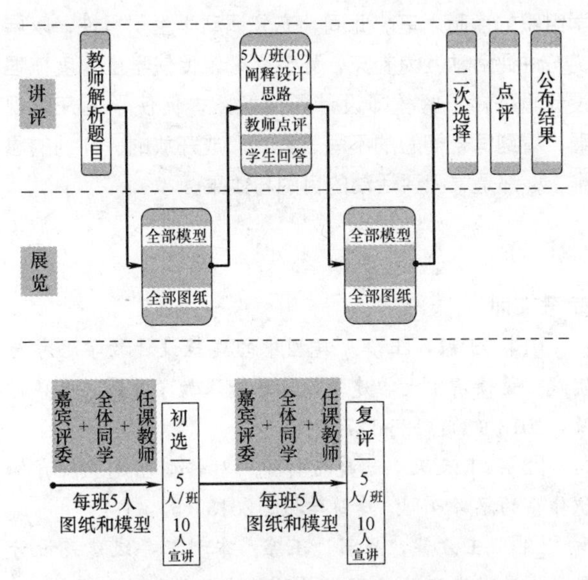

图 1　以展为补充的“展・评”方式流程

步”的部分设计课题中。一年级大平台的教学组织涉及 9 个班级，任课教师 18 名，学生人数约 200 人。日常的设计课题评图环节，任课教师数量和差异性达到需求，评图以任课教师为主，此时，目的在于师生交流。一般流程为：(1) 任课教师预先挑选本班优秀学生图纸，每班 5 份；(2) 展览展示全部学生模型和 45 份优秀图纸；(3) 任课教师流动讲解图纸优劣；(4) 学生投票选择模型；(5) 集中点评学生选出的模型作品。(图 2) 鉴于一年级的设计题目多数以小于 8 周的短题为主，且具有较多的建筑认知和基本技能练习环节，在展・评活动中强化认知尤为重要。系列环节中，学生 (1) 通过浏览

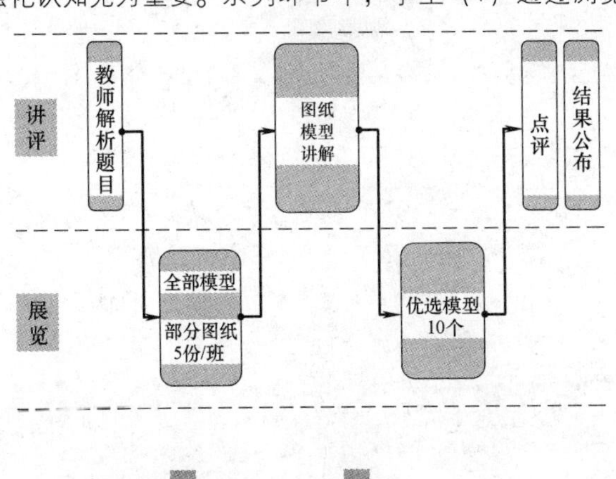

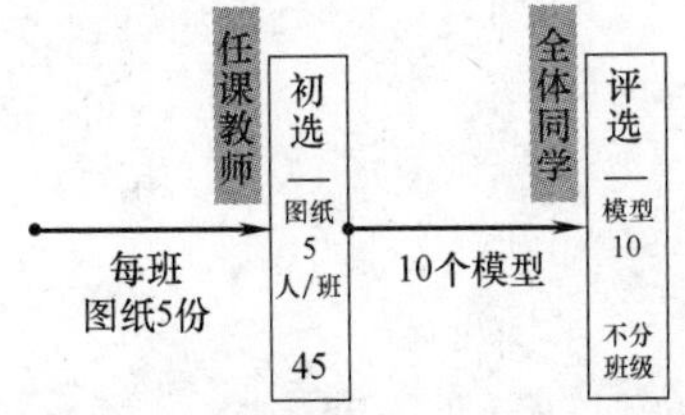

图 2　展评整合的“展・评”方式—设计课题评图

优秀图纸和教师的讲评，回顾课程设计重点；(2) 通过对模型作品的浏览和投票选择、设计者的宣讲及教师的点评，看到一个问题的多种回答可能 (图 3)。

图 3　“生活立方＋”展・评模型讲解

学期末“大评图”目的在于年级间的交流。例如，2017 秋季的“初园一阶＋二阶”本科一年级展评活动中，邀请校内其他年级设计课程负责教师参与评图。任课教师设计了以下环节：(1) 任课教师预先挑选优秀学生图纸，每班 5 份；(2) 预先布置展览 (45 份图纸和全部模型)；(3) 教师回顾、讲解题目；(4) 设计者宣讲，教师及嘉宾点评；(5) 任课教师和评图嘉宾投票选择优秀图纸和模型，并随时点评，答学生问，学生在作品旁作为解答；(6) 教师点评 (图 4)。系列环节中，

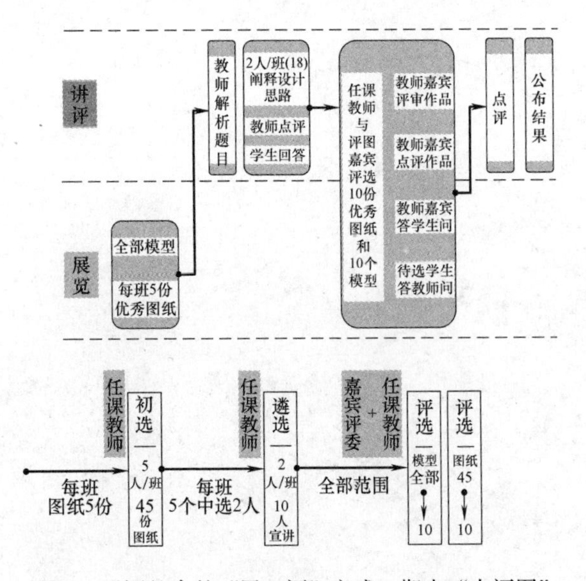

图 4　展评整合的“展・评”方式—期末“大评图”

(1) 作品宣讲及点评，促使学生回顾了设计过程，梳理了设计思路；(2) 教师浏览、投票选择作品，学生随从参观，最大程度增加二者互动，学生理解设计题目意图。学生任意选择教师跟随，选择听取本班任课教师外嘉宾的讲解，是学生人数众多时，增加师生互动，促进学生设计思路开拓的举措 (图 5)。

图 5 “初园一阶+二阶”“展·评”活动

4 结语

评图活动作为设计课程的重要组成部分，亦或为教学组织的点睛之笔。此间，充分调动学生积极性，以展览与讲评活动互为补充，环节交替，促使学生深度梳理设计思路，了解教师设计题目意图，促使学生开阔视野，看到同一问题的不同答案，形成开放的、开创的思维[4]，都是展·评活动的目的与效果。

参考文献

[1] 王毅，王辉．转型中的建筑设计教学思考与实践—兼谈清华大学建筑设计基础课教学 [J]．世界建筑，2013 (3)：125-127.

[2] 丁沃沃．过渡与转换—对转型期建筑教育知识体系的思考 [J]．建筑学报，2015 (5)：1-4.

[3] 王方戟，肖潇，王宇．本科三年级建筑设计教学中的课堂记录及思考 [J]．建筑学报，2013 (9)：65-72.

[4] 韩冬青，鲍莉，朱雷等．关联·集成·拓展——以学为中心的建筑学课程教学机制重构 [J]．新建筑，2017 (3)：43-48.

王志军
同济大学建筑与城市规划学院
Wang Zhijun
School of Architecture，Tongji University

以实践创新能力为导向的建筑学专业学位硕士生培养体系改革——以同济大学为例

Reform of the Training System of the Master Degree of Architecture Majors Based on Practical Innovation Ability——A Case Study of Tongji University

摘　要：本文基于对国内外高校硕士研究生主要培养环节的调研分析，结合同济大学建筑学专业硕士培养现状，探讨以实践手段获得创新能力导向的专业硕士研究生培养机制建设、策略和具体措施，总结该导向下同济建筑学专业硕士学位研究生培养方案改革、模块化课程、教学组织以及研究性设计论文验收等环节。

关键词：专业硕士研究生；培养体系；实践创新能力；同济建筑学

Abstract：Based on the investigation and analysis of the training of postgraduates in different universities，combining with the present situation of the Master of Architecture of Tongji University，this article probes into the construction，strategy and concrete measures of the training mechanism of professional postgraduates with practical means，and sums up the reform of the Postgraduate training program of Tongji，modular courses，teaching organizations and the evaluative criterion of research based design thesis.

Keywords：Professional postgraduate；Training system；Practical innovation ability；Architecture of Tongji university

用实践手段激发创新能力的研究生培养机制，是同济大学建筑学专业多年来致力的重要目标。2018 年重拾学术型和专业型两类学位硕士研究生培养机制，制定了针对性培养方案。对于专业学位硕士生，新培养方案明确了“获取知识”等能力的培养目标，其中，“理论结合实践的能力”“创新能力”等成为方案中的关键词①。围绕实践创新能力在培养中主导方向的设定，国内、外建筑学院校均有不同的做法。本文将对一些典型的建筑院校培养体系和课程设置等方面状况进行分析，结合同济建筑在当前培养体系下的现状，分析实践创新能力培养机制实施要点，以期引发教学系统改革的进一步探讨。

1　国内、外典型院校建筑学研究生培养体系现状与特点

本文选取具有一定可比性和典型的国内 2 所，国外 3 所大学的建筑学专业在硕士研究生教学、课程组织、学分设定、培养特点等方面进行了调查和分析（表 1、表 2），找出国内、外建筑学专业教学系统中，注重实践与创新培养的方法，以期从中得到借鉴。

---

① 详见《建筑与城市规划学院建筑学硕士（专业学位）2018 级全日制硕士培养方案》中“培养目标”部分。

国内典型院校建筑学专业硕士研究生培养体系特点　　表1

<table>
<tr><th>学校</th><th>学制(年)</th><th>学位</th><th>总学分</th><th>必修课
(门,占比)</th><th>选修课
(门,占比)</th><th>理论课
(门,占比)</th><th>设计课
(门,占比)</th></tr>
<tr><td rowspan="2">清华大学</td><td>2-3</td><td>建筑学(学术型)硕士</td><td>29</td><td>11(72.4%)</td><td>5(27.6%)</td><td>1(13.8%)</td><td>7(44.8%)</td></tr>
<tr><td colspan="7">培养特点:
1. 专业课程模块化:专业课程设计中针对4个二级学科设置有针对性的“选修模块”(建筑历史与理论、建筑遗产保护;建筑设计及其理论、室内设计;城市设计;建筑技术科学);
2. 论文选题学术型和设计型并重:结合论文选题特点,征得导师同意后可选择设计专题性学位论文。</td></tr>
<tr><td rowspan="3">东南大学</td><td rowspan="2">2-3(4)</td><td>建筑学
(专业型)</td><td>30</td><td>8(56.7%)</td><td>5(43.3%)</td><td>6-7
(46.7-56.7%)</td><td>2-3
(16.7-26.7%)</td></tr>
<tr><td>硕士
(学术型)</td><td>28</td><td>7(50%)</td><td>6(50%)</td><td>6-8
(50-67.9%)</td><td>0-2
(0-17.9%)</td></tr>
<tr><td colspan="7">专业学位培养特点:
1. 校内外联合培养机制:专业学位采用“双导师”制,校内导师为主,企业导师为辅,避免了校内导师若是非设计方向而带来的培养问题。
2. 重视专业实践:专业实践(企业实习)是必修学分。企业导师须具有高级职称,如校内导师在本校设计单位或工程中心具备专业资质,硕士生的专业实践也可由校内导师指导完成,但仍需企业导师协助。
3. 学术型和设计型论文并重:毕业成果要求多元化,可选学位设计或学位学术论文。对论文选题,要求反映社会发展的实际需求与重大关切,理论与实践相结合,结合实践展开实证研究。
4. 在读期间要求发表学术论文:专业学位研究生必须撰写学术论文1篇,经导师签字后刊登在院系研究生学术报告会论文集或其他学术刊物上。
学术学位培养特点:
1. 对学术型研究生放宽建筑设计学习要求:规定本科非建筑学、城乡规划学、风景园林学专业学生可不修“建筑设计”课程。
2. 以教学实践替代专业实践:有教学实践的环节,但无专业实践(企业实习)环节的要求。
3. 选题和毕业成果必须是学术论文。
4. 在读期间要求发表学术论文:要求学术性研究生必须撰写学术论文1篇,经导师签字后刊登在院系研究生学术报告会论文集或其他学术刊物上,考核合格后计1学分。</td></tr>
</table>

国外典型院校建筑学专业硕士研究生培养体系特点　　表2

<table>
<tr><th>学校</th><th>学制(年)</th><th>学位</th><th>总学分</th><th>必修课
(门,占比)</th><th>选修课
(门,占比)</th><th>理论课
(门,占比)</th><th>设计课
(门,占比)</th></tr>
<tr><td rowspan="2">荷兰代尔夫特理工大学
(TU Delft)</td><td>2</td><td>建筑、城市及建造科学硕士学位建筑学方向
(MSc of Architecture, Urbanism and Building Sciences in Architecture Track)</td><td>120欧盟标准学分(ECTS)</td><td>12</td><td>11(82.5%)</td><td>4(15%)</td><td>8(70%)</td></tr>
<tr><td colspan="7">培养特点:
1. 跨专业选修设计课:学生可在建筑、城市设计与景观专业之间随意选修一个学期的设计 studio;
2. 强调研究型设计和高密度答辩的全年毕业设计:先组织研究方法教学和选题,再进行研究型论文撰写和设计落实。全程有5次大型的公开答辩,既作为工作进度的控制节点,也作为考试来逐级劝退部分不合格的学生;
3. 一般设计课程与毕业设计相搭接的教学梯队:从公建、住宅到参数化和城市设计,所有的设计课程教学梯队都同时开展第一年的一般设计课程和和毕业设计课程;
4. 拓宽培养口径:对于有专门兴趣的学生,可以在两年期间全程留在一个教学方向,形成专门化教学;对于没有固定兴趣的学生,也完全可以尝试多个不同的设计方向,拓宽培养口径。</td></tr>
</table>

续表

学校	学制(年)	学位	总学分	必修课(门,占比)	选修课(门,占比)	理论课(门,占比)	设计课(门,占比)
瑞士联邦理工大学(ETH Zurich)	2	建筑学硕士项目(Master Program in Architecture)	120 欧盟标准学分(ECTS)	3(43.3%)	17(56.7%)	无规定,设计课外的学分	3(43.3%)
	培养特点: 1. 教学与研究的一体化:3 年本科+2 年硕士,其培养目标在于强化建筑教育与社会、政治、经济以及可持续发展的连接,强调教学与研究的一体化; 2. 教学组织围绕建筑学本体:教学要针对建筑、建造和城市的基本问题; 3. 强调建造实践教学:设计教学以建造为主要目标之一,因而结构和构造课在本科教学计划占有一定比例(共 14 门课,学分占 20.3%),同时结构课是以结构设计课进行的,共有 4 门结构设计课。						
美国麻省理工学院(MIT)	3.5(2.5,获 5 年本科建筑学专业学位)	建筑学硕士学位(专业学位)	315+24(论文)	19(74%)	9(26%)(7 门专业课,2 门自选课)	20(55%)	6(40%)
	培养特点: 1. 培养目标与定位明确:本科和研究生培养定位清晰,阶段性目标明确,较好地处理了通识教育和专业教育、专业教育与职业教育的关系,体现了理工院校的特点和优势; 2. 为研究生培养奠定基础的本科教育:本科培养体现"专业通识"教育。以高质量公共课程为基础的通识教育使学生具备了较好的人文修养、社会价值观、逻辑思维能力和综合表达能力,也为学生未来的多元化成长奠定了扎实的素质和能力的基础。在学业顾问的指导下,学生结合自身特长和兴趣围绕 5 个不同的专业方向选课,逐步形成专业志趣,为研究生阶段的学习确立出发点和方向; 3. 强化建筑专业设计教学:研究生阶段特别强化专业设计训练,每学期至少一个整学期的设计课; 4. 多样化的差异化培养:研究生阶段针对学生来源提供内容不同、学制不同的差异化培养。						

注:以上统计信息均来自同济大学建筑系教师的调研,数据采集至 2017 年。

调研中可以看出,尽管国内典型建筑学专业院校培养方案有所不同,但培养手段对实践创新能力的强调却是类似的。如:东南大学具有学术型、设计型两种学位,具针对性地强化对专业学位实践能力的培养方案;清华大学虽只有学术型学位,但在培养过程中,将专业实践和学术研究相结合,互促并举,以模块化课程设置落实了对研究生创新实践能力的培养。

同样,欧洲院校较为普遍地将创新实践能力的培养纳入实践和设计教学环节,如 ETH 等具有一定代表性,通过专业本体内容模块化设计训练得到落实。

美国院校虽具有差异性,将研究生阶段的实践能力培养与职业建筑师培养结合起来较为普遍,设计课具针对性,训练量大,重视方法。如:MIT 将本硕阶段的专业教学贯通、连接,本科的"通识教育"为研究生阶段实践创新能力培养奠定了有力基础。相比之下,国内建筑教育仍缺乏贯通的、系统化培养体系。

2 同济大学建筑学专业研究生实践与创新能力培养现状

同济建筑学专业在硕士研究生学位设定上曾将学术型和专业型合并,在培养方案统一化的同时,针对性却不足,其基本现状和特点表现在以下方面:

(1) 录取与选拔

和其他院校类似,同济硕士研究生选拔主要有推免、暑期夏令营和全国统招三种方式。选拔多样化、多渠道、范围广、鼓励跨学科,吸收了大量具有特长的学生。多样化的选拔方式,环境对建筑学专业的实践支持,自身实践基地建设等均对学生的报考兴趣和多元化学习目标设定有所激励,同时为实现"深度广度并举"的实践创新能力培养机制奠定了良好基础。

(2) 差异化培养模式

在制定培养方案阶段,根据导师的不同研究方向提供并制定不同模块的培养方案,以便对不同类型人才进行差异化培养。实践创新能力培养的主要方式是设计实践和广泛的专业交流、涉猎经历。学生根据导师方向的"自选设计",提高了"自由度",连同强化国际联合设计交流的"专题设计",学生具有了更多的选择和自主性。

在新培养方案实施前,学术型和设计型学位两类一体,从本质上看,虽通过学位论文规范和要求控制了成果质量,但培养过程不明确、验收标准匮乏和不完善,实践创新能力培养较难针对性地予以落实。

(3) 设计实践教学缺乏系统化设计

虽然设置了大量的建筑设计课程,本、硕教学缺乏系统化设计,本科、硕士阶段的设计课程有较多重复,要求设计教学的贯通，其核心也是在设计训练手段上实践创新能力培养的系统性改革。

(4) 缺乏设计型论文标准和细则

尽管设计型论文（研究性设计）对于专业学位来说是主要的验收方式，但2017年之前还没有成熟的验收标准①。即便在实践中按照标准实施，其执行的难度始终存在。同时，在建筑学专业逐步将建筑设计、城市设计、历史遗产建筑保护、室内建筑学等专业细分后，进一步的实施细则也亟待完善。

综上，同济建筑学专业在几十年的教学中建立了相对完整的硕士研究生培养体系，但随着专业和社会环境的变化，以及与国内、外院校和跨专业交流的不断扩大，如何在新的培养体系中体现并践行对实践创新能力的培养，尚需在认知和方法上的努力。

3 实践创新能力培养体系教学改革的关键要素及同济的实践

通过对国内外典型院校建筑学专业在研究生培养基本特点的调研，结合同济现状，实践创新能力培养的关键要素和实施需完成以下内容：

3.1 培养方案

鉴于以往统授专业型学位单一的模糊化方式，一度使培养目标及手段变得不清晰。近年来，外部环境变化导致人才需求呈多元化趋势，也催促了建筑教育的深入改革。反观现行同济建筑的培养体系，各个教学环节可谓亮点突出，但如何适应当前环境，其焦点往往都指向培养系统性改革。

在上述讨论中，国内、外相关院校的培养方案一方面重视学生理论学习和实践的结合，另一方面，对于专业学位研究生，在培养方案总学分的设定上，必修、选修学分，理论和实践设计课程学分，在比例分配上皆体现了专业属性所侧重的培养导向。

对于专业学位研究生，同济建筑学专业培养方案具有针对性地实施以实践创新能力为导向的教学组织。在增加总学分的情况下②，针对两种学位建立了两种不同的培养方案。其中，专业学位硕士研究生的培养方案调整的要点为：

(1) 强调具有坚实的专业知识体系

在6个方面体现实践创新能力和专业综合能力的提升③；

(2) 三个研究方向的明确化

在培养方案中对三个主要的研究方向予以明确，包括：建筑设计及其理论，城市设计及其理论，以及室内设计及其理论方向。

(3) 培养环节和学分要求

在培养环节上，方案要求全日制专业学位硕士研究生课程由学位课、非学位课、必修环节和补修课程四部分组成。根据新的学分要求，全日制专业学位硕士研究生至少应修满36学分。其中公共学位课至少5学分，专业学位课至少12学分，非学位课至少9学分，必修环节10学分。

在培养方案整体结构中，除公共学位课和必修环节外，专业学位课要求较以往有所提高，强调了实践课程在方案中的比例，把设计课程由原来的两个改为三个，并规定了其不同的课程目标与组织方式。

3.2 教学组织

在上述调研及分析中，从横向上看，模块化课程的设置将有效为教学“供给侧”提供良好的组织方案，如：慕尼黑工业大学的模块化教学组织，导向明确，通过优化模块内的不同课程，迎合教学变化。

针对建筑学学科自身所具有的实践创新特点，如何将建筑设计课程，从启蒙教学到职业化、专门化等专业训练体现“深度”；另一方面，如何强化“通识”，体现“广度”，已经成为一种建筑教育中的批评反思④。

为了实现“广度深度并举”的训练，同济建筑课程设置采用了新的模块化课程体系。包括：

(1) 专业学位课，作为专业核心模块

包括设计前沿、专业英语、专题设计⑤、建筑设计(三)⑥等专业学位课。另外，把原培养方案中的“建筑设计（一）”改为“自选设计”，虽为选修课，但本设计课程由导师主导，旨在强化导师研究和设计相关的设计课程。

上述必修课程中，共设三个建筑设计课程，除“自选设计”为选修课外，专题设计多为不同教学团队组织

---

① 上海市学位委员会办公室在2016年组织了“硕士专业学位论文评价指标体系”的研制，同济大学牵头研制了建筑学、城乡规划、风景园林三个专业的评估指标体系。2017年4月《上海市硕士专业学位论文基本要求和评价指标体系》正式推出实施。

② 由原32个学分增至36个。

③ 详见同济大学建筑系《建筑与城市规划学院建筑学硕士（专业学位）2018级全日制硕士培养方案》。

④ 蔡永洁．高度与深度双向拓展的建筑学培养体系探索［J］．中国建筑教育，2017（19）：43-48。

⑤ 即原培养方案中的“建筑设计（二）”。

⑥ 建筑设计（三）是承接本科阶段的建筑设计（一），（二）的“综合建筑设计”课程，具有本硕贯通的连续性。

的，以联合设计，国际交流为组织形式的设计课程，通过设计课程中的国际化交流、合作拓展实践创新视野，体现设计的宽度、广度，而“建筑设计（三）”则为具有专门化、专业化深度的实践课程，体现专业化深度训练。

（2）非学位课的模块化设置

非学位课包括：建筑原理和设计方法模块：“设计与分析——公共建筑的案例分析”等；建筑理论与历史模块：“建筑批评学”、“中国近现代城市建筑的历史与理论”等；绿色建筑和建筑技术模块：“节能建筑原理”等；城市设计与更新模块：“城市设计的实践与方法”等；城市历史遗产保护模块：“城市历史遗产保护”等；室内设计与历史模块：“室内设计的理论与方法”等；艺术模块：“中国当代艺术活动的案例解析”等。以上模块共包含62门非学位课程供选修，针对性地提高学生在认知和专门化上的“广度”理论水平的提升。

3.3 本硕贯通的建筑设计课程改革

随着培养方案的调整，在本科阶段的建筑设计类课程的目标设定与研究生阶段的设计课程统筹考虑，形成实践创新能力提升训练的主要链条。

基于本科的第四学期“建筑设计（一）”，以及第六学期“建筑设计（二）”，在研究生第一（或二）学期，增设“建筑设计（三）”课程，以特殊性、深化设计为训练内容，旨在提高专业深度[①]。

通过本硕贯通的建筑设计课程设置，作为核心的建筑设计课程被大大强化，三个长题设计将循序渐进地提升学生在不同阶段的实践创新能力。

3.4 国际联培

从传统的（国内、国际）联合设计，到近十年多以来的双学位培养，均为在读研究生提供了增强广度的机会和经历。同济建筑与城规学院硕士研究生双学位联培项目已发展到17个。双学位，半年期交流，联合设计等项目提高了硕士研究生专业上的国际竞争力，在国际一流设计竞赛中屡获大奖[②]。实践创新能力经设计竞赛检验得到了充分的体现。

3.5 校企联合

“校企联合”教学也是近年来针对建筑实践教学训练的举措，通过多年实践，已经取得了良好的成效。如东南大学的校企联合培养机制，充分挖掘了培养体系中的深度，值得借鉴和学习。近年来，通过建构建筑学研究生专业实习网络管理平台，在签约企业和兼职指导教师对实习岗位要求基本全覆盖的前提下，利用网络数字平台实现校企联合实践教学全过程管理和跟踪，强化校企联合培养的紧密度，切实提高专业实习这一建筑学专业硕士培养重要教学环节的质量[③]。

3.6 验收标准制定

专业型论文已经逐步成为专业硕士研究生毕业学位论文的验收成果。成果评估标准体系对于创新实践教学的开展起到了导向性作用。反映于平素的建筑学设计训练中，从研究问题开始，怎样用设计回答研究问题，继而运用理论结合设计实践实现创新[④]，其结果不仅能反映论文成果优劣，更会进一步引导设计教学。

2015年7月，同济大学建筑系制订了《建筑学专业学位硕士研究生研究性设计论文及成果要求细则（试行）》。2016年9月，上海市教育评估院组织全市各个不同院校，发起研制《上海市硕士专业学位论文基本要求和评价指标体系修订（研制）》，同济大学建筑学等三个专业作为牵头单位组织研制工作。新的评价指标体系于2017年11月发布，成为全市建筑学专业硕士研究生撰写设计研究论类文的评价标准。

在该标准研制过程中，将实践创新能力培养提升作为一个重要的评估目标。

评价体系将规范性要求与质量要求作为论文的基本要求，对于设计研究类论文，提出了内容要求[⑤]和撰写要求[⑥]两个部分。评价指标分为一级指标、二级指标、评价要素和权重四个部分，如表3所示：

---

① 该三个阶段的建筑设计课程均为一学期课题。

② 如：美国土地学会城市设计竞赛佳作奖（同济大学—佐治亚理工学院双学位项目）；德国歌德里兹（Goederitz）城市设计竞赛一等奖（同济大学—柏林工业大学双学位项目）；亚洲建协学生设计竞赛Top 5大奖（依托中美生态城市设计联合实验室教学平台）等。

③ 现有实践机构有：同济大学建筑与城乡规划高等研究院、同济大学高密度人居环境生态与节能教育部重点实验室（下设数字设计实验中心、智慧城市实验中心、历史建筑保护实验中心、绿色建筑实验中心等）、同济大学建筑设计研究院（集团）有限公司、上海同济城市规划设计研究院等。1个国家级建筑规划景观实验教学示范中心、1个国家级建筑规划景观虚拟仿真教学中心和2个国家级工程教育实践中心等。

④ 鲁安东．“设计研究”在建筑教育中的兴起及其当代因应[J]．时代建筑，2017（3）：46-49。

⑤ 内容要求包括：1. 选题 2. 研究内容 3. 研究方法 4. 研究成果等。

⑥ 撰写要求包括：1. 绪论 2. 调查分析 3. 设计策略 4. 设计方案的论证 5. 总结等。

表 3

评价指标		评价要素	权重
一级指标	二级指标		
选题	理论和现实意义	选题具有理论或现实意义	5%
	研究对象和问题	研究问题界定清晰，范围合理	10%
	研究现状综述	文献综述完整，案例研究具有针对性，符合学术规范	5%
原创性	基础资料	有一手资料或独立实验成果，对设计基地进行调研和分析	10%
	学术观点	学术观点明确，有独立创见	10%
专业性	技术路线	技术路线清晰合理，提出设计策略	10%
	技术方法	研究方法明确，有针对性	10%
应用性	研究结论	研究性设计结论逻辑成立，有学术价值	10%
	结论对研究问题的回应	研究性设计结论有效地回应了研究问题	10%
规范性	学术规范	学术诚信，无夸大修改数据、剽窃或引证不清晰现象，达到设计深度要求	10%
	写作规范	符合相关写作规范	5%
	格式规范	符合相关格式规范	5%
综合评价			100%

注：评价结论（以 100 分计）分为优秀、良好、合格、不合格四种。优秀：≥90；良好：89～75；合格：74～60；不合格：<60。

本标准体系的制定，对于量化专业学位硕士研究生在实践创新能力培养中的基本要求，继而完善培养体系具有应用价值和实际意义。

4 总结

(1) 国内外典型的高等院校建筑学专业培养体系中，对实践创新能力的培养均给予了高度重视，也是同济建筑学专业硕士研究生培养方案中的主旨。

(2) 在实践创新能力为导向培养体系建设的措施及实施中，培养方案、教学组织、实践训练、国际联培、校企联合、设计型论文评估标准制定等方面是培养体系改革的要素。

(3) 通过培养方案调整、模块化课程体系建设、本硕贯通的建筑设计课程组织、国际联合培养、校企联合、学位论文标准研制等方面的系列改革工作，同济建筑学专业以实践创新能力提升为导向的专业硕士研究生培养体系改革日趋完善。

参考文献

[1] 蔡永洁. 高度与深度双向拓展的建筑学培养体系探索 [J]. 中国建筑教育，2017 (19)：43-48.

[2] 鲁安东."设计研究"在建筑教育中的兴起及其当代因应 [J]. 时代建筑，2017 (3)：46-49.

黄海静　卢峰
重庆大学建筑城规学院，山地城镇建设与新技术教育部重点实验室，建筑城规国家级实验教学中心；cqhhj@126. com
Huang Haijing　Lu Feng
Faculty of Architecture and Urban Planning，Chongqing University；Key Laboratory of New Technology for Construction of Cities in Mountain Area；Architecture and Urban Planning Teaching Laboratory

基于 CDIO 的建筑学科大类创新人才培养*

Cultivation of Innovative Talents in Architectural Discipline Based on CDIO

摘　要：将知识转化为能力，构建以能力培养为核心的专业教学体系，是建筑学教育的关键。建筑学科专业具有明显的过程性、验证性、探究性、综合性和创新性特征。结合学科专业特点及新工科实践教学要求，整合原有分散的实践创新类项目，加强相关学科的协同参与，构建实践创新平台，以构思（Conceive）、设计（Design）、实现（Implement）和运作（Operate）为实践内容，以主动性、实践性、与课程有机联系的自主学习为研究、创新方法，提高学生主动拓展应用的意识、创新实践的能力和团队协作的精神，实现建筑学科大类创新人才培养的目标。

关键词：CDIO；建筑学；实践创新；新工科；人才培养

Abstract：Transforming knowledge into ability and building a professional teaching system with competence cultivation as the core is the key to architectural education. Architectural discipline has obvious characteristics of process，verification，inquiry，comprehensiveness and innovation. Combining the specialty characteristics and practical teaching requirements of new engineering disciplines，integrating the original decentralized practical innovative projects，strengthening the collaborative participation of related disciplines，and building a practical innovative platform which taking Conceive，Design，Implement and Operate as the practical content，and initiative，practicality and independent learning that is organically linked to the curriculum as research and innovative methods，to improve students' awareness of expanding application proactively，the ability of innovative practice and the spirit of teamwork，and finally，to achieve the goal of cultivating innovative talents in architectural discipline.

Keywords：CDIO；Architectural Discipline；Practical Innovation；New Engineering Disciplines；Talents Cultivation

1　学科发展背景及培养要求

1.1　建筑学科专业的发展趋势

建筑学科具有高度的艺术与技术统一、形象与逻辑共存的特点，强调动手、实践性学习。如今，海量信息及网络化不断推进着知识更新速度的加快，也带来学生学习过程和教学过程的碎片化、快捷化和媒介化，这种学习及教育方式既不利于学生深入全面地掌握系统性知

* 项目支持：重庆市高等教育教学改革研究重大项目（171002）；重庆大学新工科研究与实践重大项目（201703）；重庆大学拔尖创新人才计划。

识，也不利于学生形成专业的创新实践能力[1]。因此，如何培养具备综合研究与创造实践能力、自主学习与团队协作能力的创新性、复合型人才，成为现代建筑教育的重要思考。

建造是建筑实现的根本，从材料、构造、营建来思考和诠释建筑，是直观地学习建筑的必经之路。基于建造理念的建构实践，基于结构适应性的建筑空间形态研究，已成为建筑教学不可或缺的环节。同时，建筑业的快速发展，BIM、参数化等建筑数字新技术的不断更新，对学生的专业知识结构、创新实践能力及团队协作精神要求不断提高。建筑学科本身具有的跨学科特点，以及城市建筑环境的复杂化趋势，对学生的整体设计思维和综合研究素养也提出新要求。未来已经不再是单学科、分阶段、独立运作的模式，交叉、协同及系统、综合的培养方式才是建筑学科大类发展的方向[2]。

1.2 基于CDIO的能力培养要求

工程教育的CDIO培养大纲从构思（Conceive）、设计（Design）、实现（Implement）和运作（Operate）四个层面，以产品研发到产品运行的生命周期为载体，强调学生以主动的、实践的、课程之间有机联系的方式学习；要求以综合培养的方式，使学生在“工程基础知识、个人能力、人际团队能力、工程系统能力”四方面达到预期目标[3]。

按照《全国高等学校建筑学专业教育评估文件》标准，建筑学专业教育的能力培养包含四个内容：一是专业基础知识的传授。包括建筑设计基本原理与方法，建筑历史与理论，城市规划与景观设计，建筑技术知识等；二是个人能力的培养。包括设计创新能力，发现问题、分析问题能力，专业表达能力，自我更新知识的能力；三是人际团队能力的培养。包括交流、合作、社会活动、人际交往和公关的能力，设计过程中的综合与协调能力；四是系统研究能力的培养。包括熟悉建筑设计与建造的全过程，熟悉建筑师在建筑工程各阶段的工作要点，具有与其他专业工种的协调能力[4]。这与CDIO培养大纲的能力培养要求基本一致（图1）。

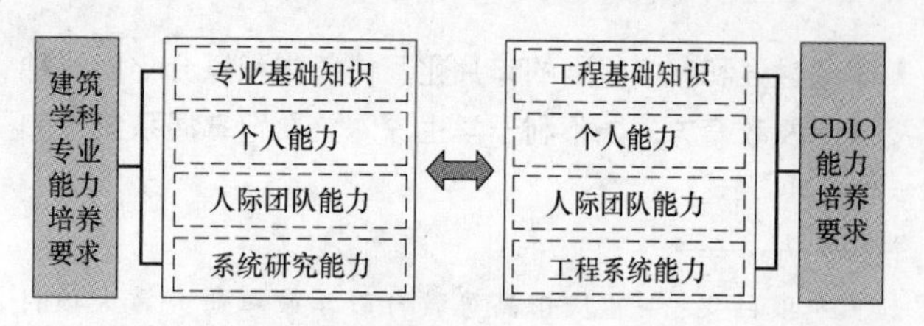

图1 基于CDIO的建筑学科专业能力培养要求

1.3 建筑教育的能力培养途径

根据建筑学科大类专业人才培养目标和未来专业教育的发展趋势，针对学生在知识、素质、能力三个方面的发展需求，以CDIO四个层面的内容为基础，从建筑设计到建造的全生命周期构建学生知识体系和能力培养的教学导向。

能力培养需要通过不断地实践和试错的过程，通过不断的发现、分析、解决问题的过程才能逐步建立起来，而知识可以通过自学的方式来获取。因此，在总体学时压缩的教育背景下，将课堂教学任务的重点放在“不断地启发和引导学生形成自己的专业学习能力”；同时，有效整合课余碎片时间，将知识学习与实践环节结合，促进学生通过自主学习去完成创新能力的养成，是建筑学科大类创新人才培养的有效途径。

2 创新人才培养目标与模式

2.1 创新人才培养目标

高校的根本任务是人才培养，人才的基本内涵是人才的“能力”特色。能力培养可以帮助学生持续进行自我的知识更新与专业素养的提高。

以建筑学专业教育及CDIO能力培养要求为指导，提出以“培养综合素质高、专业基础扎实、综合研究与实践应用能力强的拔尖创新人才”为目标，具体如下：

（1）具有宽厚的理论基础和专业素质，适应学科交叉、知识拓展与转型的通识能力；

（2）应用先进的理念和技术，提升发现问题、分析问题和解决问题的主动意识及创新能力；

（3）构建团队合作与协同精神，具备理解、判断与沟通协调、跨界整合的能力；

（4）关注学科前沿，能适应社会发展变化，具备自主学习、持续提高的能力。

2.2 创新人才培养模式

紧密结合“新工科建设”强化通识教育和专业教学融合的教学要求、多学科交叉整融合的建设目标[5]，针对建筑学科大类横跨人文与工学两个主要领域的学科特点，立足学院“建筑、规划、景观三位一体”的人才培养机制，强调学科交叉与知识融合，构建“纵横双线”的建筑学科大类创新人才培养架构（图2）。

遵循“基础知识强化与创新能力培养相结合、教学科研及工程实践相协同”的创新人才培养理念，确定建筑学科大类创新人才培养模式，具有以下两个特点：

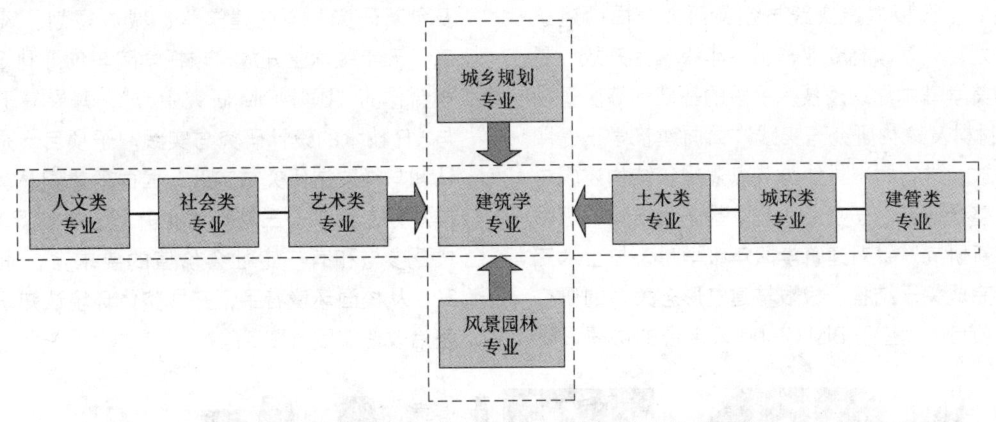

图 2 “纵横双线”建筑学科大类创新人才培养架构

一是“讨论—启发—引导”培养模式。基于兴趣出发的探索研究过程才具有持续性和创造性。以学科前沿、问题导向、综合性项目为载体，建立启发、研讨和共享交流的培养机制；

二是“自主—合作—探究”培养模式。构建“大建筑”学科专业为主体的多元、开放的创新实践平台，以协同设计、团队合作为依托，培养学生跨学科的整体思维、协作创新的能力。

3 创新人才培养特色及实践

3.1 创新人才培养特色

（1）基于自主—探究式学习，提升创新能力

以自主研究与及实践能力培养为目的，引导学生成为课题的搭建者，师生共同探讨、确定具体研究思路、研究内容及实施方式；以复合型能力培养为主线，强调过程化的教学评价方法，激发学生分析问题的批判意识，促进学生的探究式学习思维及创新能力。

（2）融合交叉学科知识，拓展学生参与度

以具有较强参与性、综合性的创新项目为载体，结合学科前沿与专业知识，设置学科交叉的研究性课题；通过跨学科、多专业的介入，扩充学生知识面，构建建筑学科大类学生的实践教学体系，并逐步面向人文、理工相关学科拓展，提高创新人才培养广泛参与度。

（3）构建协同机制，培养团队合作意识

高效的协同工作模式是建筑行业的发展趋势，协同理念有利于碰撞出更具创意、也更有实践性的设计，培养起学生的协作意识与团队意识；推行以创新小组为主的团队合作模式，采用通过互动交流及参与环节，加强学生团队合作、自主管理、共同探索的能力。

（4）利用校企联合平台，推进新技术应用

依托校外实践教育基地的建设，邀请企业专家参与项目的指导教师团队；结合行业发展及学科领域的前沿研究，整合国内外先进的技术资源和设计理念，使学生实践训练内容更贴近行业需求；发扬企业技术优势服务实践性教学，不仅实现资源的整合与共享，而且有益于学生实践能力和职业素养的提高。

3.2 创新人才培养实践

“创新人才培养实践计划”由5个子项目构成，与专业教学的实作课题相结合，是专业教学课题的深化研究及拓展实践（图3）。涵盖建筑学、城乡规划、风景园林3个学科专业，并逐步面向全校相关学科专业拓展。

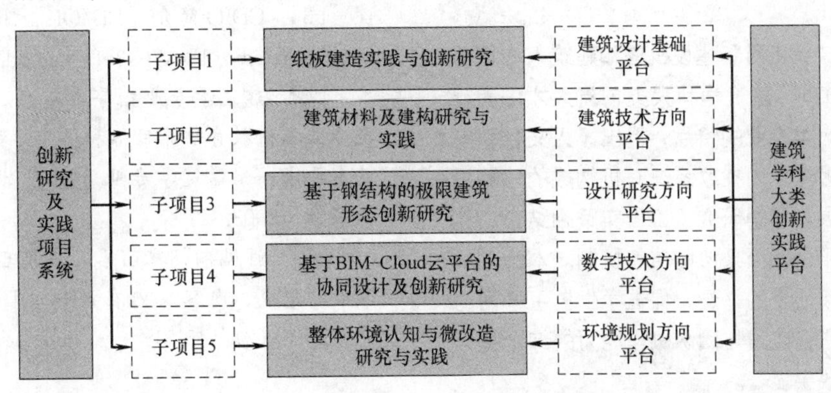

图 3 创新研究及实践项目系列构成

子项目 1“纸板建造实践与创新研究”面向建筑学、城市规划、风景园林专业一、二年级学生开放，是基于力学和美学基本原理及技术手段的基础训练。子项目 2“建筑材料及建构研究与实践”面向建筑学三、四年级学生开放，进行材料性能与节点逻辑、结构逻辑与空间形态的整合研究。子项目 3 是“基于钢结构的极限建筑形态创新研究”针对建筑学四年级学生，与土木工程学院协作完成关于结构、极限与建筑形态关系的研究及实践。子项目 4“基于 BIM-Cloud 云平台的协同设计及创新研究”面向建筑学、城市规划、风景园林专业二～五年级学生开放，依托学院与匈牙利 Graphisoft 公司合作的“国际 BIM 研究中心”，开展基于 BIM 云平台与 VR 技术的设计研究与实践。子项目 5 是“整体环境认知与微改造研究与实践”面向风景园林、建筑学、城市规划专业二、三年级学生开放，在满足可实施性强、广泛参与和有一定社会价值的要求下，通过评估及决策，从校园环境着手，开展整体环境认知研究与微景观整治改造实践（图 4）。

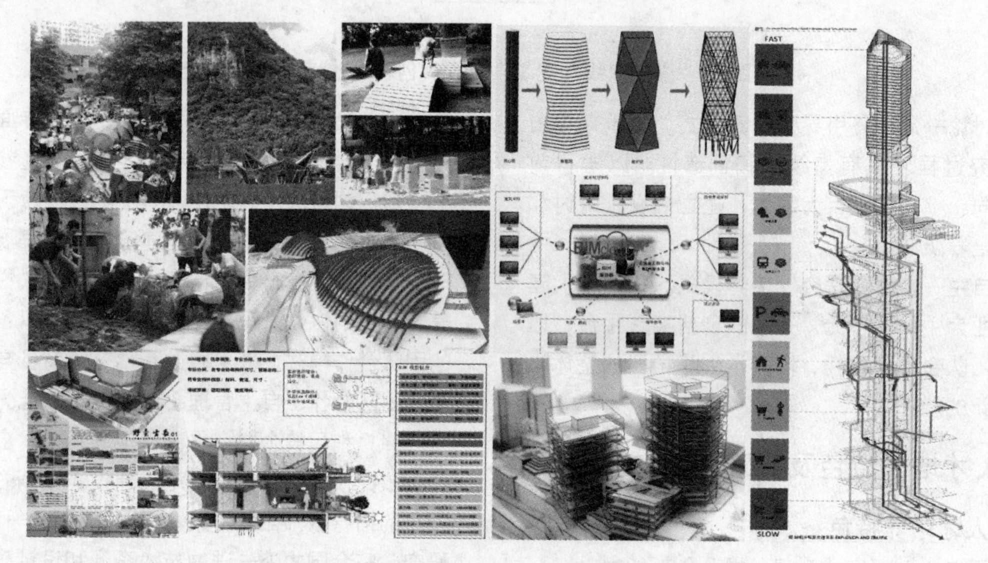

图 4　创新人才培养实践计划的部分学生成果

经过近二年的实践，该计划以创新实践、交叉协同为机制，通过空间形态与技术逻辑的整合训练，实现了建筑学科大类创新复合型人才培养的有效引导。参与学生获得首届国际竹材建造大赛金奖、2018 同济大学国际建造大赛一等奖、2018 全国绿色建筑设计竞赛特等奖、2018 亚洲高校 BIM 毕业设计一等奖、2018“树声前锋杯”BIM 科研与实践应用竞赛一等奖等 30 余项。

4　结语

面对高等教育“新工科”建设机遇和建筑人才培养新要求，基于 CDIO 的“建筑学科大类创新人才培养计划”契合建筑学科大类专业的特点，提出了人文社科与建筑学科相结合、多专业内在联系与有机构成的培养思路；将专业教学拓展与科学研究、工程实践相结合，构建了创新人才培养平台及交叉协同培养机制。本计划的实施对激发学生创新研发的兴趣，促进学生自主学习与创新思维的养成，研究实践与团队协作能力的综合提升起到了积极作用，效果显著。

参考文献

[1]　卢峰，黄海静，龙灏. 开放式教学——建筑学教育模式与方法的转变［J］. 新建筑，2017（03）：44-49.

[2]　黄海静，邓蜀阳，陈纲. 面向复合应用型人才培养的建筑教学——跨学科联合毕业设计实践［J］. 西部人居环境学刊. 2015（6）：18-22.

[3]　CDIO 简介［EB/OL］. https://baike.baidu.com/item/cdio/4644769? fr=aladdin.

[4]　建筑学专业指导委员会. 全国高等学校土建类专业本科教育培养目标和培养方案及其主干课程教学基本要求——建筑学专业［M］. 北京：中国建筑工业出版社，2003.

[5]　肖凤翔，覃丽君. 麻省理工学院新工程教育改革的形成、内容及内在逻辑［J］. 高等工程教育研究. 2018（2）：45-51.

曾忠忠　陈泳全　夏海山　蔡悦倩
北京交通大学建筑与艺术学院；zzzeng@bjtu. edu. cn
Zeng Zhongzhong　Chen Yongquan　Xia Haishan　Cai Yueqian
School Of Architecture And Design，Beijing Jiaotong University

基于工作室制的建筑学教育模式初探*

Research on architecture education mode based on studio system

摘　要：传统建筑学教学模式随着建筑教育的发展逐渐凸现各种问题。"工作室制度"针对传统教学模式的问题提出的更新调整。本文结合北京交通大学建筑学教学现状，探讨工作室制度在教学中的必要性、可行性及发展前景。

关键词：建筑教育；传统模式；工作室制度；教学改革

Abstract：With the development of architecture education，the traditional teaching mode of architecture has gradually revealed various problems. The "studio" aims at updating and adjusting the traditional teaching mode. Based on the present situation of Architecture teaching in Beijing Jiaotong University，this paper discusses the necessity，feasibility and development prospect of studio in teaching.

Keywords：Architectural education；Traditionalmode；Studio；Education reform

1　建筑学传统教学模式及现状

1.1　传统教学模式

现代主义以来，建筑学教育采用以功能类型为主导，以大学班级为授课单位的传统教学模式。传统的教学模式主要延续了西方古典艺术教学理念，注重基本技能的训练。课程内容以"建筑设计"系列课程为中心，开展理论、历史、材料、力学等相关课程，辅以英语政治等基础类课程。"建筑设计"系列课程课时多，学分高，贯穿建筑学学习生涯，是训练学生综合运用其他相关知识的核心课程。其授课方式也不同于其他课程，学生需要在老师的指导下每学期完成 1、2 个设计任务，除开题讲解及中期、终期汇报时集中讲解，其余时间均为老师一对一辅导。一般情况下，每个年级的学生分成组，每组 8～15 人，由一名老师负责。在设计方面，建筑学是一个非常需要"言传身教"的专业。

目前，改革已经是建筑学教育的一个重要内容，各高校已采取各种形式教育模式的更新与尝试，并取得一定成果。本文以北京交通从大学为例，探究现有教学模式及其存在的弊端，以及试推行的工作室制度及其措施与成果。

1.2　北京交通大学建筑学历史背景

"1951 年，北方交通大学唐山工学院建筑系（成立于 1946 年的原国立交通大学唐山工程学院建筑系）迁至北方交通大学北京铁道管理学院建筑系。1952 年 9 月，全国院系调整，建筑系迁入天津大学。1985 年，恢复建筑学专业招生。1991 年，建筑学专业本科学制

* 本文受到北京交通大学 2018 年专业学位研究生教学案例项目支持。

改为五年。1996年，建筑学教研室改设为建筑系，隶属于土木建筑工程学院。2007年7月，成立建筑与艺术系。2012年5月，建筑与艺术系改设为建筑与艺术学院。目前，北京交通大学建筑与艺术学院共设建筑学、城乡规划、平面设计、环境艺术设计、数字媒体艺术五个本科专业。”①

北交大建筑学既出自土建学院，现在又与艺术、规划专业同系，在师资共享上占有很大优势。学科建设目标为在未来五年内将本学科发展为学科特色鲜明，在国内外具有一定影响力的建筑学学科。

1.3 北京交通大学建筑学专业教学现状

近年来，北京交通大学建筑学教育以“2+2+1”的教育模式为主。一二年级是基础年级，主要是对专业知识的初步认知与学习体验，需要提供多样性的基础知识以及文化素质课程选择。三四年级是拓展年级，以主干专业设计课程为中心，深化专业知识领域，培养学生逐步形成自主学习的能力及专业知识体系。五年级主要内容为业务实践和毕业设计。整体来说，教学模式还是偏向传统，仍旧是以年级为组织（图1）。

年级		一年级	二年级	三年级	四年级	五年级
		基础年级		拓展年级		实践年级
课程内容	1/4学年	空间生成	创客中心	博物馆设计	居住区规划	设计院实习
	2/4学年	人居空间	山地别墅	高铁站设计		
	3/4学年	空间与环境	轻轨站设计	REVIT竞赛	城市设计 高层综合体	毕业设计
	4/4学年	社区图书室	幼儿园设计	城市设计		

图1 北京交通大学建筑设计课程结构图

1.4 传统教学模式存在的问题

传统教学模式是当前建筑学院的主要教学模式，具有普适性，但是也存在很多问题。依据北京交通大学建筑与艺术学院现行的教学模式，发现以下问题：

（1）培养模式单一。课题甚至多年不换，学生对课题缺少选择性，所有的学生都只接受统一的课程，缺乏多样性。应该提供给学生多样的课题方向，供学生自主选择，培养学生的知识专而深，而非广而泛。

（2）不同年级之间知识衔接存在问题。在建筑设计学习过程中，学生收获的知识主要来自于老师的“言传身教”，然而老师之间存在经验、能力、关注点等多方面的差别，这就造成教学中存在非标准化的差异。这种差异经常表现在不同年级之间的知识点衔接方面——经常会有高年级的老师抱怨学生在低年级时基本功不扎实，存在某些方面的知识盲点，在高年级的设计中不能完成课程目标。从另一方面也反映出不同年级组的老师之间缺乏交流。

（3）学生和学生之间缺乏交流。在学习的过程中，有些经验和知识更适合由高年级学生传递给低年级学生。现有的教学模式是以同年级的班级为单位，班级之内的横向交流比较多，但是却缺乏学生之间的纵向交流，也缺乏不同专业之间的交流。

（4）老师对学生的熟悉度和投入度不足。通常老师只负责本设计专题的教学，这就导致老师和学生之前的交流时间只有1年甚至半学期，老师不能深入了解学生的水平和能力，遑论因材施教。而学生和老师互相的归属感都很弱，同年级老师之间缺乏竞争，老师的投入程度也有限。

（5）老师的研究方向与擅长之处没有得到很好发挥。课程的安排主要还是按照教学大纲和设计课题决定，难以引领学生参与到老师的研究方向，发挥老师对学生的主观能动作用，是对师资的浪费。

（6）实践教学比较少，理论与实际脱节。缺乏实践是建筑学专业学生普遍存在的问题，不止学生，甚至一些老师常年投入到固定课题的辅导上，相对日新月异的建筑行业都有落后。另外，现有实践环节安排在大五的上半学期，要求学生进入设计院实习，学习施工图绘制。但实际上，实习在所有的课程设计之后，这个阶段正是学生毕业考研找工作的时候，实践效果并不好，即使进入设计院，参与到施工图绘制的也极少。从实习环节的时间安排上，不是最佳的实践方式。实践性教学是

① 资料来源于：北京交通大学：建筑与艺术学院：学院概况_学院简介 http://aad.bjtu.edu.cn/content/main.asp?classid=27。

提高学生进入社会的生存能力的最有效手段，必须重视。

1.5 应对方法

为了改善传统教学模式存在的问题，需要增加课题多元性与实践性，扩展学生知识面，深化学生学习方向，调整授课结构，促进师生交流，发挥老师研究及实践长处，发掘学生潜力，实现对学生的精细化培养。综合以上的需求，北京交通大学提出在教学环节中融入工作室制度，针对传统教学模式做出更新调整。

2 工作室制度教学模式

2.1 工作室制度的历史渊源及国内外现状

工作室的出现与建筑师身份的转变有很大关系，最早盛行于意大利文艺复兴时期，最原始的定义为——工作和学习结合。巴黎美术学院的“图房制”也与工作室制度相仿。1919年成立的包豪斯学校也采用了“工作坊”和“建筑师工作室”制度。20世纪20年代后期，美国各大高校开始尝试现代主义建筑，一批原包豪斯教员将包豪斯的建筑教育方法带入这里。

目前，国外各高校早就普遍实行了工作室制度，国内以老八校为首，例如清华大学①、东南大学②、天津大学③等名校也早就开始这一教学模式的探索，近年来，深圳大学、浙江大学等多所高校也开始实行这一制度。整体来说，国内的工作室制度还在探索之中，且不同于国外低年级就开始实行，国内只涉及本科高年级及研究生。

2.2 工作室制理念

工作室制教学模式是以经验丰富的授课导师为核心，组织一定数量、不同年级的学生围绕特定课题进行交流、设计的教学模式。实际上就是打破传统教学模式的教学机制，不再以班级为单位统一安排，改为以工作室为基础，学生自主选择课题方向，将普通的师生关系升级为联系更紧密的师徒关系的制度。

工作室制的目的就是把灵活的授课方式和高效的教研团队结合起来，调动老师和学生的积极性，最终培养出高素质、硬实力、符合当下社会需求的应用性建筑设计人才。

2.3 工作室制度培养模式

工作室制度打破传统教学模式中的授课模式，不再把班级作为授课单位。授课模式为工作室导师根据教学大纲及自身研究方向和特长确定课题研究方向，学生自主选择课题方向及导师。工作室制度面向整个学院开放，技术、历史、规划、景观等专业老师都可以加入工作室，为学生提供帮助。由本科四、五年级学生、硕士研究生、导师，构成纵向年级结构。

工作室的培养过程：成立导师组，设立组长，负责审核各个年级的题目及任务书；导师确定工作室研究方向及课题，其工作室成员可以对学生进行宣传、指导或答疑解惑；学生根据兴趣或实际所需自由选择进入导师组；每个工作室设置人数限制，满额后不再接受学生；若有需要调换工作室的学生，一个学期后需要征求双方工作室导师同意。

课题可依据导师的专业研究方向确定，可以用实际项目、设计竞赛、研究性的课题、实体搭建等为课题，题目需要更贴近实际或者导师的研究方向。过程成绩由各工作室导师参照学生过程表现给出，最终答辩成绩可由工作室导师及评委组各占一部分比例共同给出。

2.4 工作室制度的优势

工作室制度是对传统教学模式的更新调整，相比之下会有更多优势。

(1) 实现了教学的多元化、差异化。工作室制度中，各个工作室的导师可以发挥所长，课题可以得到延伸与拓展，使学生的学习专而深；导师开设的不同方向的课题可以完善课程结构，导师的多元化得到充分展示的同时，促成学生的多元化。

(2) 增加学生选择课题的主动性。工作室制度的课题内容更丰富，学生可以自主选择课题方向，为学生研究生、就业和工作选定方向。同时，学生的自主选择一定程度上表达了其兴致所在，可以提高学生的上课率及积极性，增强学习动力，提高学习质量。

(3) 增强学生之间的纵向交流。每个工作室同时包罗不同年级的本科生和研究生，高年级和低年级之间交流加深，比较容易传递经验，培养指导和学习的气氛。

---

① 清华大学在2000年对设计课进行调整，本科三、四年级采用“Studio式”教学，导师自主组合成设计指导小组，学生自主选择设计课题。

② 东南大学在2002年开始在本科四年级实行教授工作室制，共成立8～10个教授工作室，由教授带领，年轻老师与研究生共同参与。

③ 天津大学在2000年开始实行“1+4”教学模式，“1”为本科一年级，“4”为本科二到五年级不分年级、专业的纵向班级。

（4）增强导师和学生之间的交流。工作室制度使得导师和学生之间相处时间更长，师生交流变多，知识衔接顺畅无断截，导师可以充分了解学生的特点和能力，因材施教，学生也可以从导师这里获取更多的知识和经验。

（5）增强导师的责任意识和竞争意识。工作室制度形成的团体相对独立，导师与学生合作时间变长，会增强导师的责任意识。同时，工作室之间会生成竞争机制，提高导师的投入度。

（6）理论与实践结合。导师将实际项目加入课题，引导学生像建筑师一样思考、表达、设计，提高学生的综合能力。同时，实际工程项目会引导学生思考到很多方案设计的方面，让学生将理论与实践有机的联系起来，在学生正式工作之前提供学习与工作模式转换的过渡，提高学生步入社会后的生存能力。再者，工作室制度可提前让学生进入实践环节，跟随熟悉的导师，实践效果会更好。

3 北京交通大学试推行工作室制度措施及成果

3.1 推行背景

学生在本科学习期间加入工作室，提前进行选择，可以为以后读研、工作提供参考。学生和导师之间更多的是导学关系而非契约关系；学生可以根据自己的需要自主选择课题方向，更多的学生得到实践机会。工作室制度是对产学研合作教育模式的一种新的演绎，是卓越工程师教育培养的有益尝试。

在经过与国内外院校的交流、对推行工作室制度理论及体系的探索研究、教改的一轮轮实践与总结之后，北京交通大学建筑与艺术学院推行了工作室制度。

3.2 推行措施

在推行工作室制度的过程中，先进行局部试点，再推广进行。学院推行的措施主要为两点。

第一点，工作室制度最早推行于本科毕业生和研究生。导师根据研究方向或课题性质成立工作室，毕业生可以进入导师工作室进行实习，在此阶段，导师的研究生也参与在工作室的项目中来，与毕业生进行合作交流。在毕设时，导师工作室的课题方向涉及实际项目、科研项目或设计竞赛，由毕业生和导师双向选择，毕业生进入导师工作室进行毕业设计。

第二点，为推行工作室提供工作环境，2017 年暑假，学院对专教六层进行了改造，将中间走廊两边教室的格局，改为开放式大空间工作室、小间教师工作室及讨论室模式，同时配有不同规模的沙龙空间，为工作室制度提供了空间。

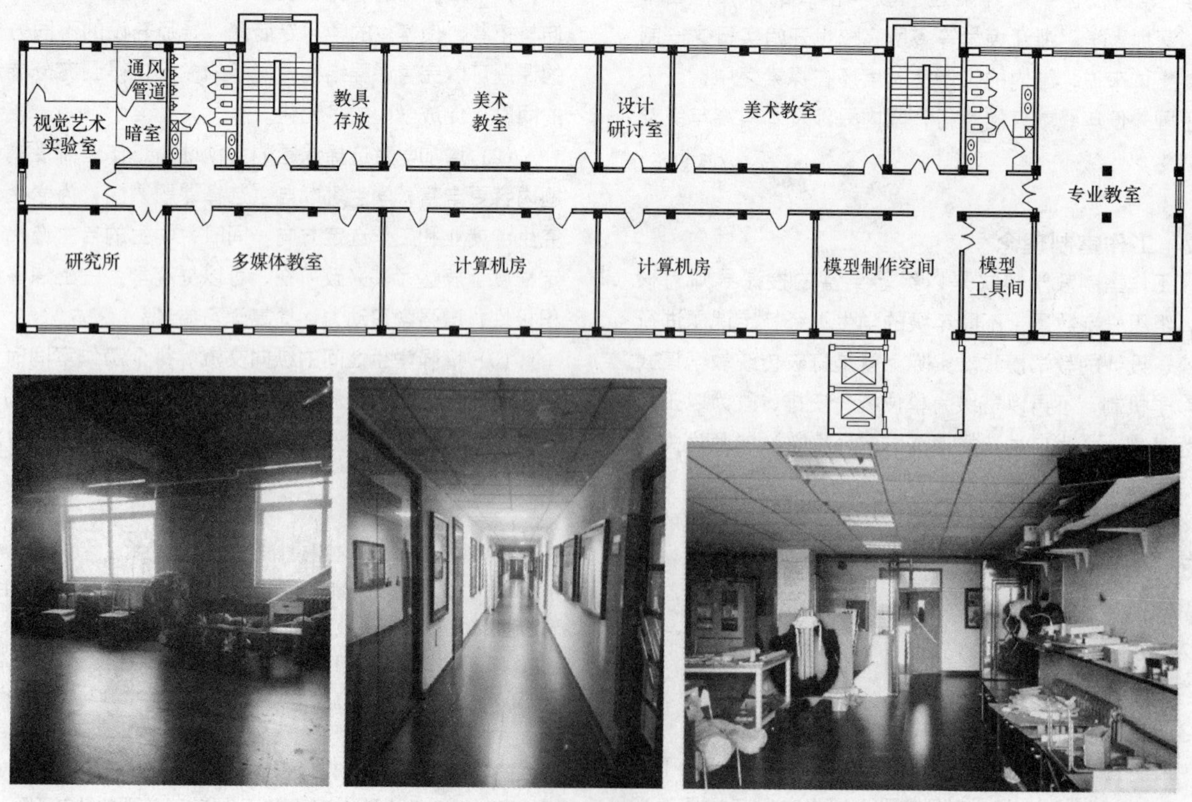

图 2 北京交通大学建筑与艺术学院六层改造前平面及照片

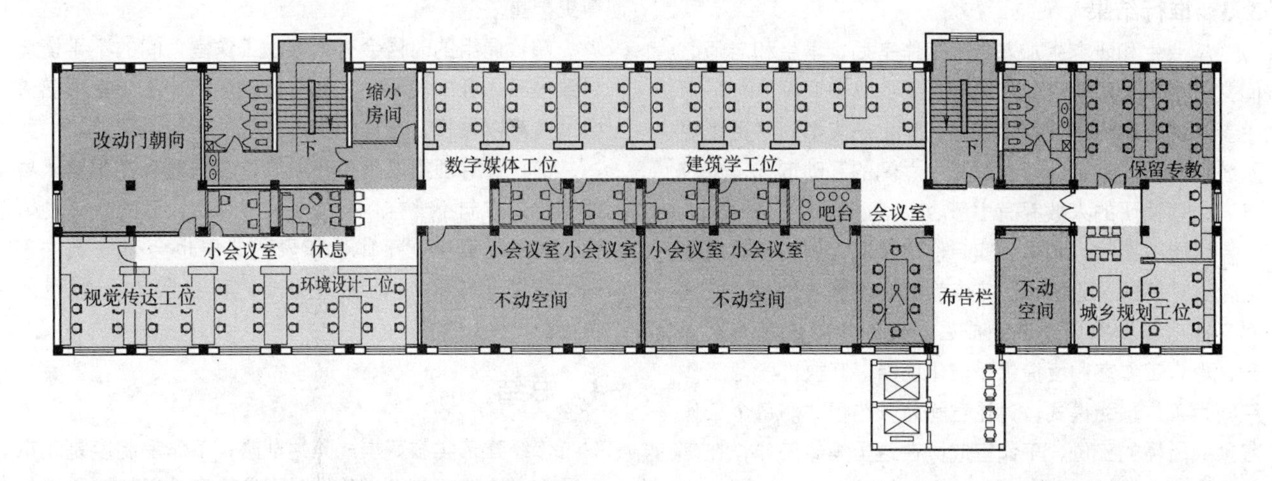

功能	Before	After
美术教室	2	0
多媒体教室	1	0
会议室	0	8个，约101m^2
学习工位	0	80个，约272.8m^2
休闲空间	0	2处，约18.7m^2

功能	面积
建筑学工位	104.8m^2
视觉传达工位	41.1m^2
城乡规划工位	23.2m^2
小会议室	100.9m^2
休闲空间	18.72m^2
环境设计工位	62.6m^2
数字媒体工位	41.1m^2

图3　北京交通大学建筑与艺术学院六层改造后方案平面及功能对比图

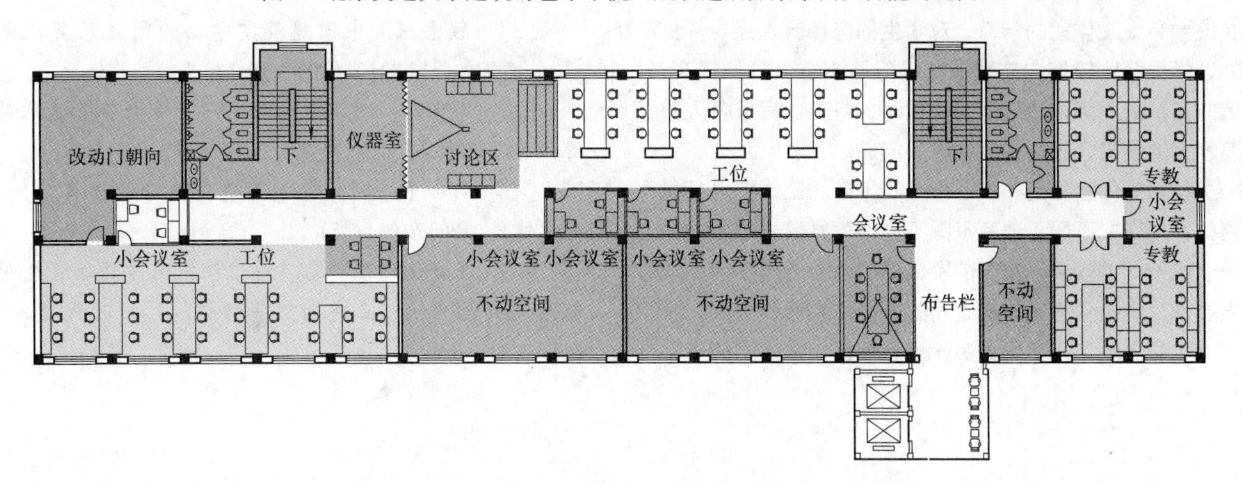

图4　北京交通大学建筑与艺术学院六层现状平面

图5　改造后会议室

图6　改造后讨论区

图7　改造后讨论区

3.3 推行结果

毕业生和研究生加入导师工作室后，学生和老师之间交流增多，毕业生和研究生之间的纵向联系增加，师生参与课题的积极性都增加了，学生确实学到了更多更系统的知识。甚至，随着对师生之间的互动增加，本校直升继续读研的人数都有上涨。

六层改造时，考虑到实际使用情况，例如专教内缺乏较大空间的讨论区，固定专教数量不够等，对改造方案又提出了调整。改造完成后，空间使用效率大大提升，也为工作室制度提供了演化场所。开放性学习工作空间为工位预约模式，讨论空间为预约模式。每个工作室预约所需的工位，工作室成员在这里集体工作，在需要讨论或汇报时，提前预约相应规模的讨论间。利用这种工作模式，充分提高空间利用率，也为工作室提供良好的工作环境和氛围。

3.4 推行工作室制度出现的问题

工作室制度给建筑学教育带来新的活力，但在推行的过程中，遇到了以下的问题：

(1) 学生的自主选择有一定的盲目性。学生的私下交流会夸大工作室的特点，对学生的选择产生误导。另外，学生会比较偏向态度温和、经验丰富、打分较高、偏向实践的导师，造成双向选择时，各工作室报名人数差别大的结果，进而引发调组等问题。

(2) 工作室之间存在差异及不平衡。工作室导师风格的不同造成不同工作室氛围不同，教导模式的不同也会造成不同的效果，擅长的领域不同也会造成不同的成果展示，学生会将工作室之间的差异性当做优缺点，私下交流后影响工作室的报名学生，使工作室之间的不平衡更严重。

(3) 调组的时候会有困难。工作室之间的不平衡会导致报名人数的差异，总会有比较热门的工作室报名人数过多难以调换，造成学生选择上的一些不公平。

(4) 各导师组题目存在差异，考核时存在困难。导师的研究方向不一样，有的是实际项目，有的是课题研究，有的是竞赛，工作量和表达成果也会有一定的差别，导致考核时缺乏统一标准，容易因为分数引发争论。

4 总结

传统建筑学教育模式弊端渐露，工作室制度是北京交通大学建筑与艺术学院针对本校现有教学状况提出的改革方案，实施过程中困难重重，存在诸多问题，但工作室制度也为本校建筑学教育注入了新活力。

参考文献

[1] 仲德崑. 中国建筑教育的现实状况和未来发展 [J]. 中国建筑教育，2008 (1).

[2] 顾大庆. 中国建筑学学制的问题及其改革 [J]. 建筑学报，2010 (10)：10-13.

[3] 李保峰. 对演变的应变——关于当下建筑教育的若干思考 [J]. 新建筑，2017 (3)：50-51.

[4] 刘加平. 时代背景下建筑教育的思考 [J]. 时代建筑，2017 (3)：71-71.

[5] 王建国，张晓春. 对当代中国建筑教育走向与问题的思考——王建国院士访谈 [J]. 时代建筑，2017 (3)：6-9.

叶明晖[1] 孟祥武[1,2] 卞聪[1] 张敬桢[1,2] 赵柏翔[1]
1. 兰州理工大学设计艺术学院；84666097@qq. com
2. 西安建筑科技大学建筑学院
Ye Minghui[1] Meng Xiangwu[1,2] Bian Cong[1] Zhang Jingzhen[1,2] Zhao Baixiang[1]
1. Design and Art Academic，Lanzhou University of Technology
2. College of Architecture，Xi'an University of Architecture and Technology

从思辨到实证
——以“传统建筑营造”环节介入的建筑学教育实验历程*

From Speculative to Empirical
——The Experimental Course of Architecture Education Intervened with the Link of “Traditional Architecture Construction”

摘　要：近年来，在建筑学教育之中曾掀起一波“建构”的热潮，但是，其主要针对的是现代建筑体系，而并未涉及中国的传统建筑。然而时下，中国建筑文化复兴的背景下，对于中国木建筑的深入解析与学习是十分必要的，传统的“建筑史”课程在这一方面还存在不足。本文通过对于兰州理工大学十年来在建筑史教学之中的辅以实体建构环节的历程，从思辨到实证，基于营造目标、营造内容以及营造模式等方面的探索进行解析与总结，从而将中国传统营造的精神内涵传播给学生，使学生在传统建筑的教与学之中获得对于中国传统建筑文化更深层次的了解。

关键词：建筑史；建构；传统营造；思辨；教学

Abstract：In recent years，there has been a wave of “tectonics” in architecture education. But it is mainly aimed at the modern architecture system，and not involves the traditional architecture of China. However，under the background of the revival of Chinese architectural culture，it is very necessary for the in-depth analysis and learning of Chinese wooden architecture. The traditional “architectural history” course still has shortcomings in this respect. This paper analyzes and summarizes the course of architectural history education in Lanzhou University of Technology in the past ten years，from speculation to empirical evidence，based on the exploration of tectonics goals，tectonics contents，and tectonics patterns. In this way，the spiritual connotation of Chinese traditional construction is spread to students，so that students can absorb a deeper understanding of Chinese traditional architectural culture in the teaching and learning of traditional architecture.

Keywords：Architectural history；Tectonics；Traditional construction；Speculation；Education

引言

从 21 世纪初，“建构学”作为一门新的建筑方法论引入到中国的建筑学界，不仅在建筑师的群体里形成了

*国家自然科学基金资助项目（51568038）；兰州理工大学教学项目（2016—17）。

对于“建造”的共鸣，而且在建筑教育的体系框架之中也逐步加入了实体营造的环节，特别是在建筑理论层面形成了关于“建造诗学”方面的探讨，在 2007 年由王骏阳教授翻译的由肯尼思·弗兰姆普敦编著的《建构文化研究：论 19 世纪和 20 世纪建筑中的建造诗学》的出版使得“建构学”的研究在国内理论界达到了高潮。高校建筑教育纷纷对于这一新的学问予以自身的回应。普遍认为在当前的建筑教育当中，在建筑设计主干课程普遍存在偏重于“美术学”作为主导的评价导向，而对于建筑如何落地，从“建筑材料—建筑构造—建筑结构”的营造本质关注不够。这不仅引发了在建筑教育之中对于建筑本质问题的讨论，而且给建筑师从业方面也带来不小的影响，更有可能导致社会在建筑审美的评判上走向极端。因此，面对这种累积已久的问题，我们希望建筑设计回归到自身的“营造内涵”，如果承认建造是建筑的一种本质属性，那么对于传统建筑也不例外。客观的讲，对于实际营造的体验，不仅可以让学生在学习建筑历史的时候深入了解传统建筑营造与文化的内涵，而且在学习建筑设计的时候将“营造”的理念带入其中，从而真正做到建筑设计的落地性。

1 传统营造目标思辨

1.1 建筑历史课程的困惑

（1）建筑理论的宣讲

“中国建筑史”课程是国内建筑学专业的一门必修课程，它的任务是使建筑学专业学生了解中国建筑的发展过程和基本史实，理解自然、社会、经济、文化、技术诸因素对建筑的影响，学习观察和分析建筑现象的观点和方法，吸收建筑历史中优秀的遗产和可供借鉴的营造经验，以培养提高建筑创作的思维能力，丰富建筑创作的知识修养，为学习专业课和从事设计工作打下坚实的基础。可以这样说，此门课程是对中国传统建筑历史与文化传承的重要窗口：第一，对于中国建筑史，只能说是“建筑”史，对于关乎内涵所涉及的因素不多、机理解析也不深刻；第二，当前的建筑史，是“大传统”，也就是基本是都城“官式”史，对于地方做法的涉猎也不足。

（2）理论与实践脱节

“中国建筑史”课程是一门理论课程，课程以中国建筑类型（功用方面划分）按照章节进行讲授，也可以称之为以建筑类型的演进史所组成的汇编体。从实际教授的情况看，课程是一门基本素养培养课程，可谓是作为“炎黄子孙”不可不对本民族的建筑历史没有一点儿了解，因此，以欣赏为主，很少能够带到实际的设计之中。这也与我国建筑营造体系整体变革有紧密的联系。原本的木构架体系变革为以钢、混凝土为主体的建筑体系。原本的知识体系只能在文物建筑保护修缮的实践当中进行应用了，比较现代建筑体系的量大面广，其自然被边缘化了。因此，难免会有理论与实践有脱节的现象。

1.2 社会发展背景的转变

（1）传统文化的回归

近年来，中国经济在“一带一路”的经济发展框架的指引下，逐渐开始对传统文化进行追溯与探源。而传统建筑文化则在时下大有可为，区域性建筑文化、文化线路遗产以及传统村落对于国内的经济支撑发挥着重要的作用，针对传统建筑、聚落、街区的建筑相关课程逐渐开始回归到建筑教育的课堂，这也是在建筑教育体系发展当中对于传统建筑文化的一种自识。

（2）建构本质的探讨

建构观念背景下，国内建筑学专业越来越关注学生的实际动手能力，暂且抛开理论，回到实际的营造之中。从小一些的建筑设计模型到大一些的设计建构，再到实际工程的建构，各学校也在积极与企业合作让建筑设计回归其本质——营造。避免中国在走西方建筑学教育模式下形成的二维平面化的艺术表达，脱离了实际的营造环节。对比设计课程，“中国建筑史”课程更会凸显其弊端。在中国的传统社会之中，一直都有“重人文，轻物质”的倾向，而我们所学的建筑历史当中的建筑大多来自于无名工匠的营造，在匠作方面能够流芳百世的更多的是官方督办建设的官员之名。在营建技术方面能够留存至今的理论著述也多是官方出版的如宋《营造法式》与清《工部工程则例》等。以北宋时期的《营造法式》为例，其是匠作监李诫组织编纂并奉旨刊行的全国性建筑技术以及料例规范，首次刊行于北宋崇宁二年（1103），被梁思成先生称为中国建筑的“文法课本”之一。其文本自身的流传则犹如珍稀的古玩，价值仅在于其罕见，完全不涉及文本的内容[1]。脱离了其本质的内涵，时下应该重新关注其内涵，发挥其作为建造文法的“规与矩”。

1.3 传统营造目标的确定

（1）时代性

建筑历史课程在时代背景下的责任可谓重要，在完成其对于中国传统建筑史理论体系讲授的基本任务之后，应该对于其在目下的新任务予以关注。与时俱进，并不是剥夺建筑历史的理论特性，而是要对其更加深入的研究，对于其于时下的价值予以充分的挖掘。这体现在建筑历史从广度与深度的进一步探索，只有建立在新的建筑史学观念的基础上方能洞察时代赋予建筑的内涵，也只有关注了时代社会背景的发展规律方能明晰建筑赋予时代的意义。二者之间可谓相辅相成，同时也真正能够诠释中国传统建筑营造之于“时与空”之观念的不解之缘。因此，建筑教育也应因时而变，赋予建筑历史课程新时代下的新责任。

(2) 区域性

建筑历史不仅要关注“官式”法式，也要关注地方营造。回到传统建筑营造的本源，它是一个地区的营造智慧，必定反映出一种民系的基质。由于地方性的自然、社会以及经济等构成的复合系统之不同，在以地理为单元的地方形成了以“人”为本的典型制式特征，概为“地区性”。这种地区性既是研究地区文化的总纲，也是研究中华民族文化的子项，它起着研究之中的承传与链接作用。对于区系文化研究的深入不仅会为宏观建筑文化体系的完善多有裨益，而且会为微观的建筑以及聚落本体研究提供准确的指导。因此，在传统建筑营造之中要多进行“地区性”问题的关注，日积月累当成区划之篇章。

(3) 落地性

建筑历史不仅要关注理论，同时也要关注实践。长时期以来，以“中国建筑史”课程为主的教育似乎遇到了瓶颈，更像是一门欣赏课或者文化普及课，它已经变得似乎可有可无了。笔者认为原因来自于其较为陈旧的课程教育体系过于注重表象，从宏观的角度没有去挖掘其与建筑设计的关联，更加忽视了中国传统建筑之为“四大文明古国”之明证的精髓何在；从微观的角度没有去观察其如何成为建筑的过程，以致造成大多数的建筑学子动手能力较差，还比不上中国古代的师傅带徒弟式的言传身教，设计施工一体化的模式了[2]。因此，对于传统建筑以匠作体系为核心的建构本体文化使得传统营造的探索具有落地性，对于建筑学教学课程体系的工程部分本质的补缺毋庸置疑。

2 营造内容思辨

2.1 营造原则的制定

中国建筑史系列课程包括三个阶段、四门对应课程(表1)。从2013年开始，新修订的培养计划之中加入了“营造法式”课程，介于“中国建筑史”与“古建筑”课程之间，目的是对于理论到实践的过程有一个强化法式的衔接过程。从实际的授课反馈来说，首先，除了大家对于法式构件的基本定义有所强调，其他收效甚微。其次，由于“营造法式”的授课偏重于理论性，造成学生学习的兴趣不足，理解不够深入；再者，由于实践环节所测绘的建筑对象多是存在地方做法，而“营造法式”基本以宋《营造法式》以及清《工部工程则例》为教材，呼应性不强，因此，最后该课程没能到达成其应该达成的目的。这也是传统建筑实体营造的初衷，因为在实际的测绘过程当中，对于营造问题的不解始终存在。

表1

中国建筑史系列课程

学习阶段	基本认知阶段	深入认知阶段	强化认知阶段
对应课程	建筑初步	中国建筑史、营造法式	古建筑测绘
课时数量	9学时	64+32学时	2学周
开课学期	第1学期	第5、6学期	第7学期

对于实际营造环节的时间的确定则是要遵循“衔接课程体系”与“加深传统建筑认识”的原则而设置的。基于建筑理论课程容易导致“枯燥性”的问题，该环节则是作为“中国建筑史”以及“营造法式”的课下作业来完成的。

2.2 营造对象的选择

首先，在传统营造的过程之中也经历了众多的变化过程（表2）。从基本的清式斗栱、基本梁架到等比例的宋式大型斗栱以及梁架，再到柱梁之间的组合以及彩画油饰的加入，从单一的建筑营造对象来看，每一个对象的选择带有其典型特征，通过一个建筑构件或者组合的选取，都是体现了中国传统建筑的榫卯制式的特征。而从这些年的营造对象选择的趋势来看，逐渐呈现出由简单到复杂、从官式到地方的营造趋势。

其次，在传统建筑实体营造的过程之中，协作性是必须突出的一个重点。无论是哪一种营造对象都是以小组组合进行完成，每个小组4～6人。整个营造过程需要各成员通力协作来完成（表3），如果哪一处出现问题，会对整体的工作产生影响，以2013级完成的四角方亭为例，这是由四个组共同完成的，我们称之为综合协作，每一个小组既要完成单个柱、梁、斗栱的营造，还要考虑后续协作搭建成一处四角方亭的工作，可谓难上加难，协作性也就无需强调了。

再者，在传统建筑实体营造的过程之中，趣味性也是不容忽视，做到“寓教于乐”。主要体现在一些专项的营造之中（表 4）。这些对象不仅本身很有趣，如鲁班锁就是古代的拼插玩具，而鲁班枕更是由一块完整的条木经过加工营造出来的实用物件，在文玩市场的民俗部分可以发现它的踪影。这一类对象的选择，不仅可以在营造之余作为休闲，而且其更会激起学生对于实际营造的兴趣，更会对于博大精深的营造文化留有一份崇敬之心。

表 2

近年来传统建筑营造对象

年级	2006 级	2007 级	2011 级	2012 级
选择对象	清单翘单昂五踩平身科斗栱	清七檩小式硬山前后廊梁架	宋二跳五铺作	一品梁架
完成作品	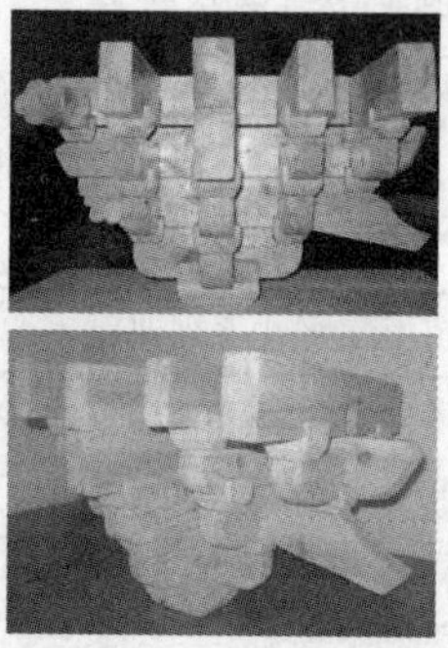			

年级	2013 级	2014 级	2015 级
选择对象	四角方亭	角科斗栱	柱、梁、枋、地方彩画
完成作品			

表 3

近年来传统建筑营造的学生协作

年级	2012 级	2013＋2014 级	2015 级＋研究生
制作构件			
实体搭建			

表 4

近年来传统建筑营造的趣味性对象			
年级	2011 级	2013 级	2015 级
选择对象	鲁班枕	榫卯	鲁班锁
图示			

3 营造模式思辨

3.1 基于理论支撑的影响

古代匠人在营造之时，法式以及做法了然于胸。而让学生要达到这个目标并不是一件简单的事情。首先，要根据营造对象进行解析，其实际上是一种解构的过程。要将对象的各个构件图纸化或者在计算机之中建立模型，从而明晰每个构件的尺寸（表 5）。这就需要法式文本以及与教师团队进行不断的沟通。在这个过程之中，也可能会碰到对于地方做法的解读，实际方法则是在已有的测绘基础之上进行实物的解读。对于这些实物的尺寸要事无巨细，形成上述所说的构件的图纸或者模型。

表 5

传统建筑营造的计算机制图			
斗栱模型	底视图	正视图	透视图
图示			

3.2 基于工具体系的影响

加工木材，好的加工工具会有事半功倍的效果，这也是为什么学生做的模型会越来越大，越来越完整，也更有观感。从最初的纯手工工具，到现在的电动化工具，在工具体系当中提升了效率，但是无论是哪一种工具，也都必须对于木材本身的属性要有较为清晰的认识才能够将构件较好地制作完成。

在 2013 年之前的传统营造所使用的都是较为原始的手工工具，如锯、刨、凿、锉等，圆和弧形都是粗加工以后再用砂纸打磨光滑，完全回归到匠人的工作状态，加工出原汁原味的木构件。2013 年在学院实验室的支持下，购买了一批电动化木工机械，包括台锯、电刨、电锯、修边机、电木铣、出榫机、榫槽机等，极大的提高了加工速度（表 6）。当然，电动化的工具并不表示完全脱离了手工加工，细节和小部件还需精雕细化[3]。

3.3 基于协作体系的影响

纵观近十年来对于传统建筑实体营造的不断进阶，彰显出协作体系不断完善的重要性。这里所指的协作体系有两个层级：第一个层级是由教师团队形成的“教”的层级；第二个层级是由学生组成的“学”的层级。每个层级都存在自身协作的事项，而二者之间协作的模式则更加重要。结合兰州地域的传统建筑特色，在实践教学中引入工作坊的教学模式，通过教师、工匠形成导师团队，以研究生以及本科生为教学对象，形成新型的教学模式。通过制作典型不同比例的传统建筑模型、构件大样，不但利用课程带动学生的积极性，同时教学成果可以作为教学辅助用具，建立“兰州地区传统建筑木作构造研究样本库”，以图片资料、电脑数字模型、实体模型制作、可拆装演示等方式展开教学和研究工作。

表 6

传统建筑营造使用工具（锯）			
选择对象	台锯	手工锯	手持式电锯
图示			

4 结语

在建筑营造逐渐回归到建筑学专业的背景下，“中国建筑史”作为中国传统建造文化体系的重要课程范本，其历史责任与现代意义都已经彰显。因此，对于中国建筑史的课程体系应该做出一定的调整。兰州理工大学建筑学系建筑历史学科组对于“以史为鉴”的教学原则坚信不疑，对于课程体系在十余年的研究与探寻之中积累了些许经验，形成了较为完善的教学体系，但是还存在一些不足，愿抛砖以待业内学者与教育同仁予以订正，从而完善具有中国地方特色的建筑学科的教育理论与实践体系。

参考文献

[1] 沈伊瓦．古代中国建筑技术的文本情境——以《考工记》、《营造法式》为例 [J]．南方建筑．2013（2）：35-38.

[2] 孟祥武．“中国建筑史”教育思辨 [C] //全国高等学校建筑学学科专业指导委员会．2012 年全国建筑教育学术研讨会论文集．北京：中国建筑工业出版社，2012：572-574.

[3] 叶明晖，孟祥武．由小到大、由简至繁的递进——记中建史教学模型的进阶过程 [C] //全国高等学校建筑学学科专业指导委员会．2015 年全国建筑教育学术研讨会论文集．北京：中国建筑工业出版社，2015：513-515.

于戈 刘滢
哈尔滨工业大学建筑学院；yuge_hit@yeah. net
Yu Ge Liu Ying
School of Architecture，Harbin Institute of Technology

哈尔滨工业大学建筑设计基础公共教学平台的探索与实践

Exploration and Practice of Public Teaching Platform for Architectural Design Foundation of Harbin Institute of Technology*

摘 要：本文介绍了近年来哈尔滨工业大学建筑设计基础公共教学平台建设的过程与阶段性成果，并总结经验与不足，提出下一阶段的平台建设目标。

关键词：哈尔滨工业大学；建筑设计基础；公共教学平台；探索与实践

Abstract： This paper introduces the process and stage results of the construction of the public teaching platform for architectural design foundation of Harbin Institute of Technology in recent years，summarizes the experience and deficiencies，and proposes the platform construction goal for the next stage.

Keywords： Harbin Institute of Technology；Architectural design foundation；Public teaching platform；Exploration and practice

一年级的建筑设计基础学习，对于一个学生基本设计态度和基本工作方法的养成，以及培养学生树立正确的价值观念、明晰社会职责具有重要的意义。哈尔滨工业大学近年来通过建筑设计基础课课程改革，围绕认知与表达的培养目标，建设建筑设计基础公共教学平台，形成了以设计课程为中心的课程体系，实现了建筑设计基础课课程的整合与创新。

1 平台背景

哈尔滨工业大学建筑学院结合新版建筑学专业本科生培养方案的修订，依据工程教育专业认证标准，确立了建筑学专业培养目标和毕业要求。将建筑学专业的毕业要求整合为 8 大项，共计 38 小项，涵盖科学知识、设计问题、研究与学习、建筑师责任与职责、技术与能力等多方面的要求。建筑学专业致力于面向国家需求和经济社会发展，培养掌握自然科学和建筑学学科基础至前沿的理论、研究与实践方法；具备开放兼容的知识结构、扎实求精的工程能力，开阔的国际视野；信念执着、品德优良、善于沟通表达、注重团队协作、肩负社会责任、恪守职业信条，引领未来发展的创新人才。根据毕业要求，确立了各年级的建筑学专业培养目标（图 1）。

同时，哈尔滨工业大学在新版建筑学专业培养方案修订中，提出了进一步夯实建筑学大类与城乡规划大类基础平台的要求，并提出建设大学分核心课程的要求。

* 本文为 2018 哈尔滨工业大学教育教学改革研究项目《基于有效目标的＜特殊自然环境群体空间建筑设计＞课程改革与实践研究》的成果之一。

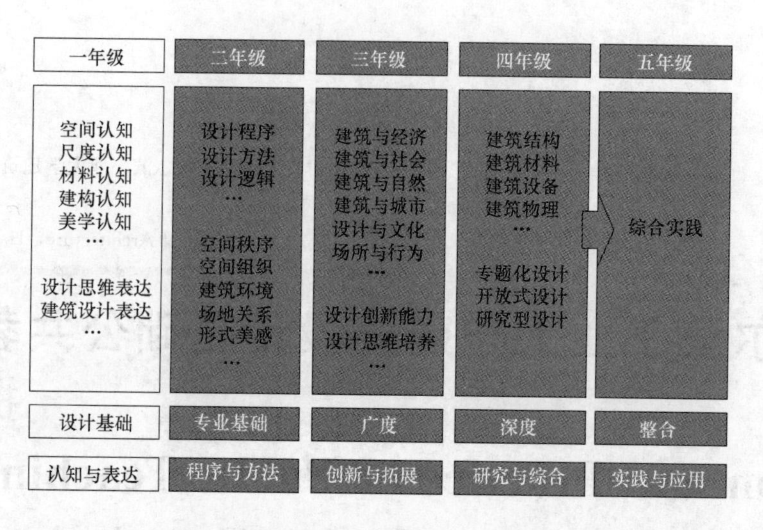

图 1 哈尔滨工业大学建筑学专业各年级培养目标

根据上述要求，整合建筑学专业在空间营造和设计学专业在形态生成等方面的教学优势，对旧版培养方案中一年级专业课程进行了大规模调整，确立了建筑设计基础公共教学平台的核心课程体系（图 2、图 3）。如图所示，新版培养方案将建筑设计基础、造型艺术基础和建筑概论课加以整合，形成了一年级上的设计基础和一年级下的建筑设计基础两大建筑设计基础核心课程。

学期	课程编码	课程名称	考核方式	学分	学时分配				
					总学时	课题	实验	上机	课外辅导
秋季		体育		1.0	30	30			
		大学外语	√	1.5	40	32			8
		思想道德修养与法律基础		2.0	34	30			4
		军训及军事理论		3.0	3周	(10+10)			
		文科数学		3.5	56	56			(8)
		画法几何与阴影透视	√	3.5	58	58			(30)
		建筑学专业导论		0.5	8	8			
		建筑设计基础-1	√	5.0	80	64	16	2周	
		建筑艺术基础-1	√	4.5	72	56	16		
		建筑概论	√	1.0	16	16			
			小计	25.5	394+3周	350+(20)	32	2周	12+(38)
春季		体育		1.0	30	30			
		大学外语	√	1.5	40	32			8
		中国近现代史纲要	√	2.0	32	28			4
		文科数学		2.0	32	32			(4)
		建筑设计基础-2	√	6.0	96	80	16	1周	
		造型艺术基础-2	√	4.5	72	56	16		
		中国建筑史-1	√	2.0	32	32			
		人文与社会科学限选课		1.0	20	20			
		人文与社会科学限选课		1.0	20	20			
			小计	21.0	374	330	32	1周	12+(4)

图 2 2012 版哈尔滨工业大学建筑学专业第一学年教学进程

开课学期	课程编号	课程名称	学分	学时分配						考核方式	备注
				学时	讲课	实验	上机	习题	课外辅导		
秋季		体育	1.0	32	32						
		大学外语	1.5	36	32				4		
		思想道德修养和法律基础	2.0	32	32						
		军训及军事理论	3.0	3周	(10+10						
		文科数学	4.0	64	50			14			
		画法几何与建筑阴影透视	3.5	56	56				(20)		
		设计基础	9.5	152	120	32				√	2周
		专业导论	0.5	8	8						
			25.0	380+3周	330(20)	32		14	24		
春季		体育	1.0	32	32						
		大学外语	1.5	36	32				4		
		中国近现代史纲要	2.0	32	28				4		
		文科数学	2.0	32	24			8			
		建筑工程制图	2.0	32	32				(32)		
		大学计算机-计算思维导论Ⅲ	2.0	32	32						
		建筑设计基础	9.5	152	120	32				√	2周
			20.0	348	300	32		8	40		

图 3 2016 版哈尔滨工业大学建筑学专业第一学年教学进程

2 平台目标

依据一年级认知与表达的专业培养目标，我们提出了建组设计基础公共教学平台的目标：通过结构有序的教学方法使学生树立正确的价值观念，明晰社会责任，掌握基本的技能技法、建立初步的设计思维，获得基本的建筑设计能力。

将平台目标分解到一年级上下学期的核心设计课，形成了与毕业要求相对应的课程目标。例如一年级上的设计基础课课程目标为：

（1）通过本课程的学习，使学生初步认识建筑功能的概念，了解人体尺度等建筑功能的相关要素，能够对单一空间进行基本的功能分析和空间布局，初步认识空间组织与交通流线等基本问题；掌握建筑形式美的基本规律和构图美的基本法则；初步具备塑造具有美感的空间的能力，初步学会运用简单的界面与光影等要素塑造有艺术感的空间；

(2) 通过本课程的学习，使学生初步了解建筑设计的目的和意义，理解建筑设计必须满足人们对建筑的物质和精神方面的不同需求的原则；

(3) 通过本课程的学习，使学生能够通过观察身边的环境，研究建筑空间的形态、功能、界面、光影等基本问题；通过对经典建筑作品的解析，研究建筑空间组织的基本手法；初步具备建筑学专业自主学习与终身学习的意识，能主动应用建筑学专业视角去观察城市、街道、建筑、空间等，主动去了解建筑学领域内的最新理论及国际前沿动态；

(4) 通过本课程的学习，使学生初步了解人——空间——环境三者的关系，并对建筑环境是否适合于人的行为有一定的辨识与判断能力，掌握一定的收集并分析人们需求和行为资料的方法；

(5) 通过本课程的学习，使学生初步了解建筑设计中的分工与协作，初步具有综合和协调的能力；

(6) 通过本课程的学习，使学生能够用书面及口头的方式初步表达自己的设计意图；具备基本的应用徒手草图、手工模型等设计工具进行设计研究的能力，并掌握基本的建筑图学知识，初步具备通过图纸、模型等媒介表达设计过程和设计成果的能力。

其与毕业要求的对应关系如表 1 所示。

一年级下的建筑设计基础课课程目标部分与一年级上重复，限于篇幅原因在这里不做详细介绍。

设计基础课课程目标与毕业要求对应关系表

表 1

毕业要求	毕业要求指标点	课程目标
毕业要求 2：问题分析	2-2 建筑功能问题 2-3 建筑艺术问题	课程目标 1
毕业要求 3：设计问题解决	3-1 建筑设计的目的和意义	课程目标 2
毕业要求 4：自主研究与终身学习	4-1 调查与研究 4-4 终身学习	课程目标 3
毕业要求 5：工程与社会	5-2 建筑环境心理	课程目标 4
毕业要求 7：个人与团队	7-1 多专业协作	课程目标 5
毕业要求 8：沟通与表达	8-1 书面及口头表达 8-2 手工表达方式	课程目标 6

3 平台建设

依据建筑设计基础公共教学平台的定位和目标，我们首先确定了平台的教学内容（图 4）。

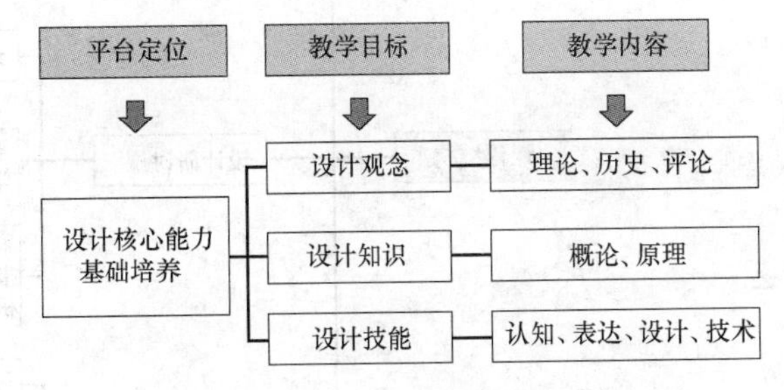

图 4　哈尔滨工业大学建筑设计基础公共教学平台教学内容

依据教学内容以及一年级上下学期建筑设计基础核心课程的课程目标，我们设计了平台的课程单元（图 5）。

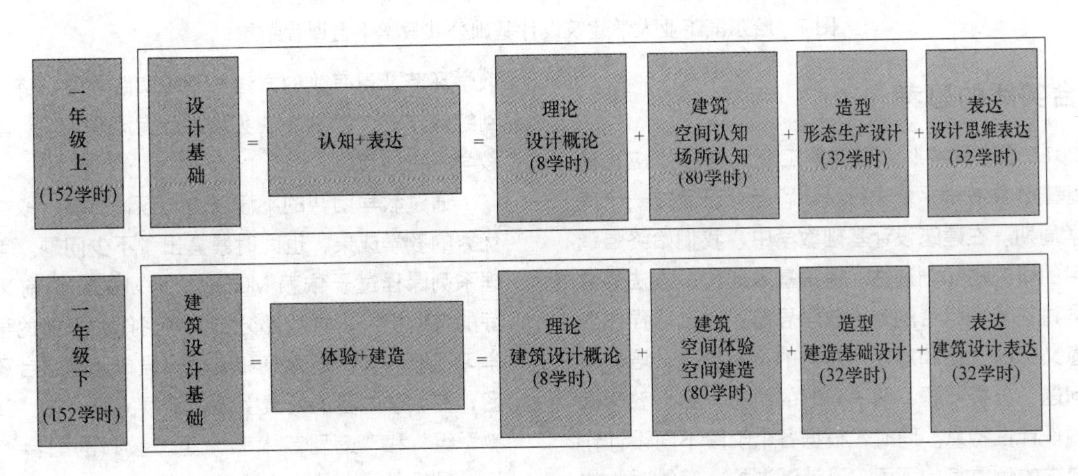

图 5　哈尔滨工业大学建筑设计基础公共教学平台课程单元

依据课程单元，我们设计了四个课程系列（图6）。同时我们在平台的教学模式上也做了一些新的尝试，如通过翻转课堂的方式让学生通过MOOC完成大部分原理系列课程的学习，通过增加设计研讨课帮助学生理解原理课程的知识点，并结合设计课程进行设计分析等（图7）。

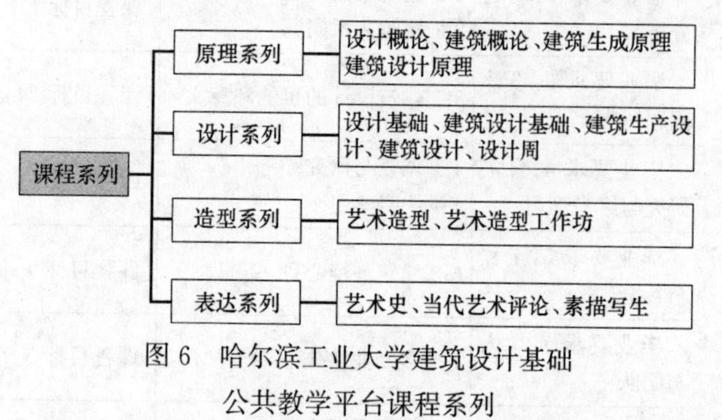

图6　哈尔滨工业大学建筑设计基础公共教学平台课程系列

在建筑设计基础公共教学平台教学团队的建构上，我们也做了很多思考。哈尔滨工业大学建筑设计基础公共教学平台教学团队目前共有21位教师（分为“建筑设计教学组”和“造型艺术教学组”），主要负责学院建筑学和城乡规划学两个大类专业的一年级专业基础教学。除了平台教学团队的教师参与基础课程教学外，还有来自其他团队的教师参与。如来自“建筑历史学科组”“建筑图学学科组”等学科组的教师，一起承担了一年级的专业基础各系列课程。平台团队成员年龄结构合理，且年轻化。团队创新能力强，对教学研究有极大的热情。

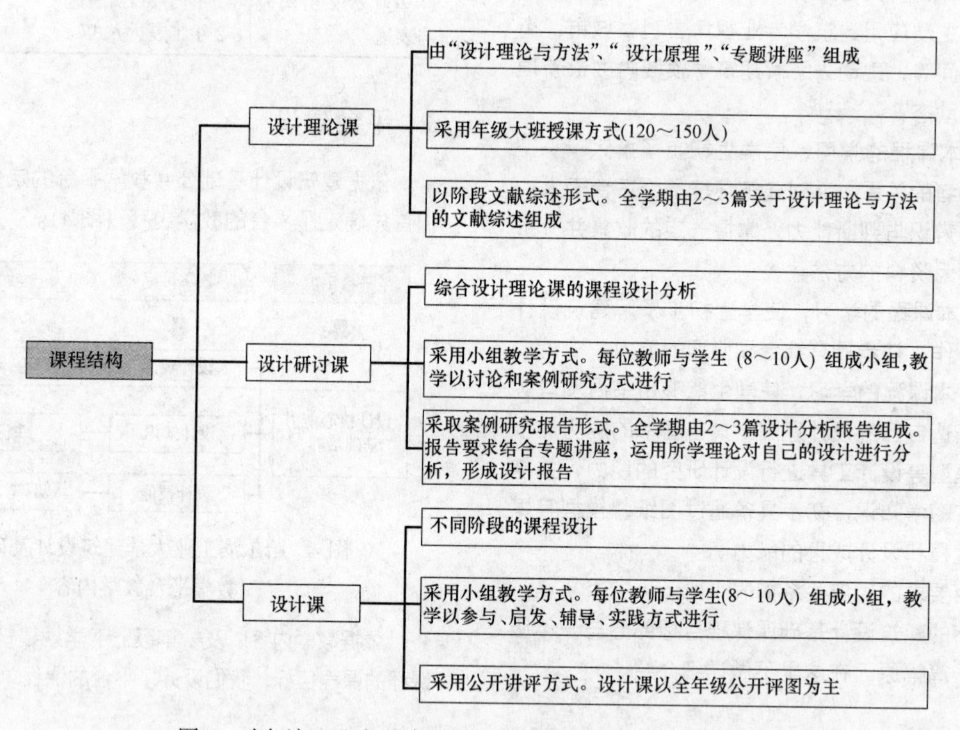

图7　哈尔滨工业大学建筑设计基础公共教学平台课程结构

4　平台实践的思考

从2017年秋季学期，哈尔滨工业大学开始应用建筑设计基础公共教学平台进行授课，至今已完成一个完整的教学周期。在建筑设计基础教学中，我们始终强调学生学习的研究性和创造性。提倡基本理论、方法的讲授和教学讨论密切结合的专业教学思想，通过课程作业在理论意义上的讨论和对设计对象的不断修正，培养学生发现问题、分析问题、解决问题的能力，突出教学实践过程的设计性特点。同时，根据各个阶段不同设计作业教学要求的侧重点的不同，设计渐进的、有针对性的教学环节，用有效的方法与手段实践教学训练。从单项到综合作业，以创造性实验设计完成建筑设计基础公共教学平台的目标。

通过教学团队的不懈努力与倾情付出，取得了较为优秀的教学成果，也同时暴露出了不少问题。首先是原理系列课程过于依赖MOOC，而MOOC目前又缺乏较好的考评机制，导致部分自主学习能力不强的学生理论学习不够。其次是建筑和造型课程单元的结合还不够紧密，在教学内容的设置上还需继续完善，在“建筑设计教学组”和“造型艺术教学组”教师的配合上还需加强。最后是平台的师生比还不够合理，目前一位教师要指导 15～20 名学生，难以有效的完成设计研讨课和设计课的教学工作。针对上述问题，我们已着手解决，如调整完善 MOOC 的内容和考评机制，编写相关教材，引进两位城乡规划专业的教师加入平台教学团队等。建筑设计基础教学改革任重而道远，哈尔滨工业大学建筑设计基础公共教学平台的探索与实践，希望能起到抛砖引玉的作用，为我国建筑设计基础教学的发展尽一份绵薄之力。

参考文献

同济大学建筑与城市规划学院建筑系. 同济建筑设计教案［M］. 上海：同济大学出版社，2015.

于辉　吴亮　李国鹏
大连理工大学；yuhui@dlut. edu. cn
Yu Hui　Wu Liang　Li Guopeng
Dalian University of Technology

泛在信息化下的建筑学专业自主学习模式研究与实践

Research and Practice of Autonomous Learning Mode of Architecture Specialty under Ubiquitous Information Technology

摘　要：信息化社会促使建筑学教育的变革向内涵式和创新性方向发展，自主学习适应专业特点、能充分发挥学生的主动性。自主学习模式要在问题驱动型教学模式引领下，以“翻转课堂”、信息化教学平台为媒介，使学生成为教学的主体，更高效的提高设计能力。本文以“设计专题”课程为例，介绍并总结自主学习模式改革实践情况。

关键词：信息化社会；建筑学教育；自主学习

Abstract：The information society promotes the transformation of architecture education to connotative and innovative direction. Autonomous Learning adapts to professional characteristics and can give full play to students' initiative. Under the guidance of the problem-driven teaching model，the autonomous learning model should take the “flipped classroom” and the information-based teaching platform as the media，so that students can become the main body of teaching and improve the design ability more effectively. Taking the “design topic” course as an example，this paper introduces and summarizes the reform practice of autonomous learning mode.

Keywords：Information society；Architecture education；Autonomous Learning

1　前言

从本质上而言，信息技术既是现代大学教育的发展基础，也是其基本手段。当前，建筑学专业教育面对的是一个“泛在信息化”时代，即“信息技术智能化融入日常生活，在任何时候、任何情况下都可借助无线通信实现互联状态，包括人与人、人与物、物与物之间”[1]。信息技术的飞速发展、信息平台的广泛拓展以及信息资源的开放共享彻底改变了传统的信息不对等状态，学生可以通过多种渠道获取与专业学习有关的海量信息，教师在信息占有上的优势地位已经弱化甚至消失。在这种时代背景下，“教育匮乏的不是信息资源，而是信息化与教育变革理念下的新的教育方法的创新”[2]。社会的信息化发展对传统的完全由教师主导的教学模式提出了挑战，教师在课堂教学中的价值需要被重新思考，同时也为自主学习模式的建立提供了基础和保障。

与其他专业相比，建筑学专业课程，尤其是设计主干课程，在教学模式上具有明显的特殊性。建筑设计课程的大部分课时不是理论讲授，而是方案指导与讨论，其前提条件是学生必须利用课外时间自行完成各阶段的设计内容，才能在课内时间以阶段成果进行互动交流。此外，建筑设计具有思维发散性和结论多元性的特征，针对同一个课题，每个学生的工作方式、设计过程和解决方案都不尽相同，是否具有主动学习的意识和能力将直接影响其设计成果的优劣。自主学习教育模式具有自主性、灵活性、开放性、探究性、协同性、创新性、互动性、专业性、新颖性、过程性等特征，完全契合建筑学专业的教学特点。终身学习理念的建立与发展必然推动自主学习成为高等教育内涵式发展的重要方向，因此培养学生具备自主学习能力不仅是现阶段专业人才培养和专业发展的需求，而且也对专门人才未来保持与时俱进、实现能力持续提高具有重要意义。

2 研究现状

“自主学习”概念源于自主学习理论模型，该模型最早由美国心理学家齐莫曼（Zimmerman）于20世纪80年代提出，他认为“自主学习要涉及自我、行为、环境三者之间的交互作用。自主学习者不仅能对内在学习过程作出主动控制和调节，且能在外部反馈基础上对学习的外在表现和学习环境作出主动监控和调节”[3]。基于现代信息技术和自主学习理论，国外教育领域最先提出并广泛实践了“翻转课堂”教学模式，发展了多种自主学习平台，代表性的有麻省理工学院与微软合作开发的i-campus互动学习平台，南加利福尼亚大学开发的Blackboard远程学习平台，以及已投入商业应用的Mind Span和Learning Space等软件平台，在这些平台的支持下，交互式学习模式、异步学习模式和实时学习模式等新型教育教学模式得到广泛探索。

随着中国社会信息化水平的逐步提升和全球一体化进程的持续推进，近几年来国内建筑学教育领域开始尝试面向信息化时代的自主学习模式探索，除了对国外成熟技术平台的借鉴和应用之外，在理论和实践两方面代表性的研究成果还有：

张玉玮等基于泛在信息社会背景，以“中国古代乡土建筑文化”为例，从理论基础、课题设计、课程实践、课程检测、课程改进等方面探索了以自主学习方式进行专业课学习的课程建设模式，其中提出的双向绩效管理计划和多向过程监控机制对本项目的研究具有启发意义[4]。蒙小英等在建筑设计基础课程中，以学生为关注原点引入链式教学方法，通过搭建自主建构设计知识的平台，培养和引导学生进行有效、科学的自主学习[5]。冯珊、张伶伶在建筑艺术教育背景下，从“主动参与学习、乐于情境探究、互动交流合作”三个方面探索了全新的自主学习模式[6]。李丽在其博士论文《中国现代建筑教育技术的探索》中，以建筑教学模式及其技术实现问题为主要关注点，构建了一种“既能发挥教师的指导作用又能充分体现学生学习设计主体作用的新型教学模式”，并开发了一个多媒体远程建筑教育课件创作系统模型，从数字技术层面探索了一种计算机辅助建筑教育的具体模式[7]。

近几年来大连理工大学建筑学专业教学改革越来越重视对占据学生大多数时间的课外学习过程的积极引导，也就是建立一种基于信息化的建筑学专业自主学习模式。该模式的建立旨在协同课内与课外的关系，对课外学习进行组织、引导和监控，使学生针对明确的目标自发的开展探究性的学习活动，对于提高学习效率、培养学习兴趣、提升教学质量具有重要的现实意义。

3 改革构想

提高教育质量的内涵式发展理念促进信息化与教育变革下的教育方法创新，在这样的背景下，建筑学专业自主学习模式改革需要从三方面入手，既建立PBL（Problem-Based Learning）问题驱动型学习模式，形成课上课下的引领与支撑；建立设计主干课“翻转课堂”的教学模式，让学生成为课堂教学的主体；建构服务于自主学习模式的信息化教学平台，全面支持自主学习模式（图1）。

3.1 PBL（Problem-Based Learning）问题驱动型学习模式的研究

改革的首要措施是建立以问题驱动为主轴的建筑设计主干课教学模式。教师通过制定教案，明确课程总体问题目标以及不同阶段的侧重目标；学生以需要解决的问题为起点，在真实情境中对驱动问题展开探索，在探索过程中学习和应用专业知识，解决问题达到教学目标的要求。其精髓在于发挥问题对学习的驱动作用，调动学生的主动性和积极性，形成以学生为中心、教师为引导的启发式教育教学方式。

在阶段式教学模式下，各阶段的教学目标需要更加明确和细化，以阶段性问题引导阶段性任务，这一部分的主要工作是对“设计任务书”进行建设。任务书建设将在不同阶段采取前后分置、问题驱动、研究自拟和层级分布的方式来指导课程；在任务书指导下，依托信息平台，通过课上与课下的互动，形成阶段式“问题—文献—实例—分析—讨论—总结—实践—调整—反馈—评价”的教学闭合链条。

3.2 “翻转课堂”设计主干课课堂教学模式的研究

“翻转课堂”是一种基于信息化自主学习平台的新的教学模式，强调学习的灵活性与自主性。在翻转课堂中，“典型的课堂讲解时间由实验和课内讨论等活动代替，而课堂讲解则以视频等其他媒介形式由学生在课外

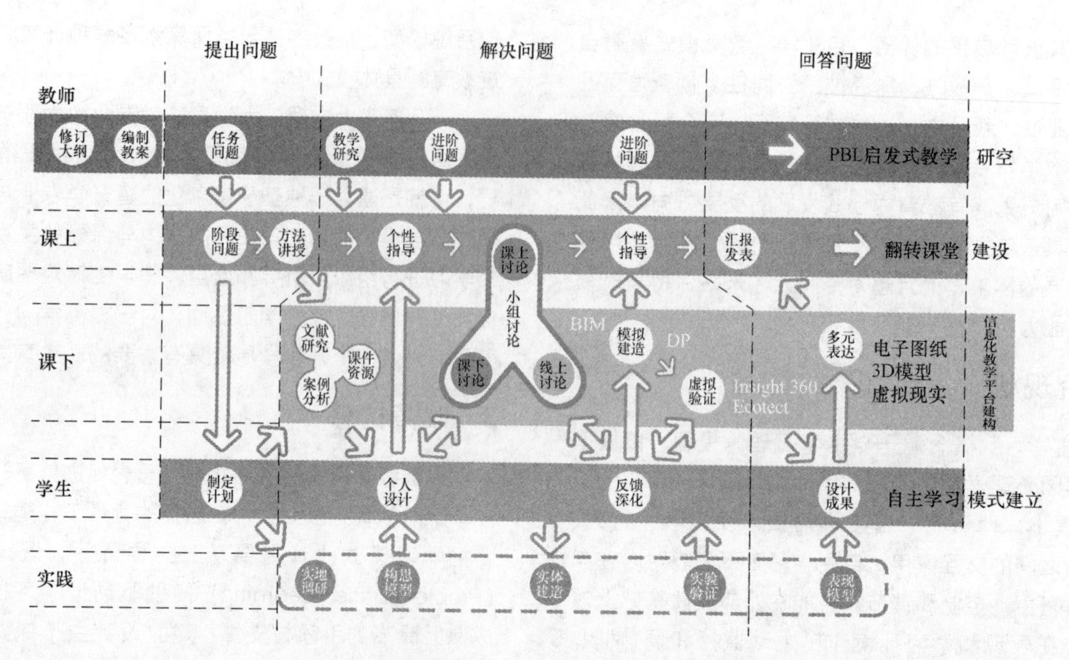

图1　大工建筑学专业自主学习模式改革示意图

活动时间完成。”虽然在中国尚处于初步发展阶段，但与传统教学模式相比，它在提高学生学习的自主性、培养团队协作和创新能力以及促进知识的内化等方面已表现出显著优势。在建筑学专业自主学习模式中，翻转课堂的核心是改变了教师与学生的角色，学生成为课堂教学的主体，更专注于主动的基于项目的学习；学生需要掌握的知识不再占用课堂时间学习，需要学生在课后通过自主学习来获得。教师专注于学生对问题的解决，通过课上讲授与辅导来满足学生的需求，引导个性化学习；通过小组讨论和集体评图来检验自主学习的成效，促成创新思维的形成与深化。

建筑学专业翻转课堂要重点注意几方面的建设，首先是要充分利用丰富的信息化资源，让学生逐渐成为学习的主角；其次要保证课堂互动模式的多样化和效率化，课上在1vs1基础上，加强并形成常态化小组讨论和集体评图，着重检验学生自主学习和解决问题的效果，再有针对性的讲解提高互动教学的效率；再次翻转课堂对教师提出了更高的要求，在“信息传递”-“吸收内化”-“个性指导”-“反馈建议”的个性化建议式学习模式中，教师要对学生更加多元化的解决方案进行个性化的指导与建议式的引导；最后是要对课堂上多样化的反馈进行更多元的准确评价，在自主学习模式下，成果将以图纸、实物模型、多媒体展示、实体搭建、VR虚拟现实等多种方式呈现，评价可采用的方式与方法包括跨专业评价、虚拟现实评价、实验评价、校企联合评价等。评价结果将以总结和新问题的形式反馈给学生，反馈形式将采用课上讨论、评图或课下网络互动等多种形式。

3.3　服务于自主学习模式的信息化教学平台建构

除了问题驱动型自主学习模式和翻转课堂的教学模式之外，服务于自主学习模式的信息化教学平台的建构同样是实现建筑学专业的自主学习模式的重要条件。信息化平台的建设主要目的是实现设计资源集约化、设计过程效率化、设计成果多样化以及设计验证实验化。我校建筑学专业信息化教学平台主要包括资源与作业档案库、作业批改系统、实验验证平台和即时交互系统。

触手可得的信息资源为自主学习提供了最为重要的支持，对于建筑学专业学习，信息资源主要有教学资源和辅助资源，教学资源包括教学课件、慕课微课、优秀案例库、既有学生作业档案等，辅助资源包括推荐性资源、开放式云计算、外部验证平台链接资源等，相当于教材与参考书。对信息资源的优化整合与对信息利用的有效引导将有助于学生提高自主学习的效率；数字化作业存储与批改系统已在我校建筑学建筑学专业教学平台上实现并使用多年，很大程度上改进了作业批改模式，提高效率并可通过平台与学生进行及时的反馈；实验验证平台的构想是通过建立一个通用验证平台实现建筑设计的实验化验证或者提供外部链接实现建筑设计方案的网络化模拟验证，例如利用Autodesk 360云服务引导学生进行验证分析。即时交互系统更加注重课下的交流和指导，面对面的讨论、演示、改图均可在现有技术下得以实现，既可以使交流互动变得更加便捷高效推动自主性学习，又有利于 PBL 模式下设计问题的探索与解答，充分发挥信息化自主学习模式下的合作、交流和指导的优势。

4 实践初验

作为教学体系中“生态与可持续建筑”课程支线的特色课程和重要环节，我们提出在五年级秋季学期设立 4 周、72 学时的绿色建筑专题设计课程。根据建筑学五年级学生的学习规律与绿色建筑专题设计课程的教学目的，我们尝试把自主学习的方法引入到绿色建筑设计当中。课程以改造为设计手段，有着设计周期短、对应知识点全面、应用性强、针对性强，体现了专题设计的性质和特点。本专题设计的主要任务是使学生掌握建筑生态与节能设计相关知识、并使学生掌握相应的设计应用软件，能够综合运用绿色建筑评估软件对设计进行优化和定量评估。因此确定课程体系为课上内容为专题知识讲解与主客观设计评价，课下内容为软件学习、操作以及根据绿色建筑评价标准对设计方案进行计算机模拟评估。

为体现绿色建筑设计特点并达到专题性训练目的，课程体系分为：任务书解析及专题讲解、策略性要点及技术模块、针对性分析及策略选取、自主性学习及设计反馈、阶段性评估及深入设计、以及成果表达及最终汇报，共 6 个阶段。自主学习教学模式贯穿在整个课程的体系中，包含了课上认知教学与评价和课下自主学习与反馈两部分。

课上认知教学与评价，根据 6 个阶段的不同的教学目标，安排了（1）任务书解析，包括开题分析、设计任务布置、改造设计要求讲解、基地分析、以及原有方案分析。专题讲解环节包括绿色建筑概念、发展与规范，绿色建筑设计策略，和绿色建筑案例分析三个方面；（2）集中讲授绿色建筑设计策略性要点。要点的提出主要参考了绿色建筑技术要点、绿色建筑评价标准建筑设计相关项、以及国内外常用绿色建筑设计策略。该阶段课程总结归纳策略性设计要点，并推出 6 个技术模块作为设计内容；（3）结合基地气候特点、场地条件及建筑设计方案，对 6 大技术模块进行有针对性地气候适应性梳理；（4）对 Phoenicse，Optivent，Ecotect/Weather Tool /Radiance/Winair 等模拟软件进行简单介绍，交流反馈设计理念及为实现绿色改造采用的技术手段可行性进行评价；（5）设计反馈并进行阶段性设计汇报、评估。教师进行主观评价并结合软件客观数值模拟，为分析设计提供有效的支撑；（6）成果汇报，教师根据改造设计模块和选取策略特点，提供意见及多种可能途径供学生参考。专题设计要求在设计中不仅要体现最终的设计方案，还应该通过图表说明方案逐步分析深化的过程。课上认知教学与评价最主要的目的是使学生对绿色建筑有系统性的认识；体系化地讲授绿色建筑设计策略性要点；指导学生对相关软件学习；帮助选取绿色建筑总体设计策略；对学生的设计方案进行评价和总结。

课下自主学习与反馈，在课上教学基础上，使学生对绿色建筑概念有进一步的了解，对绿色建筑设计策略性要点及绿色建筑的技术体系有充分认识，熟悉绿色建筑相关软件工具的操作、设计评价方法及流程。依据教学目标，学生利用课下时间对建筑基地进行初步踏勘分析并根据建筑区域、功能及周边环境等找出设计缺陷以及不符合绿色建筑设计评价标准的设计问题，选取技术模块中适当的策略进行初步设计，做到指明需要改造的部分，现存的缺陷，以及预期改造效果；自主学习绿色建筑相关软件并熟练操作，回顾与理解绿色建筑设计策略，初步设计方案构思及根据绿色建筑评价标准对方案设计进行计算机模拟评估，逐步推进设计，对建筑空间、构件构造及技术细节进一步深化，对不同的季节时间点和多种功能使用情况进行分析；对在设计中使用的设计策略和技术手段进行专题说明，逐步形成最终方案并进行成果展示，公开布展。

课上课下相结合的自主学习模式提供了更广泛的交流反馈平台，提升绿色建筑设计氛围，也对下一个年级起到的传、帮、带作用。

建筑学五年级学生对建筑有一定的理解能力，有扎实的建筑设计基础，同时也对绿色建筑基础知识有体系化的培训认知，通过课上课下自主学习的教学模式与有效的阶段性评价机制，学生对专业知识掌握较好，整体教学过程与课程体系获得专家认可。依托于“自主学习”方法的体系与方法，绿色建筑专题设计课程的教案“绿色建筑专题设计—大学生活动中心绿色改造设计”在 2017 年中国高等学校建筑学学科专业指导委员会“全国高校建筑设计教案/作业观摩和评选”活动中获评为“优秀教案”；两组作业“基于海绵城市与栖居理念的可持续建筑改造”（学生：姜天泽 曹忻怡 付玮；指导教师：张显峰 李国鹏）（图 2）和“Nature. Exchange 学生文化实践中心节能改造设计”（学生：刘章悦 刘乃菲 徐佳臻；指导教师：祝培生 郭飞）获评为“优秀学生作业”。

图2 2017年全国高校建筑设计教案/作业观摩和评选优秀作业（五年级绿色建筑专题设计）

5 结语

以自主学习作为建筑学专业教学改革的重心，可以积极引导占据学生大多数时间的课外学习过程，降低课外学习的被动性、盲目性和散漫性，提高学习效率，提升教学质量。我校建筑学专业自主学习模式改革还正处于实践阶段，针对学生特点率先在二年级建设设计课和五年级设计专题课程展开，获得较好的效果。在试验性的实践当中也发现许多环节需要协调和优化，尤其是信息化教学平台的建设，改革的道路任重而道远。

参考文献

［1］ Gerald C. Gannod，Janet E. Burge，Michael T. Helmick. Using the Inverted Classroom to Teach Software Engineering［J］. Computer Science and Systems Analysis，2007.

［2］ 秦殿启. 论泛在信息社会情报网络的模式及建构策略［J］. 图书馆学研究，2013（21）：13-16.

［3］ 张勇，潘素萍. 齐莫曼的自主学习模型理论与启示［J］. 高教发展与评估，2006（1）：48-50.

［4］ 张玉玮，秦殿启，马海燕. 泛在信息社会高校自主学习课程的探索——以《中国古代乡土建筑文化》为例［J］. 高教学刊，2015（24）：18-20.

［5］ 蒙小英，罗奇，杨涵. 建筑设计基础课的链式教学方法与策略［J］. 北京交通大学学报（社会科学版），2011（1）：111-115.

［6］ 冯珊，张伶伶. 提高建筑师艺术素养的教育方法探究［J］. 华中建筑，2010（1）：190-191.

［7］ 李丽. 中国现代建筑教育技术的探索——基于动态数据库的建筑教育课件创作工具初步研究［D］. 上海：同济大学，2006.

韩涛
中央美术学院建筑学院：thanlab@163. com
Han Tao
School of Architecture，China Central Academy of Fine Arts

危机、建筑教育与投射策略
Crisis、Architecture Education and Projective Strategies

摘　要：本文不是从不同学科视角对建筑教育差异诉求的检视，不是建筑教育对当前城市双修、乡村营建等热点问题的具体回应，也不是对具体建筑教育实践的案例分析。本文希望不要近距离地理解此刻，而是退而远观，从大历史观的视阈，打开对建筑教育议题的讨论，以资本主义现代性的发生、发展为语境，从现代性危机与建筑教育关系的角度，对建筑教育的历史目标进行概括性的梳理。在这个谱系上，本文以当前国内外重要建筑学院院长回应当代危机的多元观点为材料，对当前建筑教育的危机进行比较性的综合。在将我们此刻的立场与理解重新写入历史时刻的批判中，提出未来建筑教育面对危机的三个投射策略：态度、计划与决断。

关键词：危机；现代性；建筑教育；投射策略

Abstract：This is not an inquiry of architectural education from perspectives of disciplines，or a response of architectural education to current hot issues such as urban regeneration and rural construction，or a case study. This thesis want a comprehension unfolding the discussion about issues of architectural education under the sight of macro historical perspective，make a general combing towards the historical objectives of architectural education within the context of the development of the Modernity，and from the relations between the crisis and architectural education. Following this，the second part takes evidences from the diverse critiques towards the contemporary crises by the deans of major architectural academies，makes a comparative summary about the crises of present architectural education. By the critiques of placing our position and comprehension into the historical temporal moment，this thesis purposes three fundamental strategies of overcoming crises for the future architectural education：attitude，project and determination.

Keywords：Crisis；Modernity；Architecture Education；Projective Strategies

1　危机与现代性

危机是现代性的产物。如果现代性被概括为由工具理性、个人权利、民族国家等关键因素引发的，一个科技与经济可以无限增长的社会，那么这种持续增长就必然呈现为一种接二连三的危机情境，以及对这些危机情境的暂时性克服[1]。对这种危机现象与情境的关注，正是意大利左派哲学家卡奇亚里（Massimo Cacciari），用“否定思维”方法对资本主义发展历程所做的检视。根据卡奇亚里，资本主义的历史，可被理解为对危机不断作出反应的历史，使不同阶段的发展现实受制于危机，正是隐藏在资本主义发展背后的驱动力。正是资本主义在被迫面对危机、消化危机、以及克服危机的过程中，推动了资本主义的发展。这种通过理解和吸收危机的起因，而避开危机的思考论调，也正是意大利建筑史家、批评家曼弗里德·塔夫里，在1960年代的《建筑与乌托邦——设计与资本主义发展》一书的历史语调[2]。在塔夫里看来，如果将建筑学嵌入在现代性的整体进程中去理解，那么建筑学就不可能是一个纯然的自主性项目，至少这种自主性只能建立在对资本主义危机的理解与应对的基础之上。因此，作为建筑学重要议题的建筑教育，如果不把它放置在危机与现代性的总体历史进程中去检视，就无法获得对它的阶段性核心目标的理解。换言之，如果没有大历史观作为基础看清现代性的总体进程与理解此刻的危机，我们如何判断我们此刻的建筑教育嵌入了何种当前的危机？又如何在建筑教育实践中找出未来的道路？

2 危机与建筑教育：一个历史概述

2.1 文艺复兴：非体制化的建筑教育

建筑教育本身就是现代性的产物，所以也只能在现代性的总体进程中，在对危机与建筑教育的关系中加以检视。建筑教育的第一个阶段，即作为现代性早期的文艺复兴时期，绝不是自发形成的，而是在印刷术、新型战争、现代科学的起源、新世界航海发现的基础上，在欧洲一个世纪的经济扩张、工业资本主义的早期发展、封建领主与庄园经济的逐步解体、世俗道德伦理的提升过程中，面对早期现代国家形成需要的产物。这种产物的结果就是非体制化的、独立知识分子建筑师的出现，他们在服务政治与宗教两种主导力量的时候，发展出了现代意义上的建筑学与建筑教育。思想文化领域的表现就是差异个体对古典遗产的学习与反思，实践领域的表现就是利用古典遗产的意识形态塑造新兴城邦的政治象征与世俗生活的基础设施，组织方式领域的表现就是独立知识分子群体的自由联合与相互影响，建筑领域的表现就是形成了设计与实践的分离。最后，教会改革与宗教改革的激变，导致的加尔文教与天主教在西欧的对抗与宗教战争，将历史的下一个主导推动力，传向了君主专制国家。建筑教育也在新的历史境遇中——转向了服务于资产阶级国家的体制化进程。

2.2 18至19世纪：建筑教育的体制化

18世纪的启蒙时代是16世纪宗教改革的果实。这个果实在建筑教育领域的反映就是以法国为主导的，由国家成立的皇家建筑学院与路桥学院。根据皮孔（Antoine Picon）的研究，这种建筑教育机构的成立，是君主专制国家塑造身份象征以及疆域治理技术的危机与需要[3]。对于前者，反映为新古典主义建筑学对大型公共建筑的发明；对于后者，反映为在国土治理逻辑下对基础设施议题的深入研究。法国大革命之后19世纪民族国家群的兴起，延续了这个接力棒，同时又将工业资本主义发展对新类型的实用性需要（比如工厂、车站、银行、中产阶级住宅、城市化），带入了建筑教育的核心领域。在这种语境下，我们不能简单的把19世纪的布扎系统看作风格主义的语言实践，而是应该看作用语言策略解决资产阶级统治合法性与现实治理诉求的需要。当资本主义进一步发展带来新的危机时，即资本主义生产—消费循环不断扩展，以及出于利润积累逻辑需要不断对科学技术推动的时候，建筑教育就迎来了的它的第三次危机，即全面成为资本主义劳动分工的产物。

2.3 20世纪：建筑教育的职业化及其抵抗

20世纪，建筑教育彻底的处于了资本主义劳动分工方式主导的危机进程之中。它的第一个阶段，就是发生在前半期福特制阶段的CIAM式教育，它的第二个阶段——后福特主义阶段，就是发生在1960年代之后的历史现实。这个阶段对应的现代性的复杂性与多元性，远非前两次危机可以比较，它本身就表现为现代性到达它的成熟阶段后，一系列发生在不同地区、不同意识形态语境、不同国家中的持续的危机。面对这些危机，有两种应对态度，一种就是站在资本主义文明发展的立场，现代主义运动在不同国家的扩散，其结果就是无根性文化的全球蔓延。另一种态度，就是基于否定立场，在资本主义系统内部对工业资本主义的批判。这种批判在20世纪60年代以来的建筑教育得到了全面的兴起，特别是20世纪70年代出现在AA、CUPPER UNION，以及意大利威尼斯学派的建筑教育。这种教育的核心并非是表面上看到的对建筑知识的教育，而是对建筑师——特别是基于左派立场的建筑师的教育。这种对建筑师教育，反向推动了建筑知识的自我反思、对设计与资本主义发展的政治经济学批判、以及对建筑学本体论的深度追问。沿着这条路径，弗兰普顿写于20世纪80年代的《现代建筑——一部批判的历史》，不应被看作对福特制时期建筑知识的客观总结，而是应该看作对建筑师立场、计划与决断的重新教育。正是这些立场、计划与决断，重新从历史中寻找并激活了来自20世纪20年代英雄时代那种带有抵抗基因的理论实践。包豪斯在短暂十几年中实践的建筑教育目标，绝不是发明新的建筑物，而是塑造新人——能面对危机、批判危机、且解决危机的新人。青年学者王家浩、周诗岩对包豪斯档案的系列当代解读，再一次证明了包豪斯的价值不是后来被资本主义吸收且广为传播的包豪斯风格，而是包豪斯对新人的塑造。正是在这个意义上，我们才能理解，弗兰普顿所理解的建筑教育，不是对建筑知识的教育，而是一种对建筑师的批判性危机教育。弗兰普顿讨论的主旨，绝不是福特制阶段符合主流资本主义的跟随性实践，而是基于法兰克福学派批判立场，对抵抗工业资本主义文明的一系列危机思想与危机实践。

20世纪的一系列案例，反复证明了建筑教育的危机并非来自建筑教育本身，所以，建筑教育的危机也就不能由仅由建筑教育本身解决。一旦政治意识形态发生方向转向（比如新中国的成立），或者是经济发展模式进入新的历史时期（比如凯恩斯主义被新自由主义的取代），或者是技术方式发生重要革命（比如钢筋混凝土对乡土砌筑方式的取代），原有建筑教育就会被迫发生方向转变。所以，新中国成立时期的建筑教育是欧洲18、19世纪国家教育的翻版；20世纪80年代抵抗的地域主义的提出是对全球化危机的抵抗，但它也是19世纪浪漫主义抵抗新古典主义的一个当代翻版；21世纪以来的数字化建筑教育是对20世纪混凝土技术革命导致的建筑教育改革的当代翻版；而此刻我们中国面临的全球生态危机、环境危机、社会不平等危机、城市危机、社会住宅危机、乡村危机，在20世纪60、70年代的欧洲也能找到先前的痕迹。

3 作为危机教育的建筑教育

历史过去了，但任何历史都可以从危机的视角重新阅读，因为历史实际上只是记录危机的历史：一类是危机显现时刻的历史，一类是危机即将到来的历史。对于建筑、设计、艺术等学科史而言，实际上只有一种历史，即学科内危机对学科外危机反应的历史。只有在这种历史中，我们才能看到那些呈现危机及抵抗危机的关键性案例，以及这些案例带来的学科内语言革命。这就意味着，最终学科外危机的解决，最终还要回到学科内危机之中。只有建立在危机意识上理解建筑教育的危机，我们才能最终靠改革当前建筑教育面对危机以及解决危机——这正是危机与建筑教育之间复杂辩证的关系。让我们以国内外建筑学院院长在学院网站中写给学生的信中，概括的提出迈向危机教育的建筑教育的三个投射策略：态度、计划与决断。

3.1 态度

态度即立场。建筑教育应该是有清晰立场与态度的教育，而不是成为价值中立的教育。比如，莫森·莫斯塔法维（Mohsen Mostafavi）认为GSD的立场必须基于伦理与政治领域（ethical and political realm），并从社会维度建构一个替换性的未来[4]。MIT则强调从技术角度不断改变、甚至发明未来，这种用技术知识改变世界的责任感伴随了MIT150年的历史。同样是改变世界的目标，如果说GSD是清楚的左派立场，MIT是明确的右派立场，那么AA则是拥抱无政府主义倾向与文化多元主义。就像AA前院长布雷特·斯梯尔（Brett Steele）所说，AA是无数局部的集合。但是，在这些差异之后，这三个学校也拥有共同的基本立场，即积极布局在全球化领域中的引领地位，以及强调用想象性的解放方案与实验精神，拥抱未来的不确定性。一旦强调这个维度，以实际工作能力为导向的职业性素质目标，就不会成为重点。态度、立场决定了最重要的方向，一旦确立了建筑教育的方向，接下来最重要的，就是这个方向如何呈现为系统性与投射性的计划。

3.2 计划

计划（project）不是应对现实具体问题的项目（program），而是有着明确方向的一系列项目的集合。无论对于GSD、MIT、AA、ETH、UCLA，这些集合最终形成的是一个树状系统，而不是完全散点并置的游牧性结构。正是因为当前新自由主义社会过度的游牧性，有态度与计划的建筑教育，更需要建立一个具有树状逻辑的模型，以反对没有倾向的多元杂交方案。计划并不反对多样性，但会把多样性架构出逻辑层次。计划会将建筑教育架构在一个问题的树状谱系上，会追溯来源、发展、当下状态与未来潜能。它将所有行动系统性的部署在特定的场域，有战略、战术、层级与节点，它将创造新的组织结构、新的合作模式与形式。由此，有态度与立场的建筑教育在计划中因为尊重现实危机而最终超越了现实危机。它既是自下而上的，也是自上而下的，但最终是自上而下的——这就带来了在计划中，我们怎样决断，才能真正发展出有效的批判性计划？

3.3 决断

决断即本质性的取舍。决断是说在具体的实践语境中，只能是对计划的部分的实现，但这些部分，却具有了计划的整体作用。今天，在全球竞争的情况下，我们已经无法追求面面俱到的建筑教育，也无法培养建筑师面面俱到的工作能力，而是应该培养建筑师本质性决断的能力。这种能力，就是一种高度自觉的选择力，知道什么不做，知道什么重要，更知道什么未来更重要。这种决断力将主要力量集中投放在关键性的节点，而不是貌似全面的整体；这种能力会针对一个特定立场的主题，而非所有立场的主题；会聚焦一个紧急且重要的问题，而不是所有的问题；对于建筑教育的本质性决断，就是追问立场到底是什么与不是什么？应该是什么与应该不是什么？立场下的计划到底是什么？计划下的决断到底是什么？在这些决断中，临界点是什么？在信息过度拥挤的今天，在选择过剩的今天，在价值标准虚无的今天，建筑教育所要呈现的，应是态度与计划中选择过的那些本质性决断，而非那些未经消化过的现实。

4 结语

将当前的新时代理解为一系列危机及危机的产物，将未来的新征程理解为对即将到来的危机的遭遇，或许并没有错。今天，没有一个时刻，我们不处于主动或被动、已经到来或即将到来、学科之外与学科之内的危机之中。不理解各种维度与各种时态中的危机，我们无法理解历史进程中的建筑教育为什么持续发生范式性的变化，无法理解今天的建筑教育最关键的问题出在何方，也就无法实践一种直面未来危机的建筑教育。只有将建筑教育理解为一种危机教育，只有将建筑教育的实践理解为对危机的一种暂时性克服，我们才能持续的在与危机的缠绕中不断改革建筑教育，培养建筑师面对危机的态度、计划与决断。在这个维度上，也才能真正理解当代与未来建筑教育的目的、策略与方案——建筑教育的危机、不能靠建筑教育本身解决、建筑教育的危机、最终仍要靠建筑教育本身解决。

参考文献

[1] 希尔德·海嫩. 建筑与现代性 [M]. 卢永毅，周鸣浩译. 北京：商务印书馆，2015：186-196.

[2] 同 [1]：198-210.

[3] Antoine Picon. French Architects and Engineers in the Age of Enlightenment，Cambridge：Cambridge University Press，2012，41 (3)：588-589.

[4] Moshen Mostafavi. Messgae from the Dean：Futures In The Peresnt [EB/OL]. https://www.gsd.harvar.edu/message-from-the-dean/.

刘启波 张磊 刘伟 鲁子良
长安大学建筑学院；2311346290@qq.com
Liu Qibo Zhang Lei Liu Wei Lu Ziliang
Architecture School，Chang'an University

以学科竞赛引领的建筑学创新人才培养模式研究*

Research on Training Mode of Innovative Talents in Architecture Guided by Disciplinary Competition

摘 要：学科竞赛可以实现学生知识面的有效扩展，培养学生的创新思维能力、实践能力和团队合作能力，有效提高学生的综合素质，是高等教育中的重要环节。长安大学建筑学院以学科竞赛为依托，提升教育教学质量为宗旨，以培养学生实践创新能力为目标，在教育教学模式、注重梯队建设、培养团队精神、培养学生的人文精神、促进师资队伍建设等方面，积极构建了以学科竞赛与教育教学改革相结合的新型人才培养模式。

关键词：学科竞赛；创新人才；培养模式；教育教学改革

Abstract：Discipline competition can achieve effective expansion of students'knowledge，cultivate students'innovative thinking ability，practical ability and teamwork ability. It is an important part of higher education to effectively improve students'comprehensive quality. The school of architecture of Chang'an University based on discipline competition，aims at improving the quality of education and teaching，and cultivating students' practical and innovative ability. Actively build a new talent training mode combining disciplinary competition with education and teaching reform，have done some work in the aspects of education and teaching mode，echelon construction，cultivating team spirit and humanistic spirit，promoting the construction of teaching staff.

Keywords：Discipline competition；Innovative Talents；Training Mode；Reform of education and teaching

1 前言

21世纪是创新时代，世界各国的综合国力竞争归根到底是人才的竞争，特别是创新型人才的竞争。这也对高等教育的人才培养模式提出了更新、更高的要求。在此背景下，加强素质教育，倡导个性张扬，改革高校创新型人才培养模式，已成为当代高等教育和高校发展的必然选择[1]。创新型人才培养模式是一项复杂的系统工程，涉及从观念到目标，从制度到环境，从教育者到受教育者等多视野、多途径的构建，创新型人才的培养模式也不尽相同，具有动态性、多重性和开放性等特点。

学科竞赛可以实现学生知识面的有效扩展，培养学生的创新思维能力、实践能力和团队合作能力，有效提高学生的综合素质，实现综合性高素质人才的培养，是高等教育中的重要环节[2]。结合学科和专业特点，将学科竞赛作为重要的机遇，可以实现高效教学质量和创新能力的进一步提升。

长安大学建筑学院以学科竞赛为依托，以培养学生实践创新能力为目标，提升教育教学质量为宗旨，积极构建以学科竞赛与教育教学改革相结合的新型人才培养模式[3]，逐渐在品牌活动中培养品牌学生，组建品牌团队，充分发挥学科竞赛的品牌效应和其产生的辐射和带

*长安大学2017高等教育教学改革研究项目：建筑类人才培养模式创新实验区建设；长安大学2018中央高校教育教学改革专项（研究生）：以学科竞赛推动建筑设计创作研究课程改革。

动作用，提升教学质量，提高学校及学院的知名度。

2 创新人才培养模式的多层面探索

2.1 教育教学模式的探索

学科竞赛是考察学生对所学知识的深入理解和综合运用能力，既是实践检验也是教学成果的一种展示[4]。通过学科竞赛把对人才素质的检验反馈到教学改革中，以赛促教、以赛促学、以赛促改，通过学科竞赛的示范性和导向效应可以有效地推进学科建设和专业教学，优化人才培养方案，重构课程体系，更新教学内容，强化实践教学，促进教学改革，从而促进教风和学风建设。

首先，学科竞赛入课。在本科生 2015 培养计划中，三年级的“建筑设计（四）”与四年级的“建筑设计（六）”均设置了开放式教学环节，其中“建筑设计（四）”的开放式教学环节，我们设置了短期设计课（自由选题）及学科竞赛环节，学生可根据自身条件和需求自由选择。从提前使用 2015 培养计划的建筑学 2014 级及 2015 级来看，绝大部分学生都选择了学科竞赛，可选择的学科竞赛包括建筑学会大学生建筑设计竞赛、霍普杯国际大学生建筑设计竞赛、谷雨杯全国大学生可持续设计竞赛等。2017 年我院在建筑学会、霍普杯、谷雨杯等竞赛均有斩获。

我院建筑学方向硕士研究生“建筑设计创作研究（一）、（二）”一直都是导师主导，在各自工作室完成课程内容，因各工作室要求不统一，无法把控课程进程与质量。为此，结合建筑学硕士专业评估，本学年我院将该课程授课方式改为学院主导，结合学科发展方向，由指定的导师课堂授课、统一命题、统一评图，本学期即结合谷雨杯赛事开展。

其次，我们通过有组织地开展课堂以外的科技与设计成果展示，举办形式多样的学术交流活动，营造浓厚的学术氛围，加强教师与学生之间的沟通与交流，激发学生勇于探索的勇气，鼓励学生对一些事物或现象产生质疑，从而发现问题、分析问题，发挥学生的能动性、创造性去解决问题，引导学生面向学科发展前沿，提高学生的兴趣，拓宽学生的知识面。

2.2 注重梯队建设、培养团队精神

虽然竞赛入课，但是并不妨碍打破学科界限、专业界限、年级界限。通常学科竞赛赛前训练队伍中包含着各年级的学生，其能力与水平也会高低不一，因此在训练及组队过程中，指导教师有意识地注意参赛学生的梯队建设。大三、大四学生正在学习或已学完专业课程，有能力承担设计任务，因此学科竞赛的参赛学生以大三、大四的学生作为主力队员，而对大二、大一学生作为外围队员，鼓励其参与、学习，使他们掌握竞赛活动的整个流程，有效地保持团队组织形式和各类竞赛经验的延续性，并在之后的学科竞赛中逐渐成为核心力量。在学生团队中通过传、帮、带，形成良性循环。

最有说服力的就是 2014 级学生王静雯与樊鑫，在 2017 年的“建筑设计（四）”开放式教学中，他们组队参加了 2017 建筑学会大学生建筑设计方案竞赛，经过相关竞赛教学及指导教师的方法指导，获得优秀奖，并对竞赛产生浓厚兴趣，再接再厉。在 2018 年 UED 组织的“趣城秦皇岛国际大学生设计竞赛”中，王静雯同学力拔头筹取得第一名的好成绩，樊鑫同学也拿到三等奖。

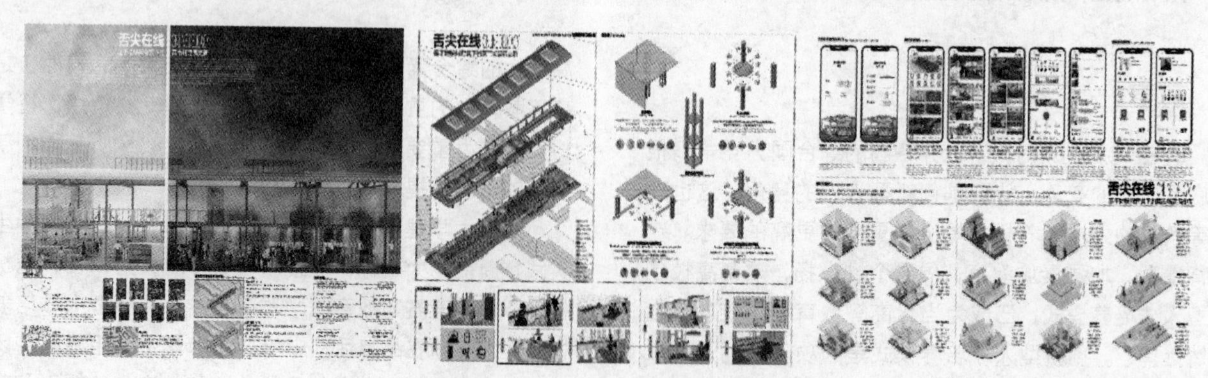

图 1 2018 趣城秦皇岛国际大学生设计竞赛一等奖方案：
舌尖在线，基于物联网背景下的菜市场建筑更新（长安大学 王静雯）

2.3 通过学科竞赛培养学生的人文精神

建筑设计不仅仅是工程设计，也包含人文精神。体现一种普遍的人类自我关怀，表现为对人的尊严、价值、命运的追求、关切和维护，对人类遗留下来的各种精神文化现象的高度珍惜，对一种全面发展的理想人格

的肯定和塑造。建筑学的学科竞赛命题也多出体现这样的要求，为此我们要求学生通过选择真实的基地进行调研，发现城市、乡村人居环境中存在的问题，分析问题、解决问题，促进学生对人与建筑、建筑与环境关系的思考，达成对学生思想境界、人生态度、社会责任等人文精神层面的教育。

3 促进师资队伍建设

3.1 提高教师专业能力

建设一支高素质高水平的指导教师队伍是学科竞赛的关键，我们充分调动广大教师的积极性，使他们积极地投入到学科竞赛的指导工作中。在指导过程中，也促使教师更新知识，更利于在之后的教学中不断充实教学内容，实现教学相长。在教师队伍组成上，一是积极动员和精心选派综合业务素质高、教学经验丰富、责任心强的教师对学生的学科竞赛活动进行指导，着力培养学生的创新思维、创新能力和实践能力；二是选派科研能力强的教师作为竞赛指导教师，发挥他们在学科科研上的优势，使其在指导过程中更有针对性，培养学生的探索开拓精神和创造性，接触到学科的前沿知识，了解学科今后的发展方向，进一步提高学科竞赛的水平。以三年级教学组为例，8位建筑设计指导教师中，博士以上学历占到75%，有海外留学经历的老师占到65%，教师中1位为一级注册建筑师，1位实验系列教师为数字技术方向，均实战经验丰富。

3.2 培养教师组织管理能力

2017年，全国高等学校建筑学专业教育指导委员会建筑数字技术教学工作委员会全体通过了由长安大学建筑学院主办“2018谷雨杯全国大学生可持续设计竞赛”及“2018全国建筑院系建筑数字技术教学及研究学术研讨会”。这进一步激发了教师们的积极性，在2017—2018学年三年级“建筑设计（四）”教学中，开放式教学环节要求全体学生参加“谷雨杯”竞赛，自由组队并不限于本年级、本专业，长安大学BIM科创协会也积极响应本次竞赛，派出了软件能力强的多位外专业学生加入。在硕士研究生方面，也要求学生组队参加“谷雨杯”竞赛，由学院主导指派竞赛经验丰富的设计课教师与导师共同指导，并在校内举办了包括“谷雨杯”赛前交流会西安站及BIM知识讲座和集中BIM软件培训等多场活动，极大地调动了学生积极性，也进一步提高了教师的组织管理能力，我校今年参赛队伍达到历史新高。同时，由于同期举办数字技术教学及研究学术研讨会，组织相关教师负责稿件、会议组织等工作，对建筑系教师特别是年轻教师队伍锻炼极大。

4 结语

学科竞赛的开展，在促进学科建设和课程改革的同时，必将引导高校在教学改革中注重学生创新意识、创新能力、实践能力、团队精神的培养，提高学生分析问题以及解决实际问题的能力，势必会吸引和鼓励越来越多的学生踊跃参加课外科技实践活动，从而为大批优秀人才脱颖而出创造条件。事实证明，在历届毕业生就业双向选择中，经历过学科竞赛的学生及取得各类奖项的学生往往都成为用人单位争抢的对象。这些学生走上工作岗位之后，具有较强的进取心和开拓精神，能很快地适应工作，充分发挥自己的能力和水平，成为用人单位的业务骨干。

参考文献

[1] 王晓勇，俞松坤. 以学科竞赛引领创新人才培养［J］. 中国大学教学，2007（12）：59-60.

[2] 张姿炎. 大学生学科竞赛与创新人才培养途径［J］. 现代教育管理，2014（3）：61-65.

[3] 刘启波，武联. 长安大学面向区域创新建筑类人才培养模式探索［J］. 中国建设教育，2017（2）：27-31.

[4] 马廷奇，史加翠. 创新人才培养与大学人才培养模式改革［J］. 现代教育科学，2011（5）：104-107.

课程改革与教学创新

肖毅强　王静
华南理工大学建筑学院，亚热带建筑科学国家重点实验室；wj99@scut. edu. cn
XiaoYiqiang　Wang Jing
School of architecture，South China University of Technology；State Key Laboratory of Subtropical Building Science

结合国际竞赛的绿色建筑教学课程创新实践*

Innovative Practice of Green Building Course with International Competition

摘　要：绿色建筑设计思维已经成为建筑师的必备素养。基于此，华南理工大学建筑学院根据学生的培养需求对本科四年级的课程进行调整，结合适当的国际绿色建筑竞赛实践，建设绿色建筑专门化方向，展开研究教学和课程创新。

关键词：国际竞赛；绿色建筑；教学；创新

Abstract：Sincethe thinking of the green building design has become an essential quality of many architects，School of Architecture in South China University of Technology adjusts the course of the fourth grade according to students' training needs，combining the practice of the appropriate international green building competitions，and builds the direction of the green building specialization，to carry out the teaching research and the course innovation.

Keywords：International competition；Green building；Teaching；Innovation

引言：绿色建筑教学课程实施的背景

近年来，建筑能耗较大的问题日渐突出，摆脱对高排放能源的依赖，已经成为从政府到社会民众的迫切愿望。基于清洁能源领域的发展战略，建筑相关专业的大学生立足于环保理念进行创新实践具有不容忽视的现实作用。

在此背景下，国际竞赛中有关绿色建筑设计的比重日渐增加，其中不乏具有极强教育性与现实意义的实践项目。基于此，专业老师应为学生提供合适的机会与指导，结合绿色建筑相关课程设置适当参加国际绿色建筑竞赛实践，展开有效的绿色建筑专门化方向研究教学和课程创新，对培养学生的绿色建筑设计思维，积累绿色建筑相关知识有着重要意义，同时也为国家未来的绿色建筑人才培养打下坚实基础。

自2013年始，华南理工大学建筑学院学生先后参与多项国际级、国家级绿色建筑大赛，与来自世界各国的强队进行公平的竞争与交流，并在竞赛基础上展开了多项绿色建筑创新创业研究。2016年，建筑学院根据学生的培养需求对本科高年级的课程设置进行了调整，开始了绿色建筑专门化方向的教学实践。对于绿色建筑教育课程的创新实践研究在培养绿色建筑专门化方向人才，提升学生的绿色建筑意识方面有着不可替代的作用，本次课程调整也走在了全国高校建筑教育的前列，具有重要的实践研究意义。

1　绿色建筑课程实施的目标

“结合国际竞赛的绿色建筑课程创新实践”是以建筑学院本科四年级“绿色建筑专门化方向”教学为基础，结合国际太阳能十项全能竞赛、DRIA亚洲弹性设

*本文由广州市高校创新创业教育项目（编号：x2jzN5180560）资助。

计竞赛与其他的国际竞赛进行的课程与教学研究。通过“绿色建筑专门化方向”的基础学习，以及相关国际竞赛的参与，拓展学生们的绿色建筑设计视野，提高专业学习素养，引导学生获得正确的绿色建筑设计观念，掌握从设计到实践的综合建筑能力。

1.1 锻炼学生

给参与学生一个特别的实践机会，让参与学生了解新能源和节能技术的最前沿应用，直接参与世界级的比赛和学习，为成为行业领袖打下基础。

1.2 拓展视野

通过太阳能十项全能竞赛与DRIA亚洲弹性设计竞赛的参与为基础，引导学生了解国际上应用的前沿技术与思想，扩大学习的视野范围与深度。

1.3 引发思考

以革命性的技术和前瞻性的创意，展示“视觉效果”和“应用效果”并重的现代住宅范例，引发能源、建筑以及相关领域科学研究的思想火花。

2 绿色建筑课程实施的特色

2.1 强调系统的教学逻辑架构

首先，在知识点教授中，结合国际竞赛视野，赋予绿色建筑合理的目标；其次，引导学生学习相关技术手段的路径，将建筑设计、技术、产品、经济、策划等关联，从而为实现绿色建筑目标提供可行性；最后，课程将国际竞赛与产业市场结合，通过参与式的教学方式，培养学生针对绿色建筑的分析问题和解决问题的综合能力，为学生掌握绿色理论和先进技术提供学习平台。

2.2 扩展学生的国际视野

结合国际竞赛实践，扩展学生的视野，以最先进的理论、技术、产业发展为指导，为广大学生学习绿色建筑乃至拓展未来的建筑学职业发展奠定基础。配合关键技术与性能优化专题，与国际研究趋势同步，培养学生整体的绿色建筑设计思维。课堂学习强调主动互动、融入调研、竞赛深入、产业实施，通过多维度、多方面的教学方法激发学生对于绿色建筑的自发兴趣以及深入思维。

3 绿色建筑课程实施的路线

结合国际竞赛的绿色建筑专门化创新实践，结合华南理工大学建筑学院建筑学四年级课程的实际情况，分为基础课程学习和结合竞赛学习两部分（图1）。

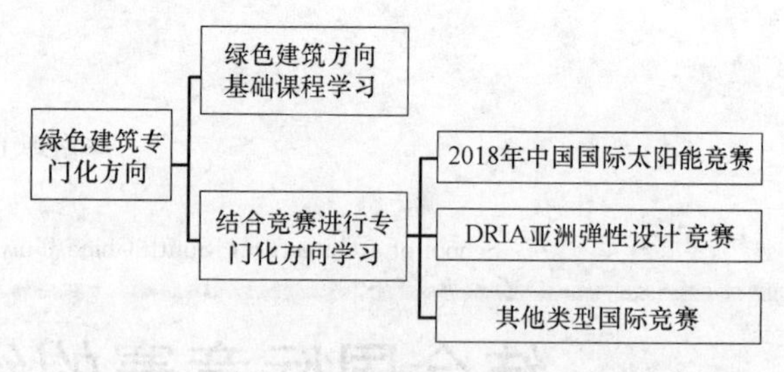

图1 课程的技术路线

3.1 绿色建筑专门化基础课程学习

课程的主要内容和时间　　表1

课程名称	课程时间
绿色建筑设计与技术(一)	四年级第一学期
建筑设计绿色建筑专门化	四年级第一学期、第二学期

3.2 结合竞赛进行专门化方向学习

（1）太阳能十项全能竞赛

中国国际太阳能十项全能竞赛（简称SDC竞赛）由中国国家能源局、美国能源局主办，财政部、住房和城乡建设部联合主办。参与竞赛的团队将设计、建造并运行一座高效、节能、有吸引力的太阳能房屋。主办方希望通过比赛推进绿色建筑的发展，增强人们环保意识，并推进相关技术的创新发展和商业化。

国际太阳能十项全能竞赛赛事周期较长，对于此项赛事，按照实际比赛的进度结合专业课的内容进行安排。

（2）DRIA亚洲弹性设计竞赛

DRIA亚洲弹性设计竞赛是由新加坡国立大学发起，邀请全球高校联合参加的城市和建筑设计竞赛，针对亚洲国家沿海、易受灾害侵袭的地区，研究如何进行适应性的灾后重建，如何通过建设行为，在城市和建筑两个尺度上提供前瞻性的应灾策略和措施。

4 绿色建筑课程实施的效应

结合国际竞赛的绿色建筑专门化课程的创新实践，将利用创新的教学与课程开展方式，试图解决以下问题。

4.1 建筑设计教育与实践相背离

学生通过参加2018年的中国国际太阳能十项全能

竞赛及DRIA亚洲弹性设计竞赛等国际竞赛，可以参与学习研究国际上最关注的绿色建筑领域相关问题，同时可以让高年级本科生参与到建筑真实建造中，实现从概念设计到产品选型与施工实践的全过程参与，让学生们真实的了解绿色建筑设计的实际应用范围、方法，将课程所学用于实践中。

以太阳能十项全能竞赛为例，其特色亮点在于给在校学生提供一个良好的实践平台，参赛者被要求设计建造并运营一座能源自给自足的零能耗生态住宅。针对当前中国城市化的社会环境，为参赛的学生赛队提供面向中国住宅产品市场的设计机会，鼓励在设计过程中的能源、技术、工程等方面的创新，并将竞赛方案与中国当下的市场需求接轨，组委会与主办城市将也为本届竞赛制定“产品孵化机制”促进赛队产品在中国成规模落地，并促进参与竞赛的相关企业在中国的技术转化与产品市场化工作的开展。借此机会，学生们有机会与企业一起展开相关的技术研发应用实践，获得相关的专利与创新应用。

4.2 建筑设计课程学习局限于单学科的学习

单学科的学习对于思维的拓展起到了一定的限制，缺乏多维度的思考对于建筑学科的是一种显著的缺陷。

在相关的绿色建筑国际竞赛中，同学们的视野将不被局限在建筑技术的专业领域之内，而是有机会综合考虑多学科的综合影响。如太阳能十项全能竞赛中的规则，包括建筑设计、市场推广、工程技术、太阳能应用等方面在内的学科与技术需要被设计者综合考虑。与其他学科配合的过程中也给学生们创造了一个良好的多学科交流的机会，让同学们在实践中理解一栋零能耗绿色住宅的实现不止靠着单一的学科作用，而是需要综合考量各学科之间的交叉影响。

再如，DRIA亚洲弹性设计竞赛则要求参赛队伍探索如何通过建设行为，在城市和建筑两个尺度上提供前瞻性的应灾策略措施。这也要求参赛的同学需要拓展思考的广度，通过更大范围的思考，应用多学科的策略来应对当前全球化背景下的气候与城市问题。参与竞赛的同学甚至需要短时间内涉猎有关区域规划、水利、社区营造等多方面的知识，这也是成为一名合格建筑师所必备的素养。

4.3 国际交流不足的问题

课程设置充分考虑国际交流在建筑设计教学中的作用，通过与其他国家和地区的学生、老师进行设计与教学的合作交流，可以有效的开拓学生视野，弥补教学上的局限与不足。国际竞赛的辅助教学则是非常好的国际合作契机。

在2018年中国国际太阳能竞赛中，华南理工大学与意大利都灵理工大学组成中意联队，学生们在参赛过程中需要与意方充分沟通，了解最先进的国际技术。双方可以在充分交流的基础上发挥各自的学科强项优势，共同建造优秀的绿色住宅。而DRIA亚洲弹性设计竞赛的开展，则从另一个方面拓展了学生的视野。无论是前期的调研设计还是后期的方案汇报，都给学生提供了一个认识周边世界的契机和视角。来自不同国家和地区的高校学生，共同针对同一地区进行深入设计，汇报中产生的交流与碰撞给学生们带来的机遇与视野不容小觑。

在此基础上，创新的课程与教学实践不仅让学生巩固了所学的基础知识，养成良好的学习方法，并且能够更加深入的了解绿色建筑的作用与设计思路，弥补了传统教学中的缺失和不足。

5 绿色建筑课程实施的成绩

通过绿色建筑专门化基础课程的学习和结合竞赛的专门化学习，课程研究团队取得了丰硕的研究成果。

在2013年的第一届中国国际太阳能十项全能竞赛中，以建筑学院本科四、五年级同学为主要参赛队员的华南理工大学赛队，取得了总成绩第二名的好成绩，也是当时中国赛队在此项赛事中的最好成绩。

2018年第二届中国国际太阳能十项全能竞赛刚刚在山东德州落下帷幕。此时，绿色建筑课程已经系统实施了两年。华南理工大学与来自意大利的都灵理工大学组成联队参赛。这次，设计团队将目光投向高速发展的城市，经过两年多的精心设计，推出竞赛作品“长屋计划”。最终，华南理工大学与都灵理工大学联队获得了总成绩冠军；在10个单项中，获得包括工程设计、创新能力、舒适度等在内的竞赛4项第一，3项第二，1项第三。

结语：绿色建筑教学课程未来发展任重道远

目前，节能与可持续建筑是一个具有重大意义的研究课题，绿色建筑设计思维已经成为建筑师的必备素养。“结合国际竞赛的绿色建筑专门化课程的创新实践研究”对培养学生们的绿色建筑综合实践能力意义重大而深远。

陈瑾羲[1]　郭廖辉[2]
1. 清华大学建筑学院建筑系；chenjinxi@tsinghua. edu. cn
2. 弗朗西斯卡·托佐建筑工作室；atelierliaohuiguo@gmail. com
Chen Jinxi[1]　Guo Liaohui[2]
1. School of Architecture，Tsinghua University；
2. Francesca Torzo Architects

以 1：20 案例模型制作为媒介的建造认知和空间感知
——清华一年级模型工作坊教学*

Recognition of Architectural Construction and Spacethrough the Media of 1：20 Case Model Making
——TsinghuaFirst Year ModelMaking Workshop

摘　要：建造认知和空间感知是一年级设计入门教学的重要内容，以模型制作为媒介可以很好地实现上述目的。在清华一年级设计课中开展模型工作坊，通过 1：20 的卒姆托莱斯住宅模型制作及其空间观察，获得建造认知和空间感知。
关键词：建造认知；空间感知；模型媒介；一年级设计入门教学
Abstract：Recognition of architectural construction and spaceare important contents of the teaching of the first year architectural design basics. Model making is a good media to serve such purposes. In 2017 a model making workshop was operated in Tsinghua. Through the 1：20 physical model making of Zumthor' s Oberhaus in Leis，the notion of constructionand space can be better understood by the first year students.
Keywords：Recognition of construction；Recognition of space；Model making as media；Architectural design basics

1　一年级建造认知和空间感知教学

一年级建筑设计入门教学面向的是零基础的学生，教学要涉及建筑的基本认知和传递[1]。建造和空间是建筑认知的基本内容，已成为当下各个院校一年级教学的重要内容。2017 年专指委评选的 7 份一年级优秀教案中，"建构"和"空间构成"关键词各被提及 6 频次[2]。除了认知类内容的增加，重视动手能力也成为一年级教改发展的方向之一，模型作为有效的媒介在教学中起到了极其明显的作用[3]。

1.1　建造认知

以建造认知为目的的教学，强调根据材料动手制作，完成足尺实物或者模型的搭建。在设计入门的初始阶段，建造认知往往采用具身感知的门径[4]与空间感知相联系；继而在设计教学过程中与设计训练相融合；在一年级结束阶段，以建造节的形式进行实物设计建造，既是庆典，也是教学检验。

建造认知融合空间感知的如南京大学的"身体与空间"、深圳大学的"1 比 1 空间体验——人体测量与仪器制作"教学（2016 年合肥专指委优秀教案展览）。通

*清华大学本科教学改革项目：世界一流建筑院校"建筑设计"系列课程研究（ZY01-2）；清华大学本科教学改革项目："建筑设计一（1）"课程教学结构流程与方法创新研究（ZY01-1）。

过身体穿戴设备的制作，使学生感知材料，了解搭建方式，同时经由身体和行为获得空间感知。国外如苏黎世联邦理工学院的“手套”、“帽子”，康奈尔“供人活动和感知的空间装置”制作教学，也是此类教学的典范。在建筑设计训练中融合建造认知的如湖南大学的“亭”、厦门大学的“木构营造”教学等[3]。设计训练基于材料特性展开，并需综合考虑空间、形式等因素。在一年级末专门设置建造节的院校有清华大学、东南大学、同济大学等。清华在暑期单独设置了“体验式建造课程实践”，同济开展“纸板建造节”，东南开展“竹构建造设计联合教学”。

1.2 空间感知

除了上文提到从身体出发结合建造获得空间感知的教学，传统的空间感知教学常包含在空间构成训练中，相对抽象。先是通过对虚空的空间体量的表述获得空间认知，而后通过对限定空间的要素操作启动构成设计。如香港中文大学一年级教学中曾设置的“单元”（Unit）训练，学生在集装箱内部布置体块家具，“……将家具和空间（虚空）的部分同时用两种颜色的实体来表达。如此来帮助学生认识到原来虚空的部分也是有具体的形状的”[6]。同样在港中文的建构实验课程中，设计发展时，要素和空间模型都得到呈现，“要素和空间表达为实体与虚空的互换”[7]。

近年来，通过要素与材料关联，空间构成转向与建造结合的空间设计。空间认知也不再抽象，而是强调感知。如东南大学的要素操作和空间设计训练中，空间观察与感知是重要的步骤。又如浙江大学“从‘立方体’到‘立方体’”的教学，对于板片要素规定采用瓦楞纸板制作一个坐具，杆件要素采用木杆制作一个展架，体块要素采用石膏浇铸一个空间容器。教案指出：“建筑艺术的核心是优美地建造实现，而非优美的形式”。还有北方工业大学“基于营造体验的一年级设计课教学”，板片、体块、杆件的要素划分基础依稀可辨，6个训练单元按照不同要素的典型材料被命名为“纸板造、石膏造、木造、聚苯造、铁丝造、综合造”。基于材料的建造认知被提到了空间设计教学中更为主导的位置。

1.3 模型媒介

模型作为有效的媒介在建造认知和空间感知的教学中都得到强调。建造认知本就强调使用材料动手搭建，在可能的情况下要求足尺实物作为训练成果，条件受限时制作一定比例的模型代替。因此在设计训练过程中，模型也是最直接的媒介。如湖南大学的“亭”、厦门大学的“木构营造”教学，教案均强调采用模型作为设计推敲和表现的媒介。又如清华、同济、东南的建造庆典，设计发展均使用方案模型，更大比例的模型被用来推敲细部，确认实物建造的可行性。不同比例的模型媒介适用于不同的设计和表现内容。

在空间感知教学中，模型也是要素操作、空间观察的有效媒介。如东南大学在一年级教学中强调通过模型操作启动设计，继而观察模型空间，并用手绘透视表达空间感知。反复操作模型、感知空间，将感知反馈于模型操作，获得设计结果。设计从抽象向具体过渡时，模型更是重要媒介。如港中文的建构实验课程中，材料和建造是概念和抽象之后的训练环节。通过模型材料的区分、1：20局部模型的制作，完善原有的建构意图，或者创造更为复杂的空间和形式秩序。近年来与建造相结合的空间设计教学，越发注重模型媒介的使用。如浙江大学的“立方体”、北京工业大学的“营造体验”教学，教案都明确规定模型作为设计发展的媒介。以石膏容器为例，教案写明要先借助纸板制作方案模型，再制作模具，最后才用石膏浇铸成品。

2 清华模型工作坊教学

前文对各院校的分析表明，建造认知和空间感知是当下一年级教学的重要内容，模型是有效的教学媒介。有必要在清华一年级强化以模型为媒介的建造认知和空间感知教学。尝试在现有框架下，增设模型工作坊。通过大比例尺案例模型的制作获得建造认知，通过观察和记录模型空间获得空间感知。

2.1 教学预设

模型工作坊的教学预设要明确时间、案例、制作比例3个要点。在一年级适宜的时间节点开展工作坊教学，采用合适的案例，制作恰当比例的模型，才能更好地达成教学目的。

在时间方面，工作坊的设立要能较好地衔接前后的设计课程教学，并能适应清华一年级的既有教学框架。当下一年级的第一学期为“空间形态构成”和“空间单元设计”两个训练，第二学期开始小型单体建筑的设计训练。因此，在第一学期后、第二学期初设置工作坊应是恰当时机。此时的一年级学生已有基本的空间、尺度、形式概念，在进行单体建筑设计之前，增进对建造和空间的切身理解，将为后续训练打下良好基础，也对学生建筑观的形成大有助益。此外，既有教学框架在第二学期设计课初期本就设有案例分析的环节，正好利用此环节，通过工作坊深入学习案例的建造和空间。

案例的选取要能适于本阶段建造认知和空间感知的教学，因而要满足如下3个条件。(1) 建造具有特色，发挥了材料的特点。(2) 空间的设计可读，空间的大小、主次、结构等可被感知。(3) 规模和复杂程度适中，可在2周内由一年级学生完成模型制作并进行分析。

工作坊选择卒姆托（Peter Zumthor）的莱斯住宅（Oberhus，Leis）作为案例对象。莱斯住宅位于瑞士瓦尔斯（Vals），采用实木建造。建造发挥了木材的特点，墙壁由11cm宽、20cm高的木条叠落而成。上下交接采用榫卯的做法，由工人在现场使用锤子敲入固定。转角也采用了不同种类的榫卯交接。建筑的所有构件，包括预留榫头和卯口的实木和其他构件都是在设计中确定，在工厂预制，运到现场组装。建造是莱斯住宅设计中的决定性因素之一。其次，莱斯住宅空间的大小、主次、结构清晰，适于感知。住宅平面由一些不同尺寸和形状的木盒子呈线性排布在交通空间两侧。这些小木盒子为楼梯间、卫生间等辅助用房，同时作为结构承重，较为封闭。盒子之间因此能够产生大开间的空间，采用大的开窗，用作起居、卧室等主要空间。封闭和开敞的空间交替产生节奏变化，带来移步易景的体验。最后，住宅面积200多m^2，是建筑师自宅，与清华一年级最后一个设计题目“艺术家自宅”的规模和类型相近。分析莱斯住宅对后续设计训练具有直接参考价值。

图1　莱斯住宅（图片来源：陈瑾羲拍摄）

模型制作的比例同样需要考虑建造认知和空间认知的教学目的。通常认为1：20以及更大的比例适于探讨建造的内容。如港中文的建构实验课程，在建造环节采用1：20的局部模型为媒介，探讨建造如何实现建构的意图。天津大学曾尝试搭建1：1的巴塞罗那展览馆，让学生获得全过程的建造体验，但是面临尺度太大带来施工难度高、成本高、临时建筑审批等问题[8]。借鉴其他院校的经验，工作坊选定1：20作为案例模型制作的

图2　莱斯住宅（图片来源：陈瑾羲拍摄）

比例，既能实现建造认知的目的，又能避免相应问题。此外，空间感知需要完整案例模型进行空间观察，仅仅制作局部模型无法满足，因而确定制作1：20完整的莱斯住宅建筑模型。局部墙身、家具坐具模型采用1：5的比例。

2.2　操作过程

2017年2月20日至3月3日，模型工作坊开展了为期10个工作日的教学。学生制作了1个1：20的莱斯住宅建筑模型，1个1：5的局部墙身模型和1组1：5的家具坐具模型，并对模型空间进行了观察和感知。工作坊的教学过程分为5个阶段。分别为：(1) 读图识图，(2) 模型制作，(3) 模型拼装，(4) 空间观察，(5) 评图和展览。

第一阶段是读图识图阶段，为期2天。此阶段由老师带领，指导同学阅读莱斯住宅的1：20平面、立面和剖面图纸，讲解图纸媒介包含的设计信息。这是一年级学生首次接触1：20的建筑图纸。通过读图识图，学生了解了莱斯住宅的空间布局、木材的搭建方式，为下一步模型制作做好准备。

第二阶段为模型制作，为期5天。将10个学生分成3个小组，每组3～4人，分别搭建莱斯住宅的3个楼层。屋顶和场地由各组共同制作。经过前一阶段的读图识图，学生基本能够自行解读设计信息，根据图纸定位，切割材料。在学生制作的过程中，讲解实际建造的方法和过程，同时手把手地传授通过模型材料表现建筑材料、模型制作模拟实际效果的方法。通过施工现场般

图 3　模型制作与拼装（图片来源：学生拍摄）

的，在老师傅的协调下根据建筑师的图纸搭建房子的模拟体验，学生感知了材料，认知了建造。

第三阶段为模型拼装阶段，为期 2 天。各组在完成各层模型的制作后，将分层模型、屋顶和场地拼装在一起，完成整体模型的固定。已预计到学生制作存在误差，模型无法一次对接，因而预留了模型修改的时间，指导学生调整并重新制作部分模型，才完成了最终模型的整合。经此阶段，学生加深了对建造过程和结果的理解，认识到建筑是一项需要团体协作完成的综合工程。

第四阶段为空间感知，为期 2 天。完成案例模型后，指导学生将各自的身体模型放入建筑模型中，根据空间以及内部家具的布置，将身体模型摆出坐、站、看等相应动作。通过想象身体在案例空间中的行为和动作，学生产生了一定的代入感。再去观察模型空间，体验在空间中连续行走和活动的感觉，并用相机拍照进行记录。同时将模型照片与实景照片进行对照，获得更为具体的空间感知。

第五阶段为评图和展览阶段。在工作坊最后 1 天进行评图，邀请建筑系老师参加评图。学生介绍了模型制作的过程，陈述了对案例建造的认识，并分析了案例的

图 4　模型观察（图片来源：学生拍摄）

图 5　模型照片与实景照片对照

图 6　评图

空间设计。评图老师进行了点评。随后，案例模型在系馆进行了为期 1 周的展览。

3　结语

从后续教学来看，参加过工作坊的同学在建筑设计训练中对建造和空间的概念具有更为清晰的理解，设计

更加具体，采用模型媒介发展和表现设计的技法也更为熟练。应该说，模型工作坊的教学达到了建造认知和空间感知的目的。通过莱斯住宅 1：20 的建筑模型制作，1：5 的墙身和家具模型制作，以及空间观察和体验模拟，学生初步认知了木材建造的方式和过程，感知了空间设计与空间体验之间的联系，体会到建造、空间和形式之间相互自洽的关系。但此次工作坊教学时间仍嫌不足，模型制作工作量较大，后期空间分析时间紧张。这都有待在后续教学优化过程中继续探讨。

参考文献

[1] 胡滨. 面向身体的教学——本科一年级上学期建筑设计基础课研究 [J]. 建筑学报，2013 (9)：80-85.

[2] 薛春霖. 看图记——2017 专指委年会优秀教学成果展探析 [J]. 建筑学报，2018 (05)：47-50.

[3] 王洪海，隋杰礼. 一年级教学内容及改革发展方向研究——2013 年全国高等学校建筑学专业优秀教案及教学成果比较分析 [J]. 装饰，2014 (4)：112-113.

[4] 陈瑾羲. “抽象操作”和“具身感知”两门径在建筑设计入门教学中的运用——清华本科一年级上学期教学探索 [C] //全国高等学校建筑学学科专业指导委员会. 2017 全国建筑教育学术研讨会论文集. 北京：中国建筑工业出版社，2017：492-496.

[5] 顾大庆，柏庭卫. 建筑设计入门 [M]. 北京：中国建筑工业出版社，2010：129.

[6] 顾大庆. 空间、建构与设计 [M]. 北京：中国建筑工业出版社，2011：55.

[7] 宋昆，胡一可. 建造札记：一次全过程的建造体验 [J]. 中国建筑教育，2016 (3)：5-17.

柏春　李玲　项浚
上海大学上海美术学院建筑系；bc19977@163. com
Bai Chun　Li Ling　Xiang Jun
Department of architecture，Shanghai Academy of Fine Arts，Shanghai University

体验感知与空间操作

——以空间为主线双向切入的小型建筑设计教学尝试

Experience Perception and Space Operation

—Teaching Attempt of Small Architectural Design with Space as Main Line and Two Way Cut in

摘　要：小型建筑设计是建筑设计初步课程与课程设计之间的过渡教学环节，是学生进入专业学习后的第一个真正意义上的建筑设计，其题目的设定、教学过程的组织模式对于最终的教学效果有非常大的影响。在教学中我们尝试以空间为主线，引导学生通过体验感知（透视图、视频）与空间操作（空间构成模型）的手段，从具象与抽象两个不同方向切入、推进设计。在教学组织上，依据设计过程的内在逻辑设定相互关联的系列教学单元，分阶段控制教学，使学生在一种有序的学习过程中完成教学任务。

关键词：体验感知；空间操作；双向切入；小型建筑设计教学

Abstract：The small architecture design is the transitional teaching link between the preliminary curriculum and the curriculum design of the architectural design. It is the first real meaning of the architectural design after the students enter the professional study. The setting of the title and the organization mode of the teaching process have a great influence on the final teaching effect. In the teaching，we try to use space as the main line to guide students through the experience perception（perspective，video）and space operation（spatial model）means，from the concrete and abstract two different directions to cut into the design. In the teaching organization，according to the internal logic of the design process，set up a series of interrelated teaching units，and control the teaching in stages，so that the students can complete the teaching task in an orderlylearning process.

Keywords：Experience perception；Space operation；Two-way cut in；Teaching of small architecture design

1　引言

建筑设计初步课程的最后教学阶段，通常会安排一个小型建筑设计训练课题，其目的首先是将前一阶段学习掌握的各种基本设计表达、表现技能进行综合的运用，其次是通过一个简单的小型建筑设计，使学生了解建筑设计思维的基本特点、建筑设计的一般过程，学习基本的建筑设计方法。这一训练单元要在基础训练与课程设计之间起到承前启后的作用，同时往往教学时间又比较短，因而课题内容的设定与教学过程组织显得尤为重要。

一般的教学方式多是从基地与功能入手，通过草图研究、确定总图布局关系。然后再依据设计任务书，利用功能泡泡图以及平面草图研究内部功能布局与交通流线组织，并进行结构布置，基本确定建筑的各层平面。再从二维生成三维，对建筑的形体关系进行调整、优化，完成剖面、立面设计。在设计的过程中，虽然也会引导学生利用剖面图、室内透视图或者工作模型（包括SU模型）对一些主要的内部空间进行推敲和细化设计，但是多属于在前面确定好的“功能框架”下的局部“修补”。

概括来讲，这种单纯从功能出发的教学方式存在着如下的一些问题：

(1) 空间作为现代建筑设计的核心问题，在这种教学方式中被置后考虑，甚至是被忽视。学生在设计过程中，注意力更多地被引向排布功能关系，甚至是设计规范的讨论，以及对平面形式构图、建筑立面构图的过分关注上。

(2) 往往会成为一个缩小、简化版的课程设计，教学方式并没有应对这一阶段学生的能力特点，同时训练的重点不明确、不深入。

(3) 对于初学者来说，二维与三维的转化能力较弱，空间想象力尚有不足，从相对抽象的平面图示以及平面图开始进入设计，往往较难入手。

(4) 设计概念的获得与呈现并非直接从空间入手，往往会造成概念与真实空间体验的脱节，容易使得设计概念流于空泛，无法深入落地。

2 以空间为主线，体验感知与空间操作的双向切入

2.1 空间作为建筑学基础训练的核心要素

空间从20世纪初现代主义运动以来，逐步成为建筑学的核心话题之一。空间与形式语言的训练，对于建筑学的初学者来说十分重要，是今后专业学习与设计实践的基础。通过学习，不仅要求学生具有良好的三维空间想象力与空间品质的评判能力，还要求学生能够运用空间形式语言塑造场所，传达抽象设计概念。

空间与实体，虚实相生，在空间操作训练中，学生借助模型，通过对实体要素（如板、杆件、体等）的操作，完成对空间的有目的地塑造。这种训练方法形象具体，学生可以通过模型或图纸（轴测图、透视图等），直观的观察、评判自己的空间设计效果，并方便及时做出调整。

空间训练直接进入到建筑设计的本质，回应建筑设计的根本目的，同时空间也更容易将其他设计要素（如功能、结构、建造、场地等）串联起来，成为一个整体响应设计的需求。在教学中，避免了初学者由于经验不足，难以协调错综复杂的要素之间的相互制约关系，而导致的设计方案的反复。

2.2 空间感知与空间操作的双向并行

空间限定，作为一种有效的空间操作训练方法，如今已被广泛运用在国内外建筑院校的设计基础教育中。空间限定将组成建筑空间的物质要素抽象、概括成点线面体等基本形式要素，通过一系列操作手段，对这些基本要素进行组合，完成空间领域的设定，进而形成多样的空间形式。当然空间限定训练也具有自身的局限性，例如过于抽象，往往会偏重形式构成，不能很好回应人的真实空间体验以及空间形成方式的多样性等。

空间感知是指建筑空间给予其内部使用者的真实视觉、身体与心理感受，是以人眼的角度去阅读与理解空间的。在设计过程中，多用透视图或大比例的模型等方式，进行表达、校验，这与以小比例模型、轴测图为主要表现方式的空间限定有很大的区别。

在教学过程中，我们希望从空间感知与空间限定两个方向，共同切入到“空间引入”这一教学训练主题。开始阶段，利用空间限定的教学方法，学生通过模型进行空间的直观操作，便于梳理整体关系，也有利于学生快速进入设计状态。在若干教学节点加入空间感知评判，要求学生利用透视图、大比例模型以及视频等方式，对设计的阶段性成果进行展示、分析，强调表现人眼所观察到的、身体所体验到的真实空间状况，特别是空间的尺度、氛围。力图建立抽象空间构成与实际空间感知之间的及时联系，为空间的深化设计与调整提供依据[1]。如图1所示，在叙事空间设计阶段要求学生绘制系列空间透视，每图配以文字，从空间感知的角度将设计概念进行直观陈述。

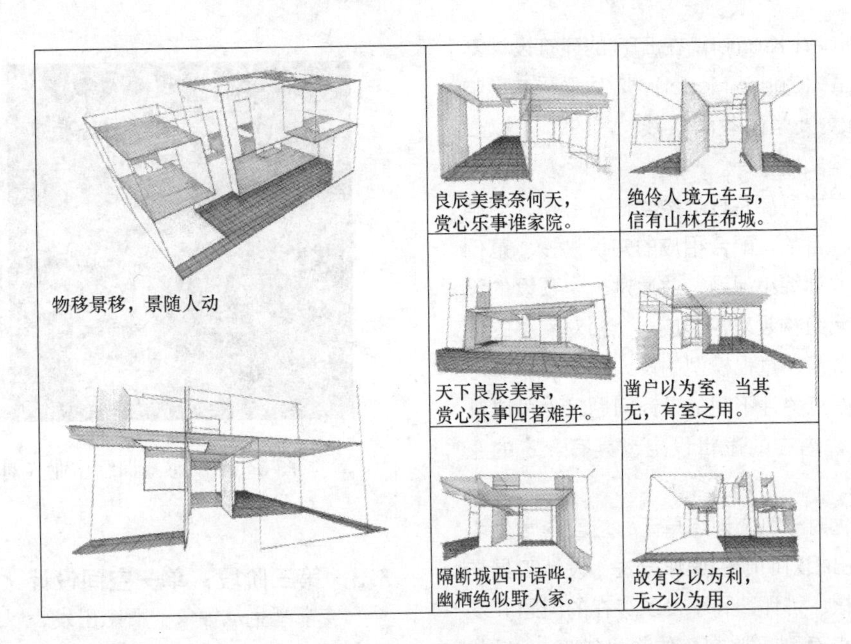

图 1　配以文字叙述的系列空间透视（龚博文绘制）

2.3　立方体——空间操作的原型

将“立方体”（Cube-problem）作为一个空间操作原型引入建筑学的基础训练，最早是从 20 世纪 60 年代约翰·海杜克（John Heiduck）在库珀联盟的教学实验[2]开始的。这种训练方法，学生通过动手操作，可以直观地理解建筑空间、学习空间形式塑造的方法，同时也将建筑学很多基本问题浓缩到一个便于操作、理解、讨论的框架内，便于教师组织教学。

从空间操作引入设计，对于欠缺经验的初学者容易出现如下的情况：设计概念以及空间组织都很精彩，两者之间也有很好的呼应，但在转换成有具体功能使用要求的小型建筑时，有时会出现困难（如基本的功能流线不合理，结构不合理），导致要对原有的空间架构进行大的修改甚至推翻原有的设计想法。基于此，我们在课题设计上预先给定基本的体量（即包括实际的功能体块也包括未来转换成公共空间的“虚体块”）与构件、控制网格（正交网格，对应框架或墙体承重体系）、以及组合布置的基本规则（保证基本的功能、结构合理性）。学生在空间操作的开始阶段，结合自己的概念与给定规则，利用路径（同时也是空间叙事的时间轴）首先对这些体量（还包括无法用明确体量定义的“虚空”）进行空间的布局研究，然后再将“虚体块”打开（体转换成面，并引入杆件等参与空间限定的构件），与虚空以及功能体量的界面一起进行进一步的空间深入设计。重点研究随时间路径展开的空间组合、联结关系，空间形式特征以及界面与氛围处理等，进而完成空间叙事（图 2）。

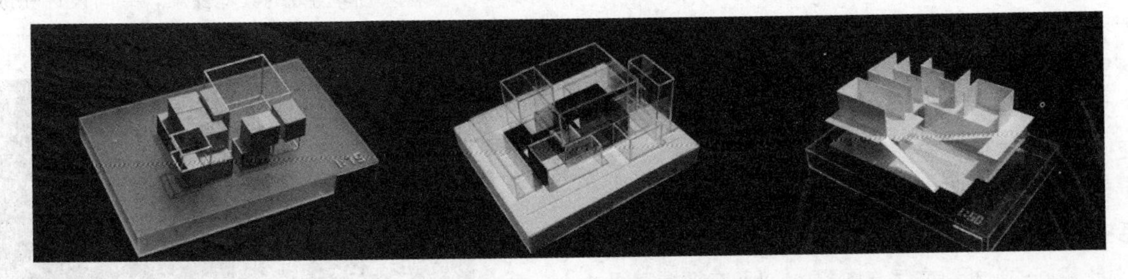

图 2　结合路径设定的空间体量布局研究

3　模块化教学组织

虽然建筑设计的过程不可能被简单的划分成几个明确的阶段，但在设计教学中（尤其是基础教学阶段），可以依照设计的内在逻辑，组织若干相互衔接的训练单元，有利于明确教学任务，建立有序可控的教学过程组织，形成一个预设的设计过程。有代表性的包括 20 世纪中后期伯纳德·赫斯利（Bernhard Hoesli）以及赫尔伯特·克莱默（Herbert Kramel）在ETH的建筑设计基础教学的苏黎世模式（Zurich Model）[3]，以及受其影响的顾大庆在香港中文大学的教学实践[4]，1990年以后东南大学的基础教学实践[5]等。

这种教学组织方式需要将设计教学任务分解，明确各阶段的训练重点、目的，配合相应的知识讲授、范例分析以及设计相应的训练小课题，并通过一个预设的设计过程模型将各单元组构起来，形成一个相对完整的设计逻辑。当然，这个设计过程模型的设计是教师教学中的核心问题，可以重点关注不同的设计问题，也可以从不同的侧重点引入，内在的逻辑设定也具有一定的主观性。

在教学过程中，对于每个训练单元，应当向学生明确设计任务，并给出相对明晰的操作方法、设计工具与手段，及时进行考核、讲评，利于发现存在的问题并及时做出调整。这不仅有利于控制整体教学进度、过程，保证教学效果，同时也是在引导学生认识建筑设计的过程性特征，学习设计深入推进的方法，进而形成良好的设计习惯。

在具体教学中，我们将整个教学分成五个阶段：

3.1 第一阶段：课程准备

在教学的开始阶段，推荐学生阅读相关的理论著作，为课程训练做好知识准备。首先是关于建筑空间的基本认知，推荐布鲁诺·赛维（BrunoZevi）的《建筑空间论——如何品评建筑》以及布莱恩·劳森的《空间语言》；其次是关于空间的形式操作，推荐程大锦的《建筑：形式空间和秩序》；最后是扩展阅读柯林·罗的《透明性》，为空间复杂形式关系的操作作好理论准备。

3.2 第二阶段：空间感知

要求学生实地调研一处有特点的建筑空间，感知、体验该空间的氛围，用1～2个关键词以及200字以内的诗意文字对空间的特质进行概括与描述，同时利用草图对空间进行一定的分析，包括形式构成、空间尺度、光影肌理等，探寻这种空间氛围形成的原因。完成的成果包括空间摄影作品、空间再现与描述（钢笔线条透视）、对于空间的分析（文字与图解）、以及在把握空间特质基础上的一幅关于该空间的抽象绘画（只有尺寸规格要求，表现手段不限），要求能够回应对于该空间特质的定义（图3）。这一训练试图将空间在直观形象（照片、透视图）、描述（文字、抽象绘画）与学生的身体感知之间建立一种联系。

图3 空间感知训练作业（刘心悦绘制）

3.3 第三阶段：单一空间设计

要求学生从抽象的概念出发，以给定的立方体原型为操作对象，依据一定的规则进行空间操作，灵活运用各种空间形式语汇，完成一个单一空间塑造。最后的设计成果包括：空间操作的过程模型以及成果模型、内部空间展示（视频或透视绘图）、空间的构成分析（轴测图及图解），设计概念与说明。

从概念、问题引入设计，是实现建筑设计创新非常重要的途径。本单元教学训练要求学生从其他艺术门类（如电影、绘画、音乐等）经典作品的分析中获得自己的设计灵感与设计概念，并以关键词的方式固定下来。对于所分析的经典作品，要求学生不仅从中获得设计概念，还要学习、借鉴该作品的形式构成语汇。

围绕单一空间操作训练，将空间限定的基本知识以及操作方法作详细介绍，学生学习如何通过点、线、面、体等抽象形式语汇以及分隔、抬升、拉伸、偏离、设立等手法进行空间限定。学习如何利用开口、光线、材料、肌理等空间构成的其他要素，共同设计完成所需要的空间氛围（图4）。

图4 单一空间设计作业

3.4 第四阶段：叙事空间设计

在完成单一空间设计的基础上，进行建筑多空间组合的训练，为最终向一个供使用的建筑转化建构一个基本空间框架。建筑多空间组合形式的生成逻辑有很多种（如功能逻辑、场地逻辑等），我们选择以空间叙事性作为线索是基于以下两点考虑：一是空间叙事性更容易与直观的空间场景建立关联，便于初学者利用模型进行设计操作；二是叙事性本身就具有一定的概念性，容易使得学生的概念更好落实到具体设计中。

主要的训练内容与要点包括：

（1）结合一些经典案例讲解建筑多空间组合的基本形式与构成方法，讲解建筑空间的时间性问题与空间叙事性。补充介绍文学、电影中的叙事性手法，特别是蒙太奇手法在电影创作中的应用。

（2）要求学生根据设计概念，设定空间叙事结构，通过绘制空间场景脚本的方法进行表述。

（3）通过路径设定（时间轴的建立），以及对给定的体块单元与构件的组合布局与空间操作，将上一阶段的空间场景脚本落实。

（4）对重点空间以及空间与空间之间的联结关系进行深入设计，使空间氛围、空间动态感知与空间的叙事概念更好契合（图5）。

（5）通过制作空间的游走视频以及序列空间绘图（要求对每一空间场景用诗意的文字进行概括与描述）的方式，对所设计的叙事空间进行概念验证与成果展示。

图5　叙事空间设计模型成果

3.5 第五阶段：艺术家工作室设计

通过完成上面的训练，这时学生已经获得了一个基本的空间架构，这个空间架构所呈现的叙事性以及重要空间的氛围，已经能够很好回应最初的设计概念。由于教学给定的形式操作原型以及操作规则，隐含了艺术家工作室基本的功能与结构逻辑，因而学生在向小型建筑设计转化的过程中，较少会出现由于结构限制或功能流线的不合理，导致整体方案被推翻的情况（图6）。

图6　3～4组单体组合放置在实际的基地上

4 作业点评

这组同学在单一空间设计阶段的题目是："或许"——光影与纵横，灵感来源于塞尔维亚艺术家 Marina Abramovice 的作品《Artist is present》，她在 MOMA 现场静坐了 16 小时，与 1500 名陌生人对视，岿然不动。最终有人不期而至，她与他相视，落泪微笑，那人便是她的灵魂伴侣 Ulay。假若他日相逢，我将何以贺你？是沉默，是流泪（图7）。

在具体空间操作上，利用两个错落的体块象征两个错过的人，有交集但最后是纵横不可期，豁口是曾经紧合的心窗，但最终交错。光在空间所留下的影，则最终汇合在一起，或许曾经有过彼此的痕迹。

图7　单一空间设计作业——或许

叙事空间设计，她们延续了上一阶段的概念，并从电影《返老还童》的主题以及叙事结构中获得启发，进一步发展了自己的想法。这部电影讲述了本杰明·巴顿违背自然规律，以老人的形象降临人世，逆生长的生命轨迹。电影描述了一段“对的人，要在对的时间相遇”的美好爱情，这段奇幻旅程是战时人们对于时光逆流的期冀，愿苦痛归于单纯，愿一切归于伊始。

落实到具体设计中，她们通过交错的体块营造内部光线的单纯邂逅，路径的设定给出了不同一般的叙事结构，一侧上升的阶梯只有特定的时刻才能窥见，代表的是一种寻觅；另一侧追溯内部的光线落在阶梯，豁然开朗的是平坦的外廊。沿路径展开的两个不同空间序列，在建筑的中心位置融合、交错——她是他的观察者，最终他与她在转角处终于相遇。空间的游走路径俯视呈现e字形，是结局（Ending）还是永恒（Etemal），归于观者的寄托（图8）。

图8　叙事空间设计成果（蔡家怡陈娟陈心如姚迪）

5　结语

建筑设计是一个多要素相互制约的创新过程，单一要素可以作为设计的切入点，作为核心概念的依托，但要完成一个整体设计，必须还要综合考虑多个要素的相互制约（结构、场地、建造等），协调各种设计限制、要求，对设计任务给出综合的响应，这是在这种教学方式中我们必须向学生明确的。同时也要让学生了解，在建筑设计不可能是简单线性发展的，或者能够被清晰地划分出几个阶段，必然有混沌、焦灼、反复的过程，而目前这种阶段划分更多是为满足教学的需要。

另外在这种教学方式中，教师给出一定的“游戏规则”，包括空间操作的原型、框架，确实有利于对初学者进行有目的的引导、控制，以突出教学训练的重点，避免出现不可控的“走弯路”，但如何又能够不限制学生的想象力发挥，以及避免认识的片面化，是我们今后在教学中需要进一步思考的。

参考文献

［1］ 顾大庆．建筑空间知觉的研究——一种基于画面分析的方法［J］．世界建筑导报，2013 39～41.

［2］ 朱雷．“德州骑警”与“九宫格”教学的发展［J］．建筑师，2007：40～49.

［3］ 吉国华．“苏黎世模式”——瑞士ETH-Z建筑基础教学的思路与方法［J］．建筑师 2000：77～79.

［4］ 顾大庆，柏庭卫著．空间、建构与设计［M］．北京：中国建筑工业出版社，2011.

［5］ 龚恺．东南大学建筑学院建筑系一年级设计教学研究——设计的启蒙［M］．北京：中国建筑工业出版社，2007.

白丽燕　车靖文
内蒙古工业大学建筑学院；zhangjianzhu2017@suda. edu. cn
Bai Liyan　Che Jingwen
Inner Mongolia University of Technology School of Architecture

体验式艺术教育背景下的建筑学启蒙教研

Architecture Enlightenment Teaching under the Background of Experiential Art Education

摘　要： 建筑学教育是培养一名建筑师的必要过程，建筑学启蒙教育是作为整个培养体系的基础阶段，也是最关键的阶段之一。在经历了建筑学教育九十年的发展历程之后，现行传统的建筑教育方式已现弊端，尤其对于建筑学专业学生的思维逻辑、价值观及方法论方面的问题几乎是忽视的。针对这三方面的问题，提出体验式艺术教育下的建筑学全面启蒙的教学研究，建立并实践了模块化教学体系，意图探索建筑教育改革中建筑启蒙教育的可能途径和方法，以期对我国建筑教育的发展和改革进程贡献可借鉴的价值和意义。

关键词： 思维转换；“成人”教育；体验式艺术教育；模块化教学

Abstract： Architecture education is a necessary process for cultivating an architect. Architecture enlightenment education is one of the basic stages and one of the most critical stages of the entire training system. After 90 years of development in architecture education，There has some disadvantages in the current traditional method of architectural education，especially for the thinking logic，values and methodological aspects of architecture students，which almost have been ignored. Aiming at these three problems，this paper proposes the comprehensive enlightenment teaching research under the experiential art education，establishes and implements the modular teaching system，and intends to explore the possible ways and methods of architectural enlightenment education in the architectural education reform and expect to give some value and significance of the development of education and the contribution of the reform process.

Keywords： Social demand；Architecture education；Architectural design course

1　建筑教育面临的问题

作为建筑学的开启——建筑启蒙教育的重要性毋庸置疑。建筑学启蒙教育应该教给学生什么呢？思考这个问题，可以从建筑学的主体、建筑学的意义和建筑学的方法这三个方面展开探讨。

首先要认识到建筑主体——建筑学专业的学生是来自中国基础教育的理科生这个客观事实，以尊重学生为前提开启建筑学教育。建筑学是综合技术和艺术于一体的学科，所以从一名理科生成为一名建筑学专业的学生的转变，需要进行思维转换。即除了在建筑学延续其理性思维，也要培养感性思维和创造性思维，以完成“建筑作为艺术”的要求。从思维角度上，直面建筑学主体对象最根本、最核心的深层问题，是重新探索建筑教育启蒙的一个重要切入点。维特鲁威认为：“建筑师的知识具备许多学科和种种技艺。以各种技艺完成的一切作品都要依靠这种知识的判断来检查[1]。”因此建筑学专业的学生所建立的知识体系应该具有全面性和整体性的知识基础，也就是说建筑教育需要通识教育。在建筑学启蒙教育中由基础教育向建筑学专业教育的过渡阶段，帮助学生进行思维转换，启发并培养学生的创造力是关键的一步。

其次在建筑学专业的学生从初步接触建筑学时，要有意识地了解“建筑学意义”这一本质问题，树立个人的建筑价值观。“在建筑活动中，价值观念将首先反应在人们对建筑的基本理解和基本价值取向上，因而它构成了建筑创造和批评的基础，不仅直接形成了批评和创造的尺度，也影响着甚至规定着批评、创造的态度与方式[3]”。无论在现或未来建筑行业中，作为建筑行业的主导者——建筑师的价值观和责任心则显得尤为重要。然而，建筑教育中对于建筑师的价值观的培养几乎被忽略了。建筑学的研究者必须是社会学意义上的“成人”。所谓“成人”，是指具备独立心智和社会责任感的人。由于当前的教育弊端导致相当数量的建筑学生实属成年而非“成人”，即使掌握了专业技能也无法成长为具备正确职业价值观的合格从业者。因此，有效地进行艺术教育，培养健全人格，是建筑教育成功的基本保障。成长即涉及“知行观”的培养。中国宋代著名教育家朱熹认为：“知行常相须，如目无足不行，足无目不见。论先后，知为先；论轻重，行为重[4]。”本次提出的以体验式艺术教育为基础的建筑启蒙教育正是强调“行”的重要性。通过对城市、建筑、建筑室内不同尺度层面的建筑空间体验，得到最真实、最直接的感受，以及对建筑学的初步的宏观而全面的认知，反过来对于建筑学知识和设计的学习具有启示和指导意义。

最后，从建筑学的方法论层面上思考建筑启蒙教育是具有实践和操作价值的。一直以来的建筑设计教学采用源于“布扎”体系下的传统师徒制的方式。“布杂”的学生是在“图房”学习设计，主要靠自己的悟性，周期很长，成材率很低。学生靠悟性来领悟老师的意图，不是按照明确的指示做事[5]。给学生造成建筑设计是“只可意会不可言传”的模糊而困惑的形象，甚至对建筑学产生了“只注重美术表现”的错误意识。因此建筑教育的改革就需要改变这一现象，让建筑学变成和“讲理”和“可教”。

本次建筑教学以体验式艺术教育为背景的建筑全面启蒙教育体系，落实到建筑初步的教学课程中是提出了“模块化教学”的教学方法。首先强调运用科学的、成体系的方法在真实的体验过程中认知建筑和城市；其次理解艺术、认知艺术，从现代艺术的角度出发，从可感知、理性的基础理论。最关键是通过一套由概念模型、抽象模型和材料模型的组成的模块化教学体系，将建筑设计变成了一个有原则、有方法、有逻辑的操作过程。这样的建筑教育启蒙中建筑设计不再是不可捉摸的，从一开始就变得“讲理”了。

2 体验式艺术教育

此建筑教育全面启蒙的教学方法所指艺术教育不是为了培养审美体验，也不是为了培养艺术家，而是要使被教育者获得其他课程所不能提供的成长机会，使人富有创造力，心智获得健康发展，从而能够创造并适应未来社会。杜威结合他的“艺术即经验”理论指出，艺术可以指导人们更好地发展自己的经验，从学生个体发展的角度来看艺术的教育价值，可以指导学生向艺术家学习组织经验的能力。同时他还指出，学校应意识到艺术教育同时承担着文化改造的重要使命，从更广阔的视角来理解艺术的内在价值、重视艺术教育的地位[5]。

体验是指实地领会，在实践中认知事物，可以引导被教育者从观察、感受的方式去认知和学习。基于此提出体验式艺术教育具有重要的意义：

第一，体验式艺术教育有助于价值标准的建立：通过体验经历自主判断选择过程中，获得直接感受的同时确立价值观，获得成长。

第二，体验式艺术教育有助于理性精神的培养：从直观的感性认知到理性认知，学会客观的判断和评价。

第三，体验式艺术生活有益于社会责任感的培养：可以创造参与社会生活的机会，并获得完整经验，关注个体自我成长，并随自我成长的客观评价中获得满足感。

通过体验式艺术教育有助于引入参与式的感知过程指导建筑初学者观察环境、空间和场所，感受人与建筑及其环境的关系等，完成从直观体验到理性认知的训练过程。

3 模块化教学

在基于建筑全面启蒙的教学理念，依托于体验式艺术教育的前提背景下，通过将建筑初步与构成理论的结合，最终形成四个模块：艺术构成模块，城市认知模块，空间建构模块和室内外环境模块。

表1

	体验(感性)	认知(理性)
艺术构成模块	形态(平面、立面、色彩)	形态、元素及关联
城市认知模块	城市生活(空间尺度)	形态、生态及关联
空间建构模块	艺术,空间,建构	形态·生活·空间·材料·建构
室内外环境模块	尺度,氛围,质感	人体工程·界面之感·空间氛围

每一个模块既相互联系，又都具有独立发展的可能性。通过模块建构的学习，通过感性感受到理性的表达和思维培养。每个模块都可以单独发展形成实际的建筑单体、建筑群或者建筑室内场所。同时，在每一个模块中都有相应的理论知识的支撑和教学，是一套真正意义上的理论与实践相结合的模块化教学体系。

3.1 艺术构成模块

艺术构成模块引导学生了解现代艺术的发展和意义。第一阶段，通过对经典构成派化作分析和元素选取，由二维到三维的空间转换，完成由平面到立体的演变，引导学生对于形态的立体、平面、色彩构成的基本原理的理解，对形态要素的概念的理解；

第二阶段，对于画作的色彩提取和重构，重新完成一幅个人作品，建立学生对于构成美的欣赏及应用，培养学生在建筑学启蒙阶段的兴趣；

第三阶段，对立体作品的理性的表达，由立体到平面的过程。初步体会在建筑平面绘图中分析作品构成的原理及形式美法则的运用，最终在完成形态要素在空间转换中的解析重构过程中体会形态和元素的关联。

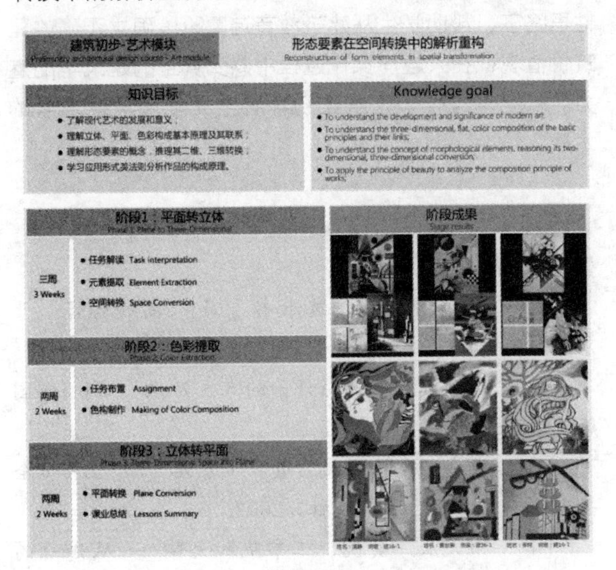

图 1

3.2 城市认知模块

城市认知模块在建筑启蒙教育中是一个新的突破和尝试。首先，在形态构成的训练基础上，通过资料调研和实地调研，让学生们体验城市生活。在第一个艺术模块对于形态有初级的认识基础上，真正感受城市空间、城市尺度。其次，对于城市图底关系的转换来建立对城市空间环境和尺度的基本认知。将城市生活的感性体验融入到建筑学理性的表达方式中，从而掌握和了解城市空间构成要素的认知及基本方法。此外，辅助学习“城市发展史概论”“城市空间概述”等理论知识，认识建筑密度与容积率，形成了城市尺度的模型，加深了对建筑学以及城市空间形态的认知。

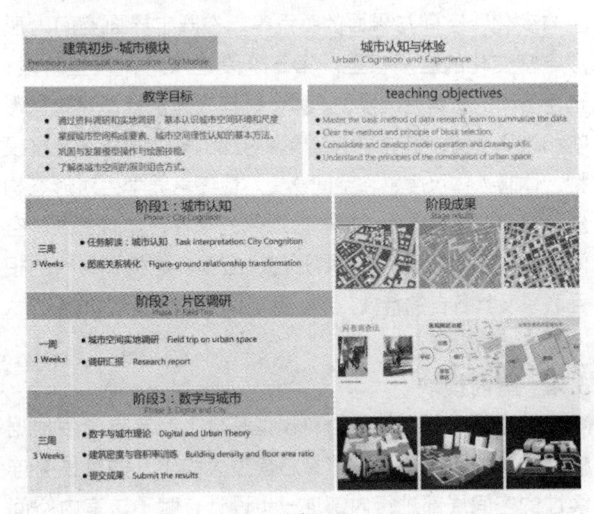

图 2

3.3 空间建构模块

空间建构模块是材料在结构和构造的基础知识的帮助下塑造空间过程，也就是一种由材料得到空间的建构过程。第一阶段，对“纸张”进行动作操作，形成建构空间的概念提取，完成第一步的概念模型。激发和培养学生的空间思维能力与空间尺度意识。同时对模型进行

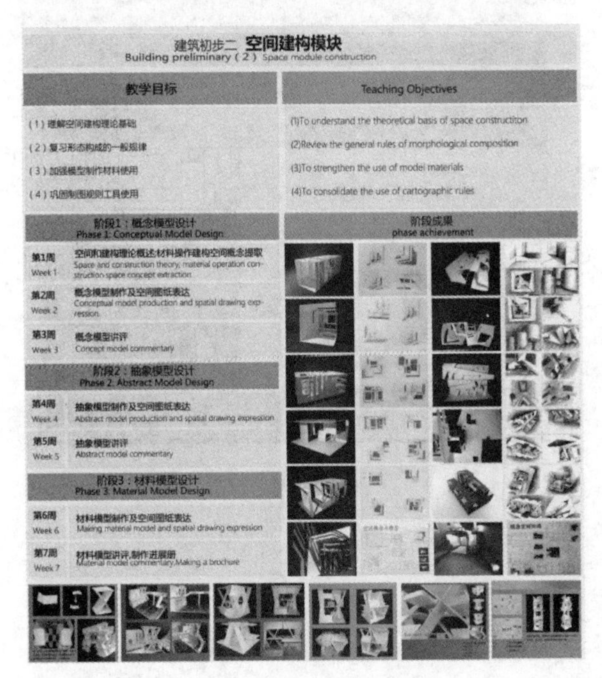

图 3

九宫格素描的方式训练空间的图纸表达能力，进一步完成概念模型设计及表达。第二阶段，由概念模型进入到抽象模型设计阶段，保持与概念模型的相同的动作操作，在界定大小的空间中对概念空间形式的进一步探索，使空间丰富、相互联系、相互渗透，体会空间的产生与变化、空间与界面的关系等。在既定界面空间内形成丰富变化的空间模型。第三阶段进入材料模型阶段，选用不同的材料完成模型。体会材料在建筑模型中如何影响和改变空间，引导学生在模型内部的多方视角来观察模型，体验人体尺度感和空间感受。最终培养学生对形态构成、空间塑造操作手法等一般规律的掌握，体验艺术、空间和构成之间的联系，找寻形态、空间、建构和材料的相互联系及其各自的特性，产生直观切身的体验认知。

3.4 室内模块

在空间建构模块的材料模型基础上，要求学生根据模型本身的空间关系，选择总模型大约 1/3 的且具有连续性的空间局部进行内部进一步设计，赋予该室内空间具体的功能。空间的功能是学生根据其空间的特性、空间品质自由地赋予其功能，如设计师工作室、书吧、餐厅、动态空间（以运动、娱乐、冥想、瑜伽等为主要行为方式为主）、展示空间等。空间可以继续保持原模型

图 4

的组织关系，也可进行丰富细化，体会人在空间中对功能、色彩、尺度、通风、光照、材料、肌理等的需求。在室内模块的操作中，感受材料对于空间营造的影响，以及人在空间中的行为和尺度。同时引导学生们在人体尺度上观察空间、分析空间，最后制作模型进展册。

在最终的学生作业评判中强调对过程的重视，而不是仅仅以最终的模型和图册来评判。将“以最初的操作手法和理念一以贯之，在理性的、逻辑的思维下循序渐进的推演并塑造建筑空间”为主要关注点，引导学生从实际操作的直观体验到理性思维的培养和实现。

4 结语

建筑启蒙教育须让学生基本认识到建筑是什么，建筑学是什么以及建筑师的价值观等本质问题。应该面对学生的真实问题，尊重学生，引导其成为有独立价值观的“成人”，对建筑有自我评判和创作态度。而这套完整的教学方法实现了一次真正的全面启蒙，学生不仅仅是对建筑学的艺术范畴有初步了解，而且从空间、形态、建造、材料诸多层面开始建筑学的学习。希望在理性思路下，帮助学生从建筑教育启蒙阶段确立正确的建筑价值观，在兴趣与操作过程中感受真正的建筑学的魅力。以完整的教学体系让初学者全面地认识建筑学的本质。

参考文献

[1] 维特鲁威．建筑十书［M］．高履泰译．北京：中国建筑工业出版社，1986.

[2] 徐千里．创造与评价的人文尺度［M］．中国建筑工业出版社，2000：54.

[3] 朱熹．朱子语类（壹）·卷九［M］//朱子全书：拾肆．上海古籍出版社，2002.

[4] 顾大庆．美院、工学院和大学——从建筑的渊源谈建筑教育的特色［J］．城市建筑，2015（16）：15-19.

[5] 杜威．艺术即经验［M］．高建平译．北京：商务印书馆，2005.

陈镌
同济大学建筑系；04036@tongji. edu. cn
Chen Juan
School of Architecture，Tongji University

家具空间——整体艺术设计教学的契入点

Furniture Space
——The Breakthrough Point in Teaching of Collective Artwork

摘　要：整体艺术在历史上起起落落，但它对建筑师及其作品的综合要求对于学生而言却大有裨益。本文讨论了在引入家具与建筑的整合设计要求之后，学生作业中表现出的各种整合类型对于空间的影响，及其反映出的设计思维的转变和建筑学意义。

关键词：整体艺术；家具；建筑；整合

Abstract：The collective artwork rose and fell in history，but its comprehensive requirements for architects and their works may have some benefits to students. After introducing the integration design requirements of furniture and architecture，this paper discusses the influence of the various types of integration on the space in the students′ works，and the changes in the design thinking and the significance of architecture.

Keywords：Collective Artwork；Furniture；Architecture；Integration

1849 年理查德·瓦格纳（Richard Wagner）在《未来的艺术作品》(The Artwork of the Future) 中第一次明确提出了“整体艺术”（collective artwork）概念，主张音乐戏剧应该仿照古希腊艺术，成为诗歌、音乐、舞蹈、绘画、建筑等的综合体。实际上，哥特大教堂也实现了所有艺术在神学引领下的整合。但随着文艺复兴人本主义的兴起，整体艺术悄然瓦解了，建筑师开始成为一种独立职业。在现代主义早期及其之前的诸多流派，例如工艺美术运动、包豪斯不仅试图恢复整体艺术，也试图恢复建筑师原先多位一体的身份。但历史潮流却沿着相反方向发展，随着 20 世纪 70 年代室内设计专业的独立，建筑再也不是整体艺术了，建筑领域被细分为建筑、室内、工业造型、结构、设备、施工等诸多专业。这导致当代建筑师设计家具变成了跨界行为。然而，随着中国开始推行建筑师负责制，一方面对于建筑师的综合素质要求更高了，另一方面也使得整体艺术的再次出现成为可能。

因此对于教学而言，在不同专业课程之间、在技术课程与专业课程之间需要适当的整合。然而，中国高校建筑学教育的相关课程设置，目前基本上是按照专业分门别类地进行单独教学，似乎缺少可以整合诸多课程内容的课程，虽然有“设计院实习”“毕业设计”这样的最后环节来试图实现“先放后收”的意图，但对于学生而言这种领悟是否太晚？专业之间的交叉对于彼此的影响，难道在低年级就没有价值吗？越来越多的院校已经注意到这个问题，作为对此的反思和探索，我们尝试在高年级和低年级实现家具与建筑的整合设计。之所以选择家具入手，不仅因为这种整合古今常见，而且家具构造相对简单而且裸露，易懂、易见、易学，从而消除了学生的畏难情绪；对于建筑设计而言，这既是细部设计，又涵盖了材料问题，是设计的深化。

1　四年级的教学

从 2011 年起，我们在四年级下半学期自选题环节进行一学期的长题课程实验——装配式节能建筑设计，试图实现四个方面的整合：节能与建筑设计、装配式与建筑设计、地域主义与建筑设计、地域主义与节能技术的整合，并借助于 Airpak、Ecotect 软件的模拟来验证技术节能的可行性[1]。在设计中，学生发现为了解决自然采光和遮阳的平衡，往往需要对墙体洞口处进行适当的凹凸处理，这就自然地引入了墙体—家具一体化概念（图 1、图 2），家具的存在使得墙体与不同空间之间取得了行为上的联系，不再只是单纯视觉上的差异，而且影响了立面设计。于是，墙体就糅合了围护、自然采光和通风、遮阳、家具等功能，空间界面的厚度开始出现，设计的深度开始出现。

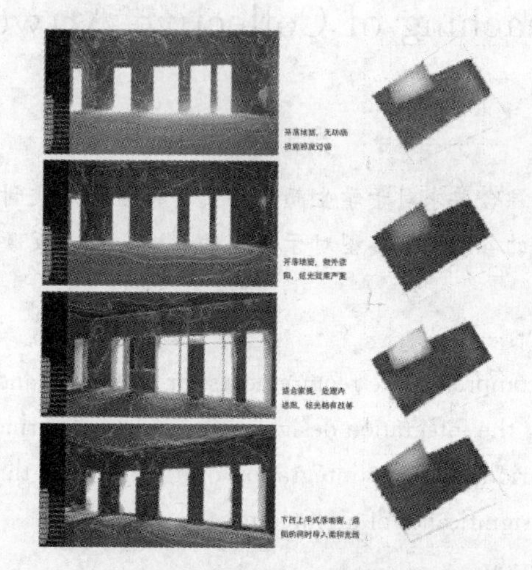

图 1　孙一桐、傅荣的家具墙面一体化分析图

图 2　孙一桐、傅荣的节点模型局部

2　两年级的教学

如果说四年级的家具—建筑一体化设计是学生出于技术需要而采取的主动行为，那么二年级的操作则是教师规定的动作。二年级下学期的“构造技术运用”是同一学期“建筑构造”课程的补充和深化，一学期九次课，授课内容包括建筑细部和建筑材料；由于从 2016 年起同时指导二年级下学期的一学期长题设计，鉴于设计成果包括 1∶20 墙身剖面模型，而以往的教学经验告诉我们这种墙身大样往往是事后的证明，并未与设计真正结合在一起。因此，“构造技术运用”的作业更换为“建筑—家具一体化设计”，成为两门课程的共同作业。具体要求如下：

根据建筑概念，选择柱子、墙体（包括女儿墙、隔墙）、楼地面高差、栏杆（板）等部位，选择适当的材料进行建筑功能与家具的复合设计，例如与隔墙结合的橱柜、与窗台结合的座椅等；

家具功能可以是坐、观、躺、储藏、工作等；也可以是复合的，例如美人靠，既可坐，也可观；

家具并非附加的可移动家具，而是与建筑一体化的家具或称之为嵌入式家具；或是巨型家具。

3　从成果看家具空间对设计的影响

大致而言，作业基本反映出了嵌入式家具的五种手段：墙体厚度的利用（图 3）、洞口的延伸（图 4）、家具即墙体（图 5）、家具与高差部位的结合（图 6）、家具与结构的结合（图 7）。由于作业的布置时间是期中考核之后，因此这些作业大多呈现为原有建筑概念和设计空间的完善。此外，更有意义的是“房中房”“盒外盒”等大型家具空间的出现，在很大程度上重塑了空间。

3.1　房中房——主空间内的家具空间

在大空间中插入独立的家具小空间，这种类似俄罗斯套娃的概念由来已久。中国传统木构建筑中，由于空间较为高大，因此有必要根据人的行为进行再次的空间限定。根据杨之水的考证，《周礼》中提到的“帷幄”就是皇帝在殿中听政时设立的房中房，既挡上方灰尘，又成为空间中心；这种制度一直延续到唐朝[2]。随着人们坐姿的改变，庄严感的获得改为通过地面的抬高，这种做法于是逐渐消失了。但它在日常生活中却保留了下来，北魏石刻中的床帐就已经形成了后代架子床、拔步床的雏形。此外，宋人常见的暖阁，即《营造法式·小木作制度二》中提到的“堂阁内截间格子”，则是出于节能的考虑。陈嘉宁的作业（图 8），根据不同的评图方式中老师与学生的不同姿态、图纸和模型的展览要求，设计了通高的评图大厅内的水平向评图展廊。因此，设计既要考虑家具空间的自身需求，又要协调其与原有大空间的关系。

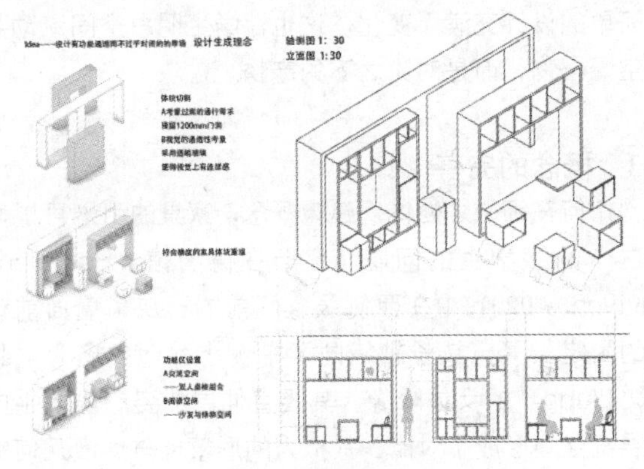
图 3　许璐颖的作业

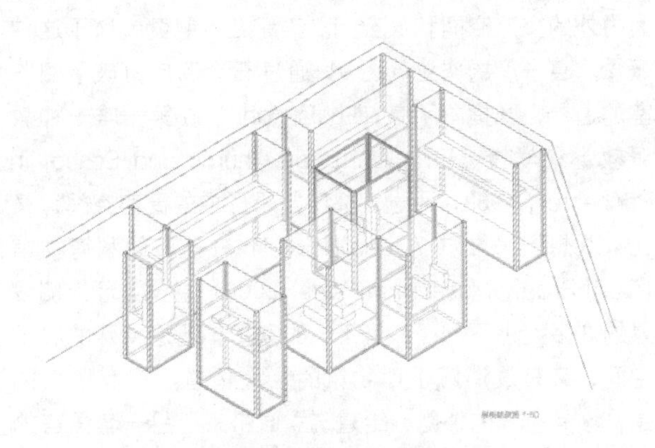
图 7　张迪凡的作业

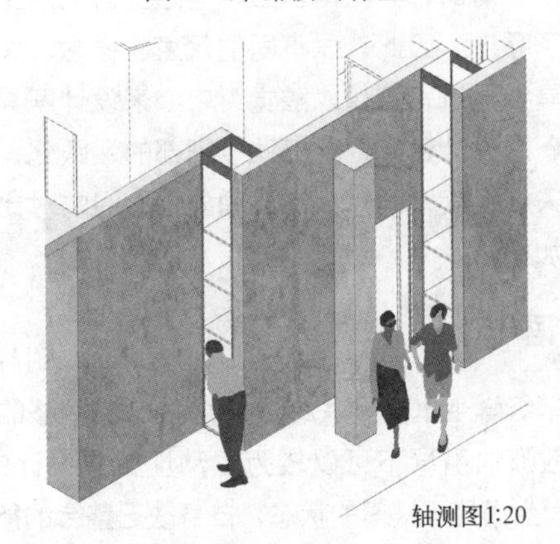

图 4　饶毅文的作业

图 8　陈嘉宁的作业

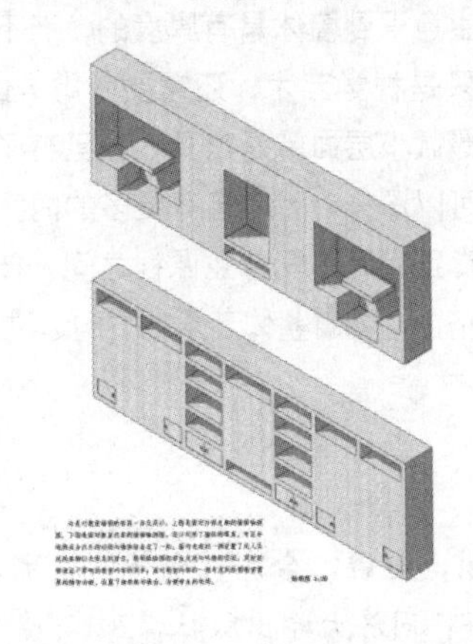
图 5　余万选的作业

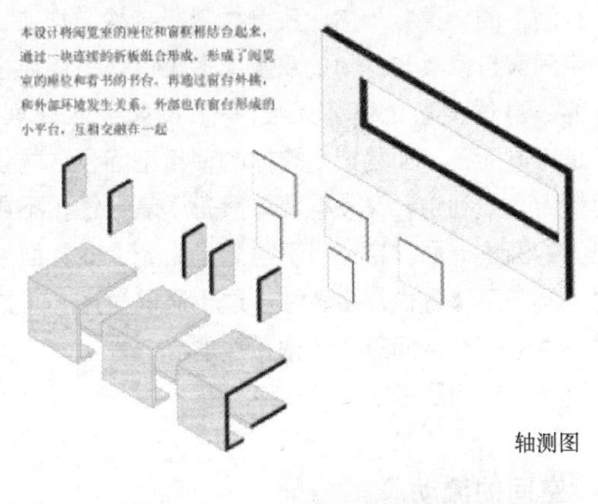

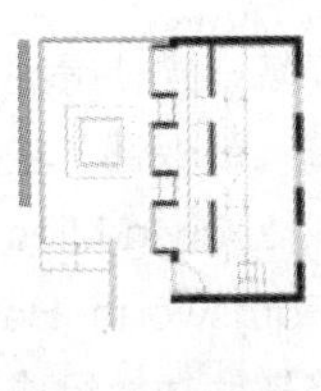

图 9　葛子彦的作业

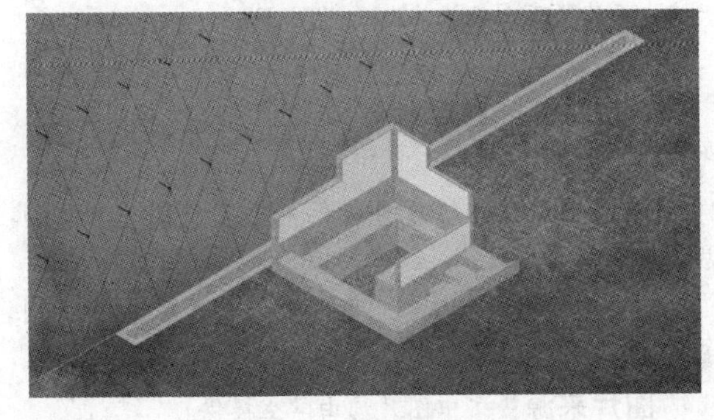
图 6　冯子亭的作业

3.2　盒外盒——主空间外的家具空间

如果将家具空间由主空间内部移动到外部，就形成了盒子外的盒子，这既打破了原有盒子的封闭性，又成为内外的交流空间和灰空间。实际上，飘窗就属于这种概念。葛子彦的作业（图9）通过三个窗座打破了阅览室的边界，既指向了康（Louis Kahn）在第一唯一神教派教堂和学校（First Unitarian Church and School in Rochester，1969）通过墙体凹凸所形成的窗座空间，又让人联想到努维尔（Jean Nouvel）在盖布朗利博物馆（Quai Branly Museum in Paris，2006）主要大厅外侧设置的许多大小不一、深浅不一的盒子，既是特殊的展示空间，又有效消解了博物馆的巨大体量。更有意义的是，家具空间的外露，给建筑立面带来了另一套语言的表现，同时引入了人的尺度。

4 家具与建筑整合设计的教学意义

家具与建筑的整合，部分地实现了整体艺术，除了给学生带来“从大尺度到小尺度、从抽象到具象、从视觉到触觉”[3]这些设计思维的转变以外，更为重要的是两套语言系统相互渗透、交织在一起后的建筑学意义。

4.1 多维的重叠

“家具一旦固定在那里，那它就能变成建筑学语言了……利用家具与建筑在多种层面——材料、结构、功能、空间上的‘重叠’中，获得材料、结构、构造、功能、空间来自家具与身体的双重或多重指认…还能担保建筑能被身体度量的基本尺度[4]”。例如嵌入式家具，不只是家具而已，而是嵌入墙体的使用空间，这既使得空间得到有效利用，又使得墙体具备了复合性，不再只是空间的围护界面；空间也不再只是由光滑的界面所围护的，具备了渗透性、多孔性。这也逼得学生去考虑不同材料之间的交接问题、结构布置的合理性问题、大尺度和小尺度的问题等。

4.2 空间的流动

西方传统建筑中划分空间的是隔墙，这使得空间受困于视线的阻碍。用家具墙代替隔墙，就保证了空间的视觉流动。这进一步就导致了密斯（Ludwig Mies Van der Rohe）在范斯沃斯住宅（Farnsworth House，1951）中将厨房、卫生间和储物间等辅助功能组成了独立封闭盒子，从而使得流动与封闭空间各行其道、相辅相成。如果说密斯的原型是希腊神庙的话，坂茂（Shigeru Ban）的裸之屋（Naked House in Saitama，2000）则延续了日本传统上“房屋就是一个大家具”[5]的概念，在一个通长的大空间中设置了四个四张半榻榻米大小的活动盒子，家具本身的可移动性、功能上的可变性——白天为游戏场所，夜晚为寝室空间——使得看似简单的设计充满了变化。这也让学生明白空间流动并非空无一物，而是对比之下的产物。

4.3 概念的完善

如何在细微之处体现建筑概念，家具的引入可以解决这个困惑学生的问题。密斯在德国馆（Barcelona Pavilion，1929）中在西侧服务间前的石灰华墙面前设置的固定长凳，其长轴指向了东侧小水池中名为《黎明》（Alba）的女体雕像，其竖直伸展的姿态与水平向的展览空间形成了对比，其拟人的形象也与周遭几何的世界产生了对比，并与南侧大水池边坐着的活生生的人体形成了呼应。因此，以不同的尺度、概念、关注点来处理家具和建筑，例如以触觉为中心来设计家具，以视觉为中心来设计建筑，既有助于细部的活跃化，又赋予建筑以人的尺度，同时人性和抽象性之间的对比也使得建筑更加精彩。

5 结语

高年级学生本身具备综合的能力以及足够的知识储备，在教师的引导下可以较为主动地实现设计的整合；低年级学生尚处于懵懂的状态，自身缺乏整合的能力和动力，因此需要教师的强力干涉和方向性引导。家具空间的引入，使得学生意识到墙体是有厚度的，而不是一张薄薄的皮；建筑不只是视觉艺术，还需要考虑人的行为需求，这种需求落到最微小层面就是家具。一旦有了这些综合性意识，设计就可以深化，因为还有更多的内容可以整合到设计中，从而真正实现不同专业课程之间、技术课程与专业课程之间的整合，朝着整体艺术的方向迈进。

参考文献

[1] 陈镌，赵群，余亮，金倩．技术与设计的整合[M]．上海：同济大学出版社，2015.

[2] 杨之水．帷幄故事．古诗文名物新证合编[C]．天津：天津教育出版社，2012：268-293.

[3] 陈镌．构造、细部与建筑设计的整合：建筑-家具一体化设计教学的意义[J]．时代建筑，2018(3)：136-139.

[4] 董豫赣．从家具建筑到半宅半园[M]．北京：中国电力出版社，2009.

[5]（日）黑川雅之．日本的八个审美意识[M]．王超鹰，张迎星译．石家庄：河北美术出版社，2014.

图片来源：文中图片均由学生提供。

崔珩　祝莹　张雨
西南交通大学建筑与设计学院；cuihengyx@qq. com
Cui Heng　Zhu Ying　Zhang Yu
Faculty of Architecture and Design，Southwest Jiaotong University

学习效果导向下的建筑设计实践考核评价方法研究
Research on the Evaluation Method for Architectural Design Practice under the Guidance of Learning Effect

摘　要：本文针对建筑设计实践的开放性、灵活性、多样性特点及其教学目标要求，通过问卷调查，深入研究考核评价的参与主体、评价环节与比重关系、评价形式等存在的主要问题，基于学习效果导向构建了评价环节、评价内容、评价主体、评价方法"四位一体"的考核评价体系。合理的考核评价体系对激发学生学习热情、促进教学目标达成、提高建筑设计实践教学质量具有积极意义。

关键词：学习效果；建筑学；设计实践；评价方法

Abstract：In allusion to the characteristics of openness，flexibility，diversity and the teaching objectives of architectural design practice，this article studies deeply the main problems in evaluation groups，evaluation factors and specific gravity，evaluation form and so on through the questionnaire investigation. Based on the guidance of learning effect，this article constructs a quaternity evaluation system which includes evaluation factors，content，groups and methods. A reasonable evaluation system can stimulate students′ enthusiasm for learning and promote the achievement of teaching goals. It also has great significance to improve the teaching quality of architectural design practice.

Keywords：Learning Effect；Architecture；Design practice；Evaluation method；

1　问题的缘起

建筑设计实践实习是建筑学专业实践教学体系中的重要环节，对强化学生实践能力和专业素养，促进从学生角色向从业人员角色的转换，更好地适应未来建筑师执业工作需要具有重要意义[1]。但实习因校外教学、分散实习、周期长以及实习单位条件、项目情况差异性大等因素，也是教学体系中形式最为特殊、评价最为复杂、质量监控难度最大的环节。按通常模式，实习学生接受学校和实习单位双向管理，实习学习指导由设计院导师负责，最终学习效果考评由学校导师完成，以实习总结、成果图册为主要依据进行主观性、模糊性评价。该评价方法不仅客观性、准确性不足，而且对教学目标达成、学习目标引导也较为欠缺。改善和优化建筑设计实践教学评价方法对提高教学质量具有重要意义。

2　建筑设计实践考核评价方法优化的主要内容

设计实践考核评价优化改善应重点把握四个要点。评价目标上，体现以学生能力培养为中心，促进教学目标与效果的更好达成；评价依据上注重实习成果与实习过程并重；评价主体上，由传统单一性主体向多元化参与转变，使评价能够更好发挥对各方工作的激励与促进；评价内容上，全面观测学生实习工作质量、工作能力、业务表现、专业素养、合作精神等的综合体现；评价方法上，注重建立过程追踪、主客观结合、主客体参与的综合评价模式。具体内容如下：

（1）学习效果评价的参与主体

针对教学与学习的多元主体开展问卷调查，涉及校内导师、校外导师、实习学生、专业人员等，各参与主体出发点不同，评价角度各有侧重。校内导师对本环节教学要求和本阶段学生的学习能力、学习状况、学习效果总体把握准确。校外导师了解学生实习表现，也有不同学校学生横向比较，个体评价依据较准确。学生是教学活动的参与者和学习效果的体验者，实习收获自我评价也较为重要。

（2）体现学习效果导向的评价因子与比重关系

针对实践教学的目标要求、教学周期、教学效果要求等制定问卷信息，包括实习的过程性内容（每月小结、实习日志、实习笔记等）、结果性成果（实习总结与实习成果图册）、实习机构评价（校外导师及机构的实习鉴定）等。了解不同教学参与主体对评价因子构成以及指标权重关系的认识，为完善多方参与、评价指标体系优化提供有效依据。

（3）综合性的考核评价形式

进一步改善传统以校内导师为主导的评价方式，增强校外导师、学生个体、学生群体等的参与度，体现不同群体在实践学习过程中的角色价值。以调查分析了解双导师评价、实习过程管控、学生自我总结、学生互评等在学习效果评价体系中的体现形式，了解实习单位质量等级、学生项目参与度、学生综合表现等在评价体系中的体现度。

3　建筑设计实践教学评价实态调查

以西南交通大学建筑学专业为例开展设计实践教学评价调查。调查范围主要包括实习学生、设计院导师及其他专业技术人员、校内实习教师，调查采取随机方式进行。问题主要涉及参与考评的环节类型、所占比重、成果评价形式三方面，并设置了开放性选项征求补充建议。共发放问卷 48 份，回收问卷 46 份，问卷有效率 96%。其中学生问卷 12 份，设计院相关人员 22 份，教师问卷 12 份。统计及分析具体如下：

3.1　关于考核评价的环节

调查依据建筑设计实践教学组织的内容和形式预设六个评价环节。由于三类人群参与问卷调查的基数不同、判断选项的角度有差异，因此对考核环节调查分别统计了总体样本数量（表 1）和不同群体对考评环节的认可度（图 1），即各群体对设定考评环节的支持人次占本组总数的比重。

各类考评因子认可度统计　　**表 1**

考评环节	实习成果	每月小结	实习总结	实习日志	工作笔记	单位鉴定
学生(人)	12	1	8	4	4	11
设计院技术人员(人)	11	8	11	8	19	16
教师(人)	12	10	12	9	7	11
总计(人)	35	19	31	21	30	38
占调查总数比重(%)	81.4	44.2	72.1	48.8	69.8	88.4

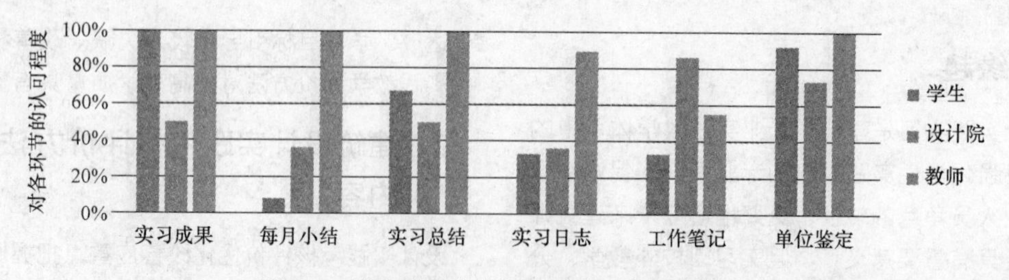

图 1　三类人群对各考评环节认可程度分析

预设考评环节认可度分析显示，总体上各方更倾向于用实习终结性成果进行评价，如实习成果、实习总结、工作笔记和单位鉴定等。但在不同群体对考评环节认同度有较明显差异：学生群体偏重于实习成果、总结和单位鉴定等终结性依据；校内导师偏重于过程与结果相结合，对预设六大考评环节支持度最高；设计院群体对考评环节明显倾向于工作笔记、实习鉴定等，并在开放性问题中建议：由于单位资质、管理体制、项目内容差异，实习最终成果难以客观评价和量化，应适当强调实习过程的考评，但现有过程考核，如阶段性小结、日志和工作笔记等形式和要求有待改善。

3.2 关于考核评价环节的比重

总体考评环节比重统计分析显示（图2、图3），实习日志和工作笔记比重倾向的峰值为28%，各类小结及总结比重倾向的峰值为22%，实习成果（方案文本）比重倾向的峰值为32%，实习单位鉴定比重倾向的峰值为12%，6%冗余可设定新增考评环节板块，如单位资质、项目难易度等。由于不同群体对各考评环节的重视程度不同，因此形式上应引入多元群体参与不同环节的考核评价。

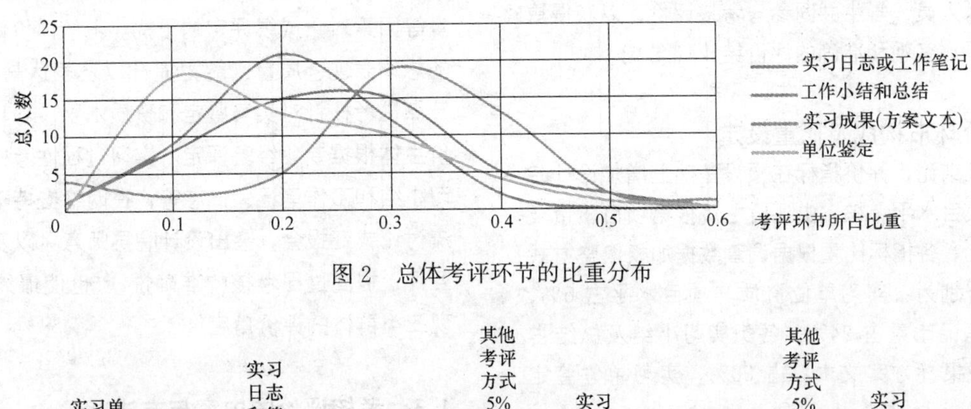

图2 总体考评环节的比重分布

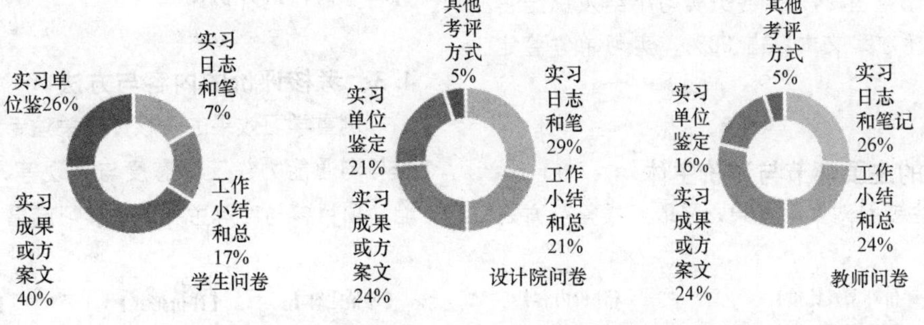

图3 不同群体考评体系的环节构成

此外，各群体在考评环节的比重分配上存在差异，学生偏重实习成果评价，设计院人员和校内教师更倾向于过程环节占更高比重。问卷开放性问题调查显示，设计院人员和校内教师均认为应增加汇报答辩、深度访谈等考评方式。

3.3 关于考核评价的形式

调查结果显示，所有考核评价形式中汇报答辩（终结性评价）受认可度最高，且广泛认可设计导师、学校教师、学生等多方共同参与汇报答辩及成绩评定。开放性问题回答建议：学生互评宜侧重于实习内容和收获体会，可以采取过程性评价，如总结会或过程定期交流形式获得自评、互评成绩。此外，实习单位资质、鉴定等的节点评价也应进一步加强。

四类评价形式认可人数统计　　表2

评价形式	教师评价	学生互评	汇报或答辩	设计单位人员参与
学生(人)	5	2	7	8
设计院技术人员(人)	4	3	17	13
教师(人)	3	1	12	7
总计(人)	12	6	36	28

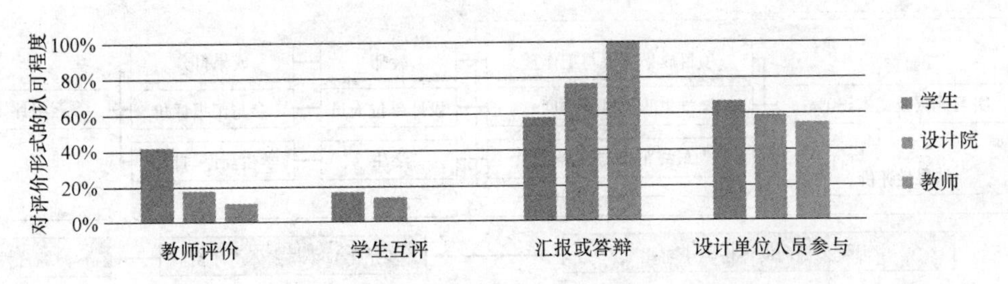

图4 不同群体对不同评价形式的认可程度

4 建筑设计实践考核评价体系的优化重构

结合调查分析结论，建筑设计实践考评体系重构设置体现学习效果导向的评价因子及其比重关系，加强汇报与答辩、学生互评自评等评价方式，教师、设计院导师与专业技术人员、学生共同参与考核评价，以获得更有针对性、更加客观和准确的评价结论（图5）。

4.1 各评价环节构成及比重设定

根据调查结论，评价指标在预设基础上增加设计院资质等级和项目水平考核，由评价主体根据项目质量及资质水平评定。各指标比重根据调查数据加权取整方式获得，比重分别为：实习单位资质与项目水平占6%，日志与工作笔记比重占24%，各类实习小结及总结占20%，实习成果（方案文本）占30%，实习单位鉴定比重占20%。

4.2 考核评价的主要环节与评价主体

结果性考核主要针对实习成果，采取汇报答辩方式进行。本环节可借鉴建筑学课程设计教学中公开评图方式进行。程序上包含实习成果、过程、工作情况等的全面介绍、教师和设计院人员问答及建议等环节，加强与学生就实习成果及学习效果的深入交流了解，提高判断的准确性，降低因实习单位专业水平、地域、项目工作量等因素对于成绩评定的干扰。考核评价侧重学生实习的总体表现、质量、能力提升以及表达与沟通能力等。节点性考核针对实习鉴定和资质水平、项目质量，由评价主体根据专业经验评定。实习过程性考核主要针对实习小结和工作笔记、日志等，在网络支持下开展中期交流讨论或汇报会，突出设计院导师意见以及学生自评与互评，提高过程考核的准确性，[5]也使最终考核能够体现三类群体的评价角度。

4.3 考核评价的内容与方法

侧重学习效果的考核评价关注专业知识与技能、合作与沟通能力、工作态度与表现等方面。专业知识技能、项目参与度等主要通过实习成果、单位鉴定和答辩

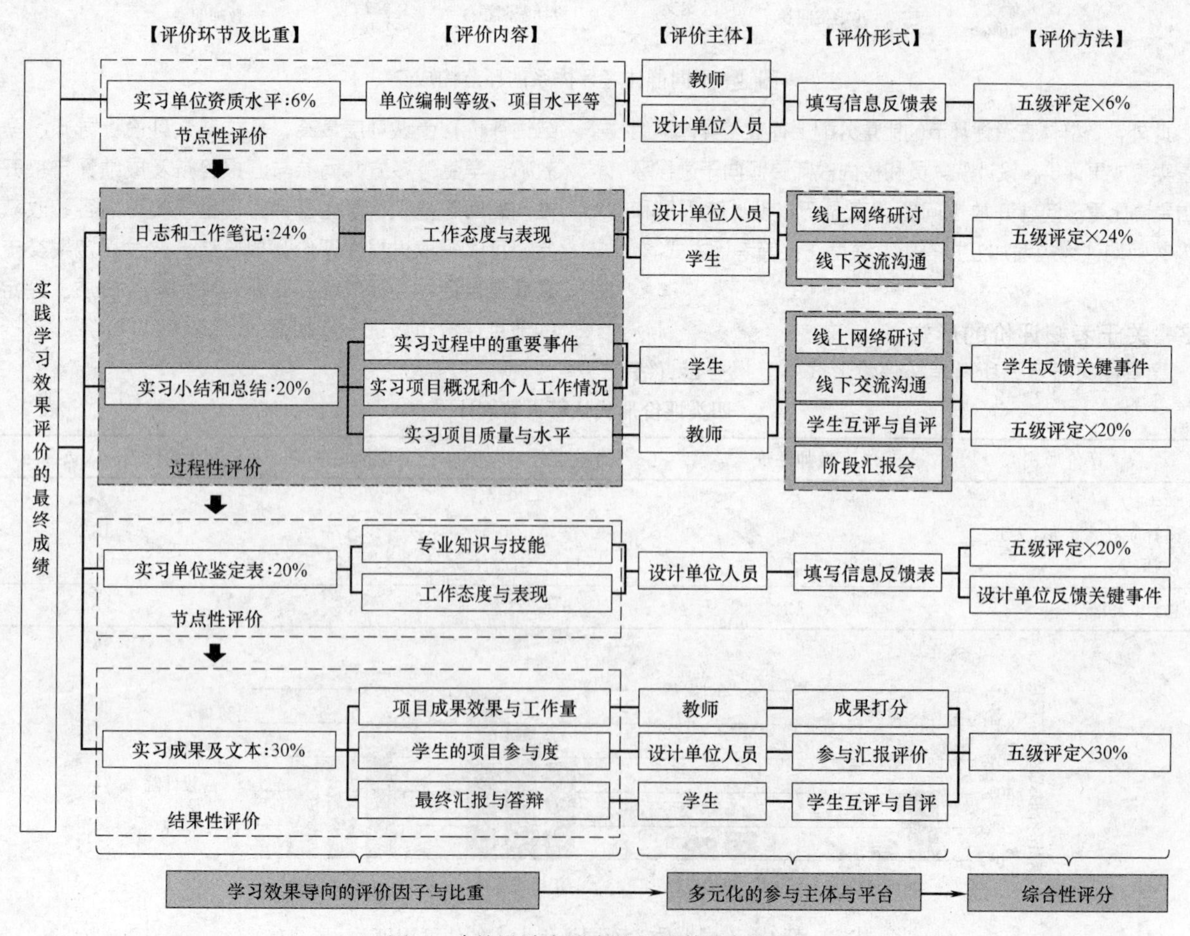

图5 建筑设计实践考核评价体系框架图

汇报质量等进行评价；合作与沟通能力、工作态度与表现等以设计院导师评价为评价主体，教师实习过程中跟踪随访的不定期了解也可在节点性评价中参与考核；工作态度与表现侧重于以实习鉴定、日志、小结等考察，全程指导的校外导师是评价主体，此外校内教师通过不定期与实习单位沟通了解、中期交流汇报也可获得有效的评价依据。

评价方法主要以五级评定法和关键事件法为主，可针对不同的环节进行灵活地组合运用。关键事件法已广泛运用于工作分析和绩效考核，关键事件指平时工作中做的特别好或者做的不好的事件。本研究将关键事件法运用到考核评价方法中，要求学生在实习小结、实习日志、工作笔记中详细记录实习过程中所发生的数件成功和失败的关键事件，教师依据描述的事件对其实习过程情况进行评价。同时设计单位也可利用该方法向校方反馈学生的表现。该方法有助于抓取每个学生典型的实习状态，而且其描述具体的行为及结果能有效减少实习评价的主观随意性；学生收到评价反馈后，可以知道哪些地方需要改进，从而优化实习的效果[2]。

五级评定法包括优（90分以上）、良（80～90分）、中（70～80分）、及格（60～70分）和不及格（60分以下）五个评分分段。设计单位和教师以此为依据为相应的评价内容进行量化，并按各环节比重计入总成绩[3]。

5 小结

针对建筑设计实践的开放性、灵活性、多样性特点以及教学目标要求，制定合理的考核评价体系，提高考核评价的开放性与交流性，能够有效提升设计单位教学参与的积极性，激发学生的学习热情、改善学习效果，帮助学生更好地达成学习的目标，从而进一步提高设计实践教学质量，更好地适应建筑学专业高素质人才培养的需求。

参考文献

[1] 冯小安. 实践教学评价指标体系的构建与实施[J]. 中国电力教育，2010，(13)：125-126.

[2] 戚路辉，李雪. 适应市场机制下的城乡规划专业教学改革探讨[C]. 国际会议，2015.

[3] 朱小雷. 基于调查反馈的本科建筑学专业校企合作实习模式初探[J]. 南方建筑，2014，(1)：111-114.

[4] 胡凤来，张建，胡斌. 校外实践教学环节质量保证体系建设的研究与实践[J]. 建筑与文化，2005(6)：14-15.

[5] 蔡静，刘蓓，娄思未. 建筑学专业实习的教学与管理模式探索[J]. 室内设计，2013(1)：44-47.

邓巧明　刘宇波
华南理工大学建筑学院，亚热带建筑科学国家重点实验室；12884863@qq. com
Deng Qiaoming　Liu Yubo
School of architecture，South China University of Technology；State Key Laboratory of Subtropical Building Science

一次跨学科的设计教学探索——以对华工五山校区校园环境品质交互式模拟研究为例*

An interdisciplinary design teaching exploration——Taking the Interactive Simulation Study of Campus Environment Quality of South China University of Technology in Wushanas an Example

摘　要：本文详细论述了一次跨学科的设计教学的目标、过程与阶段性成果。通过组织具有多种专业背景的研究与教学团队，开展针对高密度校园环境空间形态与环境质量的相互影响关系的多种角度与多种方法的量化研究，以此探索一种以问题为导向、跨学科合作的教学方式，赋予学生更为开放的心态和勇气面对不确定的未来。

关键词：跨学科；高密度校园；空间形态；环境品质；交互式模拟

Abstract：This paper discusses the goal，process and the phased objectives of an interdisciplinary design teaching. By organizing research and teaching teams with various professional backgrounds，we conduct quantitative research on multiple angles and multiple methods for the interaction between spatial form and environmental quality of high-density campus environment，in order to explore a problem-oriented，Interdisciplinary collaborative teaching methods，to give students a more open mind and courage to face an uncertain future.

Keywords：Interdisciplinary；High-density campus；Spatial form；Environmental quality；Interactive simulation

1　引言

科学技术飞速发展，社会生活日新月异，传统的建筑设计与城市规划工作方式越来越难以满足复杂而多变的环境需要。笔者认为，建筑规划教育也迫切需要新的改变以应对未来的变化。

本文以笔者指导的 2018 年华南理工大学“学生研究计划”教学研究为例，尝试通过组织具有高度多样专

* 国家自然科学基金资助项目：51508193；
国家自然科学基金资助项目：51478186；
中央高校基本科研业务费重点项目：2017ZD037。

业背景的学生与指导教师团队，探索一种跨专业的工作方式与教学方法，研究华工五山校区空间形态对校园环境质量的复杂影响，并借鉴MIT媒体实验室“城市科学City Science”研究小组的互动式模拟方法，搭建可以实时关联实体模型、环境质量模拟与三维数据可视化的可触摸式交互式模拟系统，实时直观的把握高密度校园空间形态与环境品质的相互影响关系，推进对高密度校园环境复杂问题的科学研究。

2 高密度大学校园的空间形态与环境品质相互关系研究

我国土地资源十分紧缺，在经济发达地区表现尤为突出。未来，随着人口的增加和社会经济建设的发展，人地之间的矛盾将更加尖锐，高密度的校园建设将是更多学校的选择。然而，高密度设计问题具有双面性，在节约用地、提高土地利用效率和降低能耗的同时，也有可能导致校园环境品质的下降，带来校园绿化率降低、公共活动空间减少、环境质量下降，甚至出现学生心理压力等方面的负面影响。

随着研究的深入，我们发现空间形态与密度之间的复杂关系，即使是相同的用地面积与容积率条件，不同的建筑密度、层数以及开放空间分布会呈现各不相同的空间形态，由此带来对景观视线、自然通风、采光与遮阳等方面完全不同的影响，而这些正是影响高密度校园环境质量的重要方面。由此可见，不同的校园空间形态不但会影响校园集约化程度的高低，更会带来不同的环境品质。那么，如何在校园不断发展建设过程中，实现更为舒适的校园环境质量，尽量避免因建设密度提高而带来的负面影响？如何在高密度的条件下追求高品质的校园环境？将是本课题研究重点关注的问题。

3 课题的设置与要求

3.1 课题的设置与目标

本次课题选取师生最为熟悉的华南理工大学五山校区（图1、图2）为研究对象。20世纪20年代孙中山创立的国立广东大学是华工五山校区的前身。经过近百年的发展建设，校园建筑密度不断提高，一方面，校园建筑布局更加紧凑，早期规划奠定的“钟”型布局得到不断强化，规划结构特色更加完整和突出，但另一方面，由于建设密度的增加也带来公共活动空间的减少以及人车混行、交通拥挤等环境质量问题。

课题要求同学们基于对华工校园的了解与个人研究兴趣，选取可以描述与校园空间形态息息相关的环境质量中某一方面进行深入的分析研究，并运用多种量化研究方法探寻校园空间形态与环境质量之间的相互影响关系，为未来校园的持续建设提供决策依据。

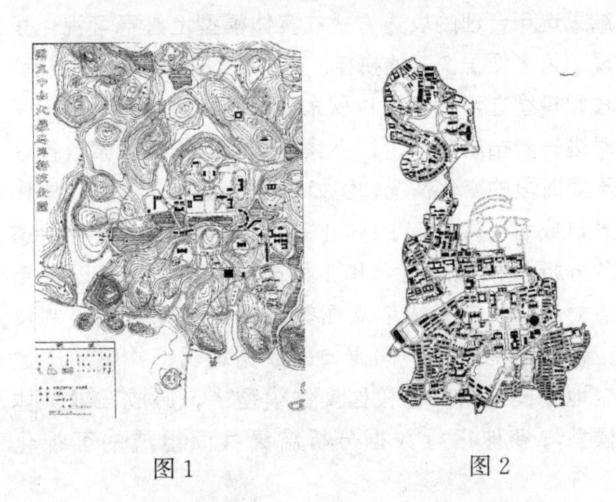

图1　　图2

3.2 教学组织与研究团队

本次课题希望以问题为导向，采取学科交叉的方式，依托华南理工大学2018年“学生研究计划”，组建一个具有高度多样性学术背景的跨学科研究团队，学生团队既包括来自建筑学院的建筑、规划、景观专业背景本科生和研究生，也包括来自自动化学院、电信学院具有深度学习背景知识的本科生和研究生，以及来自经贸学院具有数据挖掘与可视化分析学术背景的本科生参加。指导教师以建筑学院教师为主，同时按不同研究阶段需要邀请自动化学院、计算机学院老师介绍如图像识别、深度学习等理论知识、最新研究动态以及相关应用实践。

这种跨学科的研究团队与工作方式，为本课题带来有别于建筑学科本身的研究视角，不同专业背景的学生、老师之间可以相互取长补短，共同推进对高密度校园相关问题的创新性科学研究。

3.3 教学研究计划与要求

课题的研究主要分为三个阶段进行：第一阶段首先是筛选与校园环境质量相关的数据指标，再选用实测与软件模拟等多种方法进行数据的收集、整理与分析。与环境质量相关的数据可以选择描述室外物理环境质量的指标数据，如风速、温度、阳光与阴影变化、噪声和开阔度等；与使用者行为相关的数据，如师生步行流线、自行车流线、停留时间与空间使用、人流密度等；与交通效率相关的平均步行时间、校车站点、拥堵潜力等数据；与校园环境安全相关的如人车混行程度、交通事故、盗窃报案地点等数据。

第二阶段搭建校园实体模型，并将各种数据分析结果选用合理的表达方式在实体模型上进行可视化呈现。为了便于快速的拼接、拆装与数据分析结果展示，校园模型选用白色颗粒积木进行组装搭建。学生们同时进一步拓展前一阶段搜集的个人数据，探索数据在不同时段的变化情况，例如白天与夜晚、工作日与休息日或者不同季节的变化等，对指标数据进行动态的分析与模拟。结合华工校园地图，学生可以选用热力图、轨迹图或散点图等数据可视化方式绘制反应校园环境质量不同方面的数据地图，并将动态数据地图投影到白色校园实体模型上，形成三维实体模型与多种指标数据分析结果共同组成的可视化系统。

第三阶段探索建立交互式模拟研究系统。近些年随着信息处理技术的提高、数据算法的改进与新型数据处理设备的涌现，人工智能获得飞跃式发展，人机交互、增强现实等构建实体环境与数据信息世界关联的交互式模拟技术日趋完善，目前国际一流科研机构都已积极开展运用相关技术方法解决复杂城市问题的探索。面对集约化校园设计问题的复杂性，交互式模拟方法可以在改变实体模型的同时，更直观、实时的展示量化分析结果，帮助设计师、决策者更全面的把握校园空间形态与校园环境质量之间的相互影响关系。交互式模拟系统由颗粒积木搭建模型，通过预设积木底部色块编码代表不同的建筑功能或体量，如教学科研、宿舍、绿地与开放空间等功能，或者多层与高层等不同的建筑体量，摄像头将模型底部色块扫描识别后，将数据传输到计算机进行实时模型场景重建，关联的量化模拟软件针对各种指标数据进行分析，同时将模拟数据通过三维投影技术投影在实物模型上。实物积木模块可以随意移动和替换，当实体积木模型发生改变时，对环境质量的量化模拟结果也将实时进行改变。通过这种可触摸式的交互式模拟系统，使非专业人士，如学校的使用者和管理者都可以共同参与到方案的决策过程中，实时展现的分析结果可以帮助我们快速预测不同设计方案为校园环境带来的各种影响，为快速评判优劣提供更多量化的数据分析支撑，从而推进更科学合理的校园发展建设决策。

4 学生阶段性研究成果

课题小组成员共同组装完成 1：1000 的校园积木模型（图 3、图 4），并围绕华工五山校区的校园空间可达性与学生行为轨迹（图 5）、校车路线的视野开阔度、外部空间的热环境指标与热舒适度、以及开放空间人流密度等几个方面进行了数据的收集、模拟分析，并将数据分析的结果投影到三维实物模型上。同时也初步搭建了交互式模拟平台进行实时互动模拟（图 6），积极与相关专家学者进行交流探讨，通过实测数据对比以及优化算法等方式进一步在各种环境指标模拟结果的准确性和模拟过程的实时性方面完善交互式模拟系统（图 7）。

图 3

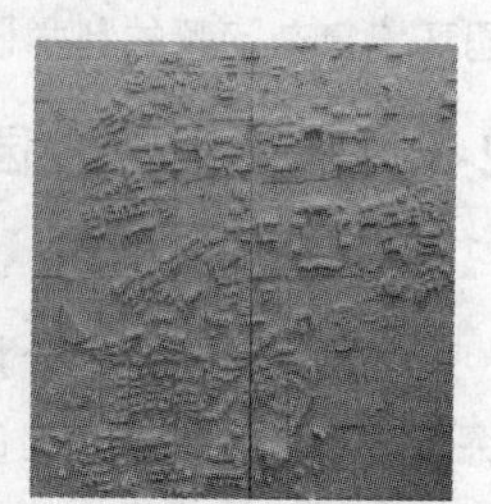

图 4

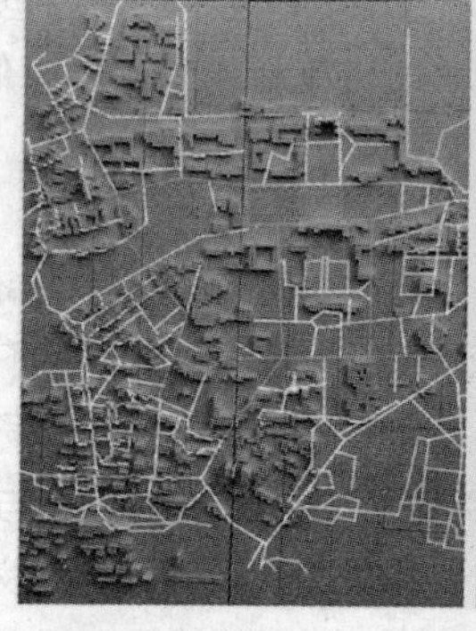

图 5

5 结语

随着近些年科学技术的飞速发展，整个社会生活的方方面面正发生着剧烈变革，建筑设计与城市规划面临的问题与需求亦日趋复杂，仅仅局限于学科本身去探讨和研究是远远不够的。采用以问题为导向、跨专业的协作方式更能激发新的观点、带来新的技术、提出新的解决办法，从而推进对复杂规划与建筑问题的创新性研究，促进建筑规划学科的新发展。

图 6

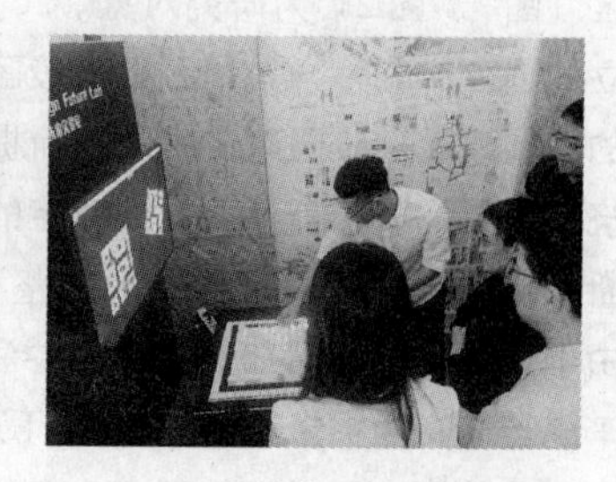

图 7

同样，面对复杂的需求与未知的环境，也需要我们时刻重新审视传统的建筑规划学科的教育模式。今年6月，美国麻省理工学院MIT刚刚批准设立新的跨专业、跨学科的城市科学Urban Science学士学位，新专业由城市规划系（DUSP）、电气工程和计算机科学系（ECES）三个学科共同设立，这是针对当下的新环境需求，建筑规划教育变革迈出的重要一步。而本次课题教学过程也正是一次跨学科设计教学的勇敢尝试，来自多个学院、具有多样性专业背景的师生团队互为补充、相互激发，帮助我们突破传统的专业视角去重新思考相关问题。而有别于传统专业领域的研究方法、评价方式以及教学组织，使整个教学研究过程无论对是老师还是对学生来说都充满了未知的挑战，但未来已来，除了关注建筑本身、为学生传授专业经验、技艺与风格之外，如何在教学过程中赋予建筑学院的学子们更开放的心态与时刻拥抱新观点、新技术的勇气，以应对不确定的未来，并创造新的未来，则显得尤为重要。

参考文献

[1] 何宛余，杨小荻．人工智能设计，从研究到实践［J］．时代建筑，2018（1）：38-43.

[2] 邱浩修．从3D点云数据模型建构谈智慧校园学习空间设计［J］．时代建筑，2018（1）：71.

[3] 邓巧明，刘宇波．昆·斯蒂摩的城市多样性地图方法及其在高密度校园规划设计中的运用［J］．世界建筑，2016（8）：108-111.

图片名称与来源

图1 1950年华工五山校区总平面图，华工档案馆，作者描绘；

图2 2004年华工五山校区总平面图，华工档案馆，作者描绘；

图3 课题小组合作拼接校园实物模型，作者自摄；

图4 华工五山校区校园积木模型，作者自摄；

图5 校园空间可达性与行为轨迹分析与演示，作者自绘；

图6 校园环境质量交互式模拟平台，作者自摄；

图7 校园外部空间热环境交互式模拟演示，作者自摄。

王小红　吴晓敏　吴若虎　范尔蒴　曹量
中央美术学院建筑学院；wangxiaohong@cafa.edu.cn
Wang Xiaohong　Wu Xiaomin　Wu Ruohu　Fan Ershuo　Cao Liang
School of Architecture，China Central Academy of Fine Arts

中央美术学院建筑学院设计初步课程改革探索
——空间认知与表现

The Reform of Fundamental Design Course in School of Architecture, CAFA
——Spatial Cognition and Presentation

摘　要：进入数字技术时代，建筑的设计方法与表达方式发生了巨大的变化。设计初步课程作为高等院校建筑设计教学中的重要基础课程也亟待改革。中央美院建筑学院教学团队对设计初步课程中原有制图与渲染教学部分进行改革，围绕空间认知与表现展开，课程设置了七个练习单元——从单一的制图训练到复合的空间认知与表现，从相互割裂的抄绘练习、测绘练习和设计练习，到循序渐进、互为一体的整体思维表达训练。新课程对学生的专业意识、基础技能、逻辑思维和表达方式都是很有裨益的。
关键词：设计初步；教学改革；循序渐进；空间认知与表现
Abstract: Entering the era of digital technology, Great changes have taken place in architectural design methods and expressions. As an important foundation course in architectural design teaching in colleges and universities, the fundamental design also needs to be reformed urgently. The teaching team of the school of architecture of the Central Academy of Fine Arts reformed the original teaching part of cartography and rendering in the preliminary course of design. The course was developed around spatial cognition and presentation. Seven practice units were set up in the course—from single cartography training to composite spatial cognition and presentation, from separate copying and drawing exercises mapping exercises and design exercises to step-by-step and integrated thinking and expression training. The new course is very helpful to students' professional awareness, basic skills, logical thinking and the way of expression.
Keywords: Fundamental design; Teaching reform; Step-by-step; Spatial cognition and presentation

中央美术学院于1918年建校，是中国现代美术高等教育的奠基者。中央美院设置建筑学专业方向，最初肇始于创立者蔡元培先生的规划。1993年，中央美院在壁画系设置了环艺专业。2003年中央美院建筑学院正式成立，至今走过15年建筑教育里程，形成了一定的教学特色。中央美术学院建筑学院设有建筑学、风景园林学、室内设计和城市设计共四个专业方向，共享以建筑为主的二年基础课程。本科生基础教学历时两年，教学框架分为两个部分：（1）设计的基础；（2）基础的设计。以此构建出基础教学上下衔接的教学框架。

在基础教学的课程设置中，第一部分首先是为设计打下基础的课程，有设计初步、造型基础和概论赏析课程，通过这些课程的教学，对学生进行空间想象力的开发、绘图技能和认知的训练、造型审美修养的培养、并引导学生完成对相关专业形成初步认识。第二部分是基础设计课程，有小型建筑设计，同时开设建造基础系列课程，强调直观把握建造和材料。在设计课程进行过程之中，让学生应用上面所学的知识展开实践，使其在实践过程中对所学的内容进行消化吸收。

进入21世纪数字技术时代，建筑设计和表达发生了翻天覆地的变化，设计初步课程也必然需要与时俱进，面临深刻的教学改革。传统上建筑基础课程“设计初步”是按照鲍扎（Beaux-Arts）体系以渲染和制图训练基础为主；至20世纪80年代，国内引入包豪斯教学内容，将平面、立体及空间构成作为设计初步课程中形式训练的重点；至新世纪后又强调空间与绘画相结合，设计初步课程在中国建筑教育领域持续处于教学探索状态。在此背景之下，中央美术学院建筑学院设计初步教学团队对这门课程教学内容和教学方法的研究，也始终处于不断的探索和完善之中，课程改革的核心多年来始终着围绕着“空间认知与表现”而展开。下面我们着重介绍一下“设计初步2”这门课程的有关改革探索和具体教学内容。

1 “设计初步2”课程改革脉络：从单一的制图训练到复合的空间认知与表现

回溯到1993年中央美术学院设立环艺专业，专业名称虽为环境艺术，但教学主要围绕建筑设计课程进行，虽然当时建筑技术类课程的设置相对不够全面，但建筑基础课程的设置基本延续了建筑老八校的教学内容和要求，设有制图抄绘、测绘、渲染及色彩表现图等。2003年中央美院成立建筑学院之后，设计初步课程围绕大量空间模型展开，强调发散性思维，使得学生对空间的建构产生了浓厚兴趣，也因此形成了中央美院建筑学院基础教学的一大特色。

自2007年开始，我院基础课程再度展开教学调整。作为基础课，设计初步的改革在操作层面对任课教师团队是很大的挑战，尤其以中央美院的艺术背景为依托，以基础教学团队十年的教学积累为基础，针对一年级第一学期10周基础课—“设计初步2”进行系统的教学改革最具典型性：我们首先在原有单纯培养发散创造性思维的实验教学基础上进行补充，根据学生的实际状况将课程调整为制图基本功训练与空间认知和表现两部分相结合，这样一方面有利于补充艺术生重艺术形式感轻设计基本功训练的不足，另一方面能够更好地发挥艺术生在绘画表现方面的巨大优势，激发学生从观察到表现，从表皮到结构，从形式到功能，从细节到宏观，对建筑及所在街区展开多方位多视角的研究考量，并在10周内掌握从草图到尺规制图及最终效果图的全套表现技能和对建筑空间理性、细腻的认知和体验。

在此需要特别强调的是，训练学生制图及绘图的认知层面，是一个从练手到炼心的过程。虽然当今建筑表达已经进入了全面数字化的时代，但学生对手绘制图技艺的学习仍然不可或缺。手绘技巧除去可作为构思、推敲、表现、交流设计方案的基本手段以外，还可以培养学生日后作为建筑师、设计师必要的技巧、修养、耐心和责任心，也可以说是一个磨炼的过程，意在培养一种工匠精神。

图1 练习4-单一空间测绘

另外还有一处很大的改变在于，传统建筑制图课程更偏于制图原理的掌握，而大一新生实际上却往往根本不能理解他所绘制的线条的含义。改革后的课程在此基础上增加了更多户外的建筑及城市空间体验，同时辅以教师在现场对建筑基本问题的讲解，使学生能够充分理解，并将建筑空间与图纸紧密结合起来，进而懂得建筑图纸上每一根线条的意义与作用究竟何在：它们不再是美术生画画时任意画下的一条可多可少、可轻可重的线条，而是每一笔都具有特定的尺寸和意义。只有在理解了最基本的制图规范的基础上，学生才有可能对建筑空间及细节的表达形式进行更多的思考和尝试。

2 “设计初步2”课程特色：使“空间认知与表现”互为一体

当今我们所要认知的世界是如此纷繁复杂，对于建筑初学者来说，如何对身处其中的室内和室外环境展开专业性的认知，是建筑学专业需要第一步进行学习的重要内容。认知能力分为三个层次：感性能力→知性能力→理性能力。对于大一的初学者来说，从感性到理性必定是一个鲜明的转换过程，首先需要在教师的引导下学会观察、体验及思考。因此我们的课程设计，就以感性认知人为空间环境为开端，到理性分析建筑基本问题，一步步次第展开。

另外，面对初入建筑门槛、头脑如一片白纸的学生，教师如何能将枯燥的制图训练和对建筑学本体问题的认识相结合，就成为课程的关键主线；一方面我们让学生进行大量基本功的训练及掌握基础知识；另一方面也需要引导学生的思维方式由非专业思维向专业思维改变。在这个过程中，我们通过 7 个系列课程练习的安排，由小尺度到大尺度，由感性到理性，由二维到三维，由具象到抽象，由外部到内部，由细节到宏观，通过上述过程的空间训练，使学生逐渐了解和认知空间的构建、尺度、功能与意义；同时在绘图表现方面，使学生由零基础开始，逐渐掌握制图、分析及表现等诸多技巧。

图 2 练习 5-四合院测绘

长期的教学经验告诉我们，知识的掌握必须经历一个过程，初学者一开始对抽象图纸所表达的含义基本是不能理解的。具象的模型、漂亮的效果图这些最终设计成果的呈现与建筑师绘制的草图、以及布满数字的枯燥图纸之间究竟有什么关系？如何对应？这些对于大一学生来说都还是十分陌生的概念。他们从画第一笔线条练习开始，到学会建筑制图，同时张开以往“视而不见的眼睛”，从职业角度去理解和认知空间，并通过不同的表现方式将其表达出来，这个过程并不仅仅是学会了计算机绘图就算完成的。这个渐进的过程所培养和训练的，将是学生在成长为建筑师之后，在职业生涯中构思与工作中所需要运用的一整套技能和手段，如同艺术家一样，他们需要同时调动手、眼与脑三者互动，最后身心合一完成作品。

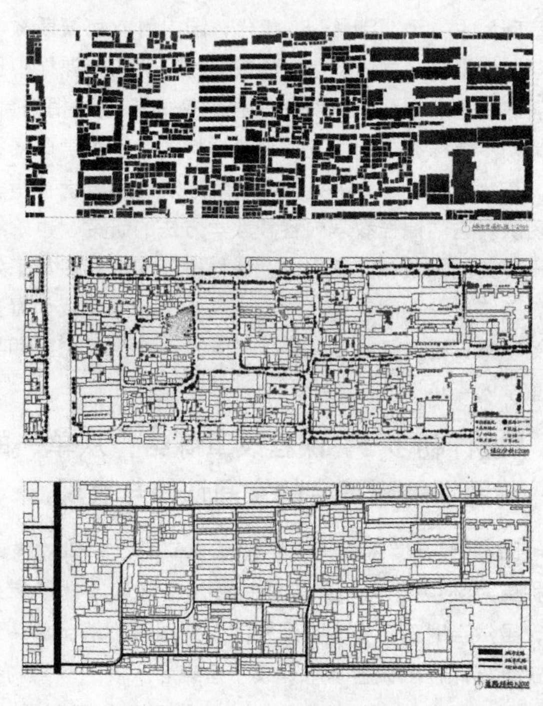

图 3 练习 6-胡同街区环境分析

图 4 练习 4-工作室空间测绘

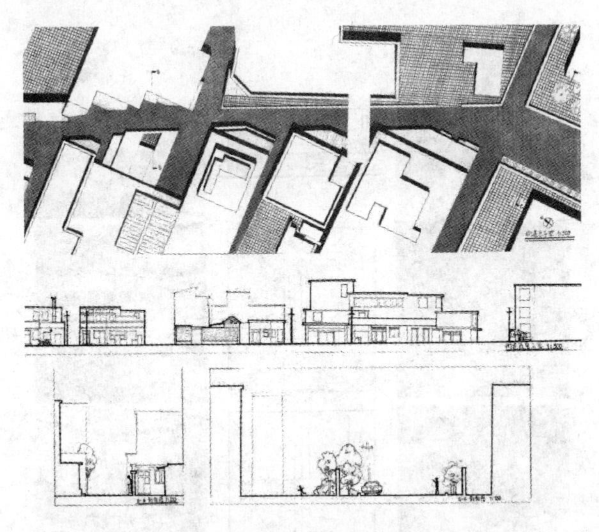

图 5　练习 6-街区空间认知

当代艺术不只是艺术家的象牙塔，其外延已经非常宽泛，我们在央美艺术教育的背景之下也深受艺术熏陶。我们赞同当代艺术约瑟夫·博伊斯提出的口号“人人都是艺术家”，并将其转换到我们的设计初步基础课程中来，提出“人人都是建筑师”的理念。艺术院校和传统的理工院校有所不同，学生的日常学习往往浸润在浓厚的艺术创作氛围之中，不同专业的学生相互交流，艺术讲座和画展带来开阔的理念和视野。因此我们课程实施的方法也深受艺术家影响，并将艺术家的工作方式与建筑师的创作手段适度融合，形成观察-研习-亲历-体验-实践-表现这一过程。特别是对表现和展览展示环节的重视，是艺术院校一直以来的传统，建筑学院的学生从一年级起就将其传承下来。具体到课程内容，设计初步 2 的训练过程与表现手段的可以展现为以下五个方面：

(1) 思维层面的训练：引导学生展开观察与思考，对空间进行认知与体验，进行从二维到三维的互动转换，从具象到抽象的互动转换；

(2) 基本功层面的训练：教师讲授制图原理，学生进行徒手和尺规绘图练习；

(3) 表现层面的训练：引入不同表现媒介：如摄影、概念草图、速写、分析图、建筑制图和模型制作；

(4) 设计过程的训练：首先是概念的产生：以自由，发散，感性为特征，借助徒手草图和草模；其次是通过分析：观察，理性，综合借助徒手与尺规草图方式；在设计推敲过程中，在草图-草模-制图的步骤之中，徒手与尺规交替使用；

(5) 表现的训练：强调角度的多样和材料形式的多样：运用铅笔、炭笔、彩铅、水彩、水粉、模型等。

图 6　练习 1 空间线条

3 “设计初步 2”课程设计：设置七个环环相扣的练习单元

“少就是多”是现代建筑大师密斯的名言，将这一原则应用在教学过程中，就是在大一基础课程中，针对复杂的建筑学学科内容，有所选择地对部分课程先做减法。这个“少”的关键，在于抓住教学的本质和基本要素。经过十年多的积累，我们“设计初步 2”教学团队逐步摸索形成了系统化的教学方法，设置了环环相扣的练习单元，循序渐进展开教学内容，通过每周课程安排上高强度的强化训练，基本上在短时间内就能取得明显的教学效果。

我们设计的专业学习是从有意识提问开始，首先引导学生学会观察、体验及思考。课程的设置首先是由感性地了解和认知建筑空间环境过渡到对建筑基本问题进行理性的分析，并进而逐步展开。针对建筑学科的基本问题，一步步向学生提问：建筑是什么？街区是什么？室内和室外空间环境和人们日常活动行为的关系是什么？我们在课程中接触到的空间好的地方和不好的地方各有哪些？你喜爱的空间是什么样的？怎样才能把这种空间在图纸上表现出来？想法与图纸的关系是什么？

设计初步 2 课程分为上下互动的七个阶段，观察-制图-分析-认知-体验-再造-表现，与此相对应我们设置了七个练习单元：

练习 1-空间线条：从现实城市环境观察空间，之后抽象出空间特征，进行线条排列，训练掌握以抽象线条来表现空间结构与光影的方法。

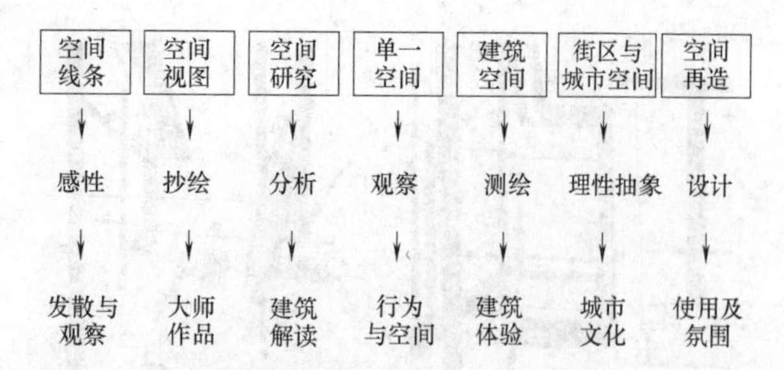

图7　7个练习单元构成解析

图8　练习1-胡同印象

练习2-空间视图：掌握制图原理，抄绘大师作品，完成建筑三视图。

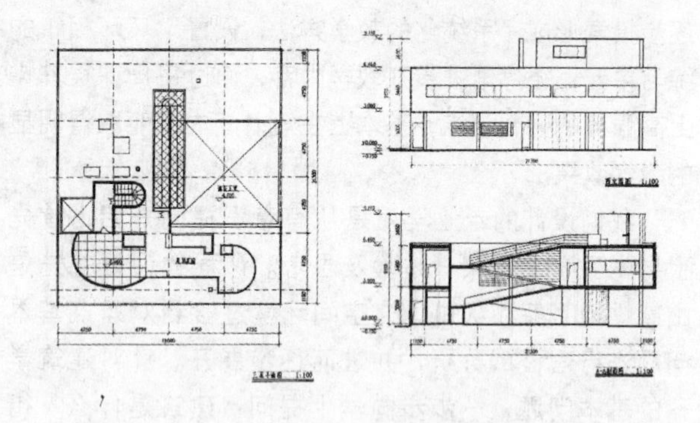

图9　练习2-萨伏伊抄绘

练习3-空间研究-研究方法；通过大师作品图纸抄绘、模型制作和绘制分析图，从不同维度解读空间，并形成平面图纸与三维空间的对应。

练习4-单一空间观察：在练习1访问过的城市环境中选取四合院或艺术家工作室进行单一空间测绘，体验一个空间的形态、功能及氛围。

练习5-建筑单体测绘：从一个空间到一个建筑，再从具象建筑实体到抽象二维图纸，从三维到两维再次进行转换。

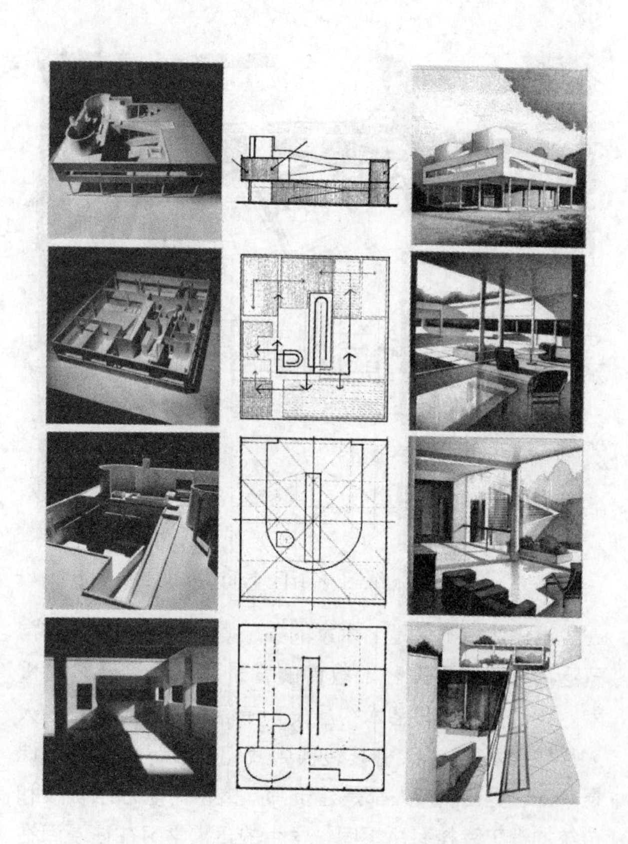

图10　练习3-空间分析

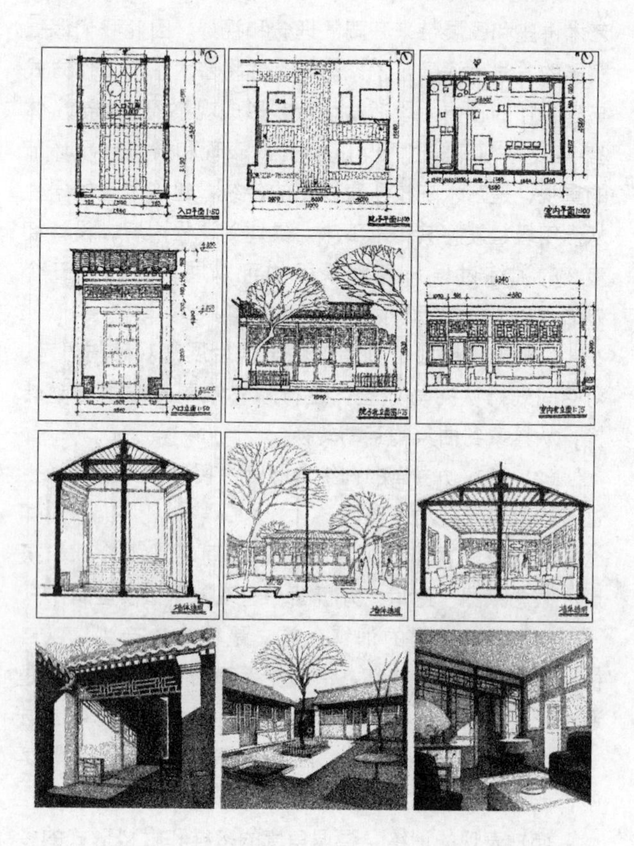

图11　练习4-单一空间测绘

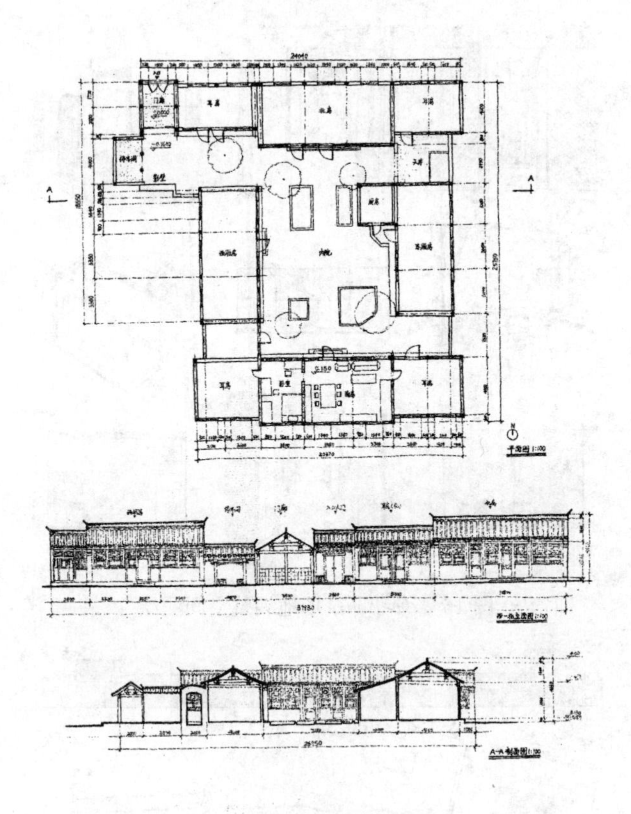

图 12　练习 5-四合院测绘

练习 6-街区环境认知：初步体会城市与建筑关系，在练习 1 的城市空间环境初步认知的基础上，进一步深入体会、分析和总结城市空间环境的尺度、特征等。

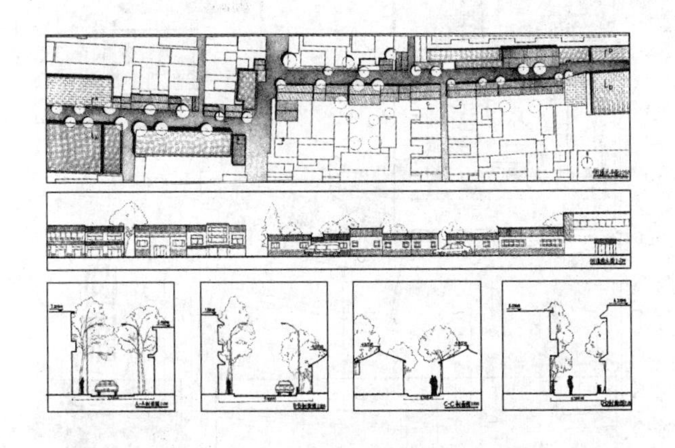

图 13　练习 6-胡同街区空间分析

练习 7-空间再造：对练习 5 所测绘的建筑单体进行空间改造设计，并学习练习 2 所抄绘的大师作品空间特征，将其改造成茶室或工作室等。其中练习 1-6 各 1 周，练习 7 需 3 周。

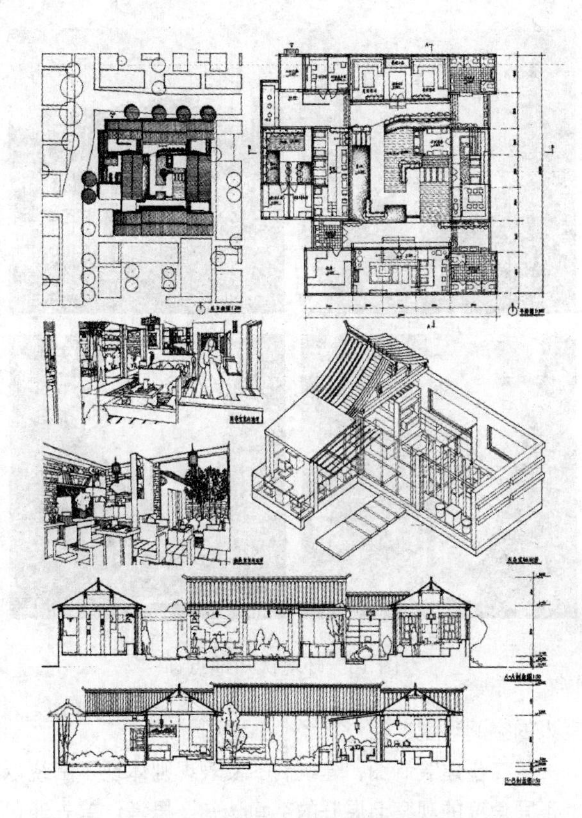

图 14　练习 7-四合院空间改造

4　“设计初步 2”课程重要节点

课程重要节点按以上 7 个练习设置，从简到难逐步推进，从线条练习到抄绘大师作品，再到测绘单体和街道，最后进行独立空间改造设计，环环相扣，循序渐进，让学生在对建筑制图规范初步掌握的同时，还同时对由小到大、由单一到组合的建筑空间概念有了进一步的认识。整个训练过程从城市空间认知这一感性发散的开端，通过空间认知方法介入，对接大师作品抄绘，重回城市空间进行实地建筑及街区测绘，三维到二维转换，从眼到手，从抄绘模仿到观察测绘再到独立表现，最终发展到改造设计实践，对所测绘的空间展开改造设计。

课程在第一步环境认知上，选取完全不同形态的城市空间，例如北京鼓楼老城区的胡同，皇家园林颐和园内的园中园——谐趣园，东北五环艺术家园区草场地等。

让学生先从城市空间表象观察不同的空间特征并记录下来，日后再将这个环节在后面的练习中予以重复，按照空间范围大小循序渐进展开空间认知，最后到街区层面，在所选区域内以不同尺度的空间作为观察对象，要求学生以不同观察方式去体验每种尺度：感受什么是

图 15　环境认知地点

宜人的空间环境?

第二步建筑制图，建筑制图及表现则体现了围绕以上不同角度的观察而展开的空间认知及思考。首先通过让学生抄绘大师作品来对空间制图形成基本的认识和了解，因此我们慎重选取了若干适合学生研习的大师作品案例，这些抄绘案例不完全从四位大师中产生，而是按着空间特征来推进，如：游历空间：柯布西耶-萨伏伊别墅；流动空间：密斯-吐根哈特住宅；有机建筑及开放空间：赖特-流水别墅；人情味建筑：阿尔瓦·阿尔托-玛丽亚别墅；古典构图空间：路易斯·康-埃西里克住宅。这些大师作品是我们经年积累的有代表性的案例，让学生在抄绘和制作模型的过程中，通过深入的分析研习，对其空间构成方法有了更透彻的理解，这一步的训练直至最后一个练习仍在发挥作用。

第三步是以上所学技能回到现实环境中再次重复训练，通过对所观察城市街区中的实体建筑展开测绘，并对街区空间尺度及城市空间进行理性分析，最后对所测绘的空间进行改造设计。学生运用大师作品空间解析练习时积累的空间语言，同时又两次去过需改造的现场，再结合实体空间现状，加入自己对茶室、工作室等功能的设想，就能有的放矢来完成一个有意思的改造设计，并举一反三，在最终这个练习中复习巩固了前面所有的学习和实践环节。

课程结束，每个学生都收获厚厚的一叠制图练习及空间表现图纸，还有专业知识技能和丰富的学习体验，作为设计初步 2 训练的成果。

图 16　练习 4-草场地展览空间测绘

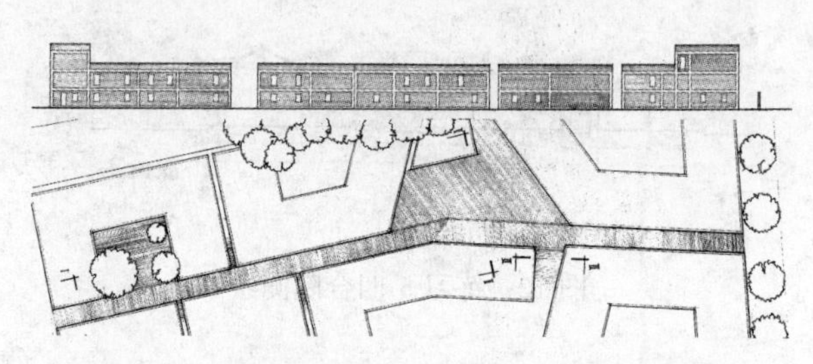

图 17　练习 6-街区空间分析

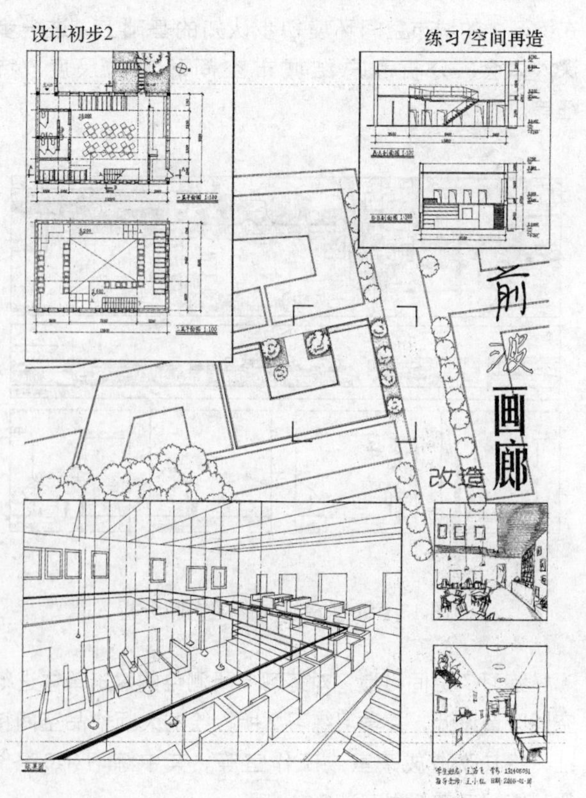

图 18　练习 7-画廊空间改造

我们数年来的教学实践表明，以上的系列练习层次丰富、合理有效，从训练学生对尺度由小及大的递进感知、对空间由细节到整体的整合认识；到对不同表现工具的使用、不同造型手段的确立、空间认知入门到独立设计开端、平面布局、立面设计、室内设计、家具陈设、人体工学乃至景观设计的综合训练，都更丰富、更全面、更立体、更系统。

5 “设计初步 2”课程总结

课程“设计初步 2”在央美经历了从发散思维训练和机械化制图训练初级阶段，到逐渐形成知识相互关联的一个系统化过程。最明显的一点是之前学生有时候会为了完成作业而画图，其实并不知道自己画的是什么，只是一种机械被动的拷贝。这导致很多高年级学生在基本的建筑制图上还常犯错误，老师需要花费很多精力进行反复指导修正。经过改革后的《设计初步 2》课程训练，学生在高年级学习中这种现象大为改观。

中央美院建筑学院基础部“设计初步 2”课程在任课教师团队的一致努力下逐渐专业化和系统化，让学生在短短两个多月时间里，通过线条练习进入到理性的建筑专业学习上，对建筑制图规范有了初步掌握，还通过抄绘研习大师作品和对城市空间、建筑空间的调研和测绘，对建筑空间、结构和构造及城市空间概念有了进一步的认识，并进一步能够独立完成自己的第一个精彩的空间设计作品，并最终运用富于个人特色的方式予以图纸和模型表达。在这个循序渐进的学习过程中，学生只有理解和掌握了前一个单元的练习，才能继续进行下一个单元的练习，课程作业量和信息量很大，并浓缩了大量的建筑学科基础知识和设计方法，七个练习做完，学生的压力和收获都是非常巨大的。

图 19　外出教师学生合影

千里之行，始于足下。设计初步课程改革的意义在于给初入建筑学科大门的学生头脑里播下专业意识的种子，训练专业基础技能、建构正确的专业认识、并形成富有美感的建筑表达方式。中央美院建筑学院基础课程“设计初步 2”，将在这一教学宗旨和基础上继续探索、传承、发展、积累，并渐渐走向成熟。

参考文献

[1]　顾大庆，柏庭卫. 建筑设计入门［M］. 中国建筑工业出版社，2010.

[2]　吕品晶. 培养具有艺术家素质的建筑师——中央美术学院建筑学院的办学思路和实践探索［J］. 建筑学报，2008（2）：1-3.

董宇　崔雪　史立刚
哈尔滨工业大学；dongyu. sa@hit. edu. cn；
Dong Yu　Cui Xue　Shi Ligang；
Harbin Institute of Technology

基于寒地冰雪建造的系列教学实践*

Series of Teaching Practice Based on Cold and Snow Construction

摘　要：由于对传统的冰雪建造实践的认知存在偏差，导致其相关建造实践缺乏创新，且未出现相关教学实践活动。在可持续发展主题和国家政策重视的契机下，哈尔滨工业大学建筑学院依托"哈尔滨国际冰雪建造节"，以及国内外高校及社会多方力量，展开了基于技术创新的充气膜承冰壳联合建造系列教学实践。在此基础上，针对逐步成熟丰富的建造实践形成一定的理论总结及教学经验归纳，以期构建逐渐升级完善的相关教学体系，为后续的冰雪建筑设计与实践创新，以及人才培养提供可续支持。

关键词：冰雪建造实践；教学体系；教学实践；国际化；多元协作

Abstract: Due to the realization deviation of the traditional ice-snow construction practice, it cuases that the related construction practice lacks innovation and there is no relevant teaching practice. Based on the Harbin International Ice and Snow Construction Festival, the strengths of universities and society and the opportunity of sustainable development theme and national policy, Harbin Institute of Technology of Architecture launched the pneumatic membrane supporting ice shell structure of joint construction and teaching practice based on technological innovation. On this basis, a certain theoretical summary and teaching experience are formed for the gradually mature and rich construction practice, in order to build and upgrade the relvant teaching system and provide continuous support for the subsequent ice and snow building design and practice innovation, as well as talents training.

Keywords: Ice and snow construction practice; Teaching system; Teaching practice; Internationalization; multi-collaboration

1　背景

1.1　传统认知匮乏与创新缺失

传统寒地冰雪建造主要建设于公共环境，以支持观览、展示等社会活动，在国内传统建筑教学系统中尚未出现基于冰雪材料的空间性建造的相关教学实践。由于建造传统惯性与缺乏技术更新，国内传统建造方式主要以砌筑式为主，包括冰雕、雪构等，形式较为单一，且由于自身缺乏创新性，逐渐故步自封。因此冰雪建造实践的创新及其教学活动亟待开展，对相关人才培养迫在眉睫。哈尔滨工业大学（HIT）建筑学院联合土木学院主办的"哈尔滨国际冰雪建造节"即是国内此领域的一次突破性的尝试。

*　黑龙江省教育科学规划重点课题：基于寒地可持续性建造实践研究的国际化教学体系研究；
黑龙江省高等教育教学改革项目：基于严寒地区冰雪建造实践的国际化教学体系。

1.2 当代发展契机与实践创新

近年来，国家对特色冰雪地域资源开发给予了足够扶持和重视，且冰雪材料的可持续性与当代可持续建筑观高度契合，这为国内冰雪建造的发展提供了有利契机。“哈尔滨国际冰雪建造节”的建造教学实践不同于传统建造，以充气膜为模板，在低温下对其外表面逐次喷射液体复合冰，待其凝结成型至满足结构强度后撤除充气膜最终形成冰壳。在国际上，充气膜承复合冰喷射技术多以高校教学实践的形式展开[1]，在国内尚未普及，因此依托于此的冰雪建造教学实践具有较高的科研价值和人才培养价值。

2 前期联合建造教学实践的探索检讨

早在2016年，HIT建筑学院联合荷兰埃因霍芬理工大学（TU/e）、荷兰代尔夫特理工大学（TU/d）及比利时根特大学（Ugent）等国际知名高校就已开展“哈尔滨国际冰雪建造节”，针对逐渐丰富的实践积累对教学实践环节出现的相关问题展开探索检讨。

2.1 建造技术尚未成熟

在2016—2017年的冰雪建造教学实践中，哈工大建筑学院及土木学院的师生团队联合TU/e的Arno Pronk等国际专家逐步展开了基础的理论积累、技术应用及实践教学，并取得了一定建造成果（图1）。然而由于建造技术不成熟、实践经验不充分、设备设施非标准化、施工质量参差不齐等原因导致实际成果与前期方案存在一定偏差[2]。如因气压设备控制不精准，导致“Frozen Fountain（2017）”在建造中由于内压过大导致充气膜炸裂，后采用贴纸进行修补，但这对其美观度产生影响（图2）。

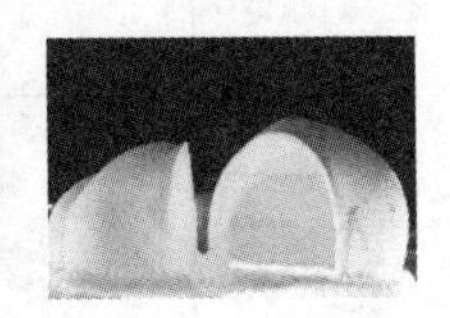

图1 从左至右分别为雪莲（2016）、Walts（2017）、Frozen Fountain（2017）（图片来源：HIT建筑学院）

图2 充气膜炸裂对其贴纸（图片来源：HIT建筑学院）

2.2 理论-实践教学断层

既有的冰雪建造教学实践将精力大多集中在实践环节，较注重作品的建构性及完成度，对理论学习储备、建造备忘总结及理论实践比对关注较少，因此理论与实践教学出现严重断层，这对教学模式的体系化形成产生了阻碍。

2.3 协作沟通模式单一

（1）学科互动单一

现有冰雪建造教学实践仅包含建筑学、土木工程2个专业，缺乏相关学科的参与为其提供更为丰富的创作支点，如以冰雪材料特性出发的材料科学、以形态轨迹出发的计算机学科。

（2）校企合作缺失

2016年的寒地冰雪建造教学实践仅在建筑学院展开，存在一定的封闭性，其与社会的脱节使其影响力减弱的同时，也丧失了学生与社会对接的接口[3]及校企联合教学实践的机会。

2.4 前期联合建造教学的实践积累和经验总结

目前的冰雪联合建造实践教学在国内已展开新篇章，逐步形成了一定的作品积累和技术理论，但相较建筑学其他较为成熟的教学方向，其教学体系还存在很大的提升空间。

3 冰雪建造教学实践的突破创新

3.1 国际化授课教学体系创新

（1）设计理论课与设计实践课相融合的国际化设计课程体系

充分挖掘冰雪材料的可持续性，引进国际专家学者的先进教学，实现设计理论教学的先进性；采取本硕联合、国际联合及跨学科联合等多元合作模式保证设计实践教学的完整性，最终构建设计理论课与设计实践课相融合的国际化课程体系。

（2）跨专业教师联合授课的教学模式研究

组织多学科教师联合授课，建立联合工作坊、

workshop、studio 等，开展多元学科的综合探索，丰富教学内容，增加设计深度，实现多轨式实践教学。

（3）寒地建造实践教材体系构建研究

引进国际先进的寒地建造实践教材体系，在教学大纲指导下，针对已有的建造积累及预期的建造实践，针对教学改革的特点编写寒地冰雪建造实践新教材，逐步完善教材体系的建设。

（4）考试方法与教学质量评价体系研究

针对联合教学、国际化教学、设计理论实践融合等特点，逐步制定较为合理的累加式考试与教学质量评价体系。

3.2 国际化实践教学体系创新

（1）邀请国际知名专家开展专题讲座、专题报告、高峰论坛等学术活动

长期邀请国际专家进行专题讲座，提供良好的国际化学术氛围，如由 TU/e 的 Arno Pronk 教授带来的复合冰喷射技术为本土冰雪建造提供了材料创新的新思路。此模式的持续化将实现前沿理论技术与本土建造实践的融合，从而为杰出人才培养奠定技术基石[4]。

（2）开展师生共同参与的国际化冰雪建造实践

"哈尔滨国际冰雪建造节"是师生共同参与研讨设计、建造实践的典型，在今后的联合建造实践中，应积极展开和国际知名高校的联合工作营，这将极大调动师生的参与积极性。

（3）建立寒地冰雪文化设计的教学名片

近年来，逐步形成"哈尔滨国际冰雪建造节""哈尔滨国际冰雕大赛""哈尔滨国际雪构建造竞赛"及"校园冰雪文化节"等国际化系列教学实践，同时为教学体系的建立提供了充分的实践基础。

3.3 冰雪建造教学实践的初期成效和长远效应

（1）初期成效

既有冰雪建造教学实践已形成一定数量的作品，同时形成了相关理论总结，如学生在论文中针对"中华祥云塔"总结绘制的建造施工简图，针对建造过程出现的问题及修正措施进行了总结备忘（表 1）（中华祥云塔是 HIT 与 Tu/e 在 2017 年合作建造的世界上已建成的最高冰壳体）。

（2）长远效应

未来寒地冰雪建造实践侧重与国际薄壳与空间结构协会（IASS）逐步建立更深刻的合作模式，与国际最为先进的前沿技术接洽对接。

2022 年冬奥会，哈工大建筑学院致力于在这一国际平台展示中国本土的冰雪建造技术，这将是逐渐完善的教学实践体系的试金石，图 3 为冰雪建造教学实践突破创新的技术逻辑图。

"中华祥云塔"建造简图　　表 1

施工顺序	施工简图	备　注
环梁锚杆		用冰水逐次浇筑冰块形成环状基础梁，地面钻孔预设锚杆进行基础连接锚固
充气膜连接		冰环梁抵抗上部侧推力，限定充气膜水平位移，用 U 形扣将绳索固定至锚杆处
充气膜充气	300Pa	将充气膜内压保持在 280～320Pa 范围之内，保证充气膜的结构承载力和稳定性
复合冰喷射		保证足够的低温和弱日照、充分的喷射间隔、凝结时间，定期测量壳体的厚度
撤除充气膜		多次喷射水-纸纤维液体复合冰材料至满足结构强度的壳体厚度，撤除充气膜

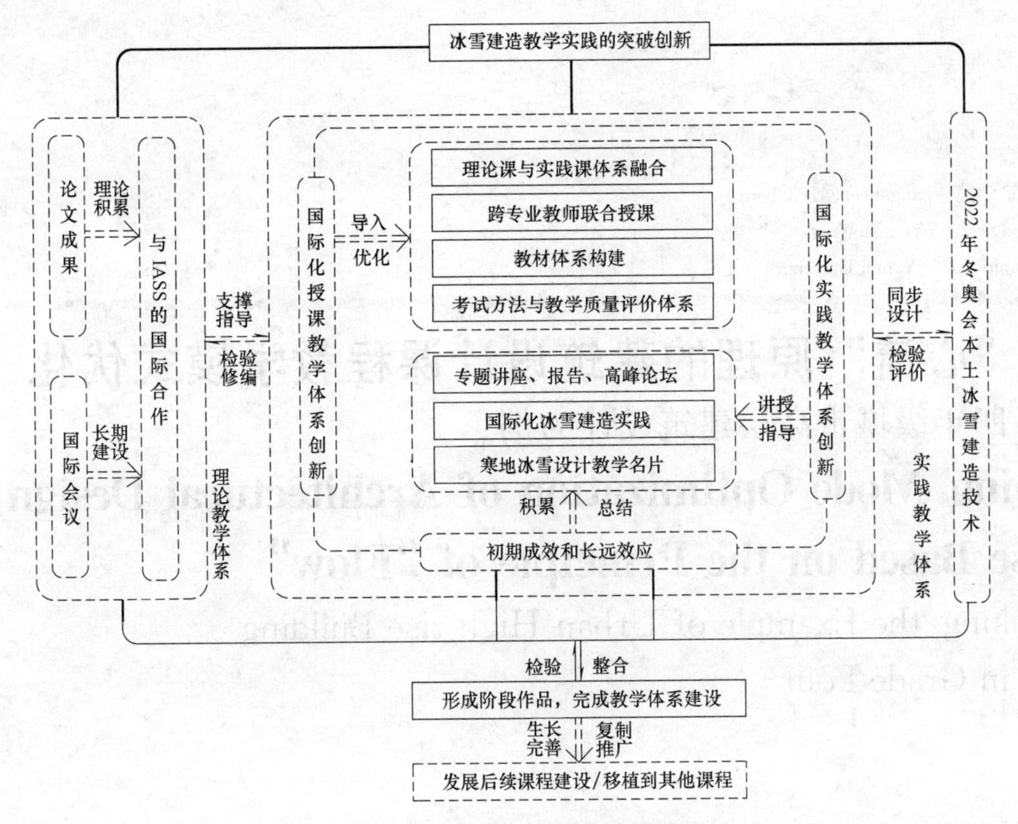

图3　冰雪建造教学实践突破创新

4　结语

寒地冰雪建造教学实践的一个关键性环节是理论与实践的充分结合，理论教学指导建造实践，实践反馈形成教学体系的修订。如何完善建造技术的理论升级和建造实践的思考备忘是目前建立体系化教学系统的关键所在。虽然目前已形成了一定的实践积累和教学切入，但建造实践教学各环节的相互配合难以协调，因此尚未形成较为三维化的教学体系。因而在后续的理论实践教学中，还需进一步完善冰雪建造技术引进、多学科协作、实践积累总结、教材体系建构及教学质量评估等工作的落实。

参考文献

［1］ Pronk A. D. C，Luo P. Li Q. P. Sanders F. Overtoom M. Coar L. Success factors in the realization of large ice projects in education. Hamburg：lass Symposium，2017：1-8.

［2］ 常青．建筑学教育体系改革的尝试——以同济建筑系教改为例［J］．建筑学报，2010（10）：4-9.

［3］ 董宇，白金，董慰．多元联合新常态下的本科开放式研究型课程模式更新探索［C］//全国高等学校建筑学学科专业指导委员会．2016全国建筑教育学术研讨会论文集．北京：中国建筑工业出版社，2016：36-41.

［4］ 韩衍军，董宇，史立刚．国际化研究型本科设计类课程教学体系研究［C］//全国高等学校建筑学学科专业指导委员会．2013全国建筑建筑学术研讨会论文集．北京：中国建筑工业出版社．2013：17-20.

高宏波　张巍　于英
烟台大学建筑学院；pangsheep@163.com
Gao Hongbo　Zhang Wei　Yu Ying
School of Architecture，Yantai University

基于“心流”原理的建筑设计课程教学模式优化
——以四年级城市高层建筑设计为例

Teaching Mode Optimization of Architectural Design Course Based on the Principle of “Flow”
——Taking the Example of Urban High-rise Building Design in Grade Four

摘　要：针对传统建筑设计教学模式中教学过程持续时间长、目标模糊、有效反馈不足甚至缺失，易导致学生缺乏积极性，学习效率低下等问题，尝试运用“心流”原理对教学模式进行优化。通过教学阶段的划分、设计目标的梳理，以及评价机制的调整与强化，形成对学生学习进度的“及时反馈”与积极干预，提高学生的学习积极性及学习效率。

关键词：心流；教学模式；建筑设计教学；及时反馈

Abstract：Due to the defect of traditional teaching model of architectural design：lengthy duration，fuzzy objective，the lack of effective feedback，students are very likely to lack enthusiasm and reduce their efficiency of study. A way to optimize the traditional teaching model by the principle of “flow” is useful. By the division of teaching stage，arrangement of design goals，and adjustment of evaluation mechanism，“timely feedback” and positive intervention in the student′s learning progress will be established to improve the students′ learning enthusiasm and learning efficiency.

Keywords：Flow；Teaching model；Architectural design teaching；Timely feedback

1　传统建筑设计课教学模式的特点与问题

建筑设计课的传统教学模式要求学生在教师指导下依照任务书要求进行建筑设计练习，在过程中逐渐掌握建筑设计的程序与方法，同时提高学生的理论素养和相关能力。

建筑设计课的教学过程具有非常鲜明特点，主要表现在以下几个方面：

（1）持续时间长

建筑设计涉及环境、空间、型态、功能、结构、设备、材料等许多方面，且没有唯一答案，必须有足够的时间才能允许学生展开多角度、多层次的研究，并最终完成设计成果的表达。通常一个设计的周期为6～8周，一些规模较大、难度较高的设计题目甚至需要12～16周。

（2）以小组为单位一对一辅导

建筑设计是一种创造性活动，学生间的设计思路往往会有较大差别，要求指导教师采用一对一辅导的方式来进行教学。一般每名教师负责8～12名学生，形成指导小组。每一次上课，教师都会针对学生在设计中出现的问题给出建议，学生则根据教师的意见进行调整。在这种不断循环的过程中，设计方案逐步完善，直到最终完成。

建筑设计的创造性本质以及传统教学模式的特点都决定了只有教、学双方在设计过程中都全身心投入才有可能保证设计的正常推进，并取得比较理想的效果。而相对漫长的设计周期以及不断重复的交流方式却在客观上很容易导致学生的兴奋度逐渐降低，进而拖延设计进度，在临近结束时熬夜赶工。这种方式往往会增加学生对设计过程的负面体验，进一步降低对建筑设计的兴趣与热情，影响设计质量。

2 "心流"原理及其应用

面对上述问题，作为建筑教育工作者，必须从建筑设计教学的既有特点出发，从教与学两个方面进行全面考量，认真剖析传统教学模式与人的认知学习行为特点之间的关系，找出其中的关键问题，并提出改进措施。

2.1 "心流"现象及其原理

1975年，美国心理学家米哈里·希斯赞特米哈伊(Mihaly Csikszentmihalyi) 提出了"心流"(flow) 概念，并将其描述为一种人们完全投入某项具体活动或任务时达到废寝忘食、乐在其中状态的积极心理体验[1]。米哈伊·西斯赞特米哈伊总结出心流体验的9个特征：清晰明确的目标、技能与挑战的平衡、准确而即时的反馈、行为与意识的融合、专注一致、潜在的主控感、自我意识丧失、主观的时间感改变和自为目的性体验。

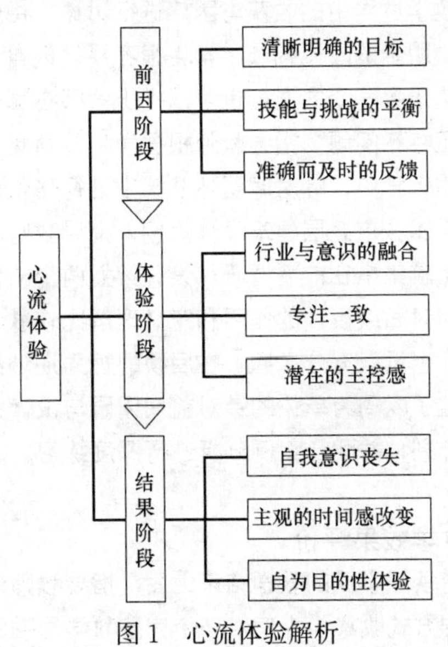

图1 心流体验解析

Chen (2006) 将心流体验归纳为三个阶段：前因阶段、体验阶段和结果阶段。心流的体验和结果阶段源于前因阶段的准备，而前因阶段的变量又取决于三个前提条件：清晰明确的目标、技能与挑战的平衡，以及准确而即时的反馈（图1）[2]。

2.2 "心流"原理的应用

研究表明，任何一项持续性活动，不论是游戏或工作，如果具备心流体验前因阶段的三项条件，往往会促进人在操作、工作过程中产生积极心理体验，提高其参与的积极性和主动性。如在企业管理方面，许多企业通过将长远业绩目标分解，降低阶段性工作难度，并结合及时的考核、反馈制度来激励员工的工作热忱和积极性；在青少年的人格塑造及良好习惯培养方面，已有相关专业机构利用心流原理，在尊重青少年的兴趣的基础上，帮助他们设定合理的目标，建立积极正面的反馈，同时杜绝盲目的批评，促进青少年的健康成长[3]。

3 基于心流原理优化建筑设计课程教学模式

3.1 教学优化策略

对照产生心流体验的相关条件——清晰明确的目标、技能与挑战的平衡、准确而即时的反馈，可以发现传统建筑设计课的教学模式在这几个方面均存在问题。如何创造条件，激发学生的学习积极性，是建筑设计教学模式优化的最重要目标。主要思考有以下几个方面：

(1) 针对设计目标不清晰的问题，将总体目标拆分为便于明确描述的系列目标。包括定量与定性两部分。这样一方面有助于学生更全面地理解设计要求，帮助他们深入理解建筑设计所涉及的各类要素及它们之间的相互关系，另一方面可以通过这种方式让学生逐渐掌握建筑设计的主要步骤、环节，以及操作方法。

(2) 针对设计任务的挑战性与学生技能不平衡的问题，将长周期教学以阶段性目标为基础划分为相互关联的不同阶段，并以适当的形式予以强调，使学生对设计的推进有明确的标准可以遵循，可以对自己的设计进度进行正确评估，能够看到与最终成果的距离，达成挑战与技能的平衡，增加信心。

(3) 针对缺乏准确、及时的反馈的问题，以适当的方式强化阶段性考核与评价，使学生持续获得有效地意见与建议，有助于保持兴奋，持续投入。当然，所有的考核与评价均应结合各个设计阶段的工作目标来进行，其介入的时间点也应该考虑各阶段的衔接，从而达到设计周期，设计目标，以及有效反馈密切结合、整体推进的教学效果（图 2）。

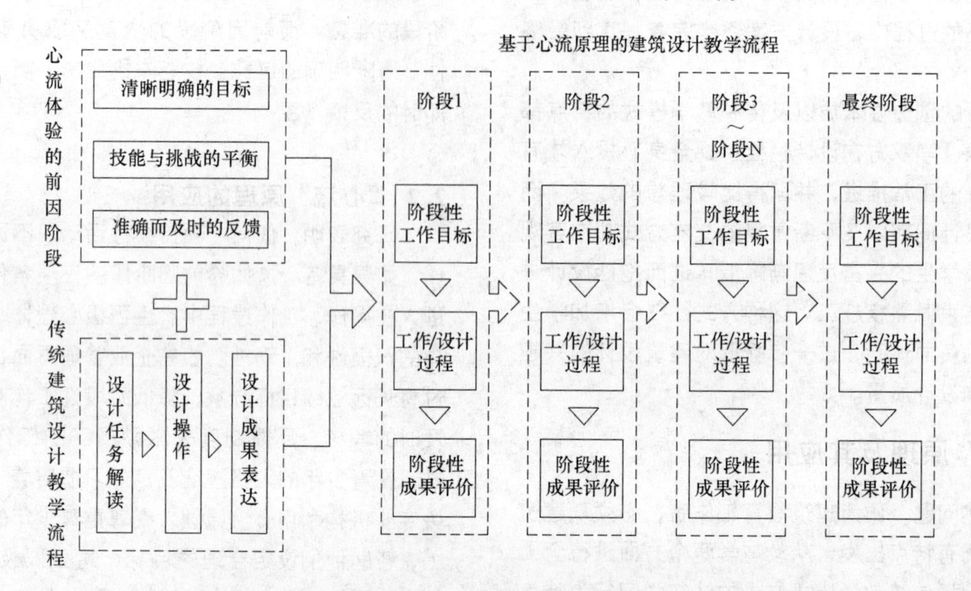

图 2　基于心流原理而优化的建筑设计教学模式

3.2　教学过程简介

(1) 阶段性过程控制的长周期模式（12 周）

随机挑选建筑学专业 4 年级的一组学生（12 人）作为试点，设计题目为城市高层建筑。这一题目既包含建筑设计的内容，也涉及城市设计要素，分阶段的递进式教学方式可以很好的将设计目标分解为一系列互相关联的小问题，将难度相对降低，力求达到挑战与能力的匹配。另外，四年级学生对传统教学模式比较熟悉，他们通过亲身体验，可以对新、旧两种模式的优劣进行相对全面的评价，提供有效的反馈意见。

在教学准备阶段，指导教师经过反复讨论与交流，形成详尽的任务书及教学计划，并梳理成为设计进度表，其内容包括设计阶段的内容构成、时间限制，成果要求，以及考核评价方式。设计进度表每个学生一份，每次阶段性成果的考核会以量化成绩的方式在表中记录，并以一定的占比作为最终成绩的一部分具体内容如图 3 所示。

在各设计阶段开始时通过专题讲座的方式将本阶段的任务、目标、操作工具，以及方法、成果要求，相关案例等进行详细讲解，在认知层面让学生明白本设计阶段的作用和意义，明确要完成的工作；进入设计操作阶段后，通过小组成员集体公开展示、汇报阶段性成果以及教师即时点评打分相结合的方式，形成高效率的师生互动与反馈。

为增加评价的客观性及趣味性，在阶段性成果展示时段，由同学们首先进行相互观摩并打分，促进其相互交流与学习。教师则可以根据同学相互之间的打分情况来评估学生对设计任务的理解与认知程度，并发现一些隐含的问题。在教师点评及打分阶段，由至少两名教师共同参加，其目的也是为增加评价的客观性与全面性。

在最终设计成果提交后，则进行全体成员参加的正式汇报及答辩，期间会邀请其他教学小组或外聘教师共同参与，一方面可以增加活动的仪式感与严肃性，另一方面还是希望会引发不同角度的思考，增加反馈的客观性。

(2) 专题性、重复性的短周期模式（4 周）

在分阶段的长周期设计结束之后，组织师生交流会，对教学过程中的收获与困惑进行讨论，由于设计教学本身由明确的阶段构成，学生很容易发现自身存在的问题是属于哪一个方面，也可以指出教师在哪一个环节的教学还存在问题。指导教师根据学生的意见，在后续的短周期教学中，针对薄弱环节集中进行强化训练。

还是以城市高层建筑设计为例，指导教师发现学生的问题比较集中在前期调研和设计策划两个阶段，对调研与策划对后续设计的作用和意义理解比较肤浅，其方法和思路也没有充分掌握。在后续的短周期训练中，教学组制定了以周为单位的针对前期调研与设计策划的专门训练计划，并配合案例分析进行深度练习。

3.3　教学效果评价

在持续一学期的教学结束之后，指导教师通过问卷和对谈的方式收集学生们对一个完整教学周期的心得体会。经过整理与统计，发现有 9 名学生明确表示更喜欢新的教学模式，认为新的模式让他们发现建筑设计不再是不可言说“黑箱”过程，而是可以通过适当的步骤以及可掌握的方法来逐步推进，有助于自信心的建立，并提升对建筑设计的热情。全组同学互相观摩和教师当场打分的方式也在客观上对他们形成了一定的压力，促使学生增加对设计的投入和付出。另外，有 3 名学生表示无所谓，经过交流后发现这几名同学对未来的职业有其他考量，很可能不再从事建筑设计工作。没有学生对新教学模式持否定的态度。

总之，这种基于“心流”原理的新教学模式获得了同学们比较积极的反馈。

设计阶段	工作目标	周次	目标解析	工具	方法	成果要求	评价反馈方式	备注	得分
01 前期调研	掌握设计条件 理解任务要求	第一周	明确设计要求 了解类型特点 收集基础资料 考察现状条件	多媒体设备 图书资料 图像记录设备 互联网	集中讲授 背景资料收集整理 现场考察 记录 分析比较	调研报告(PPT) 区位分析 现状分析 文脉分析 规划要求等	集中汇报 教师点评 现场打分	汇报及讲评 在每次课进行	满分为5分
02 设计策划	明确设计方向 确立总体定位	第二周	考察高层实例 收集优秀案例	图书资料 图像记录设备 互联网 问卷	案例收集与整理 现场考察 信息记录与整理	调研报告(PPT) 优秀高层建筑 案例分析	集中汇报 教师点评 现场打分	汇报及讲评 在每次课进行	满分为5分
		第三周	明确设计定位 确立总体构想	图像处理软件 数据处理软件 各类分析图纸	案例分析 问卷统计 对照分析 归纳总结	项目策划报告(PPT) 区域发展预期 业态构成分析 总体定位	集中汇报 教师提问 学生答辩 现场打分	第三周第二次课 集中汇报及答辩	满分为10分
03 要素梳理	分析内外条件 筛设计要素	第四周	把握现状特点 明确要素构成	图像处理软件 分析图纸 体块模型	场地分析 实体模型 多方案比较	场地分析图 总平面图 体块模型	集中汇报 教师点评 现场打分	汇报及讲评 在每次课进行	满分为5分
04 要素整合	尝试要素分布 确立总体布局	第五周	尝试要素分布 研究总体布局	草图 图像处理软件 分析图纸 体块模型	场地分析 实体模型 多方案比例	总平面图 体块模型 业态分析图 交通分析图	集中汇报 教师点评 现场打分	汇报及讲评 在每次课进行	满分为5分
		第六周	推敲空间结构 明确形态组合	草图 图像处理软件 分析图纸 体块模型	设计分析 实体模型 多方案比较	中期成果汇报文件(PPT) 总平面图 体块模型 各类分析图	集中汇报 教师提问 学生答辩 现场打分	第六周第二次课 集中汇报及答辩	满分为15分
05 设计优化	优化空间与形态 整合结构与设备	第七周	确定总体布局 优化功能组织	草图 图像处理软件 分析图纸 体块模型	设计分析 实体模型 多方案比较	总平面图 标准平面图 裙房平面图 各类分析图 模型	集中汇报 教师点评 现场打分	汇报及讲评 在每次课进行	满分为5分
		第八周	完善交通流线 确定结构选型	电子图纸 图像处理软件 分析图纸 电脑模型	设计分析 多方案比较	总平面图 各层平面图 剖面图 结构实体模型 各类分析图	集中汇报 教师点评 现场打分	汇报及讲评 在每次课进行	满分为5分
		第九周	材料研究 造型推敲 细节设计	电子图纸 电脑模型	设计分析 多方案比较	电子三维模型 (多方案) 环境设计模型	集中汇报 教师点评 现场打分	汇报及讲评 在每堂课进行	满分为5分
		第十周	完善地库布置 满足技术要求	电子图纸 电脑模型	设计分析 多方案比较	地下车库平面图 完善的各层平面图	集中汇报 教师点评现场打分	汇报及讲评 在每次课进行	满分为5分
06 成果表达	完善设计细节 表达设计成果	第十一周	完善技术图纸 完善细节处理	电子图纸 电脑模型 实物模型 图像处理软件	版式比较 互相观摩	A0图版 (包含所有设计内容) 实物模型 汇报文件(PPT)	集中汇报 教师提问 学生答辩 现场打分	第十二周第二次课 集中汇报及答辩	满分为35分
		第十二周	完成最终成果 制作汇报文件						

图 3 城市高层建筑设计进度表

4 结语

从“心流”原理出发，将“清晰的目标”“及时的反馈”和“挑战与技能的平衡”等原则具体运用到建筑设计教学环节的架构之中，形成以长、短教学周期互为补充的，整体可控的教学模式，可以形成教师与学生之间、学生与学生之间，以及各个教学环节之间多角度、全方位的反馈体系，使学生者更好地了解自己的学习、掌握自己的学习，进而优化学习过程，弥补自身不足，客观上形成某种有利于学生获得积极心理体验的机制，并提高学生对建筑设计的兴趣和积极性。另外，教师也可以通过这种新的教学模式，及时掌握学生的学习情况，及时改进教学，给予学生更有针对性的个性化的指导。

参考文献

[1] Mihaly Csikszentmihalyi. Beyond Boredom and Anxiety [M]. San Francisco：Jossey-Bass，1975：72.

[2] 龙娟娟. 心流体验视角角下的运动健身类 App 交互设计研究 [J]. 装饰. 2016 (8)：138.

[3] 陈欣. 心流体验及其研究现状 [J]. 江苏师范大学学报 (析学社会科学版). 2014 (5) 5：150-155.

刘敏
同济大学建筑与城市规划学院；liuminarch@126. com
Liu Min
College of Architecture and Urban Planning，Tongji University

嵌入与拓展
——“建筑策划”研究生课程体系的建设与教学手段的探讨

Embedding and Expanding
——Discussion on the Construction and Teaching Methods of Postgraduate Course System in “Architectural Programming”

摘　要：本文结合“建筑策划”研究生课程开设情况，分析了研究生阶段课程体系特点。重点研究适宜的建筑策划理论知识体系、嵌入式教学手段及方法体系、实作及考核体系以及相关教学手段和方法；探讨了“建筑策划”适应社会需求的知识及方法的拓展，并展望了“建筑策划”课程未来发展的方向和课程改革的前景。

关键词：建筑策划；嵌入；拓展；教学手段

Abstract：Combined with the establishment of postgraduate courses in “Architectural Programming”，this paper analyzes the characteristics of the postgraduate course system. It focuses on the study of appropriate architectural programming theory knowledge system，embedded teaching means andmethod systems，operation and assessment systems，and related teaching means and methods. The paper discusses the knowledge which meets the needs of the society in “Architectural Programming” and method expansion and looks forward to the future development of the “Architecture Programming” course and the direction of curriculum reform.

Keywords：Architectural Programming；Embedding；Expanding；Teaching Methods

1　课程体系的设计

建筑院校作为人才培养的摇篮，在培养体系的建设上应具有前瞻性，开设与社会发展相适应的课程，以满足社会对未来人才的需求。基于此目标，同济大学在研究生培养体系的课程设置中增加了“建筑策划”课程，并在 2005 年首先对研究生开设了“建筑策划”课程，同济大学也是此课程设置较早建筑院系之一。

本课程的目的是使学生全面系统地了解建筑策划的基本内容和方法，基本掌握建筑策划的整体体系，有助于学生形成对规划和建筑设计的理性思维和科学决策，为进一步的专业学习和设计实践建立良好的基础。教学内容以美国、英国、日本的建筑策划理论，特别是代表建筑策划前沿的美国 CRS 建筑策划理论与体系的介绍为主，介绍建筑策划在建筑设计阶段的必要性及具体方法。

在研究生课程体系的建设中，授课团队为同济大学建筑与城市规划学院“建筑策划与类型学研究团队”，授课团队的教师有建筑策划的理论研究基础及实践经验，以基础理论及方法、中国特色的建筑策划拓展及实践、面向未来的职业教育来进行课程的定位。通过理论课程以及实践练习，让学生熟悉并掌握建筑策划的一般程序及方法。整体课程分为三大部分：“建筑策划理论教学”以熟悉美国CRS建筑策划理论体系和“建筑策划方法”的介绍，让学生熟悉CRS策划操作“五步法”；第二部分介绍CRS信息矩阵，强调深入案场、注重实地调研、定量及定性的分析数据来自于基层的“Squatters”的工作程序及方法；第三部分则是采用orkshop的工作方式让学生能够进行建筑策划实作训练和实践练习，在训练中进行具体项目的策划实践并体验团队工作氛围，在团队合作中模拟多主体对项目的定性和定量的需求，并熟悉从目标到提出设计阶段应解决的问题等诸多环节以及各环节层层紧扣的工作链。

2 递进的课程体系三环节

根据对研究生培养计划的要求，我们按照授课计划分为3个环节并根据实际情况在每学年授课期进行符合实际情况的微调以更符合开放与发展的课程教学原则。

2.1 基础理论知识环节

(1) 建筑策划理论及方法的介绍：我们的“建筑策划”理论和方法的教学以威廉·佩纳和Steven A. Parshall撰写已出版至第5版的《Problem Seeking: An Architectural Programming》一书作为理论的蓝本，重点介绍策划“五步法”以及“问题找寻”中的包含“目标、事实、概念、需求相对应的功能、形式、经济、时间”等对应形成的建筑策划矩阵表的信息收集及处理的方法，并在授课过程中针对中国的具体国情强调灵活应变性的信息矩阵建立和信息处理方法。

(2) 不同国家和地区对建筑策划的认知和理论及方法的差异：鉴于建筑策划在日本、欧洲等国的都有较长历史的发展与应用，我们的理论教学也介绍这些国家的建筑策划的发展进相关理论和信息收集及处理的方法。

(3) 建筑策划在中国的发展与应用：由于中国2000年以后至今的建造活动的量大面广，以及建筑设计行业的实际需求，作为能保证建筑设计及建成质量的建筑策划阶段的引入是必然趋势，同时也有包括建筑院校、设计院、地产开发等众多学者对建筑策划的理论研究和实践触发了对建筑策划的理论研究和方法运用，我们也针对现状做出国内研究状况的梳理并传授给学生以使他们对此有全方位的了解。

2.2 策划方法及案例研究环节

(1) 熟悉设计院及相关策划咨询单位对建筑策划的操作程序。

(2) 了解实际案例的策划流程和方法：案例研究是一种直观而有成效的方法选择不同类型的实践项目从规划到建筑单体的策划案例进行介绍，以使学生们了解从宏观到具体的不同项目策划应对的方法和具体策略。

2.3 以团队为主导的建筑策划实践体验环节：

(1) 建筑策划课程作业：在老师的指导下进行项目的策划（真题假作），题目的选择经过精心挑选以符合教学目的。

(2) 体验团队协作：课程作业以模拟项目策划全过程，强调团队为主体的分工协作，通常组队人数为4～6人，按照项目分工原则设置组长和组员，从分工、工作范围和工作量分解，到制定工作计划、策划步骤和工作的安排（图1、图2）；调研安排、信息和数据分析、工作会议、完成策划文件和终期汇报都以团队协作的方式来进行并推进，旨在让学生们明白建筑策划分工与合作的重要性和团队协作的力量，也为今后的职业生涯打下良好的基础。

(3) 针对策划过程中不同角色的体验与相互协作：为使学生清楚建筑策划的不同专业的人员混搭的优势，团队协作也希望学生们能够有不同策划的角色扮演：开发商、政府及上级主管部门、投资方、物业管理、使用者等，探讨不同角色对项目的诉求，确定合理的信息及指标的权重系数，进而确定项目设计中应该解决的问题排序。在期末策划作业的汇报中，多年来尝试“棕色纸板”成果汇报墙到电脑PPT、多媒体和动画等的汇报方式，让学生能够体验建筑策划研究阶段的直观便捷和高效率的表达方式（图3～图8）。

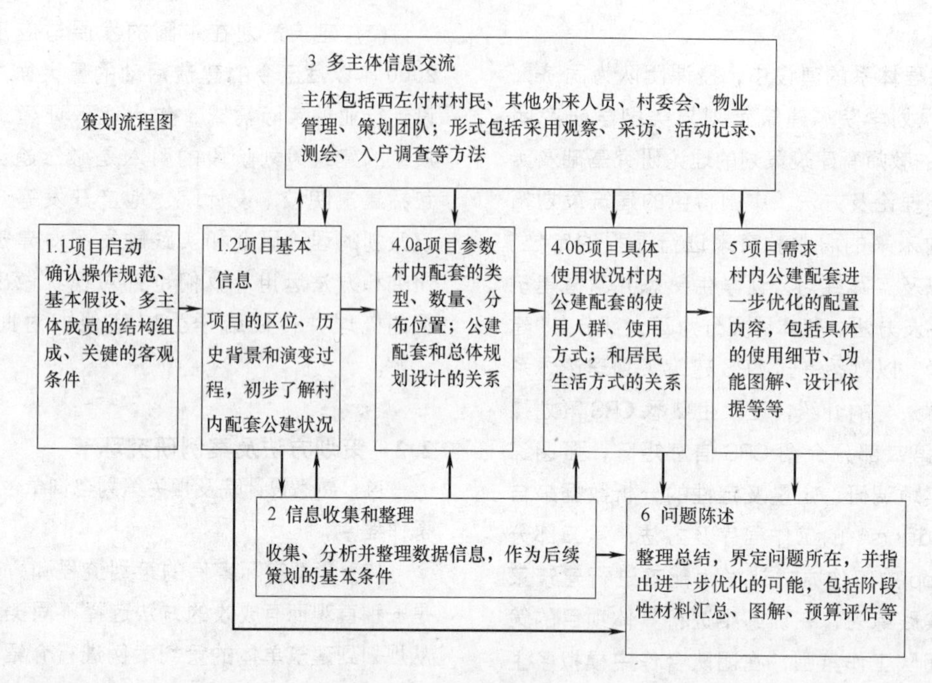

图 1　策划流程表

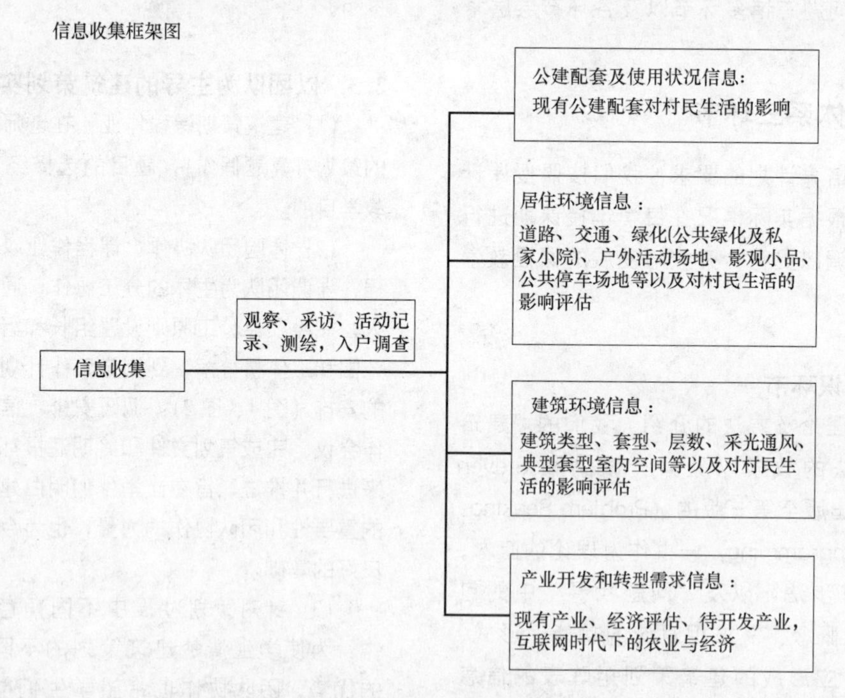

图 2　信息收集框架图

图 3　策划小组工作会议

图 4　棕色纸板汇报墙

图 5　棕色纸板汇报墙

图 6　教师点评

图 7　团队协作

图 8　汇报前的准备

3　注重课程教学预研究

在每年春季研究生课程授课前，我们会对上一学年的教学内容和教学效果进行评价及总结，通过对教学内容、教学环节和教学效果的总结，来探讨本学年的课程教学应该注意和改进的地方。研究生课程注重专题研究和启发式教学，探索注重理论和实践相结合。通过授课中学生和教师的互动反馈，我们及时总结课程教学问题。在课程考核方面我们思考如何构建完整的考核环节让学生学习和体验建筑策划的过程。同时，我们每年都在进行内容的调整和改变，加入授课教师的在此领域最新理论与实践的研究成果，形成良好的课堂互动氛围，提高学生的课程参与度。关于课程的考核体系：在上了一半内容的时候，我们布置一些有针对性和主题研究题目，让学生提前做准备，这样能加强学生和老师的互动。我们注重建筑策划过程的不同角色的体验，鼓励学生对相关项目的不同角色的换位思考，老师则从甲方、上级主管部门、建设方等多角色多角度的对学生进行答疑或者参与学生组成的模拟策划团队讨论（图 9、图 10）。

图 9　评委讨论

图 10　期终汇报现场

4　嵌入式教学内容和环节

4.1　嵌入科研项目的相关策划研究

授课教师在教学、科研与实践经验比较丰富，结合研究项目和工程实践选取合适的策划项目让学生体验和进行实践："上海市农村农民集中建房标准研究"；《上海郊区中心村住宅设计标准》（DGJ08-2015-2007）；《国家"十一五"科技支撑计划课题"不同地域特色村镇住宅建筑设计模式研究"》（2008BAJ08B04）等。结合科研与工程项目的建筑策划研究，可以将理论和研究工作中的经验和问题带入教学过程以使课程教学更加生动有趣。（图 11～图 16 为学生策划作业中的信息矩阵表）

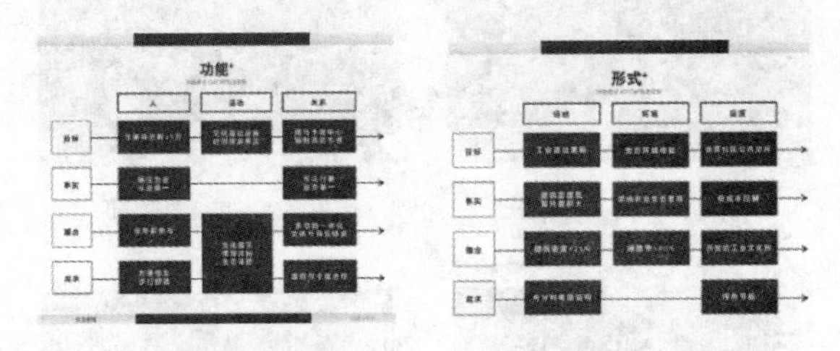

图 11　策划信息矩阵图 1　图 12　策划信息矩阵图 2

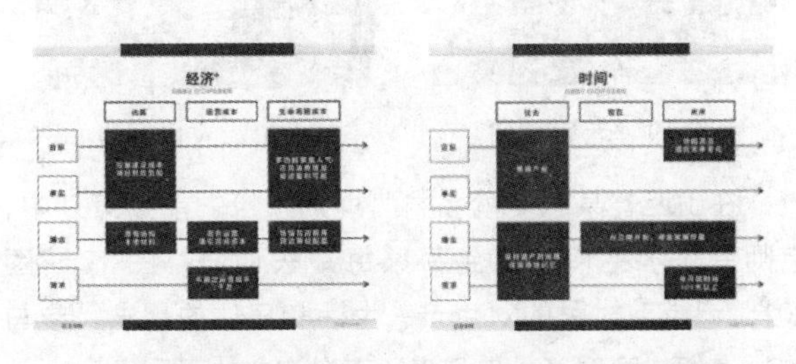

图 13　策划信息矩阵图 3　图 14　策划信息矩阵图 4

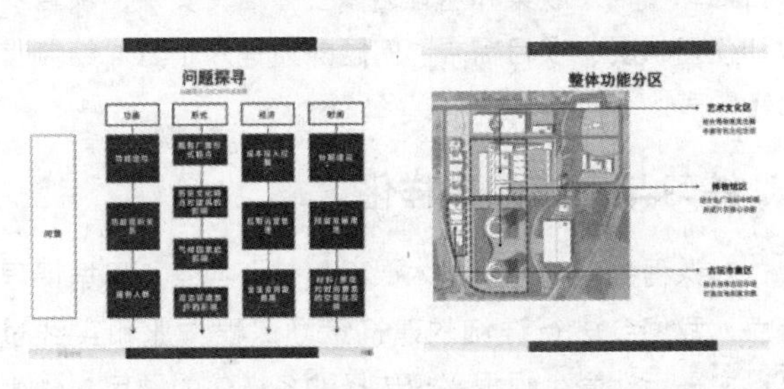

图 15　策划信息矩阵图 5　图 16　基于策划的布局图

4.2　嵌入相关专家专题讲座

每学期在课程教学中期邀请国内外相关专家举行一至二次专题讲座，拓展教学内容及专业视野。在课程作业的期末汇报中邀请相关专家参与考评和对课程作业提出建议。

4.3　嵌入实际项目的体验和考察环节

对已建成的有影响力的建成环境的参观可以拓展学生的对不同类型的项目前期建筑策划过程的解：在课程教学过程中嵌入二次左右的参观环节，邀请项目主创人员进行从建筑策划到建成环境的全过程的介绍如"虹桥天地"、"嘉定新城公共建筑集群""美丽乡村"等项目调研等。

4.4　实际策划项目的恰当嵌入

让学生完整地参与实际项目的从策划到概念方案的全过程（针对课程的以研究为目的的真题假做）。

图 17　村庄调研

图 18　庭院调研

图 19　老屋调研

图 20　入户调研

在山西省某“美丽乡村”规划项目的前期策划中，老师带领学生们深入到每家每户去调研（图 17～图 20），记录下村民的对生产、生活和居住的需求。参与的学生们从管理者、使用者还有咨询方的不同角度，从项目启动、信息收集和整理、多主体信息交流、项目参数和使用状况、项目需求、问题陈述等六个方面绘制信息矩阵表。

5　练习与考核的多样化

对课程的考核方式是本课程的一大特点，根据课程特点，我们会进行详细的建筑策划课程作业和实践过程：如采用让学生根据兴趣选择的多样化的题目，学生自由选题并组队练习，让学生完整地参与实际项目的从策划到概念方案的全过程，2018 年的建筑策划课程作业有以下三个项目，分别是“北方某市煤电厂工业遗存更新策划”，“南方某市门户区城市客厅建筑策划”，“贵州省地扪小学公共空间优化及戏台保护性改建项目建筑策划”，此项目同时也是同济大学 2018 年“助力乡村振兴，关爱祖国未来”黔东南暑期公益支教活动，预期将在暑期开学前完成由同济大学学生主导的项目改建工程，因此策划方案必须体现现实性和落地可操作性。而“上海工人新村适老性更新改造策划研究”则侧重多主体的需求调研并进行全方位的分析改造策略的形成。为此，采用模拟策划团队的方法，4～5 人组队进行多角色模拟，并进行全方位的调研和信息收集，老师指导学生进行完整的相关项目的建筑策划全过程的体验。通过观察、采访、活动记录、测绘、入户调查等方式公建配套、居住环境、建筑环境、产业情况等信息进行搜集，对居民的生活需求深入分析，并提出信息收集与分析基础上的改造策略。

通过教学全过程的教学和实践操作，学生也了解到建筑师的责任及在项目设计全过程中的作用，也理解了作为项目负责人的知识体系的全面以及与相关工种配合所需要掌握的知识点，以及对经济、时间等所关联的内容的把握，以形成良好的整体设计概念。

6　增加“建成环境使用后评估”内容

2016 年以后，为使学生进一步了解随着社会发展的需要建筑设计工作流程进入到“策划、设计、施工、运营和后评估并重的时代”；我们的“建筑策划”课程教学引入“建成环境使用后评估”相关内容，让究生对建筑设计全过程的概念得到强化。

7　课程后续影响及未来发展

经过 14 年的“建筑策划”课程教学，与课程教学目标相一致的后续成果已经显现，研究生们能够在校园学习阶段系统地了解建筑策划的理论、方法和实际操作程序、对他们进行项目创作打下良好的基础，也能更好的运用建筑策划到具体的工程项目实践中。“建筑策划”课程后续影响也融进了学位论文的写作中，近年来有一定数量的研究生在学位论文中进行“建筑策划”与“使用后评估”作为研究课题，先后有十数篇相关学位论文得以完成，也为他们走进职场或做进一步的深化研究工作打下基础。

同济大学“建筑策划”课程的目标是建设有内容、有信息、重方法、重实践的“建筑策划”课程体系，利用大学教育课程平台为建筑策划的理论和实践在国内的发展推进储备相关人才。

参考文献

［1］ William M. Pena，Steven A. Parshall Problem Seeking：An Architectural Programming Primer，5th Ed. 2012：P37-38.

［2］ 刘敏，注重理性思维的培养-对《建筑策划》课程教学的思考与总结［J］. 新建筑，2009（5）：106-109.

［3］ 庄惟敏，张维，梁思思. 全国注册建筑师继续教育必修教材（之十一）建筑策划与后评估［M］. 北京：中国建筑工业出版社，2018：358-360.

贺永
同济大学建筑与城市规划学院，高密度人居环境生态与节能教育部重点实验室，生态化城市设计国际合作联合实验室；
hiheyong74@163. com
He Yong
College of Architecture and Urban Planning, Tongji University; Key Laboratory of Ecology & Energy-saving Study of Dense Habitat (Tongji University), Ministry of Education; International Joint Research Laboratory of Ecological Urban Design

建筑类全英语课程的教学组织探索

——以同济大学 Seminar 02031301 课程为例*

The Pedagogical Practice of the Architectural English Course

——Taking the Seminar 02031301 as a Case

摘　要：伴随着国际化进程，开设全英语课程成为我国大学专业教育的重要任务。论文以同济大学建筑类全英语课程 Seminar 02031301 为例，客观呈现该课程在教学实践中所做的教学组织与调整，并从学生、教师、教材、教学方式这四个视角讨论中文语境下建筑类全英语课程的机遇和挑战。

关键词：全英语课程；教学组织；自主学习；中国语境

Abstract: Along with the internationalization, offering the English courses has become an important task for the international students in Chinese University. Taking the English Seminar 02031301 as a case in Tongji University, the paper illustrated the pedagogical and pedagogical adjustment of the seminar during the educational practice, addressed the role of the four factors: students, professors, textbooks and teaching methods which have an important influence on the teaching effectiveness, addressed opportunities and challenges of the English courses in the Chinese context.

Keywords: English course; Pedagogy organization; Autonomous learning; Chinese context

2001年，教育部颁布《关于加强高等学校本科教学工作提高教学质量的若干意见》要求"本科教育要创造条件使用英语等外语进行公共课和专业课教学。"并"力争三年内，外语教学课程达到所开课程的5%～10%"[①]。

随着该文件的颁布，各高等院校，尤其是重点大学都采取政策，大力推进双语课程的建设[②]。同济大学先后建立了中德、中法、中意、中芬、中西、联合国等10个国际化合作平台学院，与200多所海外高校签订合作协议[③]。大量国际留学生、交换生和交流生进入同济大学交流学习。为此，同济大学开展了大量全英语课

* 2017—2018年同济大学教学改革研究与建设项目；2015年度同济大学"一拔尖、三卓越"专项双语及全英语课程建设项目。

① 教育部关于印发《关于加强高等学校本科教学工作提高教学质量的若干意见》的通知，2001。见第八款：积极推动使用英语等外语进行教学。http: //old. moe. gov. cn//publicfiles/business/htmlfiles/moe/moe _ 18/200108/241. html.

② 蔡基刚. 全英语教学可行性研究——对复旦大学"公共关系学"课程的案例分析［J］. 中国外语，2010，38（6）：61.

③ http: //www. tongji. edu. cn/about. html.

程和双语课程的建设。

2015 年，同济大学启动“一拔尖、三卓越”专项双语及全英语课程建设工作[①]。面向“一拔尖、三卓越”专业的本科核心课程，共资助建设了 19 门全英语课程和 13 个普通双语团队[②]。Seminar 02031301 就是此次获批，面向建筑学和历史建筑保护工程专业本科生的全英语课程之一[③]。

1 课程简介

Seminar 02031301 的课程名称为：密度与居住——高密度住区问题研讨（Density and Habitat—Issues of High-Density Neighborhood），课号 02031301。该课程是建筑学专业基础理论课，面向二年级以上的学生开放。

课程主要学习国外高校建筑类 seminar 课程的组织方式，并根据每年学生的具体人数和最新研究动向对教学内容和教学组织方式进行相应调整[④]。

1.1 教学目标

自主学习能力的培养是 seminar 课程教学的核心[⑤]。本课程主要结合住宅发展的历史和现状，以高密度住区为对象，讲授和讨论相关的问题。以中国的现代城市为背景，讨论与高密度住区的相关问题。本课程的主要教学目标在于：

（1）培养学生的自主学习能力。该课程以学生为主体，通过课程的组织设计，突出学生在教学过程中的参与度，提升学生在专业学习过程中的投入度，锻炼自主学习能力。

（2）培养学生的基本科研能力。课程通过文献阅读—现场调研—发现问题—讨论问题—提炼总结的课程组织推动学生自主学习。让学生建立科学研究的初步概念，逐步培养科学思维的方法。

1.2 教学方式

Seminar 02031301 每学年第 1 学期 9～17 周上课，共 9 次课，17 学时。课程采取的主要教学方法包括：讲座授课（包括客座讲座和微讲座）、课堂讨论、公开汇报、案例分析、文献阅读、论文写作、实地调研、影像资料放映等多种形式。

（1）讲座授课：先由主持教师讲授该节课程的主题背景、概念和重要问题，并由此引出后续的讨论问题。课程也会邀请相关领域的研究学者和职业建筑师来做 2～3 次左右的客座讲座，让学生理解真实的科研状态，了解实践建筑师的所思所想。微讲座主要是为了节约时间，以提纲挈领的方式简单介绍相关概念和背景，为课程其他内容引出或者后续的讨论和做背景知识的介绍。

（2）课堂讨论：每次讲座都后留出 10～20 分钟，针对教师的授课内容和所提问题，或者客座讲座的内容提问进行讨论。

（3）公开汇报：每位学生还需做一次口头报告（presentation），要求学生能够用英文清晰的表述自己所选择的主题，并在文献阅读的基础上提出问题。一般在课程伊始，就会布置好主要研究问题，由学生自行选择、开展研究。课程中期以后，开始公开汇报调查结果及研究成果。

（4）实地调研：同学还要选择教师指定的上海住区作为研究对象，在现场调研、确定主题、比较分析的基础上，完成 1 篇研究论文。

（5）文献阅读：课程引入部分英文文献，学生要选择不少于 2 篇进行深入研读，与案例研究结合一起进行汇报。

（6）论文写作：学生还需提交 1 篇课程论文。论文的内容和格式要求会在课程的第 1 周布置下去，学期结束前提交。课程论文要求学生结合实地调研、文献阅读和课程讨论完成不少于 5 页的论文。论文的主要内容需要结合课程给出的讨论主题拟定。

（7）影像资料：通过建筑影像资料可以让学生直观地了解和学习研究对象，但由于影像资料主题的分散性

① 同济大学的“一拔尖”是指“创新拔尖学生培养计划”，与其他学校单一学科的拔尖计划不同，它是一个交叉学习海洋、物理、生命等学科的培养计划，该计划由我校相关学科最顶尖的院士、教授授课，学生则是从全校新生中选拔。“三卓越”指的是由教育部评出的卓越医师培养计划、卓越律师培养计划和卓越工程师培养计划。全校有近 30 年专业被纳入上述三个计划中。http://www.shedunews.com/zhaokao/gaokaojiayou/gaokaoxinzhen/zhengcejiedu/2014/05/06/639809.html.

② 同济大学《关于开展“一拔尖三卓越”专项双语及全英语课程建设工作的通知》，2015。

③ 2015 年，建筑与城市规划学院共有 7 门全英语课程获批。

④ 2014 年，笔者在圣路易斯华盛顿大学（Washington University in St. Louis）作访问学者，旁听了多门建筑专业理论类课程。总体而言，Seminar 类课程的组织方式并没有固定的模式。任课教师需要根据班级规模进行针对性的设计。贺永. 开放的课程结构——圣路易斯华盛顿大学现代建筑历史课程的教学组织［J］. 新建筑，2017，170（1）：134-137.

⑤ 贺永、司马蕾. 建筑设计基础的自主学习——同济大学 2014 级建筑学 2 班建筑设计基础课程组织［C］//全国高等学校建筑学学科专业指导委员会. 2015 全国建筑教育学术研讨会论文集北京：中国建筑工业出版社，2015（11）：196.

和教学过程中学生接受的单向性的特点决定了其只能作为教学手段的辅助部分①。

本课程主要选择了一部名为普鲁特·埃格迷思(Pruitt-Igoe Myth)的纪录片放映，该片拍摄于2012年，讲述讲述的是美国圣路易斯市一个非常知名的公共住宅案例，主要讨论该案例之所以被建成以致最终被拆除这一过程中的社会、历史、经济的背景。

1.3 课程考核

本课程主要考核出勤、汇报、课堂参与、公开汇报、论文写作等几方面。

(1) 出勤情况，占总成绩的20%，缺席3次以上需重修；

(2) 调研汇报，占30%。学生需要完成2个汇报。第1个汇报要求以自己居住或者感兴趣的住区为例，从建筑学的视角诠释客观住区的实际状态，从总平面(Google地图或者CAD总图)、建筑类型(高层、多层、低层)、人口密度、建筑密度(容积率、套密度)等多个视角呈现。关键点在于有自己的观点。用PPT或影片等形式汇报，时间5～10分钟。占总成绩的10%。

第2个汇报要求至少选择2个以上指导教师给定的案例，进行实地调研。以住区建筑密度、居住者的居住实态、社区公共空间、社区公共服务设施等为主题进行对比研究。汇报时间10～15分钟，占总成绩的20%。

(3) 文献阅读和课堂讨论，占总成绩的20%。每位学生需要选择1篇以上指导教师给定的文献，进行深度阅读，然后在全班公开汇报文章的主体结构、主要观点，回应其他同学对文献所提的问题。

(4) 研究论文或课程设计，占总成绩的35%。学生需要在2个汇报的基础上完成大小2篇研究论文，小论文在课程中间提交，大论文在学期结束前提交(第19周考试周结束前)。或者完成一个小型项目的设计，学期结束前提交。

2 教学组织

课程的教学计划在设计之初就借鉴国外同类seminar课程的方式和计划。试图以多方面的教学活动调动学生的参与度。但在以往的3学年教学实践中发现，由于授课时间和总学时数的限制，许多环节在教学过程中需要调整和压缩(表1)。

课程内容设置与调整 **表1**

序号	周次	课程设计	2015-16学年第1学期	2016-17学年第1学期	2017-18学年第1学期
1	第9周	课程介绍:课程内容及教学安排;声明课程评估和考核标准;公布研究课题题目;须阅读的文献;学生分组并选择文献、课题和调研对象 共2学时	11月13日 教务时间调整、未上课	11月11日 课程介绍:课程内容及教学安排;课程评估和考核标准;布置阅读文献 共1学时	11月13日 课程介绍:课程内容变化、教学安排;课程评估和考核内容 共1学时
2	第10周	讲座与讨论1 讲座1:上海城市住宅发展 讨论1:上海发展与住区发展 讲座2:文献阅读方法和呈现 任务1:布置参观调研任务 共2学时	11月20日 课程介绍:课程内容、教学安排;课程评估和考核标准;布置阅读文献 任务1:布置参观调研任务; 共1学时	11月18日 专题讲座1:上海现代城市住宅发展(1840-2010年)Ⅰ 讨论1:上海印象 任务1:学生分组并选择设计任务 共2学时	11月20日 专题讲座1:上海现代城市住宅发展(1840-2010年) 讨论1:住区与公共服务设施 共2学时
3	第11周	讲座与讨论2 讲座3:密度与住区 讨论2:高密度住区与适居性 文献阅读1:文献题目待定 讲座4:课程报告格式与写作、文献检索方法 共2学时	11月27日 专题讲座1:上海现代城市住宅发展(1840-2010年)Ⅰ 讨论1:城市住区 共2学时	11月25日 专题讲座2:上海现代城市住宅发展(1840-2010年)Ⅱ 小组汇报1:我的住区Ⅰ 任务-2:设计任务选择 共2学时	11月27日 专题讲座1:美国公共住宅 共2学时

① 贺永. 开放的课程结构——圣路易斯华盛顿大学现代建筑历史课程的教学组织[J]. 新建筑，2017，170(1)：135.

续表

序号	周次	课程设计	2015-16学年第1学期	2016-17学年第1学期	2017-18学年第1学期
4	第12周	调研汇报 调研汇报：上海住区现状调研 文献阅读2：文献题目待定 讲座5：密度、住区密度与分析方法 任务2：调研住区密度分析 共2学时	12月4日 专题讲座2：上海现代城市住宅发展(1840-2010年)Ⅱ 小组汇报1：我的住区Ⅰ 共2学时	12月02日 小组汇报2：我的住区Ⅱ 讨论2：城市与住区 共2学时	12月4日 微讲座1：普鲁特·艾格住区（Pruitt-Igoe） 纪录片：普鲁特·艾格迷思(The Myth of Pruitt-Igoe） 共2学时
5	第13周	讲座与讨论3 讲座5：住区套密度及其影响因素 讨论3：套密度控制 & 容积率控制 文献阅读3：文献题目待定 共2学时	12月13日(周六) 实地参观： 崇明知谷1984、西岸氧吧	12月09日 客座讲座1：纽约的公共住宅政策(李甜) 小组汇报3：案例专题研究Ⅰ 共2学时	12月11日 客座讲座1：纽约经济适用住宅(李甜)
6	第14周	讲座与讨论4 讲座6：高层与低层之争 讨论4：高层高密度 & 低层高密度 文献阅读4：文献题目待定 共2学时	12月18日 专题讲座3：居住密度问题研究 小组汇报2：我的住区Ⅱ	12月10日 基地实地踏勘	12月18日 客座讲座2：互联网背景下的住宅设计(陈磊)
7	第15周	分析汇报 以同济新村为例，绘制典型住区的密度分布图，并在此基础上对案例进行解析 共2学时	12月25日 专题讲座4：住区套密度及其影响因素 小组汇报3：案例研究与文献阅读Ⅰ	11月16日 客座讲座2：作为社会问题的贫民窟(Eder M. Espana) 小组汇报4：案例专题研究Ⅱ 共2学时	~12月25日 小组汇报1：住区与公共服务设施调研(1-4组) 共2学时
8	第16周	讲座与讨论5 客座讲座：亚洲垂直城市 讨论5：高密度住区的未来发展 共2学时	01月01日 元旦放假	12月23日 无课，与12月10日参观对调(周六)	01月01日 元旦放假
9	第17周	课程总结 成果分组汇报；课程总结 共1学时	01月08日 小组汇报4：案例研究与文献阅读Ⅱ 课程总结，共2学时	01月06日 专题讲座3：住区套密度及其影响因素 小组汇报5：设计研究Ⅰ 课程总结，共2学时	01月08日 专题讲座3：居住密度问题 小组汇报2：住区与公共服务设施调研(5-10组) 课程总结 共2学时

a

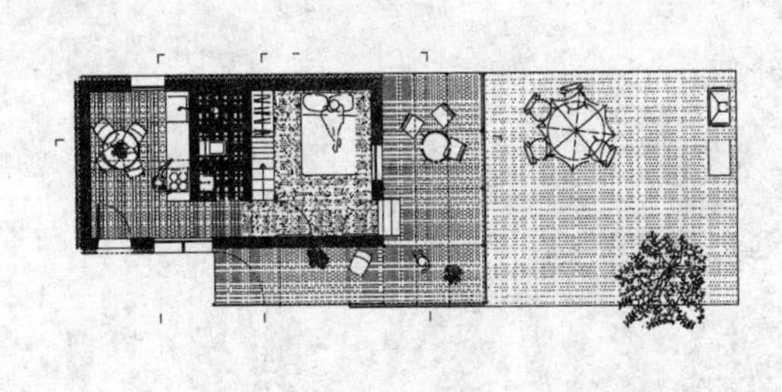

b

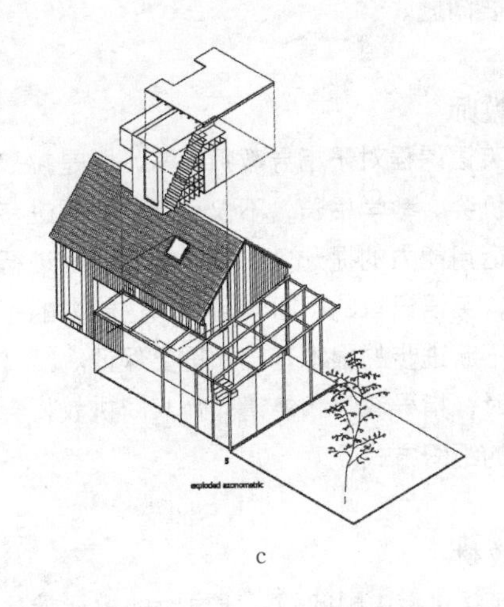

c

d

图 1　设计作业

2.1　第一次教学

本课程初衷是作为同济—新南威尔士（Tongji-NSWU）国际双学位项目的必修课程。2014 年列入教学计划，2015-16 学年第 1 学期开始讲授，主要面向 2015 级同济-新南威尔士双学位项目本科生开设，当年共有 7 名同学参加此课程。课程主要以讲座结合专题讨论的形方式讲授，并辅以调研参观、文献阅读等其他内容。经过一学期的教学实践，形成了完整的课程大纲和英文课件。课程的基本框架、讲授内容、组织方式和成绩评定方式初步形成。

2.2　第二次教学

2016-17 学年第 1 学期，国际交流生成为学生的主体，共有 18 位同学（本校学生 3 人，国际交流生 15 人）选修了此课程。教学内容和组织方式进行了相应调整。讨论环节因为学生人数过多，学生的参与度开始下降，部分学生没有参与讨论的时间。教学计划内的许多环节调整在课外由学生自主独立完成，专题讨论、文献阅读等环节在教学过程中作了适当的改变。

同时，由于人数的增加，学生的诉求也会多样化。听取第一次课程总结的学生意见，此次课程增加了设计部分。这样作为课程考核的主体，学生可以选择完成研究型论文，也可以选择完成一个实践项目的设计(图 1)。

此外，讲座的内容也做了调整，除了专题讲座外，还增加了 2 个客座讲座。客座讲座要求与居住问题密切关联。这次客座讲座邀请了 2 位博士生讲述自己的论文研究。这样既可拓展学生的视野，也让学生对学术研究的理解更为直观。

对于国际交流生而言，实地参观调研对于他们更为真实地了解上海、上海人的生活具有重要的作用。此次课程也组织了一次集体的现场调研（图2）。

图2 现场参观

2.3 第三次教学

2017-18学年第1学期，该课程共有42个学生选修此课程（同济本科生36人，同济-新南威尔士双学位项目本科生3人，国际交流生3人）。课程的讲授方式仍以讲座（包括专题讲座和客座讲座）为主，讲座内容减少了上海住宅的比重，增加了国外住宅部分的内容。

因为选课人数众多，出于安全的考虑和组织的可行性，本学期的课程取消了现场参观环节。结合指导教师主持的研究课题，增加了对于住区公共服务设施的调查研究，学生以小组为单位，在实地调研的基础上进行小组汇报，并以个人为单位完成一份调研报告。

3 教学思考

经过3学年，3次全过程的教学组织之后，作为全英语课程的指导教师，既有收获也有困惑。一般认为，学生、教师、教材、教学方式是影响双语类课程教学效果的四大因素[①]。这四个因素在整个教学过程中更像四个变量，不断变化，使得教学组织也随之不断调整。

3.1 学生

学生是整个教学过程的核心。学生的数量、专业背景、文化背景都是教学组织所要考虑的重要因素。

本课程最初面向国际双学位项目，学生人数较少，规模基本适应seminar教学形式要求。后来国际交流生的加入，学生数量增加，调整了seminar中的讨论环节。从2017-2018学年第1学期选修该课程的学生数量来看，国内建筑学、历史建筑保护工程专业的本科生有30多位[②]，如果再加上前面所说的双学位学生和国际交流生，学生数量在40人左右。而且，在以后的教学中，估计这门课程的学生人数会保持在这样一个状态，这就要求课程教学组织、内容不断进行调整和变化。

另外，国际双学位项目学生和国际交流生的语言都不是问题[③]。对他们而言，文化差异是他们在学习过程中面对的重要问题。而对国内本科生而言，语言可能成为部分学生的主要障碍。中外学生一起上课，作为交流工具的语言和作为课程主体的内容就成为该课程需要协调的重要问题。

3.2 教师

全英语课程对于指导教师而言，既是挑战也是再次学习的机会。教学相长，不仅有专业知识进步，也有第二语言运用能力的提升。作为以第二语言进行课程教授的教师，英语语言的不断学习和表达能力的不断提升是此课程不断进步的根本基础和重要保证。

同时，指导教师和外请教师共同执教将会成为该课程重要的组织方式。

3.3 教材

用英语讲授中国问题，所面对的挑战就是英文文献有限。目前，本课程选择了两本专著，一本是Routledge出版社2007出版的Housing and Dwelling——perspectives on modern domestic architecture，另一本是Springer出版社2012出版的Housing Density[④]。作为课程的基础读物，两书都以西方问题为背景，而要实现与课程内容的相对契合，还需要编制自己的专用英文教材。这将是本课程下一步需要推进的重要议题。

3.4 教学方式

Seminar的教学模式只为全英语课程的教学组织提供了基本的参考。教学方式的选择应根据学生的实际情况不断进行调整。

---

① 蔡基刚. 全英语教学可行性研究——对复旦大学“公共关系学”课程的案例分析［J］. 中国外语，2010，38（6）：61.

② 学生在2016-17学年结束前已经完成了选课，学期结束前任课教师已经可以看到选修课程的学生名单。

③ 部分来自东南亚的学生相比西方背景的留学生英语水平略差，但基本的交流没有问题，最大的问题来自这部分同学对专业词汇的掌握程度。

④ Barbara Miller Lane. *Housing and Dwelling-perspectives on modern domestic architecture* . Routledge，2007. Institute of Architecture and Design. *Housing Density* . Vienna University of Technology. Springer，2012.

对于来同济交流的国际学生而言，他们主要是“出于对中国特别是上海的历史、文化、经济及社会的强烈兴趣，他们希望获得关于中国尤其是上海的第一手知识和印象”①。面向他们的全英语课程应该充分考虑这一现实需求。对于本土学生而言，全英语课程则应“在借鉴国外先进的教育理念和教学方法的基础上传授专业知识和技能，训练学生的专业素养和能力，拓展学生的学术视野和科研潜质”②。

国际学生和本土学生将同堂上课，本课程面临的主要挑战就是如何在全英语课程的内容设置上满足两类学生的不同诉求，如何在面向国际学生的通识性教育与面向本土学生的专业化教育之间找到平衡，这也是该课程需要不断探索的一个重要话题。

面对多元的背景和不同的诉求，该课程的讲授方式、课程的组织方式和课程的内容拓展等几个方面都亟需引入新的教学理念，响应形势的发展要求。同时，进一步探索将课程的主要教学内容与任课教师的科研课题相结合，对全英语的教学体系进行了全面的调整是本课程未来教学改革的主要方向。

4 结语

在全球化背景下，多元化、多极化和个性化办学将成为未来中国建筑学教育的重要特点和发展方向③。

“全英语课程承担着文化传播的重要使命。……，促进不同文化之间的相互尊重和认同，是建设这类全英语课程的意义所在”④。全英语专业课程将会面对不同文化、专业背景和不同年龄层次学生的不同诉求。课程讲授内容、组织方式和目标要求都应引入新的教学理念，响应时代的发展。全英语课程以英语为工具呈现中国城市建设和人居环境变化，其实质是对接英语学术平台，共享全球学术视野，纳入全球文化框架。

参考文献

[1] 蔡基刚. 全英语教学可行性研究——对复旦大学“公共关系学”课程的案例分析 [J]. 中国外语，2010，38（6）：61-73.

[2] 贺永. 开放的课程结构——圣路易斯华盛顿大学现代建筑历史课程的教学组织 [J]. 新建筑，2017，170（01）：134-137.

[3] 贺永、司马蕾. 建筑设计基础的自主学习——同济大学 2014 级建筑学 2 班建筑设计基础课程组织 [C] //全国高等学校. 建筑学学科专业指导委员会. 2015 全国建筑教育学术研讨会论文集. 北京：中国建筑工业出版社，2015：196-200.

[4] 王颖，刘寒冰. 高校国际化进程中全英语课程的开发与建设 [J]. 中国大学教学，2010（6）：53-55.

[5] 王建国，张晓春. 对当代中国建筑教育走向与问题的思考——王建国院士访谈 [J]. 时代建筑，2017（3）：6-9.

① 王颖、刘寒冰，高校国际化进程中全英语课程的开发与建设 [J]，中国大学教学，2010（6）：54.

② 同上。

③ 王建国、张晓春，对当代中国建筑教育走向与问题的思考——王建国院士访谈 [J]，时代建筑，2017（3）：9.

④ 王颖、刘寒冰，高校国际化进程中全英语课程的开发与建设，中国大学教学，2010（6）：54.

侯世荣　王宇　赵斌
山东建筑大学建筑城规学院；farawayalone@sdjzu. edu. cn
Hou Shirong　Wang Yu　Zhao Bin
ShanDong Jianzhu University

建筑设计基础教案的设定与修正——以建筑师工作室为例

Establishment and Revision of Teaching Plan for Architectural Design Basics——Taking Architects' Studio Design as an Example

摘　要：本文基于以空间建构为线索的山东建筑大学建筑设计基础一年级教学体系，以建筑师工作室设计为例着重探讨教案的设定与修正。首先梳理了教案设计的背景与目的，其次从设计条件设定、过程控制与设计评价等方面探讨了教案的初期设定及问题反馈，再次从时间进度与教学环节调整、设计条件与空间模式增补等方面论述了教案后期修正的内容。

关键词：教案；设定与修正；建筑设计基础

Abstract：this article is based on spatial construction design of the architecture major，which is the clue of Shandong Jianzhu University' s first grade teaching system，focus on the establishment and revision of teaching plan of architects' studio design. First it settles the background and purpose of teaching plan，and discusses the initial setting and feedback of teaching plans according to setting design conditions，process control and design evaluation. At last this paper expounds the contents of the later revision of the teaching plan from the aspects of time schedule，teaching link adjustment，design conditions and spatial pattern supplement.

Keywords：Teaching Plan；Establishment and Revision；Architectural Design Basics

1　教案设计的背景

山东建筑大学一年级建筑设计基础课程以空间建构为线索，包含空间生成与组织、空间表达、空间调研、空间分析、空间搭建与空间设计数个教学模块。每个教学模块又包含技能训练与知识训练两个方面的内容，使学生从专业角度建立基本的空间概念，培养与专业学习特点相适应的思维方式，形成对建筑及建筑设计的基本认识，为后续专业课学习奠定基础。

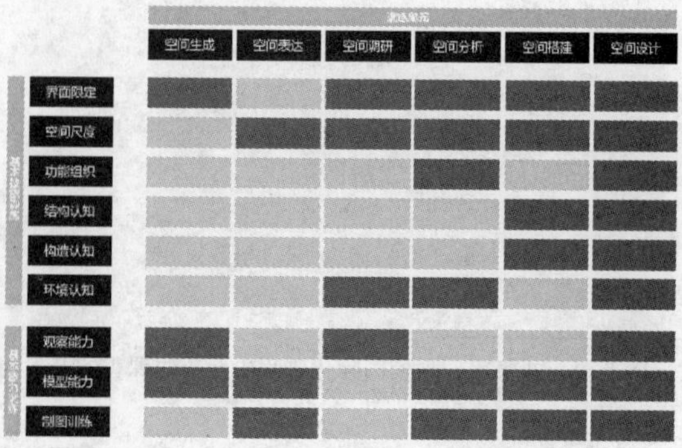

空间设计模块作为整个教学过程最终也是最重要的环节，是建筑设计基础课程中唯一的设计环节，目前以

图1　建筑设计基础教学框架

建筑师工作室设计为具体依托。建筑设计基础教研组自2014年制定《建筑师工作室》教案以来，结合教学反馈及学院实际情况，对教案进行优化调整，逐步完善了教案的条件设定、时间周期、过程控制、任务要求等方面的内容，形成了较为成熟的设计教学过程。

2　教案设计的目的与过程

空间设计模块是对整个设计基础各训练单元的汇总，使学生在具有初步的空间认知、表达、调研及分析的基础之上，了解从功能与空间关系入手切入方案设计的过程，尤其强调空间秩序、结构介入、界面处理对内部空间的影响。在训练过程中涉及功能与结构认知等多个方面的环节，旨在使学生较为全面的了解空间、功能、结构在方案生成过程中的互动关系，较为熟练的掌握通过制作与观察模型推进设计的方法。

依据教案实施的时间进程，可大致将本教案的设计分为初期设定与后期修正两个过程。初期设定主要解决有无问题，基于训练目标在条件设定、过程控制、设计评价等方面进行初步的尝试；后期修正主要基于教学经验及设计反馈对相关过程及条件进行调整，尤其是对空间秩序的生成方面进行了较多的探讨。

2.1　初期设定

尽管“空间设计模块”是一个综合的设计过程，无法避免功能、结构、场地环境等诸多要素的影响，但是在设定时面临的首要问题是在一定的教学周期内如何突出训练重点，弱化非重点？同时，多大的设计规模方便学生通过模型讨论设计？设定的使用功能既能够强调功能空间关系又不具有过多的限制？

通过教研组的讨论，决定舍弃复杂的室外环境条件，仅以带有南北方向的空旷场地作为初始条件，使得学生的注意力集中到内部空间秩序的营造上来；同时，选定具有一定功能灵活性的建筑师工作室作为载体；最终，将建筑的规模设定为单层80平方米左右，使得学生能够结合学院现有规模工作室获得直接的体验，也方便使用多个比例模型推进设计。详细设计条件如下：

2.1.1　设计条件设定

(1) 空间设定

主要指空间范围与容量的设定。建筑高度设定为一层高度，不准设计夹层以及较大的高差，避免学生认为只有高差才能创造丰富的空间；将建筑的轮廓设定为面积相同的正方形或者是长方形，避免对外部形体的讨论。

轮廓一：9.6m×9.6m，适宜于采用线性布局，突出空间序列的连续性。

轮廓二：12m×7.5m　呈方形布局，空间方向性较模糊，适宜于采用围绕式布置，布局中心性较强。

空间高度：层高3900～4200mm，允许基面及顶面一定的高度变化。

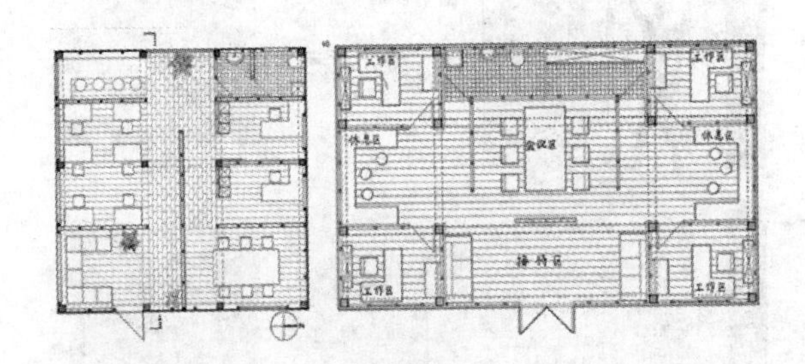

图2　面积相同的正方与长方形用地轮廓

(2) 功能设定

① 8人工作区＋2人单独工作间（主副空间布置，强调空间的分区与层级划分）

或4个相对独立的工作单元（对等空间布置，强调各工作单元的均好性与相对独立性）

② 能够布置2400mm×1200mm评图桌的讨论区；

③ 接待区或休息区；

④ 卫生间（需考虑坐便器、洗脸池、拖布池）；

⑤ 带有洗刷池的茶点间；

⑥ 集中储藏室或分散储物空间；

⑦ 根据功能使用所配置的其他空间。

(3) 结构设定

结构形式：木梁柱框架支撑结构、木墙体维护结构。

支撑结构跨度：支撑结构跨度3～6米。

维护材料：木板、龙骨等形成维护结构。

模型制作：以木材为基本结构材料，对不同构件的尺寸和模型材料规格做出详细规定：

构件	1∶50结构模型	1∶30成果模型	备注
柱	5mm×5mm	8mm×8mm	长×宽
梁	5mm×5mm	5mm×8mm	宽×高
檩	2mm×2mm	2mm×2mm	宽×高
墙	1.0mm	1.5mm	厚
楼板	1.0mm	1.5mm	厚
家具		1.0mm	厚

2.1.2 过程控制设定

教学组依据进度将课程拆解为尺度训练与案例分析、功能组织、空间设计、结构介入、整体协调及图纸表达六个部分。各部分依据教与学两个方面又分解为教师阶段性授课与学生阶段性作业两个部分内容。

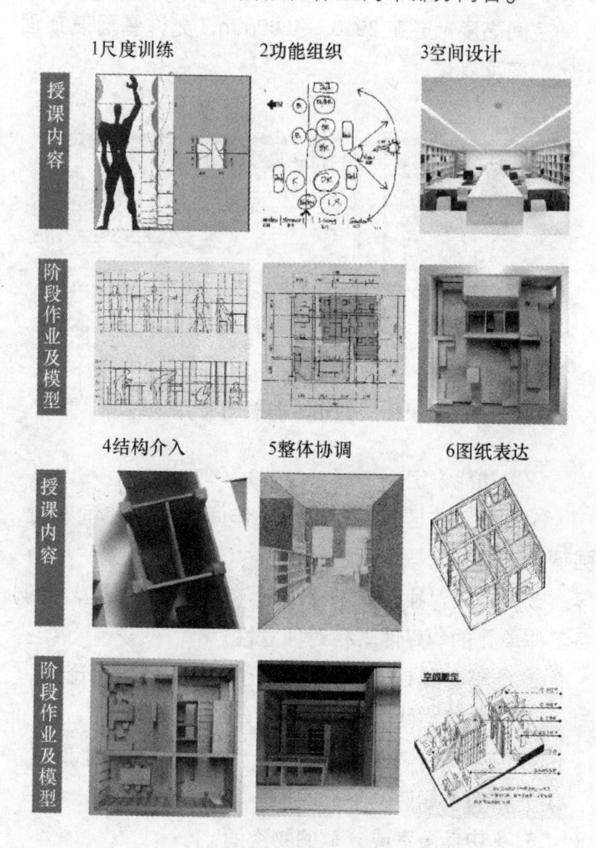

图 3 课程进度中的教与学内容

2.1.3 设计评价设定

设计评价也基于各个阶段进行过程评分，总成绩为各个阶段成果的综合反映，避免了以最终成果定成绩的片面性。

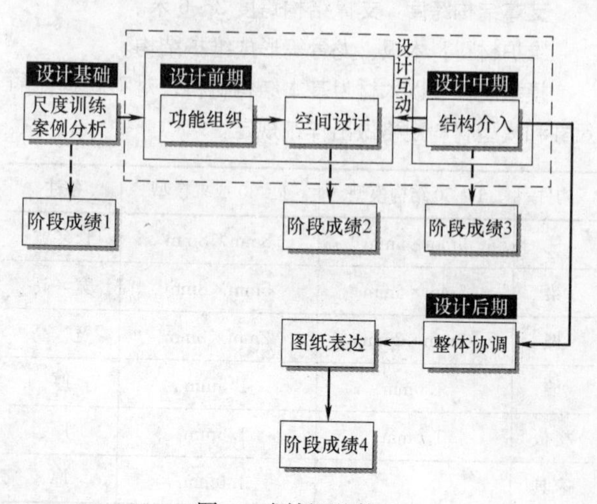

图 4 成绩评价体系

2.1.4 成果反馈及问题

在此教案实行期间，学生逐步将设计的注意力转移到内部空间秩序的营造上，阶段性的控制方式也保证了功能、结构与空间能够被独立或者相互讨论。但也在行课过程中暴露出不少的问题，这主要体现在以下两个方面：

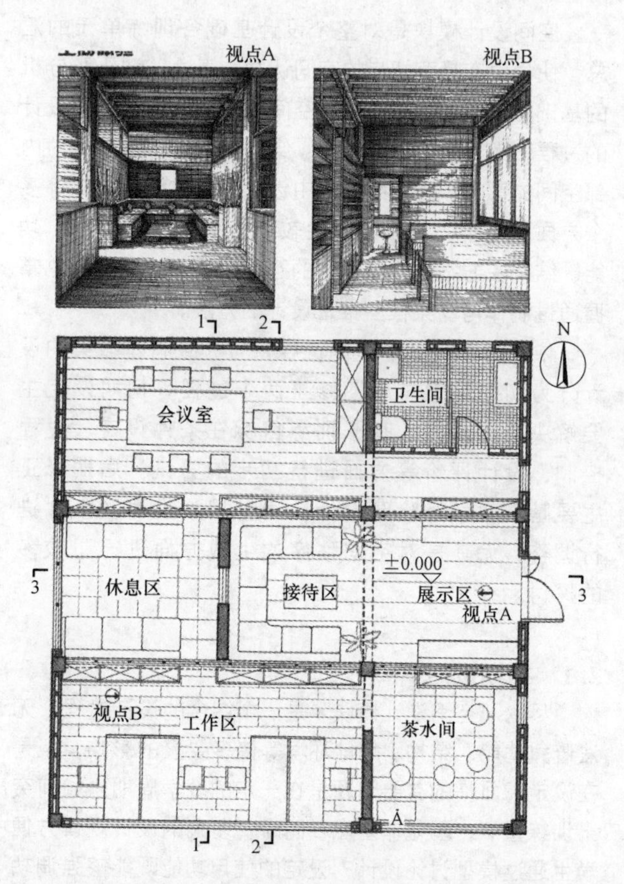

图 5 完整轮廓下的空间操作成果

(1) 教学进度紧张

在各个设计阶段均有相应的设计成果要求，由于每个阶段的行课周期较短，学生的阶段性设计作业尽管上交，但是很难在课上得到教师的点评，阶段性授课成果得不到保证，各个设计环节之间的连贯性便无法保证。

(2) 空间操作方式的缺乏

尽管对设计条件进行了设定，但大部分学生未能通过案例熟悉相关空间操作方法，导致其思路无法有效落实，设计仅为对功能的简单组织而获得。

(3) 场地轮廓限制

在积累多年的教学经验之后，教师们也希望能够逐步放开场地轮廓的限制，探讨设计中存在更多的操作的可能与空间的趣味。

2.2 后期修正

基于以上设计中反馈的问题，同时学院由于场地的限制，设计基础中的纸板空间搭建环节无法有效开展，空间建造方面的训练内容面临缺失。结合以上问题，教研组对本教案进行了一定的修改，主要体现在以下几个方面：

2.2.1 时间调整，增加阶段答辩

由于条件限制，删除设计基础中的“空间建造”专题，将一部分时间设置为各个阶段作业后的课堂答辩环节。让学生对教学的阶段成果有相互交流和深入认识，以便能将阶段知识更好的运用到下一个阶段的设计之中。

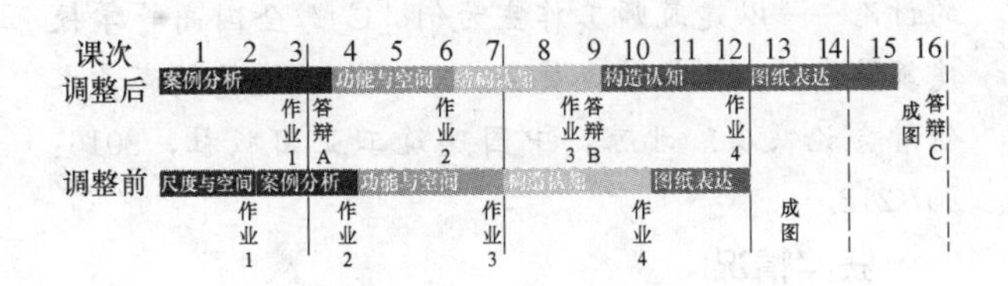

图 6 时间进程前后关系

2.2.2 环节调整

将“空间建造”单元中的构造认知训练点，与建筑师工作室设计相结合。增加“木结构构造认知”环节，教师结合国家规范等资料，整理出木结构中重要的构造节点，并通过大课的形式讲授。让学生通过识图制作 1∶10 节点模型，了解构造基本知识。

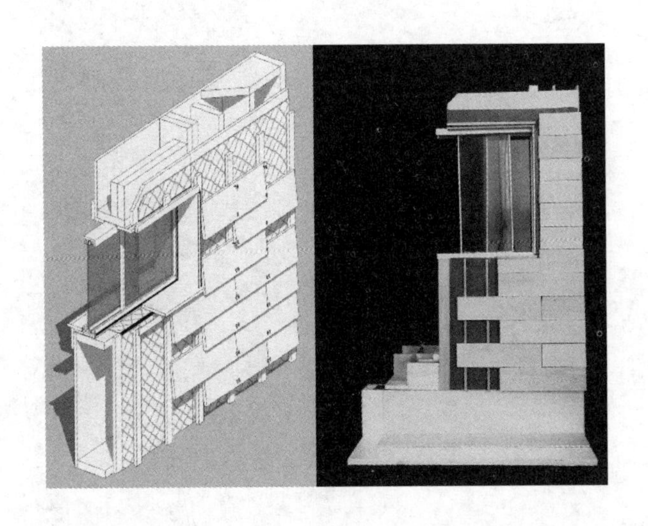

图 7 构造范本及学生成果模型

2.2.3 设计条件调整

打破长方形和正方形的固定轮廓尺寸，将用地的轮廓线放大为 15m×15m，使得学生在布局时在空间模式上更具丰富性。院子也被允许加入到设计之中。

2.2.4 空间模式增补

在实地参观获得直接经验的同时，在案例分析之中注重基于空间操作的典型案例的选取，让学生通过对典型案例的分析，学习基本的空间操作方法。同时教师们也结合各自的兴趣，对各类空间操作方法进行研究，例如海杜克基于网格的操作方式，基于减法的操作方式等。

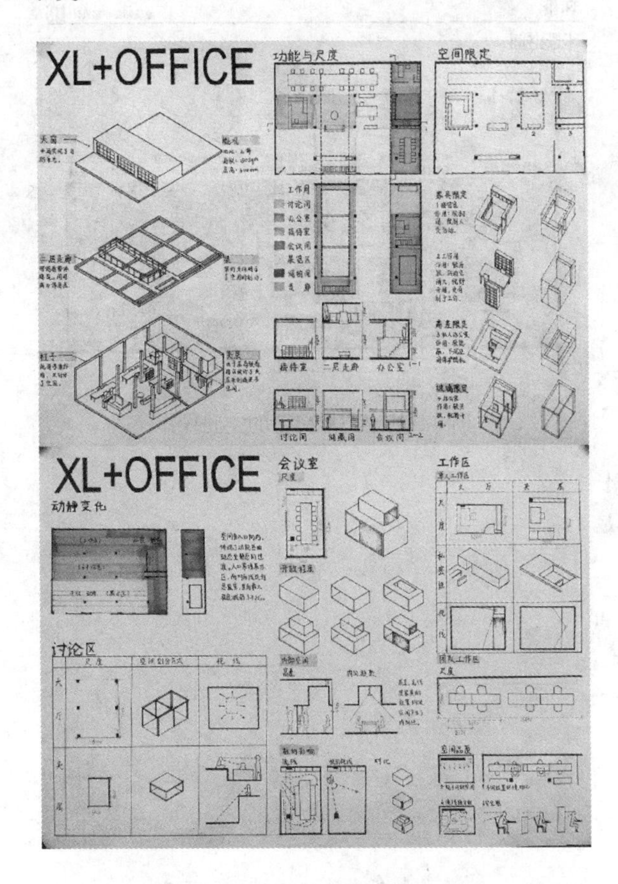

图 8 调整进度后案例分析成果

3 阶段总结

教案的设置是实现教学目的的具体体现。成熟的教案在教学时间与环节控制、教学目标与条件设定、教学成果与设计评价等多个方面有着较为严密的逻辑，并应经过教学的检验，将其反馈的问题进行调整并再融入到教学设计中。本教案依然存在不少的问题，需要教研组依照严谨的治学精神进行优化与调整，并形成自身的特色。

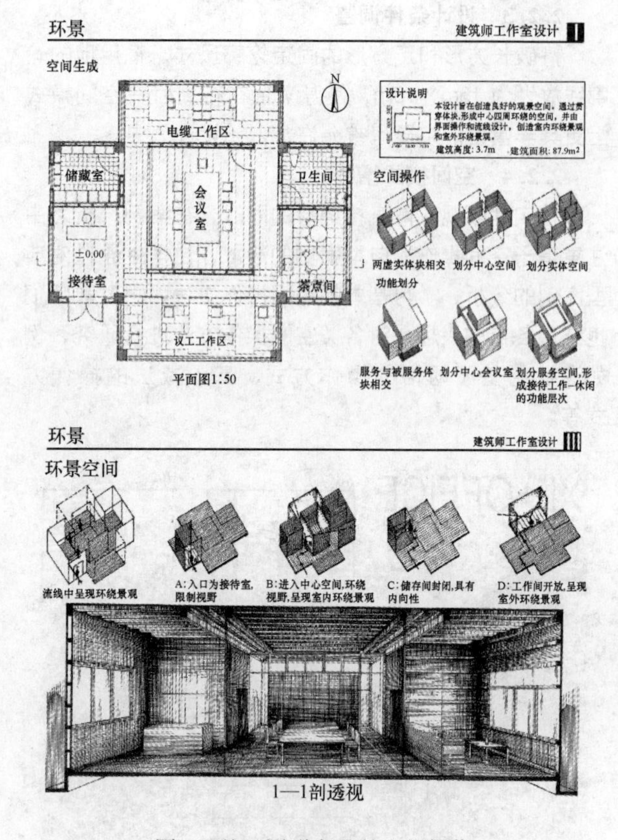

图 9　基于图形交叠的空间操作

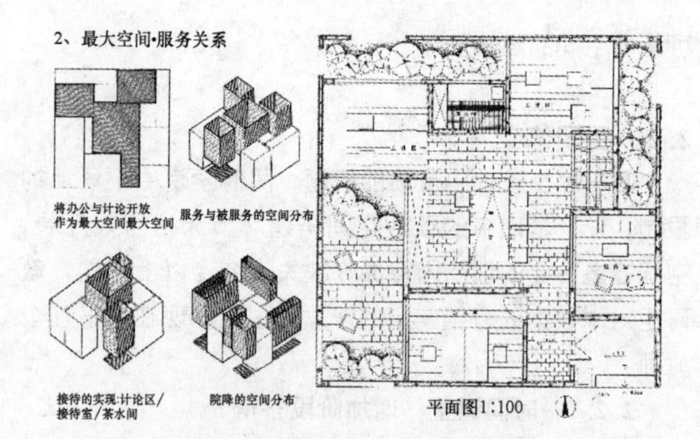

图 10　基于院落的空间操作

参考文献

侯世荣，赵斌．建筑设计基础教学中功能空间关系的讨论——以建筑师工作室为例［C］//全国高等学校建筑学学科专业指导委员会．2016全国建筑教育学术研讨会论文集．北京：中国建筑工业出版社，2016：207-212．

获奖情况

《建筑师工作室》教案先后获得 2014 与 2016 年建筑学专业指导委员会优秀教案；2017 与 2018 年分别有多份作业入围“中国建筑新人战”前 100 名。

刘永鑫　罗鹏　孙世钧　展长虹
哈尔滨工业大学建筑学院，黑龙江省寒地建筑科学重点实验室；liuyx _ hit@163. com
Liu Yongxin　Luo Peng　Sun Shijun　Zhan Changhong
School of Architecture，Harbin Institute of Technology；Heilongjiang Cold Region Architectural Science Key Laboratory

融入设计应用的建筑节能教学实践*

Teaching Practice of Building Energy Efficiency in Design Application

摘　要：在建筑节能设计教学中，会受到很多因素的限制。本文作者通过亲身教学经历，以哈尔滨工业大学建筑学专业四年级学生为授课对象，实践了融入建筑设计的建筑节能教学方法。通过前期实践教学、理论知识授课以及建筑设计实践等环节的设置，将实现有效地将节能设计融入建筑学专业设计教学的目的。

关键词：建筑节能；建筑设计；融入式教学

Abstract：In architecture energy efficiency design，there are many restrictions to practice some teaching methods. Through the personal teaching experience，the author takes the fourth grade students majored in Architecture in Harbin Institute of Technology as the object of teaching，and Practice building energy efficiency methods in design application. Through practice teaching，theoretical knowledge teaching and architectural design practice，the teaching aim，integrating energy efficiency methods into architecture design，is achieved.

Keywords：Building energy efficiency；Architecture design；Integrated teaching

1　建筑节能教育背景及其重要性

1.1　从能源危机到建筑节能

自从20世纪六七十年代能源危机爆发以来，节能技术陆续出现在社会各领域中。能源问题是全球范围内可持续发展面临的共同问题，解决这一问题需要深入研究如何节约利用能源，降低能源消耗（简称能耗）。统计显示，城市能耗占全球能耗的2/3，其中建筑能耗约占60%[1]，其比重大且节能潜力大。因此有效地降低建筑能耗及碳排放量，对于促进城市可持续发展具有重要的意义。我国城市面临的建筑节能任务极为艰巨。改革开放以来，伴随着经济的高速发展和城镇化进程的加快，中国的城市规划建设也得到快速发展。为了降低城市建筑能耗，完成国家制定的节能目标，建筑节能技术的相关研究与教学都有着非常重要的现实意义。

1.2　建筑节能的发展

早在20世纪七八十年代，美国、日本以及欧洲一些发达国家便开始制定并实施建筑节能技术应用方案，或依靠政策法规强制执行，或依靠经济政策鼓励执行，均已收到良好效果。其中，德国走在建筑节能发展的国际前沿。我国在建筑节能方面起步较晚，从20世纪80年代初开始，不断提高围护结构热工性能要求。以新建住宅建筑在1980-1981年住宅通用设计采暖能耗[2]，分别在1986年、1996年以及2005（2010）年前后颁布并实施若干建筑节能设计标准[3]，其中制定了逐步节能30%，50%和65%的规划方案。其中，建筑围护结构（能耗）分别承担其中20%，35%和50%。如果可以将建筑节能设计思想融入建筑学专业本科生教学中，不仅可以提升设计方案的实用性，同时也有利于“未来建筑

*　资助项目：黑龙江省高等教育教学改革研究项目（SJGY20170685）。

师”掌握使用的节能技术。

1.3 建筑节能教学的重要意义

正是由于建筑节能及其相关技术的蓬勃发展，各大建筑类院校均开设建筑节能相关课程，与此同时也有若干相关教材出版。由此可见建筑节能课程在建筑学专业教育中的重要意义[4]，主要体现在以下几方面：

(1) 体系完善：在建筑技术不断发展的条件下，使建筑学专业教育体系更加完善。

(2) 行业需求：面向行业需求，全面提升人才建筑知识广度，为所培养人才更快、更好地独立承担设计项目奠定基础。

(3) 能力提升：使建筑设计方案更加科学、合理，更易于发挥建筑节能潜力，在保证方案艺术性的同时，提升方案的科学性和技术性。

(4) 研究准备：为50%以上进一步深造的本科学生奠定一定的研究基础和理论准备。

2 教学设计

2.1 传统建筑节能课程教学体系

传统建筑节能定位于建筑技术设计的重要组成部分，是高级建筑专业人才必须掌握的专业基础课[5]。通过本课程的讲授和习题等训练，将使学生掌握建筑热节能的基础知识和节能设计标准的主要内容、理解计算公式的物理意义并能较熟练地进行建筑节能计算，自觉贯彻生态、可持续发展的思想和原则，依据国家的有关要求完成建筑节能设计工作。

课程主要采用理论学习和案例分析相结合的方式进行授课。其中，理论部分需要掌握的主要内容包括：建筑规划、建筑围护结构、建筑设备系统以及可再生能源利用等节能设计原理。案例分析部分包括大师经典作品分析和生态节能建筑实例分析等。上述课程知识体系较好地完成了建筑节能课程知识点的传授，同时也展现了建筑设计中节能技术的应用。但以下两方面仍然存在需要改进之处：(1) 平立剖面图和效果图不利于学生真正认识节能技术的实现方法；(2) 没有在实际建筑设计阶段体验节能技术的应用过程。

2.2 建筑节能的构造认识

以往教学经验表明：学生对各种建筑节能技术在建筑中的位置、作用等没有充分认识，这给将节能技术手段应用于建筑设计带来一定困难。为消除这种不利影响，本文作者借助所承担的“建筑构造”认识实习课程来起到引导作用。通过相关构造认识，使学生了解新型节能构造的性能、特点以及外观，有利于其在今后建筑设计中的应用，使认识实践、理论学习与实际应用间贯通。

具体与节能技术、材料相关的建筑构造实习项目包括新型节能门窗、新型保温材料以及实际施工工艺等。本次主要实习活动见下图。

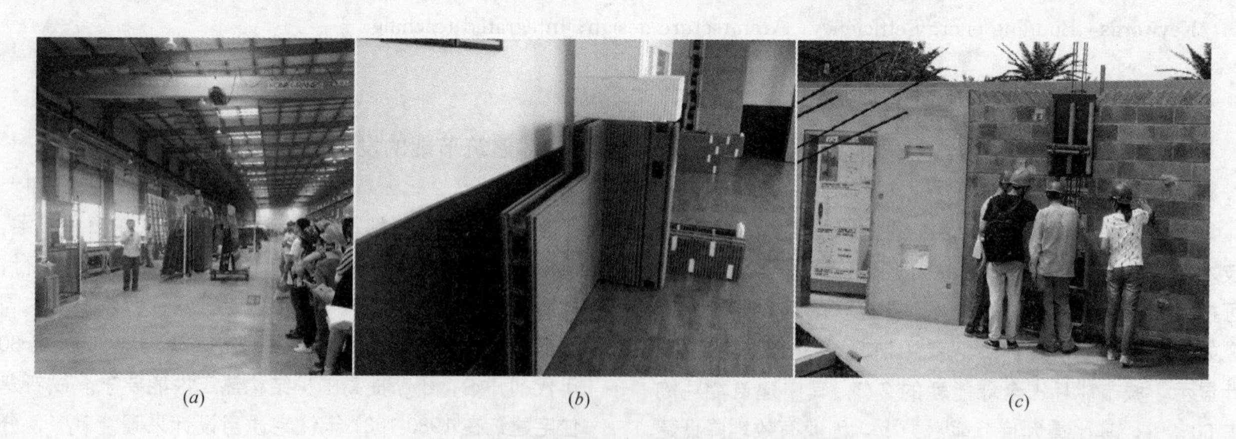

(*a*)　(*b*)　(*c*)

图1 建筑节能的构造认识（作者拍摄）

(*a*) 新型节能门窗；(*b*) 新型保温材料；(*c*) 保温墙体施工

2.3 课程任务

(1) 教学目的

在掌握建筑节能相关基本理论的基础上，主要引导学生将其应用于实际建筑设计方案中。

(2) 教学内容

要求学生掌握建筑节能设计依据、理论及方法，了解《建筑节能设计标准》的内容和要求，在建筑设计中合理运用所学知识进行建筑节能设计，并掌握一定的实际技能，创造舒适、节能的室内环境。

(3) 课程安排及考核

本课程共计 32 学时（不包括认识实习部分）。基础理论掌握情况通过期末考试考查，该部分占总成绩的 60%。考查内容主要有术语名词解释、基本概念、基本计算以及典型建筑节能技术分析等。实际设计应用部分通过设计作业考查，该部分占总成绩的 40%。在自己完成的一个建筑设计方案（不限地区、不限类型）基础上进行节能技术改进，对采用的建筑节能设计方法、策略及具体技术进行展示和论述。具体需提交 A3 规格电脑绘制图纸 3 张，图纸及模型比例自定。

3 教学成果分析

3.1 培养方案设置说明

哈尔滨工业大学建筑学专业（本科）建筑节能课程设置在四年级（五年制）第二学期，相关的先修课程主要有：建筑设计基础、建筑构造、建筑材料、建筑技术概论以及建筑物理（热）等。

3.2 理论知识传授效果

建筑节能授课虽然受到先修课程的限制，但整体上来说课程中主要知识点相对独立。因此，在不同年级、不同阶段开设本课程影响有限。虽然授课过程中略微减少了理论知识方面的学时，对节能技术在建筑设计中的应用进一步侧重，但从考试结果上来看，并没有影响学生理论学习质量。其中，名词解释、基本概念以及基本计算方面掌握非常牢固；在建筑节能技术分析方面，只有与建筑设计关系相对不紧密的建筑设备和可再生能源利用方面略有不足，在今后的教学中可采取内容集中、突出重点的方式解决。

3.3 设计作业成果

本文以两份作业成果为例，介绍说明课程教学实践效果。两位同学分别选择已完成设计的居住建筑和公共建筑项目作为改造对象，作业图纸如下：

从建筑节能技术应用角度出发，对原设计方案进行改造。对平面布置进行进一步优化，在保证使用功能的前提下提升了建筑本身的隔热性能和自然通风效果。针对建筑所在地区气候特点，设置部分绿化屋顶和墙体，优化窗墙面积比，在有效改善热湿环境的同时通过不同分块和色彩变换提升建筑外观表现力。通过双层皮玻璃幕墙的设置进一步加强室内通风，有助于实现过渡季的建筑节能目标。此外，也初步提出一些利用可再生能源的建筑用能系统设计方案。改造后的设计方案体现了节能技术融入建筑设计的优势。

该方案根据项目所在地区不同季节主导风向特征和地形特征优化区块内建筑平面布置和水体配置，提升了不同季节的建筑节能性能。针对严寒地区气候特征，选择建筑体型系数相对较小的设计方案，以体现节能效果。此外，考虑严寒地区日照对住宅建筑尤其重要，利用 Sunlight 软件进行分析优化，最终确定较优的平面布置方案。通过竖井的设置加强夏季室内自然通风，与每层横向通风呼应，达到最优效果。项目改造设计方案表明通过课程教学已将节能技术成功地融入建筑设计。

总体上两份作业在保持建筑设计方案特点的同时兼顾了节能设计策略，将建筑节能设计要点应用于建筑设计阶段，从而实现了建筑节能课程的教学目的，同时也使设计方案更加“经济”和“绿色”。

图 2　公共建筑节能项目改造设计（学生：王宇慧绘制）（一）

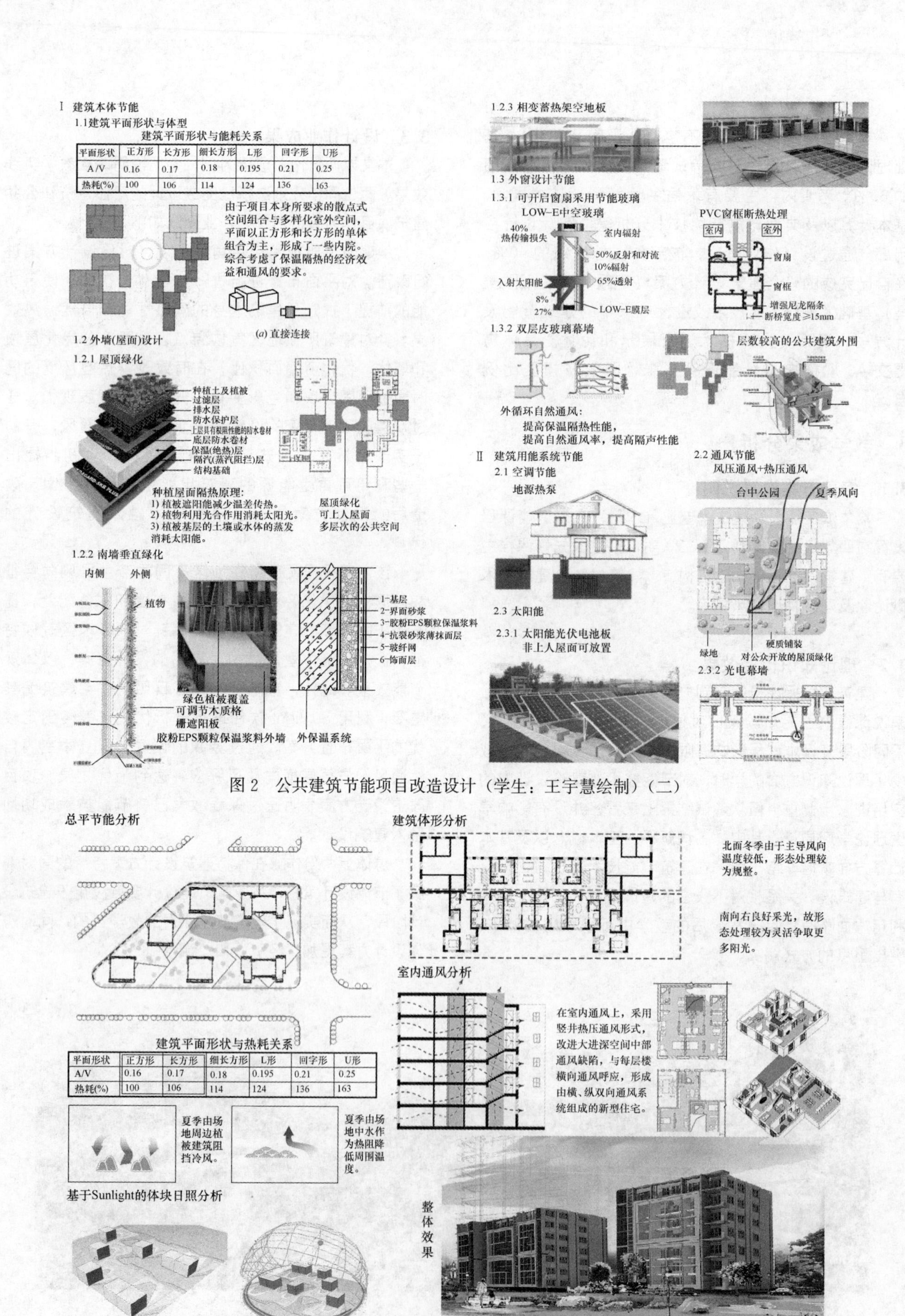

建筑平面形状与能耗关系

平面形状	正方形	长方形	细长方形	L形	回字形	U形
A/V	0.16	0.17	0.18	0.195	0.21	0.25
热耗(%)	100	106	114	124	136	163

图2 公共建筑节能项目改造设计（学生：王宇慧绘制）（二）

建筑平面形状与热耗关系

平面形状	正方形	长方形	细长方形	L形	回字形	U形
A/V	0.16	0.17	0.18	0.195	0.21	0.25
热耗(%)	100	106	114	124	136	163

图3 居住建筑节能项目改造设计（学生：林竣斌绘制）

4 总结与展望

融入设计应用的建筑节能课程教学在经过了2年的探索后，形成了符合哈尔滨工业大学建筑学专业需要的教学培养模式，课程的进行和教学成果的产出表明该培养模式是一种行之有效的教学改革方法。针对建筑节能这一关键问题，寻求最合适的手段使之融入建筑设计。通过对比分析，进一步印证了建筑节能课程在较高年级开设的必要性和优越性。未来，将考虑进一步丰富建筑节能技术、材料，结合潜在使用者、周边环境以及地域气候特点完善建筑设计方案。逐步引导学生从用能分析、方案设计最终到节能分析的主动思考能力。融入式的教学更容易使学生接受，并实现自我提升。

参考文献

[1] 清华大学建筑节能研究中心. 中国建筑节能年度发展研究报告：2013 [M]. 中国建筑工业出版社，2013.

[2] 建筑节能30%、50%和65%是怎么来的 [EB/OL]. http://wiki.zhulong.com/sg3/type43/topic276149_3.html.

[3] 中国建筑科学研究院. 民用建筑节能设计标准（采暖居住建筑部分）：JGJ 26—86 [S]. 北京：建设部标准定额研究所，1986.

[4] 宋德萱，吴耀华. 片段性节能设计与建筑创新教学模式 [J]. 建筑学报，2006 (12)：12-14.

[5] 喻圻亮，陈永生. 建筑设计技术专业课程体系重构方案与改革实践 [J]. 中国建设教育，2010 (S2)：58-61.

郎亮　于辉　王时原　刘九菊
大连理工大学建筑与艺术学院；langbright621@126.com
Lang Liang　Yu Hui　Wang Shiyuan　Liu Jiuju
School of Architecture and Fine Art，Dalian University of Technology

基于当代学生特点认知的外国近现代建筑史课程问卷调查*

A Questionnaire Survey of Characteristics of Contemporary Students in Modern History of Western Architecture Course

摘　要：新时期的建筑历史教学正经历着前所未有的变化，多样的教学改革的核心原则仍是“以学生为中心”。介绍了大连理工大学基于学生特点认知的外国近现代建筑史课程调查的概况；对学生修前的西方近代文史知识背景、西方城市建筑体验经历、修中的历史文本阅读、修后的学习难点的认识四个问题的调查数据进行分析总结，提出应对学生特点与需求的教学优化策略与方法。指出新时期的建筑历史教学要回应新环境，并基于学生的特点与需求调整与优化传统教学。

关键词：学生特点；课程调查；问卷；外国近现代建筑史

Abstract：Architectural history teaching is going through the unprecedented change in the new period. Diverse teaching reforms still center on students. This paper firstly gave instructions on a questionnaire survey of characteristics of students in Modern History of Western Architecture course in DUT. Then it analyzed the issues of the cultural and historical background in modern West and the experience of western countries tours before learning，the text reading in learning，and the opinions of study difficulties after learning，and put forward the optimization strategies，answering the characteristics of students. Finally，it pointed out that architectural history teaching should be in response to the new environment and made out adjustments in basis of students' characteristics and needs.

Keywords：Characteristics of Students；Course Survey；Questionnaire；Modern History of Western Architecture

1　新时期的建筑历史教学

建筑历史教学是一个特殊的领域，其广泛的文化关联性对学生的知识、思维、技能素养的提升具有重要的意义与作用，在建筑学教育中一直充当着非常重要的角色。当前的建筑历史教学正经历着前所未有的变化，应对新趋势与新环境的教学改革设想在各校的建筑史教学中得到积极的尝试与实践。以外国建筑史教学为例，同济大学探索了同一主题的多历史文本比较阅读与批判性思考的教学方法，以回应信息化和多元化时代对西方建筑史学习的挑战（卢永毅，2015）；清华大学在外国近现代建筑史教学中借助理念单元等概念强调建筑思想与

* 基金项目：大连理工大学重点教改项目“泛在信息化下的建筑学专业自主学习模式研究与实践”。

价值的持续性与深刻性，对抗社交网络带来的过量化片段信息（青锋，2014）；还有很多院校在建筑历史教学实践中探索了模型制作、绘本阅读、情景体验、自主学习等多样的教学方法与手段，以优化教学质量、提升学习效果。

观察当下的建筑历史教学改革设想与实践，少部分拥有历史研究传统与较强教学实力的院校推行以“教法”优化为核心的课程改革，而更多的处于发展阶段的院校倾向于以“学法”优化为核心的改革设想与尝试。各个院校不同的倾向性选择主要是由其自身的建筑历史学科实力所决定，“教法”主导的课程改革对师资等教学条件要求较高，不易于推广与示范；而“学法”主导的课程改革更多地强调对学生学习方式的引导与调整，在课程体系相似的院校间更易于相互学习与借鉴，呈现一定程度的扁平化趋向。

无论是“教法”还是“学法”主导下的教学改革设想与实践，都应秉持“以学生为中心”的基本原则，即“以学生的现状为基础、以学生的学习为中心、以学习的效果为目标”（赵炬明，2017）。因此，建筑历史教学在回应当下新形势与新环境的同时，还应了解学生的相关知识背景与学习行为特征等基本情况，把握学生的学习难点并针对传统教学中的主要矛盾予以靶向性的调整与优化。

2 基于学生特点认知的外国近现代建筑史课程调查

2.1 调查的目的、对象及方式

基于此认知背景，笔者在2017年春季学期末对参与大连理工大学建筑与艺术学院“外国近现代建筑史”课程学习的本科生进行了相关问卷调查。调查的主要目的是了解学生在外国近现代建筑史课程修前的西方近代文史知识背景及西方城市建筑体验经历等情况，以及学生在修中的学习行为、修后的课程评价等。

调查的主要对象为刚修完该课程的建筑学和城乡规划学专业2014级本科生，由于开放选课的缘故，部分同级设计学本科生以及不同级建筑学本科生也参与了此次调查，但为保证调查结果对建筑及规划专业建筑历史教学的指导意义，设计学本科生的调查结果未计入统计。

调查采用学生自填问卷的形式，时间选在课程结业考试的前十五分钟，保证了填答结果的可靠、可信与有效。调查共发放问卷137份，可计入统计的有效问卷111份。

2.2 调查问卷的设计

调查问卷的类型采用半结构式，个别题目的辅助开放性回答有助于进一步了解学生对外国近现代时期建筑发展的了解及对现行课程设置的反馈。问卷共设问题17题，可分为三个部分：1-5题主要关于学生在本课程修前的知识背景及对课程的学习预期，以封闭回答为主；6-10题主要关于学生在课程修中的学习行为与难点认知，封闭回答与开放回答相结合；11-17题主要关于学生在修后的知识认知及对课程的评价与反馈，除最后一题“对该课程的建议”为开放回答外，其余题目基本为封闭回答。

封闭式回答可分为两类，一类为“量度”回答，一类为“选项”回答。“量度”分为五个级差，能够较清楚地区分答题学生的认知程度；“选项”则根据具体问题设置数目合适的答题选项且多为“多项限选”，可以为后续的课程优化与改革调整提供更多的基础信息与支撑。

3 调查的分析与启示

3.1 学生在修前的西方近代文史知识背景

学生“在学习外国近现代建筑史课程之前对19世纪以降的西方社会、政治、经济、科技、文化发展的了解程度”如图1所示。读图可知：有16.2%的学生认为自己对课程相关背景知识达到“比较了解”和“非常了解”；有46.8%的学生认为自己的了解程度“一般”；有约37%的学生认为自己“不太了解”或“不了解”近代西方国家的科学技术及社会文化的发展变化。

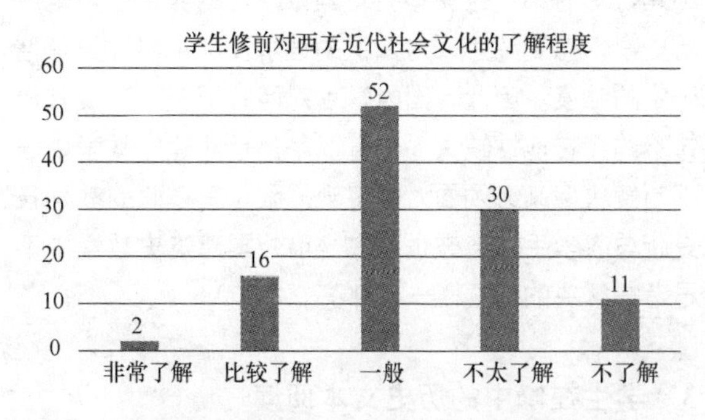

图1 修前对西方近代社会文化了解程度的人数分布

学生对近代西方社会文化历史的了解程度不高，与教学中的实际反映较为一致。大连理工大学建筑学专业为理科招生，学生的教育背景与其他理工科院校录取的建筑学学生相似，高中阶段的“泛理化”学习使得大部分学生的“文史哲”知识积累有限。因此，教学中在介绍西方近现代建筑发展的同时应适度补充介绍相关的社会、科学及文化变迁的背景知识，易于学生辩证、立体、全面地看待并理解与社会历史语境交织缠、绕密不可分的建筑现象及其背后的演变动因。

3.2 学生在修前的西方城市建筑体验经历

学生“在学习外国近现代建筑史课程之前曾到过哪些欧美国家参观体验城市建筑”的情况如图2所示。根据数据统计可知，有约82%的学生在课程修前没有去过欧美国家，没有对西方城市建筑的切身体验；有18%的学生在修前有过在欧美国家旅游参观的经历，其中美国、意大利和法国成为去过人次最多的三个国家。

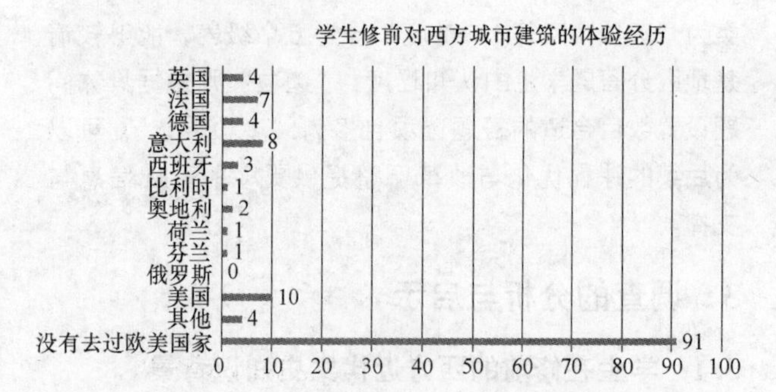

图2 学生修前对西方国家城市建筑的体验情况

在三年级（外国建筑史开课）之前游览过欧美城市建筑的学生占比接近1/5，较十年前有了较大的增加。拥有更丰富的建筑观察与体验经历也成为新时期建筑学学生的一个特征，无论是在建筑历史教学还是其他专业课程的教学中都应该予以重视。但数据也客观地表明较大比例的学生缺乏对西方城市建筑的直观感受，在学习外国建筑史时不可避免地会对其中涉及的城市、建筑或者历史事件感到陌生，对知识的理解及其拓展性思考增添一定的难度。因此，国内学生对西方历史建筑及其语境体验的“在地性缺失”一直以来都是外建史教学中一个不易解决但又必须面对的客观局限，基于此的教学技术更新与教学手段突破也是在当前外国建筑史教学中不断思考去解决的问题之一（郎亮，2017）。

3.3 学生在修中的历史文本阅读

学生“在课程学习中除课件和教材以外的历史文本阅读”情况如图3所示。从图中可以看出，约17%的学生能够在课程学习期间精读1部（篇）及以上的参考书目或推荐文献；约55%的学生能够泛泛地阅读部分推荐文本；约28%的学生没有额外的文本阅读。历史文本阅读情况在一定程度上反映出学生学习建筑历史的学习行为特征。小部分对建筑史感兴趣的学生可以在课程引导下进行自发的拓展性阅读，大部分学生为了完成作业和备考会在课程规定下对推荐的历史文本进行泛读，而另有近1/3的学生只是被动地、功利性地完成课程学习，不会在推荐的历史文本上投入时间和精力。

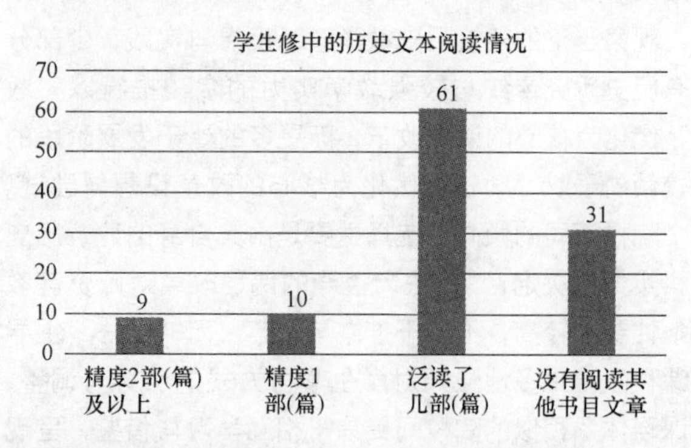

图3 修中除教材外的历史文本阅读情况的人数分布

文本阅读是建筑历史学习的基本方法之一，是了解历史知识、建立多元史观的重要途径。在当下的新媒体时代，文本阅读也不局限于传统的纸媒，浏览丰富的电子文献也是学生较为热衷的阅读方式。但无论何种文本媒介，精读都需要学生付出一定的时间与精力对文本的内容及其关联性知识进行学习与思考，其对于知识结构待完善、相关课业需完成的本科生而言，“保质保量”地完成确有难度。因此，建筑历史教学要在了解学生学习行为特征的基础上，通过有目的的导向性设计，平衡“理想与现实”之间的矛盾。

3.4 学生关于学习难点的认识

学生认为“在课程学习中最主要的困难点”情况如图4所示。“史实事件数量众多”“学派谱系启承复杂”和“社会文化背景陌生”在学生的学习难点认知中排在前三位，而“评价认知辨证多元”仅有23.4%的学生选择，成为给定选项中最不被“认可”的难点。从“教”的视角看，“史事”“谱系”及“背景”都是“浅层显性知识”，通过基本的记忆学习便可掌握，难言为难点；而“多元的史观和辩证的评价”是需要学生全面理解与深入辨析的“深层隐性知识”，是历史教学中的重点，也理应成为“学”视角下的难点，但统计结果却表明学生对此的认知与教师在经验上的判断并不相同。尽管学生对学习难点的认知达不到历史教学所追求的更高目标，但其仍是学生在课程学习中最真实与直接的感受，在教学中不应以“先验”来替代。因此，建筑历史教学应在坚持史观与辩证思维培养的同时，关注学生的认知动态，进一步梳理并凝练课程知识中的核心单元与主题脉络，解决学生认知的学习难点，实现“教”“学”目标的双达成。

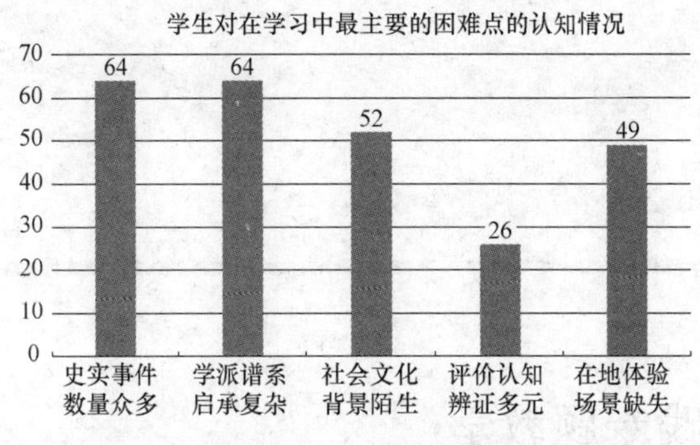

图4　对学习中最主要困难点的认知情况

4　结语

在本次调查的问卷统计中还发现一些值得探讨的问题。例如，62.2%的学生认为“增加经典案例分析”是最有助于外国近现代建筑史学习的教学调整；45.9%的学生认为“引入VR体验环节”是最有效的解决“时空维度的在地性缺失”的教学调整；37.6%的学生认为外国建筑史应该在二年级上学期开设等。这些问题既是对过往教学的一次总结，也是未来课程改革的思路切入点，它们有的验证并量化了以往教学中的先验性判断，有的则与之相悖进而引发对传统教学及惯性思维的批判性思考，还有的需要进行持续地观察与记录以发现新特征与新问题。

新时期的建筑历史教学不应仅局限于对新环境的回应，更应对学习的主体——新时代的学生予以特别的关注，并以此构建基于学生特点与需求的教学改革设想，探索“以学生为中心”的教学改革实践。大连理工大学基于了解学生现状的外国近现代建筑史课程调查虽不尽完善，但仍不失为一次有意义的尝试，为后续的课程调整与优化提供必要的基础性支撑。

参考文献

[1]　卢永毅．帕拉迪奥作品的三种阅读——信息化与多元化时代建筑历史教学探索的一个案例［C］//世界建筑史教学与研究国际研讨会论文集，2015（10）：10-17.

[2]　青锋．外国近现代建筑史教学中的理念单元［J］．西部人居环境学刊，2014（1）：1-5.

[3]　赵炬明，高筱卉．关于实施“以学生为中心”的本科教学改革的思考［J］．中国高教研究，2017（08）：36-40.

[4]　郎亮．城市遗产的在地认知与外国建筑史教学改革［C］//全国高等学校建筑学学科专业指导委员会．2017全国建筑教育学术研讨会论文集．北京：中国建筑工业出版社，2017：653-656.

李丹阳　王靖　孙洪涛
沈阳建筑大学建筑与规划学院；lee _ dy@126. com
Li Danyang　Wang Jing　Sun Hongtao
School of Architecture and Urban Planning，Shenyang Jianzhu University

建造之初
——记“建筑设计基础”中空间建造实践专题教学改革与探索

At the Beginning of Construction
——Record on th Teaching Reform and Exploration of Space Construction Practice Course in Architectural Design Basis

摘　要：学生初次接触建造是在一年级的设计基础中空间建造实践专题课上。在建造之初，学生总会遇到困惑与问题。面对近几年教学过程与成果呈现的问题，进行教学环节的设置与调整、教学内容的增补。通过教学改革与探索，培养学生在了解材料特性之后理性面对设计问题，并使用建筑的语言表达设计，利用工业技术完成空间建造，最后完善学生对建造基本问题的全面认知。

关键词：建造实践；设计基础；教学改革

Abstract：In the architectural design basis of the grade one，students begin to contact with construction practice. At the beginning of the construction study，there are many puzzles and difficulties for students. Based on this case，the teaching link would be adjusted and content of courses would be supplemented. By the reformation and the exploration in teaching，students would face design problems rationally after understanding material properties，express design in architectural language，and use industrial technology to complete space construction. In that case，students would have a comprehensive understanding of the basic issues of construction.

Keywords：Construction practice；Architectural design basis course；Reformation in teaching

1　引言

目前国外许多著作都已建构为起点来研究建筑教育，将“建造”教学引入建筑学课程的观念和实践在国内院校得到了广泛的开展。沈阳建筑大学（以下简称我校）的建筑设计基础课在“空间认知与建构”的教学基础上，展开“空间建造”教学实践。通过实际操作来认识建筑，做出不同尝试，以此来训练初学者对材料的认识和对空间的构思能力，逐渐改变之前建筑教育中一个极易被忽略的环节——学生们不清楚建筑是如何建成的。“建造”已成为建筑学入门的重要途径之一。

2　课程概况

我校将一年级设计基础课程定位为“如何认知、理解和建构建筑空间的设计基本素质训练课程”。一年级设计基础课具体题目包括：建筑空间认知与测绘、大师作品分析与重构、单一空间生成与表达、建造实践（即空间建造）。

建造实践课程是一门同时具有实验性与研究性的课程，在此之前，学生们已经初步了解了建筑的基本问题、建筑形态构成和简单空间生成。此环节，学生须完成一个 1：1 的实际空间建造，并使学生通过在实际建造的空间中进行活动体验，初步把握人体尺度、空间属性、建筑与材料和结构的关系。

课程题目：木憩·校园休憩空间，作为小型景观建筑进行设计与建造。建筑选址为建筑学院庭院内划定的 7m×7m 的草坪、硬质铺地以及树林内用地，使用材料以竹、木等自然材料为主。搭建要求为：用竹或木材作支撑和承重，不得破坏树木，不得阻碍人行道上行人通行，要有供人休息的空间。

通过对近年来教学过程的梳理与成果的总结，在建造实践课程中存在以下问题。

2.1 缺乏环境意识

从历年课程开展的过程来看，学生缺乏对场地环境的理解与重视。主要表现在对于给定基地调研深度不足，如人行路行人通行方向、往来人数与时间段数据统计不全等。建筑的设计与建造均应与周围环境充分结合，客观面对现实环境中存在的要素，从环境要素的限定中寻找发展途径，形成方案构思和空间意图。由于缺乏环境意识，使得课程安排无法达到预期效果。

2.2 缺乏对建造基本知识的认知

建造本质是“连接的艺术”，材料的节点设计也应基于材料特性、材料尺度等进行，所选择的连接构件与使用材料相协调。从历年建造成果上看，形式问题始终被学生至于重要的位置。设计阶段学生们更热衷于关注空间形态，缺少对材料组织，节点设计等逻辑合理性的探寻。这种现象可以理解为，数字化时代背景下大量建筑作品呈现出强烈的个性化，这对初学建筑学的学生来说具有一定吸引力。另一方面也说明由于缺乏对建造基本知识的系统认识，才会导致初学者重形式而轻技艺。

2.3 缺乏空间体验意识与人体尺度把握

空间体验对于初学者是学习设计的重要方法之一，不仅能够给人带来直接的感官体验，也能让体验者更客观地了解人体尺度与空间关系。此外，空间体验的重要作用是要学生学会用建筑的语言表达他们在空间中的感受，是将连续、动态的过程有逻辑的表达在方案中。对于一年级的学生来说，更容易被形成空间的物质所吸引而忽略自身的感受，在图纸上的表现也只是从书中抄绘来的片段式的建筑语汇。这种成果往往禁不起推敲，在真实的建造过程中就会发现设计的空间尺度并不适合人的活动。由于缺乏空间体验与人体尺度把握，使得设计表达与真实建造脱节。

3 教学改革与探索

基于以上对历年一年级学生在设计基础课空间建造实践专题中表现出的问题，我们在保持原有教学体系的基础上，对空间建造实践专题教学进行改革和探索。通过对教学内容的补充、教学环节设置与调整达到以下目标：通过空间建造的实践环节，学生可以在了解材料特性后理性面对设计问题；培养观察生活、体验空间的习惯，学会用建筑的语言表达和记录空间感受；注重材料组织与节点设计，完善建造的基本问题的全面认知。具体教学操作如下：

3.1 教学程序

建造实践中学生们能够从盖房子的过程中体会到材料、构法、形态的游戏过程，并在建造过程中发现和体验到建造的乐趣，从而建立起材料认知基础、建造认知基础，培养学生从空间角度出发进行方案设计及逻辑演变。建造实践课程为初学者提供了学习建筑设计的重要场所，设计与建造教学程序主要分为以下五步：

（1）观察与调研：根据设计主题对现实生活进行观察，对材料、加工、连接手段及其造价进行详细调研。要求每组学生至少选择一个周边的现有建造物或搭建物，对其进行仔细研究，并且调研一个建材市场（图 1）。

图 1　校园中搭建实例与节点

（2）类比与思考：通过对自然界的生物形态和工业

手段的借鉴和模仿，自然界和工业界功能形态的类比和拟态，包括对已有建筑实例中材料和节点的解析，以期对现有建筑学程式有所突破；每名学生必须完成一个非建筑节点分析，并与大家共同分享其解析过程和结果。

(3) 构思与设计：在上述基础上以材料、节点、功能、形态等作为设计构思的触发点展开联想，通过对材料的实验、试做和小尺度模型的推敲来推进解决方案的提出和完善（图2）。

图2 用小尺度模型推敲方案

(4) 材料与节点：根据确定的解决方向对材料及节点（加工制造、连接装配）进行选择，并制作1：1尺度的节点进行研究和改进；注意此处的节点必须是原材料和原节点，加工装配后进行实验和改进，不能采用模型方式的材料或连接方式替代。

(5) 体验与建造：材料和节点经过实验验证后，大量采购材料和配件，进行加工、装配和建造。通过对材料进行工匠式实体建造和手工、机械加工体验，不断试错、优化设计成果，在此基础上可以形成对各个部分和整体的体验和优化。同时，通过比照设计预想的实际体验，验证材料和连接节点的性能问题（图3）。

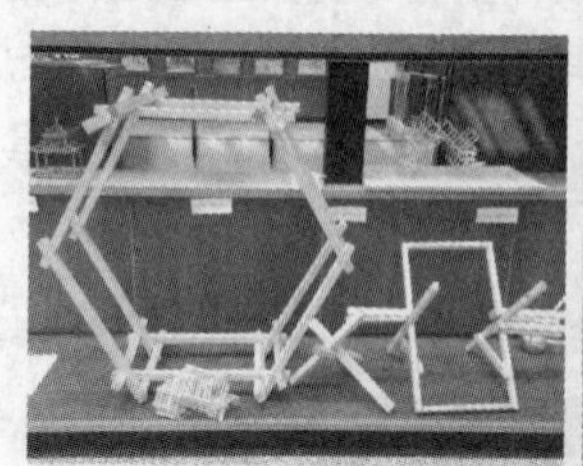

图3 优化后的材料连接方式

3.2 评图环节

为了保证整个建造进程和成果的顺利完成，防止组内学生的争执，加强各组间的讨论交流，利用多次组织评图明确下一步设计、建造方向并保证时间节奏：

第一次评图：提交个人草模及小组讨论；

第二次评图：反复推敲建造的空间形态、材料、节点做法，制作正式1：5模型，汇总材料造价表。

第三次评图：完成制图、实体搭建完成，现场演示及评分。应用sketchup建立完整的建造模型，并将其导入CAD用投影生成平面图，精确绘制节点轴侧分解图，主要构件可以用CNC批量加工；汇总探索、实验过程记录并说明；最终形成完整的实验报告以及实体建造。

3.3 教师授课

在整个设计、建造过程中始终以学生为主，教师配合讲授课程，内容包括主旨、方法、细节三个部分：

(1) 建造课开题与程序介绍：主要讲解课程设置的目的和建造方法，特别强调需要通过实践、体验获得材料知识，结合以往建造课成果予以说明。

特别注意排除形式模仿和风格性思考，强调从建造材料和过程出发的材料逻辑、加工逻辑、性能逻辑，从工程师和工匠的立场出发，在对生物、工业制品的类比思考中，得到一些设计的灵感。

(2) 材料、链接、节点设计：在学生对建材市场进行调研并对材料有了一定的初步认识后，可以详细讲解主要材料的特性和连接方法，特别是作为整体有机组成部分的节点所体现出来的结构和构造关系，以及由此展开而成的整体建筑物设计，即材料—连接—节点—建筑的设计思考过程。

(3) 加工工艺与建造——木节点的设计与加工：在学生确认了基本的材料、连接方式和空间方案之后，就需要进入一个实体加工、亲身体验材料、加工的过程。因此，在此之前需要结合加工条件传授木工基本加工方法和工具的使用，另一方面，从设计的角度出发，强调在工匠式的操作过程中不断摸索、试错的过程，以及建造基本要素对于设计的触发点（图4）。

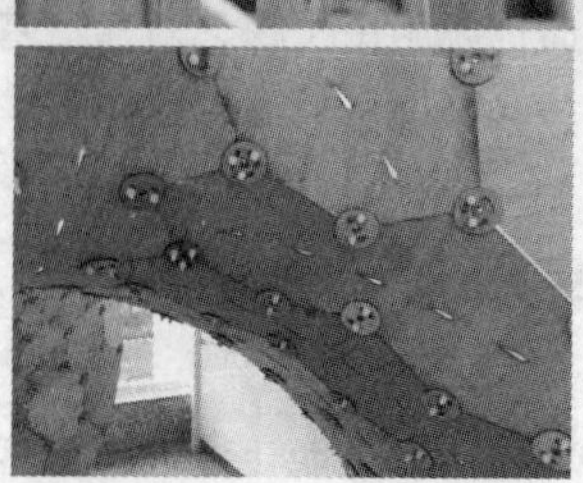

图4 授课选择实例

4 成果与结论

此次教学改革的收获在教学组织过程与建造成果中均有所体现。在教学过程中，学生能够寻找到恰当的途径解读题目，理性地分析问题，不再主观盲目。学生的建造成果中，表现出从方案构思到材料选择、节点设计均有较清晰的连贯性和逻辑性，同时建造成果与方案表达接近一致，完成度较高（图 5、图 6）。

图 5 方案生成过程及节点优化

建筑教学不是为了发展一个设计方案，而是为了发展建筑设计的能力，为了探索建筑。通过教学改革过程中的教学环节设置调整与教学内容的补充，学生基本能够在建造过程中把握人体尺度、在了解材料特性的基础上从空间角度出发，提出设计方案，进行有逻辑的演变与呈现。

图 6 学生建造实践成果

参考文献

[1] 冯金龙，赵辰. 关于建构教学的思考与尝试[J]. 新建筑，2005（3）：4-7.

[2] 张永和. 对建筑教育三个问题的思考［J］. 时代建筑 2001（S1）：40-42.

[3] 姜涌，包杰，王丽娜. 建造设计——材料·连接·表现：清华大学建造实验［M］. 北京：中国建筑工业出版社，2009.

[4] 李丹阳，王靖. 有机形态认知与数字化参与的建造实验教学研究［C］//全国高等学校建筑学学科专业指导委员会. 2017 全国建筑教育学术研讨会论文集. 北京：中国建筑工业出版社，2017：399-402.

李立
苏州大学金螳螂建筑学院；ningning _ 1211982@163. com
Li li
School of Architecture，Soochow University

建筑基础之设计素描教学思维过程及方法研究

Research on the Teaching Method of Design Sketch in Architecture Major

摘　要：对于建筑学专业学生，大多数院校是美术零基础的学生，在课程设置上，用于造型基础训练的课时也是非常有限的，怎么样快速的使他们掌握造型技法，是首要解决的问题，在建筑学专业背景下，通过多年来的实践与努力，总结相关的教学思维过程与实践方法。

关键词：建筑基础；思维过程；方法

Abstract：For freshman of architecture major，most students start from Zero of fine arts. In architecture curriculum setting，the course for basic modeling is also very limited. How to have these students acquire modeling skills quickly is the first problem to be resolved. This article is summary of class teaching and on site practicing based on years of teaching efforts.

Keywords：Aarchitecture curriculum；Thinking process；Methodology

1　设计素描与传统素描的区别

传统素描的主要以单色线条和明暗来塑造物体形象，是造型艺术基本功之一，它以锻炼观察和表达物象的形体、结构、动态、质感、量感、明暗关系为目的，由此研究和掌握造型的基本规律。设计素描是传统素描设计艺术的结合产物，是构建在传统素描绘画基础上的。把探索研究世界的具象表现手法与侧重意象形态的表现手法有机结合，运用设计原理，创造性地描绘物体，从而展示艺术造型的新型概念。

所谓“设计”指的是把一种设计、规划、设想、问题解决的方法，通过视觉的方式传达出来的过程[1]。设计素描与传统素描的区别就是要通过设计、构思达到某种效果的一种绘画方式。可以通过加入综合材料、媒介、工具等不同的表现方式实现，重在创意过程，具有一定的思想与创作意义。其特殊的创意构思部分是传统素描当中所欠缺的表现部分。设计素描是设计的基础，它是从素描走向设计的一种过度、一项基本功。

2　设计素描训练的目的及意义

学习设计素描的目的是培养学生的基本造型能力、想象能力与手绘表达能力，古今中外建筑大师没有一位是不会的画图的，文艺复兴三杰之一的米开朗基罗既是画家也是建筑师，所以建筑与艺术是分不开的，我们必须通过造型基础课的训练，达到建筑师所具备的造型能力、设计能力、审美能力与表达能力。设计素描的在建筑院校的课程设置主要分布在一二年级，以我们学校为例，设计素描分为四个单元，一二单元解决基本的明暗素描与结构素描，目的是解决基本的造型能力与基本的作画方式。三四单元解决创作思维过程与表现过程。

3　设计素描课程的思维过程训练

3.1　主题元素的提取

所有的艺术形式都基于自然中的原型，自然元素提取，我们所绘画的对象要从大自然中寻找形态，无论是有机形态与无机形态。假定一个机械设计成品，它的原型来源于自然，那我们先要把这种形态通过观察在画面中呈现出来，那这个过程不单单是在纸面上呈现的过程，其实是观察理解每个角度形态的一个过程，是全方位，多视角的深入理解造型的一个过程。这种立体的观察方式有助于理解对象从外到内的组织结构，对复杂形体有过程性的认识，从而提升造型能力。

3.2 设计思维的实现

设计思维的培养是多重角度的开发想象过程。我们把它为横向思维、纵向思维与立体思维的三种过程。横向思维主要是直观的对象认知思考表达的过程，其实就是我们传统的表象思维过程。纵向思维实际上是设计鉴赏、认识设计与自身的关系、设计者的效率与自信、设计概念的刺激物、设计创造力与设计的替换这个过程是再创作的一个过程。立体思维是设计者要从平面感知到立体的组合空间想象再到平面感知的一个循环过程，也是建筑设计师必须具备的设计空间思维能力。

3.3 设计感知的培养

传统的观察方式记录描绘对象就是单纯客观的记录这眼睛所看到景象。如果把审美情趣集中到抽象的形式表达上，做点线面的构成表达，会得到一张形式强烈的全新画面。用新的角度去诠释所观察到的景象，会获得丰富的视觉体验（图 1）。

3.4 抽象情感的表现

尝试使用各种材料表达情感，任何材料都有不同的质感，利用材料介质表达对画面的感受与想象。激发对主题的感知与情感的表达，利用不同的工具结合技法做涂鸦表现，用最单纯的表现去演绎抽象情感。

4 设计素描中的方法论问题

4.1 维度与创新

传统素描讲究造型与明暗之间的关系，从而塑造画面的空间感和立体感。维度的转变实际上就是立体转变为平面构图的一个过程，是视觉思维转变的过程，是你看到的立体对象，怎样转变成各个面的平面反应在画面纸张上的一个过程，这个过程就是思维转换的一个训练。这种方式取决于观察方式，打破传统的观察方式，要从不同的角度去观察对象，大至宏观的外形，小到看不到的微观世界，将这些造型变为平面的设计元素，把这些元素组织在一起。这就要提到表现方式，比如立体主义表现画家，他们经常会以这种方式呈现画面，在而为平面空间中有意识的去制造空间。甚至有意识的尝试在平面中向下挖掘纵深，可以让物体具有浮雕的感觉（图 2）。

图 1 香菇的演变
（二年级作业
指导老师：李立）

图 2 教堂的变形
（二年级作业
指导老师：李立）

4.2 构成与形式

构成是构图的一种方法，造型的构建方式，其决定了画面大局，宏观把控 布局的一个因素。构成方式并非单一的，它是在多种形式美法则而建立起的一种规律或无规律的结构形态。构成包括两大部分即骨骼与元素，骨骼是基本构成的基础，它可以是隐性的也可以是显性的，可以是无序的也可以是有序的。元素又分为视觉元素与关系元素，视觉元素就是形象的大小、形状、色彩、肌理等，关系元素包括方向、位置、空间、重心等[2]。

4.3 物理与现象

柯林·罗和罗伯特·斯拉茨基提出的透明性的物理层面与现象层面理论，可以作为设计素描表现的一个方法。戈尔杰·凯普斯在《视觉语言》中进行的阐释："如果一个人看到两个或更多的图形叠合在一起，每一个图形都试图把公共的部分据为己有，那这个人就遭遇到一种空间维度上的两难。为了解决这种矛盾，他必须假设一种新的视觉性质的存在。这些图形被认为是透明的；也就是说，它们能够互相渗透，同时保证在视觉上不存在彼此破坏的情形[3]。"我们可以利用透明性的物理层面与现象层面，来做具体的画面组合关系。透明性包括物理透明与现象透明。一个是通过透明的物体本身传达空间感，另一种是通过具体的表现方式传达空间。无论哪种方式都可以达到空间景深的空间画面效果。

4.4 思维与想象

“艺术表现的真正魅力在于它的多样性，单一与雷同是艺术设计的大忌”[4]。说明设计的发散性思维的重要性。毕加索的一幅《亚威农的少女》开创了在二维平面上表达三维空间的新手法。立体主义主要表现为两个特点，从二维中挖掘深度，制造立体；比如毕加索的《弹曼德琳的少女》，使得画面空间充满具有深度的体积感。另外一个是多视角的同时表现，一组静物，我们通过多视角是看物体，把看到的对象同一在一个画面上，表现出立体的画面效果，比如格里斯的《静止的生活》。

4.5 质感与表现

综合材料的运用，给画面增添了表现手法，可以避免传统创作手法所带来的局限性。一幅画面如果加入相应的材料，并且是恰到好处的表现出来，使画面相得益彰[5]。在绘画中引入拼贴及各种材料是为了区别于传统绘画的表现形式，使画面产生视觉的，象征的，真实的，新的空间概念。拼贴材料要符合画面的色调，要考虑到色彩的搭配关系，颜色以单色为主，营造具体的画面氛围，拼贴的步骤也会影响到画面效果，材料可以为金属、木头、毛线、报纸等，以塑造画面的质感与肌理为主，有粗糙、光滑、纹理等表现。并且要根据画面构图自身的需要，点线面的穿插不同，就需要寻找不同的符合形态的画面材料。这些部分创造画面的立体感，也可以是以素描的表现方式来塑造体积感（图3）。

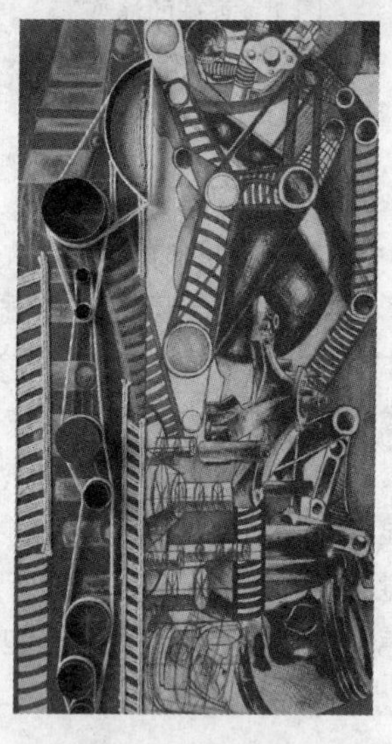

图3 材料拓展
（二年级作业 指导老师：李立）

5 结语

设计素描不单纯是一门表现技法课程，它是设计类课程的基础，是走向设计的必经之路。设计素描教学方法科学，采用多种设计方式，呈现多元化特点，使建筑设计专业体现自己的特点，为建筑设计专业课程的延伸打下良好的基础。

参考文献

[1] 王受之. 世界现代设计史 [M]. 北京：中国青年出版社. 2015.

[2] 瓦西里·康定斯基. 点线面 [M]. 重庆：重庆大学出版社. 2017.

[3] 柯林·罗，罗伯特·斯拉茨基. 透明性 [M]. 金秋野译. 北京：中国建筑工业出版社. 2018.

[4] 王雪青. 中国美术学院设计基础教学探索——素描 [M]. 杭州：中国美术学院出版社. 2009.

[5] 孙磊. 视知觉训练 [M]. 重庆：重庆大学出版社. 2013.

李伟
天津大学建筑学院；yuhui@dlut. edu. cn
Li Wei
School of Architecture，Tianjin Vniversity

从问题到概念
——基于问题求解的三年级建筑设计教学探索

From Problern to Concept
——Research on the Teaching Architecture Design Based on Problem Solving of Third Grade

摘　要：论文在梳理了“形式求解”“问题求解”概念的基础上，阐明了“问题求解”和“设计概念”的相互关系，进而以天津大学三年级建筑课程设计教学为切入点，探讨了将问题化求解的教学思路在建筑设计教学课程中的主要教学优势、教学原则和教学维度。文章最后通过教学实践进一步论证和分析问题化求解的教学理论的可行性。

关键词：形式；问题；设计概念

Abstract：On the basis of combing the concept of “form solving” and “problem solving”，the paper clarifies the relationship between “problem solving” and “design concept” extraction，and then discusses the teaching thinking of problem-solving in architectural design teaching by taking the teaching of the third grade architecture course design of Tianjin University as the breakthrough point. The main teaching advantages，teaching principles and teaching dimensions in the course. Finally，the feasibility of the problem solving theory is further demonstrated and analyzed through teaching practice.

Keywords：Form；Problem；Design concept

1　问题的提出：从“形式求解”到“问题求解”

一直以来，对于国内大多数建筑院校，学生是从二年级开始进行小型建筑设计的教学。但学生在刚刚接触建筑创作的时候，往往陷入纯粹的功能分析，形式上可以套用并可以简单化的几何图像，却很少关注其环境、场所、文化、社会、地理等设计问题的独特存在方式和呈现方式，形成片面的“形式求解”教学局面。三年级的建筑设计教学则一般被认为是学生五年建筑学学习生涯中的重中之重。因为，这一年的学习，不仅是基础设计教学阶段到高年级建筑设计阶段的过渡，也是进一步全面建立起学生正确的设计思维观，设计价值观的关键时期。因此，在这个阶段，要求学生不仅会准确地组织建筑功能，更要表达出对于物质的、社会的、文化的与生活环境等设计问题的建筑是如何被呈现的，它如何在人类经验与体验中被感知，从而使学生从仅仅对形式的关注拓展为对场地、文化、行为、空间、建构等设计问题的分析，逐步形成“问题求解”的设计习惯与思维方式。

2 “问题求解”融入建筑设计教学的教学方法

2.1 问题求解与设计概念的提取

设计过程是一个目标实现的过程，而概念的设定与提取是目标设定的重要前提和组成，一个具有指导性的设计概念可以为设计者的工作提供方向，并将作品从单纯的形式构建上升到情感、哲学等精神层面的范畴，进而使建筑所要的传递给体验者的信息愈发明确而赋予体验性。因此，有效设计概念的获取是能否形成一个好的设计方案的前提与保证。

建筑设计“问题求解”中存在着提出问题、分析分题和解决问题三个环节，提出问题是设计概念的立足点，分析问题的设计概念的根源，而解决问题则是概念的核心。这三个过程围绕着使用者这一主体展开。为建立概念而提出的问题往往是设计者针对使用者这一主体的社会、人文、心理等方面的需求而进行的分析得来的，与仅仅从遵循造型规则而进行单纯的功能与形体之间的平衡出发的设计方法是不同的。随着设计理论与实践的发展，设计者所提出的问题已经逐渐从以往的以建筑“形”为目的的以“物”为出发点的“形式求解”，转移到以“人”为出发点的“问题求解”上来，而这样才能够在设计的初始阶段把握设计的“质”。(图1、图2)

2.1.1 基于“问题求解”下设计概念提取的易操作性

在《辞海》中，“概念”的释义为“反映客观事物本质的一种认识”，即体现为一种思维形式和思考方式。因此，在设计教学中，设计概念的获取往往具有一定的抽象性。如果依循“问题求解”的设计思路，使特定的问题导出特定的设计概念，往往会使教学过程变得富有逻辑且有的放矢。学生在设计过程中也会觉得设计概念的获取不再是感性的认知，而是更有针对性和逻辑化的问题求解过程和思考过程。

2.1.2 基于“问题求解”下设计概念提取的逻辑性

通过对经典设计案例的分析，设计概念的提取从本质上可以还原为基于功能问题的概念提取，基于行为问题的概念提取，基于场地问题的概念提取，基于空间问题的概念提取，基于建造问题的概念提取。因此在教学中，设计的“问题求解”被逻辑化地分解为若干个设计小问题：场地问题，功能问题，行为问题，空间问题，建造问题。学生可以依循每个问题做出详尽的分析与解读，这也就是设计中的求解过程，每个解题的结果对应着最初的问题，进而对解题结果进行权衡，建立优化关系，就形成了最初的设计概念。通过这样多次的“问题—分析—求解”过程训练，学生可以全面把握设计的实质。

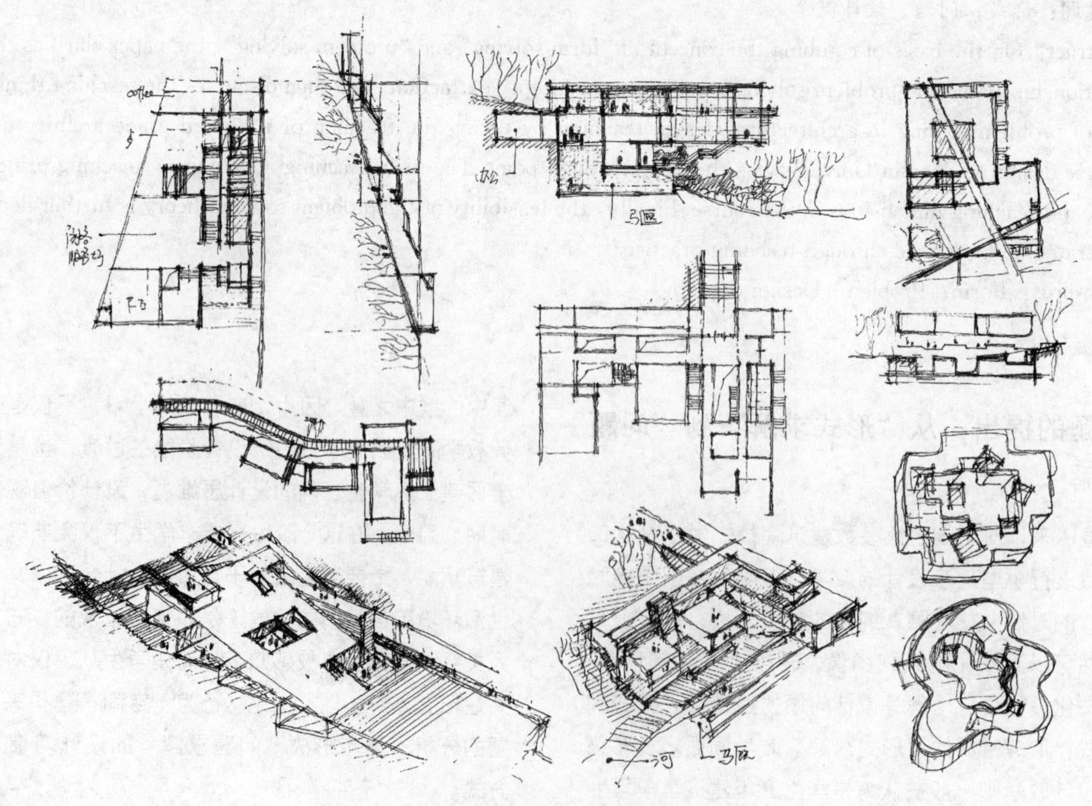

图1 基于“问题求解”下设计概念提取的教学草图之一

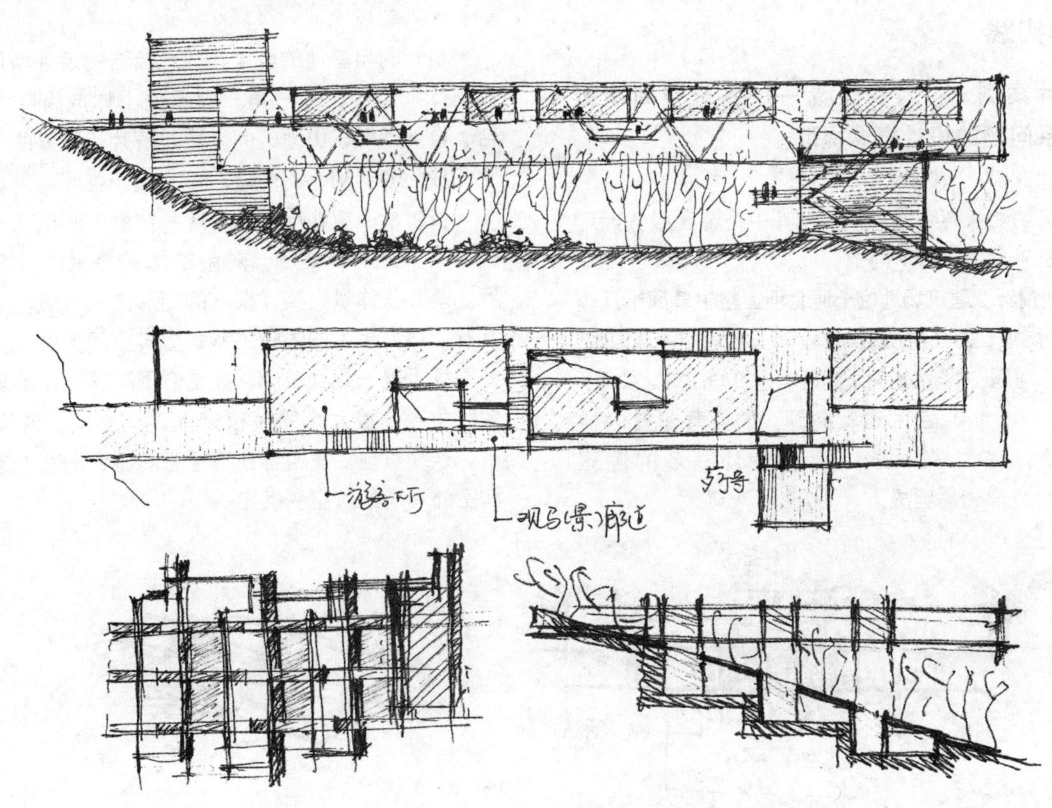

图 2 基于“问题求解”下设计概念提取的教学草图之二

2.2 “问题求解”的教学维度

在“问题求解”教学中，应拓展教学思路、丰富教学内容、多元教学纬度。课程中将每个教学课题拆解为多个不同的单元与教学阶段，使每个课题包含若干子课题，教学环节从抽象走向具象（表 1）。

基于“问题求解”下设计概念提取的课程内容与纬度 **表 1**

<table>
<tr><th></th><th>问题求解的训练内容</th><th>问题求解的训练维度</th><th>课程环节</th><th>方法途径</th><th>设计表达</th></tr>
<tr><td rowspan="11">基于问题求解下设计概念提取的教学维度</td><td rowspan="3">场地问题</td><td>场地自然环境问题</td><td>研究场地地貌，自然植被</td><td rowspan="2">调查研究
案例研究
图解分析
比较研究</td><td rowspan="2">场地模型
汇报演示</td></tr>
<tr><td>场地人文环境问题</td><td>研究场地所在地域文化</td></tr>
<tr><td>城市与建筑界面问题</td><td>在前面对环境研究基础上，提出建筑所处环境与建筑界面的空间生成策略</td><td>图解分析
比较研究</td><td>设计草模
汇报演示</td></tr>
<tr><td rowspan="3">功能问题</td><td>功能事件问题</td><td>探讨场地可能发生的事件</td><td rowspan="3">案例研究
图解分析
比较研究</td><td rowspan="3">空间原型
设计草模
汇报演示</td></tr>
<tr><td>行为场景问题</td><td>探讨基于事件的行为场景</td></tr>
<tr><td>功能逻辑问题</td><td>探讨建筑可能具备的功能与组合逻辑</td></tr>
<tr><td rowspan="2">空间问题</td><td>空间形式问题</td><td>基于环境与功能分析的空间应对</td><td rowspan="2">案例研究图解分析
比较研究</td><td rowspan="2">空间原型
设计草模
汇报演示</td></tr>
<tr><td>空间逻辑问题</td><td>空间组织的逻辑性</td></tr>
<tr><td rowspan="3">建造问题</td><td>结构建造问题</td><td>探讨应对空间的结构形式</td><td rowspan="3">案例研究图解分析
比较研究</td><td rowspan="3">节点模型
设计模型
汇报演示</td></tr>
<tr><td>表皮建造问题</td><td>探讨应对空间的表皮形式</td></tr>
<tr><td>细节建造问题</td><td>探讨应对空间的建造形式</td></tr>
</table>

3 教学实践

3.1 设计案例一：游戏围城 ——基于空间逻辑关系问题的设计概念提取

• 设计规模：3000m²

• 建筑功能：游客服务中心（其中，游客服务大厅 2000m² + 室外马场 1000m²）

• 场地情况：建筑场地位于河北坝上空中草原十八盘村，地势有陡坡，游客需从游客中心骑马到达空中草原。

• 设计问题：1. 空间关系问题：建筑与山地之关系。
2. 空间逻辑问题：如何营建室内游客服务大厅与室外马场的逻辑组成。

• 对应概念：

（1）利用基地的坡度，插入简洁的薄片状体量，如同山体掀起巨大的一角。掀起的山体成为巨大的观景台，自然地融于山地之间。掀起薄片状体量的下部挑空空间成为游客中心的入口。

（2）从山坡处反方向在薄片体量中间楔入一矩形围院空间作为室外马场，剩余的体量为室内游客服务大厅。薄片状体量为实，楔入的矩形围院为虚，形成虚实互补，活力相生的逻辑关系。虚实空间界面处，围绕室外马场设置一线状游廊，并结合围院界面在游廊不同位置和角度设置六个筒装玻璃体观马空间。游廊或上或下，连续有趣，使游客在不经意间游走于室内游客中心和室外马场的时空变换中。

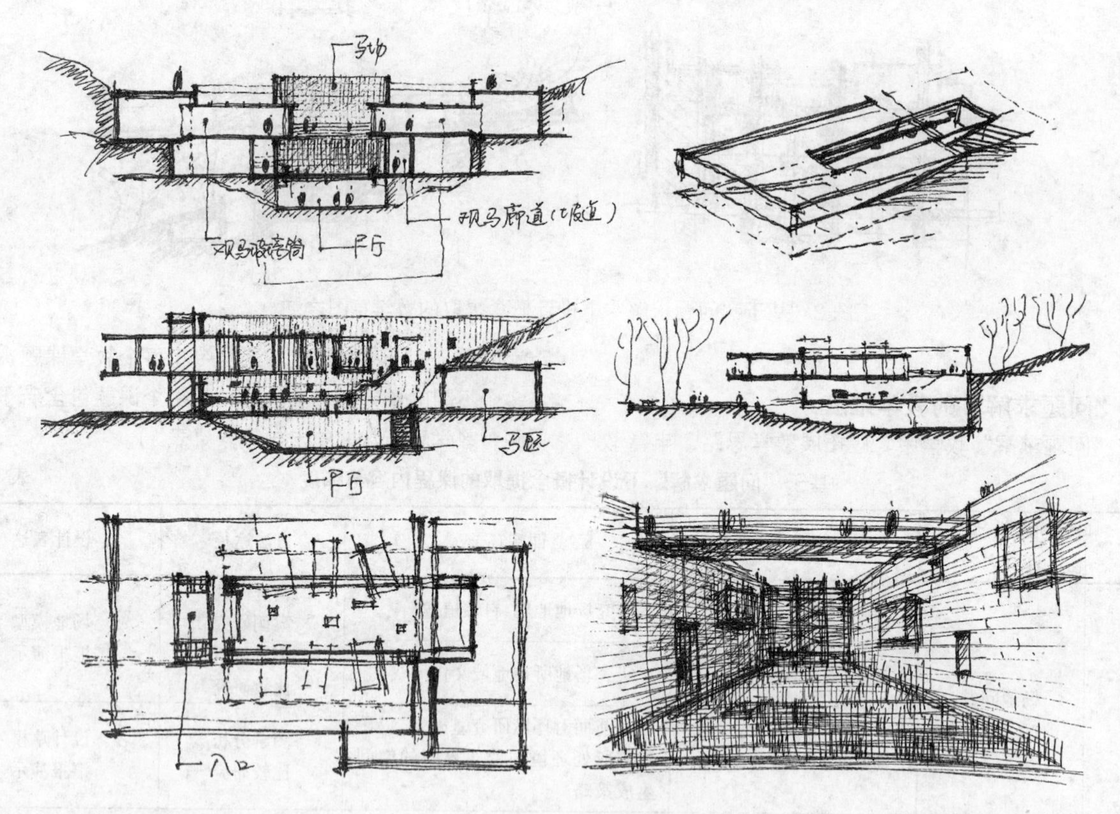

图 3 设计概念教学草图

3.2 设计案例二：老城故“市”——基于城市与建筑界面问题的设计概念提取

• 设计规模：3500m²

• 建筑功能：城市美术馆 +（任意一个 1000m² 功能空间）

• 场地情况：建筑场地位于城市历史保护街区五大道内。

• 设计问题：如何塑造城市与建筑的界面，使城市空间与建筑空间互为补充，并为人们塑造出积极高效的建筑与城市共享空间。

• 对应概念：

设计以“街市”概念贯穿入整体建筑空间中。建筑与城市界面被分解为两层，建筑外界面简洁完整，为简洁的垂直界面；内界面曲折生动，与美术馆空间相邻。内外界面之间构成城市的“街市”空间成为整体建筑与城市空间之间的“界”，在这个“界”中设置连续的体验廊道，并与中心庭院、城市空间相连，成为即使在闭馆时，城市中人们也可在其中可观、可游、可留的室外公共共享空间。外界面表皮底层架空，将历史街区五大道的城市天际线似雕刻中阴刻手法雕琢于界面表皮上，使人们在街市游走中体验现代与过去的交织，感受时间与空间的与变幻。建筑在曲折之间营造出美术馆空间和城市空间中生动地故事可发生场所，使这条街空间，不仅是"市"，也充满了"事"。

图 4　概念模型与表现（图片来源：学生部若晨）

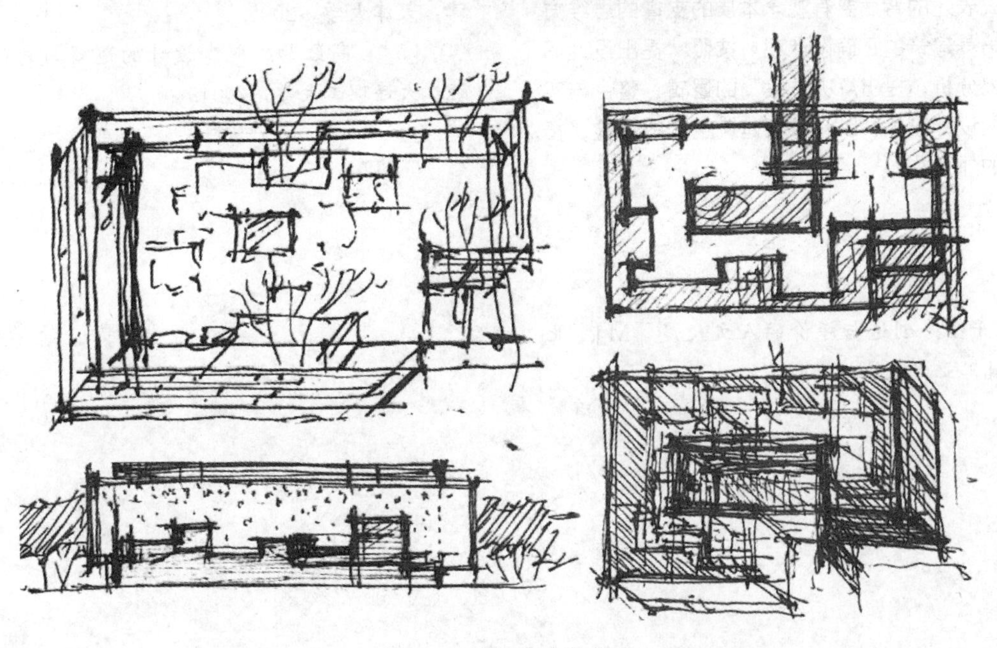

图 5　设计概念教学草图

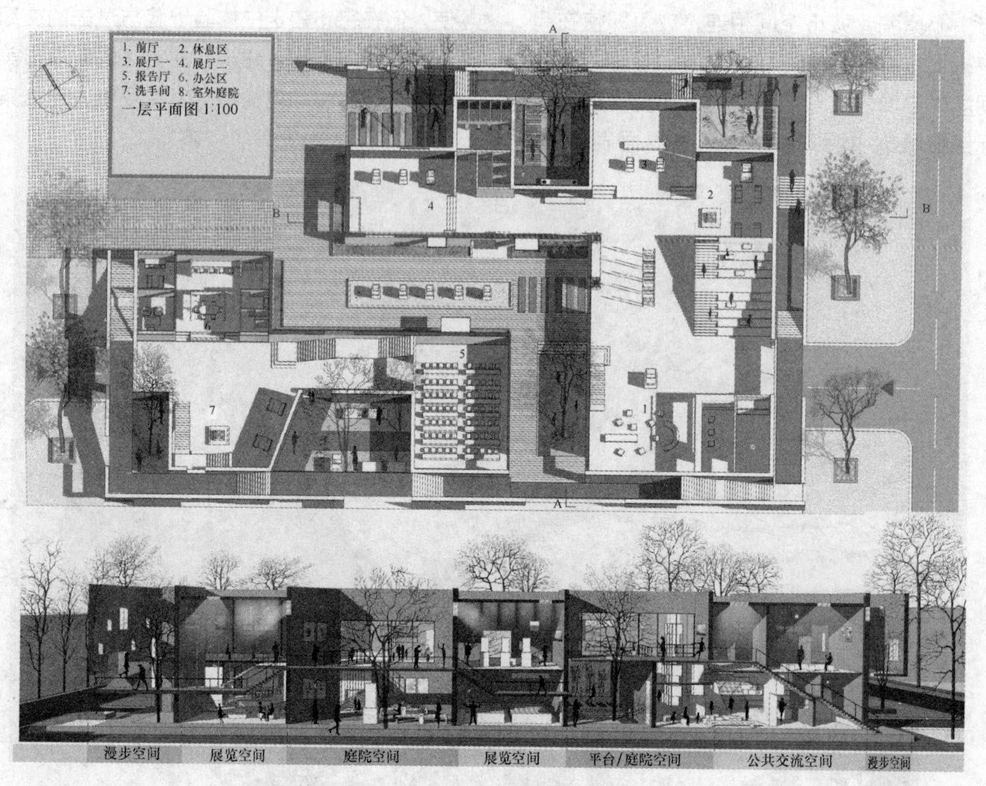

图6 部分成果表现（图片来源：学生许慧）

4 结语

因此，在教学中要引导学生突破单纯形式的禁锢，通过对建筑设计中场地问题、功能问题、行为问题、空间问题，建造问题等问题的研究，探讨建筑本质的意义，建立形式表述的背后要有观念本质的支撑的思维方法，提升与培养建筑的正确设计观。按照“提出设计问题，进行研究分析，提出解决方案”的逻辑，整合与实践与之对应的设计概念，以此丰富建筑空间的体验，拓展建筑创作的外延。

参考文献

[1] 徐千里. 创造与评价的人文尺度［M］. 北京：中国建筑工业出版社，2000.

[2] 张晓凌. 观念艺术——解构与重建的诗学［M］. 长春：吉林美术出版社，1999.

[3] 勃罗德彭特等. 符号·象征与建筑［M］. 北京：中国建筑工业出版社. 1991.

[4] 赵劲松. 建筑的原创与概念的更新［D］. 天津：天津大学，2005.

[5] 高红静. 概念设计的逻辑与表达［D］. 大连：大连理工大学，2004.

李翔宇　胡惠琴
北京工业大学；58757337@qq. com
Li Xiangyu　Hu Huiqin
Beijing University of Technology

以“研”促“教”，面向研究型建筑设计的教学模式探索——以2018大健康领域第一届联合毕设为例

Promoting Teaching by Researching, an Exploration of Modes of Teaching of Research Oriented Architectural Design——Exemplified by the First Joint Graduation Design of the Pan Health Fields in 2018

摘　要：建筑教育对学生的“研究素质”的培育是当代社会多元化的需求，毕业设计课程作为建筑学本科学习的最终环节应做出相应的调整。本文以首次大健康领域联合毕设“老人与自闭症儿童综合福祉设施规划与建筑设计方案”为例，介绍其选题立意、教学环节、组织模式、成果总结等，诠释“以过程为导向”的研究型建筑设计教学实践，并提出认知与思考，旨在探讨建筑设计教学中嵌入“研究环节”，以“研”促“教”的模式，为联合毕业设计教学的多元发展提供借鉴。

关键词：联合毕业设计；研究型建筑设计；福祉设施；代际交流

Abstract: The training of graduates' research abilities is demanded by the contemporary society to diversify architectural professionals. As the final examination of the quality of undergraduate learning of architecture, the course of graduation design should adjust to such demands. By exemplifying the first joint graduation design of the pan health fields themed as “Planning and architectural design proposals of comprehensive welfare facilities for the elderlies and autistic children” and introducing its topic selections, teaching procedures, modes of organizations and summaries of the outputs, this thesis raises perceptions and thoughts on the embedment of research sections into the teaching of architectural design, and proposes utilizing research as to promote teaching, which annotates a “process-oriented” teaching mode of research oriented architectural design. These experiences and thoughts can be a future reference of the diverse developments of joint graduation design in the field of architecture.

Keywords: Joint graduation design; Research oriented architectural design; Welfare facilities; Intergenerational communication

当代建筑教育正处于转型期，建筑师的责任边界逐渐模糊，一方面在跨界扩大，一方面又分工细化。要求建筑师职业技能更加综合、知识更加全面。在这一市场需求下，传统建筑设计课程的教学也应该从“命题型”

向“研究型”过渡，从侧重于建筑设计实践技能的训练向拓宽视野，培养发现问题、分析问题、解决问题的能力转变。为将来建筑师在设计实践中应具备的“研究素质”打下基础。

1 选题背景与意义

1.1 选题立意

本次2018大健康领域第一届联合毕设选取的题目是“老人与自闭症儿童综合福祉设施规划与建筑设计方案”，随着我国已经进入老龄化社会以及“健康中国”战略的推进实施，老龄与卫生健康事业的结合愈加紧密，本次毕业设计的选题就定位在“老幼代际互助”这个社会的热点问题上。而且此次的设计课题也正是各高校导师的科研方向，有助于同行们的交流和对学生们的交叉指导。基于上述背景，以东南大学为主要承办单位，联合国内七所知名建筑院校（同济大学、华南理工大学、北京工业大学、华中科技大学、哈尔滨工业大学、浙江大学）开展了综合福祉设施规划与建筑设计的联合毕设。

1.2 题目拟定

设计方案的基地位于南京雨花台区宁芜高速与梁三道交汇处的西北侧，南至梁三道，西至梅村路，北至茶场路。距离南京市区约20公里。基地面积45万平方米，规划建筑面积8万平方米，具体任务书见下表：

2018大健康领域第一届联合毕业设计任务书 **表1**

功能板块	规模要求	分项指标	特殊要求
养老院	800床，50000m²	200床养老公寓——40m²/人，合计8000m²	服务于自理型和支援型老人
		200床养老住宅——50m²户型100户，60m²户型60户	服务于自理型和支援型老人
		300床长期护理中心——30m²/人，合计9000m²	服务于介护型老人（失智、临终老人）
		100床的时空胶囊，可满足两周生活的主题度假疗养，面积自拟	
		老年大学1600m²	
		营养厨房1600m²	
		餐厅1600m²	
		综合超市800m²	
		医护办公800m²	
康养医院	10000m²	康复训练中心6000m²	含水疗、作业疗法等
		日间护理中心1000m²	
		医护办公200m²	
自闭症为主体的学校	20人/班×30班=班600人，10410m²	幼儿园用房，约1500m²	幼儿园6班+小学12班+初中6班+高中6班，共计30个班
		初中小学用房，约7500m²	
		高中用房，约4000m²	
		各个年级办公室，约600m²	
办公管理	500人，10000m²	就业指导（协同办公、互联服务、科研转化、创业孵化、产品展示）	
		访客接待（等候、谈话、儿童游戏、阅读查资料）	
员工生活区	200床，8000m²	包括宿舍、食堂和娱乐，办公人员可以来食堂就餐	
室外场地	约30000m²	幼儿园室外活动用地，约1000m²	
		中小学体育用地，共计约5000m²，200m环形田径场	
		马疗场地，标准马场60m×20m，周围一圈20m空地，面积4000m²	
		露天停车场，其中机动车500个停车位，约20000m²；非机动车500个停车位，约1000m²	
		其余种植、园艺、水疗、花园、运动场等，主题及面积自定	

项目的地理优势在于：临近宁芜高速，距离南京市区仅 20 公里，交通便利。基地内部及周边有 7 个村庄。如何梳理新建建筑与村落的关系是本次设计的挑战之一。基地地处典型的江南水乡环境中，大小各异的水系星罗棋布。原有村庄建筑及景观风貌良好，场地高差起伏不大，可以利用微地形打造立体景观。场地内部道路为两横两纵四条田间小道，中心腹地为一片废弃茶场（图 1）。

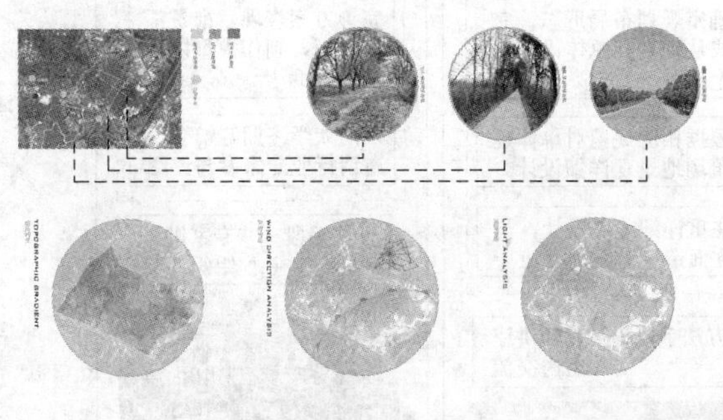

图 1　基地区位与现状

2　教学目标及要点

2.1　教学目标

本次毕业设计的教学本着“研究型建筑设计”为纲，以“研”促“教”为本，以“过程为导向”的教学模式为实施途径的教学目标。“研究”是一个需要不断被探讨和学习的复杂范畴。高等建筑教育应该通过由简到繁的循序渐进的训练，来培养学生的研究能力，主要有三个研究过程——“理论积累与案例搜集”、“创意提炼与方案深化”、“技术提升与设计反馈”（图 2）。以“过程为导向”的教学模式即要求学生尽可能思考包括城市、社会、环境、建筑在内的多元问题，善于现场调研与科学研究，善于团队协作与多方沟通。摒弃以往说教和讨论式的传统教学方法，重在教师自我示范式的言

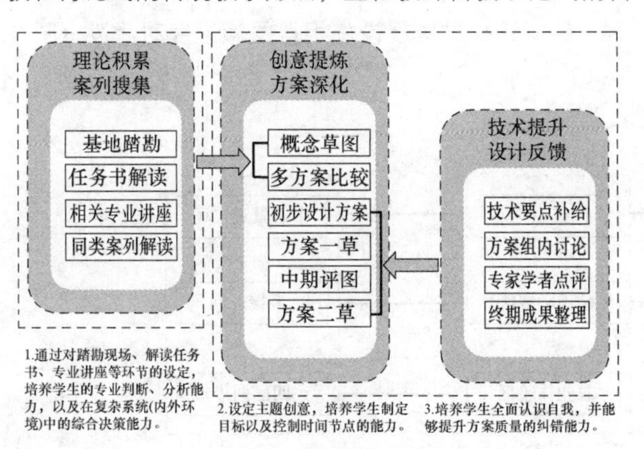

图 2　“过程为导向”教学模式的三种研究能力培养

传身教，使学生建立科学的研究态度和方法，来应对未来建筑师对多元化人才发展的需求。

2.2　教学要点

目前我国老龄化十分严重，特别是失智、失能的老人的护理问题十分突出。另一方面，据统计我国自闭症儿童达 4000 万人，而国内鲜有收容机构。基于这个背景，本次毕业设计“老人与自闭症儿童综合福祉设施规划与建筑设计”具有重要的社会意义和现实意义。以“老幼复合设施”为主题，在集中授课的初步认识基础上，学生以小组为单位进行文献收集和案例分析。首先从使用者入手，分析老年人和自闭症儿童的行为特征、需求，以及与空间的对应关系，为二者打造共享、共融、共生的建筑空间；其次探讨如何通过设计的力量激活乡村，重塑乡村。来自不同地域的建筑院校师生 60 余人受邀对位于南京西南的项目场地进行了现场探勘，将新的风貌带入传统乡村，以“针灸式”建筑空间的营造带动整个村庄村乃至辐射周边区域。核心教学要点包括以下 5 个方向：

（1）研究该地区城市空间特征、发展与变化，分析现状的主动和被动因素，形成区域定位。

（2）老人和自闭症儿童都属于弱势群体，这两类人群在一个场地上如何交流和共处是本课程设计的难点。要求学生从守望、融合的角度思考，提出老幼复合设施的合理空间布局、行为特征、设施互动。

（3）探讨基地文脉特征，基地现有的景观资源、大地资源的再利用，茶场、农田、保留农村的特色，传承农耕文化，结合当地环境特征，进行整体规划，对该地区建设项目提出可行性设想。

（4）结合区域环境，探讨场地交通与城市上位规划的协调，提出创新城市设计空间形态方案

（5）选取一处建筑单体，提出合理平面布局、功能配置、行为流线关系、形态造型方案。

3　教学环节与进度

本次联合毕业设计主要由 7 所高校 46 名学生和 14 名指导教师参与，在开端阶段要求学生跨校组合，团队协作完成城市层面的宏观研究与规划概念。因此利用开题阶段在项目课题所在城市——南京东南大学进行 3 天的“workshop”，期间全员进行现场踏勘和调研，指导教师以讲座形式对相关领域的设计方法与案例进行集中授课，学生们以 2 个学校组成 4～5 人小组进行多学科视角分析问题和提出概念，后续在此基础上各自领取任务书，进行中观场地层面的详细设计。毕设中期汇报在

清华大学进行 3 天的 "workshop"，同学们以所在学校为单位进行园区整体规划与建筑单体概念设计的答辩并参加了《全国高校首届老年建筑研究学术论坛》，拓展了思路，加深了认识。第二天根据答辩意见再以之前的跨校合作小组进行互评和互改，第三天再进行二次汇报。最终答辩还是回到东南大学，进行完整设计的毕业设计答辩。答辩分为同学互投、专家点评和网络投标等环节，最终评出特等奖及一、二、三等奖。评图专家除了指导教师外，还邀请国外养老建筑专家和企业知名建筑师共同进行评审（图 3）。

图 3　教学环节与工作进度流程

4　设计方案释义

北京工业大学团队方案在规划设计中意在通过创设生态农业与保护原住居民为设计出发点，方案名为 "朝夕 '乡' 处"，从代际维度来看朝阳代表儿童，夕阳代表老人；从时间维度 "朝夕相处"——24 小时爱护，"乡" 是指基地所在的村庄地域，打造老幼互助、和谐共享的疗愈环境。将老幼复合设施渗入到乡村发展的全面思考，对福祉设施的空间设计与对乡村振兴模式的探索并重。"老幼福祉设施" 旨在为乡村引入新的生活方式和优质地业态。从最基本的层面，创造满足乡村需求、适应乡村现状、引领乡村发展的功能布局。此次联合毕设，通过对原有茶场、村落的聚合、发酵、升华，探索如何赋予福祉设施与自然有机结合的纽带，从而达到从功能到生活方式的全面提升。

规划方案以原有茶场作为活力核心和交流中心，立体构筑环形架空廊道形成立体茶场，横纵两条景观路作为交通动脉，场地原有池塘的重新组合形成一条贯穿整个园区的景观水系。从功能上包括交流环廊、共享茶场、康养医院、活动中心、居住区、学校教育区、森林氧吧、田园休闲区、村落风情区、时空胶囊、健身区。本次毕业设计的规划方案充分利用场地高差，形成以立体茶场为核心，各功能片区环状放射性展开的向心性布局，路网关系与景观设施相得益彰、生动活泼（图 4、图 5）。

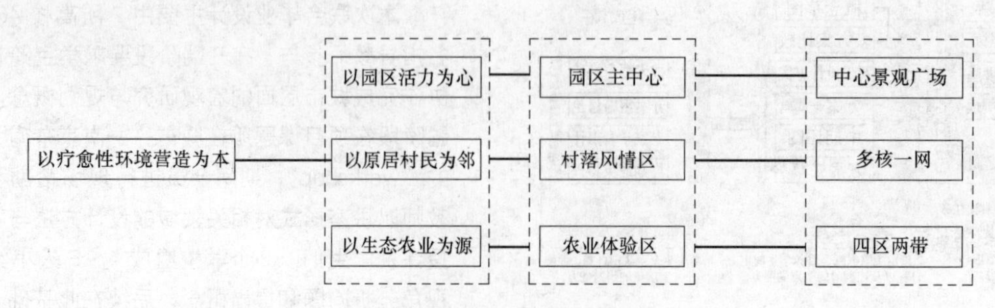

图 4　规划设计概念的提出

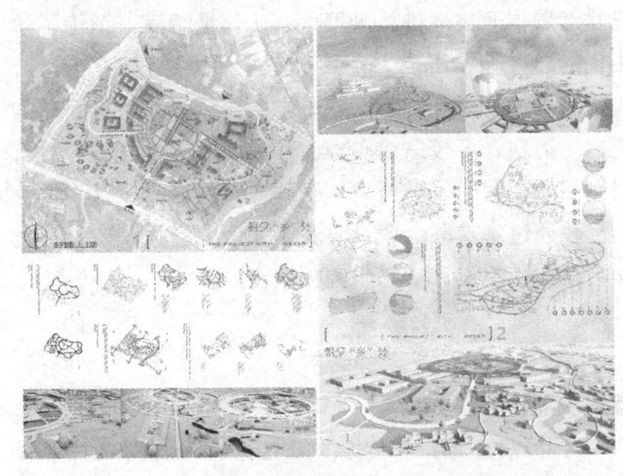

图 5　规划设计方案展示

在建筑单体方案中，养老公寓方案着眼于共生颐养的概念，建筑布局为合院型，能够通过底层架空、空中连廊将院落分割成“五感花园”主题空间，空间可识别度极高，建筑主要房间充分考虑到了不同朝向的采光、景观的均好性；建筑外立面大量运用玻璃、木材，灵动飘逸，建筑形体与原有地形结合，错落有致，与清澈的溪水和美好的田园生活完美契合（图 6）。方案还引入持续照护理念，根据老年人身体机能，针对自理、半自理、非自理的老人进行不同层次的空间配置和护理等级的设置。

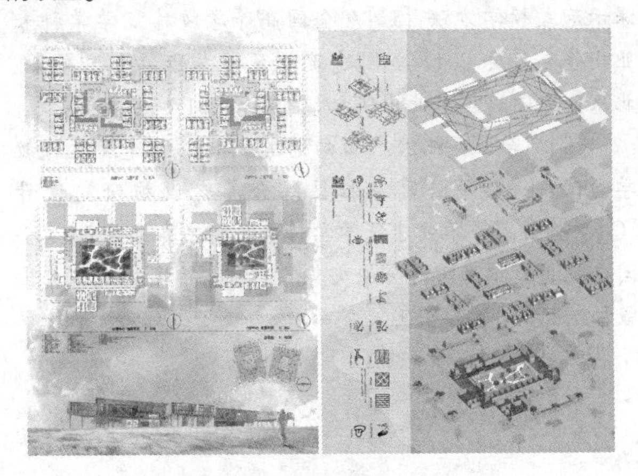

图 6　养老公寓建筑单体方案设计展示

自闭症儿童学校方案以“星语・星愿”为思想内核，建筑布局以一个起伏的参数化上人屋盖统一各建筑功能，巨构形态灵动丰富，视觉冲击力极强，盖下空间考虑到自闭症儿童行为特征和复杂的心理特征，提供了封闭、半封闭、开放、半开放的“内街”空间层次，儿童根据自己的心理状态选择不同的空间。街空间实际上是由不同类型，各具特色的治疗单元组成，它临近共享茶场，是老人与儿童交流的纽带。为了满足自闭症儿童的多样化的教学需求，在各个功能块之间形成更多的交流空间，形成功能组团。在视线上，尽量使共享茶场与生活街之间产生更多的联系。在设计中设置了多样化的教学单元和康复花园，努力营造出多样化，个性化的使用空间（图 7）。

图 7　自闭症儿童学校建筑单体方案设计展示

5　思考与启示

作为本科建筑学设计课的收官之作的毕业设计教学应该更加注重教学模式的开放性、研究性和实践性，构成信息互通与借鉴的平台。思考如下：

（1）“多校联合”教学模式的创新

联合毕业设计在教学模式上应该多元化，其关键在于引导和诱发学生的主动性，为学生的自主学习和研究探索创造空间。鼓励具有不同教学特色的学校联合且应数量适中。建立客观的成绩考评体系与课程制度，学生集中上课、评图周转不应过于频繁，以三次为宜，而其中诸如“互换教学”“驻场跟踪”“社会考评”等诸多创新模式应积极尝试。

联合毕业设计本着“开放式”教学理念，教师充分交流教学、管理、科研等创新方法，这对学生也是难得的一次“团队组合”的训练，通过“实战”建立“协作”能力，以此交流不同学校个体间的设计认知与能力特征。本次毕设的中期答辩还组织师生们一同参加了在清华大学举办的“全国高校首届老年建筑研究学术论坛”，旨在“联合”过程中，鼓励师生们跨学科联合学习，建立不同专业视角，全面、综合地分析、解决问题的设计观。大家从邀请的养老领域内的专家们的讲座中得到了很多书本中得不到的经验与知识。

（2）“过程为导向”教学方法的实践

“过程为导向”是教师将设计实践的研究过程完整、直观地呈现给学生的一种示范式教学方法。它要求老师转变角色，成为学生中的一员，尽可能参与研究，不仅示范具体的技术手段，更要亲自深入一线研究全过程。“过程为导向”的教学要与传统的“看图指导”教学相结合，不但老师“看”学生的“图”，而且学生也“看”老师的“图”。在这个过程中，老师“身体力行”将方案完整的思考和研究过程，包括设计挫折、反复、和应对策略呈现给学生，由此引导学生建立整体性、系统性和条理性的设计研究思维和方法。

（3）从“教研相长”到“博采众长”的提升

本次毕业设计结合各校老师们自身科研及兴趣方向引入初步的“研究性”内容，强调以“调查”“研究”和“逻辑思维”为基础的建筑设计技能训练，使设计变得更加“可学”“可教”“学研融合”。教师将科研所关注的先进理念及方法带入教学，有效推动课程组织的完善和知识更新。同时，教学部分成果在某种程度上也为科研提供基础数据等研究资料，提高科研成果转化效率。

多校联合毕设最为重要的意义在于提供师生们都能够在教学、科研、专业能力上取长补短，博采众长。本次毕设选题“老幼福祉设施”涉及的建筑类型多、功能复杂、规范限制多，学生们单靠看资料集或收集案例是难以有效推进设计的。而在 workshop 工作营期间，老师们将各自科研专长通过讲座、讨论、评图的形式将相关工程经验、适老建筑理论、国内外福祉设施调查、养老政策趋势等知识共享给师生们，同学们通过“实战”建立“协作”能力，以此交流不同学校个体间的设计认知与能力特征。鼓励联合学习，建立不同专业视角的研究，提供师生们共同分享的平台。

6 结语

通过本次联合毕设课程我们得到一些经验总结，首先是选题很有挑战性，难度大，工作量饱满，锻炼了学生们的思维和思辨能力；其次是学生们通过这个设计，关注了人的行为和社会问题，学会了调研和解决问题的能力。再次，多校联合使学生看到与其他学校的差距，得到启发，同时发奋努力，有动力做好这个设计。学生们反映通过本次联合毕设收获了知识，增强了信心，也学会了如何将设计中与研究相结合。

参考文献

[1] 胡惠琴，赵怡冰. 社区老年人日间照料中心的行为系统与空间模式研究［J］. 建筑学报. 2014（5）：70-76.

[2] 周颖，孙耀南. 医养结合视点下可持续居住的老年住居环境的设计方法［J］. 建筑技艺. 2016（3）：64-69.

[3] 张宇，范悦，高德宏. 多元化联合毕业设计教学模式探索——以“新四校”联合毕设为例［C］. //全国高等学校建筑学学科专业指导委员会 2017 全国建筑教育学术研讨会论文集. 北京：中国建筑工业出版社，2017：39-42.

[4] 薛春霖. 教“学做研究”——浅论建筑设计课示范式教学方法［C］//全国高等学校建筑学学科专业指导委员会 2017 全国建筑教育学术研讨会论文集. 北京：中国建筑工业出版社，2017：161-164.

[5] 李华，汪浩. 面向老龄化社会的建筑设计教学尝试——老年公寓及社区综合养老设施研究设计［C］//全国高等学校建筑学学科专业指导委员会 2017 全国建筑教育学术研讨会论文集. 北京：中国建筑工业出版社，2017：636-640.

李芝也　周卫东　孙明宇
厦门大学建筑与土木工程学院；lzy099566@126.com
Li Zhiye　Zhou Weidong　Sun Mingyu
School of Architecture and Civil Engineering, Xiamen University

"知行合一"理念下的"设计基础"课程改革
——以厦门大学为例

Reform of "Basic Courses of Design" Under the Concept of "Knowledge as Action"
——Taking Xiamen University as an Example

摘　要：在厦门大学分类招生模式下，探讨建筑类一年级"设计基础"课程改革方案，以"知行合一"理念为指导，面向建筑类基础教育，兼顾建筑学与城乡规划专业特点，以培养综合能力的阶段性目标教学模式为主，引入四大教学模块，推进低年段教学平台建设，培养理论与实践复合型人才，为以后专业学习和职业实践夯实基础。

关键词：知行合一；设计基础；阶段性目标；模块化

Abstract: According to the mode of admission policies in Xiamen University, a curriculum reform plan of " basic courses of design " is discussed under the concept of "knowledge as action", which is set up for the first-grade students. The plan which considers both architecture and urban-rural planning contains four teaching modules, and targets at cultivating the overall abilities of the students. Compound talents will be cultivated who have a good base level of knowledge.

Keywords: Knowledge as action; Basic courses of design; Periodical target; Modularization

1　改革背景

2017年9月，厦门大学建筑与土木工程学院招生政策由大类招生调整为建筑学与城乡规划一体的建筑类招生以及土木工程与工程管理一体的土木类招生（图1）。较以往而言，新招生模式更能体现学科的共通性与差异性特点。学生入学经过1年基础培养后，根据兴趣与能力按照双向选择原则进行专业分流。

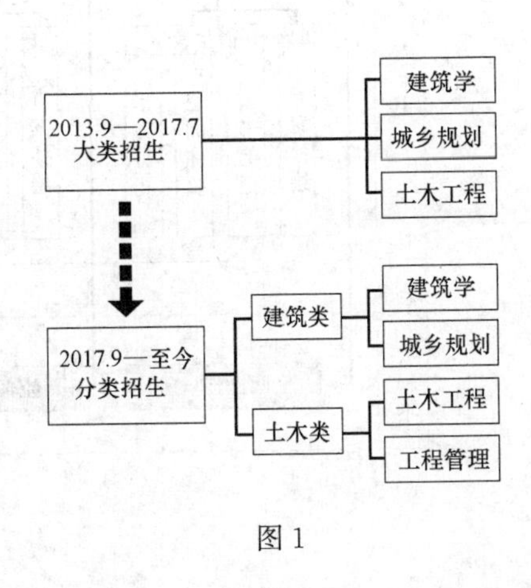

图1

随着招生政策的调整，建筑类本科一年级专业必修课程——"设计基础"的教学方案也进行了相应的改革。该课程设置于一年级全学年，共计6学分192课时。该课程作为一年级专业核心课程，担负着建筑学专业与城乡规划专业的认知与启蒙、专业能力培养以及专业人才遴选之重要职责。从大类招生到分类招生政策的转变，标志着人才培养从通识为主到通识与专业并重的转变。因此，在专业分流前的一年级基础教学中，课程设置、教学内容、教学方法等的改革势在必行。

2 改革内容

2.1 改革思路

纵观国内外知名建筑院校的教学，不论是19世纪"布扎体系"还是20世纪"德州骑警"的"九宫格"体系，不同时代的建筑学基础教学都是在相应的时代背景下产生的。尽管如此，建筑学入门课程均以引领学生进入专业领域为主要任务，如何完成对建筑的认知及知识的传递成为重点探讨的问题。概括而言，一年级教案大多以空间为核心，教学切入点大致可分为空间形态构成、空间氛围和建造。

本改革方案是在分类招生背景下，在吸收各知名院校教学特点与经验基础上，增加理论与实践的结合点，在保障实践课程的同时加大理论学习比重，全面开展学科启蒙教学，在训练学生动手能力的同时帮助学生正确认识学科特色以及进行正确的自我定位，为人才遴选做好准备。

2.2 改革任务

本改革方案面向建筑类基础教育，兼顾建筑学与城乡规划专业特点，以素质教育为主旨，丰富课程体系，改革教学方法与手段，推进低年段教学平台建设，培养理论与实践复合型人才，为以后专业学习和职业实践夯实基础。

2.3 改革举措

本改革方案主要有4个方面的举措，涵盖了理念、内容、方法以及评价体系，内容完整，逻辑严密。

(1) 教学理念改革。在"知行合一"理念的启发下，从"授之以鱼"到"授之以渔"的目标转变，以人为本，用发展的观念进行人才培养，从而奠定坚实的专业基础。"设计基础"课将由以建筑学主导的实践型课程转变为建筑学、城乡规划相结合的学科认知与实践并重的课程。

(2) 教学内容改革。"设计基础"课程由原来强调实际操作的设计作业教学模式改革为培养综合能力的阶段性目标教学模式（图2）。全学年共完成"空间、形体、尺度、功能、材料、结构、秩序、社会"共8个认知目标，符合从单体到群组、从个人到社会、从空间到实体等的认知逻辑，涵盖了建筑类基础教学的主要及重要知识点。

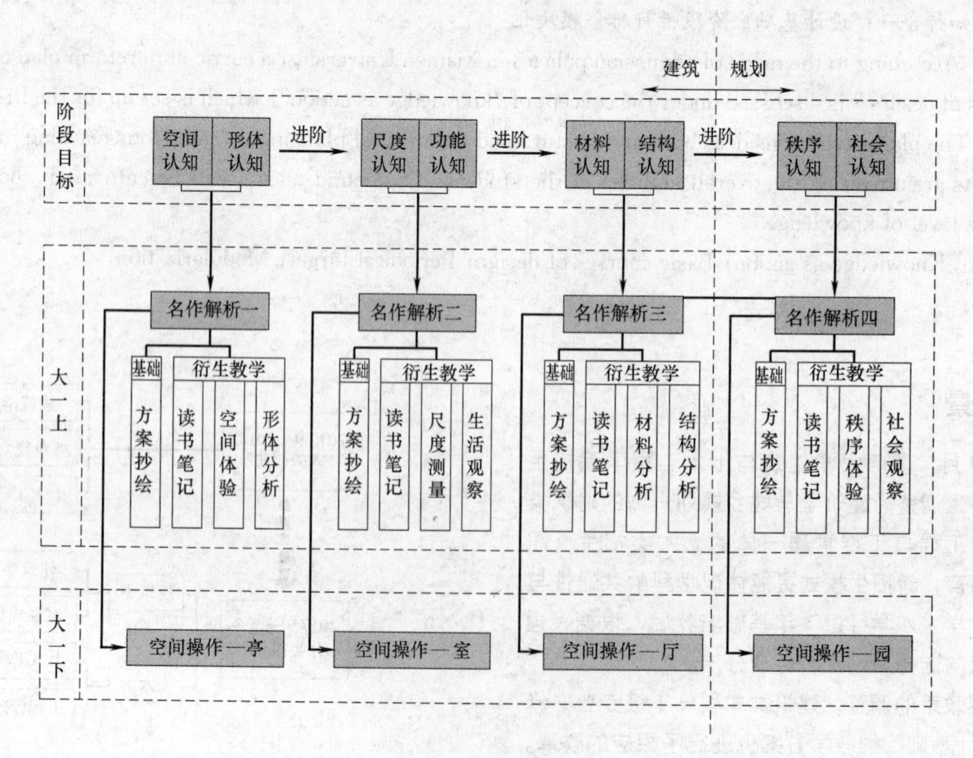

图2

在阶段认知目标框架下，设置相应课程作业。大一上学期，以经典作品分析作为认知教学载体，教师选择相应案例提供学生分析，要求学生在完成方案抄绘的实践基础上，进行案例资料搜集及文献阅读，并进行对应的认知分析，可采用模型制作、手绘、拍摄、观察记录、体验报告等多样形式对认知目标进行全方位解析。大一下学期，在前期实验探索式分析积累的基础上，完成“亭、室、厅、园”四个设计作业，过程中重点关注对应阶段目标在设计中的体现。整体教学内容体现了从无到有的知识积累过程，从模仿设计到思考设计，真正做到了可持续教学的良性循环。

(3) 教学方法改革。教学方法不拘泥于传统“授课＋设计”的模式，而是引入模块化教学模式，以“学科认知、基础操作”为2条培养主线进行目标教学。

四大教学模块（图3）设置如下：

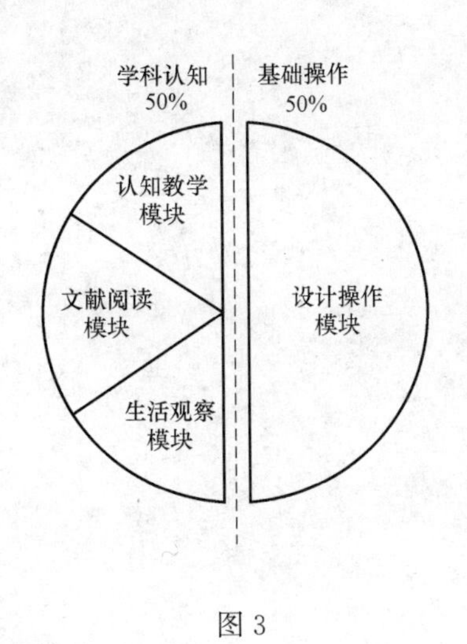

图3

• 认知教学模块：根据教学阶段性目标，设置不同认知课题，通过教师布题与讲解、学生搜集与讨论等，帮助学生建立正确的学习观念，建立初步的建筑学与城乡规划学科的专业知识框架，并逐步建立正面的价值判断体系。

• 文献阅读模块：根据教学阶段性目标，选择阅读主题，要求学生进行文献阅读，并做好读书笔记，在设计操作的同时，加深对相关理论的理解，以求达到理论与实践并进的良好学习状态。

• 生活观察模块：在认知教学基础上，要求学生结合课题进行相应的观察与调研活动，通过撰写观察报告等加深对所学理论知识的理解，做到对学科的全面认知。

• 设计操作模块：该模块为本案改革重点。根据教学阶段性目标，一年级上学期以美学培养、制图规范认知为主；下学期以空间、材料、尺度、功能、结构、秩序、社会等为主题进行相应的实际操作，在前文三个模块的支撑下，学生将能更好的完成建筑类专业理论向实践转化的学习过程。

(4) 评价体系改革。针对期末专业分流时部分学生无法正确评估自我的情况，本案在原有评分基础上，加入一项倾向型测评成绩，此成绩由多位任课教师根据每位学生全学年专业学习表现与能力进行评定，分为A（建筑倾向）、B（规划倾向）两类。此成绩不影响学生最后综合排名，仅作为学生填报专业志愿时的重要参考意见。

3 改革的创新点

3.1 构建兼顾建筑学与城乡规划学科特点的基础启蒙教学体系

从建筑学与城乡规划学基础通识背景出发，将建筑学与城乡规划学基础知识结构进行分解及系统性重构，形成以“空间、形体、尺度、功能、材料、结构、秩序、社会”为目标轴线的进阶式教学体系，强调“知行合一”的教学理念，着重培养学生学科认知与基础操作能力，并为专业人才遴选提供建议。

3.2 阶段性目标教学为主旨，模块化教学方法为手段

在阶段性目标教学的框架下，引入“认知教学”、“文献阅读”、“生活观察”及“设计操作”四个模块化教学方法，与“第一阶段：以经典建筑作品为载体的学科认知”、“第二阶段：以空间建构为目标的基础操作”递进式教学内容相交叉，培养学生扎实而全面的学科视野，关注学生从模仿设计到思考设计的能力过渡，从而实现可持续发展的教学体系。

3.3 教学评价体系的创新

在教学评分基础上，引入“倾向型测评成绩”，以建筑学与城乡规划学专业基础侧重点为依托，观察学生的学习表现与作业能力，将其分为A、B两类，并作为学生填报专业志愿时的可参考因子，有利于人才遴选。

4 总结与展望

2013至2016年，应对大类招生政策，我院实行建立了一套适合“通才教育”的一年级教学体系，相应教案分别于2013年、2016年及2017年“全国高校建筑设计教案/作业观摩和评选”活动中获评为优秀教案，对

本案具有重要的参考价值，是为本案之基础积累。

2017-2018学年，首先启动教改第一步，将实践部分优先引入教学，一年级“设计基础”课程以“亭、室、厅、园”四个大设计作为主线进行设置，作业强度合理，成果丰硕，师生反馈良好，普遍认为深度适宜且循序渐进，是为后续引入学科认知学习的重要实践基础。

同时，本改革方案亦面临挑战。建筑学与城乡规划学专业相融合的基础启蒙教学体系将对专业教师提出更高的要求：不同专业教师应加强教学讨论，探索并总结教学经验，打破僵化的专业壁垒，在教学过程中还原基础知识点，进而实现整个知识体系的还原与重构，培养学生全面宽广的学科视野。

参考文献

[1] 王凯，李彦伯. 从现场开始 一次建筑学入门教学的实验 [J]. 时代建筑，2017（3）：50-55.

[2] 封晨. 建筑的五个定义——美国佐治亚理工学院本科一年级建筑设计课程 [J]. 世界建筑导报，2016（6）：42-43.

[3] 胡滨. 面向身体的教案设计——本科一年级上学期建筑设计基础课研究 [J]. 建筑学报，2013（9）：80-85.

郭畅
黑龙江科技大学；523812367@qq. com
Guo Chang
Heilongjiang University of Science and Technology

高校建筑学专业认识实习的优化设计
The Optimization Design of Cognition Practice for the Architecture Major in University

摘　要：专业认识实习是建筑学专业实践教学体系的重要组成部分。笔者在教学实践中发现该课程当下存在的几点问题，结合对国内多所高校该课程的调研情况，从知识储备、工作重心、前期准备等方面进行总结，并提出几点可实施的优化设计策略，主要包括重视前期准备、增加每日交流及强调工作重点等几方面。
关键词：认识实习；前期准备；优化设计
Abstract: Cognition practice is an important part of the teaching system of professional practice in architecture. In the teaching practice, the author found several problems existing in the course. Combined with the investigation of this course in many domestic universities, the author summarized from knowledge reserve, work focus, and previous preparation. And the author proposed several practical optimization design strategies, which including paying attention to the preparation, increasing daily communication and emphasizing the key points.
Keywords: Cognition practice; Previous preparation; Optimization design

1　引言

在国内多所高校建筑学专业的培养方案中，实践教学一般涵盖如下课程：认识实习、写生实习、古建测绘实习、工地实习、软件实习、设计院实习等。他们分别开设的年级在各大高校有所不同，大致分布如表 1 所示。

各实践教学环节开设情况　　表 1

实践教学环节	学时	开设年级
认识实习	2 周	一年级
写生实习	2 周	二年级
古建测绘实习	2 周	三年级
工地实习	1 周	三年级
软件实习	2 周	四年级
设计院实习	20 周	五年级

认识实习是实践教学体系的基础环节，开设在注重培养学生专业基础知识的低年级。在这一阶段，专业培养目标主要有：使学生了解建筑的基本概念和专业术语；掌握学习认识建筑的方法；培养学生的动手能力、绘图能力与审美能力。一、二年级作为专业启蒙与入门阶段，在专业培养上更重要的任务是引导学生掌握观察建筑、体验建筑与思考建筑的方式与方法。认识实习对于实现上述教学目标有不可取代的作用。

建筑学并非一门纯理论科学，这一学科与人类的生活息息相关，在专业认识实习期间，学生能够实地观察与体验不同时代、不同类型、不同功能的建筑。通过这种集中性地学习方式，学生能够比较全面地了解建筑知识，并加深对于建筑的理解。笔者曾多次带领学生进行专业认识实习，过程中发现认识实习存在的一些不尽完善之处，在本文中列出并提出优化方案以供探讨。

2 认识实习当前存在的问题

2.1 学生对于认识实习的专业储备不足

就笔者所了解，大多数高校进行认识实习的时间节点为一年级第二学期末，只有少数高校选择在二年级第二学期末开设本门课程。一年级为专业入门阶段，学生所修课程有：建筑设计基础、建筑导论、美术基础等基础类课程。在一年级里学生并未接触到较专业的课程体系，对于如何认识建筑以及分析建筑所知甚少。在一年级的第二学期末进行认识实习，会导致学生对于实习对象一知半解、对于老师所讲解的专业知识无法理解等问题，使得认识实习更像一次集体的旅游。毫无疑问，这无法达到认识实习的教学目标，甚至浪费了一次在教师带领下认识建筑的宝贵机会。

2.2 教师在认识实习中工作的侧重点偏移

认识实习的实习对象需具备代表性和多样性，故实习地点需要选择具有丰富建筑文化的城市。以我校为例，每年均选择北京作为实习地点。异地实习，需要教师在实习开始前投入精力于交通、住宿、行程制定、入场预订等事宜，占用了教师很大一部分的工作精力。再者，对于带队跨城实习的教师来说，保证学生的安全是实习的重中之重，故在每日实习中，教师需要时时注意学生的安全问题，这也无形中牵扯了教师的工作精力。

笔者认为，认识实习教师工作的重中之重，应该是实地讲解实习对象的建筑背景、建筑特色，并引导学生体验建筑、认识建筑、感悟建筑，回答学生在参观中提出的问题。这些工作需要教师在认识实习的前期做大量的准备工作。据笔者了解，多数高校采用20～30生/师的师生比例安排认识实习，教师的数量明显不足。以致在实际的情况中，由于教师数量有限，工作精力有限，往往花费大量的时间用于事务性的工作，对于引导学生体验建筑、认识建筑，教师的用力稍显不足。

2.3 学生对于认识实习的前期准备不足

虽然认识实习开始前，教师会召集学生进行实习动员、布置实习前的准备任务，但就笔者的经验看来，学生往往意识不到前期准备的重要性，对于教师布置的任务也多半是简单搜集资料，当做任务交差而已。以致实地进行参观考察时，学生对于建筑的背景信息掌握不足，对于如何有章法地参观建筑一头雾水，也很难提出有效的问题。最终导致实习结束后，学生对于参观对象仍一知半解，无法深入挖掘建筑的信息。对于下一个阶段的建筑设计，也启发甚微。

3 关于认识实习的优化策略

通过笔者几次带队进行认识实习的教学经验，针对上述提到的三方面问题，笔者提出以下四条可实施的优化策略，并在最近的一次认识实习中进行了初步尝试。在此列出，以供交流探讨。

3.1 合理设计认识实习的开课时间

认识实习是建筑学实践教学体系的入门环节，通过这一实践环节，需要达到培养学生的专业兴趣、提高学生认识及分析建筑的能力、引导学生掌握实地考察建筑的方法等目标，故认识实习应开设在低年级阶段。另一方面，为了使认识实习真正发挥作用，学生宜先修建筑构造、建筑设计原理、中国建筑史等专业课，以便在认识实习过程中加深对于建筑的理解和感悟。综合上述因素考虑，笔者建议，应将认识实习开设在二年级第二学期末比较合理。

3.2 做好充足的实习前期准备

认识实习的时间紧凑且有限，教师和学生只有做好充足的前期准备，才能够在有限的实习期内达到深入认识建筑，并理解不同年代、不同类型建筑之间差别的实习任务。

从教师的角度来说，首先应在实习开始前安排好住宿、交通，按照建筑类型以及交通便利性制定出每日的参观日程，保证学生在有限的实习期内，有效率地参观实习对象。在此基础上，教师应当补充自己对于参观对象的知识储备。从建筑产生的背景、建筑的建造及使用情况、建筑的特点等方面系统地梳理知识网络，并精简地提炼出知识框架，用于实地参观过程中为学生做讲解。认识实习的知识讲授不同于课堂，教师应用尽量精简的语言介绍出知识点，并引导学生主动去走近建筑，以及体验建筑。教师应提出具有启发性的问题，鼓励学生探索建筑，启发学生对于建筑的独立思考。

从学生的角度来说，在实习开始前，学生应当通过书籍、纪录片、网络或影视作品等多种渠道对每一个要参观的建筑做深入的了解。在此基础上，学生可以尝试比较不同年代的建筑、不同类型的建筑，其在规模、外形、内部空间组织上的不同。有了这些前期的思考，学生在实习阶段才能够做到带着准备参观、带着问题感悟。若前期准备不足，学生脑中对实习对象所知甚少，则实习的效果必然不理想。

3.3 实习阶段中做到每日交流

在最近的一次认识实习中，笔者尝试新增了一项“每日交流”环节，实际上是对每天实习的深入总结。以往的学生总结环节由每日的实习日记加实习结束后的实习总结两部分组成，虽然实习日记能够及时记录学生的实习所得，学生却无法了解其他同学的收获。每名同学对于建筑都有自己感兴趣的一面，观察和思考同样有自己的侧重点。建筑学的学习注重交流，故“每日交流”环节，旨在帮助学生及时分享实习所得，达到1+1>2的效果。

每日交流的时间和地点具有灵活性。对于有集会空间的参观对象，如大台阶、小广场、小庭院等，教师带领学生进行及时的“每日交流”，即参观完一个建筑，当下要求学生分享自己的所思所感。对于环境不允许的参观对象，“每日交流”环节则安排在当天的参观全部结束后在宿舍进行。通过“每日交流”，学生之间能够分享实习所得，教师也能够及时的掌握学生的实习情况。“每日交流”还能够督促学生做好第二天的实习准备，锻炼学生的语言表达能力、总结能力。这一环节也使笔者了解到学生对于建筑新鲜的想法，给了笔者很多惊喜。

3.4 教师应把握好实习重点

认识实习的重点是引导学生掌握观察与理解建筑的方法，并认识到不同年代、不同类型的建筑之间的区别。为达到这一目标，教师可通过讲解与提问题相结合的方式引导学生。教师的讲解应分清主次，高度提炼，切忌泛泛而谈。在参观中，教师应适时地向学生提出问题，引导学生探索建筑，启发学生的思考。

4 结语

认识实习作为建筑学专业实践教学环节的传统课程，已经积累了许多宝贵的教学理念和优秀的教学方法。笔者以对多所高校认识实习的调研为依托，从自身的教学经验出发，提出了当前环境下，认识实习存在的几个问题，并提出优化的策略。诚然，这些策略还需要实践的检验，希望认识实习等实践教学课程能随着时代的变化，不断创新、不断改进，真正成为理论教学的有效辅助手段，以全面地培养学生的专业能力。

参考文献

[1] 彭昕，盛融冰. 认识实习的探索与实践 [J]. 山西建筑，2009，35（23）：213-214.

[2] 高玮，方涛. 构建主义理论下的建筑学专业认识实习教学改革建议 [J]. 安徽建筑，2013，20（6）：63-64.

[3] 章旭健，周晓兰，安旭，陶联侦. 城市规划专业认识实习的探索与实践——以浙江师范大学城市规划专业认识实习为例 [J]. 浙江师范大学学报（自然科学版），2006（2）：230-233.

[4] 伍国正，王欣，隆万容，郭俊明. 建筑学专业实践教学全过程质量管理体系研究与实践 [J]. 当代教育理论与实践，2015，7（4）：81-83.

[5] 田波，吴雅君，孙冰. 建筑学专业实践教学体系改革研究 [J]. 辽宁工业大学学报（社会科学版），2018，20（03）：128-133.

刘姝宇　王克男　宋代风
厦门大学建筑与土木工程学院；songdf22@163.com
Liu Shuyu　Wang Kenan　Song Daifeng
Xiamen University，School of Architecture and Civil Engineering

基于可持续发展理念的城市综合体建筑设计教学实践*

Teaching Practice of Urban Complex Building Design Based on Sustainable Development Concept

摘　要：基于体验式学习理论，以“经验学习圈”模型指导教学过程优化，通过“现实仿真”的方式引导学生体验、理解、抽象与反思多专业协同的城市综合体整合设计方法，拓展相关学科的理论知识与应用技术。实践成果证明了该教学方法的有效性，并为教学改革与相关科研提供事实依据。

关键词：可持续发展；城市综合体；整合设计；设计教学

Abstract：Based upon the theory of experiential learning，the“Experiential Learning Circle” model is used to guide the optimization of teaching process. Via“realistic simulation”，students will experience，understand，abstract and rethink the multi-disciplinary integrated design method of a city complex design，as well as increase their theoretical knowledge and be familiar with advanced techniques of related subjects. Practice has proved the effectiveness of the teaching method and provided factual basis for teaching reform and relevant researchwork.

Keywords：Sustainable development；Urban Complex；Integrated design；Design teaching

1　引言

自被纳入中国共产党党章、《中华人民共和国城乡规划法》以来，“可持续发展”已正式成为我国城市发展与建设的一项基本目标，由此为当前的设计教学提出了新问题与新要求，即学生需要了解与掌握可持续发展导向下的、能够确保生态、经济、社会等多方目标同步实现的建筑设计方法。发达国家实践表明，随着分工的细化与专业化，只有强调多专业协作、强化所有参与者沟通的整合设计方法，才能全面提升设计方案的质量、有效满足各方面复杂多样的需求。2015 年以来，厦门大学建筑系四年级教学以城市综合体设计为载体，创新教学方法，开展“整合设计”教学训练，帮助学生认识可持续发展相关主题对城市综合体设计的影响、探索相关学科的理论知识与应用技术、掌握整合设计方法，进而强化协作意识、培养统筹观念、挖掘协作能力、积累交流经验。其训练内容与教学方法为设计教学注入了新的活力。

2　思路创新

为了尽量给可持续发展相关各类主题的运用与发展提供可能、鼓励合乎逻辑又具独创性的思维方式与创作理念，设计任务选择了框架条件较为宽泛的新建城市综合体设计。针对传统设计教学中“忽略实践性与过程性”、“忽略普通用户需求”等常见问题，鉴于教学目标

*资助项目：国家自然科学基金青年基金资助项目（51408516）。

的独特性，本课程基于美国著名社会心理学家兼教育学家大卫·库伯的“经验学习圈”模型[1]对设计教学的做法进行优化，试图在更多环节加强师生互动，让学生较为完整地体验多专业整合设计的过程（图1、表1）。

教学过程及教学方法　　表1

教学手段	准备阶段	构思阶段			反馈阶段		完善阶段		评图阶段
	理论认知	场地调研	案例分析	设计构思	概念整合	概念评估	修改深化	成果表达	表述评图
课程讲授与专题讲座	■	□	□	□	□	□	□		
文献调研与案例研究	■	■	■	□				□	
社会调查与公众参与		■				■			■
绘图建模与成果汇报	□	■	■	■	■	■	□	□	■
集体讨论与角色扮演	□	□	■	■	■	■	□	□	■

图例：■ 表示该阶段采用的主要教学手段；○ 表示该阶段采用的辅助教学手段

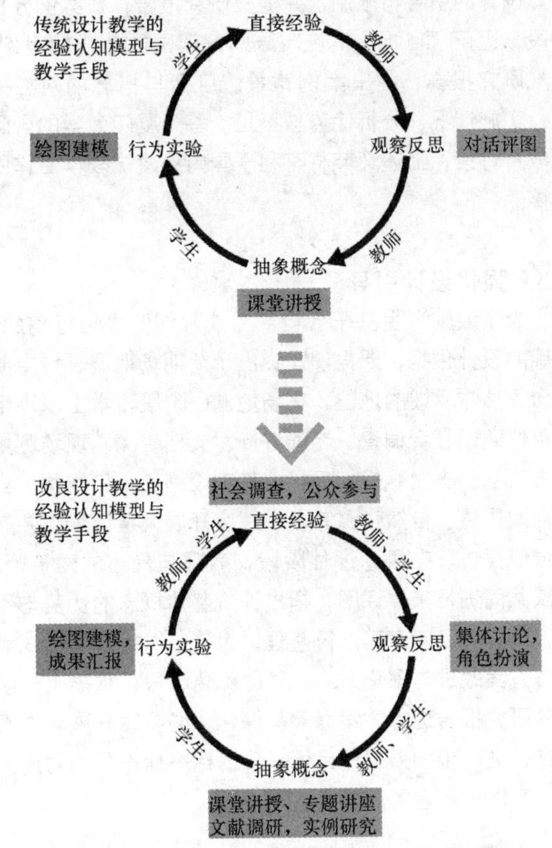

图1　基于“经验学习圈”理论的教学方法创新

2.1　课程与讲座

作为准备阶段的重要组成，课程讲授用以传授城市综合体设计基本原则、户外活动特征与公共空间属性、可持续发展导向下的前沿理论与技术发展概况。鉴于可持续发展相关主题的多样性，专题讲座用以从内容、角度上对课堂讲授进行补充，通过研讨课、社团、学术会议等方式由学生、专家、政府机构代表、职业建筑师、专业技术人员传授各项主题的专业知识、探讨应用前景。依据近年教学经验，在条件允许的情况下，结合场地调研的讲授与讲座效果更为显著。

2.2　文献与案例

鉴于通过主动实践获得的直接经验无法取代课本知识传递的间接经验，故本课程在理论认知、案例分析、成果表达等环节将“文献调研与案例分析”作为重要的教学方法，试图培养学生掌握自学习与探索的意识与能力。该环节中，教师负责提出问题、提供主题与参考书目并做适度引导、把控方向；学生负责自主选题，以小组为单位进行文献调研、案例分析、开展讨论与成果汇报、共享资源。由此，传统设计课程中“一对一”“一对多”的教学模式被“多对多”模式代替，学生的学习兴趣与主观能动性均可得到大幅提升。

2.3　调查与参与

针对常规设计教学中质量管理意识缺失的问题，本课程将社会调查和公众参与方法引入场地调研、概念评估、表述评图等环节，以来自普通管理者与使用者的要求与经验来引导、检测和评估方案的质量。在现代质量管理理论当中，“引导—规划—检测—改进”模型由著名质量管理专家威廉·E·戴明于1950年提出，用以描述质量管理所应遵循的科学程序。经过半个多世纪的实践与完善，该模型如今已被广泛应用于各种工作程序的构建[2-3]。一方面，以小组为单位通过档案纪录、访谈、观察、问卷、统计等方法对多个建成案例的使用者、管理者展开调查，总结现行设计方法的优点与不足、掌握真实需求，以强化“引导”环节；另一方面，邀请相关学科人员、职业建筑师、使用者、管理机构代表参与反馈阶段、评图阶段，进行点评与提问，以强化“检测”环节。为了把控教学质量，评价侧重点得到限定，含场地调研的深度与准确度、设计目标体系与措施集合的合理性、设计目标的实现程度、表达的逻辑性与精炼性。

2.4 制图与汇报

为训练学生图示化问题的能力、提高表述逻辑性与清晰度，本课程将成果汇报作为绘图建模的补充手段，贯穿整个教学过程。学生利用 PPT 演示文稿与模型汇报阶段性成果，之后开展评图与集体讨论。一方面，学生学习积极性得以最大限度调动、阶段性工作成果质量得到提高，避免了设计课常见的“两头紧、中间松”的问题；另一方面，职业建筑师必要的表达、展示方案能力得到提升。另外，每周阶段性 PPT 演示文稿的归档也将为教学改革提供素材。

2.5 讨论与扮演

在任课教师指引下，设计小组通过角色扮演法模拟多专业协商、权衡各方设计要求、解决空间使用需求矛盾的设计过程，建立整合设计的基本模型。为鼓励学生相互观察、相互评价、相互支持、将个别方案问题转化为共性问题，集体讨论代替了传统设计教学中的个别辅导，贯穿整个教学过程；集体讨论被置于成果汇报之后，以便留足思维时间、提炼共性问题。讨论可涉及阶段工作表现出的误区、难点以及共性问题的解决方案。在此过程中，教师负责明确问题、激发热情、把握全局、适当引导、解决争论、纠正与总结观点。

3 过程优化

整合设计更加侧重问题与资源的分析、目标与措施的关系、更加依赖设计过程的合理、各领域设计概念的协调统筹。据此，教学过程主要在以下方面做出调整，重新明确了各阶段的教学重点。

3.1 强调“整合设计”

传统的建筑协作设计教学要么以某一核心成员的方案为主，其他人员各负责配合对方案进行深化完善；要么是将地块划分后各成员进行分块设计。据学生反映，此类协作极易发生“大家相互妥协”的情况，进而出现“三个和尚没水吃”的问题，总体方案基本是多个方案的叠加、而非多概念整合。鉴于可持续发展相关主题的多样性，本课程借鉴了社会规划中“协作规划”[4]的模型，从专业领域而非空间范围方面分解设计任务，模拟多专业协同的“整合设计”[5]。首先，鼓励学生扮演某领域的专家某公共机构代表，在第四周基于前三周的研究成果从特定角度提出分项目标及其措施集合或原理解；其次，通过“专家们”相互磋商、协调生成整体概念，并进行发展、修正。由此，学生的协作精神、统筹观念得到培养，交流技术得到提升；总体方案“总目标—分目标—措施集合”的逻辑关系也将十分清晰。

3.2 加强前期知识储备

为了让学生能够有效地扮演某一领域专家并提出专项概念，课程设置需要在设计前期为理论学习、概念构思留足时间，鼓励学生全面、系统地理解新知识、新理念。在理论认知阶段，学生以小组为单位针对海绵城市、无车运动、绿色能源利用、功能混合等前沿理论与方法开展广泛的调研，探讨各领域的最新进展对城市综合体设计的引导与限制，并提交研究报告；在案例分析阶段，运用“目标—措施”原则解读国内外成功案例、形成研究报告，指出案例背景、目标与措施的对应关系、实施情况、分析优势与不足。鉴于厦门大学的国际化教育背景，上述环节将有利于国内外建筑教学工作的对接。

3.3 强化设计引导

为了鼓励学生基于各自“专业领域”提出可信的、明确的设计依据，课程设置突出了前期场地调研与中期概念评估与反馈的地位。在场地调研阶段，学生以小组为单位通过社会调查、专家咨询、文档查阅、现场测量等方法从历史文脉规划现状、基础设施、人口结构、公共空间质量、自然资源等多个角度开展大量调查，并完成调研报告。在概念评估阶段，教师与受邀的建筑师、专家共同进行集体评图，指出评价整体概念的优势与不足；研究小组对意见进行整理、讨论，以报告的形式明确各方案改进与深化方向。修改深化阶段，根据上一阶段的研究报告进行方案修改与深化，必要时开展多方案比选，进一步加强“总目标—分目标—措施”的对应关系、实现设计意图。

4 方案选介

“穿行”方案将城市综合体之彼此独立、各自为政的组分（美术馆、剧场、会议中）进行整合，并利用美术馆的参观路线将三者串联在一起，使剧场、会议中心的部分内容成为美术馆的参观对象，从而使三个独立部分组成相互关联的有机整体，创造了独一无二的公共场所。同时，紧凑布局为集约用地与地下空间利用提供了必要前提。此外，方案拟通过双层幕墙集成外立面遮阳、节能墙体等多项绿色建筑技术（图 2）。

“共享屋面”方案从滨水景观利用出发，在建筑屋

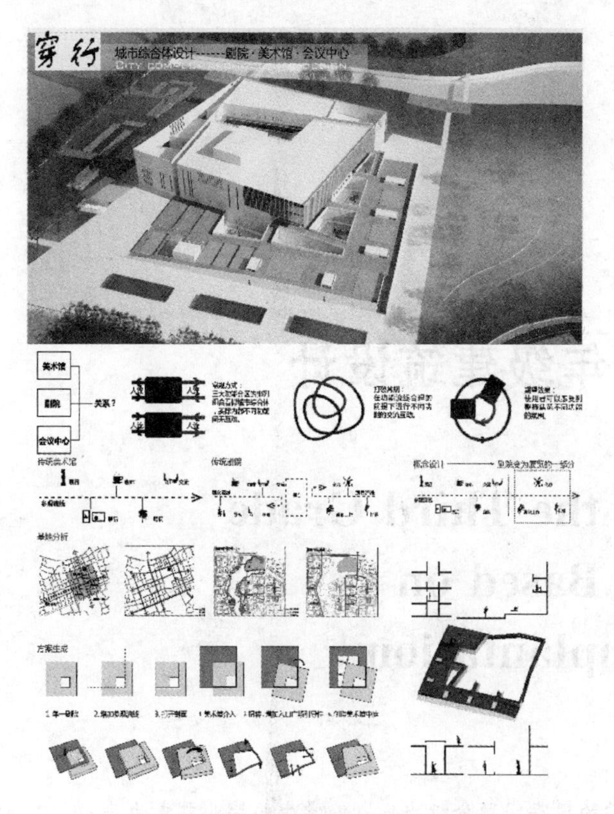

图 2　设计方案“穿行”部分内容

面层创造了共享空间，并通过创造性的空间组织使其成为每个部分的入口，以最大程度地使西侧湖面为其所用。在技术方面，紧凑布局有利于节地，并为居民休憩与后期开发留出余地；简洁的建筑形体易于整合外立面遮阳、节能墙体、雨水收集利用、人工湿地系统等多项绿色建筑技术（图 3）。

5　结语

借助“角色扮演”与“数字模拟”等方式，本课程尝试展开体验式教学，培养学生对于系统化的、“多专业协作”的整合设计体系产生感性认知与理性抽象，既能帮助高年级建筑系学生面对职业挑战准备更多技能，又可为建筑教育的国际交流合作、科研活动提供切实帮助。通过本课程，学生能够更加切实地体会城市建设与环境保护间的矛盾，掌握在最大程度降低资源消耗与环境负荷的情况下实现设计意图的方法，树立公平分配公共资源的社会意识。课程结束后，学生普遍主动地将可持续雨水管理、功能混合等思想运用于后续课程设计与学业竞赛中，并有所斩获。自课程教学优化以来，相关教案已连续两年在全国高等学校建筑设计优秀教案和教学成果评选活动中获奖，并在同行专家的宝贵建议与敦促勉励下持续优化。

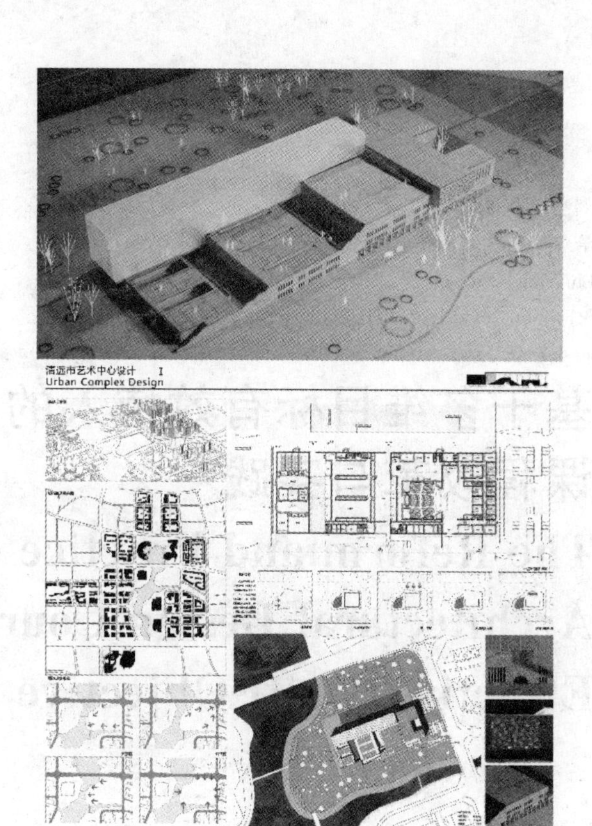

图 3　设计方案“共享屋面”部分内容

注：本文通讯作者为宋代风。

参考文献

[1]　贯倍思. 从“学”到“教”——由学习模式的多样性看设计教学行为和质量 [J]. 建筑师，2006 (1)：38-46.

[2]　ISO 90012008 (E)，Quality management systems-Requirements [S]. Geneva：ISO copyright office，2008.

[3]　Deming W E. The New Economics：For Industry，Government，Education [M]. Cambridge：Massachusetts Institute of Technology，1994.

[4]　董金柱. 国外协作式规划的理论研究与规划实践 [J]. 国外城市规划. 2004，19 (2)：48-52.

[5]　宋代风. 可持续雨水管理导向下住区设计的程序与做法 [M]. 厦门：厦门大学出版社，2013.

刘滢　于戈
哈尔滨工业大学建筑学院；niuniu12345000@163.com
Liu Ying　Yu Ge
School of Architecture，Harbin Institute of Technology

基于多维目标有效植入的三年级建筑设计课程改革与实践*

The Reform and Practice of the Third Grade Architectural Design Course Based on Effective Multi-Objective Implantation

摘　要：本文从哈尔滨工业大学三年级建筑设计课程教学的现存问题分析出发，以学生的毕业要求为导向，结合新版建筑学专业本科生培养方案的修订，梳理多维目标的关系并加以重构，在教学环节中有效植入“多维目标”，通过教学改革实践，以提高三年级建筑设计课程教学的有效性，充分体现以学生为主体的教学思想，以此促进学生的全面发展。

关键词：多维目标；有机整合；有效植入；改革与实践

Abstract：Based on the analysis of the existing problems in the teaching of the third-grade architectural design course of Harbin Institute of Technology，this paper is guided by the graduation requirements of students，combined with the revision of the new undergraduate training program for architecture majors，hackling the relationship of multi-dimensional goals and reconstructing them in the teaching process. We effectively implant “multi-dimensional goals” in the teaching process to improve the effectiveness of the third-grade architectural design curriculum through teaching reform and practice in order to promote the comprehensive development of students，which fully embody the student-centered teaching ideas.

Keywords：Multi-dimensional goals；Organic integration；Effective implantation；Reform and practice

1　多维目标

依据有效教学理论，教师应遵循教学活动的客观规律，在有限的时间、精力和物力投入中，实现教学目标和学生的个性化培养与全面发展，取得尽可能多的教学效果，依次提高课程教学的有效性。“多维目标有效植入”是一种以多维目标为中心，优化课程教学结构，体现课程模块与教学设计为达成学生的多维目标而服务的新理念，是实施有效教学手段的新型教学模式。多维目标是一个有机整体，不可各自作为孤立的板块，它们之间是相互交融渗透的关系。

*本文为2018哈尔滨工业大学教育教学改革研究项目《基于有效目标的〈特殊自然环境群体空间建筑设计〉课程改革与实践研究》的成果之一。

哈尔滨工业大学建筑学院结合新版建筑学专业本科生培养方案的修订，依据工程教育专业认证标准，以学生的培养目标和毕业出口要求为导向，确立了建筑学专业培养目标和毕业要求。将建筑学专业的毕业要求整合为8大项，共计38小项，涵盖科学知识、设计问题、研究与学习、建筑师责任与职责、技术与能力等多方面的要求。建筑学专业致力于面向国家需求和经济社会发展，培养掌握自然科学和建筑学学科基础至前沿的理论、研究与实践方法；具备开放兼容的知识结构、扎实求精的工程能力，开阔的国际视野；信念执着、品德优良、善于沟通表达、注重团队协作、肩负社会责任、恪守职业信条，引领未来发展的创新人才。

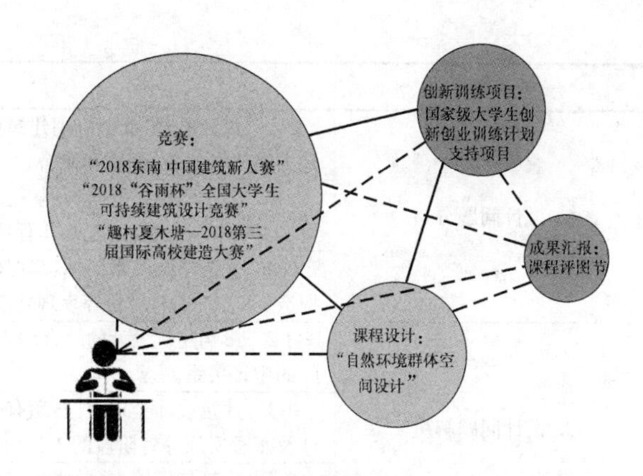

图1　学生的年度自主学习目标与计划样例

2　课程背景

随着新版培养方案的全面实施，三年级建筑设计课程的教学目标也发生了转变，即从以往只注重“知识与技术”，向多维并重的目标转变。从以往的知识型学习，向研究型学习转变，强调在教学实践过程中的自我研究与终身学习。在建筑设计课程的教学过程中，教师以往更关注教学内容和教学环节的设计，但对于教学目标的设定未给予足够的重视。由于教学目标不明确，将会在实际授课环节中，顾此失彼，难以实现培养方案中既定的阶段性目标。

对于建筑设计课程的受体，学生们在进入本科三年级的学习阶段，已经具备了一定的建筑专业知识与技能的积累，有了较清晰的个体学习目标与人生规划。在此阶段，学生除了要完成建筑设计课程的学习、做完整的成果汇报之外，已经有能力申报相关大学生创新创业训练项目并加以研究，还会根据教学计划与个人安排，参加一系列专业设计与建造竞赛（图1）。学生的个人目标与课程的教学目标之间具有共同点，它们的目标都具有多维性。但是，这种多维目标的时间需求与有限课时之间；部分目标的具体性和明确性与部分目标的模糊性之间都存在一定的矛盾冲突。

在一个教学环节中，这些多维目标中的任何一个目标都不能完全独立于其他目标而单独实现，它们应该是以一种有机融合模式植入到每一个具体教学环节中。因此，如何在建筑设计课程教学过程中实现多维目标的有机融合、有效植入，成为课程教学中亟待解决的问题。

3　多维目标的有机整合

教育心理学的研究表明，课程教学效果的好坏与适宜的教学方法和教学设计密切相关，而设定有效的教学目标，如何科学合理地对多维目标加以有机整合则是至关重要的。课程目标的设计必须是完整的、恰当的。三年级建筑设计课认领的课程目标包括：知识、技术、分析与解决、自我研究、时间规划、建筑观培养等多维目标，它们是缺一不可的。且目标之间并不是孤立存在，而是相互联系、互为渗透。

以往的课程目标是教师制订的，而非学生的自主选择，所以学生往往不能很好地理解课程教学目标的意义。而本轮的三年级建筑设计课程改革中，课程目标已不单单是课程本身所设定的教学目标，它也包括学生成长道路上为自己所设定的个人目标。目标的行为主体是学生，而教师作为指导者，所做教学设计应以学生的毕业要求为出发点，把学生的个人目标与课程的教学目标进行多维有机整合。

三年级建筑设计课程的最终目标是要达成学生的毕业要求指标点（表1），着眼学生主体发展，就要对多维目标进行有效整合，不能彼此割裂或忽略其中的一个。其中知识目标是最基本的教学目标；能力目标是最重要的教学目标；自我研究、时间规划与建筑观是培养目标的关键。所以，三年级建筑设计课程必须将这些多维目标有机整合，将着眼点不仅仅聚焦在其中的某个目标上，而是关注目标的整体性和全面性，使其在教学过程中为师生们指引方向（图2）。

三年级建筑设计课程认领的建筑学专业毕业要求　　表1

毕业要求	毕业要求具体描述
1. 自然科学与工程知识	1-5　建筑安全：熟悉建筑安全性的范畴和相应要求，掌握建筑防火、抗震设计的原理及其与建筑设计的关系，并能在建筑设计中满足这些要求。

续表

毕业要求	毕业要求具体描述
2. 设计问题分析	2-1　设计原理:能够应用建筑设计原理进行建筑方案设计,能综合分析影响建筑方案的各种因素,对设计方案进行比较、调整和取舍。
	2-2　分析建筑功能问题:掌握建筑功能的原则与分析方法,能够在建筑设计中通过总体布局、平面布置、空间组织、交通组织、环境保障、构造设计等满足建筑功能要求。
	2-3　分析建筑艺术问题:掌握建筑美学的基本原理和构图规则,能够通过空间组织、体形塑造、结构与构造、工艺技术与材料等表现建筑艺术的基本规律。
3. 设计问题解决	3-2　影响建筑设计的综合因素:熟悉功能、技术、艺术、经济以及环境等诸因素对建筑的作用及它们之间的辩证关系。
	3-3　建筑设计全过程:熟悉有关建筑工程设计的前期工作,熟悉从建筑前期策划、方案设计到施工图设计及工程实施等各阶段的工作内容、要求及其相互关系。
	3-4　建筑与环境:掌握建筑与环境整体协调的设计原则,能够根据城市规划与城市设计的要求,对建筑个体与群体进行合理的布局和设计,并能够进行一般的场地设计。
4. 自主研究与终身学习	4-4　终身学习:具有自主学习和终身学习的意识,有不断学习和适应发展的能力,能及时了解建筑学领域内的最新理论、技术及国际前沿动态。
5. 建筑师与社会	5-1　文化与社会:熟悉建筑的文化与社会属性,能够从特定的文化学、社会学角度对既有建筑进行评价,并具备从建筑的文化、社会属性出发解决设计问题的能力。
6. 使用现代工具	6-1　数字化建筑设计:掌握计算机辅助建筑设计(CAAD)、数字化设计以及建筑性能模拟的相关知识,能够使用专业软件完成设计图绘制、设计文件编制、设计过程分析、建筑形态表达等。

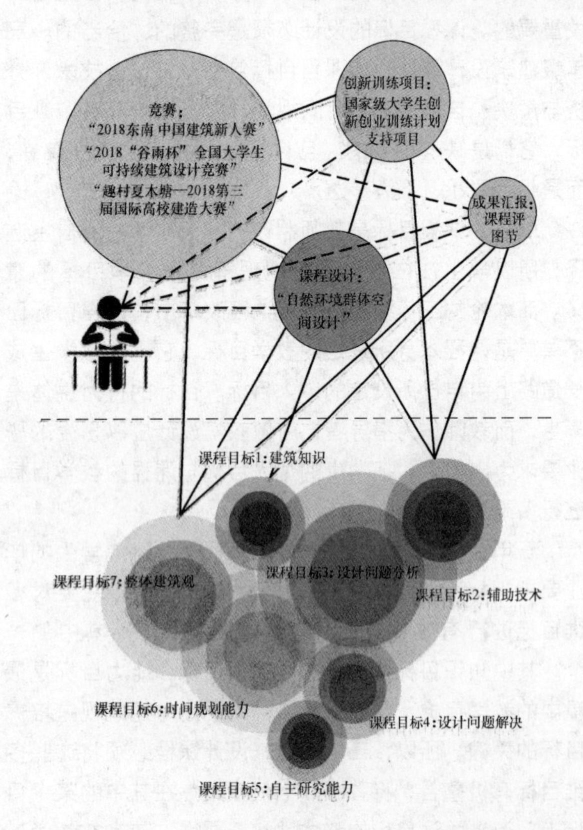

图 2　三年级建筑设计课程的多维目标整合

4　教学改革与实践

三年级建筑设计课程教学中多维目标的落实及整合对策，是从具体的课程教学实践出发，剖析教师的教学行为与学生的目标学习之间关系。它不是多个维度的简单相加，而是以知识和能力为主线，在教学环节和教学方法中，渗透自我研究、时间规划和整体建筑观，是在理论指导下的注重实践的多维目标的有机整合。

4.1　教学设计

课程的多维目标一经确立，就需要根据教学目标去组织教学内容，选取适宜的教学方法，设计紧密的教学环节，使一切教学活动都紧紧地围绕教学目标的实现加以展开。教师如何在课程中完成既定的多维目标，达到目标教学的有效植入，教学设计将是尤为重要的。通过有效性的教学设计，在三年级建筑设计课程有限的时间内，获得设计的深度与完整度，弥补构造技术与建造技术缺失，使学生获得预期的进步和成果（表 2）。

教学内容与课程目标对应关系　　表 2

序号	教学内容	课程目标
1	理论授课	课程目标 1
2	设计训练讲题	课程目标 1、2
3	设计项目实地调研	课程目标 3、4
4	设计训练 1:特殊环境群体空间设计	课程目标 2、3
5	专题讲座 1	课程目标 2、7
6	专题讲座 2	课程目标 5、7
7	阶段性评图	课程目标 4、5
8	设计训练 2:空间建构与实体搭建	课程目标 2、4、5
9	集中周	课程目标 6
10	专题讲座 4	课程目标 2
11	专题讲座 5	课程目标 2、5
12	设计训练 2:技术深化设计	课程目标 2、5
13	评图节:成果汇报	课程目标 4、6

4.2 教学实践

有效的教学实践中，对于无法做到面面俱到的课堂教学，紧抓重点、难点的等关键问题，将可以有效地控制课程的进程与达成度。多维目标的达成，需要学生亲身去经历与体验，在实践过程中去感受与领悟。三年级建筑设计课程改革的根本目的是完成所认领的学生毕业要求的指标点，在课程教学过程中突出学生的主体地位，尊重学生已有的知识经验，在学生已有的认知水平的基础上进行教学，最大限度地促进学生的全面发展。而它改革的意义在于转变以往的单一的、被动的教学方式，积极倡导实践教学、自主研究和协作交流的学习模式。在具体教学环节中，应根据教学的特点和学生的自主学习目标，选择有效的教学与学习模式。

在三年级建筑设计课程的教学过程中，学生自始至终都保持着较高的学习热情和强烈的探索欲望，原因就在多维目标的有机整合与有效植入，使得学生在整个学习过程中能够不断遇到挑战，并不断在这些挑战中体验成功所带来的收获与学习乐趣。

学生在理论授课与专题讲座环节中获取“知识与技术”，在开放式研究型的设计训练环节中获得有效的设计方法与能力，在翻转式教学过程中融洽师生的关系，促进学生的自我研究与终身学习的持续发展。由此可见，引导学生自主研究、注重时间规划、充分发挥研讨型课堂的优势，从多角度促进了“多维目标”的有效植入。而实际上，不同的教学与学习模式都各有所长，也都各自存在着缺陷与弊端。因此，为了提高课程的教学效率，也需对多种教学与学习模式进行有机整合，根据时间、地点、教学内容的不同有所侧重地展开。

5 对于多维目标的思考

从新的视角反思三年级建筑设计课程教学，根据建筑学专业教育的发展不断更新教育教学观念，将传统的的课程目标进行多维重构与有机整合。并依据教育教学基本规律，调整课程模块设置，使多维目标在三年级建筑设计课程教学中获得有效的达成度。

课程目标的设定是教学改革具备有效性的前提。教师应深入探究课程教学内容，准确地判定课程的重点与难点，对预期的课程目标有一个合理的定位。以学生的毕业要求为导向，兼顾学生的阶段性学习目标，所制定的三年级建筑设计课程目标，应满足学生的学习需求，通过教学，使学生掌握建筑知识与辅助技术，使其更好地获得设计分析与解决、自主研究、时间规划、建筑观培养等多维度能力。在三年级建筑设计课程教学中设立多维目标，既体现了教师的指导作用，又突出了学生的主体地位。一切以学生为中心，关注学生个体差异和不同学习需求，充分激发学生的自主研究和终身学习，在主动学习的过程中，逐渐实现多维的目标。

参考文献

[1] 黄晓燕，甄峰，曹小曙，王璐. 基于多维目标的城市宜居交通概念、要素与框架 [J]. 人文地理，2015 (5)：77-83.

[2] 白旭，叶洞枫. 以解决学科问题为导向的三年级建筑设计课程教改探讨 [C]//全国高等学校建筑学学科专业指导委员会. 2015全国建筑教育学术研讨会论文集. 北京：中国建筑工业出版社，2015：75-80.

[3] 刘滢，于戈. 基于开放性的U+A过程式教学体系创新与实践 [C] //全国高等学校建筑学学科专业指导委员会. 2013全国建筑教育学术研讨会论文集. 北京：中国建筑工业出版社，2013：119-122.

[4] 辛塞波. 建筑教育人文体系的多元构建和拓展 [J]. 美与时代 (上)，2013 (5)：126-127.

贾颖颖
山东建筑大学建筑城规学院：18953188277@163.com
Jia Yingying
School of Architecture and Urban planning，Shandong Jianzhu University

以“学”为中心的建筑设计课教学改革——以山建大本科三年级为例

Teaching Reform of Architectural Design Course Centered on “Learing”——Taking the Third Grade of Shandong jianzhu University as an Example

摘　要：建筑设计教学面对的是复杂知识体系统筹和转换为综合设计操作的“教”与“学”的模式。重视并缩小“教”与“学”之间的差异，围绕教学目标思考学生的课程预期和学习效果，从剖析学生的认知方式出发，采取与之对应的教学策略、进行合理的教学设计并开展教学实施，以“学”为中心进行建筑设计课程教学改革。
关键词：学生认知；以学为本；建筑设计课；教学改革
Abstract：Architectural design teaching is faced with the coordination of complex knowledge systems and the transformation into the “teaching” and “learning” modes of integrated design operations. Payed attention to and narrow the difference between “teaching” and “learning”，think about the students′ curriculum expectations and learning effects around the teaching objectives，and analyzing the students′ cognitive styles，adopt corresponding teaching strategies，and carried out reasonable teaching design，then Implemented teaching. Pointed out that teaching reform of architectural design courses around the issue of “learning”
Keywords：Student cognition；Learning-oriented；Architectural design course；Teaching reform

1　问题提出

建筑设计课是建筑学专业核心课程，培养学生的设计能力是其根本，除了基本的图纸操作能力，更重要的是培养建立学生在整个设计过程中的设计逻辑与思考问题的方式。由于建筑学学科交叉性极强，知识体系庞杂，“如何把教师传授的知识转化为学生的设计操作”是设计课教学的一项核心问题，也是一轮轮教改推进过程中的重头戏。在传统的设计课教学中，往往存在如下几个现象：

(1) 一对一改图为主，课堂效率低且学习内容和学习效果差异度较大。

依靠教师经验和现场应变能力，造成学生学习内容和学习效果的差异度较大，这种教学方式会因为教师的不同而产生较大的随机性。设计课中，学生通过与教师

*山东省教育科学研究课题（课题编号 17SC075）。

的交流增长经验。教师与学生的交流对培养学生捕捉那些典型却极易忽视的设计要点特别有效。但这也在本质上反映出，由于教师的设计理念可能彼此差异，甚至截然不同，建筑设计可能意味着不同的事情，学生所得到的理念、知识和方法，可能因为老师的不同而不同。

(2) 课程建设偏重教的角度，对学的角度考量偏少，“教”与“学”存在较大的预期差异。

教案系统性强，课程建设以教为核心的内容逻辑清楚，但学生学习时却对学习内容的感知和接受度不尽然，讲授过的内容学生未必能够有效反馈到设计操作中，讲过了不等同于学到了。这容易造成教师的繁复反复工作，学生的重复反复学习。

(3) 设计题目设置“低年级不低，高年级不高”。

低年级设计题目设置偏于复杂综合，做起来热闹，实则没有解决设计基础问题，中高年级题目深度不足，对设计制约因素的统筹性和复杂性限定不足，往往只是在面积规模、功能复合性上进行了拓展，在知识体系、设计方法上的递进提升不明确或未有有效措施。

这不禁让我们反思，这些年来我们不断推进的教学改革，真正从“类型式”走向“问题式”了吗？要解决如前所述的问题，围绕教学目标去思考学生的课程预期和学习效果，非常重要。这主要体现为期待学生在知识、能力等方面的转变和提升，学生真正理解并学会了什么。故而，教学内容、教学策略、考核反馈等围绕教学目标的教学设计都需要从学生学习的角度重新考量(图 1)。基于此，由“教”为主体转变为“学”为主体，研究学生的认知学习规律，并由此形成系统教学操作法，成为我们本轮教改的一项重要任务。

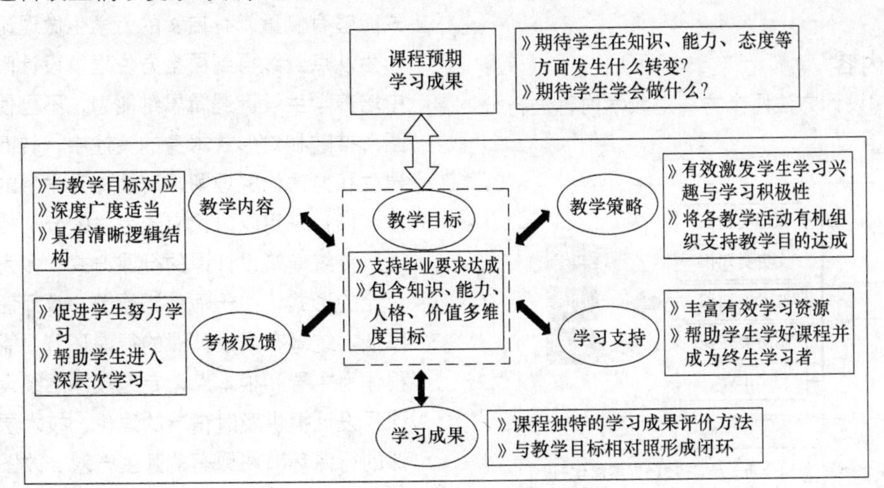

图 1　以“学”为主体的教学组织图示

2 “学”的角度与“教”的思考

三年级的设计课是五年制建筑学教育中“承上启下”的关键性一环。需要衔接二年级的建筑设计基础和四年级的综合设计拓展。从学生“学”的角度来讲，进入三年级，学生们一方面要对二年级学习的建筑设计方法进行梳理，并在此基础上学习相关建筑设计方法；另一方面开始接触从其他学科渗透至建筑学科的相关概念，如文脉、建构、技术等，同时进行相关建筑设计的基本知识的深入学习，需要将新的概念和建筑知识融汇为设计想法并通过设计操作实现。

通过分析本科三年级学生学情（表 1），发现：(1) 学生在中低年级阶段，“系统设计观”尚未形成，从知识学习到设计方法的转化能力不足，较易导致知识性内容运用于设计操作受阻的情况。(2) 学生在设计过程中呈现出的多是片段式的设计逻辑，且更多关注做到了什么，至于为什么这么做，思考度不足，目标指向性偏弱。

本科三年级学生学情分析　　表 1

分类	内　容
专业知识	已基本掌握了对建筑要素的认知； 对建筑与环境、功能与空间的关系有了清晰认识； 对建筑结构、构造以及材料也建立了基本概念。
专业技能	掌握了绘制图纸的方法与技巧； 能够运用相关专业软件进行计算机制图；能够熟练制作手工模型。
专业素养	思维活跃，善于学习，勤于思考； 对待专业严谨认真； 动手能力强。

三年级的设计课关注的设计制约因素更加多样复合，需要学生掌握的知识和方法也更为综合。面对复杂的设计要素和庞杂的知识体系，对学生而言，如何在有效时间内，通过有效途径转化为应对设计问题的具体方

法和手段变得尤为重要。因此，帮助学生建立全面系统的建筑设计思维是实现其“学”的关键，也是“教”的目标价值所在。

3　教改策略和教学设计

学生在整个设计过程中的设计逻辑与思考方式是促成其设计有效开展的关键。从“教”的角度应对“学”的问题，就是要帮助学生梳理、提炼、解决其在实现设计的过程中遇到的一系列问题。具体讲，就是教学上需要帮助学生对庞杂的知识性内容进行筛选提炼、对设计方法进行选取和应用、以及对方法与知识体系之间衔接转换的效率和有效性等给予积极引导和助力提升。因此，本轮教改主要从精炼教学内容、细化教学操作、强化过程反馈三方面进行探索和尝试。

3.1　精炼教学内容

从设计知识和设计方法两个方面对教学内容进行分解和提炼（图2）。

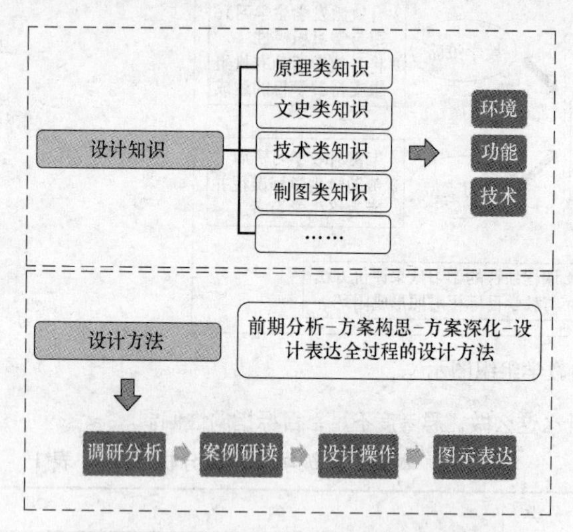

图2　从知识和方法两个层面精炼教学内容

（1）设计知识分解为原理类知识、文史类知识、技术类知识、制图类知识等，同时在中低年级阶段，将学生面对的设计要素提炼为环境、功能、技术三大项，分解后的设计知识对应设计要素逐一配置，根据设计题目的难度循序置入，实现由复合到复杂制约要素的训练。

（2）设计方法不仅提供能够启示、促成设计操作的方法，而是从前期调研、资料研读、设计操作到图示表达，贯穿设计全过程的设计方法，在这其中，注重设计思维的引导和训练，强化设计逻辑的达成。

3.2　细化教学操作

（1）采用专题授课与设计操作并行的授课模式。

在设计课中，同步理论知识性的授课与设计操作性的指导并行推进，能够对建筑设计知识形成系统性融合。将此运用到学生的设计认知中，知识性内容能够被学生较为顺畅地理解接收并即时加工输出为针对设计操作的具体方法，这一过程可被理解为创新思维的生成与表达。从“学”的认知角度理解，这种方法能够释放学生对繁冗基础知识的接收、筛选、整理过程，给予其更充足的时间精力对精炼信息进行分析、加工和使用，从而形成对知识更加深刻的理解，形成对设计问题的深度把控。

采用专题授课与设计操作并行的授课模式，将原理课程、技术课程、社会人文课程等的相关内容，以小专题授课、课堂交流的形式嵌入到设计课程中，并与设计课之外的专业理论课程密切配合、互为补充，形成理论知识与设计实践更好融合的建筑设计课程体系。这种方式能够有侧重、有启发的为学生做理论梳理和引导，使学生从点到线再到面全方位理解设计问题，在设计过程中培养学生设计逻辑思维能力，不再使学生陷入图纸的图形推敲和对形式本身的关注中，转而强化对设计观的建立和方法论的理解，有效提升学生的综合设计能力。

（2）采用以讨论交流为主的分阶控制的行课模式。

传统建筑设计课的行课方式，多为师生一对一改图讨论的形式，由于师生比原因，教师任务量大，课堂效率低。统筹布局设计课的行课环节，能够把建筑设计课程作为主导和根本点，专题授课围绕设计课题展开，为课程设计提供及时精准的理论、技术层面的支持，设计课的行课环节将原有的师生一对一改图为主的方式，转变为专题授课、图纸指导、汇报讨论、点评答辩多环节密切配合的、紧凑的行课方式。

同时，配合分阶控制的课堂行课方式，对设计课初期、中期、终期进行分阶段控制，每阶段对学生的设计过程进行梳理并要求学生汇总阶段成果。这种方式能够有效把控行课效果，修正冗余低效的改图环节，提高设计课的行课效率。

3.3　强化过程反馈

通过初期、中期、终期三阶段的行课控制，能够有效强化设计课的行课反馈（图3）。在每个阶段，通过交流点评、学生汇报、阶段成果提交等形式形成教学过程反馈，利于充分了解学生对设计知识的理解和运用情况，掌握学生在设计过程中表现出的状态和水平，能够及时对设计方法、设计知识性内容等予以指导和修正，促进学生学习效率的提升。与此同时，通过学生的过程反馈，能够有效作用于教学，让教师在第一时间有所针对的修正、完善教学内容。此外，过程反馈能够让学生对自己的学习工作和知识掌握情况有明确的认识，学习目标更为明确，建立适合自己的设计习惯和设计节奏，从而促进其学习能力的提升。

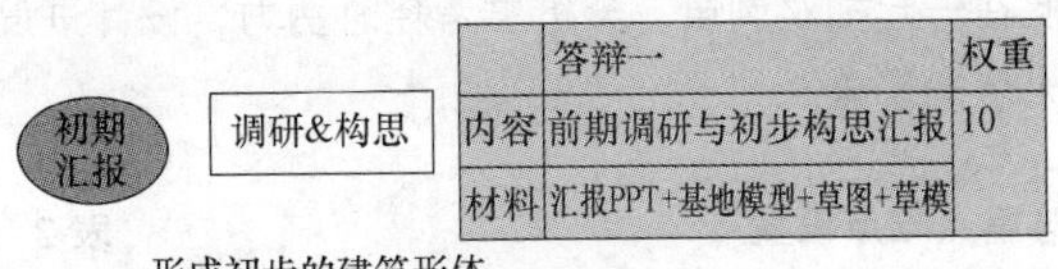

初期汇报	调研&构思		答辩一	权重
		内容	前期调研与初步构思汇报	10
		材料	汇报PPT+基地模型+草图+草模	

形成初步的建筑形体
构建初步的空间状态
组织初步的功能流线

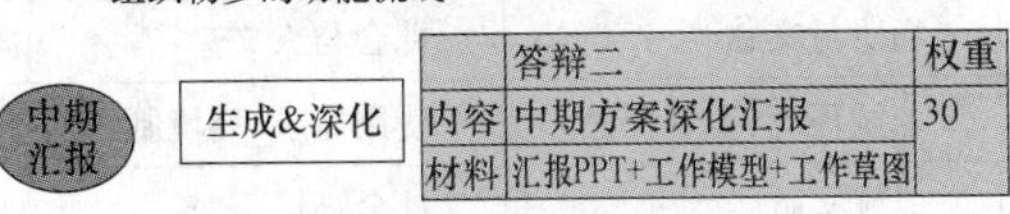

中期汇报	生成&深化		答辩二	权重
		内容	中期方案深化汇报	30
		材料	汇报PPT+工作模型+工作草图	

- 设计逻辑的完善
- 空间操作与环境、功能、技术的关系整合

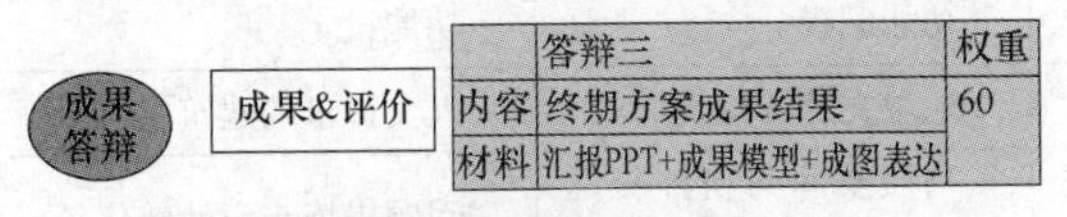

成果答辩	成果&评价		答辩三	权重
		内容	终期方案成果结果	60
		材料	汇报PPT+成果模型+成图表达	

- 建筑与制约因素的梳理
- 设计思路的贯通性
- 建造材料细节的具体落实

图 3 分阶控制与过程反馈

4 教改实施与教学成效

教研组结合地方院校的办学定位和特色，将三年级设计课分为两个阶段，三上是二年级学习内容的延续和深化，培养学生在环境、功能、技术等复合要素制约下的综合设计能力，着重从设计立意、功能使用、建构表达、技术实现等方面对建筑设计基本问题进行深化训练。三下结合具体设计题目引导学生关注地域、人文、城市、社会以及现代建筑技术对设计的影响，着重培养学生综合把握设计过程中各种制约因素的能力。将使用与场所、物质与精神、自然与人文等设计要素以具体形式融入到设计题目中，拓展和深化学生的建筑观，实现复合要素下的统筹设计（图 4、图 5）。

在三年级，学生遇到的每一个设计基本都是复合要素下的统筹设计，虽然每个设计都是针对性的专题设置，但对学生而言，设计经验和知识体系尚在建立过程中，如何通过对建筑基本问题的操作解决设计专题中设定的问题往往是其设计之初的瓶颈之一。为使学生对在

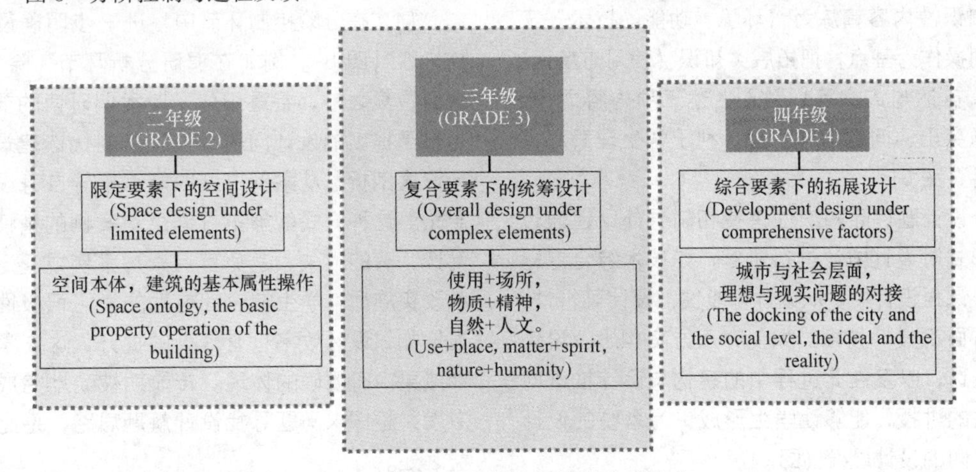

图 4 三年级建筑设计课教学内容定位

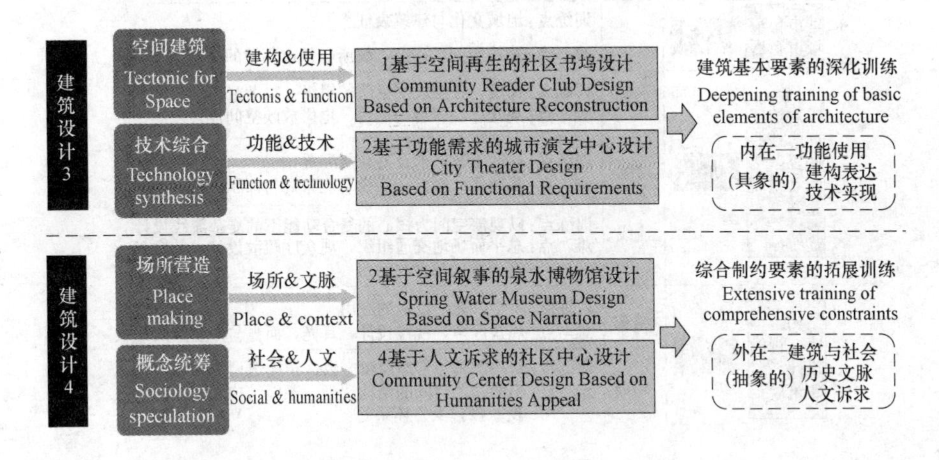

图 5 三年级建筑设计课设计课题训练内容

较短时间理解设计问题指向，形成设计思路并顺利开展设计，根据学生在三年级阶段的认知特点，着力从以下几方面进行教学设计：

(1) 将每个设计专题的设计训练要素进一步提炼为主导要素和修正要素，并将设计重点和难点问题进行梳理（表2）。这样，学生在设计之初就目标明确，对设计主线有较清晰的把控。这一教改措施改主要针对以往学生在面对复杂设计问题时，容易把各项因素不分主次的混在一起抽丝剥茧，分析思考耗时费力，设计进度不尽人意的现象。

三年级建筑设计课训练要素与重点难点设置 **表2**

设计专题		空间再生	技术综合	场所营造	概念统筹
训练要素	主导要素	建构表达	技术实现	场所与文脉	社会与人文
	修正要素	使用需求、行为体验	都市环境、功能流线	老城环境、地域特色	使用需求、环境制约
重点		使用与体验	环境与形态	地域文脉	社会环境
		功能置换与空间传达	功能流线	场所特质	受众与建筑诉求
		空间建构	技术渗透	功能配置	功能设定
难点		既有建筑空间制约	城市环境制约	地域文脉的建筑应对	人文诉求的建筑应对
		行为与使用促动下的功能组织与空间生成	功能、空间、形式的逻辑关系	物质空间与精神传达的关联	问题提炼与设计转化
		基于结构、材料、构造的空间塑造与表达	大跨空间塑造与功能驱动下的技术实现	建筑的理性功能与感性体验	概念统筹与设计实现

(2) 将知识性内容精炼为“环境、功能、技术”三大项，以空间操作为基点，把拓展类知识（使用与场所、物质与精神、自然与人文等）融入上述三项内容之中，形成训练专题突出、问题指向明确，利于学生理解和操作的教学内容（图6）。

(3) 每个设计题目除知识性讲授和辅导外，还通过专题授课等形式对设计方法进行讲解，如技术综合专题——演艺中心课程设计中，从设计可能性、设计可行性、设计实现三方面讲授“技术”如何介入方案构思、设计发展、成果表达，以及在此过程中的建构与设计推进问题。设计方法的讲授，能够让学生形成更为系统的设计思路和更加开阔的设计思维（图7）。

(4) 在分阶控制环节中，进一步明确设计前期的工作内容（图8）。例如在调研分析环节，除了实地调研、资料搜集之外，着重细化了对案例研读的要求。学生根据自己提出的设计问题或设计意向优选建筑案例，并进行深度剖析，从案例中汲取能够指导自身设计的方法和思路。这种方式能够指导学生对案例的精读、泛读形成筛选，有的放矢，避免盲目崇拜案例或泛泛通读。此项教改实施后，学生在设计前期的学习积极性和兴趣度明显增加，设计效率也有很大的提升，这在学生提交的前期成果中有明确的体现。转前期被动地完成规定任务为激发兴趣探求问题寻找设计解题思路，是此项教改的得益之处。

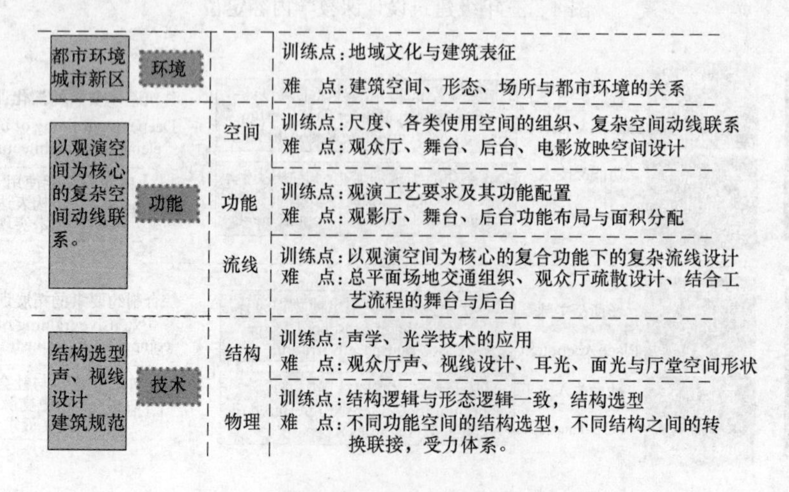

图6　演艺中心建筑设计课程教学内容

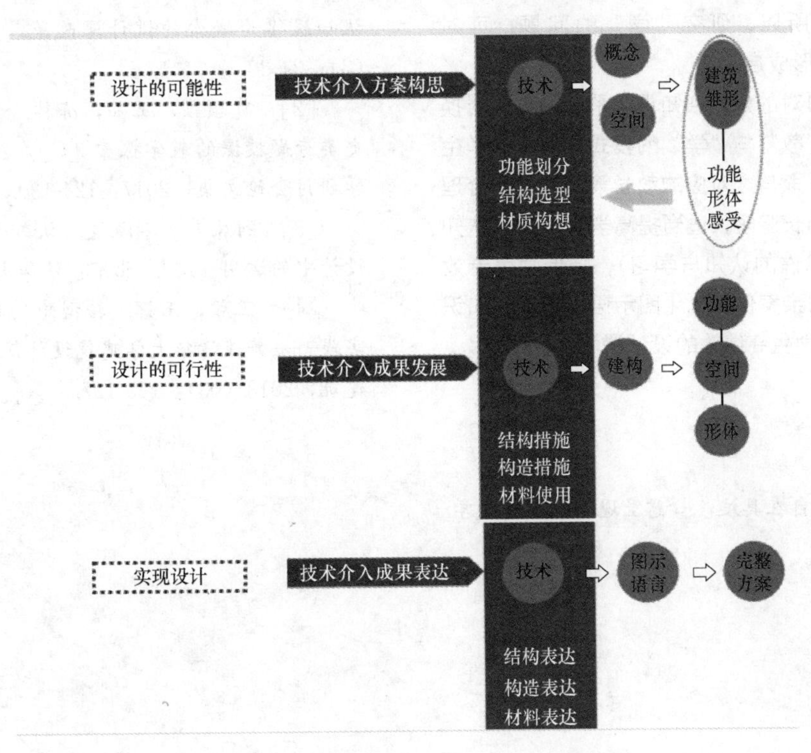

图 7　演艺中心建筑设计课程设计方法讲授

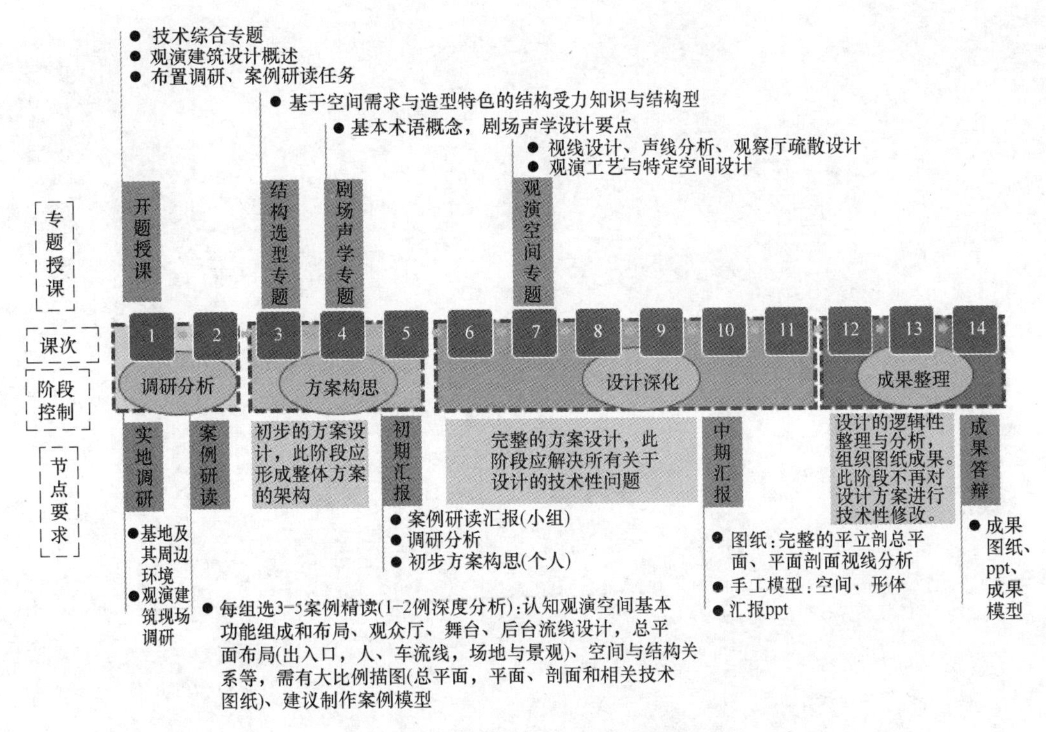

图 8　演艺中心建筑设计课程教学进程

5　结语

把“知识”转化为“设计”，作为教育者，我们更习惯于从“教”的角度考量这一问题的解决方式。其实这一过程中，能动主体始终是学习者。因此，我们在推行教学改革、制定教学方案时，不妨先跳出学科领域本身和教育学的操作范式，从本源上寻找规律性原则。作为一门课程，其本源是“教”与“学”的关系，教为学也，学谓之根本。所以，研究“学”的问题，可对“教”中遇到的问题形成启示。

建筑设计教学面对的是复杂知识体系的统筹并转换为综合设计操作的“教”与“学”的模式，从剖析学生的认知方式出发，采取与之对应的教学策略并进行合理的教学设计，才能扬长避短，适当提高学生有效的认知负荷（如对设计规律性的认知与学习），降低学生无效的认知负荷（删减冗余案例、优化图示语言、减少知识转化环节等），促成学生高绩效的设计课学习。

参考文献

［1］ 刘克成．自在具足，心意呈现——以建筑学认知规律为线索的设计课改革［J］．时代建筑，2017（3）：24-30．

［2］ 贾颖颖，王茹，陈林．建筑设计课程中建筑史类专题授课的教学探索［C］//2017年中外建筑史教学研讨会论文集，2017：124-130．

［3］ 孙崇勇，李淑莲．认知负荷理论及其在教学设计中的运用［M］．北京：清华大学出版社，2017．

［4］ 王毅，王辉．转型中的建筑设计教学思考与实践——兼谈清华大学建筑设计基础课教学［J］．世界建筑，2013（03）：125-127．

门艳红　郑恒祥　周琮
山东建筑大学建筑城规学院；398280960@qq.com
Men Yanhong　Zheng Hengxiang　Zhou Cong
School of Architecture and Urban Design，Shandong Jianzhu University

融入场地要素的幼儿园设计教学研究

Teaching Research of Kindergarten Design Integrating Site Elements

摘　要：本文是对我院建筑学二年级"幼儿园建筑设计"课程作业的教学总结。场地要素既是教学内容上关联性要素，也是预设给设计的引导和制约条件。柿子树关联下的空间、行为分析和形式设计是教学主线。从教学目的入手，在细节上改革教学内容，不断讨论教学内容与目标的关系，推动设计教学明确化、科学化。文章结合教案内容和教学案例，讨论了课程中的问题和收获。

关键词：建筑设计课；场地要素；空间；行为研究

Abstract：This article is a summary of the teaching of the second-grade "Kindergarten Design" project in our school. The site elements are not only the related elements of the teaching content，but also the guiding and restricting conditions for the design. The space，behavioral analysis and formal design due to the persimmon trees are the main contain of teaching. Starting from the purpose of teaching，reform the teaching content in detail，constantly discuss the relationship between teaching content and goals，and promote and make design teaching scientific. This paper discusses the problems and results of the course by combining the teaching content and teaching cases.

Keywords：Architectural design teaching；Site elements；Space；Behavioral analysis

1　课程教学背景

建筑学本科二年级设计课是建筑设计入门阶段，由认知启蒙到开始设计。通过教案设计，二年级教学组实施了限定要素下以"空间"设计训练主要内容，以特定使用为主要线索，同时关联场地、功能、形式、建造等多个知识点，由抽象到具体，由片段到连续，渐进式培养设计综合能力的教学组织（图1）。特定人群—特定使用方式—空间设计，是教学内容的主旨。幼儿园设计是四个设计课题中的第三个，该题目是各建筑院校在低年级建筑设计训练阶段常用的传统题目。在以往这个题目的教学是多从"类型"化的角度，以功能或行为、尺度训练为主要内容，从学生设计成果来看，设计概念与空间形式的对应性差，缺乏设计构思的发力点。反思该设计的教案组织，近两年教学组进行了新尝试：场地、空间、行为等既是知识点也是教案组织的关键词。场地要素融入行为研究、空间设计，激活学生的逻辑构思兴趣点，将幼儿园设计这一"类型"特征明显的作业题目与"特定人群—特定使用方式—空间设计"主旨相契合。

2　课程教学目标

2.1　空间单元与整体结构

在训练空间的物质属性和空间的行为属性为目的的

课程安排		空间训练	限定要素		兼顾多点训练	题目设定
建筑设计1	单元一	空间限定物理属性	不定需求	以界面形式为限定要素，在预设方体内进行空间设计	界面形式、尺度、比例、体量等	临水书吧、茶室等
	单元二	空间原型行为属性	特定居住	以特定需求为限定要素，以居住空间为载体进行独立住宅空间设计	功能关系、分区、流线、组合等	独立住宅、山地俱乐部等
建筑设计2	单元三	空间结构构成属性	特定群体	以场地和行为为限定要素，以儿童活动空间为载体进行幼儿园建筑设计	总体布局、场地、群体、肌理等	幼儿园、老年之家等
	单元四	空间秩序复合属性	特定展览	以特定展品为限定要素，以展示空间为载体进行工艺美术展示中心设计	技术综合、结构、支撑、经济等	工艺美术中心、博物馆等

特定人群 – 特定使用方式 – 空间设计

图1　二年级建筑设计课：限定要素下空间设计训练

两个课题之后，以幼儿园设计为载体进入空间单元和整体结构空间组合的练习。从同质的单元体（儿童活动单元）出发，解决单元空间内及相互之间的关系，进而掌握单元空间与公共空间的整体结构组合。在单元空间与公共空间之间的过渡空间可以称之为组织体。“单元—组织体—整体”的各种空间层次和关系是本次空间训练的核心。这一基本的空间组合在系统层级方面呈现出理性地清晰地设计逻辑：在整体空间结构中，单元空间有灵活地自主性，又是整体的一部分，同时还要处理好组织体（或称之为过渡空间）的部分。空间结构训练是教学的重点和难点，设计条件的预设在教案组织中起到至关重要的作用。

空间组织与功能布置相互紧密联系，与此空间训练相符合的建筑功能除了幼儿园，还可以拓展到青年公寓、老人之家、学校等。它们都是一定数量的同质单元空间，配以部分公共空间。在空间设计的同时掌握功能使用的布置。

2.2　场地与环境

对基地物理条件有效地提取，并在设计中有所回应是课题作业在场地认知这一训练点上的教学目的。从本次课题作业开始，引入真实的基地环境，对场地外部和内部条件进行预设。场地外部条件倾向于紧凑的地块、相邻道路的使用情况以及周边建筑物质形体环境，掌握主次入口的选取、街道界面设计、与相邻建筑关系的确定等。场地内部条件配合内外空间组合，突出训练场地设计内容，建筑形体与外部空间协调处理，考虑室外活动场地与单元体的布局，场地图底关系等。在外部和内部双重预设条件下强化从多角度对场地进行认知，并在设计中采取合理的应对方式。

2.3　特定人群与特定使用方式

围绕教学内容中“特定人群—特定使用方式—空间设计”的主旨，在幼儿园建筑设计中特定人群既为儿童，这一特定群体以其独有的行为心理等需求对设计的具有鲜明功能和空间设计上的要求，从而建立从使用者行为心理特征入手展开设计的意识，在具体课题作业中对使用人群进行分析，探索行为心理要素介入建筑设计的方法。特定使用方式跟空间营造以及功能流线组织息息相关，行为在一定程度上既为功能，行为和使用方式的不同带来设计结果多种可能。通过对使用方式的思考和分析，形成具有逻辑说服力的设计思路，建立全面地设计思维。

3　教案回应

基于本课题作业以上三个主要教学目标，在教案制定过程中，将场地要素作为引导完成设计任务的线索和核心，并作为首要因素启发学生对使用者行为进行思考和分析，从而完成空间设计。场地要素既是教学内容上关联性要素，也是预设给设计的引导和制约条件(图2)，融入场地要素的教学研究主要体现在以下三个方面：

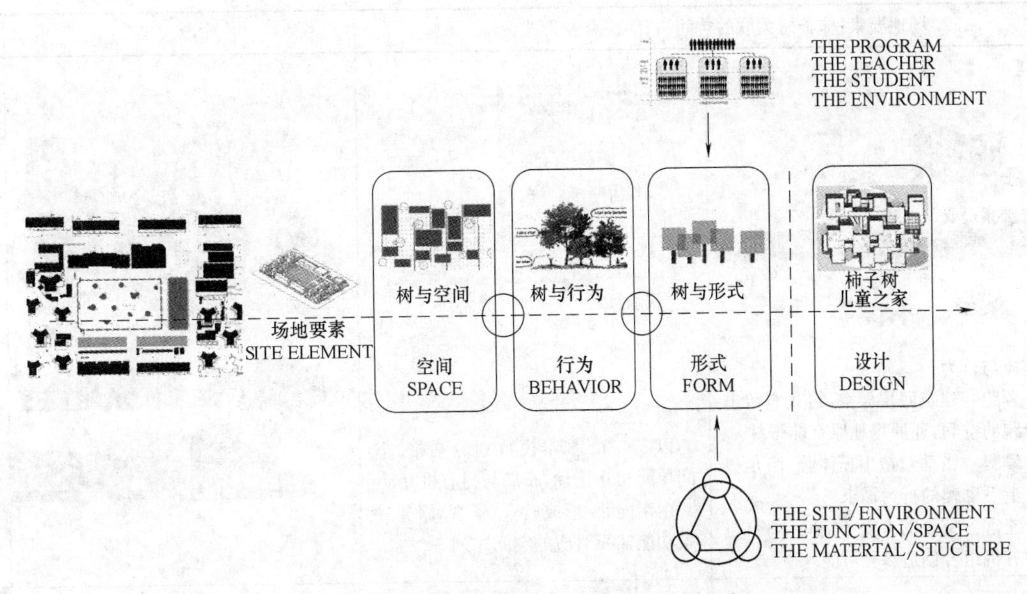

图 2　场地要素（柿子树）关联下的教学框架

3.1　场地外部条件

基地位于济南市 20 世纪 80 年代建成的某居住区内。随着时代的发展，居住区内原有幼儿园逐渐不能满足全区幼儿的入托需要。现拟利用小区内部一处空地，新建一座 6 班幼儿园，容纳学龄前儿童约 150 个。考虑到 6 个儿童活动单元要能够较容易地满足日照的要求，降低在方案初期阶段学生受设计规范束缚而不能自由发挥的情况，基地形状选择呈东西面宽长而南北进深小的长矩形，这样单元体在争取到南向日照的情况下排列上有充足的距离，也避免了方形基地条件下，多数学生设计成果相类似的情况。基地相邻道路为小区内部道路，东侧临近小区入口。周边建筑为住宅和部分小型公建。基地外部物理条件的引导性较强，以期达到在建筑设计入门阶段对场地认知的要求，如通过对道路的分析确定场地主入口、建筑与场地的总体布局及流线组织、场地图底构成关系、新建建筑道路界面设计等。

3.2　柿子树关联下的空间设计

场地内部条件的设定关键点是柿子树。在以往的任务书中，基地内是空地，没有任何预设。在无引导条件的场地中，学生设计构思入手较难，容易陷入沿着基地边缘排列房间的无秩序状态。基地内原有柿子树成为空间组合及场地设计的发力点。在平面格网的控制下，柿子树的位置给未来空间单元的排列方式和整体结构组合的生成留有较多的可能性。根据树在场地中的行列位置、不同高度和相互距离，可以想象在空间生成过程中与树的关系有多个发展的方向，如线性空间并列式、组团式、院落式、水平板块式、竖向叠加式等。

3.3　柿子树关联下的行为分析

法国 20 世纪著名科学哲学家加斯东 · 巴什拉 (Gaston Bachelard) 在《空间的诗学》中写道：“我居住在树叶的安静中，夏天长大了。”这句话描绘了时间和空间维度的无限遐想。在本次幼儿园设计中，柿子树与儿童的行为分析成为学生设计概念最巧妙的落脚点。春华秋实、夏荫冬雪的柿子树林与建筑交融营造的室内外空间成为孩子游戏的天堂，与儿童天生好动的性格相适合，游戏玩耍的场所跟自然融为一体。柿子树本身无毒无刺，生长高度不会很高，基地内 5 米～8 米高度不等，围绕柿子树儿童可以有跟自然接触的机会，如浇水、捡树叶、观察小树生长、在树下做游戏等等，同时也为建筑室内外空间与树互动设计提供了各种可能。

4　教学案例

该课题作业总时长 7 周。此次教案新尝试在教学过程中执行情况良好。学生对任务预设条件的理解和回应在设计方案中有较好地反馈。场地要素中柿子树关联的空间、行为及形式的设计引导效果明显，达到了预期的教学目标。这里挑选位同学的作业作为教与学成果的展示（表 1），其中“柿子树上的儿童之家”获得 2017 年东南 · 中国建筑新人赛第四名（大二新人奖）。

表 1

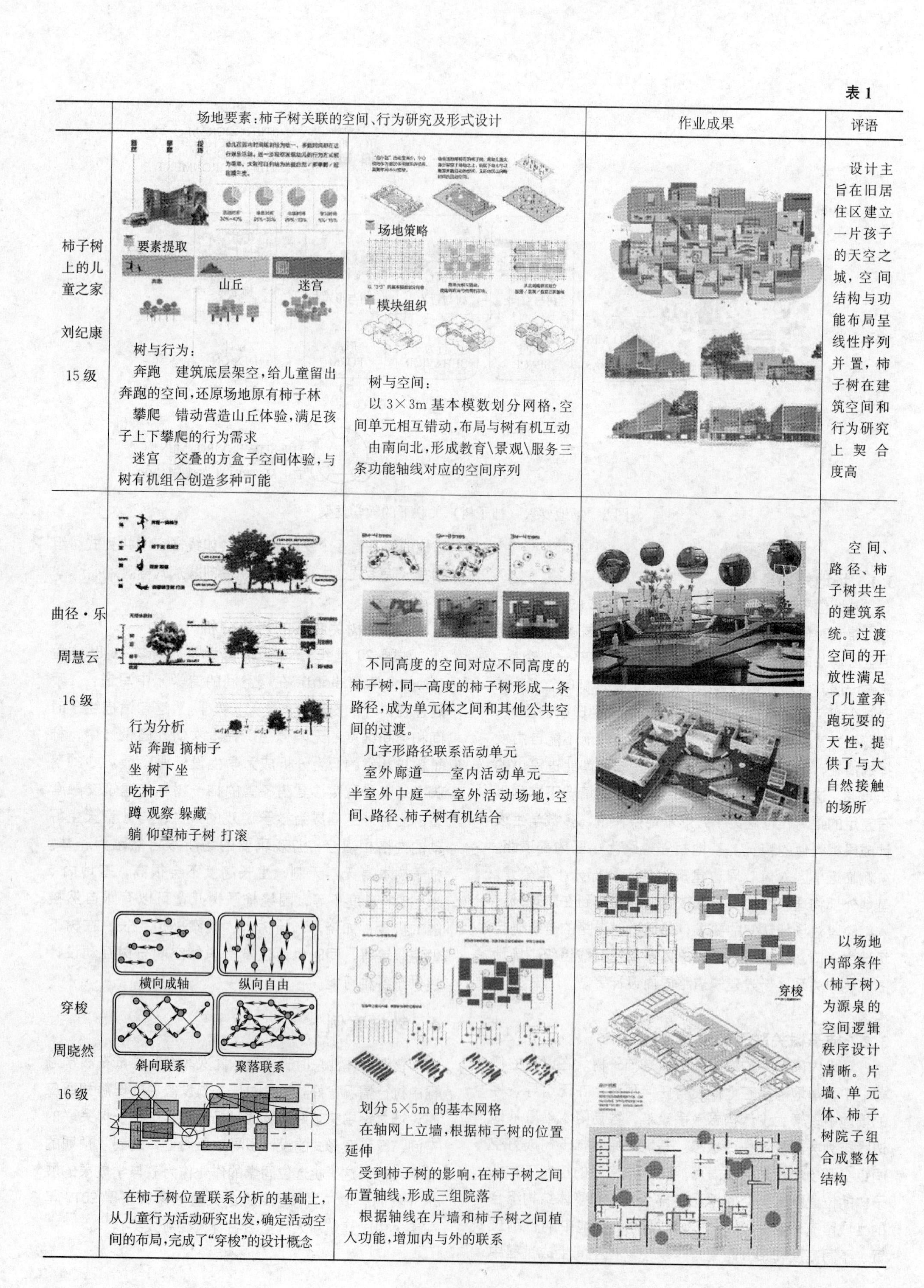

	场地要素：柿子树关联的空间、行为研究及形式设计		作业成果	评语
柿子树上的儿童之家 刘纪康 15级	要素提取 山丘 迷宫 树与行为： 奔跑　建筑底层架空，给儿童留出奔跑的空间，还原场地原有柿子林 攀爬　错动营造山丘体验，满足孩子上下攀爬的行为需求 迷宫　交叠的方盒子空间体验，与树有机组合创造多种可能	场地策略 模块组织 树与空间： 以 3×3m 基本模数划分网格，空间单元相互错动，布局与树有机互动 由南向北，形成教育\景观\服务三条功能轴线对应的空间序列		设计主旨在旧居住区建立一片孩子的天空之城，空间结构与功能布局呈线性序列并置，柿子树在建筑空间和行为研究上契合度高
曲径·乐 周慧云 16级	行为分析 站 奔跑 摘柿子 坐 树下坐 吃柿子 蹲 观察 躲藏 躺 仰望柿子树 打滚	不同高度的空间对应不同高度的柿子树，同一高度的柿子树形成一条路径，成为单元体之间和其他公共空间的过渡。 几字形路径联系活动单元 室外廊道——室内活动单元——半室外中庭——室外活动场地，空间、路径、柿子树有机结合		空间、路径、柿子树共生的建筑系统。过渡空间的开放性满足了儿童奔跑玩耍的天性，提供了与大自然接触的场所
穿梭 周晓然 16级	横向成轴 纵向自由 斜向联系 聚落联系 在柿子树位置联系分析的基础上，从儿童行为活动研究出发，确定活动空间的布局，完成了“穿梭”的设计概念	划分 5×5m 的基本网格 在轴网上立墙，根据柿子树的位置延伸 受到柿子树的影响，在柿子树之间布置轴线，形成三组院落 根据轴线在片墙和柿子树之间植入功能，增加内与外的联系	穿梭	以场地内部条件（柿子树）为源泉的空间逻辑秩序设计清晰。片墙、单元体、柿子树院子组合成整体结构

5 结语

融入场地要素的幼儿园设计教案在过去两年的教学中取得了宝贵的经验。首先在学生方面，课题任务的教学内容指导性和可行性较强，在预设条件的引导下，回到设计研究的导向增强了学生对建筑生成的逻辑性思维训练。在教学过程中，学生找到有效的途径解读题目，而不再对题目无从下手，避免了空想与形式主义的游戏。学生能够在入门阶段掌握建筑基本问题，设计能力提高。其次在教师方面，找到以往教学的问题和难点，从教学目的入手，在细节上改变教学内容，将看似感性的逻辑能力培养转换为教师可教、学生可学。不断讨论教学内容与教学目标的关系，推动设计教学明确化、科学化。

参考文献

[1] 朱雷. 空间操作——现代建筑空间设计及教学研究的基础与反思［M］. 南京：东南大学出版社，2010.

[2] 胡江渝，何荥. 从部分到整体——入门阶段的建筑设计教学研究［J］. 高等建筑教育. 2017，26（5）：74-78.

[3] 鲁安东."扩散：空间营造的流动逻辑"课程介绍及作品四则［J］. 建筑学报，2015（8）：72-75.

[4] 崔轶. 反思与重构——基于理性思维的建筑设计教学研究.［J］新建筑，2017（3）：112-115.

[5] 薛名辉，李佳，白小鹏. 生活场域线索下的建筑学专业参与式教学研究［J］. 建筑学报，2016（6）：82-86.

图片来源

文中相关作业图纸来自山东建筑大学建筑城规学院2015级和2016级学生作业，其他图纸由笔者自绘。

潘波　陈海东
沈阳建筑大学；cb4232929@126.com
Pan Bo　Chen Haidong
Shenyang Jianzhu University

基于行为模式理念下实体建造课程的功能性教学探索

Functional Teaching Exploration of Entity Building Course Based on Behavioral Model

摘　要：实体建造课程作为建筑学学科基础教学的重要环节，目的是为了让学生对实体的造型、材料选择、构造节点、结构力学之间建立初步的认知，在教学环节中如何启发学生在建造过程中结合人的行为模式与尺度来创造简单而又具有特色的空间是一种重视空间功能性的正向引导。

关键词：行为模式；实体建造；功能性

Abstract：Since the entity construction course is regarded as an indispensable foundation element for architecture，the goal of course has led its students into the drive to realize the basic understandings among physical modeling，material selection structural nodes and structural mechanics. In the process of the course，the importance of grasping spatial functionality will be introduced to students by inspiring and encouraging them to combine human behavior patterns and human behavior scales together. As a result，students will be able to build simple yet distinctive space models after the course.

Keywords：Behavior pattern；Entity building；Functionality

实体建造课程是我国目前建筑类院校基础课程中重要的教学环节，各大高校以及社会团体分别积极组织各类建造比赛，以促进实体建造教学模块的成熟和日臻完善。从近几年高校和国际建造竞赛的题目中可以看出实体建造从初期的追求造型的完整性和结构、构造节点的创新性等与实物本体有关的要素之外，逐渐向关注实体与场所地域的关系，解决场所与环境之间的矛盾与问题过度，部分实体建造的作品因其创造的功能性空间，不仅形式新颖、造型独特美观，其创造的行为模式得以改善人居环境、增强场所的吸引力，这也是促进实体建造得到社会大众的关注的重要原因。

1　实体建造课程的特点

实体建造课程主要是针对建筑相关专业的学生，在指导教师的引导下，结合前期所学理论基础，通过团队成员实际动手操作，将选定的材料按照预先设计的构造节点连接建立起具有一定结构承载力的实体空间。该课程同我国早期的建筑学基础课程配置相比较具有以下特点：

1.1　强调团队合作

早期的基础课程多为独立完成一份课程作业，即使有合作调研的情况，最终成果也是每名学生独立完成，实体建造课程是需要小组成员共同合作完成一个作品。在构思、选材、模型推敲、深入节点设计、结构验证、现场实塔，在这些环节中，需要教师做好（1）保证每一个学生在每一个环节都能够积极思考，得到锻炼；(2) 引导小组成员准确表达想法，确定共同目标，并为之目标而有取舍；(3) 专业性与技术指导，尽量挖掘小组成员的创造力，教师针对小组分歧给予客观的分析。学生需要在课程中做到积极参与、勇于表达、解决问题、勤思考。

1.2 鼓励多方面创新

建筑学基本课程中多为建筑空间的认知或者简单建筑空间的创造，低年级的创新性基本在造型中，但在实体建造过程中，教师鼓励学生尝试多方面的创新，即使是规定的建筑材料，也存在材料的规格、拼合方式、连接方式、点、线、面组合等多方面的创新的可能；再如空间的营造，也存在水平与垂直空间、开放与私密空间、独立与分隔。

1.3 综合性强

实体建造涉及实体的造型、材料选择、构造节点、结构力学等多方面的内容，这就考察学生前期累积的建筑知识，是一个综合的考察过程。

2 实体建造课程的任务要求

实体建造课程不同的学校有不同的设定，有的同课程设计平行进行，比如建造的竞赛，有的成为一个独立的课程模块，一般的实体建造课程历时 8～10 周，课程任务书或规定建造材料；或规定建造主题；或规定场所、地域环境，限制的目的一是控制建造实体的方向，二是为学生设定设计条件，以便锻炼解决问题的能力。实体建造课程的目的是为了让学生对实体的造型设计、物体承载、材料使用、构造节点、结构力学之间建立初步的认知。

3 行为模式理念与实体建造课程的关联性

实体建造课程作为建筑学学科的基础教学，除以上教学目的之外，在低年级学生中建立基于行为模式理念是非常重要的，首先通过实体建造，可以使学生更直观、更有效的去体验不同的空间创造不同的场所氛围，不同的尺度、界面创造不同的空间；其次，注重实体建造的功能性，比如沈阳建筑人学 2018 年建造任务书的主题为“木．憩”，“憩”就是明确建造空间的功能性，避免实体建造的雕塑化；同时，通过对使用者行为模式的探讨，建立空间尺度概念，培养学生重视空间内涵的意识，为二、三年级设计课程打好基础。

结合行为模式理念，实体建造可以实现以下的空间特点：

3.1 器物之用——功能性

行为模式本身是从实际行为中概括抽象出来的理论和框架、标准。在实体建造过程中充分考虑设定对象的行为模式和设计者给予假定的场所氛围和情感需求，使创造出的空间具有实用的功能性。2018 年“趣村夏木塘”国际高校建造大赛东南大学建筑学院参赛作品“趣立方”(图 1) 在方寸之间建立一处可移动的喝茶休憩的场所。

3.2 乐在其中——趣味性

实体建造的空间如果具有趣味性会增加吸引力，而这种趣味性，正如“哈哈镜”一般，可以通过创造“有违”常规的行为模式去实现。2016 年同济建造节美国夏威夷大学的参赛作品“秋风茅屋”，完全内向的空间却通过三个小圆屋尺度的变化，唤起人们的好奇心，增强了趣味性 (图 2)。

图 1　东南大学建筑学院“趣立方”

图 2　美国夏威夷大学的参赛作品“秋风茅屋”

3.3 美不胜收——主题性

实体建造主题性是一项基本考核标准，而体现主题性的这份美感是带给观察者和使用者的，所以从一个观察者和使用者的行为出发，使其站、立、坐、卧都有所观之特色，正如中国古典园林的精髓“步移景异”正是从行为模式出发。东南大学建筑学院研究生建造类课程设计作品“茧寮”(图 3)，在自然中汲取灵感，使作品在人工建造中实现对大自然的敬畏。

图3　茧寮

3.4　变化多样——可变性

实体建造因为其便于组装和具有灵活性的特点，使其可具有变化多样的各种组合形态，而变化的依据正式根据使用者的不同行为需求来设定，适用和满足不同人群、不同时刻、不同环境的需求。2016年同济大学国际建造节德国魏玛包豪斯大学参赛作品注重的正是空间的多变性。通过材料的拉伸弯曲，空间可开可合，满足对空间的不同私密性的需求（图4）。

图4　德国魏玛包豪斯大学作品

3.5　回收利用——节约性

实体建造无论是竞赛还是课程作业，大部分为临时性构筑物，这就对材料的经济性和可以循环利用性提出较高的要求，基于行为模式理论，对材料的可循环利用提出更多应对的渠道和选择。

4　具体的教学引导与空间创造模式

4.1　选题与立意

4.1.1　再现模式

再现模式是通过观察、分析既有作品里如何实现对人的行为的引导与约束，在实体建造过程中尽可能准确地再现人在空间环境的行为的一种模式。这种模式主要用于从案例中找寻已建造空间的意义和灵感，在教学过程中，可以利用这种模式帮助学生找到“思考源”和“切入点”。既有作品可以是已建成建筑、家具、器具甚至可以是一首诗、一副画。2018年“趣村夏木塘”国际高校建造大赛哈尔滨工业大学建筑学院“落花情 · 流水意”（图5）。

图5　哈尔滨工业大学建筑学院
“落花情 流水意”

4.1.2　拆解模式

在实体建造过程中，根据空间设计的任务书要求，将人在空间环境里可能出现的行为状态进行拆解，并针对某一种或者几种状态提出空间塑造的可能性和合理性并重新组合的模式。这种模式具有针对性强、功能性为主的特点。在沈阳建筑大学2018年“木．憩”实体建造课程中，通过拆解“憩”这个行为模式，可以提出“坐、卧、靠、蹲”等状态，而“坐”又可拆解为“席地而坐、椅子而坐、登高而坐”、“独坐、对坐、靠坐、相向而坐、相反而坐”等多种状态，每一种状态需要的空间和尺度各有不同（图6）。

图 6　沈阳建筑大学 2018 年“木・憩”实体建造

4.1.3　拟人模式

拟人模式是将使用者拟人化，通过分析其他生物的习性和行为习惯，另辟蹊径，将人转变为旁观者或者共同存在者，通过解决人与其他动物之间的尺度和行为的不同与矛盾，创造具有吸引力的空间。2017 年第四届中建海峡杯台湾中国科技大学的作品“紫蝶悠谷”，正是力求为每年大规模迁徙的紫斑蝶提供一个中途休憩的场所为出发点而创作（图 7）。

图 7　2017 年第四届中建海峡杯台湾中国科技大学的作品“紫蝶悠谷”

4.2　实现手段

(1) 秩序模式

秩序模式是将人在空间中的每一处活动设定一定的规律性，比如设定基本模块 A、B、C，每一种模块限定一种行为方式，这些基本模块按照一定的秩序组合而成（图 8）。

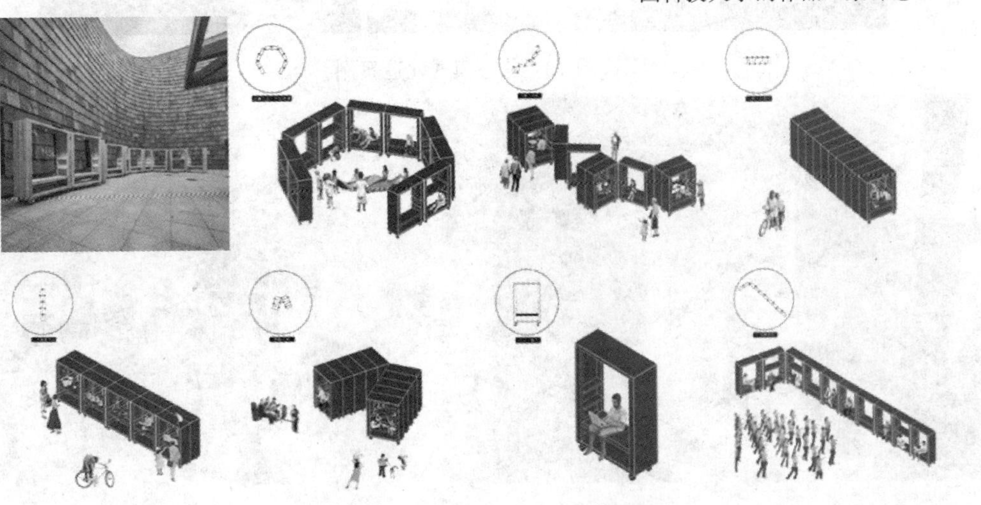

图 8　秩序模式建造案例

（2）流动模式

将人的流动行为的空间轨迹模式化。这种轨迹不仅表现出人的空间状态的移动，而且反映了行为过程的时间变化。比如从哪里进、进到哪里去、先做什么、后做什么、最后如何出去（图9）。

（3）状态模式

状态模式是在行为分析的基础上，将某一时刻暂停，塑造的就是这一瞬间行为需求的场所。这种静止状态会对场所提出或开放、或私密、或模糊、或清晰的空间需求，而实体建造恰恰实现的就是此空间的创造（图10）。

（4）复合模式

复合模式显而易见是对以上手段的综合，通过单一空间的内部复合和多个空间的组合复合，形成空间的变化，从而提供多种行为的可能性（图11）。

图9　流动模式建造案例

图10　状态模式建造案例

图11　复合模式建造案例

5 结语

实体建造课程是在新时代需求下的教学改革，它是对建筑空间、造型、材料、结构、构造等多学科知识点的考察，需要学生表现出创造性、技术性、生态性和社会性，它更是团队合作的产物，所以如何在教学环节中尽量多的挖掘学生的潜质、将这一课程的教学成果最大化，是值得我们在教学过程中积极思考的。行为模式是建筑空间使用者的基本诉求也是学生切身可以体会和感受的空间要素，所以在实体建造过程中是不容忽视的，对实体建造的功能性推进具有正向的指导意义。

参考文献

[1] 申绍杰. 材料、结构、营造、操作——“建构”理念在教学中的实践 [J]. 建筑学报，2012 (3)：89-91.

[2] 戴俭. 建筑构成方法在建筑设计教学中的运用与探索 [J]. 建筑学报，2012 (3)：29-31.

[3] 常青. 建筑学教育体系改革的尝试——以同济建筑系教改为例 [J]. 建筑学报 2010 (10)：4-9.

图片来源

除沈阳建筑大学实体搭建为作者自摄，其他均来自网络。

任中琦[1]　徐亮[2]
1. 北京建筑大学；renzq13@163.com
2. 香港中文大学；leonliang1204@gmail.com
Ren Zhongqi[1]　Xu Liang[2]
1. Beijing University of Architecture and Civil Engineering
2. The Chinese University of Hong Kong

从观察到观察——结合空间操作和生活体验的教学研究*

From Observation to Observation——Pedagogical Studies on Spatial Operation and Ordinary Experience

摘　要：本文以北京建筑大学建筑学实验班三年级上设计课“____书院：学生宿舍综合体”为样本，探讨如何将设计方法转换成分阶段的教学组织。课程教学过程分为“舍”、“堂”和“书院”三个在空间和功能上循序渐进的阶段，旨在帮助学生掌握以空间操作为主，体验、观察与认知为辅的设计和研究方法。

关键词：空间操作；空间认知；生活体验；教学研究

Abstract: This paper takes a third-year undergraduate design studio, “College-Students’ Dormitory Complex”, at the Beijing University of Architecture and Civil Engineering as a case in discussing how to transform a design method into a teaching program. The studio is organized in three progressive stages- “Dormitory”, “Hall” and “College”, which were divided by their spatial and programmatic differences. The course expects to prepare students with a design and research method that focused on spatial operation and supported by experience, observation and cognition.

Keywords: Spatial Operation; Spatial Cognition; Ordinary Experience; Pedagogical Studies

自2015年起，北京建筑大学建筑与城市规划学院于建筑学本科开设实验班。课程在执行建筑学专业培养方案的前提下，积极探索教案及其教学方式的改革，以期向学生传授学科前沿知识，培养其创新和设计研究能力。

本文所介绍是2017-2018学年第一学期实验班三年级学生宿舍综合体设计“____书院”的课程教学，笔者作为任课教师全程参与了课程的设计与教学工作。课程在设置上重点强化了对于观察、抽象和表达等方面能力的训练，并强调对于空间认知、空间操作与抽象解析的讨论。

1　解题：作为一种复合空间的书院

课程题目“____书院”是从学生宿舍这一学生日常生活的基本空间出发，通过引入“书院”的功能和空间概念来激发学生的设计潜力。

“书院”的选题源自于近年来的书院制管理。它是对国内高校教育管理制度改革的积极探索，力图通过大学素质教育和专业教育结合，达到均衡培养的目标。基于此制度，书院是集合生活、交流与教育功能的学生宿舍综合体，一种活跃的复合空间。在这样的前提下，一些有趣的问题值得被探讨：如何结合宿舍与师生活动空

*北京市属高校基本科研业务费专项资金资助（项目号：X18216）。

间，如何匹配空间与书院制度的需求，如何通过空间帮助塑造书院文化等。

课程基地选在北京建筑大学西城校区现 2 号学生宿舍楼原址上，基地地处校园中心，紧贴食堂，同时，大食堂顶面空间将作为书院建筑外环境的一部分纳入到设计范围中，因而空间操作和功能组织对大食堂本身、周边环境乃至校园氛围影响显著。课程希望以此提供有足够复杂性的外部空间和功能潜力。

在内部的复杂性上，书院以营造丰富的空间和功能为目的，除 60 间宿舍外，建筑内按需求安排各类师生公共功能，例如报告厅、剧院、图书馆、教室、讨论室、健身房、咖啡厅等，而这些功能所具有的空间需求反过来进一步塑造公共空间。具体的公共功能选择由学生在具体的课程环节中加以确定。因此，课程不仅需要强调功能和流线的空间组织，更需要对空间的开放性、私密性、社会性等方面作出相应的处理。

2 从舍、堂到书院

课程共 12 周，分“舍”（宿舍）、“堂”（公共空间）以及二者复合而成的“书院”（宿舍综合体）这三个阶段进行（图 1）。三个阶段按照面积规模与复杂程度递增，主要通过模型操作与制图练习推进设计发展以及成果表现。课程共安排两次评图，中期评图于第一阶段完成后举行。

第一阶段“舍”以学生宿舍单元为设计与研究对象。阶段分四个题目：“舍”的观察、“舍”的解析、“舍”的设想，以及“舍”的实现。作为课程的第一阶段，“舍”在题目设置上以较为轻松的观察练习开始，逐步进入操作环节。

第二阶段“堂”以公共空间为设计与研究对象。在此，公共空间不是简单的大空间或边角料空间，而是宿舍公共活动的场所。与“舍”阶段相似，该阶段分三个题目：“堂”的观察、“堂”的解析和“堂”的定义。作为中间阶段，“堂”是对第一阶段各环节练习的复习和提升，同时导引下一阶段的复合空间操作。

第三阶段“书院”分两个题目：“书院”的组织与“书院”的实现。这一阶段继续深化空间操作，并从材料与构造方面调整和强化空间品质。然后根据任务书要求讨论具体的建筑设计，解决诸如交通流线、结构体系、建筑内外环境关联等实际问题。

周次	阶段	课题	成果
01	第一阶段 舍	舍的观察	A2×1 16张同一主题的照片
02		舍的解析	A3×2 案例图片;分解模型;平面抄绘
03		舍的设想	A3×2 协商总结;图像拼贴
04		舍的实现	1:50单一材料模型×5 1:30复合材料模型×1 1:30完成模型×1
中期评图			
05	第二阶段 堂	堂的观察	A2×1 16张同一主题的照片
06		堂的解析	A3×2 案例图片;公共空间轴测
07		堂的定义	A3×3 照片蒙太奇;图像拼贴; 1:200单一材料模型×3
08			
09	第三阶段 书院	书院的组织	A3×2 公共空间轴测;剖视轴测 1:200单一材料模型×1
10			
11		书院的构成	1:200复合材料模型×1 1:100单一材料模型×1
12			
期末评图			

图 1　课程教学安排（学生：洪蕴璐）

3 训练系统：三种观察

3.1 生活体验与场景营造

在教学中，学生对于其日常生活起居与活动空间的体验与感知能够为其设计发展提供方向，在激发其观察能力的同时，培养其生活与想象能力。

第一阶段“舍”以“观察”启动，要求学生回到宿舍这一最为熟悉的日常起居空间中，通过拍照细致观察其宿舍环境，并以要素形式、类型或事件等为主题，重新梳理环境中的各要素（图2）。第二阶段“堂”以同样的方式开始：学生回到宿舍楼观察公共空间生活场景（图3)。通过一组照片来再现日常生活中的某个活动路径，探究该路径与空间之间存在的恰当与不当关系，以此对于现状进行价值判断。

图2 “舍”的观察，“舍”的设想（学生：王杏南）

图3 “堂”的观察，“堂”的定义（学生：叶子辰）

这是第一种观察，引导学生重新审视自己所“熟悉”的起居空间和公共空间，并尝试建立行为活动、空间和环境要素之间的关联。在之后的课程环节中，学生需要以观察和体验得到的思考为锚，根据自身的经验和喜好进行场景营造。在这一过程中，应考虑场景所具有“空间-活动”双重属性，切实地将自身介入到空间中，理解和想象这其中可能发生的活动与事件，为之后落实功能及其相关空间做准备。

3.2 案例解析与抽象研究

作为前人经验、知识和技能的具体实现，先例可以为建筑学的初学者提供大量用以分析、理解、批判和应用的信息。课程中，学生通过案例解析深入观察和理解收集到的资料。

在“舍”这一阶段，学生应当对单一住宿空间进行解析，案例包括世界范围内优秀的酒店客房、宿舍、疗养院单间等。重点在于理解：如何在单一空间中，通过使用片墙、体量、装置和家具来区分功能与限定空间（图4)。而在“堂”这一阶段，学生需要收集世界范围内书院、学院、酒店、共享办公案例，理解复合功能的空间属性与关系，包括大小尺度的对比，公共与私密，开放与闭合（图5)。

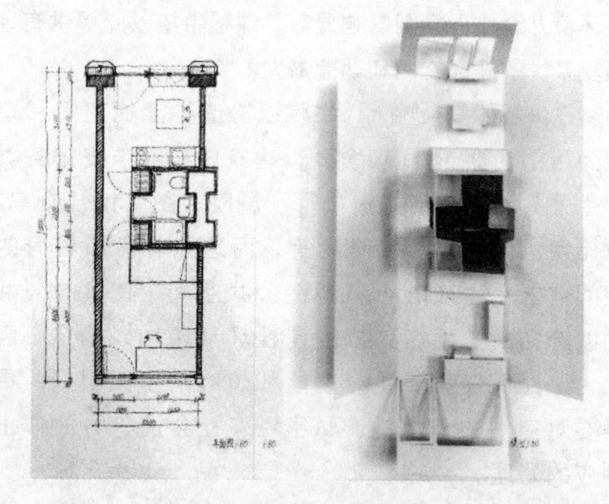

图4 “舍”的解析 空间要素（学生：张彩阳）

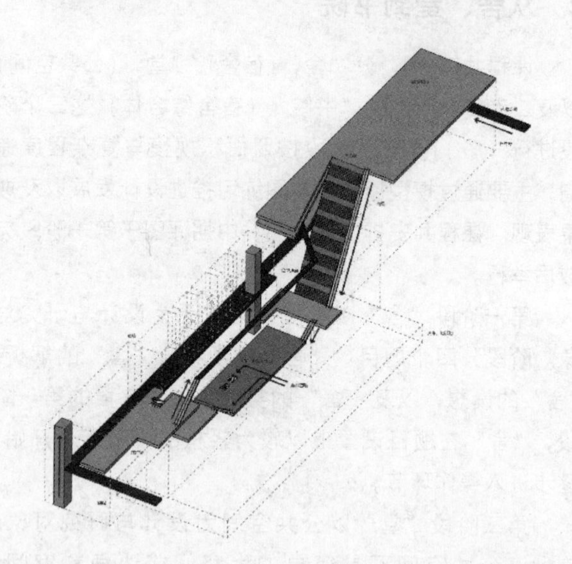

图5 “堂”的解析 公共空间关系（学生：刘力源）

为避免对于案例的解析变成抄袭和图像复制，课程明确规定解析的要素，以此训练学生分析与抽象复杂信息的能力。在要素的选取上，根据不同阶段的侧重点进行区分。“舍”：关注起居空间，提取案例中的空间分隔与家具，以理解人体尺度、家具尺度和空间的关系；“堂”：针对公共空间，剖析空间尺度和不同功能空间之间的联系。这是第二种观察。

3.3 空间操作与观察认知

在设计的推进过程中，对于模型的空间操作与观察是最为核心的手段，它贯穿于课程的三个阶段。教学的重点在于引导学生在完成空间操作之后，对于生成的空间进行观察体验，使原本相对盲目、随机的操作转化成有意识的设计方法。

设计过程通过四个环节推动：(1) 使用单一材料的板片或体块进行空间操作，通过观察来探索空间潜力；(2) 根据功能和尺度，调整和深化之前的空间操作成果；(3) 引入多种材料，并以此为途径强化空间品质或厘清空间关系；(4) 明确空间、功能、结构和构造之间的关系，并相应将之前环节的空间操作成果落实在设计中。

我们将这种工作方式使用在“舍”和“堂”这两个不同的阶段中，根据尺度和空间复合程度进行区分。在“舍”这一阶段，单一空间的体量为 3m × 6m × 3.6m，学生需要在这个范围内进行空间操作，满足人体尺度与不同的宿舍功能需求（图 6）。而在“堂”和之后“书院”阶段，除了整合宿舍空间外，学生需要依据之前确定的公共活动功能，通过空间操作探索复合功能空间的品质、趣味和丰富性（图 7）。课程通过这样两组螺旋提升的环节，明确和强化对于这一设计方法的认识，形成由小到大、由单一到复合的设计路径。

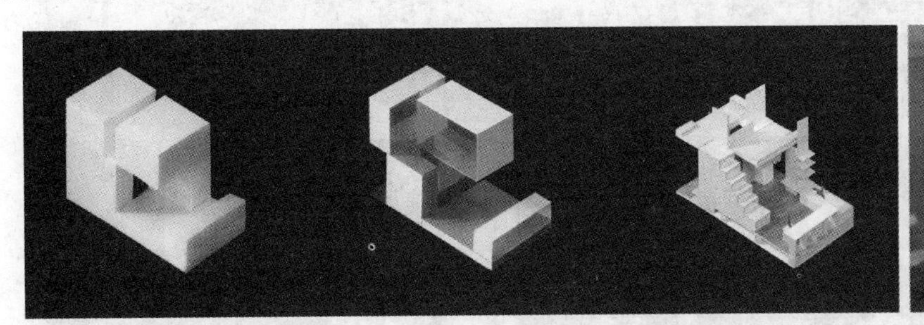

图 6 “舍”阶段操作练习模型，模型照片（学生：刘力源）

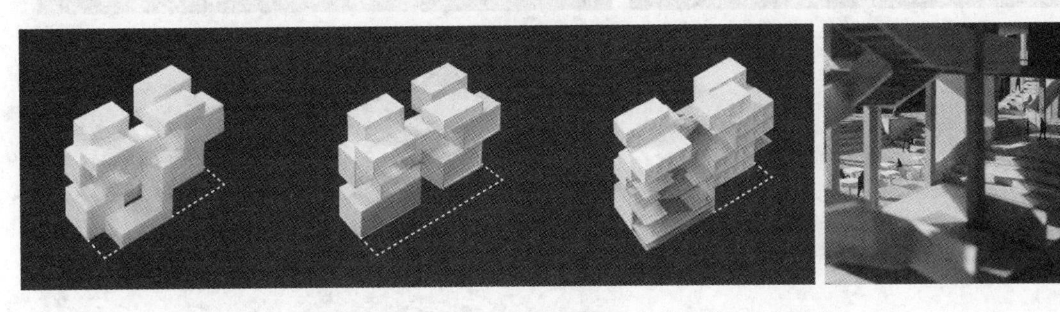

图 7 “堂”阶段操作练习模型，模型照片（学生：刘力源）

4 与环节匹配的表现方法：四种媒介

在课程设置中，同样重视学生设计表现能力的培养。除了记录与传达设计意图，设计表现还能够强化理解各空间操作与体验。除了常规的平面、立面、剖面等技术图纸外，课程设置了四类表现技能练习，以分别配合不同训练环节（图 8）。

4.1 图像拼贴与照片蒙太奇

图像拼贴和照片蒙太奇的突出作用在于直观地营造场景。学生需要对空间及其容纳的活动进行策划，设想其中的人物、活动与事件，布置家具、景观、设施在内的配景，以实现对于具体功能的表达。在练习中，学生应重点关注人物之间的关系，活动与空间的关系。为获得浸入式的体验，所有的场景拼贴应根据人视高度组织。

4.2 轴测图

轴测图是一种易于掌握的三维图示，可避免学生过于依赖单一图形的绘图思考方式。课程中，轴测图的使用分两种情况。其一是作为抽象分析图解：在不同阶段的不同环节，可用以讨论空间操作过程、空间尺度与功能关系、空间组织与流线等。其二，作为设计成果记录，它可以同时反映坐标向度上的建筑要素与空间形式。

4.3 剖透视图

区别于惯常的透视图，剖透视图能够同时展现剖面上丰富的空间关系与进深上的活动场景。课程要求绘制单一消失点的剖透视图，这样有利于强调标准剖面的表达。在不同阶段，表现的重点有所差别。对于“舍”而言，侧重于反映人体尺度的生活、起居与空间的关系。而“堂”偏重于展现复合的功能空间关系、活动场景与

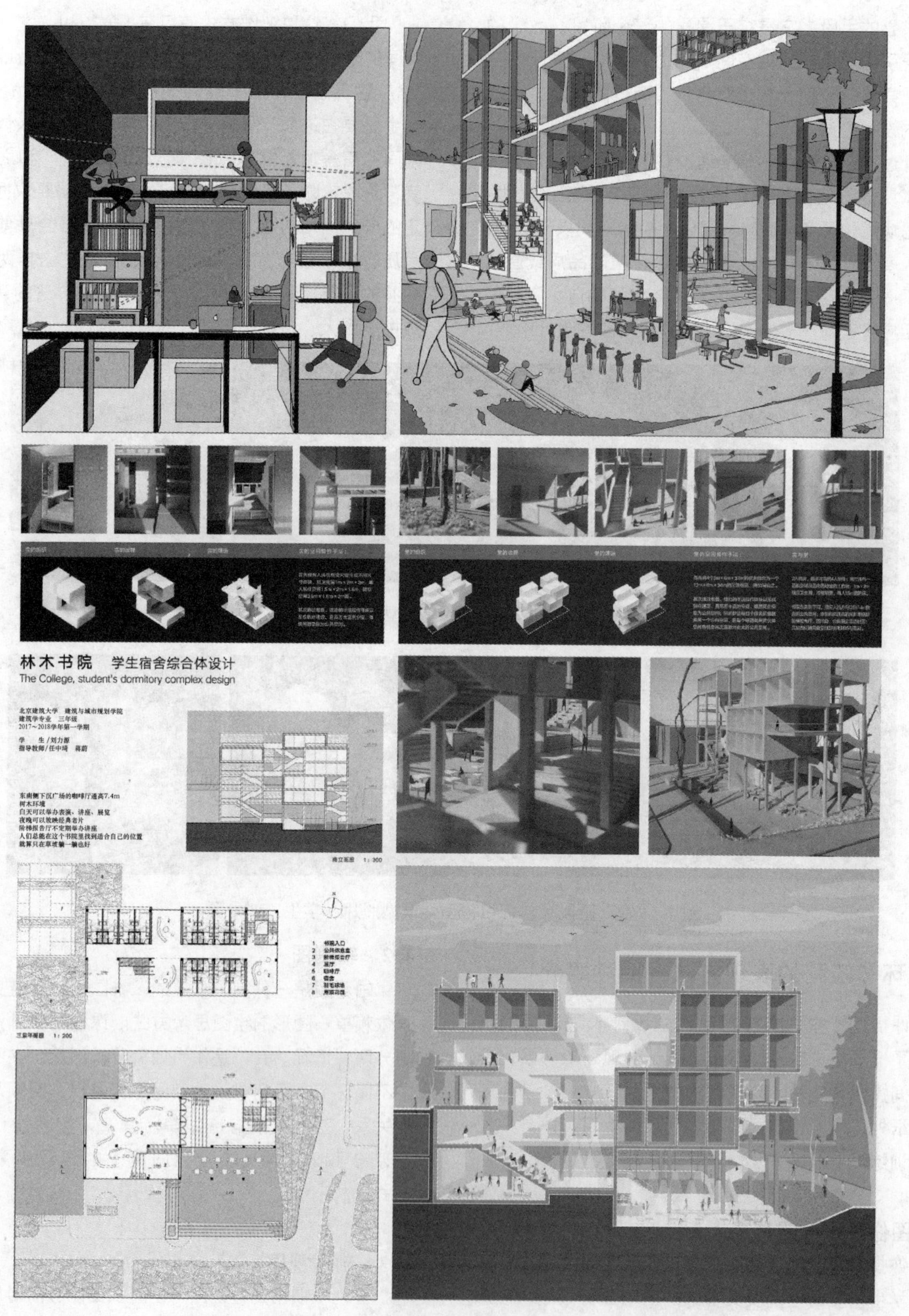

图8 主要成果图纸（2018亚洲新人赛中国区Top2，学生：刘力源）

空间品质。

4.4 模型照片

这里提及的模型照片不是模型的档案式记录（如立面、轴测），而是一种空间观察与体验的方式。在课程中，通过拍摄模型照片来模拟与记录行径过程中所获得的空间视觉经验。可以通过模型拍摄来讨论空间观察意识，过程中需考虑各种空间要素，如空间逻辑和组织、空间与材料构造、前景和背景关系与景深、光与阴影、人物与场景、视点选择与构图等等。与场景拼贴、剖透视一样，拍摄模型时应控制人视高度的问题。

5 结语

从教学组织的角度来看，书院这一复杂集合体被剖解为单一空间单元与开放公共空间两部分。“舍”的讨论在于给定体量的内部空间组织；“堂”则是公共空间中行为与事件的策划。两部分相对独立，允许学生在设计过程中有针对性的进行处理。而“书院”是两者的结合，关系单一体量的复制以及体量间开放空间的参与，三个阶段彼此关联、牵制。

本课程的教学包含两个重要观点：其一是将对于日常生活的观察与体验作为起点，以此建立起基本的空间使用想象；其二是将不同尺度与材料的模型操作为空间形式生成的主要工具。将这两者组织在一起，以实现空间叙事与空间建构的综合。

参考文献

[1] 顾大庆，柏廷卫. 空间、建构与设计 [M]. 北京：中国建筑工业出版社，2011.

[2] 王方戟，王丽. 案例作为建筑设计教学工具的尝试. [J] 建筑师. 2006 (2)：1-37.

[3] 王方戟，张斌，水雁飞. 建筑教学的共性和差异—小菜场上的家 2 [M]. 上海：同济大学出版社，2015.

石峰
厦门大学建筑与土木工程学院；shifengx@126.com
Shi Feng
School of Architecture and Civil Engineering，Xiamen University

基于太阳能十项全能竞赛的实践教学模式探索——以厦门大学 SDC2018 参赛过程为例

Exploration of Practical Teaching Method Based on Solar Decathlon Competition——A Case Study of Xiamen University Team in Solar Decathlon China 2018

摘　要：中国国际太阳能十项全能竞赛（SDC 竞赛）作为一项围绕可持续能源和绿色建筑的综合性竞赛，将建筑设计、施工、运营测试贯穿起来，具有前瞻性和实践性，体现着学科交叉与技术的协调与整合。厦门大学团队在准备 2018 年 SDC 竞赛的两年半过程中，将竞赛作为一项重要的实践教学活动，通过往届案例分析、零能耗技术实践探讨、团队运营管理、赞助企业对接交流、实地建造与测试等参赛准备过程，发挥不同专业学生的特点，渗透相关知识与实践内容，锻炼了学生的实践能力和综合素质，在绿色建筑技术和管理人才的培养上发挥了重要的意义。

关键词：绿色建筑；SD 竞赛；实践教学

Abstract：Solar Decathlon China (SD) is a comprehensive competition on sustainable energy and green buildings. It integrates architectural design，construction and operation tests，focusing on interdisciplinary and technical aspects. During the preparation period of two and a half years for 2018 SD China，the Xiamen University group used the competition as an important practical teaching activity，in the forms of studying of former Solar Decathlon buildings，discussion of zero-energy strategies，team operation management，technical communication with sponsor enterprises，construction and testing in the competition. Students of different professions are in charge of different tasks in the group，grasping relevant knowledge and practical experiences，which can play an important role in the cultivation of green building design and management experts.

Keywords：Green building；Solar decathlon；Practical teaching method

1　引言

随着我国经济发展模式的转变，资源节约、环境友好已成为产业发展的重要目标。在建筑领域，绿色建筑日益受到重视，相关的教育也逐渐为各高校所重视，被纳入传统的建筑专业教学体系中。由于绿色建筑的知识体系具有实践性、综合性、学科交叉的特点，单纯的课堂讲授模式难以让学生掌握设计策略的实际应用方法，而通过实践教学，让学生接触实际项目的设计、建造和运营，则可以弥补课堂教育的不足。

国际太阳能十项全能竞赛（Solar Decathlon，简称SD）是由美国能源部发起，以全球高校为参赛单位的太阳能建筑科技竞赛，被誉为“太阳能领域的奥运会”。竞赛要求每个参赛队设计并实际建造一座舒适、宜居、可持续的绿色住宅，以太阳能作为建筑唯一的能量来源，作品须满足住宅的各项功能要求，在比赛规定的时间内建成，并对建筑、工程、温湿度、能耗平衡等十个项目进行测试评比。竞赛最初于 2002 年在美国举办，至今已经举办了十二届。竞赛于 2013 年进入中国，第一、第二届中国国际太阳能十项全能竞赛分别在山西省大同市和山东省德州市举办。厦门大学团队参加了这两届 SD 竞赛，并分别获得了总分第六名和总分第三名的成绩；经过两次比赛的历练，团队在绿色建筑实践教学体系方面进行了一些探索和尝试。

2 厦门大学 SDC2018 参赛历程

2.1 竞赛要求

SD 竞赛的名称来自于竞赛中的十个评比项目，包括五个由评委打分的主观项，分别是建筑设计、市场潜力、工程设计、宣传推广、创新能力，以及五个通过仪器实测的客观项，分别是舒适程度、家用电器、居家生活、电动通勤、能源绩效，十个项目涵盖了建筑以及居家生活的各个方面。竞赛要求以高校学生为参赛主体，在参赛筹备、团队组织、厂商联络等方面都由学生自主完成。

SDC2018 竞赛有来自 8 个国家，26 所大学组成的 19 支赛队参赛。与往届比赛相比，SDC2018 的要求略有变动，要求每支赛队以永久性使用为目标，在 21 天的期限内建造一栋面积为 120～200m^2 的双层太阳能住宅，建筑面积和建造时间均有增加；十个评比项目中增加了技术创新评审项，以及电动汽车测试项，更加贴近未来家居模式。虽然参赛建筑面积不大，但是由于比赛的综合性，科技上的前瞻性，是一个复杂的系统工程。由于竞赛周期长、涉及面广、学科交叉的特点，有利于实践性、复合型人才的培养。

2.2 赛队情况

在这次竞赛中，厦门大学与法国 Solar Brittany 团队（由 National School of Architecture of Brittany、High School Joliot Curie of Rennes、University of Rennes 1、Technical School of Compagnons du Devoir of Rennes、National Institute of Applied Sciences of Rennes 五所学校组成）、山东大学联合组成，厦门大学作为赛队的牵头方，与竞赛组委会签订参赛合同，参赛筹备、试搭建等工作均在厦门大学校内进行。赛队中的三方签署合作协议，明确各自负责的内容以及责任和义务，并规定了涉及的建材花费和后期收益的分成比例，为项目的顺利推进打下基础。赛队中厦门大学负责建筑、结构等各项设计、提供施工场地并参与施工、组织参赛建筑运输至德州参赛；法国 Solar Brittany 团队全程参与设计和施工过程；山东大学负责空调和热水系统的设计和施工。

厦门大学团队由来自厦门大学多个学院的师生组成，前后参加的团队人数超过 100 人，包括建筑设计、土木工程、城市规划、室内设计、电气自动化、能源与动力、经济、管理、英语等多个专业。

2.3 经费与赞助

SD 竞赛要求实际建造一栋零能耗的住宅建筑，并满足高标准的室内环境需求和完备的家居功能需求，因此经费需求很大，如何满足建造和运输中的经费需求是参赛的关键。Team JIA + 团队内涉及国际合作，且学校众多，情况更为复杂。

材料设备和经费需求主要包括以下几个部分：材料费包括主体木结构、门窗天窗、竹木框架、稻草板、室内外饰面板、地板材料、钢基础、防水材料等；设备费包括智能控制设备、光伏板、家电设备、家具等；施工费包括试搭建和正式比赛期间的安装费用、吊车叉车、施工器械等的租赁费用；差旅费包括赛前团队交流、联系赞助商，试搭建和比赛期间的团队成员差旅费用；运输费包括厦门到德州的运输及装卸费用，以及材料设备的运输费用；此外还有保险费、专家咨询费等。

Team JIA + 赛队的经费和材料设备来源主要包括三个部分：

(1) 竞赛组委会提供了 5 万美元的启动经费，并在比赛过程中为每支赛队提供 40 人的食宿等后勤配套。

(2) 厦门大学校方的经费支持、法国 Solar Brittany 团队的经费支持、法国 Brittany 州的政府资助、山东大学苏州研究院的经费支持等。

(3) 赞助企业在材料、设备、经费等方面的支持。包括森鹰门窗、台达集团、乐华梅兰、东方日升等数十家企业的支持和赞助，总金额超过 200 万元。

2.4 参赛建筑及比赛结果

Team JIA + 赛队的参赛作品建筑主题为“自然之间”(Nature Between)，作品希望通过一栋历史建筑的改造更新，来体现中国传统的自然哲学。作品通过有机的建筑材料，可持续的建筑技术和设备，以及亲近自然的建筑空间来营造一种自然友好的居住环境。参赛方案基地选址在厦门市的一个城中村，拟对一传统闽南大厝进行局部改建，在保留有历史价值的老房子的同时改善住宅整体环境，为居住在其中的祖孙三代人提供更加舒适、健康、高效的生活空间。建筑改造保留大厝的北侧堂屋，在南侧新建参赛建筑，体现“家与家”的建筑更新模式，实现新老建筑之间的文脉延续和生活方式的更新。改造后的历史建筑可作为房主的现代化住宅，或者作为面向游客的民宿（图1）。

图1　Team JIA＋赛队作品“Nature Between”

参赛作品的自然理念主要体现在自然的建筑材料、自然的生活空间、自然的家庭关系三个方面。建筑材料绝大部分来源于天然可再生的“生物质”材料，包括木材、木屑、稻草以及竹材等。建筑空间利用遮阳、自然通风、温室效应等被动式设计策略，并根据室内外环境的变化，使用智能控制系统来控制空调、天窗、电动百叶、灯具、窗帘、家电等各项设施，实现建筑的智能化控制，保持环境的舒适性和最佳的能效；另外结合光伏发电系统，使建筑能达到零能耗的目标。新老建筑的交融，使得建筑空间完整有序，满足各代居民的不同需求；廊院、合院、内院等院落空间的组合，让建筑更加亲近自然；流动的室内空间也让家庭成员之间有了更多交流机会。

德州的正式比赛包括两个阶段，2018年7月6日比赛正式开始，经过3天的注册和培训后，从7月9日至8月1日为现场建造阶段，8月2日至8月17日为测试阶段，8月19日比赛结束，整个比赛历时45天。比赛结果，Team JIA＋赛队获得了综合奖第三名，总分915.82分。

3　对SD实践教学模式的思考

3.1　SD实践教学的内容

SD竞赛是一项综合性的建筑竞赛，其最突出的特点是要求建筑达到零能耗的目标，竞赛评分的十个单项都围绕着这一目标的不同内容进行展开。因此，竞赛可以看作是对零能耗建筑设计和运营实践的一次综合检验。参赛的过程，首先是对学生在绿色建筑、建筑能源管理等专业方向的理论和实践训练。

为此，自2016年初团队成立开始，就开始了对历届SD竞赛案例的分析工作，对一百多个参赛作品的建筑设计、节能技术、结构体系、运输安装方案等各方面进行了详细的对比分析。通过每周一次技术讨论会的形式，进行案例讨论及不同专项的研究，针对往届案例的技术特点撰写了一系列研究论文，在此过程中使学生对竞赛的特点和参赛建筑各方面的需求有了全面的了解，并邀请相关的企业技术人员进行交流与讨论。2016年7月在厦门大学举办了中法联合设计工作坊，进行建筑设计方案的构思与深化，通过多轮方案的筛选，得到了符合竞赛功能、建造、运输等各方面要求的初步方案，并向组委会提交了初步的设计文本。

能耗平衡是参赛建筑的基本要求，为了达到此目标，基于德州市的气候特点，一方面采取光伏建筑一体化的形式，使建筑在比赛期间能达到最大的发电效率；另一方面，对建筑的遮阳、通风、采光、保温等方面进行优化设计，并采用了热缓冲空间、可变建筑表皮等综合性设计策略，在满足室内环境舒适的同时，尽量减少建筑的能量消耗。在设计过程中，建筑、结构、暖通、电气等专业的老师和同学相互配合，共同讨论，并运用BIM工具进行远程协作与多专业之间的协同工作。结合BIM模型，还将VR（虚拟现实）和AR（增强现实）技术应用在建筑中，模拟建筑在厦门实际场地中的情景，并对自然通风、节点设计等内容进行可视化。

3.2　团队分工与组织管理

SD竞赛的组织筹备历经两年半的时间周期，涉及设计、试搭建、运输、建造、测试评比等多个环节，以及多学科的交叉协作，因此团队的组织管理十分重要。

笔者作为项目负责老师，负责团队的方案技术、组织管理、日常运营、联系赞助商，以及与法国团队、山东大学团队的协调配合等工作；厦门大学团队内还有负责结构、建筑、电器、比赛测试、学生工作的多名指导老师；法国团队、山东大学团队还有相关专业的指导和协调老师，总人数超过20人。

学生团队方面，由于竞赛时间周期长，中途有部分学生毕业离队，德州正式比赛的参加学生人数48人，分为总控团队（5人，含队长1名），负责团队事务的综合管理；设计组，分为建筑组 4 人，室内组 2 人；施工组，分为 3 个施工小组，分别为 7 人，7 人，5 人；宣传组 6 人；技术组，分为电气组 4 人，暖通组 4 人（山东大学）；协作组，分为财务组 2 人，协调翻译组 5 人，外联组 1 人。各小组设 1 名组长，负责管理组内的相关事务；总控团队分工协作，管理团队事务及与赞助企业对接，并协调与法国团队和山东大学的三方关系；指导老师负责相关专业指导，并与总控团队商讨管理团队。在参赛准备过程中，负责的老师和同学投入了大量的精力，发挥了带头示范作用。由于分工明确，项目推进相对顺利，团队始终保持着积极的态度和良好的干劲，团队成员的关系融洽，这些也是赛队在竞赛中能取得良好成绩的基础。

3.3 SD 实践教学的特点

SD 竞赛要求实地建造和长时间的测试，这也决定了它涉及的评比范围远远超过了普通的建筑设计竞赛，具有鲜明的实践教学特点：

（1）SD 竞赛具有前瞻性和实践性，反映着建筑领域发展的前沿。竞赛中对建筑高标准的要求以及评价标准的综合性，体现着绿色建筑技术的集成应用，因此需要运用交叉学科的思维，跳出学科框架，让不同专业的学生进行通力合作。通过方案设计、产品联系、建造施工、运营测试等方面的实际运作，整合了学校科研和相关企业的技术资源，合作高校之间以及校企之间的碰撞与协作，使得学生学习的理论知识能够升华到实践中。

（2）SD 竞赛将建筑设计与施工贯穿起来，不仅需要考虑到建筑的功能性和设计的创新性，更需要将方案落实到具体的产品，了解市面上产品的优缺点，并结合竞赛的实际要求进行综合应用，同时又要满足施工的便捷性和运输的可行性，这些对于培养学生的绿色建筑实践能力大有裨益。

（3）SD 竞赛不仅是对绿色建筑理念和设计创意的评比，更是对技术协调与整合、施工和运输体系、项目管理和运作能力等方面的综合评比。它更像是一个项目运作，而不仅仅是一个建筑类竞赛，因此对于学生的锻炼是多方面的，能让学生了解团队运作模式，了解社会的需求，掌握绿色建筑从概念方案转化为建筑实物的完整过程。

（4）针对 SD 竞赛的实践教学特点，厦门大学将竞赛参赛环节作为学校的一项重要实践教学活动，对参赛的学生给予了一些支持：学校对骨干队员在课程减免、学分转换、评优、保研等方面给予了适当倾斜，并根据每个参赛队员的贡献程度，给予相应的社会实践课程学分奖励，使参赛队员能够投入精力，安心参赛。

4 结语

SD 竞赛作为一项围绕可持续能源和绿色建筑的综合性竞赛，将建筑设计、施工、运营测试贯穿起来，具有前瞻性和实践性，体现着学科交叉与技术的协调与整合。竞赛的整个过程是对参赛者综合素质的提升和对意志力的磨炼，两年半的备赛过程中，团队成员经过了多次调整变动，坚持到最后的队员基本都能在某个方面独当一面，其中所学的知识和人生体验都是课堂内学不到的。总体上看，厦门大学团队在准备 2018 年 SD 竞赛的两年半过程中，将竞赛作为一项重要的实践教学活动，通过往届案例分析、零能耗技术实践探讨、团队运营管理、赞助企业联络对接、实地建造与测试等参赛准备过程，发挥不同专业学生的特点，渗透相关知识与实践内容，锻炼了学生的实践能力和综合素质，在绿色建筑技术和管理人才的培养上发挥了重要的意义。相信这些参赛学生中将会涌现出一大批可持续发展的专业技术人才以及新能源企业的青年领袖，为社会的可持续发展做出贡献。

参考文献

[1] 中国国际太阳能十项全能竞赛简介 [J]. 建设科技，2018（15）：10.

[2] 石峰，胡赤，郑伟伟. 基于环境因素动态调控的可变建筑表皮设计策略分析——以国际太阳能十项全能竞赛作品为例 [J]. 新建筑，2017（2）：54-59.

[3] 石峰，金伟. 建筑热缓冲空间的设计理念和类型研究——以国际太阳能十项全能竞赛作品为例 [J]. 南方建筑，2018（2）：60-66.

[4] 石峰，王绍森. 被动式建筑热环境调节策略分析——2013 年中国国际太阳能十项全能竞赛评述 [J]. 新建筑，2014（1）：127-131.

[5] 王绍森，石峰，林育欣. Sunny Inside 2013SD 中国国际太阳能十项全能竞赛厦门大学参赛纪实 [M]. 厦门：厦门大学出版社，2015.

石英
西安建筑科技大学；rosesy0601@163.com
Shi Ying
Xi'an University of Architecture and Technology

建筑外埠参观认知教学探讨

Exploration of Architectural Visit Cognitive Teaching

摘　要：建筑外埠参观认知实习是学生观察和分析建筑的一种有效方法与途径。不仅是学生获得建筑灵感的重要方式，也是理论知识与情感认知、实际生活与艺术欣赏紧密结合，培养合格的建筑专业技能不可或缺的环节。本文从课程概况、课程组织与安排、课程教学过程、成果表达四个方面对建筑外埠参观课程进行探讨，以期加强实习认知对建筑设计能力的提高，同时对相关课程教学工作提供参考。

关键词：建筑外埠参观；认知；探索；实习

Abstract: Architectural visit is efficient methods and approaches what can improve the students' observation and ability for analysis. Students gain not only important way of architectural inspiration, but also, they can learn theoretical knowledge within emotional awareness, art in real-life. Architectural visit are essential part of train professional technology for architect. This article from four areas, including: course overview, course organization and arrangement, teaching process, course work. to explore the teaching for architectural visit. With a view to the student strengthening theirs ability of cognition and architectural design. It is also provide reference for the visit course.

Keywords: Architectural visit; Cognition; Exploration; Practice

1　课程基本概况

外埠参观实习总学时2周，是建筑学专业的基础课程，是建筑学专业学生从对建筑的懵懂认知到专业认知的一个阶段。通过对不同类型规模的建筑进行实地参观调研，开阔学生眼界，增加其对建筑与城市的感性认识，巩固扩大专业理论知识具有重要作用。希望培养学生认知与分析能力，能够收集创作素材，获得建筑灵感，研究建筑与城市环境之间相互关系。不仅如此，培养学生独立思考与团队调研的社会实践能力、观察能力，让学生快速、准确、有表现力的记录建筑实物的专业技能。该课程是相对于其他课程多方面、开放性的综合教学课程。

2　课程组织与安排

课程的组织与安排是外埠参观的顺利开展与否的重要前提，对于在异地参观认知学习，与传统教学方式差别很大，主要包含以下步骤：

2.1　编写实习任务指导书，确定实习内容

指导书由专业教师根据实习内容反复思考、认真编写，请教专业主任和学院教学委员会批准后执行，指导书包括：实习目的、实习要求、纪律规定、实习内容、行程安排、实习报告要求等。实习大纲既要把握大的实习方向，又要保证时效性。

实习内容选择设计、施工水平较高，在同类型建筑

中具有代表性的建筑实例，其中包括：(1) 古代建筑：宫殿、坛庙、寺庙、陵墓、园林、民居等，(2) 现代建筑：学校、医院、办公楼、商场、展览馆、体育场馆、旅馆、饭店、车站、工业区改造、居住区等，同时引导学生观察各类建筑与其周边环境之间关系。

2.2 召开实习动员大会，宣布实习纪律

安全教育非常重要。实习前期进行全体实习学生动员大会是比较重要的一个教学组织环节。通过动员，使学生先对实习有感性的认识，由带队的教师讲清具体实习计划，实习地点所处的位置、政治、交通、生活环境等。涉及路上交通安全，在施工现场注意大型机械安全；在住宿、实习过程中要保管好个人财物。另外，要找各班的班干部谈话，提出要求，进行小组划分，其中也包括实习期间住宿分组名单。如去一些较为偏远的教学点时，应考虑集体租车出行的方式。而在市区内的、交通较为方便的教学点时，可以采用由学生自由组队的方式，每组同学 4～6 人，同学之间相互帮助与监督，以防出现意外。提前向学生灌输组织纪律性和严格的时间观念，保证整个实习过程的行动步调一致。

2.3 预留教案与资料的收集

没有做准备的参观容易流于形式，达不到专业认识实习的深度。要求学生在参观前要查阅、收集一些相关资料，并且把详尽的教学日历交给学生，让学生明白教学日历是遵循从城市至建筑、从历史到现代的逻辑顺序排列。要把这些看似孤立的教学点有机并有逻辑的联系起来。初步了解要参观的建筑的背景情况，最好还能找到相应的建筑平、立、剖面图。在参观的过程中，图景对照可以帮助学生尽快掌握专业表示方法。实践证明：带着一定的了解与疑问进行参观取得的效果比不做前期准备的要好得多。

2.4 经费安排

学生实习环节需要较大的经费支出，所以带队老师要做好经费预算，相关职能部门作好后勤保障工作，提前选择好交通方式、联系好交通车辆，根据实习学生和带队教师人数以及经费的多少提前安排好食宿问题。住宿地点关系到实习效率，为避免时间过多花费于交通上，应选择交通便利且有参观价值之处。

2.5 实习后期工作

实习结束返校后最重要的一个环节就是组织学生整理编写实习报告以及成绩的综合评定。评定时考虑因素包括实习期间出勤表现情况、实习报告书成果，根据课程特点和实际情况将这些因素按照一定比例分配，最终给实习学生一个比较公正合理的综合评定。

3 实习课程教学过程

3.1 引导学生从建筑外部环境感知建筑

低年级的学生，对于初次的专业学习总是很茫然，不知道要看哪些方面。他们往往一到参观地点，就急不可耐地要进入建筑内部一窥究竟，从而忽略了对建筑外部环境的感知。所以实习老师在此时不引导他们确立正确的参观步骤，那么在今后的设计学习中，他们往往会形成一种错误的建筑设计观：只注重建筑本身的设计，而忽略周边的环境，从而造成建筑与环境的无序与混乱。正确的参观步骤应是：首先从总体上认识建筑。教师应要求学生在离参观建筑一定距离中集中，而不是直接到达建筑前。在慢慢步行至建筑物过程中注意观察建筑在所处街区中的位置与作用，与周围环境是否协调、如何协调，再看出入口的设计是否合理，与周边道路如何相接、如何吸引人流及疏散人流；如何组织建筑外部环境等等。然后，近距离关注建筑立面及造型特色。通过对建筑门窗处理、外墙材料质感与色彩、屋顶形式等的观察，了解建筑造型上常用的一些设计手法。最后，再进入建筑内部。系统了解建筑的功能布局与空间组织、结构形式与室内装修等，细心体味不同的建筑空间赋予人的多种心理感受，从而建立对建筑由外及内的全面认识。

3.2 自由的参观讨论、学习

讨论是建筑学专业学习中获取信息、加深认识、拓宽知识面的一个重要渠道。通过讨论，可以调动学生的学习主动性；使学生通过发表自己的观点锻炼表达能力；面对不同的见解时培养自己的分析能力；在与他人的交流中启发思维。这样的教学方式有利于促使学生积极思考、相互学习。

参观讨论不拘泥于课堂教学的形式，可以在参观的过程中随时发生。边参观讨论，使主题更有针对性、更直观，容易为刚刚接触到建筑学专业的学生所接受。另外，随着参观主题的不断变化，讨论的内容也不断发生变化，包罗万象。凡是与建筑相关的，都在讨论的范畴之中。通过话题的不断转换与发展，可以训练学生的发散性思维能力，从人文、艺术、科技等多层面认识建筑。在这一系列参观讨论的过程中，我们努力训练学生

将表象的参观感受通过建筑专业语汇的表达，提炼成清晰的建筑分析与评价的能力，加强对建筑的全面认识，为今后的设计打下良好的基础。

每天参观结束之后，可以组织学生召开会议，讨论当天参观感受，解答参观过程中的疑惑，并对第二天的参观内容有个简单介绍，对于提高学生建筑认知意识具有良好的效果。

3.3 体验不同规模、不同空间尺度建筑设计

在以前的教学中，我们常常将参观重点放在城市大型的文化性、综合性建筑上，而忽视了居住建筑以及一些优秀的中、小型建筑，造成学生在其后设计出的建筑全是一些博物馆、美术馆等大型建筑形象的翻版，完全没有领会对不同建筑空间尺度与性格的把握。

针对学生出现的这些问题，我们适当调整参观内容，在注重大型文化性、综合性建筑的同时，加入相当比例的中、小型建筑与一些居住小区，引导学生在参观中运用比较的方法加深对不同类型、不同规模的建筑的认识。

例如我们不仅安排了国家大剧院的参观，也加进去一些小住宅的参观安排。长城脚下的公社位于北京水关长城附近，公社中的12栋别墅以及一栋俱乐部分别是由亚洲13位著名的建筑师设计建造完成的，设计时都使用了中国本国的建筑材料，建筑和周围的自然环境相融合（表1）。

长城脚下公社参观与教学 **表1**

序号	名称	作者	教学重点
1	红房子 485m^2	安东	山地的通用形式
2	家具屋 333m^2	坂茂（日本）	家具建材住宅概念
3	三号别墅 410m^2	崔愷	看与被看
4	公社俱乐部 4109m^2	承孝相（韩国）	从山里延伸出来
5	怪院子 481m^2	严迅奇（中国香港）	轴位移动
6	手提箱 347m^2	张智强（中国香港）	弹性空间
7	土宅 449m^2	张永和	分裂建筑
8	竹屋 716m^2	隈研吾（日本）	单一元素"竹"
9	飞机场 603m^2	简学义（中国台湾）	机场的接机通道
10	双兄弟 477m^2	陈家毅（新加坡）	自然与人造的关系
11	森林小屋 572m^2	古谷诚章（日本）	建筑是产生回忆的场所
12	大通铺（542m^2）	堪尼卡（泰国）	生活平衡

3.4 体验建筑细部设计

在参观中我们要求学生着重理解建筑细部设计的要点：引导学生对建筑技术的思考，学习优秀建筑师对于建筑空间的各种处理方法，材料交接等技术策略，理解细部设计、材料选择、低能耗设计、无障碍设计。

参观讨论不拘泥于课堂教学的形式，可以在参观的过程中随时发生。边参观讨论，使主题更有针对性、更直观，容易为刚刚接触到建筑学专业的学生所接受。另外，随着参观主题的不断变化，讨论的内容也不断发生变化，包罗万象。凡是与建筑相关的，都在讨论的范畴之中。通过话题的不断转换与发展，可以训练学生的发散性思维能力，从人文、艺术、科技等多层面认识建筑。在这一系列参观讨论的过程中，我们努力训练学生

将表象的参观感受通过建筑专业语汇的表达，提炼成清晰的建筑分析与评价的能力，加强对建筑的全面认识，为今后的设计打下良好的基础。

每天参观结束之后，可以组织学生召开会议，讨论当天参观感受，解答参观过程中的疑惑，并对第二天的参观内容有个简单介绍，对于提高学生建筑认知意识具有良好的效果。

4 实习课程教学成果表达

实习报告是评定实习成绩的主要依据，实习报告应该全面、系统、图文并茂地记录实习的各项内容，在此基础之上总结自己的专业认识与学习心得，并进一步进行理论上的概括和提升（图1）。要求现场记录的草图和徒手草图应不少于全部插图的二分之一（图2）。

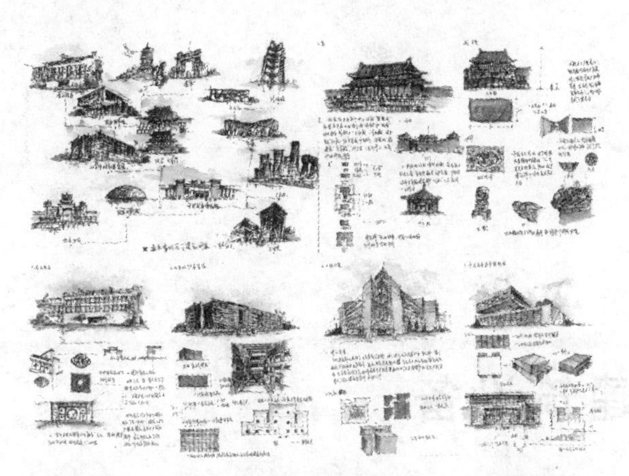

图 1　建筑学专业外埠参观认知实习报告 1

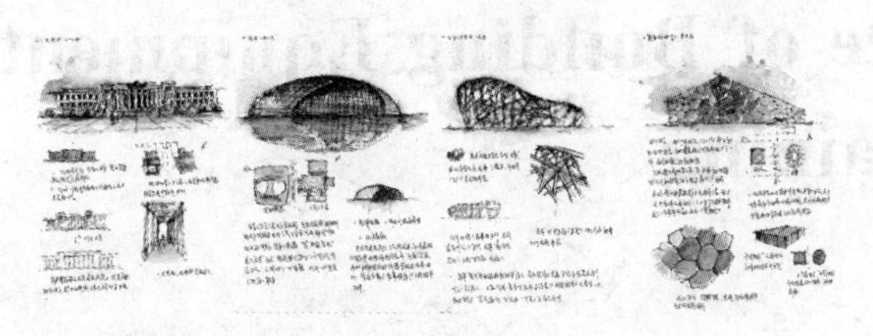

图 2　建筑学专业外埠参观认知实习报告 2

5　结语

外埠参观认知实习课程帮助学生可以从环境、社会、经济多方面观察、分析建筑及其与城市之间关系，树立科学、进步的建筑观；促进学生掌握建筑及城市的实际空间尺度、现场环境气氛与使用者的关系等知识；培养学生初步了解进行实地调查、收集资料、归纳整理资料的基本工作方法。师生面对面交流，与传统教学“满堂灌”不同，开放性的问题，师生共同讨论。提高学生深入实际、调查研究、发现问题和解决问题的工作能力。

参考文献

[1] 谢振宇. 以设计深化为目的专题整合的设计教学探索——同济建筑系三年级城市综合体“长题”教学设计 [C]//全国高等学校建筑学科专业指导委员会. 2013 全国建筑教育学术研讨会论文集. 北京：中国建筑工业出版社，2013：104-108.

[2] 陈敬. 王芳. 张群. 建筑外埠参观实践课程教学的实践与探索 [C]//全国高等学校建筑学学科专业指导委员会. 2014 全国建筑教育学术研讨会论文集. 大连：大连理工大学出版社，2014：149-151.

苏媛　赵秦枫　蒲萌萌
大连理工大学建筑与艺术学院；suyuan@dlut. edu. cn
Su Yuan　Zhao Qinfeng　Pu Mengmeng
School of Architecture & Fine Art，Dalian University of Technology

基于职业建筑师能力培养的建筑设备课程教学改革与实践*

Teaching Reform and Practice of Building Equipment Course for the Purpose of Training Professional Architects

摘　要：随着以计算机技术、可持续建筑技术的飞速发展，传统的“建筑设备”课程教学模式已经难以适应人才培养的要求，对该课程的改革势在必行。本文以大连理工大学建筑学专业“建筑设备”课程为例，从建筑学专业学生能力要求入手，分析教学现状与问题，进行教学改革研究。通过对教学大纲的调整，明确教学目标、引入新内容、强调课程间延续性、构筑“点—面—串—链的体系”、开展问题式、案例式以及探究式教学等手段进行基于职业建筑师能力培养的“建筑设备”教学改革，力求提升建筑学专业学生能力，促进职业建筑师的培养。

关键词：建筑设备；教学改革；职业建筑师

Abstract：With the rapid development of computer technology and sustainable building technology，the traditional teaching mode of “Building Equipment” course has been difficult to meet the requirements of personnel training，so the reform of this course is imperative. Taking the course of Architectural Equipment in Dalian University of Technology as an example，this paper analyzes the current situation and problems of teaching and carries out a research on teaching reform from the perspective of students' ability requirements. Through the adjustment of the syllabus，the teaching reform of Architectural Equipment is carried out by defining the teaching objectives，introducing new contents，emphasizing the continuity between courses，constructing the system of “point-surface-string-chain”，carrying out problem-based teaching，case-based teaching and inquiry-based teaching，strive to enhance the ability of students in architecture and promote the cultivation of professional architects.

Keywords：Building equipment；Teaching reform；Professional architect

1　“建筑设备”课程背景

近年来，以借鉴欧美学院派教学体系为主的建筑学教学模式受到热烈争论。这种注重图像表现的基础教学

*感谢大连理工大学教学改革基金项目—“基于职业建筑师能力培养的建筑设备课程教学改革与实践”（YB2018055）和“科研资源转化为课堂内容的《建筑节能技术研究》课程教学改革与实践”对本研究的资助。

导致了学生在建筑技术层面的缺失，在建筑设计中舍本逐末，追求表现而缺少实质，其结果是学校与工作脱节，学生毕业后仍需进行一段时间的培训，才能适应工作。“建筑设备”课程作为建筑学专业的基础课程、建筑技术的重要组成部分，对“建筑设备”课程的改革是提升建筑学专业学生建筑技术能力的有力途径。

我国各大高校的建筑学专业都对“建筑设备”课程进行改革，如清华大学、浙江大学、哈尔滨工业大学等高校提出：教学内容要体现建筑学专业特点；授课重点基于基础理论知识来讲述设备与建筑物之间的关系；增加讲解新型生态节能设备技术及其在建筑设计中的应用与影响；理论讲授以定性为主，案例以设计实践为主等。

此外，诸多高校教师针对“建筑设备”课程进行教学改革研究，张爽从培养人才的角度对“建筑设备”进行改革研究[1,2]，肖才远从课堂考核的角度探索课程的改革方式[3]，谈莹莹从建筑学专业的角度对课程教学改革进行研究等[4]。

2 建筑学专业学生能力要求

建筑学教学的基本目标是培养从事建筑设计的专门人才——建筑师。合格的建筑师要有敏锐的眼光、灵活的思维和创新的能力，这些都依赖于学生时期的培养[5]。这也要求了建筑学专业教师对学生的指导不能局限于课堂，更重要的是要为学生的职业生涯奠定基础，注重对学生能力的培养。

建筑学专业的学生除了应当具备扎实的自然科学和人文社会科学基础，掌握建筑结构、建筑材料及建筑设备体系的基本知识，对建筑有关的经济知识、文化习俗、法律与法规以及建筑边缘学科与交叉学科的相关专业知识外，还应具备把握城空间尺度的能力，解决建筑功能的能力，审美素养和造型能力以及做出正确决策的判断能力并将其贯彻下去的控制能力和组织协调能力。同时，掌握人的生理、心理、行为与建筑环境的关系，对建筑物使用者的关注和了解，表达和沟通能力也尤为重要。

职业建筑师是建筑学专业人才培养目标的基本定位，注册建筑师考试是验证建筑学专业学生能力最权威而有效的方式，因此建筑学专业学生能力培养体系应该依托执业注册制度的要求来构建。如何根据职业建筑师人才培养的需求，结合注册建筑师改革考试大纲，提高学生的实践与应用能力，丰富课堂教学内容、培养学生兴趣和提高课堂氛围，是当前“建筑设备”课程亟待解决的问题。

3 “建筑设备”课程教学现状与问题

“建筑设备”课程教学以理论讲解为主，教师引导学生学习并掌握相关知识和技能，促进学生素质和能力的提高。但是传统的经验教学模式注重于知识的传承而轻视运用知识的能力，严重限制学生创新思维和解决实际问题的能力。

“建筑设备”课程是大连理工大学建筑学专业四年级学生的必修课程，学生人数为 70 人左右，授课学时 48 学时。通过该课程的学习，学生将掌握建筑给排水、暖通空调、建筑电气三个核心内容的建筑设备工程的基本知识，培养综合考虑和合理处理各种建筑设备与建筑主体之间关系的能力，从而做出安全、适用、节能的建筑设计，并掌握一般建筑的水、暖、电设计的原则和方法，为今后从事建筑设计和管理工作者提供必备的专业知识。

然而，目前《建筑设备》教学内容陈旧而繁杂，偏重基本理论和原理，实际工程案例较少，与建筑学专业主题关系结合不紧密，且教材的知识点已经很难满足国家需求以及现实要求。随着可持续建筑设计和绿色建筑节能技术的飞速发展，这种脱节会愈发明显。且这门课程设计多专业融合，综合性很强，知识点多而繁杂。在缺少感性认识的情况下，学生很难在 48 学时内建立建筑设备知识体系，掌握实际应用能力。

另一方面，职业建筑师在工作中，需要进行多专业的配合与协作，从而做出适用、经济、节能的建筑设计。目前的教学目标培养的建筑学从业人员对设备系统的选择和生态节能建筑的设计往往是建立在后期与设备工程师被动的基础上的，无法对建筑设备系统的运用做出主动地设计回应，不能满足全方位项目管理体系。

4 基于职业建筑师的教学改革内容及方法探讨

建筑设备发展迅速，如何在有限的课堂中传授专业知识，开拓学生专业视野和思维，已成为建筑学教学急需解决的问题。针对“建筑设备”教学的现状与问题，笔者从培养职业建筑师的角度，开展该课程的教学改革，对教学内容与教学方法进行研究。

4.1 教学内容的改革

(1) 明确教学目标，抓重点。保证《建筑设备》课程内容完整的基础上，抓主干结构，根据专业特点对内容进行精简。授课重点为讲述设备与建筑物之间的关系，讲清基本概念。同时，引入国外生态建筑案例，讲解新型生态节能设备技术及其应用与影响，并介绍新型设备的选择及应用，简化其设计计算。以设备系统与建筑设计的相互关系分析来激发学生将建筑设备知识与建筑设计相结合的意识。

(2) 即时更新，紧跟发展。课程的教学改革应该明确教学目标和教学内容，积极努力将国际前沿技术结合我国国情的研究成果融入教学内容。将快速城市化的能源、环境问题与可持续发展的建筑技术结合入课程，主讲教师结合最新科研课题和研究热点，深入浅出地介绍重要的科研进展。研究成果的甄选要与教学主题、教学内容、教学目标、教学对象相匹配。并且在甄选内容的基础上进行教学设计。

(3) 课程的延续性。“建筑设备”的后续课程是高层建筑设计，在讲授理论知识的同时，更要强调高层建筑设备体系的知识，如在电梯、设备层的设置、给排水、采暖通风方式等选择上要与高层建筑设计紧密结合。讲解设备系统时，着重强调空调机、制冷机组、水箱等大型设备，分析大型设备在建筑中布置时应考虑的因素、设备用房预留的基本原则和合理性，帮助学生完成合理的建筑设计。

(4) 注重学生职业发展。教学中兼顾注册建筑师考试，根据考试大纲，改革教学大纲和教学内容，将缺少的内容引入课堂，促进培养职业建筑师，如引入高层建筑的防火排烟设计，完善设备与高层设计的教学结合。强调注册建筑师考试大纲中理论知识的理解与应用，有利于学生在有限的学时内获得更多的知识与启发。

4.2 教学方法的改革

(1) 构筑“点—面—串—链的体系”。“建筑设备”涉及内容较多而抽象，对以图示语言学习为主的建筑学学生来说，其形象思维能力较强，适宜采取多媒体教学，并构筑“建筑设备工程应用点—面—串—链”的体系。将抽象的基础理论知识点和知识面串联，与建筑设备系统运行原理结合，形成知识链，直观反映建筑设备系统及其与建筑间的配套关系，配合以案例研究方式开展体系教学。将理论知识寓于案例之中，通过对典型设备系统工程的案例分析研究来传授知识点串联的知识链，加深学生对理论的理解与掌握，锻炼学生分析解决问题的能力，激发创新意识。

(2) 理论定性，设计实践。通常教材重理论轻实践，本课程改革的理论讲授应定性为主，案例以设计实践为主。对于基础理论应坚持够用为本，定性为主，并结合教材的设备系统知识讲授具体的案例。例如利用围护结构传热量计算公式无需计算，只需要定性解释影响热负荷大小的因素。

(3) 问题式、案例式以及探究式教学。课堂注重基于问题的学习、案例式学习以及探究性学习，引导学生对科学研究的兴趣，促进学生创新思维的形成。相对于现代建筑设备工程技术的迅猛发展而言，教材的内容过于陈旧。因此，应将建筑中出现的新技术信息融入课堂教学之中，开拓学生思维，提高学习兴趣。如讲采暖系统的散热器和附属设备时，给学生介绍新型钢铝散热器和钢质散热器的主要特点。还可介绍当今流行的地源热泵、地板辐射采暖和分户热计量采暖的工作原理、系统设计和施工方法等。

(4) 增强实践教学，丰富教学手段。参观教学则是案例研究的实践环节，组织学生对建筑设备系统，尤其是新型建筑设备体系及其应用情况进行实地考察，把课堂教学和实际工程应用结合起来，以此作为对课堂教学的必要补充。对于原教材中介绍较少的新型节能环保建筑设备系统如地源热泵技术，主要采取现场参观教学方式，带领学生参观相关的住宅小区，让学生感知到新型节能环保设备与建筑设计相结合所带来的设计变化，有利于学生创新思维的培养。

5 应用与实践

本次“基于职业建筑师能力培养的建筑设备课程教学改革与实践”的“建筑设备”教学改革，分为教学大纲改革、教学内容与方法改革、总结成果并推广三个阶段进行，从培养目标的定位与课程设置计划上调整关系，在教学内容上涵盖建筑学专业主体和设备之间的关系原则、问题启发、案例分析、实践环节四个方面，并进一步明确建筑设计为核心的设备体系。强调设备体系的支撑作用，加强建筑设计与技术类课程相互之间的联系与整合，并协调设计和设备课程的关系。把重点转移到掌握学习方法、学会学习、能力的培养上，让学生提高积极性，能够运用自如，用学到的建筑技术领域知识去很好的解决设计问题。同时也有助于提高学生的实践能力和创新能力，强化职业建筑师人才培养，培养出高质量的工程应用型人才，为大连理工大学建筑学专业建设“一流本科、一流专业、一流人才”的培养工作奠定基础。

参考文献

[1] 张爽. 基于应用型人才培养的“建筑设备”课程改革 [J]. 交通科技与经济，2010，12 (5):

126-128.

[2] 肖才远，张桂菊，孙义刚，王晋. 基于应用型人才培养的课程信息化教学改革——以“建筑设备”课程为例 [J]. 当代教育实践与教学研究，2017 (9)：2-3.

[3] 黎娇，杨正德. “N＋2”考核模式的实践与探索——以“建筑设备工程”课程为例 [J]. 考试周刊，2016 (70)：163-164.

[4] 谈莹莹，肖轶. 建筑学专业建筑设备课程教学改革初探 [J]. 山西建筑，2010，36 (13)：193-195.

[5] 温亚斌，周术，王洪海. 对建筑学学生能力培养的建议 [J]. 华中建筑，2010，28 (10)：178-179.

[illegible]

Interpretation of the Application of the "Space Experiential" Teaching Method in The Teaching of Small Guesthouses

[illegible]

田铂菁　王毛真　杨乐
西安建筑科技大学；529812802@qq.com
Tian Bojing　Wang Maozhen　Yang Le
Xi' an University of Architecture and Technology

"空间体验式"教学法在小客舍课程教学中的应用研究

Interpretation of the Application of the "Space Experiential" Teaching Method in The Teaching of Small Guesthouses

摘　要："空间体验式"教学法在小客舍课程教学中的应用，适应当前低年级建筑教学中注重设计过程，提高学生空间理解力、空间创新能力的教学要求。在课程设置中以单元模块训练为主，本文通过建立空间意识、培养空间兴趣、感受空间魅力及空间思维转换四个模块单元内容展开阐释。

关键词：空间体验式教学法；教学模式；单元模块

Abstract: The application of the "space experiential" teaching method in the teaching design of small guesthouses is adapted to the teaching requirements of the current low-level architectural teaching, which focuses on cultivating students' spatial understanding and analysis process. The four module units of spatial awareness, cultivating spatial interest, feeling space charm and spatial thinking transformation are explained in depth.

Keywords: Spatial experiential teaching method; Teaching mode; Unit module

1　问题的提出

伴随全球经济科技的快速发展，中国建筑业获得了更多的发展空间和创新的可能，建筑从设计到建造，更加注重建筑形态的视觉冲击和新技术的体现，缺少了对历史追忆和特殊场所的情感体验，远离了丰富多彩的生活现象，背离了创造高品质富有创造力空间追求的初衷。因此，结合建筑设计课程教学，以空间体验为导向，依据体验式教学理论为指导，目的在于激发学生探索丰富多变的空间兴趣，进行富有场所精神的空间体验的设计，提高建筑的空间品质，丰富人们的情感体验，提升建筑设计水平，适应当今发展需求。

通过课题组对既有小客舍课程教学方法与教学成果的梳理分析，归纳课程教学中常见的几点问题：首先，教学目的多以注重设计结果为主，往往轻视设计分析思考过程，使得学生对建筑空间认知不敏感、理解不深入，缺乏对空间深入观察和探索空间兴趣的教学引导，设计结果缺少特色；其次，注重建筑形式表达、轻视理论学习及空间感受，设计多忽视空间与行为相互关系的探讨、与生活的关联性、使用者情感体验等内容，设计结果多呈现空间与行为不对应；再次，注重图面效果，轻视空间理解过程、缺乏空间情节创作，导致设计缺乏创造力和感染力。

因此，针对现状问题，结合小客舍课程设计，根据学生认知规律和特点，以"空间体验式"教学法为引导，调整教学环节内容，注重设计过程教学，引导学生将空间认知与生活体验相结合、通过实际观察与测绘、空间体验与分析、空间情节创造等内容，进行空间深入理解，使得空间资源有效组织、空间造型有效实际的表

*本文获西安建筑科技大学校级教改面上项目资助，项目编号 JG0210601。

达，进而更好地促进学生对课程学习的深入思考，积极主动的探索设计过程。

2 “空间体验式”教学法探讨

“空间体验式”教学法是以体验式教学理论为依据，以体验为基本特征的一种教学观和教学形式。体验式教学具有情感感染性、亲身体验性、主动参与性、动态生成性的特点。根据学生认知特点和规律，有助于确保学生的主体地位、唤起学生情感、促进学生发展，更好的激发学生主动参与的热情，通过学习，使学生具有观察生活及创造生活的空间体验感知、重视创造过程与实际出发的设计态度。

结合小客舍教学课程组织，以空间体验为导向，通过建立空间意识、培养空间兴趣、感受空间魅力、转换空间思维四个单元模块内容，引导学生从浅显文字中思考深层次问题，把建筑理论和具体客观的空间形态对应起来，体验到建筑空间实质的能力。激发学生认知、理解、探索空间的兴趣，调动学习的积极主动性，增强学生对建筑的理解能力，提高建筑设计水平。

3 单元模块教学

教学内容设置上，形成以“空间体验式”教学法为引导的教学单元模块组织。通过四个教学单元模块，即融合建立空间意识、培养空间兴趣、感受空间魅力、转换空间思维，分别展开空间认知与名作解析、空间认知与场所体验、空间情节创造与空间感悟、空间理解与空间思维转换四个主题教学内容（图1）。

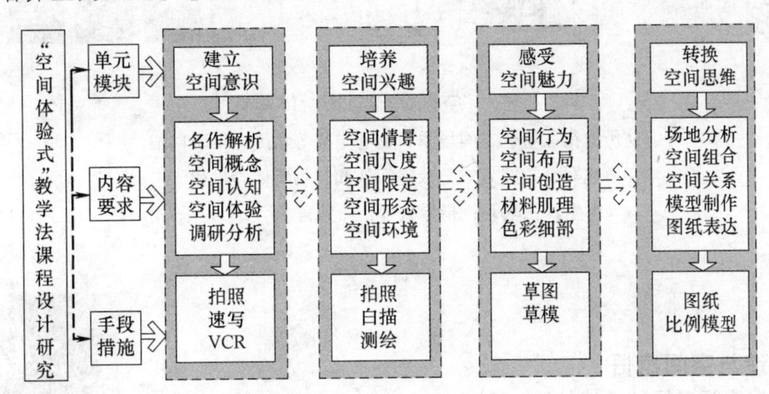

图1 教学框架

小客舍设计课程基地选址位于西安市北院门回民历史街区内，该街区较好体现了西安旧城的传统性、地域性、文化性的特点，毗邻北院门144号保存较好的传统民居高家大院。设计要求学生分为15间客房、25间客房、35间客房的三种不同的客房数量，进行小客舍设计，并自拟任务书，探讨设计的多种可能性。要求学生在对回民历史街区、高家大院及酒店生活的自我体验、空间认知、空间理解基础上，提出自己的设计概念，找寻设计切入点。

3.1 建立空间意识
——空间认知与名作解析

空间认知与名作解析，通过组织学生对优秀酒店实例的调查分析，感受空间尺度、肌理、材质、布局、功能及流线。包括观察使用人群的活动内容、绘制动线轨迹，测绘酒店大堂、客房及描绘平面图，加强学生空间体验认知，提高学生空间理解力。

具体实施步骤：首先，分组对优秀酒店进行资料收集、实地调研与记录，包括教师指定的历史风貌区的民宿、传统风格酒店、现代酒店等。通过照片、速写、描绘等形式记录酒店的特色空间、建筑表皮肌理、立面特征等。其次，对酒店特色空间、酒店生活、服务人群活动内容进行观察与体验、绘制动线轨迹，分析流线设计不足之处；对特色空间体量与尺度进行测绘，记录常用数据并与资料集数据比对，熟悉酒店建筑的基本尺度，进而更好的体验和理解酒店空间。最后，课堂上采取小组自述方式进行PPT汇报，分别阐述空间体验内容，包括空间尺度、色彩、肌理、功能、行为等内容，探讨其优秀及不足之处，并找出心中理想的空间体验场景。

3.2 培养空间兴趣
——空间认知与场所体验

空间认知与场所体验内容设置在于激发学生探索空间的兴趣，形成学生对建筑、空间与环境相互关系的互动思考。通过基地所处北院门历史街区环境及传统民居高家大院前期资料收集、现场调研记录与分析、使用人群生活观察、从历史街区的文化性、传统性及地域性方面促使学生结合自己感兴趣的空间视角思考人、建筑与空间环境的关系。

具体实施步骤：首先学生在北院门历史街区内选取自己感兴趣2～3个空间视角为出发点，包括历史街区入口空间、公共空间节点、街巷空间、特色空间、场景空间等，采用照片、白描、速写、VCR记录、人物事件采访等方式感知与理解场所环境的空间体验（图2）。其次，分小组对传统民居高家大院进行实地测绘和空间认知，包括平面、局部立面、剖面的测绘，目的在于使学生熟悉传统建筑的比例与尺度、构造方式、材料肌理、功能及布局特点。再次，通过高家大院与基地的手工模型制作，从空间虚实、空间方向、空间开合等多维度多角度进行空间的理解与分析，目的在于探讨高家大院与基地的相互关系，科学有效的探寻设计依据。

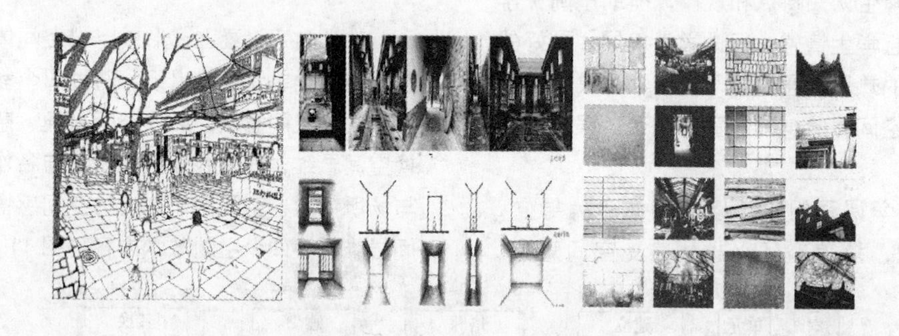

图2　空间认知与场所体验

从历史街区特色空间场景、街巷空间等角度，采取白描、速写、拍照方式记录空间认知与场所体验过程。

（学生：张曦元；指导教师：田铂菁 王毛真 杨乐）

3.3　感受空间兴趣——空间情节创造与空间感悟

空间情节创造是依据空间感悟的情感体验，创造一种新的情感、生活内容体验的住宿空间。在前期空间认知与场所体验基础上，结合基地现状，进行空间情节构想，提出设计概念，并通过文字和图纸结合的方式，呈现出自己在该基地上需要提供给旅客的何种住宿体验，表达出合理的空间尺度、空间布局、空间功能、行为方式及活动等内容（图3）。

具体实施步骤：首先，对于小客舍课程设计，分析住宿体验即空间情节来源，住宿体验来自于空间感悟，包括自己的住宿体验、对住宿人群的生活观察、电影杂志情节的描述以及相关住宿体验的文字想象；其次，构想空间体验情节，阐明设计概念；最后，运用适宜的建筑语汇阐释，能够描述出带给体验乐趣的空间情节特征，包括尺度色彩、材料肌理、细部工艺、活动等内容，采用手工模型或草图方式表达空间情节片段、特色空间场景或者整体的小客舍建筑群体空间关系。目的在于通过空间情节创造和空间感悟的学习过程，激发学生感受空间的兴趣、提升建筑空间创作的热情，提出富有生活品质和空间体验乐趣的概念设计。

图3　空间情节创造与空间感悟

通过公共空间情节构想，探讨人群活动特色内容，进行空间尺度、肌理、色彩阐述。

（学生：张曦元；指导教师：田铂菁 王毛真 杨乐）

3.4 转换空间思维
——空间具象表达

富有情感体验的空间情节构想，需要采用适宜的建筑语汇转换空间思维，实现空间的具象表达。运用建筑空间语汇、包括手工模型、图纸即平面布局、剖面尺度、立面细部构造、材质肌理、色彩形态等表达建筑特征（图4）。

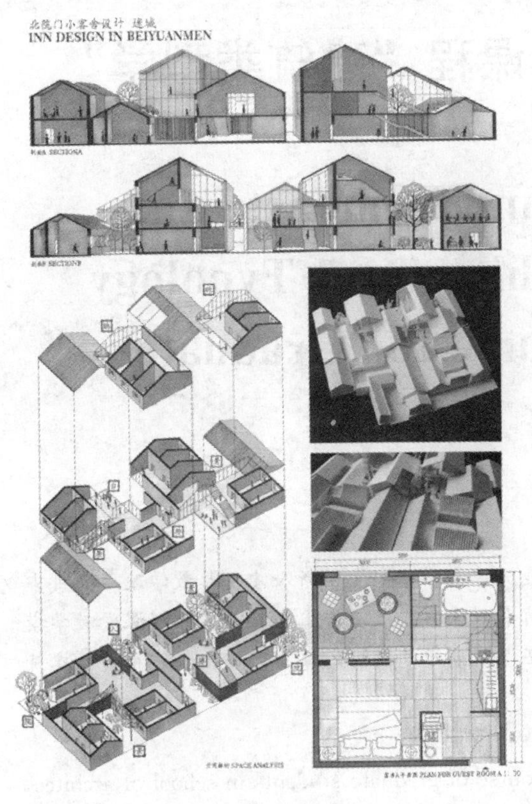

图4 空间具象表达
通过手工模型方式推敲设计过程，
运用轴测图表达空间特征。
（学生：汪瑞洁；指导教师：王毛真 杨乐 田铂菁）

具体实施步骤：首先，在整个设计过程中，建议学生主要采取手工模型和草图绘制的方式，进行概念设计到方案设计过程，模型从概念阶段的体块模型、基地模型、探讨空间关系的高家大院模型、有尺度的比例模型、细部模型以及成果模型等，期间至少经历3到5个模型的推敲，以及相应的概念草图、方案平面、立面、剖面表达。其次，在设计过程中，采用整体的系统思维，结合北院门历史街区整体环境考虑、从与高家大院空间关联性为切入点，小客舍设计出入口位置的选择、空间布局方式，功能流线组织、空间开合变化、建筑的形态与色彩、特色空间公共活动营造等方面不断完善和调整设计过程，体验客舍空间的不断丰富与变化、逐步加深空间理解，进行空间思维的科学有效转换。

4 结语

小客舍课程设计是建筑设计教学的低年级课程，是一门强调实践性和创造性的基础设计课程。该课程对于学生认知空间、组织空间、创造空间的理解，即掌握建筑设计创作的基本过程具有重要作用。以学生认知规律和特征的“空间体验式”教学法的引导，注重学生空间理解和建筑空间创新能力培养，目的在于激发学生探索丰富多变空间的兴趣、主动创造丰富生活的热情、科学思考与分析问题的能力、系统全面的提高设计水平，为今后高年级的建筑设计课程学习打下良好的基础。

参考文献

[1] “洛菲尔．莫内欧”．哈佛大学建筑系的八堂课［M］，林芳慧译．台北：田园城市文化有限公司 2010：56，162，368．

[2] 张莹．环境设计中“空间体验”的探究［J］．城市公共艺术，2010：88-89．

[3] 孙晓铭．张军 基于设计体验的建筑空间建构研究［J］．安徽农业科学，2014（8）．2401-2402．

[4] 赵阳．公共建筑设计原理的空间体验式教学探索［J］．山西建筑，2014（7）：268-269．

[5] 刘为力．试论空间体验的内涵［J］．建筑与文化，2012（2）：105．

汪丽君
天津大学建筑学院：wljjudy@tju. edu. cn
Wang Lijun
Architecture School，Tianjin University

天津大学研究生专业核心理论课程“建筑类型学”教学模式改革与示范教材建设

Teaching Mode Reformation and Demonstrating Textbook Construction of Architectural Typology as the Core Theory Major Course for Graduate Students in Tianjin University

摘　要：建筑学院研究生专业核心理论课程“建筑类型学”是天津大学研究生创新人才培养教学改革项目中一次有益的尝试。该课程通过引入“研讨”模式，在教学内容和教学方式上与传统的教师主导型课堂教学模式有较大差异，本文结合国家教育部土建类学科专业“十三五”规划示范教材的编写，提出了一种针对建筑学科理论课的研讨教学模式与评价体系的探索与实践。

关键词：研究生专业核心理论课；建筑类型学；教学模式改革；示范教材建设

Abstract：Architectural typology，as the core theory major course of graduate students in school of architecture，it is a beneficial attempt in the teaching reformation project of graduate innovative talent training of Tianjin university. With the accessing “discussion” mode，this course is quite different from the traditional teacher-guided classroom in terms of teaching content and teaching methods. This paper，combined with the compilation of demonstrating textbook construction for the 13th five-year plan of the ministry of education of China，proposes an exploration and practice of the research teaching mode and evaluation system for the theoretical course of architecture.

Keywords：Core theory major course for graduate students；Architectural typology；Teaching mode reformation；Demonstrating textbook construction

1　研究缘起

“研究生教育是一个国家竞争能力和创新能力的支柱”[1]。专业课理论教学是国内外研究生培养过程中非常重要的一个环节，与一般的公共课和基础课不同，专业课在内容的设置上要求既包含与本专业密切联系的基础理论知识，也要涵盖本学科发展的动态前沿知识[2]。在国内研究生的建筑学科专业课程教学中仍然普遍存在着教学模式单向度（即教师讲、学生听）的现象，并且考核模式也比较单一，主要有考查和考试两种，而且基本放在学期末进行一次。考查也只是简单的读书报告，目前基本演变为对前人相关电子材料的简单的粘贴和拼凑，这种忽视学生主动性、积极性及动手能力培养等方面的弊端，这必然导致降低学生的学习兴趣，因此达不到学生自主学习和创新性思维的培养目标。

建筑学学科研究生专业课相对具有深、广、新、专的特点，在教学模式选择上的要更高层次地体现培养学生创新思维和开拓精神的特点。通过笔者2011年赴美国耶鲁大学、普林斯顿大学以及弗吉尼亚大学进行研究访学过程中对美国建筑学研究生专业理论课的教学观摩发现：国外研究生专业理论课教学教材内容更新较快，注重多元化教学模式。特别是在授课模式、考核方式等方面跟国内的教育存在着较大差异。例如，在教学模式上普遍采用的讲授和研讨并重的授课方式，注重教师与学生的互动。以研究生讲解自己阅读的文献为主、教师引导点评为辅、学生集体讨论的形式开展。这种授课模式更有利于培养学生自主学习、创新性思维解决问题的能力。而在考核方式上，也更加灵活多样。每学一部分内容可以进行考核，可以课上闭卷部分+课下读书报告+课上研讨部分综合考查，最后再综合前面的几次考核，这种综合考核真正反映了学生对课程专业知识、理论方法的掌握程度及其学生的综合能力，也激发了学生自主学习、独立思考和创造性思维能力的培养。因此，要提高研究生专业理论课教学的有效性，必须对现有的教学模式经行改革并加强示范教材的建设。

2 课程简介

本课程主讲教师及教材作者汪丽君教授，师从中国科学院院士彭一刚教授，自2003年完成博士学位以来，一直从事类型学理论及其应用研究，其博士学位论文《走向开放的广义建筑类型学》被评为2005年天津市优秀博士学位论文，在此论文基础上撰写的《建筑类型学》一书作为建筑学专业指导委员会推荐教学参考书由天津大学出版社于2005年11月出版，2011年1月该书又作为国家教育部“十一五”教材出版，填补了国内该领域研究的空白，深受建筑学术界的好评。2017年初该教材又被中国建筑工业出版社列为国家教育部土建类学科专业“十三五”规划教材计划，预计将于2018年底正式出版。

2007年，汪丽君教授率先在天津大学开设研究生课程“建筑类型学”，并一直使用该教材，是国内高校中影响较大的研究生理论课程。2015年该课程在新修订的天津大学研究生培养大纲中被列为核心必选课程，且列选2015天津大学研究生创新人才培养教改项目，从课堂研讨教学模式、评价体系以及e-learning教学平台三方面积极进行了教学改革探索与实践，并于2016年底顺利通过验收。2017年初，该课程教材又并作为重点入选天津大学研究生创新人才示范教材建设项目。

3 教学模式改革

3.1 课程内容

本课程拟以西方当代建筑类型学理论及其设计方法为研究对象，尤其是它对城市与建筑形态的影响进行了系统的研究。从理论分析和实践考察的双重视角，对当代西方建筑类型学理论及其设计方法在建筑形态上的影响进行细致的梳理，并对其具体表现特征和美学价值取向进行深入探讨，以期发掘它在城市与建筑形态构成上的某些规律性的东西。并联系我国当前城市建设中存在的一些问题和建筑设计创作的具体情况，为学生提供有益的启示与借鉴的新思路。

3.2 教改目的

通过组织和引导研究生对专业文献的阅读和讨论，借助网上e-learning在线数字化教学平台建设，在教学环节提出了一种针对建筑学科理论课的研讨教学模式与评价体系的探索与实践，充分调动研究生自主学习的积极性，创造研究性学习的氛围，培养和提高研究生的综合能力及创新性思维能力。

3.3 教学模式改革实施的创新点：

（1）就课程的授课方式而言，强调“研讨”。教师对研讨主题有明确要求，且每名学生都需积极踊跃地参与到课堂讨论中来是本研讨课教学的最大特色。每次课除了课堂教师的理论教学以外，都要安排一定比例的学生进行“研讨”环节，即以研究生讲解自己阅读的文献为主、教师引导点评为辅、学生集体讨论的形式开展。并且保证在课程实施期间所有同学都参与过研讨环节。通过学生自己去阅读、探究、讨论科研文献，并予以综合提炼，从中发现问题，甚至提出研究课题，这样就把学习、研究的主动权完全交给了学生，使学生成为真正的“研究生”。这种授课模式更有利于培养研究生自主学习的创新性思维和实际解决问题的能力（图1）。

图1 课堂研讨环节

（2）就课程的教学内容而言，在汪丽君老师撰写出版的《建筑类型学》教材的基础上，选取该领域近年来重要学术影响的中外文文献近 20 篇，供研究生查阅。这些文献反映国内外本学科或领域的最重要学术观点和最新成果，且保证每年更新 20%以上。并结合 E-learning 教学平台的建设全部放在网上，便于学生查阅（图 2）。

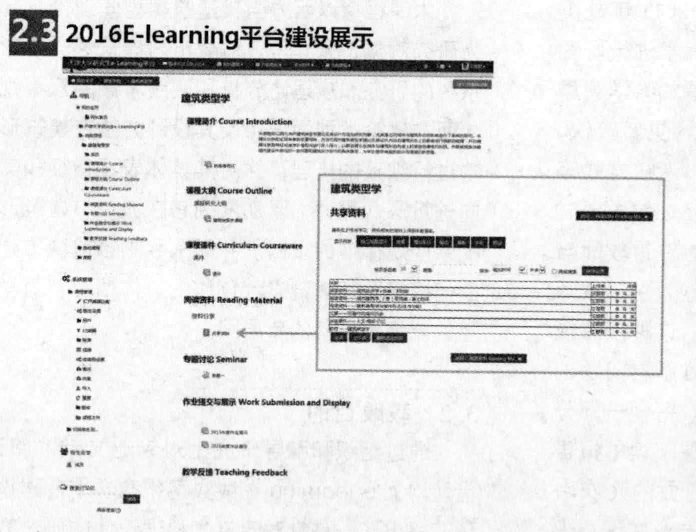

图 2　建筑类型学课程教材与天津大学 E-learning 教学平台建设

（3）就课程的结课题目而言，目前国内研究生专业课考核模式比较单一，主要有考查和考试两种，而且基本放在学期末进行一次。考查也只是简单的读书报告，目前基本演变为对前人相关电子材料的简单的粘贴和拼凑，因此达不到学生自主学习和创新性思维的培养目标。本课程采用“研究式设计”的结课形式让学生可以将对建筑类型学理论的学习与研究与设计实践相结合。结合授课教师的研究方向，从 2016 到 2018 年连续三年采用“分组研究报告 + 设计 + 个人研讨汇报”的方式。不仅取得了较好的学习效果，也激发了学生自主学习、独立思考和创造性思维能力的培养（图 3、图 4）。

（4）就课堂的教学评价而言，采用灵活多样方式，注重综合素质的考核。2016 和 2017 年度采用“总成绩 = 课堂表现与研讨 20% + 调研 30% + 成果报告 50%”几部分相结合进行综合考核。尽管这种考核方式可能比较繁杂，各部分的权重还有待结合实际情况和学生的反馈在今后进一步细化和完善。但对于考查学生综合能力、促进学生自主学习能力和提高教学效率等方面均非常有效，值得进一步推广使用。

（5）就课程的教学反馈而言，将课程渐进式调整模式引入。现有的评价体系仍然是只针对教师的讲授情况，很少涉及学生的参与度，由于研讨课有别于传统授课的教师主导模式，而学生才是研讨课的“主角”，因此其评价应逐步转移到师生双方互相的评价。在 2016 至 2018 年度学期末，本研讨课都向学生征求教学效果反馈意见，并将此作为下一年度教学调整的依据。从而提高学生对课程教学质量提高的参与度。

4　示范教材建设

（1）在全球建筑文化趋同、地域建筑文化日渐削弱的今天，对建筑类型学理论及其创作方法进行系统的研究，确是抓住了建筑学领域的重大理论课题。该教材弥补了我国建筑理论研究视野中对建筑类型学进行深入系统研究的空白，从理论归纳、设计方法与审美价值取向等不同的层面对建筑类型学理论展开了比较广泛和深入的探讨。作者对纷繁复杂的西方建筑类型学理论及其设计方法的全面系统研究将对开拓我国建筑文化的视野具有理论指导意义和现实促进作用；同时该教材作为国内首次出版的系统阐释该研究领域的著作，也大量被其他研究成果所引用。对改善我国目前在借鉴传统进行设计时的无理论状况，推动整体设计水平的提升，起到重要的基础作用。

（2）该教材从解析的角度剖析了现代建筑类型学的设计方法与形态生成的法则；通过对具体操作实例的科学分析，归纳了当代西方建筑类型学形态创作特征和审美取向，弥补了以往单纯评价建筑类型学理论研究的欠缺，达到较深的理论阐释深度；特别是对其美学局限性进行深入的比较研究与批评，表现出作者的理论水平与批评意识，因而具有开拓性的意义。

（3）该教材在深入分析的基础上，突破了以往狭义

“类型学”的范畴，得出对狭义建筑类型学进行整合与延续，建构开放的“广义建筑类型学”的结论。是一个很响亮的、很有理论概括力、很能切中当代建筑创作需求的、具有重要意义的理论主张，具有先导性；特别是联系我国当前城市建设中存在的一些问题，以“优化变异”与“隐性关联”作为切入点，去论述延续建筑类型学中合理“内核”的必要性与可能性，从而为未来建筑类型学的发展指明了方向。这将对活跃创作思想、繁荣建筑创作具有非常重要的意义。

(4) 就该教材的新编“十三五”版本而言，在原“十一五”版本的基础上，结合我国时代发展，与时俱进地增补了新案例、新理论，并结合教学模式改革建设相应示范教学课件，突出教材建设特色。特别是本次新版示范教材结合作者近十年的研究成果，增加了建筑类型学本土篇的研究篇章：通过对东方文化地区现代地域性建筑的类型学启示，分析了中国当代建筑创作中的类型学实践发展及对中国传统地域建筑文化的类型学思考。同时结合当下计算机科学的发展趋势，探讨类型、原型与参数化设计在未来结合的可能性。

5 结语

研究生理论课程教学改革的目的就是为了培养学生的独立科研能力和创新能力，只有学生自己才清楚想要从一门课中学到什么，应把学生的需要放在首位。随着全国建筑设计类课程教学改革的展开与深化，作为设计类课程的理论拓展课程，“建筑类型学”课程的开设及国家级教材的出版，一方面通过引导学生运用类型学的理论和方法在实践中观察并发现问题，并加以解决，从而使理论知识能真正指导学生的具体设计；另一方面，该课程从多个层面对建筑类型学理论展开广泛和深入的全面探讨，弥补了我国建筑理论研究视野中对建筑类型学进行深入系统研究的空白，可引导研究生和高年级本科生拓展知识面。

图 3　教学部分成果展示

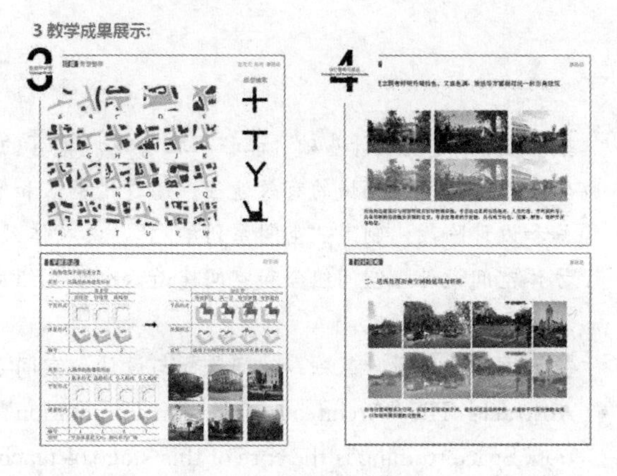

图 4　教学部分成果展示

参考文献

[1]　汤新华. 美国的研究生课堂教学 [J]. 学位与研究生教育，2008 (1)：73-77.

[2]　田霖. 如何提高研究生专业课的有效性 [J]. 经济研究导刊，2009 (36)：261-262.

王波　康志华
四川大学锦城学院　建筑学院：bjlyb001@163. com
Wang Bo　Kang Zhihua
Jin Cheng College of Si Chuan University

以空间训练为核心的建筑设计基础教学单元的研究

Discussion on Teaching Mode of Architectural Design Basis based on spatial perception

摘　要：“建筑设计基础”课程承担着设计教育的启蒙任务，空间训练是该阶段教学的核心环节，也是帮助学生进入建筑学领域的有效途径。通过借鉴认和学习国内相关高校的基础教学情况和经验，本文围绕空间认知和设计阶段，制定“空间系列单元”，由人体尺度认知、城市认知与分析、经典建筑作品学习与分析、立方体空间设计、空间组合和空间建造六个单元组成，设置了空间系列作业来帮助学生进入建筑空间的学习，进行相关教学研究。

关键词：建筑设计基础；空间认知与设计；空间系列单元；空间训练

Abstract: The “Architectural Design Foundation” course undertakes the enlightenment task of design education. Space training is the core of this stage of teaching and an effective way to help students enter the field of architecture. By learning and understanding the basic teaching situation and experience of relevant universities in China, this paper develops a “space series unit” around the spatial cognition and design stage, from human scale cognition, urban cognition and analysis, classic architectural works learning and analysis, Cube space design, space combination and space construction are composed of six units, and space series work is set up to help students enter the learning of architectural space and carry out related teaching research.

Keywords: Architectural design basis; Space cognition and design; Space series unit; Space training

在建筑设计和建筑教育的领域，空间从来都是核心部分。建筑设计基础课程的对象是一年级的新生，主要任务是帮助学生接触和了解建筑学这门学科，通过教学环节完成建筑设计相关知识的初步积累，进行设计能力的初步训练，为之后学习奠定专业基础。以空间为基础的教学训练，是这个阶段的核心内容，也是帮助学生进入建筑学领域的有效途径。

1　相关院校的基础教学情况

东南大学建筑教育是我国最早的高等教育之一。近年来，随着新的建筑理念、模式和空间的出现，他们在原有的教学体系中不断注入新的内容。2007 年由香港中文大学顾大庆老师指导，东南大学为建筑设计基础教学开始了新一轮的教学改革。他们将空间教学分解成杆件、墙体和体量三种塑造方式，接着引入人居概念，最后是建造层面的介入。此外顾大庆老师在香港中文大学的教学讲究，除了对上述方面的考虑之外，还曾将绘画引入到教学，将其作为空间训练的手段。结合香港的情况，港中大以集装箱为设计对象，开展空间设计训练。

同济大学，在中国建筑发展的不同历史时期无疑都起着先锋派的作用。近年来以孙彤宇、张建龙，章明、胡滨、徐甘、俞泳为主的教学团队，经过多年的教学探索与不断改革，逐步发展出一套成熟的建筑设计基础教学课程体系。目前同济大学采用的建筑设计基础教学课程历时一年半，三个学期根据学生需要解决的建筑问题，基于日常生活设置了系列设计课题，一年级第1学期的“空间语言和空间塑形” + “空间限定、行为与空间、空间模度” + “材料色彩采集、光与空间、空间组合”；一年级第2学期的“日常生活行为与空间” + “基于材料特性的空间设计、材料叙事” + “根据文学文本进行空间叙事”；二年级第1学期的“空间实录与空间生成分析” + “基于水平二维空间和单层结构的形态生成设计” + “基于立体多维空间和多层结构的形态生成设计”。可以看出同济的基础教学设及了众多的训练内容和线索。

2 以空间为核心的教学单元框架

对建筑学的新生来说，如何认识空间、理解空间，如何把思维概念变成三维空间概念，并完成空间生成的过程是课程的难点。因此，围绕空间认知和设计训练设计了一个“空间系列单元训练”，力图让空间概念的认知和设计训练通过这一渐进的教学单元系列变得更加可操作。在这个教学单元系列的设计中，将对初学者来说难以理解的空间概念拆解成为一系列的教学单元，每个单元在之前课程的知识积累基础上逐步加入新的内容，形成知识建构。同时，课程主题由浅入深，从认知到设计，从抽象空间的初步训练到建造空间的综合训练，课程系列像支架一样引领学生逐步建构空间概念的框架(图1)。

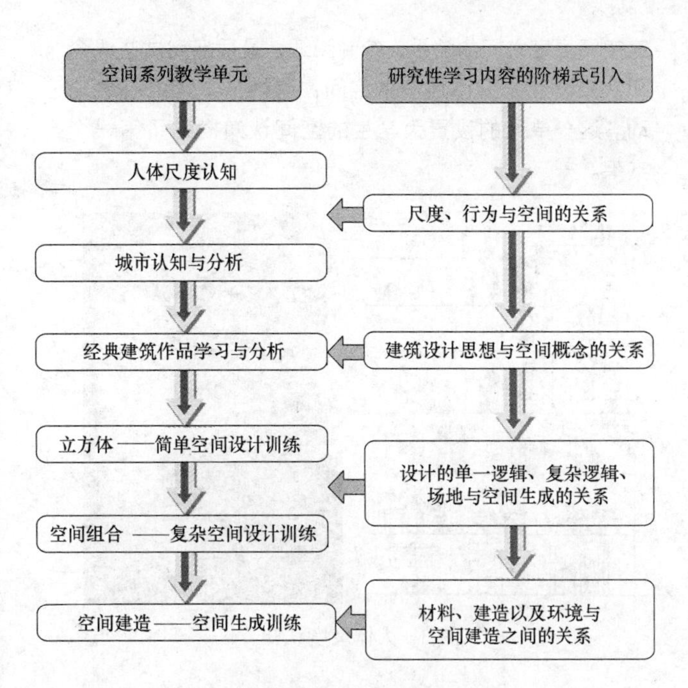

图1 空间系列教学单元

3 空间训练课程环节与方法设计

空间系列单元划分为两个阶段—六个教学单元(图2)。两个阶段，即空间认知与空间设计训练。空间认知阶段分为三个环节：人体尺度认知、城市认知、经典建筑空间学习；空间设计训练阶段同样划分为三个单元：立方体空间设计、空间组合、空间建造。

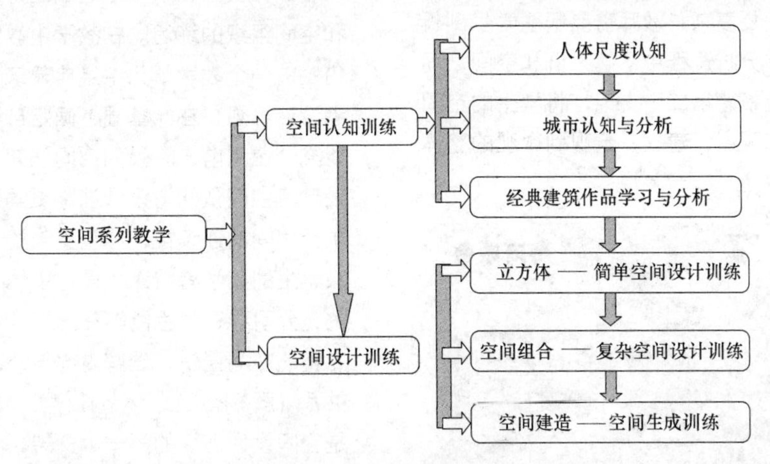

图2 空间认知和训练单元

3.1 人体尺度认知

人体尺度是空间认知与设计最基本的概念，也由此成为第一个教学单元的主题。课程单元要求学生对教室或者宿舍等生活中的空间尺度和人的活动进行研究，分析尺度、人与空间相互之间的关系，了解其相互作用的机制（图3)。学生彼此之间进行人体尺度的测量，组成小组进行建筑尺度的测量，在此期间学生与教师之间以及学生之间有很多互动过程，教师通过讲解、举例、示范等方式引导学生明白尺度与空间的意义，学生在小组工作中的互相探讨有助于对概念的进一步理解。随后学生运用人体尺度和建筑尺度数据，研究人的活动与建筑空间尺度之间的关系，绘制图纸，最后运用这些概念和认知设计一个小尺度的空间，容纳一个人的基本活动。这一单元的设置为学生的空间认知搭建了第一个支架。

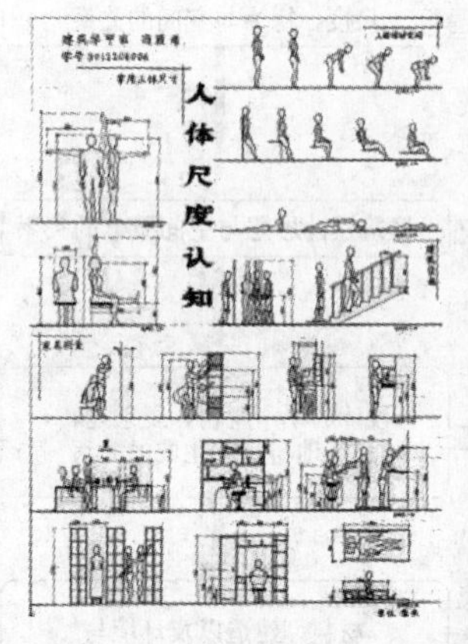

图3 人体尺度认知

3.2 城市认知与分析

将第一个单元中学生已经掌握的尺度概念扩展到街道和城市的尺度，了解群体行为与空间之间的关系，体验和研究城市空间的特性（图 4）。在这个单元中，学生通过观察、走访和分析，将已经具备的人体和建筑空间尺度的认知拓展到更大的层面，了解城市和街道的尺度，以及尺度和各种社会活动、城市功能之间的关系，建立从宏观到微观的完整的尺度概念。宏观层面比微观层面涵盖的内容更多也更复杂，教师需要帮助学生剖析充满复杂性的空间，在分析过程中了解人群和空间之间的互动机制。这一单元搭建第二个支架，将学生的空间认知领域进一步扩大和延展，建立从宏观到微观的整体视角。

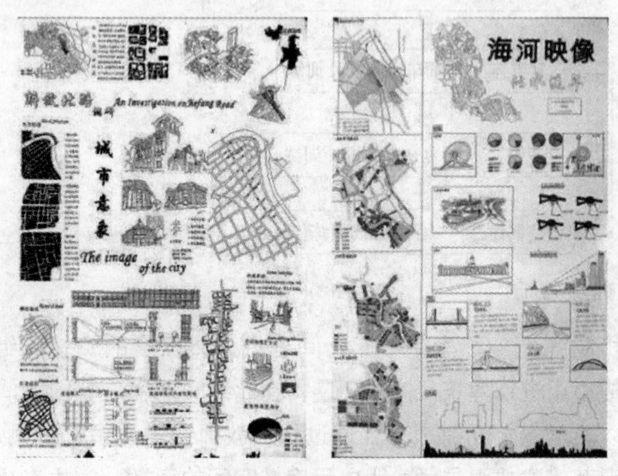

图4 城市认知与分析单元——城市尺度与城市意象

3.3 经典建筑空间学习与分析

在这个单元中，空间概念进一步延伸，通过对经典建筑作品的空间分析，帮助学生初步学习和了解建筑空间生成的逻辑，强化学生认知体系中建筑空间的概念。学生通过资料收集、研究分析和模型制作等方式，了解建筑生成的逻辑，学习和体会建筑空间组织的逻辑和空间的形态（图 5）。教师在此期间帮助学生对建筑图纸进行解读，在制作模型的过程中予以指导，同时启发和拓展学生进行建筑研究的思路和视角。由于学生选择了不同的经典建筑进行学习和研究，学生之间的互动可以帮助其认识和体会不同类型、不同风格的建筑之美。这一单元搭建的第三个支架将学生的空间认知领域深化，建立更进一步的建筑空间认知。

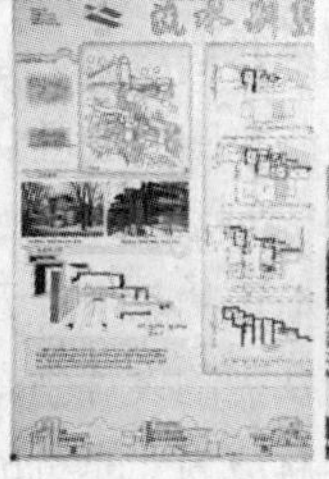

图5 经典建筑分析单元-流水别墅模型与图纸

3.4 立方体空间设计

课程要求在一个给定的立方体空间中，做空间分割和空间组织的练习。在教学中教师鼓励并启发学生充分借鉴前一个教学单元中经典建筑作品的空间塑造手法或者设计思想，在此基础上确定自己的设计主题，使学生能充分运用前一阶段的空间认知成果。同时这样的课程设计将空间认知与设计训练更紧密地结合，强化了课程单元之间的连续性，体现支架式教学的特点。针对一年级学生的初学者特点，设计主体相对简单，但通过教师的充分引导，学生能够在方案推敲和发展过程中，建立完整的空间逻辑，理解内部与外部、整体与局部的空间关系（图 6）。这个环节让学生体会了空间设计的过程，是空间设计训练的第一个支架，同时这个支架也是建立在之前的空间认知系列环节之上的。

图6 立方体空间设计单元

3.5 空间组合

这个单元是在立方体空间设计的基础上，3～4个学生组成一个小组，将组里成员前一个课程所设计的立方体组织起来，进行空间的组织和整合，形成一个新的更为复杂的空间。在前一个环节中，学生熟悉和了解了单一空间秩序和逻辑的生成过程，而在这个单元中，学生通过空间组织、整合和取舍等方式，接触和学习建立更为复杂的空间秩序的方法。同时，课题组还在这一环节中引入了场地的概念，给定地形，要求学生的空间设计要结合地形进行合理组织（图7）。教师在教学过程中与学生一起分析和讨论空间整合的各种可能性，提供设计的思路和方法，学生之间通过大量的讨论和方案的反复推敲形成最后的设计。这个环节是空间设计训练的深化，通过更为复杂的空间设计训练提升学生空间设计的认知，形成空间设计训练的第二个支架。

图7　空间组合单元

3.6 空间建造。

在这个教学环节中，学生分小组，在校园中选定一块场地，在1.5m×1.5m×1.5m到2.5m×2.5m×2.5m的尺度内建造空间实体。在这个过程中，学生就空间的形式，材料的特性，建构方式，以及与场地的结合等方面进行深入的研究，教师会在此期间与学生一起分析设计的可行性，在节点与构造等方面提供指导与帮助，而学生则经历从设计到建造的全部过程（图8）。建造单元是整个空间训练系列教学单元的最后一个单元，也是学生认知成果的一个检验，教学过程中需要运用之前教学单元中认知的知识点，同时又加以拓展和深化，建立深入而全面的空间设计认知，为之后的学习打下基础。

图8　空间建造单元（考虑材料特性、建构方式与环境的建构作品）

4 结语

通过在建筑设计基础课程中设立空间系列教学单元，引入研究性学习的方法，建筑设计的教学打破了传统教学模式中的“只可意会不可言传”的朦胧感，教师的教学过程和学生的学习过程都是建立在认知学的基础上，学生的知识体系中空间概念和设计思想的建构变为可控。与此同时，研究性学习将会成为高等教育的趋势，也是更加符合建筑教育专业特性要求的学习方法。学生所形成的研究性学习方法和自主性思考习惯，有利于发散性思维、批判性思维和创新性思维的培养，将在之后的学习和工作中发挥更为深远的影响。

参考文献

[1] 张建龙，徐甘．同济建筑设计基础教学的创新与拓展[J]．时代建筑，2017（3）：54-57．

[2] 腾夙宏．研究性学习方法在空间认知与设计训练系列教学单元中的实践与应用——以建筑设计基础教学为例[J]．高等建筑教育，2014，23（4）：116-121．

[3] 胡滨．面向身体的教案设计——本科一年级上学期建筑设计基础课研究[J]．建筑学报，2013（9）：80-85．

[4] 龙迪勇．空间叙事学[M]．北京：生活·读书·新知三联书店，2015．

[5] 李贺楠，闫凤英．感知与创造//建筑设计基础课程教学研究和实践[C]//全国高等学校建筑学学科专业指导委员会．2009全国建筑教育学术研讨会论文集．北京：中国建筑工业出版社，2009．

王红
浙江工业大学；104756018@qq. com
Wang Hong
Zhejiang University of Technology.

"一实际三结合"
——中式住区教学探索
"The Multiple Inputs Hands-on Learning"
——A Teaching Methodology In Learning Chinese Style Residential Design

摘 要：针对楼市需求发生的变化，结合"居住区规划与住宅设计"课程教学实践，从改革理念及思路、教学实践过程、成果评价等方面，论述了"一个实际项目，多门相关课程结合、理论研究与工程实践结合、多种教学方式结合"之教学探索的教学特点和成果要求，提出了中式住区教学的新思路，达到"强化培养学生的工程能力和创新能力"

关键词：社会需求；教学；中式住区；设计

Abstract：With recent changes in housing demands，a novel way of architectural teaching is required for the traditional "residential area planning and design course". This paper characterized an experimental way of course teaching，and highlighted the teaching philosophy，course syllabus，and teaching review. Particularly，this paper discussed how multiple courses，theoretical framework and field study，and multiple teaching methods，can be jointed uniquely to one field project. Such syllabus shall be viewed as an effective way of Chinese residential design teaching，and had greatly improved the learning outcome for students' engineering skills and innovative thoughts.

Keywords：Social demand；Learning；Chinese Style Residential；Design

1 缘起

本教学探索源于三方面缘由：

1.1 住区教学的困惑

我校"居住区规划与住宅设计"课程安排在四下，是本科阶段最后一门课程设计。存在问题主要有：(1)学生面临考研与工作压力，设计状态涣散；(2)以往住区规划选址和命题缺乏特定的设计要求，加之海量设计院和网上的参考资料，总有些"参考"和"借用"的设计成果让老师感觉无奈。

1.2 探索传统居住文化的现代传承

现代城市的高强度开发使我国传统的低层民居失去了生存的土壤，地域文化的多样性和特色逐渐衰微、消失，但居家合院、邻里亲情、小楼上下的传统居住方式依然是中国人精神的家园。为此，有必要研究中国传统民居的现代化改良方式，运用现代结构、技术和材料，探索既延续传统民居的空间和形态，又能满足现代居住功能和建造技术的新中式中高层居住建筑。

1.3 强化"建筑师职业能力"培养

关注行业发展，适应建筑市场需求，改革教学方式，"培养学生的自学能力、研究能力、表达能力与组织管理能力，随时能吸取新思想，运用新的科学成就，发展、整合专业思想，创造新事物。"（《北京宪章》）

2 理念及思路

基于上述缘由，我们在本年度“居住区规划与住宅设计”课程中尝试了“一实际三结合”的教学改革，即：“一个实际项目，多门相关课程结合、理论研究与工程实践结合、多种教学方式结合”。

2.1 结合市场热点，以实际工程接轨社会

杭州“桃李春风”住区以中式精装院居延续了传统居住审美意趣，在杭城掀起一股中式旋风，受到市场极度追捧。本选题结合“新中式”市场热点，选址在桃李春风四期尚未开发地块。真实场景及实际工程的引入，提升了教学的针对性，“中式住区设计任务书”的设定，对学生提出了“传统居住建筑观能否适应现代城市高强度开发需求”的新课题。

2.2 多门课程结合

在以往的教学访谈中，学生曾提出“是否将理论课与建筑设计课结合起来上，以增强对概念及原理的理解”。为此，本年度教学中我们尝试了将“居住区规划与建筑设计”与“建筑师业务与施工图设计”、“景观设计理论与方法”等多门相关课程组合教学。

2.3 理论研究与工程实践结合

作为本科阶段最后一门设计课程，我们主张开展研究型设计，在“原本单纯居住区规划与住宅设计”的基础上，增加了文献及案例调研，先研究相关设计手法，在此基础上进行新中式住区创作。

2.4 多种教学方式结合

参观新中式作品、请设计院院总做学术报告、开展专题研究、作品展览与点评等丰富多彩的教学活动为本课程提供了全方位、多层面、立体化的学习路径。

3 教学实践

本设计基地周边大量一、二层中式院墅已售罄入住，甲方希望在最后这块宝地改变一下中式设计思路及手法，增加容积率。我们期冀通过该设计研究，针对该地段“院墅热销但用地有限”的问题提出具有针对性的开发与设计策略，协调与一、二期中式住区的整体关系，传承并发扬地域文化。

3.1 教学目标

第一，要了解和掌握居住区详细规划设计的基本要领和方法、步骤，培养学生从人的需求出发，用规划的观点综合分析和解决问题的能力。

第二，熟悉居住建筑各功能用房的基本尺度，了解住宅建筑设计规范和建筑设计防火规范等相关规范，了解住宅建筑的结构构造和管线，培养学生建筑与技术结合的综合思考能力。

第三，基于现行建筑市场对中国传统居住空间和形态之回归的期盼和对新江南民居建筑形态的热捧，同时由于城市可开发用地日益紧张，积极探讨中式居住文脉在现代多层和高层住宅中的延续。

第四，相关课程结合，提交一套完整有深度的规划设计成果。

课程分为：(1) 理论研究及专业调研；(2) 居住组团规划及住宅设计；(3) 居住区规划三个阶段穿插进行，具体分为6个环节。

3.2 教学环节与要点

3.2.1 理论研究及案例调研

课程计划和要求预先通过QQ群发给学生，要求学生利用假期开展相关文献调研，利用春节走亲访友开展居住区调研和案例调研。具体涵盖资料研究和实地调研两大部分，我们提供了建议研究的主要内容：居住建筑发展研究、江南民居研究、居住需求研究和基于现代高强度开发条件下住区文脉延续研究等。

教学特点：

预热阶段，通过理论研究和案例分析为后面的规划设计打下坚实的基础。

成果要求：

传统民居及住宅建筑研究报告（图1）。

3.2.2 基地环境分析及建筑形态研究

研究当地历史与地域环境，基地调研、案例调研、问卷访谈等，分析及汇总文献研究及调研资料，在此基础上对基地文脉传承及建设方式提出自己的初步见解。

教学特点：

穿插教学活动有：中式住区考察、问卷调研（图2）、甲方参与、学术报告等。

成果要求：

按照前面提及的研究要求，将研究成果汇总成PPT文件，含报告文字及相关图片、分析图表等。PPT文件在课堂上汇报与交流。

3.2.3 居住区规划初步

从基地与周边环境的关系分析，到小区的规划结构、交通组织、绿化以及公建配置、住区空间设计等的学习和训练，使学生掌握居住小区修建性详细规划设计

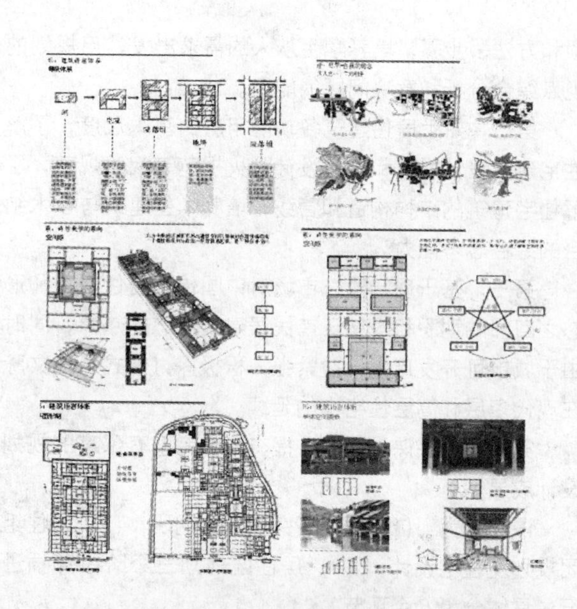

图 1　学生部分民居研究成果
（成果来源 吴屹豪同学）

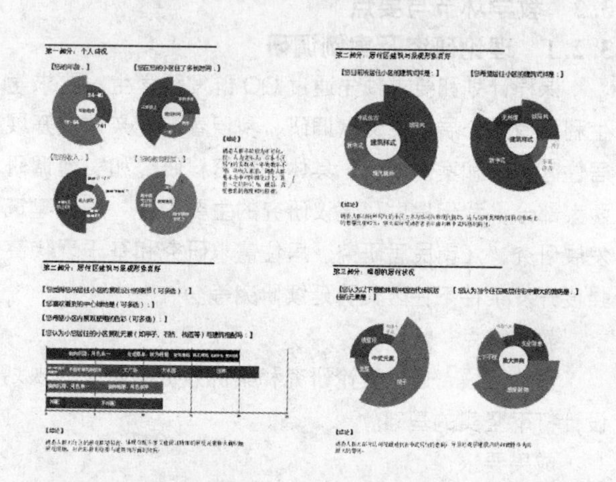

图 2　部分学生问卷调研成果
（成果来源 吴屹豪同学）

的基本内容和方法，巩固和加深对现代居住区规划理论的理解。

教学特点：

教师授课，结合大量住区案例和快题点评，让学生尽快掌握居住区规划基本原理，本次规划不对"文脉延续"做要求。

成果要求：

快题，含规划总图、规划结构图、各分析图等（图 3）。

3.2.4 居住建筑设计及组团布局

了解住宅建筑设计的基本理论、基本知识和设计方法；熟悉住宅建筑设计规范；知晓住宅户内的功能分区、动静分区、流线和常规功能用房的尺寸；了解住宅

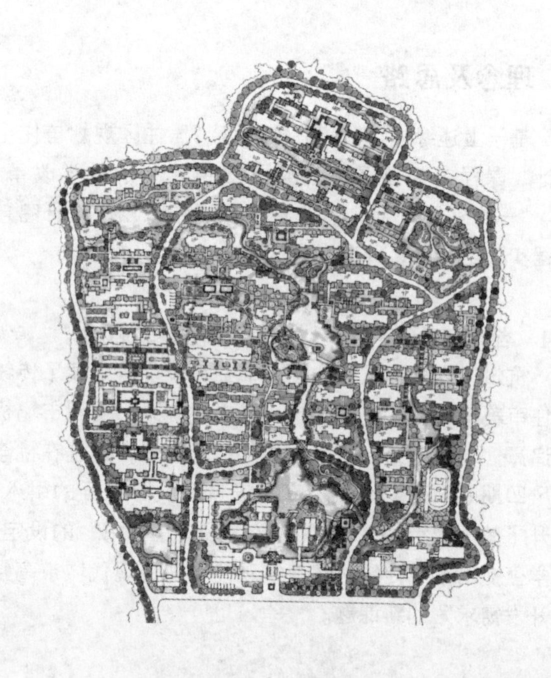

图 3　规划初步总平草图
（成果来源 吴屹豪同学）

设计的市场需求，在此基础上根据居者所需，汲取中式建筑精髓，研究新中式居住建筑的创作手法，结合现代技术对中式空间、造型、材料、色彩、装饰符号等以及表达意境、写意设计等进行研究与设计。

教学特点：

除了正常授课和改图，本阶段教学亮点是引入"讨论式教学"，讨论的专题有：（1）现代中式居住空间专题；（2）高层院落空间设计理论及案例专题；（3）中式（高层）住宅立面设计设计手法（图 4）；（4）中式（高层）住宅细部设计手法探讨等；要求学生按照教学计划自愿选择研究方向，收集资料在课堂上介绍、教师点评、同学集体讨论交流。

成果要求：

图纸文件含组团总平面图、各类分析图、住宅套型设计图、住宅平立剖面图、地下车库平面图、多向效果图以及设计说明等（图 5）。

中期评图：

每位学生贴图上板，分别介绍方案，教师逐一点评，学生们随时讨论交流。

3.2.5 居住区规划设计

与前面规划初步不同，本规划鼓励同学们研究富有文脉传承的小区空间布局、景观空间营造和邻里关系，通过空间的围合、渗透和有序组织，达到传统生活形态与现代生活需求的融合。

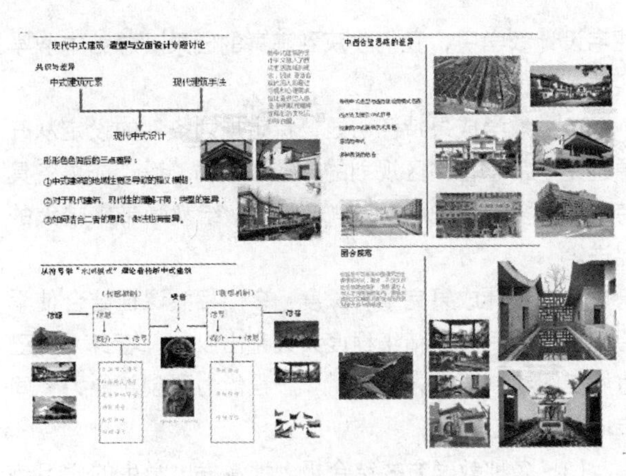

图4　住宅立面专题研讨 PPT
（图纸来源 吴屹豪）

教学特点：

老师预先提出从规划立意、交通、停车、日照、景观、公共空间设计和造型设计等方面的规划设计要求，强调规划的可实施性。专题讨论内容：中式住区的景观设计。

最后成果要求：

除常规规划及住宅设计成果（图6）外，本课程设计要求所有同学结合施工图设计及景观设计课，提交住宅墙身大样（图7）和居住区主要景观设计图（图8）。结合中式住宅研究，自愿提交完整的研究报告或论文成果（图9）。

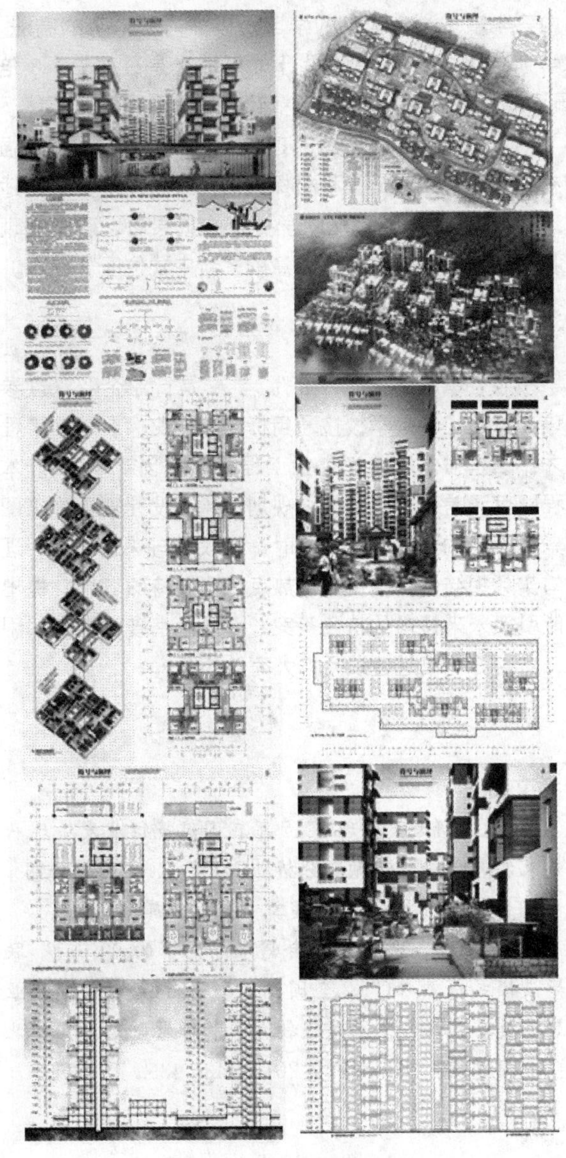

图5　组团规划设计成果
（图纸来源 吴屹豪同学）

图6　居住区规划成果
（图纸来源 吴屹豪同学）

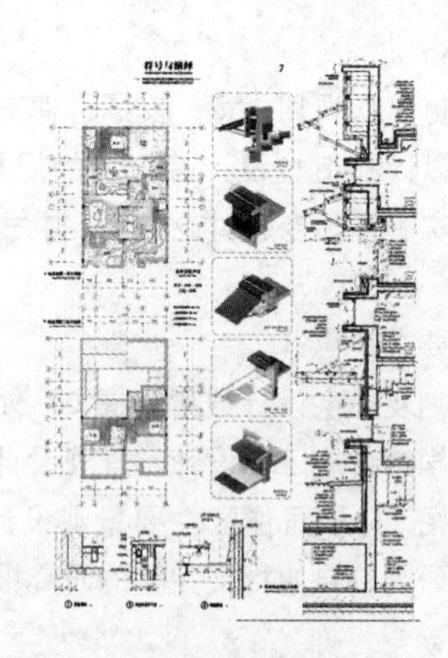

图 7　墙身大样

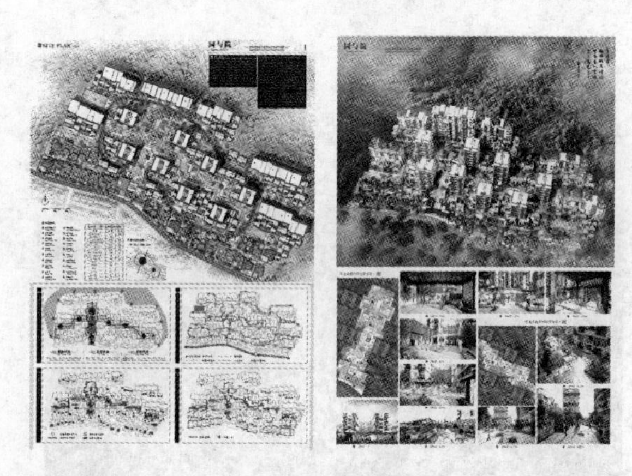

图 8　景观设计（图纸来源 吴屹豪同学）

图 9　学生研究成果（成果来源 吴屹豪）

3.2.6　集体评图及成果交流

集体评图：年级所有设计成果统一上墙展出，模块组所有老师和学生观摩，所有教师参与点评并推优。

成果交流：根据推优结果＋指导教师推荐，优秀的和有特色的方案上台介绍交流，所有教师和学生参加评议。

4　成果评价：

“一实际三结合”的教学探索应用于居住区规划与住宅设计教学中，我们收获到满意的成果。总结本教学实践，我们认为：

（1）教学成果特色明显：特定规划条件的设定从开源避免了常态化住区规划的抄袭和模仿，设计成果各具特色丰富多彩，说明引入“一实际”给教学带来较大的促进。

（2）设计成果完整有深度：多门相关课程结合使学生提交的最后成果精细程度大大超出以往，墙身大样已达施工图绘制要求，实现了“工程能力和创新能力”同步培养。

（3）多种教学方式结合极大地激发出学生的学习热情：设计全过程结合了理论研究、实地考察、名师讲座、专题讨论、公开评图、设计交流等环节，教学形式与内容丰富多彩，学生的学习积极性前所未有的高涨。本学期住区规划最后的设计成果数量是往届 2～3 倍（最多一份成果提交了 12 张精致的一号图）。

（4）实现了“有思想的建筑创作”：本课程设计强调在理论研究的基础上积极探索“传统居住审美如何适应现代城市化趋势?”从同学提交的成果看，确实展现出扎实的理论基础和令人满意的“新中式住区”创意。

5　结语

按照“卓越工程师计划”：“一是行业企业深度参与培养过程；二是学校按通用标准和行业标准培养工程人才；三是强化培养学生的工程能力和创新能力”。本课程题目涵盖了建筑策划、规划、建筑设计直至施工图和景观设计的主要内容，同时，将教学与课题研究、理论与实际相结合，结合楼市热点、选择特殊场地、提出了能引领未来楼市的特色答案，引导学生接触未来的甲方，对培养“卓越建筑师”大有益处。

参考文献

［1］　观研天下整理 2017 年我国建筑行业发展现状及未来发展前景趋势预测分析［R/OL］．中国报告网．

［2］　吴良镛等．北京宪章．百度文库．

［3］　王红，朱怿．社会需求导向下的“n＋1”联合毕设模式探索［C］// 全国高等教育建筑学学科专业指导委员会．2016 全国建筑教育学术研讨会论文集．北京：中国建筑工业出版社，2016：436-439.

王琰
西安建筑科技大学建筑学院：446059473@qq. com
Wang Yan
School of Architecture，Xi'an University of Architecture & Technology

双语专业理论课程案例式教学模式探索与实践

——以“环境行为学”为例*

Research and Practice on Case Teaching Model for Bilingual Teaching

——Take the Course of Environmental Behavior Study as Example

摘　要：本文分析了我国高校当前专业课双语教学的现状及问题，针对环境行为学课程特点及双语教学的难点，提出了案例式双语教学模式，并通过授课语言模式、实施程序、案例选取、案例调研等方面说明专业理论课案例式双语教学的实施方法。

关键词：双语课程；案例教学；环境行为学

Abstract：The paper analyzes the present situation and problems of bilingual teaching for specialized course. According to the characteristics and difficulties of the bilingual course of Environmental Behavior Study，through teaching language mode，case teaching procedures，case selection and case investigation，the paper puts forward the case teaching mode and method.

Keywords：Bilingual teaching；Case teaching；Environmental Behavior Study

1　双语教学的内涵及现状问题

1.1　双语教学的内涵

2001 年 9 月教育部指出：“教育面向现代化、面向世界、面向未来的要求，为适应经济全球化和科技革命的挑战，大学要创造条件使用外语进行公共课和专业课教学[1]”。双语教学（Bilingual Teaching）指用两种语言教授非外语类课程的一种教学方法，是以两种语言为工具，强调专业知识的学习和运用。双语教学的内涵是创造良好的非母语教学环境，使用两种语言讲授文化和专业知识。在教学过程中，学生不仅要具有坚实、丰富的专业知识，还要有较高的外语水平。

1.2　双语教学现状问题

随着我国高校国际化办学的需求，我国许多高校在专业类课程中陆续开设了以英文为主要语言，中文为辅助语言的双语课程。开展专业课双语教学可以增强学生了解世界范围内本学科最新成果的能力；加快高层次教育与国际接轨的步伐；同时还可提高师生进行科研和国际学术交流的能力。

目前我国双语教学存在的主要问题体现在：对双语教学的基本认识存在偏差，经常被等同于“用外语上课”；不考虑教学特点，盲目实施双语教学；教师的专业英语能力不能满足双语教学的需要；课程设置缺乏系统设计，教学方法与资源不足；双语教学的评估尚未对师资起到正确有效的激励作用；双语教学中存在专业教

*本文受到西安建筑科技大学研究生课程建设项目资助。

学内容与双语授课的矛盾[2]。其中，突出的问题是学生的外语水平难以适应专业教学效果的要求。

2 “环境行为学”双语课程概况

2.1 课程概况

近年来，随着我国建筑院校与国际院校之间交流的日益增加，中外联合教学已成为一种常见的国际合作模式，双语教学是其重要内容。西安建筑科技大学建筑学院与意大利米兰理工大学建筑学院，于2014年开展了研究生双学位合作项目。该项目中意双方互派研究生交换学习一年，学习合格毕业后授中、意双学位。意大利学生在我校学习期间，与遴选赴意学习的本校研究生一起进入联合工作营进行学习，同时需选修我院开设的相关双语课程。参加该项目的中方研究生均经过英语面试及专业面试，有较好的英语基础。

“环境行为学”是新兴的交叉学科，涉及心理学、社会学、地理学、文化学、人类学、建筑学、城市规划、园林规划与设计和环境保护等多个领域，它主要研究人心理、行为与人所处的环境之间关系[3]。环境行为学双语课程是研究生的一门选修课，共24学时。选课学生意方学生5～8人，中方学生10～20人，涉及建筑设计理论、建筑历史与理论、城乡规划、风景园林等方向的研究生。

2.2 教学面临的挑战

2.2.1 英语水平

双语授课无论对教师还是学生都是有一定的压力。中意双方研究生的英语基础不一样，语言思维方式、表达方式也不一样，英语教学对国内学生能否掌握与母语（中文）教学相同的内容，是否会影响学生对于专业知识的掌握，这些都是对老师和学生的考验。

2.2.2 学生对复杂抽象理论的理解力

由于环境行为学是交叉学科，理论派系庞大，涉及面广，理论抽象复杂，陌生概念及理论较多。学生往往理论基础薄弱，从而造成教学的难点。传统的教学模式内容单一，不易引起学生共鸣，学生对知识点只能生硬记忆，无法正真理解，教学效果往往不佳。

2.2.3 学生学习的积极性

在传统教学模式中，学生多为被动的听讲者与接收者，对理论课学习往往不积极、不重视，对理论课教学留有死板和枯燥的印象，学习效果不佳。如何调动学生学习的积极性，是提高教学质量的重要保证。

2.2.4 学生对理论的应用能力

作为一门应用型学科，环境行为学的理论价值体现在设计应用之中。传统的教学模式仅注重教师对知识的讲授，学生对知识多为被动接受，影响了其应用能力的培养。因此如何针对专业特点，提高学生的理论应用能力，从而保证教学最终目标的实现。

3 “环境行为学”双语课程案例式教学模式研究

3.1 案例式教学概述

案例式教学法（Case Teaching）是通过对典型案例的分析进行教学的一种方法，通过学生讨论分析一系列具有典型意义的案例，并针对案例提出解决问题的方案，使学生掌握相关的专业理论知识及实践技能[4]。案例教学，是在教师的指导下，根据教学目的要求，组织学生对案例的调查、阅读、思考、分析、讨论和交流等活动，教给他们分析问题和解决问题的方法，进而提高分析问题和解决问题的能力，加深学生对基本原理和概念的理解的一种特定的教学方法。

案例式教学法具有以下的特点：（1）明确的目的性；（2）客观的真实性；（3）较强的综合性；（4）深刻的启发性；（5）突出的实践性；（6）学生的主体性；（7）过程的动态性；（8）结果的多元化。

3.2 案例式教学的意义

（1）根据建筑学专业人才培养目标，结合环境行为学课程的特点，以理论应用为导向，在传统理论课教学模式中引入“案例式”教学模式，通过案例教学，增强学生的对复杂抽象理论的理解力，调动学生的学习积极性，以获得最佳的教学效果。

（2）结合理论教学进行现场案例调研，让学生在真实情境中学习资料收集、制定调研计划、数据搜集分析、判断决策，注重培养学生发现问题—分析问题—解决问题的能力，提高学生的理论应用能力。

（3）通过“案例调研”促进中、意双方学生交流，共同调研、讨论，彼此协作，同时又提高学生英语交流水平。

3.3 双语授课模式

目前双语教学的使用方式主要有：术语引导型、交叉渗透型和完全渗透型[4]。“术语引导型”是指仅用英文讲授名词术语，而课程主要内容仍用中文讲解。“完全渗透型”则是真正的全英文教学与交流，适合英文及专业水平均较高的学生。“交叉渗透型”则处在两者之间，是用英文讲解易于理解的内容，用全英文或英文术语+中文来讲解较难的部分。

采用何种语言方式，主要取决于学生的程度。应当遵循："专业为本、外语为桥、交流为法、融合为魂"的双语教学理念，为因材施教，结合学生专业背景不一的特点，根据教学内容采用了灵活的双语模式（表1）。

在讲解较为抽象的心理学基础知识时，为保证教学质量，采用"术语主导型"。即用英文介绍专业术语及基本概念，用中文讲解复杂的原理，以帮助学生具备外文专业文献入门阅读能力。在讲授理论应用方法及研究案例时采用"交叉渗透法"，即主要采用英文授课，部分难点辅助中文授课。在学生实地调研后进行讨论、演示、答辩时，采用了"全英文渗透型教学"，以鼓励学生开口讲英文，培养其自信和口头表达能力。

环境行为学课程教学模式及教学内容　　表1

环节	教学架构	主要内容	语言模式	教学媒介	教学模式	作用及特点
基础理论	感觉、知觉、认知	介绍心理学的相关术语及基本概念	术语引导型	英文（术语）＋中文＋中英对照课件	传统讲授	名词术语较多，学生较陌生，建立基本概念
	格式塔知觉理论	格式塔基本原理及其与建筑构图的关系	交叉渗透型	英文＋中文＋中英对照课件	传统讲授＋案例教学	通过分析经典建筑作品，掌握较抽象的格式塔原理
	唤醒理论与行为场景理论	心理学基本理论，理论性较强	交叉渗透型	英文＋中文＋中英对照课件	传统讲授	系统讲授理论知识
应用研究	个人空间、私密性、领域性	与专业结合紧密，学生相对熟悉，适于案例教学	交叉渗透型	英文＋中文＋中英对照课件	案例教学	通过分析建筑设计案例和环境现场调研，培养学生发现问题—分析问题—解决问题的能力
	外部公共空间行为模式					
	城市环境认知					
	案例调研、讨论	校园环境现场调研	完全渗透型	英文		

4 "环境行为学"双语课程案例式教学实践

4.1 案例教学实施的基本程序

案例式教学法的运用有三个重要的环节，选编案例——组织讨论——汇报评论[5]。案例的选编应具有典型性、真实性和分析价值，同时为更好地双语教学，案例应选取较新的国外实例。讨论应在学生充分准备及调研的基础上进行，最终教师应在学生汇报之后对学生提出的方案进行评价与总结。基本实施程序如图1所示。

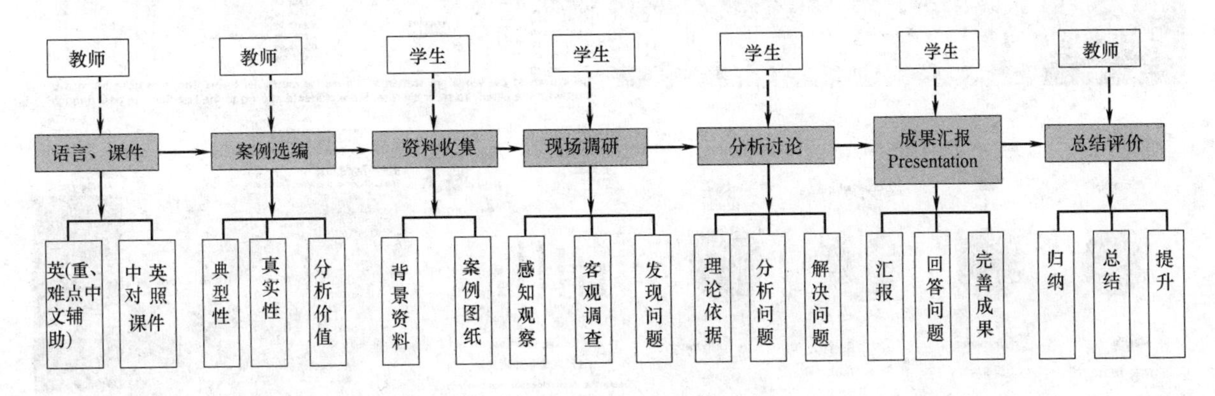

图1　双语案例式教学实施步骤

4.2 案例调研实施方法

以课程中的"外部公共空间行为模式"一节为例，说明案例调研实施方法。此部分内容主要研究人在使用外部空间时的行为习性及外部环境调研方法，是重点教学内容之一。在课堂讲授完基本原理之后，安排学生进行案例现场调研。调研以 2～4 人的小组为单位，选择校园中典型的外部空间环境进行调研。其具体的实施内容及要点见表 2。

案例式教学关施内容及要点（以“外部空间行为模式”教学单元为例）　　表 2

步骤	具体内容	要点	成果
案例选取	1. 学生分组	1. 选择较为熟悉的环境，增强学生的感受力 2. 可结合建筑设计课的内容进行调研 3. 调研范围不宜过大，内容不宜过多	
	2. 确定调研范围及调研内容		
收集资料	1. 背景资料	1. 区位分析 2. 环境特征及环境要素构成	
	2. 调研准备	1. 调研提纲 2. 调研问卷、图纸等 3. 调研工作具体安排	
现场调研	1. 空间环境感受	空间尺度、氛围、特点、使用现状	PPT 报告、调研总结、问卷总结、图纸、视频短片等
	2. 使用者调研	根据调研对象的特点，可采用以下方法：问卷调查、访谈、5W 法、SD 法、认知地图法等	
	3. 调研数据记录	拍照、摄影、手绘草图、测量、录音等	
讨论分析	1. 调研数据总结	问卷总结、数据统计、访谈分析、图纸汇总等	
	2. 现状问题分析	发现问题——分析问题，运用课程的相关原理进行深入分析	
	3. 提出改进建议	发现问题——分析问题——解决问题，针对现状问题提出改进建议	
总结评价	1. 小组成果汇报	用 PPT 及图纸的形式各组在课堂上进行成果汇报及交流	
	2. 教师提问点评	教师针对存在的问题提问，并点评	
	3. 总结	教师进行总结与评价	

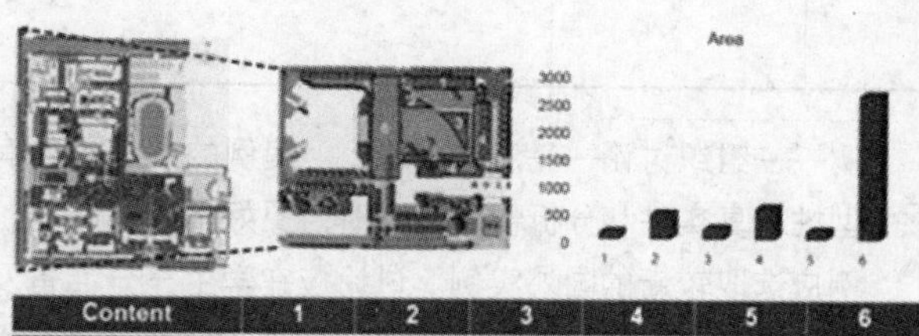

Content	1	2	3	4	5	6
Area	128	450	186	560	145	2600
The amount of chairs	48	0	0	0	0	0
The density of chairs	0.375	0	0	0	0	0
Floor lamp	6	4	4	10	0	0
Flashlight	0	0	0	3	3	10

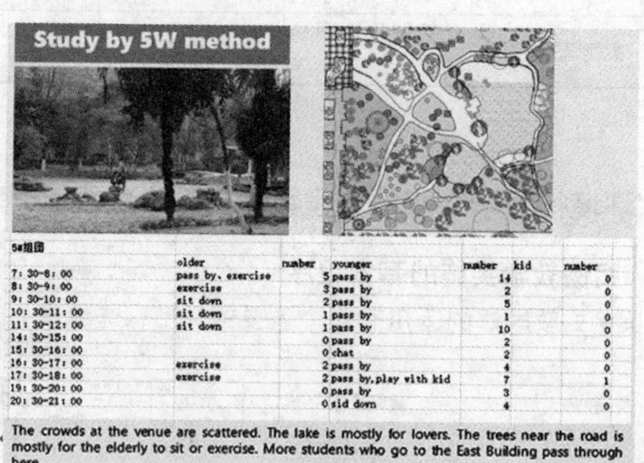

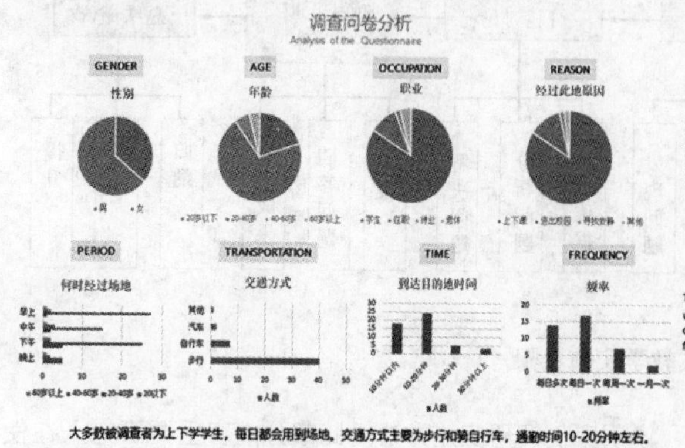

图 2　学生作业示例

首先各小组根据选定的调研地点制定调研工作计划及调研提纲，包括制定调研问卷及绘制场地现状图等。进行现场调研，根据调研对象的特点，分别运用5W法、问卷调查、访谈、SD法、认知地图法等，并详细记录调研数据。其中5W法要求至少选择工作日及周末日的早、中、晚三个时段进行观察，问卷调查要求各组有效问卷不少于为20份。在调研的基础上，各组进行调研数据总结，并运用环境行为学的原理进行现状问题分析，最终提出环境改造建议。最后各小组在课堂上进行成果汇报，教师对各组成果进行点评及总结。图2为学生对校园环境进行调研的部分成果。

通过案例调研，调动了学生的学习积极性，使学生把理论知识转化为实际应用能力。调研期间中方和意方学生交叉组合，工作语言、成果表达与汇报均为英文，提高了学生的专业英语交流能力。

5 结语

在“环境行为学”课程的双语教学中，英语仅是一种语言工具，教学的核心目的是专业知识的传授。双语教学时，应结合学生的英语能力，在保证专业知识有效传授的基础上，最大限度使用英文教学。在环境行为学的教学中，引入案例式教学法，形成以理论应用为导向，以案例调研为手段的教学模式。一方面更加有利于环境行为学课程教学目标及理论价值的实现，增强学生对复杂抽象理论的理解力及理论应用能力；另一方面也能通过案例研究、案例调研可以拓宽研究生的国际视野，提高研究生的英文交流能力，更好地掌握学科前沿。

参考文献

[1] 周凡钰，白士彦. 高校双语教学回归理性的思考[J]. 教育探索，2013（7）：48-49.

[2] 刘兆龙，罗莹，胡海云. 高校双语教学实证分析[J]，中国大学教学，2012（5）：58-60.

[3] 李志民，王琰. 建筑空间环境与行为[M]. 武汉：华中科技大学出版社，2009：3.

[4] 于文波，杨育人，郭剑飞. 案例在建筑设计教学中的应用探讨[J]. 华中建筑. 2010（8）：188.

[5] 王军，王莹. 双语教学模式的界定及实施原则[J]. 基础教育研究，2002，2（8）：66-67.

[6] 熊国平. 城市规划管理与法规的案例教学研究与实践[J]. 华中建筑. 2010（12）：180-182.

图表来源

除图2来源于研究生作业外，其余文中图表均为作者自绘。

朱蕾　涂有
天津大学建筑学院；archizhulei@126. com
Zhu Lei　Tu You
School of Architecture，Tianjin University

由策划到深化
——初涉设计全过程的天津大学本科二年级建筑设计课程尝试
From Brain Storm to Construction Design
——An Attempt at Initial Involvement of the Whole Process of Architecture Design in the 2nd-grade Architecture Design Course of Tianjin University.

摘　要：建筑学本科 2 年级建筑设计课是奠定学生建筑设计能力基础的重要环节。近年，天津大学建筑学院 2 年级设计课教学团队结合学科、行业发展趋势以及国外建筑教育经验，在课程中尝试搭建建筑设计全过程教学平台，以构建学生牢固全面的知识框架为目标，尽可能模拟现实设计项目的流程和成果要求。通过比对学生课程作业质量，可见明显教学效果。
关键词：全过程；知识框架；建筑教育；建筑设计课
Abstract：To sophomores，the architecture design class is very important to lay the foundation of architectural design ability. In recent years，in order to constructing a strong and comprehensive knowledge framework for students，the 2nd grade architecture design class teaching team，which is at School of Architecture Tianjin University，studied the discipline and the industry trends and absorbed the foreign architectural education experience to build a teaching platform of whole process of architecture design. Thus an as far as possible simulation of the actual design has been constructing. The teaching effect is obvious by comparison with the quality of the students' course work.
Keywords：Whole process of architecture design；Knowledge framework；Architecture education；Architectural design course

1　缘起

天津大学建筑学院 2 年级建筑设计课程长期以来以 4 个设计为教学内容，每设计平均时长 8 周，规模渐次递进，功能渐次复杂。然而随学科和行业发展，建筑设计工作日益追求全过程咨询，建设项目中责任建筑师的综合协调能力起到决定性作用。以往仅以功能协调＋造型设计为训练重心的课程设置日渐单薄。随之调整为 4 个各有训练侧重的设计——材料、场地、规范、分区。依然由于建筑设计的综合性，无法完美的实现每个设计各有侧重。在此背景下，亟需课程设计教学能够迅速构建全面知识技能框架，促进学生设计综合能力提升。

借频繁、深入开展国际建筑教育交流活动之机，对照国外多个高校建筑学教育的教学内容，发现以往课程设计深度要求远远不足。国际一流高校的课程设计成果大多要求大比例节点模型和施工图设计深度（图 1、图 2）。经过如此训练，学生对建筑及建筑设计的认知水平迅速提升，使得创造力有条件贯穿建筑设计的各个阶段，大大提高实现创意的能力，从而保障学科及行业整体的领先水准。

图1　天津大学赴德国亚琛工业大学留学生课程作业中的大比例节点模型，彭思博提供

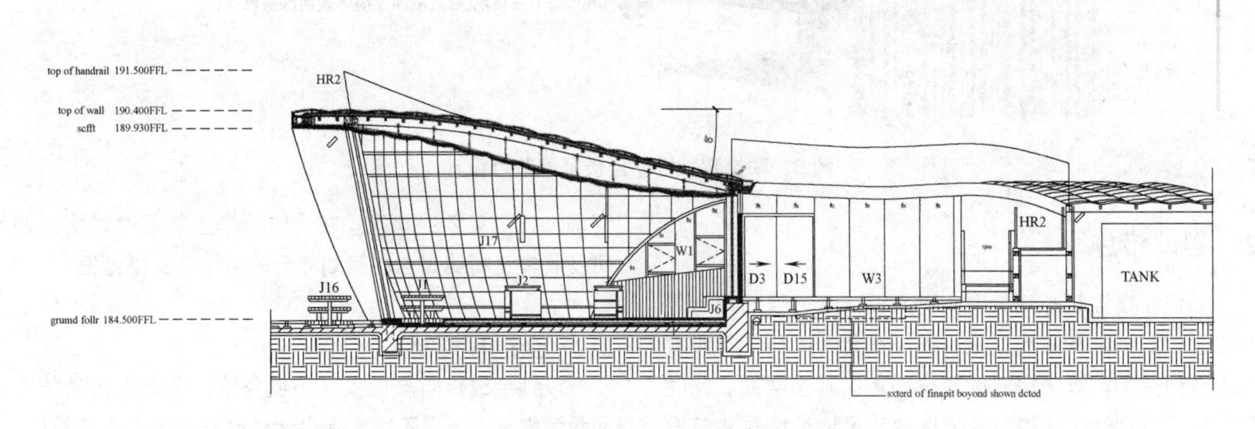

图2　天津大学赴澳大利亚新南威尔士大学交换生课程作业节选，Wang Nanjue 提供

考察国内建筑设计一线，一方面大型设计机构追求全过程咨询服务，并设新员工全过程学徒制，专派总工负责一对一带教新员工参与设计项目的策划、概念设计、方案、初设、扩初、施工图、施工配合、建成跟踪直至项目归档的全过程。新员工通过一两年的全过程学习实践，可成为项目负责人，独立或带队完成小型项目。在此基础上，设计经验得以自主而迅速的积累。

随着国内地产热降温，建设项目回归理性，市场对建设项目的质量要求高涨。在此趋势下精细化建筑设计是提高设计完成度、节约建设成本、提高项目质量的重要保障。作为建筑设计的主要完成人，建筑师必须做到对项目整体把控并追求控制设计的完成度。国内新兴的一些小型设计机构把精细化设计作为自身的发展风格，着重打造设计完整度的控制，数年来完成了系列精品（图3～图5）。

信息时代背景下，建筑学学科呈现学科细分与学科交叉的发展趋势。全面的知识框架结构是在深度和广度上探寻学科发展的新方向的必要基础。

因此，天津大学在建筑学基础教育中尝试尽早进行设计全过程训练，以帮助学生快速搭建全面的知识框架，构建坚实的建筑学知识结构体系。

图 3 联投贺胜桥办公楼实景照片

图 4 联投贺胜桥办公楼效果图

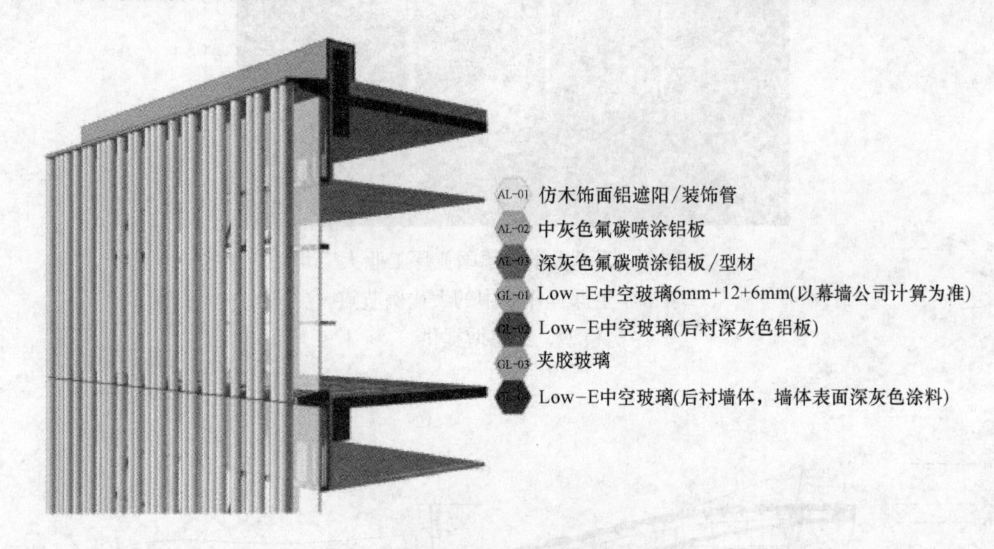

图 5 联投贺胜桥办公楼幕墙节点设计

2 尝试措施

如何在高校教学环境中，引入设计全过程的理念是教学尝试的关键及难点。在沿袭天津大学本科二年级教学传统前提下，教学探索设置在二年级春季学期。此时学生们经过秋季学期的简单小型建筑设计训练对建筑设计有粗浅认知以及困惑。此时接触设计全过程训练效率较高。

调整时间安排。因课程设置要求，无法用满 16 周完成一个全过程训练。折中修改为一大一小两个设计，尽量保证全过程训练时间，并以阶段设计与全过程设计对照。

2.1 引入策划

行业和市场需求下，建筑师的职责范围已拓展到建设项目策划。因此设计全过程训练从策划起始。为模拟真实的设计工作过程，课程设计选择市内方便调研的真实场地，结合开放的任务书。即任务书仅要求主功能，可增加自由策划的功能。在此阶段学生将通过观察、调研及收集资料给出自由策划部分的结论及支撑论据。

2.2 全过程控制

设计全过程向高校教学环境移植，考虑到教学条件和教学需求，不得不将实际设计全过程进行纯化与简化，将业主、施工方及政府等项目角色及设计机构的各专业配合，由指导教师负责提示。全过程设计训练主要设置项目策划、概念设计、方案设计、深化设计以及成果表现几个阶段节点。尽量在现有条件下创造接近真实的设计全过程周期。每个节点设置相应的设计深度及成果要求。

项目策划阶段要求学生在任务书要求的框架下，制定调研研究计划，实地调研场地，查找资料，基于对场地全面细致的观察及认知编写调研报告。基于场地调研结果编写项目策划书提纲，并模拟汇报评审，最终确定自由策划内容。工作时间约 1 周。

概念设计阶段要求学生以任务书及策划书为依据，

提炼设计概念，并以概念主导建筑设计，在场地中综合规范、任务书、策划书、场地条件、设计概念等要素，确定建筑可建范围及场地规划结构，通过工作模型推敲建筑形态，综合表达设计概念。成果再次通过模拟汇报评审，工作时间约3周。

方案设计阶段要求学生在概念设计的基础上进一步将成果深化，设计图纸与住房城乡建设部《建筑工程设计文件编制深度规定（2016版）》接轨。要求设计信息齐全，满足国家规范，包含场地、形态、材质、结构形式、构造措施等设计要点。成果需通过3名以上教师参加的模拟汇报评审，工作时间约3周。

深化设计，在高校教育环境下，各专业配合的环节难以实现，因此深化设计阶段以建筑专业为主，设计深度介于初步设计与施工图设计之间，即在初步设计深度的要求下增加外檐和楼梯构造节点设计。以计算机二维线图及3D模型为成果，通过指导教师审图环节才能进入成果表现阶段，工作时间约2周。

成果表现工作时间约1周，提高计算机成果表达要求。全过程设计训练中以近似职业建筑师工作模式的徒手过程草图+计算机成果的表达技法，对徒手草图和计算机应用能力同时严格要求，为适应不同的工作要求练好基本功。

成果归档，颁布明确的成果归档文件内容、存储格式、命名格式、文件质量等参数，直接关联评定成绩，培养整理设计文件意识。

在开题和方案设计阶段设置深化设计相关讲座，通过优秀工程案例的全过程文件讲解，学生们可以对全过程设计有清晰的认知。通过对建构设计主导的国内外优秀设计案例介绍，引导学生追求艺术与科学的平衡。

2.3 历年微调整

该课题尝试自2013年春季学期正式开始，大设计为11周，要求设计售楼处并设计节点，小设计为4周幼儿园设计，仅要求平面布局，图纸深度要求达到初步设计深度。该学期内先安排大设计导致与建构课程进度不匹配，加之小设计4周时间仅将平面深入到初步设计，导致知识框架尚不完善的学生无所适从，训练效果不甚理想。

2014年春季学期改为书吧设计，任务书提出可设置自拟功能，开始加入策划环节。

2017年改为“书吧+”，将策划环节列入教学时间节点。小设计改为校史馆，两个设计均衡为6+10周，忽略规模递进，优先匹配相关课程进度，先做小设计，再做大设计，保障了两个课程设计的训练效果。

2018年春在成果表达前一周增加审图节点。经过6年运行调整，全过程设计训练尝试尽量在高校教学环境下模拟真实的建筑设计项目运作环节条件。

3 教学效果及经验

场地调研阶段的完成度较好，体现出一定的深度和创意。

概念设计阶段大多数学生难以把握概念与设计、调研与设计的关系，前两个阶段衔接困难导致概念生成困难甚至消失。

方案设计及深化设计学生囿于对建筑及对建筑设计的认知水平，往往需要大量指导才能够明确工作内容。

构造节点设计由于和建筑构造理论课程同步推进，因此在设计之初很难包括构造创新设计。

全面推进计算机表现，成果质量大幅提升，甚至原11周设计减为10周的情况下成果仍优于往年。

增加审图节点，图面表达深度、准确性、规范性大幅提升。

因实际建成的小规模独立书吧非常罕见，从而增加学生资料收集及学习难度；加之互联网+时代对传统纸媒阅读方式颠覆性改变，设计逻辑难以梳理，任务书功能设置亟待更新。

选址所处历史街区，导致建构设计发挥受限，选址条件宜适度放宽，鼓励多元化建构设计。

4 作业对照分析

对照成绩排前10%学生的节点设计大样和计算机效果图成果。明显发现6年来教学尝试的成效。学生的设计能力、设计深度大幅提升，计算机绘图表达规范性和艺术性显著提高（图6、图7）。

5 教学平台愿景设想

建筑设计全过程训练作为奠定基础的教学内容重要性不言而喻。然而现有高校教学环境与理想的全过程训练条件尚有出入。若以相应资源配合，整体贯穿建筑学基础教学，学生能有更多的机会参与真实建造，能由工程经验丰富的教师带领实地参观工地、材料、工厂、设计机构、优秀建成作品。从而提高对建筑及建筑设计的认知水平，通过全过程设计训练，建构全面坚实的知识框架，能够尽早从宏观的视野审视细节，实现自主汲取经验，丰富知识结构，从而培养技能全面、善于更新、敢于创造的优秀建筑师。

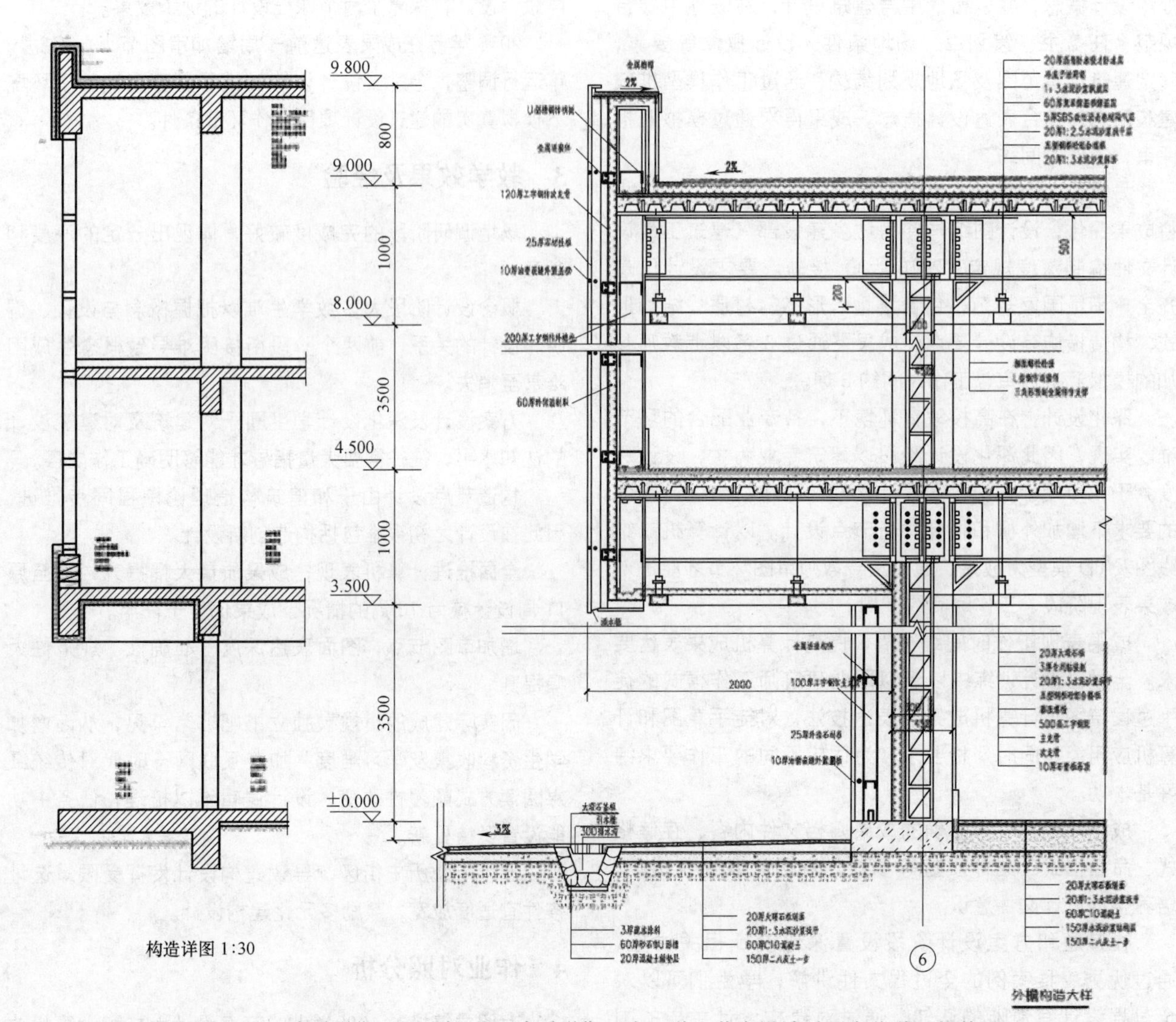

图6　2015春季学期（左）与2018春季学期（右）学生节点设计对照李艺璇，彭瀚墨

图7　2015春季学期（上）与2018春季学期（下）学生计算机效果图对照，黄睿，彭瀚墨提供

附录

2018年春季学期“书吧＋”设计任务书。

Architecture　　　　2/FOUR

DESIGN　CLASS

设计四——书吧+

题目阐述

用9周的时间在给定的地块内设计一个“书吧+”

- 在给定的地形内设计一个“书吧+”。

  书吧是近些年在大城市流行起来的一种读书场所。随着人民群众对于阅读空间的多种需求，我们提出“书吧+”的复合阅读空间，旨在积极推行全民阅读的理念指引下，对原有传统书店的经营模式进行改良，并在功能方面，基于不同主题特色与场所环境，将基本的售书、藏书、阅览空间，与咖啡厅、文化沙龙、特色展陈、专题演示、信息平台以及青年艺术家创业基地等其他相关功能空间进行模块式组合，从而打造出的“书吧+”这一灵活多变的小型文化艺术综合体。“书吧+”经营内容除图书、音像制品销售、借阅外，还包括餐饮、展览、文化沙龙活动、小型观演、创业指导等。人们可以在书吧里喝茶、喝咖啡、聊天的时候翻翻时尚杂志、流行小说，在舒缓的音乐中放松身心。
- 书吧+的设计一定要体现场所特征与文化氛围，置身其中，使人感受到浓厚的历史、文化气息，同时突出特色经营，根据所坐落位置的区位特点，选择1-2个附加功能模块，从而使每个书吧都具有自己独特的经营主题。
- 本项目选址均位于天津市五大道历史文化保护区内，可任选其一（用地范围详见附图，图中单位：M）：
- **建筑总面积**：1200平方米，可上下浮动10%。
- **建筑层数**：2~3层。
- **建筑功能**：建筑功能应包括（但不仅限于）阅览区、咖啡厅、自拟特色区、辅助部分、交通及其他空间等。内部的各个功能分区合理完善，基本功能齐全，注意人流的动线组织，彼此之间紧密联系，融为一体。各部分内部面积可以根据功能需要自行确定。除下面要求的基本功能外，学生可在征得指导教师同意的前提下合理增加新功能。

  1、必选功能模块——阅览区及咖啡厅：300㎡

  阅览区为书吧主要功能区，内容包括书籍售卖、书籍陈列、书籍阅览等。各部分功能面积比例可根据设计需要在指导教师同意下合理调整。

  2、自拟特色模块：300㎡

  自拟特色区为学生提供充分想象空间，可根据调研结果与自身设计的需要安排相应的功能空间（如文化沙龙、特色展陈、专题演示等），也可通过现场调研提出其他特色模块，此部分功能可与其他空间结合设计。

  3、辅助部分：180㎡

  a)备餐区50㎡，可结合开放空间设计；

  b)其他辅助用房50㎡；

  c)办公（2~3间）60㎡、接待区20㎡。

  4、交通及其他空间：420㎡

  包括门厅、中庭、楼梯、电梯、走道、卫生间等

  5、其他要求：

  建筑内外空间处理应尺度适宜，层次丰富。色彩处理应系统整体色调柔和、亲切、明快，局部关键部位重点突出。建筑造型特色鲜明，形象突出，简洁、大气、既贴合自身功能设置又对地域特色进行积极响应，成为所在区域中的一景。

  外部空间应进行一定的设计，布置绿化、雕塑、水体等景观要素。需布置不少于3~4个室外停车位（2.5M×5.5M即可）。

  在建筑设计全过程中综合反映建构的内容，体现建筑设计到建成过程中，既符合力学规律，又遵循材料、构造特征，同时符合从艺术审美角度去审视其自身所应具有的美学法则。

设计阶段与成果要求

教学周		教学内容	成果要求	备注
第一周	二 4.17	开题报告		涂有老师
		专题讲座		张涛老师
	五	场地调研，功能策划		
第二周	二	场地调研，功能策划	调研报告、策划书	组内讲评
	五	一次草图阶段		
第三周	二	一次草图阶段		
	五	一次草图阶段		
第四周	二 5.8	组内评图	一草与工作模型	组内自评（占总成绩10%）工作模型推敲方案
	五	二次草图阶段		
第五周	二	二次草图阶段		
	五	二草深化、细部构造设计		
第六周	二 5.22	中期评图	二草与工作模型；构造设计草图	占总成绩20%
	五	终期方案设计阶段		
第七周	二	终期方案设计阶段		
	五	终期方案设计阶段		
第八周	二	构造设计答疑		
	五	仪器草图阶段、细部构造设计		
第九周	二	仪器草图阶段、细部构造设计		
	五 6.15	仪器草图深图(制图规范审查)	总平面、各层平面、立面图、剖面图、构造设计图	占总成绩20%
第十周	二	设计周制图，集中制图		
	五 6.22	最终评图	完整的设计图纸与方案模型	占总成绩50%
设计成果	① 调研报告：结合场地调研与案例分析，完成自拟模块的论证，并将相关调研成果择要在最终图纸中进行表达。 ② 方案模型：1:150 ③ 方案设计图：包括全部的方案图（深度达到初步设计要求）与构造设计图（深度达到施工图详图要求），A1尺寸2~3张（在保证质量前提下可以增加张数）。 总平面图（1:300）； 各层平面图（1:150）； 立面图（不少于2个，1:150）； 剖面图（选择空间变化最丰富的地方剖切，不少于1个，1:150）； 透视图（人视高透视图不少于1个）； 构造设计图（选择立面最精彩的部位，完成一个自檐口至室外地坪的构造设计图，不小于1:30） 要求使用计算机绘图。			

参考文献

[1] 都设设计. 设计完成度的控制之道（五-八）. 都设设计微信公众号，2017-2018.

[2] 曲泽军，姚越，范家豪. “执行建筑师”模式下的全过程工程咨询企业发展思考［J］. 中国勘察设计，2017（7）：44-49.

[3] 丁沃沃. 过渡与转换——对转型期建筑教育知识体系的思考［J］. 建筑学报，2015（5）：1-4.

[4] 范文兵. 建筑学在当今高校科研体制中的困境与机遇——从建筑教育角度进行的思考与探索［J］. 建筑学报，2015（8）：99-105.

吴超　付胜刚　何彦刚　李焜　吴涵儒
西安建筑科技大学；472587632@qq.com
Wu Chao Fu Shenggang　He Yangang　Li Kun　Wu Hanru
Xi'an University of Architecture and Technology Architecture College

以建筑学认知规律为线索的设计课改革之源自生活的空间感知方法探索*

Architecture Experimental Teaching Following the Cognitive Rule of Architecture-exploring of Space Perception Method from Living

摘　要：人人都有自己的生活，生活每天都在进行，生活中无处不在的空间却被认为是一种司空见惯的存在。精彩的空间从来没有消失，消失的是对空间的感知，缺少感知的空间就这样被任意遗弃，以至于生活中的人面对美好而视而不见。漫步生活，放大人的知觉，去听、去看、去嗅、去尝、去触自己生活的世界，关注生活中打动自己的趣味点，深入观察其本身呈现的特征，寻觅其虚实关系，进而通过改变观察的视角、视距、视高，改变观察的环境、改变观察的介质来探索观察中方式向量的调整带来的空间感受。最终描绘出源自生活却有别于现实、超乎想象的空间感受。

关键词：生活；空间；感知

Abstract: Everyone has his own life, and living in every day, everywhere in the life space is considered the existence of a commonplace, Wonderful space never disappear, disappear is the sense of space, and thus the lack of sense of space was arbitrary abandoned, so that the life of people in the face of good and turn a blind eye. Wandering life, enlarge people's consciousness, to listen, to see, to smell, to taste, to touch his life world, pay close attention to life to impress their interest points, look deeply into the characteristics of its own present, look for the false or true relationship, thus, stadia, depending on the viewing Angle by changing the high, change the observation environment, change the way of observation of medium to explore the observation vector adjustment brings a sense of space. Eventually have a different paint from life reality, beyond imagination space to experience.

Keywords: Living; Space; Perception

《感知世界：感觉和知觉导论》提出：感觉的过程是借助生理器官将信息传达到大脑的过程，而对传入的信息做出处理的过程则可被视作知觉的过程，知觉的形成，必须依赖于人们对所传入刺激的注意和从种种刺激中抽取信息的能力。知觉的过程是主动的感知过程。心理学上将感觉与知觉合并称为感知，感知是任何环境联系的最基本的机制①。

---

*西安建筑科技大学校级教改重点项目：基于“场所理念”的空间设计教学方法研究，项目编号：6040417033。

① T. L. Bennat. 感知世界：感觉和知觉导论［M］. 旦明译. 北京：科学出版社，1983

每一位进入建筑学专业的大一学生，在接受设计课教学前的每一天，都呈现着一种自己的生活状态与方式。而且这种状态与方式之间存在着不同程度的差异性，正是这种与生俱来的差异性给予了生活多姿多彩的画面。那么，多姿多彩的生活如何被更具象、更物化地认知，则是本文讨论、研究的核心内容。

1 漫步生活

放慢自己的脚步，放大自己的知觉，去听、去看、去嗅、去尝、去触周围的世界。听虫鸣鸟叫，听风生水起，听车水马龙。看天、看地、看自然，看动、看静、看百态，看虚、看实、看万物。嗅其气味、触其质感、尝其滋味。这一过程中，学生只需放下自己的戒备，打开心扉，接受生活传递来的信息，融入其中，享受信息带来的刺激，能够察觉自己身处的生活是具有姿态、带有表情、富有情感的、会说话的艺术品。

2 关注趣味

漫步生活之中，徜徉关注的趣味，学生通过放大自己的五觉，对生活进行彻底的感知后，分别产生不同的关注点。他们发现了自己认同的生活趣味点。这其中我们选取其中几种典型案例，分别有树枝、树叶、茶叶、鸡蛋、蘑菇、辣椒等生活中最为常见物体。学生对所关注的物体开始全方位、更细致的观察、发现与思考，这一过程中学生不断地改变视角及站点去观察物体，或平视、或仰视、或俯视，或站远看、或走近看、或贴近看，由于看的方式各式各样，物体在学生的脑海里便呈现出新的“姿态”，这些姿态更像是物体被无限放大，换位思考更像是以“昆虫”的视角在观察世界，物体原有的微曲表面被夸大扩张为昆虫视野里蜿蜒的山峦一般（图 1）；物体本身与环境之间原本的狭小空隙扩展为昆虫视野里无限延伸的遮蔽空间；物体自身特有的空心生长结构转换为昆虫视野里变化丰富的洞穴空间（图 2）。

所有的这些新生“姿态”所对应的核心物体从来没有改变，改变的只是物体周边的环境要素，或者准确地说，改变的是关注物体的人、位置、角度、高度、视野、光线、时间、所依托的载体等要素。而正是这种由原有物体到众多新生“姿态”的转换过程，成为学生关注趣味最有用的训练环节。

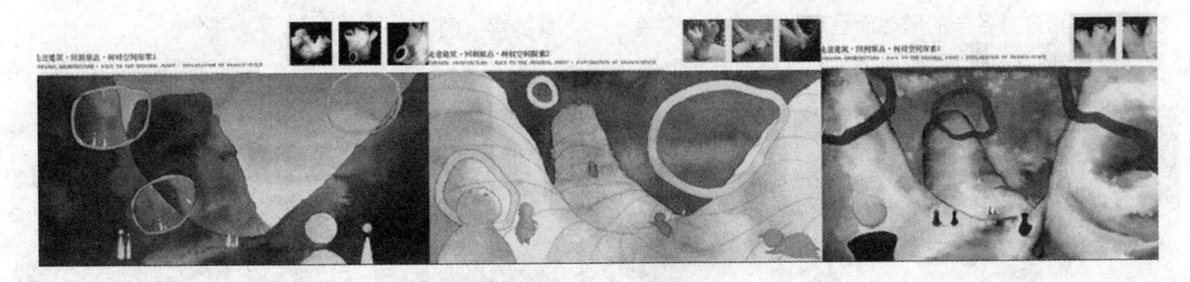

图 1 树枝分叉表面——山峦般的空间（建筑 1405：陆熠兰 林雨岚 廖好茜）

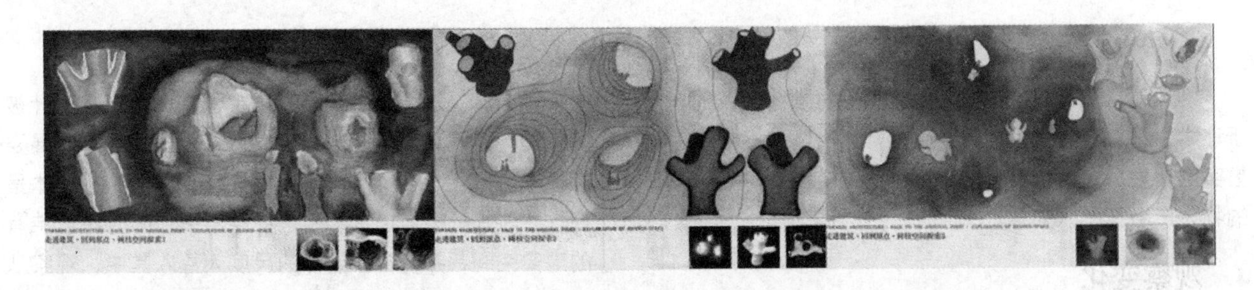

图 2 树枝分叉内部——洞穴般的空间（建筑 1405：陆熠兰 林雨岚 廖好茜）

3 寻觅虚实

虚与实，是一种相互以对方作为参考而存在的空间概念。学生关注物体的过程中，发现物体不同的“姿态”所呈现出千变万化的虚实关系。

蘑菇本是一种人们生活饮食中常见的食材，然而在学生眼里蘑菇却呈现着有别于原本食材的“姿态”：将蘑菇正立起来，形成伞状空间，蘑菇与台面之间为虚，蘑菇本身为实；将蘑菇倒放起来，形成盆状空间，蘑菇内凹部分为虚，蘑菇本身为实（图 3）。

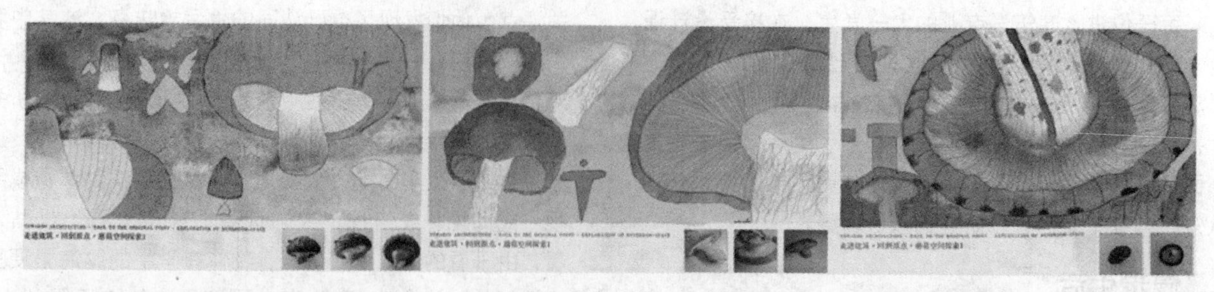

图3 观察蘑菇——实物蘑菇的虚实关系（建筑1405：朱子唯 张晓鹏 马臻）

树枝、树叶是学生日常生活中最触手可得的物体，经过细致的关注，对固有观念中实的树枝有了新的发现，当观察的距离无限拉近时，树枝本身分叉的地方便形成虚，树枝本身为实；截取树枝分叉的一段观察断面，想象空树干对应的虚空间与树皮本身的实（图4）。

图4 观察树枝——实物树枝的虚实关系（建筑1405：朱子唯林雨岚 张蕾月）

树叶也因其自身各异的形态而呈现出更多的虚实关系，弯曲的树叶与台面之间形成覆盖的虚空间与树叶本身的实（图5）。

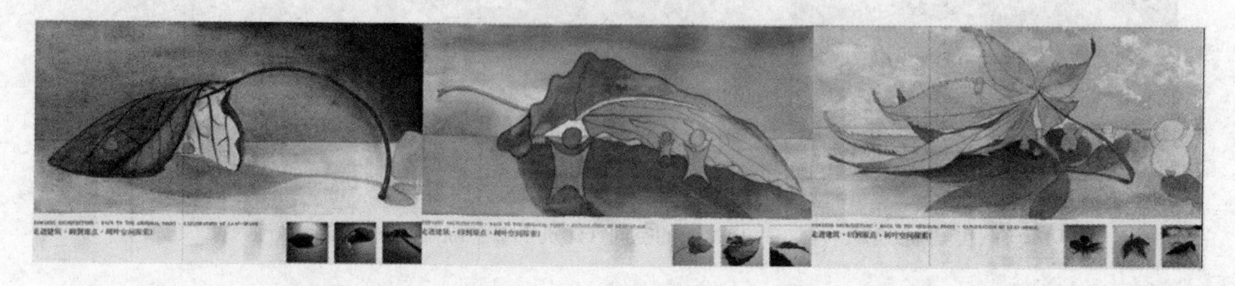

图5 观察树叶——实物树叶的虚实关系（建筑1405：马安宁 刘寒露 林雨岚）

学生对身边常见物体虚实关系的探讨训练，目的在于让学生重新观察生活，关注生活常见物体中不常见的虚实空间关系，对生活产生好奇感，对生活中司空见惯的物体产生新的认知感。

4 观察变化

由于观察方式与观看距离的调整，学生发现日常物体产生新的虚实关系，对生活产生了新的认知概念。那么，对原有物体进一步的“拆解”与“转换”，加强学生对物体拆解后产生的变化感知，进行再次观察的训练，重复式培养学生观察物体的能力，包含观察的站点、视角、视距、范围、光线、时间等方面要素选择的能力。

那么，在对茶叶的观察过程中，首先是观察茶叶被开水冲泡过程中随时间变化茶叶展现出不同的伸展姿态，学生用相机记录下不同时刻茶叶在水中的具体呈现。并将其形态通过水彩手法描绘出来，同时探索特有的虚实空间，并将自己设计的尺度人置入其中，观察从茶叶本身至描绘空间之间的变化（图6）；其次学生用锡箔纸模仿茶叶的姿态，通过锡箔纸学生将水中时刻变化的茶叶姿态固定了下来，虚拟茶叶的某时刻，能够更加长时间、反复观察自己所特别选择的姿态，同时将其形态通过水彩手法描绘出来，探索虚实空间，并将尺度人置入其中，观察从水中茶叶至虚拟茶叶之间的变化（图7）。

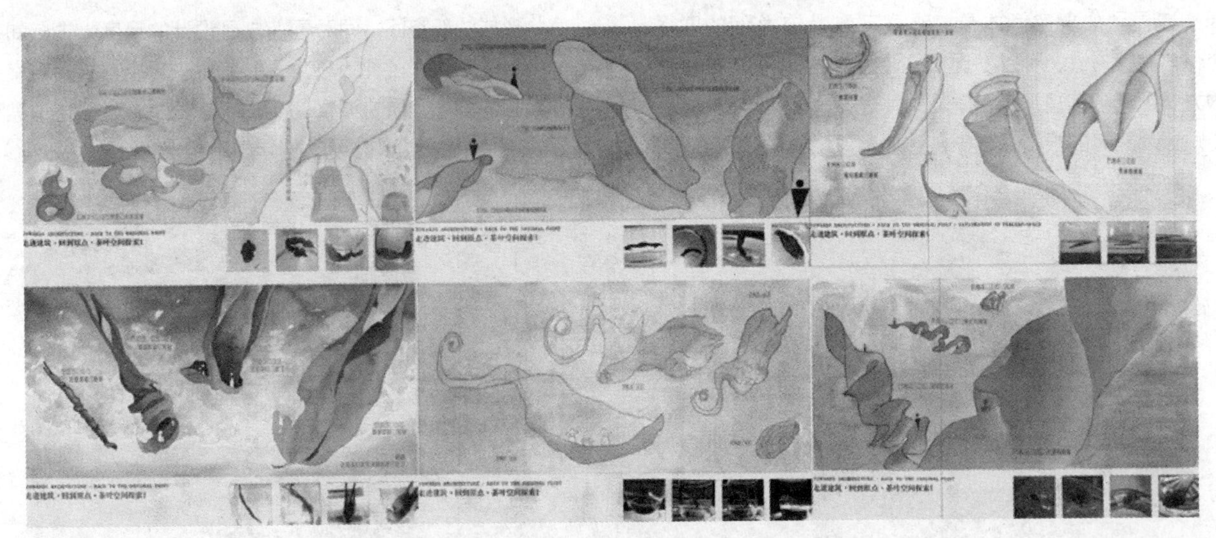

图 6　观察茶叶——冲泡中茶叶形态的描绘

（建筑 1405：赵逸白 张若彤 马思齐 陆熠兰 郝昱凝 洪锦龙）

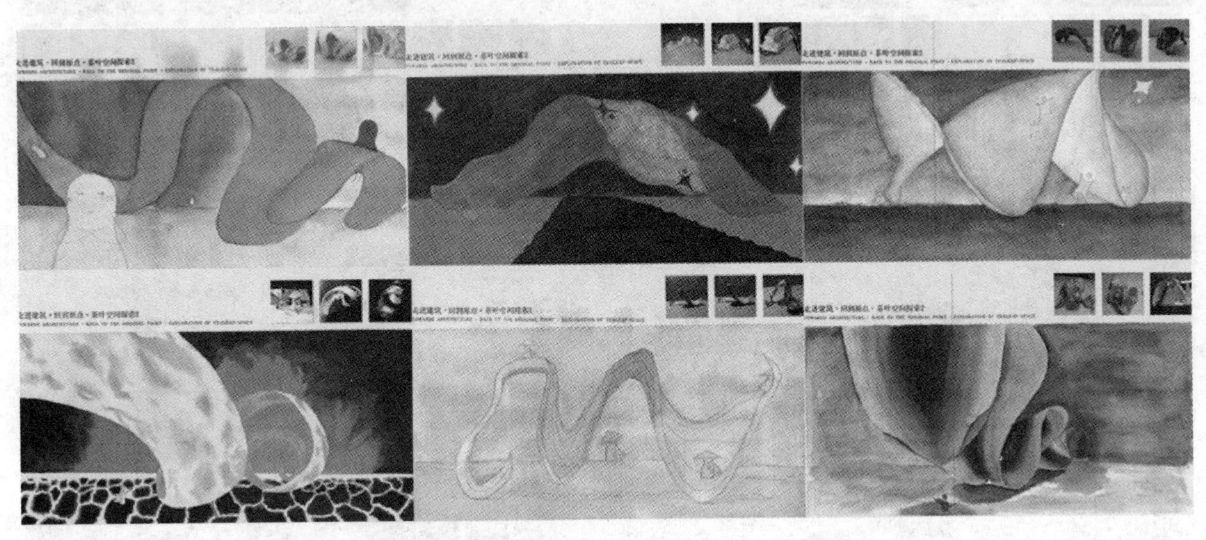

图 7　观察茶叶——锡箔纸虚拟茶叶形态的描绘

（建筑 1405：赵逸白 张若彤 马思齐 陆熠兰 郝昱凝 洪锦龙）

最后，细线将不同姿态的茶状锡箔纸悬挂起来，进而近距离观察转换后的茶叶形态与空间关系，扭转的茶叶形态之间通过悬挂形成新的趣味空间。通过水彩手法描绘其趣味空间，置入尺度人，观察从单个虚拟茶叶至多个悬挂的虚拟茶叶之间的变化（图 8）。

实际上，不仅仅茶叶在学生新的观察方式下呈现出：从干茶叶至水中冲泡的茶叶，至锡箔纸虚拟的茶叶，至虚拟悬挂的茶叶等空间变化。

蘑菇在学生新的观察方式下呈现出：蘑菇本身所具有的或伞状、或船状空间，至剖切之后的或通高、或扁平空间，至新材料介入后抽象的空间变化（图 9）。

鸡蛋在学生新的观察方式下呈现出：鸡蛋原型及被击碎后的原始状态，至鸡蛋击碎后发现的新空间，至新材料介入后抽象的空间变化（图 10）。

辣椒在学生新的观察方式下呈现出：辣椒被剖切后断面呈现的空间，至剖切后抽象的断面空间、至新材料手工模型还原空间原型的空间变化（图 11）。

树叶在学生新的观察方式下呈现出：树叶原型状态下，置入尺度人形成的空间姿态，至树叶处于特定环境中，置入尺度人形成的空间姿态，至介入新材料弹力布虚拟树叶形态，置入尺度人形成的空间姿态变化（图 12）。

典型实物案例的空间感知基本上都经历了三个阶段观察、探索与描绘，实物本身的原始状态，拆解或转换实物后的第二状态，新材料介入后的抽象第三状态。三种状态是对同一实物案例逐层深入的感知，从表象至内部构造再到抽象空间本质，观察三种状态之间的联系、变化与转换方式，可以发现，三种状态之间联系的是观察的方式：无限缩短视距，降低视点高度，将实物案例尽可能贴近观察者的眼睛，想象自己是一只小虫子，观察眼前实物形成的新空间，同时置入自己设计的尺度人去感知空间使用的方式。三种状态之间的变化与转换方式是观察的顺序、环境与介质的调整，观察从外及内，观察处于某种环境场景中，观察借用新材料虚拟的实物形态。

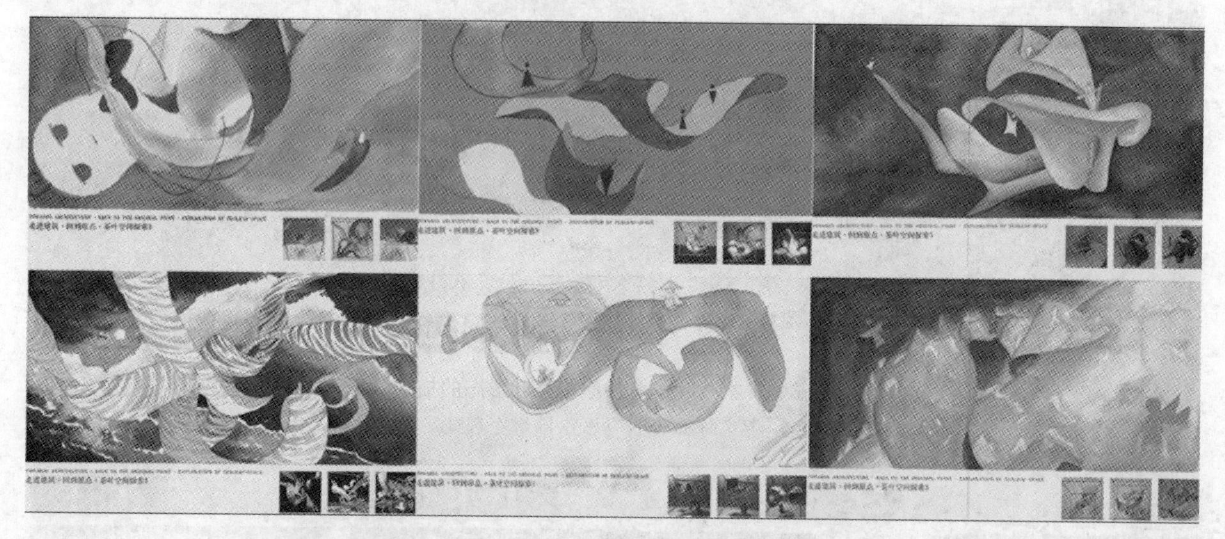

图 8　观察茶叶——悬挂虚拟茶叶形态的描绘

（建筑 1405：赵逸白 张若彤 马思齐 陆熠兰 郝昱凝 洪锦龙）

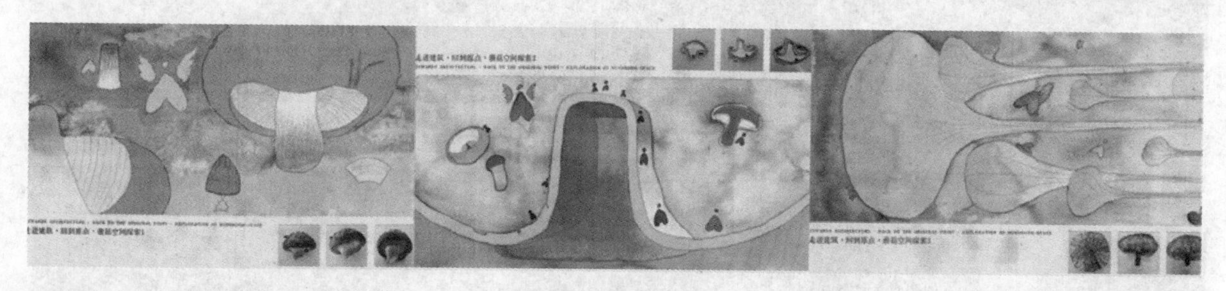

图 9　观察蘑菇——观察、描绘三种状态的蘑菇空间（建筑 1405：朱子唯）

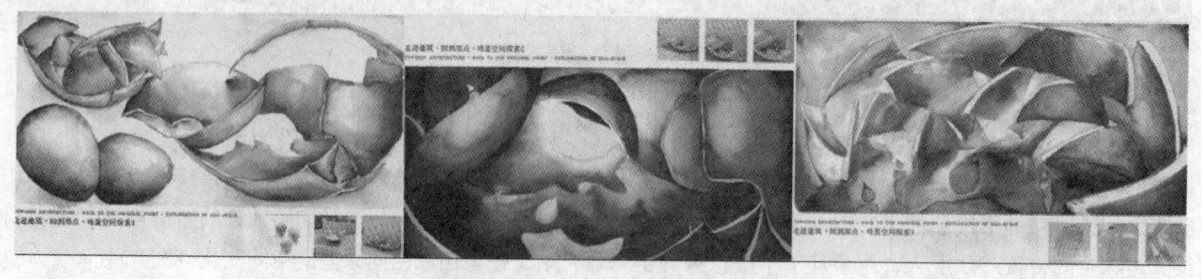

图 10　观察鸡蛋——观察、描绘三种状态的鸡蛋空间（建筑 1405：廖好茜）

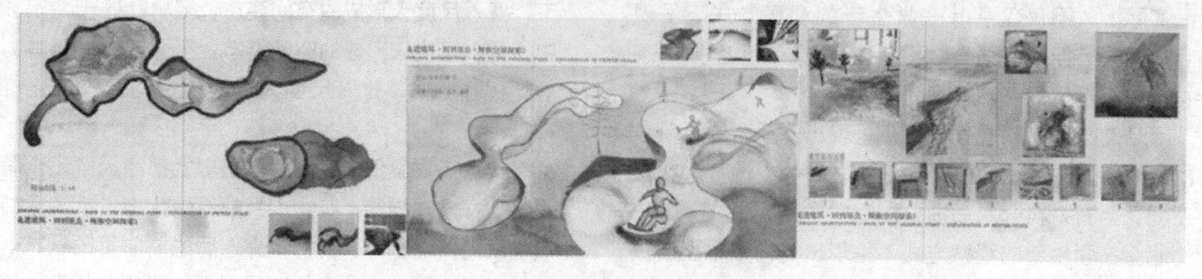

图 11　观察辣椒——观察、描绘三种状态的辣椒空间（建筑 1405：张懿文）

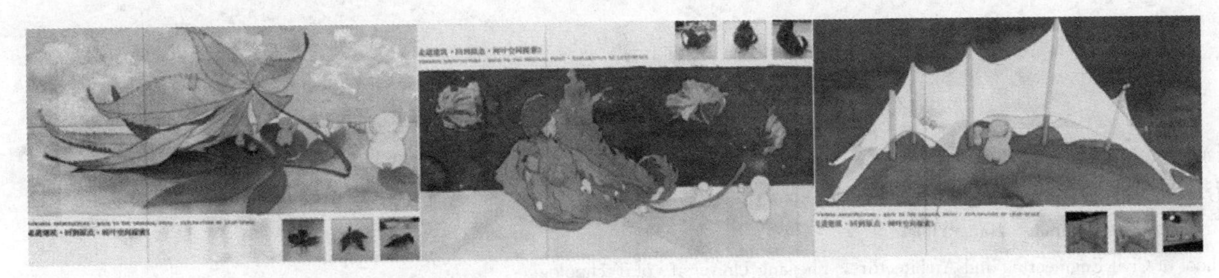

图 12　观察树叶——观察、描绘三种状态的树叶空间（建筑 1405：林雨岚）

5　感知空间

生活还是一如既往地进行着，只是生活中的人选择了新的视角去感知生活。生活的空间本身也没有变化，只因感知过程中方式向量的调整而使得空间的感知效果发生了变化，在人的脑海里形成了新的生活空间感受。

针对茶叶、鸡蛋、树枝、树叶、蘑菇、辣椒的空间感知探索，因其各自具有的典型性特征而呈现不同的空间感受变化。同样，生活中蕴藏着丰富的空间原型实物，只是需要找到适合它的、全新的方式去感知它，去探索这源自生活的、因其特征而变化的空间感知方法。

参考文献

[1]　T. L. Bennat. 感知世界：感觉和知觉导论[M]. 旦明译. 北京：科学出版社，1983.

[2]　丸山欣也. 丸山欣也造型教室[M]. 东京：建筑资料研究社，2010.

[3]　索尔所等. 认知心理学（第 7 版）[M]. 邵志芳，李林等译，上海：上海人民出版社，2008.

[4]　蒋晓风. 从建筑的本质看建筑学教育[J]. 华中建筑，2010，28（5）：186-187.

吴涌　贺文敏　王一涵
浙江工业大学建工学院；vinzent _ wu@126. com
Wu Yong　He Wenmin　Wang Yihan
School of Civil Engineering and Architecture，Zhejiang University of Technology

虚拟现实技术在建筑设计启蒙教学中的应用 *

Application of Virtual Reality Technology in Primary Stage of Architectural Teaching

摘　要：虚拟现实技术正被越来越广泛地运用于建筑设计的教学中。虚拟现实与启蒙阶段的设计教学有效结合，在设计过程中可以促进学生对设计的推进和优化，其最终成果也可以接受指导教师和其他同学的参观和检验。在实践中发现，虚拟现实最有帮助的方面是帮助形成尺度观念，纠正想象中的透视变形，以及实现体验的自由度和互动等。未来的设计启蒙教学中，要进一步研究虚拟现实应该扮演的角色，真正发挥出它的价值。

关键词：虚拟现实；启蒙阶段；建筑设计

Abstract：Virtual Reality technology is more and more being applied in architectural design teaching. Combined with design teaching in primary stage，Virtual Reality can help students to deepen and optimize their designs，and the outcome can invite their teachers and classmates to visit and test. It was found in practice that Virtual Reality could help best in creating dimensional concept，modifying perspective distortion in imagination，and realizing freedom and interaction in experience. In future，the role of Virtual Reality must be studied to make it more helpful to architectural design teaching in primary stage.

Keywords：Virtual Reality；Primary Stage；Architectural design

1　在建筑设计上的应用

虚拟现实（VR）在 1989 年由 Jaron Lanier 提出，指的是计算机生成的一个实时三维空间，为使用者创造实时的具有交互性的三维图像世界，在视、听、触、嗅等感知行为的逼真体验中，使参与者可以直接感受所处环境，并产生沉浸感[1]。虚拟现实在很多专业中都得到广泛的使用，在建筑设计行业也不乏探索。如 2011 年，四川大学开始建设“虚拟空间表现实验室”，集成了“虚拟空间表现系统”；2014 年同济大学建设了“国家级建筑规划景观虚拟仿真实验教学中心”，将虚拟现实运用于建筑和规划专业的教学[2]-[3]，等。

虚拟现实的出现，对建筑设计专业造成了有力的冲击，作为建筑教育者的我们应当对此持谨慎的欢迎态度。虚拟现实强调的两个优点是“沉浸感”和“互动性”，因此对于设计者来说，自己设计的建筑物不再依靠一种亦真亦假的推测，而是沉浸在仿真度较高的体验中推进方案；对于甲方来说，由于识图能力有限，当然也喜爱这种更为直观和友好的表达方式。长久以来，人们对于建筑表达的直观精美总是不遗余力，虚拟现实仿佛是所有人自觉或不自觉中的努力方向，在计算机技术今非昔比的加持下，这种目标正在成为现实。同时，虚拟现实只是工具，它不能代替我们做设计，比如，它和

* 浙江工业大学教学改革项目（GZ16401060025）

建筑师看重的空间想象能力，两者究竟是怎样的关系？作为近年来快速兴起的虚拟现实，该以什么样的形式和力度介入和影响设计教学呢？

2 与设计启蒙阶段教学的结合

2.1 启蒙阶段教学特点

遵循新生需求，避免“硬着陆”，是设计启蒙教学的主要努力目标之一[4]。

新生从高中学习模式切换到专业学习模式，会出现明显的困难和不适，大致可以归结为：首先，识图和空间想象能力近乎为零，比如一二年级的大量学生无法画对两跑楼梯的平面图；其次，没有掌握足够的专业语言，无法很好向教师和同学介绍自己的设计；再次，方案表现能力匮乏，无法固定自己闪现过的构思，无法相对真实地反映建筑的真实形态。鉴于这些特点，追求直观、简易、快速的表现方案的方法，在启蒙阶段教学中必须引起足够的重视。

2.2 虚拟现实介入的途径

如果从其强大的功能看，虚拟现实几乎可以全过程地介入全部的设计教学环节[5]。但是除去可行性方面的考虑，建筑教学的目标并不能完全被虚拟现实所代替，比如生成的逻辑，建造的知识，文化的传承等，即使在表现手段方面，它也不可能代替实体模型。所以虚拟现实的应用在于“介入”而非“代替”。

对于启蒙教学，虚拟现实至少可以在两个阶段介入：推敲过程和成果展示。建筑系学生之前用的建模软件就可视为一种低配版的虚拟现实[6]，虽然可以通过缩放产生进入建筑和场地的感觉，但是眼睛看到的永远是二维图形，自己是无法实际参与的，它的实质是带透视效果的上帝视角，离第一人称体验空间还差得太远。虚拟现实的模型虽然也不够理想，尤其是方案不太成型的时候显得十分粗糙，但是在直观体验上还是优于传统的实体和电脑模型。在推敲阶段，通过自由检视对建筑和场地的形体、空间、质感、色彩进行修改；在展示阶段，教师和同学能够亲自参观和品评完工的作品。

3 实践与教学反馈

3.1 教学概述

2018 年，我校与光辉城市虚拟现实公司合作，在一年级下学期建筑设计基础课程中使用虚拟现实技术。本学期共 16 周，其中后 7 周需要完成两个设计，分别是九宫格环境设计（三周，外部环境设计）和砖木建构（四周，1∶10 建筑模型）[7]。设计所用的建筑单体是同一个载体，为 6000mm×9000mm×6000mm 的坡屋顶体量。

我校一年级教学中，建模实行实体和电脑建模并行的两条线，但是由于实体模型成本高、制作慢、修改难，所以学生倾向于用 sketchup 模型推敲方案，定稿后再搭建实体模型。其中，技术公司的职责是提供设备，并在 7 周中提供课堂协助和课后指导。学生戴上眼镜介绍和互评方案，公司技术员与师生互动，现场修改和推进设计，最终成果汇总并可以在手机上观看（图 1、图 2）。

3.2 过程及反馈

在虚拟现实介入的过程中，同学们最感受益的是尺度方面。比如，“这三个水池看起来像水坑的大小，倒影根本看不到什么，不如合并成一个大的好”，以及“台阶超过了 150mm 高，看起来上楼很费劲的样子”。

图 1 虚拟现实体验和课堂上即时修改方案

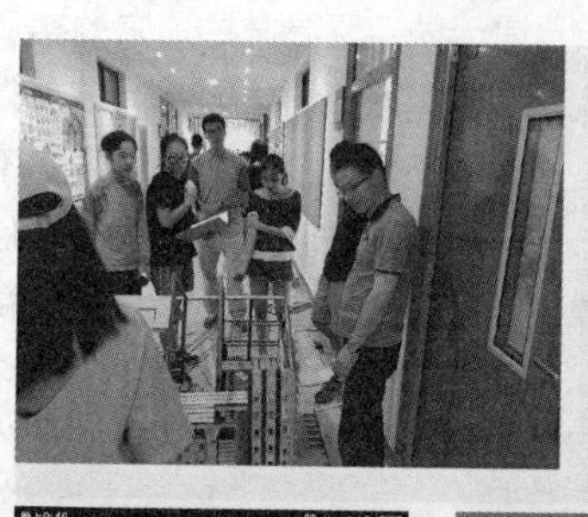

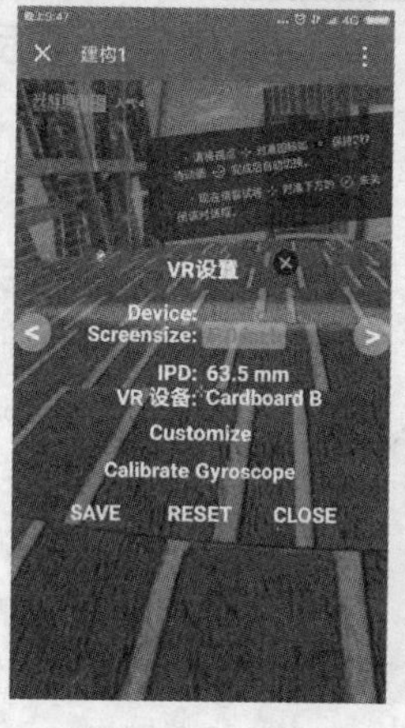

图 2　同步实现的实体模型和手机二维码共享的虚拟现实场景

在之前的教学中，教师很难向学生解释、学生也难以想象 6m 和 3m 的空间区别何其巨大，可是在虚拟现实下，不需要教师的介入学生们即可做出正确的判断和达成共识。其次是透视感的问题，比如“我这建筑的顶看起来好小，很丑，跟原来的比例根本不一样”。观察学生的表现及听取反馈可以发现，学生判断形体在脑海中默认的是两点透视，很少会想象出仰视和俯视的样子。在虚拟现实中人在建筑面前或建筑内部，头部转动自如，比较常见的是如同在三维游戏中一样的三点透视的视角，有少数同学有头晕的感觉。最后，是自由度的问题，站在讲台上戴眼镜介绍方案的同学可以自由选择前进路线，但是他也要接受台下看着投影的师生发出的随机指令；不但可以实现连续的参观，也能随时打断切换到发现问题的地方。

在师生和技术员互动的过程中，大部分学生的表情是兴奋的，连平时自觉学得不好而很少发言者，也会大声提出自己的问题，时而也会哄堂大笑，课堂互动与平时完全两样。这些互动除了针对设计本身，有相当部分也是无关的闲话，也就是说，学生更喜欢的是这种表现和互动的形式，而并不是特别关注讨论的内容。因为所有的设计都一目了然，不用揣摩设计者的心思，他们更可以像专业门外汉，即半年以前上高中时那样谈论建筑设计问题。

在成果完成的讨论中得知，学生的反馈比较一致，即认为虚拟现实“很有趣”，“有些方面还是挺有用的”，但是“设计还是不知道怎么做”。

4　结语

虚拟现实是 1∶1 模型建构的经济实惠的替代[8]，其直观有趣的第一人称体验受到建筑学学生，尤其是启蒙阶段学生们的喜爱。但是，根据目前的探索结果看，它还存在着一些问题。一方面，设计表达所追求的远比“如实反映”更为复杂和丰富。布莱恩·劳森说过：“设计构想图……并不是为了让观众精确感知一个设计的外形。实际上，设计师常常为了表达自己的观点，会有意打破人类的视觉习惯[9]。”另一方面，注重并依赖虚拟现实，进而不愿进行抽象的空间想象锻炼，也是启蒙阶段学生容易受到的诱惑。

我们需要进一步观察虚拟现实在教学中的实效，明确它应当占有的比重和扮演的角色。随着技术的日益便宜和成熟，虚拟现实将有望更有效地辅助建筑设计，成为建筑设计课堂上新的主角。

参考文献

[1]　唐星焕. 虚拟现实技术在建筑专业教学中的应用. 湘潭师范学院学报（社会科学版）[J]. 2003 (7): 129-131.

[2] 方舟，廖一联. 虚拟空间表现系统在建筑学教学中的应用 [J]. 实验科学与技术. 2018 (4)：78.

[3] 赵铭超，孙澄宇. 虚拟仿真实验教学的探索与实践 [J]. 实验室研究与探索. 2017 (4)：90-93.

[4] 吴涌，王宇洁，赵淑红. 变“等待”为“期待”——建筑设计基础教学思路重构与实践 [J]. 建筑与文化，2016 (6)：81-83.

[5] 陈雷，李燕. VR技术在建筑教学和实践中的应用前景探索 [C]//全国高等学校建筑学学科专业指导委员会. 全国建筑教育学术研讨会论文集. 北京：中国建筑工业出版社，2017：405.

[6] 孙澄宇. 虚拟体验驱动下的学生自主深化设计 [C]//全国高等学校建筑学学科专业指导委员会. 全国建筑教育学术研讨会论文集. 北京：中国建筑工业出版社，2017：395.

[7] 吴涌等. 建筑设计基础课分项训练的载体设定. [C]//全国高等学校建筑学学科专业指导委员会. 全国建筑教育学术研讨会论文集. 北京：中国建筑工业出版社，2017：504.

[8] 吴涌，赵小龙，邰惠鑫. “模”式语言介入建筑教学的可行性研究——以浙江工业大学教改实践为例. 新建筑，2012 (04)：135-139.

[9] 布莱恩·劳森. 设计思维——建筑设计过程解析 [M]. 北京：知识产权出版社，中国水利水电出版社，2007：206.

辛杨　侯静　李燕
沈阳建筑大学建筑与规划学院；nell _ 2004@163. com
Xin Yang　Hou Jing　Li Yan
School of Architecture and Urban Planning，Shenyang Jianzhu University

应“变”
——二年级建筑设计课程的思考与改革
Cope with “Changes”
——A Reform of Architectural Design Courses for Grade Two

摘　要：新媒体的发展对建筑学教学产生影响。学生的学习方法、学习需求都在发生变化。面对变化及产生的问题，进行教学内容的补充、教学环节调整。通过教学改革与探索，强调正确的建筑学习方法，完善学生对建筑基本问题的认知。实现设计思维方法与设计能力逐步提高的教学目标。
关键词：建筑设计课程；教学改革；学习方法；设计能力
Abstract：The development of new media has an impact on architecture teaching. There are some changes in the learning method and learning requirements. Based on the cases，the teaching link would be adjusted and content of courses would be supplemented. By the reformation and the exploration in teaching，students would realize and understand the essential issues of the architectural design. In that case，students could master the method of thinking in architectural design and improve the ability of design.
Keywords：Architectural design course；Reformation in teaching；Learning method；Ability of design

1　学习环境与渠道的转变

建筑学的专业特点决定，学生必须在掌握基本理论与方法的基础上，具有广阔的视角、综合的知识及敏锐的观察。很长一段时间，学生收获到的建筑理论、观点、信息多来自任课教师、课本与有限的课外资料。可以说，无论是教师的知识构成、课本结构体系与内容都是涵盖在经典建筑理论范围下，是学生学习的最直接与高效的途径。当今，网络新媒体的兴起与发展，很大程度上推动了信息的传播。学生可以通过各种网络媒体获得最新锐的建筑资讯、更丰富的图像，收集到大量信息与资料。学生的学习环境不再是单一的课堂，获取资料方式不再仅限于书籍，而是通过多种渠道充实自身的知识积累，启发创作思维。

2　变化在教学中的表现

学习环境与渠道的转变，带来学生学习习惯与学习方法上的变化，也同样带来一些问题。在建筑设计教学中表现为学习方法上忽视经验体验、对建筑的基本认知不够完整、创作思维表达受限等问题。

2. 1　媒体时代忽略经验体验

网络媒体的发展，带来大量的图像信息。有关建筑思潮、建筑作品的资讯以最快的速度呈现在大众面前。大量的媒体信息提供了丰富的实例供学生研究与学习。获取信息资料有了更便捷渠道，学习建筑设计的方式也发生了改变。学生正逐渐远离亲身去观察、体验一个建筑作品的学习方式，也因此失去了由经验体验带来的学习收获。一方面，由于缺乏亲身接触建筑的过程，学生就不具备真实的建筑经验体验，不具备由体验带来的独立思考。另一方面，由于忽视了体验的作用，学生的建筑设计作品也往往表现出对使用者体验感受的关注的缺失。

2.2 对建筑基本问题的认知存在缺陷

在教学过程中发现，学生对建筑的基本问题认知不足，设计作品中缺乏思维的逻辑性。

学生对于网络媒体传播的信息过于依赖。近年来，通过媒体传播的资料，成为学生获取参考信息的重要来源。一方面，这些资料信息几经转载，多为原始信息的压缩或片段截取，其完整性有所缺失。这对于初学者全面理解和学习建筑作品不利。另一方面，许多媒体侧重传播图像资料，注重表现图像带来的视觉冲击，而缺乏能够表达设计逻辑与分析的内容。这类资料虽然最直观，却很难借助其探寻到设计的思维逻辑。学生虽然可以搜集到大量图像资料，但当面对训练题目时，依然不知该从何处入手。

2.3 对多种的辅助设计方式的需求

传统草图、手工模型的配合在一定程度上将建筑的艺术形式与空间特质相结合。这是一直以来低年级学生设计展开的重要手段。但其在一定程度上有局限性。一方面草图与手工模型在表达气候环境问题上，优势不明显。在教学过程中发现，对于需考虑日照时长要求的设计题目，模拟太阳运行轨迹，计算阴影仅通过草图与手工模型难以实现，还需借助计算机进行模拟与运算，才能获得可靠地数据与结论。另一方面草图与手工模型在面对三维曲面所形成的形体与空间时，操作效率低、表达与调整受到一定限制。这些问题都直接影响设计思维的展开与深化。

3 应“变”而生的设计课程调整

基于变化引发的一系列问题，我们希望在保持原有教学体系的基础上，进行“应变”的教学调整。通过教学内容的补充、教学环节的设置与调整，达到以下目标：学生能够通过若干题目的训练，对建筑的基本问题形成全面的认知；设计方案能够在深度上有所发展；对设计思维方法有所体会，进而掌握一定的建筑设计方法。

3.1 重视对建筑作品的经验体验

对于建筑学专业初学者来说，建筑体验是十分必要和有效的学习方法。在体验的过程中，学生可以更加直接的将感受与图像或图纸信息结合起来，在头脑中进行信息处理，进而形成对于建筑认知的经验总结，并将其运用到设计过程中。因此，在课程改革中，通过多个环节的设置，强化建筑作品的经验体验。

在学生开始第一个真正意义的课程设计题目之前，设置为期一周的建筑体验教学环节。由教研组根据学生的知识储备与水平，选择2～3个建筑，作为体验与研究的对象。教学过程分为由教师带领的实地参观与学生再次踏勘、形成报告两个部分。教师带领学生到具体的建筑中去，从建筑的设计背景、设计理念、建筑环境、形体关系、空间布局、建筑材料、细部构造等多角度对作品进行解读，帮助学生系统的理解建筑作品。其后，学生进行二次踏勘，结合自身的体验与理解形成报告，整个过程为体验—分析—收获—表达的过程。

另外，在每个训练题目前期调研要求中，会特别强调对于调研对象的实地踏勘与体验。教师会结合每个题目的训练重点，提供数个可供实地调研的教学实例。通过调研所形成的报告不但需要包含场地环境、空间组织与布局、节点与细部等相关建筑问题，同时应具有经个人亲身体验后的收获与思考。

引导学生重视经验体验，学生一方面通过亲身实地的去观察、体验，从比较多元的角度完整的认识建筑问题。另一方面，通过亲身体验建立起使用者与建筑之间最直接的联系，对于学生思考建筑的本质具有现实意义。

3.2 将区域环境问题作为设计开始的触发器

摒弃类型化题目设置，在进行空间训练的基础上引入区域环境概念。二年级课程共设置四个训练题目，用地均为在大区域环境条件下进行选择。所提供的地段是具有区域特征的真实环境条件。学生需通过对地段及其周边环境的踏勘与分析，结合设计题目做出用地选择。

在进行区域地块的选择过程中，学生面对的不仅是基地的物质条件，同时也必须理解基地条件的生成原因与存在的问题。其中，浑河新兴街区地段是沈阳城市跨河、南向发展而形成的新区，具有优越的自然景观及典型当下中国城市发展特征；铁西旧工业区地段中有20世纪工业生产与生活方式的遗存，同时整个区域表现出鲜明的工业用地的格局特点；方城历史街区及其附近地段，作为沈阳历史最为悠久的城区，曾经是满清入关之前的都城盛京的核心，其三横三纵的方城布局依然可见。教学中提供的真实环境条件，均具有鲜明的特点，是整个城市在不同发展阶段的缩影。

让学生在开始学习设计之时，就面对这些复杂、深刻“难题”，旨在将区域环境问题作为设计开始的触发器。通过加深对区域环境的整体性、基地自身具有的物质性与文化性的理解，培养学生掌握由环境认知入手的设计意识，借助环境分析来明确设计目标的建筑设计思维方法（图1）。

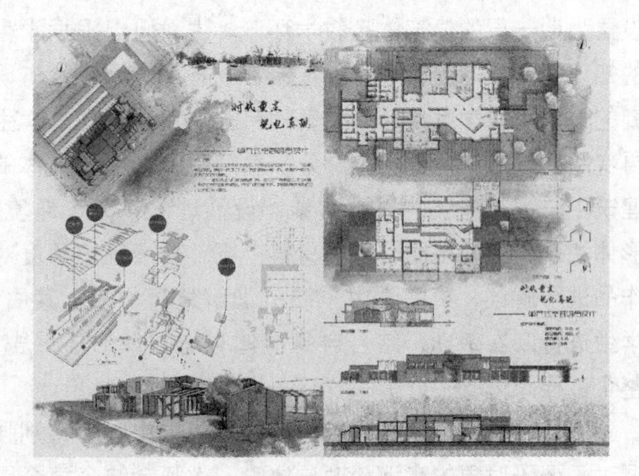

图1　学生作业——将区域环境作为设计开始的触发器

3.3　训练题目具有一定的开放性

二年级设计课程共有四个设计题目，在教学过程中根据训练的要求，对题目进行一定的拓展，使其具有一定开放性。在独立居住空间设计任务书中，提供三种居住类型供学生选择与思考。包括：坡地上的别墅、传统街区的宅院与城市夹缝的蜗居。在独立居住空间训练题目中设置三个子题目，是基于传统居住空间的训练目的的演化与拓展。教学过程中，在解决基本的功能、空间需求的同时，提出保持传统街区文脉的传承问题、缓解建筑密度与人居舒适性的冲突问题。任务书中对居住空间的设计要求不局限于表现某一种生存状态，学生可以从基地物质条件、传统街区的空间格局、高密度城市夹缝空间等不同角度理解，展开对人居方式的思考。在单元空间组合训练中，提出三个子题目供学生选择：六班全日制幼儿园、青年创意村落、社区老年俱乐部。子题目既符合单元空间组合设计的基本训练要求，但又存在各自的特点。学生选择其一进行研究时，除关注单元式空间的组合、内部流线的组织等基本问题，更需基于使用者的行为、心理的独特需求，来思考建筑问题。

一个训练题目，借助其下分支生成的子题目，阐释一个建筑作品所涉及的多种问题。基于此，学生对待建筑的视角不再是单纯的功能与空间问题，而是包含城市空间格局的演变与矛盾、对待传统街区、历史遗存应持有的态度、对基地物质环境的应答、满足使用者行为心理需求等问题的解读。开放性的训练题目，引导学生通过对某一问题的深层解读，而形成一定的思维逻辑，同时也启发学生站在多角度对建筑进行更完整与全面的思考。

二年级设计课程训练题目设置　　表1

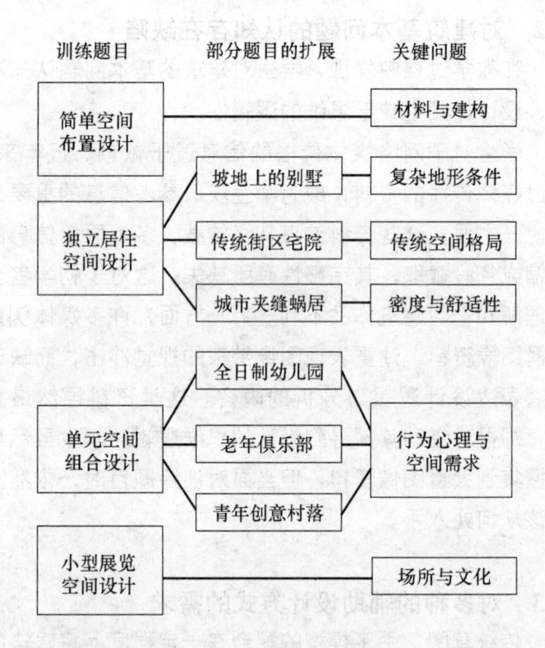

3.4　借助多种手段表达思维过程

在教学过程中发现，虽然低年级学生对于计算机软件的掌握不足，但却表现出极大热情。一方面是由于随着建筑理论的发展，数字化技术使建筑作品生成过程更

图2　学生作业——借助多种手段的设计思维表达

具逻辑性。这种逻辑性，正是低年级学生在面对各种错综复杂建筑问题时，所开展思考的线索。另一方面，有计算机辅助设计完成的非直线性建筑作品在空间体验与形象方面对初学者来说具有巨大的吸引力。此外，计算机辅助设计在参与创作时也的确在分析数据、模拟空间、塑造曲线等方面具有优势。因此，教学过程中，在原来强调手工草模、草图的基础上，考虑学生可适当结合计算机手段进行辅助设计。学生可以使用计算机软件参与思维过程（图2）。在方案初期，学生利用计算机进行气候资料分析、用地条件的模拟、体量关系的塑

造。随着方案的推进，计算机辅助设计被用于推敲空间的尺度，模拟连续空间的体验、分析空间与形态之间的关系。借助计算机软件，方案中抽象的建筑语言与体验感受建立起更加密切的联系。学生设计思维呈现为连贯性与逻辑性。

4 结论与比较

近年，教学改革的收获在教学组织过程与学生作业成果均有所体现。在教学过程中，可以看到学生通过有效的体验，逐渐建立与完善建筑的基本概念。同时对于建筑作品产生许多独到、深刻的见解。面对设计题目，学生能够站在区域环境的角度审视建筑与城市、社会、文化、人群之间的关系。学生作业成果中，对建筑问题进行了多角度、多样性的解答。

二年级是建筑学专业学生的入门阶段。通过教学改革过程中的教学环节的设置与教学内容的补充，学生能够对建筑基本问题具备较完整的认知，并且基本掌握运用一定的手段与研究方式开展思考与推进的设计方法，设计能力获得提升。

参考文献

[1] 李保峰. 托马斯教授的设计教学思想 [J]. 南方建筑，2015，1（2）：53-55.

[2] 崔轶. 反思与重构——基于理性思维的建筑设计教学研究 [J]. 新建筑 2017：112-115.

[3] 张少伟，宋岭，李志民. 对建筑设计课程传统范式教学的思考 [J]. 华中建筑，2011（4）：172-173.

[4] 姜俊浩，陈大乾. 建筑设计方法论教学探讨 [J]. 新建筑，2009（6）：107-110.

徐梦一　朱一然
西南民族大学城市规划与建筑学院；404967431@qq. com
Xu Mengyi　Zhu Yiran
Southwest Minzu University

从设计师到使用者本位转换的设计思维培养
——建筑类低年级设计课程教学改革探索*

The Design Thinking Cultivation from the Designer to the User-orientation Transformation
——The Exploration of the Teaching Reform of the Design Course for the Low Grade of Architecture

摘　要：建筑设计教学必须以建筑的根本问题为出发点，强化学生对于建筑本源的理解与掌握，才能应对不断发展变化的时代需求。本研究从分析问题入手，指出现阶段建筑设计与教学存在着对于使用者需求重视度不够的问题，基于此提出培养"使用者本位"设计思维的教学目标与教学内容。再以"理论课程＋设计课程"课程包的形式展开，逐步实现学生从设计师到使用者本位转换的设计思维的养成。

关键词：使用者本位；设计思维；环境行为学；课程包

Abstract：The teaching of Architecture design must take the fundamental problem of architecture as the starting point，and strengthen the students' understanding and grasp of the architecture origin，so as to meet the demands of the changing time. Based on the analysis of the problem，this paper points out that there is not enough attention to the users' needs in the design and teaching of architecture at the present stage，this paper puts forward the teaching goal and content of cultivating the user-oriented design thinking. And then，in the form of course package，the design thinking of the students from the designer to the user based transformation is gradually realized.

Keywords：User based；Design thinking；Environment Psychology；Course package

1　引言

当下建筑市场变化巨大，面对市场的变化，在建筑教学中更应该注重培养学生对于建筑本质问题的重视与理解。建筑设计探讨与研究较为成熟领域是建筑形态、空间与技术等物质性的问题，而对于人的空间认知感受、建筑的社会意义、人文关怀等精神领域的关注与挖掘相对较少。而这恰恰是影响建筑设计整个系统的根本出发点所在。基于此现象，建筑学教育更应加强学生对建筑本质问题的认知与理解，抓住建筑设计中的核心要素去解决问题。因此本研究将课程改革目标溯源到建筑学科教育的方法论——设计思维培养上。

*西南民族大学 2018 年教改项目《从设计师到使用者本位转换的设计思维培养——建筑类低年级设计课程教学改革探索》阶段性成果。

2 “使用者本位”设计思维介入建筑学教学

国内外目前对于设计课程总体体系教学探索，聚焦在建筑设计思维培养的研究寥寥无几，且大多关于创造性设计思维培养。曹阳，陈伟玲，王蓓等人提出创造性思维在低年级建筑设计课程中的培养；殷俊峰，白瑞探讨了培养学生思维与兴趣的建筑设计基础课程教学模式；邵郁提及创造灵感思维的培养，通过问题—思考想象—思考想象中断—触媒诱发—灵感—思想跃出的过程培养灵感思维等。与之相关联的，例如天津大学贾巍杨《培养人性化设计情怀》：通过设计课无障碍意识地融入，科研与教学结合等多种教育模式，提升学生全面素质及社会责任感；西安建筑科技大学吴珊珊、李昊《回归日常生活的城市设计教学改革与探索》：引导学生从日常生活视野重新审视城市价值内涵，培养并形成“人文+在地+生活”的设计观及思考路径；党瑞、黄磊《回归建筑本源的设计课程教学实践》：建筑设计必须以建筑的基本问题为导向，通过对使用者的行为认知、尺度研究与空间搭建、场景营造相互关联，使学生从感性的认知到理性判断，逐渐理解并掌握建筑设计基本方法。

本教学研究聚焦于——从设计师到使用者本位转换的设计思维培养。

2.1 建筑类学生“使用者本位”设计思维的缺失

在建筑专业教学过程中发现，一方面，学生理性思维及对使用者本体的考虑相对匮乏。常通过生活、学习中自身思维的启发，去误读、主观判断使用者的需求。未对行为规律与行为特征进行探索，没有形成对空间设计独有的思维，而是依靠主观想象，缺乏理性推导思维。其中，低年级学生（本科一、二年级学生）因尚处对专业学科学习方法的摸索阶段，若设计思维长期习惯性停留在以设计者为本位的浅层层面，以美学为基础的视觉层面，会致使进入中高年级阶段后，仍缺乏从使用者角度出发的人性化设计意识及社会性意识。另一方面，现有课程体系中，教学偏向学生造型能力、基本平面布局、空间处理等技能训练，而在一定程度上忽略了对使用者本位的强调，其心理行为特点及需求等。种种情况均导致最终学生设计思维与方案生成中的逻辑漏洞和对建筑空间核心内涵认知的偏差。

2.2 “使用者本位”设计思维的培养

（1）教学目标

以“使用者本位”设计思维做设计意味着在教学中倡导学生从日常生活和使用者需求本身出发去重新审视“建筑价值”的内涵、去根本性的提高建筑的品质。

让学生建立关注被隐匿的生活场所，关注弱势群体，尊重并关照各类生活群体的差异化需求的习惯，让不同的生活状态和生活价值得到呈现并共存，让潜藏在日常生活中的文化得以确认。

（2）教学内容：

建立“使用者本位”设计思维的主要内容可划分为两部分：提质设计+弱势群体关怀。

进入后城市化发展阶段的中国，在解决了城市化基础问题后，开始强化对地方文化的认同和城市品质的提升，从对于“宏大愿景”的终极价值追求逐渐转向于对于“日常世界”的现实存在确认。如何回归城市发展与建筑存在的根本意义，在增进福祉、持续发展的同时，达成对日常生活及当地文化的回归，成为当下亟需解决的核心问题之一[3]。

课程教学构架以社区这类特殊的空间为主要实验空间，使学生充分体会从居民日常生活需求、行为动机以及社会要素为出发点做空间层面的分析与安排。通过把“环境行为学”理论知识点与已有相关设计课程结合，引导学生重点关注使用者与环境的关系：使用者与空间环境的相互作用、特定环境中使用者的行为和感觉以及何种环境最符合人们的心理预期。

所以，提质设计主要培养学生日常生活感知能力，跳脱设计师本位的模式化认知，从日常生活空间、“非正规”空间去触摸建筑本质，改善现有设计；而弱势群体关怀指对儿童、老龄、残障等人群的考虑，突破局限的无障碍设计，多层次、全方位培养并增强学生广义无障碍设计（通用设计）素养，改善对其认知的缺失。

3 基于“使用者本位”设计思维的教学改革探索

本教改研究预期以两年为一个周期。采用突破单项课程界限，将理论课程与核心设计课程串联起来形成“课程包”模式。从本科一年级开始将理论课程“环境行为学”设置的时间进行调整，将“使用者本位设计思维”培养重点与原有教学重点有机融合，“使用者本位设计思维”课程实践内容与专业理论教学有效衔接，同时重视交叉学科的知识储备，开拓学生设计思路，积极推进人才培养模式、教学内容和课程体系改革。

“课程包”以“理论课程+设计课程”的形式展开。通过课程包的构建与并行建设，推进“使用者本位设计意识融入”；“使用者本位设计思维运用”两大步骤（图1）：

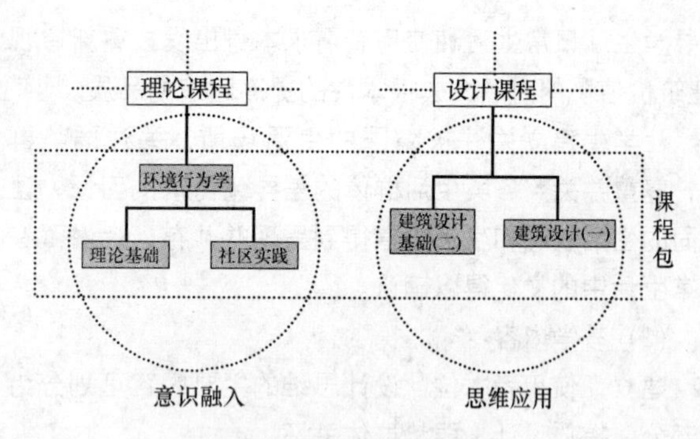

图1 “课程包”模式

3.1 “使用者本位”设计意识融入——“环境行为学”理论课程建设

将一般开设时间为本科三年级上学期或下学期的专业选修理论课程“环境行为学”拟调整设置在一年级下学期进行。并由理论课程性质修改为“理论+实践”课程，强调课程的应用属性。这也是本研究中的主线理论课程，承担为学生设计思维培养奠定理论知识基础，进行专题实操训练等方面的重要作用。

实践环节深入社区，分主题开展分项实践，包含调研实践或小型方案设计实践等，具体内容根据学生和社区情况进行修订；基本方法是感性记录+理性分析模式。实践的重点在于根据使用者行为模式等进行梳理，获取其需求信息及环境（包含现有建成环境）使用后评估（POE）数据再进行数据分析记录。通过专项训练，逐渐培养由设计者本人的视觉美学评判和思维认知习惯，向考虑使用者需求、人性化、使用者本位体现的设计思维意识的转变。

3.2 “使用者本位”设计思维运用——“建筑设计基础”及“建筑设计”设计课程建设

采用课程包方式的核心功能是可以改善以往设计课程联系不够紧密，课程逻辑缺乏衔接的情况。在保留现有核心设计课程的同时，把“使用者本位”设计思维通过学生的理论课程学习，灌输于设计课程实践中，使其可以全面持续“浸泡”在“使用者本位”设计意识的情境中，并得以锻炼和提升。

针对本科一年级下学期开设的建筑设计基础（二）课程——其中包含建筑测绘、实体建造等模块。与“环境行为学”理论课程相结合，将教学重点从单纯的操作技能层面转化到对生活空间观察，使用人群行为反馈，身体与场所、空间关联等层面的关注。

同时在二年级阶段设置的“大师作品分析”“独立小住宅设计”“幼儿园设计”等课题中，融合前期训练所建立的使用者本位的设计思维意识，完整应用并贯穿于设计之中。

4 “使用者本位”设计思维的教学改革推进计划

第一阶段：

完成建筑学、城乡规划、风景园林专业本科生“环境行为学”课程基础理论知识讲解与学习，以“理论+实践”模式进行社区实践调研或实操（根据对接的社区情况进行具体内容选择）教学改革，根据成果进行阶段性总结。

第二阶段：

根据第一阶段理论课程改革反馈及总结、教改方向及目的等，完成本科一年级建筑设计基础（二）课程教学内容改革，涉及具体题目、内容的任务书拟定，并开展实践，学期末进行评估，及第二阶段总结。

第三阶段：

根据第二阶段设计课程改革反馈及总结等，完成本科一年级“建筑设计（一）”课程教学内容改革，同样涉及具体题目、内容的任务书拟定，并开展设计实践。学期末进行评估及总结。

第四阶段：

总结前三阶段教改成果，与校外对接组织机构共同评估教改绩效，评判学生接受教改后课程体系教学的所学所获，收集建议及意见，进行再教改。

5 结语

当下建筑学生甚至部分建筑工作者做设计时对于使用者需求理解偏差甚至忽视的现象，促发我们对于建筑类专业设计课程教学改革探索。不管建筑的形态与技术在时代快速发展背景下会发生何种华丽的迭变，以使用者为出发点的人本原则不应被改变与忽略。“课程包”教学改革模式，意在通过专项训练及校内设计课程应用、校外实践、使用后评估等多项环节，协同培养学生以使用者为本位的设计思维，建立建筑师社会责任感与人文关怀。让内化的设计思想影响贯穿学生五年专业学习甚至整个设计生涯。本次教学改革研究探索，期尝试从设计思维的意识形态入手去影响建筑最终教学成果，望能给当下建筑设计教学一些新观点与新思路。

参考文献

[1] 李双寿，杨建新，王德宇．高校众创空间建

设实践——以清华大学 i. Center 为例［J］. 现代教育技术，2015（5）：5-11.

［2］ 张永和. 对建筑教育三个问题的思考［J］. 时代建筑，2001（S1）：37-39.

［3］ 吴珊珊，李昊. 回归日常生活的城市设计教学改革与探索——易生活认知与场所研究阶段为例［C］// 全国高等学科建筑学科专业指导委员会. 2017 全国建筑教育学术研讨会论文集. 北京：中国建筑工业出版社，2017：311.

徐燊　李志信　姜梅
华中科技大学建筑与城市规划学院；
Xu Shen　Li Zhixin　Jiang Mei
School of Architecture and Urban Planning，Huazhong University of Science and Technology

建筑学实践性课程设计教学研讨
——以长租公寓设计教学为例

Architectural Practical Course Design Teaching Seminar
——A Case Study of Long-rented Apartment Design Teaching

摘　要：随着物质经济的日渐发展，社会需求对建筑师和建筑教育提出了更高的要求。建筑设计不再仅仅关注平面图纸，往往对学生解决实际问题的能力有了更高的要求。如节能，健康，空间复合利用等。而传统的教学方法和设计题目在面对这些新问题时，往往容易纸上谈兵，陷入空谈，而实践性教学是解决这些问题的一种很好的方法和手段。华中科技大学建筑与城市规划学院在大四课程设计中以长租公寓设计为题，尝试探讨建筑学学生参与实践性教学的方式。以期对培养创新型复合建筑专业人才寻找方法。

关键词：实践性教学；长租公寓；设计教学；建筑学

Abstract：With the development of material economy，social demands put forward higher requirements for architects and buildings education. Architectural design no longer only focuses on the plane drawing，often has higher requirements on students' ability to solve practical problems. Such as energy conservation，health，space composite use. However，traditional teaching methods and design problems are easy to talk about and fall into empty talk when facing these new problems，and practical teaching is a good method and means to solve these problems. The college of architecture and urban planning of huazhong university of science and technology tries to explore the way of architectural students' participation in practical teaching by taking the design of long rented apartments as the topic in the senior course design. In order to cultivate innovative composite construction professionals to find ways.

Keywords：Practical teaching；Long rented apartment design；Teaching architecture

1　建筑学专业实践性教学

1.1　实践性教学的需求

一直以来建筑学教育需要理论与实践相结合，但是当下建筑高校的学生注重理论学习，对建筑实践和行业一线的关注不足。而四年级是一个特殊的认知阶段，学生的专业基础能力已经得到大量并且全面的训练，但在这些课程之间大多少有联系，在四年间先后学习，使学生难以融会贯通[1]。导致其难以在未来的实习阶段，较好地与社会、企业接轨。基于四年级建筑设计教学的特殊性和学生的认知能力，实践性教学既不用担心学生基础不足导致的难以完成教学目标，也能较好的完成对学生综合运用能力的培养[2]（图1）。

1.2　实践性教学的优势

（1）打破设计思维的局限

在传统教学模式中，设置的设计课程题目多为基于教师给定的某一假想环境中的“假题”，或是基于教师设计任务题目的所谓“真题”。这样的教师给定任务——学生完成任务的教学模式难以提高学生将理论知识转化为实际方案的能力。

(2) 改变流于形式的调研

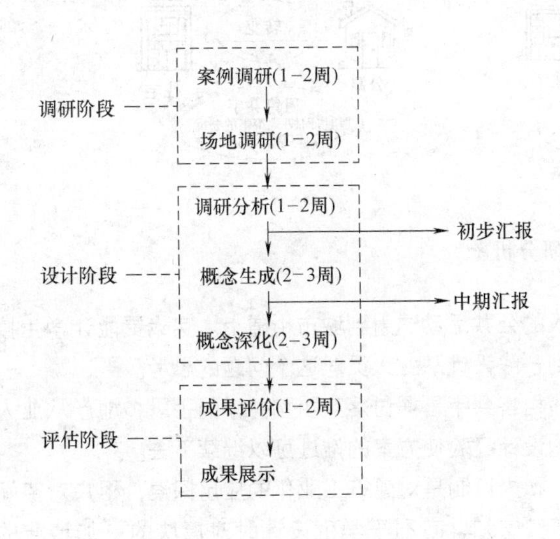

图1 课程设计安排

在基于传统设计课程题目设置的情况下，学生的调研活动则很难深入去探究设计内容的本质。“假题”背景下，学生的调研内容往往以案例。文献研究为主，难以去深入调研问题[3]。

(3) 转换片面追求表现的设计

传统的教学设计过程中，往往片面的将视觉冲击力和图形的布局作为教学的重点。学生们受此影响，容易在设计过程中，搜寻优秀案例或使用过的方案进行拼凑和堆砌，缺少契合实际需求设计主题概念，最终的设计成果往往过分注重考虑建筑形体的考虑和成果图面的表达，而缺少设计内涵的表达。

(4) 重塑教学成果评估

传统的教学成果评估环节中，教师会根据制定的评分标准，结合自己的经验来对学生的设计作品进行评判。这样的教学结果就是教师并不是设计作品面对的直接使用者，教师从设计者角度给予的评判并不能直接反应使用者的态度，不利于学生日后的反思与改进[4]

1.3 实践性教学的设计

实践性教学一般以地产或设计院的实际项目为设计课题：设计的要求基于真实客观的场地调研。更进一步有的将课堂搬到已建成的实际项目中去，请设计师当老师为学生讲解，有助于解决学生所学理论应用到实际项目。

2 基于实践性教学——长租公寓课程教学实录

2.1 选题和任务的确定

长租公寓设计专题设计之初便选取了真实的地形，来源于政府正在招拍挂的土地。目的不光是使学生们能够熟练地掌握现场观察与记录、现状资源的分析与利用。人群行为调查与研究的方法，改变以往建筑学学生因为缺乏真实的训练导致的实践能力较弱的问题。更是为了打破传统教学内容陈旧的桎梏。在真实尺度感和亲近感下，激发学生们兴趣，在完成建筑设计基本方法的学习和设计训练的基础上，训练学生处理在非传统设计任务下的场地，功能，服务，与非专业问题需求下应用的问题。深化学生基于特定条件下的方案构思能力和深入处理能力（图2）。

图2 各个小组人员实地调研

2.2 调研分析阶段

从设计之初的调研阶段便引入校企联合的模式，走访了已经建成并投入运营的长租公寓，各个项目店长亲自说明介绍，以真实的眼光走访实际的项目了解市场趋势和政策需求以及地产商，租户的真实体验。帮助学生在设计之初便考虑建成以后实际问题，关注设计细节以及建筑设计之外的与各方的配合问题（图3）。

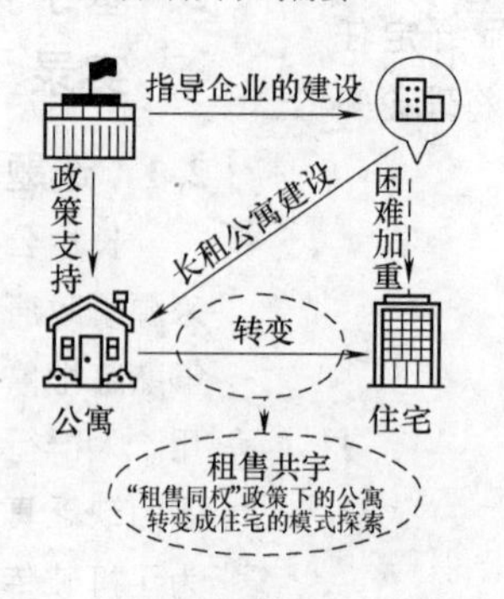

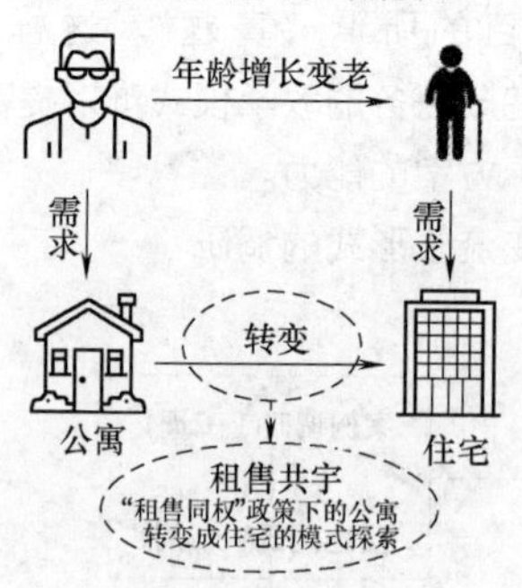

图3　租售共宇组调研分析

2.3　方案设计阶段

多次将设计院设计人员，地产公司设计总监请进课堂中来，用实战眼光指导学生的设计。接触学校教学关注不到的点，从业人员相较于高校教师更加专业化，清晰化和效率化。所以往往不需要更加修饰的表达，因此更加关注目标人群定位，功能组织和空间划分的本身。基于此，学生将长租公寓的设计创新浓缩为一个个清晰的点，分别是规划布局、沿街界面、居住单元、出租模式、社区特质，并以这些点升华出设计主题。

2.4　教学成果评价

最终设计图纸与模型在武汉规划展示馆向展示，让学生接受真实反馈。传统的学校教育中，因为评价体系的局限性，学生往往为了图面表达而不注重设计过程，而最终的设计成果向社会公众展示，形成学校评价，从业人员评价和大众评价的三方评价闭环，这样可以防止闭门造车，寻找社会大众以及从业人员对本次设计的真实反馈。

3　实践性教学与成果

3.1　实践教学影响下的五组方案

因为实战，每组学生实向多头汇报，老师、设计院的人、地产设计总监等并考虑展览对公众的认知能力。在设计选题上更容易脱虚务，考虑解决社会实际问题。有助于学生自己我学习，自己定各个环节评价标准，定任务清单，时间节点。

城市橱窗是在实际走访中，发现城市真实存在的千城一面的问题，在使用者的启发下。通过城市橱窗把青年人的公共活动透射到城市街道上。实战更能让学生接触到一线设计从业人员对这个问题的思考。

租售共宇是探讨落实租购并举的手段，地产从业人员的设计经验使方案的推进可以继续下去。

私人订制是对建筑工业化的应用探索，租户对空间的真实感知，有利于学生设计时对模块的更加精准的分类。

城市运动家是立足于实际功能需求的思考。实地到访现有的长租公寓，让学生们更能了解租客对住区功能需求。

智慧社区体现了学生对建筑设计未来发展的思考，实践化教学在设计周期中引导着方案的深化。设计师参与方案功能空间的确立。

3.2　城市橱窗的实践化教学

千城一面的问题困扰着每一个大城市，而愈加高度趋同的社区，与需要彰显自身活力的青年之间有着不可磨合的矛盾。多样化的公共空间以城市橱窗的形式集成于长租公寓中，在满足青年群体逐渐变化的功能需求基础上，尝试回应并提出了解决城市矛盾的方法：以橱窗的形式来构建建筑与城市呼吸的通道：重塑城市界面，展示年轻人的风采。

在实际走访和调研中，发现千城一面问题，与老师和从业人员一起，探讨解决问题的方法，从而确立设计选题，确立城市橱窗这种解决办法并深挖。建立有效的对话和反馈的制度，及时与多方一起深化方案设计，通过他们的指导，在一二层设置公共活动区为展示区。与设计人员共同设立标准体系，将反馈正确的引导到设计上。通过实践性教学的方法确实在一定程度上提高设计效率（图4）。

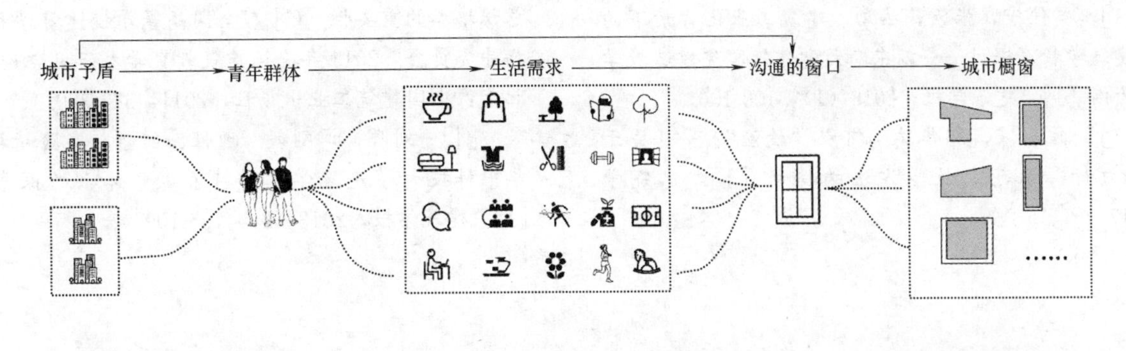

图 4　城市橱窗组设计成果展示

同时为满足多方教学指导需要，建立教学反馈机制，教学过程与学生反馈。

课堂设计总结和每组设计小结，要求学生记录、归纳、整理成要点后分享在课程群里，用于指导后续设计的深化和落地。而实际项目参与人员可以及时的发现问题与学生沟通。

4　实践性课程设计总结

建筑学教育培养是一个系统性的工程建筑学的本科设计往往容易从一个极端走向另一个极端，在设计美学和工程实践往往难以平衡，这就需要教学的教师在这时对教学方法的优化和选择，而对待高年级的学生选择真实性的实践课题，往往可以帮助学生提前感受实际的问题，有助于学生对专业学习有一个宏观的认识。其次低年级所学习的课程往往是全面但不连贯，系统但不宏观。学生往往难以融会贯通，实践性教学也有利于学生综合的运用所学的知识，帮助学生。最后在实践中重新利用所学的知识更能了解所学的建筑设计是什么，才懂得在低年级学的建筑学基础课程的作用和意义。因此，很多知识和技能还要在实践中重新学习（图 5）。

图 5　展览图片

参考文献

[1] 罗佳宁，张宏，丛勐. 建筑工业化背景下的新型建筑学教育探讨——以东南大学建筑学院建造教学实践为例 [J]. 建筑学报，2018 (1)：102-106.

[2] 薛春霖，郭华瑜. 何以“授渔”? ——关于“身体力行”示范式教学方法的探讨 [J]. 建筑学报 2017.

[3] 陈钰，何礼平. 浅议建筑学教育中社会服务意识培养的重要性 [C] //全国高等学校建筑学科专业指导委员会. 2014 年全国建筑教育学术研讨会论文集. 北京：中国建筑工业出版社，2011：377-380.

[4] 刘晖，谭刚毅. 理性、创新与实验精神——华中科技大学建筑学本科特色教学体系的探索实践 [J]. 建筑学报，2013 (2)：106-109.

颜培　靳亦冰　温宇
西安建筑科技大学建筑学院；375998468@qq. com
Yan Pei　Jin Yibing　Wen Yu
College of Architecture，Xi'an University of Architecture and Technology

以“空间构成”为主线的建筑基础教学方法研究

Research on Teaching Methods of Architectural Design Foundation with “Space Composition” as a Main Thread

摘　要：本文阐述了西安建筑科技大学建筑学院建筑基础教研室针对一年级学生的认知特点，以“空间构成”为主线的教学方法。在渐进式训练构成方法及原理的基础上，增加人体尺度、建筑材料等要素，完成构成二维到三维、抽象到具象的转换，并在各环节中融入建筑学启蒙阶段要求的基本技能培养，最终达到建筑学本科一年级的培养目标。

关键词：空间构成；转换；基本技能

Abstract：This article describes the teaching method with “space composition” as the main line from the teaching and research section of Architectural Design Foundation in Xi'an University of Architecture and Technology. Based on the progressive training of composition method and principle，add in body scale and building materials，complete the composition transformation from 2D to 3D，from abstract to concrete. At the same time，the basic skills required in the architectural enlightenment stage should be integrated into each link，so as to achieve the training goal of the first year of the architectural undergraduate.

Keywords：Space composition；Transformation；Basic skills

西安建筑科技大学建筑学本科的建筑基础教学随着整个建筑教育的发展经历了数次改革。办学初始，西建大的建筑学因源自中国第一代的现代建筑教育体系，建筑基础课程设置是以法国巴黎美术学院的“布扎”体系为模板；20 世纪 80 年代后国内建筑教育均受德国“包豪斯”现代建筑教育体系的影响，西建大也逐渐对基础教学进行改革，虽保留水彩渲染、工具制图的训练，但加入更多培养空间构成能力、创造力的课程，如：“立体构成”“创造性思维”等；近年来，随着国内建筑教育的发展，西建大的建筑设计基础课程又进行了新的改革，更加注重对建筑本身的探索，加强“空间构成”的教学，注重对空间尺度、属性、构成方法进行系统训练。

1　课程简介

西建大的建筑基础教学设置于本科第一学年，共两个学期，课程设置以“空间构成”为主线，从空间入手，逐渐切入建筑空间设计之中。本课程体系包括第一学期的抽象空间构成和第二学期的建筑空间构成，通过一系列构成训练，引导学生认知空间，了解空间构成的原理及要素，掌握空间构成的方法（图 1）。

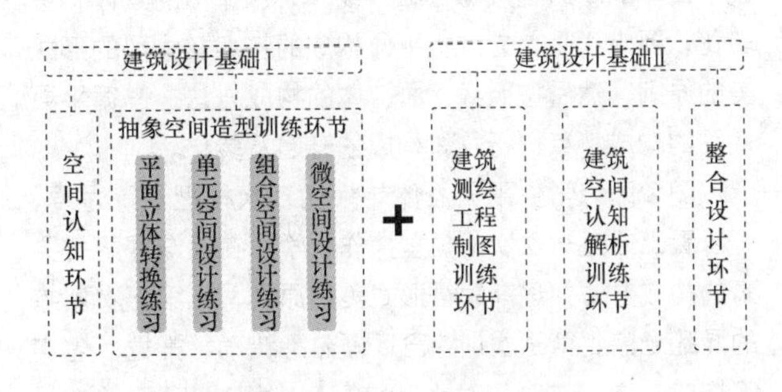

图 1　本科一年级课程设置

第一学期主要从空间启蒙着手，通过“空间认知环节”引导刚迈入建筑学的一年级学生认知空间，感知空间比例尺度、空间感受以及空间属性；接着通过“抽象空间造型训练环节”，培养构成的能力，学习构成空间的基本方法和原则：“平面立体转换练习”引导学生认知构成的要素、方法、原则；再通过“单元空间设计练习”及“组合空间设计练习”对构成方法及原则进行强化训练；最后通过“微空间概念设计”引导学生从抽象的空间构成训练逐渐向具象空间转换。

第二学期进入具象的建筑空间认知学习：首先通过“建筑测绘工程制图环节”，引导学生建立具象建筑空间的比例尺度与空间属性、特征之间的关系；接着从“建筑空间认知解析环节”中的名师、名建筑中学习基于人体尺度、特定空间属性，培养具象空间构成的方法；最后在“整合设计环节”对第一学年空间构成能力进行综合考察。

可以看出，在整个一学年的专业学习中始终贯穿空间构成的训练，通过多层面、多角度、多方法，循序渐进的培养学生对空间的构成能力，并引导其对形式美的原则进行体会和认知，逐渐形成自己的建筑审美能力。

2 课程特点

经过数十年的教学积累与改革，建筑基础课程能够完成设置的教学目标，并形成以下课程特点。

2.1 强调构成二维到三维的转化

一般来讲，构成包括平面构成、立体构成、空间构成以及色彩构成四大类，本节提到二维到三维的转换指的是平面至立体构成的转换，即“平面立体转换练习”。本练习要求学生在一幅平面构成的底图之上分别运用线、面、体三种构成要素升起立体构成。

通过“平立转换”训练，培养学生从二维“点、线、面”的平面构成向三维“线、面、体”的立体构成转化，要求学生首先分析平面构成的特点及体现的形式美的原则，然后按照线、面、体的构成方法，遵循平面底图的构成特点进行立体构成的升起及转化。

图2即为学生平面立体转换的三次模型训练过程，可以看出通过一次次的模型操作，学生在逐渐探索各要素的构成方法并逐渐领悟形式美的原则，从第一次训练的混乱无序到第三次训练已逐渐熟悉错动、推拉、虚实等构成方法，并对“对比、均衡、比例、节奏、统一”等形式美的原则有所感知。

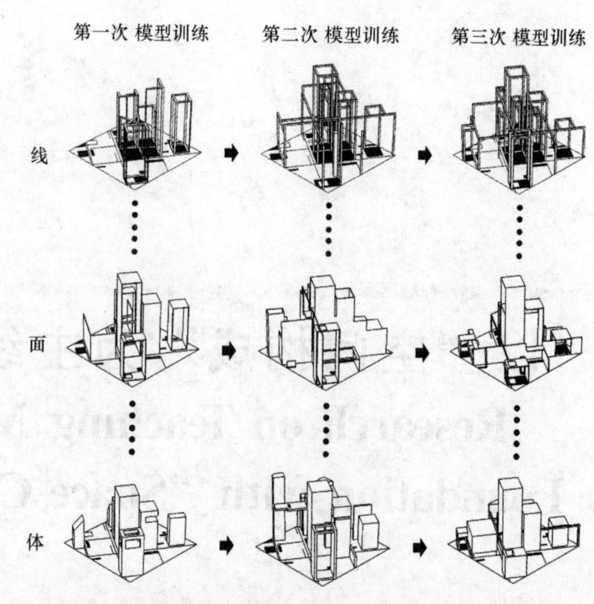

图2 平面立体转换练习

2.2 引导由抽象空间到具象空间的转换

对于空间构成的教学来讲，最难的就是如何引导学生从抽象的构成空间逐渐转换到具象的建筑空间中。如果单纯进行构成训练，学生很难将抽象空间和具象空间进行转换，当开始接触建筑设计时还是毫无章法。本课程的设置是给一年级的学生一种容易掌握且容易教授的设计方法，引导学生在启蒙阶段接触建筑设计。

我们在第一学期的“单元空间设计练习”及“组合空间设计练习”之后，开始逐步引入影响具象空间构成的要素，如：人体尺度、建筑材料等（图3）。

第一步：“组合空间练习”之后，引入人体尺度的概念，要求学生对身边的建筑空间进行测绘、模型制作，了解常用的人体尺度；同时，带领学生参观真实的建筑空间，并要求对空间感受进行分类，诸如开放空间、封闭空间、流通空间等。

第二步：在“组合空间练习”的立体构成模型中寻找适宜人体尺度、具有特定空间感受的局部，绘制空间场景图，引导学生从抽象往具象进行转换。

第三步：为了引导学生对真实的建筑材料与所形成的建筑空间感受进行链接，我们在“微空间概念设计”中加入建筑材料认知、表达及制作环节：一方面让学生寻找建筑材料，并对其形成的空间感受进行分类；另一方面训练对建筑材料进行手绘表达和模型表达。

第四步：通过以上一系列训练及知识点的积累，最后完成符合人体尺度的、使用真实建筑材料建造的微空间概念性设计。

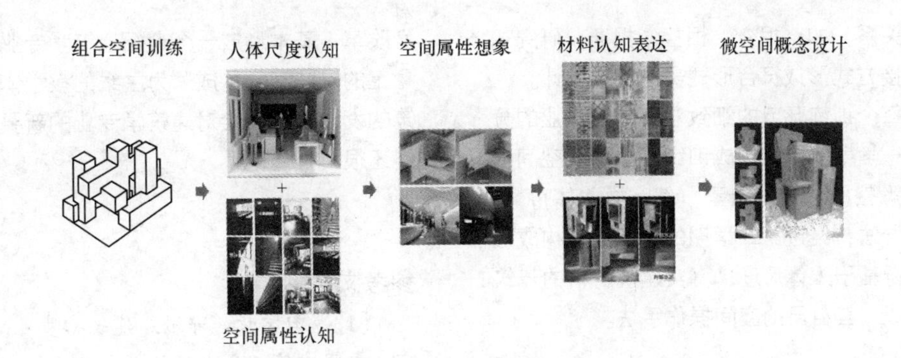

图 3 抽象具象转换练习

2.3 明确教学内容，融入基本技能

根据全国高等学校建筑学专业教育评估委员会对建筑学专业的知识体系要求以及我系对建筑设计基础课程的培养目标，建筑设计基础需要涵盖建筑制图、建筑表现、建筑认知、建筑口头及书面表达、构成方法、分析方法及设计方法等 32 个相关知识点。然而经过多年的教学改革，建筑设计基础课程由原来三学期变为两学期，由原本 240 课时变为现在 160 课时，课时一再紧缩，但需要教授的内容却未曾明显减少，这就要求对于每一堂课的教学教案进行精心设计，明确教学内容和目标，提高教学质量。

同时，我们在进一步强调“空间构成”的基础上，将与基础表达相关的知识点融入到每一个教学环节中(图 4)，如：在“抽象空间构成训练”中即通过一系列的构成训练培养学生的构成能力，又通过构成模型阶段汇报、构成图纸表现等培养了学生徒手表达、模型制作、口头及书面表达、空间构成方法分析等能力。

课程环节 \ 培养能力	建筑制图	建筑表现	模型制作	建筑认知	口头表达	书面表达	构成方法	分析方法	设计方法
空间认知环节	√	√		√	√			√	
抽象空间造型训练环节	√	√	√√√	√	√√	√	√√√	√√	√
建筑测绘工程制图训练环节	√√√	√		√	√				
建筑空间认知解析训练环节	√	√√	√√√	√√	√√	√√	√	√√√	√
整合设计环节	√√√	√√√	√√√	√√√	√√√	√√√	√√√	√√√	√√√

图 4 教学环节基本技能培养

3 课程总结

在建筑基础教研室的课程改革中，我们除了从教师层面进行经验总结，还希望通过学生作业的整理和分析，反馈教学改革的效果。

图 5 中的学生作业显示从最初的“平面立体转换练习”到最后的“微空间概念设计”，虽然学习的轨迹不是一直向上，但依然能够看出学生空间构成能力逐渐成熟，对形式美的原则逐渐领悟的特征。

学生①对立方体构成情有独钟，从平立转换开始以及之后的训练一直探索立方体构成的要点，最后在微空间概念设计中利用立方体进行穿插、叠积、错动，完成遵循“对比、统一、均衡”的形式美原则的设计成果；

学生②从一开始接触构成就对三角形、多边形等异形感兴趣，并逐步探究此类要素构成的方法，最终利用异形多面体的穿插形成符合均衡、对比的设计成果；

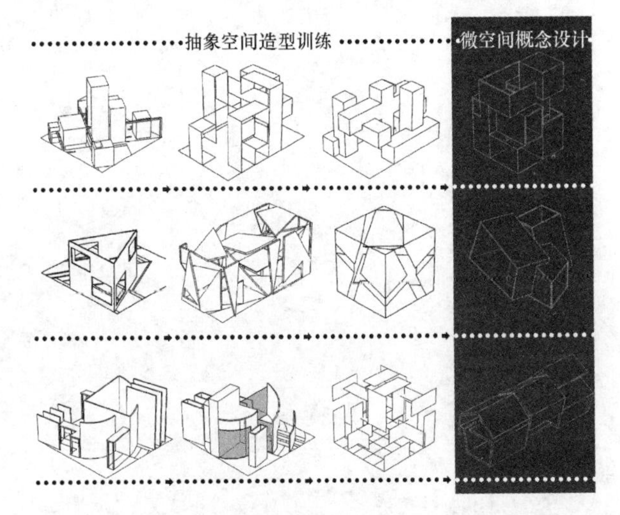

图 5 学生作业分析

学生③在一系列的训练环节中虽对构成要素没有特殊偏好，但从数个作品中可以看出他一直在钻研要素与

要素之间的交接关系，如：相交、相接、相离，研究如何利用不同的交接方式形成符合形式美的构成设计。

通过读学生每个训练环节的细致观察以及作业的分析显示：经过第一学期的空间构成训练，学生对空间形成基本认知，熟悉空间构成三要素（线、面、体），基本掌握空间构成方法；经过第二学期的建筑空间构成训练，学生能够进行基于人体尺度、真实建筑材料的建筑构成设计，并形成一套自己的空间操作手法。

4 结语

从实践结果来看，“空间构成”对于培养学生的空间认知、空间操作手法、建筑美学鉴赏能力都有积极作用，偏重模型操作的教学方法也有利于提高学生的积极性。

西安建筑科技大学建筑基础教研室经过数十年的教学改革，基本形成一个遵循建筑学专业认知规律，基本稳定的以“空间构成”为主线的教学体系，但为适应建筑的发展以及社会对建筑学专业的新要求，教学改革之路还很漫长。

参考文献

[1] 田学哲，郭逊. 建筑初步 [M]. 第三版. 北京：中国建筑工业出版社，2010.

[2] 顾大庆，柏庭卫. 建筑设计入门 [M]. 北京：中国建筑工业出版社，2010.

[3] 顾大庆，柏庭卫. 空间、建构与设计 [M]. 北京：中国建筑工业出版社，2004.

张凡
同济大学建筑与城市规划学院建筑系；zzffjean@163.com
Zhang Fan
College of Architecture and Urban Planning，Tongji University

两项关联与两项对立思考引导的教学实践初探
——本科三年级城市综合体长题课程设计研究

The Preliminary Teaching Practice Exploration Based on the Correlation and Opposition of Dual Items Thinkings
——The Research on the Long Span Curriculum Design of City Complex for the Third-year Undergraduate Students

摘　要：两项关联与两项对立思考方法是将建筑设计教学中逻辑思维与形象思维紧密结合的尝试，本文以同济大学建筑系本科三年级城市综合体长题课程设计为例，针对各设计阶段设置一组关联项作为主要研究问题的同时，配合多组两项对立的策略性思考路径，引导学生的积极参与，促进学生的积极反应，优化设计构思及深化过程和教学成果。

关键词：两项关联；两项对立；教学引导

Abstract：The correlation and opposition of dual items thinking tries to combine the logical thinking and imaginal thinking together in the teaching process of architecture design. Taking the long span curriculum design of city complex for the third-year undergraduate Students as example，the paper sets a group of correlation of dual items to indicate the main research questions，in the meantime puts forward groups of opposition dual items for the strategic thinking. Positively leading the students to participate and response，the teaching guide optimizes the generation and the process of architecture design，also the result of the curriculum.

Keywords：Correlation of Dual Items；Opposition of Dual Items ；Teaching Guide

两项关联与两项对立的思考方法是建筑设计及教学中常用的方法，如立意与构思、空间与时间、功能与形式等关联项思考方法具有逻辑思维特征，可以分析其因果关系，论证其意义和价值，但由于关联项的多元性和抽象性，学生难以把握其的奥妙；而黑白分明、光影交错、刚柔相济等文学语言中所表达出的两项对立，具备形象思维特征，其表达力生动鲜明、普遍而深刻，有助于学生理解问题的关键，寻求解答问题的策略与方法。我们在本科三年级城市综合体长题教课程设计研究中，尝试采用两项关联与两项对立思考相结合的方法，启发学生的专业兴趣和设计潜能，在设计构思与推进中，让理性与感性的交织绽放异彩。

1　城市综合体长题课程设计及关联与对立项的设置

城市综合体课程设计是三年级下学期一项富有特色

的为期 17 周的长题教学实践，它整合了学期内商业综合体设计和高层建筑设计两个课程（图 1）。

年级		课程模块	课程设计名称	教学关键点	选题	关联性课程	
						理论系统	技术系列
三年级	上	DS-3a	建筑与人文环境	功能、流线、形式、空间	民俗博物馆、展览馆	-公共建筑设计原理（1） -公共建筑设计原理（2） -建筑理论与历史（1）	-建筑结构（1） -技术系列选修
		DS-3b	建筑与自然环境	景观设计、剖面外墙设计	山地俱乐部		
	下	DS-3c	建筑群体设计	空间整合、城市关系、调研	商业综合体、集合性教学设施	-公共建筑设计原理（3） -高层建筑设计原理 -建筑理论与历史（2） -理论系列选修	-建筑结构（2） -建筑设备（水/电/暖） -人体工程学 -建筑特殊构造
		DS-3d	高层建筑设计	城市景观、结构、设备、规范、防灾	高层旅馆、高层办公		
四年级	上	DS-4a	住区规划设计	修建性详规、居住建筑、规范	城市住区规划	-居住设计原理 -城市设计原理、建筑评论 -建筑法规、建筑师职业教育 -理论系列选修	-建筑防灾 -环境控制学 -技术系列选修
		DS-4b	城市设计	城市空间、城市景观、城市交通、城市开发的基本概念与方法	城市设计		
	下	DS-4c	毕业设计	综合设计能力	多样化选题		

图 1　本课程在教学体系中所处位置

在注重建筑及群体设计基本技能培养的同时，有意识地强化学生的社会意识、文化意识及城市历史街区特色保护意识。强调设计过程的逻辑性与完整性。

1.1　基地选择 SWOT 分析的关联项与对立项思考

本次课程设计的基地选址采取的是提供较大的城市研究范围，学生自由选择较小设计范围的模式。具体研究范围是上海市虹口区四川北路沿线，高架轨道交通 3 号线东宝兴路站点和虹口足球场站点之间（约 1200m）的街区，学生可自由选取小于 $2.8hm^2$ 用地，作为课程设计地块，并具体给出 A、B、C 三个建议基地（图 2）。

研究范围的大部分位于上海山阴路历史文化风貌区的西侧边缘，紧邻多伦路文化名人街。风貌区内保留有成片的早期花园洋房和新式里弄宅，拥有数量众多的名人故居和纪念场所。基地 B 东侧的甜爱路是保护区内重要的风貌保护道路，基地内有西童公学保护建筑一栋。街区文化底蕴深厚、城市生活气息浓郁（图 3）。

在基地选择阶段，我们要求同学们采用理性与感性结合的思考方法，认真基地踏勘，做好记录，内发心源地寻找设计灵感；同时注重地区规划资料的研读，理性分析功能定位和历史文脉，发掘城市发展要求和基地更新诉求的结合点。要求同学们做至少 3 个基地的 SWOT 分析，其中 S(Strengths)、W(Weaknesses) 是基地内部因素，O(Opportunities)、T(Threats) 是外部因素。即基于内外部竞争环境和外部竞争条件下的态势分析，研究基地的优势与劣势、机遇和挑战，并组织小组的交流讨论。鼓励同学们选择历史脉络清晰，有保护建筑要求的地块进行设计，或者是有轨道交通站点支持和自然水道资源的基地研究。

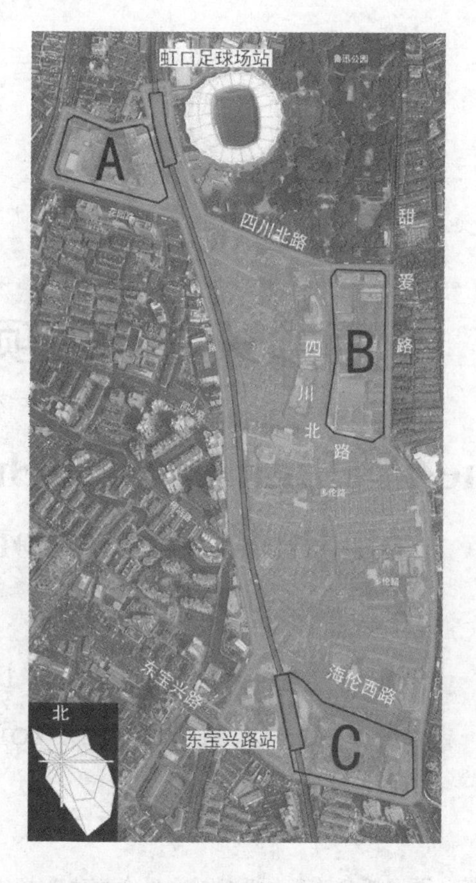

图 2　基地区位

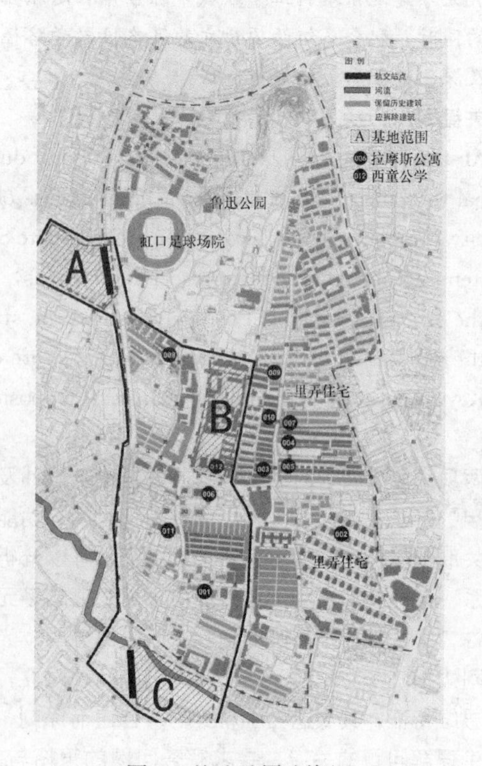

图 3　基地及周边资源

1.2 设计阶段与关联项设置

城市综合体教学长达一个学期的课程设计，被分为前后关联的 5 个阶段，分别为前期研究阶段、总体设计阶段、设计发展阶段、要点设计阶段和成果表达阶段[1]。在每一个阶段，我们设置了一组关联项，以提示教学要点，便于同学们从总体上把握设计进程和每一进程的主要工作方向和内容。在具体的该阶段教学环节，我们再依据这组关联项提出相应的几组对立项，引导学生从操作层面的积极思考（图 4）。

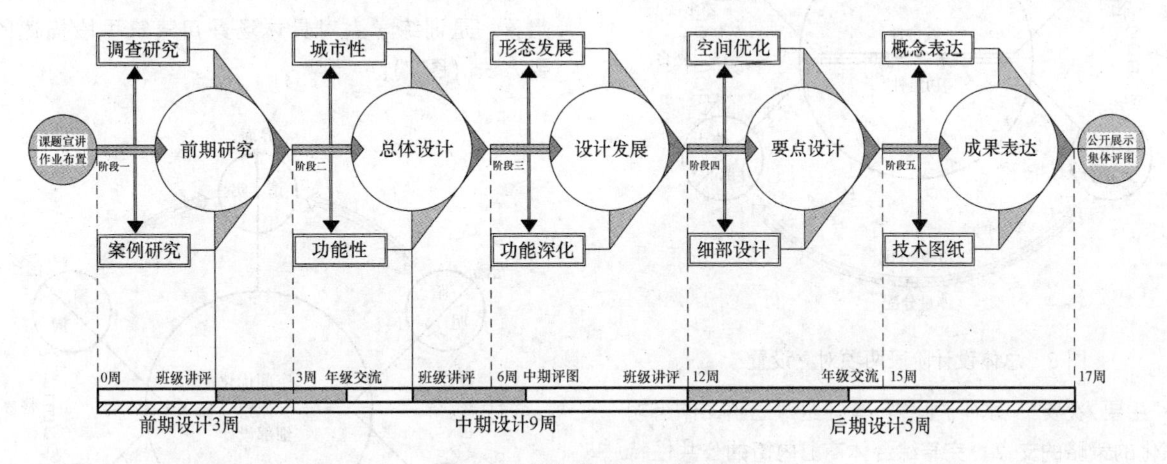

图 4　设计阶段和关联项设置

2　主要设计阶段的两项对立设计引导

疏密有致、内外有别、高低错落是建筑形态与空间品质评价的重要指征，其两项对立的表达形象而鲜明。两项对立是一种辩证的思考方法，同时把握事物矛盾的两种属性，在相互竞争与不断妥协中走向统一、达成合目的性的平衡。研究问题“对立的两项在简单对立的同时，都承担了互惠的责任，以它们在同类中的相类性和互异性进行比较而取得支持，利用这种差别的紧张性来遏制并利用对方，从而突出自己的个性”[2]。在城市综合体课程设计的主要阶段：总体设计、设计发展、要点设计三阶段中，我们尝试提出对立项思考方法，让同学们在形象和可操作的实践中，创造出有张力和特色的设计作品。

2.1　总体设计阶段的对立项思考

凯文·林奇在《总体设计》一书开篇中指出：“总体设计是在基地上安排建筑，塑造建筑之间空间的艺术。总平面要从空间、时间角度确定设计对象和活动的特点、范围”[3]。并强调要发掘基地的场所气质，使得设计与先前存在的场所保持某种连续性。城市综合体的总体布局，首先要处理好商业、办公、旅馆所构成的群体建筑与城市的关系，以及自身的功能组构关系，由此提出“城市性/功能性”一组关联项为总体设计的关键词，通过城市性引导综合体对外功能的适应性和内部功能的城市公共性。配合“内部/外部”“公共/私密”两组对立项作为城市性的策略思考，要求学生在研判基地四周轨道交通资源、历史文化资源、自然资源的基础上，建立综合体由外到内的公共空间层级，分清不同属性人群活动领域。同时，要求同学深入任务书的研究，根据“整体/部分”“集中/分散”的对立项思考，分解研究综合体建筑群体功能的单元要素及组织方法。例如，办公塔楼与宾馆塔楼各自的单元特征，及其集中或分散布局所形成的整体的体量与形态的布局研究。结合综合体的城市性要求，形成初步的总体设计方案（图 5）。

2.2　设计发展阶段的对立项思考

设计发展阶段是指在总体构思基本确定后，对设计概念的深化与发展。主要涉及“形态发展与功能深化”两个主要方面。这一阶段是前期较为抽象的总体建筑意象特征的具体化。要求同学们在放大比例手工模型研究的同时，思考“开敞/封闭”“连续/分段”“水平/垂直”等几组对立项，作为形态发展的策略的着手点。例如，综合体应对四川北路外部尺度较大公共建筑的界面与应对保护区内重要的风貌保护道路——甜爱路小尺度历史里弄肌理的界面在围合度与连续度方面的差异性应对策略及深化；高层塔楼体量与水平商业裙房体量的水平关联性与垂直统合度与差异性等。而通过思考“通过/驻

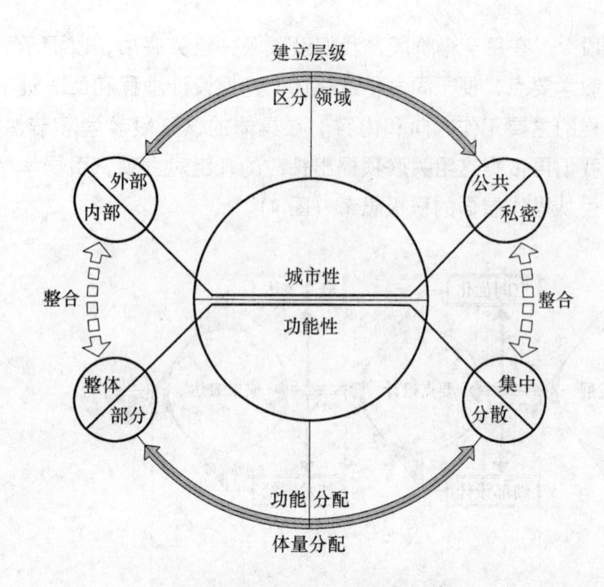

图 5 总体设计阶段两项对立设置

留”“主要/次要”“水平/垂直”等几组对立项，作为功能深化的策略的支点，完善综合体商业内街的公共性特征、商业主要动线与次要动线的合理安排以及各项功能组的水平向分层布局与层组之间垂直布局的协同，通过关联项的整合研究，发展形态张力与功能特色鲜明的设计方案（图6）。

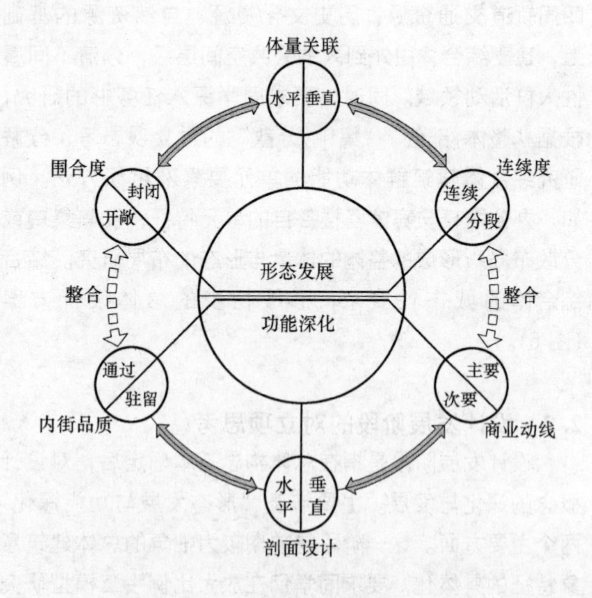

图 6 设计发展阶段两项对立设置

2.3 要点设计阶段的对立项思考

要点设计阶段是综合体建筑设计的空间优化与细部设计，前者是指重要空间节点，如商业内街广场或者中庭空间的场所属性营造，后者主要是材料和构造等技术问题的调整与完善。我们鼓励同学从空间的“明/暗”、界面的“虚/实”、活动的“聚/散”等两项对立思考出发，以人的空间感受和不同活动需求，引导特色场所的营造；从材料的“彩色/灰色”“光滑/粗糙”及材料建构方式的“虚/实”等两项对立思考出发，完善建筑立面的细部设计。要点设计阶段，对光感与色感的处理、质感与虚实的巧思、活动与气氛的想象，是训练学生对具体场景用建筑手段描述的重要方法（图7）。

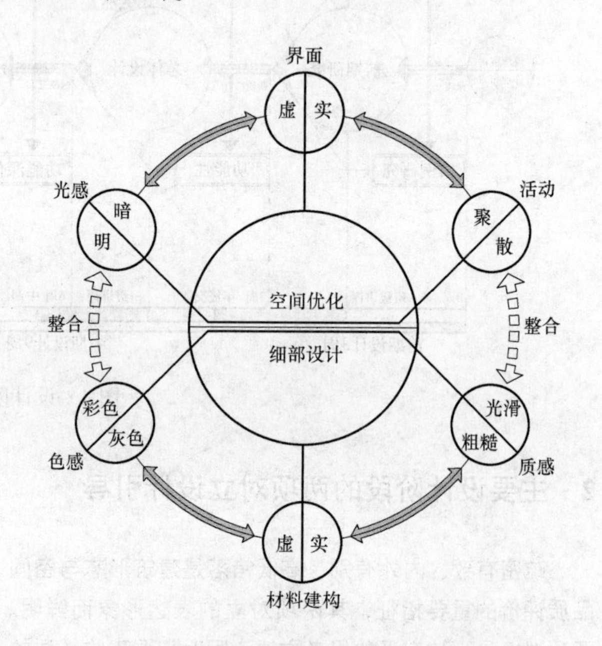

图 7 要点设计阶段两项对立设置

3 成果与思考

路易斯·康在谈及建筑教育时说：“激发学生，使他们做出反应是件非常有意义的事情”[4]。并强调要求他们做出反应，不可以用分数来衡量。这意味着鼓励与引导是教师的主要作用，设计成果是师生共同参与的结晶。两项关联与两项对立的思考方法在城市综合体的教学实践中取得了初步的成果，得益于其在激发学生做出反应方面的积极作用。两项对立直观而鲜明，把传统的设计要点与对立项的思考直接关联，鼓励同学们的多方案比较，记录模型推演过程。在一系列“矫枉过正”的引导过程中，发现学生在突破自身局限过程中有所心得的快乐（图8）。

两项关联与两项对立思考方法在分解问题的同时也强调了综合与整体，我们在城市综合体设计的各个阶段分别安排班级交流、年级交流和中期评图等环节，强调个性的表达与共性问题的研究，促进整合思维，形成创新的思维模式与良好的成果（图9）。

图 8　作者指导，汪逸青　刘佳颉-各阶段模型研究

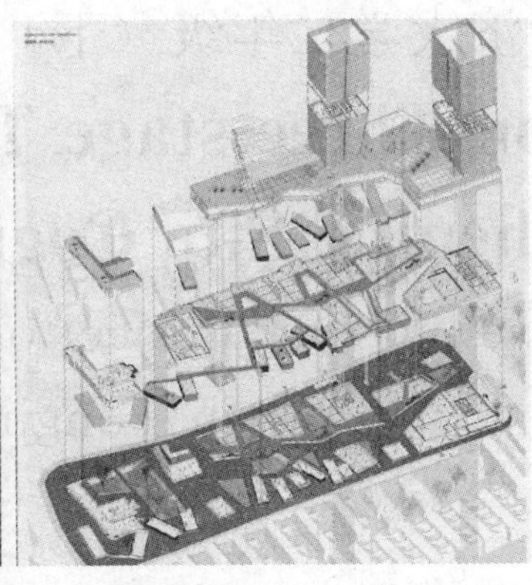

图 9　作者指导，汪逸青　刘佳颉作业成果

参考文献

[1]　谢振宇，扈龑喆．三年级城市综合体课程设计教学执行计划，2018：3-6．

[2]　乐民成，黄东琳．用比喻与典故所充实的建筑设计——迈克尔·格雷夫斯的人文建筑［J］．世界建筑导报，1996（4）：8-14．

[3]　凯文·林奇，加里·海克．总体设计［M］．黄富厢，朱琪，吴小亚译．北京：中国建筑工业出版社，1999．

[4]　（美）莱斯大学建筑学院．路易斯·康与学生的对话［M］．张育南译．北京：中国建筑工业出版社，2003：55．

张雪伟　李彦伯　刘宏伟
同济大学建筑与城市规划学院；zhangxuewei@tongji. edu. cn
Zhang Xuewei　Li Yanbo　Liu Hongwei
College of Architecture and Urban Planning，Tongji University

强化场地认知与空间体验的“三段式”教学法初探
——以同济大学二年级（下）“评图中心”长题教学为例

Study on Three-stage Teaching Methods of strengthening Site Cognition and Space Experience
——ACase of Long-Project of “Drawing Center” for Second-Grade Students（2nd term）in Tongji University

摘　要：本文以同济大学二年级下学期的“评图中心”教学为例，对于如何在17周的“长题”教学中增加训练的复合性，着力提升学生的认知广度和设计深化能力，做了一些有益的探索。在教学过程中，我们采用了“强化中间，延伸两头”的“三段式”教学方法，以“场地认知”为先导，以“空间原理”为主线，以空间体验为辅助手段，并向建构与建造技术延伸，使学生掌握理性的设计方法，并提高对设计全过程的把控能力。

关键词：三段式教学法；场地认知；空间体验

Abstract：This article takes the “Drawing Center” teaching project for second-grade Students in Tongji University as an example，makes some useful explorations in how to increase the comprehensiveness of design training and how to improve students’cognitive breadth and design deepening ability in a 17 weeks “long-project” teaching. In the teaching process，we developed a three-stage teaching method of “strengthening the middle and extending both ends”，taking “site recognition” as the guide，taking “Space combination design principle” as the main line aided by space experience and extending to tectonic and construction technology，to enable students to master rational design methods and improve the ability to control the entire process of design.

Keywords：Three-stage teaching methods；Site cognition；Space experience

近年来，同济大学建筑与城市规划学院对本科生教学做了很多改革和探索，二年级第二学期的“长题”设计就是其中之一。因为二年级下学期是设计基础教学阶段的最后一个学期，是向专业建筑教学过渡的一个关键节点。因而本学期的核心目标是通过一个历时17周的“长题”设计，让学生体验一个完整综合的建筑设计过程，培养学生相对完整的设计观，以及从设计概念、空间构成到空间塑造，以及结构、技术一体化的理性设计方法。

今年的设计题目是“CAUP评图中心”，基地位于校园东北角，建筑城规学院ABC广场以东。以贴近学生日常学习体验的评图中心为设计课题，有利于学生对

①“长题”是指授课及教学组织贯穿一个学期的课程设计。同济大学建筑系的长题教学时间通常为17周。

建筑功能的理解和把控。题目采用真实场地，鼓励学生通过亲身体验，从基地的场域特征寻找设计线索。

1 基本思路

17周的“长题”设计究竟应该怎么做？是常规课题设计加技术深化的“1+1”模式，让学生多画一些节点详图了事？还是重新梳理教学目标，对教学内容从深度和广度上同时进行拓展和扩充？我们选择了后者，即在加强方案设计能力的基础上，向前后两个方向外延。前期强化场地认知，向城市设计方向拓展，后期强化空间体验，向空间塑造外延。最后采用合理的建构和技术手段去实现设计概念，帮助学生建立理性的设计方法及可持续推进的设计深化能力。

任务书的进度安排总共划分为4个教学阶段：前期研究、中期评图、认知实践、终期班级评图及年级公开集体评图。在此次的分班教学中，我们小组对教学任务进行了调整和深化，在教学组织中采用了“三段式”的教学法，突出了设计前期的“场地认知”训练，引导学生通过对场地的认知和分析，从更为宏观的层面理解建筑的生成逻辑；核心部分增加了“空间原理”及“空间构成”训练，利用空间原理的方法去进行空间的建构，用空间体验的辅助来塑造内部空间；后一段则引导学生解决建造技术问题，向结构选型与建筑构造课下沉，通过构造与细部设计共同完成深化设计。这样的课程组织引导学生在每个阶段解决不同的问题，使得学生的设计能够层层递进，设计成果也更加扎实。

2 “三段式”教学法

2.1 场地认知：打破边界，无分内外

建筑与场地之间具有不可分割的联系，建筑与场地的关系，也包括了建筑与场地周边建筑的对话关系。如何让建筑与场地之间产生对话？如何在建筑与场地之间产生特定类型的空间，并且激发特定类型的活动？是设计首先要面对的问题。通过对场地的分析和研究，将设计的边界拓展到基地外部，不仅可以弱化和消解建筑与场地之间的边界，避免了建筑设计与场地关联性偏弱的问题，而且能够培养学生的“整体环境观”及“建筑-场地一体化”的设计理念。

课题的选址为同济大学建筑城规学院ABC广场以东的一块空地，现状为停车场及人流通道（图1）。虽然场地规整平坦，但是周边建筑的高度与距离不同所带来的“松”与“紧”，“疏”与“密”，以及来自不同方向的人流赋予了场地独特的地位。作为校园中一处重要空间节点，从城市设计的角度来看，这块场地具有一定的“城市属性”，不仅北侧面向国康路校门，还是校园内不同方向人流的汇聚点，建筑内公共性的展览空间也增强了场地的复合性。因此，我们要求学生在设计的初始阶段做场地分析的时候，不仅仅关注场地内部的物理属性和人流方向，而且要从城市设计的角度出发，将研究范围拓展到场地之外，逐步树立场地-建筑一体化的思维方式。

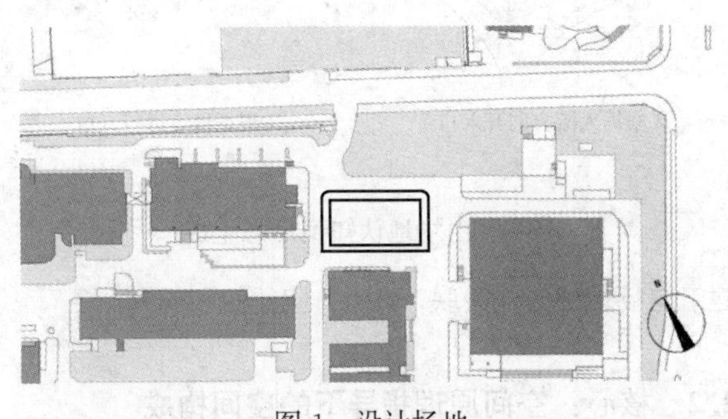

图1 设计场地

选择真实基地的好处就在于同学们能够亲身感受场地及其环境氛围。因为场地周围三面均有建筑物，致使基地显得较为逼仄。因而，如何打破建筑与场地之间的边界成为同学们首先要考虑的问题。

场地有“内与外”两个方面，“内”就是场地本身的朝向、尺度、退界、出入口等基本要素，“外”则是指场地与大环境的关系，尤其是场地与周边建成环境间的交流。除了“内与外”的关系，建筑与场地之间还存在一个“上与下”的关系。建筑与地面连接的不同方式，如上升、下沉、架空、悬挑等，可以使建筑与场地之间产生各种富有趣味的空间可能性，同时在水平与垂直两个空间维度上产生不同的进入方式及路径系统。

建筑与场地之间的不同关系，决定了设计的多样性，也给建筑的形态带来了不同的呈现方式。我们引导学生对场地内外、建筑内外、人流导向进行分析研究，激发他们对建筑与场地意义的整体思考（图2）。不同的使用人群，不同的行为，产生了不同的路径与空间序列。如何进？如何出？观光式的漫步，还是急匆匆地穿越？通过分析这些问题，建立场地与建筑的初步关系。

这是我们希望学生在设计初期应该掌握的一种建筑与场地并重的整体场地观。在这一阶段，主要通过模型、图纸和照片拼贴等方式进行分析和表达，除了必要的分析图以外，要求学生制作包含场地周边建筑环境的大范围场地模型，并将建筑抽象为基本几何形体及其组合，着重表达建筑体量和开口。这是一个由外到内的过程，通过把不同的建筑体量模型放入场地中观察，分析

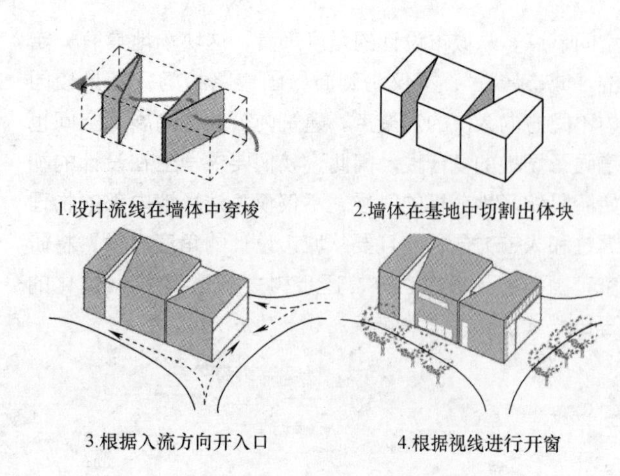

图 2　由场地认知到形态生成

建筑与场地的内外关联，进行方案比较和研究。

2.2　核心：空间原理指导下的空间构成

设计的核心部分仍然是对建筑功能与空间的推敲和组织。当建筑与场地的关系确定之后，内部功能和空间就成为考虑的重点。如果说形体推敲表达的是对外部关系的回应，空间概念则是内部关系组织的核心。

选择评图中心作为设计题目，也是因为这一功能与学生的日常学习体验紧密相关。任务书规定的只有绘图教室、班级评图空间、年级评图空间，以及一个公共的展览大厅。此外，还有一些辅助空间。学生能够在任务书规定之外，补充其他的功能空间。使得每个人的方案更加个性化。

功能和空间是不可分的。这里的"功能"并不仅仅只是指各个房间的用途，而是包括了与之对应的空间尺度及空间形态。这是一个如何处理三维空间及其关系的问题，因而不能仅仅通过二维的建筑平面划分来解决，而是必须从空间组织与空间构成的层面，在三维空间中进行操作。在这方面，冯纪忠先生创立的"空间原理"的教学方法至今仍然是一种非常有效的训练方法[1]。

空间问题一直是建筑学研究领域的核心问题之一，也是初学建筑设计者需要掌握的基本专业技能。空间原理超越了传统教学中以不同建筑功能类型作为训练内容的教学方法，而是对不同的建筑空间类型进行归纳，学习其空间组织的方法，以便学生从空间关系的本质上掌握设计原理，比如空间排比、空间顺序等。在这里，空间的分类是按照空间组合中的空间的相互关系，而不是按建筑用途来进行分类。

在具体操作上，要求学生根据前期场地研究的结果提出若干需要解决的问题，然后制作空间构成模型，规定只能选择杆件、板片、体块等元素中的一种进行操作，强调通过清晰的操作规则获得空间，并通过形式逻辑来进行判断和修正，同时回应设定的场地问题。[2] 在建立"建筑-场地"内外关系的同时，对内部空间进行"公共"与"私密"的区分，以及主次空间的组织。这一阶段强调每个方案必须有不同的空间特征①。通过多轮的课堂辅导与评图，建筑的空间与形态基本上确定下来，可以进入下一阶段的深化设计了。

2.3　空间体验：空间塑造的辅助手段

在设计深化阶段，如何对内部空间进行深化，成为学生面临的又一个难题。通过空间原理进行的空间组织和构成虽然解决了空间和功能问题，却无法避免现代建筑普遍具有的功能主义的缺陷，即把空间当做一个抽象的三维尺度来对待，而忽视了空间品质及人在空间中体验和感受。因此，我们引入空间体验作为一个有效的辅助手段。

空间品质是建筑室内空间设计中的核心，空间品质与人的空间体验密切相关。例如空间的围合与渗透，楼梯、坡道等对于空间的引导，以及材质、光影、色彩、肌理等给人带来的不同感受均影响空间体验。

因此，我们要求学生反其道而行之，从自己的日常体验出发，来设定建筑内部的空间特征，探讨在限定空间中，经由空间操作所产生的领域感、私密性等心理感受。同时，研究人在空间中的视线以及看与被看等相互影响的关系，并且通过自身在空间中的进入方式和游走路径，来推敲空间序列及不同的空间界面（图 3）。

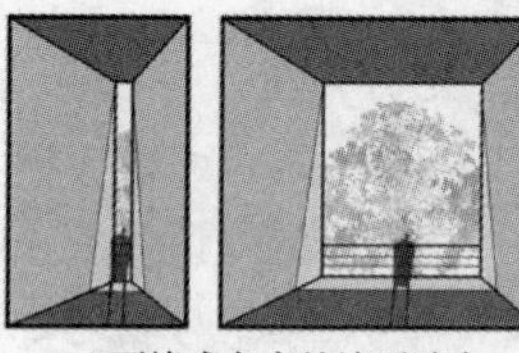

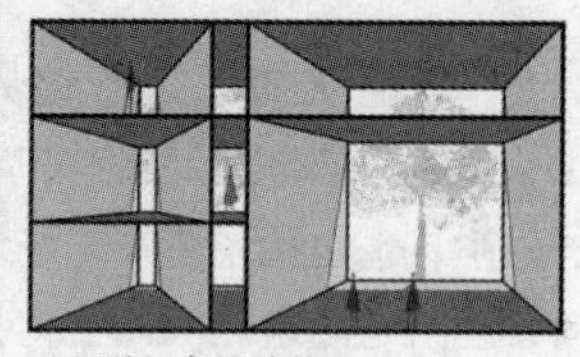

1.两堵成角度的墙两端会形成不同的空间体验　2.引入多组墙体

图 3　由空间体验到空间塑造

2.4　建构-构造：实现设计目标的工具

建构和构造并不是独立存在的，而是一直贯穿于阶段二和阶段三的教学之中。在空间构成阶段，学生需要结合自己的空间形态特征来选择合适的结构体系，明确

① 空间特征首先来源于空间的分化及组织，即空间的构成关系；其次也包含了建筑体量与场地环境的关系。

承重结构与非承重构件的关系。在空间塑造阶段，重点让学生在设计中认识到建筑技术对于实现设计目标的作用和价值，提高运用技术的能力和自觉性[3]。学生结合室内空间设计，选择相应的建筑材料，探讨不同的材料呈现方式对空间知觉的影响；结合自己的细部设计，明确不同材料之间相互连接的构造层次和做法，避免了大家照抄通用节点详图的做法（图 4）。

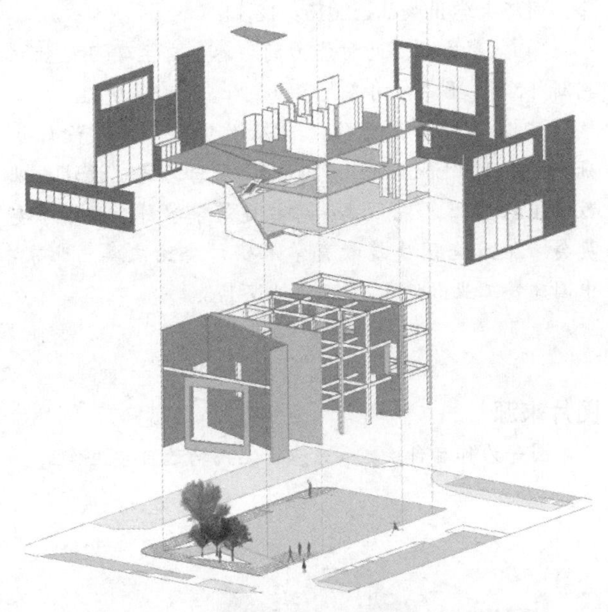

图 4　结构与建构

在这个阶段，主要通过制作大比例实体剖面模型，帮助学生充分理解和清晰表达建构逻辑与构造细部。比如一位同学选择清水混凝土作为墙体材料，为了达到预期的设计效果，查阅资料，掌握清水混凝土墙体的构造做法，并且自己设计了门窗洞口处及楼梯扶手的节点详图。

3　作业案例

3.1　案例一：建筑与环境交融——灰空间

本方案将室外环境与建筑作为一个整体进行设计，半室外的楼梯、走廊、挑台，与建筑相互穿插，室内外的转换形成复杂的空间构成关系，产生了丰富的灰空间。以清水混凝土墙的构成与围合，营造出丰富的光影及朴素的质感（图 5）。

3.2　案例二：建筑与场地互动——无边界

本方案从场地分析出发，引入城市设计的视角，希望保留原场地的校园空间节点的功能，而不只是建一栋封闭的建筑。通过层层后退的实体与虚化的外表皮柔化建筑的边界，从而达到“无边界”的自由之感。底层是

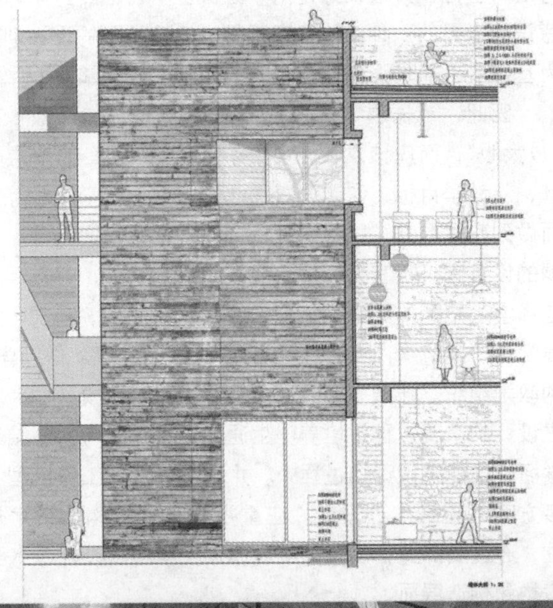

图 5　案例一：内外交融的空间塑造（学生：那昕怡）

开放的展览空间，保留了原场地校园公共空间的属性，行人可以自由穿越，提供了学院内外人群之间产生更多互动的可能性。二、三层是相对内向的学习办公空间，以流动的平面创造一个自由放松的学习环境（图 6）。

图 6　案例二：无边界评图中心（学生：龙方舟）

4　教学总结

以往基础教学阶段的建筑设计课题往往只是课题大小不同，而设计过程却大同小异，缺乏一个综合和提高的过程，学生掌握的是碎片化的知识而不是方法。在“卓越人才”培养的背景下，日益强调教案设计以训练

方法为基础：方法训练是对学生自主学习、终身学习的意识和能力的一种修炼，它不是以建筑类型的设计训练为基础的，而是强调建筑设计中基本方法的掌握[4]。

因此，“长题”不应是原有课程的“加长版”或“放大版”，而应该从更宏观的层面进行教案的顶层设计，从教学目标、课题设置、教学组织、教学手段等方面做到整体提升，加强课程设计的全程性和实践性。课题的设置宜小不宜大，控制规模和功能要求，并且尽量选择学生熟悉的场地，降低难度，增加深度。其次，培养学生“建筑-场地一体化”的理念，突出“从做中学”的教学组织。强调多动手、多思考，将工作模型作为推进设计的重要过程，培养学生通过动手、思考、总结来学习体悟建筑设计的过程[5]。并通过一系列工作模型和多方案比选来推进设计。应重视建筑的建构与技术属性，通过局部大比例模型的制作，使学生将设计深入到建构和构造层面。

“三段式”教学法只是一种探索，应该鼓励授课教师发挥主动性，在实践中探索更为灵活、有效的教学方法，在图纸深度、训练内容以及能力培养目标上都能保持一定的连贯性和一致性（图 7）。

参考文献

[1] 顾大庆.《空间原理》的学术及历史意义[J]. 世界建筑导报，2008 (3)：40-41.

[2] 顾大庆，柏庭卫. 空间、结构与设计 [M]. 北京：中国建筑工业出版社，2011.

[3] 王一. 建筑设计教学的技术维度 [M]. 上海：同济大学出版社，2015：12-14.

[4] 蔡永洁. 两种能力的培养：自主学习与独立判断 [M]. 上海：同济大学出版社，2015：9-11.

[5] 贺永，张雪伟. “从做中学”建筑设计基础——基于“Learning by Doing”理念的建筑设计基础教学组织 [C] //全国高等学校建筑学学科专业指导委员会. 2016 全国建筑教育学术研讨会论文集. 北京：中国建筑工业出版社，2016：167-173.

图片来源

图一为作者自绘，其余未署名图均选自学生作业。

图 7　空间体验辅助下的室内外空间塑造

张永刚　薛星慧　袁龙飞
西安建筑科技大学建筑学院；chapman_zhang@126.com
Zhang Yonggang　Xue Xinghui　Yuan Longfei
College of Architecture　Xi'an University of Architecture and Technology

遵循自然的风景园林美术教学初探

A preliminary study on the teaching of landscape art following nature

摘　要：目前风景园林专业的美术教学急需在"建筑美术"教学体系的基础上，摸索出一条有学科针对性的基础框架，在与传统文化背景、学科专业、时代三个层面贡献自己的力量。以自然为核心的美术教学探索，试图为工科背景下的风景园林专业提供一套可行的美术教学思路。

关键词：风景园林；学科；美术课；自然

Abstract: The current landscape architecture professional art teaching need on the basis of "architectural art teaching system", for a basic framework targeted, in the era of and traditional culture background, professional disciplines, three aspects contribute their strength. With nature as the core of art teaching exploration, an attempt to provide a set of feasible art teaching ideas for landscape architecture majors in engineering background.

Keywords: Landscape architecture; Subject; Art class; Nature

1　新学科　新背景

1.1　风景园林学科背景

国内风景园林美术教学有三个基础背景："国际风景园林师联合会"（IFLA）于1948年在英国剑桥的成立，2011年教育部确定"风景园林学"（Landscape Architecture）为一级学科，以及2013年出版的《高等学校风景园林本科指导性专业规范》（以下简称《规范》）。

IFLA章程写道："鉴于世界各国人民的长远健康、幸福和欢乐，是要建立在人们与他们的生存环境和谐共处和明智地利用资源的基础之上的。又由于那些增长的人口，加之迅速发展的科学技术能力，导致了人们在社交上、经济上和物质上对资源需求的不断增长！又由于为了满足那些资源不断增长的需求而不致恶化环境和浪费资源，这就需要一种与自然系统，自然界的演化进程和人类关系相密切联系的专门知识、专门技能和专门经验。这些专门的合格的知识、技能和经验，我们已在LANDSCAPE ARCHITECTURE这个专业的实践工作中找到了[1]。"IFLA的目标，在孙筱祥教授文章里，呈现出风景园林正由造园艺术、风景造园向风景园林、地球表层规划，以最终实现人类与环境和谐共处为目标的整体变化[2]。而学科成立与《规范》出版明确了学科的基本内容、原则和目标。

在回溯学科概念后，我们就能为风景园林美术教学找到方向。先界定一下什么是"风景园林美术"？高冬副教授认为"建筑美术"就是"与建筑有关的美术"[3]。我将之引申为：与风景园林有关的美术，可称为"风景园林美术"。"相关性"构成了这个学科教学体系的基础和前提，确切地说，必须遵循IFLA在章程中确立的总目标、途径和相应的规则，必须符合《规范》提出的三个必备知识结构要求：自然科学知识、人文社会科学知识与专业知识。

反思国内不同办学背景（农林、建筑、艺术等）下的风景园林美术教学，是否不能简单沿用服务于建筑学的“建筑美术教学体系”？是否也需要共性中的个性？同时，来自社会、文化、艺术内部以及内心的声音，也不断促使我们思考，美术教学的终极理想是否限于培养绘画技巧，以及为社会贡献一个个可以自食其力学有所成的青年？是否应传承民族优秀文化为前提，在地球上创造一个天堂[4]？

1.2 新的变化和教改研究现状

相较学科身份、目标、理想的厘清和定位，课时缩减显然对美术教学影响更直接。自2011年起，教育部推行“卓越工程师培养计划”。以西安建筑科技大学建筑学院风景园林专业为例，新出台的培养计划中，美术课由原来两学年共240课时，减到一学年共176课时完成（及素描实习1周，色彩实习两周），2018年开始又缩减至一年级一学年必修共96课时，二年级虽新增96课时，但完全为选修。以多年经验看，以培养写实造型能力为核心的“建筑美术”教学体系，在课时缩减后，要使大部分绘画零基础的学生通过课堂学习，大幅提高绘画技巧，困难重重，而审美教育更是难上加难。同时，学生对知识的获得更快速和便捷，对课堂的依赖度明显减弱。此外，90后出生的学生群体个性更加鲜明，对课程要求更高，以往单一的教学内容和方法已很难激发他们的学习兴趣。

值得关注的是，部分从业美术教师和学者已经意识到新背景和各种不利因素带来的变化。周华科[5]、韩红和黄小金[6]、李三一[7]等老师都认为在缩短学时、学生基础差的不利条件下，必须对单一素描、色彩练习的教学内容进行改革，对师资薄弱、从业教师风景园林知识缺乏，以及素质提高也提出了看法。同时，安平博士指出：教学缺乏规范，“没有统一教材”，可借用数学语言清晰表述内容，色彩内容多依据色彩科学，增加与学生的讨论与互动[8]。龚道德博士和张青萍教授从学科整体知识体系结构出发，细致地分析了“园林美术”教学的现状、不足，提出了涵盖素描、色彩、构成、设计表现、中国美术史五大部分的课程构想（其中中国美术史部分细分人物、花鸟、山水、博物馆参观、中国画与中国园林五个小专题，于二年级下学期选修课中融入），似为目前比较深入、独到和有学科针对性的解决方案[9]。

不过，联系实践不难发现，以上改革思路并没有跳出以素描、色彩、构成等门类为核心的西方艺术传统范畴，仍止步于教学内容、方式等技术层面。龚、张的课程构想虽系统清晰易于实行，但忽视了学生的个体差异和兴趣培养，且不出以上范畴。放眼各国，似乎也没有一个体系可供我们直接套用。

新背景下，我们必须客观、具体、深入地讨论教什么？怎么教？学什么？怎么学？这是目前亟待探索的基础问题！路只有自己找！

2 遵循自然的新探索

我们概括为：以学科特点为主线，激发学生兴趣为前提，体验为主要形式，丰富的内容为引导。简言之，遵循自然。这个“自然”包含三层意思：作为生命系统的大自然，在学科范畴内的自然和相应观念，教与学过程中的一般自然规律与知识系统。

2.1 以自然时序为主线，以体验为教学方式

以协调人与自然关系为核心的风景园林学科，需要美术课打破固有的造型门类思维定式，灵活多变地把各种造型手段融入到对应季节、时序这样的自然时空中。受传统造园中自然观念的启发，我们正在尝试以对应自然节气来设置教学内容。“天人合一”的中国传统哲学观，以及佛教大乘经典的眼、耳、鼻、舌、身、意等“六识”观，帮助我们既微观又宏观地体验和觉知环境（包括我们自己）——一个常被分割为场所、温度、湿度、风速、水文、地理地貌等学科碎片的整体世界。其真相与真理都蕴藏在一粒沙一片叶中，我们只需唤醒这种本来具足的力量。体验在这里不是浮光掠影的走马观花，而是借由艺术的方式用心体会，不加知识和经验的预设。由此，传统美术课不再于形状、比例、光影、色彩、肌理等小范围里故步自封。

2.2 尝试短时高效的教学结构

一课一天，一次一题，尺寸缩小，当日完成。风景园林专业的一年级课程压力很大，学生除了公共必修课学习以外，专业基础课和设计课，都是以大尺寸、长周期的作业为主，需要学生花费很多时间完成。这就迫使美术课，不能占用学生课后时间以完成课堂作业（名家建筑与园林绘画作品临摹也由设计课老师安排作业）。基于现状，比较实际的解决办法是上课当天，就完成从理论讲述、示范、答疑、完成甚至总结的所有环节（需要具体内容具体安排）。程序上，以每个教学单元为例，以相关美术史理论分享为课程开始（包括有涉及的当代艺术作品），以学生作业讲评为结束，其间教师示范、答疑为辅助。实现的前提则是作业尺寸由四开、八开大大缩小，一是降低难度，缩短完成时间，深一些的用意是想以小见大，以局部体验整体。通过小作业的累积，自然而然、循序渐进地进入到美术学习的情境中。图片1为景观要素之一的园林用石写生，含石头的完整形象

与局部细节两幅（图1）。

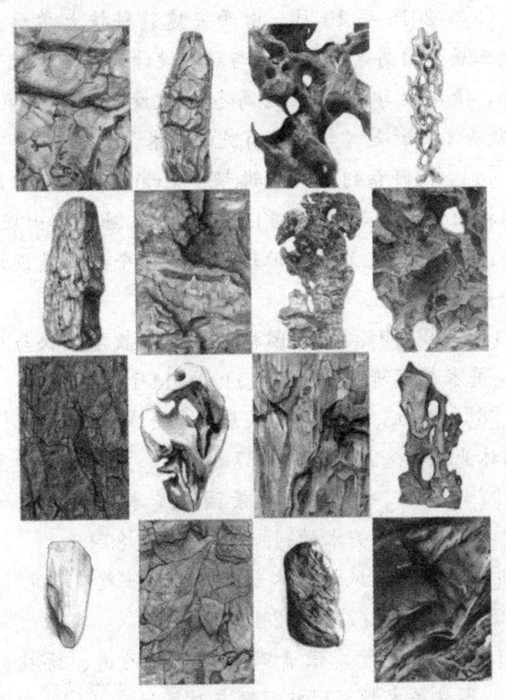

图1　造园要素之山石素描写生

2.3　多元丰富的内容与语言

“建筑美术”体系的绘画练习，在造型能力训练上有其科学的一面，应该保留其基本的训练方法和再现性的表现语言，如构图、透视、形体塑造、色彩观察和写生表现等，应摒弃的是狭窄、粗糙而无学科对应的内容，如石膏像、静物组合、泛泛的风景写生等。在美术与风景园林专业之间寻找丰富的接合点，有限度地开拓内容和范围，如：与课题相关的美术史理论、园林要素表现、山水画临习、自然风景区（国家公园）主题、植物、结合地方文化的手工体验、实习（含绘画练习和实习基地手工体验两个部分，学生自主选择）等。内容一旦扩展，伴随的艺术语言就需要同步。这种不同语言的“跨界”，意在寻找各种有效的“它山之石”。

在绘画学习尤其是色彩写生训练中，应打破固定材料、固定语言的限制，水彩、水粉、彩铅、马克笔，甚至油画材料，学生根据兴趣都可以自由选择。教师做好相应媒材与语言的辅导和示范工作，最大程度激发学习兴趣。

（1）核心是传统造园文化

“中国是世界上最早出现‘造园’这个行业、专业和学科的国家”[10]。“中国古典园林艺术以及人与大地关系的古典哲学是人类文化的典范”[11]。这么优秀的造园文化传统，我们美术教学实验视其为核心中的核心，因此课程贯穿两个学期，课时占到一半。基本内容包括传统园林建筑训练与山水画临习，临习的作品范围上溯五代，下至清初。此节的目的是以开放的心胸回归传统意趣和情境，为学生长远发展所需要的中国传统艺术提供一点氛围。

另一点不被注意的是，我们秉承陈从周先生的主张，强调画意与诗词的对应，每幅园林表现都需要以诗词题名，务必做到诗情画意。传统造园强调人在先，园在后，有情方能有园，情是沟通景与人、物与我最直接的桥梁，一如辛弃疾词“我见青山多妩媚，料青山、见我应如是”。寓情于景、触景生情，应该融汇于日常教学中。

（2）与大地景观规划相关的区域地理地貌环境

由区域地理地貌系统组成的生态系统，是风景园林学科四种自然的基础，是大地景观与生态修复的核心。我们在课程设计上有针对性地设置了西北地区脆弱生态环境下的地理地貌表现主题，从雪山、喀斯特、草原、森林、到黄土高原等，学生需要精选出四种不同地理环境，在一天内完成细之又细、精益求精的塑造。由于作业尺寸大大缩小，及对象选择的典型性，这个作业完成度比较高，且学科指向性得到明确（图2）。

图2　西北地区地理地貌照片写生

（3）用手工课程和实习基地结合培养匠人素养

如何多方面地唤起学生的双手，培养一种悠久的以手工制作为核心的匠人素养，而不是仅仅依靠鼠标和笔，一直是教学探索的一个方向。自2013年开始，我们先从环保手提袋入手，启发学生回归悠久的乡村女红传统。从图案设计、绘制、布料剪裁到缝制和手工转印完成，充分调动学生的积极性和能动性。每次图案主题都会变化，做到每届不重复，且与学科保持联系。第一次手提袋的主题是“家乡的地表肌理”，要求截选家乡故土的平面地图，从照片提炼为矢量图，最后绘成极有设计感和美感的黑白图形。另一个用意是重新认识我们每个个体从属的区域环境和地方文化，不能在进入到都市文化圈后忽视这一文化上的身份属性，地方性文化是全球化背景下对文化同质化、标准化的对抗和自觉。

受同济大学阴佳教授的启发和鼓舞，我们从2014年开始实习基地的建设，目前已与西安纺织城艺术区建立了协作关系，在木工、陶艺、插花等工作坊开始有计划地合作培养。

3 不足和补充

试验的不足显而易见——在有限时间里，各门类不能深入学习，浅尝辄止。有效的补充是，二、三年级增开选修课，延长学习周期。同时，学生作品参加全国建筑专业委员会建筑美术分会举办的全国大赛，激发热情和认同感。课后，鼓励学生持续的自我学习，比如博物馆和美术馆参观、绘本伴随旅行等。最后，我们会给学生一些终身学习的建议：学会繁体字，背诵古诗词，练书法，临习山水画，摄影，环保落实于生活等。

4 结语

“艺术与自然的意义是不是超越其自身?”[12]阿诺德·柏林特（Berleant Arnold）的问题本身即是答案，它启发我们：美术教育的意义是不是也超越其自身?

综上所述，风景园林美术课程，不应止步于“建筑美术”教学体系。比较实际可行的方案或许是：继承传统艺术遗产与传统造园文化的丰富性，呼应学科发展上的时代性和前瞻性，回归传统、学术、学科发展。只有基于这种视野和远见，一种适用于中国风景园林本科教育的美术教学才能成为可能！

简言之，遵循自然！

参考文献

[1] 孙筱祥．对当前风景园林事业的政策与跨世纪人才培养的建议 [J]．学会，1995（2）：22-23.

[2] 孙筱祥．风景园林（LANDSCAPE ARCHITECTURE）从造园林、造园艺术、风景造园——到风景园林、地球表层规划 [J]．中国园林．2002（4）：7.

[3] 2015年10月，由西安建筑科技大学承办了第十三届全国高等院校建筑与环境设计专业美术教育研讨会，清华大学建筑学院高冬副教授于发言中表示，“建筑美术”就是“与建筑有关的美术”。

[4] 大师系列丛书编辑部．Alvar Aalto 阿尔瓦·阿尔托的作品与思想 [M]．北京：中国电力出版社，2005：14.（原文为“在地球上创造一个天堂是设计师的任务”）

[5] 周华科．风景园林专业美术教学现状与对策 [J]．美术教育研究．2011（11）：114-115.

[6] 韩红，黄小金．风景园林美术教学初探 [J]．中国林业教育．2009（1）：67-69.

[7] 李三一．关于风景园林美术教学模式研究 [J]．美与时代·美术学刊．2015（6）：89-90.

[8] 安平．风景园林专业美术基础教学研究 [J]．华中建筑．2013（7）：162-165.

[9] 龚道德，张青萍．砺师、酌道、博技、广途——园林美术教育现状问题与对策研究 [J]．中国园林．2010（4）：81-84.

[10] [11] 同 [2]：9.

[11] 阿诺德·柏林特．生活在景观中：走向一种环境美学 toward an aestheyics of environment [M]．湖南科技出版社：19.

[12] 张永和．对建筑教育三个问题的思考 [J]．时代建筑，2001（S1）：40-42.

注释

图1，造园要素之山石素描写生，风景园林2013级：蔡昊家、车璐、陈宇、金鲁红 刘瑞华、刘雨萌、黄琰麟、张熹佳。指导教师：张永刚。

图2，西北地区地理地貌照片写生，获2015年第三届全国高等院校建筑与环境设计专业学生美术作品大奖赛三等奖，风景园林2013级：车璐、黄琰麟、卢廷羽、吴纯纯、杨源鑫、薛佳明。指导教师：张永刚、周文倩。

图片来源

张永刚、王丁冉。

赵睿
北京工业大学建筑与城市规划学院；zhaorui@bjut. edu. cn
Zhao Rui
College of Architecture and Urban Planning，Beijing University of Technology

神经美学概述及其对建筑构成基础教学的启示

Generalization of Neuroaesthetics and its Possible Enlightment on the Teaching Practice of Form Composition in Architecture Design

摘　要：美的成因和美的标准始终是艺术、心理学、生物学和哲学美学思考和争论的主题，20 世纪末随着脑科学和神经成像技术的发展，神经科学家通过实验探究大脑将不同的艺术转换为认知输入、进行认知加工并输出，更清晰地阐释了艺术创作和审美欣赏所涉及的神经进程的机制，创立了神经美学这门新学科。建筑属于视觉艺术，建筑教育尤其是设计基础教育具备所有艺术教育的特征，遵循艺术创造和审美欣赏的基本神经进程。建筑形态构成作为建筑设计教育的重要基础，教学和实践均遵循视觉艺术审美机制，通过研究神经美学关于审美活动的运行方式及其神经机制，学习这些美的共性，了解能唤起创造者或欣赏者的心理进程的基本要素，探讨运用到学生创作之中，提高专业素养和教学效率的可能性。

关键词：神经美学；视觉艺术；形态构成；建筑设计基础教育

Abstract：There has been argues about what beauty is and why beauty can be appreciated by individuals in many fields such as art，psychology，biology and philosophy. With the development of brain science and neuro-image technology in 1990s，neuro scientists have explored brains in delicate experiments how the brains transfer different arts into cognition information through inputting，processing and outputting procedures which explain how brain neuro works when individuals create and appreciate the arts. It is called neuroaesthetics—a brand new field in science. As known architecture is visual art and form composition is one of the most important bases in architectural education，this article explores the possibility these research results in neuroaesthetics might inspire and enhance teaching practice of form composition in architecture design.

Keywords：Neuroaesthetics；Visual art；Form composition；Basic education for architectural design

1　神经美学的起源及定义

1.1　神经美学研究的起源：美是什么？

美是什么？美如何可能？这些问题始终是艺术、心理学、生物学和哲学美学等学科中对艺术创造和审美欣赏思考和争论的主题。

西方哲学家很早就提出了众多的美学理论，但是基本停留在哲学思辨的层面。20 世纪出现的审美心理学也只是从精神分析、格式塔、行为主义、信息论等不同的心理学流派对审美的规律和实质进行了阐释和论述。但是，随着脑科学和神经成像技术的发展，神经科学家通过实验的方法对艺术创作和审美体验的神经基础进行了科学研究。1999 年视觉神经科学家 Semir Zeki 出版了《内视觉：对于艺术与大脑的探索》，通过对视觉系统的研究发现，伟大的艺术家在创作作品时不自觉地利用大脑的神经机制，使用了相同的基本视觉元素，正式确立了神经美学（Neuroaesthetics）这一新的学科。

1.2 神经美学的定义

2009 年哥本哈根神经美学会议中使用了更具包容性的方式来定义神经美学，即当研究者采用了审美的或者艺术的方法来处理艺术作品、非艺术对象或者一个自然现象时，所有包含认知的、和情感过程相关的、以神经学和进化论为基础的研究，都可以称为神经美学领域的研究。例如对于艺术专家评估艺术品时、业余爱好者欣赏艺术品时、艺术家创造和构思艺术作品时心理和神经运动过程以及这种神经和心理进化过程的研究。这里提到的艺术作品广义上包括西方或者非西方的音乐、电影、话剧、诗歌、文学和建筑等。

具体而言，神经美学认为审美体验是自上而下的注意定位和自下而上的知觉信息交互作用的结果，并依赖现代神经科学的技术通过实验去探究大脑如何将不同的艺术转换成认知输入、进行认知加工并输出，更清晰地阐明其所涉及神经进程的机制。

2 神经美学研究现状综述

2.1 神经美学的主要研究主题和研究途径

近十几年来神经美学主要在以视觉艺术为基础的感觉、认知和感知过程等方面进行探索。目前的神经美学研究主题集中在以下几个方面：审美经验的神经基础、艺术创造活动的神经基础以及审美经验的进化论视角。对于美学问题，神经科学家们采用的研究方法主要分为比较法、神经心理学研究方法和神经成像方法。比较法属于理论方法，认为艺术作品的特点和艺术家使用的策略与神经系统如何理解和组织视觉世界是相似的，艺术家可能会运用大脑知觉系统潜在的理解力来影响他们的观众对作品的欣赏；其他两种属于实验方法，运用临床检查和神经成像技术来洞察大脑的伤害和退化、视觉艺术的神经呈现、音乐的神经美学以及审美经验的神经基础，通过实验实际测试艺术欣赏和创造的神经基础。实验数据已经显示，音乐会影响语义进程，绘画会影响情感反应或激活运动系统等。

2.2 神经美学主要研究成果

根据审美发生机制，神经美学家们探究出了人类大脑的审美模型，探寻审美感知、审美理解和审美判断等认知阶段的神经基础，其中比较有代表性的成果包括：Chatterjee（2004）提出的基于经验驱动模式的视觉审美的认知神经模型，将视觉审美加工分为早期加工、中期加工和晚期加工三个阶段（图 1）。Leder 等（2004）提出的审美体验的五阶段加工模型：知觉分析、内隐记忆整合、外显分类、认知控制和评价。Ramachandran & Hirstein（1999）基于中介原理，建立了研究审美体验的符号表征范式，据此构建了影响审美体验的峰值漂移、分组、对比等知觉原则。Livingstone（2002）认为研究一幅画的时候，首先可以简单而精确地将其还原成大脑对于感官信息的自下而上加工，提出关于艺术家运用视觉不同成分之间的复杂相互作用来创作图画的审美创作模型。

上述认知模型都涉及审美体验中的主观和客观因素，尤其是 Chatterjee 的认知神经模型中对于主客观刺激的分析及 Ramachandran 建立的审美体验符号表征及知觉原则八定律，对于设计基础教育具有实践性指导意义。

3 神经美学对建筑形态构成教学实践的启示

3.1 形态构成：视觉艺术的基础训练

设计是创造，设计的领域涉及人类一切有目的的活动，它将人们的某种观念或者思想意图转换为视觉化的形体，即用一定的物质材料塑造直观形象，从这个角度看，建筑和绘画、雕塑、工艺等均属于视觉艺术创造，其得以表达的媒介是各种不同的视觉形式，而形态构成研究的正是不同视觉形式要素的组成、结合和组合，是设计创造等视觉艺术的基础，在建筑学专业课程体系中属于重要的设计基础训练。

在形态构成教学中，我们强调从两个层面对形态构成的要素进行分析，即物质媒介要素和构成关系要素。物质媒介要素是指所有艺术作品中的“物因素”，是艺术赖以存在的基础，在形态构成中，这些“物因素”包括形状（点线面）、体积、空间、色彩、肌理、材质、光影等，称之为形态构成的物质媒介要素。构成关系要素是指这些物质要素之间的组织和安排，孤立的线条、体块或色彩并不能引发人们的情感和审美体验，而是其构成关系所形成的形式结构赋予它们可被理解的意义，从而产生审美判断，这些构成关系包括物质媒介要素之间的方向、距离、比例、对比、对称、等级、韵律等，称之为形态构成的构成关系要素。

这两个层面的构成要素是艺术创造者进行创作的基础，形态构成的教学本质上就是要训练视觉艺术学习者了解并掌握物质要素和构成关系要素，创造出能够引发欣赏者审美体验的作品。

3.2 神经美学对建筑构成基础教学的启示

（1）术创造和艺术欣赏的一致性：Chatterjee 视觉

审美认知神经模型对形态构成教学的启示

Chatterjee（2004）提出视觉审美的认知神经模型（图1），是从审美主体即欣赏者角度进行分析和实验，认为视觉审美加工与一般视觉加工一样，包含三个认知加工阶段：早期加工阶段，在不同脑区提取和分析简单基本的视觉元素，主要包括审美客体的形状、方位、色彩等最基本的特征提取。中期加工阶段，在基本特征提取的基础上自动分离一些元素并组合另一些元素以形成统一表征，对审美客体产生基本的认识并进行范畴归类。晚期加工阶段，审美客体的某些方面被选择性地进一步加工，通过激活记忆，审美客体被识别和赋予意义。然后审美客体引发情感反应，并通过注意机制对审美加工系统进行反馈。最后主体产生审美偏好，做出审美判断。这就是个体对作品进行欣赏并产生审美体验的认知加工过程，每个阶段都有其对应的神经基础。

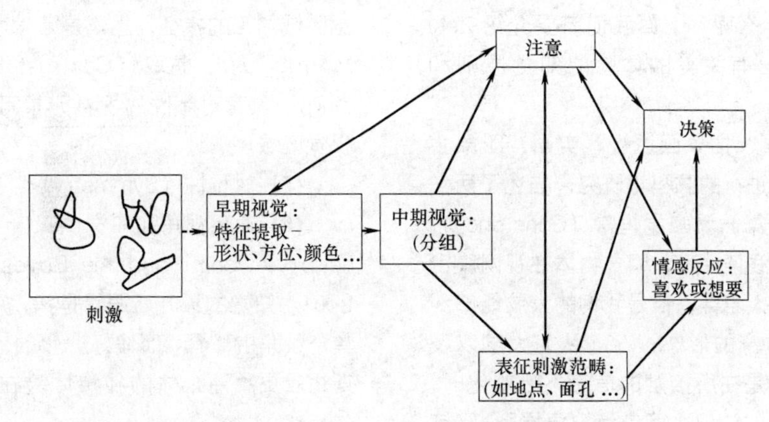

图1　Chatterjee（2004）：视觉审美的认知神经模型

但是实际上，当艺术创造作品展现出来时，涉及的个体除了欣赏者还应该包括创造者，创造者在进行艺术创造的时候，大脑神经的活动过程是怎样的呢？或者说审美体验和艺术创作之间的神经机制是否有关联呢？这是视觉艺术教育者更为关心的问题，神经美学家的答案是肯定的。Zeki认为“所有的视觉艺术都是通过大脑进行表达的，因此这些艺术都必须遵守大脑的规律”。他坚信，艺术创作与大脑活动在很大程度上可说是一样的，或者说艺术创造和艺术欣赏遵循着相同的大脑神经活动机制，我们可以这样来理解Chatterjee的审美认知神经模型，早期加工阶段提取和加工的视觉元素对应形态构成中的物质要素，中期加工阶段的范畴归类和晚期加工阶段的识别和赋予意义对应形态构成中的构成关系要素（图2）。正如Zeki所说，在审美活动中艺术作品与欣赏人之间的关系说到底是艺术家与欣赏人的关系，更精确地说是两颗大脑神经活动之间的关系，必然存在着共性。

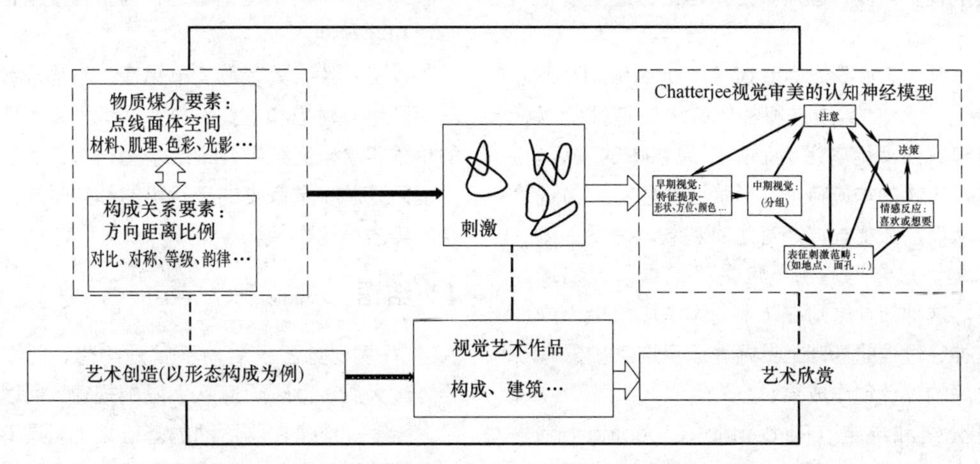

图2　神经美学角度：艺术创造和艺术欣赏的一致性

从上述分析我们希望做到，在构成教学实践中，学生能够认识到欣赏者和创作者之间的共性，神经美学的研究结果也证实个体对美的感知、理解和评估决策存在着共性，通过了解审美活动的运行方式及其神经机制，学习这些美的共性，帮助他们认识到，审美体验和艺术创作之间的关系，找到那些能够唤起创造者或欣赏者心理进程的要素和特征，包括认知、感知、情绪、评估等方面，通过教学实践传递给学习者，并运用到学生的创作之中，知其然的同时知其所以然，提高专业素养和教学效率。

(2) 美的共性：Zeki 和 Ramachandran 关于审美体验的知觉原则应用于构成基础教学的可能性

前文我们已经了解审美体验可以运用科学方法进行研究，分析了形态构成要素与美的认知存在着一些共性，那么这些共性是什么呢？下面我们简要介绍 Zeki 和 Ramachandran 提出有关美的体验的知觉原则和定律。

Zeki 通过对肖像画、抽象画派、写实画、印象主义画派和野兽画派作品进行的脑科学研究，描述了两条有关艺术的大脑法则：第一为知觉恒常（Constancy），在不同距离、角度、光线条件下，同一物体在视网膜上留下的物理属性存在很大差异，但是我们的大脑能够纠正并将其还原为物体本身的形态，Zeki 认为大脑以及伟大的艺术作品的作用是在所接触的信息不断变化时，探索对物体恒定的本质的认识。第二为抽象原则（Abstraction）即从许多细节概括事物的本质。基于选择性注意和记忆的遗忘，大脑需要对复杂的真实视觉图像进行抽象加工，找寻事物本质，例如，毕加索中后期作品大量运用了抽象、变形、碎片化处理等手段，与视觉心像在想象复杂事物时遵循抽象的原则相一致。

Ramachandran 和 Hirstein 1999 年提出关于各类艺术的共同特征以及艺术体验的八条定律，认为艺术家们有意识或无意识地展开和运用这些法则，从而最适宜地激发了大脑的视觉区域，这八条定律理论上适用于任何美的事物。

(1) 峰值漂移（The Essence of Art and the Peak Shift Principle）：艺术的实质是将物体的本质特征加以夸张，从而能够更强烈地刺激大脑加工原物体的脑区。视觉艺术可以对事物的本质特征在形状、颜色等方面进行抽象提炼，从而加强视觉神经对此的刺激，诱发主体强烈的审美体验。最常见的例子包括简笔画、人物漫画、卡通画等。这种知觉原则在艺术创作中应用极为广泛，在了解其神经过程的基础上更好地运用这类抽象夸张手法达成更好的设计创作成果。

(2) 知觉分组和绑定（Perceptual Grouping and Binding is Directly Reinforcing）：即艺术教育中常见的格式塔组织原则。格式塔心理学的创始者韦特海默和阿恩海姆指出，人们在观看时，大脑和眼睛在神经处理过程中会将各个部分组合起来，使之成为一个更易于理解的统一体，而不是区分每个形体的单个组成部分。我们倾向于将形体要素按照接近、相似、闭合、连续性、主体和背景这几个基本原则进行分组和绑定，使之成为一个简洁的整体。在设计和创作中巧妙利用这种知觉的整体性倾向能够引导观赏者，达成设计目标。

(3) 分离法则（Isolating a Single Module and Allocating Attention）：将单个视觉区域分离出来，使注意力全部分配在该区域，比如漫画和印度美术中将形状或深度分离出来，从而观赏者很容易觉察到依赖于该视觉区域加工的特征，也正是艺术家所强调的特征。

(4) 对比提取（Contrast Extraction is Reinforcing）：具有对比性的视觉元素可以适宜激发大脑相关视觉区域。

(5) 对称性（Symmetry）。

(6) 通用视角和知觉的贝叶斯逻辑法则（The Generic Viewpoint and the Bayesian Logic of Perception）。知觉的贝叶斯逻辑是指，知觉系统不倾向于依赖单一视角的解释，而偏好一般的、更普遍的解释。贝叶斯逻辑更关注个体的独特体验在创作和欣赏中的主动作用。

(7) 隐喻（Art as Metaphor）：书面语言和口头语言中经常出现的隐喻，寻找喻体和本体之间的共同性，以喻体代本体，这种手法同样可以应用在设计语言中，增加创作的丰富性和趣味性。

(8) 知觉问题解决（Perceptual Problem solving）：通过学习知觉问题解决的研究成果，尤其是视知觉过程，了解个体在观赏艺术创作时的神经活动基础，寻找创作和观赏的神经活动一致性（图 1、图 2），为艺术创作和设计提供科学理论基础，一定程度上增强艺术的科学性和客观性。

以上八条，大多数简单易懂，与构成教学中的形式美原则也有对应和重叠部分，在教学中可以将神经美学的相关实验研究结果介绍给学生，在艺术创作时，遵循并运用人脑视觉审美的运行机制和知觉原则，构建其完整的美学理论框架。

4 结语

“一切视觉艺术活动不管是构想，创作或者欣赏都要经过大脑，也必须遵从大脑的规律，所以任何美学理论，若没有构建在脑活动的基础之上，是不完备也不可能深刻的”。神经美学的研究给予了我们丰富的启示。寻求事物恒定本质特征的大脑，与表现了恒定事物特征的艺术相遇，正是这二者之间的共性产生了审美体验。艺术家、初学者、艺术教育者可以依据神经美学实验总结出来的美学法则，掌握人类审美活动的神经机制的理论规律，将相关法则运用到艺术创作、艺术教育中，从而提高艺术创作、艺术欣赏、艺术教育中对美的感受度。

参考文献

[1] 马科斯·纳达尔，马库斯 T. 皮尔斯，孟凡君译. 哥本哈根神经美学会议：一个新兴领域的前途与缺陷 [J]. 美学论坛，2015（6）：13-21.

[2] 曹晖. 视觉形式美的美学研究 [M]. 人民出版社，2009.

[3] 丁晓君，周昌乐. 审美的神经机制研究及其美学意义 [J]. 心理科学，2006 29（5）：1247-1249.

[4] 王乃弋，罗跃嘉，董奇. 审美的神经机制 [J]. 心理科学进展，2010（18）：19-27.

[5] Ramachandran V，S，Hirstein W. The Science of Art：A Neurological Theory of Aesthetic Experience [J]. Journal of Consciousness Studies，1999，6（6-7）：15-51.

郑越　贡小雷
天津大学建筑学院；392327828@qq. com
Zheng Yue　Gong Xiaolei
School of Architecture，Tianjin University

以项目为引导的建筑学一年级综合基础教学
——旧城新舍

Project-oriented comprehensive basic teaching in the first-year teaching of architecture undergraduate
——Old City and New House

摘　要：与AA、Cooper union、TU Delft等学校的本科建筑设计一年级教学相比，国内一年级教学更加注重建筑基础技能训练而忽略建筑思维的养成。旧城新舍教学设计专题尝试在一年级教学中纳入人文社会因素、可持续和道德责任，重点启发学生的主观能动性。在当前互联网、物联网发展的大背景下，引导学生思考新形势下的旧城空间更新模式，分别从居民行为开发、社区文化发掘、居住空间改造、街区建构更新手段四个方面对旧城更新进行研究，并运用空间操作手法探讨与之对应的空间形式。这种以项目为引导，将基础训练贯穿其中的综合的教学模式对于建筑学本科一年级教学有一定的借鉴意义。

关键词：综合基础教学；旧城；微空间；互联网

Abstract：Compared with the Year 1 teaching of undergraduate architectural design in AA，Cooper union，TU Delft and other foreign architectural schools，the Year 1 teaching in China pays more attention to basic skills training and neglects the development of architectural thinking. The "Old City and New House" design topic attempts to incorporate humanities，social factors，sustainability and moral responsibility in the Year 1 teaching，which focuses on inspiring students' subjective initiative. Under the background of the current development of the Internet and the Internet of Things，students are guided to pay attention to the urban renewal model of old cities，and study the renewal of old cities from four aspects：development of residents' behavior，culture excavation of community，reconstruction of residential space，neighborhood construction and renewal methods. Then explore architectural forms using spatial manipulation. Such project-oriented，integrated basic teaching mode offers certain reference significance for the Year 1 teaching of architecture undergraduate.

Keywords：Integrated basic teaching；old city；micro space；internet

1　教学命题缘起

在国外的建筑学本科低年级教学中，除了传授建筑学专业知识，还将多种建筑学的相关技能融入其中。例

① AA的本科教学实行1+5的教学模式，5所指的是5年制建筑教学，1就是所谓的"foundation"课程，开设在5年之建筑教学之前，专门为艺术基础薄弱的学生设置。

如建筑联盟学院（AA）建筑联盟学院的建筑基础教学课程（Foundation）旨在为学生提供创意设计和思维方面的实践指导，核心是设计过程中的自我发现，让学生在设计过程中更多地了解自己的兴趣，激情，愿望和灵感，并从中激发自己的自我批评动力和技能，从而更好地对各种创造性学科进行学习。库伯联盟学院（Cooper union）的建筑学一年级课程旨在为学生提供全面的教育体验，在基础教学中强调建筑作为一门人文学科的重要性，不同社会和生态条件下的建筑设计的差异性，并注重对可持续性和道德责任的相应要求。代尔夫特理工大学建筑学院（TU Delft）在建筑学一年级进行多方面的基础训练，包括建筑，技术，应用力学，建筑和支持结构以及气候设计的科学知识；历史知识；建筑自然形态研究和表达技术，如制作比例模型和数字绘图。相比之下，国内一年级教学更加注重建筑基础技能训练而忽略建筑思维的养成。因此，教学组尝试在本科一年级的建筑教学中进行综合基础训练，即在教学中纳入人文和社会因素，纳入可持续性和道德责任，注重启发学生的主观能动性。

本教学设计专题是建筑学一年级下学期的一个综合设计，设计时长为 16 周。本专题以激发学生社会责任感为出发点，在当前旧城更新和互联网、物联网经济的大背景下，引导学生关注当前旧城更新过程中土地紧缺、空间受限、居住环境受限、人文环境消失等现象，通过调研找出一个重点问题，再以建筑手段对此问题进行解决。传统的建筑一年级教学包含的空间操作、环境应对、材料利用、建构设计等基础训练贯穿其中，在此基础上训练学生以建筑师身份发现问题的批判性思维能力，以及解决问题的综合设计能力，并探讨一种自主创新型的设计教学模式。

2 教学命题设置

当前的都市化文明进程伴随着传统文化的破碎瓦解，更可悲的是冷冻式保护带来死气沉沉的旧城废墟。如北京四合院保留区成为充满私搭乱建的贫民窟；又如平遥古城中，由于受到保护法规限制，无法拆毁也无钱更新的破败建筑[1]。在这个设计专题中，我们将社区营造定位为设计重点关注的问题。如何充分利用互联网资源，用最小的干预和最经济手段实现社区营造？以如何满足居民基本需求基础上设计出适应新时代需求有趣空间？

新时代社区营造的变革体现在信息和物质两个层面。在信息层面，互联网作为新信息交流纽带，取代了“社区组织”成为新时期社区营造的组织者；在物质层面，集信息交互、智能制造、智能贸易为一身的物联网将成为未来的社区营造的新核心，它可以满足旧城居民对社交、学习、商业的强烈需求。

教学组提出利用互联网建立社区居民和历史遗产的新型关系，利用物联网系统探索新型的社区营造模式的设计构架，确立了以微型空间对旧城进行干预的设计手段，并把设计核心定位对社区居民的行为研究。

首先，对某历史街区进行调查，观察传统历史街区内，不同年龄段人群的生活行为，对比不同年龄段、不同收入阶层的人群起居、饮食、交往等行为并进行统计分析，归纳人的行为模式。同时，基于人的行为需求设计基于互联网和物联网的旧城社区营造方式。接下来运用空间操作手法，探讨与之对应的空间形式。过统筹归纳，在模块化的设计思路下[2]，精简出几种普适性最强的空间形式，在旧城的建筑室外、室内或者内外之间，设计可拆解、可移动、可变化的微型空间插入体，达到改善周边区域的使用功能和景观效果的目的[3]。插入空间的设计要求体现高效性、舒适性、功能复合性、设施完善性，并满足居住功能改善、社区活动功能置入、对外接待功能增设等需求，以在保护历史建筑的前提下，为传统街区带来鲜活气息。

新置入的插入体和传统建筑形式形成既相互融合，又相互对比的戏剧化空间效果。相互融合体现为插入体的形式、立面尺度设计来源于传统建筑比例；相互对比体现为插入体的材料和立面风格与传统建筑形成鲜明对比[4]。

3 设计方案探讨

学生通过结组调研体会到当前的互联网和物联网对旧城更新中的人和物都发生了巨大的影响。对人的影响体现为互联网对旧城保护模式的影响，互联网促进了人们保护旧城的行为发展，加快了旧城复兴过程中的文化发掘；对物的影响体现为物联网对旧城更新建构方式的影响，物联网打造了新型的历史建筑改造手段，创造了新型的历史建筑建构方式。四组同学分别从遗产保护的行为开发、社区文化发掘、居住空屋改造、街区建构更新四个方面对旧城更新进行思考和设计尝试，以实现更新社区综合持久的发展。

3.1 行为开发

针对旧城居民生存状况，基于互联网商业活化的背景对居民行为进行开发。本组的设计理念是：在旧城更新中以行为开发为载体，以互联网为行为互动平台，推动社区居民和外来人群的互动贸易，实现社区的利益合理重分配和经济发展。具体的设计思路为：基于互联网运营模式和互动平台，以社区中人的行为开发为出发点，利用社区原生空间设计模块化活动单元以对当地居民和外来人群进行互动行为开发，打造以居民为服务者、外来人群为消费者的产业运营平台，推动社区产业开发。

3.2 文化发掘

针对旧城中传统文化断层的现状，基于互联网交流平台，从文化层面发掘传统文化复兴的策略。本组的设计理念是：以旧城中文化发掘为载体，以互联网为文化传播平台，发掘社区居民和外来人群的文化交流模式，实现社区的传统文化的传承和发展。具体的设计思路为基于互联网文化传播平台，以社区传统文化再发掘为发点，在院落空间中设计模块化活动厨房，打造以居民为文化传播者、外来人群为文化消费者的饮食文化传播平台，促进社区文脉的传承。

3.3 空间改造

针对旧城中居住空间局促的现状，基于物联网商业和制造平台，从空间层面发掘既有居住空间提升改造的可能性。本组的设计理念是：在旧城更新中以空间改造为载体，以互联网为需求交流平台，推动既有居住空间的再利用，实现社区的空间重组和社会网络重构。具体的设计思路为：基于互联网需求交流平台，以旧城更新中以既有居住空间为改造为出发点，置入模块化活动单元以对既有空间的再利用提供多种可能性，打造插入体为更新手段、依托于网络互动的居住空间更新平台，推动社区居住条件的提升。

3.4 建构更新

针对旧城空间更新资金缺乏、技术桎梏、既有建筑保护需求等方面的诉求，基于物联网产业运营平台，从技术层面发掘旧城建构更新的技术手段。本组的设计理念是：以旧城中建构更新为载体，以互联网为产业运营平台，通过模块化移动单元的推广，实现社区的物质环境更新。具体设计思路为：基于互联网产业运营平台，以旧城中建筑结构构件更新为出发点，推广轻质、可拆卸、可移动的模块化空间更新方式，利用互联网组建居民作为服务者和消费者的更新营造模式，以巧妙的社区产业重组实现物质环境的更新。

4 结语

旧城新舍教学设计专题旨在引导学生在互联网时代背景下关注旧城空间改造，分别从居民行为开发、社区文化发掘、居住空间改造、街区建构更新手段四个方面对旧城更新进行思考和设计尝试，以实现社区持久发展。该专题具有较大的教学价值和社会价值。而这种主动性的设计过程，有利于学生对于自己的兴趣，激情，愿望和灵感的自我发现，以及批判性思维的养成，从而有利于创造力的培养。这种以项目为引导，将基础训练贯穿其中的综合教学尝试对于建筑学本科一年级教学有一定的积极意义。

参考文献

[1] 郑越，世界遗产保护趋势下我国建筑遗产保护研究——以 UNESCO 亚太遗产保护奖为参照 [D]. 天津：天津大学，2016：64.

[2] 顾大庆，柏庭卫. 空间、建构与设计 [M]. 北京：中国建筑工业出版社，2011：4-15.

[3] Richard Horden，Thames & Hudson. Micro Architecture：Lightweight，Mobile and Ecological Buildings for the Future [J]，2008：11-21.

[4] Kronenburg R. Portable architecture：Design and Technology [J]. Birkhäuser，2008：23-27.

钟予
中央美术学院建筑学院；zhongyu@cafa.edu.cn
Zhong Yu
School of Architecture，Central Academy of Fine Art

现实主义观点中的建筑数学素质课
The Architecture Math Course in a Realistic View

摘　要：进入新世纪，建筑教育改革的外部动力以及数学教育的内部需求同时集中到了思维能力和应用能力培养两方面。因此，我们有必要在现实主义的观点下重新审视建筑数学课程，探索在其中推行素质教育和能力培养的方式方法。

关键词：建筑数学；发现式教学；现实主义数学教学；数学素质教育

Abstract：In the new century，the creative thinking and knowledge-applying ability became the shared goals of architecture education and mathematics education. Thus，it' s necessary to review the course of Architecture Math in a realistic view to explore the possibility of quality-oriented education，and the way of cultivating of creative thinking and knowledge-applying ability in it.

Keywords：Math of architecture；Heuristics；Realistic mathematics education；Quality-oriented mathematics education

新世纪以来，虽然数学在社会生活中展现出越来越惊人的影响力，但国内建筑教育中对数学课的抵触仍然司空见惯。与此同时，社会实践对建筑教育提出了新要求，期待符合行业发展需求、多元融合视角下的创新人才培养。建筑数学课应如何应对新时期的机遇与挑战？对此，现代建筑教育中数学课的演变以及近现代数学教育的改革等都可提供宝贵借鉴。

1　现代建筑教育中的数学教育改革

我国的现代建筑教育是在20世纪初由国外直接借鉴，其中数学课在引入之初就具备了完整结构并延续至今。如今为了澄其源而清其流，也有必要简要梳理西方建筑数学课几次关键性转变的历史背景和应对策略。

思想启蒙后，受到第一次工业革命与科学发展的双重冲击，建筑学的转变已迫在眉睫。当时，在巴黎美术学院（Ecole des Beaux-Arts）的前身，“皇家建筑研究会”附属学校里，理性分析的时代理想赋予建筑数学以多重内涵。一方面，几何分析成为批判继承手工时代建筑经验的工具；更具划时代意义的是，理性分析还延伸到结构领域，尚在萌芽、自身甚至还不完甚善的力学和微积分被富有远见的教授们纳入了建筑师培养体系[1]。这些都成为后世建筑教育广泛遵循的惯例。如今看来，力学和微积分奠定了建筑学的科学基础，也指明了现代建筑学的发展方向。

到20世纪初，面对工业技术的飞速发展和世界范围内社会与文化的转变，包豪斯提出了全面教育的理想蓝图，主张造型艺术和技术科学齐头并进，奠定了现代主义建筑的美学基础。而建筑数学教育的重大转变出现在办学中期，当时，具有社会主义理想的梅耶校长试图通过引入现代科学来达到社会改造的目的，其中，数学相关讲座包括统计学、经济学、组织学等，折射出对概率统计、统筹等“新数学”养分的倚重。而在教学形式上，与巴黎美院所开创的体系化微积分课不同，包豪斯的数学教学多为开放性讲座，主题的选择通常也有着学科创新方面的考量[2]。而不固定的讲座形式似乎还表明，教育者并不在乎特定知识的习得，而是关注某些数学素质的培养，似有数学文化熏陶的倾向。从这些角度来看，在数学教育理念方面，包豪斯所坚决反对的“学院派教育模式”，也并非巴黎美院初创时期的理性传统，甚至可以说是对它的复兴。

作为包豪斯最忠实的继任者，乌尔姆设计学院（Ulm Institute of Design）更是将技术理性主义推进到极致，成功引导了当代工业设计的系统化、模数化、多学科交叉化的发展。在数学教育方面，它曾尝试引入数学运筹学、统计学、控制论、建筑经济学等多门数学课及讲座[3]。面对如此门类繁多且抽象高深的现代数学理论，即使是专业人士也未必能门门精通，可见，它们的教学目标与其说是灌输具体知识，不如说传递理论背后的数学精神与方法。其中对新数学的热情、以及试图以之引领设计发展方向的雄心，与学院派初期、以及包豪斯都一脉相承。

总的来说，建筑数学绝非一个常量，而是一个根据社会环境、学科发展、以及实践需求而不断调整的变量。过去，巴黎美院和包豪斯等建筑教育改革的先知们都本着最务实的实用需求来确定其数学教学的内容。期间，新数学屡屡成功指引了现代建筑学的发展方向应该也不是偶然：近代数学学科的拓展基本由思想和方法上的革新所引发，而随之形成的新观念和新方法必然也对包括建筑学在内的所有学科带来了冲击与改变。在今天激变的时代背景中，面临信息时代带来的巨大机遇与挑战，这些经验尤其值得关注。

2 近代数学教育的理论探索

虽然数学的历史悠久，但数学教育作为一门科学被人们所充分认识还要等到19世纪末。当时，德国数学家菲利克斯·克莱因（Felix Christian Klein，1849-1925）率先提出数学教育要适应学生心理的自然发展；不应过分强调形式训练，而应强调其实用方面，以充分发展学生对现实现象的数学观察能力。因此他也被认为是20世纪上半叶对国际数学教育贡献最大之人。

从20世纪40年代开始，美国数学家波利亚（George Polya，1887-1985）开始倡导“发现式（Heuristics）”教学，其精髓就是启发联想。他认为数学教育的唯一目的是养成有益的思维习惯，这比任何具体知识更重要。学应是“学习发现和创造的方法和规则”，教则是“教会年轻人思考”。他将解决数学问题的一般思路归纳为一系列提问，也是创造性思维的一般轨迹。例如，首先，“提出问题是解决问题的开始”；然后，努力找出已知和未知间的直接联系，否则需对原有问题作出必要变更（或引入辅助问题），或转换视角（普通化、特殊化、类比、分解和重组等）；最后，通过反思“深化我们对答案的理解。”此外，玻利亚特别关注到微积分教学的困境，提出对工程类的学生不必用严格标准来讲授，可用“得体而直接的探索式论证”来降低难度，并保持学科内部的“趣味性和连贯性”[4]。

到20世纪60年代，一项举世瞩目的数学教学改革从美国开始，以摧枯拉朽之势席卷全球，即新数运动（New Math Movement）。它的本意是在初等及中等数学教育领域更新数学教育、提高社会的科技竞争力，试图从内容（如增加现代内容、废弃欧氏几何、削减传统算法）到方法（强调公理方法、提倡发现法）乃至思想（强调结构，用集合等整合数学课程统）等方面更新传统数学课程。可惜许多理想化的措施未能很好地适应当时学生和教师的需求与水平，迅速引发了许多意料之外的弊端（如学生计算能力的削弱、数学应用能力降低等），在20世纪70年代后就一蹶不振。尽管结局不尽人意，但这次改革开启了许多重要的讨论，如数学训练的目的是知识还是智慧？“数学教育现代化”到底是指教学内容现代化、还是思想或方法现代化？新数运动的另一个重要教训则是数学（教育）实用性问题。

到20世纪70年代，被认为是20世纪下半叶国际数学教育的带头人的荷兰数学家弗赖登塔尔（Hans Freudenthal，1905-1990）提出“现实主义数学教育”以反对新数运动。他主张，其一，教育目标是“数学化”，与其说是让学生学习数学，不如说是让他们学习数学化：在较高层次，使数学知识系统化，形成不同层次的公理体系和形式体系；在较低层次，对现实事物的形成数学概念和规律，为解决实际问题而构造的数学模型。其二，教学方法是“再创造”：反对将教的内容作为现成产品直接灌输给学生，而应创造问题背景，引导学生自己亲手实验，通过自己的努力“再创造或再发现所教的东西”，对知识的获得方式应是“重复人类祖先发现他们所掌握的知识时的发展情况”。其三，“现实”是数学存在方式，也应是教学的主要手段。主张用“亲身经历的现实”来替代人为生造的、虚假的现实，因为，如果数学“处于一种于现实不相关的状态……即使学了也立即忘记”，“只有密切联系现实的数学才能充满着各种关系，学生才能将所学的数学与现实结合，并且能够应用”。与此同时，弗赖登塔尔也探讨了微积分教学的困境，也认为不必增加其教学的严谨性，而应“尽量把它和现实联系起来”，因为“抽象的内容不联系实际的话……只能是一堆散乱而毫无价值的东西”[5]。

3　我国高等数学素质教育的尝试

1995 年，教育部提出将加强大学生文化素质教育作为高等教育教学改革的重要探索。近年来，成果显著的此类探索如“文科数学”和“数学通识”的课程建设。

在文科数学方面，近十年来教材极大繁荣，其中作为国家级规划教材，或受到教育部资助出版的都有十余种之多。以上述国家级教材为例，它们的结构相对稳定：都偏重微积分和线性代数，大多增加了文革前少有涉及的概率统计；组织上都是分科编排。而它们各自的探索包括：其一，增加新知：如浙江大学盛骤教授的《大学文科数学》增加了运筹学初步的选修内容；南开大学的陈吉象教授的《文科数学基础》增加了逻辑初步。其二，降低难度：如山西师范大学张国楚教授的《大学文科数学》将部分微积分和全部的线性代数归入了选修，但将概率统计初步留在了必修。其三，改进教学技术：如唯一的国家级文科数学精品课程，南开大学的“文科数学”课从 2000 年就提供了网络课件供学生自学；南开大学陈吉象教授的《文科数学基础》和戴瑛教授主编的《文科数学基础》都增加了“数学实验”模块，以数学软件来辅助计算。其四，关注实用性：复旦大学华宣积教授的《文科高等数学》的每章后都附专门小节介绍知识的现实应用实例。其五，关注文化内涵：山西师范大学张国楚教授的《大学文科数学》的每个知识单元后，都附专门章节简介其思想方法和相关数学家故事；中国人民大学严守权教授的《大学文科数学》中增加“阅读篇”来介绍一些数学的思想与方法；徐州师范大学周明儒教授的《文科高等数学基础教程》的每章后都附了阅读材料，介绍学科发展和数学家故事等，并在最后集中增设“数学科学精神与思想方法”一章。

数学通识课多由资深数学教授为非数学专业学生讲授。与注重知识完整性的文科数学相比，它们的教学更为自由，基本不再强调公式和计算，而是强调数学的文化和思想，形式上百花齐放，展现出数学素质教育广阔的发展空间。

在课程选材方面，目前常见方向大致有四类。其一，偏文化性的数学文化：如华东师范大学张奠宙先生的“文化数学”课以文学意境为“抓手”；又如浙江大学蔡天新教授的“数学与人类文明”课以人类文明为载体。其二，偏科学性的数学文化：如顾沛教授的《数学文化》以讲授数学的思想、精神为中心；又如张楚廷教授的《数学文化》从“美学”、“思维”、“哲学”等几个知识模块切入对数学文化的理解。其三，数学史：如北京大学张顺燕教授的“数学的源与流”和周明儒教授的“漫谈数学——数学科学精神与思想方法”。其四，数学思维：如复旦大学谭永基教授的“经济生活中的数学”和北京大学丘维声教授的“数学的精神、方法和应用”课程。由于这些通识课程的教学着眼于揭示数学科学的思想和精神内涵，关注学生在认识论、世界观和方法论等方面的感悟，因此它们也显著区别于传统的数学史、数学哲学或数学方法论等课程。

而成功的教学经验主要是以各种方法极力提升学生的数学好奇心与学习兴趣。许多课程都是从数学知识的实用性或趣味性角度入手，但是也会注意其分寸的把握，避免沦为趣味数学；同时，强调教学过程中的师生互动的重要性，并发展出丰富多彩的课内和课外互动活动。

4　建筑数学课程的探索

在 20 世纪的建筑教育中，数学课目标相对简明：高数是工程课的基础，画法几何是制图的基础。不过，近半个世纪以来，我国建筑实践环境变化非常之大。结合当前人才培养与建筑实践需求，建筑数学又应如何调整呢？

4.1　教学目标

一方面，从建筑数学课的发展趋势来看，成功的改革基本都起步于具体的实用功能，而随课程建设的深入，教学目标多少都会向思维训练、文化熏陶倾斜。与此同时，对数学素质的关注在我国建筑领域也并非突如其来：较早可追溯到梁思成先生的教学实践；如今秦佑国先生更是明确提倡以数学“教化”育人。另一方面，考虑当前的时代背景，面对信息社会转型阶段设计实践中盘根错节的生态、社会问题，我国的高等教育和建筑实践都期待大学生能提高数学文化素质和应用能力的。与此同时，面对我国建筑数学教育所面临的独特困境，即应试教育后遗症（如学生被动式学习方法，应用水平较低），据近一个世纪以来国内外数学教育探索检验，积极与现实相联系、以文化为感召的数学课应是对症良药。

因此，建筑数学的目标应该有二：其一，引起建筑学专业学生对数学的兴趣；其二，提高学生用数学方法解决实践问题的能力，养成良好数学思维习惯，最终认识到数学是一种文化修养。

4.2　教学原则

围绕数学素质提高，我们尝试提出了现实问题驱动、抽象化、模型化和美学和人文精神感召等教学原则。其中，现实问题是数学发展的原动力，也是"再发现""再创造"数学思维训练的切入点。其次，解决具体问题本身并非教学的主要目标，更重要的是建立起对一般问题的"数学化"意识和"模型化"思维，来帮助学生在数、空间乃至想象中，寻找、确定合理模式，推进设计深度。随后，抽象是数学的本质，课程有必要引导学生形成运用抽象语言，简洁、严谨表达（思考）的习惯，以期协助他们在设计中理清线索、澄清思路，促成发现和创造。

现代主义建筑大师柯布西耶曾讲述过一个充满隐喻的"高贵的原始人"的故事：他需要建造一座神庙，而"围绕他的一切都是杂乱无章的"。为了建造得更好，他用模数进行了衡量。他选择了最易到手且不易丢失的模数，即"他的步子、他的脚，他的肘"。在衡量中他建立了秩序。也正是因为衡量工具就是身体本身，所以他的神庙是跟他相协调的，也合乎人的尺度[6]。这个故事在信息爆炸的当代，似乎有了新的意义：面临错综复杂甚至完全没有先例的现实问题，方法和素质比知识（"原始人"就没有任何营造理论）更重要；数学化、模型化的方法有助于赋予建筑以秩序；而用人体丈量空间则避免了过渡抽象理论对空间实用性的危害。不过，最重要的还是初衷：从仰望星空决定建造的那一刻开始，原始人已经踏上了人类对真、善、美的漫长求索道路。而数学作为人类共同、共通的文化，恰恰体现了人类对美好和善良的最崇高的向往。建筑数学课对美学和人文精神感召原则的倡导，也可谓是对人类建造初衷的回归。

4.3 教学内容

根据课程总体目标和教学原则则可大致圈定建筑数学课的知识点与重点。

其一，初等数学：对于以前学过的基本初等数学概念，如数、函数、集合等，按照菲利克斯·克莱因的建议，值得在高等数学、特别是建筑的观点中重新认识，这些应该有助于深化理解，更好地为建筑知识的学习和设计思维的训练服务。

其二，高等数学：画法几何和微积分等内容在学生未来的学习和工作实践中的应用范围大为缩减，但它们的思想和方法仍然是建筑学的数学基础，不可贸然偏废；不过在计算严谨性方面可以适当降低，转而关注其思想和文化。此外，概率统计在当今社会日益展现出超乎预计的应用价值，且因与生活紧密联系而容易诱发学生对数学兴趣，在教学中也应善加利用。

其三，新数学：20世纪末以来，拓扑学、分形与混沌等新数学在自然和社会学科都有广泛应用和惊人表现，其思想与方法等尤其值得建筑数学课关注。例如，过去，我们主要关心建筑的具体形态；如今，拓扑理论引导我们关注并分析其结构特征，帮助学生更全面地理解建筑形态及其理论。又如，分形概念为我们理解世界复杂性、多样性的认识提供了有力工具。

总的来说，在课程知识点的选择上，课程一方面需要兼顾建筑学习与实践中具体知识与思维能力的需求；另一方面，要注意选择具有启发性的视角，以及有助于学生自由思考、独立作出判断、来掌握所讨论知识的案例。

4.4 教学模式

鉴于国内大部分建筑院系的教育现状（如与师生比、课时），我们考虑采用以讲授式为主，发现式为辅的教学模式，努力改变教学中常见的教师主导的模式。

在采取讲授模式时，要注意现实问题和数学抽象之间的协调。一方面，关注数学知识的历史背景和现实应用，帮助同学们真正理解"人类祖先发现他们所掌握的知识时的发展情况"。另一方面，既要引导学生体会数学抽象化特点，也要善于选择切入点来避免过度抽象化的危害。

在采取探究式、发现式模式时，为引导学生的主动思考、亲手发现，需努力营造适宜的"再创造"环境：一方面，课题不能太难或太简单，需留给学生足够的空间思考和工作量，以便让学生切身体会自己创造的感觉；另一方面，问题有普遍性，以便在各种不同情境中都可反复操练，消化吸收，从而形成个人良好的思维习惯。而学生们一旦体会到自己创造的乐趣，应该也会更主动地在学习和生活中应用这些方法，进一步提高他们的数学修养，形成数学学习的良性循环。

而"学"的关键则是如何重燃学生对数学的兴趣与热情。这首先需要教师帮助学生"知其所以然"，领会数学课程的真正意义。然后，充分考虑到建筑学学生的各种偏好（如偏爱艺术或人文），从成功的相关课程中积极借鉴普遍性的教育经验，如造型课程上常用的使用直观的图解语言，提倡个性和情感的表达等。

4.5 教学计划

由于该课无需高等数学的基础，却需一定的建筑学知识基础。因此，它应有部分建筑理论与历史的前置课程；而关于后置课程，则最好先于建筑力学和物理课。综合上述考量，建筑数学课比较适宜于在第一学年下到第二学年之间开设。

建筑数学课程的总学时量、课时分配等则可参考数学通识课和高等数学课来确定。其中，数学通识课大都短小精悍，可被当作建筑数学课时数的参考下限。据笔者不完全调查，目前国内此类课程学分数多为 1.5～2 分。而建筑教育中高等数学课时则相对较多，也可以作为本课程的参考上限。目前，国内的各建筑院系的高等数学的学分一般是 4～6 分。

在国内已有此类课程实践的两校，即清华大学和中央美术学院建筑学院，建筑数学课都采取了通识课的教学策略。不过由于两校生源、培养计划等方面的区别，教学计划仍有较大差异。其中，美院没有高数课，故延请类清华大学资深建筑学教授秦佑国先生开设了系列讲座，近年来逐渐固定为六讲：数的概念、几何图形、拓扑和分形、变量与函数/集合与映射、微积分的概念、概率统计初步。课程计 1 学分，时间安排在第二学年下学期。由于秦先生对两个专业都有很深造诣，极大提高了原本害怕数学的艺术类新生对数学的兴趣，令他们在随后的设计课题中较多地表现出对数学规则及其应用的兴趣和热情。而在清华，该课程则有前置的 4 学分的微积分课；2 学分的建筑数学课安排在第一学年下学期。课程由秦佑国、燕翔、张宏三位老师共同讲授。教学内容在难度与广度上都较前者有较大的提升，除对前述专题论述更深入外，还增加了非线性与混沌、误差与建筑、随机变量与其数值特征、参数估计与假设检验、回归分析、序贯分析等内容。两校实践的异同也可为制定普遍意义上的建筑数学的教学计划提供有益借鉴。

总的来说，今天建筑数学课不但要适应建筑学科发展的需要，也要顺应数学教育现代化的规律。进入新世纪，建筑实践转变的外部动力、以及数学教育改革的内部需求同时集中到了思维能力和应用能力培养这两方面，这应该也并不是什么巧合，而与共同的时代需求有关。此时，在现实主义的观点下重新审视建筑数学课程，在其教学中倡导数学素质教育和数学能力培养也是水到渠成之举，必将为建筑数学课程的发展铺开更广阔的新纪元。

参考文献

[1] Basile Baudez. Mathematics at the Academie Royale d'Architecture in the second half of the 18 (th) century [J]. REVUE DE L ART，2011 (1)：9-15.

[2] （英）弗兰克·惠特福德. 包豪斯：林鹤译 [M]. 北京：三联书店. 2001：159-221.

[3] （德）林丁格尔编. 乌尔姆设计——造物之道. 王敏译. 中国建筑工业出版社，2011：12-24.

[4] G·波利亚. 怎样解题 [M]. 涂泓 等译. 上海科技教育出版社，2011：55，89，199-200.

[5] 弗赖登塔尔. 作为教育任务的数学 [M]. 陈昌平译. 上海：上海教育出版社，1995：95-122，356.

[6] 柯布西耶. 走向新建筑 [M]. 吴景祥译. 北京：中国建筑工业出版社，1981：49-51.

周霖　郭屹民
东南大学建筑学院；tekken9527@qq. com
Zhou Lin　Guo Yimin
School of architecture，Southeast University

"空间的结构" VS "结构的空间"

——东南大学建筑学院三年级结构建筑学教学札记

"Spatial structure" VS "Structured Space"

——Teaching notes for the Archi-Neering design course of the third-grade students in School of Architeecture，Southeast University

摘　要：本文作为东南大学建筑学院三年级结构建筑学设计课程后续研究，持续关注遵循结构先行原则推导建筑空间的设计方法，弥补当前国内建筑学教学中结构意识薄弱以及滞后的不足，以期通过对日本结构建筑学的借鉴与学习，使学生掌握通过合理而高效的结构设计推导并营造空间的设计方法，深刻理解"空间的结构"进化为"结构的空间"的内涵。

关键词：结构建筑学；空间的结构；结构的空间；结构先行；结构法

Abstract：As a follow-up research for the Archi-Neering design course of the third-grade students in School of architecture Southeast University，this thesis continues to focus on the design method for derving architectual space obey the structurd first principle. In order to make up for the lack and lag of structural awareness in the course of the current domestic architecture teching，hope the students can grasp the design method that through reasonable and efficient structural design to deduce and create architural space hrough leaning from the Iapanese Archi-Neering，evenunderstood deeply the connotation about "Spatial structure" evolved to "Structured space".

Keywords：Archi-Neering；Spatial structure；Structured space；Structure first principle；the Method of structure

1　教学目的

在建筑永恒的三大要素中，"坚固"是建筑得以实现的基础与保障，正如奈尔维（Pier Luigi Nervi）在《建筑学中结构的角色》（The Place of Structure in Architecture）一文中所指出：新的结构技术推动了建筑设计的革新。因此，结构设计对空间营造的重要性是不言而喻的。然而，由于历史和社会原因，长期以来高校建筑学教学中"重形式而轻技术"，"谈空间而避结构"的风气导致了当前国内建筑实践中普遍存在结构意识薄弱且严重滞后的现状问题。

针对上述问题，东南大学建筑学院郭屹民老师于2016年春在三年级课程设计中开设了"结构创新设计"的实验性课程，将室外泳池改造为含室内泳池的"大学生活动中心设计"课题，让学生掌握结构建筑学的相关知识与技巧，通过结构设计推导空间设计，意识到结构能够成为建筑空间设计的重要途径，理解"作为结构的结构"到"作为建筑的结构"的真谛，教学成果斐然。

2017年春在已有的教学成果基础上，该课题教学持续推进。教学方法上不仅延续了建筑设计教师与结构教师共同指导的模式，更邀请了华东院多名职业结构设计师参与到与学生"一对一"的教学指导中，既让学生结构选型方案的合理性与可实施性得到了保证，也让设计企业的技术人员走入校园，开启了校企深入合作切实可行的模式探讨。与此同时，在教学过程中还多次邀请知名结构设计师给学生开设相关案例的专题讲座与中期评图。学生的结构知识短期内得到了明显提升，结构先行法则理论与实践的学习，让学生深入理解了结构对空间设计的重要性，也真正领会到一系列结构建筑设计案例中结构对空间设计的制约关系。

2 课题设置

如果说2016年大学生活动中心设计课题着眼于结构与建筑空间合理性的平衡以及如何解决在大空间上部架设小空间的结构问题，那么2017年为满足机器人展示观摩之用的机器人展示中心课题则更多地强调结构选型与空间使用要求的匹配与契合关系问题。

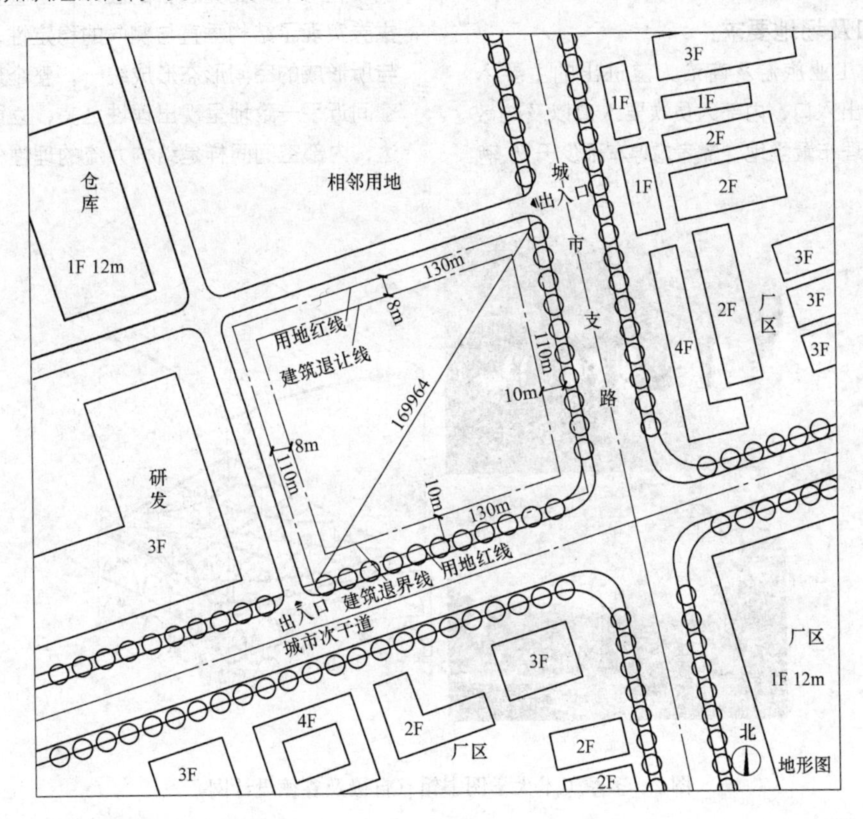

图1 课题地形图

为避免学生过多受制于基地环境导致设计训练偏题，项目用地条件进行了简化，用地为研发基地内十字路口西北角130m×110m见方的四边形，南侧邻接城市次干道，东侧邻接城市支路，用地西南侧拟新建研发基地主要出入口，并在基地西北侧新设研发基地次要出入口（图1）。

2.1 课题设置的目的：（1）掌握依据结构形式合理组织建筑布置与场地组织的能力；（2）掌握结构选型依据与结构创新的设计方法；（3）掌握结构形式与使用功能集约化的设计方法。

2.2 课题建筑要求：

（1）大型机器人演示区：净高≥12m，平面回旋半径不小于15m，面积2000m²；

（2）中型机器人演示区：净高≥8m，平面回转半径不小于8m，面积1000m²；

（3）参观廊道（面积1000m²）：净高≥3.0m；需符合一般团队观摩机器人演示的需要，需临近机器人演示区布置，应满足全方位立体展示机器人动态演示的观摩要求；

（4）研发办公区 1000m²：净高≥3.0m，满足一般研发办公要求，需临近机器人演示区布置；

（5）辅助区 1000m²：小型报告会议厅：150座（1.5m²/人），满足一般讲座及小型会议使用要求，其他管理办公及设备用房等；

2.3 课题结构要求：

结构形式方面：(1) 机器人演示区应满足相应回转半径要求的大跨结构布置方式；(2) 结构形式应满足经济与合理的基础上，通过创新的方式展现机器人展示中心具有的高科技形象；(3) 结构表现力求与空间功能，形成具有创新性的空间表现；(4) 结构形式与材料不限；

结构设计方面：(1) 需考虑侧向风荷载作用及地震力作用；(2) 结构基础可采用桩基础；

柱距设计：机器人演示区柱距应满足大跨布置要求；

2.4 出入口及场地要求：

(1) 需要设置工业旅游及商洽人流进出的主要入口、大型物件搬运出入口、内部人员次要入口以及疏散出入口等；(2) 合理布置场地，需考虑停车不少于50辆(小型车辆)。

3 教学进程

3.1 结构建筑案例研读

典型案例学习是启发学生的首要环节，以结构建筑学方法设计而成的建筑实例不胜枚举，尤以日本为翘楚。日本当代建筑设计师与结构建筑师合作缔造了良多佳作。如伊东丰雄设计的日本多摩美术大学图书馆，便是通过纵横交错的“浮动网络”形成的拱券结构母题实现结构与空间完美融合的佳作，垂直交叉的混凝土连续拱券实现了结构垂直与侧向的稳定性，拱券的受力特性与所形成的空间形态形成统一，整个建筑的立面与内部空间近乎一致地呈现出理性之美，立面是结构的外部表达，内部空间同样是结构力流的理性传递(图2)。

图2 多摩美术大学图书馆(自摄及谷德设计网)

近年来受日本结构建筑思潮影响，国内相关经典作品也相继而出，如柳亦春与张准合作的龙美术馆同样是典型的结构先行的案例。整个美术馆均统一在均质而协调的“T”型现浇混凝土独立墙体的“伞拱”悬挑结构之中，这一独立墙体既是整个建筑的结构框架，也是建筑空间的限定围合，为保证悬挑力流，伞拱在与竖向墙体交接位置截面放大，形成斜撑，同时也为建筑设备管线提供了空间，可以说龙美术馆用一个简单且高效的结构母题元素完成了对建筑空间，功能，结构与设备机电等的整合，开创了国内结构建筑的先河(图3)。

3.2 结构选型力流图与实体模型

结构选型与力流分析始终贯穿于整个结构建筑学教学过程中，学生在大跨结构选型中，通过对案例的学习与模仿，除常规的桁架、网架结构等，张悬梁、门式框架及空间四面体甚至更为新颖的筒体悬挑及整体张拉结构都有所尝试。华东院职业结构设计师的一对一指导使得不少大胆，但力流传导较为合理的方案具有了可实施的保障。与此同时，大比例的结构单元模型的制作进一步对方案的结构合理性提出了更高的要求，此外学生还必须通过力流图的绘制与分析设计符合力流传递原则的结构构件并完善其截面尺寸的变化。

这一阶段的训练也让学生切实理解到结构对空间营造的决定性影响，单元放大模型使得结构剖面关系进一步可视化，构件的受力关系、单元组合阵列、结构与空间的相辅相成关系得以最大程度的物化表征(图4)。

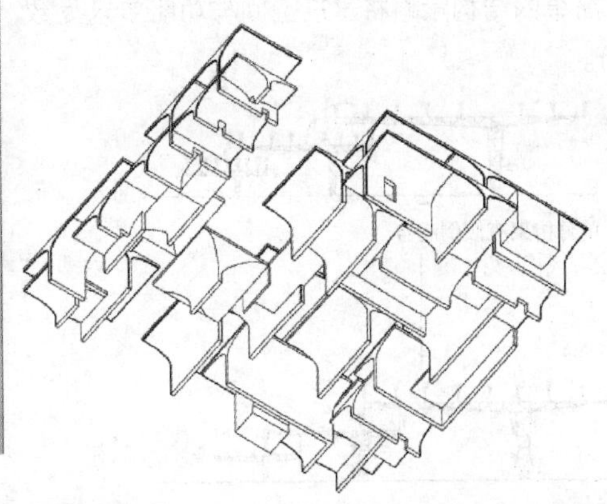

图 3　上海龙美术馆（谷德设计网）

图 4　学生大比例结构单元模型

3.3　空间的结构与结构的空间

上述二者关系诠释了先后与轻重之别，对前者而言，结构只需要满足空间使用要求即可，结构从属于空间；而后者则强调了空间是由结构衍生而出，存在主动与被动的差别。结构先行法中，结构始终先于空间并缔造空间，甚至制约并强化空间特质，即结构法中所说的"结构要进入空间构成的方法就是使之要素化"。

解读任务书要求可知，课题的核心空间在于不同层高与面积要求的展示区及将二者密切联系的参观廊道，如何选取合理的结构形式并将三部分核心空间整合是该课题的训练目标。区别传统大跨博览建筑空间先行设计方法，解题思路在于合理结构的选型与叠合为契机，即从"空间的结构"转换为"结构的空间"思路，空间与结构的先后顺序也已成为对学生以往设计方法的最大挑战。

学生以往擅长的空间操作或通过基地环境分析，以平面功能等切入设计的方法在该课题中变得乏力。由于整个机器人展示中心必须是一个完整气候边界的空间体量，通过高低错落的空间体量组合的方法必然使得参观廊道的流畅性与贯穿性难以保证；与此同时，12m 与 8m 不同净高要求的展示空间使得单一 12m 大空间简单化设计思路近乎鸡肋，虽从功能要求方面能够满足要求，但却无法达到课题训练目的而获取高分。

因此，该课题理想的设计途径为：通过合理的结构选型创造出匹配净高要求与面积的展示空间，并通过一系列有结构作用的参观廊道将两部分展示空间有机联系，同时结合不同高度的结构构件将研发办公与辅助区等后勤功能纳入，同时合理规划整个建筑的出入口。而结构将成为贯穿整个设计的纽带：不同净高展示空间的结构选型、参观廊道的结构方案、廊道自身的结构及抗侧问题、廊道结构与大小展示空间结构关系、大小展示空间二者间的结构关系等，上述关于结构的思考让结构设计从枯燥的力学计算变得生动且多样。

笔者通过所指导的课题组内优秀方案为例，剖析以结构先行法切入的正解思路。该同学选择了变截面桁架作为基本结构选型，并借鉴了龙美术馆左右悬挑的"伞拱"力流模式，巧妙地通过桁架悬挑的非对称设计形成层层跌落的力流剖面图，既高效解决了竖向力的传递，又通过跌落模式营造出不同净高的空间，使得 12m、8m、3m 的层高关系变得合理且结构化，同时三层桁架所夹的两层箱型支撑结构自然形成贯穿其中的参观廊道，高效而简单的结构策略将建筑空间与功能要求尽数解决（图 5）。

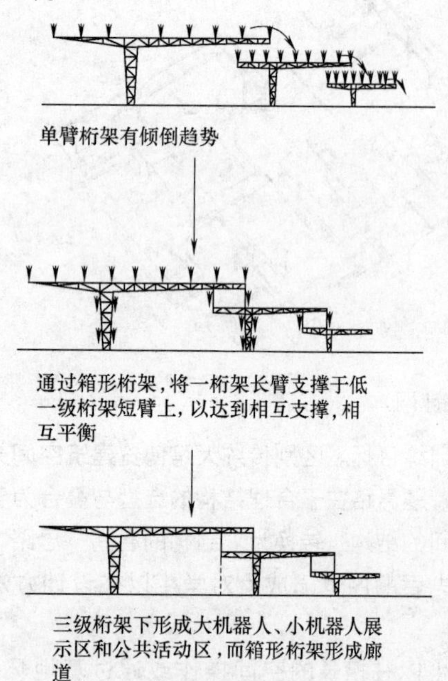

图 5　学生作业结构选型及力流分析图

在趋近合理且高效的结构的空间模式基础上，该同学又深化完善了参观走廊的空间化设计，管状空间走廊通过斜向处理在功能上实现了不同层高的人流可达性；在结构方面则加强了多品桁架的抗侧能力，使得整体性得到大幅提升，而建筑立面则真实反映出建筑剖面的空间与力流关系（图 6、图 7、图 8）。

贯穿于三层叠落式非对称桁架之间的空间管道即满足了从不同标高位置对机器人展示区观看的要求，平面上呈“S”型环绕于两个展示区之间，满足参观廊道靠近展厅的功能要求，又将整个展示中心南北向分化为五个功能区，依次为研发办公区—净高 12m 的大展示区—空中参观廊道—净高 8m 的小展示区—后勤辅助区。功能空间分区明确，研发区与配套区分设两侧，中间的参观廊道将大小两个展示区有机联系，斜向廊道设置了坡道与楼梯等垂直交通功能，将参观动线与结构要素有机整合（图 9）。

该同学的设计充分体现了结构先行法中所谓的结构的空间特质，非对称设计的变截面桁架与跌落的力流设计并非独特创新，但却巧妙地通过这一结构选型营造了所需要的三种不同净高要求的功能空间。而贯穿桁架间的空间管廊做法同样常规易见，却通过有意识地轨迹组织将人流参观动线、垂直交通及不同功能空间有机划分，最终营造出符合所有任务书建筑与结构的所有要求，整个机器人展示中心呈现出协调统一的机器美学之感，其结构空间策略简单明确却又高效合理，最终获得了整个课题训练组内的最高分（图 10）。

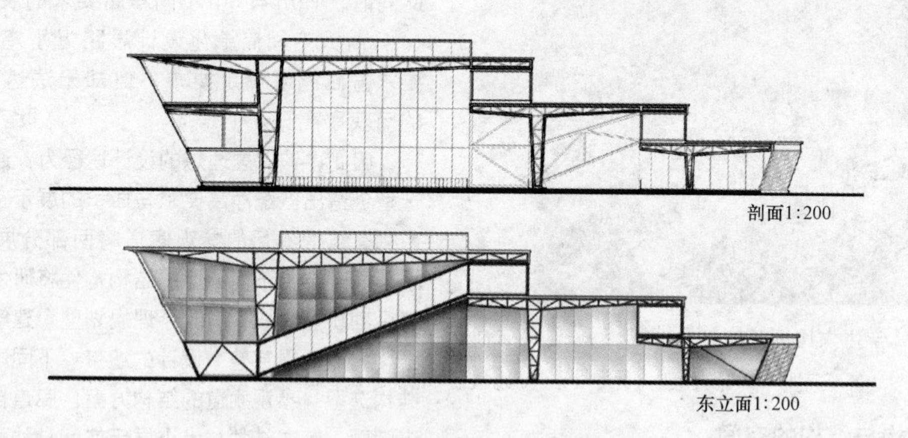

图 6　学生作业立面、剖面图

正如日本结构大师坪井善胜先生的名言所说“A structure′s beauty? can be found near its rationality”，郭屹民老师将其翻译成——“结构的美在合理的近旁”。坂本一成老师评价道：“合理”这个词是建筑概念的一部分，建筑失去了合理这个词是无法成立的，从这个角度来说，合理又是建筑不能或缺的东西[①]。

4　结语

作为东南大学结构建筑学教学训练的延续，机器人

① 叶静贤，钱晨，坂本一成，奥山信一，柳亦春，郭屹民，张准，王方戟，葛明，五大绥，李兴钢，王骏阳. 理论·实践·教育：结构建筑学十人谈 [J]. 建筑学报，2017 (04)：1-11.

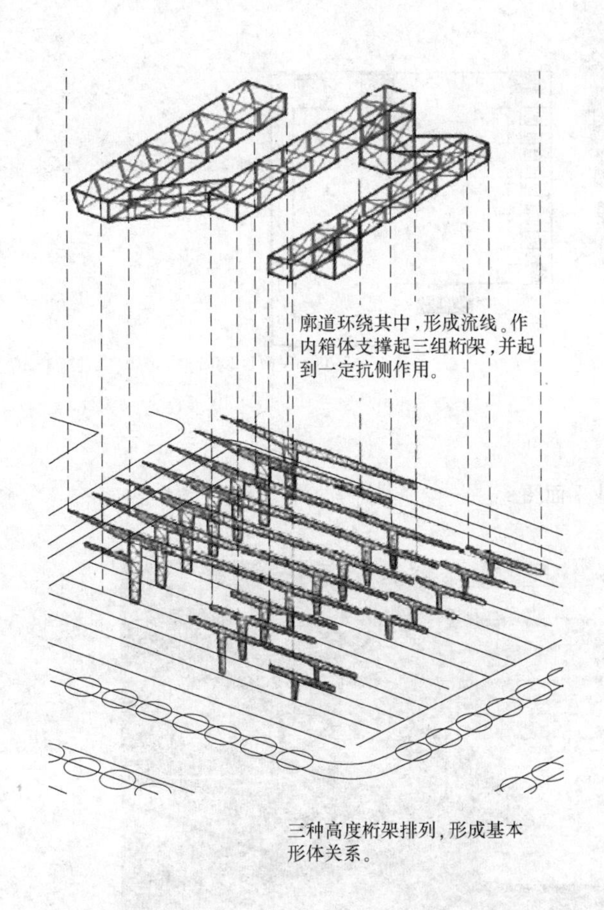

图7　学生作业分解轴侧图

展示中心课题在原有结构先行设计方法的基础上对由结构选型及组合衍生出的空间提出了新的要求，学生对结构的概念也从实现空间的手段与基础逐渐转型为空间生成的重要途径与契机。

六组学生的最终成果中既有中规中矩的方案，也有结构特征突出且极具形式感的空间形态，更有创新独具的结构空间设计的大胆尝试。诚然，由于三年级学生结构知识的不足使得大量方案有较为明显的结构选型借鉴的痕迹，但这一教学实践从根本观念上明显改变了学生对于结构与空间关系的理解，高校设计与结构教师的共同指导进一步改善设计与结构课程脱钩的现状，与此同时华东院多位资深结构设计师深入到高校课堂也是对校企深入合作模式的可行尝试，对当前市场需求与高校教学的脱节问题的解决具有非常积极的指导意义。

坂本一成老师曾在建筑学报组织的“结构建筑十人谈”中指出，建筑设计是一个整体的操作，在日本建筑师一开始就和结构、设备人员共同完成在整体性建构工作，而中国的结构与设备工程师并没有一开始就进入到建筑师的设计过程中，呈现出滞后的解决问题的状态。而更改国内现状问题在于国内的建筑教育上，至少从当前而言，以结构为线索的思考，其实也是一个很好的启发[①]。

附录

课程名称：结构创新设计｜机器人展示中心

指导教师（建筑）：郭屹民、夏兵、杨志疆、屠苏南、周霖、唐斌

指导教师（结构）：陈建兴、童骏、刘明国、黄永强、张耀康、王荣（华东院外请讲师）

助　教：张汪亚 商韶鑫 周佳卿 任晓霏

学　生：三年级本科生（六组）

---

① 叶静贤，钱晨，坂本一成，奥山信一，柳亦春，郭屹民，张准，王方戟，葛明，五大绥，李兴钢，王骏阳．理论·实践·教育：结构建筑学十人谈［J］．建筑学报，2017（04）1-11.

图8　学生作业剖透视图

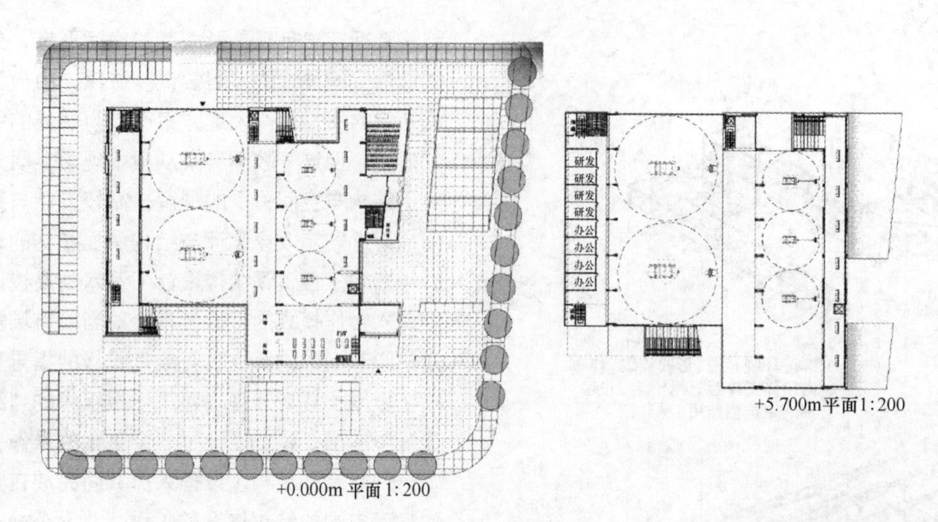

图9　学生作业平面图

图10　学生作业展示空间效果图

参考文献

[1]　郭屹民. 合理性创造的途径——结构设计课程教学的内容与方法［J］. 建筑学报，2014（12）：1-6.

[2]　叶静贤，钱晨，坂本一成，奥山信一，柳亦春，郭屹民，张准，王方戟，葛明，汪大绥，李兴钢，王骏阳. 理论·实践·教育：结构建筑学十人谈［J］. 建筑学报，2017（4）：1-11.

[3]　葛明. 结构法（1）——设计方法系列研究之二［J］. 建筑学报，2013（10）：88-94.

[4]　葛明. 结构法（2）——设计方法系列研究之二［J］. 建筑学报，2013（11）：1-7.

图片来源

图1，郭屹民，机器人展示中心设计任务书；

图2，周霖，自摄；

图3，谷德设计网；

图4，陈晔等；

图5～图10，祁雅菁 机器人展示中心课程作业。

周钰　雷晶晶　沈伊瓦　郝少波　汤诗旷　张婷
华中科技大学建筑与城市规划学院，湖北省城镇化工程技术研究中心；zhouyu _ hust@hust. edu. cn
Zhou Yu　Lei Jingjing　Shen Yiwa　Hao Shaobo　Tang Shikuang　Zhang Ting
School of architecture and urban planning，Huazhong university of science and technology；Hubei Engineering and Technology Research Center of Urbanization

从“幼儿园”到“儿童之家”
——二年级建筑设计“群体空间使用”专题教学探讨
From “Kindergarten” to “Children's home”
——Discussion on Pedagogy of “Group Space Use” of Architectural Design in Second Grade

摘　要：以华科大建筑学二年级“儿童之家”设计课题为例，阐述了设计课程教学改革思路。课题突破了常规“幼儿园”设计的局限，在较为宽松的场地条件及规范限制下，重点训练学生针对特定使用群体营造空间的设计能力。在设计中引导学生回到生活，关注幼儿的身体与行为，并以此为设计的起点。在教学过程中，强调严谨的环节控制，引导学生遵循逻辑清晰的设计方法，运用图解手段，由生活事件转化为使用空间，由此深入理解建筑的“群体空间使用”问题。

关键词：儿童之家；群体空间使用；身体与行为；图解

Abstract：Taking the design project “Children's Home” in second-grade of architecture in HUST as an example，this paper expounded the teaching reform of the design course. The design project broke through the limitations of the conventional “kindergarten” design. It focused on training students' ability of designing space for specific group under relatively loose site conditions and standard restrictions. Guide students back to life，pay attention to the body and behavior of young children，and take this as the starting point of the design. In the teaching procedure，process control was emphasized. The students were guided to follow the design method with clear logic and use diagram to transform life events into space use，so as to understand the “group space use” in architecture.

Keywords：Children's home；Group space use；Body and behavior；Diagram

1　引言

华科大建筑学二年级的设计课题一直具有较好的延续性。之前四个设计分别对应环境、功能、空间、建造四个专题。近几年回应深化教改的要求，对课题设置做了较大幅度调整。调整之后的四个专题为：空间使用（理想家宅）；环境与场地（东湖绿道驿站）；材料与建造（宿营地）；综合（儿童之家）。

新的教学架构，以行为与空间认知及其表达的逐步叠加综合，替代原本四专题的简单并列结构。（1）“功能”专题替换为“空间使用”（理想家宅），摆脱原本依据抽象“功能”概念及“功能泡泡图”组织空间的教学方式，回归“人”的生活本源，建立人的行为与建筑空间的关系；（2）“环境与场地”专题转变训练场地设计的固有观念，在课题设置中以问题为导向，分解与限定课题任务所涉及的设计问题。该专题重点考察自然环境对人的行为和建筑内外空间的限定与影响。场地选择在风景秀丽的东湖风景区，使学生的个人经验在自然环境中得以延展；（3）“材料与建造”专题丰富了原有的“建造”专题，着重探讨材料与结构对空间营造的作用与影响。在1-3专题的设计训练中，学生从自己和他人的行为出发，对人与建筑空间的关系、建筑与周围环境的关系、空间的实质建造形成基本认知，通过训练掌握相应的设计方法和手段。

二年级最后的设计专题，通常是此前多项训练目标的综合。建筑的规模、复杂性均有较大提升，通常以“幼儿园”或“中小学校”为题展开设计。以往的幼儿园设计，需要严格符合设计规范要求，使得建筑规模和复杂度显著提升的同时，设计成果多样性和空间表达的趣味性有所降低。这主要是由于二年级学生掌握的设计手段有限，过分强调符合设计规范制约了学生在设计中的主观能动性，从而降低了设计成果的趣味性和创造性。

本次教学针对这一问题，将设计题目由“幼儿园”改为“儿童之家”，并采取如下措施进行改善：（1）以空间的使用行为为基础，结合幼儿教育理念以及幼儿身心发展特征展开设计；（2）强调从空间情境表述，到空间图示表达，再到建筑设计整体表达的设计阶段控制；（3）宽松化设计规范要求的同时，强调图面规范和图示语言表达。以上教学措施，增强了“儿童之家”设计与前三个专题训练衔接的连续性，取得了比较好的设计成果。

2 课题设置

“儿童之家”设计以华科大主校区幼儿园用地为基地（图1），为150名3至6岁儿童提供安全、优良、促进身

图1 设计用地（红线范围70m×80m）

心健康发育的场所，而不局限于现有幼儿园的运作模式及限制。每个幼儿活动生活单元规模25人，配备3名幼儿教师。建筑面积3000m² 以下，局部两层。在设计中，需要有充分理由方可砍伐移栽树木。同时，任务书只给出各种功能房间的参考面积指标，在具体设计中学生可自由设置与调整，设计时间为八周。

教学训练目标主要是：从“儿童”这一空间的特定使用人群的心理与行为出发，结合一定的实际场地条件，分析发生的活动事件，在此基础上，基于逻辑推导的方式，运用图解分析手段及模型推敲方式生成群体空间的设计方法。

3 教学环节

在遵循任务书总体要求的基础上，教学组拟定详细教案展开设计阶段的教学，设置如下四个教学环节：Research—Program—Diagram—Space。

3.1 Research/幼儿心理与行为研究（3周）

在设计前期，安排多样的活动为学生学习研究幼儿的心理与行为特点提供充分条件：

（1）幼儿园设计师讲座；

（2）幼儿园一线教师讲座；

（3）幼儿园实地调研及资料阅读；

（4）幼儿园案例分析。

教学组分别邀请幼儿园一线教师及幼儿园设计师组织两场讲座，从不同视角剖析现有的幼儿园设计，让学生逐步了解“幼儿”这一特殊群体。接下来，组织学生参观幼儿园，并提供部分学生作为志愿者参与幼儿园教学的机会。然后展开相关的资料研读及幼儿园案例分析。在案例分析中，强调图解分析及空间场景描述两种方法的运用。

在此基础上，进一步探讨“儿童之家”的教育理念及教育方式构想，例如：促进幼儿在智育、美育、体育等方面的全面发展；帮助和激发幼儿的创造力、社交能力和探索精神；重视幼儿与自然环境的互动；重视幼儿个性的多样化发展；重视家庭教育与学校教育的联系等。

3.2 Program/幼儿园的活动计划（1周）

通过上一环节对幼儿心理与行为的研究，形成一定的幼儿教育理念的基础上，要求学生以幼儿为主体，对“儿童之家”的日常活动进行设想和安排，并以空间场景描述的方式进行呈现。在描述室外活动时，要求结合场地要素如树木、草地、阳光、雨露等进行考虑。

在具体教学中提供以下两种思路：

（1）Program Ⅰ（自由排列）

对“儿童之家”发生的一系列活动事件逐个进行细致地文字描述。示例如下：

① 在一个长满牵牛花、爬山虎的连续绵延的半室外空间中传来欢乐的笑声和嬉闹声，有的小朋友在快乐的奔跑，有的在兴致勃勃的捉迷藏。灿烂的阳光透过植物的藤蔓洒落一地，透过稀疏错落的木质分隔，可以看到不远处教室中小朋友们的身影。

② 一群小朋友在老师的引导下，围坐在一张大桌子旁边，学习蜡笔画。透过低矮的储物隔断可以看到另外一群小朋友正在玩拼图游戏。阳光透过明亮的窗户暖暖的照进来。

③ 两个小朋友，坐在一个安静的角落，晒着暖暖的太阳，小声地聊天。他们面前是一个低矮的隔断，刚好能够望出去，看到外面灌木丛油油的绿意，远远的能够听到其他小朋友玩耍的欢笑声。

（2）Program Ⅱ（时间轴 / 顺序排列）

以“儿童之家”某个幼儿群体为例，对其日常活动以时间顺序进行安排（表 1）：

表 1

早晨	上午		中午	下午	
入园	角色扮演	体验春天	午餐 午休	绘本阅读	家长 接走
晨检	益智游戏	捉迷藏		儿歌欣赏	
早餐	剪纸拼图	过独木桥		科学发现	

选取其中主要事件，对其空间场景进行细致的文字描述。

其中，Program Ⅰ 的特点在于先略去了事件之间的关联性，设计的展开受到更少的制约，可更好的发挥想象力和创造力。Program Ⅱ 的特点在于事件会随时间轴的展开自然呈现为一种次序。这种次序对于设计是一种引导，也是一种制约。学生可自由选择 Program Ⅰ 或 Ⅱ，或两者相结合的方式对“儿童之家”的活动计划（事件）进行安排。要求在进行事件描述时，尽可能不出现对于“形式（Form）”的描述，主要描述事件及承载事件发生的空间。同时，选择描述的主要事件至少包含如下不同类别：室内课堂活动，室外课堂活动，室外自由活动，智趣空间活动，入园出园活动。

3.3 Diagram/事件的图解分析（1 周）

这一环节以 Program 环节中所列出的事件为基础，进行图解转化。

3.3.1 整体组织

首先，基于“儿童之家”的整体组织，分析各事件之间的关系，运用图解工具将其转化为某种合适的空间组织模式。授课讲解几种典型的群体空间组织模式：

（1）单元复制连接（秩序特性：匀质，平等，无中心）

（2）单元沿线性空间排列（秩序特性：方向性，层级）

（3）单元组团式布置（秩序特性：中心性，层级）

（4）整体包含单元布置（秩序特性：整体统一，单元自由）

在教学中，建议学生对事件的重要性进行简要排序，从重要的事件开始考虑；先考虑两个事件之间的关系，再推演到整体。在这一环节加入教师办公空间和后勤辅助空间与整体空间组织的考虑。示例如下：

以 Program 环节中所示事件 A、B、C 为例，进行事件关系的图解分析：

事件 A 发生在半室外空间；事件 B 发生在室内空间；事件 C 发生在半室内空间。一种情况是，三者没有直接的关系。另一种可能的情况是，A 空间为具有一定方向性的连续的线性空间，分别联系 B 空间与 C 空间，形成层级关系，而 B、C 空间呈现为并列关系。

3.3.2 单个事件：

接下来，分析单个事件的空间需求，并思考其空间特性，以草图图解的方式进行呈现。空间特性重点关注如下方面：

（1）尺度大小：事件对空间尺度的要求；幼儿身体与行为对空间尺度的要求。

（2）开放性：室内、室外、半室外；围合、半围合、开敞；透明、半透明、封闭。

（3）场所感：场地要素的融入（树木、周围建筑、阳光、雨露、草地、沙地）。

3.4 Space/图解转化为空间（2 周）

在“儿童之家”的整体组织上，运用草图与草模（泡沫块、纸片、杆件），将反映群体空间组织关系的图解转化为空间，进一步推敲整体的空间关系，以及空间之间的过渡与转换。

在单个空间的设计上，运用草图与草模（泡沫块、纸片、杆件），将单个事件的图解转化为空间。进一步思考光影、材料使用在空间氛围营造中的运用。

学生可根据自身的设计进展选择从整体到局部，或是从局部到整体的思路。在完成空间转化之后，最后用 1 周时间完善设计，制作设计成果。

4 学生成果

设计课题及教案执行情况良好，学生取得了丰富的成果。在 Program 环节，学生的想象力得到了充分的发挥，拟定的活动场景生动有趣。例如陈紫瑶同学所拟的部分活动场景如下：

（1）入园时想哭鼻子的豆豆

豆豆紧紧拉着妈妈的手，因为不想去上学，在路上差点哭了出来。穿过大门，前面是高高低低曲曲折折的杆子，在阳光照耀下影子富有韵律。豆豆边走边看，走着走着，就想挣脱了妈妈的手，上前去爬爬这个，钻钻那个。这些有趣的东西吸引了他的注意。不知不觉间，就走到了尽头。

尽头是一个仿佛充满了树木的空间，高高低低的杆子在太阳下影子交错相接，虚虚实实。杆子周围有大大小小的圆圈，豆豆的伙伴们有的在圆圈里绕着杆子追逐打闹，有的聚在圈子里踩影子，玩手影。还有很多他不认识的别的班的同学在里边玩闹。他想和他们都认识一下。空间的高度对孩子们来说很合适，老师们在里边则不自主的蹲下来和孩子交谈。他的伙伴催促着他快点加入他们，之前的郁闷心情一扫而光，豆豆开开心心地妈妈说了再见，飞速跑到了伙伴当中。

该场景描述抓住了小朋友入园时常常产生分离焦虑这一问题，并以有趣的空间场景吸引小朋友的注意，使其愉快地融入儿童之家的环境之中。同时，富有想象力的场景可为后续的空间设计带来诸多灵感和启示。

（2）上课的豆豆

豆豆今天上午上的是集体教学的课，不用老师催促，孩子们不由自主地从四面八方往盒子的领域里走去。集体教学的课程里大家聚在大盒子里听老师讲课。豆豆下午要上的是分组教学的课，孩子们在三个盒子里各自找了一个位子进行小组活动。豆豆经常在小洞穴里看到两个班的同学一起看书，或者是三四个同学一起聊天，又或者是一个人静静的不希望别人打扰。两个班级的交集是一个共享空间，可作为舞台和阅读空间。四周是大大小小的盒子，高度不太适合站着的大人。大的就像包厢一样面对舞台，最小的则变成了书柜。两个班的孩子们最喜欢在台阶上看看书，聊聊天，胆大的孩子就在舞台上唱些歌，赢得对面台阶看台上的孩子的掌声。

这段场景描述充分考虑到小朋友们的身体尺度，以及上课时对空间灵活性的需求。在后续环节中，这一活动场景成功地进行了空间转化，成为非常有特点的教学空间（图2）。

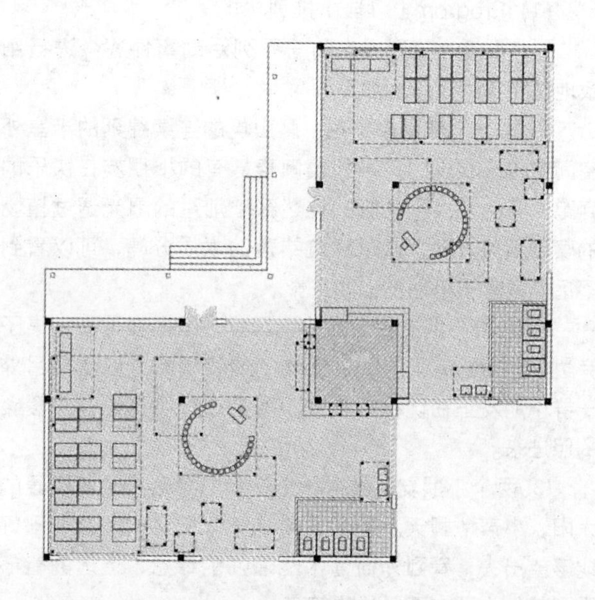

图2 幼儿活动单元设计（陈紫瑶）

又如丁千寻同学依据前期的活动场景设置，用大小不同的盒子空间组合形成兼顾公共与私密、集体与个体的教学空间（图3）。

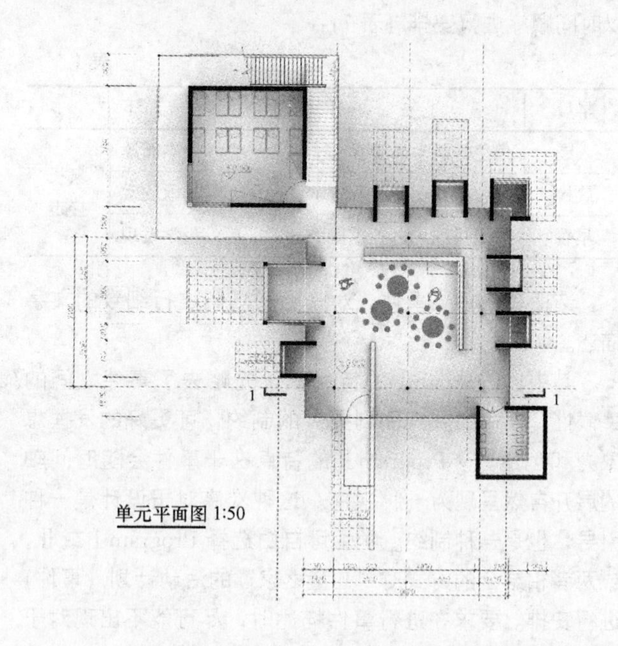

图3 幼儿活动单元设计（丁千寻）

“儿童之家”的整体空间组织是该设计的难点。经过授课讲解不同的空间组织模式，使同学们具有了一定的知识积累之后，大部分同学都能够找到设计的窍门。例如周松子同学采用六边形的空间单元形成灵活的院落组织，为设想的活动事件提供发生的可能（图4）。

又如秦羽恬同学，抓住场地的树木分布特征，设置儿童活动路径，并以此组织整体空间布置（图5）。

陈勇同学从儿童的游戏天性出发，为小班儿童单独活动，中班儿童交互活动，大班儿童集体活动，设置了性质相似尺度不同，庭院与建筑彼此渗透的室内外空间。最终成果非常丰富（图6～图8）。

5 结语

教学组在本次课题基于教案修订和教学组织，获得了如下经验和体会：

(1) 课题设置的延续性与开放性

"儿童之家"延续了二年级课题设置的总体框架，强调一以贯之的训练目标。设计课题从"理想家宅"到"儿童之家"，暗示了主题的回归，促使学生从个体经验和个性化的观察出发，推己及人地理解生活世界与建筑空间的互动关系，从而能够调动起每个学生构想个性化空间的积极性。系列课题设置在出发点和训练目标上的延续性，为培育具有开放性的多样化设计成果奠定了基础。

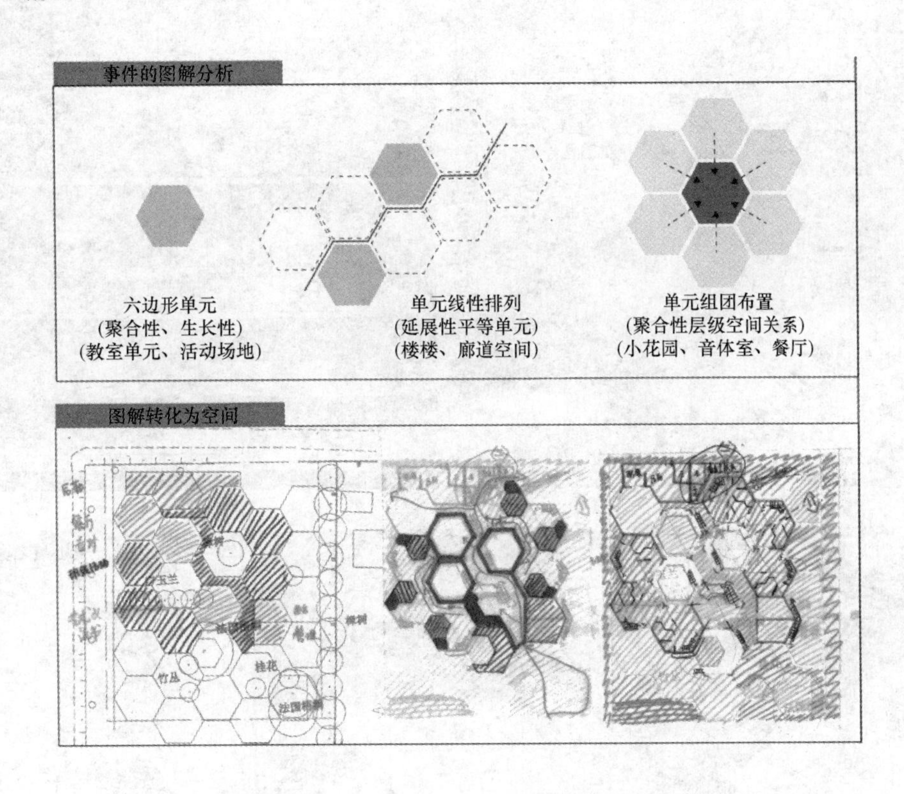

图4 儿童之家的整体空间组织（周松子）

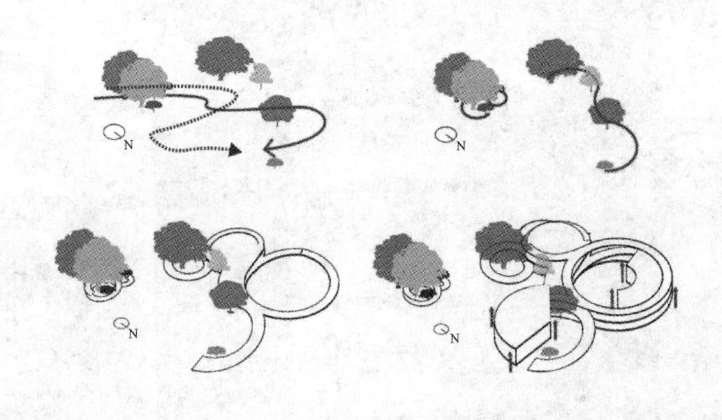

图5 儿童之家的空间生成策略（秦羽恬）

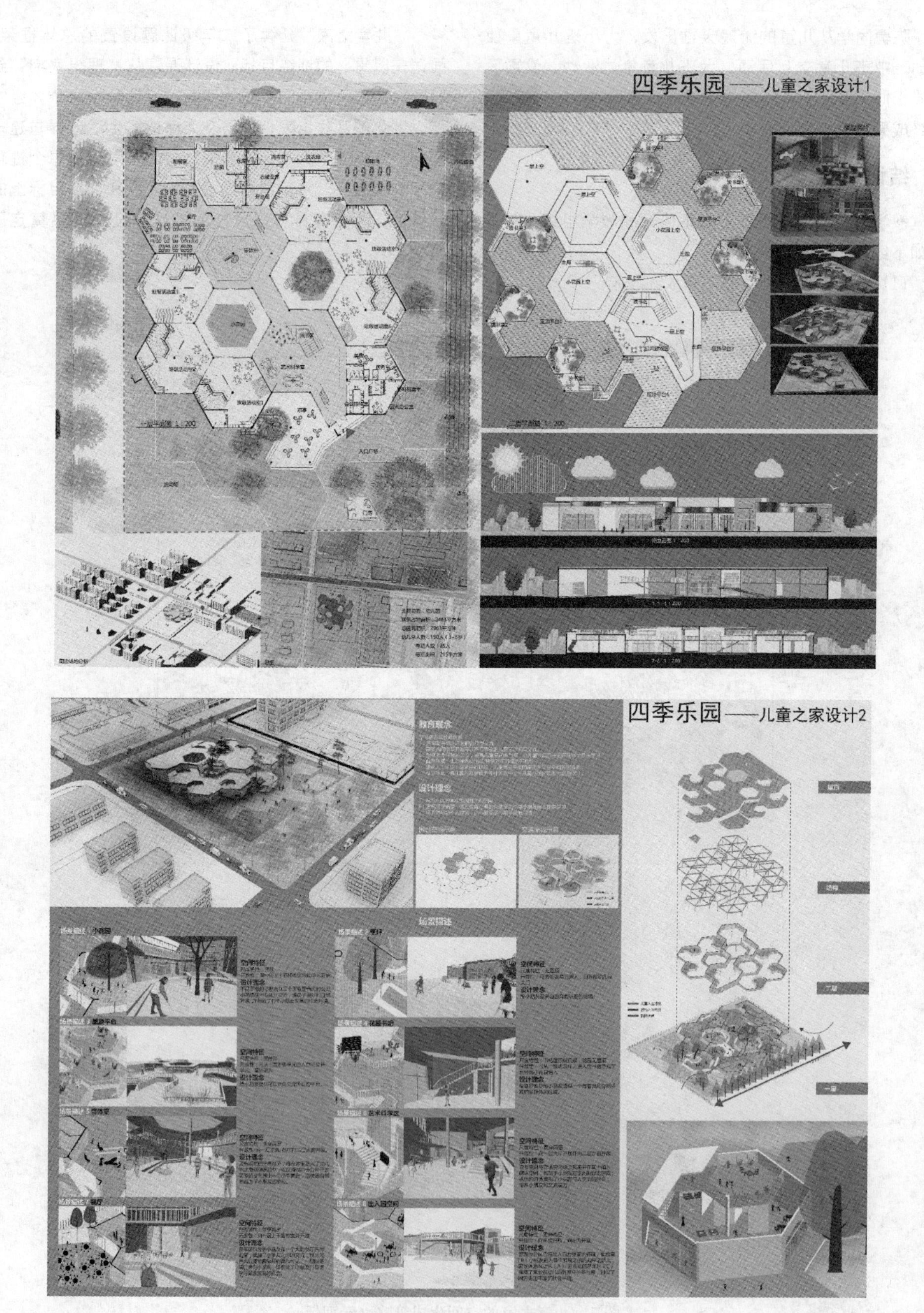

图 6　成果图纸（周松子）

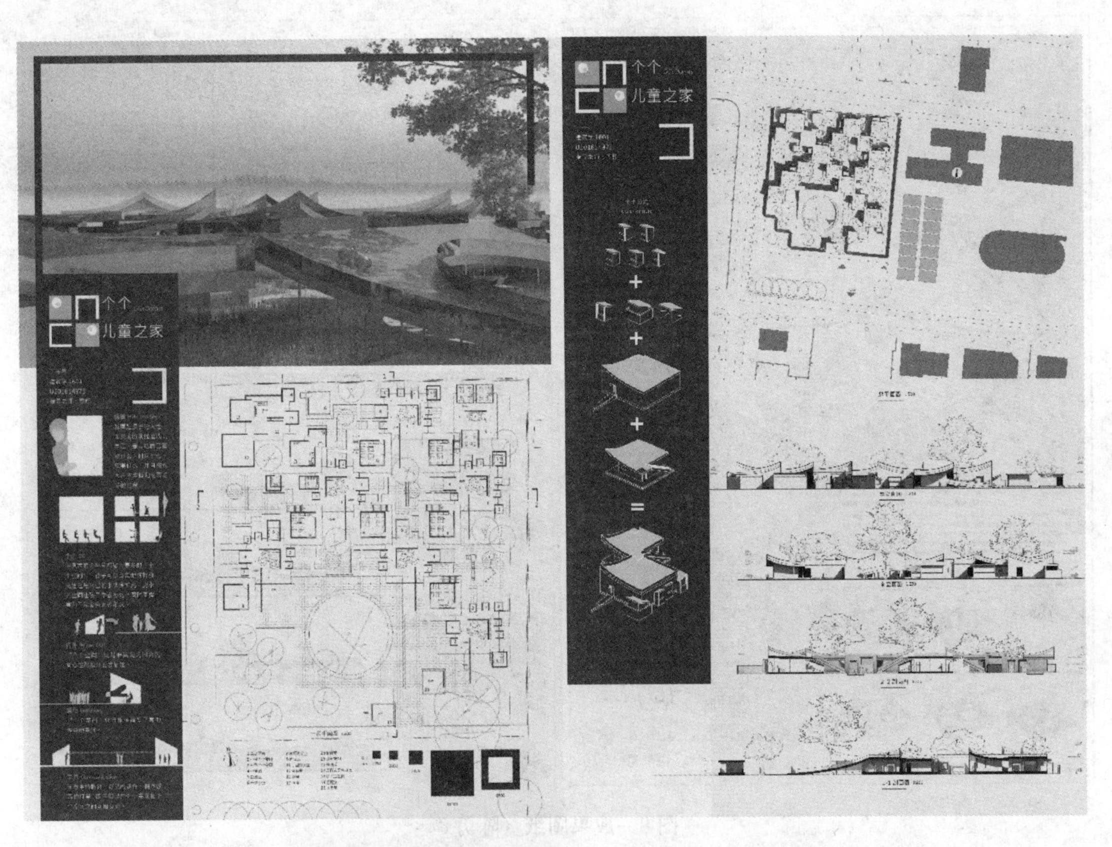

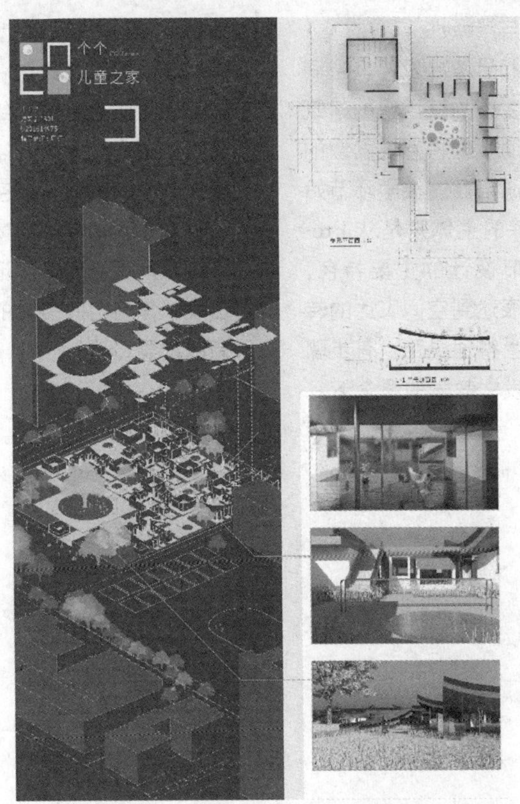

图 7　成果图纸（丁千寻）

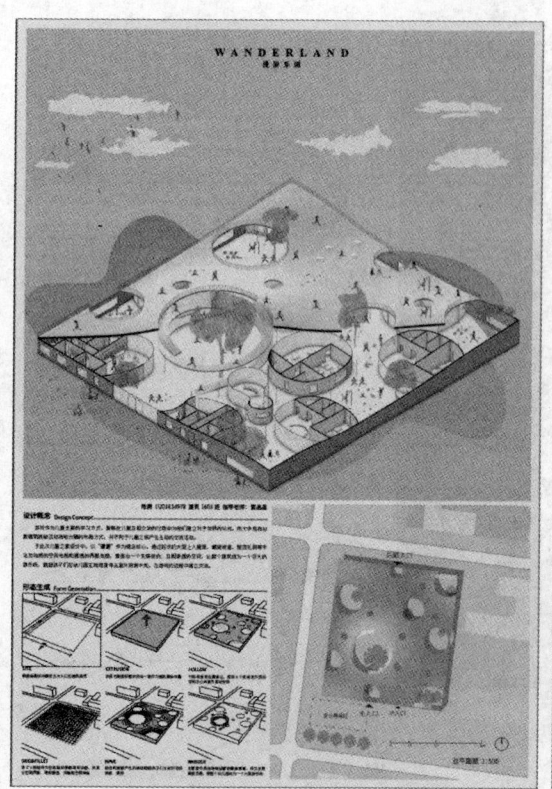

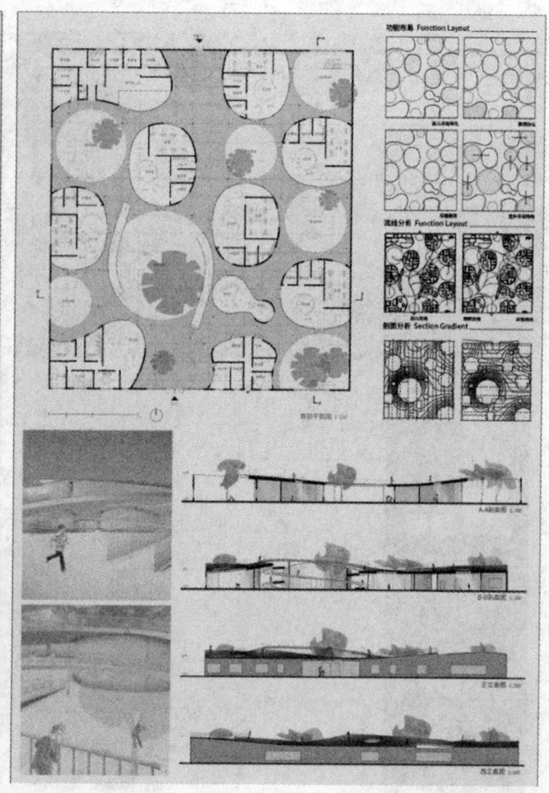

图 8　成果图纸（陈勇）

（2）教学环节控制兼具启发性与严谨性

课题设置从学生个性化的观察和思考出发，将空间行为的语言表述，转译成具有特定主题的有组织的建筑空间。该课题设置的难点，在于帮助学生将感性发散的思维，整理、提炼成建筑设计的空间语汇。教学环节始于 Research（设计研究），设计训练的主体则是从 Program 到 Space 的转译。本教学环节设计的主要特色，是以 Diagram 为中介，达成从语言表述到空间表达的转译。该教学环节设置，旨在帮助学生整理思路、有步骤地发展完善其初步设想。在设计启发式教学的理念下，兼顾了设计各阶段稳步推进的严谨步骤。

（3）不足与改进

从教学执行情况结合学生反馈意见来看，课题尚有值得改进之处。比如，研究调研环节可安排得更加紧凑，为设计阶段主体空间转译留出更多时间。设计初始阶段对生活情境的表述，现阶段主要是文字表述，后续也可以从手绘图像、记录影像、具有纪念意义的物品等出发，作为空间转译的出发点。（感谢汪原教授对本课题的指导）

魏力恺　张尔科　许蓁
天津大学建筑学院；chutuan@126. com
Wei Likai　Zhang Erke　Xu Zhen
School of Architecture，Tianjin University

雪构实验：极小世界

——天津大学本科生参加“哈尔滨工业大学第一届冰雪建造节”的一次雪构尝试

Snow Structure Experiment：A Minimal World

——An Attempt by Tianjin University Undergraduates to Participate in the First Ice and Snow Construction Festival of Harbin Institute of Technology

摘　要：本文以冰雪建造节为背景，初步分析“雪构”概念，介绍天津大学参赛队从方案构思到实地建造的全过程，探讨未来雪构在结构和空间方面的更多可能。

关键词：雪构；雪雕；易格璐；极小曲面；冰雪建造

Abstract：Taking the ice and snow construction festival as the background，this paper preliminarily analyzes the concept of “snow structure”，introduces the whole process of the Tianjin University team from the concept to the field construction，and discusses more possibilities of the future snow structure in terms of structure and space.

Keywords：Snow sculpture；Snow carving；Yi Ge Lu；Minimal surface；Snow and ice construction

背景

2017 年 12 月天津大学建筑学院师生 9 人赴哈尔滨参加“哈尔滨工业大学第一届冰雪建造节”暨“挖空心思、筑雪为间”雪构建造竞赛活动，建造任务是在一天半时间内，将 3m × 3m × 2. 5m 经过堆制压实的立方体雪坯，挖空为一个在“冰雪嘉年华”中供人售卖、休息和游戏的场所，要求充分关注雪的材料和结构性能，不使用任何电动工具和支撑材料，仅通过挖切处理，满足嘉年华的游乐功能需求。

1　初识雪构：白色的新世界

这是一次特殊的建构，不利用竹和纸板，更不用砖和木材，而要像极地的爱斯基摩人一样，借助雪来造房子。尽管很多学生都表现出较强的兴趣，尤其是南方同学，但大家都没有过任何雪雕和雪构的经历，甚至多数人见所未见。对于学生和老师中的每一个人来说，雪构和雪房子，意味着一个白色的新世界。

雪房子“易格璐”（Igloo）人们并不陌生，它是爱斯基摩人在北极的家，雪砖沿着螺旋线上升堆砌而成的抛物面遮蔽，能够在 - 45℃环境中为他们保持 16℃的室内温度[1]（图 1）。

然而“雪构”却是一个新概念。截至目前，笔者尚未能够从任何中外文献中找到相关解释。“雪构”应该是在近年来国内外建筑高校举办各类“建造节”背景下，哈尔滨工业大学建筑学院创造性地将建造活动与地

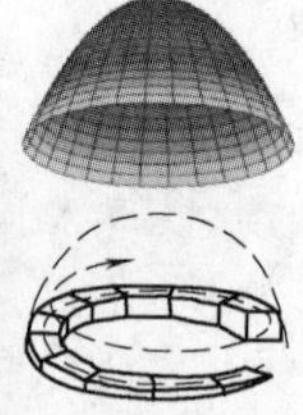

图 1　爱斯基摩人的“易格璐”及其抛物面的雪砖搭砌过程

域特色相结合，融“雪雕”和“建构”为一体，提出的一种新名词。从任务要求看，雪构建造节几乎完全沿用了传统雪雕比赛中 3m 边长正方体的规模和工艺方法，同时又在雪雕基础上，增加了一系列与人互动的功能、尺度和空间要求。简单说，雪构源于雪雕，又在某些程度高于雪雕。了解雪雕经验，能帮我们更好理解这次雪构任务。

雪雕是以人工雪坯为原材料，通过“通、透、险”等手法，在较短时间内创作出优美立体造型的艺术[2]。与冰雕和沙雕类似，雪雕也属于雕塑艺术范畴，其材料和工艺的特殊性、以及体验的季节性和地域性，使雪雕艺术逐渐丰富演变成为一年一度的嘉年华活动。1886 年美国圣保罗市举办世界第一届雪雕比赛，密歇根理工大学自 1922 年开始每年举办冰雪嘉年华和雪雕比赛。我国第一座雪雕大象出现于 1963 年哈尔滨兆麟公园，直至 1988 年才举办了哈尔滨第一届雪雕游园会[3]。国内外雪雕思路存在一定差别，我国雪雕多以生肖和建筑等具象写实内容为素材，难度较高；而国外雪雕则多为符号化和几何化的抽象立体构成，难度低，又能够给观者较多的联想空间。

根据我们对雪构的初步理解，雪构与雪雕的区别，与国内外对于雪雕的不同见解具有一定相似之处，即：雪雕偏重于雕塑，倾向以现实事物为原本，或在超现实主义表现中加入一定具象元素；而雪构则更应注重展示结构与空间，通过几何化和抽象化的方式，将雪的材料和结构性能发挥到极致，营造雪与人的互动空间，展现结构与形式的融合之美（图 2）。图中上下均为近年哈尔滨雪雕比赛作品，能大体上表达出雪雕和雪构的两个不同方向。

2　方案生成：从橡皮泥到 3D 打印

雪构对于建筑学生来说至少存在两大难点，一是之前从未有过建造经验，不了解雪的材料性能，不确定方案能有多大程度的形式和结构自由；二是雪不同于任何常规建筑或模型材料，关于如何把坚硬的大雪块“揉”

具象、塑造形象的雪雕方向

抽象、营造空间的雪构方向

图 2　雪雕与雪构形态方向比较

出理想的空间，心中毫无底数。我们采取的破解方法是，前者，在浏览大量雪雕案例的基础上头脑风暴，确定最优方案；后者，请教雪雕师傅雪构方案的可行性后，摸石头过河。

2.1　“雪立方”头脑风暴

“雪立方”头脑风暴与报名筛选过程同步进行。招募过程中有约 40 余名学生报名，每位同学经过 3 天初步了解雪雕与雪构形态后，提交 1～2 个符合比赛要求的概念方案和模型（图 3）。由于在方案征集前我们已经就雪构与雪雕的区别，以及雪构形态的大致方向对学生进行了引导，所以同学们关于“雪立方”的多数概念

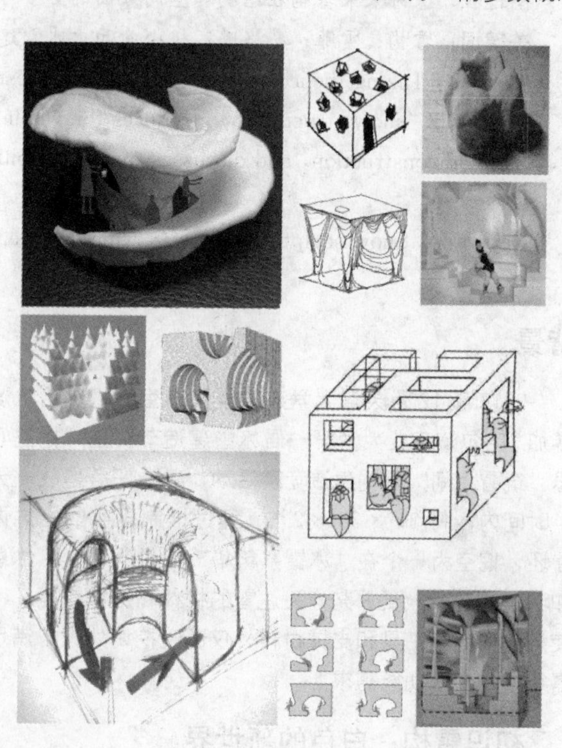

图 3　天津大学报名学生 3 天内提交的“雪立方”初步方案

和尝试都有较强的形式感和可操作性。根据几十份“雪立方”方案，我们筛选出了参加比赛8名同学，涵盖大一到大四的各个年级和专业。雪构方式被初步归纳为四个发展方向，分别为：透空表皮、拱券结构、片层结构和自由形式，同时需要与人们行为的互动性相结合。

2.2 极小曲面的纯粹和自由

确定了即将参赛的8名学生后，大家仍沿着上轮头脑风暴中总结的四个方向，继续深化方案，或推翻重来。

四个方向各具特点。“透空表皮”是建筑学生顺其自然能想到的雪构与建筑的交叉点，又易产生互动性，但镂空少较难体现雕塑感，镂空太多又会大大降低可挖切性和结构稳定性。“拱券结构”与人的行为流线结合，既发挥雪的受压性能，又能形成不错的空间体验，是一种可选方案。“片层结构”是在传统建构中很常见的方法，以切片的方式塑造雪构的内部空间和外形，很“建筑”。最后的“自由形式”，是我们最好奇，也最望而生畏的方式。方案构思中，橡皮泥和草图上的溶洞、蚁穴、花瓣让人兴奋，更让人犹豫不决。一来，薄薄的雪壳很难想象能难承受得住自重和其他外力；二来，相较于仿生和“纯自由”来说，逻辑与数学法则或许更为重要，纯粹和自由的统一是我们所追求的。

极小曲面概念，在决定方案的最后一刻被选中。经过简化的极小曲面是解决雪构跨度的一种较理想方式，接近于抛物面的曲面充分发挥了雪的受压性能，若干个完全契合的极小曲面将超过1吨的重量层层传递下来，集中在“雪立方”的四个“顶点”之上。结构上，“雪立方”的六个面都利用Grasshopper和三角函数生成一个极小曲面，重量传递连续，最大程度减小雪壳厚度；形体上，雪的颗粒性与大面积凹曲面的延展性形成较强的张力感，且从正等测角度，方案刚好是一个抽象的雪花形态（图4）。

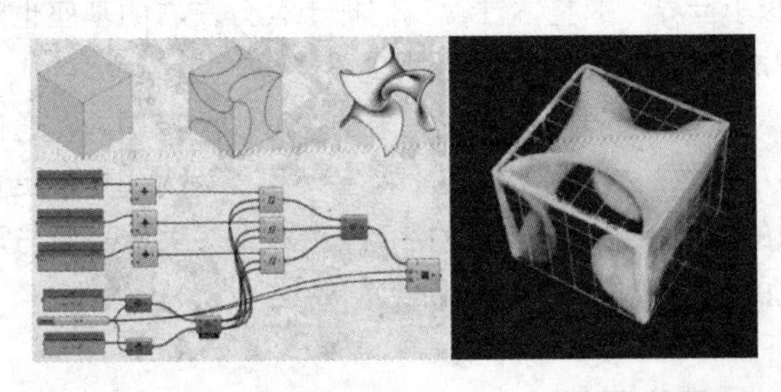

图4 “雪立方”中的极小曲面，3D打印模型与刻度罩

最终方案定名为“极小世界”，一方面表达极小曲面概念，另一方面希望在三米见方的“极小”空间中，通过曲面的连续和无缝契合，以及针对大人和小孩行为活动尺度分别设置的大小洞口平滑过渡，尽可能容纳更多的人和活动，让人感受到一个“虫洞”般无限延伸的白色“世界”。同时我们从一些国内外的雪雕过程视频中了解到，尤其对于曲面形体来说，提前进行方案模型3D打印，并制作一个划好参照刻度的透明罩子必不可少（图5）。

图5 “极小世界”方案图

3 雪构建造

带着对极小曲面可实施性的极大不确定，师生9人于2017年12月16日傍晚到达位于哈尔滨工业大学图书馆旁的雪构现场。踩着路边如棉花软绵绵的积雪，触摸已在哈尔滨－30℃矗立多日的巨大雪坯，不敢想象曾经柔情浪漫的雪花，如今竟也坚硬得像钢铁和混凝土一样，等待人们再一次用智慧和双手去唤醒蕴藏在冰雪中的曼妙。

3.1 新材料，新工具

雪构需要一整套专用设备，包括冰叉、冰铲、角刀、雪抹子等。哈工大老师们在赛前进行了专门的雪雕培训，并为各学校准备了专业工具（图6）。由于“极

图6 雪坯与工具

小世界”的挖雪量非常大，需要将整个 20 多立方米的雪坯全部挖空，所以咨询过专业雪雕师傅后，我们在网上提前订购了专门用于大量掏雪的圆形冰叉，否则预计很难在比赛要求的一天半之内完成。

但尽管如此，掏雪工作依然十分艰难，由于任务要求不能使用电动工具，而雪质经过几天的冻融后已经接近于冰，同学们每铲进一厘米都要花费大量时间和体力，到第二天接近完成的时候，本来寄予厚望的圆形冰叉早已磨钝不能用，额外又更换了三套主办方提供的专业刀具。

3.2 从大刀阔斧到精雕细琢

雪构建造从 2017 年 12 月 17 日上午八时开始，大家准时到场，对着眼前的庞然大物和掌心的 3D 打印模型，部署塑造“极小世界”的各项具体工作。雪构规模虽小，但工序俱全，需要从上到下、由表及里进行。时间紧任务重，大家在施工课程中学到的关键工作、流水施工概念，这一刻有了更深的体会。

8 名同学被两两分成四组，分别负责顶部挖切、侧部挖切、清雪辅助和现场监督。四项工作缺一不可，且均需同时进行：顶部挖切要最先完成，之后才能进行大面积的内部掏挖；不断堆积的积雪要随时清理，以空出足够的工作空间；此外更需专门同学负责实时对照现场找形与 3D 模型，避免“超挖”，同时照看好刀具设施，防止出现丢失和人员伤害等情况。整个“极小世界”雪构共历时一天半（20 小时）（图 7），具体过程如下：

（1）定位放线

对照图纸和 3D 模型刻度线，用毛笔蘸墨水在雪坯表面勾勒出投影线，也可用小雪铲直接凿出凹槽，但后者往往适用于靠感觉进行艺术创作的“雪雕”师，对于更讲求尺寸模数和精确程度的“雪构”来说，前者更有必要，也更“建筑”。

（2）开凿找形

放好定位线和凹槽后，就可以放心地用大号雪铲开挖了。与素描和雕塑一样，先起大形，不用太早顾及雪面是否足够平整或圆滑，因为不到最后一刻，任何过早的精雕细琢都可能再被自己因修正大关系而统统铲掉。需要注意的是，雪构找形过程是不可逆的，粗略找形一定要在挖切深度和边界范围方面留有余量，一旦“超挖”则可能牵一发动全身，要重新调整大关系。

（3）内外会和

先要确保雪构顶部已经基本完工，才能大举向内开挖。由于“极小世界”的每个面都是空间曲面，所以需要随时确定内部空间的上边缘与雪构顶部保留足够的结构厚度。经过近 5 个小时的内外轮流挖切和几座小雪山的清雪工作后，第一天下午四点左右，内、外小组终于在雪构底部的第一个洞口会和。

图 7　一天半（20 小时）雪构过程

（4）细节打磨

最后这一步，大家手里大大小小的铲子都换成了雪抹子。只有开凿找形过程预留充足的尺寸余量，每个曲面交接处的平滑处理才有足够的自由度。同时考虑到“极小世界”的整体性，我们把十公分左右的基座也处理成曲线形态，与每个曲面的投影线对应。

“极小世界”雪构在有限的 3m×3m 范围内，通过极小曲面的拱形结构方式，希望尽可能为人们提供更宽敞的空间，容纳更丰富的活动，启发更多关于数学与形式的联想（图 8）。

3.3 雪构回想

“极小世界”建造的过程，得到了很多兄弟院校老师的指点和建议。同时各参赛队精心打磨的每一件雪构作品，更让我们受益匪浅、为之着迷，每一幢“雪房

图 8　完成的“极小世界”雪构

子”，都让路过的大人和孩子们跃跃欲试、惊叹不已。

此次冰雪建造节虽然短暂，但却为建造活动打开了一扇新的大门。10 支国内外参赛队中的百余名师生，从行为互动、空间趣味和文化内涵等各个方面努力探讨着雪构空间和结构的各种可能，力图在传统雪雕之外，挖掘雪构作为行为空间和互动场所的巨大潜力，吸引人们走进冰雪之中，收获冰雪和建筑空间带来的全新的快乐和感动体验。

4　从“易格璐”到雪构：结构与空间的更多可能

爱斯基摩人传统的“易格璐”，发挥了雪的众多性能优势：雪块虽冷，却保温隔热；经过压实和间歇冻融的雪块，具有极强的黏结性和抗压强度；“易格璐”螺旋上升和逐渐收分的抛物面，要求雪砖在具有高强度的同时，又易切和加工……

雪，作为严寒气候条件下一种地域性和季节性的材料，在特定环境、工艺和时间段下，兼具了砌体与混凝土的特性。“易格璐”是雪作为砌块的典型实例，而与此同时，雪又具有混凝土一样的可塑性。除雪雕的挖切塑形方式外，在模板模具围护、昼夜温差和适当浇水处理下，雪坯能像混凝土一样被“浇筑”成各种形态，其内部经过短暂融化又冻结的众多冰晶，又一定程度上起到混凝土中钢筋的作用，增加雪材的抗拉性能，超过我们一直以来对于雪结构的跨度和强度的印象。这些建造方法通过与数字技术结合开发，将为雪构的壳体、编织、曲面堆砌等更多结构与形态提供可能，也将给未来的冰雪建造方式提供更多的想象空间。

参考文献

[1]　Wikipedia. Igloo [EB/OL] . https：//en. wikipedia. org/wiki/Igloo.

[2]　刘毅，雪雕初探 [J] . 雕塑，1997 (2)：63.

[3]　张宇，雪雕的设计与制作方法研究 [D] . 哈尔滨：哈尔滨工程大学，2011.

附录

天津大学参赛队成员名单：

指导教师：魏力恺，许蓁，卞宏滨

参赛学生：燕钊，苏红日，冯天心，李函阳，张譞文，张尔科，崔书雷，刘修岩

方案支持：赵夏瑀，张明雯，邹佳辰，邓剑

行业发展与建筑教育

陈静　李建红　李岳岩
西安建筑科技大学建筑学院；juzimama@sina.com
Chen Jing　Li Jianhong　Li Yueyan
Xi'an University of Architecture and Technology

快速建造体系下的建筑设计教学探索

A Explore of Architectural Design Teaching Based on Rapid Construction System

摘　要：面对建筑设计教学所面临的“重艺轻技，技艺分离”课题。本文试图以快速建造为设计的出发点，围绕构件化、空间化与部品化三个方面核心教学理念进行研究。旨在提升建筑空间、建筑形态与建筑技术三位一体的设计理念与教学方法。

关键词：快速建造；教学方法；建筑构件；空间；建筑部品

Abstract: It has been a common problem in teaching of architectural design that is prefer arts to technology, as well as separation of arts and technology. The studio of 'Architectural Design Based on Rapid Construction' intended to explore didactics from building element, space and building component. Aiming at promoting the design capability and didactics of integrating architectural space, form and technology.

Keywords: Rapid construction; Didactics; Building Element; Space; Building Component

在我国的建筑工程体系中通常将专业划分为建筑、结构、设备、工程管理等。他们与大学的专业教育形成了一一对应的关系。与其他专业不同的是，建筑专业的教育中，结构、构造、设备等课程作为建筑技术的系列核心课程构成了建筑学专业课程体系的重要组成部分。作为一个合格的建筑师，必须对建筑结构、设备以及建造有系统的认识与理解，并建立起这些建筑技术与建筑空间和形态之间的耦合联系。因此，在建筑设计创作中技术理念、技术思维与技术方法应贯穿建筑设计的始终。然而目前的大多数设计课程侧重于学生的空间理念、环境应对以及形态构成。建筑结构、建筑设备、建筑物理、建筑构造等理论课程与实际的设计脱节，让很多学生忽略了这些内容在建筑设计中的重要性，甚至认为这些课程是一种负担。很多学生对建筑技术系列课程的掌握仅仅限于知识的学习，以通过考试获得学分为标准。在应用层面，建筑技术知识的运用往往与建筑设计相脱离，通常表现为表现出一种先建筑后结构、设备的线型思维和单向流程特征。建筑技术的思维很少成为设计的原动力而加以呈现。如何填补这种“重艺轻技，技艺分离”的现象多年来一直都是建筑设计教学讨论的课题。近年来，很多与技术相结合的设计教学都针对这一问题做出了积极的探讨。以我校（西安建筑科技大学）教学为例，设计与构造相结合的建构教学；与绿色技术相结合的住宅系列课程；综合建筑结构、建筑声学的剧场建筑设计等。本教学团队开设的“快速建造体系下的建筑设计”课程，以快速建造为设计的出发点，以小型建筑为课题（在这类建筑中结构、设备、构造、建造等问题相对单纯和简化易于学生把握掌控），面对真实建造激发学生在设计中对各类建筑技术问题的关注和思考。将技术问题转换成空间问题，将建造转换成建筑维度、结构维度、建造维度以及设备维度的空间操作，更好的帮助学生从空间上理解技术思维的重要性。

1 教学组织

“快速建造体系下的建筑设计”课程针对建筑学专业四年的学生而开设的 studio 课程。具备基本的设计能力以及建筑结构、构造、设备、建筑物理等必修的建筑技术知识，是选择课程的先决条件。

题目界定的原则以快速建造作为设计的出发点。快速建造顾名思义，就是在相对短的周期内完成的建筑施工，主要涉及临时与永久建筑两大类型。针对临时建筑，往往是由于事件的突发性，或用途的暂时性而决定的建造的快速性。例如，灾后临时居所、临时展览、演出建筑等。针对永久性建筑，快速建造与装配式建筑密切相关。随着全社会对建筑节能、环境保护和资源循环利用的重视。大力发展新型装配式建筑，已经上升成为推动社会经济发展的国家战略。这种转变必然带来建筑设计方法的转变，它将由设计、建造分离的设计转换成设计、生产与施工一体化的设计道路。这也对我们的建筑设计教育提出了新的挑战。因此，题目的界定符合装配建筑的基本特征，但与装配式建筑所面对的大规模的标准化的施工不同，本设计针对更具研究性，实验性的小型建筑。

教学目标有以下三点：(1) 旨在提升学生对建筑结构、建筑构造、建筑物理、建筑设备、建筑建造的理解层次，建立建筑空间、建筑形态与建筑技术三位一体的设计理念，实现建筑艺术与建筑技术的结合；(2) 对建筑产业化建立初步的认识，初步掌握建筑构件的产品规格和构造逻辑，探索设计装配一体化的建筑设计方法；(3) 掌握被动式绿色建筑设计的基本理论与设计方法。

教学组织（图 1）：

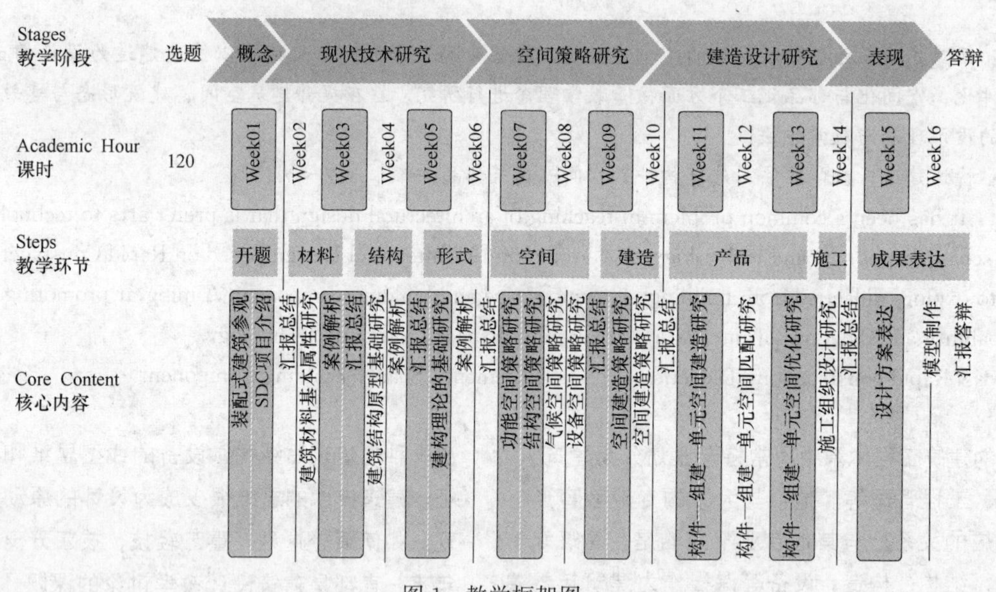

图 1 教学框架图

2 教学理念与方法

“快速建造体系下的建筑设计”课程的核心教学理念是提升学生在设计过程中对技术问题的思考力。针对快速建造建筑的技术特征，建筑基本构件（部品）的设计是教学研究的起点与终点。空间的建构是设计的核心问题。教学的核心理念在于建筑的构件化、空间化与部品化三个方面。教学过程则通过概念建立、现状技术研究—空间策略研究、建筑构件设计—构建组成、建造施工研究—成果完成这一系列教学环节构成。

2.1 构件化

“快速建造体系下的建筑设计”具有的基本特征就是建筑的构件化。构件对于设计而言，其过程可以是正向的以构件为起点的设计，也可以是逆向的拆解式设计。建筑师作为设计者主动参与到建造环节的思考而做出的主动设计，而不是我国现阶段装配式建筑设计所呈现的设计与构件加工相脱离的二次拆分设计。对构件的科学拆分是快速建造设计的核心环节。

这一环节的教学要求学生对建筑可装配性具有清晰认知的基础上，通过案例解析对建筑进行构件的拆解练习。我们以常见的装配式建筑类型：钢结构、木结构、混凝土结构、其他作为分组依据。要求学生分组完成对建筑材料基本属性、建筑结构原型、建构理论的基础研究工作。一方面是对现有技术体系知识的回顾；另一方面，通过优秀案例探索新的技术策略，发现新材料、新技术在设计中运用的可能性。对建筑进行从建筑—组件—构件—材料的建构拆解，是实现认知的基本途径与方法。以轻钢结构小组为例，学生（阳程帆、陶秋烨）对轻钢结构体系的四种类型进行总结（门式钢架、钢管结构、可变型钢结构和冷弯型轻钢结构），对每个类型的结构体系、受力特点进行了分析。对基本单元、构件要素、节点进行了拆解。并对受力特征、特点及适用范围和搭接方式进行归纳比较（图 2）。

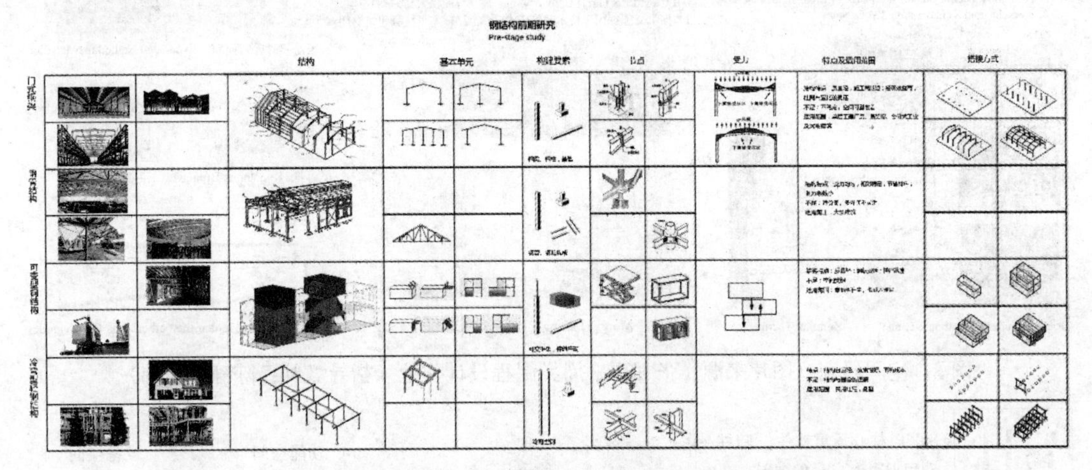

图 2　钢结构研究（图片来源：阳程帆、陶秋烨课程设计作业　指导教师：陈静　朱玮）

2.2　空间化

空间作为现代建筑的主角以成为共识。空间包含多种多样的信息，承载着功能，承载着人们行为的秩序，它是建筑形象传达的基础，它的品质决定了使用的舒适性与便捷性……它是建筑师表达设计思想的重要舞台。“快速建造体系下的建筑设计”的教学中，我们将空间的维度定义为：功能、结构、气候、设备四个维度。相比较而言，功能维度对于学生而言是最容易将其空间化的。但是结构、气候与设备维度的空间对他们而言，结构意味着实现空间的技术手段；气候是边界，也许在一定程度上等同于表皮；设备往往是最被学生忽略的要素，消失在空间设计的视线中。这种消极的、滞后于功能的技术观念，在空间的塑造上不能发挥积极的作用。严重的抑制了学生对空间思考的维度。教学中我们提倡将技术问题转换成空间问题，试图激发学生多维度的对空间问题进行探讨。

在教学中，通过案例引导学生对结构成空间、气候成空间、设备成空间的理解。（图 3）在 2013 级学生的课程设计中，混凝土组的史冠宇与赵欣冉同学针对混凝土盒子预制单元设计中，以 CL 网架板做主要承重构件的骨架，两侧浇筑混凝土的“三明治墙”。网架内部预留设备空间。在此单元的基础上，探讨不同变体的可能性，以适应不同功能空间的需求。钢结构组在构件拼装的设计中充分考虑管线空间。混凝土组的“三明治墙”设计在工厂预制混凝土板中预留出足够的孔径，不仅减轻混凝土单元体的自重，又产生设备空间和管线安装空间，并且形成了一个具有保温性能的空气间层（图 4）。

2.3　部品化

部品化是实现快速建造的基础。建筑部品是具有独立功能的建筑产品，在施工现场不需经过任何的现场加工，安装之后具有一定功能的建筑制品。建筑部品的发展对未来我国工业化建筑的发展起到关键性的作用。它决定了建造的速度、质量与价格。对于我国现状装配式建筑的设计方法依旧采用的是等同现浇的传统设计方法，然后由施工方或构件厂用“拆分构件”的方式完成预制构件的详细设计。这种拆分式的设计方法，严重滞后于新材料、新技术、新方法为装配式建筑的发展带来了新机遇。

教学中在对现有技术体系研究的基础上，学生积极探索新材料、技术创新的可行性。教学中不同小组进行不同材质的部品设计有不同的侧重与设计策略。如混凝土构件强调其构件的模块化和一体化，钢构件则强调其通用性与组装性，木构件注重其材料的适应性与结构受力的合理性。木结构小组张书羽、周昊同学的方案在木镶板结构的基础上，借鉴瓦楞纸板的力学原理，设计出木结构折板结构。希望能同时发挥木材既可作为承重结构，又可作为围护结构的特性（图 5）。在孙海婷与毛瀚章同学的杆件形成的盒子木结构体系中，节点连接方

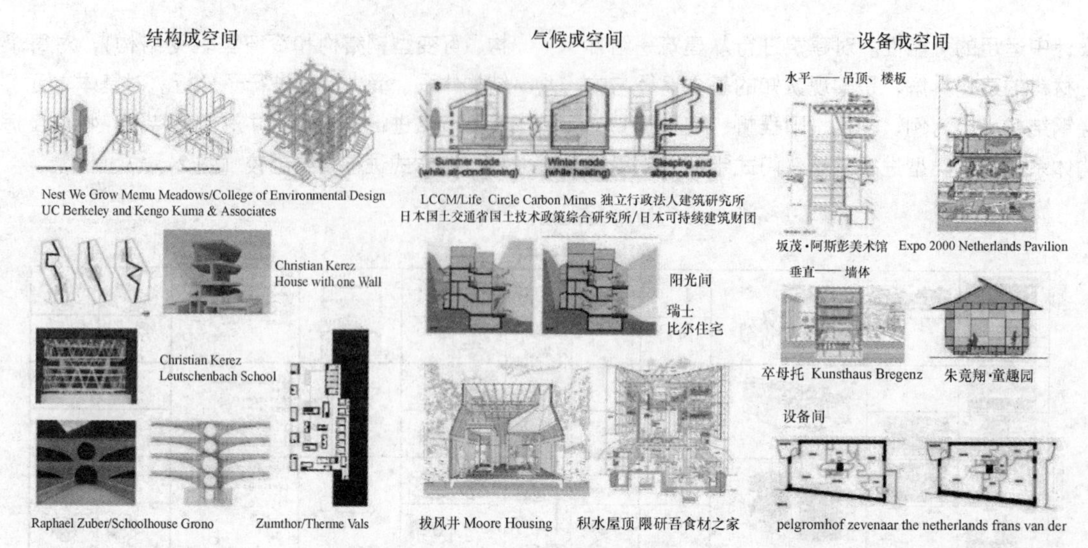

图3 空间研究（图片来源：张书羽、周昊课程设计作业 指导教师：陈静 朱玮）

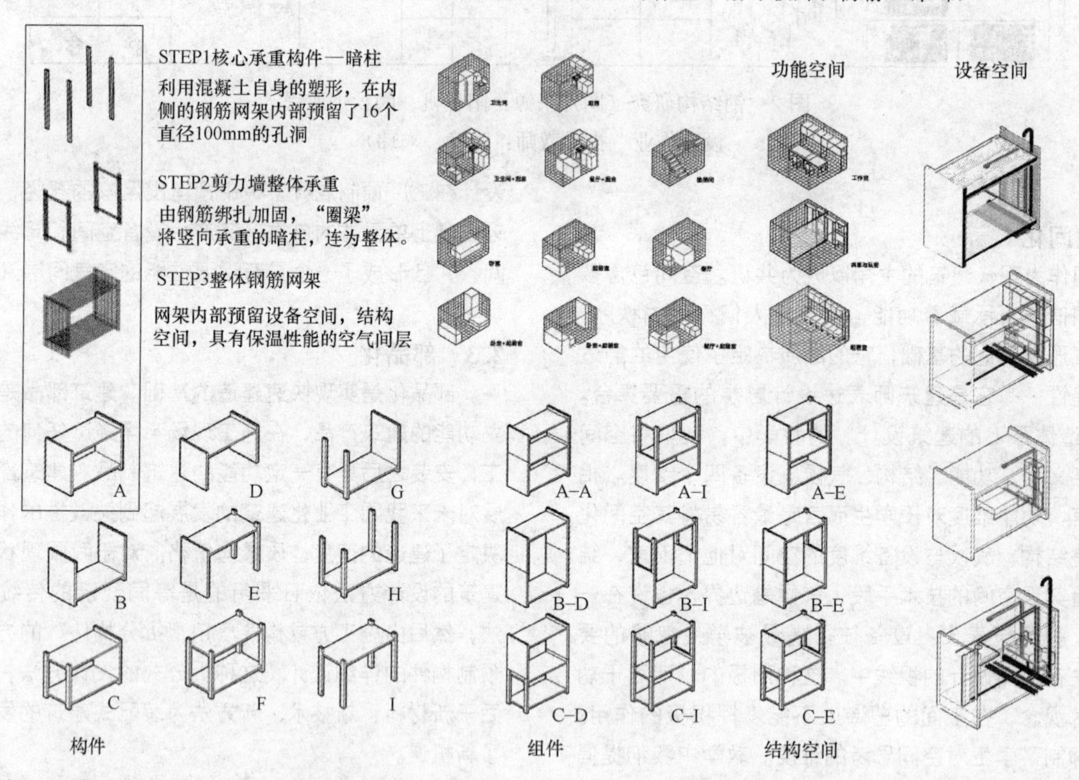

图4 混凝土结构单元—空间单元研究（图片来源：史冠宇、赵欣冉课程设计作业 指导教师：陈静 朱玮）

式的设计贯穿方案始终（图6）。成为部品构成的主要内容，影响着建造的逻辑，与形式表达的语言。钢结构组的王子恒、歧麟同学的方案，在对传统门式刚架力学分析的基础上，结和传统简支桁架梁，提出的快速吊装门式刚架结构体系（图7）。根据钢结构的通用性与组装性特点，在部品的设计中将其拆解为结构构件、围护构件以及设备构件三个层次（图8）。

由于条件的限制，学生对于建造环节只能通过模拟的方式完成（图9）。模拟的过程像是一个开放的系统

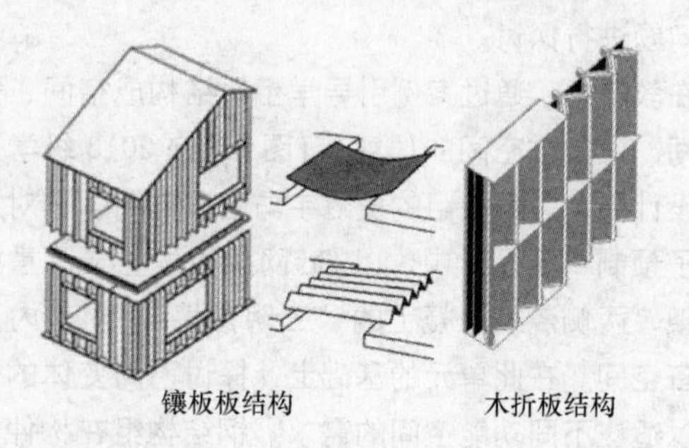

图5 木折板结构（图片来源：张书羽 周昊课程设计作业 指导教师：陈静 朱玮）

工程。通过建造逻辑的梳理不断地对前期各个环节的设计进行信息的反馈与修正，最后通过建造模拟完成系统的优化与闭合。

3 总结

“快速建造体系下”的建筑设计课题开设两年以来，取得了良好的教学效果。同学们在完成设计后共同的感受是设计思维的转换。从前的设计更多关注的是空间概念、空间操作，关注图面上的形式与效果的表达。通过该课题的设计使学生真正认识到了结构、构造、气候、设备对于空间乃至整个建筑的意义。明白了建筑学本就是一个综合专业，两根墙线出现的时候也意味着材料、构造、保温、饰面、结构等的发生。通过这样一种综合性的训练，培养了学生全面的设计知识和专业素养。

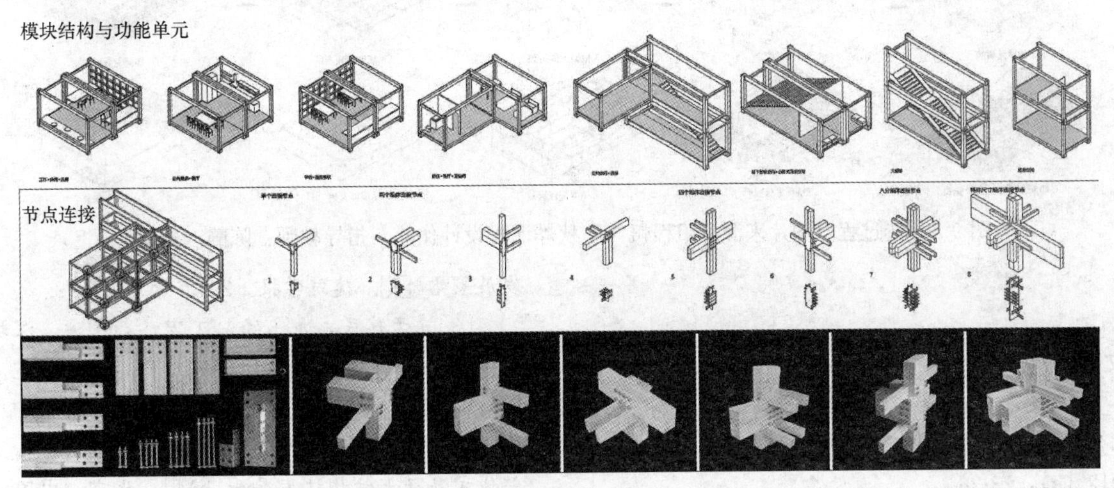

图 6　木结构建筑的节点设计（图片来源：孙海婷　毛瀚章课程设计作业　指导教师：李岳岩　李建红　张华　陈静）

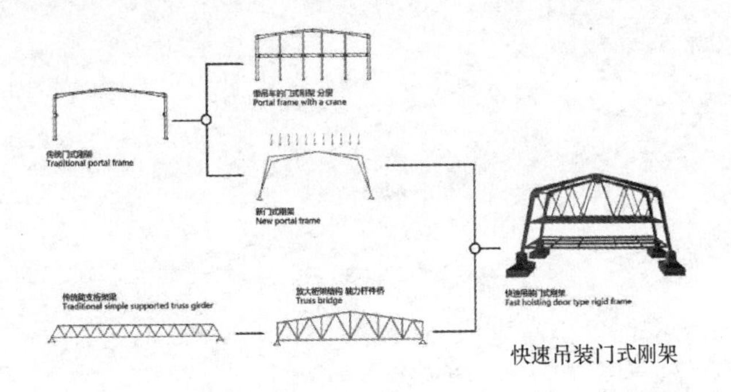

图 7　快速吊装门式刚架（图片来源：王子恒　岐麟课程设计作业　指导教师：李岳岩　李建红　张华　陈静）

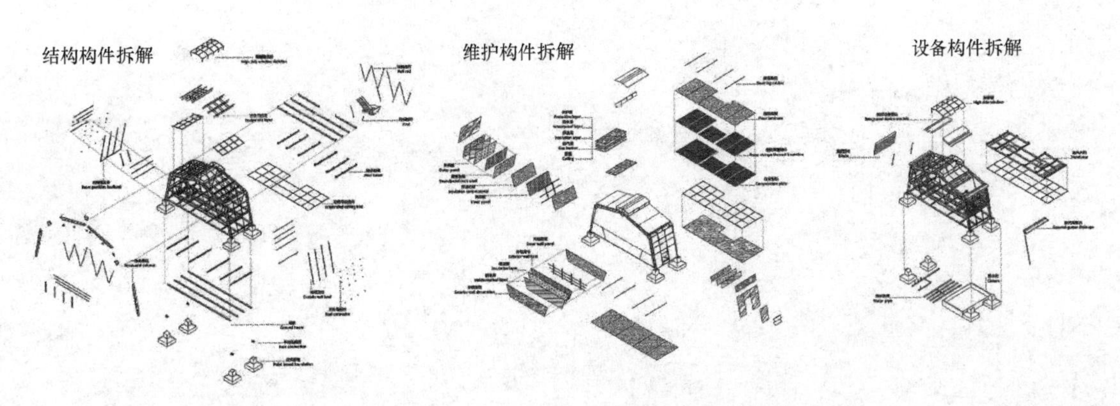

图 8　钢结构构件拆解（图片来源：王子恒　岐麟课程设计作业　指导教师：李岳岩　李建红　张华　陈静）

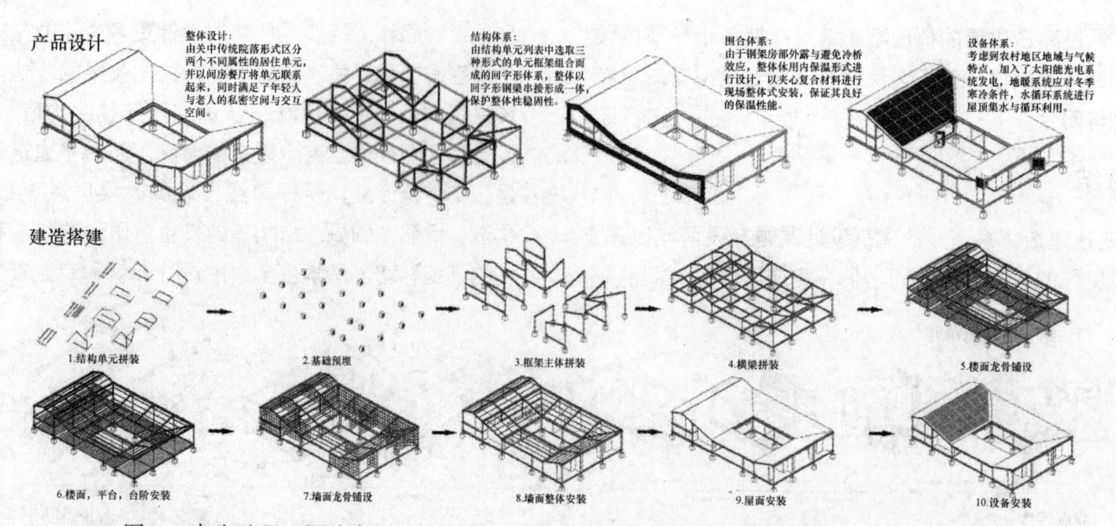

图 9　建造过程（图片来源：阳程帆　陶秋烨课程设计作业　指导教师：陈静　朱玮）

参考文献

［1］ 郭戈，黄一如. 从规模生产到数码定制——工业化住宅的生产模式与设计特征演变［J］. 建筑学报. 2012（4）：23-26.

［2］ 范悦，叶明. 试论中国特色的住宅工业化的发展策略［J］. 建筑学报. 2012（4）：19-22.

［3］ 孟建民，龙玉峰，丁宏，颜小波. 深圳市保障性住房标准模块化设计研究［J］. 建筑技艺. 2014（6）：37-43.

［4］ 住房城乡建设部住宅产业化促进中心. 装配整体式混凝土结构技术导则［M］. 北京：中国建筑工业出版社，2015.

兰俊　崔彤
中国科学院大学；richamon@ucas. edu. cn
Lan Jun　Cui Tong
University of Chinese Academy of Sciences

产学研一体的研究生设计课教学初探

The Exploration of Integrated Design Education Courses of Graduated Students

摘　要：建筑学是一门古老的学科，实践对于建筑学一直具有重要的基础作用。通过本科阶段的培养后，如何以学习和类实践的方式让研究生尽快接触设计实践，如何为他们未来的职业生涯打下坚实的基础，如何使其熟知整个专业领域的运作规律等是国科大建筑中心设计课教学希望回答的问题，也是我们倡导产学研一体的研究生设计课教学的初衷。

关键词：产学研一体化；设计课；设计实践；国科大建筑中心

Abstract: Architecture is an old subject, and design practice always plays an fundamental role in it. However, even after finished the under graduate study, many students are still lack the acknowledge of real design practice. Center of architecture research and design in UCAS sets series design course which is based on the integration of production, teaching and research and wants to find the solution to this issue. After these course, the students may access the real design program as a guide, lay a foundation of their career and knowing the whole system of architectural of domestic.

Keywords: Integration of production, teaching and research; Design education courses; Design program; Center of architecture research and design in UCAS

随着国家近年来“美丽中国”理念的提出和对“城市设计”的大力倡导，建筑与规划行业无论在新城建设、旧城更新还是乡村振兴等领域都迎来了“井喷”式的发展契机。无论是建筑师还是城市规划师，在高强度的新增设计项目面前或多或少能感受到比以往更大的压力和动力，而这在一定程度上也对未来即将踏上工作岗位的建筑和规划学科的学生提出了更高的要求。

中国科学院大学建筑研究与设计中心（后称国科大建筑中心）自2012年组建成立以来，一直以“产学研”一体化作为立足的基石和发展建设根本手段。以实际的横向设计课题为支撑，将课题融入研究生课程设计和教师的研究工作中，最终赋予研究生“接地气、能实干”的建筑师能力，同时不乏“以精微致广大”的胸怀；也使作为教学工作者的教师能在不断的实践中得以全面的拓展自己的专业技能并提升社会责任感。

1　国科大建筑中心设计课总体特色

作为一个年轻的建筑研究和教育机构，国科大建筑中心充分利用中科院的平台优势和多学科交叉的特点，在整合国内外顶尖教授资源和执业建筑师资源的基础上，结合国科大近年来的教学改革，逐步探索出一整套相对完整又独具特色的研究生课程教学体系。

首先，国科大建筑中心在研究生培养方案和课程设置中旗帜鲜明的提出“设计课程贯穿整个研究生阶段”的要求。具体来说，研究生（包含硕士研究生和博士研究生）在学习期间需要参与至少累计5个学期的设计课程，这些设计课大致均匀地分布在每个学期，即在科学院要求的硕士培养方案的三年中，除了最后一学期的论文撰写外，设计课贯穿始终。

其次，国科大建筑中心的设计课程类型多样，既有以关注城市街区问题为导向的“城市建筑学”、“旧城翻新”设计课程，也有注重新技术和新建构方式的“参数化”设计课程、关注较大范围城市发展或更新的多校联合设计课程，当然，还包含较为传统的空间设计训练课程。值得一提的是，由于建筑中心学生人数有限，所以每人均要参与所有设计课程的学习，因而设计课对学生来说还具有较大的时间密度。

此外，建筑中心设计课程的主讲教师除了国科大资深的教授外，还有很多来自国内顶级设计院和事务所的知名建筑师，建筑中心的崔彤主任本身也是中科院建筑设计院的总建筑师，以他们为基础的设计课程，在选题上通常更多关注实际城市和建筑的具体问题，以实际项目为蓝本甚至结合实际项目同步推进。

2 “建筑与城市设计（一）”课程概览

在国科大建筑中心的系列设计课中，由崔彤主任主讲的“建筑与城市设计（一）”课程是研究生第一学期的必修课程，也是具有“承上启下”功能的重要设计“启蒙”课程。通过这门课，研究生开始接触由实际项目修改来的设计内容（也可能设计题目本身就是同时正在进行的设计项目的一部分），从而开始熟悉建筑设计的全过程，也开始逐步用完成式的思维来思考正在进行的设计任务，为未来的建筑师之路打下基础。

从2013年开始，“建筑与城市设计（一）”课程依据当时正在进行的一些实际项目，创造性的设置了一系列设计题目。这些题目以北京城市中实际项目为基础，涉及城市核心区综合体建设、科教园区策划与设计及京郊自然山水中的建筑群策划和设计等方面。

2013年，本课程结合刚刚完成实际方案设计的“王府井大街城市会所”项目，拟定了“王府井都市会所建筑设计”课程题目。该题目除了地段位置极为特殊敏感外，建筑功能中的“会所”也颇具特色，特指兼具公共与私密特征的“第二居所”空间。

2014年开始，随着中科院中关村基础园区的基本建设完成、中科院“率先行动”计划的提出和国科大“科教融合”战略的推广，课程选定位于中关村科教园区腹地的国科大-数学物理中心为地段基础，探讨利用附近城中村改造建设契机，完善城市产学研科教园区的可行性。

2017年，课程以当时正在进行的两个实际项目出发，拟定了以2022年冬奥会冰雪小镇和国科大雁栖湖校园扩建两个可选择题目。在这两个题目中，前者位于2022年崇礼冬奥会运动场馆附近，后者位于北京市怀柔区的雁栖湖畔，均依山傍水，自然条件优越。课程要求研究生在充分尊重和利用既有因素的基础上，全面考虑社会、人文经济和大事件的影响，从建筑策划、城市设计和建筑设计多角度完成设计任务。

3 2017：空间单元与建筑叙事

尽管在设计对象上经历了数次调整，但本课程要求研究生掌握的设计方法却基本延续了统一思路，即模件化的设计方法。模件“不仅仅局限于复杂建筑单体中的功能和空间的可重复模块，也不可理解为建筑和建构中使用的最小构造单元，亦不可等同于勒·柯布西耶等建筑师倡导的‘模度（Modular）’的概念，而是包含着空间、形式与功能甚至时间、事件和场所精神的‘空间单元’。这种空间单元，是构成建筑单体的空间和精神核心，具有相对独立性、可重复性和系统性的特点。与空间单元相对的，则是建筑中的其他‘基础空间’，通常包含空间单元之间的联系或组合空间、承载其他基本功能的空间和其他附属空间。”

空间单元可以被认为是一种建筑的认知方式，也可被作为建筑设计的一种基本方法。通过使用模件化的空间单元来构建建筑设计，在一定程度上可以使设计对象化繁为简，也更利于设计者把握和熟知设计规律，进而提升自己的设计能力和设计智慧。

在2017年的“建筑与城市设计（一）”课程中，基于设计对象的特点和丰富性，“建筑叙事”的理念又被作为附加条件被引入设计方法中，最终构成了“空间单元的建筑叙事”这一看似难度极高的设计方法要求。

在设计过程中，研究生除需要以空间单元构建建筑基本形式和功能之外，还需要用类似电影导演的方式策划和建构超越建筑本体的事件及空间的“叙事线”，通过这些“叙事线”，每个设计都获得了一个相对独立而独特的建筑蓝本，在此基础上如何运用建筑语言建构空间序列并自圆其说则是对设计能力训练的关键。

在总共的6个设计小组中，研究生自由组合为“3组+3组”的模式，分别针对前述两个地段展开设计。对于冬奥会冰雪小镇地段，他们分别提出“山水气韵”（图1）、“事件迷宫”（图2）和“艺术乌托邦”（图3）三个主题；对于国科大雁栖湖校园地段，则提出“混沌”、“隐 & 现”和“科学共同体”三个特色鲜明的主题。出乎意料又在情理之中的是，在设计过程中，研究生对于“建筑叙事”这一偏重策划和理念工作的热情甚至超出对于空间单元这一建筑设计的核心。

4 与实际项目并行的设计课教学

建筑中心的核心设计课程均以实际项目为基础和支撑。因此，如何在授课过程中协调项目进度与课程进度的关系，如何使二者的成果互相促进，最终达到教育和实践的平衡和共赢，是我们不断思考和尝试的问题。

当然，在讨论实践与教学共赢的同时不能忽略了建筑中心的实践团队，他们与教学团队构成了实践与教学的一对共同体。实践团队通常由建筑中心的青年教师和中科院建筑设计院的建筑师组合而成，他们的设计实践为研究生课程教学提供了一种实际可行性的支撑和借鉴。对于研究生思维活跃和富于创造性的特点，则鼓励他们在理念和概念方面多着力，以头脑风暴的方式为实践团队的工作提供灵感和参考。

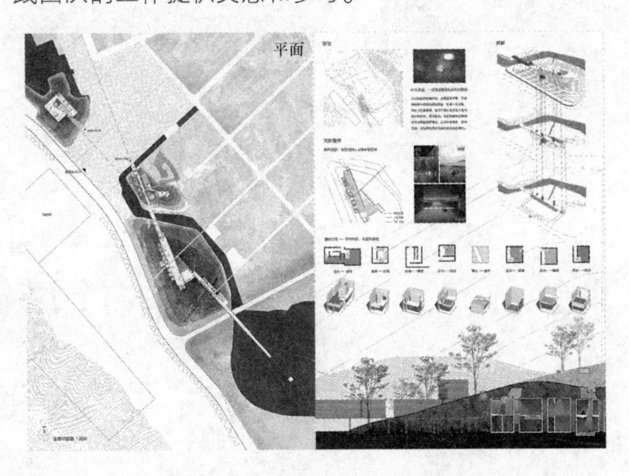

图 1 “山水气韵”（节选）

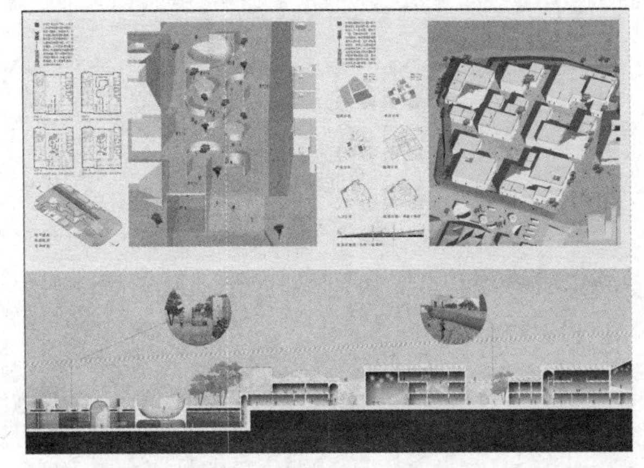

图 2 “事件迷宫”（节选）

2017 年的“建筑与城市设计（一）”课程课程进行过程中，实际项目也在同步推进。尤其是崇礼冰雪小镇项目，其方案招标工作基本与课程进度同步，这也为我们探讨上述问题提供了一次很好的试验机会。具体来说，作为“大师设计集群”的邀标项目，“冬奥会冰雪小镇文创商街”限定时间为 2 个月，成果要求除了常规的建筑和街区设计表达外，也包含建筑策划、特色理念和功能细化等部分。在设计课程与项目同步过程中，每组研究生首先均需要对整个“小镇”有一个鲜明的事件和功能定位，然后选定若干具体地块进行城市设计和建筑策划，最终完成“空间单元的建筑叙事”这一建筑设计要求。

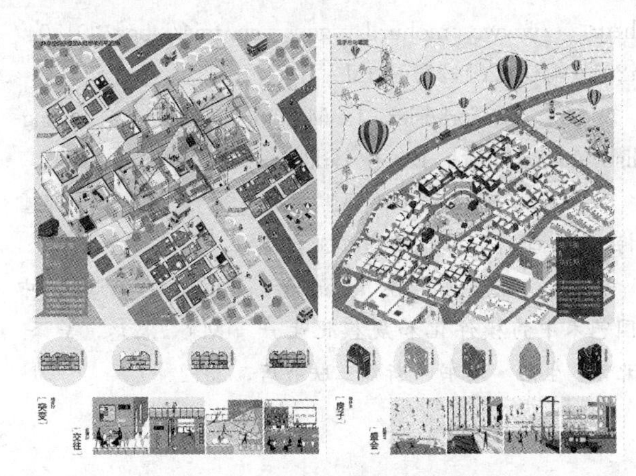

图 3 “艺术乌托邦”（节选）

在实际项目最终的汇报文本中，“山水气韵”、“事件迷宫”和“艺术乌托邦”的若干思路和成果均得到一定程度的展示，而汇报文本中对于文创上街建筑模件化的设计方式也成为三组建筑设计成果的模板和借鉴。

值得关注的是，如何把握教学和实践这一共同体在协同工作中的“度”是共赢一个关键点。对教学来说，既要让学生了解实际项目推进的过程和最终的目标呈现，又不让学生过多的受实际项目的种种限定条件制约，才能达到循序渐进的目的。

5 总结

建筑学是一门古老的学科，实践对于建筑学一直具有重要的基础作用。通过本科阶段的培养后，如何以学习和类实践的方式让研究生尽快接触设计实践，如何为他们未来的职业生涯打下坚实的基础，如何使其熟知整个专业领域的运作规律等是国科大建筑中心设计课教学希望回答的问题，也是我们倡导产学研一体的研究生设计课教学的初衷。

参考文献

[1] 中华人民共和国住房和城乡建设部. 城市设计管理办法 [EB/OL].

http: //www. mohurd. gov. cn/fgjs/jsbgz/201704/t20170410_231427. html.

[2] Le Corbusier. Le Modulor and Modulor 2 [English Version] [M]. Basel: Birkhäuser Architecture, 2000.

((法) 勒·柯布西耶. 模度 [M]. 张春彦, 邵雪梅, 译. 北京: 中国建筑工业出版社, 2011.)

[3] (德) 雷德侯 (Lothar Ledderose). 万物: 中国艺术中的模件化和规模化生产 [M]. 张总, 等译. 北京: 生活·读书·新知三联书店, 2012

[4] Ernst Haeckel. Art Forms in Nature: The Prints of Ernst Haeckel [M]. London: Prestel, 2008.

[5] 崔彤, 兰俊. 空间单元 源自传统和自然模件单元的启示 [J]. 建筑创作, 2015 (4): 197-217.

[6] 兰俊, 崔彤, 杨光. 基于模件化的建筑设计教学探索 [C]//全国高等学校建筑学学科专业指导委员会. 2017全国建筑教育学术研讨会论文集. 北京: 中国建筑工业出版社, 2017.

李国鹏　张险峰　祝培生　郭飞
大连理工大学；liguopeng@dlut. edu. cn
Li Guopeng　Zhang Xianfeng　Zhu Peisheng　Guo Fei
Dalian University of Technology

绿色建筑行业发展下的设计策略综合应用教学研析*

The Integration of Sustainable Strategies in Architectural Education under the Development of Green Building Industry

摘　要：将绿色建筑设计纳入传统建筑设计教学体系中将有效地培养和提升建筑学专业学生在绿色建筑方向的综合设计能力，促进绿色建筑行业快速、有序发展。本文介绍了在绿色建筑行业发展要求下，绿色建筑专题设计课程的题目设置与教学目的，教学体系与特点方法以及总结了教学中遇到的问题及经验，提出了在建筑设计教学中绿色建筑设计策略综合应用的发展建议。

关键词：绿色建筑；建筑设计；设计课程；专题设计

Abstract: Integrating sustainable architectural strategies into traditional architecture design educational system effectively cultivates and enhances the comprehensive design ability of architectural students in the design of sustainability, and promotes the rapid and orderly development of the green building industry. This paper reviews the Thematic Design Studio on Green Architecture at Dalian University of Technology, targeting its design theme, course objectives, teaching system and featured methods. Also this paper summarizes the issues and experience learned in this studio course, and puts forward a development proposal for the integration of sustainable strategies in architectural design.

Keywords: Sustainable strategies; Architectural design; Studio course; Thematic Design

1　绿色建筑设计专题

建筑学专业本科教学的核心内容是建筑设计教学，在于培养和提升学生的建筑设计能力。同时，在本专业的教学中，还有多类相关课对建筑设计核心课给予支撑。其中绿色建筑在促进节能减排和改善人居环境方面的重要意义使得将绿色建筑纳入传统建筑学教学体系中，可以有效地培养和提升建筑学专业学生在绿色建筑方向的综合设计能力，促进绿色建筑行业快速、有序地发展，成为建筑学专业教育研究与实践的一个重要方向。

但目前绿色建筑和建筑设计的互动性和锚固性并不强。以建筑设计为主线的教学模式强调建筑设计的核心建设，对围绕核心设计展开的相关绿色建筑课程的重视与建设不足，绿色建筑相关课程对核心设计课的支撑力度不够。绿色建筑相关训练多为专项理论学习和动手为主的实验课程，缺少设计环节的结合，学习到的知识不

*基金资助：国家自然科学基金（51818093）；中央高校基本科研业务费（DUT17RC（4）21）。

能够有效地转化为设计能力。虽然部分学生在课程设计中或在参加绿色建筑相关竞赛中对建筑设计进行一定的绿色建筑设计元素应用，但教学体系仍缺少绿色建筑设计策略综合应用的方法以及相应评价准则。

对应现存问题，作为大连理工大学建筑系“1 + N：以建筑设计为主线，加强多领域支线协同关联”教学体系中“生态与可持续建筑”课程支线的特色课程和重要环节，我们提出在五年级秋季学期设立 4 周/72 学时的绿色建筑专题设计课程。经过四年的建筑学专业学习和半年的设计院实习训练，五年级学生对建筑有一定的理解能力，有建筑设计基础，同时也对绿色建筑基础知识有体系化的培训认知。在五年级的建筑设计教学中对学生进行绿色建筑设计专题训练，将为毕业设计以及进一步学习相关专业知识和从事建筑设计工作打下坚实的理论与实践基础。

2　题目设置与教学目的

绿色建筑专题设计课程主题为大连理工大学大学生活动中心绿色改造设计。设计题目融合绿色建筑策略与建筑改造设计，选取大连理工大学拟建的大学生活动中心设计方案作为改造设计载体，对学生进行绿色建筑设计的专题训练。

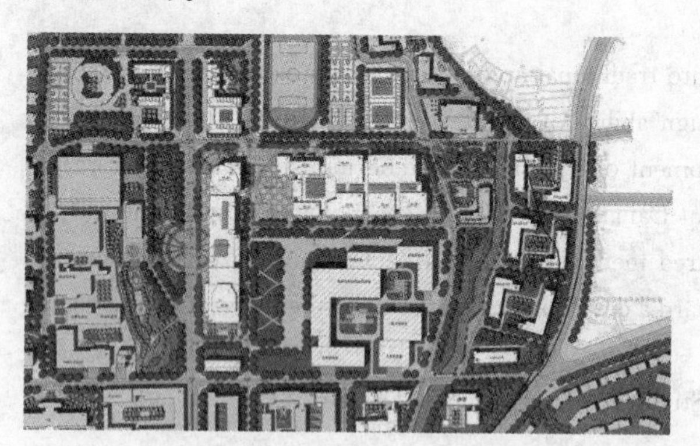

图 1　大学生活动中心设计方案选址区位

学生比较熟悉这类综合性文化建筑，且此课程选题在建筑类型、建筑规模、建筑功能以及周边环境上都比较适合技术专题设计。以改造为设计手段有设计周期短、对应知识点全面、应用性强、针对性强，体现了专题设计的性质和特点。改造以绿色建筑理念为基础，在已有方案的基础上，对其平面、立面、剖面、节点进行优化改进和深入设计，完成相应的技术分析图、模拟图、技术说明、技术计算书等。

本专题设计的主要任务是使学生掌握建筑生态与节能设计、建筑采光设计、建筑声学设计等专业相关知识与技能；使学生熟悉绿色建筑、节能设计、建筑声学的评价原理、设计方法及相关规范；使学生掌握相应的设计应用软件，能够综合运用绿色建筑评估软件对设计进行优化和定量评估。课程目的还包括拓展学生思路、丰富设计手段、帮助其建立科学理性的绿色建筑设计思维体系与工作方法。

3　教学体系与特点方法

为体现绿色建筑设计特点并达到专题训练目的，课程体系共设 4 周/72 课时，分 6 个阶段：

3.1　任务书解析及专题讲解

该阶段通过任务书解析与专题讲解，使学生对绿色建筑有系统性的认识。任务书解析包括开题分析、设计任务布置、改造设计要求讲解、基地分析、以及原有方案分析。在专题讲解环节，教师针对绿色建筑概念、发展与规范，绿色建筑设计策略，和绿色建筑案例分析三个方面进行专题授课使学生对绿色建筑有初步认识，逐步了解绿色建筑的技术体系、熟悉软件工具的操作、设计评价方法及流程。

3.2　策略性要点及技术模块

这一阶段课程系统性地讲授绿色建筑设计策略性要点。绿色建筑设计策略性要点的提出主要参考了绿色建筑技术要点[1]；绿色建筑评价标准建筑设计相关项[2]；以及国外常用绿色建筑设计策略[3-4]。该阶段课程还根据策略性设计要点及本课程设计主题推出 6 个技术模块作为设计内容，其中技术模块 1-4 为课程必选模块，技术模块 5、6 可以根据能力和时间安排自愿选择。6 个技术模块内容分别为：

技术模块 1：绿色建筑总体策略分析（气候，基地，与微环境分析）；

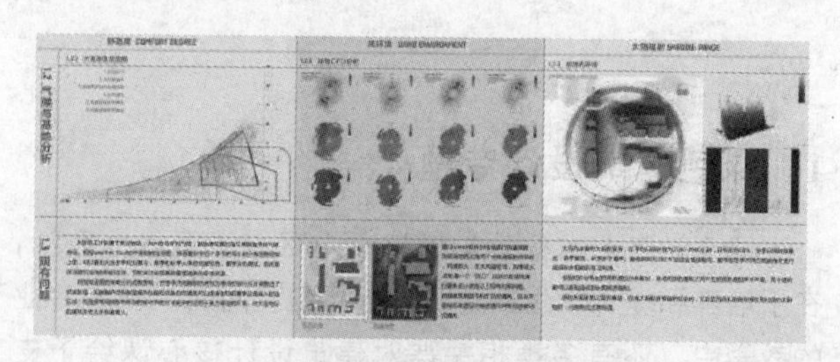

图 2　大学生活动中心基地分析

（刘章悦、刘乃菲、徐佳臻，2016 作业）

技术模块 2：被动式太阳能利用（朝向，建筑形态，夏天自然通风与遮阳，冬天太阳能获取和蓄热材料应用）；

技术模块 3：天然采光与绿色照明；

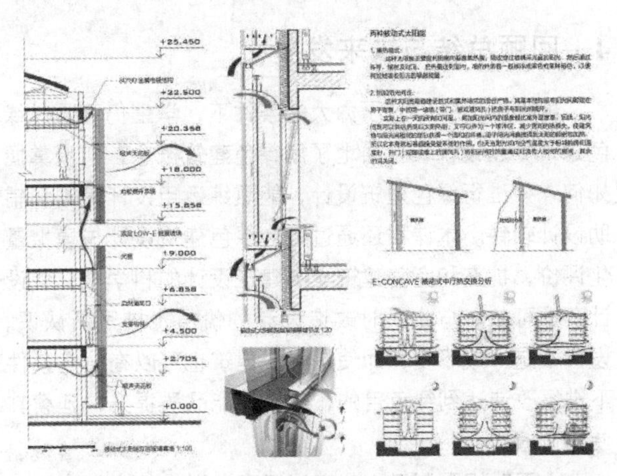

图 3　被动式太阳能双层玻璃幕墙与被动式太阳能设计策略（姜天泽、曹忻怡、付玮，2016 作业）

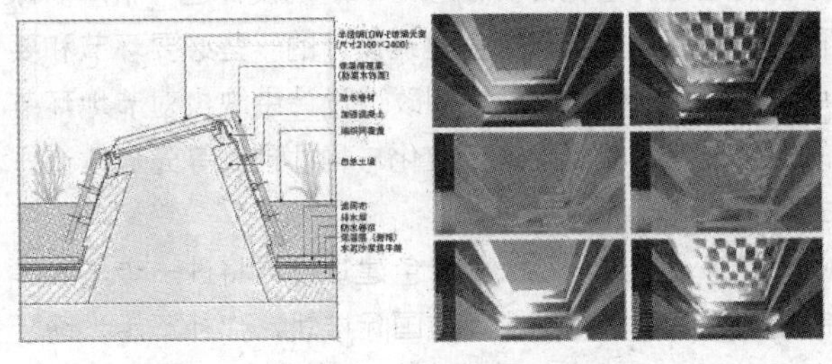

图 4　天窗节点设计及采光优化对比（刘章悦、刘乃菲、徐佳臻，2016 作业）

技术模块 4：厅堂音质设计（分析场地的噪声源以及对建筑布局影响，提出应对措施；找出现有图纸平面、剖面中对声学不利的内容，对厅堂的平面体型、剖面体型给出具体的声学优化改进措施；按声学需求，结合混响时间的计算推敲室内装饰设计，给出具体的装饰节点构造）；

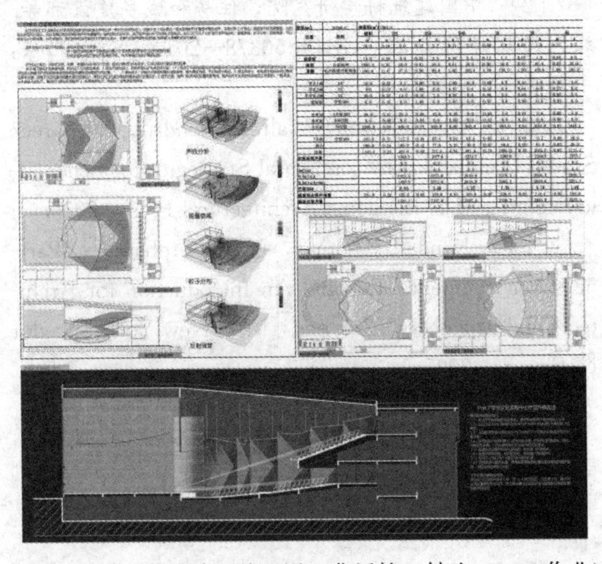

图 5　厅堂音质设计（姜天泽、曹忻怡、付玮，2016 作业）

技术模块 5：围护结构节能构造，包括传统墙体保温隔热构造，门窗应用，双层幕墙、屋顶绿化、其他等；

技术模块 6：其他绿色建筑策略应用，包括但不限于雨水收集，主动式太阳能策略，绿色建造方式，绿色建材的选用等。

3.3　针对性分析及策略选取

该阶段通过基地踏勘分析、气候分析，结合场地的实际情况，再综合考虑建筑功能等情况，对大学生活动中心建筑设计方案进行绿色建筑总体策略分析。分析需要根据建筑区域，功能，周边环境等找出设计缺陷以及不符合绿色建筑设计评价标准的设计问题，选取技术模块中适当的策略进行初步设计。做到指明需要改造的部分，现存的缺陷，改造所应用的设计策略，以及预期改造效果。

3.4　自主性学习及设计反馈

这一阶段采取学生课下自主性学习、设计，课上与教师交流、反馈设计任务。自主性学习包括对 Phoenicse，Optivent，Ecotect/ Weather Tool/ Radiance/ Winair 等模拟软件的学习，绿色建筑设计策略的回顾与理解，方案构思的初步设计及根据绿色建筑评价标准对方案设计进行计算机模拟评估。课上与教师交流反馈设计理念及为实现绿色改造采用的技术手段可行性。教师根据改造设计模块和选取策略特点，提供参考意见及多种可能途径供学生参考。

3.5　阶段性评估及深入设计

通过初步设计与设计反馈两个阶段的工作，设计逐步推进，在这个过程中，进行阶段性设计汇报、评估(表 1)。

阶段性绿色建筑专题设计评分标准　表 1

<table>
<tr><td rowspan="4">绿色建筑专题设计评分标准</td><td colspan="3">建筑设计与图面表达(30)</td><td colspan="4">总体策略分析(20)</td><td rowspan="2">自选模块10</td></tr>
<tr><td>建筑与场地设计形态(10)</td><td>图纸整体表达(10)</td><td>规范图面(10)</td><td>气候与基地分析(5)</td><td>现有建筑问题(5)</td><td>应用策略分析(5)</td><td>设计说明(5)</td></tr>
<tr><td colspan="3">厅堂音质设计(20)</td><td colspan="2">被动式太阳能利用(15)</td><td colspan="3">天然采光与绿色照明(15)</td></tr>
<tr><td>设计定位和客观参量设计目标(6)</td><td>空间优化:平面、剖面(8)</td><td>室内装饰声学优化:混响时间(6)</td><td>方法策略(7)</td><td>设计对比(8)</td><td>方法策略(7)</td><td colspan="2">设计对比(8)</td></tr>
</table>

在确定最终绿色建筑设计策略后，学生将对建筑空间、构件构造及技术细节进一步深化，对不同的季节时间点和多种功能使用情况进行分析，阶段性评估和主客观评判标准（教师主观评价与软件客观数值模拟）为上述分析提供有效的支撑，逐步形成最终方案。

3.6 成果表达及最终汇报

在最终设计成果展示阶段，本专题设计要求在设计中不仅要体现最终的设计方案，还应该通过图表说明方案逐步分析深化的过程，同时还要求对在设计中使用的设计策略和技术手段进行专题说明。

对图纸深度的要求包括 1∶50 剖面、1∶20 构造节点、若干 1∶200 剖面分析和模拟分析，以及必要的透视图、三维表现图、优化后的各层平面、立面等。绿色建筑策略的综合表达将以 1∶50 的细部构造为中心，完成绿色建筑的技术设计最终方案。该剖面应当充分体现设计者的创新思维和绿色建筑理念，内容包括但不限于地面、墙体节能构造、双层表皮、外窗、遮阳构件、天然采光、通风设计、双层幕墙、屋顶绿化等。

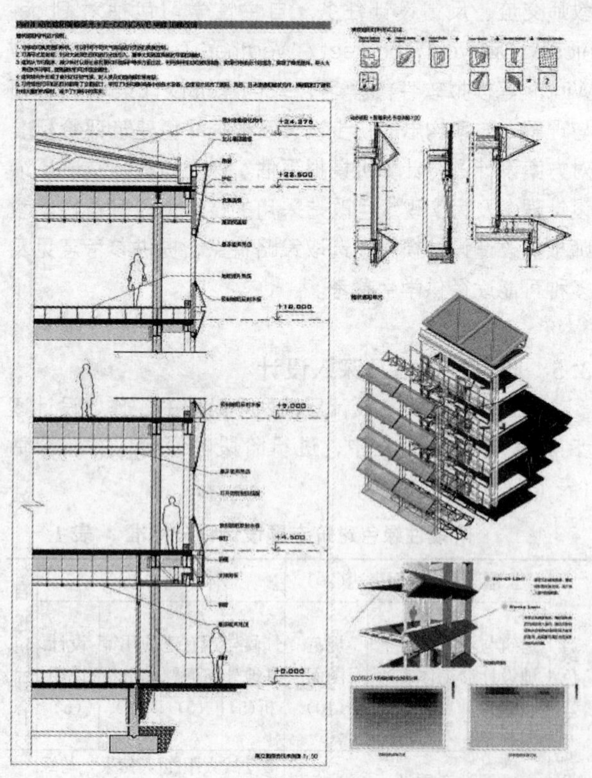

图 6 南立面综合技术剖面
（姜天泽、曹忻怡、付玮，2016 作业）

4 回顾总结与未来发展

即使在时间紧、压力大的条件下，学生仍可通过绿色建筑专题设计较全面地了解绿色建筑概念，初步掌握如何入手进行绿色建筑设计，能熟练运用设计策略和辅助设计软件。本课程还通过融合绿色建筑设计与模拟量化评价，扩充和完善建筑学中建筑设计的科学性，使设计有据可依。与此同时改造设计的价值也被逐渐认识。设计不是一成不变，即使是建成建筑也可以在一定条件下进行改造达到绿色目的，使其功能品质提升，延续其使用价值。

由于时间限制及一些客观因素，学生普遍依赖软件进行设计，缺少对应建筑模型设计环节，即学生往往过分重视理论和量化分析，忘记了建筑设计这一根本。课程的设置还缺少推行绿色建筑设计的一些必要环节和要点，设计形式较为单一，如改造设计中缺少对节地环节的充分思考，缺少建筑工业化与构件预制等先进建造方式的引入等。

未来，大连理工大学绿色建筑设计将进一步与五年制建筑设计教学相结合，与国际接轨，弥补不足，逐步发展为多元、复合、可持续的系列课程，并涵盖建筑设计与能源、可持续既有建筑再生、新技术新材料等环节。

参考文献

［1］ 吴硕贤．绿色建筑技术要点及推行绿色建筑的建议措施［J］．建筑学报，2011（9）：1-3.

［2］ 中国建筑科学研究院，住房和城乡建设部等．绿色建筑评价标准：GB/T 50378—2014［S］．北京：中国建筑工业出版社，2014.

［3］ Alison Kwok，Walter Grondzik. The Green Studio Handbook Environmental Strategies for Schematic Design［M］. London：Architectural Press，2006.

［4］ Randall Thomas，Max Fordham & Partners. Environmental Design：An Introduction for Architects and Engineers，2rd. ed［M］. New York：Taylor & Francis，2005.

缪军
华南理工大学建筑学院；103048840@qq. com
Miao Jun
School of Architecture，South China University of Technology

“互联网＋”背景下的互动式毕业设计教学初探*

Interactive Graduation Project Teaching under the Background of “Internet ＋”

摘　要：在互联网时代，学生获取知识渠道呈现多元化趋势。学会做“研究型设计”是毕业设计教学的重要任务，文章从“互联网＋”视角审视互动式毕业设计教学的特点和内容。进而，文章试图通过引入“微单元”模式作为互动式教学操作路径，完善现有的教学体系。

关键词：互联网＋；互动式教学；微单元

Abstract：In the Internet era，students' access to knowledge is diversified. Learning to do research design is an important task in graduation design teaching. The article examines the characteristics and contents of interactive graduation design from the perspective of “Internet ＋”. Furthermore，the article attempts to improve the existing teaching system by introducing the “micro-unit” mode as an interactive teaching operation path.

Keywords：Internet ＋；Interactive teaching；Micro-units

前言

建筑学毕业设计作为本科生五年建筑学教育最后的也是最重要的综合性设计训练，学会做“研究型设计”是建筑学教育中非常重视的教学任务。近年来尝试的互动式毕业设计是教学模式的探索。通过“互联网＋微单元”的引入来充实互动式毕业设计，弥补“师徒制”教学方式的弊端。互联网时代获得知识的渠道和方式不再局限于课堂及书本，数字技术的革新改变了知识的空间结构和获取方式，移动学习设备让学生可以在任何时间和地点接入互联网，从而使学习呈现出“移动化”、“即时化”、“开放化”的新特点。其教学的协作互动至少在三个层面上展开：第一，本校学生在课堂中与教师的协作互动；第二，校际联合教学过程中与专家的协作互动；第三，调研企业时与社会的协作互动。通过配合精心设计的教学环节，为学生提供多样化的教学手段，展现毕业设计丰富的教学内容，从而达到更好的教学效果。

1　“互联网＋”背景下的互动式毕业设计教学模式的理论依据

协作互动式毕业设计强调知识获取的立体化，学生在课堂之外的学习对于其设计研究能力起着很重要的作用。在互联网出现以前，受限于资源和技术，建筑教育者往往难以介入学生的课堂外学习，从而导致这一部分的学习活动处于一种欠缺指导的现象。莫克和斯皮尔对建立终身学习模型方面的论述给予我们启发，其论文从对学习的目标和方式控制层面上，将学习分为四种类型。其中，正式学习（formal learning）是指学习的目标和方式均由机构控制；非正式学习（informal learning）是指学习的目标由机构控制，方式由学习者控制；不正式学习（nonformal learning）是指学习的目标由

* 华南理工大学本科教研教改重点项目（Y9160440）。

学习者控制，方式由机构控制；自主学习（self-directed learning）是指学习的目标和方式均由学习者控制[1]。这一模型的建立的意义在于让我们意识到，在正式学习外，我们需要关注学生的课外学习，通过新的技术和渠道将其纳入到既有教学框架中来，对这一部分的教学加以引导，从而培养学生自主学习意识，形成终身学习的能力。

针对互联网时代出现的多样化学习方式，加拿大学者乔治·西蒙斯（George Siemens）于 2005 年提出了关联主义理论。关联主义理论认为学习是一个发生在不断变化的核心元素所构成的复杂环境中的过程，其关注点应在于联结各种专业的信息节（nodes），而形成这种不断让我们获得更多知识的联结（connections）要比我们当前所知道的更重要（图 1）。协作式互动学习过程不是为了习得封闭的、静态的知识，而是帮助学生缔结一个开放的、动态的知识网络结构，从而应对知识的快速更迭[2]。同时，知识节点之间联系的强弱，决定了信息在其中"流动"的效率，多样化的学习方式（如正式学习、非正式学习、不正式学习、自主学习等）都有助于强化知识节点连接强度。因此，帮助学生建立一个丰富的、多元化的知识结构便成为教育者应努力达成的目标。换句话说，"如何知道"要比"知道的内容"更重要。

关联主义正视并肯定了课堂内外互动式协作学习在培养学生能力方面的重要作用。我们希望从这一视角出发，厘清毕业设计教学过程中课内、课外教与学的角色和关系，从而为课程设置提供一定的指导作用。

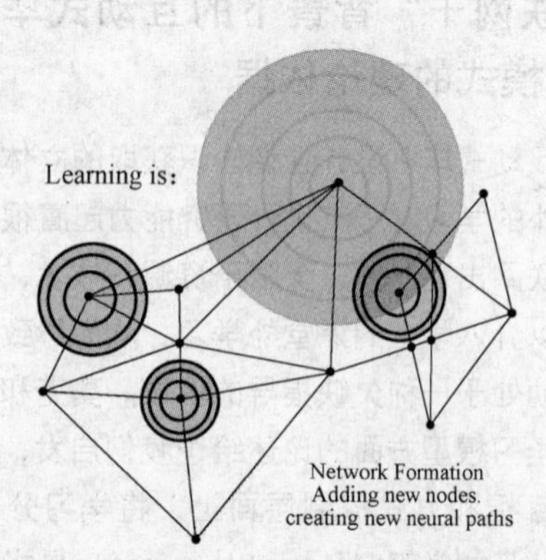

图 1　学习是缔结知识网络的过程

2 "互联网＋微单元"的互动式毕业设计教学模式

学会做"研究型设计"是互动式毕业设计教学的目标，在学生获得实践体验的同时，鼓励学生从实践中抽象出未来将研究的理论。"微单元"将实践中的问题升华到理论高度，通过文献研究及建筑设计解决该问题，并最终应用到自己的设计中去。通过这一"实践—理论—实践"的教学步骤，让学生充分体验到做"研究型设计"的过程，提高学生自主学习的能力，为将来的实践打下坚实的设计思维基础。

基于上述对知识来源及学习建构过程的理解，课程结构之核心是缔结知识框架并能有效的连接各种分布式知识点，教学从对单纯的空间、形式的解读转移到强调与相关学科、实践问题的融合，注重对建立学生知识结构的培养。在教学的过程中，不再对每一个设计题目进行全面的综合训练，而是对教学进行统筹规划，在每一个题目下针对某一相关学科的内容设置专题，通过了"专题化辅助"模式，引导学生在该方面深入设计，从而达到加强建筑设计与相关学科及实践问题联系的目的。对"以问题为导向"的研究型设计的重视，即鼓励学生从实践中发现问题、归纳问题、解决问题的能力。例如，针对"养老建筑设计"毕业题目设置 相关"微课题"，其优点在于改善了传统教学模式过早强调综合训练而无法深入的状况，强化了建筑设计与实践问题的联系（表 1），并对学生课外调研分析进行了一定程度的引导，丰富了学生获得知识的途径，是"设计课"模式的深化和改良。

"微单元"辅助模式丰富了课程与实践问题的联系案例

表 1

曾胜	帮助失智老人缓解记忆衰退的公共空间设计(2015)	谭迪文.	养老建筑不同区域的家具设计研究(2017)
陈嘉达	养老建筑室内公共空间色彩设计研究(2015)	杨月轮.	失智老人回游空间设计研究(2017)
崔洪亮	养老机构空间复合研究(2015)	龙东海.	养老设施中廊空间研究(2017)
董方正	养老机构卫浴空间设计(2016)	邓鸿涛.	老年建筑无障碍设计(2018)
廖样	养老设施中护理站的位置选择及功能配置(2016)	黄健.	养老建筑绿色空间设计研究(2018)
徐旻玮	养老院家具适应性设计研究(2016)		

教学目标分三个层次：

第一个层次是寻找问题、培养意识：运用"认知浏览"的方法。通过"认知浏览"引导学生进行场景式体验，其目的是以较快的方法提升学习者对实践问题的敏锐性，通过对所浏览的内容感悟，初步形成方向引导。该层次教学强调体验性和激励性，"互联网＋"平台帮助学生间接实现"现场感"的共享体验。引导调动学生主观能动性，协助学生将个人体验提升为专业认知，这一综合过程就是利用场景式“微单元”的模块设计，师生共同选择研究制作“短片”，过程本身就是教学成果，彻底改变学生以往被动听从教师意见的方式。

第二个层次是建立逻辑：运用理论解析设计的逻辑密码，实现对设计目标的理性认知。“为什么这样做”是思索和研究的对象，建筑本身细节可以被忽略，相关其他领域的知识反而显得异常重要，关注开放式的知识节点与其他学科相关联。要旨是学会分析研究，透过现象找出问题的本质。这是训练学习者洞察力的过程，设计能力的本身在分析研究中形成。

第三个层次是评价与意义重构：评价的准确度将影响设计路径以及最终建筑价值与意义。作为一种关注事物内在关系的关联主义的学习方式，时刻保持对知识点的动态链接，提升对事物观察的灵敏度，帮助学生在设计过程中学会自我批判与判断，并对设计意义进行把握。

“互联网＋微单元”的协作式毕业设计教学的设置在紧扣教学大纲的基础上，与“设计课”教学、专题化讲座一起共同组成三个层次的知识传授体系。并建立多层次的教学平台及相应的“协作互动式”交流机制，其内容主要包括以下几部分：

(1) 建立与开发方、运营方、设计方多方协作的纵向教学平台

利用校际专家合作的丰富资源，例如针对“养老建筑”毕设选题，建立与养老建筑相关的开发方、运营方、以及设计方等多方的合作机制。让毕业设计团队的学生可以接触到最前沿的设计实践，并与相关的人员进行充分的交流，获得题目相关项目的第一手体验。这一层次的教学平台的交流机制为：开发方及运营方为教学组提供第一手实践经验——教学组从实践中提取研究“微课题”——教学组将微课题研究成果反馈给开发方及运营方。

(2) 与校际建筑学院联合教学建立横向教学平台

联合省内主要的兄弟院校，实现资源共享，共同提高。这一层次的教学平台的交流机制主要体现在设计主要阶段的集中调研、讲座，集中评图，以及设计后期的集中模拟答辩。通过这一横向教学平台实现校际间的教学及学术交流。

(3) 围绕“微课题”的组内交流平台

通过将具体问题抽象化的方式，将设计的具体问题以“微课题”的形式体现出来，从而得以将其在教学组内充分讨论，加强其他组员的参与感，共同探索其解决方案。在达到交流目的的同时，学生也加强了对理论的理解以及解决问题的能力。

3 “互联网＋微单元”(Micro-units) 模式课程设置

“微单元”模式的提出，希望从“学”的这一角度将学生的课堂内外学习统一纳入现有的教学框架，作为强化学生知识结构手段的一种尝试。在互联网背景下，利用多媒体及网络平台这一易于接受的形式进一步丰富学生获得知识的途径，其课程设置的原则主要包括以下三部分内容：

(1) 微课题。注重微观的、具体的知识点，强调某一概念或原则的应用，以达到深化学生对特定知识点的理解的目标。通过制作多媒体短片，以适应学生“碎片化”学习的特点。以“养老建筑”毕业设计设置为例，拟定“微单元”选题的内容针对“卫浴设施及行为空间”、“色彩空间及视觉反应”的认识，采取以学生身边熟悉的家人行为作为调研案例，讲解知识，采用文字、图解、图片及视频相结合的多媒体形式，力求用生动轻松的方式让学生理解这一重要的知识点。

(2) 微传播。有别于授课式“一次性”的传播方式；“微单元”教学对于知识的传播则充分利用网络教学及社交媒体等学生易于接受的平台，并适应当前的各种移动设备，学生可以通过社交媒体广泛传播，反复观看，从而与课堂教学互补。同时，应建立学生对“微单元”课程内容的讨论平台和反馈机制，以达到教学双向互动的目标，进而在这个过程中创造一个开放的教学体系。

(3) 微改造。采用“微单元”进行的教学尝试则是从“学”的多样性角度出发，发挥互联网和多媒体优势对现有教学框架进行的“微改造”，即利用“微单元”的课程增加现有教学体系的多样性，从而达到进一步强化学生的知识网络的目的。

“微单元”这一教学模式引入的意义是在毕业设计课程中的“教”与学生自主学习的“学”之间增加一个新的协作互动的层次，模糊“教”与“学”之间的界限，丰富了现有的教学方法，进一步打通建筑设计与相关专业及社会实践的隔阂。从关联主义的理论角度来看，我们认为“微单元”的教学模式有助于在以下三方面促进我们的建筑教学：第一，从传授静态的知识，到建立动态的、开放的知识结构体系，从重“知识点”到重“知识结构”，从而培养学生“终生学习”的能力；第二，从传统的“教师教，学生学”的单向模式到以教师为主导，培养学生自主学习能力的双向模式，增加知识网络中知识流动的途径，创造丰富、立体的学习环

境；第三，实现有组织学习与自组织学习之间的互补，从培养知识结构单一、重设计技巧的学生到鼓励学生通过自组织的学习过程形成个性化的知识结构。从建筑教育的实践角度来看，“微单元”教学模式的引入更是明确了课堂教学（设计综合）、专题授课（宏观引导）、课堂外学习（具体知识点讲解）三个层次的教学定位，为研究型毕业设计教学提供一个途径（图2）。

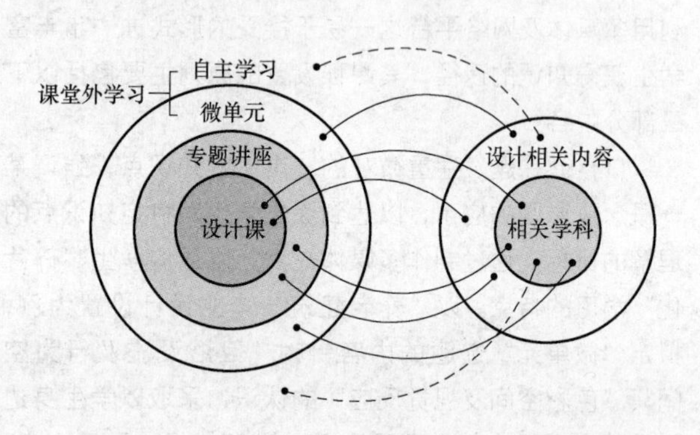

图2 微单元模式辅助现有教学，进一步强化知识联系

4 结语

尽管“互联网+微单元”的协作式毕业设计教学还存在一定的不足，然而针对互联网时代学习的特点，微单元解析与联结的协作式教学有效克服学时与知识容量大的矛盾，“互联网+”平台的运用引发传统教学方式的更新，实现了模拟场景交互的学习模式，完成多元的知识节点的联接。对于我们改进毕业设计仍然具有独特的意义。本文所提出的“互联网+微单元”课程教学概念是在此视角下强化学生的“知识结构”的研究型毕设模式的一种尝试。

图片及表格来源

图1：Siemens，G.（2006）. Knowing knowledge [EB/OL]. http：//www. elearnspace. org/Knowing-Knowledge _ LowRes.

图2：作者自绘.

表1：作者自绘.

参考文献

[1] Mocker，Donald W.；Spear，George E.（1982）. Lifelong Learning：Formal，Nonformal，Informal，and Self-directed [EB/OL].

http：//files. eric. ed. gov/fulltext/ED220723. pdf.

[2] Siemens，G.（2005）. Connectivism：A learning theory for the digital age [EB/OL]. http：//www. elearnspace. org/Articles/connectivism. html/.

[3] 孙一民，肖毅强，王国光. 关于“建筑设计教学体系”构建的思考 [J]. 城市建筑，2011，3：32-34.

[4] 张秀梅. 关联主义理论述评 [J]. 开放教育研究，2012，18（3）：44-49.

盛强
北京交通大学建筑与艺术学院；qsheng@bjtu. edu. cn
Sheng Qiang
Beijing JiaoTong University，School of Architecture And Design

数据游骑兵
——基于网络开放数据分析的城市设计教学
Data Ranger：Urban Design Studio Based on Web-open Data

摘　要：本文介绍了北京交通大学建筑与艺术学院在2018年本科生四年级开展的数据化城市设计课程教学实践。该课程以空间句法数据空间分析技术教学为基础，探索了利用网络开放数据进行数据化城市设计的方法。

关键词：网络开放数据；数据化城市设计；空间句法；研究型设计教学

Abstract：This paper presents an innovative Data-informed Urban Design for 4th year undergraduate in 2018 in Beijing JiaoTong University. Using space syntax as main tool，this studio started with an experimental research on analyzing the web-open data，then conducted an data-informed urban design studio.

Keywords：Web-open data；Data-informed design；Space syntax；Research based design education

1　网络开放数据在数据化城市设计中应用的优势

随着我国城市发展进入品质提升阶段及大数据相关领域的飞速发展，对建筑行业对开发使用理性量化的设计工具及以数为据的设计方法需求日益增强。笔者自2014年开始将空间句法技术与数据收集、分析的内容整合入高年级设计课程[1]，并在2015年开始系统实践“数据化设计”这一教研结合的设计课教改。充分利用教学中收集的数据推进相关的基础实证研究，使得研究成果得以反哺教学。

近年来的教改实践中发现，在本科生高年级数据化设计课中逐步强化以网络开放数据为基础的设计教学方法有如下优点：（1）数据免费开放且容易获得，具有较高的普适性；（2）符合当代学生的工作习惯，对教会学生什么是调研，如何调研有直接的意义；（3）如点评等一些新类型的网络开放数据能够弥补传统调研方式的不足。迅速远程获取与使用者行为相关的数据。

结合网络开放数据的上述特点，北京交通大学建筑与艺术学院建筑学本科四年级在今年的数据化城市设计课程中沿用北京清河上地地区周边作为设计基地，结合本地区即将建设的新高铁线路与轻轨换乘站带来的发展机遇，要求学生主要基于网络数据挖掘进行各级中心的分析，应用空间句法模型进行数据分析与建模，并基于数据模型进行城市设计路网方案的对比、优化与深入设计。

2　“数据游骑兵”简介

自2015年起，标准的数据化城市设计课程往往包括“数据挖掘-数据分析-数据设计”的三段式结构闭环。建立这个体系的核心技术是空间句法比较成熟的截面流量数据调研与分析方法。基于对基地周边地区各类交通流量的实地调研，应用空间句法模型量化分析城市街道空间结构与各类交通流量之间的量化关系。该进而应用这些回归方程直观的评价各城市设计方案对交通的影响。

现有方法的主要问题包括以下两点：（1）截面流量数据依赖大量的实地调研。国内外目前没有其他高效可行的数据获取方法。(2) 对交通量的分析仅是城市设计方案的部分内容，而现有方法对功能与空间结构形态之间的关系探讨较弱。

针对以上两点问题，作者近年来做了两个方面的探索：一是提出了“数据游骑兵”的理念及一系列实用战术[2]。该方法最初面向短期设计工作营，不需要实地调研而完全依赖街景地图、百度 POI 和点评数据，侧重分析支持城市各级中心的空间可达性条件。

二是近年来的实证研究积累，作者提出了一种均匀化静态数据（包括功能类数据和街景上识别的行人数据）的方法，使得对静态数据分析的精度可以达到与对流量分析相应的程度[3]。这意味着可以量化的分析功能（特别是商业服务业功能）的空间分布，进而在方案评测中应用功能-空间的联系。

3 网络开放数据调研

为了验证前述方法的有效性，并进一步探索街景地图代替实地调研流量的可行性，本次课程在研究阶段没有组织针对设计基地的截面流量调研，转而让各组（共计 6 个大组每组 7～9 人）在北京选取 3～4 个区域，完全依赖网络开放的街景地图、百度 POI 和大众点评进行步行、机动车和商业功能分布的调研。这些案例区域的选取需要体现不同的层级，满足从社区级中心到城市级别中心区的差异渐变。

图 1 展示了 B 组选择的四个地块，基于街景地图记录了各街道两侧建筑底层的功能及店铺数量。此外，为了验证街景地图数步行者的有效性，每个大组至少选择案例中心区中的一个案例进行实地调研，结果需与街景调研并进行均匀化处理后的步行量数据进行对比。

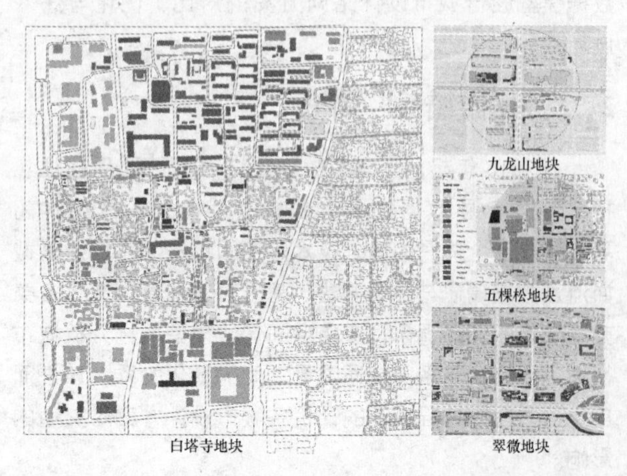

图 1　B 组调研的四个地块，其中白塔寺进行了实测了截面流量

以 B 组为例，在白塔寺地区以手机在一天中四个时间段拍摄 5 分钟视频记录了共计 97 条街道三类（步行、自行车、机动车）截面流量。其他三个地块则基于百度街景记录了各街道段行走中的人数（图 2）。

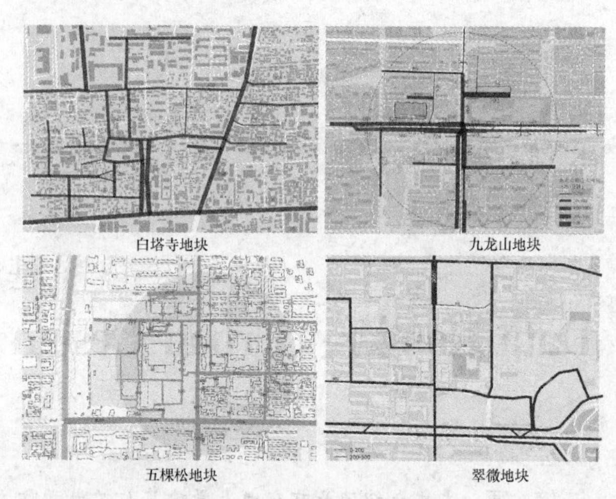

图 2　B 组各案例步行流量可视化（基于街景地图数步行行人数获取）

在应用标尺对街景步行数量进行均匀化处理后，对各地块流量进行了与各个半径空间句法参数的回归分析（图 3）。分析结果显示除翠微地块外，其他各地块的决定系数均能达到 0.4 以上，证明该方法本身对寻找适合的空间句法参数有一定的效果和稳定性。翠微地块决定系数较低的原因估计是该地区主要的商业形式为大型商业综合体，使得人流量主要以综合体为中心而非在街巷中根据拓扑形态自然分布。

作为本次教学实验的主要内容，各组均实验了各街道段商业数量在使用标尺均匀化后与空间句法各参数之间的关系，并普遍发现商业分布均能体现出较好的空间规律。图 4 显示了 B 组四个地块内商铺数量与各空间句法参数回归分析的结果，其中除九龙山地块的决定系数未达到 0.4，其他地块均接近或超过 0.6。

4 数据化城市设计

对截面流量类数据的分析在过去几年的课程中已经成为标准动作，且在国际上 UCL 等院校均有多年的教学经验。本次课程分发的课件中对该调研的组织过程，数据的处理和录入方式，空间句法软件 Depthmap 的操作步骤等均有详细描述。此外，相关的具体内容也已经在“数据化设计”公众号中的“空间句法超简版教程 01 和 02”发布。因此，在城市设计阶段应用时，大多数设计小组（2～3 人）均能贯彻对流量分析结果的应用，量化评价各设计方案对交通的分析效果（图 5）。

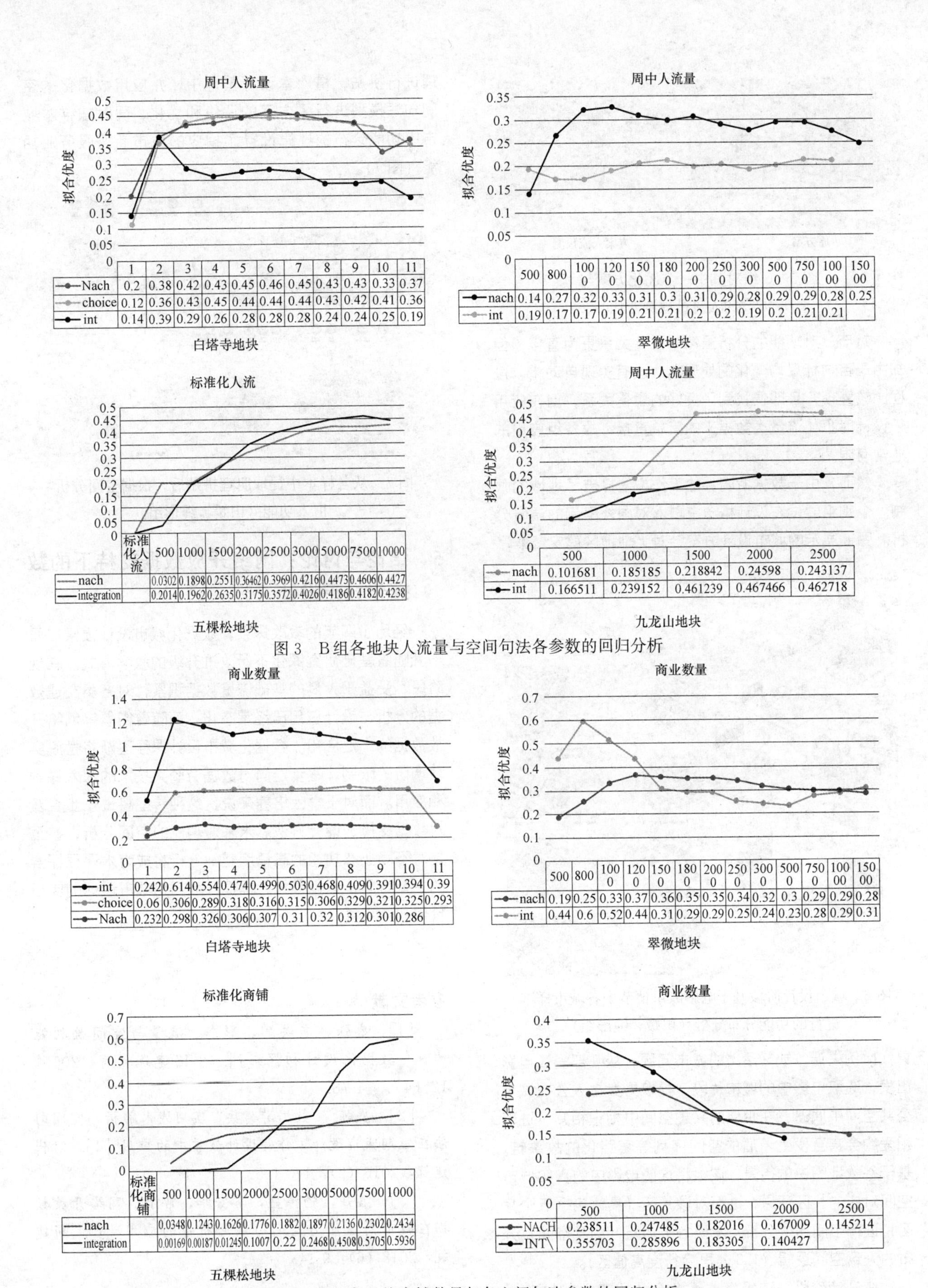

图 3　B 组各地块人流量与空间句法各参数的回归分析

图 4　B 组各地块商铺数量与各空间句法参数的回归分析

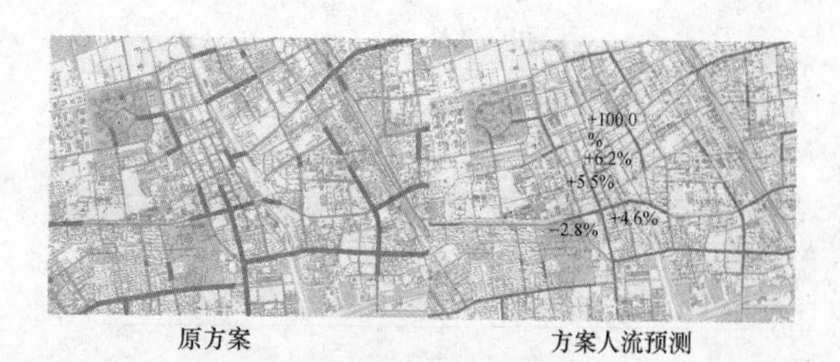

图 5　C 组对其中一个优化方案与原方案的人流量预测对比

然而，对功能的分析虽然与设计关系更为直接，但却由于目前标尺均匀化的处理方法没有实现自动化，过程比较繁琐，且即便找到了良好的量化关系，但在应用于设计时不如流量类数据来的简单直接，故各组应用的非常有限。

然而，由于数据游骑兵的工作方法打破了地域的限制。个别组尝试在设计概念中融入对国外案例的调研分析。图 6 展示的城市设计方案针对上地地区码农聚集，

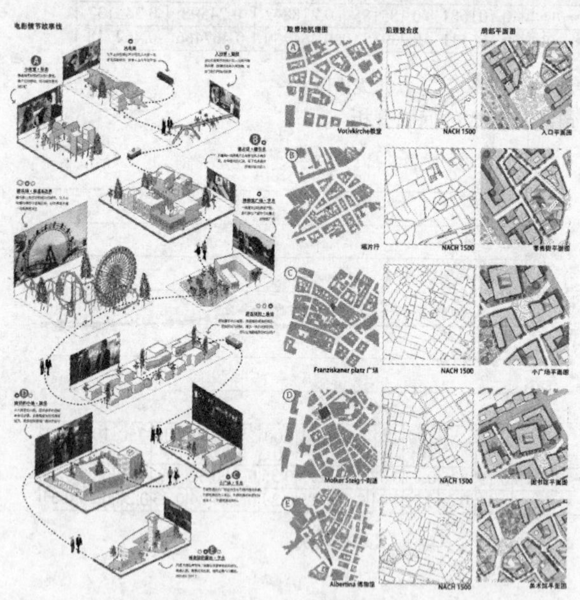

图 6　城市设计阶段基于电影故事情节中各城市样本进行的功能分布分析（田媛、绳彤组）

男女比例失调，缺乏活力的城市问题。从几部爱情电影出发，选取电影中的城市片段，提取男女主人公在城市公共空间中偶遇、在相似的兴趣空间中相识相知、进而相爱约会甚至发生矛盾的空间序列等套路化的故事链。基于谷歌地图中的街景，该组将这些电影中的真实城市空间对应的片区还原，进而对该片区（具体包括五个片区）进行空间句法分析，发现各类功能（约会空间）分布的大致空间逻辑（1.5 公里穿行度高值区）。

在设计阶段，该组将上述 5 个片段来源的城市肌理进行拼贴，植入本设计基地中，并应用数据化的空间句法模型进行了方案的评价和优化，同时按样本城市中功能分布的规律设置了相应的城市商业服务业功能（图 7）。

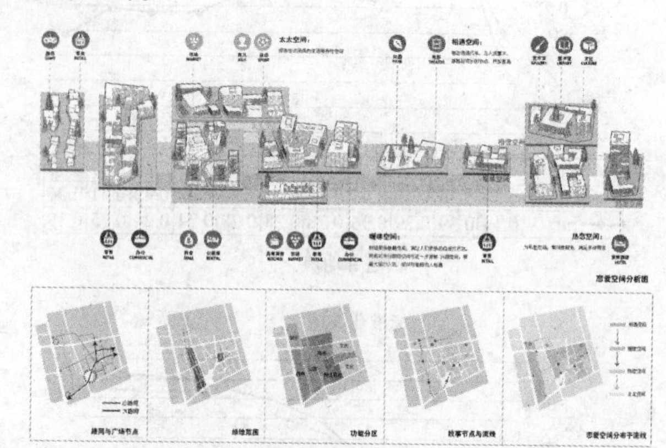

图 7　从各样本中提取肌理拼贴后，根据空间分析植入功能（田媛、绳彤组）

5　结论与讨论：网络开放数据支持下的数据化城市设计

经历了四年的教改探索，数据化城市设计摸索出了一套随着基础研究深化不断改进升级的教学方式。在现阶段，受益于大量的基础流量数据积累，对各类交通数据的分析与设计应用已经常态化，而随着街景等网络开放数据的广泛应用。数据化城市设计课程逐渐将摆脱实地调研的限制，逐步走向对数据游骑兵技术的深入探索和应用。而对于学生培养来说，这种转型将进一步普及对数据支撑的设计方法。未来对功能的空间分析，甚至是对不同业态功能的高精度空间分析将成为本课程探索的主要方向，这也必将大幅提升数据化城市设计的实用价值和适用性。

参考文献

[1]　盛强，卞洪滨，形态、流量与空间盈利能力——数据化设计初探 [J]. 中国建筑教育，2015，12（4）：74-78.

[2]　盛强．“数据游骑兵”实用战术解析　空间句法在短期城市设计工作营设计教学中的应用 [J]. 时代建筑，2016（2）：140-145.

[3]　盛强，杨振盛，路安华，常乐．网络开放数据在城市商业活力空间句法分析中的应用 [J]. 新建筑，2018（6）：9-14.

史立刚　董宇
哈尔滨工业大学建筑学院，黑龙江省寒地建筑科学重点实验室；slg0312@163. com
Shi Ligang　Dong Yu
School of Architecture，Harbin Institute of Technology；Heilongjiang Cold Region Architectural Science Key Laboratory

健康中国语境下的全民健身中心建筑设计教学探索*

Exploration on Teaching Of National Fitness Center Design In The Healthy China Context

摘　要： 作为哈尔滨工业大学建筑学院的传统特色课程之一，体育建筑设计是建筑学本科教学的收官之作。如何在健康中国背景需求下拓展发掘全民健身中心设计教学的实验价值寻求突破是我校体育建筑设计教学组的关注点。本文基于笔者多年的教学实践，结合全民健身、健康中国战略梳理全民健身中心建筑特点，尝试提出场地布局逻辑、空间形态模式、功能系统配置、结构选型适应等教学策略，探究全民健身中心设计教学的理论和规律，为同类教学提供参考。

关键词： 健康中国；全民健身中心设计教学；教学策略

Abstract： As is one of the traditional characteristics courses in School of Architecture in Harbin Institute of Technology，Sports architecture design is ending of architecture undergraduate teaching. In the current healthy china background，It is a focus of HIT architectural teachers how to explore the experimental value of national fitness center design teaching and seek a breakthrough. Based on the author's many years teaching practice，the characteristics of national fitness center are sort out combining national fitness and healthy China strategy，teaching strategies，such as site layout logic，space form mode，function programming，structure selection adaptation are put forward. This paper discusses and summarizes the teaching theory and rules of national fitness center design，and provides reference for similar teaching.

Keywords： Healthy china ；National fitness center design teaching；Teaching strategies

1　引言

作为哈尔滨工业大学建筑学院的传统特色课程之一，体育建筑设计是建筑学本科教学的收官之作。哈工大体育建筑设计课程的积淀肇始于 20 世纪 50、60 年代，一直秉承设计结合研究和跨学科合作交叉的传统，形成了相对稳定的学科优势。如何在新时代背景需求下拓展发掘体育建筑设计教学的实验价值寻求突破是我校体育建筑设计教学组的关注点。

2　健康中国、全民健身战略背景

2014 年《中共中央国务院关于加快体育产业促进体育消费的若干意见》把全民健身上升为国家战略，以增强体质、提高健康为根本。从 1995 年开始实施《全民健身计划纲要》，到 2016 年《“健康中国 2030”规划纲要》的颁布，全民健身事业实现了从体育系统部署上升为国家战略的历史性跨越，未来全民健身与全民健康

*本文受国家自然科学基金（51878200）和黑龙江省教育科学规划重点课题（基于寒地可持续性建造实践的国际化教学体系研究）资助。

走向深度融合，健身运动与健康生活方式走向有机融合，群众体育与竞技体育走向高度融合，全民健身、全民健康、全民小康是一个完整的逻辑链和政策链，全民健身运动、体育产业应该成为建构健康中国的强有力的支撑。

2.1 “主动健康”理念

主动健康是相对于被动健康而提出来的，即在人们没有患病或将达到亚健康状态前，把体育运动及健康教育前置，把其作为非医疗手段干预健康、促进健康。主动健康与家庭健康观念、国家社会对全民健身重视程度息息相关。“1美元健身步道的投入相对于2.94美元的医疗投入”[1]，表明把体育运动前置的重要性。世界卫生组织（WHO）调查显示，达到健康同样标准的预防投入与治疗费、抢救费比例为1：8.5：100，即预防多投入1元钱，治疗减支8.5元，节约抢救费100元。因此应大力宣传主动健康理念，提升全民健康素养，把体育运动前置，把健身作为非医疗干预健康的重要手段。体育运动前置首先要做到把全民健身放在国家经济社会发展整体活动中的前置地位；其次，要把运动干预放在医生的健康干预和非医疗排序中的前置地位，要把主动健康放在各级教育中的前置地位。

2.2 体医结合的“大健康观”

“将健康融入到所有政策”（Health in All Policies，HiAP）由1988年“阿德莱德宣言”首次雏形般地提出，2013年第八届国际健康促进大会主题亦为“将健康融入所有政策”，并且现已成为国际共识[2]。《“健康中国2030”规划纲要》提出，“推动形成体医结合的疾病管理与健康服务模式”。实践表明，实施健康促进，建设健康中国，实现全民健康，单纯地依靠体育系统或者卫生系统，都难以得取理想效果。体医结合正是在全民健身上升为国家战略、实施健康促进的背景下，融入于全民健身服务体系。作为一种服务模式，体医结合是全民健身服务体系的应有内容，即整合体育与医疗卫生两个系统的各种资源、运用跨学科的思维和方法。树立大健康、大体育、大卫生理念，建构和完善立体化的全民健身服务体系，保障和促进民众健康[3]。

根据《第六次全国体育场地普查数据公报》，2004—2014年我国人均体育场地面积增加了0.43m^2，达到1.46m^2；《国务院关于加快发展体育产业促进体育消费的若干意见》提出：到2025年人均体育场地面积要达到2m^2，每万人拥有体育场地数量从6.58个增至12.45个，而美国、日本的同期相应指标为16m^2、19m^2以及200多个，我国体育建筑发展面临着持续而巨大的市场需求缺口，同时随着大众对空间环境品质需求层次的迅速升级，量大面广的全民健身中心建设必将是体育建筑发展的蓝海。在全民健身国家战略指导下，教学组选择全民健身中心作为设计着力点，设计教学紧密结合工程实践，探寻经济新常态下大空间建筑设计教学的规律和新特质。

3 全民健身建筑设计的特点

3.1 功能配置从一元到多元，空间形体关系从主从到并置

传统体育建筑以竞赛观演为主，健身训练为辅，即使附属空间有其他项目训练用房，比赛厅由于疏散、视线等工艺要求生成的大空间体量也在体育馆整体形态中具有绝对支配地位，而全民健身中心以满足群众日常健身、体育训练、集会功能为主，以举行小型竞技赛事为辅，利用大跨度建造技术优势，可将主体运动空间与辅助空间有机组合，由单一大空间转化为复合大空间，形成竖向上进行叠置的多层、多功能体育馆，或者在主馆空间尺度较小时与其他常规跨度训练馆可组织形成空间序列，实现横向从单一空间到群体组团的组合过渡。

3.2 技术应用从程式单调到灵活适宜，空间体验从宏大叙事到丰富宜人

传统体育建筑空间跨度和高度较大，属于超尺度建筑，因此对结构、材料、环境、疏散、防火等要求的技术门槛较高，而全民健身中心由于空间尺度的减小从而弱化了技术壁垒，技术选择范围的拓展使得技术表达更为自由，形体多元素、尺度多层级、技术多组合共同丰富了全民健身建筑的性格和表情，也实现了更丰富灵活的空间审美体验。

4 全民健身中心建筑设计教学实践

4.1 教学设计

由于功能、工艺、技术逻辑较强，在本轮建筑学本科教学培养方案中全民健身中心设计被置于四年级春季学期，教学时长为12周，教学内容将建筑设计、技术设计和室内设计融为一体，打造为建筑学专业毕业前的技术综合深化设计，培养学生在大空间建筑设计中综合解决问题的能力，将结构、设备、经济、政策法规综合应用到设计中。教学团队包含建筑设计、建筑物理、室内设计的专业教师和建筑设计院的总建筑师。

设计题目选址于大别山腹地、鄂豫两省交界的河南省新县县城北郊的大别山干部学院东侧并通过隧道相连，距城区中心 5km，整个场区地势北高南低，位于小潢河北岸，东、西、内侧均有山体包围，且北部山体绵延至内部，南部区域为原有池塘，基地南侧开主入口，南为城市通往信阳的主干道。总用地面积 14000m²，总建筑面积 8000m² 左右。要求学生自拟任务书，包括室内篮球训练场 3 块（含 1500 座席）、羽毛球场 4 块、乒乓球场 10 块、体操健身等基本功能。

教学过程分为 3 阶段，第 1 阶段（6 周）为建筑设计阶段，包括基础理论、建筑方案设计和建筑技术设计、室内设计对接 4 部分，其中基础理论分别由建筑设计教师和总建筑师将体育建筑学、建筑声光学、技术设计、室内设计等以 4 个专题讲座形式融入设计教学过程中，以期最大限度地实现理论对设计的指导。建筑方案设计和技术深化设计由专业教师和总建筑师共同指导，解决功能、流线、形象、环境、安全、防火疏散等问题，全面考虑结构、水、暖、电的合理性。第 2 阶段（3 周）为室内设计及建筑技术设计完善阶段，由总建筑师和室内设计教师担纲讲解指导建筑室内设计如何与建筑结构、建筑工艺、声光热、绿色节能、建筑构造等方面结合，深入推进建筑室内设计专项定案。第 3 阶段（3 周）为协调设计和表达阶段，建筑设计、技术设计和室内设计教师协同优化指导设计和制作。

4.2 教学策略与成果

在教学中笔者结合全民健身中心的类型规律和场地地形特征分别从场地布局逻辑、空间形态模式、功能系统配置和结构选型适应等 4 个方面深入指导方案设计。

（1）场地布局逻辑：由于场地位于城区北向延展轴线上并且有山体半包围合，部分山体延伸至基地内，形成北高南低的地势，高差约 20 m，因此笔者建议保留部分山体并对其余场地进行台阶式处理，周围的山体相间形成指状风道，成为方案设计的原点。同时基地只有南向与城区道路相连，从外部景观视廊视角考虑全民健身中心的可识别性极为关键，因此需要在南向把篮球馆、羽毛球馆等主要体量完整地展示出来形成视觉显著点，以期为后期的可持续运营奠定基础。因循场地自然逻辑，设计方案将篮球馆临池塘布置，同时与羽毛球馆、乒乓球馆、保留山体共同围合出共享空间建构精神核心，既形成了融于环境肌理的有机意趣，又传承了整体内聚和生态适应的地域建筑场所精神，而且比较到位地诠释了全民健身中心的公共开放性和地标气质（图 1）。

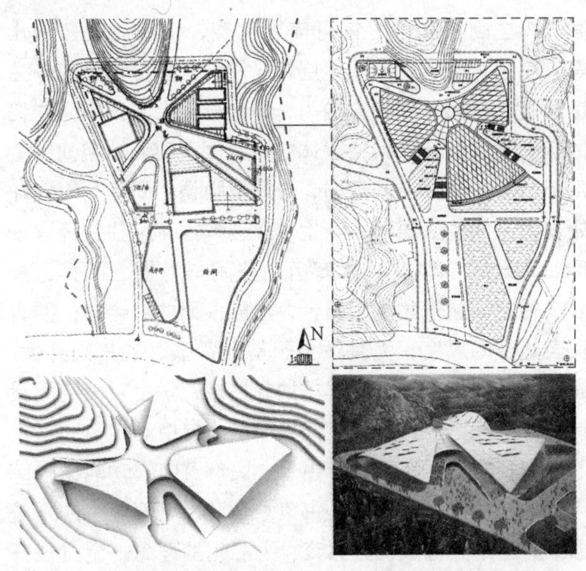

图 1　新县全民健身中心总体布局逻辑（设计：张岳）

（2）空间形态模式：由于全民健身中心以日常训练为主，各功能空间具有不同的尺度要求，笔者将全民健身中心各单元空间相互组合关系大致分为三种（图 2），

图 2　新县全民健身中心空间形态模式：

上：主副馆式（设计：张灿）

中：独立体式（设计：黄滢）

下：综合体式（设计：刘韵卓）

其一为主副馆式，主馆可兼顾比赛、训练、文艺演出等，副馆为多层运动场地层叠式设计。多层训练馆与主馆通过入口大厅等相连融为一体，形体上突出核心主馆的空间表达。其二为独立体式，通过运动场地空间的叠加组合形成整体空间意向，形体上强调空间序列以淡化处理大空间的话语权，产生多义趣味性，可独立经营使用。其三综合体式，体育运动空间与商业、阅读、办公、礼堂等建筑功能相结合，形成多元的综合体，并真实表达空间尺度，尤其适用于基地紧张时的集约开发。通过这三种空间组合模式的抽象提炼，学生对大空间设计规律理解更为透彻，空间操作更为自由。

（3）功能系统配置：由于全民健身中心功能比较综合，本次题目设置了任务书策划环节以培养学生的系统思维。基于大健康、大体育、大卫生的理念，全方位开发健康服务是全民健身中心设计的要义。因此笔者引导学生引入运动医疗、健康教育和体育休闲产业等的系列功能，兼顾赛时医务药检和平时运动健康咨询理疗等，促进体育与医学的深度融合，同时为全民健身中心后期的可持续运营搭建平台，拓展了学生对全民健身中心的认知和应答维度。

（4）结构选型适应：作为体育建筑，全民健身中心大空间的结构选型是建筑师不可回避的基本方面。在教学过程中笔者指导学生尝试将建筑材料与结构选型结合建构丰富宜人的建筑空间体验（图3），既要注重地域

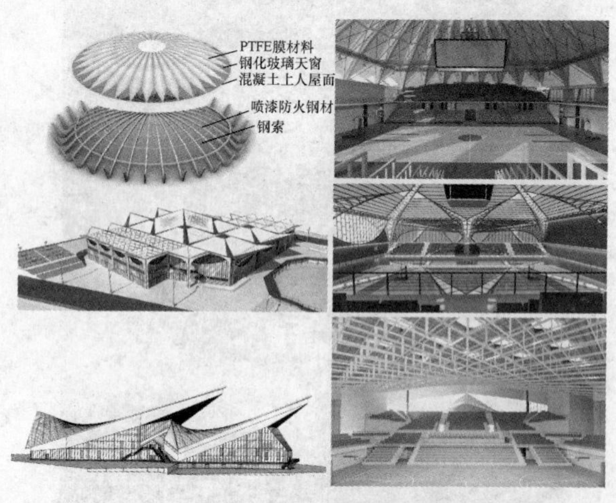

图3　新县全民健身中心屋盖结构选型：
上：弦支穹顶（设计：张灿）
中：树状结构（设计：吴家璐）
下：双曲扭壳（设计：胡磊）

表现性价值，还要基于经济实用性。其中弦支穹顶方案通过覆膜材料贯彻呼应了原初轻盈通透、融于自然又视觉内聚的理念，树状结构方案通过工业化模块预制探索了装配式结构集成的可能和契合地域的价值，双曲扭壳方案则通过木材的本真建构演绎了传统工艺和场所精神。

5　结语

作为新生建筑类型，全民健身中心面临着良好的发展机遇，既有体育建筑的共性特征，同时也存在传统体育建筑设计未关注的盲区和新问题，需要建筑师突破惯性思维深入研究设计规律和系统对策。通过三年的教学实践，体育建筑教学组结合大健康、大体育、大卫生理念，探索出从场地逻辑、功能策划、空间模式到结构选型等一系列教学策略，并取得了良好的教学成果反馈，希望能为学界同类设计课程提供参考借鉴。

参考文献

[1]　季雪峰. 科学健身，全民健康［N］. 中国体育报，2014-10-21（4）.

[2]　袁雁飞，王林，夏宏伟. 将健康融入所有政策理论与国际经验［J］. 中国健康教育，2015（1）：56-59.

[3]　龙佳怀，刘玉. 健康中国建设背景下全民科学健身的实然与应然［J］. 体育科学，2017（6）：91-96.

刘九菊　郎亮　于辉
大连理工大学建筑与艺术学院；Liujiuju1010@126.com
Liu Jiuju　Lang Liang　Yu Hui
School of Architecture and Fine Arts，Dalian University of Technology

实践教学课程教学探讨——以工地实习为例

Research on the Practical Teaching——A Case of Construction Learning

摘　要：建筑设计教学为一种“从实际操作中学习”的学习方式，强化专业实践类课程能够促进专业知识学习向掌握能力转化，培养学生具备职业建筑师的能力。本文以工地实习为例，展开课程环节的组织过程、教学方法与实习总结的教学探讨。

关键词：实际建造；工地实习；实践教学

Abstract：Architectural design teaching is a method of “learning by doing” . Through strengthening practice teaching courses，students can learn and master professional knowledge，obtain the ability of professional architects. Construction learning as a case，this paper discusses the organizational process，teaching methods and practice summary of the course.

Keywords：Building；Construction Learning；Practice Teaching

1　引言

建筑学专业本科教学的核心内容是建筑设计教学，在本专业的教学中，还有多类相关课对建筑设计主干课给予支撑。国内高校的建筑设计教学体系基本相同，不断尝试在设计核心课程中引入多元影响因素，在强调建筑设计空间内涵的同时，注重以生态、技术、建构等外延因素为出发点进行创作，还有一些高校逐步在某个方向上的建设课程节点来提高学生多元创新能力。

大连理工大学建筑学专业调整建筑设计课程内容，建立多条纵向课程设计系列，以相关课为主要内容，建立内涵想外延拓展的多条协同子线，建立了“1＋N”多线协同创新的建筑学专业教学体系，以建筑学专业评估标准和注册建筑师的执业要求为基本标准，注重培养学生的创新精神和创造能力。建筑设计教学一般被描述为一种“从实际操作中学习”的学习方式[1]，2016 年调整培养方案、优化教学体系。新的培养方案中强调了专业实践课程的比重，促使专业知识学习向掌握能力转化，培养学生具备职业建筑师的修养与能力。

2　专业实践课程概况

2016 培养方案调整后的专业实践课程系列包括设计专题类和认知实习类。设计专题类课程包括：设计基础建构专题、构造与材料专题、参数化设计专题/中国古建筑木作专题、绿色建筑设计专题，分别设置在一年级至四年级的夏季学期。认知实习类课程包括：美术实习、建筑工地实习/建筑认识实习、建筑测绘实习、建筑测绘实习、设计院实习前期培训，分别设置在一年级至四年级的夏季学期。五年级设置设计院实习与毕业设计。

传统的教学模式，相关课系列与核心课系列基本上是以平行关系展开，两者之间的关联度较弱。此次调整后的专业实践课程系列，设置在夏季学期，内容与其上下学期的建筑设计内容紧密结合，如构造与材料专题即将二年级最后一个题目幼儿园设计深化，进行墙体构造设计与模型建造，也是二年级春季学期建筑构造与材料课程的学习实践总结。同时，通过工地实习、设计院实习等实践环节的基本训练，使学生了解建筑师职业要求、工程设计实践的内容与流程，系统地掌握专业知识。

建筑学 2016 级学生正在执行新的培养方案，作为指导老师，今年带队组织了这届学生二年级的建筑工地实习。学生经过了建筑设计绘图—制作—搭建系列学习，却未能真正走进建筑建造现场。工地实习是学院建筑学专业第一次开设的课程，为期 1 周，12 学时，为学生提供建筑施工、实际建造的认知机会。

3 课程教学组织与过程

3.1 教学目标

通过参观建筑工地，加强学生对建筑材料、技术以及施工建造的亲身感受与理解，建立建筑设计与建设之间的联系与认知。了解施工监理与管理，以及建筑各部分的施工方法、技术要点、技术要求等，了解建筑施工的一般方法和手段，提高对建筑材料与施工技术的认知水平。做到理论联系实际，巩固深化已学的理论知识，为深入理解建筑打下实践基础。

3.2 教学环节

根据本学期教学任务安排，工地实习时间置于构造与材料专题与认识实习之间，三者形成一个循序渐进的实践学习过程。为期 4 周的学习过程，通过构造与材料专题让学生对建筑实际建造有初步感知，进行建筑节点的设计；通过工地实习让学生对建筑实际建造有整体概念；通过认识实习让学生对建成建筑有在地体验。同时也意味着一种时间上的特殊序列，建筑生产上的三位一体：设计/表达/建造[2]。

工地实习教学从流程上来讲分为课前、工地、课后三个阶段，通过课上课下相结合，教师与资深工程师相结合，校企联合，促进卓越建筑师的培养，引导学生从建筑设计学习到更广泛的层面，比如材料限制、建造方法、建筑法律法规，当然还有设计师的感性。

（1）前期工地考察

此次工地实习得到大工监理（大连理工工程建设监理有限公司）的支持，提供多个工程建设工地选择，根据学生即将进行的建筑设计题目情况、工程建设当前进度以及学生的交通安全问题，工地选择校内外两个工地，分别为住宅、公建项目。学生到三年级的建筑课程设计题目包括学生/市民活动中心、集合住宅设计，工地实习也将成为该类建筑设计学习的前期考察。同时，工地实习邀请两个工地的项目负责人同步进行引导、讲解，涉及建筑生产的多个层面，施工组织管理、特殊施工方法、建筑构造做法等等。

（2）课上集中讲授

在组织工地实习环节上，在进入工地之前首先带队老师给学生进行集中讲授，简要介绍建筑施工中各具体组成部分的一般性知识，在进入现场之前使学生有一定建筑生产概念，重点讲解建筑的土方工程、基础工程、砌筑工程，以及在建筑设计中总平面图、平面图、剖面图中的体现，将工地认知与课程设计关联，包括建筑设计、模型制作、制图表达等层面。工地实习也是学生第一次进入施工现场，在课上老师提出相关问题，以问题为导向让学生深入工地进行解答。

（3）工地现场体验

工地实习的主要学习过程在于工地现场体验，学生可以深度感知建筑施工建造方式和相关技术知识。

工地 1 选择为校外的人才引进公寓，施工阶段为建筑砌体工程。项目负责人对项目作整体介绍，重点带领学生进入地下工程、代表性户型及小区幼儿园内参观（图 1），对建筑基础设施建设、建筑材料吊装、灌注与砌筑进行详细讲解，建筑是钢筋混凝土框架结构，外墙是一次浇筑四层，混凝土是通过泵站泵压上去的，外墙材料采用的是蒸压加气的混凝土砌块，这样的砌块保温性能好，便于切割加工，施工相对简单。不仅使学生了解了建筑生产中的施工程序、建造方法，对建筑材料选择也得到认知，对于住宅的户型布置与楼梯构造及相关规范也有所了解。

图 1　住宅工地现场

工地 2 选择为校内的大学生活动中心，施工阶段为内外装饰工程。这是一个综合体建筑，规模较大。项目负责人对项目作整体介绍，项目主体工程已经完成，正在进行内部与外部装修，项目负责人为结构工程师，重点带领学生进入音乐厅、剧院内部施工现场，内部空间完全被脚手架充满，学生对其公共空间和活动中心中庭进行了现场参观（图2），对建筑内外所采用的铝材从工厂切割到现场安装与维护等问题进行深刻剖析，也包括铝材单元间的防护填缝问题，使学生更加注重了建筑细节设计。

图2　大学生活动中心工地现场

图3　乡建工地现场

(4) 观后交流讨论

组织学生第二次来到校内的大学生活动中心基地，绕着建筑外围行走，就施工现场进行问题的提问与解答，对参观前课上讲授的内容、参观中观察到的问题以及未来的建筑设计思路进行关联与再思考。

3.3 实习收获与总结

从教学过程中的反馈来看，工地实习实践环节基本达到课程设置要求，学生通过工地现场体验，对建筑施工建造有了具体的体验和深刻的理解。

(1) 主题性实践认知

工地实习的考核方式为实习报告，实习报告的撰写是建立在前期知识积累、实地参观考察基础之上的，是将知识整合成为具有明确主题性的报告，关注建构、材料、施工以及和工人的沟通与交流。

以往的建筑设计是图纸与模型的操作，而当亲身站在建造施工现场面前，对建筑尺度、施工安装有了明确的认识之后，在设计中将会加强对材料的组织把控、对构造的节点设计。但在大规模、现代化的施工组织下，学生仍缺少动手操作实践的机会，缺少现场解决施工问题的能力。

(2) 在地性真实建造

现在越来越多的学校开始组织、参与真实建造实践，学生参与在地设计与营建实践，通过真题真做拓宽建筑学的实践领域，如2018中国国际太阳能竞赛在山东德州太阳能小镇举行。“CBC国际高校建造大赛”已经成功举办三届，为大学生提供了一个实地建造、参与实践的基地，对建筑教育进行有益补充[3]。此届学生参加了2017年的建造大赛（图3），参与乡建，真实建造，可以实地接触、解决一些现场问题，最终呈现方案设计概念。

4 结语

建筑设计从绘图、模型制作到实体搭建，以不同方式进行操作，而在“建造现场”，学生通过实际的建造过程学习建筑设计知识，能够将材料的加工、连接等技术问题与节点、构造的设计表达结合起来，能够得到课堂上无法获得的直观感受与操作实践。因此，通过工地实习、实际建造，建立建筑设计教学与建造实践之间的联系。

参考文献

[1] 顾大庆．绘图，制作，搭建和建构——关于设计教学中建造概念的一些个人体验和思考［J］．新建筑，2011（4）：10-14.

[2]（奥）马德朴，马宁格．建造崇高性——后数字时代的建筑寓言［M］．周渐佳译．上海：同济大学出版社，2017.

[3] 彭礼孝．另一种课堂：CBC国际高校建造大赛［J］．城市环境设计，2018（4）：3-7.

宋德萱
同济大学建筑与城市规划学院；dxsong@tongji. edu. cn
Song Dexuan
College of Architecture and Urban Planning，Tongji University

从“设计”重技术：绿色建筑教育再思考*

Concerning Technology by Following Designing: Rethinking Green Building Education

摘　要：绿色建筑教育已成为现代建筑学教育的重要组成部分。绿色建筑教育紧紧围绕目前国内外共同关注的绿色建筑与可持续发展问题，旨在提升绿色建筑人才培养的教育水平，满足国家对绿色建筑设计与技术的人才需求，充分落实国家一流学校和一流学科的建设目标，有必要对建筑学教育的一系列重要课程教学再思考。论文立足建筑设计与建筑技术的辩证统一关系，提出“以设计为导向、以技术为基础”的绿色建筑教育理念，关注建筑设计对技术类课程的导向作用，强调建筑技术对设计类课程的支撑作用，并结合多年教学实践阐述建筑技术教育在我国绿色建筑教育中不可替代的作用与价值，希望本文能对中国绿色建筑教育发展产生积极的推动作用。

关键词：绿色建筑；设计与技术；主导与基础；建筑学教育

Abstract: The teaching of green architecture has become an important part of modern architecture education. It is closely related to the problems of green building and sustainable development, which is concerned at home and abroad, to improve the education level of green building talents, to meet the national talent demand for green building design and technology application, and to achieve the goal of construction of first-class universities and first-class subjects. It is necessary to rethink a series of important courses in architecture education. The paper revolves around the research on the green architecture education from the "design" and the green architecture education, and puts forward the guiding ideology of green architecture, which is oriented by designing and heavily based on technologies. It was realized that the guiding role of architectural design in technical courses and it was emphasized that the supporting role of architectural technologies in design courses. With years of practice of education, it was elaborated that architectural technologies education was playing an irreplaceable and unique role in the green building education, and some positive function was hoped in promoting the development of green building education in China through this article.

Keywords: Green building; Design and Technology; Leadership and Foundation; Architecture Education

绿色建筑教学成为现代建筑学教育的重要组成部分，紧紧围绕目前国内外共同关注的绿色建筑与可持续发展问题，提升绿色建筑人才培养的教育水平，满足国家对绿色建筑设计与技术的人才需求，充分落实国家一流学校和一流学科的建设目标，对建筑学教育的一系列重要课程教学再思考，显得更加重要。

*（本论文得到国家自然科学基金面上项目（项目批准号：51778424）和2017—2018年度同济大学教学改革研究与建设项目《绿色建筑教学课程创新体系整合与更新提高研究》的资助，在此一并致谢！）

以设计为主导的绿色建筑教学，充分关注传统建筑技术教育和最新的绿色建筑技术体系的紧密结合，彻底克服重视程度和课程比重低于其他建筑设计课，在专业教学中，避免更多侧重于体现建筑空间、形态，忽略绿色技术在设计中的重要角色。目前，建筑学生设计成果往往流于形式，缺乏对建筑技术的完整认识，即使在技术上体现出某些尝试，也往往似蜻蜓点水，以摘抄节点大样为主，方案进行深化时，就会发现缺少足够的技术支撑，不论从教师角度对设计的评价标准，还是从学生在设计中应用技术的积极性，绿色建筑技术的知识体系在绿色建筑教学培养中的实际效果都有待改变并持续提升，需要重新定位与再思考。

1 从“设计”：建筑设计的导向地位

建筑设计是建筑学教育的主体，从建筑方案设计一开始就贯彻绿色建筑与节能理念已经成为共识，绿色思想是贯穿全部设计的立意主线，学生在解决“人—建筑—绿色”的关系中产生新的思想火花，漠视这些基本教学方法而去追求所谓的“设计能力”“设计理念”，是一种本末倒置的错误思想。

在具体的建筑设计教学安排上，应该明确以建筑设计为主导下，采用丰富的教学手段，借助典型范例，剖析重点、难点，使学生深入了解在某一特定条件下建筑师解决绿色与节能问题的思路和方法，学习如何在建筑设计中，进行创新设计，挖掘绿色设计方法。

建筑设计的学习重在活学活用，需要紧密联系绿色技术的课程学习，让学生将掌握的绿色技术知识运用到建筑设计之中；也可以采取片段式结合设计方法，针对学生以前的建筑设计方案，分析其设计上的缺陷和失误，提出改造调整的措施和建议；或做一定比例的实物构造模型，直观地表达节能建筑的构造做法和材料性能；或者对生活学习场所的环境状况展开调查，通过仪器实测等手段取得环境评价的第一手资料，进而针对具体问题提出改良措施；或者对身边成功的案例进行分析，认真完成调研报告。学生经过这样系统的，与建筑设计紧密相关的多种教学手段，深入的训练，深化了对绿色节能技术和策略在建筑设计中的作用的感性认识，培养了学生分析问题、解决问题的实际应用能力，为学生在建筑设计方案中贯彻绿色理念与创新思维留下了足够的空间，最终把绿色主题通过建筑设计充分的表达与反映出来。

这方面教学工作，多年来，同济大学建筑系进行了有益的尝试并获得丰富的经验，建筑学课程体系中设置建筑设计专题的方式，每年由2～3位副教授与讲师组成的绿色建筑教学团队进行以“绿色建筑”为主题的建筑设计专题教学，一般在6周时间内完成一系列建筑设计与绿色技术结合运用的设计工作，取得了丰富成果。

2 重技术：绿色技术的支撑作用

长期以来，我国建筑技术教育体系完备，课程划分清晰，各门课程有完整的教学计划，但各建筑技术课程之间缺少有机联系及综合知识的运用。

建筑技术课程由专业教师采取集中讲课的传授式授课，学生往往是接受型学习，专业理论与基本知识理解上局限于书本及经验，对深入的技术方法与技能分析与设计缺乏有机结合，不能和建筑设计课程紧密关联，束缚了建筑设计的创新。

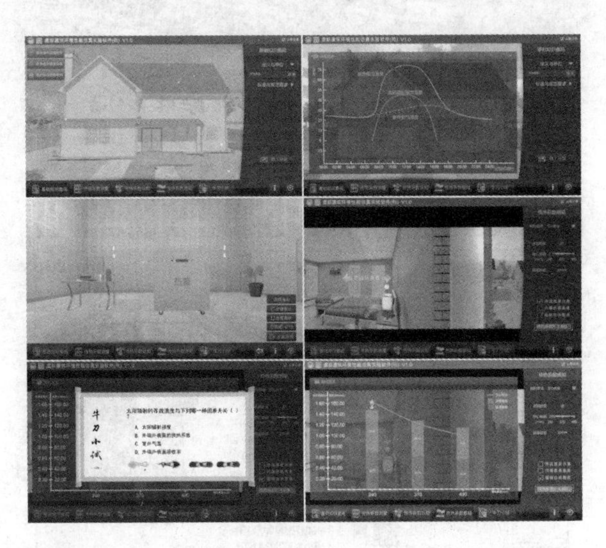

图1 虚拟建筑环境性能仿真实验软件（热）V1.0

在目前绿色建筑被广泛关注的时代背景下，建筑技术教学成为一项十分重要、需要高度关注的知识学习内容。其中，传统建筑技术课程“建筑物理”作为建筑环境最基本的基础课程，其教学内容与教学方式面临更新与提升的迫切需求，在保留基本概念与专业理论的前提下，对与绿色建筑相关的技术知识、量化方法，及计算机模拟技术必须进一步加强，补充相关的技术知识。我院相关教师积极开发辅助课程的网上教学体系，经过数年的教学实践应用，得到很好的教学效果（图1）；我院开设的由完善教学团队的上海市重点建设课程“建筑环境控制学”是一门立足于绿色建筑教学的前沿性、完整性的专业课程。经过多年的教学实践，建筑学学生的绿色建筑理论、绿色建筑技术、绿色建筑知识储备有了长足进步，受到学生的普遍欢迎，建筑学学生通过结合设计，对绿色建筑与绿色技术手段应用进行设计，有极大的收获（图2）。

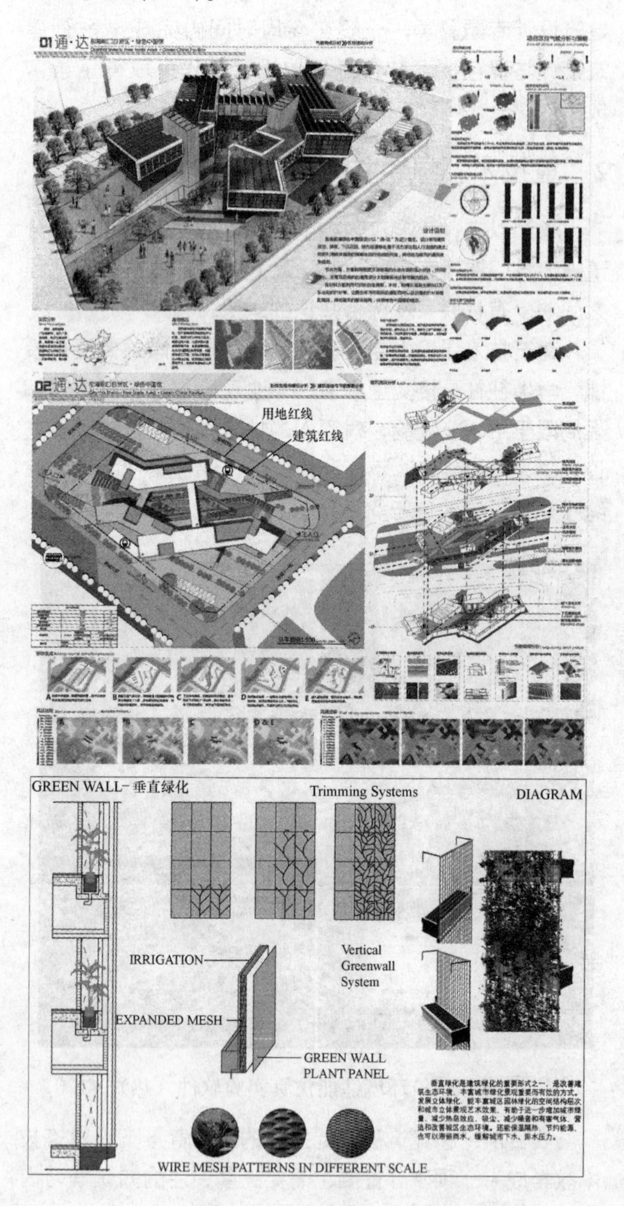

图2 部分教学成果

专业课程“建筑设备”通过空调、电气、给排水等传统建筑技术内容的学习，掌握与建筑设计相关的专业技术知识，同样面临教学内容与手段的更新提高，专业教师在不断尝试各种教学改革方法，借助网络平台开展建筑环境的模拟与计算，使学生能直观的理解相应的建筑技术知识。

除以上传统课程的教学内容更新与提高外，为适应绿色建筑发展的需要，我们应该积极思考进一步完善的方法与可能，在新课程开设、课程重组等方面做出积极的回应。

3 从“设计”重技术

近十年来，绿色建筑发展得到高速发展，但大学的绿色建筑教育远远跟不上建筑师对绿色建筑知识的需要，大部分绿色建筑的基本原理与概念，常常是建筑师自学所得，这极大地制约了绿色建筑的全面发展，也给中国发展具有地方特色的绿色建筑形成障碍，不得不看到太多的“拿来的”所谓绿色建筑，连最起码的地域特点都没反映的“伪绿色建筑”泛滥，这是建筑学教育没有有效跟进的结果，值得建筑学教育工作者思索的问题。

现今的建筑学教学系统中，在绿色建筑与建筑技术学习相互关系上，普遍存在“从重分离”、“从重倒挂”问题，受传统的狭隘建筑学教育观点影响，现在还存在不重视建筑技术类课程的现象，无论是学生还是教师，包括建筑学教学体系的设计，把建筑技术纳入可有可无的尴尬境地，这与今天的绿色建筑设计需求格格不入，大大背离了社会对绿色建筑的要求与期盼，需要深思。

“从重分离”是指：目前存在是在教学体系安排上，存在的把建筑设计课程与建筑技术课程隔离的倾向，这是目前建筑学教育较为普遍的现象，从学校的课程安排、课时分配、师资培养等方面，可以发现很多从重分离的现象，过去尚可，然而今天在绿色建筑大力推进的背景下，必须克服并消除这种倾向。

“从重倒挂”又是一种绝对化的与绿色建筑发展相违背的现象，是过度的建筑技术知识的灌输式学习，而不在学生的建筑设计中去结合、去运用、去挖掘在设计创新中运用建筑技术的方法，把建筑学学生按照“建筑工程师”培养，最终造成我国今天的绿色建筑在设计创新上落后于世界水平，建筑师的作为偏少、声音偏轻。

作为近三十年在建筑技术教育领域不断耕耘的一名普通教授，经历了改革开放以来我国建筑学教育从兴起到完善、从改革到更新、从中国到世界的整个发展过程，同样见证了绿色建筑发展及其相关建筑教育的发展与提高，十分有必要对绿色建筑教育进行再思考，以使我国绿色建筑发展真正走上与国际水平同步的正确轨道。

4 结语

目前在绿色建筑教育发展要求下，已经具备打破传统建筑学教育的固有框架，建立建筑设计与建筑技术教学体系的创新关系，传统建筑技术课程的壁垒化教学体制必须改革，研究并探索将筑技术教学内容进行有序拆分、整合，结合到建筑设计教学之中，进行全过程介入，以适应绿色建筑发展的需求。

在"以从为导向、以重为基础"的指导思想下，将建筑技术课程进行再分，通过知识点由窄到宽、由浅至深、由点及面的有序组织，融入到建筑设计中，同时建筑设计又为建筑技术知识提供应用、展示的平台，实现建筑技术与绿色建筑设计的有机结合。设计课题与所设技术类课程紧密相关，使技术课程全过程支撑设计课程的进行，强化技术应用与设计创新。

建筑技术是绿色建筑设计创作的基础、是建筑创作灵感的启迪与来源、是建筑艺术和建筑美的另外一种体现和表达。

未来"从重结合、从重互补"的绿色建筑教育体系将反映在：

绿色建筑以设计为本——在课程设置中，建筑技术课程必须建立在绿色建筑设计迫切需求的基础上，完善绿色建筑设计的课程设置，重视低年级技术课程教学的实践性，强化中高年级建筑设计与技术课程的结合，重视技术课程在绿色建筑设计课程中的穿插融合，通过建筑设计解决一系列绿色建筑本身无法解决的问题，充分挖掘绿色建筑的设计解决方案。

设计创新以技术为本——技术课程应改变固化的教学方式，以设计应用为目标，实现技术教育与设计课程的充分融合，建筑技术为本的创新设计不再仅仅停留在形式美观的层面，而是体现在对环境问题的良好解决和技术性、系统性的整合创新。

从重结合的绿色教育体系——真正建立绿色建筑设计教学与绿色建筑技术课程相贯通、技术理论学习与建筑设计改图相关联的从重结合的绿色教育体系，提升技术教育在建筑学评价中的比重。在建筑学教育中，将设计评价建立在对传统建筑技术的合理提炼、对气候的积极适应、对现代技术的适当利用上。

建筑形式应追随气候因素、符合社会经济水平和利用发展本土技术，设计自然采光、通风、无污染、低能耗的绿色建筑。技术为本的综合评价不仅整合了建筑技术的内涵，同时发展了建筑技术的外延，而得到蓬勃的生命力。

绿色建筑是未来建筑学的重要表现，在未来的建筑学教育中，绿色建筑设计与建筑技术所扮演的角色会越来越重要，成为建筑与城市创新的重要源泉，建筑学教育亦会逐步从以空间设计为主转变到以绿色与建筑技术为主，建筑技术将逐渐超出原有技术概念的限定，与绿色建筑创新设计紧密相连。

参考文献

[1] 韩冬青，赵辰，李飚，童滋雨. 阶段性·专题性·整体性——东南大学建筑系三年级建筑设计教学实验 [J]. 新建筑，2003 (4)：61-64.

[2] 夏海山. 应对绿色建筑转型的美国高校建筑设计教学 [J]. 高等建筑教育，2006 (4)：1-4.

城市设计与建筑教育

黄翼　王世福　王成芳　陶金
华南理工大学建筑学院 dinahlayi@163. com
Huang Yi　Wang Shifu　Wang Chengfang　Tao Jin
School of Architecture，South China University of Technology

研究型城市设计理论课程大数据教学方法初探*

Teaching Method of Big Data in Theory Course of Urban Design

摘　要：随着互联网技术和数据开放程度的发展，采用大数据进行城市设计研究成为一种新技术、新方法。在以往基于实地调研和数据分析的研究型城市设计理论课程学方法的基础上，增加大数据分析方法讲授，以及大数据在城市设计问题中的应用途径探索，并在调研作业环节让学生们加以实践。教学方法出现研究课题专题化、研究范围扩大化和研究数据综合化趋势。大数据教学方法要点包括研究方法讲授、研究课题甄选、数据采集与清洗、数据分析、数据可视化表现5个方面。

关键词：城市设计；大数据；使用后评价；数据分析

Abstract：With the development of Internet technology and the degree of data openness，big data analysis method has become a new technology in the research area of urban design. Based on the past field research and data analysis research method of urban design theory course，the big data analysis method had been tough in the theory course of urban design，and the application of large data in urban design problems had been discussed，and the students had been permitted to practice the method in their course papers. With the change of the teaching methods，the development trends had appeared，include of thematic research topics，expansion of research scope and integration of research data. The main points of teaching methods of big data include 5 aspects，such as research method teaching，research topic selection，data acquisition and cleaning，data analysis and data visualization.

Keywords：Urban design；Big data；Post-occupation evaluation；Data analysis

我院三年级城市设计理论课程采用研究型教学方法已有数年，形成了一系列基于实地调研和数据分析的教学方法和成果[1-3]。近两年的教学，在原有实地调研和传统数据分析方法的基础上，增加了大数据研究方法的教授，并鼓励学生尝试采用网络开放数据，与传统数据结合起来展开分析，形成大数据与传统小样本数据结合的数据化教学方法。

1　大数据教学的意义

随着互联网和物联网的普及，各行各业为争夺市场份额，均建立大数据库，且通过数据分析，得到潜藏于纷繁表象之下的事物运行规律。建筑和规划行业在近十年来，也在大数据方面做出了显著的成果，但是在数据挖掘、分析和应用方面，尚有较大潜力和广阔前景。2017年12月8日习近平主席提出“实施国家大数据战略加快建设数字中国”重要方针，为国家大数据战略指明了方向，也为全社会的数据开放和共享提供了政策导

*基金项目：2017年华南理工大学校级教研教改一般项目“基于实地调研和数据分析的研究型城市设计课程教学方法探讨”。

向，大数据分析将占据越来越重要的地位。近年来，在建筑教育领域，已有少数高校教师在教学中尝试采用了大数据分析方法，如龙瀛于清华大学开设的“大数据与城市规划”、盛强于北京交通大学讲授的“数据化设计”课程[4-8]。城市设计教学涵盖宏观、中观、微观多个层次的技术问题，适合采用多源数据进行研究，在城市设计理论课程中采用数据化教学方法，有助于学生开阔视野和掌握新技术。同时，通过城市设计理论课的大数据教学，也能起到优化设计课、社会调查等其他环节教学基础方法的作用。

2 在原有研究型城市设计教学方法上增加大数据教学

2.1 原有基于实地调研与数据分析的研究型教学方案

整个课程分为两条主线，课内讲授和课外作业，两者相互穿插，环环相扣。课外作业设置一个研究课题，分为五个阶段：开题、调研、分析、汇报和成果。案例研究采用节点式教学程序，着眼于专题化的研究对象，理性化的调查分析，质化与量化相结合的数据分析，互动式的课堂汇报，整合化的成果表达，重点培养学生从发现问题到解决问题的系统性理性分析推理能力[1]。

2.2 大数据教学方法的改进

2.2.1 研究课题专题化

以往的研究专题以城市设计项目类型划分，如城市公共空间、城市轴线、城市街道等，强调深入的实地调研和体验式教学。近两年的研究课题更加专题化，例如建筑形态与城市特色研究、城市公共空间组构关系研究、绿色城市设计研究、城市空间形态与人的行为研究、城市景观研究等。在一个研究专题下，再分为若干个子课题供学生选题参考，例如“建筑形态与城市特色研究”研究专题的子课题设置有“建筑尺度与形态研究、建筑风貌研究”。在这样的研究专题下，学生的研究更着重于城市设计问题的研究，而不是类型研究。

2.2.2 研究范围扩大化

由于网络大数据的采集可以节约人力物力，学生调研对象的范围得到扩展。以往的调研对象以小街区、某街道、某公园等地段级研究对象为主，如“以批发业为功能的老城区的可持续更新——以一德路为例”、“广场空间形态差异对人群行为的影响——以广州市人民公园广场及海珠广场为例”。而近两年的调研出现了多样本对比，如“变废为宝——基于人群行为活动调研的广州桥底边角料空间的利用现状研究”对6个样本进行对比研究，以及区域级的城市设计研究对象，如“基于共享单车数据的城市骑行需求及骑行设施改进研究——以广州市荔湾老城区为例”一文，以整个荔湾区的街道作为研究对象。

2.2.3 研究数据综合化

学生采用大数据与传统小样本数据加以结合，相互补充，形成了数据多元化、综合化的趋势。例如采用百度热力图数据（图1）、POI业态数据（图2）、空间注记数据、城市公共空间形态调研数据进行公共空间形态与活力分析；采用共享单车数据（图3）、空间句法数据和街道形态数据研究街道对共享单车的适应性；采用网络照片数据（图4）、GIS数据、SD语义分析数据进行城市意象分析。

工作日：

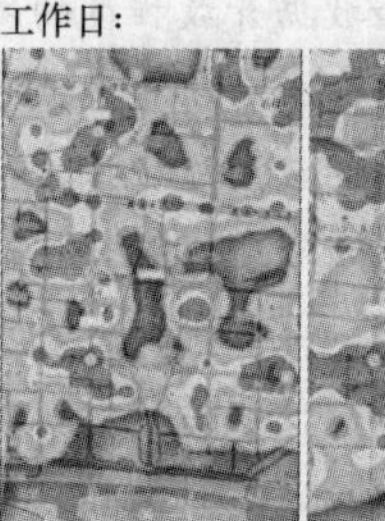

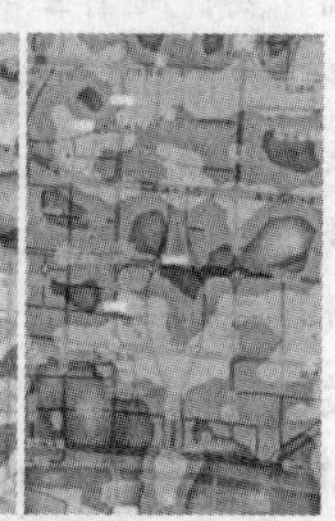

6.29早上8:00　6.29下午5:00　6.29晚上9:00

非工作日：

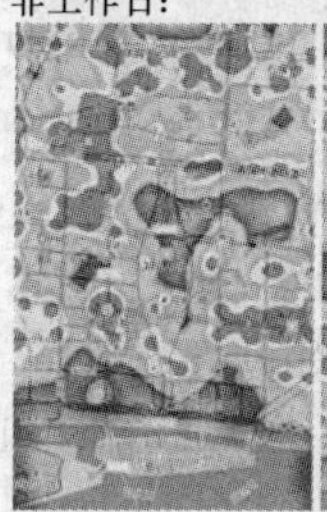

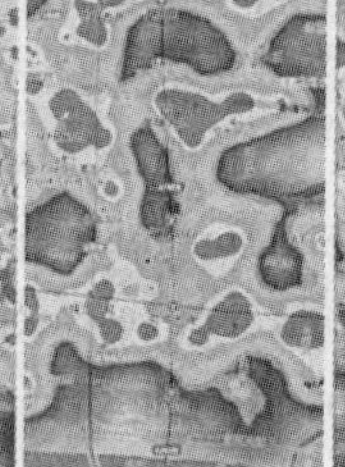

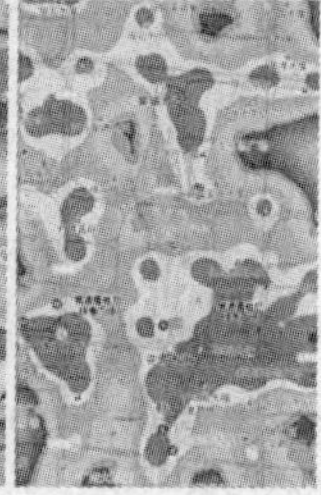

6.30早上8:00　6.30早上8:00　6.30晚上9:00

图1　广州花城广场不同时段百度热力图比较（数据来源：通过百度网站抓取热力图）

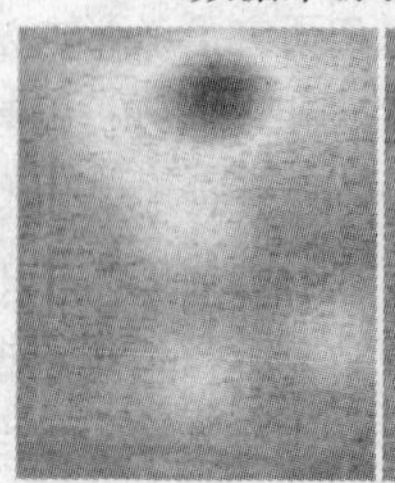

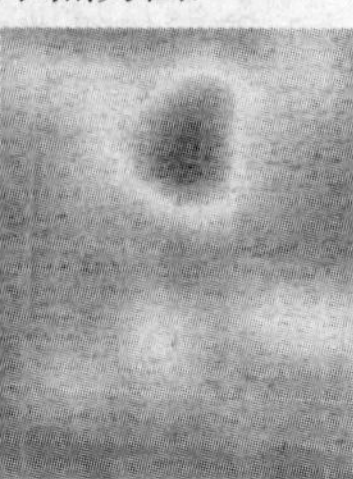

餐饮设施　商超酒店设施　娱乐设施

图2　广州珠江新城商业服务业设施核密度分析（数据来源：通过百度地图的开放平台 Web API 接口与网络爬虫技术结合采集获取）

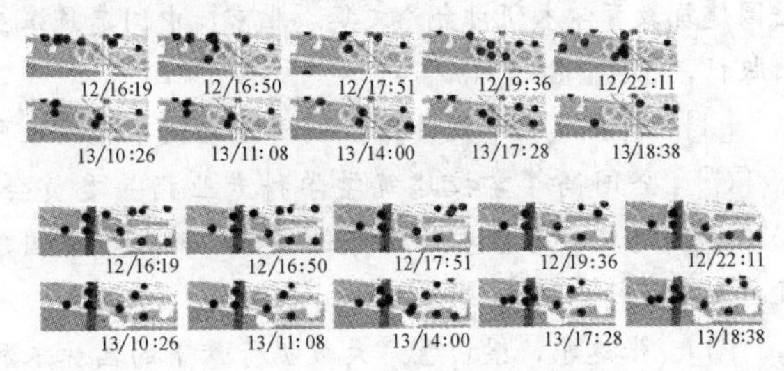

图 3 广州猎德大桥下不同时段共享单车热力图
（数据来源：采用 python＋爬虫的方式实时扫描范围内的摩拜单车数量和经纬度）

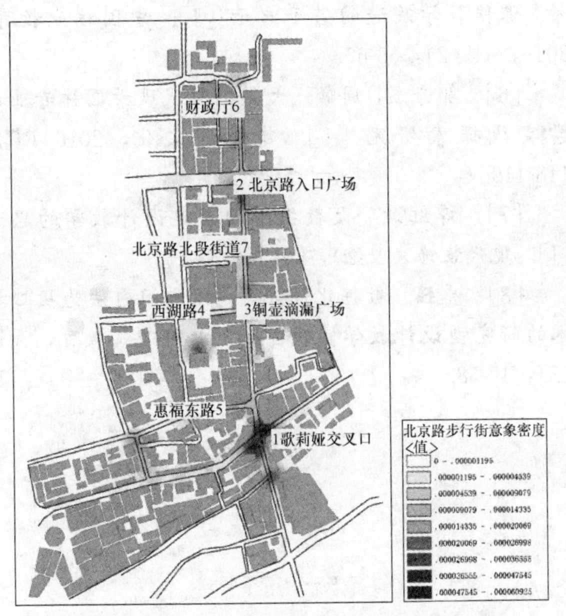

图 4 北京路网络照片整体意象分布图
（数据来源：通过 Google 浏览器以及 LOFTER 网站获取照片）

3 大数据教学方法要点

3.1 大数据分析方法讲授

以已有大数据分析成果为案例，对其选题、研究内容、研究步骤进行详细讲解，对学生开阔思路、聚焦重点、掌握技术具有重要作用。大数据研究首先要甄别具有研究价值的课题，制定可行的实验方案和技术路线，发掘具有相关性的数据源，然后经过数据采集、清洗去噪、统计分析、可视化表现得到最终成果。

3.2 适宜采用大数据分析方法的研究课题甄选

学生习惯于以设计为目标导向，研究问题的甄选对学生来说是一个难题。将设计的综合性思维转换为点状的研究型思维，选题是关键的第一步。以往的教学以传统数据为主，研究内容多为城市空间形态与人的行为关系。加入大数据分析方法之后，学生的数据来源不仅仅限于实地调研的数据，研究的思路更加开阔。

3.3 大数据采集与清洗

学生对新事物的掌握能力较强，数据采集可以采用自己编程或网站挖掘等方法，只要确定了需要采集数据的内容，采集方法本身并非难点。学生采用较多的是百度地图数据、共享单车数据、网络图片数据，一方面是数据采集难度小，另一方面是解决的问题比较直观。大数据被下载之后，由于数据量大，数据种类复杂，需要经过清洗和去噪过程，寻找有用信息，删除无用的部分。

3.4 大数据统计分析

采集到的数据经过清洗之后，得到的数据分为数值和文字两种。数值类数据通过 EXCEL、SPSS 等统计分析软件进行计算和分析，文字类数据通过语义分析软件进行分析。学生对 EXCEL 较熟悉，也会采用统计软件进行简单的相关分析等数据分析，而文字类数据分析鲜有学生涉及。

3.5 大数据可视化表现

通常采用的可视化工具分为图示化工具和地图工具。学生对于 GIS 和 Depth map 软件的掌握程度较好，入门级可视化软件应用较多，而采用较复杂的 R 软件进行可视化分析的较少。说明学生对于应用型软件学习速度较快，而编程能力较欠缺。

4 大数据教学的难点、困惑和展望

4.1 大数据教学的难点与困惑

由于缺乏购买和交换数据的条件，学生对于大数据的采集方式仅限于挖掘，无法得到理想而全面的数据，研究结论受到数据来源的限制显得较浅显。但在这个过程中，学生对大数据分析方法进行了尝试和探索，熟悉了一套新的分析方法。同时，学生在分析过程中，也认识到了大数据的局限性，如数据的开放程度不够；大数据现今大多基于移动智能终端，不能涵盖所有人，一大批人和地区变成了被大数据“遗弃”的对象；无法保证数据的真实度，诸如虚假个人注册信息、虚假账号、虚假粉丝、虚假交易；数据的价值密度低；数据解释的难度大。分析过程中出现的问题是片面关注数据本身的分析，与城市设计问题结合不够紧密，且对网络数据片面性的认识不够充分。经过讨论课的商榷，最后的论文都能够将大数据分析结果加以合理利用。

4.2 大数据教学的未来展望

大数据教学方法分为理论讲授、分析研究、课堂讨论三个主要环节，新方法和新技术的应用使得整个教与学的过程充满批判、思辨的氛围，教师的不同思想碰撞也在其中绽放火花，是一个充满活力的课堂。大数据分析作为一种新方法，虽然还存在种种不尽如人意的问题，但数据化是未来发展的方向，教学应鼓励学生尝试新技术新方法，鼓励大数据分析方法的应用尝试，通过研究问题的限定等方法规避大数据的缺陷，在探索的过程中总结经验教训，大数据研究方法才能逐渐成熟。

参考文献

[1] 黄翼. 研究型城市设计理论课程教学方法探讨 [C]//全国高等学校建筑学学科专业指导委员会. 2014全国建筑教育学术研讨会论文集. 大连：大连理工大学出版社，2014：516-520.

[2] 黄翼. 城市设计课程论文辅导教学节点探讨 [C]//全国高等学校建筑学学科专业指导委员会. 2015全国建筑教育学术研讨会论文集. 北京：中国建筑工业出版社，2015：345-349.

[3] 黄翼. 城市设计课程调研论文辅导阶段性要点 [C]//全国高等学校建筑学学科专业指导委员会. 2016全国建筑教育学术研讨会论文集. 北京：中国建筑工业出版社，2016：50-53.

[4] 张建华，梁白雪. 大数据背景下的园林本科教学方法体系的构建 [J]. 高等农业教育，2015 (4)：63-66.

[5] 闫飞，王瑞瑞，王佳. 大数据对“园林工程测量”课程教学改进的若干启示 [J]. 中国林业教育，2016，34 (2)：65-67.

[6] 郇秀杰，周曦. 大数据时代风景园林专业教学实践探索研究 [J]. 建筑与文化，2016 (6)：118-119.

[7] 谭红毅. 大数据下的景观设计教学的思考 [J]. 现代装饰（理论），2015 (05)：73.

[8] 盛强. 数据化设计——以空间句法为核心技术的研究型设计教学实践 [J]. 中国建筑教育，2017 (2)：49-58.

褚冬竹
重庆大学建筑城规学院；cdz@cqu. edu. cn
Chu Dongzhu
School of Architecture and Urban Planning，Chongqing University

城市设计教学应变与前瞻：从三个基本问题出发*

The Response and Prospect of Urban Design Education under the New Situation

摘　要：城市设计是建筑学教学体系中的重要环节，具有高度综合性和复杂性。当前城市空间发展范式正处于转型时期，城市设计思想和方法也基于对城市新特性、新问题的持续研究而不断拓展丰富。从城市、城市设计及城市设计教学等三方面基本问题切入，介绍阐述了重庆大学建筑城规学院城市设计教学改革思路和方式。

关键词：建筑教育；城市发展；城市设计；重庆大学

Abstract：As one of the key parts of architecture teaching system，urban design is highly comprehensive and complex. At present，the paradigm of urban space development is in a transitional period. Urban design ideas and methods are constantly expanded and enriched based on the continuous study of new characteristics and problems of cities. Starting from three basic problems of city，urban design and urban design teaching，this paper introduces the ideas and strategies of urban design teaching reform in the School of Architecture and Urban Planning of Chongqing University.

Keywords：Architecture education；Urban development；Urban Design；Chongqing University

1　基本问题：城市设计的时空坐标

作为探索城市空间配置与形体关系的重要技术手段，城市设计是建筑学教学体系中的重要环节，是建筑学、城乡规划学、风景园林学以及交通运输、社会学等学科交叉联动的重要领域，也是建筑学学生深度思考“城市问题”的难得机会，具有高度综合性、复杂性和关联性。当前我国城市空间发展范式正处于转型时期，城市设计思想和方法也基于对城市新特性、新问题的持续研究而不断拓展丰富、调适优化。对于时间有限的城市设计教学环节，面对复杂多样的城市空间类型、差异巨大的社会背景以及动态发展的城市设计理论与方法，教学所面临挑战性不言而喻。城市→城市设计→城市设计教学，形成了关联紧密、逻辑清晰的思考和行动链条，也自然衍生出讨论城市设计教学时必须审视的三个基本问题。

1.1　城市如何演进——从新特性到新思路

城市作为人类持续聚集并主动介入自然、改造自然、创建空间的结果，是空间、经济、社会、文化等诸多因素高度凝聚共生的产物，既呈现出千差万别的景象与运行方式，有着多样的发展路径，也蕴含着很多共同规律与问题。对于初次接触城市尺度课题的学生而言，城市设计教学首先需要建立起的是对于城市演进特点的理解和思考。

城市类型多样，发展路径千差万别，本质是以其中

* 重庆市高等教育改革研究重点项目（162003）。

"社会和经济的不同形式来衡量"[1]。世界城市化发展的一般规律是，当一个国家城市化程度处在30%～40%时，城市和空间结构亦将发生重大调整和迅速变化。从整体上看，中国的城市化率虽已超过50%，但由于地域经济与社会发展不平衡，中小城市与一线大城市在城市化水平上存在较大差距，导致客观上半城市化与过度城市化现象并存、"增量扩张"与"存量优化"并存。

在存量优化时代下，城市的渐进式更新作为应对城市旧有产业和活力衰退所推行的空间渐进更替活动，不仅包括对物质空间与形态的改造和优化，更强调对经济、社会等非物质环境的延续和更新[2]，向着集约的、优化资源的、追求"质"与更高福祉、生存价值的空间配置方式转变。当下的城市发展可依据开发强度与公共产品供给增减特征界定出4种城市空间发展类型——"增量扩张""功能混合""遗产保护"和"退型进化"[3]（图1）。这些城市发展的特征与规律，都成为近年城市设计教学的重要命题思路和指导方向。

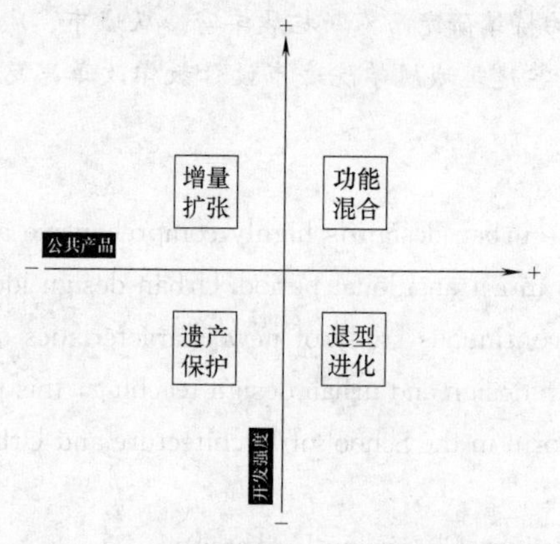

图1 开发强度和公共产品供给增减关联下的城市发展类型

1.2 城市设计如何发展——从新问题到新对策

现代意义上的城市设计从创立之初起，便没有停止过发展，其内涵与焦点也在过去数十年间发生着显著的改变。应对城市的高度复杂性和不断演变的新特性和新问题，城市设计也在不断演变升级过程之中。因此，犹如面对移动目标的射击相对困难，城市设计教学的第二个基本问题与难点，在于面对一个理论学说和实践案例都正处于快速扩展更新状态的学科，如何在有限时间内提取核心信息并使学生有效掌握？

同时，城市设计作为优化城市空间品质、科学决策城市建设的重要手段，近年来得到中央高层和地方政府的高度重视。2015年中央城市工作会议上，习近平总书记更明确指示，"要加强城市设计，提倡城市修补"。如何深入理解当下城市建设与城市设计间的互动关系，成为教学过程的关键和重点，本文稍后展开论述。

1.3 城市设计如何教学——从新需求到新体系

教育活动有着两层递进但紧密联系的基本任务——一是传授来自过去与当下的经验与知识，二是基于前者，判断、洞察事物发展方向及规律，前瞻性的思考、预演、实验，为未来可能出现的新问题、新机遇建立理论或技术体系。

以此为目标，教学体系必须基于关于城市、城市设计的时间维度，以经典案例和代表著述为基础，紧扣地域特征和当下变化趋势和典型城市空间类型，建立起切实适应变化的当代城市设计教学体系与方法。

以重庆大学建筑城规学院为例，早在20世纪80年代起便开始了关于城市设计的引介与教学（时为重庆建筑工程学院建筑系），基于重庆的空间特色，在空间形态的多样性、复杂性的处理上，取得了特色鲜明的教学成果（图2）。但彼时的城市设计教学存在着体系陈旧、

图2 重庆建工学院城市设计教育早期学生作业（一）
（上、中：85级 曹文生、殷红；下：87级 孙冰、陈红）

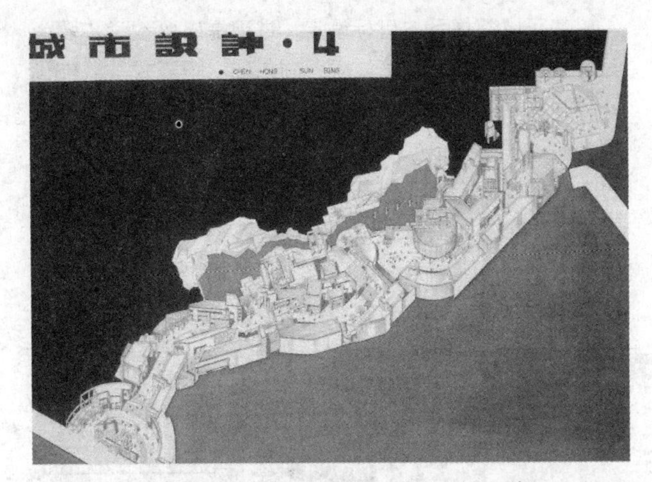

图 2 重庆建工学院城市设计教育早期学生作业（二）（上、中：85 级 曹文生、殷红；下：87 级 孙冰、陈红）

关注问题相对单一（空间、视觉）、表达方式单一、针对性不足、地域性逐渐标签化等问题。城市的激变导致在既有问题尚未解决彻底的同时，又产生新的问题，这也为城市设计教育改革创造了机遇和挑战。因此，在城市建设相对放缓后，城市设计教学开始进一步深度思考城市新需求、新动态，并逐渐形成应对新问题的教学体系。

2 城市设计目标、身份及演进

城市空间在进化，城市设计同样也在进化。无论是认为城市设计“需兼顾城市中的物质性、社会性、文化和美学问题，并在一定时期内逐步纳入连贯一致的物质空间秩序中”[4]，还是强调它“主要研究城市空间形态的建构机理和场所营造，是对包括人、自然、社会、文化、空间形态等因素在内的城市人居环境所进行的设计研究、工程实践和实施管理活动”[5]，城市设计的要旨始终紧扣对城市空间形态的解读与营造，并逐渐丰富拓展。与其他和城市空间相关的规划与设计类型相比，城市设计的优势在于：除了对城市空间（尤其是公共空间）形态进行“物质性”操作这一基本职能外，城市设计也“作为空间、时间、含义和交往的组织”[6]，在行为和时间维度关联着被学科（专业）划分出的规划、景观范畴，发挥着其他设计类型难以整合的重要作用。

基于以上分析，可以明确的是，当代城市设计理论与实践着重强调两个明显特征：（1）城市设计不再是关于城市物质形态终极蓝图的描述（结果为导向），而是一个以过程为导向的空间场所的制造过程；（2）作为一个过程的城市设计不能以形态或者美学为唯一评价维度，而应该综合环境、社会、功能、经济、管理等多维评价标准。

城市空间进化是在公众使用需求的不断变化、丰富和提升过程中，基于客观条件，逐步走向匹配的过程。“需求”与“条件”，这一对矛盾作为人类改造环境、生产空间的基本起点，也成为讨论城市设计与空间优化的基础。2015 年中央城市工作会议要求“彻底改变粗放型管理方式”。城市设计作为城市管理重要的技术支撑，在精细化管理的基础上，开展精细化设计，明确提出“精细化城市设计”，并梳理其思路与方法显得更为迫切。

当前“我国社会主要矛盾已经转化为人民日益增长的美好生活需要和不平衡不充分的发展之间的矛盾”。必须进一步深度解析人与城市的关系，并深度理解在这个过程中城市设计关联要素出现的变化和差异。精细化“需求”必然提出对精细化“条件”的再认识。城市公共空间根本上说是为使用者的若干合理行为服务的，而任何行为必然占据着一定的时间与空间，行为实施过程中的安全问题则是民生保障的关键与底线。“行为”“时间”“安全”……便自然进入城市设计的核心研讨范围，相关教学专题逐渐形成[7]。

3 矩阵思维：复合目标下的教学应变对策

城市设计是整个本科阶段评价标准最多、最全面的一次课程教学，要求从城市的角度出发，进行综合的多维度的分析与设计训练。教学中更强调过程训练和专题纵深，鼓励教师命题的多样化和研究性，也引导学生在合理的分析推导过程中产生多样化、差异性成果（图 3）。

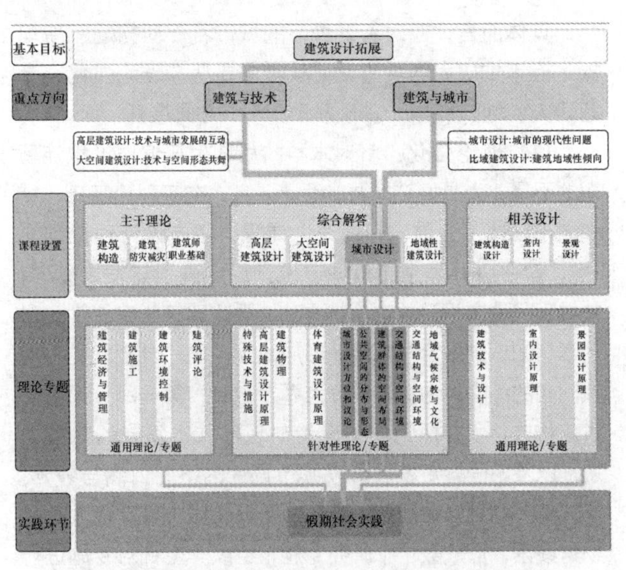

图 3 重庆大学建筑学本科四年级教学体系示意图（图表执笔：褚冬竹、杨震、黄海静）

面对复杂的城市背景和内容体系，在极为有限的时间（8周）前提下，城市设计教学明确了核心目标及关键问题，包含两个层面：(1) 观念目标——建立正确的城市设计认识：围绕“过程导向”与“多维评价”这两个关键点，总结出简洁明确的城市设计价值观要点；(2) 手段目标——掌握城市设计基本方法：建立起城市设计必须综合考虑环境、社会、功能、经济、形态、管理六大维度的基本意识。

基于以上体系与目标设定，进而提出以教学步骤为时间轴向，以六大维度为内容轴向的“矩阵式”城市设计教学思路与方法，使得学生在基本一致的教学节奏下，通过对不同维度节点问题的评价，以及老师基于不同类型的城市设计课题，指导学生形成差异性的设计结果，强化学生在逻辑推理及城市设计多要素的综合、归纳能力（图4）。

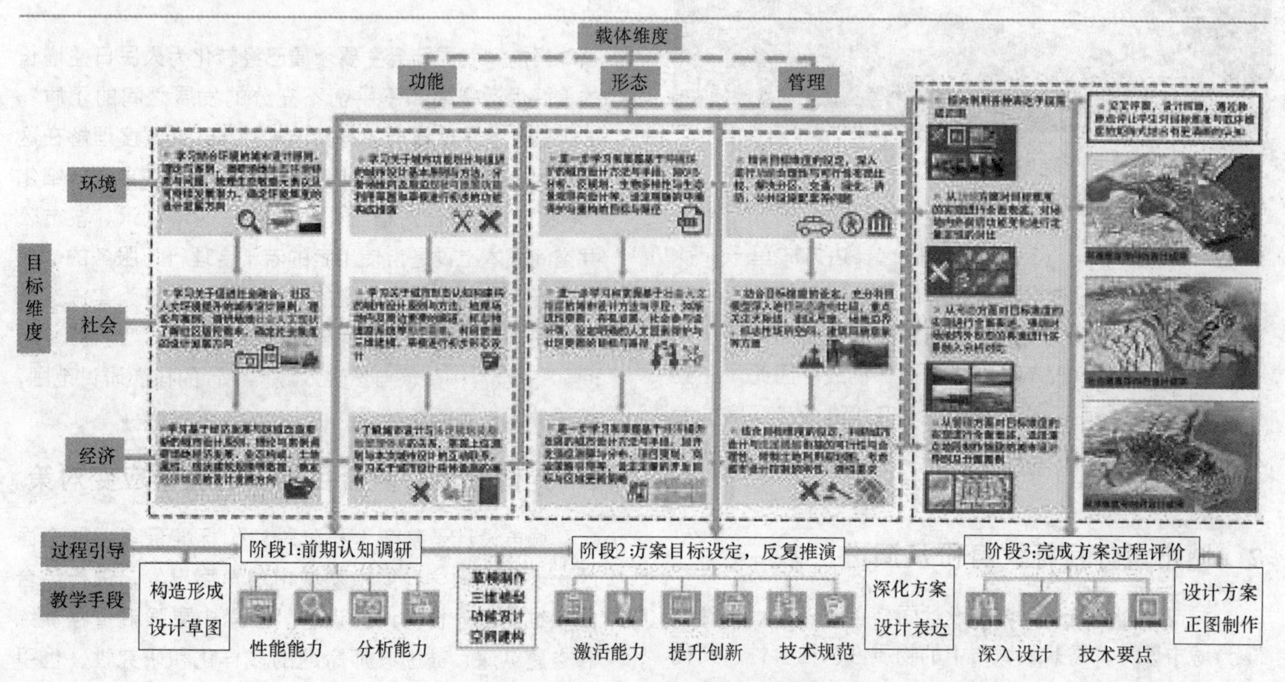

图4　城市设计矩阵式教学思路示意图
（图表执笔：褚冬竹、杨震、黄海静）

具体而言，应对新形势下的城市若干新问题、新现象，近年重庆大学城市设计教学主要从“理论强化、专题研究、地域跨越、本硕联动”4个方面展开：

（1）理论强化：针对本科阶段学生普遍理论积淀薄弱的不足，为更好掌握城市设计要义、夯实理论基础，特在城市设计课之前，开设理论课程“城市设计理论与方法”，旨在引导学生了解城市设计历史进程与发展动向，掌握现代城市设计的理论与方法，强化建筑学专业学生对多学科知识的融合与拓展，形成发现问题、分析问题、解决问题的综合能力。课程分为两个部分；第一部分由若干讲座构成，主要探讨城市设计与现代城市发展的对应关系，以及不同城市发展阶段城市设计的不同内涵与外延；第二部分则结合课程的内容，以近现代城市设计代表性人物为线索，形成数十个研究专题，组织学生针对专题进行深入的个案分析与理论探索，鼓励大量阅读原文书著，并形成研究成果公开展示评审（图5）。

图5　“城市设计理论与方法”学生作业示例
（课程负责、指导教师：卢峰）

（2）专题研究：以城市与城市设计发展特征为思辨基础，高度强调以“研究型设计”为特色的城市设计教学模式。全年级分为3～4个小学小组，选拔在城市研究领域有专长的教师作为教学小组长并承担命题工作。根据教师自身研究特色，在命题过程中明确专题目标，以专题研究推动课程设计，如近年根据城市发展新特点，组织有“公共交通与城市空间整合发展”“工业遗产与城市更新”“高密度山地城市空间集约发展”等特色主题，通过对前沿问题、现实问题的引导解读，使学生在掌握城市设计基本理论与方法的基础上，更进一步理解现实、思考未来。同时，紧扣城市设计发展的新动态，强调“可持续”与“数字化”发展方向，高度重视设计新方法、新工具的教学，将前沿数字技术、大数据工具融入教学实践环节。按照从城市宏观尺度到中微观尺度设置不同的层次解决问题作为课程载体，把思想提升、技术学习与设计过程形成强有力的整合（图 6、图 7）。

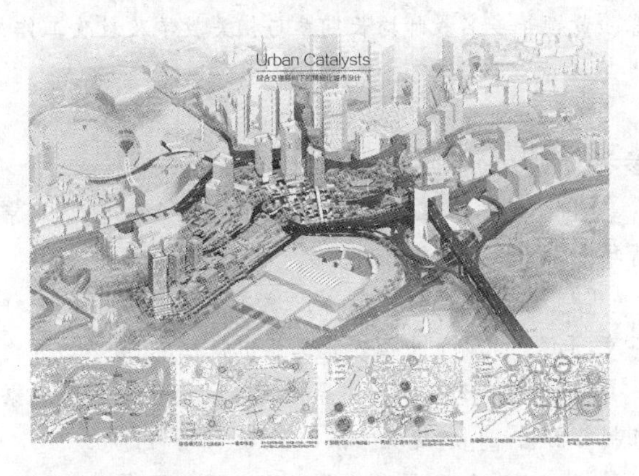

图 6　公共交通与城市空间整合发展专题作业示例
（指导教师：褚冬竹，学生：邱融融、邱嘉玥、刘圣书）

图 7　工业遗产与城市更新专题作业示例
（指导教师：杨震，学生：朱浚涵、王夕璐、罗一华）

（3）地域跨越：大部分情况下，城市设计教学选址都在本地，方便学生深度调研，也更容易获取和理解上层规划及其他建设规则。为培养更具国际视野和应变能力的学生，提升教学质量，近年来，在跨出重庆及西南地区选址（如苏州）的基础上，重庆大学进一步开设了选址于国外的课程设计题目，组织师生现场调研分析，将设计环境完全置身于当地环境，通过深度的背景调研、文献挖掘，力求形成符合当地发展的设计成果（近年在德国、澳大利亚不同城市选址命题）。同时，进一步实验性整合高层建筑设计与城市设计两门课程，使原本独立的两门课程形成前后连贯的整体——先完成城市设计，再从中选择单体设计用地，深入高层建筑设计。目前该实验课程刚刚完成第一届教学工作，已初步显现较好的教学效果（图 8、图 9）。

图 8　选址于苏州的城市设计作业
（指导教师：黄海静、黄颖，学生：游航、熊子楠）

图 9　选址于澳大利亚布里斯班的城市设计作业
（指导教师：褚冬竹，学生：伍洲、李丹瑞、吕品）

(4) 本硕联动：进一步纵向连贯本科教学与研究生教学体系，不仅在本科教学中要求硕博研究生参与辅助教学，更在研究生培养中进一步强化专题、提炼理论，将本科阶段的初步思考以研究生课程及学位论文等形式得到更充分的纵深和拓展，形成了一批真正具有学术交流价值的成果。卢峰教授结合本科城市设计理论与方法教学中关于城市设计代表人物的研究、杨震教授关于城市设计国际动态、杨宇振教授关于空间生产、褚冬竹教授关于城市公共交通与高密度城市整合等研究方向，均在本科、硕博士培养中得以有效连贯，已分别培养出多名完成较高质量研究生学位论文的硕士毕业生。在本硕联动的思路下，在研究生深入研究的过程中有力支持并丰富了本科教学内容，注重以研究生培养过程提升本科教学深度，以本科教学多样化命题推进研究生研究广度，初步形成了积极联动、双向激发的良好教学氛围和共识。

4 结语：城市设计教学的开放与聚焦

在建筑学丰富的教学内容中，城市设计可称得上最特别的部分之一，也可能是学生最能感受到设计“权力”的一次机会——大量城市空间要素都在设计者笔下安排、配置，决定所设计区域未来的发展路径和质量。同时，城市设计丰富的思考维度和多样化的选址特色，虽然往往在最终成果表达上呈现强烈的视觉冲击力，但仍需冷静剖析城市设计成果表达的精彩场景与理性分析推演之间的逻辑关联，既能让人“看得热闹”，更要“看出门道”。

因此，应高度重视设计主观创造和技术理性之间的微妙矛盾，学习在设计生成过程中关注评价和支撑，建立起对城市设计有效性、可靠性的认知和重视，避免过度追求视觉效果而忽略了必要的理性内涵。

显然，在有限的时间内要在一个城市设计课题中面面俱到地解决问题并不现实，教学活动必然有别于真实实践。城市发展没有固化样本，空间建构规则更不能简单搬用。如何引导学生开阔视野、建立方法，理解城市及特定设计范围的多样、开放的特质，建立起对动态城市问题研究的敏锐和兴趣，在纷繁芜杂的城市现象中聚焦关键问题、梳理主要矛盾，从宏观-微观双向切入，以“战略家”和“外科医生”的双重身份投入课程之中——既关注整体政策、体系建构，又重视“手术刀”剖解、调整城市局部特定问题，成为重庆大学城市设计教学改革的基本思路。

注释

本文涉及教学改革的所有成果，均由重庆大学建筑城规学院建筑系集体建设而成，除文中署名外，邓蜀阳、龙灏、杨宇振、王琦、翁季、张庆顺、刘彦君、周露、黄颖等多名教师均长期参与相关教学及教改工作。

参考文献

[1] 约翰·里德. 城市［M］. 赫笑丛译. 北京：清华大学出版社，2010.

[2] 彼得·罗伯茨 等. 城市更新手册［M］. 叶齐茂 等译. 北京：中国建筑工业出版社，2009.

[3] 褚冬竹，严萌. 城市更新“退型进化”现象、机制与前瞻［J］. 建筑学报，2016（7）：11-16.

[4] Saarinen Eliel. The City：Its Growth，its decay，its future［M］. New York：Reinhold publishing corporation，1943.

[5] 王建国. 从理性规划的视角看城市设计发展的四代范型［J］. 城市规划，2018. 42（1）：9-19+73.

[6] A. Rapoport. Human Aspects of Urban Form［M］. New York：Pergaman Press，1977.

[7] 褚冬竹，魏书祥. 精细化城市设计思路与方法——以“行为-时空-安全”视角为例［J］. 西部人居环境学刊，2018，33（2）：27-32.

付瑶
沈阳建筑大学；fu4@sina. com
Fu Yao
Shenyang JianZhu University

设计需要研究吗？
——城市设计研究方法教学实践浅析
Design Need Research?
——The Prectice of Urban Design Research Methods

摘　要： 城市设计已经成为我国城市建设过程中政府管理者、规划师、建筑师以及社会学家共同关注的问题，经过近三十年的城市增量建设到城市改造更新，如何提高城市人居环境质量、如何塑造具有特色的城市风貌、如何提高城市活力等已成为当下城市设计的主要问题。城市设计是对城市形态空间的赋形“设计”，区别于建筑单体形态创作上新颖个性的追求，城市设计更多关注的是多关系的协调，面对城市问题的复杂多样，城市设计需要研究。长期建筑学教育体系下设计的创作是基于先验经验、直觉判断下设计师的“黑箱操作”，面对问题繁杂的城市，缺少研究方法的城市设计将无从发现问题，也就无从解决问题……城市设计的教学应该注重研究方法的讲述，科学的研究方法、理性的技术工具是进行城市设计的基础。
关键词： 设计研究；研究方法；城市设计
Abstract: Urban design has become a problem that government managers, urban planners, architects, and sociologists all concern in the process of urban construction in China. After nearly 30 years of urban incremental construction to urban renewal, how to improve the quality of human settlements, how to shape distinctive city scape, and how to improve the urban vitality have become the main points of urban design. Urban design is a kind of design, which focus on urban physical form space that is different from the monomer building design concern on pursuit of novelty and personalized. On the contrary, urban design pays more attention to the coordination of multiple relations. Faced with the complicated and various of urban problems, urban design needs to be researched. The design creation under the architecture education system is the long-term is based on the prior experience and designer's “black box operation” by intuitive judgment. In the face of the city with complex problems, the urban design without research methods will be unable to find problems and solve them . The education of urban design should focus on the teaching of research methods. Scientific research methods and rational technical tools are the foundation of urban design.
Keywords: Design research; Research methods; Urban design

1　设计与研究

1.1　设计需要研究吗？

什么是研究？康熙字典中“研究”解释有三个方面：1.窮究、探索。近代解释为：探讨、探究、探求、钻研；2. 商量、考虑。近代解释为：讨论、考虑、切磋、斟酌、琢磨、商讨、商量、研讨、研商；3. 仔细询问。[①]

①说文解字。

在熟悉的建筑设计思维模式下，设计创作是建筑师最主要的知识创新方式，用笔绘制设计图纸，勾勒出反映了设计者理念的建筑意向图。设计过程中常需要依据建筑设计原理、设计资料集、设计规范等对应设计目标：空间形态、空间尺寸、立面材料给出明确的甚至量化的设计指导，那么已有的设计经验，以规范、标准等方式合理化的内容是放之四海皆准的科学依据吗？未知的设计问题按照设计师的主观想象可以创造出优秀的作品吗？许多错综复杂、盘根错节的问题可以直接演绎推理吗？设计是创作过程还是研究过程呢？设计需要研究吗？

1984年出版的《Architectural Research》一书中James C. Snyder认为：建筑学研究就是“以知识创新为目的的系统性研究”。这个定义有两个核心内容：第一，这种探究是系统性的；第二，知识创新通常都被认为是研究工作的特质[②]。设计本身具有创新性质，城市设计因城市本身组成的元素多样、城市环境空间的多种、城市人群的多族、城市文脉的多元等使得城市设计问题错综复杂，同时不仅仅是设计问题、还涉及社会学、人类学、地理学、经济学等等问题，城市设计已经超越了单个建筑师的知识能力范围和传统的职业经验。面对问题的庞杂与交叉，在没有同类设计先验经验下，城市设计的研究尤为必要与重要。

1.2 设计研究方法必要吗？

何谓方法？设计方法与研究方法是否具有同一个内涵呢？

“方法”一词源于古希腊，它原来由“沿着”和“道路”组成，表示研究或认识的途径，从理论上或实际上为解决问题而采用的手段[③]。

在我国有关“方法”，2400年前墨子曾有阐述，“……，匠人亦操其矩，将以量度天下之方与不方也。日中吾矩者谓之方，不中吾矩者谓之不方，是故方与不方皆可得而知也。此其故何？则方法明也”[④]。可见，最初叫方法或圆法并没有一定之规，只要按着“规”与“矩”的量具去操作，便可达到目的。“方法”，就是“行事之条理也”[⑤]。

黑格尔把方法也称之为主观方面的手段。他说：“方法也就是工具，是主观方面的某个手段，主观方面通过这个手段和客体发生关系……[⑥]”；英国哲学家培根则把方法称之为“心的工具”，他认为方法是在黑暗中照亮道路的明灯，是条条蹊径中的路标，它的作用在于能“给理智提供暗示或警告”[⑦]。

在教育领域，哈佛大学则认为，“比起古典名著或者最前沿的科学知识，某些学问的方法才是学生必须掌握的。比如你可以没读过莎士比亚的作品，但必须在教授的指导下以评论和分析的方式研读过经典文学；你可以不了解法国大革命的历史，但你得懂得如何将历史作为一种探究和理解的方式，观察和分析当今世界的主要问题；你可以没上过‘经济学原理’，却不能没修过一门探讨社会问题基本原理的课程”[⑧]。

一直以来在建筑设计理论与实践领域里，对于“设计”的认知有两种态度：一种认为“设计”是经验性的，不可传授；另一种认为“设计”是一门科学，可以通过分析、研究、推理等方法解决问题[⑨]。以上两种态度实际上也客观反映了建筑设计以及城市设计的特征，既具有设计者主体的创造性，又因其设计目标——建筑与城市属性多重而具有客体的物质性。设计的过程包括了对设计者主体的规律认知以及对客体的规律认知，而对这两个方面的规律认知就是设计研究。

我国建筑教育课程体系已经从传统的第一代建筑教育家带回的布扎体系、包豪斯体系以及德州骑警体系发展到如今成熟的建筑教育评估体系，但是无论是布扎学院派的“注重思考”还是包豪斯的“制作传统”，“建筑设计方法”与“研究方法”的课程设置却一直是缺位状态。既然设计过程包括了对设计者主体的规律认知以及对客体的规律认知，那么掌握研究方法对掌握设计这一目标是非常有效的工具，掌握设计研究方法对于设计者而言是必要和重要的。

2 城市设计研究方法教学实践

2.1 城市设计的研究方法

“城市设计是与其他城镇环境建设学科密切相关的，

---

②琳达·格鲁特，大卫·王．建筑学研究方法［M］．北京：机械工业出版社，2004：7.

③刘先觉．现代建筑理论［M］．北京：中国建筑工业出版社，1999：495.

④墨子《墨子·天志》

⑤《中文大辞典［M］》第15册：230.

⑥列宁．黑格尔“逻辑学”一书摘要［M］//列宁全集，第38卷，236.

⑦培根．新工具．转引《十六—十八世纪西欧各国哲学》三联书店出版社，1958：9.

⑧陈赛　三联生活周刊，微信公众号“学术志”转载.

⑨柳冠中．设计方法论［M］．北京：高等教育出版社，2011.

关于城市建设活动的一个综合性学科方向与专业。它以阐明城镇建筑环境中日趋复杂的空间组织和优化为目的，运用跨学科的途径，对包括人和社会因素在内的城市形体空间对象所进行的设计研究工作”。[10]随着社会的不断进步，城市设计领域研究方法也在不断扩展，不仅依循了建筑学科以及城市规划学科的相关方法，还不断交叉社会学、经济学等质化研究方法，同时随着互联网、AI技术的发展增加了虚拟现实、空间网络分析等新技术研究方法。根据上述阐述设计过程包括了对设计师的认知研究以及对城市问题规律认知研究两部分内容，结合传统城市设计研究方法以及其他学科的研究方法，并吸纳了新技术的研究手段尝试列出以下新时期城市设计研究方法（表1）。

城市设计研究方法　　表1

城市设计		研究方法
认识论（对设计者设计思维规律的认知研究）	哲学思想	场所-文脉分析方法
		生态分析方法
		城市类型学
	美学思想	视觉秩序
		图底分析
	理性逻辑	逻辑论证
	设计合作	公众参与
	设计过程与程序	图解分析、数字化分析及辅助设计方法、虚拟现实技术等
本体论（对城市问题规律认知的研究）	城市历史文献研究	解释性历史研究
	人类学、社会学等	定性研究
	城市各部分之间关系	相关性研究
	空间形态	分形理论
共同		案例研究/混合方法

2.2 定性研究方法教学实例

2017年“8+联合毕业设计”题目是“重温铁西—城市基因的再编与活化”。曾被称作“东方鲁尔”的铁西区，是中国工业化的象征，曾为新中国贡献诸多“第一”。如今工业遗址被快速的城市建设和经济更新换代的规律抹去，惟留工业文物和工业符号，成为铁西工业文明永不消逝的佐证。此次城市设计题目具有开放性，需要学生自己发现问题进而解决问题。解读题目：重温铁西，寻找城市中的工业基因，铁西是设计的主要对象。李佳欣、何幸路、鲁涵岳三位同学的设计方案，把“棚户区”确定为铁西工业文明发展过程中的居住形态基因，经过多次实地调研，针对棚户区采用了访谈、观察记录、问卷统计等方法进行了深入调查。设计者采用的是定性研究方法，对棚户区的历史沿革、居住人群、基地环境、户型模式进行了调研与分析（图1～图5）。“定性研究是一种对一个特定环境进行第一手研究的策略。它试图在真实世界的环境中了解人们是怎么样认识他们的环境和他们自己的......”[11]。

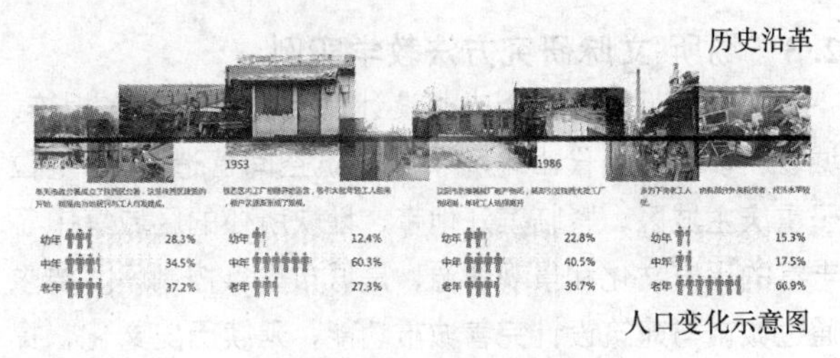

图1　棚户区历史沿革

图2　棚户区居民需求

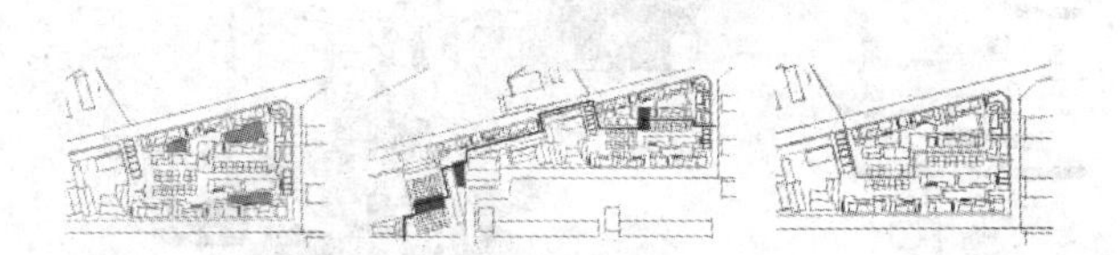

图3　棚户区基地分析

图4　棚户区现状户型

⑩王建国. 城市设计［M］. 南京：东南大学出版社，2010：4.

⑪琳达. 格鲁特. 建筑学研究方法［M］. 北京：机械工业出版社，2004：179.

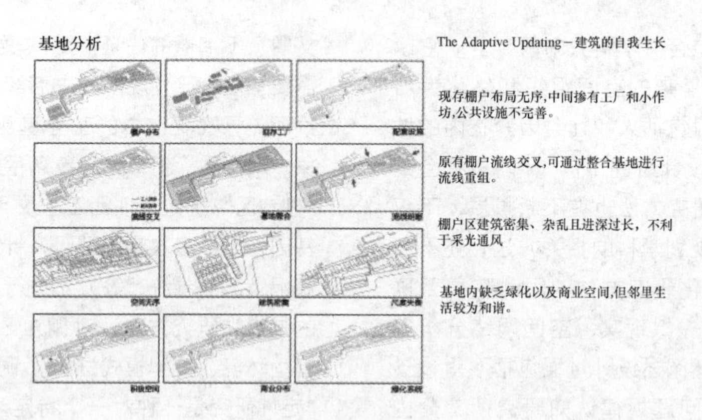

图 5 棚户区周围环境

2.3 场所-文脉研究方法教学实例

2018 年“8＋联合毕业设计题目”是“山水相连、城乡一体——当代山地城市与建筑空间营造”，基地位于重庆主城区，紧临滨江地带，地块所处的区域集中了丰富的历史文化和景观资源，是城市重点控制区。要求通过城市与建筑设计完善城市功能，延续历史文化，提高城市空间环境品质，加强地区的城市活力。刘沐鑫、管怿航、闫岩三人以“茶馆”为切入点完成了一个“自下而上的场所复兴”的城市设计（图 6)。

图 6 场所精神—“茶馆”立意

设计初期三位同学进行了基地调研，对基地内“交通茶馆”发生了浓厚的兴趣，设计者认为茶馆是重庆人们生活的重要场所，而“交通茶馆”经历了三十年的风雨历程已经成为基地内蕴含了当地人们情感、承载了时代的变迁、通过艺术家的画笔见证了人生百态的灵魂居所。因此，以“茶馆”为载体进行“场所”营造成为此设计方案的立意构思（图 2～图 6)。方案以茶馆作为事件发生地虚拟了三个人物，根据三个人物的年龄特征进行公共设施需求研究，依据当地公共设施现状结合理想设施设置要求，提出满足不同年龄段居民需求的公共设施，并将茶馆建筑分解元素化，将各元素作为具有场所精神象征插入新建公共建筑中，以“茶馆”再现实现“场所的复兴”（图 7)。

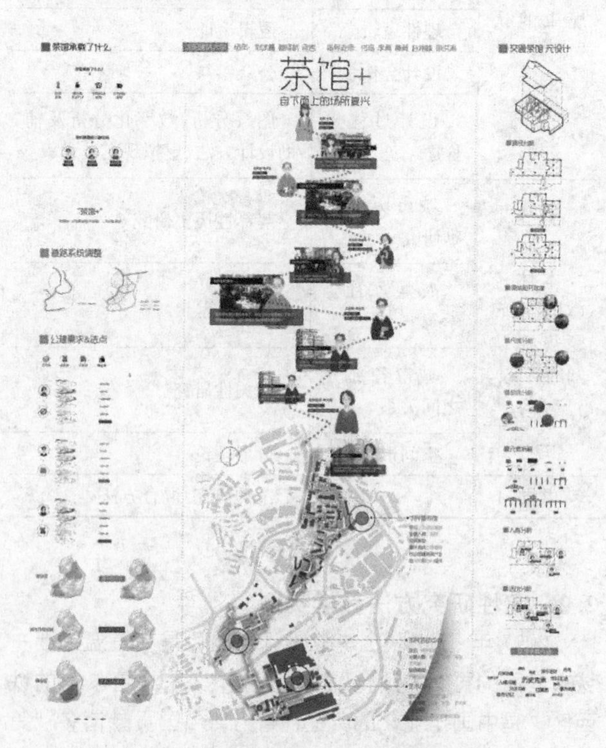

图 7 茶馆人物-事件-元素的场所营造

此城市设计方案体现了设计者的设计理念，是设计主体设计思维认知导向的反映，从场所文脉的角度思考了城市设计的问题，应用了场所—文脉设计研究方法。

3 城市设计研究方法课程设置思考

建筑设计因其设计目标是某一种类型建筑，在校学习期间的建筑单体规模也较小，即使毕业设计也很少超过十万平方米。因此，对设计问题的处理尚属于思考可控，而城市设计由于问题较多，使得学生无从下手，不知所措。在学科内容越来越深入、交叉性越来越强、数据信息越来越大的情况下，掌握研究方法不仅对于城市设计有意义，对建筑设计以及景观设计同样有指导作用。

传统建筑学专业课程体系中没有设置“城市设计研究方法”课程，城市设计的教学内容一般通过设置“城市设计概论”讲述课（32 学时）和建筑设计 3（城市设计）（64 学时）组成（以沈阳建筑大学为例）。当前在全国高等教育少学分制、追求自主学习的趋势下，增加学时已属于不现实的情况，而“研究方法”的重要性又需要学生必须掌握。因此，建议开设“研究方法”为选修课，24 学时，四年级上学期设置，面向建筑学、城乡规划学、风景园林学三个专业，针对所有设计课编制课程内容。“研究方法”的教学方式以讲述为主，同时结合建筑设计、城市设计等设计课中进行实践。研究方法的掌握对于后续硕士研究生学习也会打下重要的学术研究基础。

4 结语

设计方法或研究方法在本文中没有明确的区分，虽然两者还是有一些差别，即设计方法更多的是设计者在设计过程中应用的方法，研究方法更多的是对设计对象进行研究采用的方法。但是二者针对“设计”这一广义概念界定下是两个部分，它们共同构成了设计的方法。

“授人以鱼，不如授之以渔”，研究方法将是通向设计的明灯。

参考文献

[1] 说文解字。

[2] 琳达．格鲁特．大卫．王．建筑学研究方法［M］．北京：机械工业出版社．2004：7.

[3] 刘先觉．现代建筑理论［M］．北京：中国建筑工业出版社．1999：495.

[4] 墨子《墨子·天志》。

[5] 《中文大辞典》第 15 册，第 230 页．

[6] 列宁《黑格尔“逻辑学”一书摘要》见《列宁全集》，第 38 卷：236.

[7] 培根．新工具［M］//十六—十八世纪西欧各国哲学［M］．北京：三联书店出版社．1958：9.

[8] 陈赛．三联生活周刊，微信公众号“学术志”转载．

[9] 柳冠中．设计方法论［M］．北京：高等教育出版社．2011.

[10] 王建国．城市设计［M］．南京：东南大学出版社．2010：4.

[11] 琳达．格鲁特．建筑学研究方法［M］．北京：机械工业出版社．2004：179.

华晓宁
南京大学建筑与城市规划学院；huaxn@nju. edu. cn
Hua Xiaoning
School of Architecture and Urban Planning，Nanjing University

针灸与触媒
——关注城市日常性的“城市建筑”设计课程教学

Acupuncture & Catalyst：Design Course of ‘Urban Architecture’ Focusing Urban Everydayness

摘　要：日常性是当代建筑与城市的重要主题。对日常性的重视反映了向建筑学本体的回归。为在“城市建筑”设计课程教学中强调日常性的重要价值，“城市针灸”和“城市触媒”被引入作为教学的关键词。学生藉此理解城市的真实性和复杂性，解决城市真实问题和需求，以空间催化城市活力，从物质空间和日常生活两方面将建筑与城市融合起来。

关键词：日常性；城市建筑；城市针灸；城市触媒；设计课程；教学

Abstract：Everydayness is one of the most important themes of contemporary architecture and urbanism，which means recurrence to the noumenon of architecture. In order to promote the importance of everydayness in the design course of ‘Urban Architecture’，strategies of ‘Urban Acupuncture’ and ‘Urban Catalyst’ were introduced into teaching process as keywords. Thus students learned to understand urban facticity and urban complexity，solve real urban problems，satisfy urban requirements，catalyze urban vitalities and integrate architectures and urban places from the viewpoints of physical space and everyday lives.

Keywords：Everydayness；Urban Acupuncture；Urban Catalyst；Design Course；Teaching

1　日常性之于建筑与城市

“日常性（everydayness）”近年来日益成为建筑学关注的主题。这种关注的兴起与其说是一种新的风潮，毋宁说是对建筑学真正本体的回归。在此，所谓“本体”不仅仅是“自身”（亦即建立在物质性基础上的内在逻辑性或自明性），更是一种“本原”，是建筑学得以缘起和确立自身价值的根基。20世纪上半叶，从胡塞尔（E. Edmund Husserl）、华尔特·本雅明（Walter Benjamin）、列斐伏尔（Henri Lefebvre）等人开始，“日常性”议题就成为当代哲学视野中对超验、抽象的形而上学的一种批判。而这种批判在建筑学视野内得到呼应，很大程度上是源于对建筑学近年来愈演愈烈的异化、自我封闭和自我放逐的反思。随着社会经济的快速发展，建筑学必须迅速走出权力、资本、技术的辖域，也要摆脱建筑师自身的自艾自怜自恋，回归日常生活本身，找到学科和职业的立足点与锚固点。这也正是当代建筑学专业教育所面临的最重要任务和挑战之一。

在建筑的城市维度（或城市的建筑维度）上，“日常性”也日益受到重视。王骏阳指出：“‘日常’议题的提出正是对当代中国城市状况的一种质疑和挑战。它反对从‘零’开始的‘白板策略’，主张将既定城市环境作为设计的出发点，尽管这样做常常更为困难。[1]”玛格丽特·克劳福特提出了所谓的“日常都市主义（everyday urbanism）”，指出：“我们相信在定义城市时，生活经验应比物理形式更重要。[2]”她主张“设计师应该置身于当代社会中，而不是置身事外与超脱其上，应从近处解决社会生活的矛盾。[3]”可以说，“日常性”同样是城市的“本原”（饶有兴趣的是，现今我们认可日常性对于城市的重要性，远比认可日常性对于建筑的重要性要容易得多）。

2 日常性在教学中的缺席

南京大学建筑与城市规划学院建筑学专业本科三年级下学期“建筑设计”课程以“城市建筑”为教学主题，以“大型公共建筑设计”为其载体和设计任务。在南大建筑的专业课程体系中，这一主题是一个关键性环节，上承二年级和三年级上学期的“小型公共建筑设计”、“中型公共建筑设计”课程，下接四年级的“城市设计”课程，具有重要的承上启下意义和较强的综合性、复杂性。

城市之于建筑，无疑是一种背景结构或基质（Matrix）式的存在，它对所处其中的建筑的意义、影响、限定大概可以从两个方面来理解，亦即物质空间（Physical Space）层面和日常生活（Everyday Life）层面。前者往往有关于几何学（Geometry），后者则更适合以现象学（Phenomenology）视角为切入点。城市在物质空间和日常生活两方面的复杂性，成为“城市建筑”最根本的缘起和约束。故而，“城市建筑”的真正内涵，不仅仅是物质空间层面的连接和适配，更重要的是物质空间所链接和承载的城市日常生活。“建筑学对日常生活的关注让我们在城市建筑的时间与空间之间，人和物的个体与整体之间，产生另一种重要的嫁接维度。”[4]

然而，在南大建筑既往对“城市建筑”的教学探索中，尽管对城市场址上综合性建筑的功能、空间、动线、形体组织训练做了许多探讨，还进一步引入了“实与空（Volume & Void）”、“内与外（Inner & Exterior）”、“层与流（Layer & Circulation）”、“轴与界（Axis & Edge）”等几组关键词来启发学生理解和研究建筑与城市空间的整合，但始终存在的问题是过于强调操作性（Operational）训练，过于强调物质空间本体，对于物质空间所承载、激发和伺服的真实城市生活以及城市场址上具象的使用者关注不够，造成了学生难以真正“沉浸”到真实的城市日常状态中，难以真正理解具体的市民和鲜活的日常生活，从而造成“城市建筑”中城市与建筑的貌合神离。而近年来随着我国社会与经济的不断发展，建筑师的角色也在发生着深刻的变化。仅仅作为物质空间形态的被动操作者，已经无法适应社会对建筑师这一职业的要求，也必然导致自身的被边缘化。因此，在建筑学专业课教学中强化“日常性”的重要地位，在当前显得尤为必要。

3 作为日常性策略的针灸与触媒

为此，在2018年度的课程教学中，教学组引入“城市针灸”（Urban Acupuncture）和“城市触媒”（Urban Catalyst）这两个新的教学关键词，以引发学生对于城市“日常性”的重视和关注，并启发他们将真实的城市日常生活作为“城市建筑”设计概念和策略的源泉和出发点。

“城市针灸”由西班牙著名建筑师曼努埃尔·德·索拉·莫拉莱斯（Manuel de Sola Morales）提出，意指一种针对特定城市场址和城市问题的小尺度介入\干涉（intervention）。这一概念最早进入国内建筑学界视野，恰恰是在2004年南大建筑主办的“结构·肌理·地形学”国际学术研讨会上。在20世纪80、90年代巴塞罗那的城市更新进程中，莫拉雷斯将这一策略进行了大量实际应用，获得了理想的效果，在学界产生了很大的影响。而当前在国内许多城市中方兴未艾的“微更新”也正是“城市针灸”策略在当前存量更新背景下的在地实践。

作为一种策略，“城市针灸”有两个最重要的特征。一是“准”，必须精准地发现城市日常生活中切实存在的真实问题，并提出切实行之有效的解决策略，而这必然建立在对特定城市场址、以及其所承载和引发的城市“日常性”进行详尽深入地研究、分析基础上。二是“微”，必须以尽可能谨慎、小尺度的操作来解决问题，以最小的代价和成本获得尽可能好的收益，并避免惯用的“大手笔”给城市带来的副作用。

“城市触媒”则是在1989年由美国学者韦恩·奥图（Wayne Atton）和唐·洛干（Donn Logan）在《美国都市建筑——城市设计的触媒》一书中提出。它指“策略性地引进新元素以复苏城市中心现有的元素且不需彻底地改变它们，而且当触媒激起这样的新生命时，它也影响了相继引进之都市元素的形式、特色与品质。[5]”广义上说“城市触媒”并不一定是建筑，但“城市建筑”毫无疑问应成为城市进程中一种重要的活化“触媒”。当建筑被加入城市环境中，促使原有环境（如面临衰退的旧城环境）能够加速更新，促使原有城市结构能够持续演进，这种促进城市持续发展变化的建筑甚至能被称为“触媒建筑”[6]。这就需要将建筑的物质空间系统与丰富的日常生活紧密关联起来。以库尔哈斯、屈米等人为代表的许多建筑师都认同一种弹性的、可变的计划性策略对日常生活具有有力的催化作用，所以他们更倾向于用“计划（program）”一词来代替传统的“功能（function）”概念。通过空间的多样化计划性安排，为物质空间带来活力。

“城市针灸”和“城市触媒”这两个关键词的共同特征是对于“日常性”的重视。它们既以城市“日常性”为源头，又以催生新的、更为丰富的“日常性”为导向和指归。另一方面，尽管“物质性”和“形态”依然是最为重要的操作性工具，但“效能（performance）”无疑才是最终的评价标准。

4 教学策略与进程

南京大学建筑与城市规划学院建筑学专业本科三年级下学期“建筑设计”课程2018年度的设计课题是在南京“五塘新村”中置入一个新的社区中心。五塘新村社区位于主城边缘，始建于20世纪80、90年代，是一个当代中国城市中非常典型、大量可见的老旧高密度居民小区，人口密集，成分复杂，设施老旧，管理松懈，空间环境杂乱却又生机勃勃。理解此类城市环境，“日常性”无疑是最重要的切入点。而从另一个角度来看，此类城市场址，正是学习以“日常性”驱动“城市建筑”设计的最佳标本。

16周的教学周期被分为两个教学阶段，各自有着明确的目标、任务和成果要求，彼此又紧密衔接、前后相承。

4.1 第一阶段：“五塘医案”

在第一阶段，学生被要求仔细深入地实地调研整个社区，运用各种手段记录、分析社区物质空间系统的形态以及社区居民的日常生活状态，发现社区生活中的真实问题，了解社区居民的真实需求（图1）。除了对社区物质空间形态进行记录、图解、分析等常规操作外，教学组尤其强调照片、影像在记录和分析城市空间“日常性”方面的重要作用，要求每个学生必须采集一定数量反映社区现状空间环境和居民在空间中日常生活状态的照片，并分组拍摄市民生活的影像（图2）。除此之外，也鼓励学生自行拓展其他多种多样的城市日常性分析工具和策略。在教师的鼓励和启发引导下，学生表现出了极大的主动性和创造性，例如有学生就从社区小学网站上发表的小学生作文中提取到居民在社区外部环境中的日常行为、感受和评价。

在调研、记录、分析的基础上，学生需要进行一次“城市针灸”：在社区中心用地周边选择一处存在问题和需求的外部空间进行“微更新”。学生需要用尽可能小的介入改变空间环境，解决真实问题，切实满足居民需求。这一“微更新”不能仅仅停留在“满足需求”的层面，还必须进一步以此为契机激发一系列衍生的市民活动和人际交往（图3、图4）。

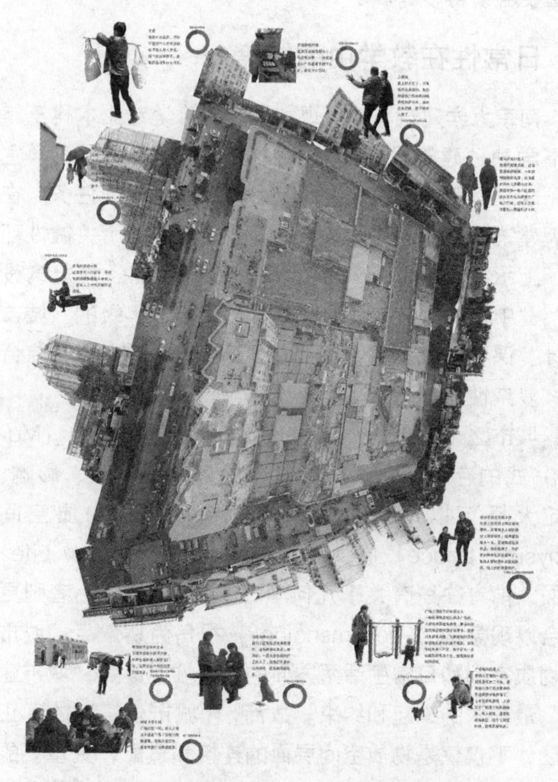

图1 场地城市日常生活分析

图2 调研影像截图

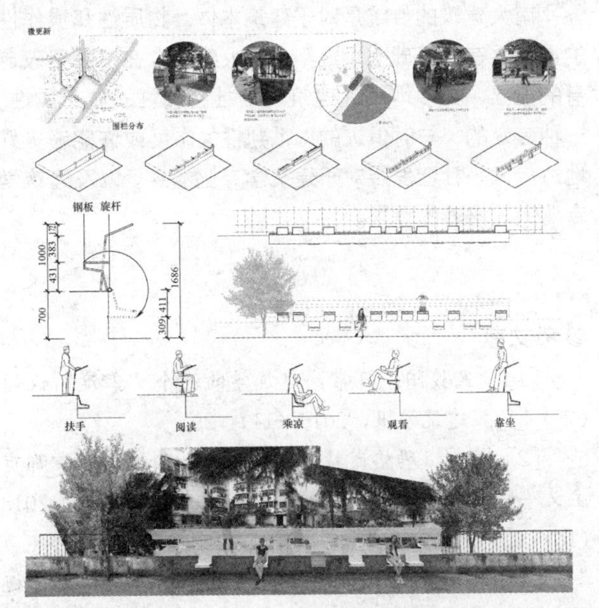

图 3 “城市针灸”之一：空地围栏转化为休憩与社交场所

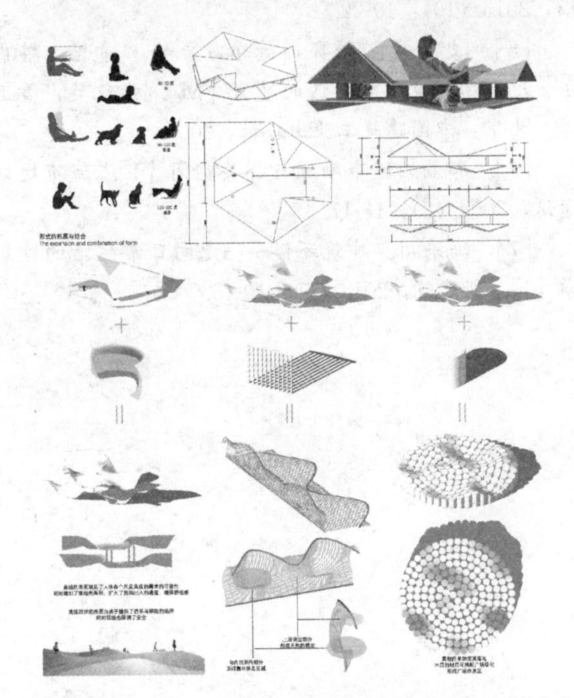

图 4 “城市针灸”之二：由宠物引发的邂逅与人际交往

通过“微更新”这一阶段性任务，学生进一步深入理解城市，理解社区和市民日常生活，并初步理解建筑师专业性介入的价值、意义，尝试以城市“日常性”引领物质空间操作的设计理念。“城市针灸”成为整个课题训练的触发点，从某种意义上说，它本身也已成为一种教学的“触媒”。

这一阶段的中期评图被命名为“五塘医案”。这一名称来自于学生工作内容和方法的类比：对场地的调研分析过程对应于中医的“望闻问切”，设计问题、目标和策略的提出类似于中医“辨证开方”，而“社区微更新”则是典型的“针灸”操作。为了进一步激发学生的主动性和积极性，教学组在阶段性评图的同时举办了名为“五塘新村的日常”的影像展，展出学生采集的摄影和影像，取得了很好的反响（图 5）。

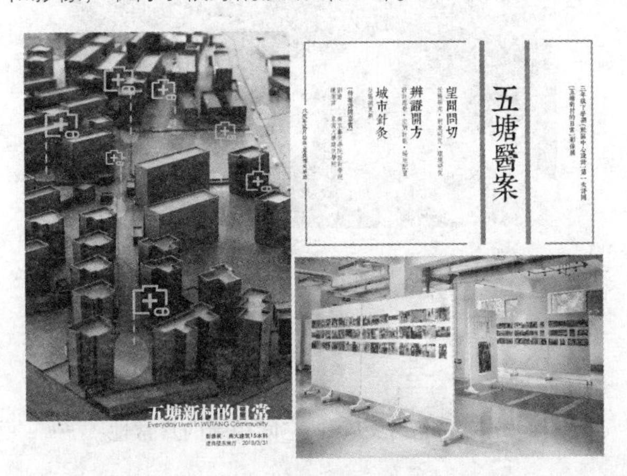

图 5 第一阶段评图与影像展

4.2 第二阶段：社区中心作为城市触媒

教学的第二阶段，则要求学生进一步将目光聚焦到社区中心的设计，这也是本课程的主体内容。社区中心被要求设计成为一个“触媒”，以物质空间激发城市生活，催化城市活力，诱发多种多样的城市“日常性”。

为此，本学期延续了上一学年“开放式任务书”的做法，针对社区中心这一任务目标，设计任务书限定的必需功能空间仅占总建筑面积的 1/4（包括多功能厅、羽毛球馆、展厅、政务大厅和社区菜场等），剩余 3/4 建筑面积所承载的空间性质和功能需要学生通过研究来自行确定。学生需要在对任务、场地、对象、需求进行全面调查、分析和研究后，基于专业视角提出未来发展愿景，并形成空间计划（Program）。

在设计成果方面，除了常规的技术图纸之外，特别要求学生完成“空间叙事”的表达：以一系列小透视表达新建筑介入城市场址后产生的一系列新的建筑与城市空间片段。这些空间片段场景中必须加载未来可能持续发生或在不同场合下发生的市民使用行为，它们是由新建筑介入而引发的“链式反应”的一部分，是新的城市“日常性”（图 6）。

此外，学生需要考虑将前一阶段完成的“城市针灸”（微更新）与作为“城市触媒”的社区中心相整合：或是将某些微更新策略进一步应用到社区中心的设计中，或是令微更新的成果与社区中心共同作用，形成具有活力的城市场所。

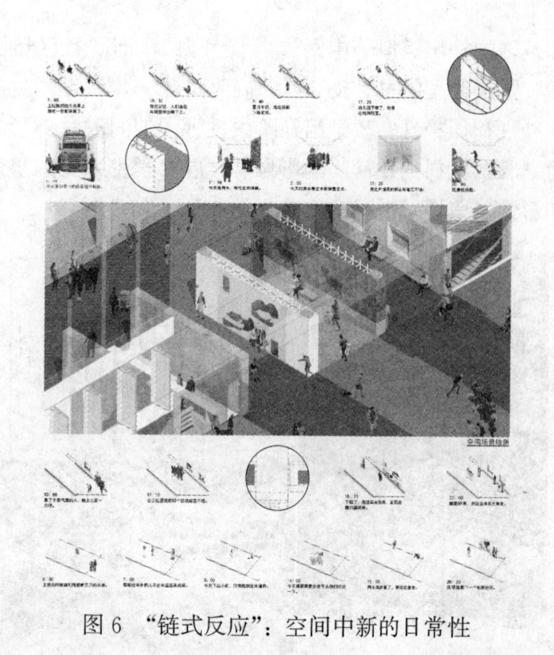

图 6 “链式反应”：空间中新的日常性

5 结语

南京大学建筑与城市规划学院建筑学专业本科三年级下学期“建筑设计”课程聚焦于“城市建筑”这一主题已有八年之久，课程的教案、载体、设计任务每年都在进行探索、研究和优化迭代。这一过程同时也是教学组对“城市建筑”这一对象和问题的认识不断深入的过程。相应的，教学方法、策略和关键词也发生着持续地演进。在教学中强化对“日常性”的重视，在本质上是引导学生向建筑学“本原”和“初心”的回归。甚而至于，按照冯果川的观点，在当下的城市和建筑实践中，这是一种极具批判性和抵抗性的态度[7]。这种具象的观察力、独立的思考力对于学生未来的职业生涯是极为重要的。

南大建筑的传统是对于建筑本体、物质性和操作性的重视。在此基础上，近年来南大建筑也在不断突破自身的疆界，更多地关注建筑学的社会属性、城市属性。一种应变的、与时俱进的、批判性的态度或许能够更好地适应未来社会发展对于建筑学专业本身、以及建筑学专业人才培养的需求。

参考文献

[1] 王骏阳. 日常：建筑学的一个“零度”议题（下）[J]. 建筑学报，2016（11）：29.

[2]、[3] 玛格丽特·克劳福德，陈煊. 日常都市主义——在哲学和常识之间 [J]. 城市建筑，2018（10）：15-18.

[4] 朱渊，朱剑飞. 日常生活：作为一种设计视角的关注——“日常生活”国际会议评述 [J]. 建筑学报，2016（10）：19-22.

[5] 史蒂文·蒂耶斯德尔，蒂姆·希思，塔内尔·厄奇. 城市历史街区的复兴 [M]. 张玫英，董卫译. 北京：中国建筑工业出版社，2006.

[6] 郭磊. 城市触媒与公共空间 [J]. 城市规划通讯，2004（8）：16-17.

[7] 冯果川. 建筑还俗——走向日常生活的建筑学 [J]. 新建筑，2014（6）：10-15.

陈强　陈泳
同济大学建筑与城市规划学院；cqse@tongji. edu. cn
Chen Qiang　Chen Yong
College of Architecture and Urban Planning，Tongji University

社区更新背景下的毕业设计教学
——以上海杨浦区大桥街道沈阳路周边地块（微）更新为例

Final Design Teaching in the Background of Community Renovation
——Taking Block Renovation Around Shenyang Road of Shanghai Daqiao Sub-district as Case Study

摘　要：学生在大桥街道社区微更新毕业设计中，从社区建筑师的角度采取针灸式更新方式，主动发现和分析问题，并与各利益相关方对接交流，激活未被有效利用的失落空间，实现街区有机更新。

关键词：社区更新；社区建筑师；针灸式；失落空间

Abstract：As community architects，the students find and analysis problems initiatively，communicate with stakeholders，activate lost space and achieve the aim of organic renewal during final design in community renovation of Daqiao sub-district.

Keywords：Community Renovation；Community Architect；Acupuncture；Lost Space

随着我国城市的发展重心由增量转向存量，城市更新议题日益突显，更关注于空间品质的提升与内涵式发展。作为城市新陈代谢的成长过程，城市微更新主张以渐进式、小规模的方式替代粗放式、大规模的改造来实现城市更新，弥补碎片化城市空间，修复城市形态，更多地体现了日常性特征[1]。《上海市城市更新实施办法》(2015) 中强调关注历史传承与魅力塑造、功能复合与空间活力等内容，注重空间重构与社区激活、生活方式与公共空间品质、公众参与与社会治理、低影响与微治理；推动城市内涵的创新发展。《上海城市更新规划土地实施细则》(2017) 中指出以街坊为最小更新单位，完善区域内的公共服务设施，打造 15 分钟生活圈，解决民生需求。

社区更新以物质层面的更新为媒介，实现从“见物不见人”到“见物又见人”的转变，加强社区凝聚力，营造社区活力，打造更有温度的城市生活。这关系到各利益相关者的切身利益，需要进行广泛调研、观察分析、找寻问题，从他们的角度综合考虑，协调在地各方的空间诉求（包括公众参与）[2]。因此，社区更新工作与常规的建筑师业务内容不同，应思考如何突破专业现有的领域、挑战专业与大众之间的界限，探寻一种具有开放性、互动性与包容性的设计方法。

1　课题概况及教学目标

课题选择上海市杨浦区大桥街道沈阳路周边南北 6 个地块为研究对象，以公共利益为导向，以更日常和微观的视角切入社区公共空间，以针灸式更新方式提升城市局部片区的功能，改善周边建成环境的公共空间品质。该课题是同济大学与杨浦区三年社区合作计划的内容之一，选取这一正在进行的实际项目作为课题，具有其特殊的探索意义与研究价值。

整个区域东起宁国路（内环线杨浦大桥高架引桥），西临杨树浦港，南北分别至杭州路、平凉路，总用地约 21 公顷，包括复旦大学附属妇产科医院（红房子）等 3 家医院、杭一小学、废旧厂区、商办综合体、高层住宅区、宾馆、传统里弄、老公房及菜场等多样化类型，街区人群结构多元，具有丰富的空间肌理，为课题提供了充足的研究样本。

课题要求学生针对现状存在的问题，运用城市设计、环境行为学与社会学等多学科的研究方法，以社区公共空间提升为目标，充分利用现有资源，协调各方利益关系，主动寻找研究对象，提出具有可操作性的设计策略和措施。

2 设计任务

课程教学针对研究主题，除去设计表达，分为基地前期调研、街区整治与节点深化 3 个相互关联的环节，并在相应阶段与社区展开交流，最终方案成果以展板和模型的方式在社区展示。

2.1 前期调研——3 周

学生分为 3 组，对研究片区从 3 个主题展开调研：A 区域特征：历史演变、地区资源与问题；B 空间形态：地块划分与产权、建筑体量布局及界面形态、公共空间构成与层级、街道断面；C 交通组织 ：交通易达性与有序性（步行、自行车、公交与小汽车分时段流量与拥挤度）、出入口及停车组织（机非）。通过访谈、问卷和实地调研与活动记录工作，收集整理基础资料和相关文献，分析基地存在的问题、需求和可挖掘的资源。

同时，学生按街区社会角色分成 6 组，分别从政府部门（街道与居委会）、相关单位、居民、医护人员、就医人士、家属、小学师生、白领、小商贩等各利益相关者的角度，有针对性地了解不同群体的诉求，更好地从整体上分析与解决问题（图 1）。各组完成基地调查报告与相关专题研究，并通过汇报的方式与社区代表交流分析成果。

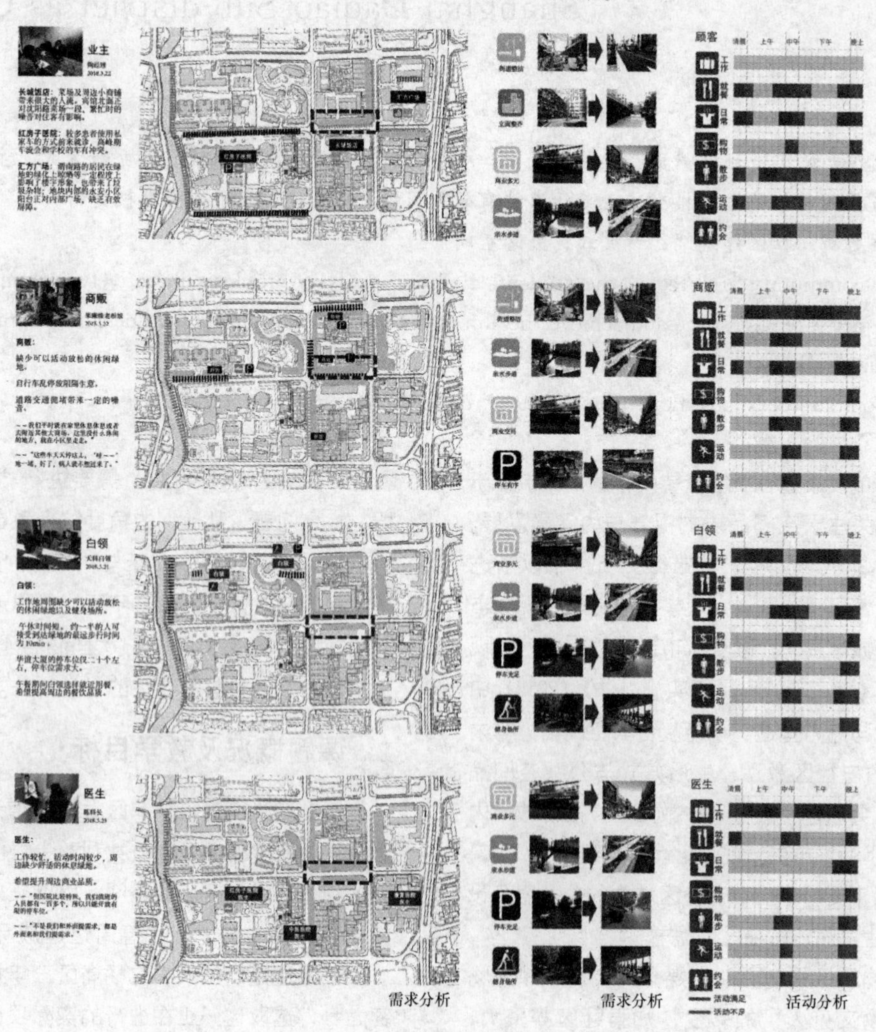

图 1 人群需求分析

2.2 街区整治——4 周

各小组在上一阶段调研分析基础上，针对问题与需求，对整体区域展开设计研究。要求每个小组提出各自的城市设计目标与策略，合作完成城市设计方案。该阶段中期，举办“社区讨论会”，邀请调研各方对方案评价，以吸纳各利益相关者的意见和诉求，修正方案。

2.3 节点深化——6 周

学生选取设计基地内若干代表性失落空间（包括建筑、景观或者构筑物)、提升空间品质和空间效能，展开深入设计，要求合理配置功能，细致推敲空间尺度、环境景观、材质细部，强调基地环境分析与形态设计之间的关联逻辑和思考过程的训练。

3 研究成果

经过大量细致的基地调研，学生们发现以下主要问题：

(1) 交通问题突出：街区内医院的就医高峰带来潮汐式交通状况，停车问题突出；街区北侧的高架上匝道带来一定量的过境交通，早晚高峰加剧了区块内的交通压力；共享单车侵占空间严重，使得本不宽敞的人行道空间更为紧张，步行体验较差。

(2) 公共空间体系不完善：一方面公共空间缺失，如作为居民日常生活重要载体的菜场很有活力，但是空间本身较为局促，且紧邻道路，对街道空间产生了挤压；另一方面，部分空间效能不高，杨树浦港滨河环境衰败，杨浦大桥高架下的空间被两侧道路切割失去与周边的联系，有些厂区、仓库因产业转型而空间闲置。

(3) 医疗产业发展：基地内 3 所医院带来大量医疗科研服务相关产业，其发展空间有待拓展。

其中针对区块内交通拥堵问题，学生们进行了街区全时段的交通调研，发现在不同时段与路段，路面上机动车和非机动车的拥堵情况不同。学生提出开设“单行线”，并且采用分时段的弹性交通管理模式以应对潮汐交通状态；利用医院与周边小区停车状况的互补性应对停车问题；倡导步行、非机动车和公共交通优先，局部压缩车行道路增加步行空间，形成适合社区的“慢行街区”（图 2）。

通过对街区层面的梳理，学生们提出活街、塑界、渗街、复商、慢街、合径、围院、栖桥、乐水、康体、透绿与憩间等策略以提升街区整体活力（图 3）。同时，学生寻找并激活未被有效利用的失落空间，选取闲置的沈阳路厂房和杭州路仓库、东侧高架下空间、西侧的滨水空间 4 个代表性节点进行优化。

厂房——菜场后方空置的两栋多层电机厂房属于未被利用的失落空间。计划将其建成社区综合体，底层利用空间高敞的特点设置菜场、立体停车；二层设社区食堂、展览、健身阅读等公共服务场所；上部设置医疗相关产业联合办公、青年公寓；形成功能混合的社区活力空间。原菜场内移后，利用其临街面的优势设置精品商铺（图 4）。

仓库——在和社区交流的过程中，居委会和居民多次提到社区活动空间严重不足的问题，而杭州路上用地狭长的单层老仓库目前闲置，计划将其改造为邻里中心，保留原有格局和木屋架，设居委会办公、社区教学培训空间、棋牌室、公共厨房及洗衣机等服务设施，增强社区吸引力（图 5）。

高架——高架桥面宽度达 25m，下方近 17～24m 高的空间，竖向空间资源有待挖掘。通过底层设停车，上部设置以户外健身为主的立体平台、环形跑道，利用二层平台联系高架两侧的步行交通，并与周边建筑相接，增强可达性，使原本割裂城市空间的屏障成为联系周边的纽带，同时自身也成为一种城市景观（图 6）。

滨水——杨树浦港滨水沿岸北段空间相对封闭，南段空间单一乏味，滨水价值未能有效发挥。在滨水沿岸北段，结合周边办公楼白领的需求，增设一些茶吧、咖啡馆等场所，形成多层面的休闲平台，同时与滨水水岸结合，打开滨水区原本封闭的绿化区，达到景观与休闲活动的融合。在滨水沿岸南段，增设服务设施，并利用堤岸下方做成停车空间，实现空间资源的共享（图 7）。

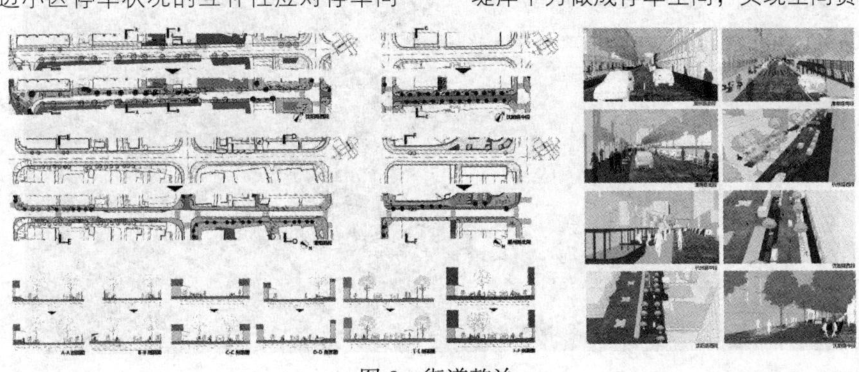

图 2 街道整治

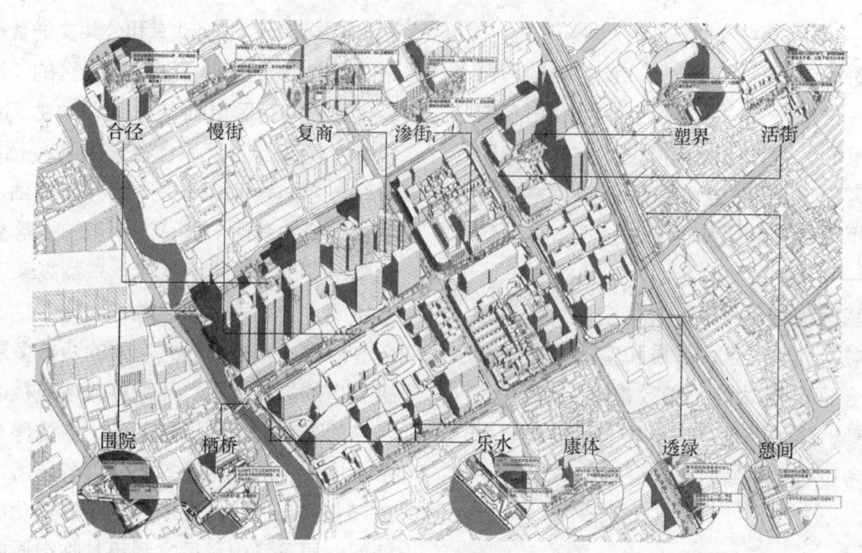

图 3　总体设计

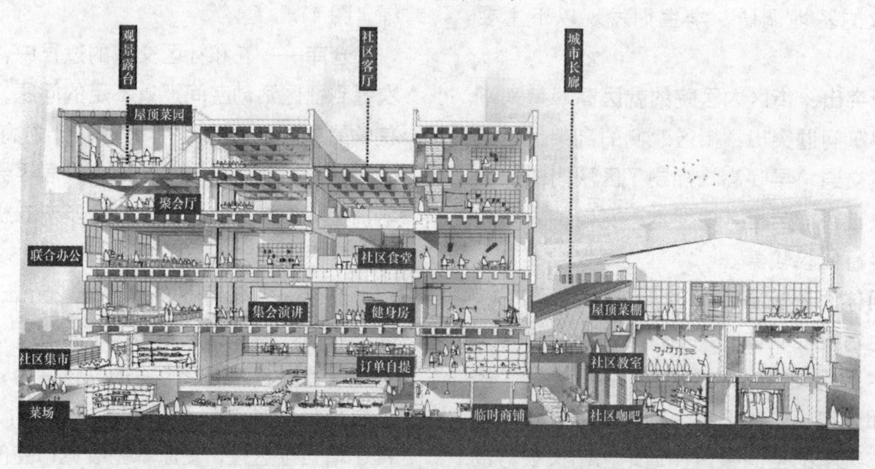

图 4　厂房改造为社区综合体

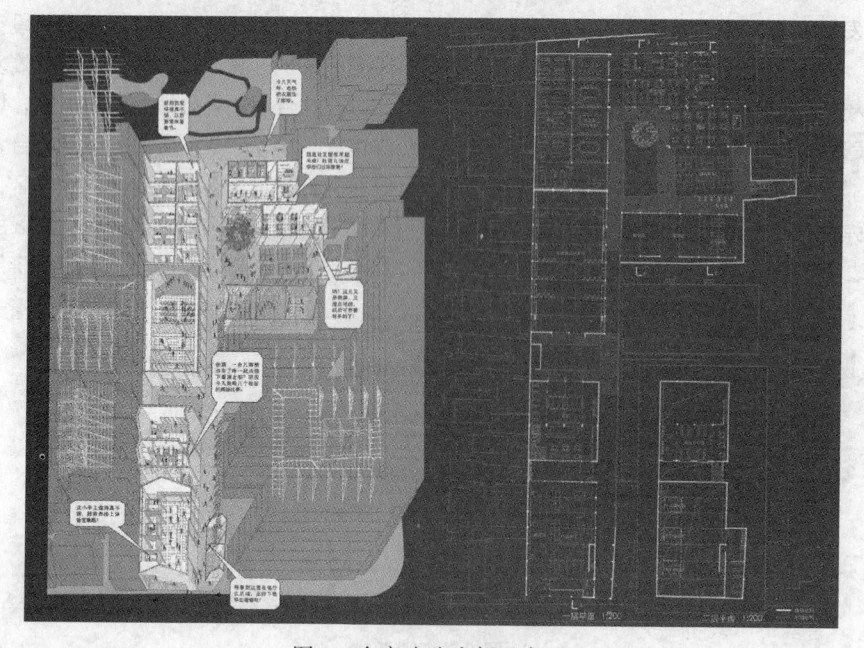

图 5　仓库改造为邻里中心

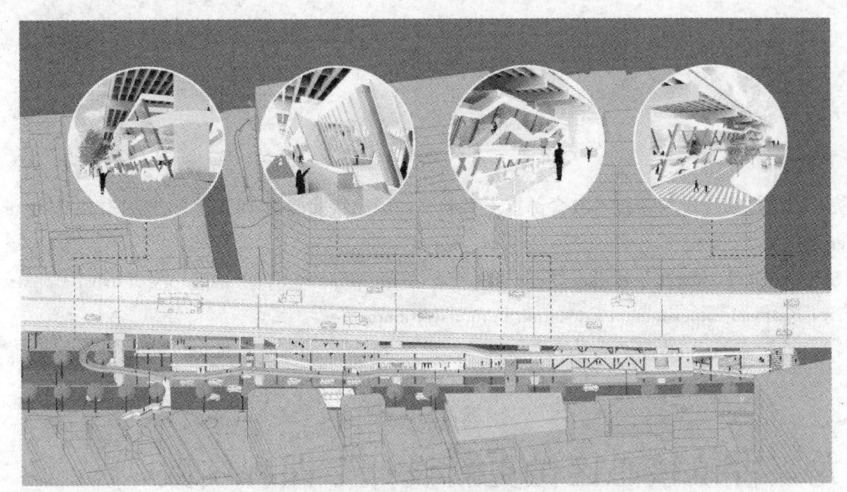

图 6　高架空间利用为健身平台

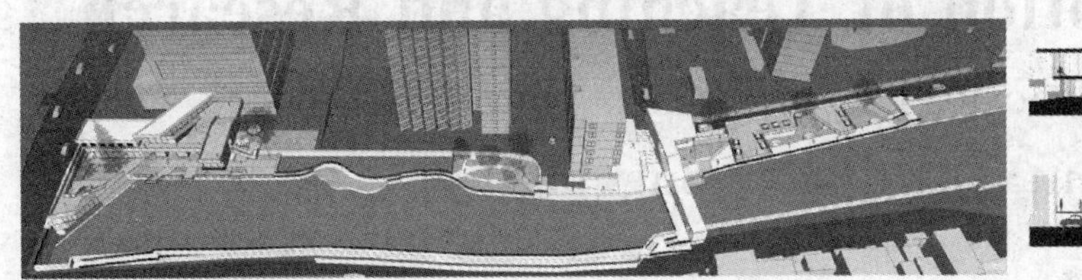

图 7　滨水空间改造

4　结语

社区更新需要学生“走出校园，走进社区”，深入基地调研，自己发现问题，了解社会需求，挖掘空间资源，从而提出切实可行的应对措施。从街区的整体需求出发，通过面的梳理、线的整治和点的提升，以针灸式的微更新带动街区的发展和活力，而不是停留在美化的表面层次，这需要协调与各个部门的关系，打破部门单位之间的壁垒，实现资源集约共享。学生作为“社区建筑师”，与政府部门（街道、居委会）、使用单位、普通居民面对面交流汇报（图 8），这种“开放式教学”的方式也让他们更深刻、更鲜活地体会社区建设的特点和难点。在未来城市更新日趋重要的背景下，对于即将步入社会的本科生而言，从城市、建筑与景观等多个层面培养他们综合的思考能力与设计技能，建立多学科相融的知识框架，也为他们今后的社会实践打下良好的基础。

图 8　与社区多次汇报交流

参考文献

[1]　叶原源，刘玉亭，黄幸．“在地文化”导向下的社区多元与自主微更新 [J]．规划师，2018 (2)：31-36.

[2]　高沂琛，李王鸣．日本内生型社区更新体制及其形成机理—以东京谷中地区社区更新过程为例 [J]．现代城市研究，2017 (5)：31-37.

冷婕　胡斌　陈蔚
重庆大学建筑城规学院，山地城镇建设与新技术教育部重点实验室，国家级实验教学示范中心；13145350@qq.com
Leng Jie　Hu Bin　Chen Wei
Faculty of Architecture and Urban Planning Chongqing University，Education Ministry Key Laboratory of urban Construction and New technologies of Mountainous City，National Experimental Education Demonstration center

教研相长
——“重庆龙兴古镇核心区微更新设计”课程实践*

Mutual Promotion of Teaching and Research
——A Teaching Practice："the Micro-renovation of Longxing Ancient Town in Chongqing"

摘　要："重庆渝北龙兴古镇核心区微更新设计"是一次"教研相长"的教学实践活动。其选题缘起于课题组教师长期关注的遗产保护问题，而教案设计的过程则推动了教师对"研究问题"理解的深入。与此同时，选题的成熟和对关键点的控制也有效地帮助学生理解了设计选题意图，并使成果达到预期目标。

关键词：教研相长；微更新

Abstract："The micro - renovation of Longxing ancient town in Chongqing" is a teaching practice of "mutual promotion of teaching and research". The design topic originated from the problem of heritage protection that the teachers have been paying close attention to for a long time，and the problem has been understood deeply during the process of designing the teaching plan. At the same time，the maturity of the topic selection and the control of key points also effectively help students understand the intention of the design topic and make the results reach the expected goals.

Keywords：Mutual promotion of teaching and research；Micro-renovation

1　关于课题的两点思考

1.1　从教学出发——从自主选题、策划到设计的全过程设计训练

建筑师不仅需要具备解决问题的能力，还必须具备发现设计问题的能力；不仅要能创造好的空间，还要具有能提出良好使用、运营策略的能力。低年级的设计课题多是给定具体的设计任务，学生专注于解决设计问题，面对已经有五年专业积累并即将步入社会的学生而言，这样一次全过程的设计训练在毕业设计是合适也是非常必要的。

1.2　从研究出发——对历史街区保护更新模式的思考

城市中的历史文化名镇名村、历史街区、历史地段等是城市历史文化的重要组成部分，它承担着传承城市文化、彰显城市特色的重要作用，在新时期也是城市经济增长点转变的一个重要支点。尽管与其相关的保护条例、法规不断出台和完善，但不难发现它们在保护与发展的现实过程中仍存在很多的问题。首先，

* 国家自然科学基金资助项目（51708051），重庆大学教学改革研究项目（2015y28）。

大量文物、历史建筑及遗存未得到应有的重视、保护和合理利用，部分文物建筑甚至在维修和后期使用中遭到了二次破坏，其历史信息和真实性受到了严重损害。其次，保护更新的手法常较简单、粗暴，以表面粉饰与贴面工程为主的大规模风貌整治仍然盛行、协调区甚至核心区以大量低端仿古建筑充斥，新建建筑也往往得不到有效的指导、示范和控制，历史风貌破坏的情况仍在继续。再者，古镇发展最根本的依托——当地社区的建设没能同步推进，社区环境和居民诉求未能得到应有回应和改善。同时，社区人口结构单一、受教育程度普遍偏低的状况造成了社区活力的不足；社区产业类型的低端和单一化也难对外界形成有效的吸引力。这些问题的出现不仅源于对遗产价值以及遗产保护核心问题认知的不足，也源于保护更新模式与设计策略的不当。

同以往古镇保护更新“重物轻人”、“改造方式简单大一统”、以“政府开发商主导”、过度“商业化”或“绅士化”的做法不同，目前在城市老旧区、历史街区、古镇、历史地段保护中也出现了一些新的趋势和做法。如从具体而微的设计需求入手、循序渐进展开、有着一定实验性和探索性的“微更新”设计。这些更新设计常更注重表达历史的真实性与动态发展、更强调多元利益主体的参与与利益共赢，更强调社区建构与激活；同时，这些“微更新”项目也因具体而微，在一定意义上有试错与可更改的空间，这大大鼓励了实验和创新，从而为寻求保护与更新更好的方式提供了更多的可能性和途径。目前，这种“微更新”设计越来越多的在城市的历史街区保护更新中涌现。

本次课题围绕“微更新”展开，一方面是希望结合教学对“微更新”这一思路和策略进行一次实践和观察；另外也希望学生能够及时了解和关注遗产保护方向上的一些热点问题，价值观和策略上的转变和动向；同时，“微更新”对深入基础调研的要求，对多方利益的关注、利益主体的参与，对自主探寻设计问题、对设计策略的开放态度都非常符合课题的训练目的，其通常的介入规模与力度也是学生容易把控的。

2 课题设置

此次毕业设计课题的策划和实施过程始终伴随着我们对“微更新”这一模式和相关问题的思考，而学生在选题、策划和设计上的自主性实际上是被“精心控制”了的。当然这种控制目的是为了让学生能够真正体会到“微更新”的价值和潜在问题。

2.1 设计选址

本次设计选址是重庆历史文化名镇龙兴古镇。该镇位于重庆市渝北区东南部，其不仅历史悠久，遗存和民俗活动丰富，同时社区网络和社区生活保存较为完好，是巴渝传统城镇空间与生活的载体，价值很高。2014年，当地政府已委托专家制定了新一轮的保护规划方案，但保护规划在具体实施的过程中尚存待深化和落实的地方。在对龙兴古镇调查的过程中发现，其在保护规划的实施过程中也出现了前面提到的诸多问题，如文物建筑二次破坏，保护更新的手法较单一、粗暴，社区的建设没能同步推进，社区人口结构单一、受教育程度普遍偏低，社区产业类型的低端和单一等问题。因此，此次选址在龙兴古镇，正是希望能以“微更新”的方式进行介入，尝试为上述问题的解决提供一些可供参照的样本。

之所以选择龙兴古镇除了其有亟待解决的问题外，教师组有两方面考虑。第一是因为龙兴古镇是经过了保护规划设计的，也就是说古镇的发展在一个总体的控制之下。微更新从具体而微的点入手开始策划和实践，形成以点带面的效果固然是一种非常有效且可行的策略，但对于古镇而言，其发展仍需有全局关照和总体控制，否则各自的发展就会陷入混乱和盲目的状态。当然，微更新的经验可以及时反馈于总体规划，以便于总体规划的调整。比如，法国南特岛的发展规划图就随着研究的深入和实施项目的反馈每三个月进行一次更换。因此，这一选题考虑首先意在提醒学生“微更新”与“保护规划”的关系。选址在此的第二个原因是龙兴古镇仍然保留着鲜活的社区。在以往的古镇保护中社区常常是被忽视的，而“微更新”最大的价值之一就在其最初起源于对老旧区改造中对既有住户的利益和现实问题的关照，而社区能否维持和发展下去是关乎古镇生死存亡的头等大事。因此，选择在这样一个有很多现实问题又尚存活力的社区，学生才能有机会认识到这一问题的重要性和复杂性，才有机会走入社区、关注社区，在与社区居民的深入交流中发现真正的问题，使更新方案能够真正落地和有价值。

2.2 设计要求与解析

（1）全过程设计

课题要求在保护规划的框架下，在全面调研的基础上，充分挖掘核心区内有代表性且可行性强的小区域完成具体的保护与更新设计。设计要求学生从选址、拟定任务书、提出运营思路到设计全部由自己完成，体验全过程设计。调查、研究为全组和小组合作完成，更新设计为每位同学单独完成。

（2）兼顾“遗产保护、社区改善、古镇吸引力提升”

为了避免以往古镇保护中常出现的“重物轻人”、“重旅游开发轻社区延续”、“重保护轻发展”等问题，本次设计要求从选址到策划到设计要兼顾“历史保护与展示”、“社区改善与激活”、“古镇吸引力提升”三个方面。

古镇保护和发展是一个涉及利益相关者众多的事件，往常出现的情况是更多关注“遗产保护、经济发展”而“忽视社区改善”，当然在微更新中也有过于偏重个体或社区利益而损害公众利益的情况，因此任务书中明确将“兼顾”作为设计要求提出以引导学生关注到古镇保护中同样重要的三件大事，并积极思考在设计中如何平衡各相关利益。

（3）微更新与轻介入

首先，要求此次设计以局部地块的小规模介入替代以往“大规模统一改造”的模式从而尝试为保护与更新提供更多的可能性和途径。其次，设计中鼓励策略上的“轻介入”，即基于充分挖掘原有遗存可能价值的前提下进行的一种轻微干预。设计中希望学生更多地考虑如何巧妙利用现有要素，以较少的干预收到较大的效益。

“微更新”本身并不是新事物，其在国外早有实践。而最近在我国逐渐兴起，一方面标志了建设环境的一个明显改变，更重要的是价值观的一种改变。这种改变体现了一种更大的包容性，一种对普通人、普通生活及其历史的一种充分的认可和尊重。在这种价值引导下，更多的相关利益将会受到关注和关照。推演及物，对这些承载了不同人不同历史的物的干预也将更加包容和谨慎，“轻介入”不是“不介入”，也不是“少介入”，而是希望能够充分挖掘原有遗存可能的价值，同时也可减少不必要的拆除和浪费。

（4）注重可行性

首先选题选址要应对真实问题和现实需求，任务书的设定一要有据可依，具有现实可行性；其次，除建筑功能设定外，还应对建筑的经营使用主体、经营管理模式、如何利益共赢（公共利益、社区利益、私人利益）等方面提出一些可能设想。在建筑设计方面要充分考虑建筑的经济和技术可行性。

此次设计特别强调“可行性”是针对以往规划策略常常浮于表面，难以落地的尴尬境地提出的，在现实更新中每个地块的情况都是极为复杂和差异化的，“微更新”能针对不同对象提出切实方案的做法确实为规划实施提供了很好的方法，此次课题提别强调这点就是希望学生能直面现实的复杂性，看到地块的特质和差异性，找到问题的关键和根源，而不将改造浮在表面，提出切实可行的策略。

3 设计成果

选址：通过对规划的详细研究、多次的场地调研，访谈，学生在古镇核心区内选择了现存问题突出并很有代表性的六处设计用地（图1）。有的为文保单位，年久失修或在修复中因缺乏深入研究而导致二次破坏（刘家祠堂、龙兴寺），有的地块内保留有亟待更新升级的老作坊和传统手工艺（酒场地块），有的地块内建筑长期空置或现有使用者有更新要求且地块内现有遗存未得到应有重视的（教堂地块、三井巷地块），还有古镇核心区内长期空置的烂尾楼。

功能策划与运营：学生在前期调研的基础上从社区现有居民需求、古镇发展需求入手，针对不同场地提出了不同的功能策划。有在古镇入口处，利用文保单位策划的展览与游客中心功能（6 刘家祠堂地块）；有结合酒坊发展与古镇旅游策划的集参观、餐饮、制酒为一体的新型酒坊（5 龙兴酒厂地块）；有结合社区老龄化严重、老人收入低又缺乏照料的现实问题策划的社区公益养老驿站（3 医院、教堂地块）；还有结合社区儿童教育、游客休闲、古迹参观为一体的三井书屋（1 三井巷地块）等等。有的学生还对后期运营提出了大胆的设想。“养老驿站”的学生在关注到社区养老需求和人员经济承受能力低的现实矛盾后，提出了“时间银行”的概念，通过储存“帮扶时间”换得日后“被照料时间”的方式促进更多社区居民加入支援服务队伍，并以此为“契机”逐步建立社区相互帮扶的良好关系。“三井书屋”的学生提出了“空间共享与交换”的概念，为了能使场地得到充分利用，并使游客与当地居民共同受益，该生设想了书屋与其相邻小学的空间合作使用模式，即学校将空置房屋租于书屋经营、学校在教学时间后将运动场开放于社区和游客使用；作为回馈，书屋为小学孩子设专门阅览室，并定期提供免费讲座。

设计策略：学生尝试充分利用场地遗存，以较小而有效的策略解决空间问题。在“三井书屋”中，学生通过“巧改流线”提升了场地的可达性和体验的舒适性；通过“分层筑台”将室外场地进行重塑，创造能容纳不同项目的小学与社区共用的室外运动场地；建筑中运用“空间织补”的方式通过加入少量新建筑将原有分散在不同标高上的历史建筑和空置民房进行连接整合，在完好保护历史建筑遗存的同时、巧妙解决高差衔接，创造了新的空间体验（图2）。

图 1　微更新设计选址

图 2 “三井书屋”部分设计成果

（学生：贾城　指导教师：冷婕、胡斌、陈蔚）

“养老驿站”的设计者针对“老年人”这一特定建筑使用主体，将空间改造重点放在公共交通空间的整合和优化上；此外，在与教堂管理者协商下，通过“空间调换”将原来位于底部的教堂改至屋顶，将下部原教堂空间作为经营场所，租金收入用于支持教堂日常活动，而顶层教堂也可得到良好的空间体验。场地内一直被忽视的价值较高的历史建筑被展示出来，修复后作为养老驿站活动用房（图3）。

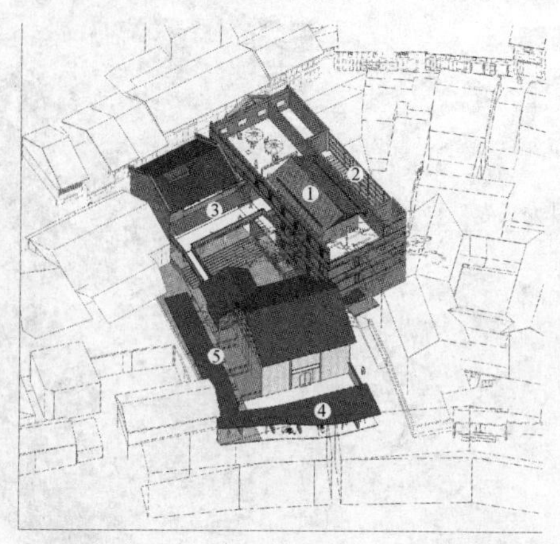

拆除体量：
1.福音堂屋顶加建钢屋顶
2.红砖加建墙体
3.位于原有巷道的砖混建筑
4.穿斗木构架建筑加建部分
5.穿斗木构架建筑前院围墙、室外简陋厕所。

新增空间：
1.屋顶轻钢结构教堂
2.福音堂建筑边庭
3.三栋建筑之间的连廊
4.穿木构架建筑前院敞廊
5.侧院及公共退台空间

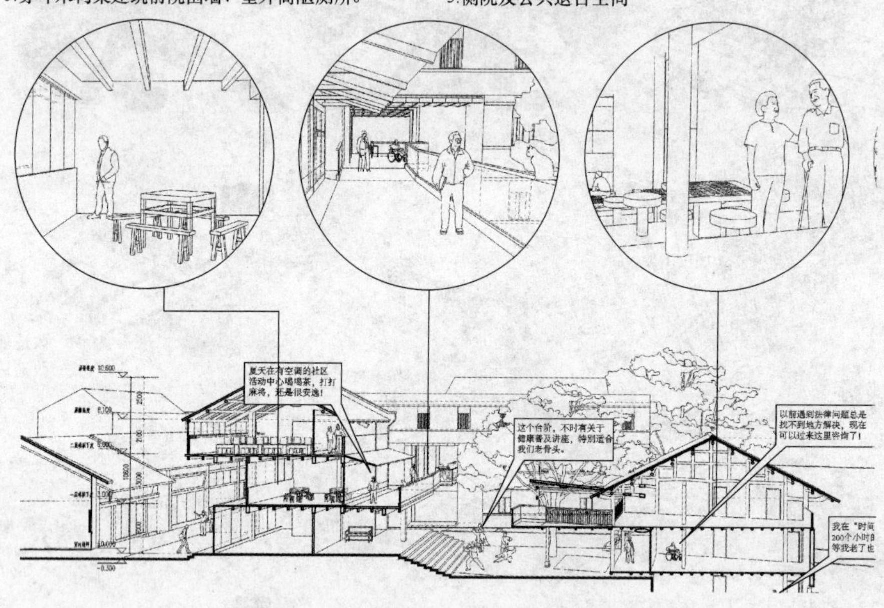

图3 “养老驿站”部分设计成果
（学生：陈伟　指导教师：冷婕、胡斌、陈蔚）

4 结语

这是一次“教研相长”的教学实践活动，课题选题缘起于教师长期关注的遗产保护问题，而教案设计的过程则推动了教师对“研究问题”理解的深入。与此同时，在教师的精心组织和控制下，课题为同学提供了接触遗产保护方向上的一些热点问题和新实践的机会，促进学生了解当下遗产保护价值观和策略上的转变和动向。从学生的成果来看，与预期是基本符合的。

参考文献

[1] 李彦伯. 城市“微更新”刍议兼及公共政策、建筑学反思与城市原真性 [J]. 时代建筑. 2016 (4): 6-9.

[2] 蔡永洁，史清俊. 以日常需求为导向的城市微更新 一次毕业设计中的上海老城区探索 [J]. 时代建筑. 2016 (4): 18-23.

[3] 龚书章. 以再生与公共意识启动城市的微更新行动 [J]. 时代建筑. 2016 (4): 29-33.

[4] 冷婕、陈科. 从“政府主导”到“民间主导”——香港蓝屋保护案的历程与启示 [J]. 建筑师. 2016 (2): 54-60.

李煜 刘平浩
北京建筑大学；liupinghao@bucea.edu.cn
Li Yu Liu Pinghao
Beijing University of Civil Engineering and Architecture

尺度聚焦·研究相辅
——匹配本科城市设计方向的大三年级设计选题研究

Scale Zoom in, Research Combining
——A Study of Urban Design Courses for 3rd Grade Urban Design Students

摘 要：通过归纳北京建筑大学三年级建筑学（城市设计方向）实验班“通州五河交汇源头岛城市设计”课题在新颖开放的课题设置、层层递进的教学单元、服务设计的专题研究等3个方面的特点，探讨本科与城市设计方向更为匹配的建筑学三年级设计课选题理念、方法和模式。

关键词：建筑教育；城市设计教育；通州

Abstract: This paper reviews the 3 feature-open topic, modular procedures and research combining-of "Tongzhou Yuantou Island Urban design" for Grade 3 Architecture (urban design) students of Beijing University of Civil Engineering and Architecture. A new concept and method of urban design courses for Bachelor Architecture (Urban design) Students is discussed.

Keywords: Architecture education; Urban design education; Tongzhou District

“通州五河交汇源头岛城市设计”是北京建筑大学建筑与城市规划学院面向大三年级建筑学（城市设计方向）实验班开设的专业设计课程。北京建筑大学的建筑学（城市设计方向）实验班首创于2015年，是全国首个建筑学城市设计方向的实验班（具有单独代码招生的本科专业），旨在培养具有城市设计视角和基本素养的建筑设计人才。建筑学（城市设计方向）实验班的设立为大三年级的建筑设计课程提出了全新的挑战。针对如何将城市设计的概念、视角和方法融入到传统大三年级建筑设计课题这一问题，课题组提出了“四步走”的教学计划，希望通过4个选题由浅入深的将城市设计融入至经典建筑设计的课题中。“通州五河交汇源头岛城市设计”正是“四步走”的第三步和第四步。

1 新颖开放的课题设置

“通州五河交汇源头岛城市设计”作为一个全新的设计课题，无论是在内容设置、地段选择都力求新颖开放。

在教学内容的设置方面，本课题设置之初，教学团队针对大三年级的建筑学（城市设计方向）实验班提出的“四步走”教学计划已经完成了前两步。第一步“街区中的单个建筑”以“社区图书馆”为题，普及了城市设计的基本概念；第二步“街区中的多个建筑”以“旧城主题博物馆+旅社”为题，训练了学生城市设计的基本方法。计划中的第三步“跨越街区的类型建筑”力求引导学生针对城市中常见又容易被忽视的现象规律进行观察研究，增强学生对于城市的认知；而第四步“城市街区整体设计”则希望暂时跳脱传统建筑学对于建筑单体的关注，进行一个纯粹的城市公共空间的规划设计。教学团队遵循“四步走”计划，创造性地将研究性的第三步和城市设计特色凸显的第四步全面结合，以城市设计的教学为主线，相关的城市研究为辅，进而形成了“通州五河交汇源头岛城市设计”的基本内容模式。

在设计地段的选择上，已经完成的第一步的“社区图书馆”选择了学生较为熟悉的校园周边区域，便于学生结合亲身体验发现城市问题；第二步的“旧城主题博物馆＋旅社”则选择了旧城中的国子监街区，希望传承北京建筑大学“立足于北京”的教学目标和特色。教学团队希望新的设计选题的地段应当一方面遵循“立足于北京”，另一方面能够较前2个选题地段更为拓展和开放，因此选择了北京城市未来发展的重要中心——通州。通州有着极为鲜明的“运河”文化，自古就是漕运的重要口岸，是京杭大运河的重要节点；多河交汇也自然地成为了通州城市空间的一大重要特色。北京城市总体规划（2016—2035）将通州设为北京的副中心，并沿运河规划形成生态文明带，依次设置运河商务带、北京城市副中心交通枢纽地区、行政办公区、城市绿心等核心城市组团。结合通州的运河文化、多河交汇的空间特色，以及旧城和规划的城市布局，教学团队最终将运河与通惠河的交汇处、紧邻通州旧城和规划中的运河商务区带的“五河交汇源头岛”作为设计地段（图1）。

本课题最终确定以通州五河交汇为基地，基于北京2016—2035年的规划，要求学生对2035年的五河交汇源头岛进行重新设计。学生3人一组，通过通州历史、运河文化等专题的文献研究和地段的实地调研，选取现状五河交汇水域内的10公顷进行源头岛的设计。学生可以自行确定源头岛的形状边界，拟定源头岛的功能定位，并据此规划岛内及联通周边的路网，设计岛内的公共空间形态等（图2）。

2 层层递进的教学单元

针对北京建筑大学建筑学（城市设计方向）实验班提出的“四步走”的前两步都是以单体建筑为核心、城市设计为拓展的设计课题，设计地段最大范围也只是1公顷，因此，作为第三步和第四步的结合课题，“通州五河交汇源头岛城市设计”是学生第一次接触偏向城市设计的建筑设计课题，不仅需要进行思维尺度上的转换，而且需要大量知识点的补充，如路网设计、街区布局设计、公共空间系统设计等（图3）。为了让学生尽快地熟悉城市、区域和建筑尺度的不同的思维视角和设计手法，本次授课根据不同的尺度，将整个设计流程分为5个研究尺度，分别进行相应尺度的单元式教学（图4）。

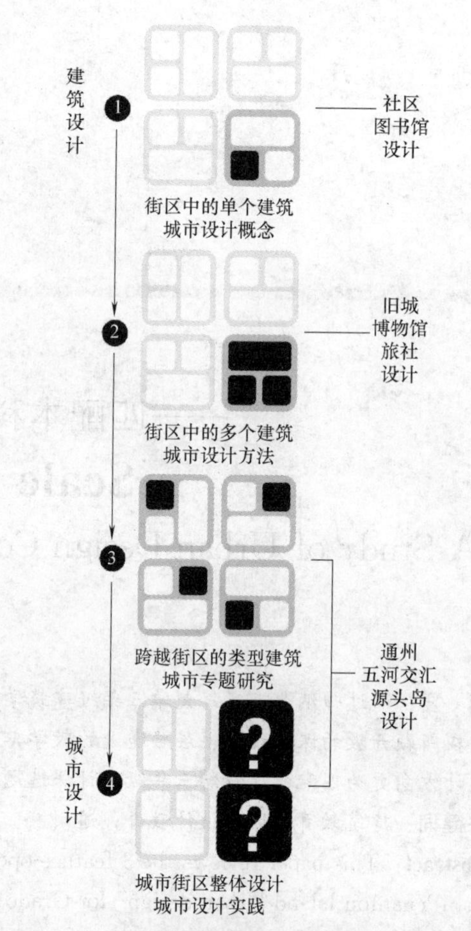

图1 北京建筑大学建筑学（城市设计方向）大三年级城市设计专业设计课题四步走计划

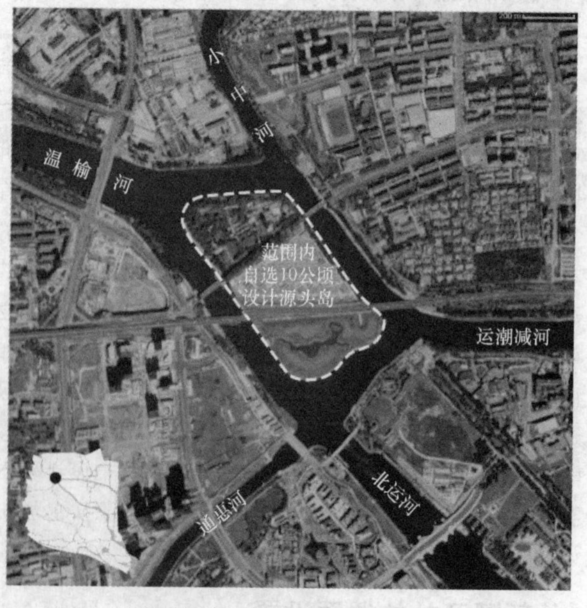

图2 通州五河交汇源头岛设计地段区位和现状（资料来源：作者改绘自google地图）

10^6公顷尺度，即整个北京 1.64 万平方公里的范围，与之对应的是前期地段调研教学单元，历时 1 周时间。该单元包含地段实地调研和专题文献调研 2 部分的内容。前者要求学生对地段的现状进行实地调研，发现地段周边的实际社会问题。后者则要求学生分组，分别以通州运河文化、通州历史演进、通州规划数据和全球类似案例等 4 个专题，对作为北京副中心的通州的城市特点进行文献调研。各组的成果最终通过汇报的方式同全班同学共享。

10^4公顷尺度，即整个北京 1.64 万平方公里的范围，与之对应的是总体规划设计教学单元，历时 2 周时间。该单元要求学生在掌握通州运河文化、历史演进、城市规划等基本信息的基础上，结合实地调研，思考源头岛在未来通州商务区乃至整个通州中心城区的定位，并拟定任务书。在此基础上，结合规划中周边的路网体系、功能布局，完成源头岛的路网和用地功能规划，并初步勾勒源头岛的边界。

10^2公顷尺度，即五河交汇地区，与之对应的是概念城市设计教学单元，历时 2 周时间。该单元要求学生在总体规划设计成果的基础上，在已有的路网体系中，规划公共绿化、主题广场、街道、滨水等公共空间，并结合周边城市空间的现状和规划，尝试构建公共空间系统，进行模式化的公共空间设计。同时，基于路网体系形成的街区形态，参考周边城市空间的街区形态，探讨基本街区组团的构建形式。最后，综合街区组团和公共空间系统的设计内容，学生完成初步的源头岛概念总图。

10 公顷尺度，即 10 公顷的源头岛范围，与之对应的是细化城市设计教学单元，历时 2 周时间。该单元要求学生进一步聚焦源头岛中的公共空间，在已完成的公共系统和街区组团的基础上，分别选取源头岛中具有代表性的地铁出站口外的城市公共空间、滨水的公共空间和标准街区组团内的公共空间各一个进行细化设计（组内每位同学负责其中的一个公共空间的设计）。所选细化设计的范围应在 1 公顷左右。该单元的细化设计需要考虑所选公共空间在源头岛中的定位，保证同一类型的公共空间具有统一性。

1 公顷尺度，即约 1 公顷的滨水、地铁出站口、街区等城市公共空间范围，与之对应的是公共空间设计教学单元，历时 2 周时间。该单元要求学生完全聚焦到各自负责的 1 公顷地铁出站口外城市公共空间、滨水公共空间和标准街区组团内公共空间的设计中，通过中外案例的学习借鉴，完成城市广场、滨水步道或是社区广场的设计。最终，结合代表性公共空间的设计，对概念总图进行更新，完成最终的源头岛设计总图。

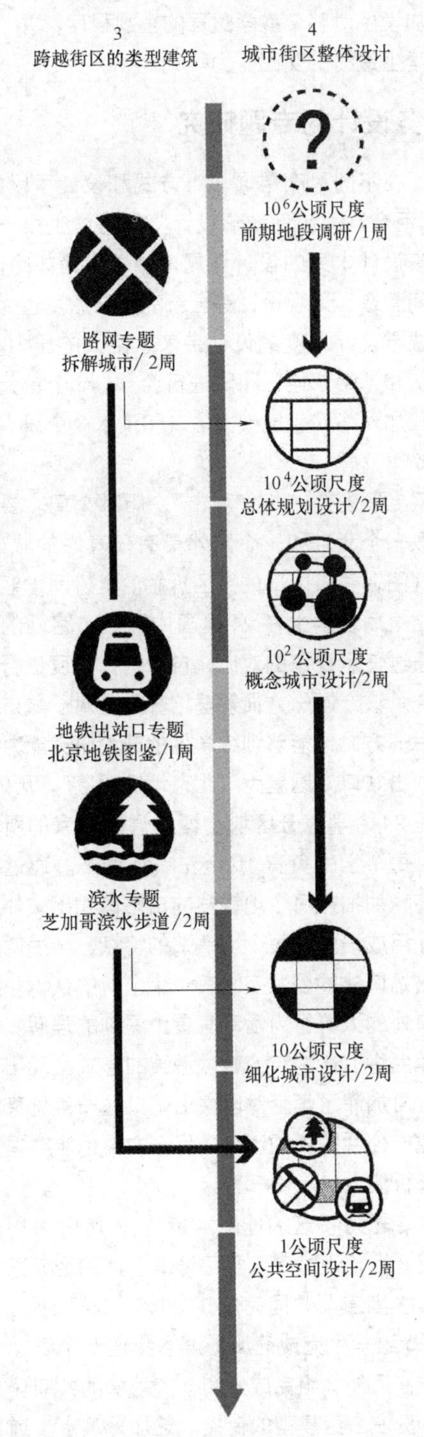

图 3　教学流程

通过上述 5 个相互独立又层层递进的教学单元，学生能够流畅完成从 10^6 公顷的前期研究视角，到 10^4 公顷的规划设计视角，10^2 公顷的城市设计视角，10 公顷的细化设计视角，最后到 1 公顷的空间设计视角的转换，进而掌握不同尺度视角下的不同关注问题和设计手法，并掌握从规划到建筑的递进式设计流程。同时，各个单元的阶段性成果也能够增加学生在教学全过程的设计投入，增加学生对整个教学过程的重视程度，并一定程度上缓解学生最终的交图压力。

3 服务设计的专题研究

除了在不同尺度层面思维方式和设计手段的转换，“通州五河交汇源头岛城市设计”作为学生第一次跳脱传统建筑设计本身的设计课题，融入了诸如路网规划、公共空间营造、景观设计等全新的知识点，也为学生在规划、城市设计尺度的设计带来了巨大的压力。因此，教学团队和“帝都绘”团队进行合作，5 个单元的教学过程中，加入路网、地铁出站口和滨水 3 个研究型的专题（图 5）。

路网专题题为“拆解城市”，历时 2 周。要求学生分别选取一个北京和一个国外具有代表性的城市肌理，绘制路网图，并将内部的街区拆解。全班同学汇报自己的拆解结果后，学生在 24 组国内外城市路网的案例基础上，通过任意视角的对比，自行选择角度进行简单的专题研究。该专题一方面能够培养学生对于城市路网的认知，另一方面也能够训练学生的理论研究能力。

地铁出站口专题题为“北京地铁图鉴”，历时 1 周。要求全班 24 个学生分区块全覆盖调研北京的所有地铁出站口，每个学生负责 15 个左右地铁站。通过在高峰期和非高峰期拍摄每个地铁站的出站口和出站外的公共空间，并用成语归纳每个地铁站的特点，学生能够对北京地铁出站口外的公共空间有一个全新的认识，并对地铁出站口外的人群行为活动有更为深刻的理解。在此基础上，学生将上述的结论通过漫画的形式呈现出来。该专题一方面加深了学生对地铁出站口这一常见又容易被忽视的城市公共空间的认知，另一方面也能够提升学生的观察分析能力。

滨水专题为“芝加哥滨水步道”，历时 2 周。要求学生分成 8 组，通过深入学习滨水设计的经典案例——芝加哥滨水步道，共同完成 1∶150 的精细模型。8 组学生中，5 组学生完成芝加哥滨水步道 5 个滨水地块的模型制作；另外 3 组完成分割 5 个地块的共 6 座桥的制作，并负责左右组模型的衔接。芝加哥滨水步道中的所有家具，包括公共台阶、电线杆、花坛、景观树木、公共座椅、街道小品、桥的钢结构桁架、道路隔离带等设计细节，都要如实的在 1∶150 的比例中表现出来。学生在 2 周的教学过程中，需要搭建精细化的电脑模型，并在拼合协调的基础上，进行模型制作工艺的尝试和修正，进而确定模型所有部分的材料和制作工艺。该专题一方面能够通过模型制作帮助学生掌握滨水设计的常见手法，另一方面也能够培养学生的空间设计能力。

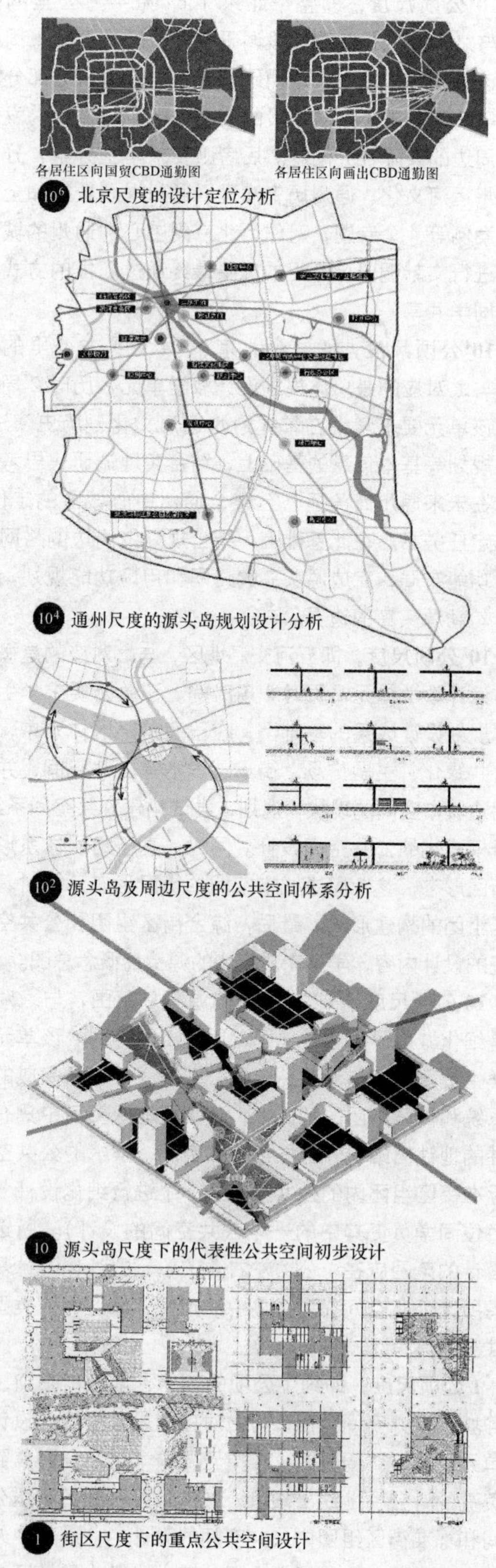

图 4 不同尺度教学单元的设计内容成果
（资料来源：作者整理自学生作业）

图5　专题研究成果（资料来源：作者整理自学生作业）

3个研究型专题同主线设计课题教学相互独立，又相互穿插。路网专题位于总体规划设计之前，能够让学生培养的路网规划基本知识马上运动到设计中。地铁出站口专题和滨水专题位于细化城市设计阶段之前，前者可以为细化设计中地铁出站口的公共空间设计提供灵感，后者则可以为细化设计中的滨水空间的设计提供手法。此外，1公顷尺度的公共空间设计要求选取的地铁出站口外城市公共空间、滨水公共空间和标准街区组团内公共空间的设计也同地铁出站口、滨水和路网专题一一对应，尽可能的帮助学生搭建理论研究到设计实践的桥梁。

作为“四步走”的第三步，专题研究结合设计课题统一设置，能够更有针对性的解决学生在设计中遇到的关键性问题，极大地提升设计课程的效率的同时，也能够有效的挖掘学生的观察能力、研究能力，是本课题的一大亮点。

4　结语

“通州五河交汇源头岛设计”通过开放新颖的课题设置，以5个层层递进的教学单元为主线，配以3个服务设计的专题研究，构建了一套完备的研究设计相结合的、极具探索性的城市设计课程教学的框架。学生通过课题的学习，一方面能够完整地掌握从大尺度调研、规划到中尺度的公共空间规划再到小尺度的公共空间设计的城市设计基本流程和不同尺度相应的视角和手法，另一方面能够通过城市研究培养思考问题的能力，拓展观察城市的视角。而8个截然不同而又各具特色的学生设计方案则更是体现了学生对于城市设计的巨大热情和创造力（图6）。

作为北京建筑大学建筑（城市设计方向）实验班大三年级“四步走”计划的第三步和第四步，“通州五河交汇源头岛设计”呈现了一个脱离了“建筑”的城市设计选题，通过城市研究的引入，为学生构建了全新的城市视角，为一学年由建筑向城市的设计思维转换画上了圆满的句号。

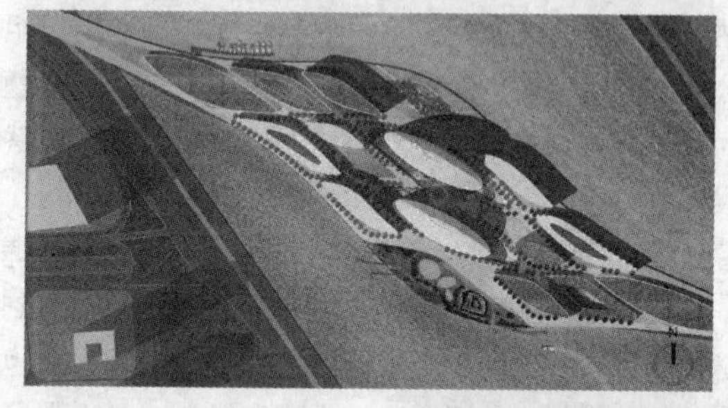

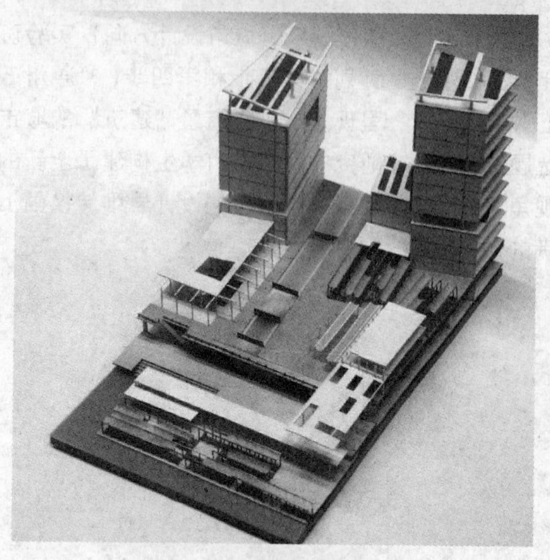

图 6　部分学生作品展示
（资料来源：作者整理自学生作业）

梁静　陈旸　孟琪
哈尔滨工业大学建筑学院，黑龙江省寒地建筑科学重点实验室；lj9653@126.com
Liang Jing　Chen Yang　Meng Qi
School of Architecture，Harbin Institute of Technology；Heilongjiang Cold Region Architectural Science Key Laboratory

工业废弃地的更新与再利用教学研究与实践
——记 HIT-SSoA 米兰奥拓莫卡图旧工业区改造设计工作坊*

A Designed Workshop on Transformation of an Old Industrial District in Milan Ortomercato：Research and Teaching on Renewal and Reuse of Industrial Wasteland

摘　要：工业废弃地的更新与再利用是城市发展的重要课题，也是国内外大型城市在推进城市复兴过程中最能体现创造力的实验场。位于国际时尚之都米兰的废弃屠宰场如何转变成吸引人的艺术家工作坊？哈尔滨工业大学和英国谢菲尔德大学的师生们针对这一问题展开了联合设计教学。本文记录了工作坊的教学实践过程及启迪。

关键词：工作坊；联合设计教学；工业遗产；城市更新

Abstract：Renewal and reuse of industrial wasteland is an important issue of urban development，and it is also the experimental site of creativity in the process of promoting urban renewal in large cities at home and a-broad. How can an abandoned slaughterhouse in the international fashion capital transform into an attractive artist workshop in Milan? The teachers and students of Harbin Polytechnic University and Sheffield University in Britain launched a joint design teaching to solve this problem. This paper records the teaching practice process and Enlightenment of the workshop.

Keywords：Workshop；Joint design teaching；Industrial heritage；Urban renewal

工业废弃地的更新与再利用是全球大城市在发展中面临的普遍性议题之一，一座大城市从制造业城市向宜居城市的转型进程往往伴随着工业废弃地的更新与再利用。在这一转型过程中，许多工业建筑的场所功能及意义被重塑，大量优秀的案例从中诞生。这种对于工业资源的再利用充分发挥了工业遗存类建筑的剩余价值，不论从社会情感还是经济价值角度来看，都是一项十分有意义的事情。其涉及的城市更新与旧建筑的改造利用等都是比较复杂的系统问题，因此在建筑学专业本科教学的设置中，我们一直希望能够较多地渗透进与此相关的内容。在本次课程的选题之初，经过与谢菲尔德大学娜迪亚教授的多次商讨，我们最终将基地选定在她的家乡——国际艺术之都米兰，将城中的一处废弃屠宰场设定为工作坊的研究对象。

1　设计题目解读

米兰是意大利的第二大城市，也是欧洲四大经济中心之一。在这样一个发达的大城市里，仍然存在着发展较为薄弱的地区，基地的所在地位于奥拓莫卡图区

* 中国博士后科学基金项目（2015M581451）；黑龙江省教育科学规划重点课题（基于寒地可持续性建造实践研究的国际化教学体系研究项目）。

(Ortomercaton district)，是米兰的副中心之一。该区域的城市环境及市政服务设施等发展较为滞后，缺乏娱乐设施、休闲空间以及文化设施等各项服务设施。因此政府对其未来的发展目标定位为强化新的特色服务体系。本次设计题目即是在此语境下的城市更新问题。场地内现有的建于19世纪末的厂房及场区已经废弃，建筑整体风格为新艺术运动风格，其中临莫里塞大街上有一幢保存较为完好的既有建筑，现已被艺术家团体MACAO使用。场房内部空间敞透，改造局限性少，其斑驳的建筑风貌蕴含着岁月洗涤的沧桑气质，很适合作为艺术家的工作场所。因此我们希望扩大现有的MACAO艺术中心，将整个场区改建成艺术社区，为艺术家提供创作、居住和交流的空间，希望这个区域成为艺术家们与当地居民之间的交流场所。

现有的屠宰场内部保留有两座厂房，内部交通系统较为完善，整个场区在城市规划中占据了特殊的地位。改造的挑战在于如何将屠宰场这种有争议的记忆空间转变为令人愉悦的城市活力空间，并将这片场地向城市开放，使它在功能、空间构成和交通路线的安排上都更适于参观。这就需要设计者能将单体建筑联系起来形成丰富的公共空间，突破屠宰场原有的围墙、死胡同和篱栅的限制，造就一块属于城市的开放的文化设施。因此在教学中我们引导学生将关注点放在处理新旧建筑之间的关系，提供个性化的使用空间以及营造多义性的公共空间。

国际工作坊教学过程及内容安排　**表1**

准备阶段		任务书讲解及教学要求介绍	学生分组	
教学阶段	时间	主要任务	课后训练	课后训练成果
概念生成	7月7—8日	定义创意社区，了解使用者所做的活动内容及类型，他们需要何种类型的空间来支持这些活动。怎样与城市其他区域相联系？	通过一张综合分析图提供你的创意社区生活的主要的特征 手工草模	故事讲解式的绘图，讲解你所在的团体里某人或多人典型的一天
概念收敛	7月9—11日	寻找激动人心的案例来支持你的设计选择。他们可能是在不同背景的创意社区，感谢他们的艺术作品使得被遗弃的地方恢复活力	将你的注意力集中在特定案例的研究上，强调他们的关联来丰富你的设计。他们为什么以及怎么样激励了你？	5分钟的ppt演示 设计团队 公开辩论
概念物化	7月12—20日	你想象的社区与实际的建筑空间之间的联系是什么？它包括私密的和公共的空间以及存在于现存建筑之间的开放空间	你需要清楚一个创新的空间策略怎样能够丰富社会生活	一张轴测图/设计团队，表现出空间和社区生活之间的联系。 要求提供一些设计细部
技术提升	7月21—28日	设计综合	两张A1图纸	两张A1图纸包括所有的设计过程：1文字说明，2空间概念和人群活动的关系，3案例研究，4轴测以及细部图展示社区生活以及空间设计之间的关系
设计完善	完成课程设计成图、模型			

2　教学过程

从本次工作坊的主题及要求可以看出，学生要提供一个系统性的解决方案而不是仅仅是一个建筑群体。设计要从城市问题的角度探讨公共与私密，个人与社会以及新与旧之间的关系。为了使东方文化价值背景的学生理解后工业时代下意大利的地域文化语境，最大限度地实现国际艺术家社区的“意大利特点”，我们与谢菲尔德大学的娜迪亚教授一起精诚合作，将教学过程细化为四阶段。即“概念生成—概念收敛—概念物化—技术提升”（表1）。整个教学过程遵循了创作型思维的运行过程：思维发散—条件接受—思维收敛—深层思维，使学生在整个创作过程中获得了感性创新和理性科学的双重思维训练，综合设计能力得到了提升[1]。

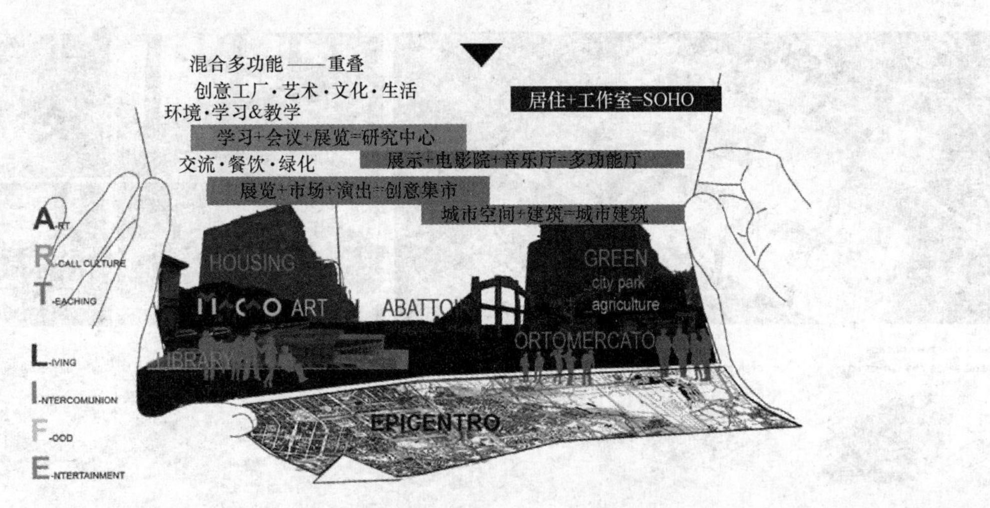

图 1　设计概念的提出

3　教学重点

3.1　培养多元文化思维

在以往的国际工作坊中，学生们所面对的每一个具体项目，都是与当地民众及文化习俗的一次亲密接触。在全球趋同化如此风靡的今天，保持文化的多元传承与差异性刻不容缓。我们希望学生不仅仅是完成一项建筑设计，而是通过调查访问、资料收集深入地了解当地的建筑、资源、技术、文化以及历史。通过这一过程，抛开原先固有的观念，在与当地居民进行交流访谈之后，真切地感受到当地的文化习俗与氛围。这样，一些对概念生成起到重要作用的问题就会浮出水面。在解决这些问题的过程中，学生们了解和参与其他文化背景下建造的真实项目，从而可以比较不同社会背景下建筑需求的相似性，同时认识到不同文化的差异性[2]。

在本设计中，学生们在充分研究学习了当地的地域文化的基础上，在指导过程中有意识地引导学生关注人群行为心理，将人的感性体验需求与空间实践建立联系，鼓励学生广泛借鉴认知科学、行为科学、行为心理学等学科的研究成果和方法，探讨设计符合人群行为需求的建筑环境空间。他们对不同门类的艺术家的不同需求进行详细比较分析，营造出不同类型的空间与之相对应，并同旧厂房的大跨度空间巧妙结合，提出合理且个性鲜明的设计理念（图 1～图 3）。

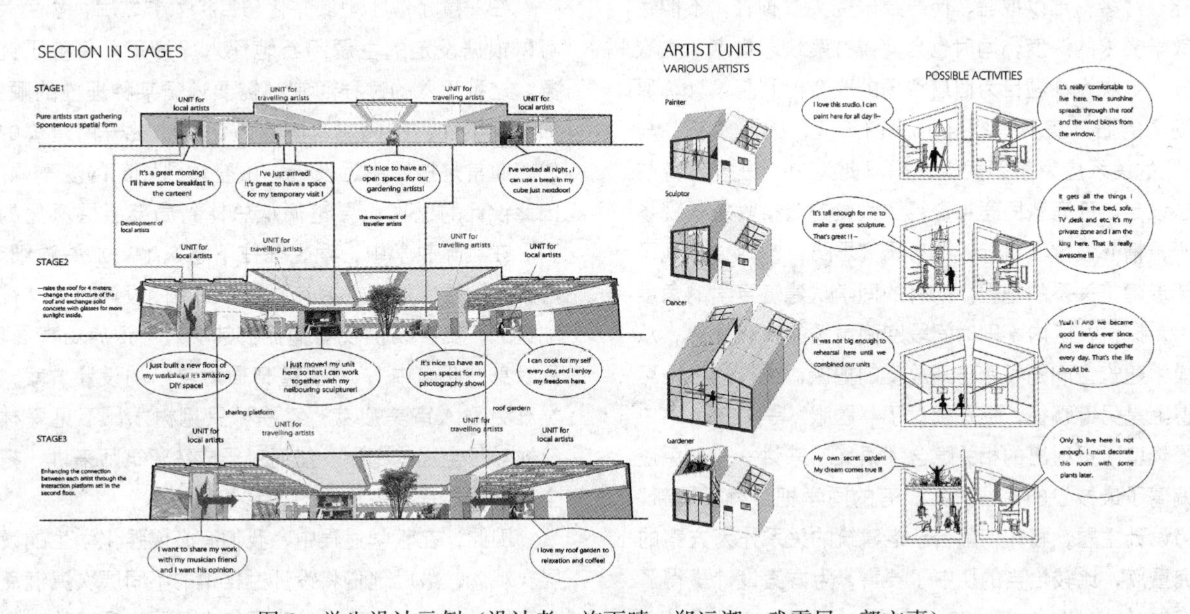

图 2　学生设计示例（设计者：施雨晴，郑运潮，武雪凤，郭文嘉）

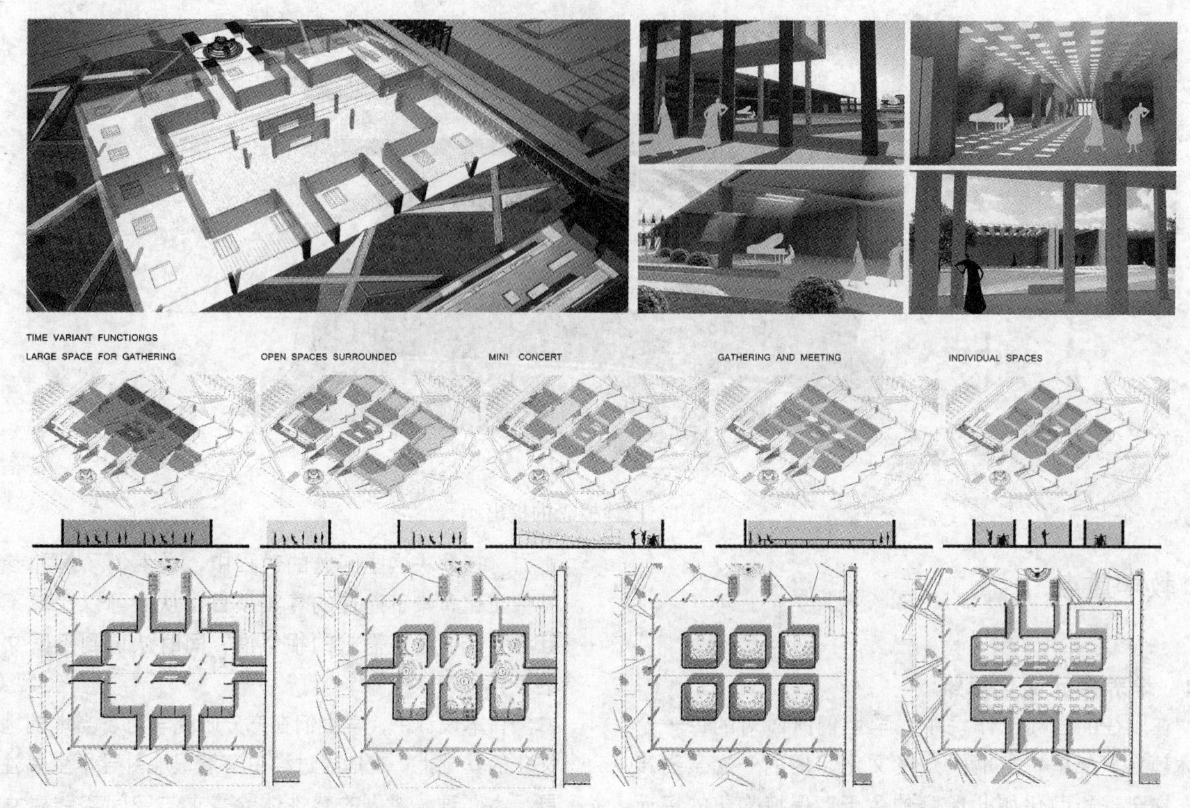

图3 学生设计示例（设计者：胡一非，马宇晴，赵翌琳，赵佳琪）

3.2 精炼设计主题

学生对充满时尚感的异域文化接受能力很强，创造性思维源源不断的涌现，常常灵感闪烁。在设计之初，这是推动方案良性发展的优势所在，但同时也往往由于兴趣点过多，难以取舍，而导致研究头重脚轻，不能达到教学要求的深度，同时也会使得方案缺乏重点，主次不分。本次设计题目为旧屠宰场的改造再利用设计，原有场区的旧厂房具有很强的保留价值，因此“新”与“旧”的关系应为解题关键，需以此为中心进行研究与主题设定。而有些同学虽进行了大量的资料收集与现场调研，精心设定了目标人群与研究思路，却独独忽视了对新老建筑关系的把握。如有的同学从建筑声学的角度入手，探讨社区内不同时间段空间声场的变化规律，从中摸索建筑空间的私密与开放度的把握，这样的思路可称得上是另辟蹊径，但是相对于“题眼”——任务书中背景环境所折射出的相关隐含“语义”来讲——未免还是偏离了最核心的解决方案。有的同学把“有机更新”作为设计主题，将如何融合新老建筑的关系作为方案的研究重点，比较恰当的切中了要害，为方案设计赢得了良好的开端（图4）。2006级某位本科生的一段设计心得很有说服力：“应该给予中心点响亮的解答和表达，而把其他附加的冗杂概念抹去，因为它们不但没有为方案增加亮点，反而会让他人在理解方案上增加障碍，而且冲淡了中心想法。”

3.3 强化层次意识

在深度了解了地域文化与目标人群之后，学生大多可以根据设定的主题不断地深入、修正、完善研究对象。这种深入的过程通常都需要遵循某种理性的顺序，如时间层次、空间层次等。人们在欣赏一幢建筑的时候，通常是按照由远及近，由整体到局部的观察顺序。因此设计的过程也要遵循从总体到局部层层深化的原则。在实际教学中，学生往往下意识地更加关注细节，导致设计层次混乱。究其原因，细节的设计尺度往往更加近人，更容易被观者捕捉；其次“不识庐山真面目，只缘身在此山中”，学生整日面对自己的设计方案，视觉难免陷入审美疲劳，容易“只见树木，不见森林”，忽视对于全局的把握。然而对于成熟建筑师来讲，把控全局的能力是至关重要的。

因此，在教学过程中，我们有必要强化学生的设计层次观念，鼓励他们将设计过程中的不同层次关键点列入表格进行统计，及时检查表格中各层次项目的比例与数量，协助学生将注意力协调分配，更好地建立尺度与层次意识，逐渐由刻意要求转变为自觉遵守。按照这种思路，获得了有序清晰的设计流程，针对不同的空间层次逐渐深入，可以避免直接导向局部细节设计的通病。

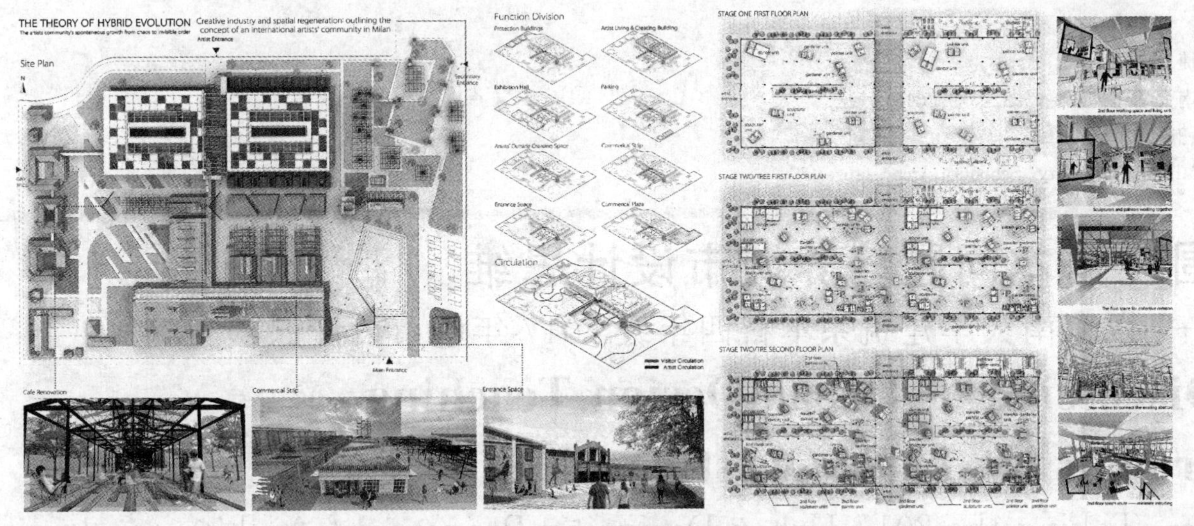

图 4　学生设计示例（设计者：施雨晴，郑运潮，武雪凤，郭文嘉）

4　结语

不同于以往课程中的单体类旧建筑改造项目，本次工作坊将旧工业地段的更新与再利用提高到了城市设计的层面，需要学生将思维的边界拓展到较为宏观的城市功能、城市环境以及城市文脉等层面上。这样的要求对于本科三年级学生来说具有一定的挑战性，因此需要教师在教学过程中时刻关注学生设计思路的进展，在适当的时机向他们输入相应的信息来刺激他们的设计进程向前发展。

笔者与谢菲尔德大学娜迪亚教授合作教学的过程，是一次中方教师与外籍同行之间关于教学方式的愉快交流与碰撞，外方教师对学生设计构思不遗余力的支持与鼓励给笔者留下了深刻印象，也促使笔者对以往的教学进行了诸多反思。学生在愉快的学习氛围中接触到了欧洲建筑师的创作方法和流程，接受了欧洲先锋派艺术及文化的洗礼。在多元文化的熏陶下，接受了创新思维与理性思维的双重训练，同时也更习惯以国际化的视野面对设计课题。纵览整个教学过程，建筑设计课强调的是个人思考方法的提高，设计不只是最后的成果，而是一个持续的过程。

参考文献

[1]　连菲，史立刚，梁静．创新与理性的碰撞——综合设计思维能力培养的过程与方法［C］//全国高等学校建筑学学科专业指导委员会．2015 全国建筑教育学术研讨会论文集．北京：中国建筑工业出版社，2015（11）：550-553.

[2]　沈杰，岳森，李世元．建筑师设计思维的培养——简析 MIT 建筑学专业教育方法［J］．建筑学报，2010（11）：36-39.

[3]　沈杰，苟中华．走出盒子——开放式国际工作坊的教学理念与实践［J］．建筑学报，2008（7）：88-91.

[4]　梁静，董宇，连菲．基于城市更新理论的建筑群体空间设计教学改革与实践［C］//全国高等学校建筑学学科专业指导委员会．2017 全国建筑教育学术研讨会论文集．北京：中国建筑工业出版社，2017（11）：85-90.

[5]　孟璠磊．艺术驱动废弃工业用地复兴——阿姆斯特丹 NDSM 艺术区启示［J］．世界建筑，2017（4）：97-101.

刘捷
东南大学建筑学院；532253978@qq. com
Liu Jie
Southeast University，School of Architecture

围绕基本问题培养城市设计思维
——以东南大学建筑系本科四年级 2017 年城市设计课程为例

Discussion of Urban Design Teaching around the Basic Questions
——Taking the 2017 Urban Designing Program of Architectural Department of Southeast University as Example

摘　要：城市设计内容丰富，各种因素错综复杂，在课程教学中，需要重点突出，提出基本问题，围绕这些问题进行教学计划安排，培养学生的城市设计思维，掌握城市设计的理论和方法。

关键词：城市设计；基本问题；设计思维

Abstract：Urban design is complicated. In the course teaching，it is necessary to propose the basic questions of the subject，to guide students thinking about these questions，to cultivate students; domain design thinking，helping students to grasp the theory and method of urban design.

Keywords：Urban design，Basic question，the Way of thinking

当前，城市设计的重要性不断提高，建筑本科教育中有不少城市设计的课程，建筑学本科学生在学习城市设计前，考虑空间、结构、材料等较多，虽然也强调环境分析以及环境在设计中的作用，但总体上，对城市的构成、系统与形态的知识依然不足，为此，在课程教学中，需要培养学生对城市设计的基本问题的思考，让学生理解城市系统的运转和城市形态的要素，选择适当的切入点，进而提出设计思路。

下面以东南大学四年级课程南京铁北新区城市设计为例，介绍在教学过程中，如何在教学的各个阶段，引导学生在分析中提出问题，找到设计概念的出发点，培养学生的城市设计思维。

1　课题设置与教学目标

本次课题为南京铁北新区城市设计，设计地块位于南京市中心城区西北，基地周边复杂，功能多样，并且在快速变化之中，该地区靠近玄武湖、小红山风景区以及南京林业大学、并且和紫金山风景区遥遥相对，地块南面为城市快速路以及沪宁高铁、沪宁铁路，北面为开发中的铁北新区中心区，西面为红山公园，东面为开发中的铁北中心区高层片区，地块内部目前为厂房和菜地、水体、以及一些荒芜的地块，根据上位规划，这里要开发成一片科研以及办公用地，考虑到建筑体量与小红山公园、紫金山以及和铁北中心区的关系，建筑高度控制在 50 米之内，这是一块多种要素混合的场地，场地现状各种不同的元素，可以激发学生从不同的角度，对于城市的需求做出自己的创意和设想。在课程教学中，要求学生做到如下几点：

(1) 在区位认识的基础上，展开地块及其周边道路交通、功能业态、土地利用、城市建筑形态的调查研究。

（2）重点调查分析设计基地的现状及其所面临的问题。包括地形地貌、生态形态演变、建筑类型、保留建筑、保护建筑、公共设施等等。

（3）确立城市设计的目标，进行项目定位，对如何提升城市活力提出策划和研究。

（4）建立符合地块特征和现代城市生活需求的交通组织、地块组织结构，使该地块融入城市的整体结构。

（5）塑造富有活力特色的新型城市街区，在此前提下，提出该地块可能的建筑设计策略及其空间环境意象。

在教学中，要求学生做到了解当前城市规划管理体系和城市规划管理办法以及城市规划管理指标。学习相关城市形态理论；充分进行现状调研，分析城市区域结构与基地的联系，分析更大范围的城市空间结构；了解上位规划的要求以及其他有关的已有设计和报告；分析区域城市活力以及居民的生活需求；分析区域城市生态系统以及演变过程；研究城市不同交通系统现状、交通规划以及如何整合。

2 问题的提出

城市是一个复杂的巨系统，是人们生活和工作的场所，多个层面、多种因素都对城市的空间形态发挥影响，面对复杂的内容与要求，教学中要求学生关心以下三个基本问题：

问题1：如何利用场地内部以及周边现有资源？

本设计中，所在地块各种因素复杂多变，也就孕育设计的多种可能性，对地块和更大范围城市的研究，让学生可以理解现状的来龙去脉，考察现场是设计的开始，学生在场地有着自己的独特的感受和关注点，这时老师需要帮助学生加以分析，同时给学生讲授城市设计的理论和方法，培养学生从最初的感性感知上升到抽象的思维，从深层次理解城市，对场地的资源做出综合评判，从而得出自己的出发点。

问题2：如何融入现有城市结构，承接城市规划远期目标，完善城市各个系统？

城市是不断发展的，尤其在当代中国，城市发展日新月异，城市设计需要与现有城市系统有机衔接，学生需要了解目前中国城市规划管理体制，了解城市总体规划、地块所在区域上位规划，周边地块的城市设计，了解周边的产业的发展前景，为设计概念的坚实性和可行性打下基础。

问题3：如何分析人们的需求，结合周边的城市功能提出富有创意的策划与设计概念？

在前面两个问题思考的基础上，教学要求学生对场地的项目需求提出策划方案，并提出富有创意的形态解决方案，这里既包括了功能，又包括了形态，通过策划形成有效的、富有特点并解决问题的设计概念，并且考虑到城市各个系统的大致要求，从而为设计的深化提供了良好的框架。

通过对城市设计的基本问题的分析，对场地的资源利用、城市结构与系统、人们的需求的思考，帮助学生理解城市、认知城市，在思考中设计，在设计中理解，在理解中探索，推动设计不断深化，基本问题的提出为学生城市设计提供了一个研究的框架。

3 教学阶段与计划

基本问题的梳理需要反映在教学计划之中，教学大致分成四个的阶段，每个阶段都有各自的重点，但都围绕着基本问题。首先是城市认知和场地调研分析阶段，教师讲授城市设计的内容与方法概论、通过讲座和文献阅读让学生了解如何分析城市形态，运用图底、路径、斑块、系统等理论来理解城市的尺度、肌理、节点、空间等概念，与建筑设计相比，城市设计的场地通常要大得多，南京铁北地块场地面积33公顷，学生对场地的调研既要了解外部的环境，也要仔细调研场地内部。外部环境包括周边地块的现状、整个区域的规划、人流的方向，从而让学生对周边的城市道路、景观资源、城市的活力以及人们的需求有充分的了解，场地内部调研需要了解场地的现状、包括道路、水系、历史、植被、生态系统、地形起伏、对场地的调研和分析，对于提出问题，找到切入点，提出设计构思非常关键。

第二阶段是策划与设计概念的确定，要求对各种因素进行分析、筛选、既要有重点、又要考虑全面，这就需要对调研的成果进行诠释、提出自己关注的问题。同样的场地，每个人的解读既有共性，又有每个人的独特的视角，这就为不同的方案设计提供了基础，即使是同样的设计出发点，解决问题的方式也又千差万别，这样就为城市设计的多样性提供了可能。

第三阶段是各个城市系统的磨合与设计深度的推进，概念随着设计的进展和具体化，城市各系统之间的相互协调是深化的重点，同时，城市设计深化的重要手段是不断放大比例，1：2000看城市的关系，1：1000着重基地与周边的关系，1：500考虑的是基地内部的结构与空间；1：300反映地块空间的细节，在重点地块的设计中，要考虑建筑的入口问题，地块的停车问题，公共活动场地问题，在比例放大的过程中，不断加入新的因素考量，从整体场地逐渐过渡到每个地块的设计。

第四个阶段是设计成果的表现与表达，城市设计的表现有两个基本要求，一是充分反映出城市空间与系统特有的信息，二是使用什么方法表现城市设计的信息，这包括充分利用计算机的手段用 skp 软件制作动画；利用实物模型，用文字进行分析和描述等等。表现也是重新梳理设计的过程，从宏观到微观，各个系统的图解，重点的刻画，和对关键细节的补充等等，在表现的过程中，还要会思考最后的空间效果，外部空间的氛围，哪些元素具有城市活力？那些元素需要强化？哪些元素需要弱化？此外，尺度上的配合，城市建筑的色彩，都是表现时要考虑的内容。表现的时候还要思考设计的特点和设计想法是否能够被充分理解，需要设计者清晰、简明、有重点地表达。

具体的教学计划如表 1：

表 1

周时	内　容
1	课题介绍 讲座：城市形态与城市设计；现场调研
	现场调研成果(PPT)讨论，根据调研，提出项目建议，陈述理由
2	研究土地特征及利用价值；业态类型及物业需求，提出设计策略、初步概念草图
	案例分析与讨论
3	空间结构、城市活力、交通流线的讨论
4	设计概念设计总结，制作工作模型 讲座：城市形态的诠释及范式
	中期答辩
5	节点定位、特色塑造、空间尺度
	设计深化(按专题或地块分工合作)
6	空间节点体量、景观、肌理深化研究
	设计深化(按专题或地块分工合作)
7	研究建筑形态、建筑与规划的技术细节与整体平衡
	设计定稿、构图及表达的逻辑图表
8	设计表达及表现
	最终答辩

4　教学成果

学生作业 1：如何利用场地原有的景观资源是本设计的出发点。设计充分分析场地环境特点后，在紧张的都市氛围中营造一片共享的城市绿地公园。设计将原有体系与规划水域进行整合，建立起以水系为引导的体系，串联起整个场地，保留绿地，与新置入绿化形成绿网，依据场地本身特性与周边业态设施，将场地划分为业态不同的几个区域。整个场地的各个区域之间有统一的理念和氛围，从中间向两端通过建筑高度、建筑密度、建筑秩序以及景观的规划形成由自然向都市的逐步过渡，希望在紧张的都市中能有一片可漫步的自然乐园，使办公场所也变得轻松愉悦。从总体成果看，设计在原有地形风貌的基础上打造了区别于传统集中办公模式的舒适宜人而又富有多样性的生态办公模式（图 1）。

学生作业 2：如何激发地块的城市活力与多样性是本设计的出发点。设计从功能与空间策划出发，分析场地未来的消费需求和生活需求，在此基础上提出了“城市是被人感知到的大尺度的家”的概念，在地块的不同区域设计不同的功能类型，和家的不同区域产生类比，从而有助于不同使用者的划分和这些人群活动的策划，以及空间氛围的营造，其中，地块中心以综合性图书馆来起到城市客厅的作用，并在机制上和空间形态上增加其公共性，为不同的人群创造了交流的机会（图 2）。

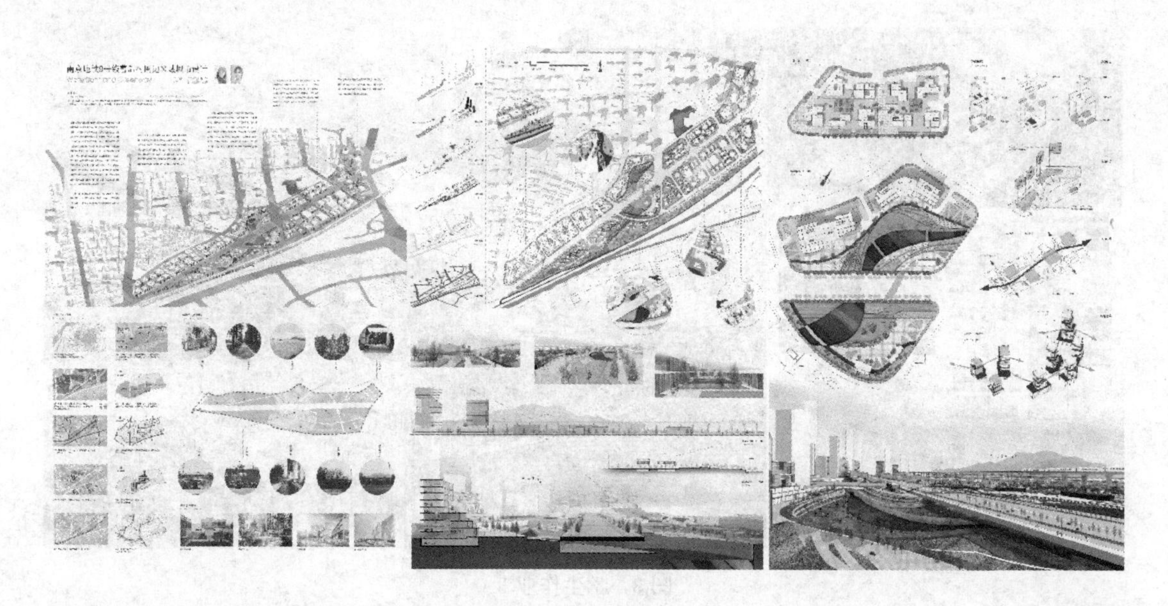

图 1　学生作业 1

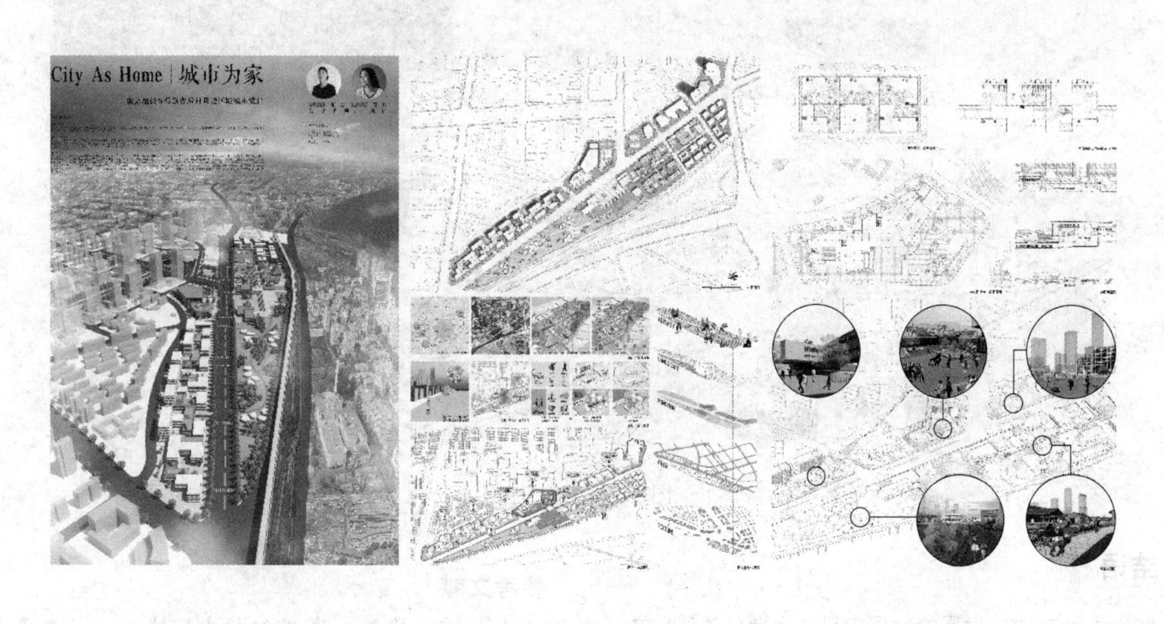

图 2　学生作业 2

学生作业 3：本设计关注城市街区不同尺度的混合。设计将场地细分，设计不同尺度的区块，满足多种需求，通过细致的区块系统，把场地激活，通过不同尺度的设计，来适应场地未来面临的复杂变化，并且这些不同尺度的区块功能并不是单一的，各种不同尺度的区块之间相互渗透、相互融合，延续现存的溪流水景形成核心区市民公园，结合城市肌理，共同构建了一片融合了生态、生产与生活的城市景观系统（图 3）。

学生作业 4：如何利用场地地形的高差是本设计考虑的重点。设计在场地调研的基础上，充分利用地形，建立道路、街区、高架、山峦间的自然地形和剖面的关系，以此塑造城市空间，结合场地本身丰富的高差变化，设计中心版下沉广场，组织周边的文化商业综合体，通过高低两层慢行道路系统和公共空间系统，串联西侧生活化的办公社区和东侧科技化、商业化的办公展销园区，结合线性公共空间，以步行、慢跑、单车等通过性活动为主，辅助以长椅等休憩设施，局部放大设置零售、停车、健身设施、户外棋牌等设施，并围绕设施设计开敞交流空间（图 4）。

图 3　学生作业 3

图 4　学生作业 4

5　结语

城市设计在城市发展的过程中日益重要，建筑学本科的学生在学习城市设计的课程中，需要针对性地提出城市设计所需要考虑的基本问题，引导学生思考这些问题，培养学生的城市设计思维，帮助学生在思考中掌握城市设计的理论和方法，从课程教学的过程和成果上看，基本达到了教学的目标。

参考文献

[1]　王建国. 21 世纪初中国城市设计发展再探[J]. 城市规划学刊，2012 (1)：1-8.

[2]　杨春侠，耿慧志. 城市设计教育体系的分析和建议——以美国高校的城市设计教育体系和核心课程为借鉴 [J]. 城市规划学刊，2017 (1)：103-110.

刘力　王旭　周庆
天津城建大学建筑学院；bingshuitj@163.com
Liu Li　Wang Xu　Zhou Qing
School of Architecture，Tianjin Chenjian University

历史语境下的城市更新
——2018 全国六校建筑学专业联合毕业设计综述*

Urban Renewal in Historical Context
——A Summary of the Joint Graduation Design of Architecture Majors in the Six National Universities of 2018

摘　要：建筑学专业的联合毕业设计已成为当下各建筑院校所广泛参与的一种毕业设计的组织形式。通过对"2018 全国六校建筑学专业联合毕业设计"题目设置、教学主题、教学过程等的论述，探讨了通过对历史建筑进行创造性的保护与再利用以促进城市更新与开发的可能路径，以期对以历史建筑保护与更新为主题的教学活动及联合毕业设计的教学组织提供一定的借鉴。

关键词：历史语境；城市更新；联合毕业设计

Abstract：The joint graduation design of architecture has become a form of graduation design that is widely involved in various architecture colleges. Through discussing the topic setting，teaching theme，teaching process，etc of the joint graduation design of the architecture of the "2018 national six universities"，we explored possible ways to promote urban renewal and development through creative protection and reuse of historic buildings，hoping to provide reference for teaching activities and joint graduation design teaching organizations with the theme of historical building protection and renewal.

Keywords：Historical context；Urban renewal；Joint graduation design

1　缘起

全国六校建筑学专业联合毕业设计最早可追溯至 2014 年，由安徽建筑大学、浙江工业大学、烟台大学、苏州科技大学、天津城建大学等五所以培养建筑学专业应用型人才为目标的学校共同发起，旨在通过联合毕业设计这一个点，形成由点及面的效果，从而在一定程度上促进不同学校之间教师与学生之间的沟通、交流与互相学习。2015 年初首届联合毕业设计在安徽建筑大学成功举办。自 2017 年开始，福建工程学院加入，参加联合毕业设计的学校数量扩展为六校，持续至今年已有四年。

2018 年的六校联合毕业设计以"历史语境下的城市更新"为题，由天津城建大学主办，共有来自六个学校的 46 名同学和 18 位教师参与了教学活动的全过程，共同探讨了通过对历史建筑进行创造性的保护与再利用以促进城市更新与开发的可能路径。

* 天津市高等学校创新团队（TD13-5003），住房城乡建设部科学技术计划与北京未来城市设计高精尖创新中心开放课题资助项目（UDC2017020912）。

2 题目设置

2.1 课题背景

历史建筑的保护与更新是当前城市建设中的一个充满矛盾的热点问题。一方面，历史建筑在文化、历史、科技等方面的价值越来越被大众所接受；而另一方面，历史建筑的保护与更新似乎也与越来越高的土地价格产生了一定的矛盾，从而导致城市更新中（尤其是房地产开发中）很大的数量的历史风貌建筑被无情的拆毁。那么，历史建筑的保护、更新与城市的开发、经营之间是否一定存在着不可调和的矛盾呢？现有的对历史建筑的保护与更新的方式是否能够最大限度的发挥其价值？能够通过对历史建筑的创造性再利用促进城市更新的良性发展？本次联合毕业设计即对上述问题进行研究，试图探索出一条历史语境下城市更新的新思路。

本次联合毕业设计的选址位于天津市河北区。河北区是天津近代工业的摇篮，天津市区发祥地之一。20世纪初袁世凯在天津推行的“新政”为天津近代工业发展带来了新的契机，河北区一度成为重要的工业区，出现了具有官方色彩的直隶工艺总局和实习工场，还出现了当时北方最早的较大规模的机器纺纱厂。在此期间，天津华新纱厂、裕元纱厂、恒源纱厂、北洋纱厂、宝成纱厂、裕大纱厂六大纱厂相继建成。由此，天津近代纺织工业初步形成，新型机器织布工厂布局有了新的、较大面积的增长。

21世纪初，天津市中心城区开始大规模更新，加上经济转型与环境约束，许多位于市中心的工厂被大规模拆除，具有“工业时代精神”的华新纱厂也在一夜之间被夷为平地，现只留下一栋建筑——原华新纱厂锅炉房（现为天津市河北区文物保护建筑）。本次联合毕业设计的选址即为原华新纱厂地块，意在传承这种工业城市的时代精神，为探索新的时代背景下可持续发展的城市更新提供可行的方案。

2.2 设计要求

原天津华新纱厂于1916年在津建厂，1918年正式投产。资本总额为200万元。30年代初华新纱厂转卖给日本中渊纺织株式会社，改为公大七厂。新中国成立后，改为国营天津印染厂。本次联合毕业设计用地面积约为15万平方米（图1、图2）。基地西临万柳村大街，北邻金钟河大街，南侧及东侧为现状居住小区，基地内地势平坦，在基地西北侧有一幢天津市河北区文物保护单位——原华新纱厂的锅炉房，工艺精致，气势雄伟，其建筑面积约为1000平方米，高度28米（图3、图4）。

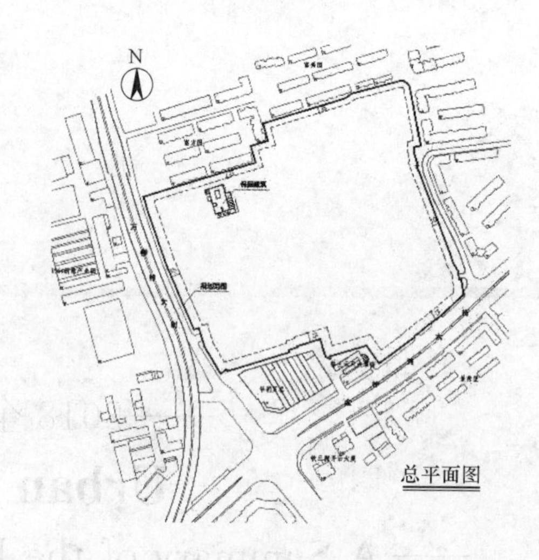

图1 地形图

图2 基地航拍

图3 保留历史建筑

本地块的用地性质为居住用地，要求地块内建设居住产品的比例至少为70%。另要求包含保护的文物建筑建设一定面积的商业或文化设施，面积约为2.0万平

图 4　基地鸟瞰

方米，基地内的文物保护建筑在保持历史建筑本体不变的前提下可适度改造利用，具体建筑业态可根据调研及策划内容自行决定。剩余面积的建设内容由设计者根据调研自行确定，其业态包含但不限于住宅、办公、商业、公寓、酒店等等，其具体用地位置由设计者根据需要决定。基地规划总容积率为 1.5（可上下浮动 10%），建筑限高 100 米，建筑密度不大于 35%，绿地率不小于 35%。

3　教学主题

3.1　城市整体的研究

解决城市中心区域地块更新设计问题的突破口往往在于对更大范围内城市现有秩序的梳理，从而发现城市中的现实问题，提出整体解决方案。因此在教学中引导学生对城市整体布局、公共空间系统、社区日常生活系统、风貌和文脉系统、景观系统、交通系统等方面进行综合考量，以激活更大尺度范围内的城市空间活力为目标，从“服务社区生活，完善城市功能”的角度提出城市更新设计的整体构想，对设计任务书中的要求进行积极的响应。

3.2　策划思维的应用

策划思维的培养及应用是当前国内建筑学教育的一个短板。国内大量历史建筑（工业遗产）更新的失败案例告诉我们，由于缺少了科学的建筑策划，“留得住”的历史建筑往往很难“活得好”。因此在本次联合毕业设计的教学活动中增加了建筑策划学、建筑经济学等方面的内容，同时结合相关教师的科研项目对不同业态类型的工业遗产更新项目的人流量统计数据进行了分析，其目的在于为学生提供科学的策划依据，能够在设计阶段分析及预测项目建成后的运行效果，从而为今后类似项目的开展提供宝贵的经验借鉴。

3.3　文化价值的转化

历史建筑的文化价值在其整个价值体系中占据重要的地位，加强对历史建筑文化价值的保护与弘扬也是当前学术界的共识。但不可否认的是由于文化价值的“隐性”特征使其往往在城市更新的各种利益冲突中被牺牲。因此，在本次联合毕业设计的教学过程中，重视引导学生加强对文化价值转化的认知，力图通过对文化价值的保护提升整个区域的品质，提升区域物业的资本价格，使文化的价值能够“看得见，摸得着”，从而避免历史建筑再次被牺牲的命运。

4　教学过程

4.1　题目研讨

本次联合毕业设计的题目酝酿始于 2017 年 10 月。在经过天津城建大学内部的数次讨论后，于 2017 年 12 月底召集六校相关教师于天津进行了研讨。六校对题目设置、组织形式、时间安排等进行了详细的讨论，并对基地进行了初步的踏勘（图 5）。

图 5　题目研讨

4.2　开题工作营

2018 年 3 月初，上述六校同学 46 名，教师 18 名在天津城建大学进行了为期一周的开题阶段工作营。在为期一周的时间内，主办方首先对题目设置的目的、意义及要求进行了详细的讲解，并组织六校师生对基地现场及其周边街区进行了详细的调研，为使各位同学对工业遗产的保护与更新有一个直观的认识，主办方还组织各校师生考察了天津与唐山的一系列工业遗产更新项目，主要包括天津棉三创意街区，绿道丹庭居住区售楼处，巷肆创意工坊，开滦煤矿博物馆，中国（唐山）工业博物馆（图 6），启新 1889 创意产业园等项目。在此之后，各校师生进行了为期三天的强化设计（图 7），对设计任务书中的各种要求进行了初步的响应，并于 3 月 10

日进行了开题阶段的成果汇报（图 8）。

图 6　开题调研

图 7　开题阶段工作营

图 8　开题阶段答辩

在组织形式上，为保证各校师生有充分的机会进行交流，开题阶段的工作营的分组采取一位老师 + 四位同学的方式，并且每组中的一位老师与四位同学来自三个不同的学校，并且指导老师不参与本校同学的指导。这样，老师对各个不同学校的学生的设计水平有所了解，而同学又可以接触到不同指导思路与教学方法，取得了较好的教学效果。

4.3　概念设计与中期答辩

开题阶段的工作营之后，各校师生返回各自学校开始为期 6 周的概念设计，这一阶段的工作主要要求每组同学由一名教师负责 4 位同学（分成两组）的指导工作。4 月 21 日，六校师生共聚烟台大学进行了中期汇报，汇报分三大组同时进行，各组中的评委老师对各个方案进行了精彩点评并提出了宝贵意见（图 9、图 10）。在这次活动中，烟台大学方面还邀请了同济大学的王方戟老师，上海交通大学的范文兵老师等进行了精彩的讲座，进一步拓宽了同学的视野。

图 9　中期答辩

图 10　中期布展

4.4　深化设计与最终答辩

中期答辩之后，各校同学在老师的指导下，根据答辩意见进行为期 7 周的修改与深化，并最终于 6 月 9 日在天津城建大学进行了最终答辩及成果展览（图 11）。相对开放的题目设置容纳了不同的解题思路，不仅各校同学之间有着深入的交流，不同答辩评委不同视角的点评也是各位同学受益匪浅。最终根据得分情况，共评出一等奖 2 组，二等奖 4 组，三等奖 5 组，此次六校联合毕业设计圆满结束（图 12）。

图 11　最终答辩

图 12　颁奖仪式

颁奖仪式后，所有参加此次联合毕业设计的指导教师共同参加了总结会，对本年度的题目设置、组织形式、教学过程等进行了总结，并对 2019 年度联合毕业设计的相关工作进行了安排。

4.5　成果整理

对各校同学的设计成果进行总结、整理并出版作品集是一项已经持续三年的好传统，有利于对教学活动中的得失进行总结，并形成时间维度上的对比。本年度联合毕业设计作品集的排版及编辑工作已基本完成，预计将于 2018 年底之前正式出版。

5　结语

在此次全国六校建筑学专业联合毕业设计的教学活动中，六校师生的共同探讨了在历史语境下城市更新的策略、方法与路径，强调了历史建筑保护对城市更新的积极促进作用，产生了一批具有代表性的设计成果，基本达到了预期目的。

近年来联合毕业设计已成为各建筑院校所广泛参与的一种毕业设计的组织形式，扩大了各院校之间的交流与合作，但不可否认也存在着一些问题，例如普遍存在的由于研究生复试等时间冲突而造成的学生参与积极性不高的问题，由于毕业答辩时间安排而造成的设计周期较短的问题，这些问题的解决需要在今后的实践中加以不断的尝试，同时也希望国内各个不同的联合毕业设计组织之间能够互通有无，共同促进联合毕业设计这一有益的教学活动的发展。

参考文献

张彤．超越边界——2016 建筑学专业“8＋”联合毕业设计教学综述［J］．建筑学报，2016（8）：32-35.

图片来源

本文所有图片均由天津城建大学联合毕业设计工作组拍摄或绘制

项阳　张倩
西安建筑科技大学；1063955874@qq.com
Xiang Yang　Zhang Qian
Xi'an University of Architecture & Technology

顺应生活，延续记忆
——基于“城市修补，生态修复”的居住环境规划与居住建筑设计教学改革探索*

Following “Life” and Continuing “Memory”
——Education Reform of Residential Environment Planning and Residential Architecture Design Based on ‘City & Environment Repair’

摘　要：西安建筑科技大学的居住建筑课程设计始终关注城市住区发展问题。基于城市由“增量”式转“存量”式发展，住区的更新、居住品质提升等已成为现阶段城市居住区发展的主要方向。因此，教学模式和方向需要契合此目标进行思考和改革。本课程通过四个阶段的教学过程，帮助同学们深入解读“存量”式城市发展下的住区提升、更新所面临的问题，并综合探讨居住环境提升和建筑更新的有效策略。
关键词：存量；城市双修；住区更新；教学改革
Abstract: The education of residential architecture design in Xi'an University of Architecture and Technology has always concerned about the development issues of urban residential area. Because of the transformation from “increment pattern” to “inventory-pattern” on development, researches on regeneration of residential area and upgrade of living conditions have become new researching directions. Therefore, education is required to cultivate students to meet with the social demand. With four stages education arrangement, the subject will assist students to deeply understand residential area regeneration in “inventory pattern” development. Consequently, reasonable regeneration strategies will be discussed and proposed.
Keywords: Inventory Pattern; City & Environment Repair; Regeneration of Residential Area; Education Reform

1　背景

1.1　城市发展趋势——“增量”转“存量”

随着国家建设的发展，城市建设的逐步饱和，我国城市发展已进入新的时期，关注目光从城市新增用地建设向已规划定位的存量用地进行转变。对城市存量土地和资源进行挖掘、改造和再利用，城市建设方式由“增

* 西安建筑科技大学 2015 年度教育教学改革重点项目，面向城乡居住需求变化形式下创新型设计的居住系列课程教学体系改革与实践，项目编号：JG011502；

2015 年西安建筑科技大学择优立项专业骨干课程建设项目，居住建筑及环境设计系列课程；

住房城乡建设部 2017 年科学技术项目，既有居住建筑与老旧住区宜居改造及功能提升综合设计与适用技术研究，项目编号：2017-K10-002。

量”式发展向“存量”集约式发展转变，以应对转型期城市发展的规划和策略。

1.2 城市双修

2015年年底中央城市工作会议在北京召开，会议提出了我国城市发展已进入新的发展时期，基于顺应城市工作新形势、改革发展新要求等，提出了“城市修补、生态修复”的发展思路，着力提高城市发展的持续性和宜居性。

1.3 发展与挑战

以“城市双修”政策为导向，居住区教学的改革迫在眉睫，由增量向存量转型，从传统新建住区视角向老旧社区更新视角转变逐步成为新的教学目标。本文基于居住环境规划及居住建筑设计，探讨“城市双修”下的居住建筑教学发展与挑战。

2 传统居住教学方法在现存条件下的困惑

城市不断在发展，因而传统居住区设计教学在现阶段城市发展状况下在一定程度上存在困惑，需要契合现阶段城市发展诉求和目标进行思考和改革。

2.1 “增量”设计方法不适应城市发展

城市发展建设由“增量”式发展向“存量”集约式发展转变，因而传统居住区教学的“从无到有”的增量式设计方法已经不适应于城市发展，而对即有住区的更新、居住品质提升等是现阶段城市居住区发展的主要方向，即对“存量”用地的盘活、提升（对已有建设用地的调研——发现问题——运用专业手段提出解决方案）是适应于现阶段城市发展目标的常态。因而，整体教学模式和方向应契合此目标进行思考和改革。

2.2 居住社区空间品质提升对当前教学的现实要求

在传统住区教学中，学生们在设计初期往往缺少从文化视角和生活体验等方面对“城市—街区—居住人群—居住生活”各个层面的探讨，导致在规划与建筑设计阶段缺乏提升社区居住生活及空间品质的手段。当城市建设转向“存量”式发展，对“存量”土地上的现存住区居住环境的整体提升是当前居住建筑教学的现实要求。

2.3 引导学生反思“以人为本”的更新设计

在规划策略这一阶段，学生站点单一，多从设计者、开发者、居住者中的一个视角出发进行方案的思考，缺少多个设计出发点之间的博弈，错失矛盾性与多样性的探讨。在老旧城区改造更新中，本着“以人为本”的设计原则，应运用城市设计及建筑设计的手段更好的解决居住者的居住生活中所面临的问题和不便，让课程设计具有更现实意义。

3 教学程序的组织

3.1 教学课题的设置

在当今中国城乡建设大发展的背景下，为顺应社会发展趋势、政策导向以及居民多样化生活模式的需求，需要设计人员有针对性的分析和解决城市中多元化的居住环境及建筑问题。

近年来，西安已完成57个城中村改造，至少还有2000多个村庄要逐步“城市化”，我们在其中选取王家村和铁炉庙村作为本次设计的研究对象。我们需要学生结合现实的分析和落地性设计，提高区域居住建筑品质的同时，融入文化 、历史、传统、风俗，对城市区域进行生活方式的再营造。

3.2 教学步骤与环节

本次教学由四大步骤、七个环节组成，引导学生分阶段、分层级，有针对性的剖析地块内居住问题，并做出设计回应（图1）。

（1）地域文脉、环境现状、生活诉求——加强对现状物质要素与非物质要素的整体把脉

地域文化多元且深入生活，对城市地域文化的深入了解、对城市现状的深入调研是对设计地块接触的开始，强调从城市道路交通、公服设施、绿化景观等方面对地块街区进行解读；从建筑空间、结构、质量等方面对建筑现状进行分析；从人口构成、年龄分布、经济收入、生活需求等方面，引导学生以居民的身份带入感受社区生活，采取参与式调研方法，体验居民日常生活并主动交谈、认真观察，了解住区居民的居住习惯及日常所存在的问题。以西安市王家村地块为例，通过对以上方面的实地调研，采用mapping的形式（图2）将调研数据及现状图纸整合、展现出来，并通过小组为单位、教师参与引导的方式，综合就住区所存在的问题及居民生活诉求展开讨论，最终提出：公共服务设施存在不足与缺失、摊贩式售卖需进行整合及合理定位、部分建筑需解决采光与通风等问题，以及对居民生活需求的回应及改善等方面问题。之后通过筛选与整理形成结论作为规划策略提出的基础。

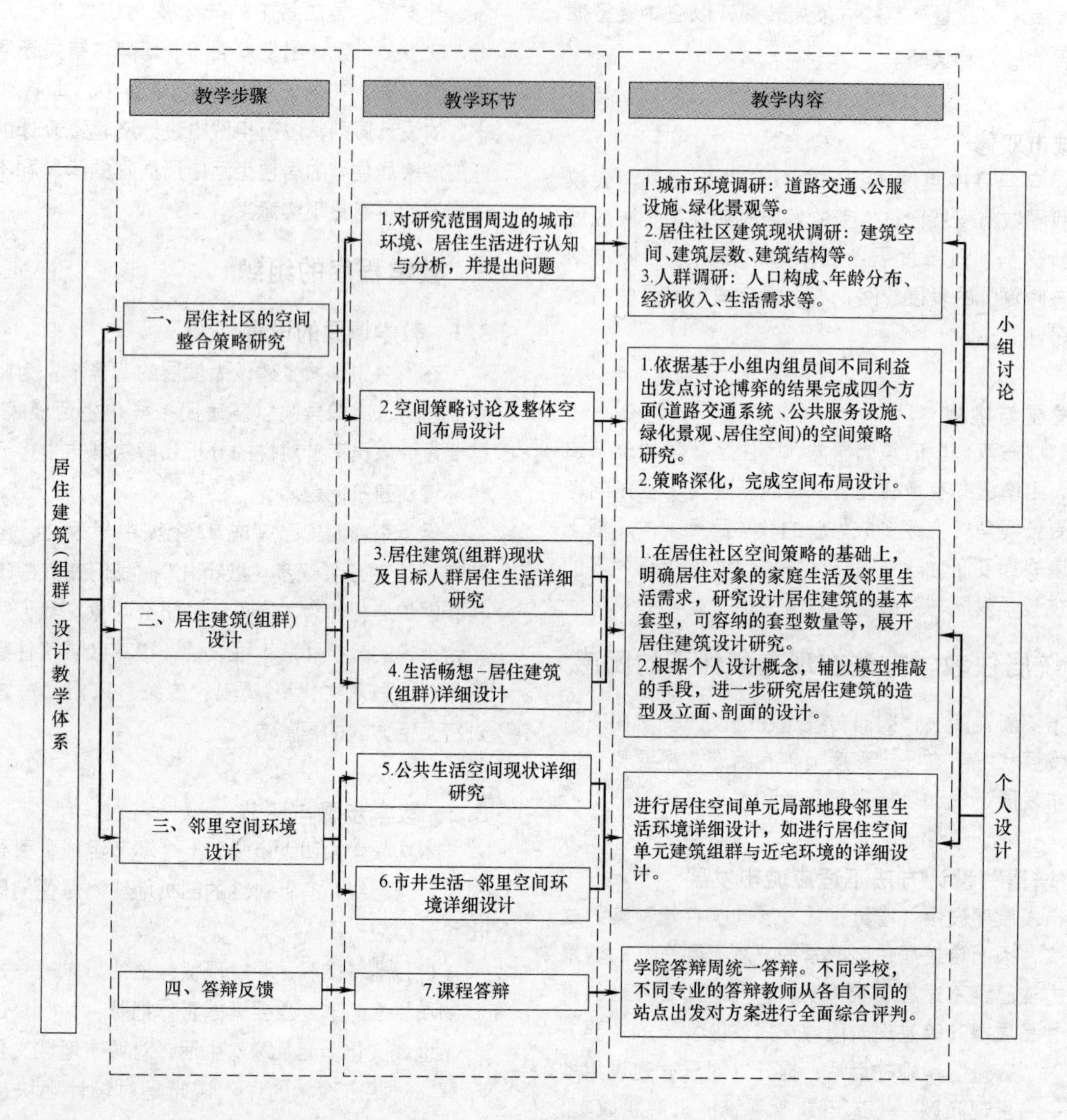

图 1　教学环节框架图

(2) 空间整合——基于地段环境的社区空间策略研讨

基于扎实的调研成果，以资源集约、空间合理等“多重和谐”为目标，进行街区路网结构优化、城市开放空间及公共服务设施规划、居住空间以及建筑组群布局等研究，进而形成居住社区空间策略研究。

以王家村地块为例，在对整个街区及其周边环境调研的基础上，结合现状条件以及环境特点，对居住对象进行准确定位，分析居民的居住行为特点和生活活动规律，兼顾本地的市井生活，为之后的地块内各层面结构规划打好基础。

公共服务设施方面，充分利用土地资源，将该地段的土地增值服务于城市与居民，对公共服务配套用地进行规划更新，同时衔接城市公共服务系统；在交通体系方面，依托地铁的交通优势，以开发建设为目标，满足城市中低收入人群的居住与出行需求，结合城市现有道路交通，合理组织地块内路网，综合完善城市街区的交通网络；在绿地景观系统中，结合开放空间与人流动线，创造与人群特点相适宜的、良好的、富有特色的景观节点与绿化体系，提升地块居住生活空间品质，综合完善城市街区生态景观体系（图 3）。

结合各个体系的规划设计，依据小组内成员间不同利益出发点讨论博弈——不仅进行老旧社区所处地段城市面貌的改善，同时对该地段城市职能的提升，城市的更新不应仅以地产盈利为目的，社区活力与交流更为重要等。其后进一步进行当前地块居住社区整体空间策略深化，优化与城市关系，对该地块社区居民的生活方式进行再营造。

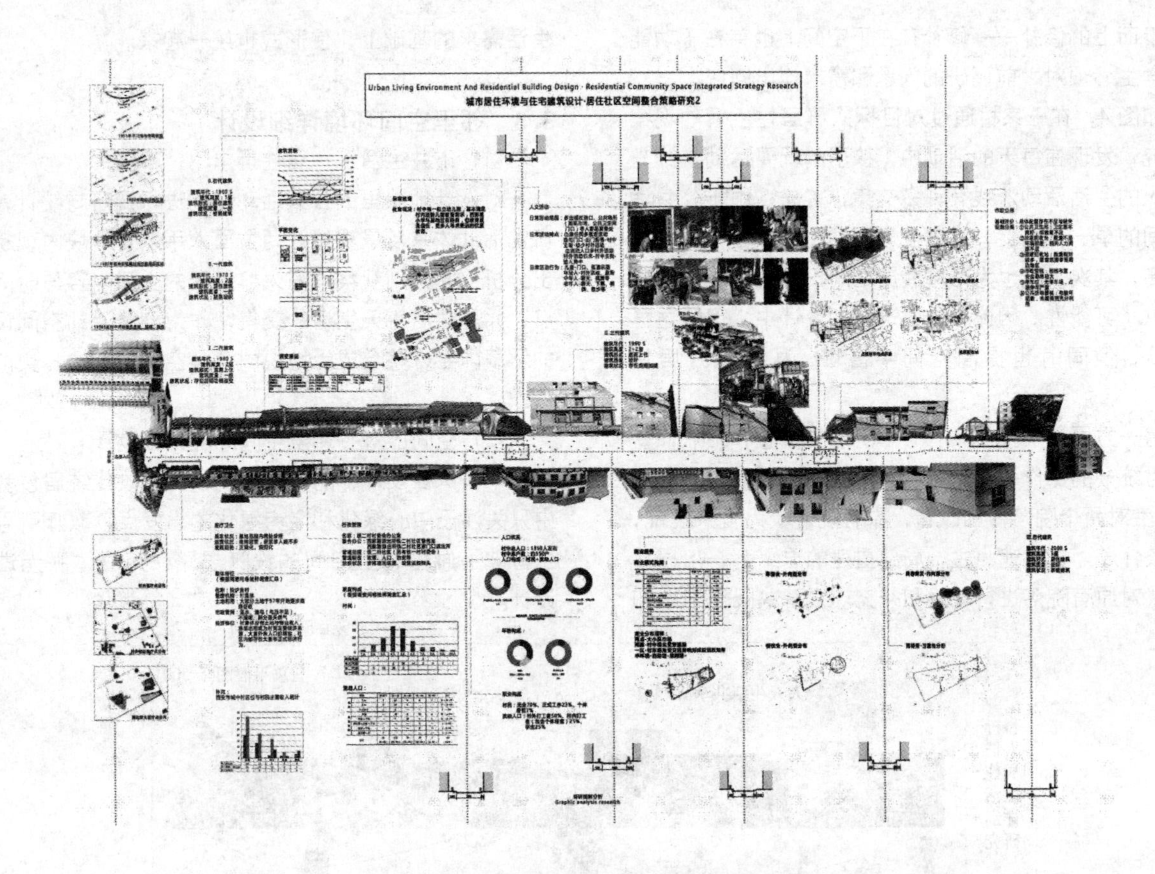

图 2　王家村居住社区调研整合（学生作业）

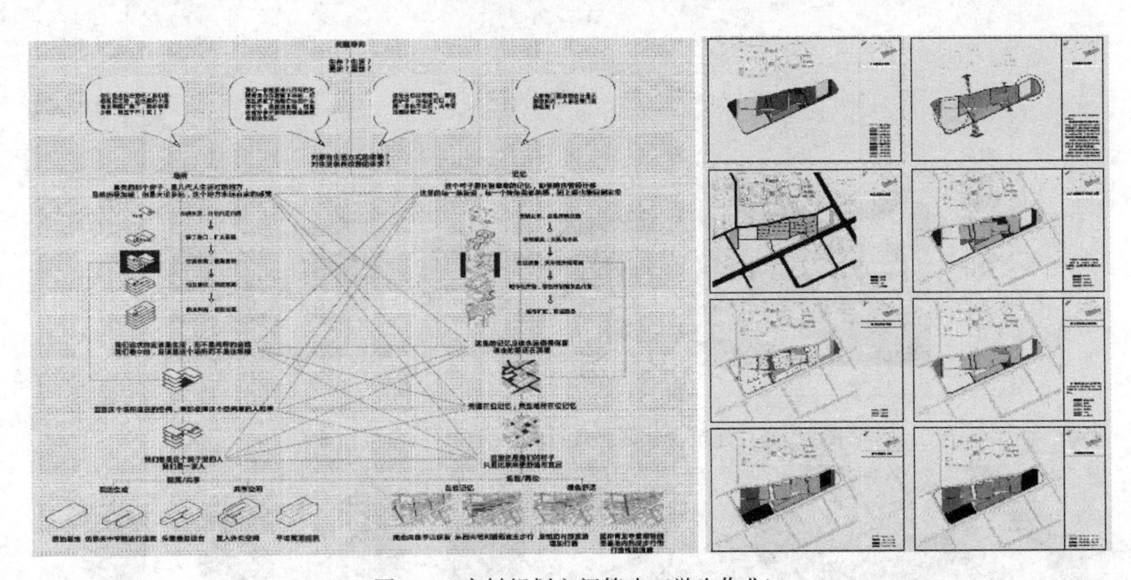

图 3　王家村规划空间策略（学生作业）

(3) 居住建筑（组群）设计——从需求和期望出发的更新改造

老旧社区在城市发展的压力下已经失去了原有的合理街巷、院落空间体系。在这一部分学生遇到的困难是最多的。学生在调研过程中发现加建已经严重干扰到居民生活，而且碍于早期建筑砖混结构体系结构整体性差的问题，往往会觉得再进行改扩建能作为的事情较少。对此指导教师给出局部拆除重建、拆除恢复到某一时间点的理性建造状态再进行改建、回归素地重新设计这三种思路。

基于学生提出的改造规则框架，一方面我们不建议彻底改变原有生活环境面貌，为设计而设计。我们支持做自下而上的修补——修补存在于空间上也存在于功能上，学生必须对之前调研的问题和需求作出回应。

如图4，在王家村通过对目标人群居住生活的观察与研究，发现在每天的活动中，孩子的玩耍活动流线与成年人的生活活动流线有许多交集，首先，由于公共活动空间的单一与局促，在安全与活动空间丰富方面，有待提高，其次，这也为家庭成员之间日常生活交流与碰撞提供了可能性。因此，在建筑空间设计中，保留这样的交流，但同时也提高空间丰富性，从而提升居住品质。

另一方面，学生需要有一个明确的概念和站点，使用较为统一的操作手法，用设计回应问题和需求。如图5，学生对两个院落做出改造，原有院落较为复杂混乱，居住条件差。在改建为主，局部重建的思路下，用插件的形式对原有院落进行替换和补充。在解决既有问题和生活需求的基础上，使形式也统一起来。

3.3 邻里空间环境详细设计

(1) 市井生活——居住诉求

对设计地块里的公共活动空间进行调研与统计，从日常活动体系及景观体系两方面入手，对地块内现状做出分析；并分别观察不同人群每天的生活内容与时间节点，并总结出每天生活的交集，作为公共活动空间设计的承载内容，整合成为地块内公共空间设计的扎实前提(图6)。

(2) 空间应对—邻里空间环境详细设计

本次课程设计中的邻里空间设计一改传统居住教学中只关注于中心绿化和宅旁绿化的出发点，教师引导学生打破平面化邻里空间的设计思路，用立体眼光进行设计。

图4 居住建筑现状调研及对应详细设计（学生作业）

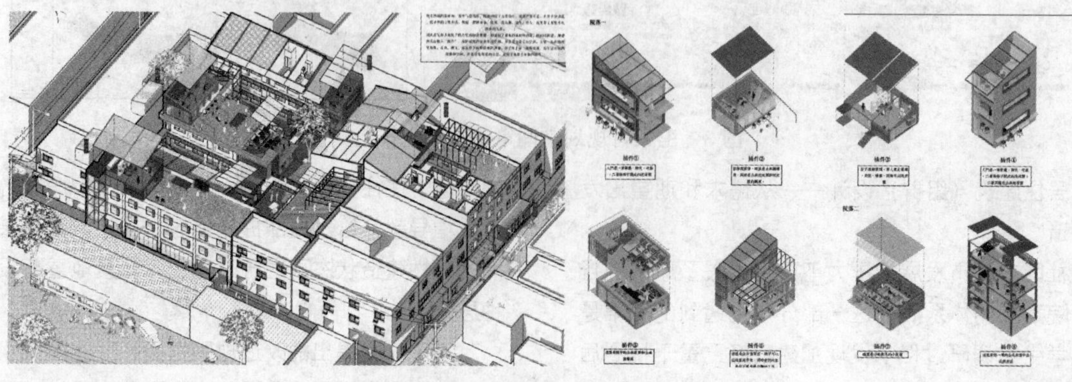

图5 王家村建筑改造（学生作业）

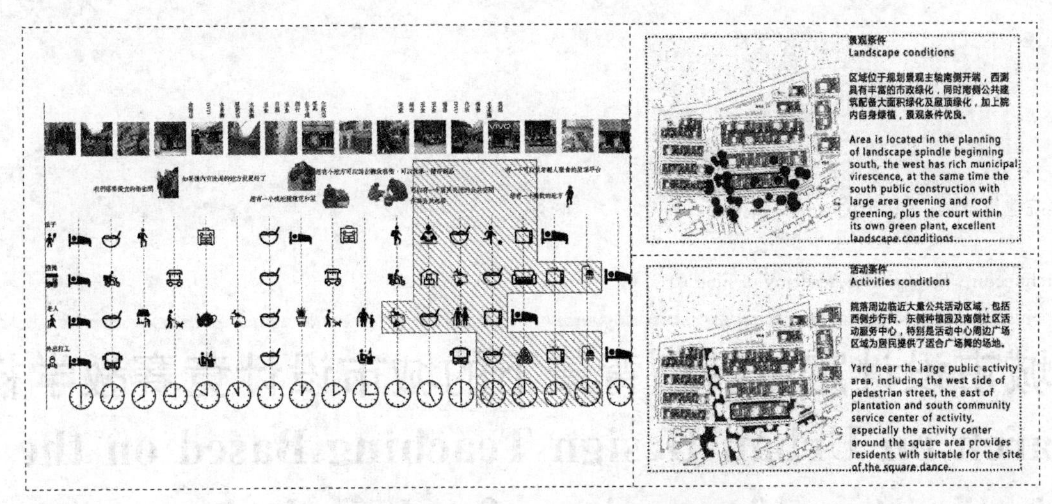

图 6　王家村公共生活空间现状调研（学生作业）

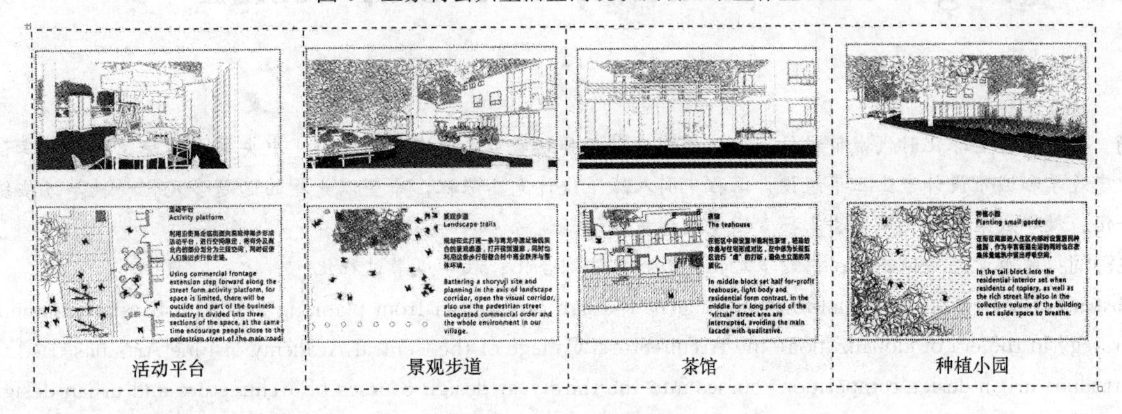

图 7　王家村邻里空间环境详细设计（学生作业）

顺应生活、延续记忆；绿意丛间，谈笑风生。通过前期调研，结合市井生活场景，延续地块内生活记忆，如大槐树下的茶余饭后的小聚会，巷口小花园里的闲谈玩笑等。引导学生将设计眼光从空间转向日常，让居民生活真正生长在城市中（图 7）。

4　总结

基于"城市双修"—增量规划向存量规划的转变，在保持建设用地总规模不变、城市空间不扩张的条件下，主要通过存量用地的盘活、优化、挖潜、提升而实现城市发展的远景规划。随着城市发展的不断成熟，存量用地才是城市建设用地的常态。因此，旧工业区、旧商业区、城中村及老旧社区等的更新迫在眉睫。

城市更新是新一代建筑师价值观的体现，一方面，需要留存社区的记忆，保护寄栖于此鲜活的生活场；另一方面，社区内居民的生活品质需要得到本质改善和提升，这便是既有社区更新改造中"永恒"与"不断更新"双重意义的体现。在居住区规划及居住建筑设计教学中，引导学生发现老旧社区居民的需求和居住社区空间环境的现状问题，通过规划及建筑设计，改善居住环境品质、提升居住空间性能，并同时注重延续城市文化及有地域辨识度的建筑风貌，综合激发城市老旧住区的活力。

参考文献

[1]　惠劼，张倩，王芳. 西安建筑科技大学居住环境系列课程简介 [J]. 住区，2014 (2)：28-30.

[2]　邹兵. 增量规划向存量规划转型：理论解析与实践应对 [J]. 城市规划学刊，2015 (5)：12-19.

[3]　高莹，范悦，胡沈健. 既成住区环境再生设计教学探索与实践 [J]. 住区，2016 (4)：138-141.

[4]　永亮，王丹. 旧城改造之居住区改造浅析 [J]. 中国科技信息，2011 (7)：318-324.

苏勇
中央美术学院建筑学院：suyong@cafa. edu. cn
Su yong
School of Architecture The Central Academy of Fine Arts

基于城市设计定位转型背景下的城市设计竞赛教学初探

Research on Urban Design Teaching Based on the positioning transformation of urban design

摘　要：针对全球化时代城市设计定位从规划辅助工具到城市发展战略的转型，中央美术学院建筑学院尝试在建筑学和城市设计专业三年级设计课程中引入城市设计竞赛课程，希望以竞赛的选题多元化、教学方法综合化、教学成果过程化等方法来摸索城市设计教学的新途径。

关键词：城市设计定位转型；选题多元化；教学方法综合化；教学成果过程化

Abstract：In view of the transformation of urban design orientation from planning aids to urban development strategy in the era of globalization，the Architectural College of the Central Academy of Fine Arts has tried to introduce urban design competition courses into the third-year design courses of architecture and urban design majors，hoping to Explore new ways of urban design teaching by using other methods such as diversification of topic selection、Integration of teaching methods and Process of teaching achievement.

Keywords：Positioning transformation of urban design；Diversification of topic selection；Integration of teaching methods；Process of teaching achievemen

1　全球化时代城市设计学科的再定位——从规划辅助工具到城市发展战略

长期以来，城市设计一直被视为一种在现有的城乡规划控制体系中运行的规划辅助工具，贯穿于从城市总体规划到控制性详细规划的全过程中。然而，近40年的快速城市化，千城一面的同质化现实，使我们认识到现有的规划控制体系已经难以适应全球化时代城市发展的需要——既要适应全球分工，又要不断向高端价值链攀升，而城市设计因为其在城市功能调整、城市公共空间优化以及城市形象塑造上的独特优势，有机会完善甚至超越现有以控制性规划为核心的规划体系。

面向全球化时代的城市设计，不能是仅仅从自身现实问题角度出发思考的城市设计，而应该是能够适应全球化竞争这一背景下中国城市转型需要的新型城市设计，是将城市中的所有要素创造性地整合起来的新型创意平台，而非传统意义上查漏补缺式的“规划辅助工具”。它是全球划时代发展中国家抵抗同质化景观和低端城市定位的有力武器，也是创造差异化景观和实现城市向高端城市定位跃升的有效工具，在全球化的价值金字塔和价值链传导游戏中，城市设计，也将是一种城市价值重塑和城市话语权博弈的演化过程。

例如在中国最具活力同时参与全球化最深的科技创新城市深圳，已要求重要的城市战略性地段必须进行城市设计，这使得城市设计已经成为深圳市政府对该地区进行宏观定位和吸引全球资源决策的重要依据之一。这充分说明了城市设计的定位转变——它已突破传统意义上的规划控制手段而实际上已经转化为一种典型的城市发展战略，它注定是一个引领全球化时代城市未来发展的战略手段，而非仅仅是只关注目前现实问题的规划辅助工具[1]。

城市设计的角色和定位转变了，那么我们的城市设计教学也应该相应转变才能适应时代发展对创新人才培养的需要。为此，中央美术学院建筑学院首先尝试在建筑学和城市设计专业三年级设计课程中引入了城市设计竞赛课程，希望以竞赛的选题多元化、教学方法综合化、教学成果过程化等特色来摸索城市设计教学的新途径。

2 城市设计竞赛选题的多元化——从重现实到重未来

传统的城市设计教学中，学生的设计选题往往更多集中于城市面临的现实问题，例如城市旧城区的更新、公共空间的优化、新城区城市形象的塑造、城市绿地系统的提升等等。这些问题往往是学生平时接触较多，比较容易掌握和入手的，对于训练学生掌握基本的城市设计方法，培养理性思维无疑是有效的，但现实的问题也往往会带来许多套路化的解决思路，形成主题和形态雷同的方案，反过来又禁锢了学生创造性思维的培养。而"城市设计作为一个融贯学科，重视专业间的交叉，其实践越来越强调综合性。与此相对应，其教学也应该体现一定的交叉与综合性特点"[2]。因此，我们在城市设计竞赛课的选题中尽可能选择一些同学们并不擅长的生态、气候、环境、农业、科技、基础设施等问题，鼓励学生运用创造性思维解决城市未来可能面临的问题。

同时，为拓展同学们的知识视野，我们在竞赛课程的前期研究中，也会邀请相关领域的专家对相关问题进行专题讲座，形成了一套专门的调研与图示方法，并且教师不断地引导学生从不同专题来提炼主题与生成形态，因此最后的成果呈现为与一个或几个不同专题问题密切相关的，多样化的主题和形态。

例如，以 2009 年城市设计竞赛的选题——"公共客厅"为例，该选题是要求学生针对信息时代日益出现的人—机交流膨胀而人—人交流萎缩这一趋势而提出相应的城市设计应对策略。这个选题要求同学们自由选择新建建筑、旧建筑改造、城市外部空间三种设计类型中的 1 种展开设计，这种对未来以及场地的不确定性，激发了同学们突破现实的束缚去思考过去、现在和将来的城市空间，是什么在变并影响我们？又是什么未变依然影响我们？有的同学结合城市日益高层化的未来，提出立体城市概念，将街道，广场，公园、绿地延伸到空中（图 1）；有的同学则通过在现有公共空间中创造各种不同特色、不同尺度以及不同的围合方式的有趣交往空间希望将各种人群从虚拟世界拉回到面对面交往的传统模式（图 2）；有的同学则希望建立完全独立于汽车系统的全城线性空中交流系统（图 3）。

图 1　空中公共客厅

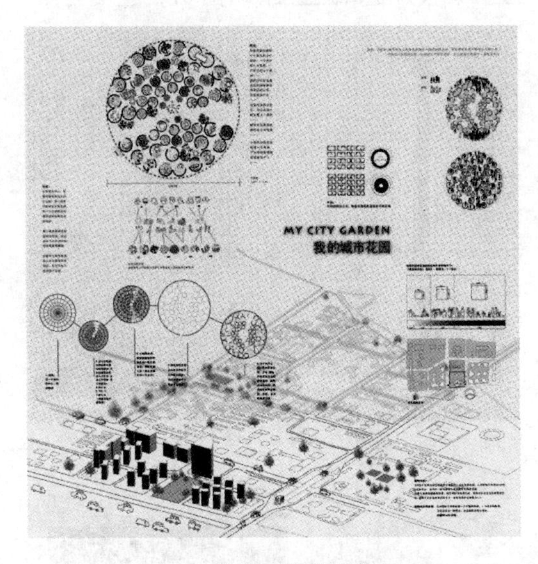

图 2　绿色细胞公共客厅

2011 年城市设计竞赛的选题——城市立体农场，则是针对 2050 年，世界人口将达到 92 亿，其中 71% 将居住在城市地区。随之而来的问题将是如何在农业用地资源日益紧缺的情况下维持城市日益增长的巨大粮食需求？这个选题要求同学们将农产品、牲畜养殖等农业环节放入到可模拟农作物生长环境的城市空间或建筑物中，并通过能源加工处理系统，实现城市粮食与能源的自给自足。这种将农业与城市空间、建筑相结合的题目，促使同学们去跨界关注原本陌生的农业，并主动思考未来城市与乡村，建筑与自然如何携手共进的问题。

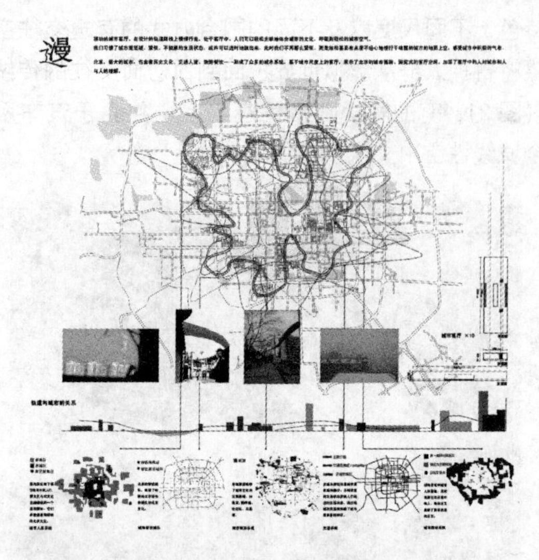

图 3　流动的公共客厅

有的同学通过挖掘现有城市中被人遗忘的消极公共空间，并在其中植入现代农场的方式实现城市与农场的结合（图 4）。有的同学则通过城市有机更新，将过去的工业区转换为立体农业工厂（图 5）。

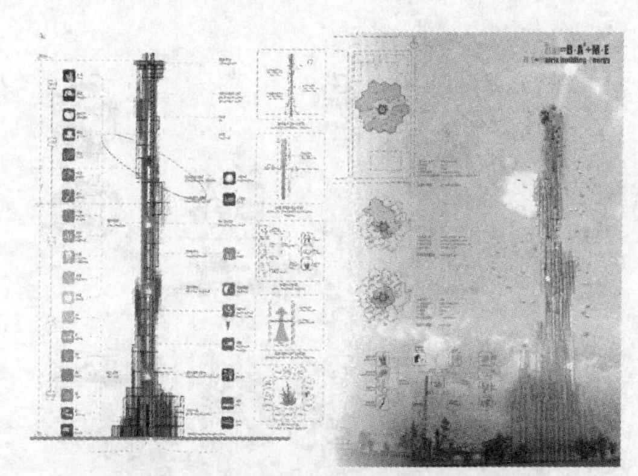

图 4　城市立体农场

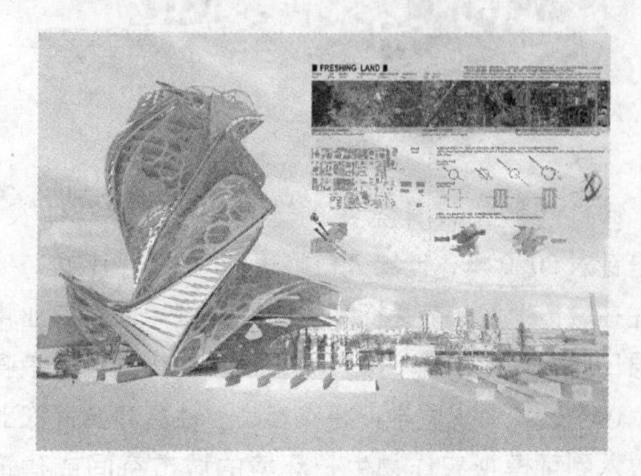

图 5　立体农业工厂

2012 年城市设计竞赛的选题——“交叉与共融”，则是针对工业社会分工导致的城市、建筑，景观相互脱节的环境问题，提出寻找人居环境中的交叉，体现交叉中的共融。要求城市和景观的密切结合创造出一个新的更具弹性和适应性的城市形态和空间。这种将城市、景观、建筑相互交叉与共融的题目，促使同学们从整体角度去思考城市、建筑和景观设计。有的同学从中国大城市目前普遍存在的城市内涝这一城市规划问题入手，创造性地提出在城市绿地中建设集雨水收集、储存、循环利用、城市标志景观为一体的水泡型的景观设施，从而实现了景观与城市规划以及景观与建筑的良好融合（图6）。

2017 年城市设计竞赛的选题——义龙未来城市设计，则是针对全球城市化加速发展所带来大气污染、水资源短缺、交通拥堵、治安恶化、千城一面等城市病，希望探索一种新的适应未来发展的城市发展模式。有的同学通过对城市设计的过程进行反思，希望建立一种以点控线，线控面的弹性动态规划模式，以应对城市发展的未知问题（图 7）。

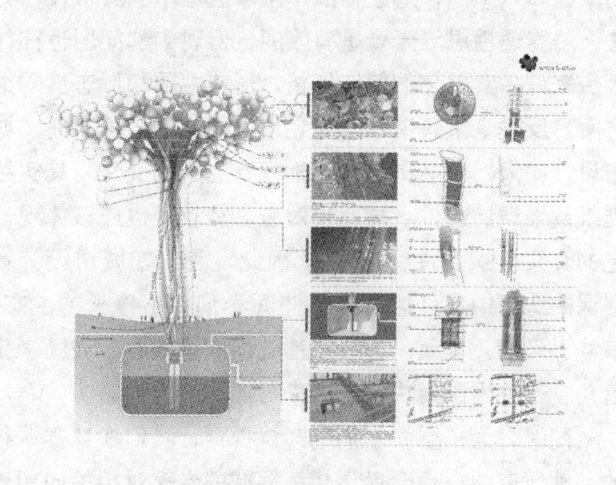

图 6　城市景观水泡

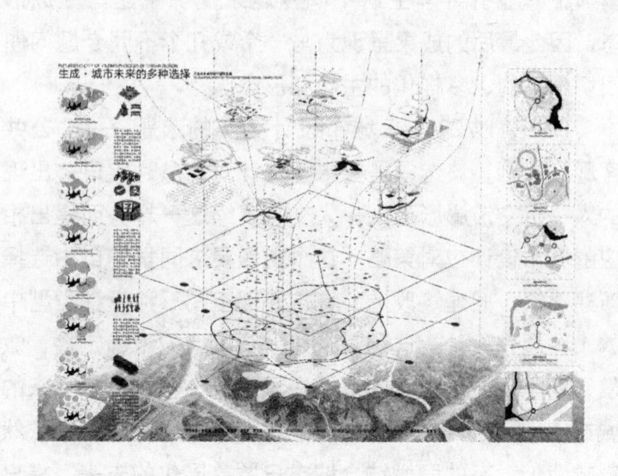

图 7　生成的城市

3 城市设计竞赛教学方法的综合化——从重单一到重交叉

目前我国已通过专业学科评估的主流建筑规划学院，一般在城乡规划系与建筑系高年级都设置了城市设计课程，两者因学科研究的重点和研究对象的角度不同而在教学方法上各有长短。例如，对于城乡规划背景的学生而言，教学方法往往更多侧重从宏观的角度去研究城市问题，强调从上位规划出发，进行土地利用规划、城市空间布局和城市形象塑造，其重点在二维层面对城市资源进行有效地利用和分配；而对于建筑学背景的学生而言，教学方法往往更多从微观的角度研究城市问题，强调从局部空间优化出发，重点在三维层面对城市功能、城市形态、城市公共空间、城市交通和城市建筑等进行设计。由于目前国内各院系之间设计课程跨学科的相互开放较少，使得这两种主流的城市设计教育方法之间缺乏密切的联系，学生们局限于所学的知识，在成果上也很难有所突破。因此，如何构建一套规划和建筑一体化的综合城市设计教学方法就成为我们城市设计竞赛课程探索的方向。

首先，考虑到城市设计竞赛选题的多元性，我们在教师团队的组成上就强调了综合化。教学采用多专业合作教授课程的做法，让规划、建筑、景观以及与竞赛主题相关专业的老师一起参与课程的选题、指导和联合评图。同时，课程的前期、中期和终期评图三个重要教学节点还会邀请具有经验的实践设计师担任客座教师，通过举办讲座、参与点评让学生可以广泛听取意见，接触到城市设计的实际工程经验。

其次，在城市设计竞赛的团队组合上我们也强调了综合化，每个竞赛小组都要打破专业的限制，同时包含规划、建筑、景观的学生，形成综合团队。

再次，在具体的设计工作组织上我们也要求三个专业的同学以小组的形式共同行动，避免各自独立工作，始终一起完成前期的调研分析，中期的讨论创作以及最终的成果汇报。

最后，在教学的具体方法上我们借鉴 MIT 城市设计教学中的流水线创作法（Rotation Method），形成了自身的网状交叉设计方法，该方法要求在设计进行时让同一小组不同专业的同学共同围坐在一个大桌子前，通过学生按顺序换座位，或大草图纸的依次流转，让每个学生在设计图纸上添上自己有关规划策略和方案构思的想法，形成一种各专业交叉进行共同创作的局面。在规划后期，还可以把主要的构想、办法、提案呈交给每个学生（或小组），进行交叉轮换的分析评价，并把讨论内容记录在大白板上，进行整理总结。这种群策群力的办法可以很好地激发学生的想象力、换位思考能力，并不时获得一些意想之外又情理之中的设计灵感（图 8）[3]。

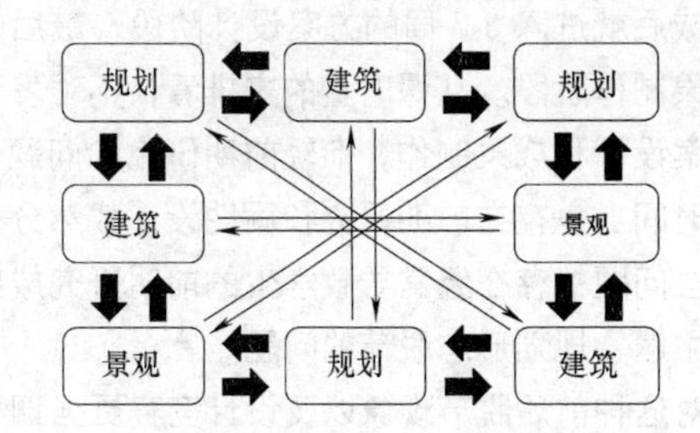

图 8　网状交叉创作法

从教师团队的综合到学生设计团队的综合，从实际工作组织模式的综合到设计方法的综合，构建起从单一到交叉的综合性城市设计竞赛教学方法，它打破了规划、建筑、景观等各系之间无形的屏障，整合了从宏观到微观的设计方法，达到了相互开放、资源优势互补的教学效果（图 9）。

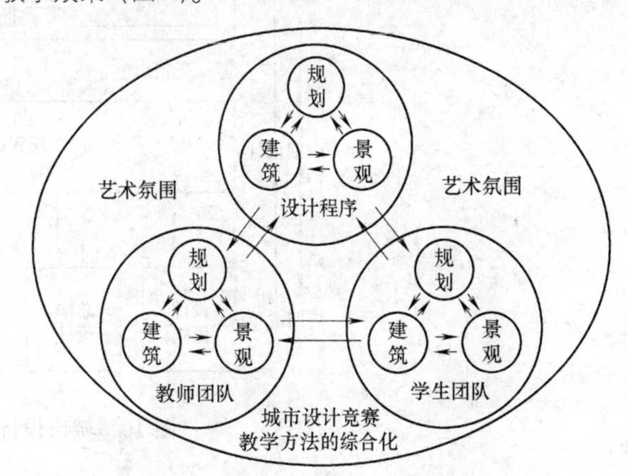

图 9　城市设计竞赛教学方法的综合化

4 城市设计竞赛教学成果的过程化——从重结果到重过程

C. 亚历山大在《城市设计新理论》一书中强调了一种整体性的创建，它指出“每一个城镇都是按照自身的整体法则发展起来的”，而“创建城市整体性的任务只能作为一个过程来处理，它不能单独靠设计来解决。而只有当城市成形的过程发生根本性变化时，整体性的问题才能得以解决”。显然，“最重要的是过程创造整体性，而不仅仅在于形式。如果我们创造出一个适宜的过程，就有希望再次出现具有整体感的城市”[4]。这提示我们当城市设计从蓝图控制转换为过程控制时，整体性才能真正出现，相应的城市设计教学也应该从重视结果转向重视过程。

然而，目前我国主流建筑规划院校的传统城市设计课程一般多为 10 周/80 课时，主要包括前期研究、方案设计、成果制作三个阶段，其中前期调研一般为 2-3 周，完成后就进入 3-7 周的方案设计阶段，最后的 9-10 周为成果制作阶段。从课时量的安排看，不难发现存在着重方案设计和成果制作，而轻前期研究的问题，同时在教学时间上也存在前期研究和后期设计截然分开的问题，这些问题的存在经常导致学生的前期研究成果与后期方案主题、规划形态脱节的问题。

针对这种前后脱节现象以及设计竞赛更强调构思和创意而非制图的实际情况，我们在设计竞赛课程组织中安排了研究与设计并重，过程与成果并重的教学计划：首先，增加了前期调研的课时（从占 1/5 课时上升到 1/3 课时）和调研深度，强调要从理论研究逐步导向物质形态，培养学生从调研成果提炼出设计主题，再逐步生成形态的研究性设计能力；

其次，强调前期研究和后期设计可以交叉进行，当设计遇到瓶颈时，可以穿插补充调查前期研究不足的内容，这种基于整体原则的研究与设计交互进行设计方法在程序上更接近真实城市设计的过程性特征。

最后，我们教学计划与任务要求都力求具体细致，例如将教学任务细分为城市分析、基地调研、发展目标、规划策略、设计原则、总图设计、规划分析、节点设计等多个阶段，每个阶段落实到每周每课。每个阶段任务都有单独的成果要求，学生都需要在密集的评图中展示自己的阶段成果，再通过教师和专家的点评修正前一阶段的成果，并引导下一阶段的发展方向。这种过程与结果并重的教学组织，让每位学生在各个阶段都不可能放松，始终在不断修正中向着最优的目标有效推进（图 10）。

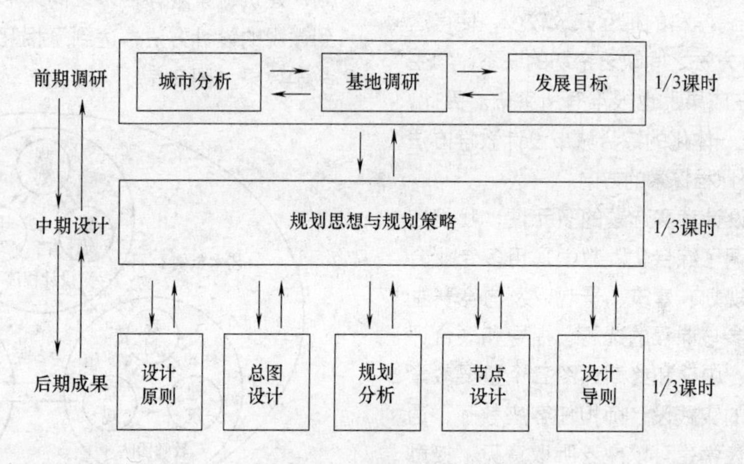

图 10　城市设计竞赛教学成果的过程化

5　结语

随着全球化、信息化、生态化时代的来临，以及我国城市化进程从过去增量发展进入存量优化阶段，城市面临更多的更复杂的挑战，除了我们正在面对的环境恶化、交通拥堵、城市特色缺失等现实问题，未来的城市群建设、城乡一体化、智能城市等等问题都需要我们以面向未来的姿态以更开放的形式改革和加强城市设计的教学工作。中央美术学院三年级城市设计竞赛教学所提供的从选题的多元化到教学方法的综合化，再到教学成果的过程化的教学模式探索正是向这一方向迈出的勇敢一步。

我们相信这种建立在科学的研究框架及系统性解析思路的指导下，通过全面综合的考察研究，并通过多阶段教学节点规范要求，逐步引导学生从调研结果推导出方案理念与形态的教学方法将使得学生在面对未来更加复杂的城市问题时，都能从容应对，积极解决，实现创新。

参考文献

[1]　张宇星. 面向未来的城市设计 [J]. 城市环境设计，2016 (2)：6-9.

[2]　林姚宇，王丹，吴昌广. 基于环境气候健康思考的城市设计教学与实践 [J]. 城市建筑，2014 (10)：43-45

[3]　梁江，王乐. 欧美城市设计教学的启示 [J]. 高等建筑教育，2009，18 (1)：2-8.

[4]　C. 亚历山大. 城市设计新理论 [M]. 陈治业、童丽萍译. 北京：知识产权出版社，2002，2.

王鑫[1]　王婉琳[2]　黄杰[2]
1. 北京交通大学建筑与艺术学院；xinwang@bjtu. edu. cn
2. 清华大学建筑学院
Wang Xin[1]　Wang Wanlin[2]　Huang Jie[2]
1. School of Architecture and Design, Beijing Jiaotong University
2. School of Architecture, Tsinghua University

日常生活视野下的空间认知与设计教学
Spatial Cognition and Design Teaching from the Perspective of Everyday Life

摘　要： 建筑教学受社会经济的外部语境变化所影响，当代城市与建筑实践条件的变化对空间认知和设计方法提出了新要求。以往教学对建成环境的静态描述较多，忽略动态积累和个体差异。如何帮助学生介入城市生活，针对实际问题提出解决方案，显得格外必要。为此，提出了面向日常生活的空间认知和设计路径，引导学生关注空间是如何被使用的，以及空间的混用、错用、无用等现象，为设计方案提供扎实的佐证和逻辑支撑。

关键词： 日常生活；空间认知；建筑设计；城市设计

Abstract: Architectural teaching is influenced by the change of external social economic contexts, and the gradual transition of current urban and architectural practices have brought new demands for spatial cognition and design methods. In the past, the static built environment was paid more attention, with ignorance of the dynamic accumulation and individual difference. How to help students to get involved in urban livings and solve practical problems is particularly necessary. Thus, the paper puts forward the spatial cognition and design path from the perspective of everyday life, guiding students to focus on the way the space is used, and the phenomena of mixed use, wrong use and uselessness, which provides a solid backup and logical support for the design scheme.

Keywords: Everyday life; Spatial Cognition; Architectural design; Urban design

1　缘起：外部语境的转向

中国的城镇化率 2011 年首次突破 50%，此后数年间，在教学培养、理论探究、工程实践等方面，城乡空间更新和设计的受关注点有着显而易见的转向，例如 2012 年启动的中国传统村落申报与评选，2014 年启动的中国历史文街区认定，以及循序推进的“城市双修”试点工作。在城市尺度上，“存量”和“减量”成为学界讨论的主要话题之一；在建筑尺度上，众多中小规模的更新改造项目如雨后春笋般涌现，既有的新城开发式的空间理念受到了严峻挑战。城市与建筑实践语境的渐变，对空间认知和设计方法提出了新的要求。

建筑学作为当代显学，深受社会经济状况的影响，

*北京市社会科学基金项目（编号：17SRC022）；
北京交通大学人才基金资助项目（项目批准号：2017RCW003）。

当外部语境变化时，其自身亦进行自主性转向，以保证体系的完整和独特[1]。以往的教学体系，普遍存在如下特点：重视知识的累积，忽视对现象背后的原因的解析；强调宏观的时代发展和重要事件，对事件中的人物、特定的时代语境关注不够；在认知过程中，关注样本本身，忽略认知主体和对象之间的联系。

故而，在延续经典的空间形态与工程语汇教学的基础上，如何帮助学生更直接的介入城市与建筑，针对特定问题提出有效的解决方案，就显得格外必要。在建筑空间认知和设计教学中，要在视觉表达层面和应对空间诉求之间寻求平衡[2]。为此，我们提出了面向日常生活的空间认知和设计路径。

2 日常生活与建筑教学的关系

2.1 以日常生活作为研究对象

关于日常生活的研究并非新生事物，自 20 世纪以来，哲学、社会学、文化史学等领域的学者，以及艺术家，已经完成有大量理论著述和实践，例如马丁·海德格尔（Martin Heidegger）的《存在与时间》（Sein und Zeit）、米歇尔·德·塞托（Michel de Certeau）的《日常生活实践》（The Practice of Everyday Life）、居伊·德波尔（Guy L. Debord）和阿斯葛·乔恩（Asger Jorn）的前卫艺术创作。自 20 世纪中叶，城市与建筑领域的学者亦进行诸多探索，如第十小组（Team X）对低收入家庭的关注，文丘里夫妇对现代主义空间的批判性思考，简·雅各布斯（Jane Jacobs）对罗伯特·莫西（Robert Moses）及其主导的城市空间大开发的批判。意大利历史学家卡尔洛·金兹伯格（Carlo Ginzberg）、乔万尼·列维（Giovanni Levi）等人，于 1970 年代采用“微观史学（Microstoria）”的方法研究历史文本资料，关注特定时空域之内的个体（或群体），以普通人的生活经历为研究对象，对其进行“放大”与“重现”。

2.2 建筑教学中的空间认知

以往的建筑教学活动，无论是基础课程，还是类型或专题设计，空间概念主要立足于现代主义建筑早期的理论平台，强调抽象的空间形态和人体尺度，通过各类比例和材料的模型推敲，以满足既定的使用功能。自 20 世纪 60 年代起，由于人文学科理论范式的变化（从结构主义转向后结构主义），空间的认知经历了文本描述和个体体验之间的屡次摇摆，建筑学的话语主体也在不断发生变化[3]。

其中，以亨利·列斐伏尔（Henri Lefebvre）的“日常生活批判（The Critique of Everyday Life）”最具影响力，通过微观视角阐释空间与“空间生产（the Production of Space）”。在其看来，空间具有三种属性：作为商品，作为权力表征，作为日常生活的场所。自下而上地看，空间规划与设计无法改变空间生产的机制，却可以在微观尺度上增进日常空间的宜居性，特别是对于城市尺度中的街角空间、步行道、广场等尤为显著。故而，空间设计不仅仅是纯粹的美学表达，更与微观尺度下的日常生活紧密相关。

2.3 设计教学核心要素的再思考

传统教学追随维特鲁威在《建筑十书》中的倡议，秉承“适用、坚固、美观”原则，关注整体，认为建筑师要掌控一切。于是，教学训练环节无所不包，从基本技能训练到功能排布，以及形式美原则的应用，并涉及结构、设备、材料、法规等方面。然而，在实践环节，却往往会陷入另外的境遇。学习与应用的偏差受制于多种因素，其中之一便是核心要素的不确定性。在教学中屡见不鲜的情形便是任务书的主体缺失，即使是所谓的“真题假做”，师生所面对的也是虚拟的外部环境，通过主观的筛选导向最终的方案，真实的生活在炫丽的分析与表达中被消解掉了。

在抽象的、绝对的美和具象的真实之间，在空间原型类型化训练和现实生活场景之间，能够实现转化和过渡。识别问题、提出措施，原本由一个人承担的工作，在高度分工和精细化操作的当代，需要多人协作完成，这也为设计核心要素的多元化和重构提供了可能。综上，以日常生活作为切入点，以微观探究的方法推动设计，让空间的使用主体回归成为核心要素，以真实的日

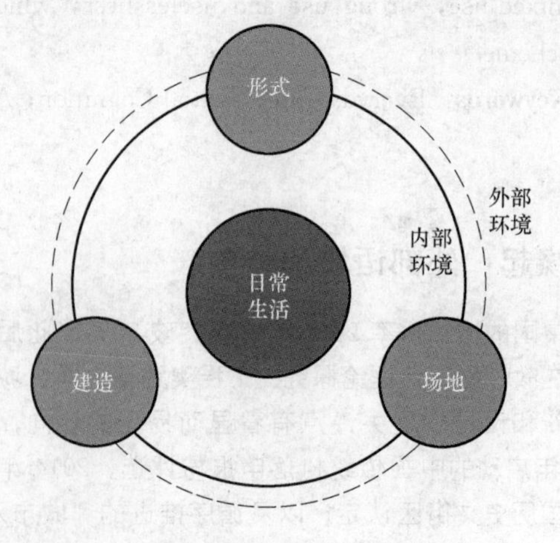

图 1　设计教学核心要素

常生活作为教学讨论的主要话语。

3 面向日常生活空间的教学实践

3.1 教学体系的建构

根据培养方案的和能力习得要求，分别在建筑设计基础（一年级）、现代建筑导论（三年级）、毕业设计（五年级）设置日常生活和微观探究的理论与方法板块，在已有设计课程体系中强化“向生活学习、向传统学习”的意识，强调纵向课程之间的关联性[4]。依托“居住单元”、“奇观边·日常间：京城街角观察”、“回归日常：传统村落的活化与复兴”等课程题目，引导学生关注空间是如何被使用的，以及现实生活中的混用、错用、无用等现象，为设计方案提供扎实的佐证和逻辑支撑。

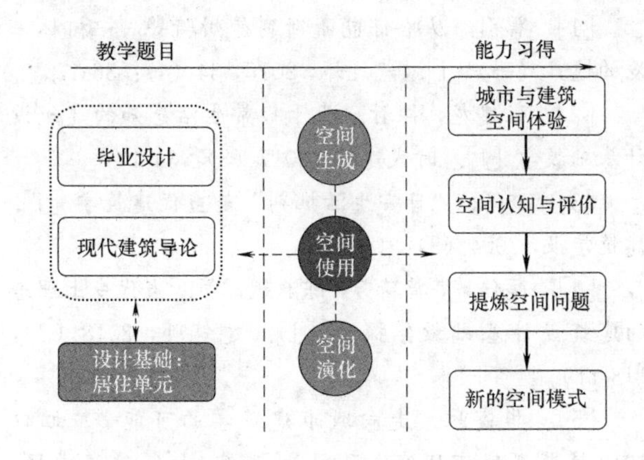

图 2 课程体系建构

3.2 奇观边·日常间：京城街角观察

该题目是对“路上观察”方法的应用。顾名思义，就是在“路上”进行“观察”，用身体去认知和理解空间。“观察者”不分年龄、性别、受教育程度，都会在此过程中形成个性化的“体验”。这个概念溯源自 1923 年，今和次郎与美术学校的伙伴在关东大地震后为市民进行重建，并以速写的方式留下场景记录，奠立了“考现学”。历经数十年，由藤森照信、贝岛桃代、家本由晴等人逐渐完善。

借鉴《宠物建筑》（Pet Architecture）、《东京制造》（Made in Tokyo）、《上海制造》等案例，请同学们探访北京的“奇观建筑”，包括侨福芳草地、凤凰中心、CCTV 新址大楼等。梳理城市空间的“奇观演化”历程，从紫禁城到摩天楼、从佛塔到纪念碑、从三山五园到奥体公园，分析体量巨大的地标式建筑和城市生活之间的关系，揭示市民生活在时间轴上的动态演变。[5]

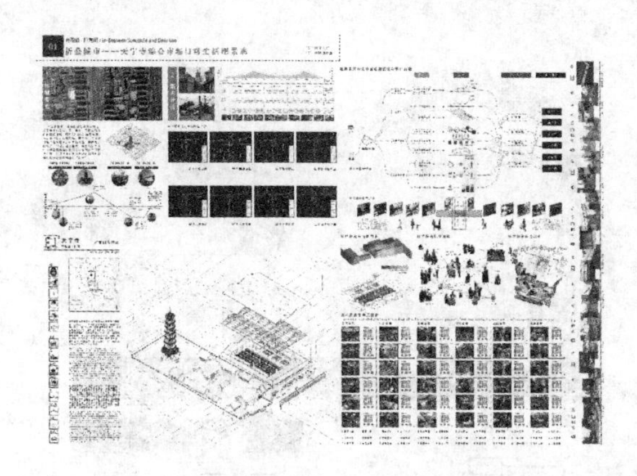

图 3 “奇观边·日常间”课题
（来源：刘轩、黄金鑫绘）

3.3 回归日常：传统村落的活化与复兴

乡村有数百年积累的遗存，也有新近异质文化，所以日常的主体限定成为设计立意的出发点。在教学中强调介入式观察，与乡民充分交流、共同生活，关注与空间背后的社会和伦理问题；剥离旅游开发的光鲜外衣，捕获微观场景与空间细节。

以水峪村更新课题为例，村民习以为常的生活空间被“村外人”当成“奇观”，冠以“历史文化名村”和“传统村落”之名，成为新的“文化符号”。然而，村民的实际生活并没有得到提升，依然在“传统”和“现代”之间徘徊。常住村民可分为多种类型，有的怀念过去，有的对现状认可，有的则漠然无所谓，程式化的保护规划和旅游专项规划无法应对纷杂问题，需要更多落地的措施进行补足。

同学们的最终设计方案，采用了简单、直接、理性的策略，服务村民的日常生活，改善基本的空间诉求，并在此基础上促进人之间的交流，为乡村带来活力。具体包括四个空间单元，分别是：爷爷家图书馆，对村民王志先老人的宅院进行改造，将闲置房屋资源、传统建造技艺、公共空间营造融合，旨在为私人产权低级别不可移动房屋的保护修缮和利用，积累可复制可推广的经验的策略；可持续种植系统，整合生产性景观、水循环系统、便民设施，将村中的荒废梯田适当地开垦，作为景观改善周边环境的同时，提供一部分的农产品输出给老年驿站和部分村民；幸福晚年驿站，考虑模块化装配式、在地建造、社区养老，驿站形态让老人得以保持群居但仍然拥有独立的私人领域，并始于在山地村落中快速搭建推广；桥边生活市集，以多维链接、柔性边界、交往空间为主旨的公共空间，应对人际关系淡漠问题、瓜果蔬菜小商品售卖单一无组织等问题。

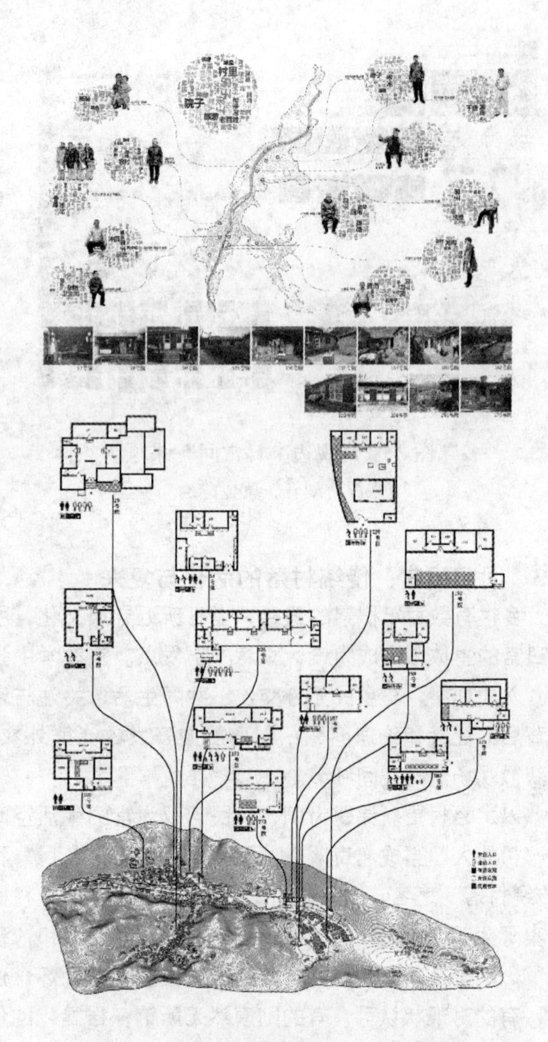

图4　水峪传统村落的活化与复兴课题

4　结语

以往的空间认知方式对建成环境的静态描述较多，重结果、轻过程。以关注日常生活空间导入，强调具身认知，有助于形成完整的认知过程，同时从自上而下、自下而上两个向度认知城市与建筑空间，兼顾个人体验与理性思辨。

空间认知和设计的日常生活转向，并非对琐碎的、无足轻重的过度关注，而是回归个体与空间的连接。建筑与城市设计，不仅是确立空间权属，也不仅是改变某种空间尺度内的社会正义，有着更人本的目标和责任。希望对生活本体的重视，能够弥补现有空间设计体系的不足，使得建筑教学能够与空间实践进行更严整的对接。

参考文献

[1]　曾引. 从哈佛包豪斯到德州骑警——柯林·罗的遗产（一）[J]. 建筑师，2015，34（4）：36-47.

[2]　张建龙，徐甘. 基于日常生活感知的建筑设计基础教学 [J]. 时代建筑，2017（3）：34-40.

[3]　汪原. “日常生活批判”与当代建筑学 [J]. 建筑学报，2004（8）：18-20.

[4]　薛佳薇，曾琦芳，陈淑斌，等. 当代乡土理念的建筑设计基础教学探索 [J]. 建筑师，2018（2）：113-119.

[5]　华霞虹. 走向城市建筑学的可能—“虹口1617展览暨城市研究”研讨会评述 [J]. 建筑学报，2017（9）：103-109.

王桢栋　董楠楠　陈有菲
同济大学建筑与城市规划学院；zhendong@tongji. edu. cn
Wang Zhendong　Dong Nannan　Chen Youfei
College of Architecture and Urban Planning，Tongji University

学科交叉视野下的城市设计课程探索
——同济大学-新加坡国立大学“亚洲垂直生态城市设计”研究生联合教学回顾*

The Exploration of Urban Design Studio under the Interdisciplinary View:
Review of the Joint Course “Vertical Ecocity in Asia” for Graduate Students between Tongji University and National University of Singapore

摘　要：垂直城市是解决亚洲人口密度和城市用地紧张矛盾的应对之道。景观融入城市设计有助于城市平衡密度、宜居和节能并促使其成为一个弹性系统。本文回顾了同济大学-新加坡国立大学“亚洲垂直生态城市设计”研究生联合教学，通过对课程内容、过程和成果的系统介绍，对两校跨学科教学的不同侧重点进行讨论，并总结本次跨学科教学的启示。

关键词：学科交叉；国际联合教学；垂直生态城市；宜居性；适应性

Abstract：Vertical cities are the solution to the contradiction between population density and urban land tension in Asia. The integration of landscape into urban design helps to balance the density，livability and energy conservation of the city and makes it a flexible biosystem. This paper reviews the joint course “Vertical Ecocity in Asia” for graduate students between Tongji University and National University of Singapore，introduces the course content，process and results，discusses the different emphasis of interdisciplinary teaching in two universities，and finally concludes the enlightenments.

Keywords：Interdisciplinary；Architecture education；Vertical Ecocity；Livability；Flexibility

1　课程背景

亚洲地区作为世界城市的发展重心，人口密度和城市用地紧张的矛盾尤为突出。土地是亚洲城市发展的主要约束之一，唯一的应对之道就是向天空建设，即“垂直城市”①。关于垂直城市的研究已经成为亚洲城市发展的核心议题。

近几十年来，亚洲城市的人口密度飞速增长，峰值达到每平方公里十万多人。随着密度的增加，居民获得绿地、社会空间、空气和光线的机会越来越少。与此同

*基金资助：国家社会科学基金（16BGL186）。

① 新加坡国立大学王才强教授，为亚洲垂直城市学生国际竞赛（Vertical Cities Asia）所做题记。来源：http：//www. verticalcitiesasia. com/.

时，离散开发的高层建筑使得传统匀质的城市肌理断裂破碎，即便是中等密度的城市也难以保证全体居民的生活质量。

这样的城市适于居住吗？伴随着疑问和思考，越来越多的专家、学者和建筑师们将目光投向了垂直生态城市，开始着力于探索密度、宜居和节能之间的平衡。在这一宏大的城市发展背景下，景观学科和建筑学科的交叉无疑是极具吸引力的。无论从环境维度的节能环保、复合使用和提升效率等，还是从社会维度的促进交流、激发创造和健康生活等，景观融入城市设计都能有助于平衡密度、宜居和节能的方程式并促使其成为一个弹性系统。

2017 年 11 月到 2018 年 4 月，出于对垂直生态城市的共同研究兴趣，同济大学（后简称“同济”）有幸和新加坡国立大学（后简称“新国大”）组织了一次以“城市转型：垂直生态城市在亚洲”为主题的跨学科研究生联合城市设计教学。参与授课的教师有建筑、景观、可持续设计等多元背景，同济共有 15 名建筑学和 5 名景观学的研究生参与，新国大共有 21 名可持续设计①和 6 名景观学②的研究生参与本次教学。

本次课程是跨学科国际合作交流的大胆尝试，有助于了解国际一流院校的跨学科教学设计、教学组织和教学方法，也有利于了解垂直生态城市科研发展的新方向以及如何将最新的科研成果和方法与教学相结合。

2 课程回顾

2.1 课程内容安排

本次课程目标是为快速发展的亚洲城市寻求一个整体的解决方案或一种新的城市范式，以提高城市的可持续性和宜居性，并同时关注生态和城市连接的概念。课程要求学生在设计过程中充分考虑可持续性、生活品质、技术创新、文脉关联和可实施性等五方面问题。

课程给定的五个基地均位于上海市宝山区③：顾村公园地块、祁连敏感区、上海第一钢铁厂地块、宝山中心区和美兰湖地块（图 1）。同济和新国大均按基地分为五组④，在充分调查研究的基础上进行城市设计，在提升密度的同时，使基地在能源和生态系统方面更高效和更可持续。

图 1 基地区位图

2.2 课程过程介绍

同济教学以垂直生态城市系列讲座为起点，让学生对垂直生态城市的内涵充分认知；同时，学生分组以绿色节能、资源循环、垂直森林、生物多样性和立体农业五个主题词，通过理论和案例研究来讨论垂直生态城市的外延。随后，各组学生以城市背景及基地主题研究进入概念设计阶段，五块基地分别以法规政策、基础设施、产业、文化艺术和休闲游憩为主题词。之后，在前期研究的基础上，各组从两个主题词交叉部分入手，提炼设计概念和目标。在设计深化阶段，学生根据研究结果，自行决定垂直城市的规模，高度，功能，膳宿和社

① Master Programme of Integrated Sustainable Design，简称 MSc ISD。

② Master Programme of Landscape Architecture，简称 MLA。

③ 之所以选择上海，是因为其呈现了许多当今亚洲城市所面临的挑战，例如人口激增以及由其产生的对宜居性具有影响的环境问题。这些问题导致了能源短缺、交通拥堵和生态破坏。宝山区规划局对本次课程的基地选择提供了帮助。

④ 每组学生都由不同专业背景的学生混编。

会职责，并以功能混合的城市设计方案来回应当地的气候、社会、文化、政策和经济等情况（表 1）。

新国大参与本次联合教学的课程也来自于建筑与景观的两个教学模块（LA5702 + ISD5102 | Integrated Studio）交叉设计课①。2 个课程共有 3 个阶段，采取了先合再分的模式，其中第一阶段的基地调研分析由 2 个专业学生共同混编完成，并且赴上海宝山基地集中调研一周，与同济团队交流研讨；第二阶段城市设计阶段景观学生与城市设计学生仍处于混编模式，但是各有侧重，与同济团队保持线上互动交流；第三阶段每组的城市设计学生和景观学生主要在本专业教师的指导下分别深化各自的设计内容。最后与同济团队共同汇报展出设计成果（表 2）。

同济课程安排 **表 1**

阶段	课次	课程节点	授课内容
前期研究	1	课程启动	以往课程回顾、课程内容及教学计划介绍；分组及课程研究主题词分配；开场讲座：垂直城市
	2	垂直生态城市研究	垂直生态城市主题词分组汇报（学生）；课程讨论；基地分配
	3	基地调研汇报	基地调研及研究分组汇报（学生）；课程讨论；前期小结
概念设计	4	设计概念提出	前期研究总结报告＋概念提出（学生）；课程讨论；工作安排
	5	概念方案讨论 1	各组概念方案汇报（学生）；课程讨论；工作安排
	6	概念方案讨论 2	各组概念方案汇报（学生）；课程讨论；工作安排
	7	概念方案讨论 3	各组概念方案汇报（学生）；课程讨论；工作安排
中期答辩准备	8	中期答辩准备 1	中期答辩准备；答疑及讨论
	9	中期答辩准备 2	考试周，各组根据实际情况和老师沟通答疑
	10	中期答辩准备 3	考试周，各组根据实际情况和老师沟通答疑
中期答辩	11	新国大来访联合教学及中期答辩	联合工作营（基地调研、城市调研、集中授课、分组讨论） 中期答辩
设计深化	12	设计深化讨论 1	各组方案汇报（学生）；课程讨论；工作安排
	13	设计深化讨论 2	各组方案汇报（学生）；课程讨论；工作安排
	14	设计深化讨论 3	各组方案汇报（学生）；课程讨论；工作安排
	15	设计深化讨论 4	各组方案汇报（学生）；课程讨论；工作安排
	16	终期答辩准备	各组方案预答辩（学生）；课程讨论；新加坡之行准备
终期答辩	17	访问新国大联合教学及终期答辩	联合工作营（城市调研、集中授课、终期答辩准备） 终期汇报

新国大课程安排（来源：作者根据新国大课程任务书整理） **表 2**

阶段	课次	课程节点	授课内容
前期研究	1	课程启动	课程内容及教学计划介绍；分组及基地分配 ；工作安排
	2	讲座 1	垂直生态城市相关讲座
	3	前期研究汇报	基地资料搜集及案例研究汇报（学生）；工作安排
	4	讲座 2	垂直生态城市相关讲座
	5	基地调研准备	前期资料汇集成册；上海之行准备
第一阶段汇报 1	6	访问同济联合教学及概念汇报	联合工作营（基地调研、城市调研、集中授课、分组讨论）； 关键词确定；概念汇报（学生）
基地深入研究	7	基地研究及制图 1	（ISD）对基地的自然资源生态性能、公共空间、交通、可利用资源与能源、建筑功能、公共建筑、建筑新旧、能源消耗 8 个方面进行拆解分析并统一制图 （MLA）对基地的地表类型、生物群落、生态资源、环境气候、基础设施进行拆解分析并统一制图
	8	基地研究及制图 2	
	9	基地研究及制图 3	
	10	基地研究及制图 4	

① 其中景观设计课程结合硕士生毕业设计环节培养，“要求学生针对基地充分调研基础上的分析结果，提出生态原则在设计中的策略应用。全面提升当地城市环境中现有的及潜在的社会、经济、生态和环境资源。”（文字引用自新国大 MLA 课程介绍）在城市设计课程环节中，“立足将课程基地作为一个城市生态系统的演变过程的视角，强调未来发展的景观基础设施的潜力和弹性，及其对于城区转型发展的 驱动力”（文字引用自新国大 MSc ISD 课程介绍）。

续表

阶段	课次	课程节点	授课内容
第一阶段汇报2	11	基地研究汇报	各组基地研究汇报（学生）；课程讨论；工作安排
总体设计深化	12	总体设计讨论1	课程讨论；工作安排
	13	总体设计讨论2	课程讨论；工作安排
	14	总体设计讨论3	课程讨论；工作安排
第二阶段汇报	16	总体设计汇报	各组总体设计汇报（学生）；课程讨论；工作安排
个人设计深化	17	设计深化讨论1	课程讨论；工作安排
	18	设计深化讨论2	课程讨论；工作安排
	19	设计深化讨论3	课程讨论；工作安排
	20	设计深化讨论4	课程讨论；工作安排
	21	设计深化讨论5	课程讨论；工作安排
第三阶段汇报	22	个人设计汇报	个人设计汇报（学生）；课程讨论
方案完善成果制作	23	方案完善指导1	方案完善指导；成果制作（学生）
	24	方案完善指导2	方案完善指导；成果制作（学生）
	25	方案完善指导3	方案完善指导；成果制作（学生）
	26	方案完善指导4	方案完善指导；成果制作（学生）
终期汇报	27	同济来访联合教学及终期答辩	联合工作营（城市调研、集中授课、终期答辩准备） 终期汇报

3 课程成果

3.1 同济学生成果综述

（1）大学公园（University Park）（site 1）

本组以资源循环和文化艺术为主题词，拓展了公园的景观理解尺度和服务深度，在大学园区概念上整合绿色环境和城市功能。顾村公园地块核心问题是大量空间、废弃资源欠利用和凝聚力缺失。设计将上海大学新校区与公园整合，复合利用游客潮汐产生的闲置空间。发展产学研一体的文化产业，结合公园引入创意回收、租赁使用等环节，并在垂直维度与能量和物资循环处理设施融合，成为游客、学生、居民三方协作的生态与文化兼得的大学公园（图2）。

（2）深谷城市（Valley City）（site 2）

本组以垂直森林和政策法规为主题词，在垂直层面探讨建成环境与绿色环境的合理布局，将功能空间、公

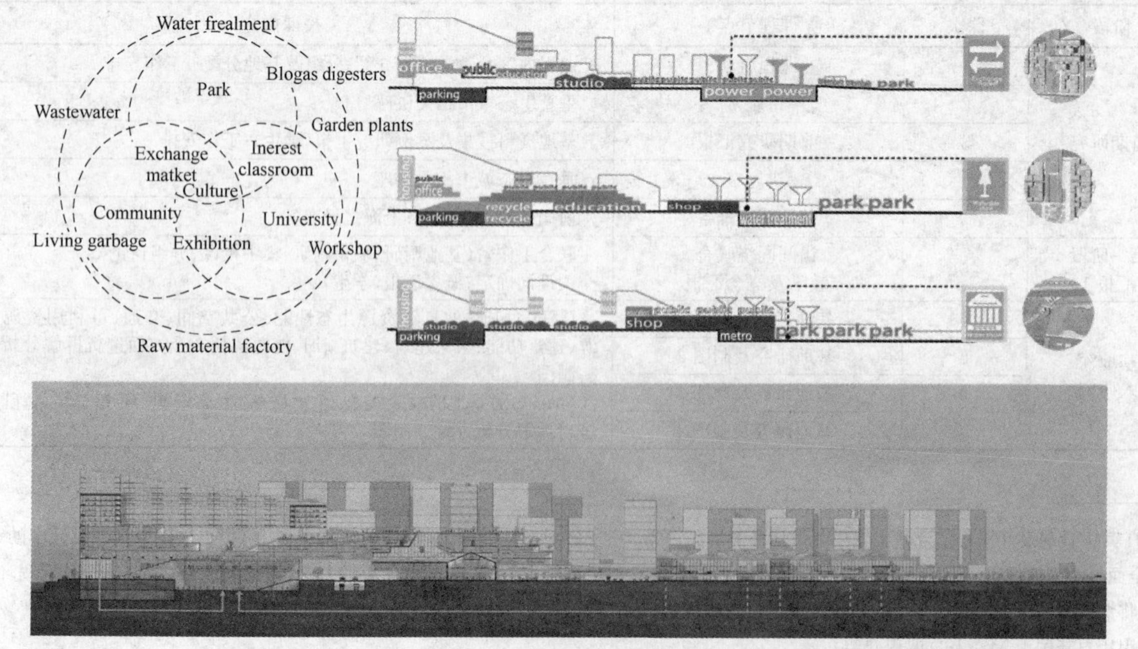

图2 大学公园（来源：陈有菲，潘思雨，吉杨帆，胡倩倩绘制）

共空间、场地和城市基础设施按照垂直分层设计。祁连敏感区的困境是如何从污染严重、矛盾激化的化工区转变为生态宜居的城市综合功能区。由于土壤重度污染，即时开发必须换土。该组从土壤置换的高额费用由谁买单入手，制定下挖开发奖励政策，鼓励城市向下向上同时发展，并形成多基面的绿色交通网络。同时，制定碳交易政策，鼓励开发商和居民种树提高碳吸收，最终形成垂直森林包裹的深谷城市（图 3）。

(3) 产业聚落（Industry Fall）(site 3)

本组以垂直农业和产业为主题词，围绕绿色产业中设施农业与产业配套的可能性展开，在设计中突出了设施农业的分布、流通与技术支持。宝钢上海第一钢铁厂是重要的工业基地。在新一轮城市发展中，宝山众多临近主城的工业企业面临转型与搬迁，需要面对棕地治理、遗存利用、人口结构适应以及重建与城市的联系等多方挑战。该组受“鲸落”① 启发，结合基地人口结构与居民需求，通过都市垂直农业及其相关产业不断消解和转化基地遗存，从而不断叠加生长出更具生命力的城市功能与空间，实现基地渐变转型（图 4）。

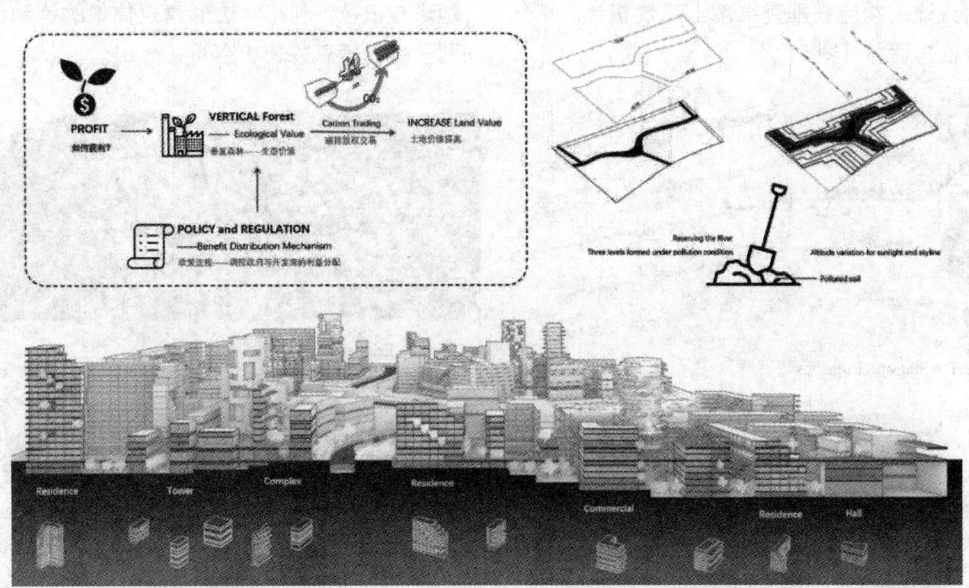

图 3　深谷城市（来源：苏家慧，郭绵沅津，唐浩铭，胡抒含绘制）

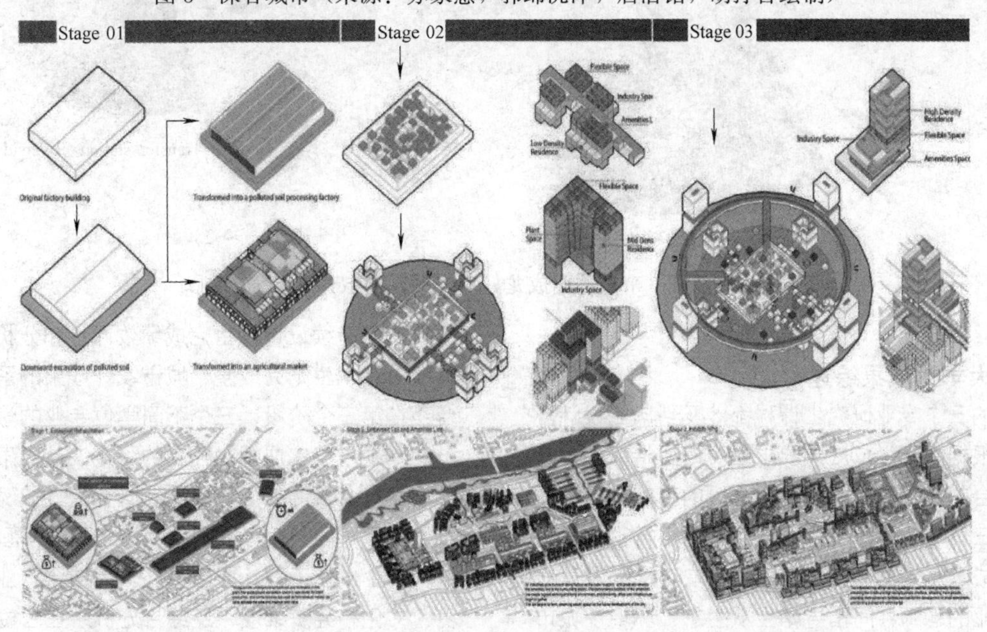

图 4　产业聚落（来源：温良涵，王涵，张宇萌，龙若愚绘制）

① 鲸落指的是当鲸鱼在海洋中死去，它的尸体会缓慢沉入海底，并在此过程中形成的一个独特的生态系统。

（4）流空间（Space of Flows）（site 4）

本组以绿色节能和基础设施为主题词，强调流线型的空间布局，绿色空间作为不同层面上流线交通空间的组成部分和重要线索。宝山中心区通过宝杨路直接连接吴淞口国际邮轮码头，是宝山区的门户。作为国际旅游的重要交通枢纽，基地目前无法满足大规模的人流和货运需求。该组同学通过以航运客运中心及其周边的高密度开发为核心，有效提升基地承载力。并通过快速连接港口与陆路交通站点的公共基础设施，在促进城市绿色节能的同时将人流、物流在垂直维度上高效整合，充分提升基地的价值与活力（图5）。

（5）边界城市（Biotopia）（site 5）

本组以生物多样性和休闲游憩为主题词，从基地环境的生态特点、生态布局反推高强度的用地建设布局形式。美兰湖是宝山区最具生物多样性的生态保护地，也是周边市民向往的旅游休闲地。如何平衡保护与开发，提供更多工作岗位，改善区域职住分离的现状是核心问题。该组提出边界城市的概念。结合教育科研、水产养殖的休闲游憩空间成为保护区与周边开发区的分隔与连接，既是保护屏障，又是互动平台。通过梳理基地水系、地形与植被，利用六边形建筑体量的错动创造出大量有利于生物栖息的袋状空间（图6）。

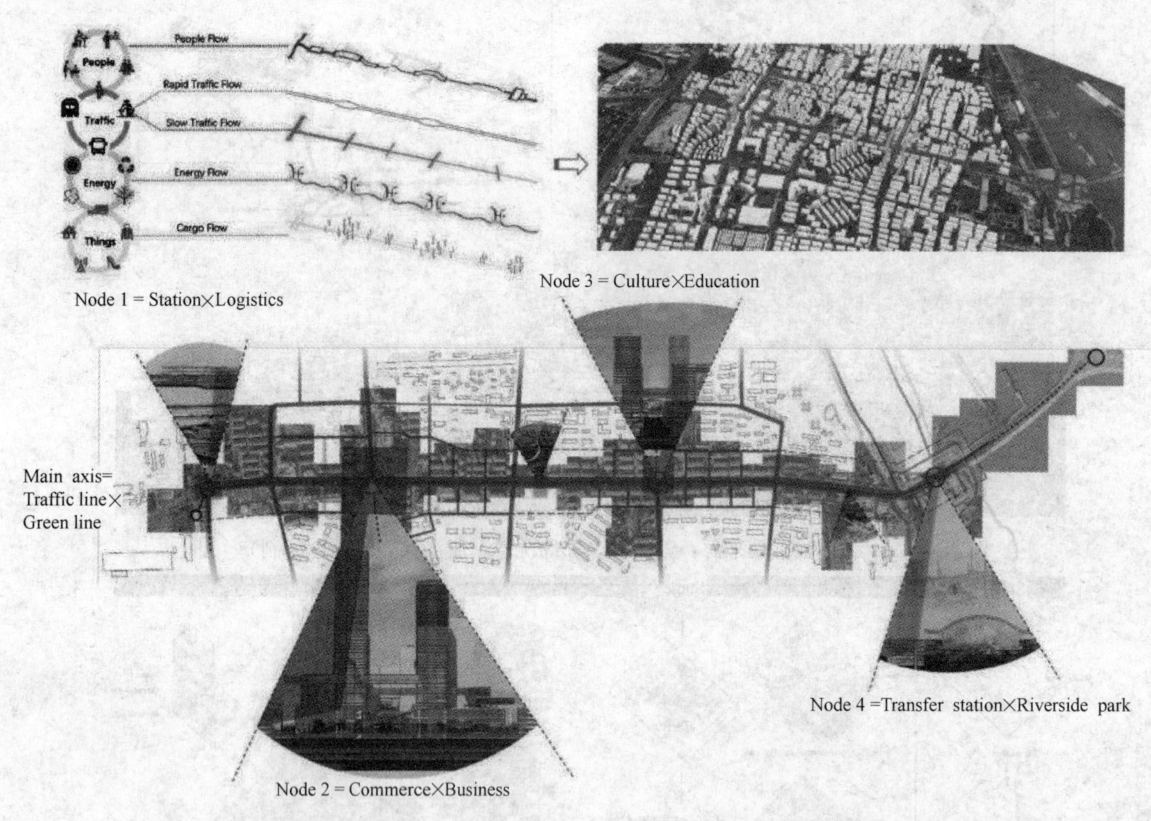

图5　流空间（来源：谢成龙，焦馨羽，汤淑芳，陈强绘制）

3.2　新国大学生成果综述

新国大的三个专业研究生课程都涉及到毕业设计环节。因此，根据不同学位成果要求以及专业特点，教学采取有分有合的灵活形式。在第一阶段的基础分析和调研工作中，三个专业的学生综合分组协同进行，并对应五个基地形成三个专题研究分析小组。在这样的背景之下，不同专业的老师共同指导学生从生态、环境、城市交通各方面对于基地问题和潜力开展综合而又全面的分析；在第二阶段，三个专业学生共同完成城市设计的初步方案，并由景观设计学生深化绿色基础设施专项，非全日制可持续设计学生完成绩效评价和分析，全日制可持续设计学生则完成整个城市设计成果的系统深化和综合；在第三个阶段，三个不同学位专业的学生分别就自己的专项内容完成相对独立的深化设计成果。

（1）全日制的可持续设计研究生（18人）

对于不同尺度上的生态城市设计问题区分较为清晰，学生作业不仅从城区格局入手结合产业、社会、环境、文化和经济维度，还综合分析所在区位的环境问题及其绿色基础设施发展潜力，并着重结合 1km² 的详细片区设计开展深入研究，阐述不同地块中包括用地、交通、绿化、环境布局对于生态城市设计目标的空间响应。

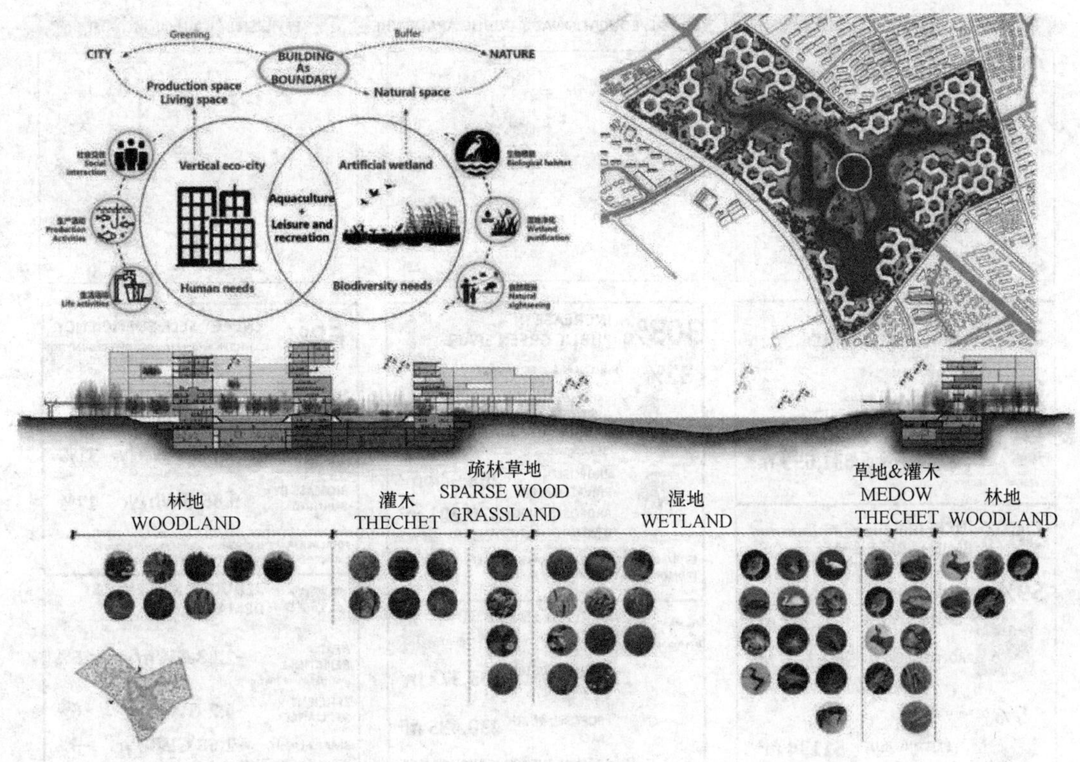

图6　边界城市（来源：郝力慧，石晏榕，何奇琦，谌诺君绘制）

由于新国大老师对于分析方法和软件工具进行了周密准备，因此各组学生的设计逻辑与阐述方式都得以在标准化的格式中开展。其中生态环境分析的数据来自于第一阶段的大组调研成果，并结合外部实验室技术人员的教学支持，推动学生数字模拟与分析能力模块的自我学习（图7）。

（2）非全日制的可持续设计研究生①（3人）

在上海调研期间与大组同学共同开展了一周的密集工作，返回新加坡后在指导教师的建议下，针对5个基地的共同问题划分为社会价值、生态价值和文化价值三个研究维度，分别探讨生态城市设计策略。尽管三位学生最终提交的是学位论文格式的成果，但是在教学中要求运用其所研究的结论和方法对于5个城市设计方案进行专项评估，并将评估结果运用在生态城市设计的内容里。这一创新的教学方式，促进了不同学生之间的交流，也为城市设计作业防范的定量评价提供了技术支持（图8）。

（3）全日制的景观设计研究生（6人）

主要依据现场调研、大组数据及城市设计总体格局而展开，学生作业分别选取了所在地块城市设计方案中的不同绿地类型加以开展，由于生态环境的修复是景观作业中主要考虑的内容，因此对于水、空气和土壤的污染处理构成了新加坡学生绿色空间设计的技术出发点。此外，对于工业文化的纪念、周边社会文化的导入和促进、生物多样性的构建，也明显反映在这些公共开放绿地的设计中，突出的体现出新加坡国立大学景观教学的特色（图9）。

4　课程总结

4.1　双方教学侧重点的不同

总体而言，同济的教学更为传统，而新国大则更注重借助学科交叉来推动各专业培养模式的创新。本次联合教学在教学组织方面主要有以下几点不同：

（1）教学模式：模块化与平台化

新国大学生的本科专业背景差异较大，而且在本次课程中还存在城市设计和景观设计两个完全不同的教学体系。为此新国大在教学中采取更加精细化的模块教学，从现场调研的大组教学、城市设计的不同分组、景观设计的独立任务等，在时空维度制定了较为精细的模块，在促进跨专业交流的同时，也保证了不同教学目标的达成。

同济的联合教学中，考虑到学生专业背景的相近性，不甚强调景观模块与城市设计模块的边界，而是希

① 类似于我国的专业硕士学位。

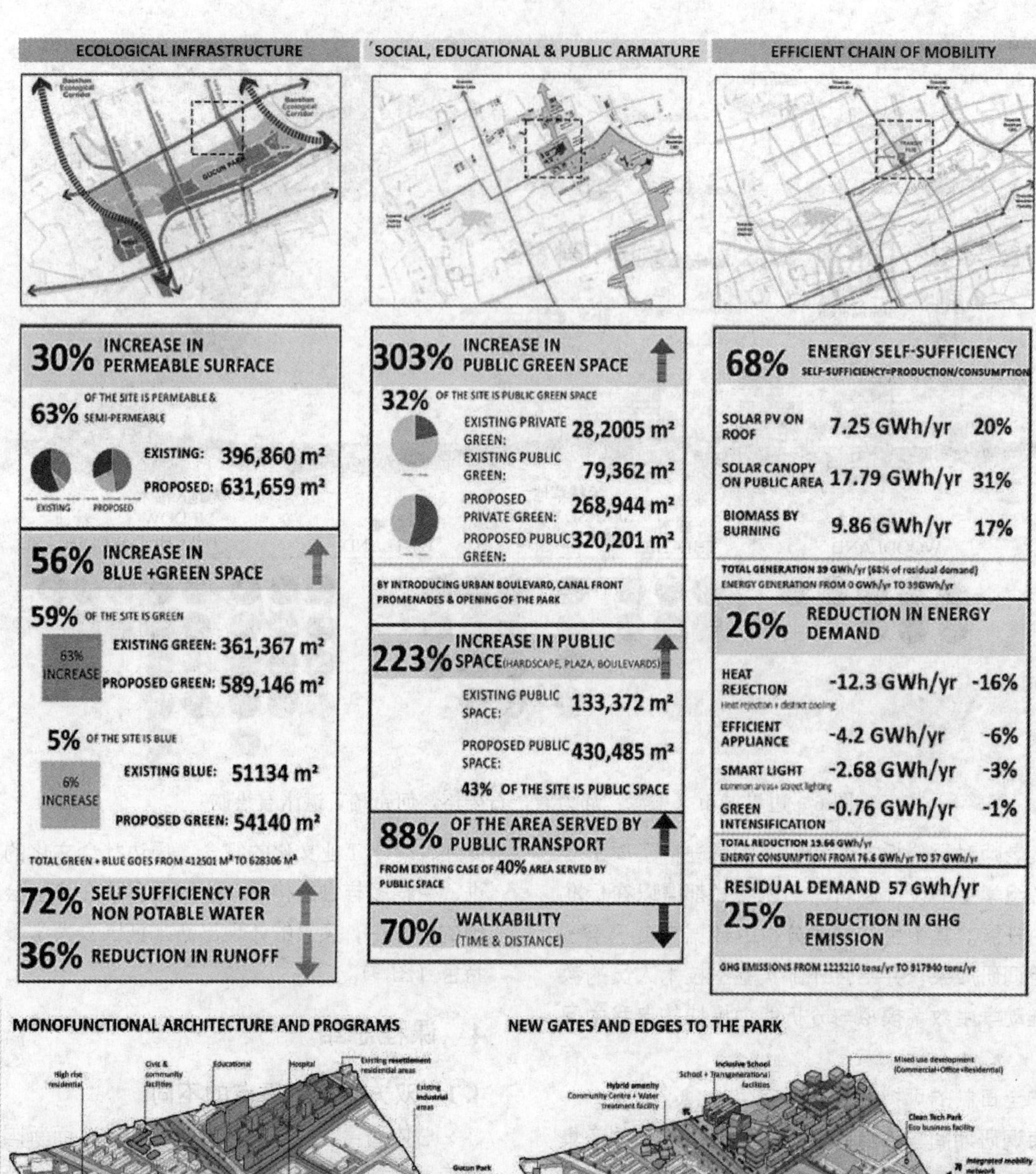

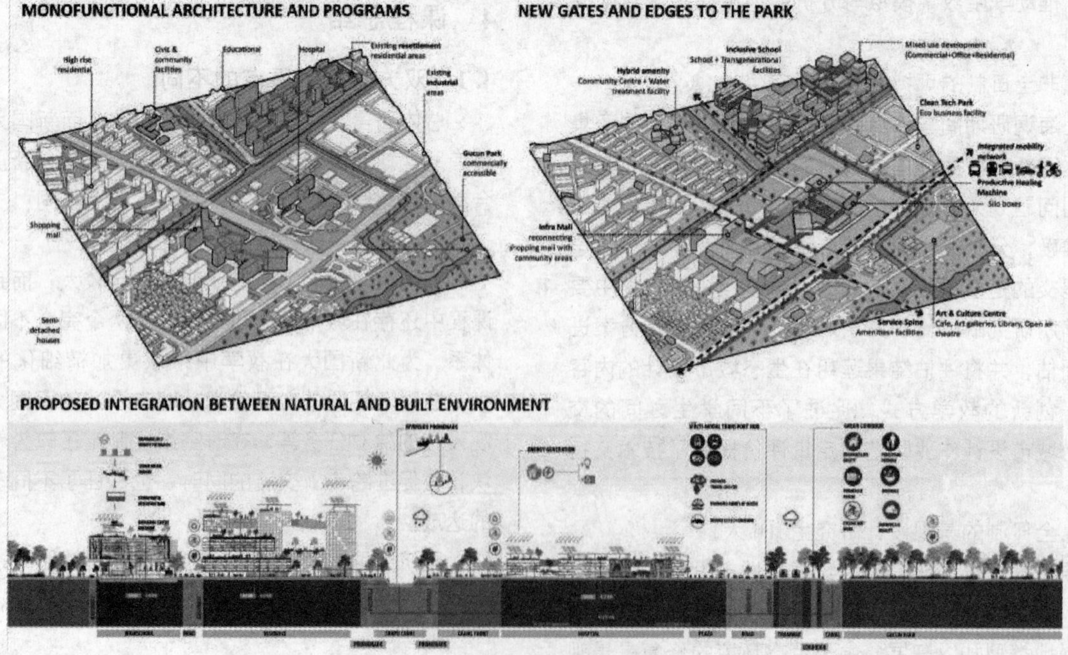

图 7　新国大全日制可持续设计研究生成果（site 1）

（来源：Nikita Sharma，Janaki Ramasamy，Trinh Phuong Quan 绘制）

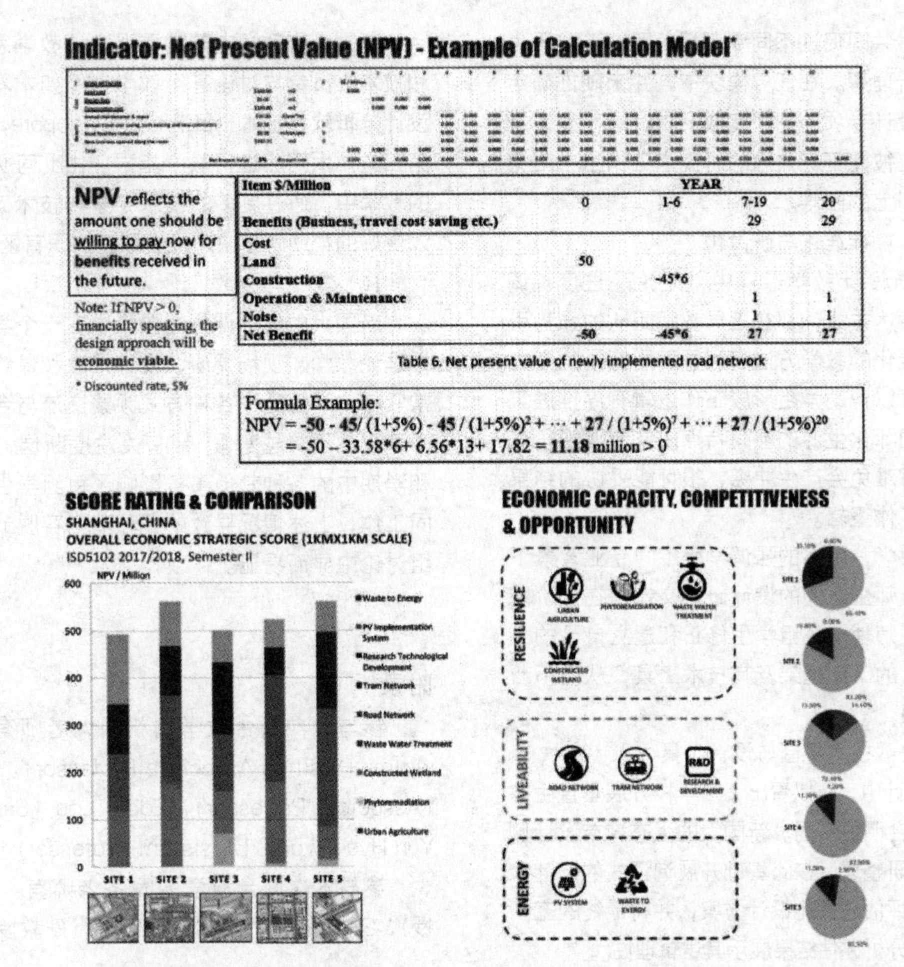

8 新国大非全日制可持续设计研究生成果（生态价值）（来源：Zhang Jiannan 绘制）

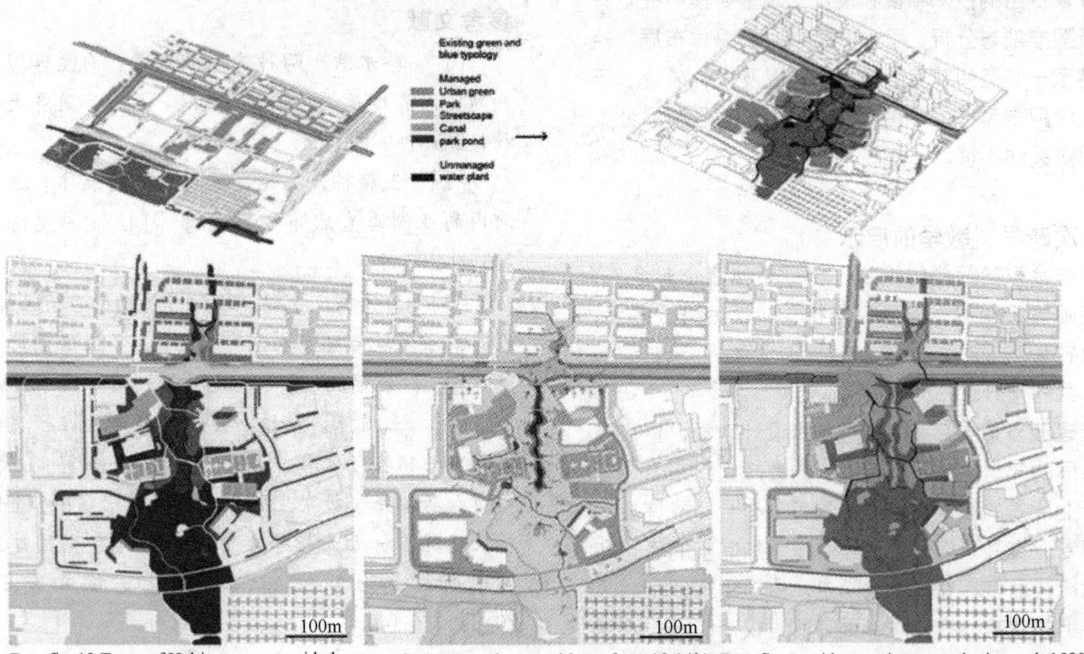

图 9　新国大全日制景观研究生成果（site 1）（来源：Yan Ran 绘制）

望通过师生的研讨共同促进不同专业视角互补下对于生态城市设计的创新理解。在任务模块中，并未硬性确定景观专项和城市设计专项的不同完成要求，这一交叉工作模式的模糊性在彼此不甚熟悉的研究生工作组中难免会带来分工和协同上的困难。

（2）教学过程：标准化与研讨化

新国大的城市设计教学过程中，无论是进度、调研、技术工具和表达方式，都在指导教师团队的强势引导之下。这一标准化的教学方法有利于不同背景的学生迅速开展工作，可以帮助学生形成工作逻辑有序推进工作。但是这对于国际化生源的不同特点以及专业视角差异导致的不同理解难免会产生冲突，很可能妥协的结果是接受标准化的工作逻辑。

同济的联合教学，更多的强调学生不同专业背景下的充分交流，以及师生之间的设计研讨交流，在分阶段的工作推进中，教师辅助各组学生修正和建立自己的工作逻辑，确立自己的工作框架及其技术工具，从而不断推演得出设计成果。

（3）设计方法：技术平台与设计工具

在这次联合设计中，可以看出 2 个学校开展垂直生态城市设计的技术平台明显不同。新国大的生态城市设计侧重于数据收集与调研整理，在此基础开展询证式的设计步骤，通过技术工具评估与优化设计方案，并将最终的空间方案结合一些定量分析评估结果展示其逻辑理性。

同济的设计团队更多侧重于城市物理空间及其系统的逻辑性，各组的技术平台和设计工具主要集中在物理空间的模型推敲与分析，不少方案中对于总体布局、空间系统甚至一些空间节点的模型表达以及设计表达，不乏创新点。但是对于设计中使用的数据依据和实证支持，则相对关注不够。

4.2 本次跨学科教学的启示

本次联合教学跨学科组织，和行业一流企业合作，各专业老师分工明确，结合科研特长，学生组成多元，发挥各自特长。

（1）共同与分工

跨越建筑与景观专业的生态城市设计教学，重点在于建立共同的知识平台。从新国大的教学组织来看，基于不同专业背景的教学模块适当的有分有合，或许更有利于不同专业交叉研究问题最终得以更加完整的表达和推进。相比较而言，在同济教学中，由于建筑学生在人数和设计上的优势，在合作中更有话语权，使得景观学生发挥作用有限。

（2）课内与课外

新国大在教学中非常重视邀请教学系统以外的专家和技术人员参与讨论甚至教学，例如本次教学中可持续设计分析软件技术（EDF Lab Singapore）的教学邀请了第三方技术团队进行教学指导。由此可见，在交叉课题的教学中，通过更多的技术专家和技术工具的导入，可以更好的帮助学生快速推进原有知识盲区中的技术思考。

（3）集中与分散

新国大的设计课程主要集中在一个学期内，其中包括理论教学、现场调研、设计推进和最终汇报，安排非常紧凑，学生通过各种方式频繁交流与合作。同济的教学不仅由于跨越寒假①带来关注度断层，而且由于期末和学期中的各种其他事务影响了每组学生足够频率的共同工作，上述情况导致的各环节内容脱节在多次内部小组讨论中显而易显。

附录

参与本次联合教学的新国大老师有：Asma Khawatmi（Visiting Associate Professor），Tan Puay Yok（Associate Professor），Eddie Lau（Senior lecturer），Yun Hye Hwang（Assistant Professor）

参与本次联合教学的同济老师有：谢振宇（副教授），王桢栋（副教授），董楠楠（副教授）

参考文献

[1] 蔡永洁. 两种能力的培养：自主学习与独立判断，同济建筑设计教案［M］. 上海：同济大学出版社，2015：9-11.

[2] 王桢栋，文凡，陈蕊. 紧密城市：基于越南河内的亚洲垂直城市模式思考［J］. 时代建筑，2014（4）：148-154.

[3] 王桢栋，杜鹏. 迈向可持续的垂直城市主义：世界高层建筑与都市人居学会 2014 年上海国际会议综述［J］. 时代建筑，2014（6）：166-169.

[4] 王桢栋，崔婧，关键词教学法在研究型设计课程中的拓展与应用：以“同济大学—世界高层建筑与都市人居学会”研究生联合教学为例［C］//全国高等学校建筑学科专业指导委员会. 2016 年全国建筑教育学术研讨会论文集. 北京：中国建筑工业出版社，2016：136-142.

① 为和新国大的课程时间对位，同济教学跨越两学期。

吴亮　于辉　高德宏
大连理工大学建筑与艺术学院；wuliang1026@126.com
Wu Liang　Yu Hui　Gao Dehong
School of Architecture and Fine Art，Dalian University of Technology

空间·场景·规则：进阶式长周期城市设计教学模式探讨

Space，Scene and Rule：Discussing on The Upgraded Long-term Teaching Mode of Urban Design

摘　要： 城市设计能力的培养在当代建筑学专业教学体系中具有越来越重要的地位，近年来国内城市设计教学呈现出地域化、理性化、精细化的发展趋势。大连理工大学教学团队从学生的空间意识、社会意识、规则意识三个方面对现有的城市设计教学模式进行了系统反思。在此基础上提出以"空间·场景·规则"为线索的"进阶式长周期"城市设计教学模式，将教学过程分解为问题探索、空间整合、场景塑造、规则构建四个教学阶段，每个阶段细分为理论、实践、评价三个环节，形成循环递进、环环相扣的教学链条，希望能对城市设计教学质量的提高发挥积极作用。

关键词： 城市设计；教学模式；空间整合；场景塑造；规则构建

Abstract： The training of urban design ability plays a more and more important role in the contemporary architecture teaching system. In recent years，urban design teaching in China has shown a trend of regionalization，rationalization and refinement. The teaching team of Dalian University of Technology has systematically reflected on the existing urban design teaching mode from students′ consciousness of space，social and rule. On this basis，the upgraded long-term urban design teaching mode based on the clue of "space，scene and rule" is put forward. The teaching process is divided into four stages：problem exploration，space integration，scene shaping and rule construction. Each stage is divided into three parts：theory，practice and evaluation，forming a cyclic progressive and interlocking teaching chain，hoping to play an active role in improving the teaching quality of urban design.

Keywords： Urban design；Teaching mode；Space integration；Scene shaping；Rule construction

1　城市设计教育的背景与趋势

当前，中国城市发展大多已步入以存量更新为主要特征的"后城市开发"时代，社会公众对城市空间品质提出更高需求，新的建筑设计项目与城市环境的关联性越来越紧密，城市设计工作正受到越来越多的重视和关注。2016 年 2 月，住建部成立了城市设计专家委员会；2017 年 3 月和 7 月又先后将 57 个城市列为城市设计试点城市。在此背景下，城市设计能力的培养在当代建筑学专业教学体系中具有越来越重要的地位。

"城市设计教育是形成全面建筑观的重要内容"[1]，相关理论与设计训练课程一般在本科四年级进行。面对新的时代背景和社会发展形势，国内部分高校围绕城市设计教学模式进行了积极的改革探索。比如，清华大学尝试了以城市设计导则为训练目标、结合导则进行概念城市设计的毕业设计模式[2]；东南大学引入社会调查方法充实前期调研阶段的教学内容[3]；哈尔滨工业大学提出了回归城市设计“空间本源”的教学思路[4]；西安建筑科技大学提出了“自下而上”的渐进式更新理念[5]。这些教学研究与实践反映了国内城市设计教育地域化、理性化、精细化三个方面的发展趋势。

第一，地域化趋势。城市设计选题更贴近实际，历史街区的保护与复兴、城中村改造、交通枢纽地区的空间重组、社区活力的激发等社会关注的热点问题，成为城市设计教学主要的选题方向。

第二，理性化趋势。强调理论研究与实证调查，转向研究、研讨型教学模式，尤其是在设计前期阶段，田野研究、问卷统计、访谈、空间句法等多种定性与量化分析方法被越来越多地应用到城市设计教学中。

第三，精细化趋势。方案设计要求更加精细化，设计内容从传统的空间结构形态拓展到场所环境营造、界面控制，甚至标识系统等更加微观的领域，相应的设计成果表现方式也更加多元。

2 传统城市设计教学的问题反思

在 2016 级及以前的培养方案中，大连理工大学建筑学专业城市设计课程是本科四年级春季学期的两个设计课题之一，共 60 学时。以最近一次的教学实践为例，该课程选取大连高新区凌水湾和河口湾两个滨海待开发地块（局部为填海用地）作为基地（图 1），学生以两人为一组进行设计，共同提交设计成果。指导教师由建筑学和城乡规划专业城市设计研究领域的教师组成，在教学过程中组织了两次集体评图，学生的最终设计成果在学院展厅进行了公开展示。

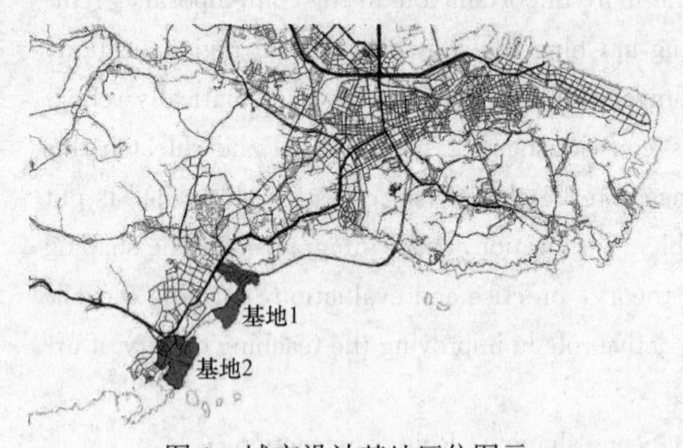

图 1　城市设计基地区位图示

此次教学实践延续了“以方案为主体”的传统思路，虽然在体现滨海特色、合作推进设计等方面进行了一些新的尝试，但在教学目标、环节、方法等更多层面上与真正的城市设计能力培养需求有所脱节。通过横向比较与课后访谈，教学团队从学生“意识”的角度对现有的城市设计教学模式进行了系统反思。

第一，空间意识。从建筑设计直接进入城市设计，学生缺少理论与方法上的准备，建筑设计的“惯性思维”使很多学生在城市设计中过于关注建筑单体形式，而忽视城市空间的形态和秩序，反映出学生并不真正理解什么是城市设计，不知道设计什么，更不知道如何去设计。

第二，社会意识。相比建筑设计，城市设计与社会生活的关系更加紧密，而大部分学生对社会环境的敏感度较低，导致其在案例分析和方案发展中，更多地从“图形”而非“生活”的视点、“宏观”而非“近人”的尺度审视设计方案，城市设计缺乏深度和精度。

第三，规则意识。设计成果仅仅是对概念和方案的表达，学生普遍缺乏对城市空间发展规律的思考，不了解城市设计的运作实施机制，不了解城市开发的经济和社会背景以及各种制约因素，从而导致很多城市设计方案片面追求视觉形式和图面效果，不考虑能否实现以及如何实现的问题。

3 城市设计教学改革思路与方法

借鉴国内部分高校的实践与改革经验，基于本校存在的具体现实问题，大连理工大学提出以“空间·场景·规则”为线索的“进阶式长周期”城市设计教学模式（图 2）。

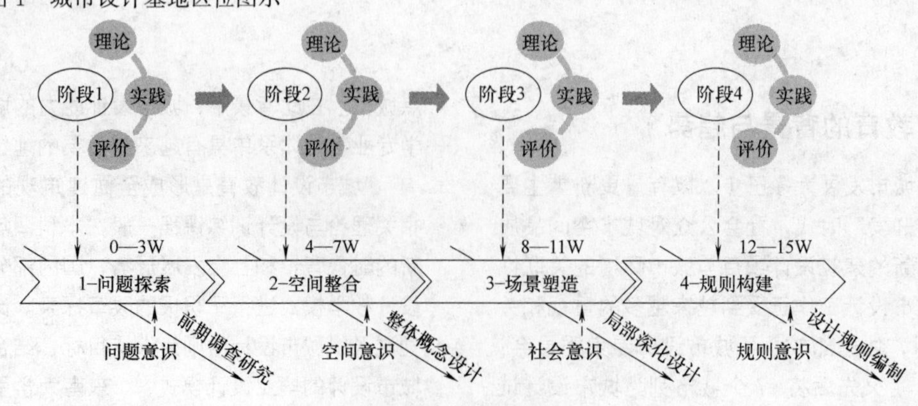

图 2　教学模式图示

通过培养方案调整，将教学周期由原来的60学时（7.5周）增加为120学时（15周）；根据新的培养方案重新编制教学大纲和设计教案，将教学过程明确分解为“问题探索—空间整合—场景塑造—规则构建”四个教学阶段；以“目标明确、路径明确、标准明确”为基本理念，每个教学阶段再细分为“理论、实践、评价”三个环节，形成循环递进、环环相扣的教学链条。

3.1 问题探索：前期调查研究

与建筑设计相比，城市设计不仅在空间尺度上大大增加，而且需要处理的问题也更加复杂，这些问题不仅是空间和技术层面的，还来自政治、经济、社会、文化等更多层面，因此在城市设计教学中，前期调查和理性分析非常重要。学生必须以更加现实也更加综合的视角审视城市环境中的真正症结所在，首先成为“发现者”，然后才能成为“设计者”。

“问题探索”作为一个相对独立的教学阶段，可以为学生提供一个从建筑设计向城市设计的“思维过渡期”和“理论准备期”。在理论环节中，具有针对性地向学生讲授与选题方向直接相关的设计理论与调查方法，尤其是在建筑设计中较少用到的社会调查和空间量化分析方法；实践环节包括背景研究、现场研究、案例研究三项内容，由教师和学生组成若干“研究小组”，综合应用定性与定量的研究方法展开调查与分析；最后在评价环节中提交调研报告并进行集中发表，要求各小组在报告中必须明确研究结论，指出问题与机会，提出目标与理念。

3.2 空间整合：整体概念设计

虽然已步入存量更新时代，但由于城市设计的长期缺位，中国城市空间的结构性问题仍较为普遍，无论是待开发地块还是再开发地块，从宏观层面对整体空间秩序进行设计和优化是城市设计的首要一步。空间整合阶段的城市设计教学以调查研究结论为依据，以城市空间形态的多维度控制（功能、密度、高度等）和多系统整合（车行、步行、公共空间、景观等）为主要内容，基于前一阶段提出的目标和理念进行概念设计，重点培养学生的整体观和全局观。

城市空间是由多个子系统构成的复杂巨系统，如果学生不理解其结构形态的生成和发展规律，就会导致简单的形式模仿。因此，理论环节的主要内容是结合典型案例对城市空间及其不同子系统的空间模式和发展动因进行解析；在实践环节中，由两名同学组成“设计小组”，通过分层抽取再叠合关联的方法对土地、交通、公共空间等空间子系统进行整合设计（图3）；这一阶段的设计成果主要包括概念模型、总平面图和一系列的结构形态分析图，通过观摩和点评的方式进行评价。

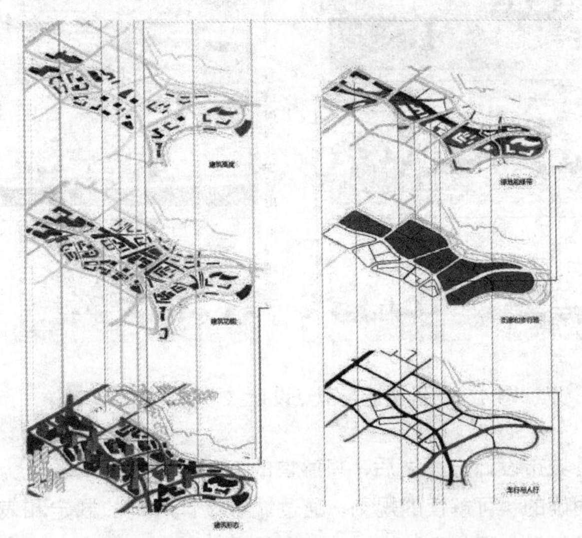

图3 多系统空间整合设计（学生作业节选）

3.3 场景塑造：局部深化设计

场景是对“空间＋环境＋行为”的一种综合表达，是社会维度上的微观空间考察。场景塑造强调在建立整体城市空间秩序的基础上，重视城市空间与人的关系，从人的需求、感知和体验的角度审视、创造城市空间，这是以往城市设计教学中的薄弱环节，也是城市设计教学改革的重点和难点。

场景塑造可视为城市设计方案发展的第二个阶段，即局部深化设计，将其作为一个独立专题的初衷是使学生从“形式的表象”进入“生活的真实”，从这个意义上讲，观念比方法重要，过程比结果重要。在理论环节，发挥大连理工大学在环境行为研究领域的优势，邀请专家以“讲座＋研讨”的方式使学生对环境与行为的关系进行深入思考；在设计环节，要求学生通过模拟生活场景对重点街道的界面和尺度、特色空间的形态和细部进行局部深化设计，并对前一阶段提出的概念设计方案进行反馈和微调；该阶段的设计成果可以场景透视、动画、节点模型、VR等多种方式呈现（图4）。

3.4 规则构建：设计导则编制

在城市设计中，仅仅通过概念性设计方案是无法有效指导城市建设和发展的，编制城市设计导则是保障城市设计目标得以实现的必要途径。目前在国内建筑学专业的城市设计教学中，以城市设计导则作为训练目标的尝试很少。“规则构建”阶段的教学宗旨就是在提出和完

图4　场景塑造与节点设计（学生作业节选）

善城市设计方案之后，将感性的、创造性的成果转化为明确的、可解读的规则，通过城市设计导则的制定和表述使学生更加理性地对待城市设计，更深刻地理解城市空间发展的复杂性和动态性。

城市设计导则涉及到城市法规、行政管理和社会运作，学生对这些领域均较为陌生，也不可能在短时间内完全掌握，因此在教学中，培养"导则意识"比完成"编制成果"更为重要。在理论环节中，讲授城市设计导控的原则和内容，以及运作机制，介绍分析先进的城市设计导则案例；在设计环节中，各"设计小组"根据提出的概念方案，从宏观到微观按照结构、类型、要素不同层级归纳表述城市开发必须遵循的和建议性的系列规则；最后以"文本＋图则"的形式提交编制成果，邀请校外专家参与结题答辩。

4　结语

城市设计的特殊性使得我们不能在教学中简单地沿用建筑设计课程的教学模式。加强调查研究和理性设计，培养社会责任和规则意识，应该成为城市设计教学的一个努力方向。"空间·场景·规则"进阶式长周期教学模式正是基于城市设计的特征和当前存在的问题进行的一次改革探索，通过"化整为零"的方式设置相互关联递进的四个专题，以多元化的成果形式多维度、多尺度地回应城市社会问题。城市设计教育任重道远，本文提出的教学模式尚需更多的教学实践来检验和补充，希望能对城市设计教学质量的提高发挥积极作用，为兄弟院校提供参考。

参考文献

[1]　张春阳，孙一民，周剑云，肖毅强．基于城市设计思想的建筑观念培养——关于高年级建筑设计教学的思考［J］．新建筑，2003（4）：65-67.

[2]　朱文一，商谦．城市翻修设计课程教学系列报告（30）："北京规矩"城市设计导则［J］．城市设计，2016（6）：96-112.

[3]　吴晓，高源．城市设计中"前期研究"阶段的本科教学要点初探［J］．城市设计，2016（3）：104-107.

[4]　戴锏，吕飞，路郑冉．回归空间本源：城市更新背景下城市设计本科教学要点探索［J］．城市建筑，2017（10）：48-51.

[5]　李昊，叶静婕．基于"自下而上"渐进式更新理念的城市设计教学实践与探索［J］．中国建筑教育，2016（2）：26-32.

向科　胡显军
华南理工大学建筑学院；601527651@qq. com
Xiang Ke　Hu Xianjun
School of Architecture，South China University of Technology

走向“城市建筑学”
——建筑设计教育与社会责任意识
Towards “The Architecture of City”
——Architectural Design Education with Social Responsibility

摘　要：当代城市面临大量的社会问题，建筑学与所处环境的政治、经济、文化及相关学科的广泛联系，使其肩负着化解社会矛盾、促进城市发展的责任。随着城市设计学科的关注点从空间形态向社会、政治、经济等要素转变，建筑学也面临着相同的议题。本文通过对华南理工大学建筑设计与城市设计教育以及两个设计课程（三年级建筑课程设计和五年级毕业设计城市设计版块）的比较，分析建筑教育中社会责任意识问题，探讨将城市设计方法运用到建筑设计教育中的策略，使建筑学走向“城市建筑学”，以达到社会责任意识培育的目的。
关键词：城市建筑学；城市设计；建筑教育；社会责任
Abstract：Urbans are faced with many social problems nowadays，architecture related widely with the urban environment of politics，economy，culture and disciplines，so that shoulders great responsibility of resolving social contradictions and promoting urban development. As the focus of the urban design changes from spatial morphology to the society，politics，economy and other factors，architecture also faces the same issues. Based on comparing architectural education with urban design education and the design courses of them in South China University of Technology，this paper will analyzes the situation of the lack of social responsibility in traditional architectural education，explores the teaching mode of applying urban design method to architectural design education，so as to make architecture change into “urban architecture”，to achieve the goal of cultivating social responsibility consciousness.
Keywords：Architecture of city；Urban design；Architecture education；Social responsibility

1　城市设计、建筑学与“城市建筑学”

在2011年国务院学位委员会、教育部颁布新的《学位授予和人才培养学科目录》，将“城乡规划学”提升为一级学科，并将“城市设计”划入“建筑学”成为二级学科。从学科设置来看，在建筑学下设城市设计学科，意义是深远的，至少保留了建筑及建筑学的城市性[①]。近年来，有关城市设计的研究要点，逐渐由建筑学的空间形态要素转变为规划学的社会、政治、经济要素，从一个侧面表达了社会性在城市设计学科中的重要性，而建筑学面临着相同的议题。

---

① 王世福在2011年城市规划年会自由论坛：城市规划面临十字路口的发言。王建国，王世福等．城市规划面临十字路口［J］．城市规划，2011（12）：25-27.

1.1 城市设计与城市建筑学的形成

城市设计学科是在20世纪中叶城市规划学和建筑学分化发展趋势下形成的。在社会经济发展推动下，城市规划学向物质形态与社会形态相结合的方向发展趋向理型科学，建筑学在依赖美学和技术的自我完善方法下走向微观化。为了弥补城市规划学和建筑学的断裂，欧美建筑学界出现了“城市设计”流派，和互为补充的“城市建筑学”流派。

城市设计是探讨在城市规划和建筑设计中体现“人”的因素，以达到城市整体性和空间环境质量提升的学科，它不仅是城市空间形态的设计，还关注空间的社会性和公共性，关注人的环境行为和社会活动。

建筑设计方案能使城市设计的意图变成现实，因此“城市建筑学”是城市设计和建筑学的补充。这种建筑学不再仅仅表现单一建筑本身的价值，而首先表达建筑与城市环境的关系，甚至重新组织周围的空间和建筑来重组这种关系[①]。阿尔多·罗西最早提出的“城市建筑学”概念，将建筑学的讨论从建筑类型扩展到城市类型，将城市尺度的“结构—形式”引入了建筑学内部。在罗西结构主义色彩的“城市建筑学”之外，空间政治经济学成为建筑学与城市设计、城市规划领域整合的关键（图1）。

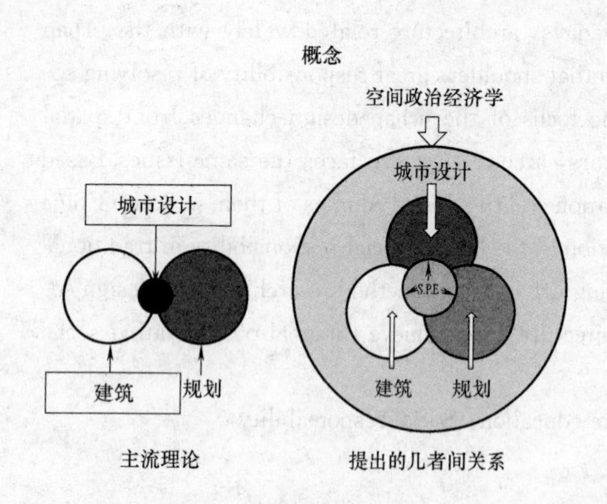

图1　主流理论观点提出的学科间关系
（图中S.P.E为空间政治经济学）

1.2 城市设计的发展趋势

根据对中国知网学术期刊网络出版总库、中国优秀硕士学位论文全文数据库、中国重要会议论文全文数据库、中国博士学位论文全文数据库、国际会议论文全文数据库中关于“城市设计”的文献梳理，近年来的城市设计研究已经从注重空间形态设计的视觉维度，以及场所、文脉、特色等目标逐渐拓展到公共领域的塑造和维护，并与城市发展理念不断响应，广泛地关注物质空间背后的社会、政治、经济等相关要素，在可实施方面与空间资源配置和开发控制建立关联，强调了公共领域是由一系列私人开发所界定的关系特征，从感性审美延展到理性建构[②]。

城市设计与城市环境、功能、界面、节点等关键词的关联度降低，一定程度上说明该部分的研究相对难以突破，这也促使城市设计由形态设计方法向广义城市空间发展。作为实现城市设计目标的重要机制的“城市建筑学”，也将展开对空间形态等背后的社会、政治、经济根源的思考。

1.3 城市微更新的新背景

当代中国城市建设逐渐摆脱规模扩张和“大拆大建”模式，从重“量”转向重“质”，从重“形”转向重“态”，城市微更新成为城市发展的新议题。作为对宏观政策、行业趋势与社会需求的回应，城市微更新更加关注生活方式和空间品质，更加关注历史传承和人文塑造，更加关注公众参与和社会治理。

建筑设计在城市更新中承担了重要任务，公共空间、界面、建筑节点等作为城市微更新的“触媒”，与人的活动紧密相连，对城市空间重构和社区激活起着至关重要的作用。“城市建筑学”是否反映了城市的真实需求，是否与城市发展方向相契合，直接影响了城市更新的结果。

建筑学学科能否积极体现城市性和社会性，或者说是否真正意义上走向“城市建筑学”，在新的社会文化语境下变得尤为重要。

2 建筑设计与城市设计教育——社会责任意识培育的现状

建筑物的设计和建造是在复杂社会、政治网络中实现的，无视这些建筑学得以发展的前提条件，就不能理解建筑学的社会重要性[③]。当代建筑师不仅是工程师和

---

① 克里斯蒂安·德维叶．城市建筑学及城市设计［J］．建筑学报，1985（3）：30-36.

② 王世福．城市设计建构具有公共审美价值空间范型思考［J］，城市规划，2013（3）：21-25.

③ Leach N（ed）．Rethingking Architecture：A Reader in Cultural Theory［M］．London：Routledge，1997.

艺术家，还肩负着化解社会矛盾、促进城市发展的责任。学校教育是学科及行业的基础，社会责任意识培育应当成为建筑教育的基本内容。

2.1 传统建筑设计教育

在传统的“经济、适用、美观”三要素指导下，国内高校的建筑设计教育的构成要素主要包括建筑功能、建筑技术、建筑艺术形象、经济合理性。对学生的能力培养一般从以下五个方面进行：第一，掌握空间营造能力，关注人对空间的使用感受；第二，了解人的行为对建筑的影响，关注人与环境的相互作用；第三，掌握建筑的结构形式、材料性质和建造方式；第四，熟悉建筑系统——结构、暖通、空调、电气、管线等相关原理；第五，运用节能建筑设计方法。可以看出，形式、功能、技术是其关注的关键问题，而城市性与社会性等问题缺乏必要的课程引导。

近年来建筑院校已经意识到了相关问题，并采取相应的课程改革以扭转这种趋势。以华南理工大学为例，2015 年建筑学专业将“城市设计概论”课程从四年级提前到了三年级并附带城市设计主题调研，希望提前让学生形成对城市性的理解（表 1）。

华南理工大学建筑学专业本科培养计划　　表 1

类别	课程代码	课程名称	是否必修	学时数				学分数	开课学期
				总学时	上机	实验	实践		
学科基础课	132046	建筑概论	必	16				1.0	1
	132037	建筑设计基础(一)	必	128				5.0	1
	132038	建筑设计基础(二)	必	128				5.0	2
	132044	建筑史纲	必	32				2.0	2
	132297	美术(一)	必	48				2.0	1
	132298	美术(二)	必	48				2.0	2
	132299	美术(三)	必	48				2.0	3
	132300	美术(四)	必	48				2.0	4
	132240	建筑力学(一)	必	32				2.0	3
	132241	建筑力学(二)	必	32				2.0	3
	132029	建筑结构	必	64				4.0	4
	132292	建筑构造基础	必	48				3.0	3
	132039	建筑设计结构选型	必	32				2.0	5
	132032	建筑设计(一)	必	128				5.0	3
	132033	建筑设计(二)	必	128				5.0	4
	132034	建筑设计(三)	必	128				5.0	5
	132035	建筑设计(四)	必	128				5.0	6
	132058	外国建筑史	必	48				3.0	3
	132060	中国建筑史	必	48				3.0	4
	132308	建筑设计原理	必	32				2.0	4
	132343	城乡规划原理	必	32				2.0	5
	132345	风景园林规划与设计原理	必	32				2.0	5
	132237	建筑物理(热工学)	必	32				2.0	5
	132238	建筑物理(光声)	必	32				2.0	6
	132239	计算机辅助设计	必	64	32			3.0	5
	132158	建筑物理实验	必	24		24		1.0	6
	合计		必	1560	32	24		74.0	

续表

类别	课程代码	课程名称	是否必修	学时数				学分数	开课学期
				总学时	上机	实验	实践		
专业领域课	132149	建筑设计(五)	必	128				5.0	7
	132289	建筑设计(六)	必	128				5.0	8
	132224	居住区规划原理	必	32				2.0	7
	132014	城市设计概论	必	32			6	2.0	6
	132018	当代建筑思潮	必	32				2.0	5
	132283	建筑模型与图形语言	必	32			8	2.0	2
	132168	建筑设备	必	48				3.0	6
	132323	建筑材料与构造	选	32			4	2.0	6
	132043	建筑师业务	选	32				2.0	8
	132025	建筑防火设计	选	32				2.0	7
	132318	文化遗产保护概论	选	32			8	2.0	7
	132244	传统建筑营造法	选	32				2.0	7
	132291	传统建筑设计	选	64				3.0	8
	132002	场地设计	选	32				2.0	5
	132057	室内设计原理	选	32			10	2.0	8
	132319	绿色建筑设计与技术	选	32			4	2.0	7
	132286	环境心理与行为学	选	32			4	2.0	7
	132047	建筑美学	选	32				2.0	8
	132051	岭南建筑与园林	选	32				2.0	6
	132320	岭南城建发展史	选	32				2.0	7
	132288	数字化建筑设计技术	选	32			8	2.0	7
	132055	色彩美学	选	32			10	2.0	3
	132059	艺术史	选	32			10	2.0	7
	132322	城市设计理论和方法	选	32				2.0	7
	132362	房地产开发与管理	选	32				2.0	8
	132357	设计与健康	选	32				2.0	8
	120003	创新研究训练	选	32				2.0	
	120004	创新研究实践Ⅰ	选	32				2.0	
	120005	创新研究实践Ⅱ	选	32				2.0	
	120006	创业实践	选	32				2.0	
	合计		必	432			14	21.0	
			选	选修课修读最低要求 12.0 学分					

2.2 城市设计课程产生的影响

城市设计学科的引入对于建筑学教育的社会责任意识培养具有重要意义，在建筑学专业设城市设计概论、城市设计理论与方法等课程，一方面强化了建筑学教育的城市性和社会性；另一方面，其作为建筑学与城乡规划学之间的桥梁，也为教学中的学科互通提供了可能。以华南理工大学建筑学院各专业培养计划为例：

第一，采用学科互通的基础课培养计划：建筑学、城乡规划学和风景园林学在本科低年级阶段共用同一套培养计划[①]，包括建筑设计原理、城乡规划原理、风景园林规划设计原理和建筑设计专业课，使学生具备学科通识基础，并在设计实践中理解不同学科的思维逻辑与设计方法。

对于建筑学而言，吸收城乡规划学的逻辑方法有助于强化学生对于社会、政治、经济的关注，但由于教学管理需要，设计课依然在分专业分班教学的模式下进行，除去开题阶段及公开评图答辩阶段以外，学科间交流效果不佳。

第二，设置城市设计研究方向：建筑学专业学生在本科四年级会自由选择建筑设计、城市设计、建筑历史、建筑技术等研究方向。其中城市设计方向将专业课建筑设计替换为城市设计，并加入相关工作室，以讲座和设计实践相结合的方式对城市设计理论和方法进行学习。但城市设计方向较少关注具体的建筑层面问题，其掌握的从社会因素、城市形态分析到形成城市设计导则、方案的逻辑方法，鲜少延伸到“城市建筑学”范畴。城市设计有脱离建筑设计自成一体的趋势。

第三，在毕业设计中开设城市设计版块：毕业设计小组中的建筑学、城乡规划学、风景园林学学生相互配合，共同完成城市设计的调研、分析、设计等任务，不同学科的思维方式和设计方法得到体现并达到相互学习的效果。其中，建筑学背景的学生主要关注三维城市形体环境、建筑内外部空间环境，通常从美学、空间、形态的视角来研究城市的空间骨架和建筑节点；城乡规划学背景的学生主要关注城市空间公共政策的制定、公共利益与私人利益的平衡，更多地体现社会公平和公共价值；风景园林学则主要关注资源环境配置、景观节点价值（表2）。三个学科可以通过城市设计的媒介加以融合，从中也能各自发现自身的价值。

华南理工大学2018年毕业设计城市设计组调研计划 **表2**

建筑类	规划类		景观类
公共空间体系 • 公共建筑定位、现状、用途 • 公共空间体系组成 • 公共空间功能分布 街道&道路 • 街道分类与分布，沿街建筑功能分类，沿街建筑立面特点 • 典型街道剖面图 • 重要道路节点，空间节点标记以及交通量的统计 • 典型业态分布范围与经营状况 • 历史保护建筑 • 历史保护区范围 • 历史保护建筑（三届庙和廖氏宗祠）的地点、现状、用途、立面图 • 建筑历史价值、风貌特色、建筑质量 居住建筑 • 居住区消防与交通情况 • 典型建筑的立面、平面 • 居住问题和目前的应对措施 废弃建筑 • 烂尾楼、废弃建筑的地点、现状	区位条件 • 区位条件 • 周边交通条件（公共交通、私人交通、停车） • 用地性质、功能分区 • 节点 • 居住条件（周边居住区域分布和类型） 用地与人口 • 用地性质 • 密度、容积率 • 历史保护区域（等级、边界） • 人员构成（年龄、性别、职业、收入） 交通 • 道路等级（断面形式、铺装等） • 交通量（车、人） • 动态交通（车行、人行、公共交通、场地出入口） • 静态交通（停车场、街边停车位） • 市政、公服设施 • （医疗、教育、邮电、消防、供水、供电、燃气、管理）	业态分布 • （餐饮、网吧……） 公共空间、街道和节点 • 围合与活动边界 • 活动类型、时间分布、人数 • 公共艺术、城市家具、标记 • 特色公共空间平面、剖面（如祠堂前空地） • 视线交流 • 日常活动范围（抽样访谈） • 活动轴 • 安全性（摄像头、植物等阻碍视线、巡警频率等）	• CAD修正（公园） • 周围农田变更 • 受保护的植物（现场识别） • 绿地率 • 视景（本地和战略）景观和标志性建筑（街景类型） • 景观资源与保护区（水资源调研） • 加强景观特色与结构 • （祠堂前广场加建，公园园路和广场，滨水景观带） • 问卷问题： • 公园什么时候建成的 • 觉得这个公园怎么样 • 公园的人群类型（年龄，工作和居住地点）和时间 • 公园广场人群活动 • 除了清湖公园还会去哪里休闲活动 • 滨水带停留点 • 场地内雨天会积水吗

---

① 共用培养计划即表1中的学科基础课，包括建筑设计专业课，四年级设计专业课开始区分为建筑设计、城乡规划设计、风景园林规划与设计，其中建筑学城市设计方向建筑设计替换为城市设计。

2.3 建筑设计与城市设计课程比较

笔者在 2018 年上半年同时承担了华南理工大学建筑学院三年级建筑课程设计（图书馆、博物馆设计）和五年级毕业设计（城市设计版块）的教学工作，在教学实践的第一线感受到了建筑设计中城市性、社会性教育缺失的问题。

三年级建筑课程设计的教学目标主要在于掌握类型建筑的基本原理，考虑气候适应性，并满足建筑技术的基本要求。设计成果是以建筑物为核心的实体体系，包括场地设计、环境设计、建筑空间、建筑构造、建筑技术等内容。

五年级城市设计版块毕业设计是根据城市多方面（政治、经济、社会、生态、行为、技术和美学）发展研究，构建城市形态，创造宜人、有特色、有活力和公正的城市环境的过程。设计成果是一个目标控制体系：根据一个明确的城市主题，对城市可视形象进行构想预测，编制出由设计方针、设计导则和设计要点组成的"看不见的网"，对形体环境进行创造设计，并对开发过程的运作、管理、公众参与提出前瞻要求（图 2）。

由表 4 可以清晰地看出，建筑设计方法和城乡规划方法的主要区别在于建筑设计以三维的空间方法为核心，而城乡规划方法通常是二维的。城市设计则将城乡规划方法转化为三维空间视角，从而与建筑设计紧密结合。因此城市设计教学的成果除了通常的城市设计导则之外，还可以细化到微观的公共空间、节点建筑设计、景观环境设计层面（图 2）。

—01背景篇	—02调研篇	—03概念篇	—04总体设计篇	—05详细设计篇
城中村概况	人口与用地	城中村文化认知	总体城市设计	活力互动区详细设计
政策背景	交通分析	清湖社区文化认知	道路交通体系	文化展示区详细设计
城中村改造进程	社区功能分析	清湖社区文化现象研究	公共空间体系	艺术街区详细设计
"微更新"理念	建筑要素分析	社区营造理论与实践研究	景观体系	新村核心区详细设计
课题项目背景	景观与开放空间	更新策略	社区构建	社区休闲带景观设计
		更新策略行动计划	老村建筑环境	
			新村建筑环境	
			公共服务设施	

图 2　华南理工大学 2018 年毕业设计城市设计组设计成果目录

从华南理工大学三年级建筑设计（课程设计）与五年级城市设计（毕业设计）的比较（表 3）中可以看出，建筑设计与城市设计教育在教学阶段上有着明显差异，建筑设计教学的调研分析阶段比重轻，通常在 1 到 1.5 周，调研方式主要为测量和影像，从深度上而言，这个阶段与其说是"调研"还不如定义为熟悉场地，对城市宏观空间肌理和政治、经济、社会、行为等要素的认识较为缺失，学生更关注的是在红线范围内的一张白纸上创造自主的建筑构想。而由于缺乏社会性意识，学生作业还缺少经济问题、可行性问题的关注，成为空中楼阁。

华南理工大学建筑设计与城市设计课程比较

表 3

	建筑设计（课程设计）	城市设计（毕业设计）
周期	1 学期 2 个设计任务各 8 周，合计 16 周 128 课时，每周 2 次课 8 个课时	1 学期 1 个设计任务，合计 16 周 128 课时，每周 2 次课 8 个课时
教学计划	每个设计任务开题调研 1.5 周，一草 2 周，二草两周，修草两周，正图 1 周	开题调研 4 周，分析、定位 4 周，城市设计框架 4 周，成果 4 周
调研计划	每个设计任务 3 个场地，各半天	2 次主场调研，每次 3～5 天
调研内容	场地基本条件，周边交通条件，周边环境及建筑条件	城市/社区背景，发展历程、居民情况、行为分布、建筑密度、街道空间、内外交通、市政条件、业态分布、景观系统等
调研方式	测量、影像	测量、影像、问卷、座谈、统计
规模	用地约 $25000m^3$，建筑面积 $10000m^2$ 以内	社区级，用地 $350000m^2$，建筑面积 $600000m^2$
设计目标	建筑类型的基本原理，岭南气候适应性，建筑技术基本要求	社区与城市的共生关系，社区空间与环境的营造、城市/社区居民的生存与发展，文脉传承
研究重点	建筑在城市中的形态 建筑功能的合理性 建筑设计的出发点	基于政策、经济、社会、资源环境、空间形态等多方面现状制定的城市发展定位、导则，以明确的主题系统性解决现实和发展问题

相对而言城市设计教学对调研分析十分重视，调研时间跨度长，运用问卷、座谈、统计等客观理性的调研方式，调研要点涵盖空间形态和其背后的社会、政治、经济、行为等多个方面，并结合时间跨度同样充足的分析阶段，使学生对设计对象的本体（城市空间、建筑空间、景观环境）和其广泛联系的城市性、社会性都有了充分的认识。在此基础上的得出的城市设计成果，从逻辑上而言是社会性的，能更好地体现社会公平和公共

价值①。

在5年级城市设计板块教学过程中，课程早期建筑学背景的学生显然缺乏对城市政治、经济、社会背景的认识，甚至欠缺科学的城市调研和分析方法，处于一个相对尴尬的局面。但在学科相互配合的调研分析、导则制定、设计优化等过程中，与城市管理者、社区居民和访客等不断交流，逐渐吸收了城乡规划学中社会学的相关知识和研究方法，社会责任意识得以加强。

建筑设计与城市设计、城乡规划的方法比较 表4

	建筑设计方法	城市设计方法	城市规划方法
设计目标拟定	形态-功能定位法	目标策划法	目标策划法
要素组织	空间组合法(三维)	城市要素整合法(三维)	功能分区法(二维为主)
空间、形态构成	形态构成法(三维)	空间组织法(三维)	空间组织法(二维为主)
交通组织与空间联系	功能关系分析法(三维)	城市界面组织法(三维)	交通组织法(二维为主)
空间、环境、行为	空间行为分析法(三维)	环境行为分析法(三维)	/
社会参与	/	公众参与法	公众参与法

3 建筑设计教育中加强社会责任意识培育的策略

加强社会责任意识培育应当成为建筑设计教育的重要任务，建筑设计教学将以城市设计教育的逻辑方法为参考，走向“城市建筑学”。

3.1 加强城市设计基础理论教育

目前大多数国内建筑院校的建筑学专业中，城市设计学科的课程设置仍缺乏系统性和逻辑性，学校在完善城市设计课程体系的同时，应引导建筑学学生尽可能多地学习与城市设计、城市社会学相关课程。城市设计概论类的通识性课程应更早纳入低年级培养计划中，使学生在教育早期就形成对于建筑的城市性、社会性的认识。

3.2 强化城市设计方法与建筑设计对接

注重城市设计理论、方法与建筑设计教学的对接，在建筑设计教学计划和任务书要求中应体现出从城市宏观层面到建筑物微观层面，从政治、经济、社会、行为要素到形态、空间要素的设计逻辑。在图纸要求中加强建筑物外部公共空间设计的要求，增加建筑形态与城市肌理的联系分析、城市活动对建筑场地的需求分析、人群行为与建筑空间的关系分析等内容。甚至可以考虑，在建筑设计的前期阶段扩大范围做一个概念性的城市设计研究，真正实现“城市建筑学”。

3.3 调整建筑设计调研阶段的目标

目前国内院校的建筑设计课程教学计划中，现场调研主要是对建筑场地环境及周边交通状况的观察分析，文献调研则主要关注功能流线、技术、相关案例等方面的问题。对于场地的历史脉络、区位特征、辐射人群的结构与需求、业态、周边建筑风貌、城市空间结构、景观生态系统等内容知之甚少。由于调研阶段的深度和广度均远远不足，导致其与最终的设计成果关联度较低，学生对于调研分析阶段的重视度也普偏低。

因此有必要在建筑学课程设计前期建立一套相对完整的基于历史环境、自然环境、社会环境、经济环境的全面的调研内容框架，增加建筑所处场地的城市性、社会性要素的调研要求，从调研中得出客观理型的分析结果，从而指导设计方案②。

3.4 设计选题的优化

选用更具有现实意义的课程题目及实际地形，让学生能充分体验到城市对建筑的影响，也借此机会鼓励学生走进社区，体验城市。有条件甚至与管理部门和业主接触，了解需求，实现建筑从策划到设计再到建造全过程的思考，以提升学生的社会责任意识、团队协作意识、理论与实践相结合意识在内的多方面素质。设计题

---

① 进一步讨论，城乡规划学的社会调研已将社会学作为研究核心，空间形态在逻辑上成为社会学的附属要素退居次位。调研课题如：基于社会融合的广州高校听障生社群调研、以广州市猎德区某宗祠为例探讨宗族信仰的演化等。这种以社会学为核心的知识结构可以成为建筑设计教育中社会责任意识培育的长远目标。

② 华南理工大学教师何志森的mapping工作坊提出在传统意义的地图（Map）对场地现有或可见元素（物质空间）的汇总基础上，“mapping”出政治、经济、社会、生态、行为等不可见元素，有利于优化建筑与城市的综合关系。这种方法将为建筑设计课程的调研提供借鉴意义。

目宜逐年进行轮换，让学生保持新鲜感。

3.5 探索多学科背景互融的教学模式

在城市设计板块的毕业设计教学中，我们发现，不同专业背景的学生一起交流讨论时，能取得良好的互相激发的效果。事实上，教学过程中的头脑风暴是一种高效的学习方式，这种交流在针对同一问题各有侧重的讨论时更具启发性。在建筑设计教学过程中，将不同专业的学生打散重新分组，或许有助于各专业之间的交流。建筑学需要具备城乡规划、城市设计、风景园林的意识，才能具有整体观，从而切实融入社会现实中。

4 结语

当代社会语境下的建筑师和城市设计师的角色逐渐多元化，城市、社区人群复杂的的生活诉求和建筑活动中广泛的社会参与使建筑师肩负着工程师、艺术家和社会工作者的多重责任。

在建筑设计教育中加强社会责任意识培育，是建筑学科发展的必然要求。将建筑问题放到更宏观的城市背景中、更广泛的社会关系中进行考量，走向“城市建筑学”，将成为当代建筑设计教育一个重要的发展方向。

参考文献

[1] 王建国，王世福等. 城市规划面临十字路口. 城市规划 [J]，2011 (12)：25-27.

[2] 克里斯蒂安·德维叶. 城市建筑学及城市设计. 林夏译. 建筑学报 [J]，1985 (3)：30-36.

[3] 王世福. 城市设计建构具有公共审美价值空间范型思考 [J]. 城市规划，2013 (3)：21-25.

[4] Leach N (ed). Rethingking Architecture：A Reader in Cultural Theory [M]. London：Routledge，1997.

[5] 亚历山大·R·卡斯伯特. 新城市设计：建筑学的社会理论？[J]. 文隽逸译. 新建筑，2013 (12)：4-11.

马鑫[1,2]　张建新[1,3]　张伟[1,3]　李胜才[1,3]
1. 扬州大学建筑科学与工程学院；arcmax@126. com
2. 天津大学建筑学院
3. 扬州大学城市规划与发展研究院
Ma Xin[1,2]　Zhang Jianxin[1,3]　Zhang Wei[1,3]　Li Shengcai[1,3]
1. School of Civil Science and Engineering Yangzhou University
2. School of Architecture, Tianjin University
3. Institute of Urban Planning and Development, Yangzhou University

在地与脱域
——地方建筑院校城市设计教学探讨*

In-Situ and Disembeding: Research on Urban Design Courses in Architectural Education of Local Universities

摘　要：城市设计教学是建筑教育的重要内容，由于和重点院校教学资源与背景的巨大差异，地方院校需要探索适宜的教学思路。在地培养与知识脱域是地方院校面临的重要挑战，本文以扬州大学为例进行了城市设计教学的相关探索。通过以课程群和教学模块为基础建构完整的课程体系以实现知识的脱域化；结合地域特点，通过设计教学组织与选题的在地化，为设计课程提供具体的教学情境，使知识得到具体应用。
关键词：在地；脱域；城市设计
Abstract: Urban design is an important part of current architectural education. Due to the huge differences in the teaching resources and background of key universities, local universities need to explore appropriate teaching methods. In-situ training and knowledge disembeding are important challenges for local universities. Taking Yangzhou University as an example, the in-situ and disembeding strategies of urban design teaching were studied. Disembeding knowledge is achieved by constructing a complete curriculum system based on the curriculum groups and the teaching modules. Combined with local characteristics, localized design teaching is organized to provide specific teaching scenarios for design courses.
Keywords: In-situ; Disembeding; Urban design

1　地方院校的城市设计教学挑战

我国城市化快速发展，城市建设从增量扩张转变为存量优化。建筑教育所要面对的问题也日趋复杂，以功能类型为基础的传统教学模式已无法满足当下多样化的城市环境。为了让学生更深入的理解城市、从整体角度把握设计，国内建筑院校大多在本科高年级阶段开设城市设计课程。

如何开展城市设计教学，各个学校情况不一而足。以“老八校”为代表的重点院校从20世纪80年代就陆

* 基金项目：扬州大学教改课题 YZUJX2017-63C；天津市自然科学基金 16JCYBJC22000。

续开设了相关课程，经过多年实践已经形成了较为成熟的教学体系，往往采取开放式选题和工作坊模式相结合，同时在国际合作教学方面也是成果斐然。国内300多所开设建筑学专业的院校在数量上仍以地方普通院校为主，在城市设计教学中往往存在以下问题：在课程结构上，过分强调单一的设计课程，缺乏系统性的课程体系；在教学方法上，受到资源和经费的双重制约，无法像以往功能类型教学模式一样复制重点院校。然而地方院校也有自身优势，地域资源就是其中之一。因此扬长避短，建构完整的教学体系、探索适宜的教学方法，使人才培养既能做到在地生长，又能做到脱域发展，是地方院校面临的重要挑战。扬州大学建筑学专业近年来通过一系列的教学改革努力应对这一挑战，包括建构完整的城市设计教学体系实现知识的脱域化；通过在地化设计，为学生提供具体的教学情境。

2 知识脱域化与设计在地化

2.1 在地与脱域

"在地"来源于拉丁词汇 in-situ，原意是"在场"、"在原地"，它在不同学科得到广泛应用，例如考古学中指原地保护考古遗址，在工程技术领域指现场施工。在地设计是以特定的场地区位、自然、历史和人文条件为基础，对"此时、此地、此人、此境"的地域生活所做出的回应。

"脱域"（disembeding）来自吉登斯（Anthony Giddens）的《现代性的后果》，它指现代性来临之后，社会关系从彼此互动的地域性关联中脱离出来。在专业人才培养方面是指知识需要脱离具体情境，具有广泛的适应能力。

这是一对看似矛盾又互为补充的概念，教学中也是一样。城市设计的知识本身应该是脱域化的、具有普遍适应性，但是也只有通过在地化的教学过程才能使之具体化、并被学习者掌握。

2.2 知识脱域化

要实现知识的脱域化，就需要为其建立完整、系统的结构体系。为此扬州大学采取教学模块与课程群相结合的方式，纵向上四个教学模块相互衔接，横向上三个课程群相互联系，使城市设计教学处于一个完整的知识系统中（图1）。

（1）四个教学模块

"模块化"是指将课程体系分解为几个递进的课程模块，每个模块有明确的教学目的和学分要求，模块内部具有知识交叉融合、多专业协作的特点。根据建筑学学习的递进关系，以设计课程为中心，我们组织了四个

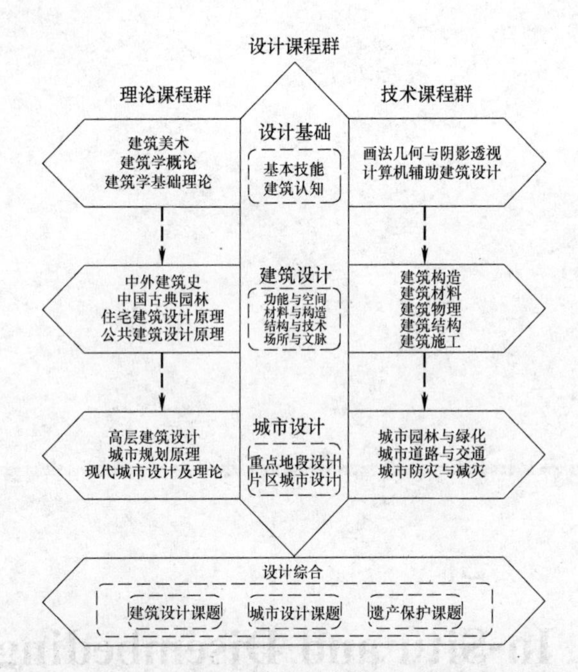

图1 扬州大学建筑学专业教学模块与课程群示意图

教学模块：即低年级的设计基础模块、中年级的建筑设计模块，高年级的城市设计模块，以及毕业班的设计综合模块。考虑城市设计的复杂性，安排在四年级的两个学期内进行，作为整体教学环节的一部分它向前以建筑设计模块为基础，向后以设计综合模块作为扩展，该模块又整合着不同课程群的课程。

（2）三个课程群

课程群是以一门以上的单门课程为基础，由三门以上性质相关或相近的单门课程组成的结构合理、层次清晰，课程紧密相关的连环式课程群体，这种课程组织形式具有关联性与整合性等特点。我们将课程分为三个课程群，采取一体两翼的结构，即设计课程群为主干，理论（涵盖历史和艺术）课程群和技术课程群为支撑。城市设计作为一个复合的知识体系，其教学模块对应三个课程群的相关课程分别是：设计课程群的重点地段城市设计和片区城市设计；理论课程群的高层建筑设计、城市规划原理、现代城市设计及理论等；技术课程群的城市园林与绿化、城市道路与交通、城市防灾与减灾等。三者相互协作，一般理论课程先于设计课程进行，技术课程多同步于设计课程，并结合设计课程条件进行讲解。

2.3 设计在地化

对于城市设计课题情境设置，我们坚持在地化原则，即选题的地域性和真实性。这样既有利于学生了解法律法规和上位规划，也能充分认识场地所处的自然、历史与人文背景，对"此时此地"的问题有更深入的

解答。

（1）设计课程组织

城市设计分为宏观、中观和微观三个层面，分别对应总体规划阶段的城市设计、控制性详细规划阶段的城市设计和单项城市设计。针对建筑学专业培养特点和教学时间安排，结合部分高校经验，我们将重点放在中观和微观两个层面。

经过建筑设计模块的学习之后，学生更容易把握小尺度设计，所以课题组织时采取了由小及大的原则。四年级上学期课题是两个重点地段的城市设计，规模一般在 5～10hm^2，时间各为 8 周；四年级下学期进行片区级城市设计训练，规模一般在 1～2km^2，时间为 13 周。此外，五年级的设计综合（毕业设计）模块作为城市设计的后续，检验以往学习的成果，该阶段的开放性选题中也包含大量城市设计课题，时间为 15 周。

（2）设计课题

为了实现设计情境在地化，通常与当地城市规划管理部门合作，共同选择城市热点地段、特征明显地段开展教学。在教学组织过程和评图环节，也邀请相关规划设计专家介入。

2017 年秋学期的重点地段城市设计包含两个课题：一个是位于扬州新城区、明月湖畔的文化综合体地块设计，场地 5hm^2；另一个是位于老城南侧、古运河畔的三湾地段城市设计。值得一提的是三湾地段城市设计，场地条件典型，拥有古运河和三湾城市公园等特征景观，控制性详细规划条件也较为成熟，在规划管理部门协助下，我们选取 50hm^2 的地段进行设计。每个大组共同完成整个地段的设计；大组又分五个小组，每小组 3 人合作选取其中 10hm^2 左右的若干地块进行设计。作为一个化整为零的大题目，各小组不仅要了解自己地块的控规条件和设计要求，还要充分解读整体的控规条件，明确局部与整体的关系，为后续大尺度设计奠定基础。

2018 年春学期，我们选择曲江东南片区进行片区级城市设计。该片区位于京杭大运河和古运河之间，衔接新城与旧城，也是城市文化轴和运河景观轴的交汇点，现状条件复杂、有一定的工业遗存，也有进行滨水景观设计的良好基础。每个小组 5 名同学 13 周内共同合作完成总规模约 2km^2 的设计。通过现状调研分析，提出问题以及相关设计理念，并研究相应的结构关系、用地性质、空间形态、高度控制（尤其是高层建筑分布）、交通流线（尤其是慢行交通和微循环系统）、开放空间、界面控制和景观风貌（尤其是滨水及主要街道空间）等内容（图 2、图 3）。

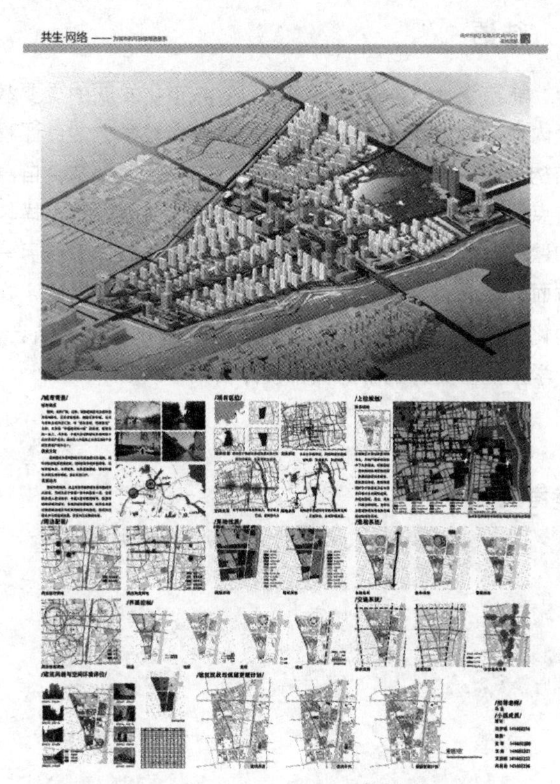

图 2　扬州曲江东南片区城市设计教学成果 1
（图片来源：汤梦瑶、闫昙昙等）

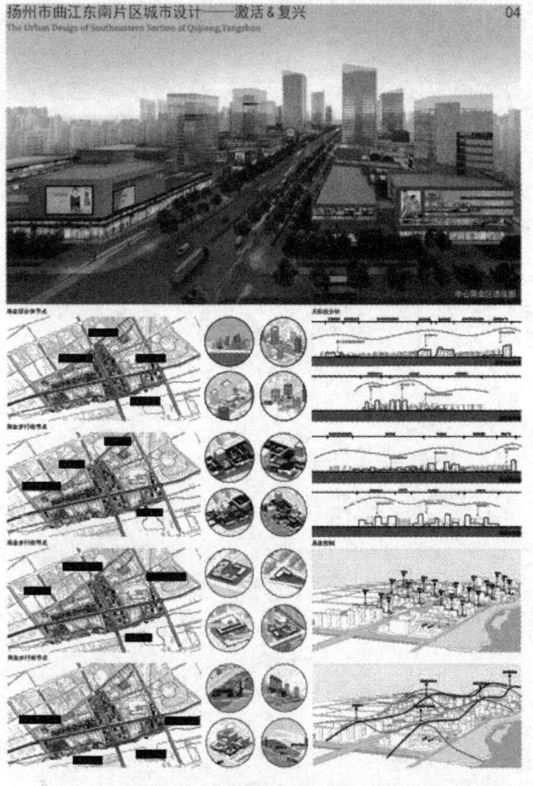

图 3　扬州曲江东南片区城市设计教学成果 2
（图片来源：薛胜姿、刘晓琪等）

3 结语

城市设计教学是建筑教育应对城市化发展的重要教学内容。与重点院校相比，地方院校在教学方法、课程结构与组织方式等方面有较大差异。扬州大学结合自身特点对城市设计教学进行了探讨，一方面通过教学模块和课程群的设置，建构完整的城市设计知识体系；另一方面，充分利用地缘优势，在课题选择与组织上设定在地化的教学情境。将脱域化知识与在地化设计相结合，使学生能够更好的学习城市设计相关知识。

参考文献

[1] 王建国. 试论城市设计与建筑设计的有机契合 [J]. 东南大学学报，1996 (6B)：9-13.

[2] (英) 吉登斯著. 现代性的后果 [M]. 田禾译. 南京：译林出版社，2011.

[3] 高源，马晓甦，孙世界. 学生视角的东南大学本科四年级城市设计教学探讨 [J]. 城市规划，2015，39 (10)：44-51.

[4] Kim Dovey. On learning urban design [J]. Journal of Urban Design，2016，21 (5)：555-557.

[5] 王兴田. "在地"建筑的适应性思考 [J]. 城市建筑，2017 (19)：25-27.

周志菲　李昊　叶静婕
西安建筑科技大学；35415617@qq. com
Zhou Zhifei　Li Hao　Ye Jingjie
School of Architecture，Xi'an University of Architecture and Technology

视觉笔记：体验时代下城市设计课程的教学训练方法

Visual Notes：Teaching and Training Methods of Urban Design Courses under the Age of Experience

摘　要：随着体验时代的来临，不仅给传统建筑设计领域带来了巨大挑战，也对高校建筑设计课程教学提出了新的要求。本文从建筑学专业教育的价值本源出发，在城市设计课程中将体验营造作为重要的教学内容，摈弃传统的结果式“成图”教学向注重综合能力培养的过程式“草图”教学转型，探讨一种关注思维拓展的城市设计教学训练方法——视觉笔记，针对性的提出“认知地图—场地图解—类型图式”的体验式教学思路和操作模式。

关键词：体验；视觉笔记；城市设计课程；教学方法

Abstract：With the advent of the experience era，it not only brings great challenges to the field of traditional architectural design，but also puts forward new requirements for the teaching of architectural design courses in colleges and universities. This paper starts from the value origin of education，and takes experience building as an important teaching content in urban design courses. Abandon of traditional style “Final Drawings” to focus on the new comprehensive teaching process “Draft Drawings” . Discussion on a teaching method of expanding conversion concerning design Thinking——Vision Notes in urban design. We put forward the “cognitive map—site map—type schema” experiential teaching ideas and modes of operation.

Keywords：Experience；Visual notes；Urban design courses；Teaching methods

城市设计课程一般在建筑学专业高年级开设，以城市场所组织和群体空间优化为目的，是学生增强专业知识能力和拓展城市视野前景的必选系列课程之一。随着信息技术智能化的不断创新、“互联网＋”发展的大趋势下，城市设计教育要不断适应社会和学科发展需要，改变传统的基于建筑学思维的空间技能学习模式，突出学生对城市问题思辨的综合能力培养，实现从“结果”向“过程”教育方式的转型。本文提出城市设计视觉笔记的教学方法，以此作为体验式媒介鼓励学生通过对调研记录、案例积累和设计图示等学习体验，完成从生活行为记录到空间意识培养、从生活参与者到城市创造者的蜕变。

1　从关注“结果成图”到“过程草图”：城市设计课程教学转型

建筑学专业经过多年的发展，在社会需求、学科建设与人才培养多重目标引导下，呈现多元化发展模式。城市设计课程其内容不仅仅涉及场所的空间形态，更需要建立对场所内涵——人文、社会、经济、生活等的全面认识，这就需要培养学生具有统筹全局的整体意识和思考复杂问题的综合能力。然而，传统的城市设计教学往往将“成图”放到了一个极为重要的位置（图 1），这种方式对应的教学过分关注成果的优劣，结果导致学生一味地追求炫目的表现效果，落入唯空间论的窠臼，这样培养出的学生只能成为“成果表达的高手”，而不是高素质的建筑师。

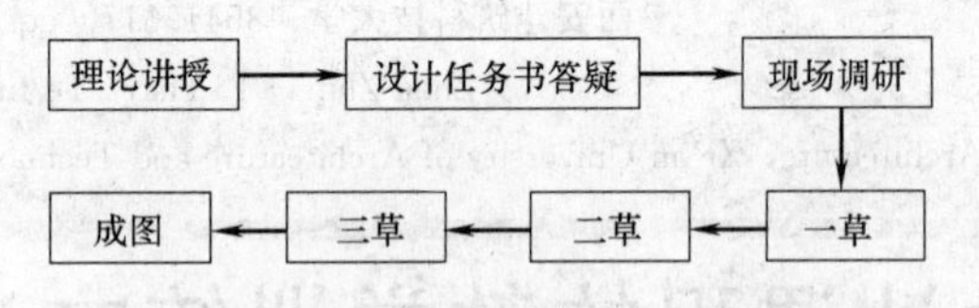

图1　传统的城市设计“成图”式教学模式

因此，如何将设计视角从关注结果转换为关注过程，这就需要我们要重视在城市设计教学中如何发挥对本科生设计思维的拓展与转换，经过多年的教学实践，笔者发现在城市设计课程中，大力推动以培养设计能力为核心的“视觉笔记”训练（图2），对学生的城市设计学习会起到强大的引导作用。学生在设计过程中，视觉笔记并不仅仅是他呈现出来的最终成果，也是他进行思考的工具。通过过程方案的不断更新、不断改进，可以更清晰、更明确的表达设计意图，使得传统的“任务书—成图”的线性的技能教育，转变为“发现问题—分析问题—解决途径—方案生成—完成设计”的思维方法教育，教学目标通过在城市设计课程中设置若干专项“视觉笔记”分解训练逐步落实，达成教学内容的有机衔接。鼓励学生从“草图”入手，通过阶段性的清晰步骤，由浅入深，由具象到抽象，由局部到整体、构建起一个清晰、系统化的框架。这种训练方法可以增强学生体验认知的连续性和思维的连贯性，有效地提高实践能力。

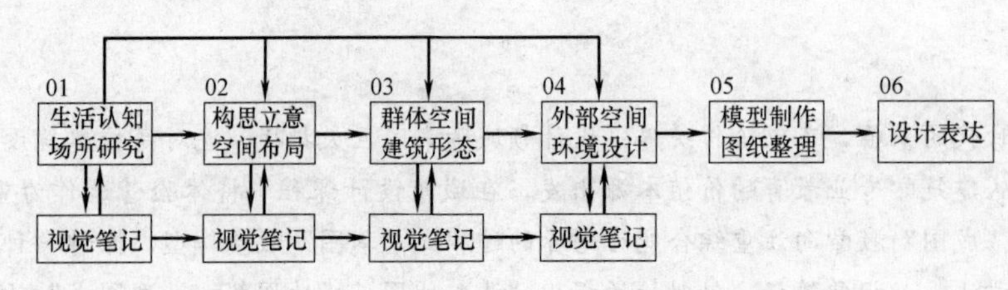

图2　更新后的城市设计“草图”式教学模式

2　视觉笔记：应对于城市设计思维转型与拓展的培养

视觉笔记是认知阶段选择性和识别性的体现，它为更高层次的思维活动储备材料和能量；它排除了知觉世界中对设计无用的杂质，它既是城市知觉阶段的结果也是高级思维阶段的前奏。

2.1　视觉笔记的逻辑性应对了城市设计课程的研究性特质

视觉笔记整理、深化的过程真实反映了方案的生成逻辑。城市设计课程中，学生要在不断强化设计概念的同时解决诸多设计中必须解决的问题，但是，不可能在同一时刻将这些问题加以解决。设计者往往是将某个方面的问题提取出来，撇除其他因素的干扰，加以研究和总结。毫无疑问，这样的研究过程所借助的研究工具和成果表达载体——视觉笔记，有其无可比拟的优越性，尤其对于城市设计的初学者，这种将诸多问题分类列出、逻辑分解、一一解决的方法无疑是更具有可操作性的。所以，视觉笔记的目的在于关注设计发展的过程，是设计从无到有的桥梁，体现了设计的逻辑过程。

2.2　视觉笔记的含糊性应对了城市设计课程的多元性特质

视觉笔记的反复、推敲的过程真实的表达了方案的丰富性和多元化。城市设计方案发展的过程是将设计概念加以不断细化和完善的过程，在这一过程中，视觉笔记直观的阐释了对设计概念的表达，“草图”—含糊性—体现了设计深入发展的诸多可能性，其不确定的部分恰恰使得视觉笔记具有了强大的生命力，为设计者留出了宽广的设计空间。城市设计作为一种对城市创造性的行为，具有无穷的可能性和不可预见性，这恰恰是城市设计作为一个设计门类得以存在的前提和基础。

3　城市设计课程中视觉笔记的体验式环节设置

在本校（西安建筑科技大学）城市设计系列课程的教学过程中，我们尝试根据研究的对象和设计操作方法，将设计过程适当地分解成多个阶段，在每个阶段明确研究目标和视觉笔记的要求。通过不同问题导向、不同比例尺度、不同表达方式的视觉笔记要求对不同的设计阶段和研究问题加以研究和设计操作（图3、图4）。

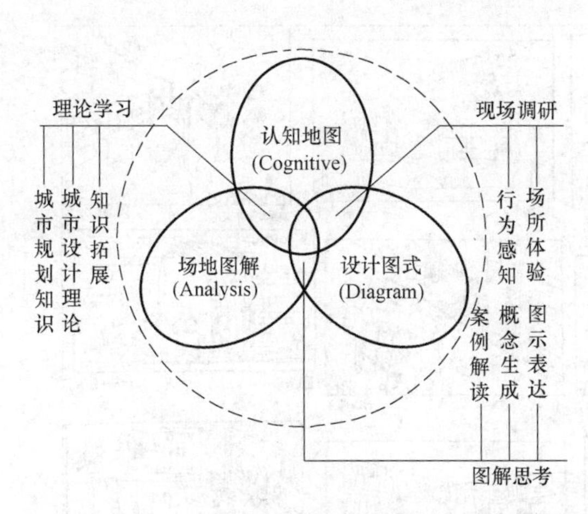

图 3 “认知＋图解＋图示”关系图

3.1 设计切入环节：认知地图——体验式捕捉

此阶段视觉笔记的要求是让学生将关注面拓展至城市或街区，在真实纪录的过程中思考城市发展与经济、社会、文化之间的相互关系，探求城市与区域、城市与建筑之间的关系，培养学生对城市的认知能力（图 5、图 6）。

城市生活是城市设计的原点与归宿，从体验的角度出发认知城市成为建筑学学生学习城市设计的起点。城市认知地图绘制的价值在于使学生明晰城市生活和城市空间的内在关联以及把握行为对空间的基本要求。这种建立在认知的基础上的学习方法，强调的是学生的动态思维方式，是一种体验的流动与表达，在此阶段对学生视觉笔记的训练重点是基于过程的观察和真实记录，有利于确立和保证学生在学习的过程中处于主体和主动地位。这是一个开放的过程，学生通过分析与解决问题获取知识，并在过程中赋予了空间的可读性和可意向性。

3.2 设计概念环节：场地图解——体验式剖析

此阶段视觉笔记要求学生敏锐发现城市发展过程中面临的问题，并将问题系统整理置于城市整体发展背景中作全面考量，评估通过空间手段解决城市问题的可能性，培养学生对城市空间问题的洞察能力与全面分析能力（图 7）。

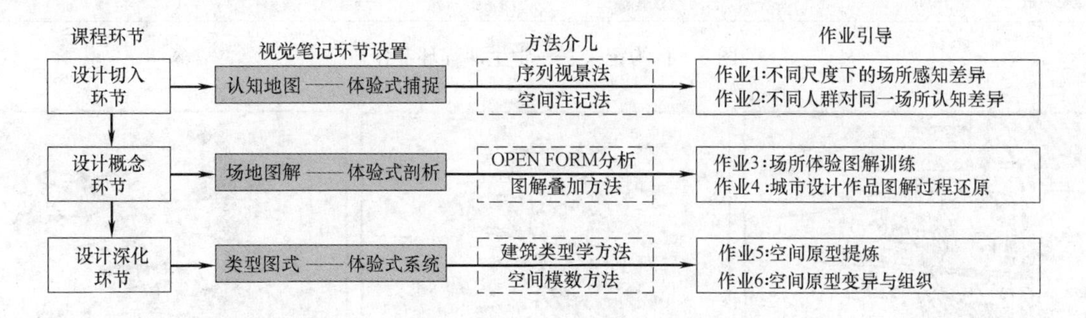

图 4 城市设计课程中视觉笔记的体验式环节设置

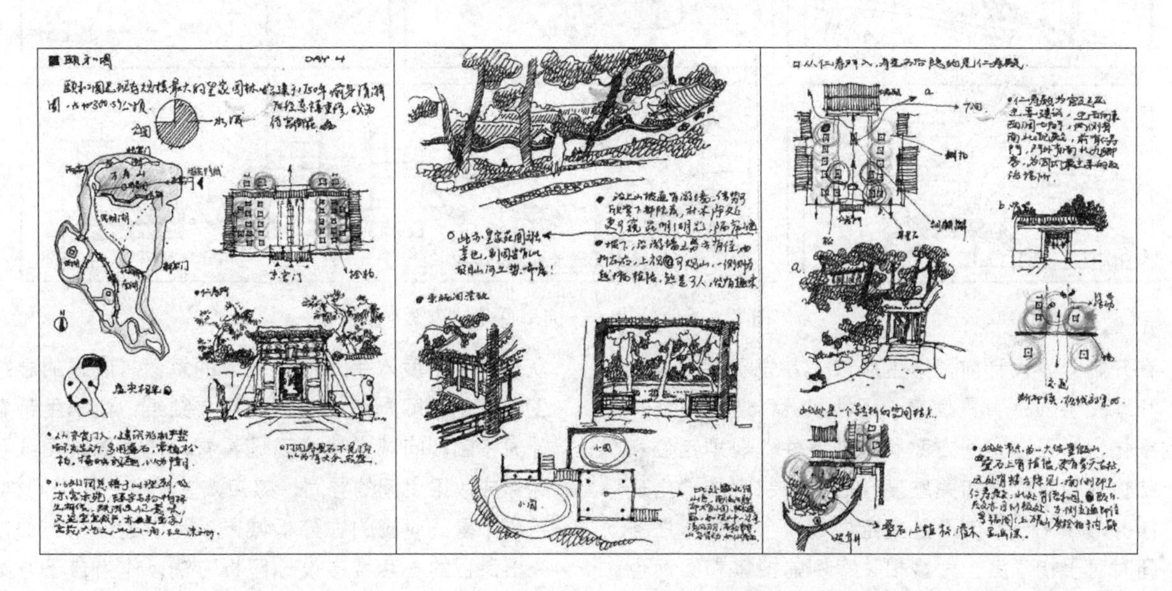

图 5 城市认知——学生参观实习笔记

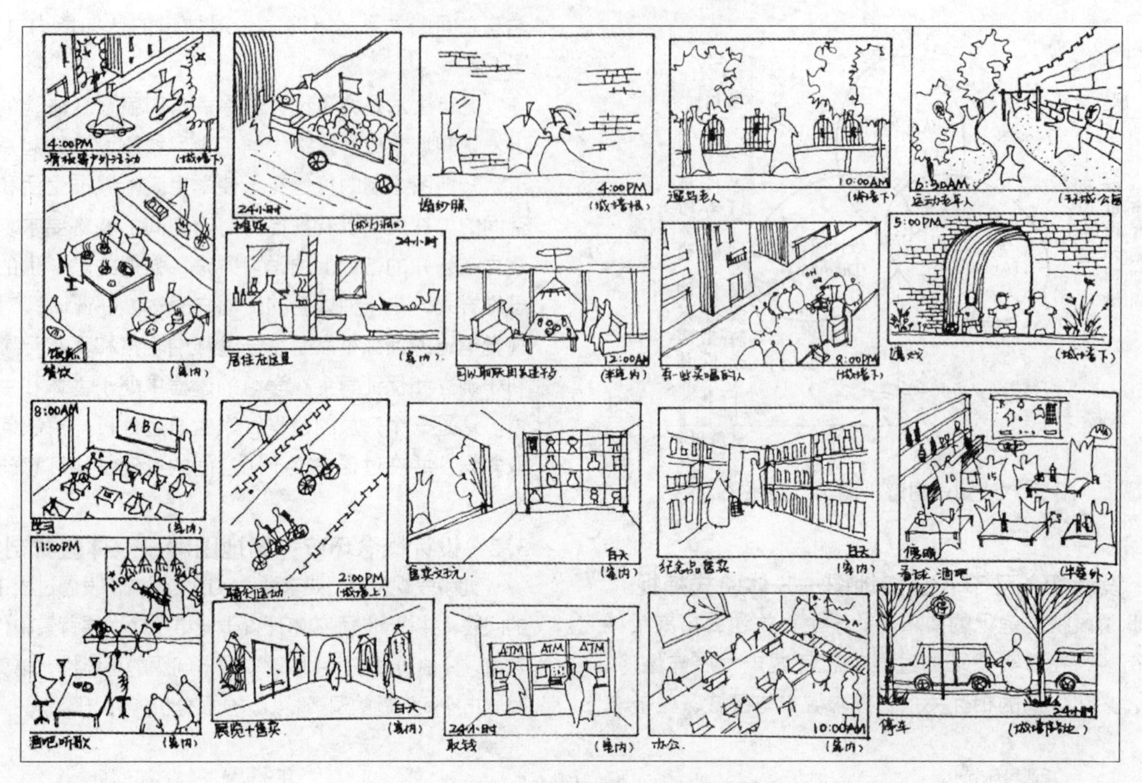

图 6 行为记录——学生课程环节作业

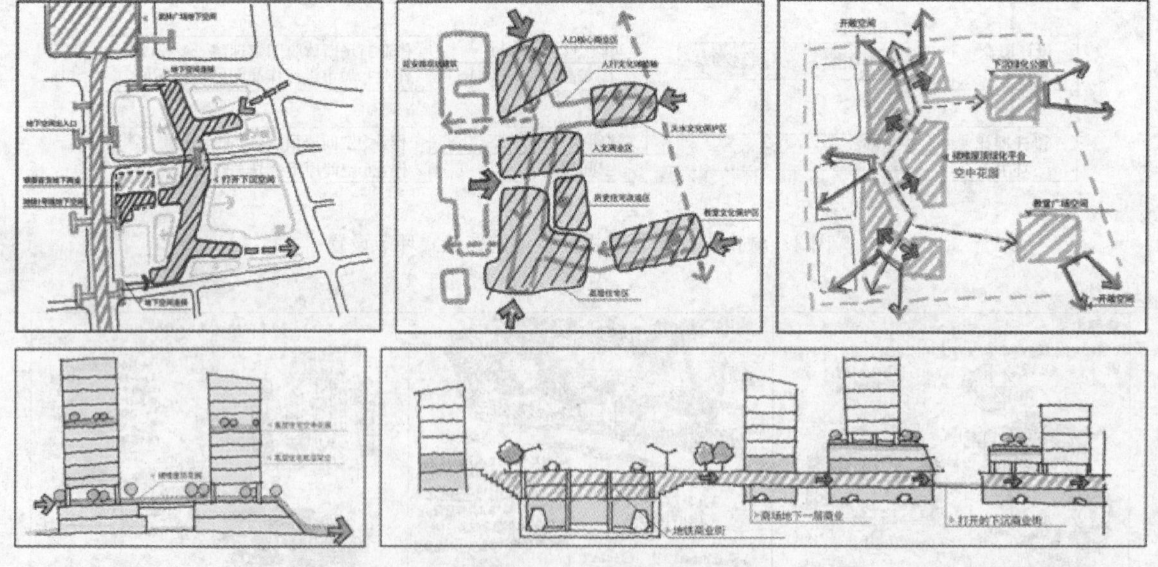

图 7 场地分析——杭州百井坊方案

在开始方案设计前，学生应该去首先了解方案的城市和地段层面的背景信息、场地状况，通过对任务书的细化，增强在空间方案和基地条件、规划定位和功能结构等的对位度和关联度，把教师制定的“全班式”任务书深化至为自己量身定做的“个性化”任务书。同时对于初学者，大量相关案例的搜集和阅读也是快速思维转换与积累设计经验的好方法。鼓励学生从设计者角度入手，从对基地的解读、破题的思路出发，真正理解方案生成的过程与结果；让学生带着设计方案图和问题去建成现场看看，切身体验图纸和实际建成效果之间的异同，感知人性尺度下的空间构成；用每个模式对应的去分析城市设计中的一个方面，探究出课程的一套城市设计解析方法，作为自己方案库的存档。

3.3 设计深化环节：类型图式——体验式系统

此阶段视觉笔记要求学生在综合分析的基础上寻求合适解决途径，并最终以类型学的图示语言落实于城市设计过程中，培养学生的空间设计能力（图8、图9）。

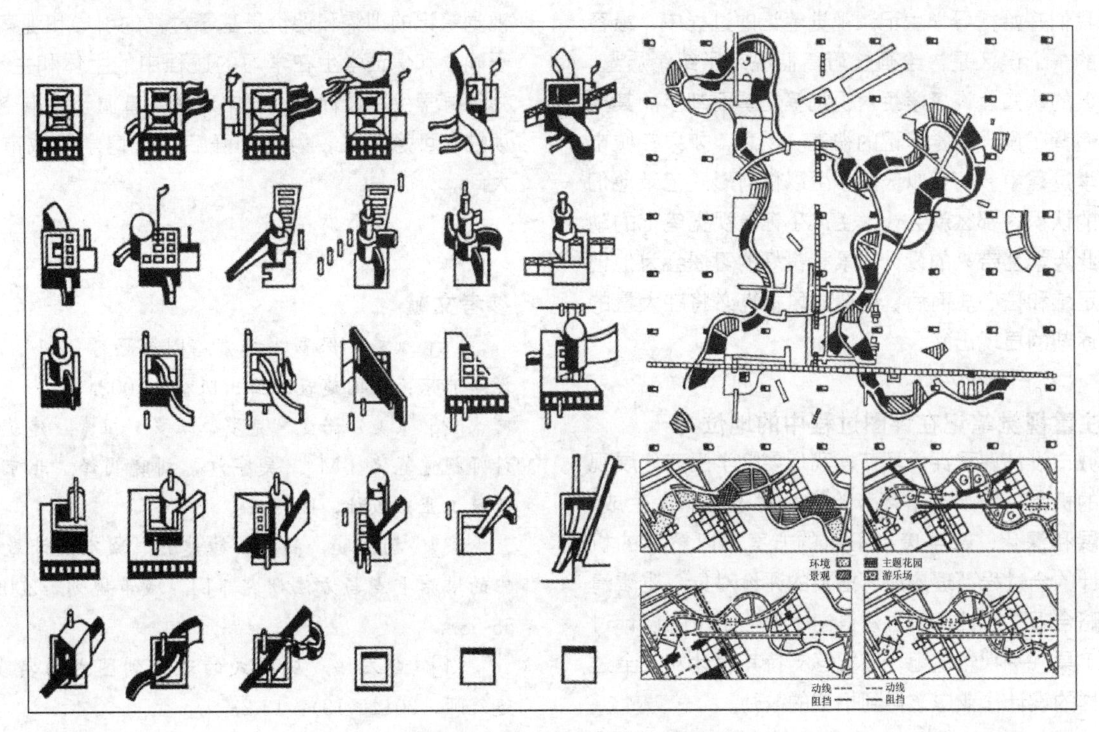

图8　类型图示——拉维莱特公园系统分析

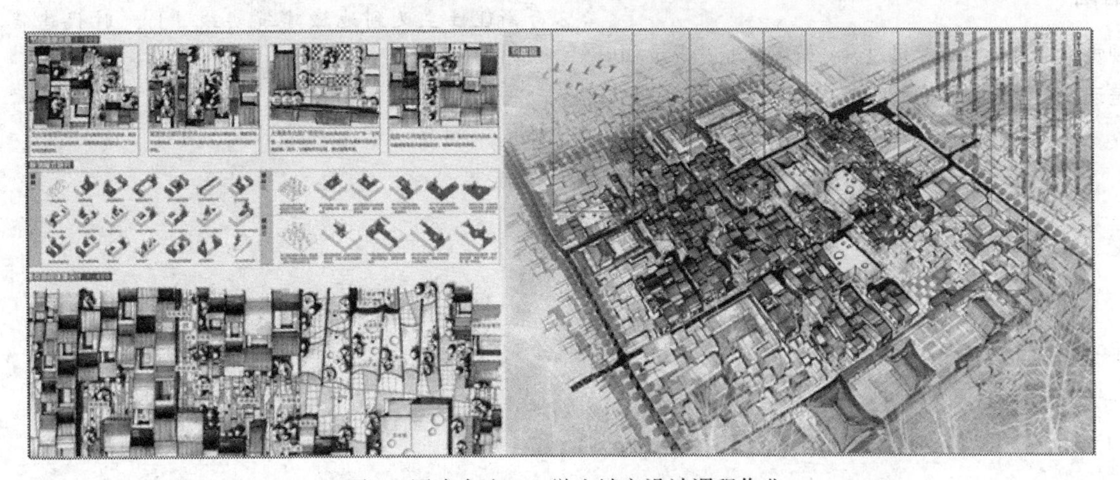

图9　图式表达——学生城市设计课程作业

在以往的设计中，从概念到方案之间往往依赖学生的设计天分和教师的自我判断，我们在这一教学环节中引入类型学研究，以期以分类系统化的方式解决多样的城市空间形态问题，学生进一步在自己的分析成果中，寻找建筑形式进行细化。鼓励学生运用图示方法，对认知主体、认知内容、认知结构做以详细的分解和梳理，对于建筑学学生入手时应强调的是体系而非细节，“整体协调、系统明晰、突出中心、化繁为简”的城市设计图示表达。

4　城市设计课程中视觉笔记的训练要点

4.1　注重视觉笔记的持续性纪录和整理

视觉笔记的优越性主要体现在对空间和时间的整合能力，所以教师可以弹性的改变作业训练重点，随着记录量的增大，它已不仅仅是一个记录了，视觉笔记会帮助学生将模糊不清的概念或感觉整理成可意向的概念或方案。鼓励学生对自己的视觉笔记进行定期的整理，这部分工作对视觉笔记的完整性非常重要。

4.2 注重视觉笔记表达的多样性和丰富性

在我们开始指导学生记录视觉笔记的过程中，最容易出现的一个误区是：绘画技巧高低决定了纪录质量，这种错误的认知让许多学生对视觉笔记望而却步。其实这严重违背了设计视觉笔记的初衷。反之，如果在城市设计教学过程中教师可以鼓励学生以任何形式记录他们对周遭的认识，那么就会让学生产生记录视觉笔记的动力，由此为学生带来的设计积累和良好的习惯会为他们带来满足感和信心。而后，所谓的风格也必将在大量的记录中逐渐的显现出来。

4.3 注重视觉笔记在评图过程中的地位

在城市设计课程评价环节，我们要给学生充分展视觉笔记的机会，增加答辩环节给学生对设计概念生成、设计发展和深化、甚至废弃不用的方案加以解释的机会。设计的全过程都理应成为重要的评价对象：逻辑清晰、策略合理、设计操作方法得当，学生展示的设计过程研究工具——视觉笔记，应能够支持其设计发展全过程，这样的设计作业应该得到相应的鼓励。

5 结语

视觉笔记可以解释为是对设计研究过程的记录和归纳，是连接设计起点和设计成果的桥梁，将视觉笔记作为城市设计课程中的学生训练要求，强调的是学生的动态思维方式，是一种体验的流动与表达的开放性过程。视觉笔记的训练和评价是基于过程的引导和观察，有利于确立和保证学生在学习的过程中的主体和主动地位，并引导学生在设计课过程中理解并掌握了城市空间的可读性和可意向性，为他们开启了一扇学习城市设计的大门。

参考文献

[1] （美）保罗·拉索. 图解思考 [M]. 邱贤丰译. 北京：中国建筑工业出版社，2002.

[2] （美）诺曼·克罗，保罗·拉索. 建筑师与设计师视觉笔记 [M]. 吴宇江，刘晓明译. 北京：中国建筑工业出版社，1999.

[3] 杨俊宴，高源，雒建利. 城市设计教学体系中的培养重点与方法研究 [J]. 城市规划，2009 (9)：55-58.

[4] 胡友培. 从图式的理论到图式的实践 [J]. 建筑师，2014 (12)：13-23.

[5] 魏春雨，刘海力. 图式语言从形而上绘画与新理性主义到地域建筑实践 [J]. 时代建筑，2018 (1)：190-197.

乡村营建与建筑教育

苑思楠　邹颖
天津大学建筑学院；yuansinan36@qq. com
Yuan Sinan　Zou Ying
School of Architecture，Tianjin University

邻人窥小圃，篱落倚村庄
——以自下而上式的思维引导乡村设计教学
Village Design Training Based on Bottom-up Thinking

摘　要：本文记录了天津大学建筑学院四年级实验班教学团队所进行的乡村设计教学探索，旨在为学生提供一种不同于城市设计的视角理解乡村，学习乡村设计。教学团队以一种自下而上、由局部至整体的方式对教学内容进行组织，将乡村设计划分为乡村经济、空间的行为与使用、空间形态与类型、乡村景观、环境可持续性五个子主题，引导学生分组展开研究与设计。最终五个主题的设计成果共同构建起一幅完整的村落设计图景。

关键词：乡村设计；自下而上；课程设计

Abstract：The present paper represent an exploration of teaching method in village design draining from the experimental fourth year studio in the school of architecture，Tianjin University. It develop a bottom-up method to organize the procedure of research and design，leading students focus on specific issues of the village. Studies and designs from five sub-topics，economy，spatial usage，spatial typology，landscape and sustainable finally integrate into a full picture of village design.

Keywords：Village Design；Bottom-up；Architectural design course

近年来“乡村振兴”已被确立为中国当今发展的核心战略之一。“望得见青山绿水、记得住乡愁”成为中央对乡村的可持续发展设立的长期目标。可持续，一直是乡村建设中的核心议题，其包含了两个层面的含义：首先是环境可持续，乡村是同自然环境结合最为紧密的人类聚落形式，其自身的生产生活同自然环境具有极强的依存共生关系；其次是人文可持续，村落是中国传统文化植根的重要土壤，很多村庄仍然较为完整的保存了几百年来形成的空间格局以及大量的历史建筑，更重要的是，时至今日许多村落仍然延续着完整且关联紧密的社会族群网络，而这些社会网络在当今的城市中大多已趋瓦解。乡村设计近年来在建筑领域愈发受到关注，然而在传统的建筑专业设计课教学中这一主题却长期缺位。绝大多数建筑师在学生时期未曾有机会真正接触并深入思考过村落与乡村建筑，这也导致他们在执业阶段面对乡村这样的课题时往往会套用城市规划与城市建筑的思路着手应对。因此引导建筑专业的同学走进乡村，切身体会村落的自然与人文环境，在乡村的场景中展开设计的思考成为天津大学四年级建筑实验教学面向新时代需求所尝试的教学内容与方法改革的探索方向。

1　课题背景

本次乡村设计课题为“城村 2030”，所选场地城村位于武夷山市区南部 35km，为首批认定的中国传统村落（图 1）。村落临水择址，东北两侧有崇阳溪环绕，占地 30hm²，有村民 588 户，人口 2500 余人。城村始建于隋唐，明清因茶运而繁荣，现居民以林、李、赵三姓为主，皆为中原望族迁居至此。村中分布赵、林、李三家宗祠，并围绕周边散布众多古迹建筑，包括亭、楼、庙、庵以及保存完好的古民居等 40 余座。颇具特色的是，村落中的道路节点上由村民合资修建了多座过街亭，村民多聚集于亭下，择菜、聊天、看电视读报，这些街亭也扮演了村落邻里社交生活的重要聚合点。村中居民主要从事农业种植，茶叶、烟草的种植与加工成为村民的重要的经济来源。近 20 年来，在中国经济社会发展浪潮的影响下，城村也出现青年人赴城市务工，老人及妇女儿童留守的空心化现象。同时随着居民对于居住条件需求的提升，一些砖混结构的多层住宅成为村民作为居住空间拓展的主要选择。这种需求一旦开始，便很难控制，于是粗放式建设的现代式住房目前已经明显影响到原有的村落景观。极富色彩的村落自然、历史与人文环境，文化积淀与现代生活的矛盾冲击，使得城村成为一个引发乡村设计思考的极佳案例。

图 1 城村

2017 年 3 月，天津大学四年级实验班的师生赴城村进行田野调查并展开多个村落问题的专项研究。同学返校后，在此研究基础上继续围绕城村这一主题开展为期 6 周的乡村设计课程。所谓乡村设计是相对于城市设计而言，旨在结合乡村土地所有形式与建设方式，提出相应的总体设计发展策略。

2 乡村设计训练

从城市设计到乡村设计，并非尺度由大到小、功能由繁至简的转化。事实上二者之间从土地所有形式到建设发展方式都存在着极大的差异。在中国土地上分布的广大乡村，其中很大一部分都是以一种自下而上的自组织过程逐渐生长而成的，它们是每户村民个体需求之间相互作用与博弈的体现，同时也是在自然环境与社会条件的制约下最终演化产生的功能与形态的有机体。

因此与常规城市设计自上而下，由整体到细节的思维方式不同，推动村落发展的机会更多来自于微观与局部。本次设计课程试图引导学生从微观的角度、以村民个体的视角对村落进行观察与理解，再逐渐拓展到对整个村落的思考。因此在调研开始之前，教学组老师就先将村落研究与设计拆分为五个不同的主题，学生二人为一个设计小组，一组或两组聚焦其中一个具体的主题，展开村落研究进而提出对村落发展的设计。而整个课程完成后，全部八个设计组的成果将共同拼合成一个对于村落发展的完整图景。上述五个主题分别为乡村经济、空间的行为与使用、空间形态与类型、乡村景观、环境可持续性。

2.1 乡村经济

实现乡村的复兴，不应仅仅是对乡村的物质环境的整理与拓建，更本质的是在于为乡村的经济发展寻找到新的机会，创造更多工作岗位，才能将年轻人留在乡村，让乡民能够从乡村的发展中获益。该设计组走访乡民，逐户调研各家的收入配比与劳动力情况，同时通过对武夷山地区相关产业容量与潜在增量进行研究，提出了在茶、烟等经济作物种植的基础上，以合作的方式整合现有相对分散的茶叶、烟叶加工产业，并结合一、二产业发展旅游及其配套服务产业的村落未来发展策略。同时结合村落自然与文化资源现状，确定了各个产业未来发展的空间布局以及之间的结构关系。该组设计为城村未来发展的核心动力提供了根本性的解读（图 2）。

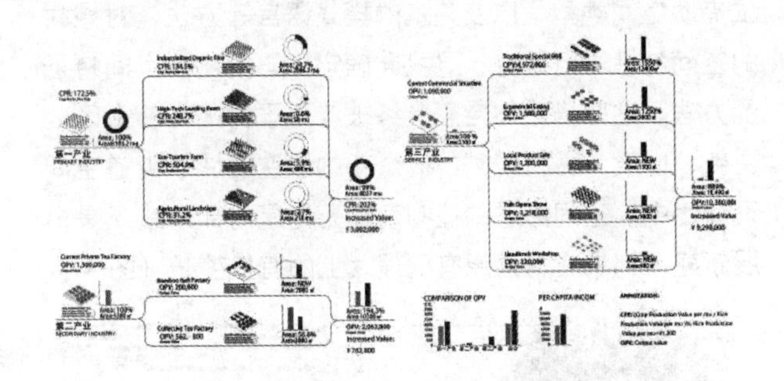

图 2 产业配置置换

2.2 空间的行为与使用

人群在公共空间中的社会行为聚集是城村自身文化环境的独特魅力。这种人群行为不仅是来自于村民自身生活的习俗与传统，同样也得益于村落建筑空间环境的支撑。在老村之中，街道市场，祠堂与庙宇等公共建筑，以及街道节点之上的过街亭形成了村落完整的公共空间系统。该组同学针对村落中人群活动的时间与空间模式展开研究，跟踪人群运动轨迹，记录节点人群聚集模式，并结合空间句法视域分析方法，尝试解读人对于公共空间的使用机制。他们的设计也在此基础上展开，将上述研究结论应用于贯穿村落的过境交通道路的公共空间改造之上。该道路由于与外界交通直接相连具有较高的交通功能属性，然而由于同公共空间系统的割裂，导致人在使用该道路时只穿行而不停驻。设计组尝试对其空间尺度与形态进行重构，营造可供停驻的公共空间，并将其同村落原公共空间体系整合为一个完整的系统（图3）。

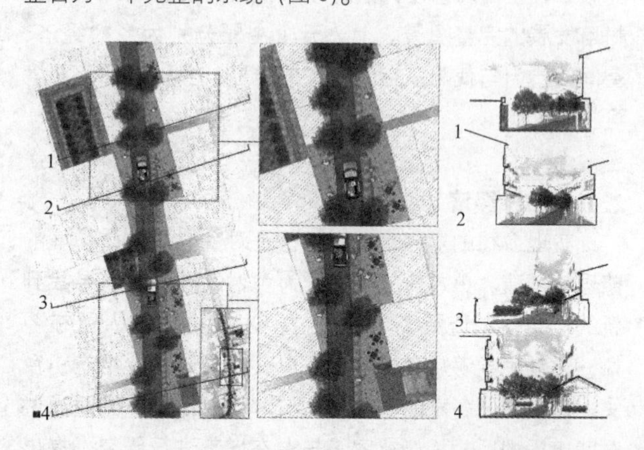

图3　基于空间行为研究的村落交通道路改造

2.3　空间的形态与类型

城村作为闽北村落的代表，其建筑与村落空间呈现出很强的中原文化同福建本地文化相交融的特征，这也塑造了城村自身独特的空间形态特征。该设计组同学尝试借助空间类型学以及建筑的模式语言等方法，对城村的空间特性进行研究，寻找准确定义与描述其空间特征的方法。这些描述与定义最终被应用于村落内部街区的更新，以及为城村规划的一个新的居住区域的街道空间设计之中。空间形态的控制确保无论是内部改造还是拓展新建，都是在村落原有机理之上的有机生长（图4）。

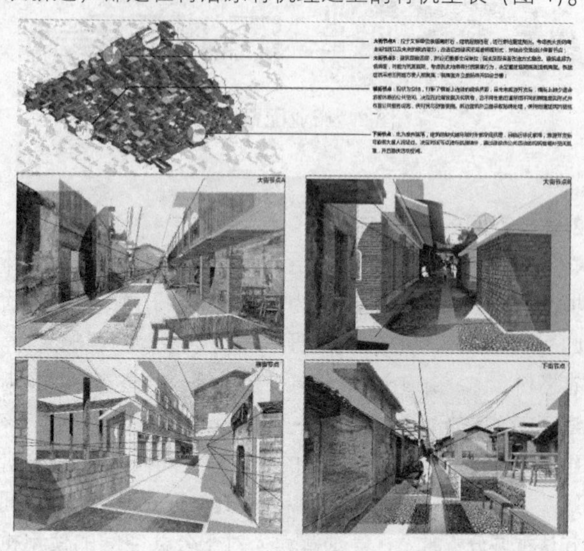

图4　基于空间类型研究的村落街区更新

2.4　乡村景观

景观是一个村落最重要的资源之一。对于城村这样的历史村落而言，景观又包含两个部分：人工景观与自然景观。在人工景观方面，设计组梳理了村落内各个景观类型并对要素进行了空间定位。同时通过SBE评价方法，以问卷的方式获取了当地村民与游客对于村中各个景观可视区自然性、开阔性、多样性以及协调性的主观评价量化分析。从而确定了村内的主要景观流线以及视景的设计与改造策略（图5）。而在自然景观方面，设计组对城村外围的自然地形以及植被资源进行了数据化统计。并在现有资源基础上规划了乡野景观区、滨水花海以及山林风貌区三大景观区划，以及步行、自行车行、车行以及水路多样化景观游览路线。

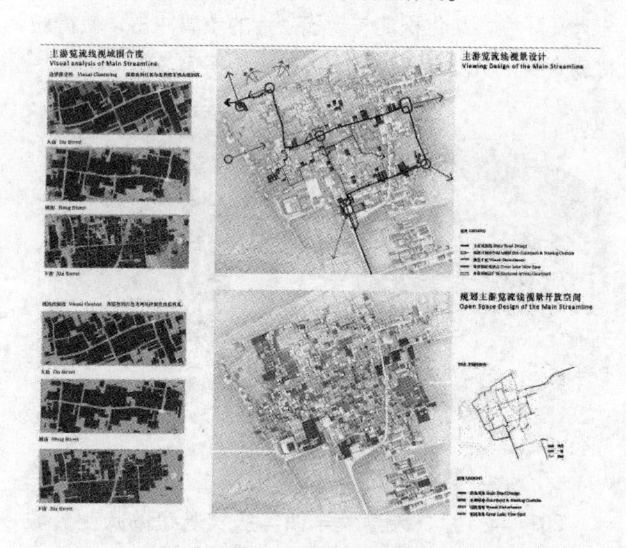

图5　景观视域围合度控制度分析与景观流线规划

2.5　环境可持续

在所有课题中，环境可持续设计组面对的问题是更为实际与技术性的。而在城村这一问题的核心就是水系统的可持续。由于崇阳溪环抱，城村拥有丰富的天然水资源，然而目前城村大多数区域仍采用明沟排污，且缺少必要的雨水、灰水、黑水分流处理措施，造成周边土地以及地表地下水体的污染。同时雨季极易产生的内涝也是威胁城村的一大隐患。设计组为城村构建起饮用水、灌溉与养殖用水、雨水、景观水、污水等多级水循环系统。方案利用景观水体对雨水与灰水进行生态净化，并在雨季发挥含蓄作用，预防内涝产生。而根据户数分片区布局分散式污水处理设施，将黑水进行集中处理，从而使村内明沟洁净起来，提升村内整体的环境品质。多种水资源的合理化管理，是城村最终实现环境可持续性的有效手段。

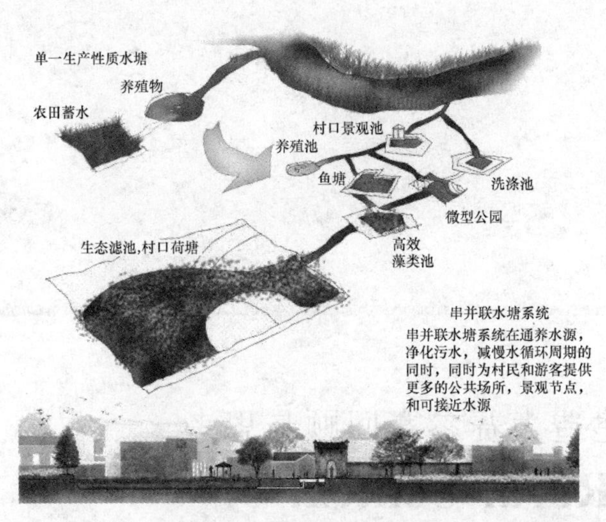

图6　串并联景观水体系统

3　结语

在这次乡村设计的课程训练中，教学团队尝试引导学生从对乡民、对场地的观察出发，聚焦局部而具体的问题，最终发展出乡村设计结果。而最终整个教学组的成果并置在一起，构成了一幅完整的乡村设计的图景。各个设计组的成果之间，存在着基于不同出发点而带来的冲突，也存在着彼此之间关联而带来的相互支撑，而这些恰恰留下了引发设计思考与探讨的空间。通过对主题的划分，使得学生可以更容易关注到人、行为、经济这些村落中潜在而抽象的要素，更易于深入村落中的具体问题。而课题整合的过程，则为学生提供了更为全局性的视野。这种由局部至整体，自下而上的教学尝试，探索出乡村设计课程训练一种全新的可能性。

刘铨
南京大学建筑与城市规划学院；liuq@nju.edu.cn
Liu Quan
School of Architecture and Urban Planning，Nanjing University

乡村语境下的建造教学
——南京大学 2018 第三届国际高校建造大赛参赛回顾与思考
The Construction Course in Rural Context

摘　要：所谓“建造教学”，就是希望学生通过实物搭建过程，从技术到艺术多层面地理解结构构造在建筑设计中的重要性。与体现工业文明的现代城市相比，乡村更多地体现出人与自然、传统与未来的微妙关系，有着更为强烈的场所特质。本文以南京大学建筑与城市规划学院乡村建造参赛作品的设计建造过程为例，阐述了乡村语境中的真实建造，能够使学生更加“建构”地体验材料、结构、构造与施工过程，从而更全面地理解建筑设计中场地、人、技术的关系。

关键词：乡村环境；建筑教育；建造；建构

Abstract：Through the construction process，the construction teaching is to make students understanding that the importance of construction in the architectural design in both technology and aesthetics aspects. Compared with modern urban environment，the countryside embodies more subtle relations between man and nature，tradition and future，and has more strong place characteristics. Taking a students' construction competition project as an example，this paper expounds the real construction in rural context，which can make students the experience material，structure and construction process more "tectonically"，so as to understand the relation of the site，people and technology in the architectural design more comprehensively.

Keywords：Rural environment；Architecture education；Construction；Tectonic

1　结构・构造・建造・建构与建造教学

在讨论建造教学前，有必要先理清建筑结构、构造、建造与建构这几个词的关系。建筑结构（Building Structure），是指在房屋建筑中，由各种构件（屋架、梁、板、柱等）组成的体系，用以承受能够引起体系产生内力和变形的各种作用，如荷载、地震、温度变化以及基础沉降等。建筑构造（Architectural Construction），则是指建筑物各组成部分基于科学原理的材料选用及其做法，它不仅需要考虑建筑结构需要，还要综合考虑建筑形式、材料特性、室内外物理环境、加工与施工技术条件、经济性等因素。从理论上讲，结构和建筑设计施工图中的大样图都属于构造设计。但目前的专业分化使建筑设计中的构造设计更多是指非结构构件的建筑部分。建造，更多指向“建”，也就是施工过程，着重于从可实施性与完成度上考察结构与构造设计的合理性。中国传统称之为营造，英文则同样使用 construction 一词，可见构造设计与建造的紧密关系。而建构（Tectonic）则更多地指向了建造技术“潜在的表现可能性”，是一种“连接的艺术”[1]，可以说是对建造问题在文化与美学层面的更高要求了。

因此，所谓“建造教学”，就是希望学生通过实物搭建过程，从技术到艺术多层面地切身地体会和理解结构构造在建筑设计中的重要性。2000 年，南京大学的建筑学专业创立之初，就将建构作为重要教学内容，开风气之先，并逐步形成了南大建筑的一大教学特色与传统[2]。目前许多高校也都开设了各具特色的建造课程，和建造实践。结构构造从以往在不太受师生重视的单纯技术问题，演变成为建筑设计教学的重要内容，可以说是一个重要进步。

然而，在实践中，建造教学仍然更多停留在单纯的技术层面。它首先缺少对真实的空间环境思考，它不是停留在纸面上，就是一个孤立的结构模型，一比一的搭建也大多在校园空地上。其次，结构和构造教学缺少从使用对象，即人的感知、需求层面去引导学生，导致建造问题只被当做一种空间成果的细化，而不是在设计之初就需要介入的要素。第三，它缺少对传统与创新的辩证思考。多数设计成果的构造做法要么丝毫不考虑与传统的对话，要么照搬一个成熟的节点交差，毫无创造性可言。建造与场地环境、身心体验的关系仍然存在很大的脱节，建造所激发的空间创新更是无从谈起。如是，学生对建造的理解，就很难提升到“建构”的高度。

2 乡村语境下的建造

近年来，随着乡村复兴的政策引导，越来越多的建筑师来到乡村，开始了又一次的“设计下乡”[3]。为什么建筑师开始主动对乡村展现出改革开放前三十余年所没有的热情？一个很重要的原因就在于，与城市相比，它为建筑学基本问题的思考提供了更为理想的建造“语境”。这也是与新中国成立后的前两次设计下乡很不一样的地方。中国城市建筑越来越多地受制于压缩的建设周期、严格的规范控制和贪婪的资本驱动，使建筑学对场地环境、空间使用、建构技艺的思考都被压缩到非常有限的类型之中，严重制约了建筑师的创造力。而乡村，恰恰为此提供了一个参照面，使建筑学和建筑师找到了一个出口，去反思城市建筑的得失。

乡村的物质环境，无论是农田还是村落，都是在长期农业生产中自然与人文共同作用的结果。与体现工业文明的现代城市相比，乡村更多地体现出人与自然、传统与未来的微妙关系，有着更为强烈的场所特质。因此，设计上的在地性十分重要，城市建筑类型的套用无法融入乡村自然与人文环境。这考验着建筑师对环境特色的敏感性和捕捉能力。

在此基础上，乡村的建造，凝聚着当地居民对自身所处气候、建筑材料、生活习惯、交通与经济条件等的理解与选择，是理解乡村环境的钥匙。在习惯了追求效率的工业化建设模式后，建筑师需要更多地考虑利用当地的材料、工匠、建造方法。乡村成为建筑师回归思考建造的自然人文内涵，也就是建构的文化的很好的素材。

当然，这并不是说建筑师只能拘泥于传统乡村条件的束缚来工作。乡村空间是在传统农耕文明中被创造出来的，随着时代的变化、农村的复兴要求农业的模式、村庄的功能都要不断演化。只能说原有乡村条件为激发建筑师新的空间创造力提供了更有内涵的平台。

3 乡村建造教学的尝试

与大多数校园环境内用单一材料搭建可移动构筑物的模拟建造活动不同，乡村环境中的真实建造，使高校师生能够更加“建构”地去理解和体验材料、结构、构造与施工过程，反思课堂上的建筑设计教学。由《城市·环境·设计》（UED）杂志社发起的国际高校建造大赛就提供了这样的机会。大赛已经在云南楼那和四川德阳的乡村成功举办过两届。2018 第三届大赛走进了江西万安夏木塘村。大赛以“趣村”为主题，召集国内外 21 所知名建筑院校（每支参赛队 10 名学生，1～2 名带队老师），通过建筑及景观提升、艺术装置及乡村家具创作等方式，对夏木塘村小的场所进行激活，进而激发整个夏木塘村的活力，“让乡村更加有趣”[4]。限于地域、经费及教学安排，大赛还设置了建造的时间限制：13 天。另外，各团队的造价被限制在 10 万元以内，包括了材料费用、施工队的辅助工程费用等。这要求对工作量及工程进度有充分的预估，充分利用当地资源进行建造，并制定合理紧凑的建造流程，才能按要求完成任务。

南京大学建筑与城市规划学院的作品“迷篱”，以竹管为基本构件，以绑扎为主要节点，遵循朴素的建造逻辑，在呼应村庄场地环境的同时，也融入田园的趣味。本文将结合此方案设计与建造过程来具体解释乡村语境对建造教学的积极影响。

设计以“建构”为出发点，各种限制条件的分析首先要转换为设计与建造策略（图 1）。首先，方案不能是放在哪里都成立的一个装置，它应充分尊重和挖掘场地特质。建造场地位于村口与村中心之间、村庄与农田之间的一个节点。经过一片竹林后，在这里突然面对一片开阔的田野。场地是一个转换、过渡的空间。开始，学生由此提取出两个单独的空间特质并转化为相关的人的体验，形成“趣”的活动：停——从乡村眺望田园（观景）；行——将场地串入进村流线（迷宫）。最终的方案将其综合在一起，建筑平面形成一个分叉，既可以穿行后继续向村里走，又可以可以驻足观景，未来可与规划的田间步道连接（图 2）。

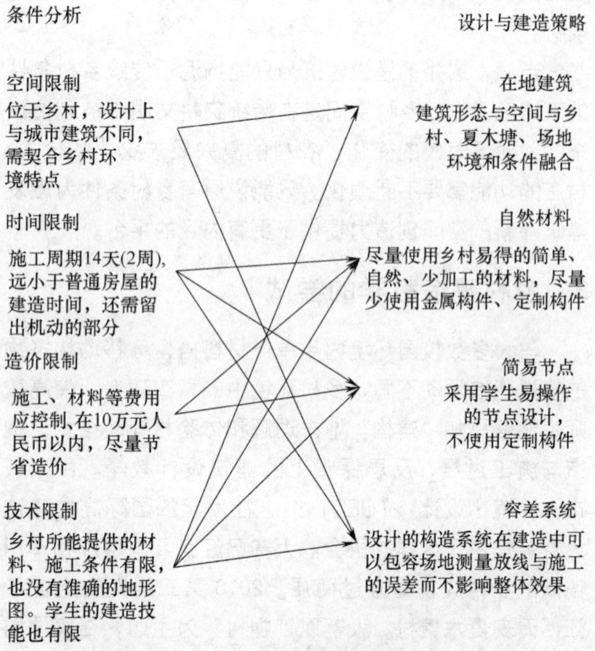

条件分析

设计与建造策略

空间限制
位于乡村，设计上与城市建筑不同，需契合乡村环境特点

时间限制
施工周期14天(2周)，远小于普通房屋的建造时间，还需留出机动的部分

造价限制
施工、材料等费用应控制，在10万元人民币以内，尽量节省造价

技术限制
乡村所能提供的材料、施工条件有限，也没有准确的地形图。学生的建造技能也有限

在地建筑
建筑形态与空间与乡村、夏木塘、场地环境和条件融合

自然材料
尽量使用乡村易得的简单、自然、少加工的材料，尽量少使用金属构件、定制构件

简易节点
采用学生易操作的节点设计，不使用定制构件

容差系统
设计的构造系统在建造中可以包容场地测量放线与施工的误差而不影响整体效果

图1　条件分析与建造策略

图2　场地现状与方案总平面图

同时，由于场地并不在村庄主体范围内而更接近农田、竹林等自然要素，因此，方案更多采用了景观的设计手法，而不是建造一个真正的“房子”，选用竹材及来自于田间常见的竹篱、瓜架、稻草垛意向的三角搭接形式，使它与周边的自然景观能更好地融合，而交错的半透明界面又为场地景观由封闭向开阔提供了过渡，从而更好地融入到环境中。不过，设计并不仅停留在场地意向的模拟上，毛竹的三角搭通过连续的曲线变化控制构成的造型，又是具有创新性的。（图 3）高低宽窄和竹竿排布疏密连续变化的通道，不仅可以提供不同的活动可能性，也通过视线光影的连续变化增强了人们穿越过程的动态身体感受（图 4）。和现场体验的村民聊天，能感觉到他们对这个作品既熟悉又新奇的认知。刚刚建成，就有许多孩童和游客穿梭其间，为夏木塘的空间增添了趣味。

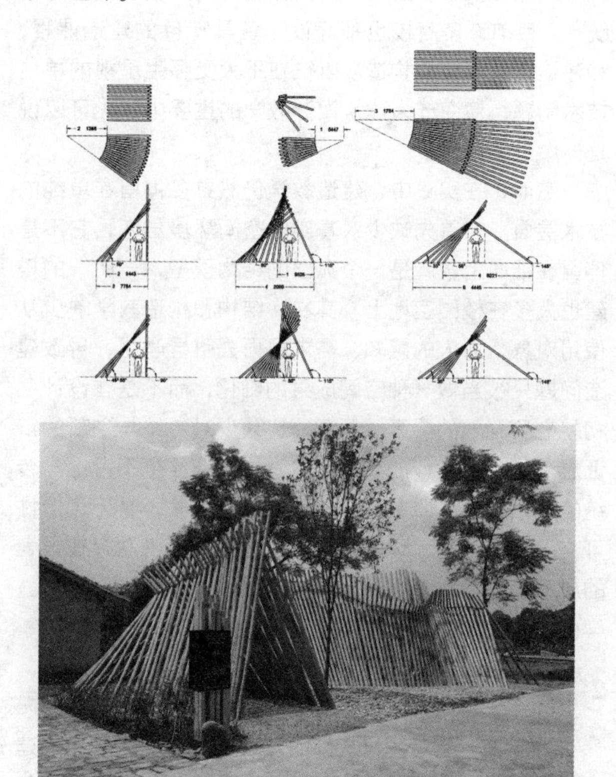

图3　材料搭接尺度与形态研究

图4　空间与运动

从村庄建造的技术限制角度，设计除了尽量使用自然材料，减少金属材料特别是需要精细加工的金属件以外，重点强调了建造过程的容差性。竹竿是常用的标准直径长度的加工毛竹，连续三角绑扎只要确定了大致的基础宽窄变化和屋脊线绑扎位置，形态就基本得到了控

制。所以即使我们没有精确的地形高差信息，放线位置不那么准确，也可以保证最终的空间与造型效果，也不必破坏原有地形进行场地找平。在节点的设计上，使用麻绳绑扎竹竿也是出于容差的考虑。对于乡村的施工条件和自然竹材不确定的尺寸，要用金属件实现竹竿的连续曲线的精确连接在乡村短时间建造条件下是难以实现的，也提高了后期维护的成本和难度。而看似原始的麻绳绑扎却由于他的柔韧性使这个曲线性能更容易的实现，大大提高了施工的效率（图 5）。虽然只有 13 天的时间，但建造过程还是得以比较轻松从容的完成了。

图 5　绑扎节点与搭建过程

建造过程中有些利用场地废料的即兴发挥也成为在地建造的重要部分。比如处理高差踏步的踢面，设计是用竹管排，但是推土机整理场地的时候挖出很多大石块，运走耗费人力物力，正好用来砌筑踏步。场地里保留的一棵树根部有一个高起土堆，不太美观，就用基础挖沟的土把它修整成了一个缓坡。缓坡上覆盖的卵石，也是基础填沟剩下来的。避免了卵石的运输和人工草皮的铺设。

4　结语

2018 年夏天，21 所来自国内外的知名建筑高校参与的“趣村夏木塘”国际高校建造大赛，成为乡村复兴与高校建造教学结合的一次成功尝试。它证明建造教学不只是纯粹技术知识的传授，从“建构”的角度进行建造教学，可以更全面地帮助学生理解建筑设计的基本问题，即场地环境、人、技术的关系，而乡村则为它提供了提供了比较清晰也更易实施的“语境”。

参考文献

[1]［美］肯尼斯弗兰姆普敦. 建构文化研究——论 19 世纪和 20 世纪建筑中的建造诗学［M］. 王俊阳译，北京：中国建筑工业出版社，2007：2，4.

[2]傅筱. 引入建构的构造课教学——南京大学建筑与城市规划学院构造课教学浅释［J］. 建筑学报，2015（5）：12-16.

[3]叶露，黄一如. 设计再下乡——改革开放初期乡建考察（1978-1994）［J］. 建筑学报，2016（11）：10-15.

[4]赛事报道参看：http：//www. peoplezzs. com /news/2018/0816/48635. html? 153440705

祝莹　王蔚　曹勇
西南交通大学建筑与设计学院；yziyin@126. com
Zhu Ying　Wang Wei　Cao Yong
School of Architecture and Design，Southwest Jiaotong University

从“建构实习”到“建造实践”
——结合乡村营造的“建造设计”课程改革

From “Construction Exercise” to “Construction Practice”
——Course Reform of Construction-Design Combined With Rural Site

摘　要：作为建筑类学生重要专业基础课，“建造设计”课程的系统性和完整性十分重要，能够帮助学生树立建筑思维，培养专业素养，为进一步专业课学习打下坚实基础。从课堂教学到乡村建造实践，从纸上谈兵到亲自动手建造，如何在“建造设计”课程中通过完善系列教学环节，达到相关教学目的，我们进行了初步尝试并加以总结，希望对建筑设计基础教学水平有所提高。
关键词：建构实习；建造实践；乡村场所；实地建造

Abstract：As an important fundamental professional course for architecture students，the systematicness and completeness of the course “Construction Design” is very important，which can help students to establish architectural thinking and professional quality，and set up a solid foundation for further professional courses. From classroom-teaching to rural construction practice，from paper to manual construction，in order to accomplish the teaching objectives through building-up a system of teaching-nobs in the course of “construction design”，we have made an effort to trying and summarizing the whole teaching process an expecting the improving of the level of architectural design course.
Keywords：Construction exercize；Construction practice ；Village site；On-site construction

“建造设计”课程是许多建筑专业院校面向低年级建筑类学生开设的一门实践课程，其对于低年级学生建筑设计思维转换，体会材料、结构、形式和空间之间的关系，了解材料的力学性能和质地，培养学生动手能力和协作能力具有十分重要的作用。

西南交通大学“建构实习”课程是建筑学设计基础教学“建筑设计基础”课程“建造设计”环节的延伸，也是建筑学本科实践教学体系的基础组成部分。通过小型空间或构筑物的实体建造实践活动，使学生建立对材料、结构、空间、形式之间关系的认识，获取建筑设计与营造过程的完整体验，加深对“建筑设计基础”教学各环节内容的理解。自 2013 年该实习课程进行了较大改革，由原先单纯针对建筑类专业开设的实习实践课程，逐渐扩大演变为面向校内外之“建造节”暨课外创新实验竞赛活动的重要组成部分。随着我院“建构节”活动向跨学科、跨对象、跨课堂、国际化等新的方向发展，本科“建构实习”在实践中已经由过去单一“理论与实践教学相融合”的教育特点，向“不同学科专业基础教育融合（跨学科）”、“课上与课下学习相融合（跨课堂）”、“教育与交流相融合（跨对象、国际化）”方向不断深化。近年来，通过一系列教学改革，获得了明显的教学效果，目前已经成为建筑类（建筑、规划、景观）及设计类诸多学科专业基础通识教育在实践教学领域的重要实现形式。

为了进一步加强学生对于社会的使命感、责任感和提升学生生产实践能力，我校在 2016、2017 年度派出我院优秀的相关设计课程教师，带队参加了“楼纳国际高校建造大赛”、“结合自然的设计——2017 国际高校建造大赛”、“2017 全国高校竹设计建造大赛”等一系列为美丽乡村而设计建造的，以“设计激活乡村”为目的的乡村营建建造设计大赛，作为“建构实习”课程的延伸和课程改革尝试，深入乡村，为广大农村发展做出应有的贡献，这也正契合了 2017 年习近平主席在十九大报告中乡村振兴战略的提出，以及 2018 年国务院一系列乡村振兴政策的出台（图 1）。

从校内“建构实习”跨越到乡村“建构实践”，进一步完善了“建筑设计基础”课程中“建造设计”环节从“课堂教学”到“生产实践”过程的系统化和完整性。

与传统的“建构实习”不同，这一系列与乡村营建紧密结合的建造大赛有其特殊性：建造地点在乡村，参与人数有所控制，当地建造条件有限，但是建成作品必须具有一定的实用性；此外，此类建造对乡村传统文化的理解和广大乡村农民生产生活行为了解也存在着较高的要求。

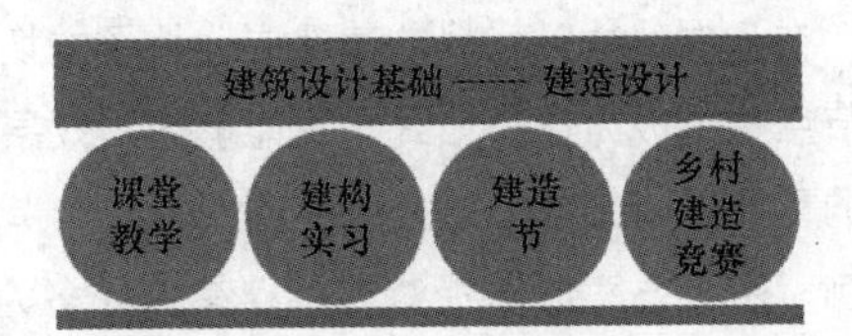

图 1　建造设计课程系列教学环节

1　团队组织：

师资队伍：考虑到题目实用性的要求，带队的指导老师均为有实践经验，完成过实际项目的优秀教师，这样一方面对于建成项目的实用性能够更好地控制，另一方面，也可以传授给学生更多在项目建设过程中，遇到问题后解决问题的相关办法。

学生选择：参与活动的学生主要由已经完成“建构实习”教学的二、三年级优秀学生自愿报名为主，其次是少量研究生。考虑到资金成本控制和管理效率，每次参与人数不超过十人。

2　教学重点：

从“建构实习”到“建造实践”，看似简单几个字的变化，其中包含内容丰富，要实现这样的转变并不容易。

之前我校的“建造实习”和“建构节”活动的选题，均为建造课程老师自行出题，相关建造的对象，是课程设计任务书要求下学生自己设计的作品，通过班级集体投票自主决定最后实施的方案。因为课程设置在一年级，学生刚接触到建筑设计相关知识，因此，教学目的主要是初步建立学生的空间概念，帮助学生了解基本的材料和结构知识。

而这几次乡村建造实践竞赛相比在校的“建造实习”难度增加，对师生都是巨大的考验。建造作品的设计除了普通在校内建造实习中必须关注的问题，还必须挖掘当地的文化、气候、地理等特点，坚持耐用性、功能性、在地性、环保性、独创性、经济性等原则，特别是需要根据乡村问题的特殊性，认真思考，探寻一种振兴乡村的可持续发展模式。“设计师的介入不是否定掉已有的建设，大刀阔斧地去改造乡村，而是如在田埂的小道行走，谨慎而小心的进入乡村，在遵循且不破坏原有环境的基础上，进行微创作。”教师建造教学的重点是如何在有限的条件下建成具有使用功能需要，且有耐久性的建造作品。

3　乡村建造挑战：

3.1　选址：

校内的“建构实习”一般不涉及到太多的选址问题，我校每年的“建构实习”通过“建筑设计基础”课内教学模块“建造设计”三周左右的教学，建筑类同学每个人完成了“建构实习”中要求的小型空间的模型设计和 1：1 节点制作（图 1）。各班同学进行班内投票，选出 3～4 组优秀方案作为实习中实施的对象，进行学生分组，选出组长负责全程组织工作。建构作品建造完成的地点都安排在校内犀湖边或者建筑馆周围，由任课教师统一规划安排，选址相对固定，且学生并不参与选址（图 2）。

而选址对于乡村建造竞赛来说，有些时候却是需要技巧和灵活应变能力的技术活，具体位置需要自己实地踏勘以后，与当地村民进行协调才能确定。

3.2　基础施工：

“建构实习”建成作品，由于属于建造在校内的临时小型构筑物，展示时间有限，并且不允许破坏校内场地，因此均无需进行场地平整开挖，没有地下基础部分施工，而乡村建造完成相关作品，是相对长期使用的作品，具有实用功能，为了使建成作品稳固、扎实，一般要求基础部分的设计施工（图 3）。

3.3　材料的拓展与认知：

校内“建构实习”选材根据每年任务书具体确定，可以是纸板、pvc 管材、木材或者一些废旧材料等。相

图 2　楼纳竞赛第二次选址

图 3　乡村建造基础施工现场

对来说，对材料的耐久性没有太高要求，因此，考虑到加工便捷性和空间形体塑造的多样性，在没有规定材料的情况下，学生往往愿意选择一些方便加工的材料。

在乡村建造上竹材是多个竞赛规定材料，竹材多种物理性能均优于高档硬杂木材料，但是加工起来有一定难度，特别是能够用于建筑结构构造施工的竹材。另外，竹子不同部位硬度不同，就是一根竹子上下粗细也不一致，选什么料搭建，如何才能使其呈现出最好的性能和表现力，对材料的认知能力要求很高。

3.4　构思意向到生产图纸：

对于低年级学生尚未接触过施工图设计，纸上谈兵相对容易，如何将方案图纸转换成施工图纸，总是一头雾水。设计方案出来以后，老师们就从基本的施工图绘制目的讲起，使学生在此阶段便能初步掌握施工图的概念和设计方法。

3.5　建造过程的挑战：

很多理论上或模型中成立的情况，在现场的搭建过程中都会出现一些意想不到的问题。因此，搭建过程中需要与工人师傅保持高效的交流，他们传统的智慧总能给团队以灵感，可以弥补团队成员建造技术的不足，启发成员从不同的角度思考问题。同时，巧妙地利用当地村民熟练的手工技艺达到理想的建造效果，是成员们需要不断学习的。通过对建造方法的思考以及遇到问题对解决方案的探索，可以有效地提高搭建团队对现场施工的认识，加深对设计方案的理解。

竹子相比木头硬度较大，是一种不太容易控制的建造材料，在几次“竹”材料的建造中，竹子的切割、绑扎以及节点构造成为作品最终是否能够达到效果满足使用需要的重要组成部分。以楼纳竞赛中“多向节点”的建造为例，由于方案形体相对复杂，交点处多为 4 到 6 根杆件相交，形成多个空间角，且要达到一定的荷载需求，寻常的竹连接方法无法完成。经过内部讨论，团队采取了内置多向金属连接件的方法。但是由于乡村没有机械化的工业生产，测量工具只有直尺和三角板，村里的焊工师傅的文化水平并不高，为了准确找出杆件的中轴线交点，团队成员每天都跟焊工师傅一起研究，甚至教师傅如何使用三角函数计算角度。在经历了无数次的失败后，终于讨论出了一种在钢管投影上做垂面的方法，通过垂面上的相似三角形完美的解决了这一难题。这种方法不需要高精度的仪器，且方便焊工师傅焊接，辅助工具也只是随处可见的木板。

施工过程中还需要考虑其他人为影响因素，尤其是当地工人的施工技术。由于节点焊接部分要裸露在外，为控制最终成果与效果图一致，团队根据当地焊工师傅的焊接水平，在金属杆件的材质选择上也颇费了一番功夫。先后考察了焊工师傅完成的铝合金、不锈钢、钢管以及铁管等材料的焊接效果，最终选取了钢管作为多向节点的原材料（图 4）。

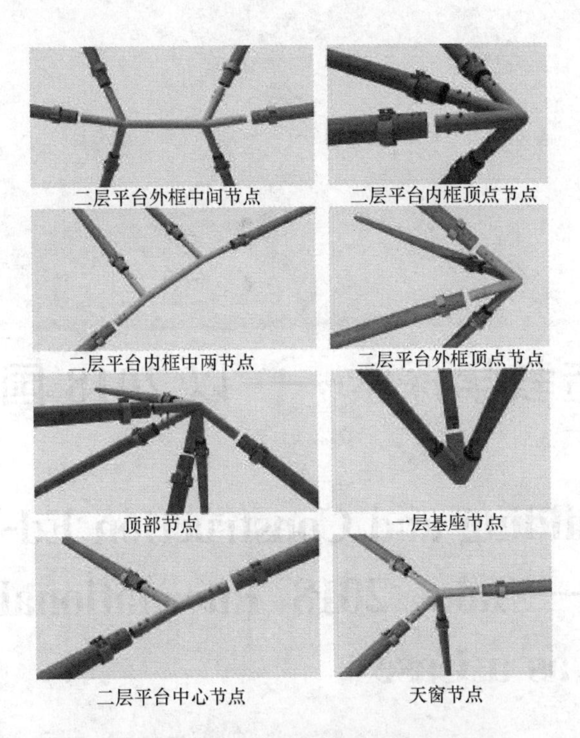

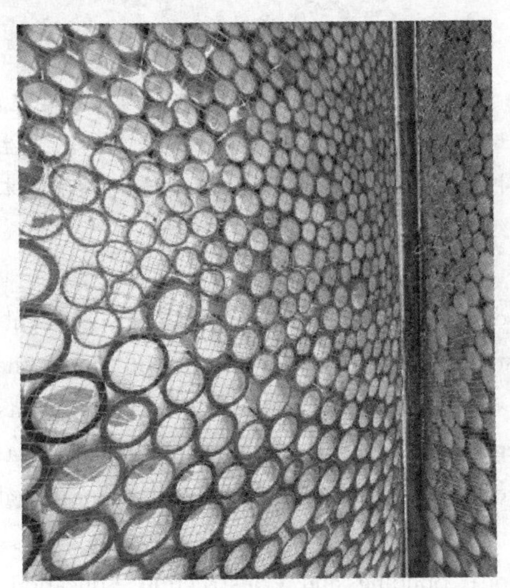

图 4 “纳之花”特殊构造节点

4 总结

回顾近年在建造实习课程中的系列相关教学改革，特别是扩展建构实习到建造实践，使建筑类学生专业基础教学体系更为完整和充实，“建造设计”课程教学环节进一步完善，学生在相关建造竞赛环节中，学到了许多书本上所学不到的知识和技能，反应良好，通过后期追踪观察和调研，发现学生们在动手能力、协同合作能力和对建筑空间的理解上都不同程度有所提高。

在当下，这种走出校园的建造实践机会主要来自于各类专业机构或企业组织的建造大赛活动，如何将其纳入稳定的校内教学体系和培养环节是值得思考的问题。另外，如果能够通过高年级和研究生阶段设立固定的校外建造选修学分，鼓励同学们跨专业、跨年级参与面向实践的乡村或社区建造活动，将能够更好地调动学生们的积极性。为方便教学过程和安全管理，可结合学院科研资源和地方实际需要，物色合适的乡村或社区作为稳定的校外建造实践基地，从而推动具有建筑学科特色的教学与实践融合之路。

附录

所参加乡建题材竞赛简介：

1. 竞赛名称：“楼纳国际高校建造大赛”

竞赛地点：中国贵州义龙试验区顶效镇楼纳村

竞赛主题：露营装置搭建。在完成之后，这些构筑物将被安置在楼纳的田间。

2. 竞赛名称：“结合自然的设计——2017 国际高校建造大赛”

竞赛地点：四川省德阳锦绣天府国际健康谷规划区龙洞村

竞赛主题：以“结合自然的设计”为题，共同探讨“设计激活乡村”的方法。

3. 竞赛名称：2017 全国高校竹设计建造大赛

竞赛地点：浙江省安吉县灵峰旅游度假区、两山创客小镇、孝丰镇潴口溪村、大竹村等

竞赛主题：知竹·乐居——为美丽乡村而设计

参考文献

姜涌，泰瑞斯. 科瑞，宋晔皓，王丽娜. 从设计到建造——清华大学建造设计实验 [J]. 新建筑，2011 (4)：18-21.

熊璐
华南理工大学；20685385@qq. com
Xiong Lu
School of Architecture，South China University of Technology

华南理工大学多学科综合营造教学探索——以 2018 国际高校建造大赛作品为例

Multi-Disciplines Synthesized Building and Construction Education Exploration of SCUT——Take 2018 International University Building Competition as a Case

摘　要：在为期 13 日的 2018 国际高校建造大赛活动过程中，华南理工大学团队成功完成预期的现场建造，并且得到巨大的收获与进步。首先，学生切身体验到实际建筑建造与其他各种营造比赛的区别。第二，学生在竞赛过程中学习多学科合作。第三，学生对设计过程中的偶然性与创造性问题有了深入的体验与理解。本文将以时间为脉络，试图总结教学团队在竞赛过程中收获的宝贵经历与相关经验教训。

关键词：真实建造；建筑教育；营造教育

Abstract：During the 13 days of 2017 International University Building Competition，team of SCUT successfully completed the building and construction task，and gain vast achievement and advancement. First，the students experienced the gap between construction exercise and real building project. Second，the students learned the idea of multi-disciplines cooperation. Third，the students deepening the understanding of the relationship between contingency and creativity during the process. The paper will try to summarize the educational achievements and experiences by timeline.

Keywords：Construction of Real Project；Architecture Education；Building and Construction Education；multi-disciplines cooperation

1　介绍

2018 年 8 月 14 日，为期 13 日的 2018 国际高校建造大赛顺利结束，华南理工大学代表队较好地完成了任务，达到了预期的效果，获得了第一名的好成绩，并在赛后得到包括中央电视台等多家媒体的采访，实现了较好的社会影响力（图 1）。笔者作为带队教师见证了本校团队的整个项目运行过程。本文将以时间为脉络，试图总结学生与教师在竞赛过程中的宝贵经历与相关经验教训。

大赛选址为江西省万安县夏木塘村。本次竞赛的主题是“趣村”，呼应夏木塘村“中华传统游戏之乡”策划定位。方案应该尽量采用夯土、原木、原竹与石材等乡土材料建造，建立新的现代乡村美学，并呈现出一定的趣味性。根据竞赛主办方的计划，本次建造大赛分为 3 个阶段：前期设计，学生现场建造与后期完善。其中前期设包含了现场调研、方案设计、建造实验与施工计划等工作，旨在为第二阶段做出充分的准备。学生现场建造阶段由 8 月 1 日开始，8 月 13 日结束。各个高校应该在此阶段根据设计，在施工队的配合下，尽可能完成方案的建造工作。

图1　竹桥建成效果

2　现状调研阶段

在设计前期阶段，笔者与少量学生进行了两次调研。在首次调研中，华南理工大学代表队在选取了位于夏木塘最邻近入口的池塘与周围的植被环境。场地自然资源较为丰富，周边交通通达，动静分区明确。场地同时存在很多需要提升的地方：场地内交通不连续，分区内活动不明确，景观资源利用不均，以及可供使用空间不足等等。

图2　竹桥选址调研相片

3　多学科综合设计阶段

以往的建造比赛学生往往单纯从形态与空间出发，只在建筑学范畴内思考。本次教学笔者希望学生能够跳出单纯的形态设计，实践多学科的综合设计过程。其中景观学科负责场地设计与植被选取，材料学科提供文献研究和实验统计的基础数据，结构工程学进行结构计算和优化，建筑学科控制总体形态、节点设计与建造流程，最终将生成出“环境-材料-结构-建筑”一体化的空间几何形式。

在明确设计教学目标与方向后，项目团队进行了多次方案概念构思。首先在场地设计方面，预期使原有场地的公共空间体系得到改善，将原本封闭的池塘周边区域变为可供游客穿行停留的公共节点；将原本拥挤破败的植被资源，整理成可供游人欣赏把玩的优质景观。最终方案可分为廊桥、小型休憩构筑物及场地设计三部分，而其中廊桥又可以分为过人桥面及桥面以上的空间围合主体。在材料方面，华南理工大学对原竹建造有长期的积累与经验。本次希望对原竹防腐和节点标准化的问题做出回应。廊桥的空间围合结构无疑是本次设计的重点，其核心在于创新型竹结构在双曲抛物面结构建造中的应用。基于双曲抛物面相互交叠、交错的直纹线性结构网格特点，通过预制树脂连接节点、金属拉索以及五金连接件的应用，方案创造性地把竹结构应用于一种最适应于原竹材料特性及其他材料性能的建造体系中。在这样的系统里，原竹杆件只受压向轴力，而金属拉索只受拉力，既无多余受力构件，又成功在结构—表皮一体化的建造原则内塑造出独特的外观造型，各种建造材料完全充分应用其性能特点，实现空间—结构—造型三项因素相辅相成的最优解。

在这次的设计中，对于构筑物结构主体的考虑基于这两个出发点生成。我们希望充分利用原竹材性，结合新型节点设计，加强原竹结构体系的稳定性和耐久性，扬长避短，通过巧妙的轻型结构体系展示力学的视觉张力，对其建造体系提供一种立足于当代视角的补充和发展（图3）。

图3　整体张拉维护结构

4　整体张拉结构试验建造与预制阶段

在敲定整体张拉结构作为方案设计的主要方向后，团队进行了多种张拉方式的探索，利用手工模型与电脑模型推敲不同整体张拉类型的特点与适用性。最终选用了马鞍双曲面作为单体，通过单体拼接来塑造空间的方式。单体拼接的方式为我们采取预制装配的建造方法提供了可能，并且便于根据跨度的需要对尺寸进行灵活的调整，另外双曲抛物面的形式也能更好的保证桥面空间的围合感。在深化方案的过程中，我们反复进行了单体尺寸、数量、杆件数量等诸多方面的调整，不断推敲整体造型、空间感受。但整体张拉结构的独特性也带来了许多困难。其一，由于形态原型对称性的特点，很难保证在每根杆件都保持不变的情况分别调节单体 x、y 轴方向的尺寸。其二是，单体之间交接情况比较复杂，经常出现两个单体之间钢索交错的情况。针对问题一，我们将桥面围护结构向下沉降，使其包裹住一部分桥面，这样不仅在没有减小跨度的情况下降低了内部空间的高度到适合人体尺度的范围，另一方面也使得形态更加美观。而对于问题二，我们制作并调节参数化模型控制单体形态来避免交错，同时设计了一系列铰接节点来完成不同单体间的连接。

在节点制作方面，为了解决标准构件与竹子连接，团队拟采用高强环氧树脂在竹子空洞部分预埋金属销定位钢索。该节点还带来了密封竹子的优势，令竹子内部可以隔绝水分，延长使用寿命。

明确制造工艺后，团队在校内对大部分原竹杆件与钢索进行预制。具体步骤如下：（1）挑选、切割竹材，挑选适配相应尺寸节点模具的竹子并根据长度要求进行画线、标号。（2）预制节点模具。在超市买了六种不同型号大小的杯子做模具，杯底中央钻孔，插入螺丝并用螺母限位，再从杯外套上带孔的木片，最后拧上节点螺帽。螺帽必须拧紧，否则树脂会漏出，粘住螺帽和螺丝，增加拆节点的难度，也影响美观。（3）浇筑树脂节点，将节点模具安装在切割好的竹材一端，在切口上方约 3cm 钻孔后用扎带将其挂起，将调配好的树脂用针管注射到模具中，在这个过程中特别注意树脂要与主材内壁有足够的接触面积以保证节点强度。在七小时后即可拆除模具，用利器把杯子划破，卸下木片，再重新拧上节点螺帽。（4）用花篮螺丝对钢索施加预应力后按照需要长度进行画线处理。（5）将已经浇筑节点的竹材刷两道木油。（6）将不同标号竹材按照单体需要进行打包并在节点处用纸板保护。除了双曲抛物面，团队还在校内预制了桥面竹地面与木龙骨等构件。

图 4　树脂节点效果

5　学生现场景观桥建造

学生现场建造阶段于 8 月 1 日正式开幕。为了提前熟悉建造环境及与施工队磨合，2 名同学于 7 月 28 日抵达龙洞村，并展开前期现场协调工作，发现纠正施工队先前犯下的基础埋深错误。团队用 1 天时间先搭建了工棚，为工具材料提供了一个防水防潮的环境与阴凉的加工厂所。

其后学生建造的主要工作是将预制的杆件张拉成型。首先将之前按单体打包的竹材按照模型放置好；然后确认节点情况良好后，将之前预制好的钢索依次穿过节点，并用花篮螺丝将其头尾连接；之后按照模型截取中间两根钢索通过锁紧器制作绳套连接在对角线上的节点上；最后用花篮螺丝调节中间两条钢索的长度使形体达到设计要求的形态。

实际的张拉过程可谓一波三折，控制整个形态的要素包括中间两条索的长度与内力，由于之前的电脑模型中没有考虑到受力情况，实际得到的形态与设计形态相差甚远，其次在逐步调整形态的过程中对角线上的节点受力过大、不均匀，多次出现螺杆弯曲变形的情况。面对种种突发情况，我们反复调节，通过实验寻找钢索长度与张拉形态之间的关系，同时重新进行电脑模拟来辅助。另外我们还讨论多种节点改进的方式，包括增大螺杆横截面、安装抱箍使双节点整体受力、增大节点树脂高度等等，最终重新浇筑了树脂减小螺杆外露长度并改变了单体中间两条钢索与节点的连接位置，减少节点弯矩，使得节点的强度大大提高。经过大量时间的尝试，我们终于完成了首个侧面单体与顶面单体的制作，在这个过程中积累的经验让后续单体张拉工作渐渐变得得心应手，最终完成了全部 13 个单体的预制。

张拉单体后团队开始安装顶面芦苇席作为遮阳构件。要保证芦苇席与顶盖单体连接时处于紧绷的状态，造型才不会疲软。但因为工序安排上的疏忽，我们选择先将芦苇席安装在单体后再将屋顶单元安装在桥身上。但因为整体张拉结构的特殊性，单体在受到外力影响后会再一次产生形变，导致原本紧绷的芦苇席变得松弛，无奈之下我们只好在最后整体安装完成后选择重新安装芦苇席。

钢结构桥体在学生的指导下由焊工完成。钢结构的焊接比较顺利，在计划的时间内完成了任务。由于在设计时没有为焊点预留足够的位置，必须将构件现场切割才能够继续安装。另外钢结构厂家所用钢材厚度不足，导致板件在运输时形成了较大的变形，给安装制造了一些问题，我们只好在焊接次梁的时候用小钢片重新找平，才使得最终的完成面保持一个比较高的精度。

为了方便地板的安装，团队在主梁上预制了角铁，方便木龙骨的安装，接着通过气钉枪连接地板与龙骨，完成地板的制作。在设计时，为了方便模块化安装，先在1500mm×1500mm的木板上钉上竹片，这样能够保证在现场时能够以最快速度安装上桥面，尽快为其他构建的安装提供作业面。

主体的搭建时全部建造过程中最费人力的一步，在对预制好的单体进行归类后，所有人将一个立面单体抬到指定的位置后用钢管连接钢抓手和桥体结构。对准位置后让焊工师傅进行焊接，接着进行下一个立面单体的安装，在安装好一组三个立面单体后，先将顶盖单体抬至指定位置进行安装，最后安装第四片立面单体，完成一组安装。

在设计时原本计划用螺杆与螺母焊接的方式连接相邻单体，但一方面因为团队的整体张拉工艺还不够成熟，另一方面因为钢结构施工的误差，我们最终只能使用铁丝进行初部固定，再完成整体安装后，再将铁丝替换成锁紧器连接相邻单体。

6 学生现场周边景观营造

在周边景观设计方面团队也做了很多工作，希望可以整体提升塘周边的环境与氛围。其中包括整体张拉塔、造雾装置、整体张拉家居与照明系统。

在方案设计中整个塔由方向相反的内塔和外塔嵌套组成。塔的张拉看似简单，实操起来却跟电脑模型有很大差距。由于模型中钢索和竹子都没有计算受力，实际张拉时发现按照模型制作无法实现模型中的形态，还是需要实操来取得各竹子受力合理的平衡点。最终，我们在张拉外塔时，六根钢索端头连接的竹子端头位置顺次前移了一个，并根据实际情况调节了钢索的长度，才最终取得均匀协调的形态。外塔完成后原计划把内塔的竹子套进外塔中进行张拉，但由于实际安装发现两个塔的钢索容易打结，以及考虑到塔的形态与模型已经不同，嵌套起来可能不妥，当场决定把两个塔分开放置，其中一个为景观塔，另一个则在塔下放置桌椅围合成休憩空间。

为了充分发挥场地特征，丰富作品功能，团队在竹林中的一片幽静的平地上添加桌椅及灯具，并在其中运用整体张拉结构，以实现作品手法、趣味的和谐统一。在家具制作过程中，团队在节点的改良与制作的过程中受益良多。首先，与桥梁相比，桌子的尺度较小，若同样使用环氧树脂固定钢节点，则不仅制作工序冗杂，而且整体效果缺乏简约。为解决这一难题，我们探索出了直型双节点。此后，在无数次尝试中，钢索太松而断裂，螺丝松动以致定点移位，花篮螺丝太大使得外观累赘，电脑模型出错只能推倒重来。最后，我们通过实践摸索出了一套简洁的整体张拉式的桌子制法，可以同时保证效率、成本与美观。此外，团队还用竹子作脚，混凝土作面、水桶作模具制作凳子，区区三样材料，却恰好体现了乡土建造的智慧。

照明系统方面，团队现场制作了整体张拉吊灯与落地竹灯点缀在竹林与路边。吊灯只由导线与灯管制作，较好呈现出整体张拉体系的特性。竹灯的加工只需用电锯切出若干水平开口漏出光线，制作过程十分简单。结合景观植被、照明与造雾系统，池塘周边整体呈现出梦幻、轻盈与亲切的氛围。

图5 景观塔、家具、灯具与整体照明效果

7 收获与展望

得益于平时教学中对营造教学的重视，华南理工大学学生团队在大赛中展现出强大的建造实力与解决问题能力。参加此次竞赛的学生覆盖本科一至四年级与研究生，形成了有效的梯队机制。大部分学生在一年级的建筑模型课，一年一度的校内营造大赛与各项校际建造比赛中获得了一定的营造知识与经验。在本次大赛中，学生团队的项目管理与组织、动手意识与能力、工具运用等方面在各高校中处于领先地位。这也为团队获得优异成绩打下坚实基础。

团队人员专业组成上包含了建筑、风景园林与规划专业的学生，为多学科综合设计提供了基础。在结构设计方面，团队积极联系结构工程师为疑难问题解惑，也整体提升了项目的结构科学性。

在竞赛过程中，学生对设计过程中的偶然性与创造性问题有了深入的体验与理解。虽然在前期制定了详细的设计方案与施工计划，但是由于现场施工环境、资源与材料等因素的局限性，方案无法完全按照设计实施，施工计划也是一拖再拖。笔者将这些因素视为设计的偶然性。学生在传统设计教学中往往按部就班推进设计进程，鲜有受到现实条件下各种不可预见问题的挑战。大赛中团队不断经历将偶然性转化为设计机遇的过程。例如将原先设计的双层表皮塔改为两座独立的塔，并在其中布置家居灯具形成积极空间；树脂节点不适合家具，现场调整为金属节点；现场发挥布置灯具与植被等等。在此过程中，设计并没有由于受到偶然性的挑战变差，而由于创造性的解决问题变得更为合理与自然。

致谢

感谢万安县人民政府主办此次建造大赛，感谢竞赛中各方，包括 UED、CBC、施工方、各兄弟院校对项目的全力支持与帮助。感谢广州南沙水鸟世界与玖珂瑭高强混凝土对项目的大力支持。最后感谢华南理工大学孙一民教授与孙文波教授的无私咨询与指导！

庞佳　李立敏
西安建筑科技大学；2315609591@qq.com
Pang Jia　Li Limin
Xi'an University of Architecture and Technology

文化基因·生态效应·产业复兴
——传统村落保护与活化的差异化教学实践*

Cultural Gene & Ecological Effect & Industrial Revival
——The Differential Teaching Practice of the Protection and Activation of the Traditional Village

摘　要：传统村落空间形态的生成和发展深受自然因素和社会文化因素的影响。本次毕业设计以国家第四批传统村落蓝田县葛牌镇石船沟村为设计对象，分别从文化基因、生态效应、产业复兴三个研究方向进行差异化教学，从宏观、中观、微观三个层级对村落建筑空间环境进行改造设计，研究石船沟村传统村落建筑空间形态、构筑形态、视觉形态三者之间的关系，探索宗族迁徙背景下的传统村落保护与活化设计的策略与方法。

关键词：文化基因；产业复兴；生态效应；传统村落；差异化教学

Abstract：The formation and development of traditional village are deeply influenced by natural factors and cultural factors. The design object of this graduation project is the fourth batch of the traditional village of Shichuan gou Village，Gepai Town，Lantian County. Students need to research three research direction respectively from the cultural gene，ecological effect to industrial recovery on differentiated teaching，from the macro，meso and micro three levels to modify Shi Chuangou village architectural space environment，to do further study of relationship between space form，construction form and visual form. The purpose of the research is to explore the strategy and method of protection and activation of the traditional village under the background of the clan migration.

Keywords：Cultural gene；Industrial revival；Ecological effect；Differentiated instruction

1　宗族迁徙背景下的传统村落特征——以石船沟村为例

1.1　“依山造屋、傍水结村”

国家第四批传统村落石船沟村地处秦岭山脉腹地，隶属蓝田县葛牌镇革命老区内。村落四面环山且呈带状分布，石船沟河由三山泉水汇聚贯穿整个村落，村庄两侧山体绿化覆盖，村域面积 6.3km²，村庄占地面积 233 亩，村落整体空间形态呈鱼骨式分布，主要道路沿石船沟河顺地势而下，支路顺应山势蜿蜒深入山体褶皱深处通向各个民居组团，民居呈簇分布其中，依山就水，坐北向南。全村 115 户民居建筑保存较完整，石砌基座的台地院落式布局，生土墙作为主要围护结构，木框架作为主要承重结构，青瓦双坡屋面为顶，具有较高

*本文写作受西安市建设科技计划项目“西安市传统村落保护活化综合技术研究”（SJW2017-0）的资助。

的保护价值。

1.2 宗族文化的迁徙与交融

石船沟村形成于康熙八年，齐氏家族由安徽省宿松县逃荒至此处，同时也将徽派建筑的基本建筑形态及宗族文化迁徙至此。随着安徽省霍邱县张氏及许氏两户人家的定居，逐渐形成了以齐氏祠堂和张氏祠堂为何核心的家族聚居组团，祠堂承担两大姓氏家族的祭祀活动。每户中堂都有“天地君亲师位”，形成了村落祭祀“家祠合一”的祭祀空间特征。非物质文化遗产中唱孝歌、晒族谱等迁徙而来的风俗习惯，作为村落大型宗族公共活动广为流传，延续着宗族血亲的文化基因。

村落自然环境优越，村落盛产药材，具有极高药用价值的千年红豆杉及草药是村落重要经济来源，故村民建立药王庙来供奉药王。药文化渐渐传承下来，药王庙也成为村中重要的公共活动的场所。

1.3 建筑空间形态的地域气候适应性

村落包含众多个带状聚居或团状聚居组团，带状组团顺应地形地势呈阶梯状不断抬升，互为遮挡，团状组团由多家民居院落围合而成，呈向心聚集形态，利用山体阴影及高大植物相互遮挡调节光环境、热环境、风环境。民居延续了徽派建筑中白墙黑瓦、高脊挑檐、格窗、雕梁画栋等重要特征，采用抬梁式木构架作为主要承重结构与砌筑 500mm 厚夯土墙体作为围护结构以适应秦岭北麓的气候特征。

2 传统村落保护活化的差异化教学模式

石船沟村传统村落保护与活化是西安建筑科技大学五年级毕业设计课程，隶属于设计类选题中的乡村建设类型。差异化教学模式主要体现在针对村落文化基因、产业复兴、生态效应三个不同问题导向的村落保护研究方向，教师设置具有针对性的教学计划，构架更深入更具有逻辑性的知识体系，合理配置、微调不同研究方向的教学环节并辅助讲授相关理论，使得学生能够从盲目的、大量的资料收集整理与偌大的村落保护题目中抽丝剥茧逐渐寻找到创作的根源，倒金字塔式的知识体系层层深入，最终把题目做深做精。

教学过程及内容（图 1）分为三个阶段：第一，资料研习与基地调研测绘阶段。学生需了解徽派民居建筑文化、关中民居建筑文化、客家文化、中国传统的绿色经验与建造技术、传统村落产业复兴的方法与理论进行资料研习；第二，归纳建筑空间原型类型与概念性规划设计；分组选择其中一个研究方向进行探索，引入建筑

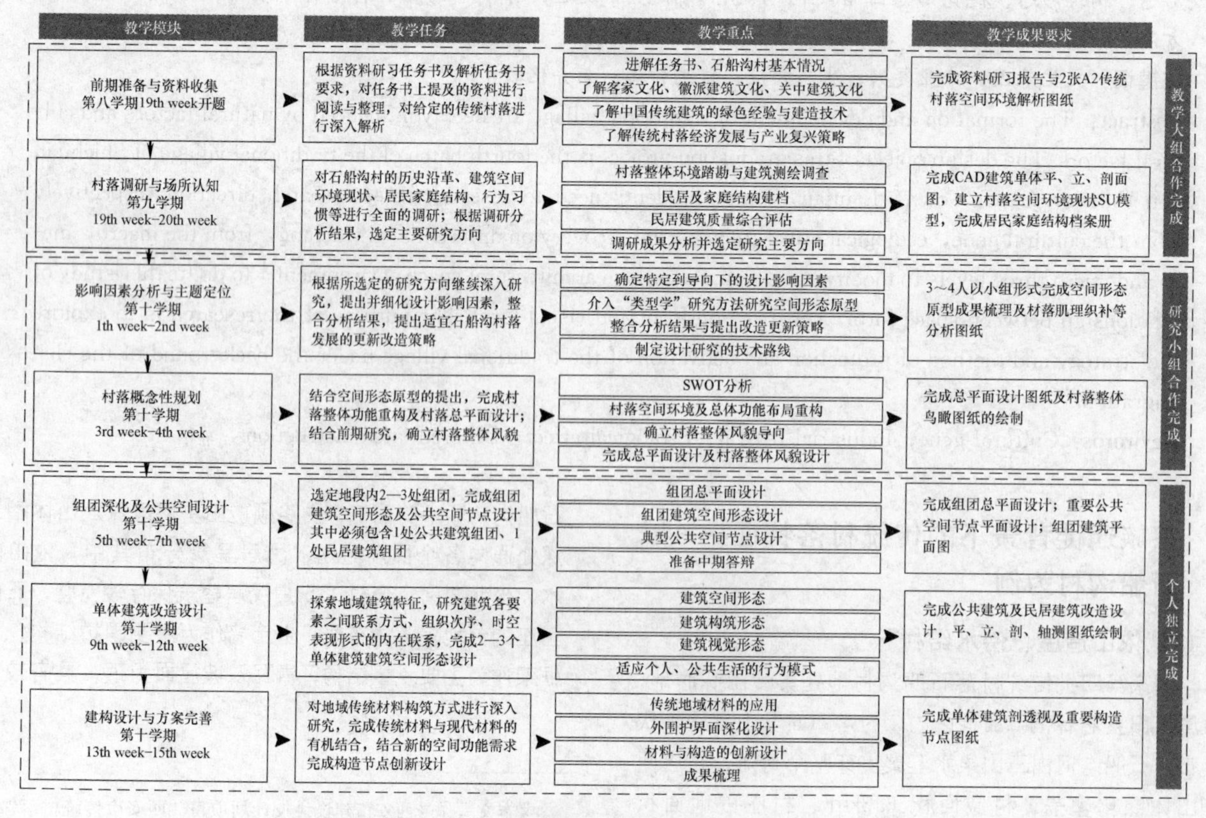

图 1 石船沟村传统村落保护课程教学体系

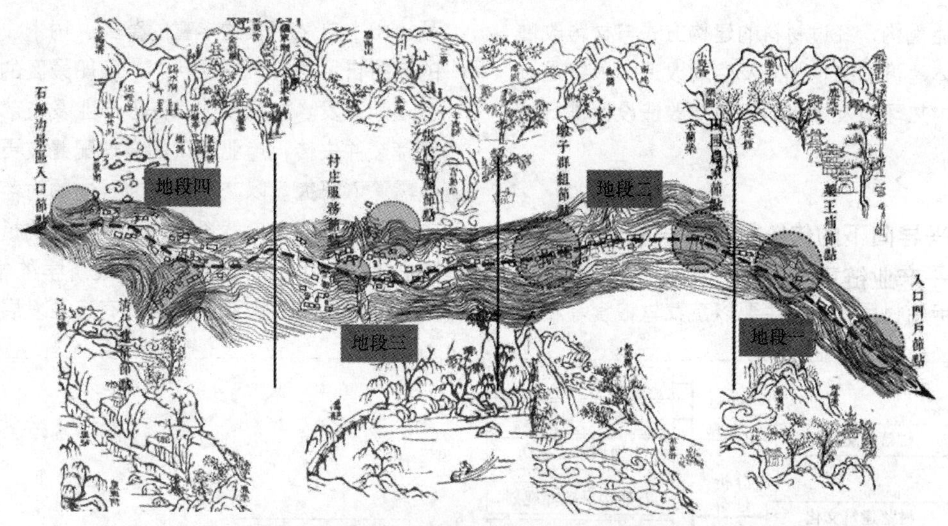

图 2　村落重要空间节点与组团层级研究范围
（图片来源：学生张书羽绘制）

类型学、生态建筑学、经济产业发展理论作为理论支撑，归纳特定建筑空间原型的类型，提出具有文化导向或生态导向或经济产业导向下的保护与活化设计策略，进行村落进行功能重构、调整建筑空间布局，完成村落层级的概念性规划设计成果。第三，个人挑选一个地段进行组团层级及单体建筑层级的空间形态、构筑形态、环境“意象”与视觉审美影响下的建筑视觉形态[1]的设计研究。地域性材料建构环节将传统地域材料与现代新材料建构方式的融合，落位于建造深入到构造层级，结合建筑构造知识及建筑师业务实践的实习经验，进行再创造完成 2～3 个单体建筑改造设计（必须包含 1 个公共建筑、1 个民居建筑）。

石船沟村因以姓氏聚居故在教学环节中将村落用地分为四个地段、八个重要节点空间（图 2）作为个人研究对象。节点空间依次为村落入口空间节点、药王庙空间节点、田园农家空间节点、墩子群空间节点、张氏组屋空间节点、村落居民服务节点、齐氏祠堂空间节点、石传沟景区空间节点。

3　传统村落保护的差异化教学实践

3.1　宗族文化导向下的传统村落保护教学内容与成果——唤醒文化基因

随着子孙的繁衍延续，紧密的血缘会被树状传代所逐步稀释，唤醒石船沟村的文化基因，保护宗族制度显得尤为重要。以唤醒村落文化基因为目标的教学内容（图 3）以小组形式从宗族文化类别、文化活动主题与活动内容、时间与场所、建筑空间特征几个方面分析宗族制度导向下的村落建筑空间环境发展的影响因素；从祭祀文化、自然崇拜文化、神佛崇拜文化、农耕文化中选定一种文化主题对其相应的建筑空间类型进行深入研究。例如学生从祭祀文化主题出发，以类型学理论为支撑，研究传统村落中典型的祠堂建筑空间关系、主次流线关系、院落生长机制等内容从而提炼祠堂建筑空间原型[2]，梳理村落祭祀活动完成村落层级村民祭祀活动流线、游客祭祀体验流线设计，合理调整村落功能分布；结合石船沟村张氏祠堂、齐氏祠堂的空间环境研究提出适宜石船沟村祠堂建筑空间原型（图 4），个人对选定的村落组团进行肌理织补，调整组团内建筑空间布局，利用周围景观设计公共空间节点、游览路径等，结合地域性材料展现更具有石船沟地域特征的单体建筑设计（图 5）。

3.2　环境生态导向下的传统村落保护教学内容与成果——生态效应的平衡

村落分的保护要防止人为活动造成的环境污染和环境破坏引起生态系统结构和功能的变化，故以环境生态导向下的村落保护教学目的是将新的功能、新的生活模式、新材料置入村落保护的行动之后，研究如何减少对村落生态环境的破坏，并合理化、科学化的利用现有物理空间环境进行再创作。教学内容（图 6）围绕着对村落地形地貌特征、地域气候特征、建筑空间环境气候适应性的研究而展开，小组利用模拟软件对现有村落建筑物理环境及生态景观系统、光环境、热环境、风环境、声环境、水系统、生活模式、传统材料建构等方面进一步细致分析（图 7）。生态小组杨斌同学基于小组研究成果，借鉴传统村落民居建造的生态经验及地方传统材料构造技艺，着眼于人、构筑物、环境三者共生的方式[1]，利用传统材料土的文化性、生态性、体验性、观赏性四个特征应用于村落保护的规划、组团、建筑单体三个层级的功能重构，经过材料的建构方式与材料改性研究，完成单体建筑的结构加固及空间改造，最终通过改造后建筑室内热环境及采光的模拟对改造设计进行验证（图8）。

3.3 产业复兴导向下的传统村落保护教学内容与成果——产业链重构

村落建立伊始村民保持着主要以蔬菜与粮食等农产品、山上自然生长的丰富的草药、树木、家禽养殖为主的自给自足的经济发展状态，石船景区的旅游产业链条也逐渐开发。发展至今，许多产业及技艺由于经营不善已荒废并失传，产业链条的合理配置及更多产业的挖掘急需深入研究。以产业复兴为导向的村落保护教学内容的设置是围绕着自然资源、人文资源的梳理和挖掘的基础之上，以小组形式结合产业经济学的相关理论知识，唤醒并保护第一产业、结合现有资源发展三产合理配置

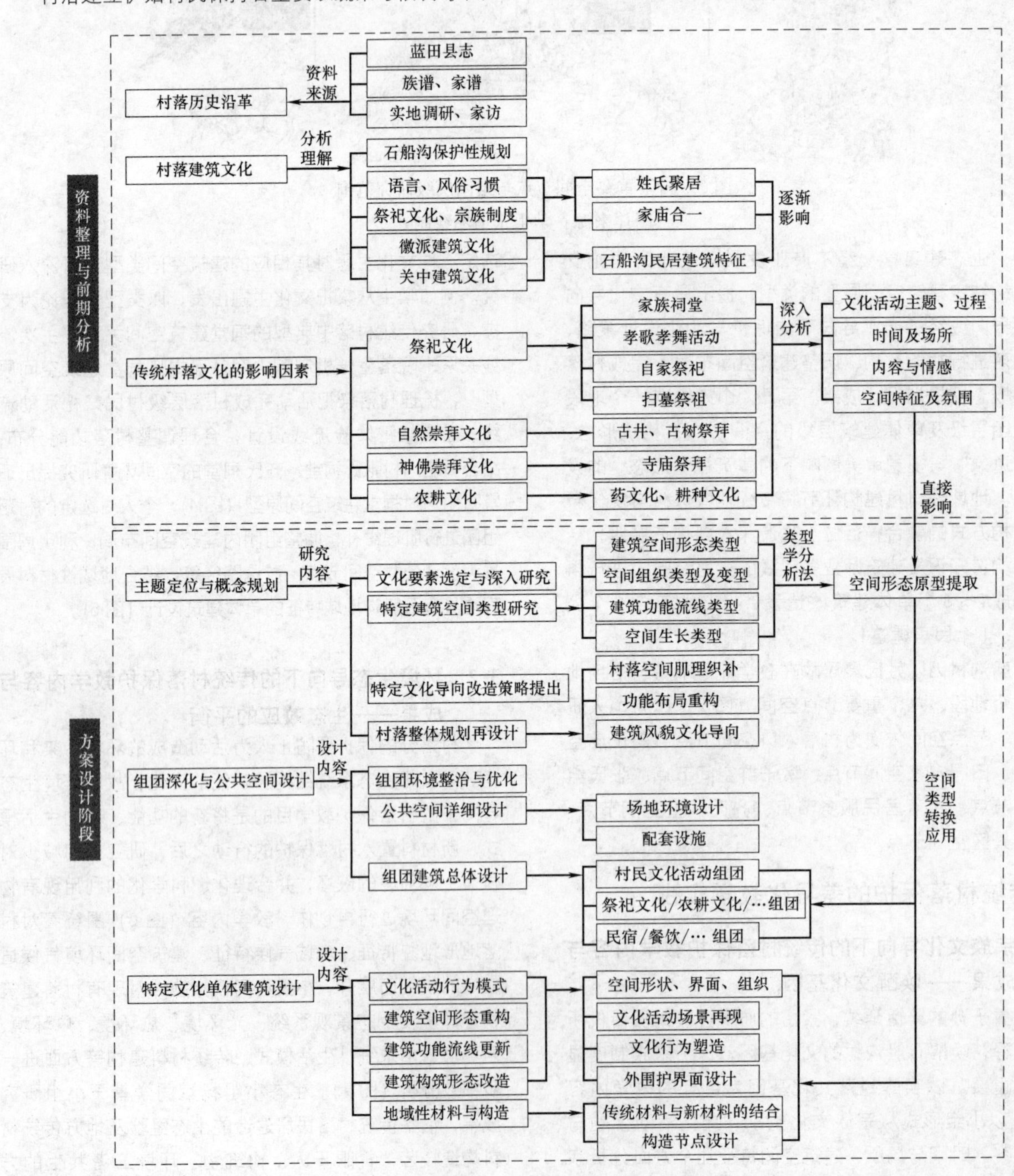

图3 文化导向下村落保护教学内容

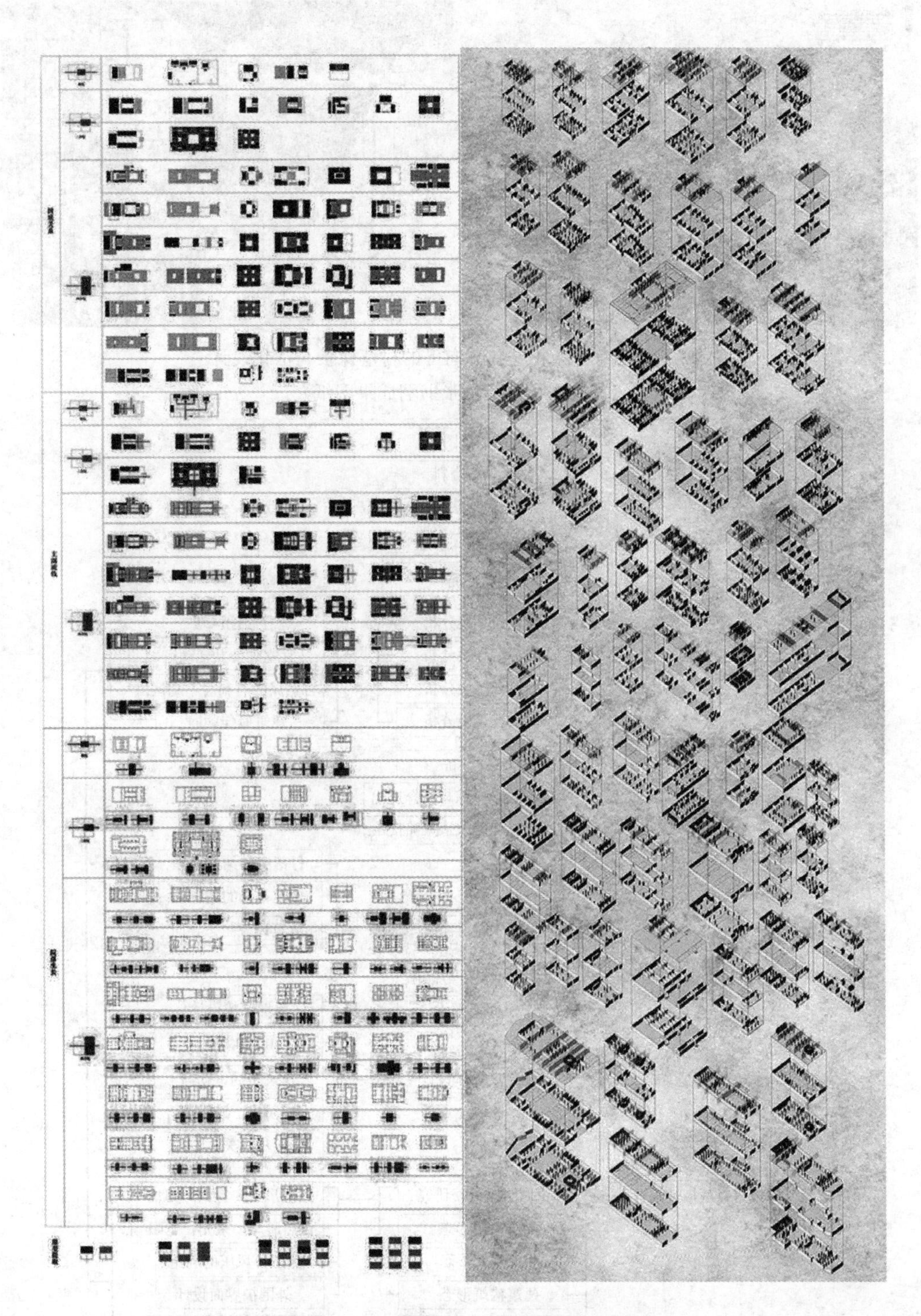

图 4 基于石船沟村祭祀空间建筑原型的梳理
（图片来源：张书羽、段嫣然、李政初小组成果）

产业链，对村落建筑空间环境及质量的评估，调整村落空间功能布局；学生户遥从餐旅产业链、农副产品链、工艺产业链、文化产业链等产业链条所能产生的体验行为中选择餐饮产业、蜜蜂养殖业，深入研究产业发展需要需求及场地环境需求，结合对区域居民的家庭结构及蜜蜂养殖祖传技艺的调研，选择合适的建筑空间环境进行功能布局，探讨民居改造为餐饮空间、养殖空间的设计方法（图 9）。

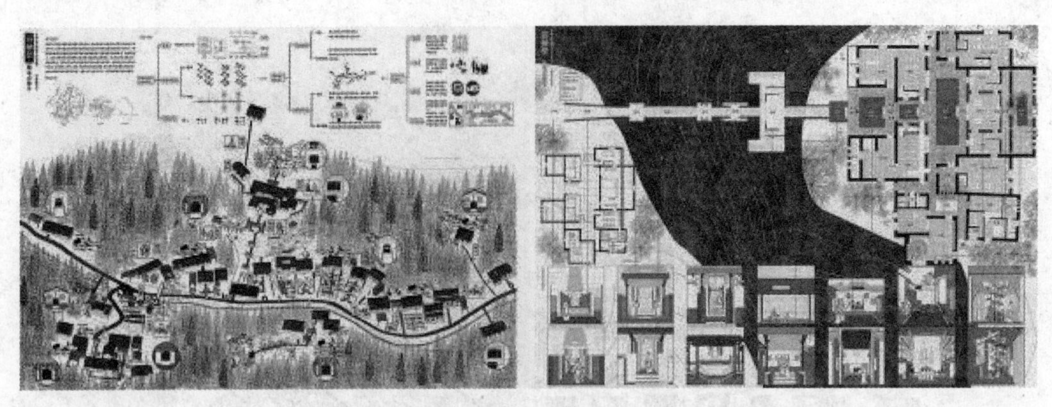

图 5　石船祭—祭祀文化导向下的村落保护与活化设计

（图片来源：学生张书羽成果图纸）

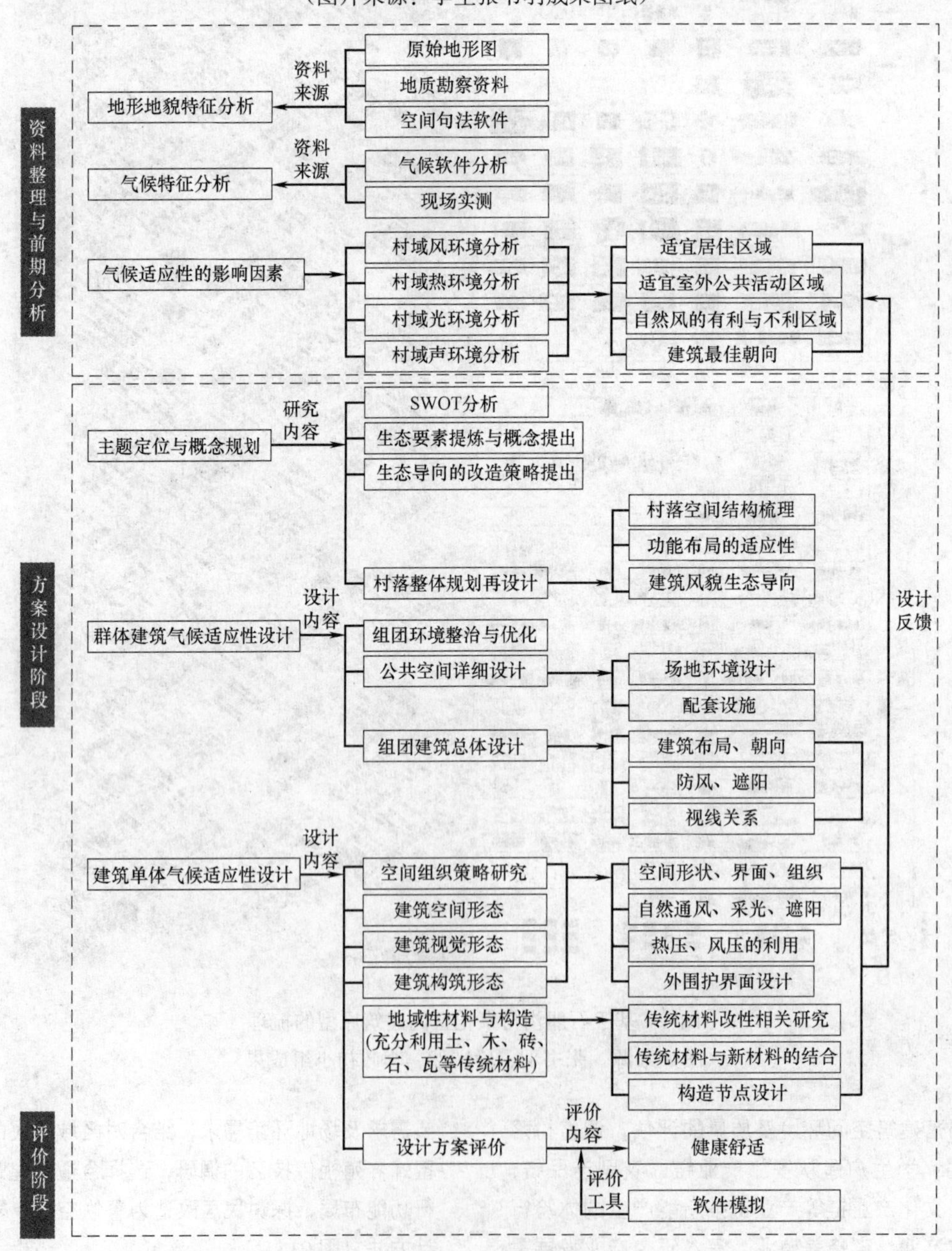

图 6　生态环境导向下村落保护教学内容

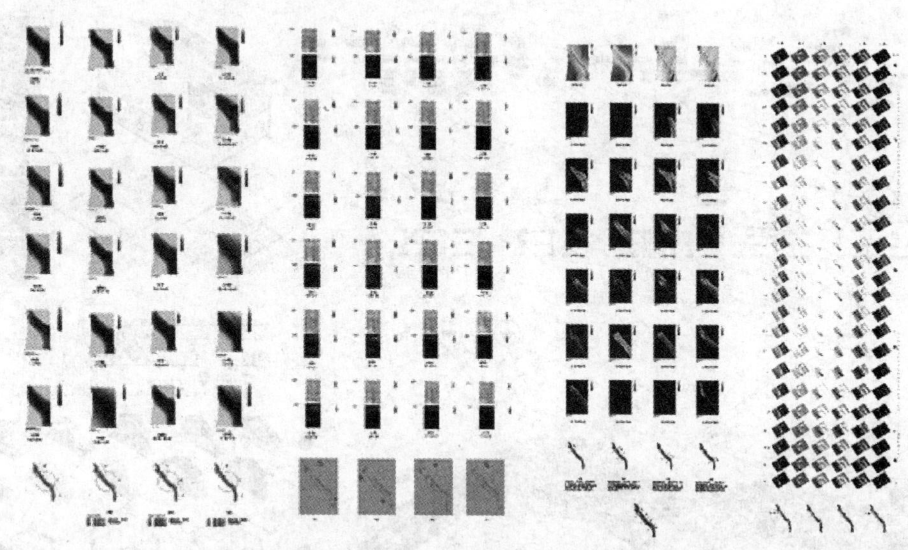

图 7　生态组小组村落物理环境分析成果
（图片来源：杨斌、赵欣冉、吴昊天、杨琨小组成果）

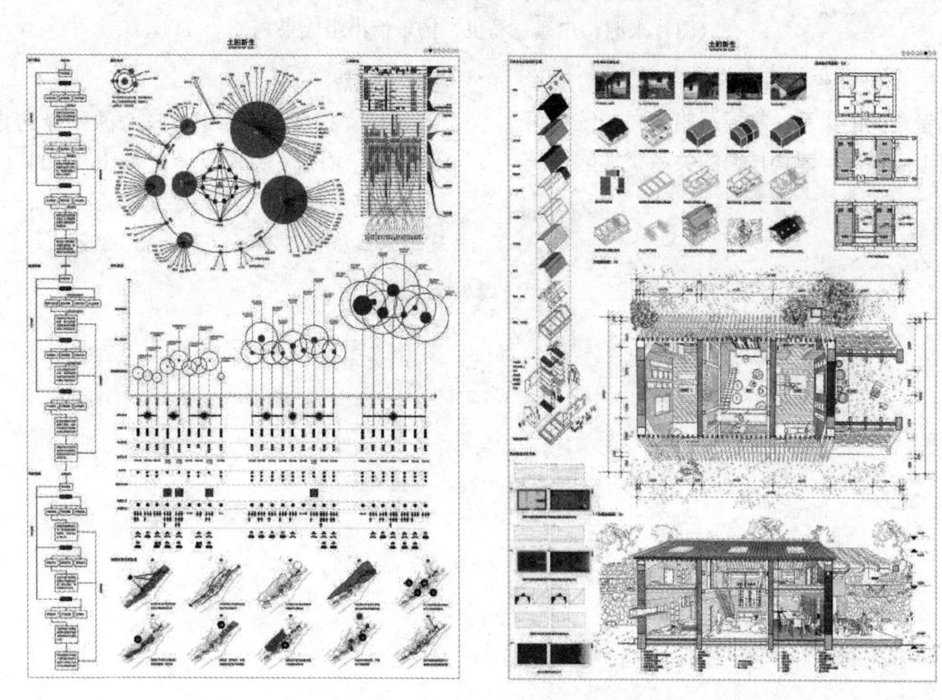

图 8　生态组杨斌作业“土的再生”
（图片来源：杨斌作业）

4　总结与反思

传统村落保护与活化设计是涉及知识面较广、理论较多、极富地域特征的设计题目，差异化教学实践旨在帮助学生从广泛的传统村落保护知识结构中梳理并细化设计主题及梳理相关主题下的知识结构体系，具有针对性的让学生应用相对应的设计理论，完成对传统村落保护与活化设计策略与方法的探讨。整个教学体系注重村落保护知识学习的全面性，更注重挖掘学生的自主能动性。

石船沟村因其独特的宗族迁徙背景及民居建筑的气候适应性特征为学生提供了丰富的研究内容。此次课程教育改革尝试让学生学习：第一，初步了解宗族迁徙背景下的传统村落保护研究式设计课程的教学体系及教学过程；第二，深入探索唤醒文化基因、生态效应平衡、经济产业复兴三种导向下的村落保护与活化设计策略与

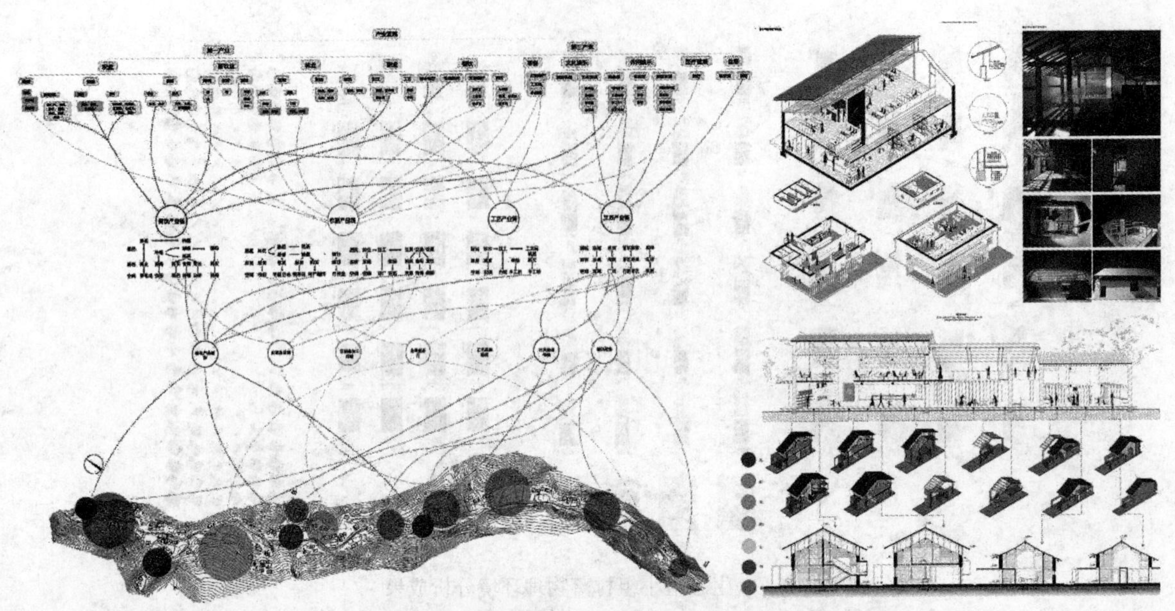

图9　产业组小组成果及户遥作业“乡村 NDA”
（图片来源：户遥、马也、杨乐怡小组成果）

方法；第三，落位于研究传统民居空间形态、构筑形态、视觉形态三者之间的关系，掌握石船沟村传统村落整体风貌、空间组织秩序、建构技艺的关系，唤醒传统村落自生长机制。

参考文献

[1]　齐康，杨维菊，陈衍庆. 绿色建筑设计与技术［M］. 南京：东南大学出版社，2011（6）：20-27.

[2]　刘先觉. 现代建筑理论［M］. 北京：中国建筑工业出版社，2008（5）：336-392.

卢健松　张月霜　姜敏　徐峰
湖南大学建筑学院；Hnuarch@foxmail. com
Lu Jiansong Zhang Yueshuang Jiang Min Xu Feng
The School of Architecture，Hunan University

乡村营建的理论与方法：湖南大学建筑学本科教学中的当代乡建专门课*

The Theory and Method of Rural Construction：The Lesson of Contemporary Rural Construction in Undergraduate Teaching of Hunan University

摘　要：文章从全国当代乡建教学的需求入手，分析当代乡建教学现状，以湖南大学建筑学专业本科教学中当代乡建专门课的开设情况为例，研究建筑学领域乡村建设能力培养的具体要求。文章介绍了湖南大学当代乡村营建课程的教学目标、能力培养及教学组织、教学内容的情况。同时，从生源结构，乡建认知，课程反馈等方面对课程内容进行了后评价，以期对课程做进一步优化。

关键词：建筑学专业；系统化教学；当代乡建课程

Abstract：Bases on the needs of contemporary rural construction teaching，this paper analyzes the status quo of the education on contemporary rural construction，and takes the contemporary rural construction specialty course in the undergraduate teaching of architecture in Hunan University as a sample to explore the specific requirements for the cultivation of rural construction capacity in the field of architecture. The paper introduces the teaching objectives，capacity training，teaching organization and contents of the contemporary rural construction course of Hunan University. What' s more，the course was evaluated from the aspects of student source structure，rural construction cognition and curriculum feedback，in order to further optimize the curriculum.

Keywords：Architecture；Systematic curriculum；Contemporary rural construction

近年来，随着政府对新农村建设工作的不断推进，乡村建设呈现一片蓬勃景象，经验、案例积累越来越多，乡村建设人才缺乏的问题日益明显，乡村建设教育培训的需求紧迫。一批社会组织的教学活动逐渐开展，推动了当代乡村建设全面参与；也有助于在规划、建筑学科领域，形成不同于城市经验的专门化、系统化乡村建设知识体系。湖南大学建筑学专业，在 2015 版本科教学计划中设置了专门的当代乡建专门课，2018 年首次正式开课。该课程为建筑学本科专业选修课，开课年级为 3 年级，2018 年接受 130 人选修。本文将对课程设置，及教学反馈情况予以研究，旨在进一步完善该课程的教学内容，课程组织。

1　当代乡村建设的知识传播概况

目前，乡村建设的教学，以社会机构（企业、设计

*国家自然科学基金资助 51478169 作为设计方法的湘西农村自建住宅自适应机制研究。

图1　湖南大学建筑学专业学生参与乡村建设实践

研究院、杂志社）为主；高校被动受邀的参与较多，开展体系乡村建设教学的较少。

乡村建设的社会办学，其形式包括（1）专题培训；（2）开辟和考察新乡村建设试验基地（如仙居振兴学院等）；（3）学术理论传播（如《小城镇建设》等）。社会办学的主体以专业乡建实践团队以及建筑行业领军人物为主；与政府联系紧密；教学形式多元化，既有自上而下的教学培训，也有自下而上的实践培训；受众面广，鼓励全民参与，通常收取一定培训费。

2　当代乡村建筑创作课程组织

高校的乡村建筑教学，相关课程仍以传统民居的课程为主；当代乡村建筑的理论讲授、设计训练，主要以讲座或工作营形式零星穿插在课程体系之中，没有系统的理论讲授与课程训练。当代乡村建筑体系化教学的缺失与当代乡村建设的蓬勃发展趋势存在矛盾，亟待解决。

2.1　教学目标

湖南大学中国当代乡村建设的理论专门课，拟在学生初步掌握建筑学知识的基础上，在建筑学、城乡规划专业教学体系中，系统化讲授当代乡村建设历程，相关理论知识，最新前沿发展。从而提高建筑师参与乡村建设的积极性，优化建筑师介入态度与方法，为我国农村的长期、长足建设、发展培养建筑学专业人才，缓解中国当代乡村蓬勃发展进程中建筑学及其相关专业人才缺失的问题。

2.2　能力培养

培养适于乡村营建的建筑师团队，应注重乡村建设中的特殊性，在创作中回应城乡差异。因此，建筑师应综合衡量乡村的（1）土地政策；（2）社会性；（3）地域性；（4）技术适宜性以及；（5）经济性。

2.3　教学内容

本课程共24个课时，每次2课时，其中授课共12次；考试1次；授课内容包含：乡村建设概论、乡村建设的发展历程、相关研究、村庄规划方法、乡村建筑设计方法等方面；授课方式以理论讲授为主。课程主要以乡村人居环境建设的目标，方法讲述为主，对乡村产业更新，资源经营稍作涉猎，不做重点（表1）。

3　教学反馈及反思

由于首次开设相关类型的课程，教学过程中，设置了两次问卷调查。第一次问卷旨在调查学生对乡村建设基础知识的掌握情况；第二次调研通过了解学生的学习情况对课程内容及授课情况进行后评价。

3.1　生源分析

2015级的本科生，大多出生于1997—1998年，正值城镇住房制度的改革之际。调研数据表明（图2），130名本科学生的生源地遍及中国27个省市，以湖南（14）、广西（11）和河南（9）的学生居多；有接近1/5的学生来自大城市（2%特大城市，17%省会城市），仅有13%学生来自乡村，余下学生来自中小城市和小城镇。其中，78%的学生表示有过乡村经历，但主要途径是乡村度假或者在乡间走亲访友，真正对乡村的发展有切身体会的学生占比很少，不足10%（乡村学生除外）。

调研反馈表明，中国未来的乡村营建，很大一部分责任将会由并没有乡村生活经验的建筑师团体来承担，如何使这些未来建筑师了解中国乡村的发展状况，承担起中国未来乡村建设的重任，是教学中需要解决的问题。

3.2　认知转变

建筑学专业前两年多的学习，同学们具备基础的乡村建设理论知识；通过乡村建设专门理论课的讲授，同学们对乡村建设的特殊性有了进一步的系统性认知。调研数据反映，同学们对乡村建设的理论知识关注点，主要集中如下。

了解乡村：第二次调研数据显示，95%的同学认为，乡村生活经历对建筑师参与乡建的影响较大。一位同学认为，“各地区传统民居的模式都是当地乡民从被动的自然生态资源、经济技术水平及传统生活习俗等限制条件下所做出的主动选择，若不去亲身经历，难免会有‘何不食肉糜’的想法（冯聃雅，省会）”。了解乡村、认知乡村，对建筑师参与乡村建设至关重要。

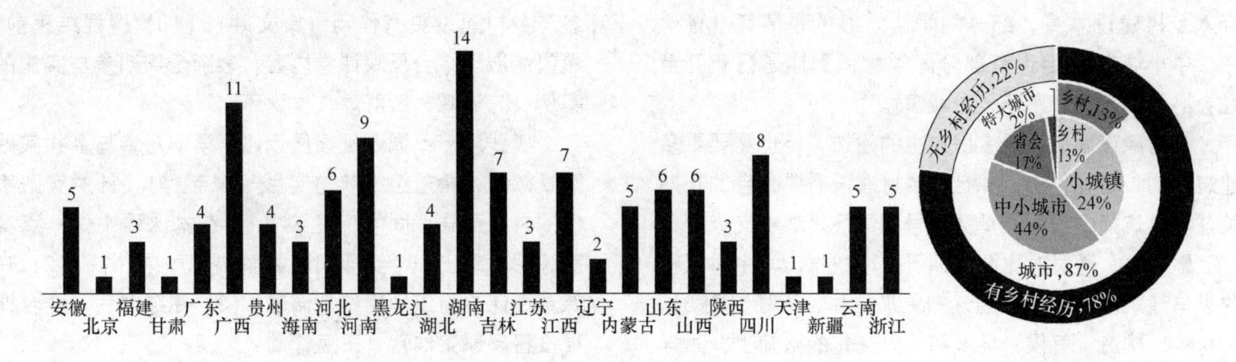

图 2　2015 级湖大建筑学院生源地与乡村经历统计

湖南大学建筑学专业当代乡建课程组织情况　　**表 1**

教学知识点	主要内容		课　时
概论	背景解析	三农问题,新农村建设,美丽乡村,新型城镇化,田园综合体	2 课时
	概念解析	乡村,乡村建设,村镇规划,乡村建筑	
乡村建设的发展历程	乡村规划发展历程	乡村的演变过程与类型特征	2 课时
	乡土建筑研究历程	当代乡村建筑创作的趋势与特征	2 课时
相关研究领域	建筑地域性,乡村社会学,人类学,自组织理论		
村庄规划	聚落形态学	村庄的类型,村庄的形态演化	2 课时
	村庄规划	主要类型,主要内容,规划要素,技术要点,简易规划,土地制度,用地代码	
	村落公共空间节点体系建构与设计方法	公共空间,传统节点,当代节点,公共空间布局对村落形态的影响,村落公共空间公共设施设计的一般性原则	2 课时
乡村建筑设计方法	调研方法	乡建的服务对象:以村委会为规划编制主体,以农户为实施主体主体的乡建;调研的目的与方法,乡村建设中的公共参与	2 课时
	乡村建筑的地域性	概念及流派,新乡土建筑,地域建筑的创作原理	2 课时
	乡村建筑社会属性:住宅自建	传统住宅自建,当代住宅自建,协力建造与共同参与	2 课时
	乡村建筑经济适宜性	低造价	2 课时
	乡村建筑技术适宜性	适应性;被动式建筑	2 课时
	乡建材料体系更新	乡土材料体系的更新(黏土、砖、木头、竹子、其他植物、废弃物利用),乡土建造的新材料应用	2 课时
	乡村建筑的工业化	模块化的乡村建造	2 课时

城乡差异：由于城市学生居多，对乡村的认知较为感性，通过课程，他们了解到城乡在土地制度，经济，技术上的显著差异，对建筑师乡村建设有了更理性的思考。“那些一味批判现代农民自建房千篇一律、丧失特色的建筑师，不理解这其实是现实中农民对经济条件和生活条件的妥协，他们没有能力用有限的预算建造好看又有用的房子，而这是建筑师应该做的（刘心怡，中小城市）”。建筑师需要有城乡视角，需要理性思考的能力，有了这些前提，才能为乡村建设提供建议。

介入方式：开课之初，63%的同学认为当地居民的“住宅自建”是乡村建设中的主体；通过课程，绝大部分学生认为建筑师应该发挥其专业能力建设乡村。关于建筑师在乡建中扮演的角色，一位同学认为，“建筑师或者相关部门，更应该起到一种‘引导’的作用，对乡村建设应当控制而不是完全‘挟制’，应引导村民自发建造其想要的家（黄静铭，中小城市）。”而对于建筑师介入乡村建设本身，部分同学认为靠的是情怀（曹清宁，中小城市），但也有部分同学意识到这是行业乃至社会必要的行为（王子，小城镇）。

乡村建设固然需要乡民自主的建造，但也需要更多建筑师的参与和付出；并且，乡村建设需要社会的长期关注和建筑师的投入，单凭口号和情怀是难以支撑的。

地域性：通过对比两次调研反馈数据，学生对乡村建设与建筑地域性关联的认知更加具体、清晰（图 3）。在材料、构造、气候、环境和历史文化的认知上，同学们保持了一贯的重视，但对特色风貌、农户需求的关注上发生了变化。关注乡村特色风貌的学生人数减少，关注农户需求的同学人数增多，学生逐渐认识到建筑师应有乡村服务意识，“乡村设计应从居住者的角度进行设计，而非建筑师的自我表演（李纹槿，省会）”。

上述调研反馈说明，同学们对乡村建设的关注已由感性认知转向相对理性的认知，视野更加多元化，开始关注城乡差异，建筑师的介入手段，使用者的需求等。

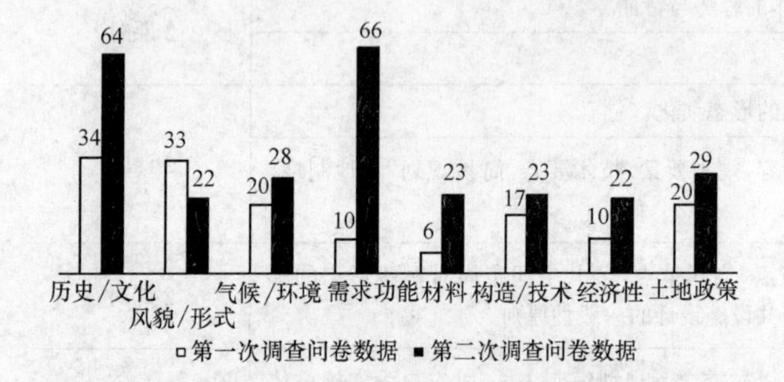

图 3　学生当代乡建关注点反馈数据比较

3.3　课程建议

根据教学成果的反馈和思考，我们可以认为教学目的初步达成，但也有很多值得改进的地方。

案例教学：尽管课堂上已经提供了大量实践案例作为示范，学生仍然希望提供更多的案例。同学们认为（1）案例教学对于激发参与乡村建筑创作的兴趣非常关键（肖瑞杰）；（2）反面案例对认知乡村，触动同学们参与乡村建设更有作用（康文胜）；（3）课程结束前，希望能展现综合反映课堂内容，教师全周期参与实施的案例（陈沛霖，靳舒淳，侯森潇）。

实践环节：调研反馈显示，同学们对参与乡村实践跃跃欲试，希望组织参与实践（朱芸桦）。针对实践案例的具体形式，同学们建议（1）在本课程中做一点实践练习，拿出一个实际问题去解决（周杲玮）；（2）在课堂授课中组织学生参与调研；（3）在结课后，结合课程设置暑期工作营（王豆）。

课堂组织：课堂组织上，同学们认为目前的授课形式还过于简单，希望能强化互动，建议将“理论，案例以及课堂讨论”穿插进行，增强课堂的趣味性与启发性（刘罗美）。

教材教辅：同时，学生希望教师能有计划地指导学生进行阅读，提供有益的阅读书目，增进同学们对乡建的了解。学生黄静铭说，“希望能推荐一些课外读物，帮助我们更深入的学习。”曹清宁表示“希望了解一些像美国乡村（建设）一样的手册或模板，引导村民自行建造有特色、舒适的住宅”。

其他建议：授课内容上，同学们希望进一步强化乡村经济发展，非物质文化传承，土地制度与相关技术管理规定领域的内容（王展，李纹槿）。

4　结语

当代乡村建设的蓬勃发展，对建筑学人才培养提出了新的需求。建筑师参与乡村建设，除了需要掌握地域性理论以及社会学、人类学领域的知识，在建筑学领域，还要掌握更全面的思考能力，更具体的实践能力以及更本土化的地方建设知识。

湖南大学建筑学院在建筑学既有的教学体系中，实验性地增加了乡建方法与理论课程，是乡村建设综合能力培养方法的一次尝试，希望能在此领域积累经验，在现代建筑教育的体系中，探索出适于我国当代乡村发展需求的特色人才培养途径。

虞大鹏
中央美术学院建筑学院；yudapeng@cafa. edu. cn
Yu Dapeng
School of Architecture，Central Academy of Fine Arts

北寨复兴计划①

——文化驱动背景下的乡村营建

Rejuvenation of Beizhai

——Village Construction propelled by the Generative Power of Culture

摘　要：对乡村的多维度现实复杂性问题探讨以及未来乡村发展图景展望已经成为话题性和事件性存在。中央美术学院建筑学院7工作室2018年度毕业设计选择山东省沂南县北寨为研究对象，以北寨汉墓为核心，探讨以文化带动北寨乡村复兴和产业升级的新途径。

关键词：文化驱动；乡村振兴；北寨复兴计划

Abstract：It has now become both topical and essential to discuss the multi-dimensional complexity of village and the prospect of its development. In 2018，the 7 Studio of School of Architecture of CAFA studies this issue in the case of Beizhai Village of Yinan County，Shandong Province. The study focuses on the Han tombs in Beizhai and aims to explore news ways to upgrade local industries，as well as the possibility of village rejuvenation propelled by the generative power of culture.

Keywords：Generative power of culture；Village rejuvenation；Rejuvenation of Beizhai

1　乡村振兴

乡村发展问题已经成为我国走向伟大复兴之路的核心问题之一。2017年10月18日，习近平同志在党的十九大报告中提出了乡村振兴战略。2017年12月29日，中央农村工作会议首次提出走中国特色社会主义乡村振兴道路，让农业成为有奔头的产业，让农民成为有吸引力的职业，让农村成为安居乐业的美丽家园。会议提出了七条中国特色社会主义乡村振兴“之路”：

——必须重塑城乡关系，走城乡融合发展之路；

——必须巩固和完善农村基本经营制度，走共同富裕之路；

——必须深化农业供给侧结构性改革，走质量兴农之路；

——必须坚持人与自然和谐共生，走乡村绿色发展之路；

——必须传承发展提升农耕文明，走乡村文化兴盛之路；

——必须创新乡村治理体系，走乡村善治之路；

——必须打好精准脱贫攻坚战，走中国特色减贫

---

① 中央美术学院建筑学院7工作室，是在城市设计视角下探索建筑发展的工作室。北寨复兴计划是中央美术学院建筑学院7工作室2018年毕业设计题目，希望探索以文化为驱动的乡村振兴模式与方法。参与本次毕业设计的学生有：赵桐、李璐、周启航、苏佳、金伟琦、孙斐孺、刘思婷和韩翔宇，本文介绍的方案为赵桐、李璐、周启航、苏佳小组方案。

之路。

2018 年 1 月 2 日，公布了 2018 年中央一号文件，即《中共中央国务院关于实施乡村振兴战略的意见》。2018 年 3 月 5 日，国务院总理李克强在作政府工作报告时提出大力实施乡村振兴战略。

2 北寨概况

北寨汉墓也作北寨汉代古画像石墓，俗称“将军冢”。位于山东省临沂市沂南县界湖镇北寨村，该墓为东汉所建，距今已有 1700 多年的历史，是目前中国现存规模最大，保存最完整的大型汉画像石墓。北寨村始建于宋初，村庄现有耕地 1220 亩，560 户，户籍人口约 1700 余人，青壮年劳动力人口流失严重，现居住人群以老年人与儿童为主（图 1）。

图 1 北寨村现状

北寨汉墓发掘于 1954 年春，该墓墓体由砖头筑成，墓室分为前、中、后三室及侧室，布置均衡，总面积为 88.2 平方米，共用砖头 280 块，体积为 326.34 立方米。墓门、室壁、柱、础、斗栱、门额、枋子都雕有画像，共 42 块，73 幅，画像总面积 442 平方米，刻有朝仪、宴饮、舞乐、狩猎、战争等画像，北寨汉墓画像代表了汉代绘画雕刻艺术的较高水平，对于研究当时社会具有重要价值，长期以来受到中外学者高度关注（图 2）。

1977 年北寨汉墓被列为山东省重点文物保护单位，2001 年被定为国家重点文物保护单位，并被制成模型陈列在中国历史博物馆，被收入《中国名胜辞典》和《中国大百科全书》，多幅画像被中学历史课本采用作教材（图 3）。

3 存在问题

如果不是因为汉墓群的存在，北寨村就是一个面目普通的北方衰败村庄。通过对北寨村的全面调查，发现存在以下问题：

（1）乡村产业发展滞后以及新村建设导致青壮年村民流失；

图 2 北寨汉墓内部

图 3 现北寨汉墓博物馆

（2）汉墓博物馆与北寨民居空间关系割裂；

（3）道路系统依赖原有村庄小路，不能适应现有需求；

（4）公共空间与周围景观带缺乏组织；

（5）作为国家级文物保护单位的北寨汉墓名气虽大，但吸引力不足，平均每天参观人数仅 50 人左右，平均参观时间不到半小时；

（6）汉墓博物馆馆内设备简陋，展陈效果不佳；

（7）村落中居民生活方式与游客需求存在巨大

差异。

4 总体应对策略

北寨汉墓是北寨村最大的历史遗产和文化符号。此外，村庄整体虽然呈现衰败之貌，但空间格局完整，传统的石墙、木架、草顶民居大部分得以保留。根据调研发现的问题，围绕“文化”做文章，以文化复兴为核心目标，探讨新功能置入与当地原有生活模式之间的关联成为研究和设计的核心问题。在保有原有村落生活氛围的前提下，力求将开放现代的空间、功能元素融入其中，植入旅游民宿、沿河景观带、汉文化体验、汉风影视基地、采摘农业等新功能，与原有建筑群融为一体，利用文化背景优势带动开放性发展，探索乡村振兴的新途径（图4）。

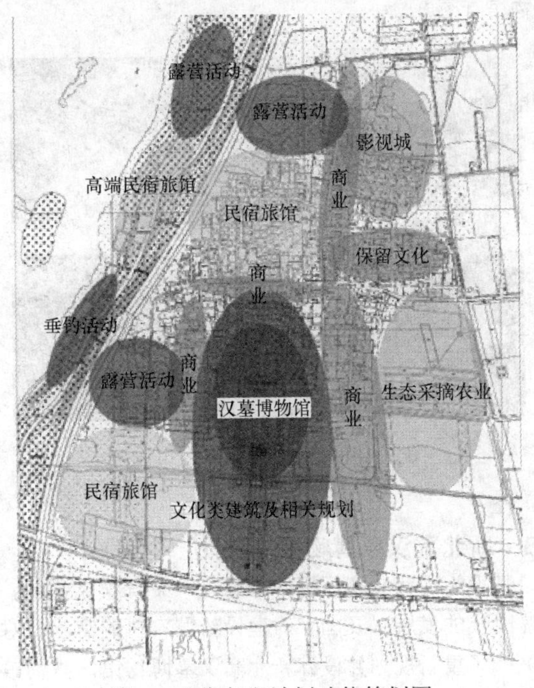

图4 北寨复兴计划功能策划图

4.1 原有民居处理

北寨村传统民居主要有一进三合院、四合院、单体民居三种形式。拆除损坏严重且没有保留价值的破旧民居，整体保留汉墓博物馆北侧民居，整合道路路网并营建广场等公共空间，力争将对原住民原有的生活的影响达到最小。

4.2 吸引人口回流

北寨村现有青壮劳动力多外出务工，人口流失严重，通过第三产业的引进和产业的升级，可以留住外出的年轻人，从而在村庄创造更大价值，推动村庄的发展。在保有原有村落空间氛围的前提下，植入旅游民宿、沿河景观带、汉文化体验、汉风文化基地、采摘农业等新功能，以此解决原有居民流失问题和乡村产业发展问题，探索乡村振兴的新途径。

4.3 打造博物馆群

北寨汉墓位于北寨村中心位置，由于规模和内容等原因，对北寨村的发展作用不足。目前的汉墓博物馆不足以吸引更多游客也不可能吸引游客较长时间逗留。围绕现汉墓博物馆打造博物馆群，如汉画像石博物馆、沂南历史文化博物馆、民俗体验博物馆等。将不同内容的博物馆融入到村落当中，增加村落的开放性与游览性，以文化带动地区的活力。

4.4 道路系统调整

从沂南县城方向到达北寨汉墓博物馆前需经过一条南北向道路，单调且狭长，调整路网结构将这条路去除同时规划汉画像石博物馆，使人在不断变换路径和方向的同时进入博物馆群体空间。此外，保留北寨村原有核心道路，并且将沿河的市级道路与原有道路进行连通，将农田区域道路作为景观道路向周边村落延展，内部形成“三横一竖”的路网布局。

4.5 公共空间营造

北寨村是典型的山东平原村庄聚落形态，原有场地中建筑密度大，建筑之间的空间基本都是宅间道路，为狭长的通过性交通空间，缺少可以让人停留聚集在一起的公共空间和缓冲空间，很多老人自发性的在废弃院落的空地之间休息，度过农闲时光，但和村落仅相隔一条公路的沿河景观带却无人问津。通过对局部破旧民居的拆除，结合原有古井、石磨以及原生大树等元素打造公共空间体系。此外，基地沿河一侧布置民宿酒店，充分利用沿河景观带；在露营处保留大片原有桃林对民居和博物馆群进行隔断区分，满足不同功能区域的动静需求；基地东南侧将部分耕地规划为采摘园，种植当地盛产蔬果，形成采摘式体验农业，吸引游客前来，将景观、田园、商业相结合，以创造更高的经济价值（图5、图6）。

5 针对性建筑设计

博物馆群的设置可以有效扩大博物馆规模并延长游客参观、停留时间，结合沂南县对北寨村区域未来发展的规划以及现实情况，考虑有针对性的增加以下博物馆建筑。

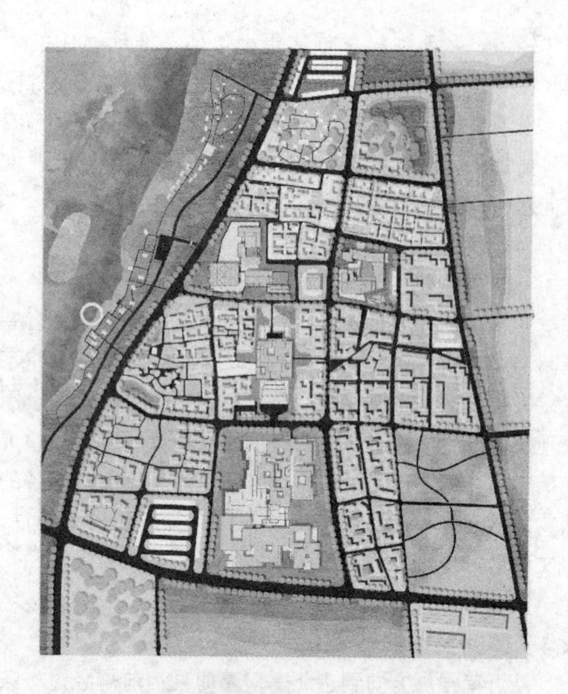

图5　北寨复兴计划总平面

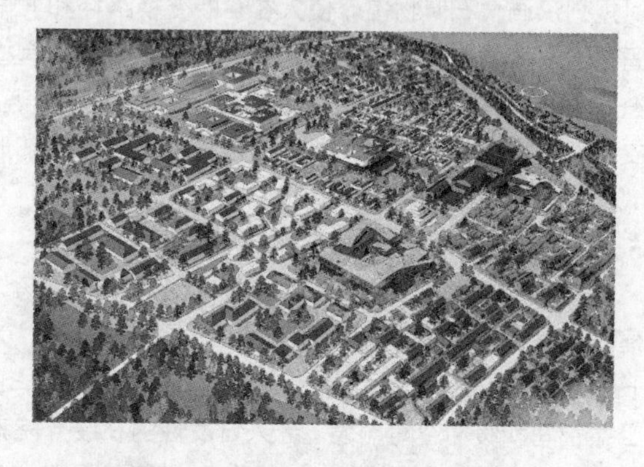

图6　北寨复兴计划总体鸟瞰图

5.1　汉画像石博物馆（设计：赵桐）

北寨汉墓有国内顶级的汉画像石，原博物馆又从各种渠道收集了很多。基于此，考虑设计一座汉画像石博物馆，设计结合当地的建筑形制、材料，把博物馆置于院落之间，使建筑物与其周围环境相协调。建筑主体分为南北两组，中间以露天画像石广场相连。建有多处供居民活动的庭院空间，呼应原有空间和文脉，是联系历史、现代和未来的场所（图7）。

5.2　沂南历史文化博物馆（设计：周启航）

沂南历史悠久、人文荟萃，结合北寨汉墓博物馆群总体规划考虑在北寨村西北区域设计一座主题性博物馆——沂南历史文化博物馆以展示沂南的文化和历史。博物馆建筑外形与北寨传统民居相似但体量要大一些。博

图7　汉画像石博物馆设计

物馆分为四个部分：最大体量的沂南历史文化展示部分；北区合院是大型石像展示及仓库部分；东部是汉代石画像和休息的部分；中间是游客中心和汉代仿古纪念品商店，希望打造形态低调质朴但具有深刻文化内涵的博物馆（图8）。

图8　沂南历史文化博物馆设计

5.3　新北寨汉墓博物馆（设计：李璐）

基地为现状北寨汉墓博物馆，中央有汉代墓葬。为顺应时代的发展以及国家对建设新型农村的需求，对场地进行了重新规划并设计新北寨汉墓博物馆，博物馆设计坐落于汉墓之上，力求融合现代式空间体验与中国古典建筑韵味为一体，大量采用木结构框架以及当地民居式砖墙及坡顶，将院落式的传统空间融入进现代展馆当中，打造北寨博物馆群核心空间的同时力图实现中国传统文化在建筑设计中复兴与传承（图9）。

5.4　民俗体验馆（设计：苏佳）

基地位于北寨村东北区域，整体功能分为民俗手工作坊和展览两大部分，建筑形体提取当地村庄中围合的院落的形式，更好地融入当地原有肌理，与周围环境相协调。建筑设计主要通过两个形体之间的穿插形成特定的人物行走流线，将展览与体验两大功能区分开，并在

图 9　新北寨汉墓博物馆设计

商业街和保留民居之间形成过渡地带，空间叙事在此展开（图 10）。

图 10　民俗体验馆设计

6　回顾与思考

毋庸置疑，我国的传统村落普遍面临与现代社会发展的矛盾以及未来如何发展的困惑。北寨复兴计划就是试图探索一条传统乡村发展的新途径，研究空间的再生产方式并从建筑学本体角度探讨当代语境下文化复兴的问题。

中国的城市已进入存量发展时代，在城市发展空间越来越局促的同时，大量中国建筑师的目光投入到乡村的建设当中，一时也是百花齐放众说纷纭。建筑是乡村发展的核心吗？建筑师是乡村振兴的关键吗？撇开互相吹捧和自我意淫，深入看城市和乡村的发展，建筑学是也许是必要的但绝对不是万能的，很多建筑学之外的内容，很多与建筑师可能无关的问题也许更为重要。从策划层面结合城市设计联动，建立一套切实可行的逻辑和方法，在谋求发展的前提下回归传统，在文化复兴的语境中实现空间革命，最终回归到建筑本身，或许能真正体现建筑师的价值所在（图 11）。

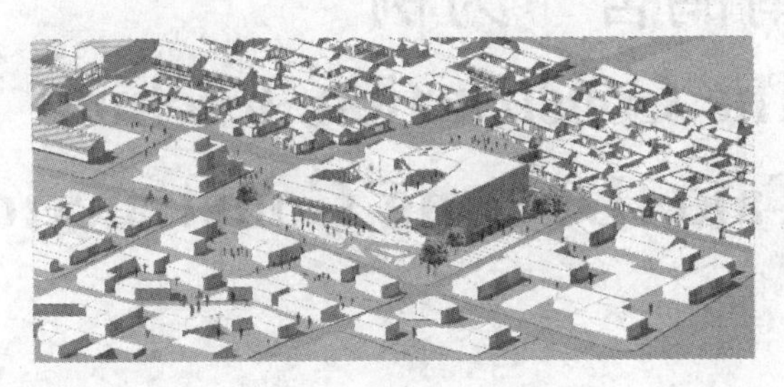

图 11　毕业展现场

朱渊
东南大学建筑学院；104671868@qq. com
Zhu Yuan
Southeast University，School of architecture

乡村综合体的建造教学实践——以德阳建造大赛“北南鸽舍”为例

The Construction Teaching Practice of Village Complex: Take DeYang Construction Competition as Case

摘　要：乡村综合体的建造实践是2017年德阳建造大赛“北南鸽舍”案例中的建造主题。设计从乡村物的日常观察开始，引导乡村系统建构的起点。其中，建筑—田园—产业一体化的思维综合体，结构—材料—全流程的建造综合体以及行为引导—管理经营—宏观推进的触媒式综合体的营建，成为在建造教学中对乡村综合体建造实践的理解。

关键词：建造教学；乡村综合体；乡村物

Abstract: The Village Complex is the topic of Construction Teaching Practice in Deyang Construction Competition in 2017. The design starts from the observation of Village-object, and then lead to the further village system construction. The thinking complex of architecture-garden- industry, the construction complex of structure-material-whole process, and the catalyst complex of behavior-management-processing become the main understanding of this construction teaching.

Keywords: Construction teaching; Village complex; Village-object

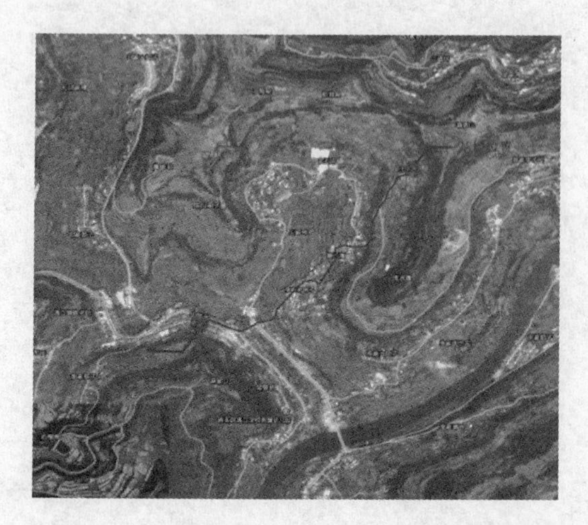

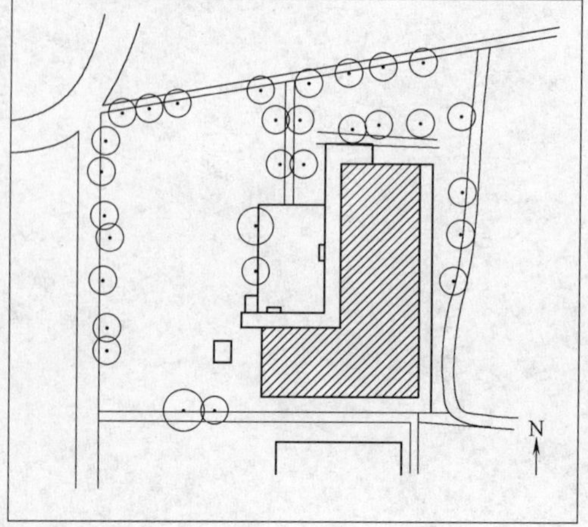

图1　北南鸽舍在龙洞村建造场地区位与场地平面

德阳龙洞村，一个四川的四级贫困村。问及龙洞特色，大家不约而同，甚至是唯一的回答是李花。在李花盛开的一个月中，各种旅游观赏活动，让村民获得了年收入过半的收益，却仍旧无法改变平日村庄的闲置与冷清。大部分村民生活仍处于贫困边缘。可见，如何让乡村的特色价值得以充分体现，以产生持续的全新活力与价值，是乡村复兴不可回避重要话题。

2017 年 UED 与德阳市共同组织的国际建造大赛，旨在通过一种在地化的建造行为和集中的事件，引发对于贫困乡村进一步提升优化的路径。全部 22 个国内外参赛院校，以“民宿＋”为主题进行设计建造，希望在最终 15 天的在地建造之后，形成乡村发展的启动点，由此自下而上的推动乡村的整体发展。东南大学团队师生在龙洞村东北山上（图 1）的“北南鸽舍”的主题建造，以一种乡村日常生活系统的再造，形成多元价值的乡村综合体。其中，方案设计从乡村日常观察开始，最终以一种信鸽平台的建立，结合多元综合体的建造，希望在乡村日常进一步再现的基础上打造具有触媒式主题的乡村营造模式。其中，乡村综合体的意义可以理解为一种建筑—田园—产业一体化的思维综合体，一种结构—材料—建造全流程的建造综合体，一种行为引导—管理经营—宏观推进的触媒式综合体

1　乡村物：日常阅读引导下的乡村系统的起点

在对空间的认知中，日常阅读，试图将设计者的视线从抽象的结构性思维，转向混杂、细微而具有集体记忆的日常生活，即有意识的从一种抽象局限转向对一种具体化的再度深省。“一种文学与另一种文学之间的差异在于该文学被阅读的方式，而不在于文本本身。”① 当日常阅读成为空间启动与差异化的途径之一，其阅读意识引导下的空间意图，成为空间再现的直接动力。

东龙村的阅读，从场地的夯土旧宅，废弃的信鸽笼，场地内随意堆砌但仍显匠心的砖石墙体，内含生机而荒芜的菜园，以及建筑周边的山体环境，均让人们从这种荒废的破败、零散的碎片、随意的习惯、默然的生机中，找寻到一种潜在的活力（图 2）。这种活力，让乡村的观察对象，从一种对象化的具体“物”向可以被延展而无限关联的系统“物”转化。如果“一种语言或者图形符号体系是某些形式的储藏地”②，那么，回归建筑学话语的日常系统，便在这些看似不经意的消极中，找寻得以最终形式呈现的潜力。由此激发的设计生成，在源于日常基本体验的基础上，成为超越日常而建构新日常的真正载体。

例如“鸽笼”，这种具体物的思维与视域的介入，在信鸽养殖、信鸽大赛、信鸽主题书屋、人鸽菜园、信鸽明信片、信鸽民宿等各种可“物质化”的联系中，找寻其空间化属性与联系，而这种“物”的观察，在日常本体呈现的基础上，融入了一种体验式的关联，并和场地的其他要素，如菜园、景观、入口、以及未来可能的建造对象产生联系。在此，这种被转译后的“乡村物”的内涵，远大于具体物的日常分析意义，而这种“乡村

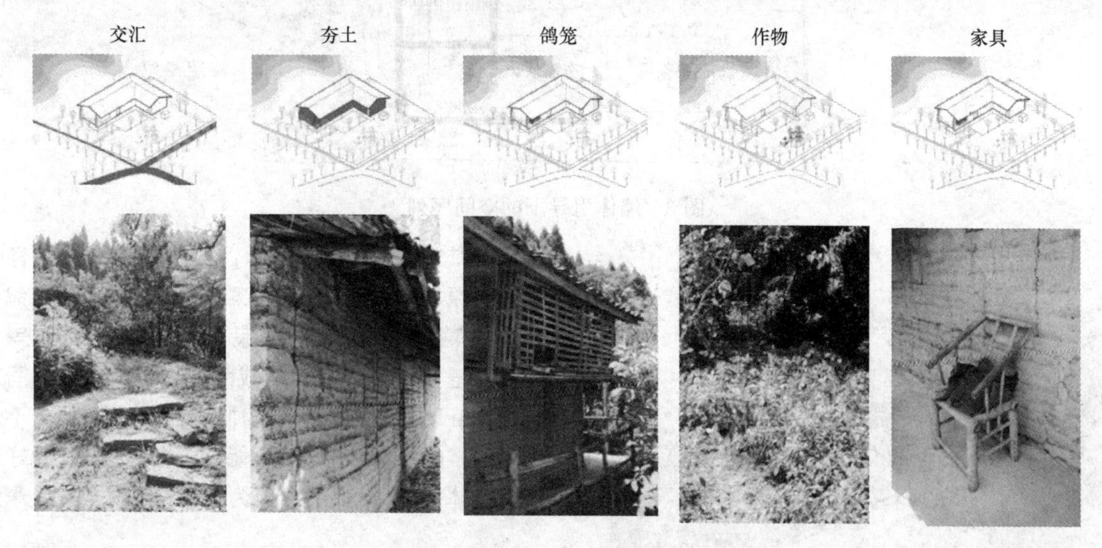

图 2　建造原有建筑与环境现状

① Michel de Certeau 在《日常生活实践》中，尝试引用博尔赫斯的诠释，(Jorge Luis Borges，cit，in Gerard Cenette，Figures，Paris，Seuil，1966，p123，）以说明阅读与文本的意义关联。

② Michel de Certeau《日常生活实践》p263。

物”的判断与最终的系统组织，这将以一种触媒式的联想，带来系统建立的潜力，并以体现日常在设计中的影响力，为未来的乡村综合体的建立，提供可以进一步延展的思维动力。乡村实践中的空间组织与优化，以物的感知开始，结合日常思维作为乡村特性的另一种切入研究途径，在乡村找寻环境、建筑、生活印迹与细节线索，反思在乡村快速的更新改造中，进一步被秩序化呈现的可能，以探寻日常作为一种设计思维的巨大潜力。物的介入、地点关联下的综合呈现，将阐述一种源于日常而超越日常的空间实践的秩序呈现。

2 建筑—田园—产业一体化的视域①综合体

乡村综合体，从零散信息开始，激发对于整体系统的建立，让学生从细微的现象中，找寻可以被进一步拓展的系统价值和整合意义。基于“信鸽”主题的乡村物系统的建立，建造设计主要围绕关注建筑而突破建筑的主旨思路，强化在“物”的产业引导下，建筑结合田园环境的发展模式。其中，从建筑环境整体概念的塑造，到建筑环境综合体的空间的组织，再到未来产业活动的设想，均形成可以进一步相互联动的系统组织模式。

首先，应对环境和建筑的整合，从建筑本体的内外联系到空间的整合引导，墙的处理，成为设计的重要一环，夯土墙体的局部少量拆除，可以打通内外的空间联系，而将夯土墙作为一种历史记忆进行强化同时，在院子中新建引导性的石墙，共同组织对整体空间的引导（图 3）。此外，基于安全度考虑，望山视线融合以及采光需求，整体屋架替换更新后对原有夯土墙进行的圈梁浇筑，也为未来屋架与夯土墙之间形成自然的采光带带来机会（图 4），并自然形成在房间内望山的视线通路。

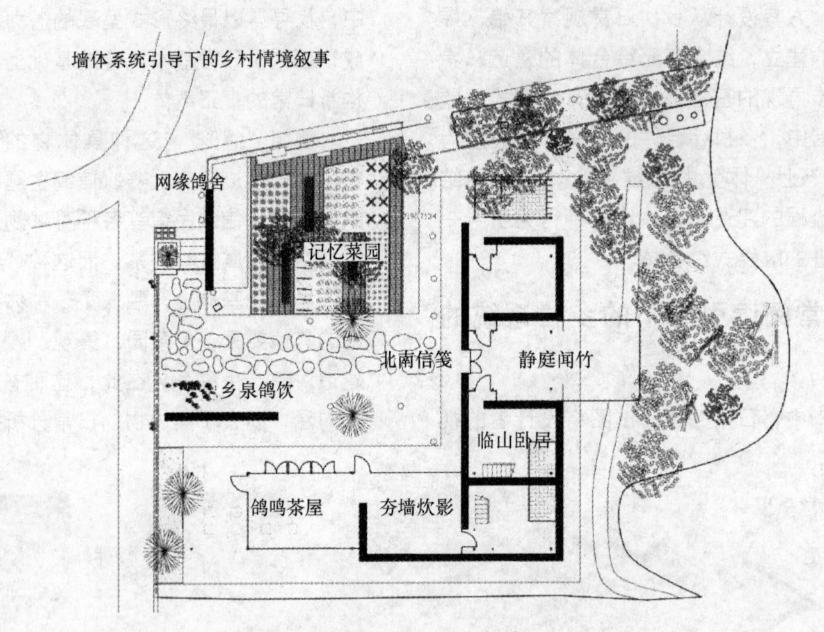

图 3　墙体引导下的空间序列

图 4　夯土与新屋顶之间的再造

其次，信鸽的主题，让田园的种植更具有明确目标。原本乡村普通种植的菜园，成为了可供信鸽和人共享的菜园和果园。菠菜、蒜苗、豌豆、李子树等各种乡村种植（图 5），在自然成为乡村特色景观的同时，也成为互动活动的媒介。这种行为活动的引导，不仅使普通游客的再次回流成为可能，还将带动信鸽爱好者团体的整体关注。养鸽主人作为资深的团体成员，深知该群

①“视域”概念在胡塞尔眼中在于说明单个对象与作为这些对象之总和的世界之间的相互关系，说明了具体、充实的视域与抽象、空乏的视域之间的联系。

体的影响力与消费力，由此，基于信鸽主题的特色民宿打造，在产业主体支撑下，将带来更多空间细节的优化可能。例如，从空间的细节优化来看，每个房间的房型，将根据未来客人的差异性，提供大房间，Loft 套型，以及一般房型，而差异性的房型设计，结合全新的卫生设施，让人们对乡村夯土材料的近距离认知，望山休息和品茶喂鸽，均留下深刻印象。

3 结构—材料—流程的建造综合体

作为建造大赛，帮助学生理解建造的多元意义，成为重要的一环。建造，不仅是体验与工人们一同在工地上劳作的过程，而是从设计开始，以建筑学的思维，建立短期的建造模式和高效流程，并在时间整合，技术评估和建造动态调整的基础上，进行协同合作。

图 5 田间种植的各种蔬菜成为未来人鸽互动的媒介

首先，建造可理解为是一种在地建造与预制建造的整合协同。设计将项目整体分解为现场弹性调控和工厂预制加工两部分，如，利用乱石和乡村材料堆砌的入口墙体和台阶，现场场地整理、基础浇筑、景观坐凳制作等（图 6），均需在现场结合实地情况进行调节。而新建的鸽笼、全新建筑木屋架等，则需要在前期进行精细化考虑预制拼装系统流程（图 7），使其在现场施工的同时进行工程预制。因此，15 天短期建造的流程管理，为学生在地建造感知形成全新的经验。

图 6 现场建造的对象

其次，建造意义还在于乡村独有特色以一种现代方式进行转译的建造逻辑。这在建造中可体现龙洞特有的日常材料以一种陌生化途径，重新找寻可以被进一步熟悉化的可能，并形成另一种熟悉而陌生化的材料、工艺、

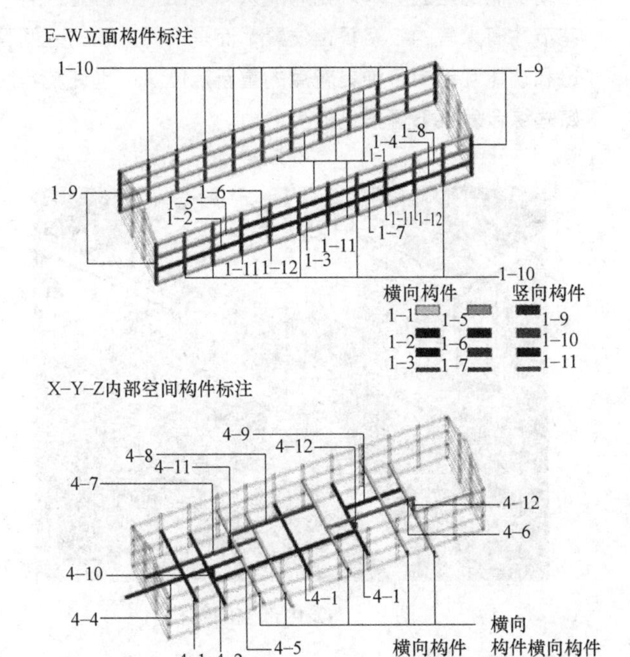

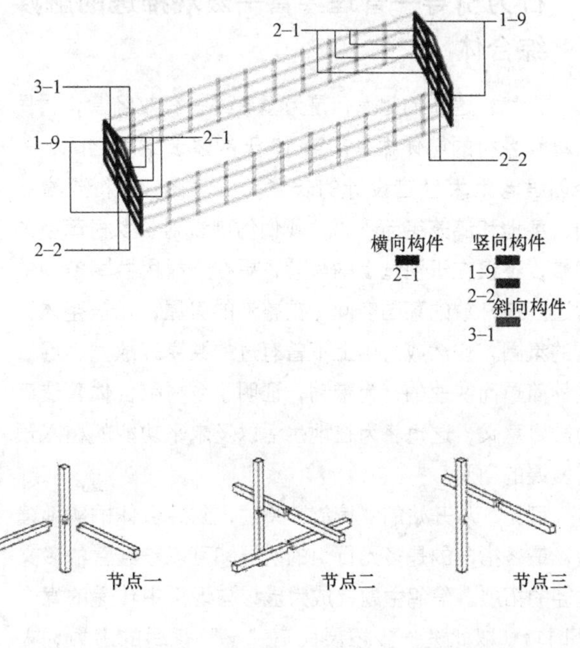

图 7 工程预制建造图纸

图8　各种建造材料的现代演绎

建造的再现。这种另一种日常的再现，在细微的拿捏与比较中，形成进一步被阅读的可能。设计希望从瓦片、绳子、碎石、废砖、石磨（图8）等各种乡村材料的重组中，找寻可以被进一步呈现的方式，并由此带来当下的地域性理解。

此外，建造中材料、结构与空间整体的意义重释。使得鸽笼的建造材料与结构（图9），在满足建筑自身支撑体系的基础上，满足鸽子停留的功能，也让内部的空间成为一种全新的鸽笼空间，这种基于空间使用上的结构转化，让建造本体（鸽笼和房屋）呈现结构的对象化意义，也让其最终的建造成为在现代与传统、日常与非日常之间对话的过程。

4　行为引导—管理经营—宏观推进的触媒综合体

当然，建造的起点，是为了最终的有效经营，村民共享和乡村的整体振兴。当15天的建造结束之际，一个邻居老太太坐在设计的长凳之上（图10），望着果园、菜地和鸽笼笑而不语，我们仿佛看到了乡村革新的力量，不仅在于视觉上的体验，更在于村民共享空间的营造。被开放的菜园空间，被整治的房屋，和被整体营造的氛围，豁然成为山上不曾有过的共享开放“客厅”，这种简单而快速的行为带动，证明了乡村综合体营造下的触媒意义，这也将为在地生活以及未来功能的植入预留发展的空间。

可见，从开始的“信鸽”关注，到综合体的实地建造，最终指向的是多元行为的引导和可以被经营的多义途径的拓展。信鸽主题，成为虚拟与现实中传递的媒介（图11），以此进一步拓展民宿“+”背后的潜力。人们在还未完工的开放空间中的聚会，孩童游戏中摄影的营地（图12），以及各种以此为独立个体进行经营或以此为中心进行整体开放的各种设想①，成为乡村的建造设计带来的无限潜力。虽然建筑未成，田里迫不及待成长的种植物证明（图5），周边的民已将此很好利用，并让这个还未建成的场地，拓展出无法掩饰的生机。

当然，22家院校各种点睛式的房屋改建，促使东龙的整体规划提上日程，这种真正的自下而上的推动，带来了乡村环境和整体基础设施的快速提升。如何上坡，环通，近距离抵达，以及供水、路灯等设施的规划，将散点式的改造空间系统性串联，使得在地的微观营建激发了整体结构的重组，即宏观与微观体系的积极互动机制的建立。未来龙洞的认知地图，不再是只有李花节才有人气的农家餐馆位置，而是不同主题的空间营造和功能互动中各种更新点的重新定位。这也许就是触媒式综合发展下可预见的生命力。

图9　鸽笼内部空间结构

①曾有幼儿机构希望在此以北南鸽舍为中心，整合周边的改造农舍，建立幼儿乡村教育基地。

图 10　乡村的田园和坐凳景观

图 11　明信片作为传递的媒介

图 12　节日到来北南鸽舍的大门成为乡村新的摄影场所

5　结语

建筑—田园—产业一体化全新整合，结构—材料—流程的在地建造，以及行为引导—管理经营—宏观推进的触媒式激发，这些均让同学在乡村的建造教学，体味在不同层面产生耐人寻味和激动人心的复合价值：

其一，是乡村物的认知延展与不同乡村要素之间产生互动价值。这充分引发了各类人群的参与动力。无论是原住民、外来旅游者、投资者、或者生产参与者，让原有单一价值拓展成为不同人群共享交织下的复合价值链，以此使原本单一属性的作物转变为具有内在动力的开放系统。在此，一二三产之间的界限逐渐模糊，固守于某种产业的思维定式逐渐被突破，其生产参与模式与机制被重新定义，价值链中不同价值的进一步强化，使物与人之间的关联更为紧密和开放。

其二，是村庄本体与田园融于一体的多维度体验关联价值。这种体验，不止于观光游赏，而在于村庄与田园完全不同的空间格局、参与方式和特色呈现下的综合感知，即一种原发于乡村的空间、物质、文化等综合的生态体系。其中，建筑、材料、空间、技术的话题，在村庄田园综合体的认知基础上，产生了全新意义。如，建筑与田园边界的模糊、乡村材料的技术转译，事件介入下的空间定义等话题，均让传统的乡村与田园在建筑学的视角下，形成全新链接，以此建立具有潜力的活力边界与再生点。

其三，是乡村生活和历史文化与空间行为互动带来了多义的日常价值。乡村在其传统文化与日常生活的助推下，以不断的反思、批判与回归得以持续循环发展。乡村的空间，无论是公共集中抑或零散消极，在基于日常认知的变革中，推动了对另一种空间行为与文化传承的积极思考与塑造，让原本单一，断裂、或者误用而无意的空间，成为动态、多义而具有活力和参与性的多层级载体。

简言之，乡村综合体的价值再现，让熟知的基本问题，成为可以被进一步“熟解”的对象；让同质体系的各类信息，成为可以被不断异质活化的关联要素；让习以为常的可视，成为一种被熟悉而陌生化的再现。基于此，共识信息得到重新编织与激化，乡村价值在既有的类型、判断、行为模式中产生未曾期望的跨越。

参考文献

［1］　Michel de Certeau，*The Practice of Every-*

day Life [M]. Oakland: University of California Press, 2011.

[2] Zhu Y, Chen Z, Liu X. The spatial engenderment of every body reading: teaching practice in the Chinese village of Shi-Shan-Xia, Lishui town [J]. Architectural Recsearch: Quarterty, 2017, 21 (3): 247-254.

图片来源

图 1～图 11，参与建造的同学组绘制与拍照

图 12，来自微信网络

薛佳薇　施建文　陈淑斌
华侨大学建筑学院；xjwhqu@hqu. edu. cn
Xue Jiawei　Shi Jianwen　Chen Shubin
School of Architecture，Huaqiao University

在乡村做模型
——建筑基础认知中四个草模的意义
Model in the Countryside：The Significance of the Four Process Models in the Architecture Cognitive

摘　要：强化趣味性和适度分解学习对象是建筑设计基础当中常用的教学方法，便于初学者分层次学习和理解；文章以华侨大学建筑学院前往土楼乡村进行建筑认知教学为背景，介绍实习设置的四个草模练习的教学意义，及其同后续教学的整体关联，说明草模练习是适应初学者分层次学习的可行手段，同时提示所有的分解学习对象都应从教学整体出发提炼要点，存在前后教学呼应和训练深化。
关键词：建筑模型；草模；土楼乡村；建筑设计基础；建筑认知
Abstract：To strengthen interestingness and appropriately decompose learning objects are commonly teaching methods used in the foundation of architectural design，which is convenient for beginners to learn and understand at different levels. Based on the background of architecture cognition teaching in tuolou village in the School of Architecture of Huaqiao University，this paper introduces the teaching significance of the four process models set up in practice and their overall connection with the subsequent teaching，indicating that process model exercises are a feasible means to adapt to the stratified learning of beginners.
Keywords：Architecture model；Process model；Tulou village；Foundation of architectural design；Architecture cognition

1　作业背景

"建筑认知"是建筑设计基础教学中经典的一环，通过作业安排让大一新生了解建筑的基本要点和特征，培养基本的建筑观。我院新生第一个作业前往土楼乡村进行建筑认知实习已持续 8 年，是我院基础教学的一个特色；教改之后，落实更丰富和详细的教学安排，是开学的重头戏，也是整学年教学文脉及基地的背景[1]。一方面要做好建筑启蒙、扫盲工作，为后续学习打铺垫；另一方面，左手行李、右手工具，颠簸的山路，乡村实习不只是让学生们新鲜、好玩而已，要如何体现乡村、校外教学的意义。选择土楼乡村出于两个主要考虑，一是建成环境、材料工艺相对更质朴自然，乡土建材都涵盖且装饰少；二是接待能力的原因，新生外出两周，安全舒适以保障教学顺利进行。

2　建筑认知与模型练习的教学设置

整个认知作业包括两个层面，首先是建筑与场地、人居使用、建造技艺的紧密联系的常规认知；其次是对于一栋土楼民居进行测绘。作业时间安排 4.5～5 周，其中 2 周是集中的乡村实习，后续 2.5 周（根据不同学期、可能外含国庆 1 周）回校深化。因此整个作业分为四个步骤，实地认知（实习第 1 周）、土楼测绘（实习第 2 周）、测绘深化（回校 1.5 周）、认知深化（回校

1～1.5 周)。本文所讨论的草模全部发生在外出实习的 2 周，从认知内容及教学整体出发，抽取四个要点设置草模练习，兼顾趣味性与可行性，包括村落印象草模、户外空间草模、凉棚草模——实体搭建、结构类型草模等四组模型练习；各草模对应的教学环节要点如表 1 所示。常规的视觉笔记也能达到教学目的，但对于初学者，专业基础为零，模型或者说手工制作，要比线条更容易上手和有趣，将更多时间体验观察，少量时间制作。每个草模结束后进行现场点评，由此建立的老师与学生、学生之间的交流。

认知实习教学要点及主要学习手段 表 1

实习阶段		实地认知(1 周)						土楼测绘(1 周)			
教学要点		场所		使用	形态/空间	材料与结构	建造	结构类型	观察及草图	测量	绘制
		聚落总体关系	组团								
学习手段	草模	√	√				√	√			
	视觉笔记	√	√	√	√	√	√		√		
	访谈	√		√		√				√	
	拼贴	√	√								
	文献	√		√	√	√					
	照片	√	√	√	√	√	√	√	√	√	
	其他									√	√

3　各草模的意义

3.1　村落印象草模及意义

实习第一天，学生们初步走访了即将在此生活学习两周的村落，爬山鸟瞰了村庄。下午五点安排半小时，要求学生根据初步体验中最鲜明的印象和要点，制作村落整体印象草模，比例、材料不限、就地自选、鼓励自然材料，学生从开始的彷徨较快调整为“有点喜欢这种自由创作”(图 1)。在此过程中学习了聚落与环境（自然、社会）的整体关系，包括山形水系、地势朝向；道路、村中心、村入口、分区等。图 2 是部分草模，集中的问题是初学者常出现四种以上的材料，点评时候对明暗、色彩、肌理方面的解释后改进；其次是材料原形毕现，手法“花”而迷失图底关系，点评时通过作业横向对比、增加对设计手法简约、到位的理解，认识到建筑师应当对材料具有甄别、加工、创新运用的思想；草模对于个性化、尊从体验的村落印象表达还不足。

图 1a　认知现场制作草模

图 1b　全班点评

3.2　户外空间草模及意义

户外空间是学习建筑之前大部分同学的“盲区”，也是初学者在建筑设计中的难点，只在意“有”的部分，没有意识到“无”的作用。即使在体验过程中提醒户外空间的存在及意义，但接收效果参差不齐，很多只觉得“空”就可以，没有意识到“和周边建筑的直接关联”；画平、剖面示意图是一种途径，还有拼贴建筑及院落的图底关系（图 3)，画和拼贴相对模型感觉较抽象、体验感不强烈、记忆不深；草模制作时要求根据比例立墙高（不做周边完整建筑)，以及地面起伏，4 人小组合作，1：100～1：200，1小时，纸箱板或KT板。在体验的基础上，学生步测、拍照及笔记。通过3～4面的围合制作的体验，强化了户外空间与紧邻的建筑外墙轮廓的相生与互动关系，围合程度与界面高度的关系，直观感悟“没有屋顶的房间”（图4）。对比模型与实际环境，好的户外空间首先是积极空间、人们乐于使用逗留的空间，与人的需求、场所位置、周边界面出入口等紧密相关。

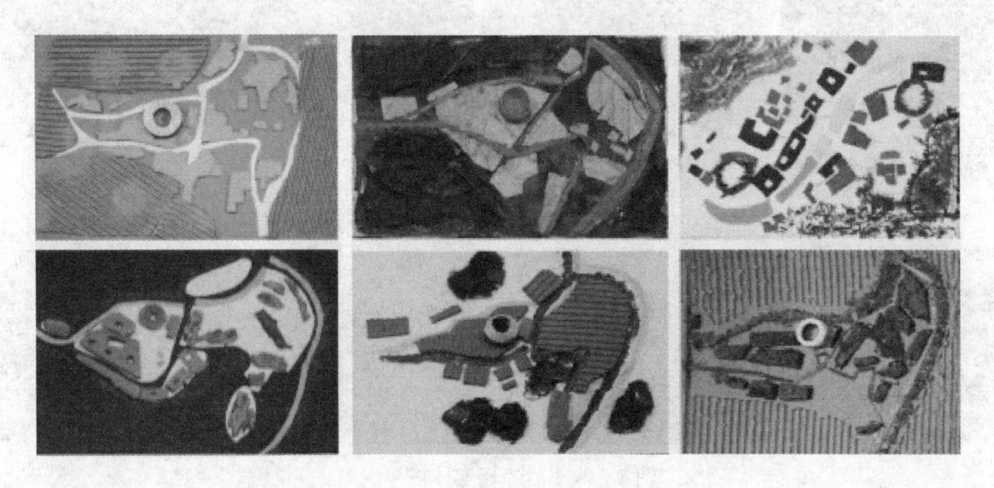

图2　村落印象部分草模

图3　户外空间图底拼贴

图4　户外空间部分草模

图5　凉棚搭建前的构思草模

3.3　凉棚草模制作、实体搭建及意义

建造教学往往考虑初学者的制作能力和校园条件，以纸板等简化材料施工工艺，用坐具降低设计难度，但也带来了理解程度的削减。乡村实习一方面便于从材料、结构、构造等层面观察土楼民居，理解就地取材、实现建造的考量；另一方面结合乡村场所较多，管理相对宽松，以凉棚搭建作为足尺建造的亲身体验，组员互动交流，将形成本质性的心得，影响后续的思考角度和深度。在实习第一周最后一天，认知阶段到理性测绘阶段的过渡，组员5～6人合作，占地约4×4m²，八小时建造，下午三点验收。前一天傍晚前完成选址及备料，前一天晚上小组构思制作凉棚草模。

前一晚，仍采取就地取材的模式，构思及制作1：50凉棚草模。老师并不指导，通过交谈了解到学生的兴趣点和出发点，大致控制可行性。草模反映出基于前几天的学习，学生建立从选址特点出发，主动朝向景观，结合人行流线等基本概念；另一个明显的特点是学生们集中呈现了对于造型的热衷，各种对于形态的设想和准备（图5）；再有是部分草模出现了草模构件交接的节点处理，兼有结构和视觉作用，如麻绳节点、纸胶球节点。

搭建当天，学生自主建造，教师走访观察、若出现承重结构等大方向困难的情况下给予支招。图 6 是学生搭建成果展示，主要材料是竹竿（截成 3～4m）及松树干，用作承重结构；其他就地取材的农具或废料，用作

图 6　八小时凉棚实体搭建成果

图 7　结构草模及评图现场

围护结构；工具为镰刀、手工锯。因为时间和材料的限定，以框架结构为主，结合基地特点产生形态、使用、围护结构等的多样性。

学生主要心得：①形态构思服从于材料交接等建造技术，很多方案和前一晚预想差异明显，草模中的想法若不能临时应变处理则必须抛弃；②建造满足使用者需求的凉棚，提升成果的价值，例如提供村民务农归来的休息亭、村民散点小卖亭、学生写生观景亭；③足尺建造对于人体尺度的直接体验，很多桌椅护栏的尺度不对，对比常用数据加深印象。

3.4　结构类型草模及意义

图 8　聚落要素拼贴

图 9　土楼测绘素模

图 10　户外空间设计

图 11　乡村小筑设计

图 12　乡村活动小站设计

区别于混凝土测绘对象的梁柱板浇筑成整体，乡土建筑清晰区分的结构关系、层级分明，在乡村学习测绘，不只是学习制图语言，还可通过建造露明的乡土建筑中清晰的结构组织关系，初步了解结构知识和类型，测绘也就成为更深入的建筑“认知”。

测绘周第一晚，测绘小组（4 人）以纸箱板、KT

板、烧烤棒、一次性筷子为材料，1：100 制作结构草模，制作对象包括测绘对象、教师选取的其他小建筑或构筑物（丰富对象、常见的结构类型），时长 1 小时，要求表达几种常见、主要的结构类型，介绍其承重部分及非承重部分；土、石、砖等散块材料墙体，直接以厚板表达其整体性。图 7 是学生模型及评图讨论现场，草模提炼了真实的受力关系，学生对常用的结构类型有了直观的认知，体会到有些看着一样，但实际受力不同。

4 “草模”的特定性

新生在没有任何模型训练、工具不足、材料有限的情况下，制作的草模其“糙”的程度可想而知，部分却也有朴拙之趣。草模以趣味性的制作，活跃新生的学习氛围，打破他们过往学习中标准答案的惯性。更关键的是，“模糙理不糙”，草模的存在都不只是认知实习为了活跃学生的“偶然性”练习[2]，是整体教学中主要的知识点、后续教学的铺垫，或近或远地存在教学上的特定思考，体现教学思考的连续性[3]：①近则体现在本作业后续深化环节，如村落印象草模在“认知深化”阶段发展为村落认知要素拼贴（图 8）；结构类型草模发展为测绘深化阶段的“检验模型”——用测绘的二维图纸数据制作素模，测绘二维图纸——三维实物的转化（图 9）；②远的话则体现于设计基础的后续作业，如户外空间认知草模为“村落户外空间设计”做铺垫（图 10），对设计选址有个深切的体验；凉棚实体搭建、结构类型认知草模的选址是“乡村小筑”的铺垫（图 11）；结构认知草模还关联到大一下最后的综合性设计“乡村活动小站”（图 12），建立功能、空间与结构落实的主动性思考。

5 结语

强化趣味性和适度分解学习对象是建筑设计基础当中常用的教学方法，便于初学者分层次学习和理解；分解出来的片段性练习不应是热热闹闹的“偶然性”，通过教学上前后关联，前后呼应，形成有机的整体，同时也让学生意识到各种分解要素在后续设计中被整合运用。本文以土楼乡村建筑认知实习的四个草模，体现草模这种手工制作的行为在认知初始阶段便于初学者学习和兴趣、理解和加深记忆；同时在整体教学设计中，这些教学要点再次被点题回忆、再运用，体现对教学理念的清晰与结构逻辑性，对场地、使用、建造、形态、空间等设计要素的关注及其训练的不同深度。

参考文献

[1] 薛佳薇，曾琦芳等. 当代乡土为理念的建筑设计基础教学探索 [J]. 建筑师，2018（4）：113-119.

[2] 顾大庆. 小议建筑设计教学中建造课题的几个属性 [J]. 中国建筑教育，2015（3）：88-89.

[3] 郭屹民. 对坂本一成的访谈：基于建筑认知的建筑学教育 [J]. 建筑学报，2015（10）：12-17.

田铂菁　李志民　王怡琼
西安建筑科技大学；529812802@qq. com
Tian Bojing　Li Zhimin　Wang Yiqiong
Xi'an University of Architecture and Technology

乡村聚落空间更新活化设计教学研究
——本科毕业设计教学记*

Study on the Revitalization Design of Rural Settlement Space
——Undergraduate Graduation Design Teaching

摘　要：本科毕业设计教学一乡村聚落空间更新活化设计教学研究系列，依托实际的研究课题，进行研究性的学习过程，通过问题导出与概念规划、建筑策划与方案设计、信息反馈与深化设计三个环节主题内容设置，使得学生以委托人身份，通过资料梳理归纳、调查研究与数据分析，结合人居环境科学理论学习、运用建筑计划学方法，科学有效地探寻设计依据，目的在于培养学生参与实践项目的系统全面的综合能力。

关键词：毕业设计；乡村聚落；问题导出；建筑策划；深化设计

Abstract：Under graduate Graduation Design Teaching-Village Settlement Space Renewal Design Research Series，relying on practical research topics，conducting research learning process，through problem extraction and concept planning，architectural planning and program design，information feedback and deepening design The content setting enables the students to use the information of the client，the research and data analysis，the study of the scientific theory of human settlements，and the use of architectural planning methods to scientifically and effectively explore the design basis. The purpose is to train students to participate in practical projects. Comprehensive capabilities of the system.

Keywords：Graduation design；Rural settlement；Problem export；Architectural planning；Deepening design

1　课程任务及目的

毕业设计是建筑学专业本科教育的重要环节，学生经过四年半的系统学习，对建筑学相关基础知识、基础理论和基本技能等通过毕业设计阶段学习进行的一次系统全面的综合总结。毕业设计课程“乡村聚落空间更新活化设计研究系列”，是课题组实际的研究项目。通过课程内容的设置，使学生具备一定的研究能力，即依据现状提出问题、运用科学方法分析问题、结合相关理论解决问题的能力，目的在于系统培养其设计思维，提升综合性的设计能力。

项目选址位于汉中勉县老道寺镇张家湾村和关中咸阳乾县阳洪镇山坳村，课程内容主要分为乡村聚落公共空间更新设计及乡村聚落介入式民宿设计两个题目。结合村落资料收集与梳理、调研分析与数据整理，选取乡村聚落既有或废弃的公共建筑及宅院建筑进行结构、技术、功能、材料等相关内容的空间活化更新设计，面积控制在 2～3km^2 内。教学难点在于如何使学生科学有效掌握分析资料、处理数据的方法，找出现状困境，提出建筑科学问题，进而科学有效地探寻设计依据。

*本文获西安建筑科技大学校级教改面上项目资助，项目编号 JG021601。

2 课程内容及步骤

课程内容主要分为问题导出与概念规划、建筑策划与概念设计、信息反馈与深化设计三个部分。

2.1 问题导出与概念规划

问题导出是科学寻找设计依据的关键，在学习过程中注重现状问题的挖掘具有实际的实践意义。要求学生现场调研与资料分析相结合，自选题目类型，通过村民生活观察与体验、访谈问卷及相关村落资料的科学梳理，找出现状困境，凝练建筑科学问题，提出相应的解决方案。

具体实施步骤：首先，经过乡镇政府的资料收集、村民问卷访谈、现场测绘与记录、生活观察与体验。通过拍照、测绘、白描、访谈问卷等记录方式，归纳总结。采用科学的数据采集和分析方法，定性定量的找寻村落当前公共空间环境、村民生存需求的主要困境，提出适宜地解决方法；其次，满足村落发展与村民生产生活需求，对村落可持续性发展规划进行定位，以小组方式提出概念规划方案，进而在概念规划区域内选择建筑类型，进行基地范围的界定；最后，归纳梳理既有建筑类型，分析其建筑空间特征、影响因素、演化规律及形成愿意。目的在于培养学生独立分析、思考实际建筑设计核心问题的能力，提高具有研究性探索设计实践的能力。

例如：（图1）勉县张家湾村概念规划依据当地农业产业、经济发展等信息梳理、村落地形地貌分析、地域文化、经济发展等因素，结合村民的生活轨迹的观察与体验，提出时空观的概念规划。即将村落规划定位为归田园居的旅游型村落，并分为三期规划建设，包括前期活力注入的村落艺术家中心设计、中期规划的村落麦浪集市设计、以及后期的村落旅游民宿的介入与发展。

2.2 建筑策划与方案设计

建筑策划是“将建筑学的理论研究与近现代科技手段相结合，为总体规划立项之后的建筑设计提供科学而逻辑的设计依据”①。课程要求在小组进行概念规划基础上，依据自己界定的基地范围，满足村民实际需求与村落的发展趋势，自行拟定建筑策划书。目的在于理解村落内外发展因素的同时，结合科学有效的分析方法，相关的理论学习，把握好建筑体量关系、形成人、建筑、空间环境的互动思考，对于探寻实际项目的设计依据具有重要实践意义。

具体实施步骤：首先，依据小组概念规划，选取建

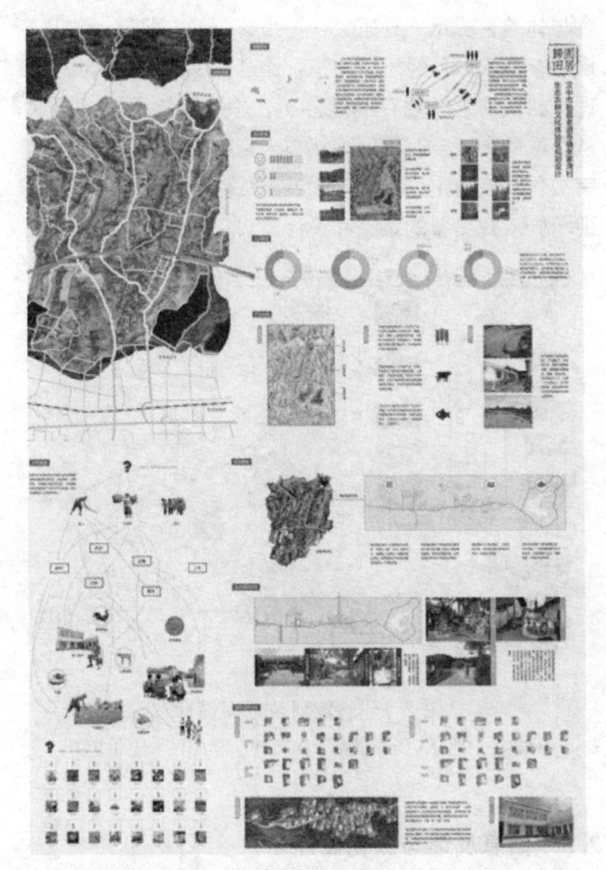

图1 问题导出与概念规划

（学生：贾晨曦、李德全；

指导教师：田铂菁 李志民 王怡琼）

筑类型，确定建筑主要用途和规模，明确其体量尺度关系；其次，梳理与分析村落地域文化、社会经济、地理特征、人口构成、村民生产生活的需求关系等，提出适宜村落发展和村民生产生活需求的建筑使用功能和相应的面积数据范围；其次，对建筑当前空间现状的整合模式与整合措施进行梳理，分析演化过程，运用科学分析法，对未来村落可持续性发展及村民可持续性生活生产行为展开预测，进行空间构想，提出建筑设计概念；再次，整合建筑形态、细部、材质、形态、文化以及建造工艺的需求，逐步实现和调整方案设计。目的在于培养学生在可持续发展理念指导下，具有研究性探索设计实践的能力，为学生适应实际工作和今后发展打下良好的基础。

例如：（图2）以禅文化为引导的山坳村更新设计。首先结合山坳村历史资料梳理、文化特征挖掘及生活观

① 引自：庄惟敏. 建筑策划与设计［M］. 北京：中国建筑工业出版社，2016：7.

察与体验，提出“禅宗文化”为核心的文化复合性更新概念；其次，从经济、人口，通过现存典型民居户型梳理、村民需求及现存问题分析，总结影响因素；再次，从选取的更新宅院进行现状与未来空间预测，提出“禅宗文化”旅游定位的村落发展思路，提出既有宅院建筑进行介入式更新的策略和设计方法。

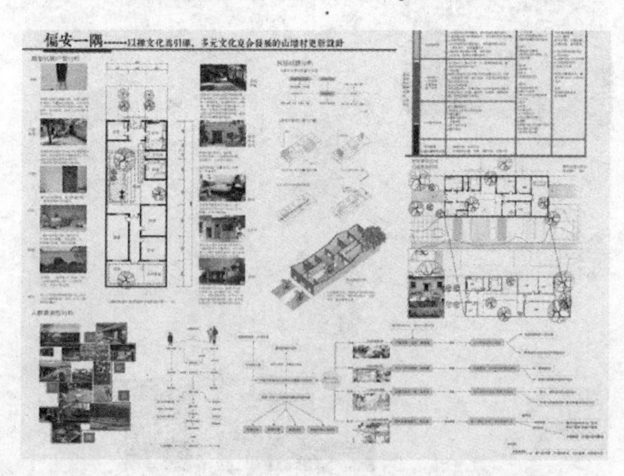

图 2　建筑策划与方案设计

（学生：刘闯；指导教师：田铂菁　李志民　王怡琼）

2.3　信息反馈与深化设计

乡村聚落空间更新活化设计，对于建筑的空间与形态考虑，需要权衡影响村落发展的内外环境因素，并及时收集村民对于设计的反馈意见，不断调整完善设计内容。

毕业设计的深化设计不仅仅停留在图纸的完成深度上，一方面需要结合村落实际的地理位置、气候条件、考虑其布局特点、平面组织方式；地域文化特征方面考虑建筑细部构造、材料及建造工艺的传承与创新等；经济产业条件考虑其建筑的节能设计、甚至施工步骤等；现状困境考虑其结构方式的更新、功能的置换、丰富生活空间的营造等；更新设计涉及建筑的新旧融合设计方法。如何在村落发展中体现地域文化性特色，同时兼具经济性舒适性美观性的特征。一方面，需要在建筑形态、体量、尺度、材质肌理、色彩、建造工艺、建筑技术、经济条件、现代审美等多方面满足村民的生产生活、村落发展的需求、权衡多方面权益比较；另一方面，针对实际的项目，需要对阶段性完成成果进行村民、村委会的意见交换，及时收集反馈信息，不断完善设计内容、优化设计深度。目的在于全面理解实际的项目操作过程，提高学生系统全面的设计能力。

具体实施步骤：首先，在完成建筑策划书的基础上，通过前期观察生活与体验、现状分析与资料收集、访谈数据的科学信息，形成人、空间、环境相互影响的思考方式，提出概念设计；其次，对村民的可持续性生活需求提出空间构想，并结合实际现状，将空间体验与感知、结构方式、建筑形态、材料构造、景观细节及建筑技艺等要素转化成图示语言，完成设计实践；再次，将方案设计与村民及当地村镇政府进行意见交换，修改设计成果，并提出适宜的实施步骤。目的在于将设计成果真正融入村民生活需求，村镇发展建筑趋势当中，使学生作业成果达到有实施的现实性及合理性的建筑方案深度。

例如：（图 3）勉县老道寺张家湾村的公共空间更新设计—麦浪集市建筑设计。通过问卷访谈及村民日常生活记录、结合村民及时的信息反馈，运用科学的调研分析与数据整理方法，不仅要求创作丰富村民日常生活交往的趣味性空间，而且需要满足村落经济发展，吸引外资进入，提供经济农作物交易平台。只有通过科学有效的调研分析，才能根据具体实际问题，明确建筑真实需求的功能内容、相关面积需求范围，进而提出麦浪集市的具有创新性的方案设计。在设计内容深度上，更多体在现在对于建筑的综合全面的考虑，如地域材料的新运用、气候适应性的节能布局方式等，体现较为深入的学习研究过程。

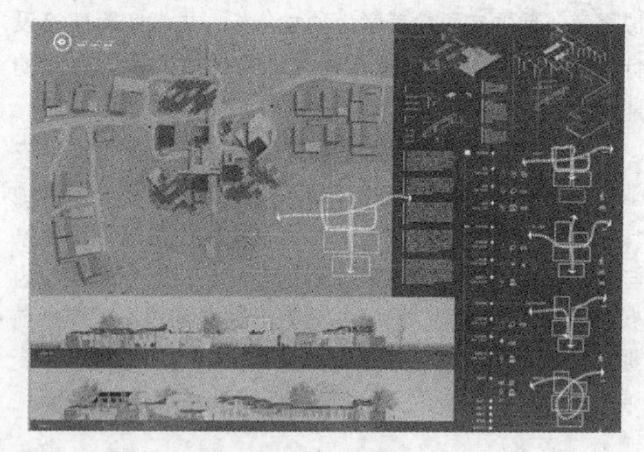

图 3　深化设计

（学生：李德全；指导教师：田铂菁　李志民　王怡琼）

3　结语

本毕业设计以实际工程项目为依托，组织学生以专业负责人的身份，在教师的指导下，通过资料收集分析、实地踏勘、策划定位、方案设计、相关专业深化设计等，全面系统的掌握设计全过程。在课程教学中，注重培养学生独立完成建筑设计的综合研究能力，不仅提高学生分析问题、解决实际问题的能力，而且在面对今后实际问题时，能够运用科学方法，结合相关理论，科学有效地探寻设计依据的能力。

参考文献

［1］ 庄惟敏. 建筑策划与设计［M］. 北京：中国建筑工业出版社，2016：7.

［2］ 龙华楼，刘彦随，邹健. 中国东部沿海地区乡村发展类型及其乡村性评价［J］. 地理学报，2009，64（4）：426-434.

［3］ 韦娜. 西部山地乡村建筑外环境营建策略研究［D］. 西安：西安建筑科技大学，2013：034.

［4］ 张群. 乡村建筑更新的理论研究与实践［J］. 新建筑 2015（1）：28-31.

［5］ 罗汉仪，罗颖森，吴菊阳等. 乡村发展类型［J］. 研究及其乡村性评价——以广州收盘美丽乡村为例［J］. 中外建筑. 2015（3）：59-61.

张斌　杨威　戴秋思
重庆大学建筑城规学院；494448361@qq.com
Zhang Bin　Yang Wei　Dai Qiusi
Faculty of Architecture and Urban Planning，Chongqing University

浅议乡村背景下的建造实践与教学

——从重庆大学建筑城规学院参加国际高校建造大赛谈起

Discussion on Construction Practice and Teaching under Rural Background

——From the participation of Faculty of Architecture and Urban Planning，Chongqing University in International Student Construction Competition

摘　要：近些年来，随着国内乡村营建活动的蓬勃发展，与乡建有关的教学亦逐步走进国内建筑院校的课堂。文章通过分析、总结以重庆大学建筑城规学院为代表的国内诸院校参与乡村营建及相关教学的经验与教训，提出理性、系统地开展与乡村营建相关的教学，并以此为基础，不断进行社区、乡村建造实践，可有效增加学生对建筑本体的认知，培养其动手能力，增加对社会的了解。从而为其成长为合格的建筑师打下坚实的基础。

关键词：乡村营建；建造；分析；教学

Abstract：In recent years，with the blooming development of rural construction activities in China，rural construction related teaching has gradually been introduced to classroom of domestic architecture colleges and universities. By analyzing，summarizing the experiences and lessons of domestic colleges and universities represented by the Faculty of Architecture and Urban Planning，Chongqing University participating in rural construction and related teaching，this paper has proposed to rationally and systematically carry out rural construction related teaching activities，and continuously carry out community and rural construction practices，which can effectively strengthen students' perception of architecture ontology，cultivate their hands-on ability，and increase their understanding of society，so as to lay solid foundation for them to grow into eligible architects.

Keywords：Rural construction；construction；analysis；teaching

1　前言

当下，随着建造教学的发展，国内部分建筑院校走出象牙塔，积极在城市社区、乡村开展真实建筑（构筑物）的建造活动。从 2016 年始，重庆大学建筑城规学院（以下简称重庆大学）参加了 UED 杂志社发起并举办的国际高校建造大赛。以赛事实践为依托，以乡村、建造为主题，重庆大学展开了一系列教学改革活动。总结这些教学实践的经验教训，并对此进行理性的分析与思考，将对以后的建筑学教学大有裨益。

2　溯源

早在 20 世纪 60 年代，欧美部分建筑院校的师生将建造目标定位于服务社会，走出校园，在社区、乡间开展建造活动。例如 1967 年，在由查尔斯·摩尔在耶鲁大学开创的实际课程中，学生与社区居民联合开展设计、建造房屋[1]。由奥本大学萨缪·莫可比成立的乡村工作室，从 1992 年起不断在乡村开展建造实践教学。莫可比让学生懂得，“通过自己的努力可以改善社区的状况”[2]。在欧洲，柏林工业大学组织本科学生参加“学生在（某地）建造”的课程，通过设计和建造帮助拉美、非洲、亚洲等欠发达乡村改善基础设施。

国内近年来，一些建筑师、大学、社会机构相继发起了多场面向社区、乡村的建造活动，不少大学生也参与到这些活动中来。2016 年 UED 杂志社举办了第一届国际高校建造大赛，国内外 20 多所高校的大学生参赛，成为国内目前赛事规模最大，参与人数最多的乡村营建活动；而从 2016 年到 2018 年即将举行的江西趣村夏木塘——国际高校建造大赛，其赛事始终聚焦于乡村营建，这也为国内高校的建造教学提供了较好的乡村实践平台。从参加 2016 年楼纳国际高校建造大赛开始，重庆大学逐渐将乡村营建作为一个课题纳入到教学体系中。通过课程训练及赛事实践，发现教学中的短板，厘清教学思路。另一方面学生通过参加大赛，提升对建筑的认知，不断培养动手解决实际问题的能力，了解当下中国的社会状况。

3　乡村营建增强对建筑本体认知

在 20 世纪 90 年代末，随着建造风潮的兴起，包括重庆大学在内的国内多所高校均在教学中引导学生认知材料、结构、建造工艺等对于建筑的重要性，取得了不错的成绩[3]。但近年来经过一系列的乡村建造实践，重庆大学师生认识到乡村营建非一般的建造活动，其复杂性与困难程度远超预期。乡村营建作品一般要求具有真实的功用，更长的保存时间。这对作品的建造材料、结构、建造方式提出了更高要求，也促进了学生对建筑本体的认知。

3.1　促进结构教学

首先，在结构方面要求学生能利用简便的方法确定作品的结构体系，严格控制作品的强度、刚度及稳定性。如以重庆大学 2016 年国际高校建造大赛的作品“栖洞”为例——学生在方案设计时注重对结构体系的合理选取，利用一批中等直径的竹子排列为圆形，牢固连接后作为束柱，形成类似于核心筒的核心受力体；外围六组悬臂梁呈六边形分布，各自与束柱相连，相互抵消侧推力，形成遮蔽空间。这一结构体系设计巧妙而又简单实用，使“栖洞”在楼纳矗立近三年依然完整（图 1、图 2）。与之相对照，回顾近些年来在部分高校举办的建造大赛，都可以看到这样的情景：作品空间尺度好，形态优美，但三两天后建造作品就出现了较大的变形，甚至是垮塌。反思其原因，是在日常建造教育中一些院校的结构教学与建筑设计课程脱节，忽视又或者是结构教学缺乏系统性等导致了上述“现象”的产生。

图 1　乡建作品——“栖洞”

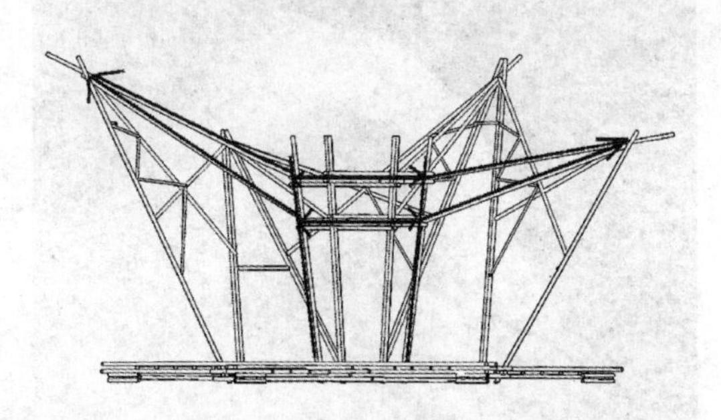

图 2　“栖洞”结构体系

针对在实践中出现的问题，重庆大学在建筑学基础教育阶段强化结构教学，除去与结构理论相关的课程外，鼓励教师在建筑设计课中开展结构教学。如组织学生通过分析经典大师建筑案例学习结构知识；利用1：1实作体验各种材料的受力特性（图 3）；设计并制作一系列微型构筑物，逐步训练学生在设计中系统地构建结构体系等。通过多种直观且寓教于乐的形式，较好地培养学生在建筑设计中的结构意识，激发他们学习结构知识的兴趣。作品“栖洞”获得成功便是一系列结构教学改革成果的体现。

3.2　利于了解材料、工具、建造方式

虽然乡建所用材料与惯常的建材并无太大区别，但在乡村背景下，其加工工具、建造方式却大有不同。

一般而言，为地域位置、交通状况及预算成本的限制，一些在城市常见的材料加工及建造方式在乡村难以实现。但事物总具有两面性，当一些材料，建造方式受限时，另外一些传统的、地域性的材料和加工方式却在乡村中因为技术适宜，制作方便（乡民基本能掌握），营建成本低而焕发出旺盛的生命力。例如竹材，在当今

的城市里已退出大规模使用的行列，可在乡间却是建造的主要用材之一。在 2016 楼纳国际高校建造大赛中，各参赛高校均选用竹材进行搭建，完成了多个优秀作品（图 4）。但审视这场大赛，也发现不少学生在建造时所暴露的问题。典型的如因作品设计要求，需将一批竹材弯曲为弧形。这种要求通过工厂制作是容易满足的，但在乡村由于加工工具的缺乏，更由于学生对传统加工工艺的不熟悉，使其面对竹子束手无策。反观当地的乡民却熟练地利用土法制作的工具在竹子不均匀受热时加工便得到了弧形（图 5）。分析这些问题，可发现其源头在于某些建筑院校对建造教学不够重视，认识较为片面，使学生依旧热衷于“图面”建筑学，对建造工艺、建造工序安排知之甚少。连一般的建造知识尚无法掌握，更无法谈及对建造技术和工艺的了解。

图 3　利用砖搭拱券实验

图 4　楼纳建造大赛部分作品

图 5　乡民用土办法弯曲竹材

重庆大学针对建造实践中出现的类似现象，在建筑学一年级展开教改，将建造列为与空间、形态、环境等同等重要的知识重点，把建造教学贯穿于“元素连接”、“单一空间”、“复合空间”等多个教学单元中，诱导学生对材料、建造工具、建造工艺及建造工序等展开学习和研究；利用地处西部的条件，以讲座、建造竞赛等方式帮助学生熟悉、逐步掌握传统的建筑材料和建造工艺。在增强学生文化自信的同时，也为今后的学习打下坚实的基础。

4　培养动手能力、了解乡村社会

通过乡村营建能培养学生动手解决问题的能力，促使学生更加了解中国乡村的实际状况。“河北的工作与学校所学的最大不同在于，我们必须去考虑如何靠自己的双手去实践它。在这里，我们设计和讨论，手里所有的只是简单的设计图纸，容易购买的便宜材料和一些基本的施工工具。如何安排人手，制定工作计划；如何赶走基地树上筑窝的马蜂窝，以便开始正常的施工……”[4]。这是于 2013 年毕业的天津大学博士张早在参加过乡村营建活动后的感慨，却也是对乡建的真实写照。

对乡村营建的讨论可分为两个方面展开，一方面是物质层面，建造是“making”、“bauen”，是指实际动手使用工具进行制造。故建造教学强调培养学生的动手能力。乡村环境更复杂、营建条件更艰苦，更考验学生动手解决实际问题的能力。另一方面则是社会层面，向大众提供服务是建筑师的责任，而民众需要什么则是建筑师必须了解的；且乡民们在社会中总体处于弱势地位，其要求常被其他声音所淹没，因此参与乡村营建活动则为学生了解乡村社会提供良机。尤其在振兴乡村的大背景下，通过乡村营建活动和教学了解乡村的实际情况，对学生的成长是大有裨益的。

重庆大学在进入新世纪以后，一面逐渐开展建造教学，一面不断组织师生开展各种社会实践活动。如持续多年的“无止桥”项目，每年必有的乡村调研，从 2016 年开始加入的国际建造大赛等。这一系列的活动让学生走出校园，走进社区、乡村，在亲手实作的同时，亲身去了解当代中国社会（乡村）的风貌。

5　结语

行文至此，又闻第三届国际高校建造大赛即将拉开序幕，包括重庆大学在内的国内众高校蓄势待发。而在同期，一些与乡村有关的活动也开展得如火如荼。可见以乡村营建为主题的活动不但成为建筑界的热点，同时也成为建筑教育界的重点之一。但需指出的是，应警惕将乡村营建及相关教学当作一阵风潮，风来时抱“佛脚”，风去时便弃之墙角；或抱着蹭热度的想法参加乡建。这都会对乡村营建以及正常的建筑学教学带来负面影响。

总结重庆大学的经验：若开展与乡村营建相关的教学应做好教学体系的顶层设计，让乡建教学成为体系的一个组成部分，而不是临时的集训或“应景之作”；应明确乡建的教学目标，合理设计教学单元，有序培养学生在建造各方面的能力；当然最重要的是学以致用，应不断在社区、乡村开展建造活动，以实践检验相关教学成果。只有这样，乡村营建才能真正走进建筑学的课堂，融入到整个教学体系中，发挥其优势，增加学生对建筑本体的认识，加强动手能力，扩宽对社会的了解，为最终成长为合格的建筑师打下基石。

参考文献

[1] Richard W. Hayes，Robert A. M . Stern. The Yale building Project：The First 40 Years [M]. New Haven：Yale University Press，2007.

[2] Andrea Oppenheimer Dean，Timothy Hursley. Rural Studio：Samuel Mockbee and an Architecture of Decency [M] . New York：Princeton Architectural Press，2002.

[3] 姜涌、包杰. 建造教学的比较研究 [J]. 世界建筑，2009 (3)：110-115.

[4] 张早. 建筑学建造教学研究：[博士学位论文]，天津：天津大学，2013.

余亮　曹倩颖　丁雨倩　王梦娣　廖庆霞　庄涛
苏州大学建筑学院；yuliang _ 163cn@163. com
Yu Liang　Cao Qianying　Ding Yuqian　Wang Mengdi　Liao Qingxia　Zhuang Tao
School of Architecture，Soochow University

传统民居：建筑装配技术的可追溯源头及进化语句*

Traditional Residence：Traceability Origin and Evolution Order of Building Prefabricated Technology

摘　要： 装配式建筑搭建速度快和易确保工程质量，以及易规模化生产等优点，颇受各地欢迎，不少地方推出了相应的产业发展布局和扶持政策等，装配式建筑有被热捧之感。对于装配式建筑，目前还缺乏较广较深的追究，特别是追溯研究，如传统民居装配方法对后世建筑的扩散继承。传统民居不仅提供了早期人类最实用可居的建筑空间，同时孕育了装配建造的最初理念和建构模式。民居装配方式的语境和语序可追溯梳理，现代建筑装配理念及体系的发展源头在民居。本研究从建筑的搭建方式入手，通过解析装配式建筑的基本建构特点，追溯探析传统民居形态生成的装配基因和应用特点，为更好地梳理研究民居形态及文化的完整语句作必要的基础铺垫。

关键词： 中国传统民居；装配技术；可追溯源头；进化；语境语序

Abstract： Prefabricated buildings are very popular because of their speed and quality，as well as the advantages of easy large-scale production. Many places have introduced industrial development layout and supportive policies，prefabricated buildings have been in hot demand. But there is still a lack of in-depth research on prefabricated buildings，especially the retrospective study. For example，the prefabricated method of traditional residence has no obvious traces on the extension and inheritance of the later architecture. Traditional residence not only provide the most livable space for early humans，but also give birth to the original concept and construction mode of prefabrication. The context and order of residential prefabrication can be traced，and the origin of modern building prefabrication concept and system lies in residence. This study started with the construction，analysised of basic construction features of prefabricated building，and traced back the prefabricated gene and characteristics of traditional residence.，as well as in order to make necessary foundation of researching the residential shape and culture of the complete statement.

Keywords： Traditional Chinese residence；Prefabricated technology；Traceability；Evolution；Context and order

装配式建筑因搭建快速度和易确保工程质量、绿色少污染，特别是方便实现规模化生产等优点，无论是政府还是其他组织，近来均表现出高度的关注和接受热情，如住建部牵头起草了国家标准《装配式建筑评价标准》（征求意见稿）[1]，上海市住房和城乡建设委推出

* 项目资助：国家自然科学基金面上项目（41371173）。

《上海市装配式建筑 2016—2020 发展规划》[2]，有产业布局和扶持政策等，凡是种种，装配式建筑有被热捧，作用不乏被“夸大”之感。细想下不难推测，热捧现象背后是装配式建筑的强大基因，说明社会对智能制造代表的科技及装备进步，对未来建筑发展积极影响和促进的认同。

世界上很早应用装配方法营造建筑，一些经典例子莫大地影响了后人的设计营造观念，1851 年的伦敦世博会水晶宫和 1889 年的巴黎埃菲尔铁塔，采用预制的装配构件，出乎意料地留下了因装配展现的独特造型想象力。装配式建筑因建筑类型和施工、材料等差异有不同的适用方法，从目前的国内情况看，主要集中在高层类住宅和 PC 构件使用，应用广度和类型还显不足，研究上的深入程度有待拓展，特别对追溯研究，如传统民居对装配方法的作用与继承，交叉融合的痕迹不深。近年来，民居研究从单一的学科研究走向多角度研究模式，研究层次在逐步加深，从单纯的描述性研究过度到民居内在的逻辑研究[3]。既有的中国民居研究体系中，以建筑特征、地域文化特征为基础建构的民居建筑谱系和研究框架已较为成熟，而关于营造技术的研究，虽不乏地域性的研究成果，却尚未形成清晰、全面、系统的谱系和研究框架[4]。其实国内民居或建筑的归纳整理较早，《营造法式》对建筑及建造作了系统归纳，尤其对建筑装配方法产生了重大影响。较科学且有一定方法的研究应缘于 20 世纪的 30～40 年代[5]，如梁思成亲自测绘老建筑或民居，以定量实证方式分析探讨了民居形体的装配逻辑关系，为民居的追本溯源起到了示范作用。

实际上，传统民居（以下除必需外，简称民居）不仅提供了早期人类最实用可居的建筑空间，同时孕育了装配建造的最初理念和建构模式，这些成果可追溯和验证，现存的不少民居就是装配建筑方法演绎的活化石。所谓装配，为万物拼合，“装”强调拼合之意，“配”是相互协调，通过词语解析，可说明建筑，从材料到空间生成不可或缺的过程和相互连接需要。在现代而言，装配式建筑强调构件的工厂预制，后运到现场完成建造的工业化模式，相比其他建造方式，不仅工作效率高，还可减少环境污染等。

基于以上论述，本研究以中国民居为对象，从基本的建筑搭建需求入手，通过解析装配式建筑的基本构成特点，追溯探析民居形态生成的装配基因和应用特点，为更好地研究整理民居形态及文化发展的完整语句作基础铺垫。

1　追溯源头：民居附着的装配倾向和技术

民居丰富的形态形象“来之不易”，是多种因素影响和作用的结果，民居通过独特的造型、结构和材料应用等，以特有的形态风格回馈给广袤的自然，成为自然环境的一员，生生不息，世代相承。传统建筑虽类型不少，但民居无疑是人类最早与使用量最大的建筑用房，所谓传统民居：在中国范围内长期发展，并在明清时期基本定型的居住类建筑，生成于特定的自然地理环境，不仅受自然环境影响，还受社会复杂的文化因素条件制约，因地制宜、就地取材、设计灵活、功能合理、构造经济，有浓厚地方风格的民居[6]。其次是民居空间性，指的是围合限定特性，围合空间整体需拼接营造，除自然洞穴外，所有达到一定尺度的空间均需组合搭建，搭即营造空间的行为是动物世界与生俱来的本能，只是人类的空间营建与动物方法有本质区别（图 1）。

图 1　先民最初的空间搭建行为（想象图）

从较广视野聚焦建筑营造，则所有建筑类型建立的规则方法，应始于最普通的民居，民居搭建展现了人类制作应用工具的明了延伸，是民居发展的附着技术，民居选择装配的理由由空间围合建构的性质决定，任何空间由小型材料拼合，因拼合产生装配意愿。由此可推定，民居是装配建筑的可追溯源头，通过分析现有资料及观察建筑的构成特性可知，不同建筑有类型差异，但均需搭建成建筑，如用指标衡量时，不同时期民居的装配程度不相同。几千年来的民居形态语句，完整丰富的背面隐喻着众多的装配密码，通过现存民居的某些关键要素解释，特别是比对民居利用地域资源的特点，可理性地推论装配的方式方法，追溯装配的发展源头，通过分析隐喻在民居形态表象下，制约影响民居生成的因素条件，整理民居的文化形成与自然环境间的依存关系。

2 生成语境：民居装配的因地因材

民居首用装配语言描述了建筑从材料到空间的搭建生成过程，是对材料性质、数量等关系的整合和比较。早期民居的装配语言直接简明，是长期适应自然环境的“适者生存”产物，可概括为：因地制宜、因材施建，其适应自然的要求可概括为以下两点：

(1) 民居的居住要求：满足人的行为需求，千百年来民居有使用功能变化，但对空间遮蔽的要求没有变化，民居以他特有的形态密码，构筑了人与自然外界可透可遮的屏障。民居作为空间存在，可以减小、延缓和抵御外界环境对人及活动的影响，营造舒适可持续的活动环境，无论屋顶或墙面等，均可预设调节民居形态，通过构造等措施，抵御降水、风和雪等外界的干扰，表1大致列出了影响民居的主要自然环境要素。多降水地的屋顶陡峭，少的地区平缓，民居的开敞性受制于气温高低，一般的寒冷地为保温少门窗多封闭，炎热地的屋顶或外墙多开敞，民居正是利用了不同的装配搭建手段使民居形态相异，适应了不同地域的自然环境要求。

影响民居的主要自然环境要素　　表1

自然环境	基本内容
气候	气温、湿度、光照、降水、风等
地貌	平原、丘陵、山地、草原、高原、沙漠等
植被	森林、灌丛、草地等
水体	河流、湖泊、沼泽、冰川等

(2) 民居构成的资源要求：民居有普遍和大量特性，被大量人群使用外，还需为营造这一空间提供膨大的物质支撑。因量大，民居材料不能从外部运来，需有当地资源拼合，从北部蒙古包到南部的傣族竹楼，或是东部福建土楼到西部窑洞，无不受限于此，影响机制错综复杂，早期巢居和穴居的出现契合了民居的资源要求(图2)。《孟子·滕文公》有言：下者为巢，上者为营窟，即地势低洼潮湿处宜作巢居，地势高而干燥处为穴居，巢居和穴居作为民居的原始代表，因势利导地应用了地域资源，成为南北两大区域民居装配体系的先驱。巢居是干阑民居的雏形，因南部地域气候湿润、林木繁盛而充分利用了竹木材料，向空中建构，构木为巢，上层居住，下层架空，可避禽兽虫蛇等群害；穴居则是黄河流域及以北地区的代表，渐向半穴居或地面及地下，如生土类的窑洞、阿以旺等的发展。延伸南北的两种民居装配发展方式，说明了营造房屋勾勒出的因地制宜、因材施建的自然适应语境。

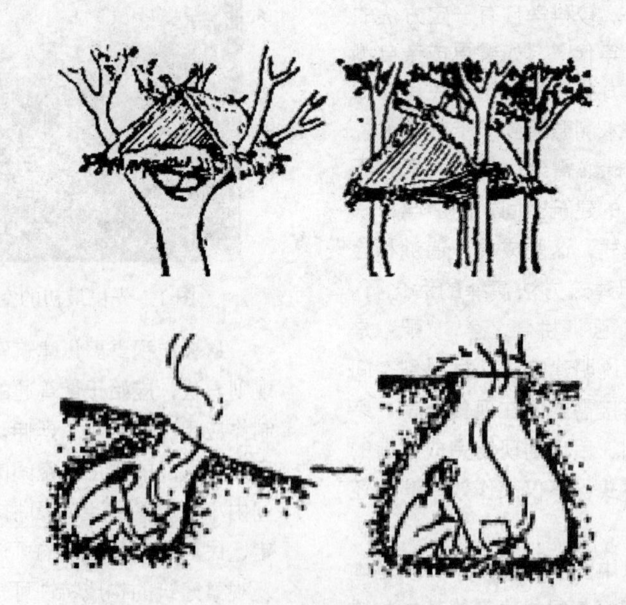

图2　相异的巢和穴，搭建方法取决当地资源
（上2个为巢；下2个为穴）

3 进化语序：基于装配特性的技术方法积累

民居是装配式建筑方法呈现的活化石，过程明了不复杂，语句完整易理解，装配进化随时代演变不断积累完善，通过分析资料和民居的建构技术，可勾勒简单的发展图谱并在时空语序上，梳理不同时期和地域的民居装配特点与差异，形成较完整的民居装配

发展脉络。

3.1 循序渐进的装配发展语序

空间、搭建和材料及工具运用是人类为摆脱生存困境、追求美好空间的手段和指标，民居装配随时代呈循序渐进、积少成多的技术递进，考察装配从材料收集、搬运、拼合搭建到形成民居空间后使用的几个阶段，可梳理不同历史时期暨社会形态、不同时空间隔的民居装配特性，尽管语序未变，但从居住的舒适安全性等指标(不评价不同时代的生活标准)，比较装配的营造特性时可知：相比图2的早期巢居和穴居，图3的后期或近代民居，构件间的连接更多、拼合更有效，有的民居还用斗栱把分散力集中到柱头，虽受力复杂，但处理更合理。图3左图表示的，一些支撑构件除正常受力外，还起装饰作用，显然构件是加工后装配的，说明装配范围扩大了。笔者以巢居为始，推想了民居装配进化到地面居住的几个阶段（图4），并以生活便利舒适、居住人口数的空间大小、空间密闭性为基准，分析了不同时期的搭建装配特点，从中可知，最早的全巢居因在树上，搭建最不易，空间小而舒适性差，密闭性差还不能计较是否能防风雨？当进化到假想的半巢居，木构支撑能力增加且立足地面，空间扩大后提升了舒适性，其他几个阶段的进化过程均可类推，图中的虚线圆圈大致表示了技术要点。从图4的进化描述说明，民居装配有从生疏到成熟、简单到复杂再到简化的语序特征。表2和图5从潘谷西和刘敦桢的史著等[7-9]提取空间搭建的材料及技术为有限线索，概括整理了几个历史时期的民居装配特性。

左图:兼作装饰的支撑构件

右图:拼合复杂、规模趋大的民居

图3 趋完善复杂的近代民居（已毁坏，自摄：台州临海市东塍镇岭根村）

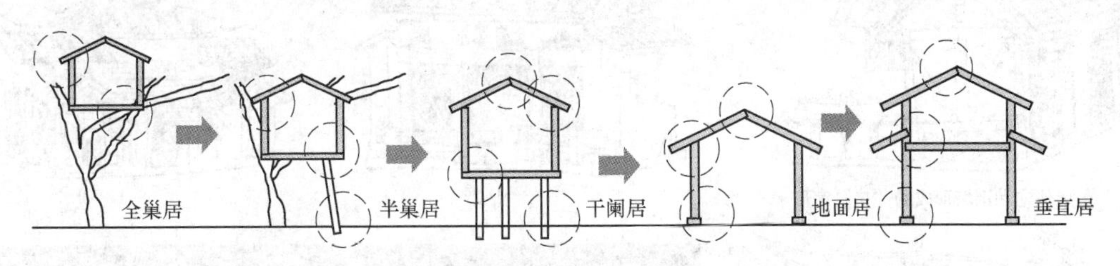

图4 从巢居到地面居住的进化语序推想（自思自绘，巢居未考虑实际的形态特点）

几个历史时期的民居及装配特点 表2

序列	时期	依据	材料及装配	概括
1	原始	复原图	木构，简易榫卯	木材为主，初级简单
2	汉代	画像石、画像砖	住房平面灵活，出现抬梁式、穿斗式、井干式	非实物，奠定了木构基本形式
3	唐代	敦煌壁画	斗栱承重悬挑，拼合复杂	受力把握合理
4	北宋	清明上河图	《营造法式》，材份制，构件拼合	构件标准化，利加工，组合灵活
5	元	文献	游牧，建筑物粗犷简朴，蒙古包易移动，拆装	建筑多样，粗犷和轻型交叉
6	明清	实物	单一竹木转为砖砌，出现空斗墙，斗栱弱化，穿斗式极大发展	材料多样，砖砌扩大，节能节材意识

注：依据潘谷西和刘敦桢史著[7-9]，有所调整。

3.2　民居装配进化的要点整理

民居装配受众多的条件因素制约，最终影响民居的朝向、屋顶坡度等形态形象，不同时期的材料应用、部位搭建等方法不相同，为达到空间的一定面积和规模，从空间的装配要求，选择以下内容分析不同时期的大致进化要点。

(1) 材料选择利用

材料是装配建筑的基础，木材作为建筑材料的应用先行，六七千年前浙江余姚河姆渡的遗址，发现最早采用榫卯技术的木构房屋（图 6)，明清后，木材使用渐少，南方民居围护墙体从竹木转为砖砌，尽管如此，因木取材和加工方便，作为最主要的建筑材料未变，用量最大。其次，材料的地域性，虽砖的使用最早出现在 3000 多年前的西周中晚期，砖的制作水平不断提高，但砖有烧制工艺和土的资源要求，在建筑的运用不多见[10]，明以后砖在江南民居广泛使用。明末后，围护结构多使用空斗墙，降低成本并提高了隔热保温效果。就此概括：随时代变迁，建筑材料类型趋丰富，非单一材料应用，而是交叉增多。

(2) 受力及主要建构方式

竹木、土、石、砖和金属等各材料，经一定的建构连接组合空间，以作业的拼接动作次数和时间等为指标，衡量空间的拼合程度，有两种拼合方式，一是线状木材建构，搭建一定的空间范围，比面状的石块、夯土或土块（使用模具时）不仅所需时间和拼合动作多，空间密闭性也差。巢居使用线状木枝，拼合不易，如屋顶易渗漏等。发展到榫卯，比绑扎方法，提升了木材间的连接能力，可柔性连接，加大了应对自然变动的抗变能力。以后过渡到干阑式，以及木构还分化出木构抬梁式、穿斗式、抬梁与穿斗混合等类型，通过木材与其他材料的拼合，如承重与围护结构的分离，明确了材料及构架的分工，增加了空间灵活性，图 5 上图的明器构架虽比近代民居的柱子少，但使用斜撑，强化了构件间的联系作用。

二是面状形体建构，北方地区黄土地带穴居过渡到木骨泥墙建筑，人工洞穴替代天然洞穴，竖穴到半穴居，最后地面建筑，筑土和围土由土夯成墙，通过模具分段使墙成面状体块，制作容易又提高了效率。屋面涂掺有粟、草茎类的黄泥，墙上抹泥等，提高室内外分隔和密闭程度。类似图 4，从早期单纯使用木，到逐渐发挥桩木和立柱作用，有序地以榫卯方式连接横梁等，受力及主要建构方式更趋合理。

(3) 搭建装配的技术整体

搭建装配是对应材料和建构方式的实施阶段，需要工匠的素质和相应的技术配合，原始时期，人们用树枝、树干搭建简单房屋，用现代视点衡量，则空间小，为遮风避雨，使用过多树枝类的线性材料，费工难度大，同样的木构民居，后期承重围护分开，围护结构应用易成片状的砖或石等作墙，提高了整合程度。特别是

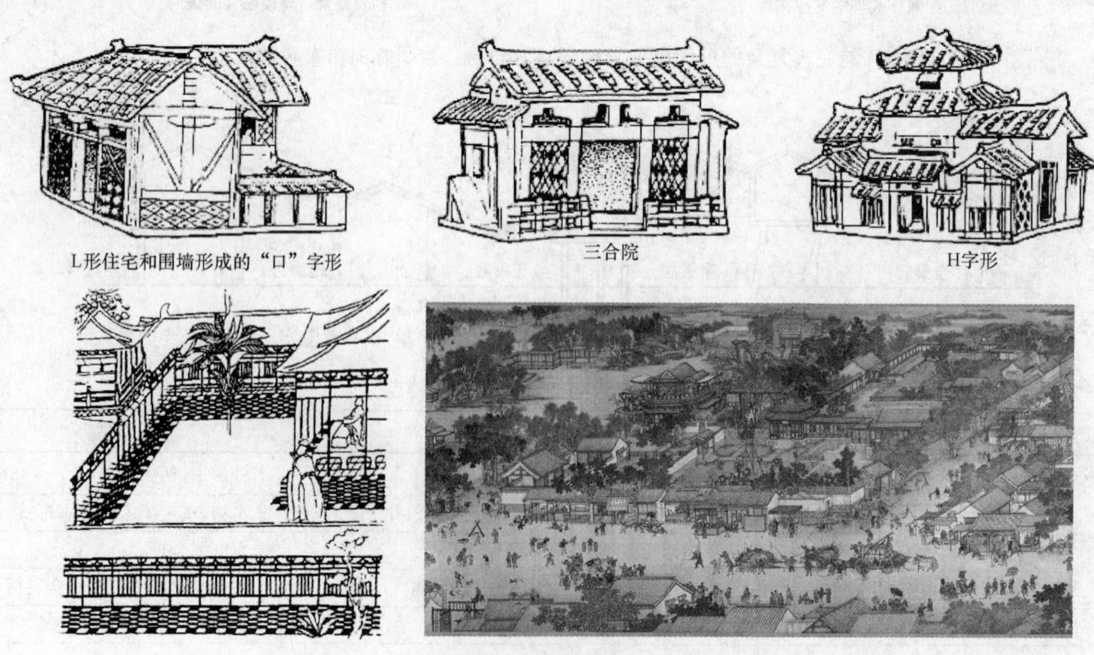

图 5　不同历史时期民居的搭建装配线索

注：（图上左上右：广州汉墓明器，图下左：敦煌莫高窟唐代壁画中住宅，图下右：《清明上河图》北宋汴梁住宅 .）

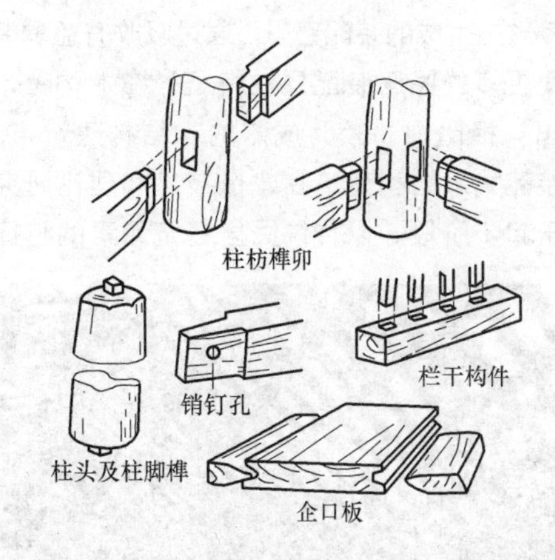

图 6　河姆渡木构装配及榫卯技术（左：遗址；右：榫卯复原图）

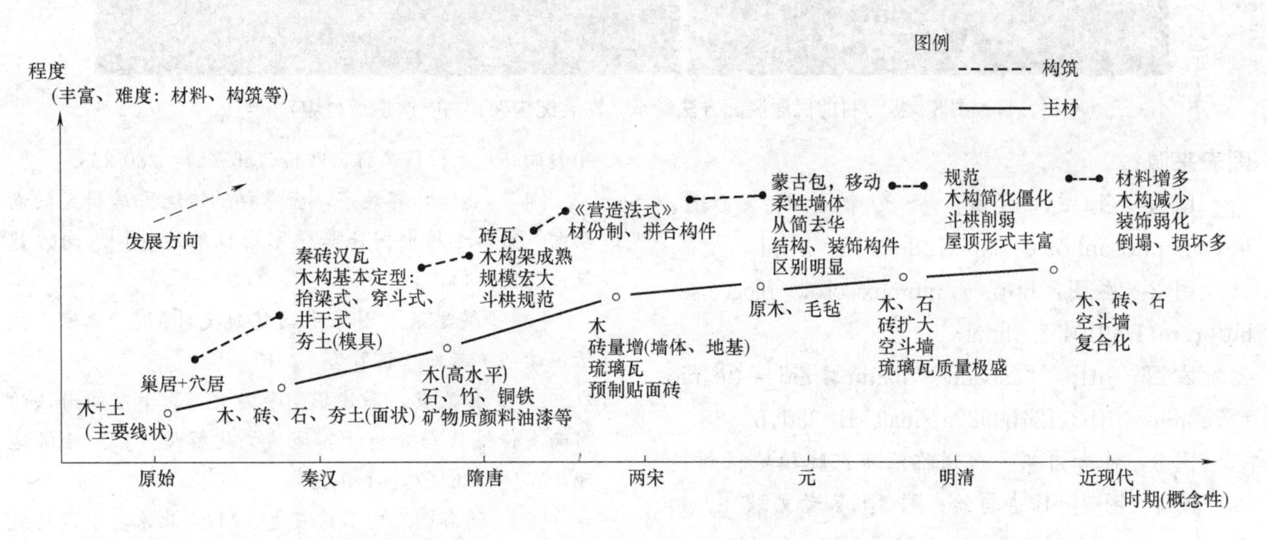

图 7　依主要历史时间轴的民居装配进化的特点归纳整理

宋式的《营造法式》，确立了木构的材份制并不断简化，使构件和拼合有了标准，便于规模加工，开创了装配建筑的标准先例。使巢居过渡到线状的干阑式建筑，穴居过渡到面状木骨泥墙建筑的进化路线更明确，木构架从孕育之初就存在两方面的技术源流，既有源自穴居发展序列的“土”文化的建筑基因，即土木合构的构筑方式，亦是抬梁式木构架的主要技术渊源，包括夯土技术、土坯技术、以及土木合构的传统技术等等；又有源自巢居发展序列的“水”文化的建筑血统，穿斗式木构架的主要技术渊源，包括各类木构件的产生、以及构件之间的连接技术等等[11]。

依据上述的民居装配进化内容，图 7 归纳整理了几个主要历史时期的发展特点。

4　发展语句：民居及装配方法的传承使命

一部几千年的民居史，既是人类利用自然、追求美好居住生活的和谐史，亦是凝练建筑搭建装配的技术史，时代变迁纵然使民居的装配方法有所变化，但基本的形态建构语句和语境变化不大，民居作为人类栖息容身的居所，现在需要，将来不会抛弃。对于民居研究，仅聚焦保护肯定不够，重要的是为今天及未来提取借鉴的经验和教训。随着国家乡村振兴战略的兴起，传统村落和民居的传承话题回到了公众视野，并有不少学校参与行动，如中央美术学院在浙江东阳成立了民居营造传统工艺工作站，借助地方的民居营造技艺及工艺资源，开展民居营造传承人群的研培工作，参与了民居的修复改造（图 8）[12]。

民居是所有建筑类型的先行先试代表，奠定了建筑装配的技术基础，还易直观地评价影响民居的各种因素条件。尽管本研究的思考还不尽充分，从发展脉络还有相关试问：如图 6 的河姆渡木构榫卯技术为何如此完善？是否评价的支撑不足？诸如此类，需要从民居研究中探寻更多形态生成的装配密码，通过吸收有益的装配思想，解读更多的民居装配属性特征，在木构上，赵晗聿等指出：相比国外较为成熟的木结构建筑市场，国内对于装配式木结构建筑在建造技术和理论研究的发展尚处于起步阶段，以传统民居建筑元素的特征为切入点，通过对传统建筑元素传承要素的研究，从而发掘我国传统建筑元素在木结构装配式建筑上的传承方式[13]。

果真如此，民居融合装配方法的研究应用定会视野更开阔，情节更丰富！

图8　板万村的民居装配方法继承（左装配构架；右：改造后村貌）

图表来源：

图1：上图，网页：金戈帝企鹅；下图，www. photophoto. cnpic12802918. html

图2：左图，http：//ranranxiaobai. blog. sohu. com/174910457. html；

右图，http：//sbaike. baidu＃aid＝0&pic＝7a899e510fb30f24b0922a45ca95d143ad4b0368

图3：作者自摄：台州临海市东塍镇岭根村

图4、图7：作者自绘；图5：参考文献［7-9］及：http：//blog. sina. cn/dpool/blog/s/blog_4a7c558f01000aee. html？md=gd

图6：左：http：//go. ly. com/youji/2202240. html；右，httpblog. 163. comsinaijie@126ignoreua

图8：参考文献［12］

表1和表2：作者自绘

参考文献

［1］　http：//www. mohurd. gov. cn/wjfb/201612/t20161208_229780. html

［2］　上海市住房和城乡建设管理委员会. 上海市装配式建筑2016-2020发展规划. 沪建建材［2016］740号.

［3］　阿桂莲，吴志宏. 36年来我国聚落和民居研究趋向［J］. 价值工程，2017，36（8）：230-233.

［4］　魏峰，郭焕宇，唐孝祥. 传统民居研究的新动向—第二十届中国民居学术会议综述［J］. 南方建筑，2015（1）：4-7.

［5］　梁思成. 图像中国建筑史［M］. 北京：生活·读书·新知三联书店. 2013.

［6］　张宸铭，高建华，李国梁. 基于空间句法的河南省传统民居分析及其地域文化解读［J］. 经济地理，2016，36（7）：190-195.

［7］　潘谷西. 中国建筑史［M］. 北京：中国建筑工业出版社：2004.

［8］　刘敦桢. 中国住宅概说［M］. 天津：百花文艺出版社，2004.

［9］　刘敦桢，中国古代建筑史［M］. 北京：中国建筑工业出版社，1984.

［10］　梁智尧. 砖墙之话语——试析砖墙对明清赣北民居演变的影响［J］. 建筑师，2016（3）：101-108.

［11］　田大方，张丹，毕迎春. 传统木构架建筑的演变历程及其文化渊源［J］. 哈尔滨工业大学学报（社会科学版），2010，12（5）：6-14.

［12］　吕品晶. 民居营造技艺认知与传承方式浅议［J］. 建筑技艺，2018（5）：15-17.

［13］　赵晗聿，廖琴. 浅析传统民居建筑元素在木结构装配式建筑中的传承［J］. 建筑与文化，2018（6）：237-239.

合作交流与联合教学

陈科　冷婕
重庆大学建筑城规学院，山地城镇建设与新技术教育部重点实验室，国家级实验教学示范中心；240836207@qq. com
Chen Ke　Leng Jie
Faculty of Architecture and Urban Planning Chongqing University; Education Ministry Key
Laboratory of Urban Construction and New Technologies of Mountainous City, National
Experimental Education Demonstration Center

布卢姆教育目标分类学视野下的建筑设计课程改革研究*

Research on Architectural Design Course Reform from the Perspective of Bloom's Taxonomy of Educational Objectives

摘　要：基于布卢姆教育目标分类学原理，从知识维度和认知过程维度建立跨越参考案例与课程设计之间鸿沟的桥梁。通过设计认知树状图的节点、分支和生成过程，参考案例获得了与课程设计相一致的三个维度的知识："事实性知识"、"概念性知识"和"程序性知识"。通过一体化的分解练习与参考案例，学生的设计认知得以在参考案例的具体情境中从"理解"维度迈入"创造"维度。这使得设计思维真正从收敛走向发散，从而为课程设计若干可能性的探索奠定基础。

关键词：建筑设计课程；教学改革；布卢姆教育目标分类学；认知过程；知识类型

Abstract: A bridge between reference cases and course design is to be built based on Bloom's taxonomy of educational objectives, from dimension of knowledge and cognition. Through the nodes, branches and generating process of cognitive dendrogram, three dimensions of knowledge, which are Factual Knowledge, Conceptual Knowledge and Procedural Knowledge, can be studied throughreference cases. Through integrative decompositionexercises and reference cases, students'cognition can be pushed forward from Understand to Create, which may lead to the divergent thinking and the exploration of possibilities of course design.

Keywords: Architectural design course; Education reform; Bloom's taxonomy of educational objectives; Cognitive process; Types of knowledge

1　引言

教学改革研究项目"'从场地认知到空间建构'——重庆大学建筑学专业二年级（上）建筑设计课程"（以下简称"本课程"）将原本两个 8 周常规课题替换为一个 16 周特设长题，设置"四步进阶"：概念生成、总体设计、空间设计和建构设计。四个阶段次第展开，分支纵贯，促进设计思维的发散和深化。

基于布卢姆教育目标分类学原理，建筑设计教学可以被看作一种被称为"创造"（Create）的认知过程。而创造可以分为三个阶段：产生（Generating）、计划（Planning）和生成（Producing）。对应到本课程，可

*国家自然科学基金资助项目（51508044），重庆大学教学改革研究项目（2016Y28）。

以从两个层面去理解。首先，在“概念生成”阶段，学生表征设计问题，并尝试提出满足特定准则的假设或解决方案，也就是“产生”。而接下来的“总体设计”“空间设计”和“建构设计”是将整个设计任务分解为多个子任务，递进式地去完成，包含了“计划”和“生成”两大认知过程；其次，“总体设计”、“空间设计”和“建构设计”各阶段实际上都有一个设计思维先发散，然后逐渐聚合的认知过程。也就是说，完成设计子任务的每个阶段都包含“产生-计划-生成”认知过程。

结合近年的教学实践，笔者发现“设计思维发散”，也就是“产生”，是教学的难点环节之一。这个环节的教学情况，将在很大程度上影响到学生对设计的探索欲和创造性。因此，下文将就设计思维发散的“产生”认知过程中的相关教学问题展开探讨。

2 设计认知的鸿沟

在每个设计阶段的前期，也即在“产生”认知过程中，教师和学生往往会搜集若干参考案例，以期为课程设计提供借鉴或启发。然而，从布卢姆教育目标分类学来看，参考案例与课程设计之间存在着两个维度的鸿沟。

2.1 知识维度的鸿沟

具体的参考案例往往被作为“事实性知识”（Factual Knowledge）加以认知，而课程设计不仅仅需要“事实性知识”，还需要“概念性知识”（Conceptual Knowledge）和“程序性知识”（Procedural Knowledge）。如何通过参考案例习得课程设计所需要的多维度知识？这是亟待回答的第一个问题。

2.2 认知过程维度的鸿沟

通常，“理解”参考案例的目的是收敛的（即为了获得单一意义）；与之相反，属于创造类别的“产生”其目的则是发散的——为了获得各种可能的解决方案。也就是说，“理解参考案例”与“产生可能方案”分属不同类别的认知过程，如果两者之间缺乏强有力的联系，那么对参考案例的认知将很难向课程设计进行“正迁移”。

如果希望参考案例能够真正促进学生的发散思维，激发对若干可能性的探索，那么教师就需要从知识维度和认知过程维度建立起跨越参考案例与课程设计之间鸿沟的桥梁。

3 知识维度桥梁的建构

在本课程中，设计认知树状图（以下简称“树状图”）包含外显于“地上”的枝干——分属不同层面的若干设计策略，和内隐于“地下”的设计背景——场地要素和行为需求两大根基。树状图可以承载三个维度的知识，既可以被用来建构整个课程设计，也可以用于对参考案例的系统认知（图1）。

3.1 节点与事实性知识

树状图的若干节点承载着“事实性知识”，也就是学生学习建筑设计所必须了解的基本要素，包括术语知识和具体细节和要素的知识。

诸如“场地要素”“行为需求”“总体设计”“接地方式”等术语是建筑学专业学生必须了解的；而若干参考案例则填充起了具体细节和要素的部分。

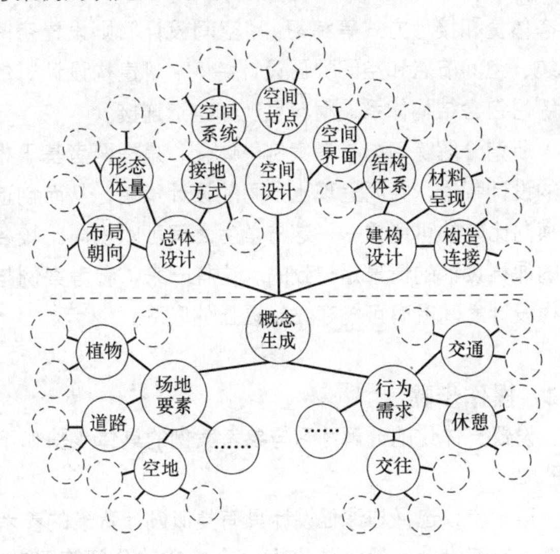

图1 设计认知树状图

3.2 分支与概念性知识

树状图的分支帮助学生认知“概念性知识”，包括分类和类别以及它们之间的关系的知识。

树状图依靠本身的分支逻辑，呈现出一种结构化的知识形式。它将若干“事实性知识”进行分类，而基本的分类又能够被归入更具综合性的分类之中。这帮助学生认知不同层面的设计策略如何以一种更为系统的方式互相联系，如何共同产生作用。在此，同一参考案例的若干设计策略或设计背景可以被归入不同的枝干或根系，并且与其他具有共性的案例一起，构成特定类别。借助树状图，若干参考案例可以超越孤立的“事实”，通过分类机制形成“概念”。

3.3 生成过程与程序性知识

树状图从“根系”到“主干”再到“分支”所呈现

的“生成过程”提示了建筑设计的“程序性知识”，也即如何按照一定步骤进行建筑设计的知识（当然，本课程所呈现的“概念生成—总体设计—空间设计—建构设计”的设计过程并非建筑设计程序的唯一可能）。

从这个层面，树状图提示学生：对参考案例的认知还应当包含理解设计策略与设计背景之间的关系，以及不同层级的子任务的完成如何逐步导向一个完整的问题解决方案。

4　认知过程维度桥梁的建构

4.1　建构原理

“分解练习”是指针对课程设计不同阶段各个内容设置的专门设计练习。“总体设计”被分解为布局朝向、形态体量和接地方式等练习；“空间设计”则设置空间系统、空间节点和空间界面设计练习；“建构设计”的小练习包含结构体系、材料呈现和构造连接。

所谓分解练习与参考案例一体化，是指两者基于相同的设计背景，共同呈现出不同的设计策略，从而创造出横向比较的可能性——这与学生之间可以横向比较各自的课程设计的情景是一致的。这样一来，参考案例与课程设计之间就有可能建立起更强的联系。

4.2　操作步骤

设置一体化的分解练习与参考案例的具体步骤如下（图 2）：

第一步，选择与课程设计具有类似设计背景的参考案例，提炼设计问题，转化为一个虚拟的分解练习题，请学生完成。练习题包含统一的限制条件和基本要求，比如明确提出对某些场地要素的处置原则，以及必须满足的特定行为需求等。老师用关键词初步填写树状图的“根系”部分。学生首先对统一的限制条件和基本要求加以“分析”，然后对自己所能留意到的场地要素和行为需求加以“评价”，最后再“产生”若干提案。

第二步，呈现学生的练习成果，组织课堂讨论。一方面，学生对自己的设计做出说明；另一方面，对他人的练习成果进行“理解”。请学生以关键词的方式，描述设计策略，并找出与之紧密相关的场地要素和行为需求。此时，树状图的枝干部分开始被不同的设计策略逐渐填充，根系部分也可能因为学生自主提出的场地要素和行为需求而进一步发展。

第三步，呈现参考案例，引导学生“应用”上一步的方法进行观察、思考和填写。在这一步，学生有机会将自己的设计、同学的设计和建筑师的设计进行横向比较，根据相同的限制条件和基本要求标准展开设计“评价”。至此，一个枝干和根系都更加发达、饱满的树状图也得到建构。

第一步：将参考案例转化为分解练习题

第二步：呈现练习成果，组织课堂讨论

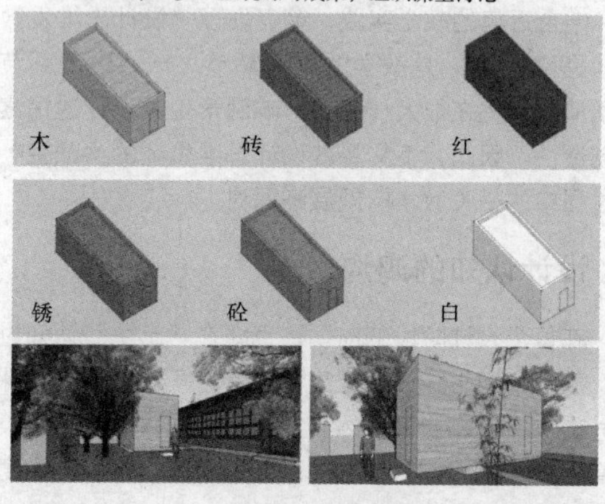

第三步：呈现参考案例，引导学生思考

逐步完成的设计认知树状图

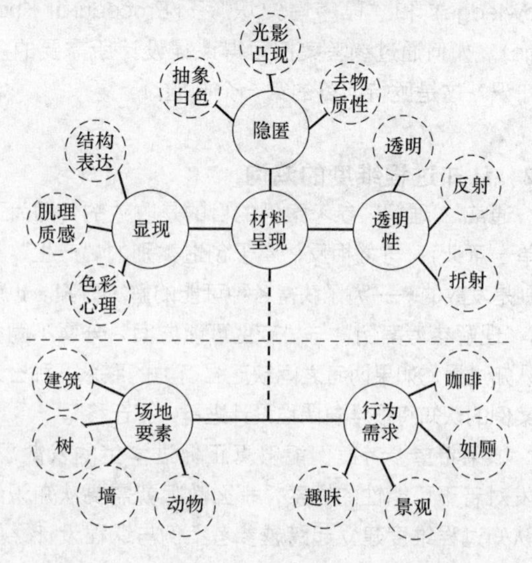

图 2　分解练习与参考案例一体化示例

5 结语

本课程各设计阶段的开端都需要促进思维发散的教学环节。单纯地理解参考案例难以有效地启发课程设计。基于布卢姆教育目标分类学原理，笔者尝试从知识维度和认知过程维度建立跨越参考案例与课程设计之间鸿沟的桥梁。

通过设计认知树状图的节点、分支和生成过程，参考案例获得了与课程设计相一致的三个维度的知识："事实性知识"、"概念性知识"和"程序性知识"。

通过一体化的分解练习与参考案例，学生得以在参考案例的具体情境中从"理解"维度（通过"应用"、"分析"和"评价"）迈入创造的"产生"维度。这使得设计思维真正从收敛走向发散，从而为课程设计若干可能性的探索奠定基础。

参考文献

[1] （美）安德森等. 布卢姆教育目标分类学：分类学视野下的学与教及其测评［M］. 蒋小平等译. 北京：外语教学与研究出版社，2009：30-69.

[2] 陈科，李骏，刘彦君. 基于场地认知的进阶式设计训练——重庆大学二年级（上）建筑设计课程改革［C］//全国高等学校建筑学学科专业指导委员会. 2016全国建筑教育学术研讨会论文集. 蒋平等译. 北京：中国建筑工业出版社，2016：229-233.

[3] 陈科，刘彦君，陈俊. 设计起步：步步"根"深-思维"树"造［C］//全国高等学校建筑学学科专业指导委员会. 2017全国建筑教育学术研讨会论文集. 北京：中国建筑工业出版社，2017：113-116.

毕昕　张建涛
郑州大学建筑学院：87532562@qq. com
Bi Xin　Zhang Jiantao
School of Architecture Zhengzhou Univercity

中俄建筑学专业教育发展历程比较研究

A Comparative Study on the Development of Architectural Education in China and Russia

摘　要：中国建筑学专业教育自萌芽起经历数次变革发展至今，在其发展历程中深受外国经验影响，其中俄国（尤其苏联）建筑学专业高等教育中的课程体系架构、教学内容等方面在特定的历史时期对其影响巨大。本文按时序梳理两国建筑学专业教育发展历程，在时间轴上对两国建筑专业教育发展历程上的重要节点及代表性事件进行比较，找出异同，归纳俄国对我国建筑学专业教育发展的影响要素，建立中俄建筑学专业教育比较研究框架，为后续研究提供理论支撑。

关键词：中国；俄罗斯；建筑教育；发展历程；比较

Abstract: Chinese architecture education has experienced several changes and development since its germination, which has been greatly influenced by foreign experience. The structure of the curriculum system and teaching content in the higher education of architecture in Russia (especially in the former Soviet Union) have great influence on it. This article reviews the development course of architecture education in the two countries in chronological order, compares the important nodes and representative events on the course of the development of the two countries' architecture education in time axis, finds out the similarities and differences, sums up the factors affecting the development of Chinese architecture professional education, and establishes a comparative study frame of Chinese and Russian architecture professional education. This article provides theoretical support for subsequent research.

Keywords: China; Russia; Architecture education; Development course; comparison

1　研究意义

中国建筑学专业教育自萌芽起，随社会变革而历经数次改革发展至今，在其发展历程中广泛汲取国外教育经验，尤其因政治原因，在特定历史时期，俄国建筑教育体系与方法对我国建筑学专业教育发展的影响巨大。

中俄建筑学专业高等教育的发展过程中拥有多个相重合的时间节点，这些节点为研究两国现今建筑学专业教育发展历程具有重要意义：

（1）1952-1958年全面借鉴苏联模式时期：苏俄当代学院派建筑学教育模式正处于重要发展期，课程体系在这一时期进行了多次深入调整。对该时期两国建筑学专业教育模式和方法的比较研究，对研究建国初期我国建筑学专业教育情况、借鉴苏俄模式程度及后续影响具有一定价值。

（2）1958年起全面否定苏联模式时期：该时期我国建筑学专业教育模式和方法进行整体改革，采取一系列“去苏俄化的改革措施”。但教学模式和方法的急速转变并不容易，通过对两国主要院校建筑学专业的课程设置情况的初步比较发现，建筑学专业培养计划和课程设置虽有差异，但教学模式和方法依然存在苏联学院派建筑学教育方法的印记。这对建筑人才培养的理念、目标思考有着重要的参考价值。

(3) 1992年起两国同时引入建筑学专业评估制度，两国建筑学专业教育同时进入评估系统化和国际化。在此相同背景下，我国建筑学专业教育进入多元化、跨越式的发展道路，而俄罗斯则基本秉承原有建筑教育传统(基本保留苏联学院派建筑教育模式中的课程体系和训练方法)，在个别课程中逐步融入他国经验，进入针对性融合的递进式发展道路。在两种截然不同的发展模式下，两国高校都培养出杰出的、适应本国需求的优秀建筑师。对中俄两国建筑学专业教育发展历程的比较是对“多元变革”与“传承更新”两种发展模式利弊的探究。

2 中俄建筑学专业教育发展阶段及代表性事件研究

2.1 中国建筑学专业教育阶段研究

中国建筑学专业教育自萌芽阶段起历经“土木建筑学科办学的开端、建筑科课程体系的建立、系统性建筑教育的开端与早期发展、现代建筑教育的开端与中断、全面借鉴苏联模式、全面否定苏联经验、当代建筑教育的发展与改革、建筑学专业评估体系下的当代建筑学专业教育改革与发展”这十个阶段，其起止时间及代表事件详见表1。

中国建筑学专业高等教育发展阶段、代表性事件及国内研究现状　　表1

	发展阶段	时间	代表性事件
1	建筑教育在中国的萌芽	1840年起	鸦片战争期间外国在华建筑机构中的中国学徒
2	土木建筑学科办学的开端	1903年	京师大学堂土木科的创办
3	建筑科课程体系的建立	1913年	民国教育部“壬子癸丑学制”中规定的建筑科课程
4	系统性建筑教育的开端	1923年	苏州工业专门学校建筑科成立
5	系统性建筑教育的早期发展(四所综合大学建筑系成立)	1927年	国立中央大学建筑系成立
		1928年	沈阳国立东北大学建筑系成立
		1928年	北平大学艺术学院建筑系成立
		1932年	广东省立工业专科学校建筑系成立
6	现代建筑教育的开端	1942年	上海圣约翰大学工学院建筑系成立
		1945年	清华大学成立建筑系
7	全面借鉴苏联模式	1952年起	全国高校院系调整，在七所院校设立建筑学专业：东北工学院、清华大学、天津大学、南京工学院、同济大学、重庆建筑工程学院和华南工学院(其中清华大学、天津大学、南京工学院、同济大学这四所学校由于基础比较强，被建筑界称为建筑院校“老四校”)
		1956年起	第二次院系调整，八所学校成为新中国建筑学科高等教育的主要力量(建筑老八校)：清华大学、同济大学、南京工学院、天津大学、华南工学院、西安冶金建筑学院、重庆建筑工程学院、哈尔滨建筑工程学院
8	全面否定苏联经验	1958年起	各主要高校积极进行课程调整
9	当代建筑教育的发展与改革	1960年	同济大学使用《空间原理》建筑设计教学大纲进行设计教学
		1964年	成立“全国高等学校建筑学学科教材编审委员会(全国高等学校建筑学学科专业指导委员会前身)”
		1984年	南京工学院(现东南大学)提出并应用“理性教学”的建筑学专业教学思路
10	建筑学专业评估体系下的当代建筑学专业教育改革与发展	1992年起	建筑学专业评估制度开始实行
		1992年	清华大学、东南大学、同济大学、天津大学成为首批通过建筑学专业评估的学校
		1994年	原建设部发布《高等学校建筑类专业教育评估暂行规定》(建设部令第35号)，对建筑类专业教育评估的目的、范围、组织机构、申请条件、评估程序和方法等作出具体规定
		1995年	《中华人民共和国注册建筑师条例》(国务院令第184号)及其实施细则(建设部令第52号)颁布实施，允许建筑学专业学位持有人员提前报考国家一级注册建筑师

2.2 俄国建筑学专业教育阶段研究

本研究中的“俄国”特指：俄罗斯帝国（1917年以前）、解体前的苏联地区（1917年至1992年）和解体后的俄罗斯及独联体主要加盟共和国（1992年以后）。

俄国建筑学专业高等教育经历了“帝国时期萌芽、系统性建筑教育的开端、现代建筑教育的开端与发展、古典主义复兴（转向布扎体系）、苏联学院派建筑教育模式的形成与发展、建筑学专业评估体系下当代建筑学专业教育改革与发展”这八个基本发展阶段，其各阶段起始时间及代表性事件详见表2。

俄国建筑学专业高等教育发展阶段、代表性事件及国内研究现状 表2

	发展阶段	时间	代表性事件
1	建筑教育在俄罗斯帝国时期的萌芽	1804年	莫斯科宫廷建筑学校学校（МДАУ）在莫斯科正式成立（该学校为莫斯科建筑学院前身）
2	系统性建筑教育的开端	1842年	位于圣彼得堡的建筑工程学校（СУ）成立建筑学科
		1900年	莫斯科水彩、雕塑与建筑学校（МУЖВЗ）成立
		1900年	圣彼得堡美术学校（СПХУ）成立
		1900年	工程技术学校（ИТУ）成立
		1909年	А. Д. Крячков与А. Э. Сабек在原多木斯克技术学院的基础上主成立西伯利亚建筑学校
3	现代建筑教育的开端	1918年	第1自由国家艺术工作坊（1st СГХМ）成立
		1918年	第2自由国家艺术工作坊（2nd СГХМ）成立
		1918年	马里斯克理工学院（МПИ）土木建筑专业设置
		1918年	莫斯科全体苏维埃技术学校（МИГИ）成立
4	现代建筑教育的发展	1921年	高等艺术与技术工作室（ВХУТЕМАС）成立
		1921年	莫斯科土木工程学院（МИГИ）成立
		1924年	莫斯科土木工程学院（МИГИ）并入莫斯科全体苏维埃技术学校（МВТУ）
		1927年	高等艺术与技术工作室（ВХУТЕМАС）进一步完善其教学体系，并更名为高等艺术与技术学院（ВХУТЕИН）
5	古典复兴主义萌芽，建筑学专业教育开始转向传统布扎模式	1930年	莫斯科全体苏维埃技术学校（МИГИ）建筑学专业相关课程并入高等艺术与技术学院（ВХУТЕИН），成立建筑工程学院（АСИ）
6	苏联学院派建筑学教育模式的萌芽	1933年	建筑工程学院（АСИ）更名为莫斯科建筑工程学院（МАИ），成为“纯粹”的建筑学专业院校
		1944年	建筑学与城市规划学理论与历史科学研究院（НИИТИАГ）成立，进行建筑学、城乡规划学及其教育理论研究
7	苏联当代学院派建筑学教育模式的发展与传承	1945年	“二战”结束后，莫斯科建筑学院与建筑学与城市规划学理论与历史科学研究院共同制定全苏建筑学专业教学课程体系
		1946年	包含公共基础课、专业基础课、专业课、设计课和实习课的建筑学与专业教学体系正式建立，并在全苏建筑学专业教学中推行
		1979年	列宾美术学院正式设立建筑学专业
		1989年	新西伯利亚建筑学院正式成立，形成以建筑土木类专业为主体的建筑类专业院校
8	建筑学专业评估体系下的当代建筑学专业教育改革与发展	1992年	苏联解体，俄罗斯多所院校向联合国教科文组织国际联合会建筑教育认证体系（UNESCO-UIA VALIDATION SYSTEM FOR ARCHITECTURAL EDUCATION）（简称“国际建联UIA”）提交评估申请，并按照“国际建联UIA”的评估要求进行专业学科改革
		1994年	莫斯科建筑学院建筑学专业成为首个通过国际建联UIA的俄罗斯建筑专业
		1996年	新西伯利亚建筑学院开设美术与艺术设计专业，进而更名为新西伯利亚国立建筑美术学院

3 中俄建筑学教育发展历程比较

综上所述，中俄两国建筑学专业教育在各自的发展历程中都可以归纳为以下几个大的阶段：建筑教育萌芽与早期发展；现代建筑教育的萌芽与发展；发展中的挫折与反复；发展中的修正与改革；评估体系的引入；评估体系下的探索与革新。

通过在时间轴上的横向比较可得出以下结论：

（1）两国建筑学专业教育各发展阶段所处时间差异巨大。俄国建筑学专业教育的萌芽与早期发展阶段、现代建筑教育的萌芽与发展阶段都远早于我国，俄国的系统性建筑专业教育比我国早开始近 80 年：俄国于 1842 年，我国于 1923 年开始（表 1、表 2）。

（2）俄国现代建筑教育模式是在自身建筑教育基础上逐步发展演变，经历了从“古典主义”经“俄国构成主义思潮”过渡进而形成的发展过程。而我国现代建筑教育的开端是通过留洋归国学者直接引入国外教育经验开始进行的教学实践，因此两国建筑学教育该阶段的开始时间被逐步拉近：俄国于 1918 年，我国于 1942 年开始（表 1、表 2、图 1）。

（3）战后两国复杂的政治关系导致新中国成立初期的教育体制在 1950 年代的不到十年间经历了从“全面借鉴苏联模式”到“全面否定苏联模式”的巨大转变。我国的建筑学专业教育同样经历了此次变革。该时期也是苏联建筑教育对我国影响最大的阶段（图 1）。

（4）苏联建筑教育在 1960 至 1990 年代进入稳定发展期，该时期否定了复古主义风潮对建筑教育的影响，进一步加强现代建筑设计方法的讲授，将构成主义对于形式美学的训练方法（平面构成、立体构成、空间构成、色彩构成）融入建筑初步教学中，发展出苏联学院派建筑教育模式。而我国则由于历史原因导致整体教育发展有所滞缓，但依然通过很多建筑教育家的努力在教学方法上得以改革（表 1）。

（5）随着中俄两国在 1992 年同时引入建筑学专业评估体系，两国建筑学专业教育基本站在了同一起跑线上。我国建筑学专业教育由此进入多元融合的发展阶段，各高校都在评估体系要求下探索各自的教育发展之路。俄罗斯各主要高校则坚持自身特色，将苏联学院派教学教学体系中的主干课程逐步随社会需求进行改良，同时有选择的吸纳国外经验，形成符合当代需求的俄国学院派建筑学专业教育模式（图 1）。

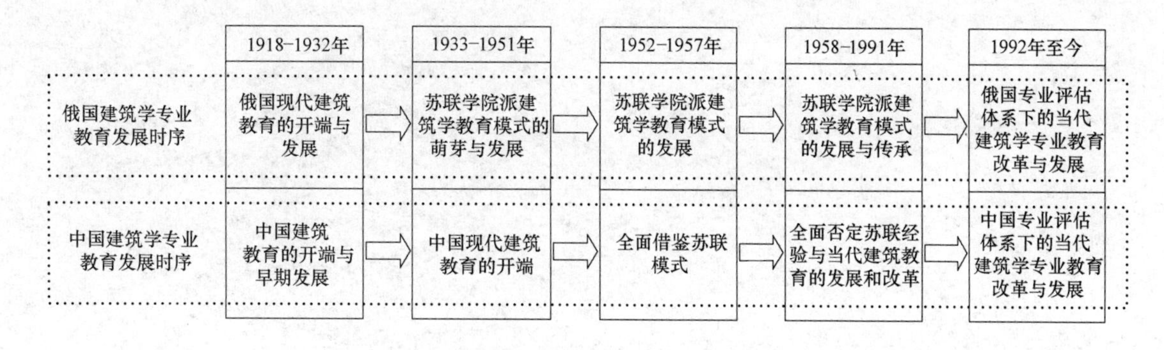

图 1 中俄建筑学专业教育发展历程中比较意义重大的节点与时间

4 结语

进入新时代以来，我国建筑学专业教育进入多元化、个性化发展的新时期，各院校结合各自地域生源特点、社会需求特点不断调整各自的教育教学方法，同时与海外建筑学高校的教育合作也日益深入，对新的教学体系和教学方法进行多种尝试与探索。作为对我国建筑专业教育发展产生过重要影响的俄国各主要高校也同样在社会变革与发展中坚守自身特点和优势的同时，摸索着自己的建筑教育之路。

中俄两国建筑学专业教育“多元探索”与“传承更新”的不同发展历程都为两国培养出大量服务于本国建设、发展需要的杰出建筑师和建筑教育家。对两国建筑学专业教育发展历程的研究将建立起中俄建筑学专业教育比较研究的总体框架，为后续研究提供理论支撑。

参考文献

[1] 钱锋. 从包豪斯到上海圣约翰大学建筑系——现代建筑教育在中国的发展史系列研究之一[M] //建筑百家杂识录. 北京：知识产权出版社，中国水利水电出版社，2004.

[2] 钱锋．近现代海归建筑师对中国建筑教育的影响［J］．时代建筑，2004（4）：20-25.

[3] 顾大庆．中国的“鲍扎”建筑教育之历史沿革——移植、本土化和抵抗［J］．建筑师，2007（2）：97-107.

[4] 韩林飞．呼捷玛斯：前苏联高等艺术与技术创作工作室——被扼杀的现代建筑思想先驱［J］．世界建筑，2005（6）：92-94.

[5] Л. И. Иванова-Веэн. От ВХУТЕМАСа к МАРХИ［М］. Москва：A-Fond Publishers，2005：89-97.

[6] А. П. Кудрявцев，А. В. Степанов. Архитектурное образование. Проблемы развития［М］. Москва：Едиториал УРСС，2009.

陈旸　梁静　董宇
哈尔滨工业大学建筑学院，黑龙江省寒地建筑科学重点实验室；chenyang1109@126. com
Chen Yang　Liang Jing　Dong Yu
School of Architecture，Harbin Institute of Technology；Heilongjiang Cold Region Architectural Science Key Laboratory

包容性设计与教学方法探讨
——以中英“宜老社区”国际联合设计教学为例*

Discussion on Inclusive Design and Pedagogy
——A Case Study of the International Joint Design of Age-friendly Community

摘　要：本文以哈工大三年级国际联合设计教学实践为例，探讨短期“研究式教学”方法。以“宜老社区”为主题，将包容性设计方法引入教学中，引导学生结合老年人身心的特殊需求，从对“移动性”、“情绪”和“场所”三个关键词的分析出发，探讨未来宜老社区的发展模式及设计要素。在此基础上，通过基地环境分析和功能策划，提出不同途径的设计概念及其空间形式，旨在培养学生的研究式思维和创新思维，并使其认识到包容性设计的必要性，通过设计包容的环境提高社会公平性和合理性。

关键词：包容性设计；宜老社区；国际联合设计；研究式教学

Abstract：Taking the international joint design teaching practice of Harbin institute of technology as an example，this paper discusses the method of short-term “ research-centered teaching ”. The design theme is “ age-friendly community ”，by introducing inclusive design into teaching，teachers guide students from the analysis of “mobility”，“mood” and “place”，combining with the special needs of the elderly，to explore the development model and design elements of the age-friendly community in the future. On this basis，through the site analysis and function planning，students propose different design concepts and space forms. It aims to cultivate students' thinking of research and innovation，and make them aware of the need for inclusive design to improve social equity and rationality by designing an inclusive environment.

Keywords：Inclusive Design；Age-friendly Community；International Joint Design；Research-centered Teaching

随着科技和医疗科学的进步，过去几十年里，世界老龄化进程不断加速，已成为一个迫切需要关注的国际问题。中国目前约有 1. 58 亿 65 岁以上人口，约占总人口的 11. 4%，到 2050 年，预计总人口的 1/4 将超过 65 岁。由于中国 1979 年至 2015 年间实行“计划生育”政策造就的“4-2-1”式人口倒三角格局，使得传统家庭养老模式难以为继。虽然各大城市的机构养老设施一直在增加，但这种仅以提供服务为基础的护理模式更适合那些已无法独立生活、需要帮助的高龄老年人，而那些更活跃、身体更健康的低龄老年人所需的是能够满足多

*本文受到中国博士后科学基金项目（2015M581451）；中央高校基本科研业务费专项资金（HIT. NSRIF. 2017041）；和黑龙江省教育科学规划重点课题（基于寒地可持续性建造实践研究的国际化教学体系研究项目）的资助。

样性活动、保证生活质量、在需要时给予足够的支持和照顾，使其能够“积极地生活”并继续参与社会活动的社区生活环境。因此，在社区设计中积极地、包容性地应对老龄化问题尤为迫切。

2018年哈工大“宜老社区设计”workshop是由哈尔滨工业大学与英国爱丁堡大学教师联合教学的3周国际化课程。设计任务是通过引入包容性设计方法，探讨未来宜老社区发展的可能性，通过研究提出适宜的设计概念，策划功能组成及空间形态。

1 设计方法：包容性设计法的引入

包容性设计的理念可以追溯到二战后物质化的欧洲社会理想，初步形成于产品设计领域。包容性设计的概念最早由英国政府于2000年提出，并将其推广至产品、服务和环境领域。其核心在于设计中最广泛的考虑使用者的需求，是不论每个人的年龄、能力状况如何都可以被吸引和使用产品与环境的一种设计方法。包容性设计应包含以下三个维度。

1.1 多样性及独特性识别

包容性设计并不是要求设计能够被每个人所使用，而是建立在充分认识使用者需求的多样性和独特性的基础上，在充分考虑设计可行性、可操作性、成本等诸多因素的情况下，最大限度的满足使用者需求。通常情况下，常规设计往往是针对特定群体（Target Population）的特定需求（Specific Needs）而进行的；通用设计的愿景是面向所有用户（Whole Population）；如果说设计是一个有针对性的商业行为，那么通用设计可以理解为一个近似于乌托邦式的理想。而包容性设计是在充分认知用户需求（多样性及独特性）的基础上，将其拓展至一个相对广泛的群体（Ideal Population），力图在设计的过程和结果中尽可能多地满足大众的需求，尽量摆脱用户年龄或能力的限制，减少对使用者产生无意识的排除（Design Exclusion）。

1.2 包容性设计方法及工具

设计过程、所采用的设计方法、设计工具应具有包容性。首先设计团队的组成应尽可能满足多样化，并在设计的各个阶段考虑包容性的实施。例如，在调研阶段要尽可能广泛的获取使用者的需求，甚至是“极端用户”的需求，尤其要了解那些有学习困难、精神失常或患视觉和听觉障碍的人在使用空间中面临的各种困难。设计过程要超越年龄、身体状况、文化背景、宗教信仰、政治主张等等所有差异，承认使用者的多元和区别，满足尽可能多的使用者的需求。

1.3 有益影响分析

包容性设计是建立在充分认识需求多样性和独特性的基础上的，而需求是可能延伸和发展的，因此包容性设计一定是个可持续的过程。在这个过程中，面向众多的多样性和独特性一定有所侧重，甚至是必要的取舍，提供优化的选择。因此有必要在设计中引入有益影响分析，为设计中作出合理选择提供依据，并随着需求的变化，对设计做出合理的修正和扩展，可以降低使用过程中的可能障碍，进而使设计对每个使用者产生最优效应。

包容性设计并非是一种新的设计风格，而是一种新的“为大众而设计”的态度，能够给大众以平等的机会参与、互动和分享。本文引入“包容性设计”的概念，旨在摆脱使用者年龄或能力的限制，使设计最大限度地满足人们的需求，并以老年人的生理、心理及行为特点出发，设计易于被理解的环境，易于使用的空间。

2 设计分析：关键词及设计要素思考

那么如何有效的进行包容性设计教学？使学生们具备针对所有环境的包容性设计能力。我们提出了一套包容性设计思路。

2.1 关键词分析

设计的开始，我们首先要求学生分析老年人身心的特殊需求，并选择了与老年人行为、心理、以及我们所要营造的环境具有密切关联性的三个关键词：“移动性、情绪和场所”，引导学生从关键词分析出发探讨包容性环境的设计要素。

（1）“移动性”：将身体体验引入设计过程

移动性是个体参与社会生活的首要条件。老年人由于身体功能与感知能力等的下降，与其他年龄群体相比，其移动性成为更重要的制约因素，直接关系到其独立生活的能力，在一定程度上决定了老年人的生活方式和生活质量。

因此，我们提出将“移动性”作为设计的一个重要考虑要素，希望学生们将老年人的移动性及其在空间中移动时的最基本感知与设计联系起来，在空间设计中提供更大的灵活性和可访问性，更高的安全性和舒适性。需要考虑如何能够通过设计提高老年人在社区中自由行动的能力，这对其维持身体健康、享用服务设施、实现社会参与、提高生活质量等具有重要作用。

（2）“情绪”：注重“多感官设计”培养

情绪，是对一系列主观认知经验的通称，是多种感觉、思想和行为综合产生的心理和生理状态。人的基本情绪分为开心、轻松、平静等积极情绪，或焦虑、压抑、难过等消极情绪。积极的情绪有助于老年人延缓衰老，对提高老年人生活质量具有独特作用。

空间环境的品质、氛围会对情绪产生影响，比如健康和谐的氛围能促进良好情绪的发展，素雅整洁、光线明亮、色彩柔和的空间环境能够使人产生恬静、舒畅的心情。相反，拥挤、繁乱和嘈杂的空间环境会使人紧张、心烦等。当人们处在一个空间环境中时，空间、界面、结构、色彩、材质、声音、气味、光线、温度等等这些要素对人的视觉、听觉、触觉、嗅觉等感官都会产生作用，会导致人的情绪发生反应。

鼓励学生们将“情绪”作为关键要素的设计重点即在于更加直观的、情境性的、为老年人的所有感官进行设计，从空间特质开始探讨，在设计所增强的环境品质中，反映老年人的心理和情感需求。

(3)“场所”：营造有意义的生活空间环境

场所是具有清晰特性的空间，是由自然环境和人造环境相结合的有意义的整体。这个整体反映了在某一特定的地段中人们的生活方式及其自身的环境特征。场所具有空间和特征两方面：空间即场所元素的三度布局；特征即氛围，是该空间的界面特征、意义和认同性。

将“场所”作为关键词是希望学生们的设计不只是对既存环境推理分析后的产物，而应积极地创造具有“场所性”的社区空间环境，营造一个具有意义的日常生活空间，创造出老年人需求的那种生活氛围。

包容性宜老社区的特征要素　　表 1

Well-Lit and Legible Spaces 光线充足和易识别的空间	Compacting the Spaces 紧凑的空间，防止迷失方向、减少恐惧和疏远感
Access to Services 公共服务设施的可达性	Access to Nature 自然环境的可达性
Social Opportunity 提供社会互动的机会	Enhancing Activities 提高活力
Optimising Mobility 优化的交通流线	Mix of Uses 混合使用
Safety Security 具有安全保障	Enhancing Cultural Memories 提升文化记忆
Design for the Senses 多感官设计	Adaptability and Goal Setting 具有适应性和弹性

2.2　设计要素的思考

从“移动性”、“情绪”和“场所”这三个关键词的分析出发，并通过对相关案例和对老龄友好环境应具有的特征的分析，学生们提取出 12 点特征要素（表 1），作为在下一步具体设计中的考虑因素。

3　设计成果：多途径设计方案探讨

设计基地选址在校园附近的真实地段，便于学生调研，是由联发街、北京街、繁荣街和海城街所围合的城市街区，面积约 3.3hm^2（图 1）。周边用地主要是居住区、学校、博物馆等。该街区曾是中东铁路建设时期俄罗斯高级铁路职员的花园式住宅街区，经历百年沧桑，现面临拆迁。

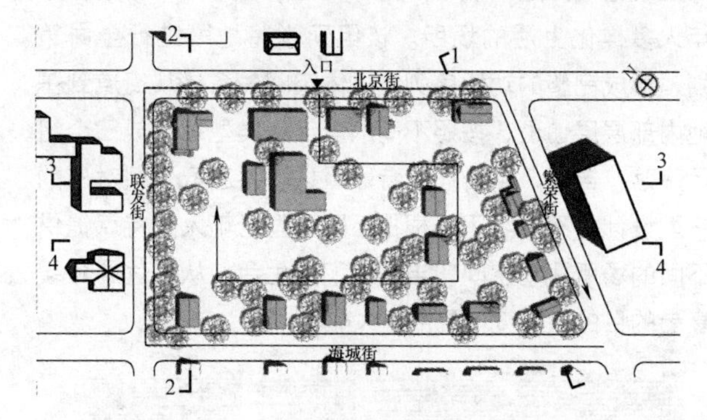

图 1　设计基地图

参与设计的 13 名学生自由分成 4 组，根据前期设计要素的分析结果，通过绘制一系列草图来描述想要创造的空间品质、环境氛围等，将构思的包容性社区所具有的空间特质转化为可视性图示。在此基础上，4 组学生通过对基地环境的解读，分别从不同角度切入提出设计概念，并从城市设计与建筑设计层面提出了构思各异的空间设计方案。

3.1　Group 1：“Memory Center”记忆中心

第一组学生以 50 后特定人群为设计研究对象，通过研究该类人群的心理特点和行为特征，并分析了具有该类人群印记的空间类型，如会堂、剧场、食堂、市场等，旨在将该类人群年轻时的记忆、习惯的生活空间与老去时的需求相结合进行功能策划和空间组织，营造一个“集体记忆中心”。虽然这组同学提出的设计概念是基于提升文化记忆的考虑，但所考虑的人群类型过于单一，且最终选择集中式综合体的空间形态也欠妥（图 2）。应采取更谨慎的态度，考虑建筑如何在体量上与周围的城市环境取得连续，而非让其在环境中凸显出来。

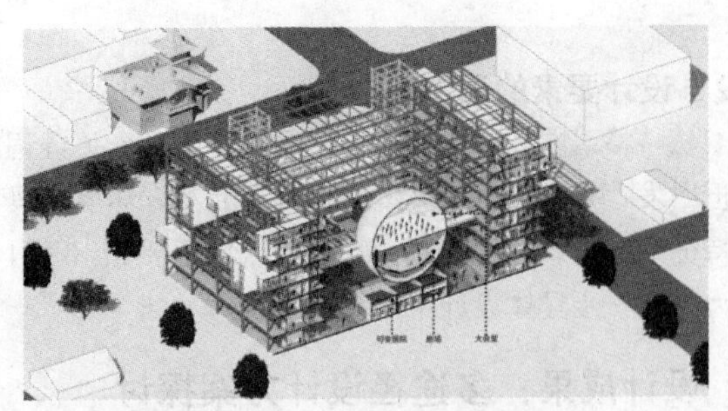

图 2　Group1 设计方案鸟瞰图
（学生：黄新天、赵鹏）

3.2　Group 2："Slowly ageing"慢慢变老

第二组学生提出以减缓衰老为主题的设计概念，旨在通过策划引导丰富的活动和创造丰富的空间，来应对和延缓老年人逐渐衰老的过程，力求营造出一个适合老年人多样化生活的场所。该组同学将地段进行全面策划，形成完整的功能序列，总体空间关系是从街道到基地内部层层递进，按照不同的老年人类型划分成三个组团院落：自理、半自理、特殊照护，并进行了相对应的户型设计。不同组团中根据不同类型老年人的特点提供不同的场所活动空间，丰富他们的生活，从而达到延缓衰老的目的（图 3、图 4）。

图 3　Group2 设计成果图 1
（学生：琴海璘、刘嘉玲、宋子琪、张雪涵）

图 4　Group2 设计成果图 2
（学生：琴海璘、刘嘉玲、宋子琪、张雪涵）

3.3　Group 3："Let' s go flats"移动公寓

第三组学生提出未来派的"移动公寓"概念，希望利用新技术创造一个更加灵活、给人以更多自主选择权和可能性的宜老社区（图 5）。

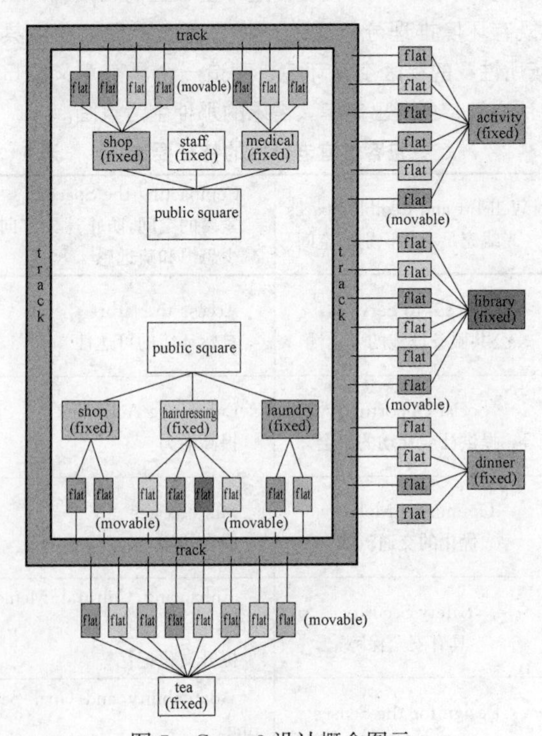

图 5　Group3 设计概念图示
（学生：顾家碧、张俏、陶立子）

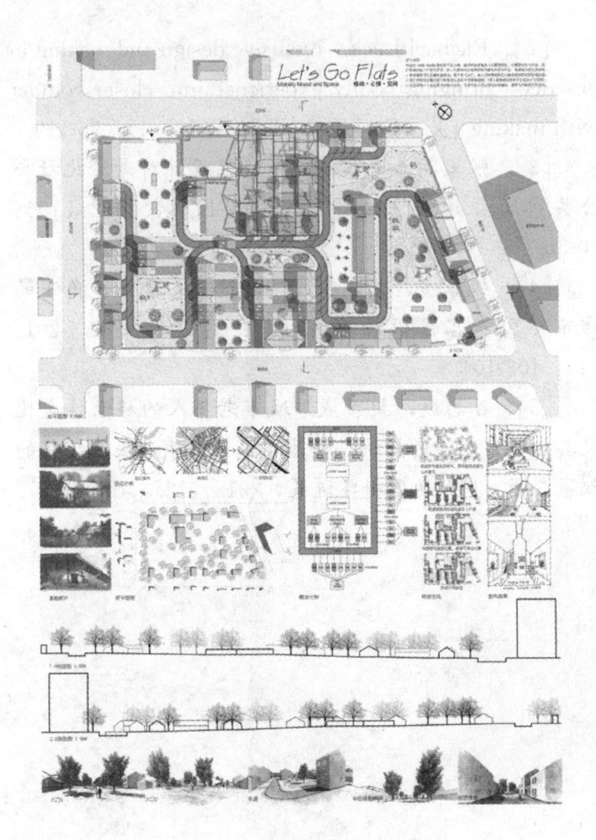

图 6　Group3 设计成果图 1
（学生：顾家碧、张俏、陶立子）

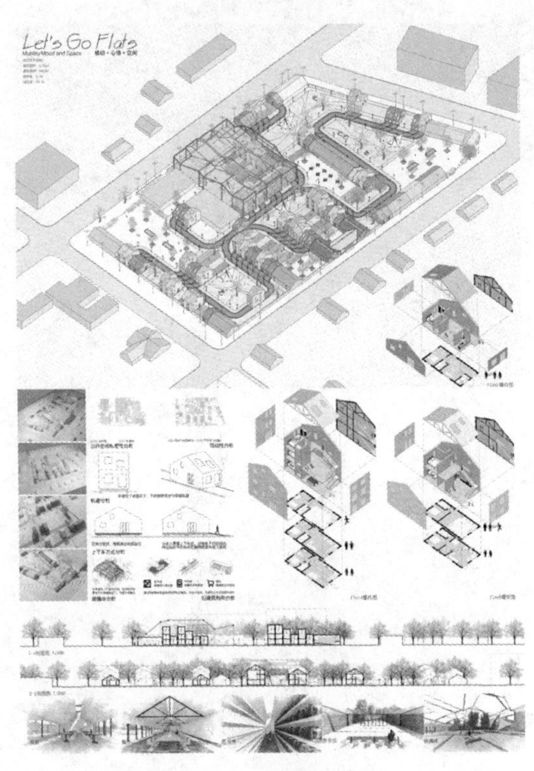

图 7　Group3 设计成果图 2
（学生：顾家碧、张俏、陶立子）

设计保留了原有建筑和树木，设计了三种居住单元类型以适应不同的家庭结构（老人独居、两代居、多代居）；规划了房行轨道和人行漫步两套交通系统；将原有建筑改建为图书馆、洗衣房、商店、茶室等公共建筑，所有公建为固定不可移动的，新建组团式布局的可移动式居住单元，可沿着轨道移动，便于老人出行。老人可按需选择将居住单元停靠在公建或绿地附近居住和逗留；社区内还设有一个适应季节变换的可开合式核心公共空间，夏季为开敞的户外空间，冬季可闭合为供人活动交往的玻璃体，提供适宜的微气候环境（图 6、图 7）。

3.4 Group 4："Mixture" 混合体

第四组学生提出了"混合体"的设计概念，旨在创造一种不同年龄人群混合居住、自然与人工环境相互穿插、新老建筑相互融合、多种功能空间混合布局、不同层级公共与私人空间相互交织的空间特征，以增加人与人之间、人与环境之间的互动。

设计保留了基地内原有的建筑，赋予了它们新的功能（出租商业、青年旅社等）；为不同类型的居住者设计了不同的户型，并形成不同的领域感；运用连续的边界回应周边的城市街道；内部则结合原有的树木形成大大小小的庭院和广场，既提供了建筑内部的刺激观点，也提供了将内部活动扩展到室外环境的潜力，增强了建筑内公共空间与外部社区空间的关联（图 8）。

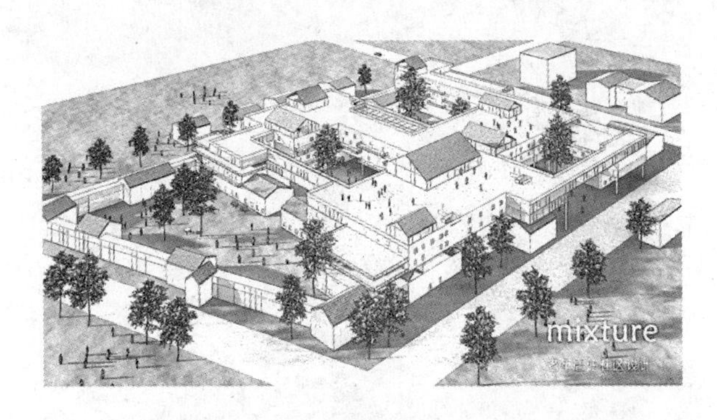

图 8　Group4 设计方案鸟瞰图
（学生：陈殷、吴家璐、赵凝、林莹珊）

4 份作业结合包容性设计要素，提供了不同途径的设计方案，并分别围绕各自的设计概念策划了不同的功能和活动，为探索未来老年居住环境的可能性提供了丰富的想象。

4　结语

本次宜老社区国际联合设计教学，重视设计与研究的结合，并鼓励学生大胆探索设计方向，旨在培养学生的研究式思维和创新思维。在教学中，鼓励学生发挥个性，完成具有差异性的设计成果，也包容了富于理想色彩的未来构想。

另外，任务书的制定并未定义明确而具体的建筑功能及面积指标，学生们要通过他们各自的思考和研究，通过策划引入相关的功能和活动，以发展他们所提出的设计概念，形成宜老社区特有的个性和氛围。这种启发、互动式的任务书同时也培养了学生的建筑策划思维。

参考文献

[1] P. John Clarkson，Roger Coleman. History of Inclusive Design in the UK [J]. Applied Ergonomics，2015 (1)：235-247.

[2] Rachael Luck. Inclusive design and making in practice：Bringing bodily experience into closer contact with making [J]. Design Studies，2018 (1)：96-119.

[3] 张文英，冯希亮. 包容性设计对老龄化社会公共空间营建的意义 [J]. 中国园林，2012 (10)：30-35.

[4] 魏菲宇，戈晓宇，李运远. 老龄化视角下的城市公园包容性设计研究 [J]. 建筑与文化，2015 (4)：102-104.

[5] 谷志莲，柴彦威. 城市老年人的移动性变化及其对日常生活的影响——基于社区老年人生活历程的叙事分析 [J]. 地理科学进展，2015 (12)：1617-1627.

范文兵　赵冬梅　刘小凯　王浩娱　张帆
上海交通大学设计学院建筑学系；wbfan@sjtu. edu. cn
Fan Wenbing　Zhao Dongmei　Liu Xiaokai　Wang Haoyu　Zhang Fan
Department of Architecture，School of Design，Shanghai Jiao Tong University

深刻的专业基础训练
——以 ETH 一年级构造课教案为例
The Profound Professional Basic Training
——Take the Construction Teaching Plan of ETH's First Year as an Example

摘　要：本文通过对苏黎世联邦理工学院（ETH）一年级构造课教案的分析，探讨如何将深刻的学术思考，转化为目标清晰、步骤严密、显性与隐性效果长久起效的基础教学。

关键词：教学法；构造课教案；通过操作进行思考

Abstract：Through the analysis of a first year construction teaching plan of ETH Zurich，this paper explores how to turn profound academic thinking into a clear goal，rigorous steps，explicit and implicit effects of long-term basic teaching.

Keywords：Pedagogy；Construction Teaching Plan；Thinking by Doing

《建造建筑（Making Architecture）》一书的内容①，是由苏黎世联邦理工学院（ETH Zurich）建筑系德普拉兹（Andrea Deplazes）教授主持的该校建筑学专业一年级构造课（Konstruktion I und II）的教案②及学生作品选。该书不同于我们常见的那种停留在简单罗列层面的学生作业集，而是具备了相当的学术深度与教学上的可操作性。

1　将对专业基本问题的学术性深刻思辨，转变为可操作的基础训练

德普拉兹在开篇短文里，用精炼的文字，借助形而上思辨及相关历史理论基础，通过层层剖析，确立了对“建筑”这个系统的基本认识。他指出，表面上看，建筑是“物质实体元素（外墙、隔墙、天花、柱子、支撑体、阳台……）”，但其实是“实体元素的组合、连接及构成方式”，而这些元素连接方式的本质就是“建造”。建造会涉及到工程师们关注的工程技术问题，但建筑师们更关注的是，如何通过物质实体的建造（结构、材料）创造“建构空间（architectonic space）”。接着，德普拉兹简述了建筑与人类生活的密切关系，最后在结尾处指出：“将一个想法、概念如何物化为实际建筑物（一个材料和空间的物体）会有很多争议。这取决于该物化过程是否可信、是否充满意义、是否充分

① Andrea Deplazes（ed）. Making Architecture［M］. Zurich：GTA Verlga，2010。

注：阅读原文过程中，参考了城市笔记人（刘东洋）发在豆瓣网上的翻译。网址：http：//www. douban. com/note/133352055/。

② 2017 年以前，ETH 建筑学一年级有三门核心课程，分别为设计课（Architecture）、构造课（Construction）、艺术课（Art），每学期各门课程均为 6 学分，由三位教授主持。2017 年以后的新教学计划中，艺术课内容削弱，Architecture + Art 变成 8 学分。

完整。只有这样，建筑物才会成为一种具有创造性的物质实体。"[①]该思路，构成了整本书教案的理论与实践基础。

首先，通过对该文主题词的提炼，形成了构造课作业的训练大课题，其中包括：空间，物质实体元素的构成，材料，结构，覆层等。在作业的具体展开过程中，这些大课题又被细化为更易操作的次级小课题，如材料（Material）课题，就被细化为材料属性、材料的交接方式、操作材料结构的动作（编织、折叠、浇注、捆绑、压紧、杆插、层累、系结等）等；承重支撑结构（Support）课题，就被细化为框架、壳体、板体系、水平荷载、竖向荷载、接地方式等。除了这些由教师自上而下给出的基础知识、基本方法框架外（大课题、次级小课题），自下而上产生自每个学生的"借助身体感知做判断""通过建造进行直觉思考""自我思想的产生及贯彻物化"等方法，又为学生找到了自我的发挥余地。最终，教案实现了"学术的深刻性与学习的可操作性""（学习的）作业与（创作的）作品"间的平衡。

书中教案与国内构造课程教案相比，有如下鲜明特征：(1) 与建筑学本体思路结合紧密，与设计课关系互为因果，无缝连接；(2) 基础问题的理论思考深入且立场明确，并带有教师自身研究与思维倾向；(3) 可物化的操作手段在理论与实践思考的基础上，清晰限定，并与一年级学生个人生活经验密切相关，好操作并易于引发个人化思考；(4) 对专业问题偏重"抽象思辨"而非"知识性"传授，留给学生极大的自主性，不会由于过分关注"知识性"从而限制学生只能给出对、错（知道或不知道）的标准、有限答案。

以学生入学第一个作业"手套"为例。该作业要求：在刚性（rigid）与柔性（non-rigid）两大类材料里，各选择 2 种，设计一个手套，一人在一天内独立完成（图 1）。该作业看上去与建筑无关，但仔细分析就会发现，这其实是一个触及到多个"建筑本质元素（材料、空间、建造）"综合作用的作业。

这些迥然不同于日常的手套作品，会质疑那些司空见惯的常规性用途，并把一些被忽略的议题推到前台。例如：材料的交接方式；或围绕"手和手套的关系"这一主题，用建筑学的方式探讨覆层与其围合出的空间之间的关系，思考一个有着大、小单元（手掌部分是大单元，手指部分为小单元）的复合体如何被三维立体地围合起来，如何被支撑起来[②]。

以这样的思路延伸，我以为还可以有诸如"帽子""衣服"[③]（图 2）、"裙子"等类似触及到"建筑本质"、与身体感知相关、易于上手且有发挥余地的构造课基础训练题目。

图 1

图 2

① 译自：Andrea Deplazes：6.

② 译自：Andrea Deplazes：8.

③ 上海交大二年级有过材料编织衣服的训练。

2 学术研究的基础上，设置环环相扣的分项练习，每个分项练习阶段目标明确易操作，在一次次目标的累积历程中，让学生体会到建筑（系统）的复杂性

夜晚来临之前，你要把白天组合在一起的黏土（"Raumling—创造空间"）拆解成几块（"Disassembling—拆解"），回家之前，要把那些潮湿的黏土块们小心地摆放开来，晾晒，你并不知道第二天将会用另一种材料——卡纸板，来重塑这些块体（"Transformation—变形"）。第二天，你要花一整天时间用卡纸来精确再现这些体块，最终形成一个个小模具。第三天，你要用液体石膏灌注进这些卡纸形成的模具里，等石膏晾干后，再销毁那些纸板模具。再然后，你要根据你自己提出的一套策略，将这些石膏体块组合在一起，用胶水粘结成一个全新的整体（"Composition—构成组合"）。你要在不断的试错中做出一系列判断，（手头）制作和（大脑）思考是你行动的两极。随后，你要把做好的石膏块整体放大两倍，做一个由木杆件组成的、有一定承载能力的（空间秩序）结构体系。一天之后，你要用（不透明的）卡纸板和透明纸对这个（空间秩序）结构体系进行调整和补充，限定出不同的空间和空间过渡区域（"Structure—结构"）。"持续不停的变换"是贯穿在这一系列作业中的主线——交替地破坏与重建，变化与停滞，放弃与获得。在一系列的判断、规则、材料和空间之间，在你的愿望和你的建构物体的实际效果之间，某种联系开始浮现[①]。

书中这段文字描述的是第一个"手套"作业之后，对连续五个作业（前文括号内的提示）的要求。这五个作业是一套连贯的训练，在把建筑本质元素分项提炼的前提下，每个作业各自承担明确的针对性训练次级课题，由空间、形体组合、到（与空间秩序配合的）结构，由表及里、由感性到理性、由视觉到建造、由简单到复杂地进行训练。在冬季学期结束前三周，也就是在前六个作业（训练多个建筑本质元素综合作用的"手套"，五个分项训练）的基础上，最后做一个临时小建筑，关注主题是"建构"（Tectonics），分空间与材料两个阶段进行再一次的分项训练（图3）。

虽然学生做练习的时候或许无法完全领会作业之间的逻辑联系在学理上的深刻性，包括自身完成作品在学术及实践上带来的可能启发，但是，基础训练阶段这样的身体直接操作，会在学生大脑与身体上，刻下空间、

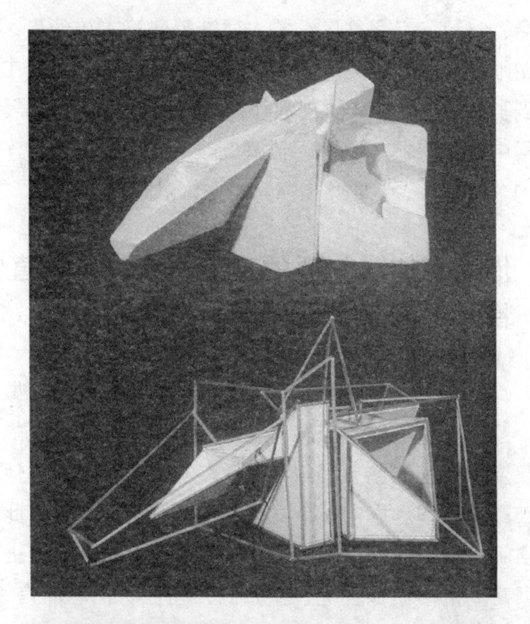

图3

① 译自：Andrea Deplazes：9-10.

组合、材料、空间秩序结构、建造等建筑本质元素之间既明晰又复杂综合关系的记忆，在今后的专业生涯中会起到长远效应。作为课程教师，对此必须要预先想得深，过程中指导明晰，才能达到以上效果。这是一种将学术性的“教育思想”物化为“学生身体记忆”的方式。

3 借助身体对物质的直接操作进行（直觉性）思考（“think” by “doing”）

你们每个人都会拿到一定数量的黏土。请用它做出一个连续完整的雕塑形态，里面要有内部空间发展的可能。要把所有的黏土都用光。用你的双手，以及其他一些工具来操作。探索黏土材料的各种可能性，并借此创造空间。在做这个空间体时，要从各个角度翻来覆去地观察它。请不断揉捏它、塑造它、扭曲它，总而言之，要借助操作进行思考（“think” by “doing”）。请想象一下你工作的基本策略是什么？你手中作品呈现的空间质量如何？请用草图画下你的发现。[①]

这是第一个“手套”作业之后“创造空间”(Raumling-Space creature）作业的教案文字。文字提示的作业过程，其本质就是在物质实体（physical）基础上——即在不同模型材料的限定中（油泥，卡纸，石膏，木头……）——通过不同的操作过程（揉捏，切割，浇注，黏合……），围绕空间、材料、秩序、建造等训练课题，展开（直觉性）思考。这一过程，也是一年级构造课上大部分作业的操作过程。

这些作业的结果，都不是预先出现在设计者大脑中或画在草图纸上，而是一步步在直面物质实体的身体性操作过程中慢慢成形。作业过程包含了“把某种想法直接物化为物质实体，同时，在物质实体直接操作中逐渐浮现出的其他想法反过来修正原始设计想法”的互动训练。这一互动过程，其实也是教育者的一个关键的学术立场，其中有着鲜明的现象学（Phenomenology）的影子（图4）。

图4

4 对学生“评价设计”能力的多角度训练

书中几乎每个作业，都有一个学生做完后的反思总结环节，训练学生学习如何有步骤、有方法、有深度地进行对设计进行评价与分析。其中不仅要对个人作业进行记录与总结，也要对集体作业成果，进行一种类型学(Typology）意义的（原理、特征、关联……）的抽象提炼与表达。

如对一个2人小组8小时完成的“椅子”作业，对它的分析作业就有两个：一个是“反思”（Reflection），要求分析自己小组作业成果的制作过程，并提炼出4个概念模型（Concept Models）；一个是“系统化”（Systemization），要求对全班作业借助2个主题词(Theme）进行一个整体图谱（Field Image）描绘，再进一步制定标准进行细化分析（图5）。

Reflection.Unknown author
2004-2005

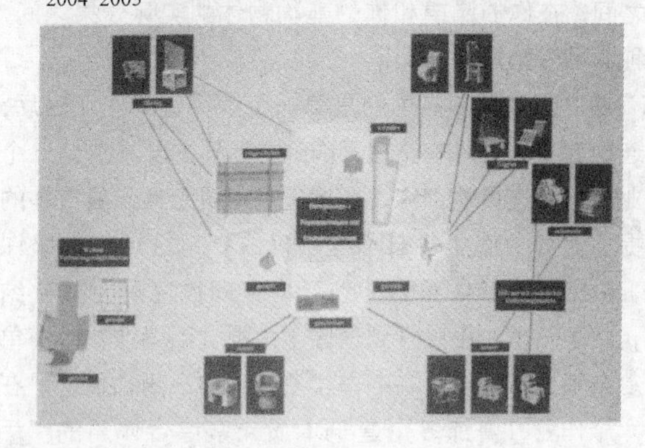

Systematization.Unknown author
2005—2006

图5

总体来看，这本书在主讲教师严密深刻学术思考的

① 译自：Andrea Deplazes：240.

基础上，将构造课教案的实践性（训练的可操作性、入门学生的身体性记忆）、理论性（与建筑学本题的关系，学术基础、理性学习与反思并举），研究探索性（寻找建筑设计的新方向、新方法）进行了有机结合，对我们今天的建筑学教育乃至设计实践，都有着很大的启迪意义。

参考文献

[1] Andrea Deplazes. Making Architecture [M]. Zurich：GTA Verlga，2010.

[2] 范文兵."结构、材料、建造"教学实验 [C] //全国高等学校建筑学学科专业指导委员会. 2010 全国建筑教育学术研讨会论文集. 北京：中国建筑工业出版社，2010：200-207.

[3] 佳维，顾大庆. 结构化设计教学之路：赫伯特·克莱默的"基础设计"教学 [J]. 建筑师，2018 (3)：33-40.

何可人　刘斯雍
中央美术学院建筑学院；hekeren@cafa. edu. cn
He Keren Liu Siyong
Schcal of Architecture，China Central Academy of Fine Arts

教建筑？还是大家一起来讨论？
CAFA 建筑学院国际课题实验工作室引发的教学思考
Teaching Architecture? or Let's Talk?
The Experiment of the CAFA ARCH Exchange Studio

摘　要：我国大陆的多数建筑院校的建筑设计课通常是围绕着特定的设计内容设置，多年僵化不变。然而日益增强的教学上的国际交流对常规的设计课程体系提出了挑战。如何借鉴和学习国外学校的工作室体系，改革和更新日益僵化与陈旧的建筑设计、理论、技术隔离的课程体系？是继续为设计而设计，还是以研究为导向面向城市和社会提出问题？是单向地教？还是建立一个多边的、开放的，大家一起讨论的平台？中央美术学院建筑学院的国际交换工作室利用多年的探索和实践，提供出一个有效的解决方案。

关键词：工作室体系；城市叙事；社会住宅

Abstract：For many years，the architectural design courses in CAFA School of Architecture are always constructed around particular design purposes，and they hardly endure any changes. The increasing international exchanges are bringing challenges to the traditional curriculum that separates design，theory and technology. CAFA Exchange Studio experiments for years of the new studio system，seeking for a pedagogy solution. Instead of merely teaching，creates an open，multi-lateral，international platform that everyone could communicate and discuss the emerged global urban and social issues.

Keywords：Studio unit system；Narrative city；Social housing

1　"我不相信教建筑学这种事"

话题要从 2011-12 学年笔者之一在奥地利维也纳应用艺术大学做访问学者谈起，当时该学校建筑学院的院长是蓝天组的 Wolf Prix。他将硕士 diploma 的主干课程划分成三个大师工作室，除了他自己指导一个工作室以外，另两个工作室的主导师分别是 Zaha Hadid 和 Greg Lynn。工作室每到中期或是期末评图的时候，除了几个主要导师之外，还会延请美国和欧洲一些著名的建筑师，建筑教师来参加，作为一个学术的活动面向社会宣传。评图过程都被记录下来作为视频资料公开查阅。记得看过前些年的一次评图，Wolf Prix 请了 Peter Eisenmann，在评图过程中大家讨论起建筑教学的问题，Prix 慢悠悠地用他一贯的温和语调对着 Eisenmann 说："I don't believe in teaching architecture."翻译过来大概是：我不相信教建筑学这种事。听到作为一个建筑学院院长说出这种话，在愕然之后不免回味一下，想想他的意思大概是：建筑学不是老师教出来的。

2　建筑教学的工作室体系

无论是否有大师的名头，欧洲这种 Diploma 的工作室在很多学校都是非常具有特色的，是用多元化的思维来研究探索建筑的重要方式。这种 Diploma school 的单元体系（Unit system），是 20 世纪 70 年代博雅斯基（Alvin Boyarsky）在英国的建筑联盟（AA）建立的，它抛弃了以前所有的课程，将大学的体制和传统的师徒体制结合在一起形成具有特色和差异性的工作室的 unit system。以 AA 为例，每一个 unit 都深具个性，但是都具有实验性，是学生提出问题和猜想的实验场。一个人带着问题在这里开始，带着问题之后的问题在这里结束。实验建筑教育的本质，并不只是培养优秀的建筑师，完成优秀的、经典的建筑作品，而是如何更好地推进建筑教育的发展，创造一个公共平台与大众沟通，从而从实质意义上造就建筑教育质的进步，甚至飞跃。

中央美术学院（CAFA）建筑学院是中国第一个艺术院校系统下建立的建筑学院。虽然建立时间不长，已经产生了自己独立的特色，其中最重要的特点是在中国常规建筑院校专业评估大纲之外，融合了美院传统的本科工作室制度。每年本科毕业班设置 10 个工作室，每个工作室的导师选取不同的课题进行深入的策划、分析、调研和设计，最终的产出是毕业全校范围的展览。这种体制使得各个工作室一直能保持多元化的对建筑设计、室内设计、景观设计和城市设计的探讨。

尽管本科毕业班的工作室制度一直是 CAFA 建筑学的特色，但是对于其他年级的课程来说，依然是参照中国建筑院校的评估大纲，通过课程的设置来完成。尤其是设计课程，依然是按照类型和尺度的分类来设置，比如说从一年级到四年级的建筑学专业设计课，从小茶室、别墅、图书馆、小学校、博物馆、住宅和城市设计依次进阶。而建筑学发展到今日，无论从实践和教育来说，为设计而设计已经是落伍的思维方式，学院式教学相对于实践来说本应具有一定前瞻性，尤其是高年级和硕士生的教学更应该在基础训练上融入研究性的探索。建筑学的教育范畴也应该是超出专业本身，用建筑设计作为手段，从城市、政治、经济、社会、文化、相关人群等不同角度提出问题，最终成果有时并一定是完全的、客观的解决方式，像艺术作品一样，很大程度上也是设计者本人对问题的视觉的映射和表达。因此改革本科高年级的传统的课程体系，成为 CAFA 国际交换工作室形成的内因。

另外一个促成 CAFA 国际交换工作室成立的外因，是近年来学院国际交流的增加，主要体现在深度、广度和强度的增强，从以前的单纯的讲座、短期的 workshop，到了延续 4～8 周的联合课题；双向交流也逐渐增加，一改以前单纯的外国师生来华的模式，CAFA 师生也逐渐走出国门，与国外院校对等地交流，同时在双方老师带领下在欧美城市调研做课题。对城市文化和建筑设计的理解更是受益匪浅；交流的强度也增长迅速，国外院校来的交换学生从以前每学期 1～2 个到了最多 14～15 个，加上联合课程的学生，更加加大了 CAFA 课程国际化的压力。

综合上述的自身和外界的原因，自 2014 年 CAFA 开始针对本科四年级的课程进行局部改革，设置了平行的国际交换城市研究设计工作室。工作室主体是在本科四年级的城市设计和集合住宅设计的基础上，设置了一个完整的大课题体系，囊括了 Studio 设计、理论历史讲座、参观和展览、以及具有特色的中国传统绘画与书法。教师团队包括美院建筑学院教授、副教授、外聘教授和讲师，学生团队一般包括本科四年级、研究生一年级，国外交换生以及和境外学院进行短期联合课题的学生，教学语言为英语。时间为秋季学期 20 周和春季学期的 8 周。整个课程体系设置灵活，可以将联合性的课题和工作坊结合在整个的工作室大课题里。例如自 2015～2016 学年开始，CAFA 国际工作室和英国西敏寺大学建筑学院的三年级工作室开展了持续三年的联合课题，每年秋季学期由英方派师生来北京 4～8 周和 CAFA 国际工作室师生一起做北京的课题，而春季则是由美院师生赴伦敦参加西敏寺大学的伦敦课题。以往中央美术学院和其他院校的短期课程交流很难大规模地融入到整体课程系统中去，而国际工作室实验课题的设立不但顺利地解决了这个问题，而且无论是各方学校，导师还是学生都获得了出乎意料的收益。

常规本科四年级课程与国际工作室课程比较 **表 1**

	常规课程（10 周×2）		国际工作室课题（20 周）		
设计课 Studio（必修）	Ⅰ-集合住宅设计	Ⅱ-城市设计	Ⅰ-视觉训练（3 周）	Ⅱ-城市调研及策划设计（7 周）	Ⅲ-社会集合住宅设计（10 周）
讲座课 Lecture（必修）	城市规划原理	城市设计原理	城市规划原理		城市设计原理
课题相关讲座（可选）			中国城市、建筑、和景观设计讲座（6～7 次）		
讨论课 seminar（可选）			设计与理论的关系，技术、视觉表达等（12～14 次）		
参观 Excursion（必修）			中国传统建筑和当代建筑（2～3 次）		
工作坊 workshop（可选）			中国传统书法与绘画（10 次）		
展览 exhibition（必修）			校内或校外汇报展览		

3 飞地/围地—城市叙事性空间和社区空间的映射与再现

CAFA国际交换工作室的常任导师包括美院建筑学院的何可人，韩涛，刘斯雍和侯晓蕾，以及前英国格拉斯哥艺术大学建筑学院的David Porter教授，每位导师具有不同的文化和专业背景。导师们将“城市飞地”作为工作室的主题。每年根据该主题设置不同的课题，例如2015-2016年秋季课题的“飞地/围地3½”是对北京10号线环线地铁（俗称3环半）周边进行调研和社区住宅设计。2016-2017年课题为“飞地/围地—社区边缘”，是改造北京丰台一个汽配城的实际项目研究；2017-2018年的“飞地/围地—城市混合社区的未来”则是针对北京旧城内的老旧小区的改造项目。经过三个学年的验证，上述课题在当代社会非常具有代表性，特别是当课题中融入了春季学期与西敏寺大学合作的联合课题，另一个世界大城市伦敦也作为城市研究的主体的一部分，因此该课题成为了一个国际化的城市研究/住宅设计课题。下面对教学概念和方法倾向简单阐述一下：

3.1 飞地和围地—城市空间双关的含义

飞地和围地是一个双关的概念。当我们考虑到当今大城市的空间问题，飞地和围地概念可以涉及多种多样的由于各种历史、经济、伦理和文化问题所产生的地理形态和物质空间。工作室课题的目的不仅仅是为了研究和理解城市飞地空间，更多的是要探索和研究在大都市语境下飞地的边界，飞地和周围都市环境及邻里的相互关系，学生在研究之前和调研中必须带着此类的问题进行讨论——飞地之前的城市空间特色是怎样的？边界在哪里？飞地到来之后带来周围的物质、心理、社会、伦理和文化的变化是什么？飞地和它的“本体”或是“母体”有什么空间联系？是否具有“士绅化”的作用倾向？等等。今日的城市是一个每分每秒都在变化的有机体，我们今天的思考和观察并不代表明日的存在。所以我们的目的不仅仅是要观察和表达今天所看到的现象，同时还要展望和畅想未来二十年，五十年后的可能性。

3.2 社会住宅—历史的检视

社会住宅的本质就是解决大规模劳动力的再生产问题。这个问题产生于欧洲19世纪的工业革命以及快速城市化进程之中，大量激增的产业工人所伴随的居住问题成为大城市的关键性问题之一，成为不同国家的普遍性问题。然而，后工业时代与全球化时代的来临，随着工厂的外迁以及资本对生产资料的全球重新分配，在劳动力的社会构成与劳动形式已经发生变化的当代，什么是今天的社会住宅问题？从劳动与劳动力的角度思考当代居住问题与社会住宅问题，成为本课题的一个基本出发点。工作室研究社会住宅的使用主体是中国2000年以来出现“新工人阶级”：知识工人和创意阶层，所谓的新移民等。对这个群体的界定也就是对项目的政治主体性的界定，即必须明确设计的主体。

3.3 城市与建筑的可读性与叙事性

为了理解城市街道的可读性和人们认知和心理的关系，我们参照了一些二战后城市与建筑的理论，例如科林·罗深受格式塔理论影响的“图底关系”，凯文·林奇的“认知地图”，20世纪50年代法国以居伊·德波为代表的情境主义国际所倡导的“漫游理论”和“心理地图”，斯坦·艾伦关于如何超越建筑图纸，利用图解和编码表达城市所“不可表达”的声音、运动、时间的移动、尺度的变换等复杂事物；还有彼得·库克从1970年代建筑电信团时期开始，一直强调以叙事性绘画为媒介的建筑表达；Nigel Coates 1980年代在AA组建的“当今叙事建筑”研究小组，借用情境主义城市的思想和手法，将后现代主义哲学、社会学、地理心理学、现象学、文化人类学等领域引入建筑学，主张建筑师作为叙事者去表达现实与想象相互交融的城市意向。直至今日这种思想一直影响着一些欧洲建筑院校对于叙事性建筑和空间的艺术表达教学。而对于CAFA建筑学院来说也是一个合理的对城市空间理解的切入点。

4 课题分阶段成果

从2014年到2018年，前后参与国际交换工作室学生共127人，有美院本科四年级42名同学，研究生1年级29名同学，来自德国、丹麦、挪威、比利时、意大利等欧洲建筑院校交换的本科生和研究生34人，还有参与短期联合课程的英国西敏寺大学本科三年级22名同学，最多的一次秋季学期有40人同时上课。如何组织这只庞大的队伍有效地进行研究和设计对工作室的导师团队是个考验。将设计课题细分阶段并且鼓励前期结组是关键，因此我们把课题设为不同的单元，对每个单元的主题、内容、任务和方法都做出详细的计划和说明（图1、图2）。

Enclaves/Exclaves—the New Narrative for the Old Community

飞地/围地--老旧小区的新叙事

CAFA EXCHANGE STUDIO 国际交换工作室 September 2017-January 2018

ARCH. DESIGN VI (2 credits)											ARCH. DESIGN VII (2 credits)									
	Session I Narrative City--a visual practice 第一单元：叙事性城市--视觉训练					Session II Enclave/Exclave--Mapping and Proposal 第二单元：飞地/围地--映射与策划					Session III--Design of the Urban Complex and Social Housing 第三单元：城市社区与社会住宅									
Week	1	2	3	4	5	6	7	8	9	10	11	12	13	14	15	16	17	18	19	20
Studio 设计课 Tue/Fri 9-12	Introduction/ Visual Practice 课程介绍/视觉训练				National Holiday	Enclave/Exclave—Mapping the Boundaries 飞地/围地--映射边界		Proposition and Design 城市社区策划设计			Strategic Programming 住宅策划		Schematic Design/Critic 初步设计		Design Development 设计发展					Final 终期
Joint Program 联合课程 美院-西敏寺				UK students arrive	UK beginning mapping	UK students join the ground for mapping the threshold		UK students start to develop design slightly earlier than CAFA students, by ½ week				UK students leave	UK students back in UK to complete proposal		UK student holiday					UK students submit work
Critic 评图						First Critic 第一次评图					Second Critic 第二次评图									Final Critic 终期评图
Seminar 讨论 Mon. Fri.						David Porter: Design & Research 2 sessions/week (1 credit)						David Porter: Design & Research 2 sessions/week (1 credit)								
Lecture series 讲座							Keren He	Zigeng Wang			Xiaolei Hou	John Zhang	Shiqi Li				Yanchen Liu	Jing Luo		
Workshop 工作坊			Cao Wenjun: *Chinese Calligraphy & Painting* (3 hours/week, 9-12 Room 922, 1 credit) 曹文钧：中国传统书法与绘画 （10次）																	
Field trip 参观										Arch. Tour in the city (1-2 days)										
Exhibition 展览											Studio Annual Exhibition 年度展览									

1. The following students are required to take the colored studio sessions:

(colour)	CAFA 4th year, CAFA Exchange 美院大四和交换生
(colour)	U. of Westminster students, CAFA 4th year, CAFA Exchange students 美院大四，交换生& 英国联合课题学生
(colour)	CAFA 4th year, CAFA Exchange, UK students will finish their design back home 美院大四，交换生& 英国联合课题学生回国继续完成课题

图1 国际工作室2017-2018秋季学期课题计划

（分三个单元，中间紫色部分为英国西敏寺大学来华联合课题时段。前两个单元都强调小组合作，后一个单元为独立设计。除了主干的设计课，还结合相关的讨论、讲座、工作坊、评图、参观和展览。）

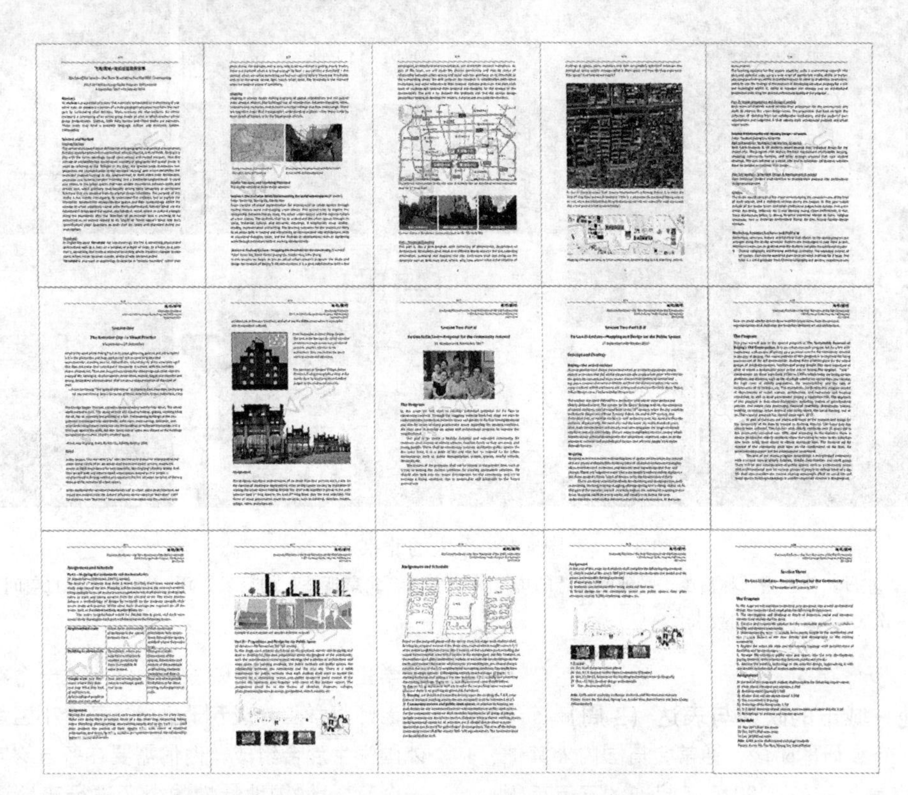

图2 2017-2018秋季学期的课题说明书

（每学年的新课题都是围绕飞地的主题，用叙事性的概念作为出发点提出问题并设计。工作室导师需要针对每个单元做出详细的说明、作业要求和参考阅读等）

4.1 视觉训练—“叙事性的城市”(4周)

这个阶段通过结组的方式，阅读中外文学作品中关于城市和景观的描述，用视觉表达和再现叙事性的城市。这个阶段的目的是训练学生将文字的表达转译成视觉表现的能力，训练阅读、思维和观察，通过展示进行表达，以及团队合作的训练。

表达形式可以多种多样，可以是绘画，照片，图纸，拼贴，模型和影像等。阅读的文学作品包括卡尔维诺、博尔赫斯和村上春树的作品，也有中国古典文学《桃花源记》和《红楼梦》等等，甚至最新的获奖小说《北京折叠》。中外学生混合结组，共同诠释想象中的城市空间。来自不同文化背景的学生做出了非常出乎意料的作品，充分体现了工作室的跨文化、跨领域的原创性特色和魅力(图3、图4)。

图3 看不见的城市

(手绘铅笔图，作者李锦莉。通过阅读卡尔维诺的《看不见的城市》一书，表现出文字城市空间的复杂、重叠和冲突的意向)

图4 一个人的北京

(作者刘乾钰，左丹，任子墨，林治茂。受到郝景芳的短篇科幻小说《北京折叠》的启发，用抽象的复杂的空间作为舞台，通过影像再一次表达人与城市的故事)

4.2 飞地/围地—城市的映射与表达(3周)

第二单元是城市调研的阶段，通常会与国内外其他院校的进行联合课题，例如从2015年起连续三年英国西敏寺大学的6～8名本科三年级学生老师会来美院参加这个阶段的课题。这个阶段工作室学生人数包括美院本科生，研究生和外国交换生，高峰期曾有最多达40名学生，相当于美院本科建筑专业一个年级的数量。指导老师将学生分成若干小组，每个小组都由中国学生和外国学生混合组成，他们需要在各自给定的区域内选取一个有飞地/围地特性的街区进行实地调研勘探，特别是要关注边界和 threshold，提出自己的问题，并且用 Mapping（映射）的方式纪录、描绘和再现场所和空间的特性。此外作为上一个部分的延续，除了视觉表达之外每组同学都被要求利用文字再次展现其场所和空间。这个阶段的教学目的是训练学生的一系列能力：通过不同的媒介来展示深入研究场所的特性和可能性的；通过比较和观察来诠释事物（图 5～图 7）。

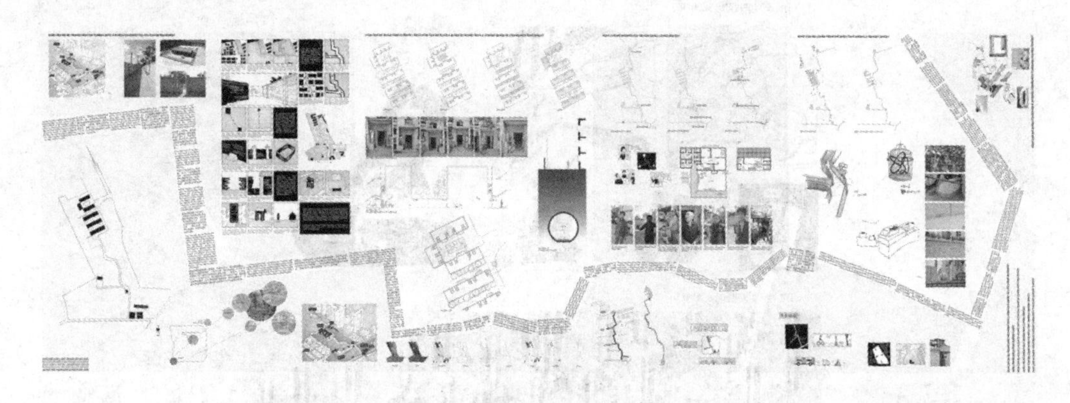

图 5　丰台南孟家村调研

（作者 Chloe Lambermund，Caroline Wisby，徐子，邵鹏。这组同学走访了丰台南已经被拆迁的城中村，采访了附近居民，记录了遗留下来的原村中主要通道，用这条通道串联起过去的记忆和现状的矛盾和无奈）

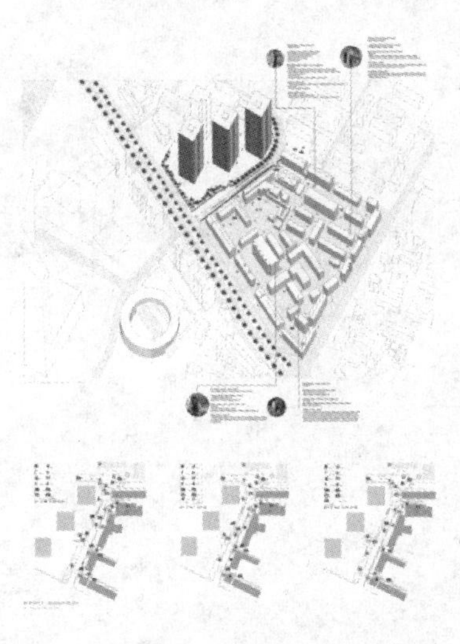

图 6　呼家楼附近高档社区与老旧社区的边界与人的行为关系分析

（作者 Nicolai Nielsen，李锦莉，王海洋，Maria Garvey）

图 7　迤行帝都—东大桥

（作者 Mappin，童羽佳 黄璇墀 黄鼎翔。这组同学在北京东大桥附近走访，关注和记录了城市复杂空间形成的 threshold，反映了人的行为与边界和 threshold 的关系）

4.3　策略性研究和可行性方案（3 周）

这是个非常“烧脑”的阶段，学生需要通过前一阶段的研究来引导出有意义的结论，并且产生在一定场所的城市设计和建筑设计的策略；最后将设计策略诠释成可阅读性的城市和建筑设计的可行性方案。这个阶段各组同学在混组调研之后开始各自独立进行课题策划，根据学生层级和来源不同，指导学生趋向于以下几个方面进行设计策划：高密度的社会住宅介入城市空间；共享的基础设施；居住与工作空间；老旧小区的改造成为新时代的共同体的健康社区；都市蚁族的居住问题；都市种植的新方式；城中村另类的改造方法；城市 Wholesale 的存量空间改造（图 8～图 10）。

4.4　社区设计与住宅（10 周）

第一学期最后的阶段每个同学独立完成设计：美院大四学生包括一部分交换生和研究生因为大纲要求需要针对城市区块和集合住宅进行练习，选取了场地之后，需要考虑和强调在居住/工作一体化的前提下，如何为中国新工人阶级设计社会型住宅？一方面，个人生活可被有效的组织，可充分的使用公共资源，一方面，个人又能灵活的从这个管理系统中逃脱。在这个维度上，

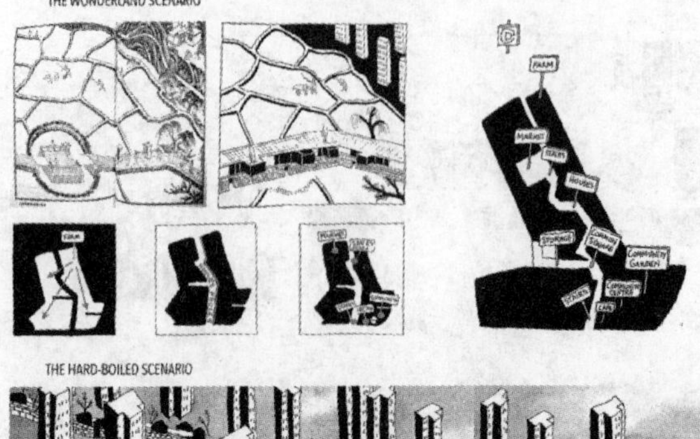

图 8　有关城中村道路的记忆与未来展望
（作者 Chloe Lambermond）

图 9　关于大红门闲置服装市场的改造意向，置入村庄的模式
（作者 Hanna Hallbrook）

图 10　框剪城市—西客站附近的集合住宅意向（作者秦缅，刘名沛，徐子）

如何平衡个人空间与集体空间，如何塑造两者的共同基础设施——共同空间（Common Space），成为了本课题社会空间机制研究的重要问题。

来自欧洲院校的一些交换生则因为各自背景不同，各自寻求其感兴趣的地块及设计，没有过多的限制。每个学生根据自己的调研和理解，在各自地块上策划多种多样的形式：有大规模的庭院式高密度住宅，有的试图探索城中村拆除后的可能性，有的希望以都市种植为基点而设计住宅、公建甚至城市基础设施，有的策划改建大规模的空置城市综合体而为居住所用，有的则希望为城市“游民”设计临时性住所。每一个方案都是直击北京大城市发展的各种问题，并且试图提供一些解决方案的可能性。

来自英国西敏寺大学的学生在老师 John Zhang 的指导下将社会性住宅作为主题，在离开中国前每人明确了设计意向。有的策划设计供多种家庭模式居住的高层公寓；有的则希望改造原有的多层住宅，设置更多的公共空间；有的则计划设计一个社区中心，集市场、餐饮、娱乐休闲、教育为一体（图 11、图 12）。

4.5 双城记—伦敦课题（4-8 周）

部分工作室师生参加的春季学期在西敏寺大学的联合伦敦课题，场地大多在相对落后的大伦敦地区的飞地，例如得到亚洲资本迅速发展的东伦敦地区，和贫富不均的伦敦南岸等，面临的新一轮开发的前提下，对在该地区为低收入者、学生和自由职业者设置社会型住宅的可能性，也是很恰当地配合了北京课题的研究。这个阶段 CAFA 同学和英国同学一起在伦敦调研和参观，最后在短时间内完成社会性住宅的设计。在伦敦学习和生活的经历对于工作室同学来说也是弥足珍贵（图 13、图 14）。

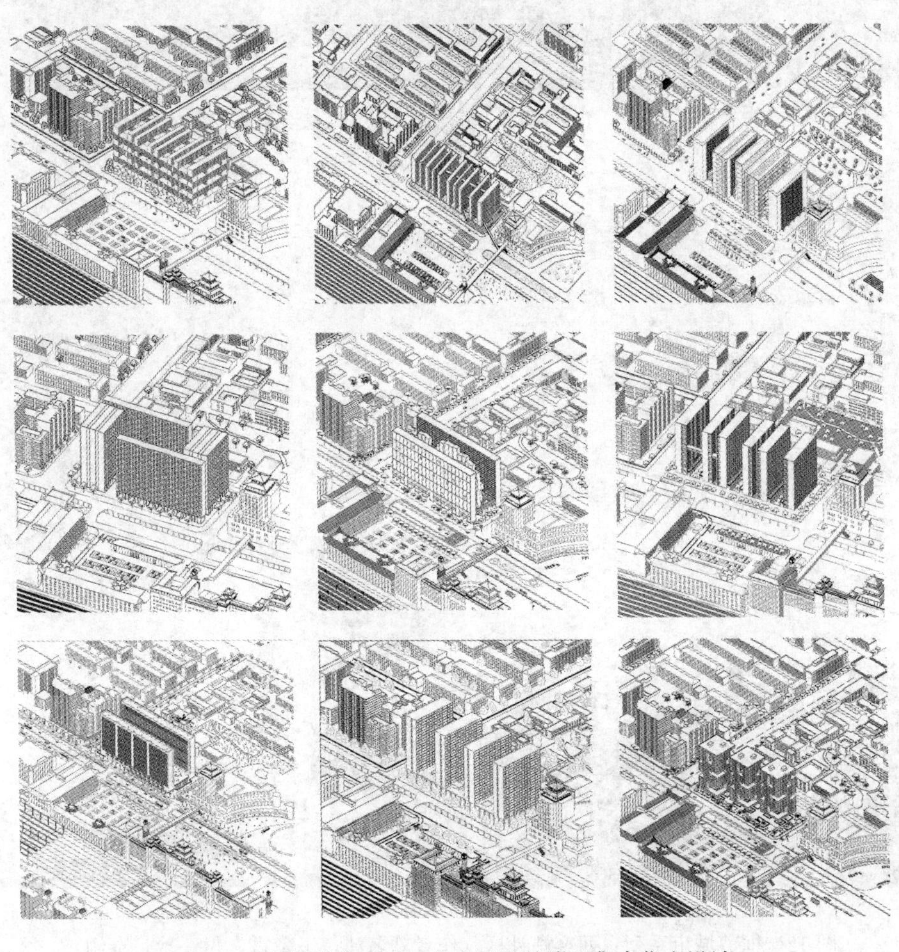

图 11　框剪城市系列：北京西客站附近集合住宅设计
（作者王楚霄，秦缅，付一玲，刘明希，苗九颖，刘名沛，李锦莉，徐子，孙玉成，高鹏飞，石润康）

图 12 框剪城市系列：西客站社区（作者刘名沛，王楚霄，付一玲，秦缅）
丰台汽配城改造（作者洪梅莹，刘乾钰）
混合社区的未来-西城区老旧小区改造（胡佳茵，Florian Stiegler，童羽佳）

图 13　伦敦南岸社会住宅设计（作者石泽元，左丹）

图 14　伦敦 Cromer 街社会住宅（作者陈钊铭，胡佳茵）

5　总结

与常规的教学设计课相比，国际交换工作室有几个特色的变革：

教学的目的不再是最终的设计结果的几张图纸和模型作为标准，也不再是以某种类型的建筑来设置命题式的作文。工作室课题的设置和评判是学习的真正成果（Learning Outcome），即达到某种训练和程度的标准，而在这个过程中团队交流和合作占了一个很重要的部分。这实则是与建筑学评估的教学大纲一致的，原来僵化的教学体系都是由于常年沿用学院派（Beaux-Arts）的体系，自身保守和不思变革的后果。

课题的延续性、连贯性和灵活性。通常工作室的时间为秋季学期 20 周和春季学期的 8 周。秋季学期的特色课题在 CAFA 上课，结合了美院原有的两门分离的设计课程：集合住宅设计和城市设计，打破了以往教学中设计、理论和研究相脱离的课程设置，在一个连续性的课题里囊括了调研、设计、理论研讨、讲座、参观、展

图15 国际工作室的师生的日常学习、讨论和评图

览等课程形式，在这种灵活的课程设置下，可以充分融入与国内院校和国际化的交流和合作。

最后也是最重要的特色，即工作室的目的是打造一个开放、交流、和国际化的平台。首先是在人员构架上借鉴欧洲混班教学的模式，教师和学生团队由具有不同教育文化背景的成员组成，不是传统的老师教学生，而是在这个平台上大家一起讨论、交流和学习；充分利用背景文化的差异，相互学习和影响，更能够跳出固有的思维，换不同的角度来理解事物，从而激发创作的灵感。其次是课题设置倾向于较为关注的当代城市更新和社会住宅等，利用课题的过程提出多元化的思考和探索，定期邀请专业内知名的建筑师和教师来参与评图和讨论。这种探索不仅仅被限制在学术范围内，因此在可能的情况下尽量将工作室课题结合社会上实际项目课题，学生参与到社会活动，将教学和社会实践相关联，传递信息和理念，得到社会的反馈（图15）。

参考文献

[1] 刘延川. 在AA学建筑［M］北京：中国电力出版社，2011.

[2] Stan Allen. Mapping the Unmappable：on Notation ［C］//Practice：Architecture，Technique and Represehtation. OPA，2000.

刘皆谊
苏州科技大学建筑与城规学院；cheyi913@126. com
Liu Jieyi
Suzhou University of Science and Technology School of Architecture and Urban Planning

两岸建筑设计课评图差异之研究

Research on Design Review Differences the Two Sides of the Taiwan Straits Architectural Design course

摘　要：随着两岸建筑教育的交流影响，我国不少建筑院校已经将评图作为设计教学的重要过程，并用来验证设计课的学习成果。由于评图教学发展过程与经验的不同，两岸评图教学在许多方面存在着差异。本文先梳理评图教学在两岸的发展概况，再从学生对评图的前期认知、评图规范化、评图对评审的要求、实务与评图的衔接训练与其他等五方面进行对比，最后，指出我国台湾地区的评图教育已全面性建构了一个考虑学生实际能力，以及针对未来职业需要具有标准化流程的机制，并与设计成绩紧密捆绑。而我国未来建筑设计的评图教学改革，也应该朝规范化，加强学生对评图知识的认知，以及评图后续延伸等方面进行改善。

关键词：设计评图；建筑设计课；教学改革

Abstract: With the impact of two sides of the Taiwan Straits Architectural Education exchanges, many Architectural Colleges and universities in China have taken the design review as an important process of design teaching, and used it to verify the learning results of Architectural design courses. Due to the different process and experience of developing design review teaching, there are many differences in design review teaching between the two sides of the Taiwan Straits. This paper first reviews the development of design review teaching on two sides of the Taiwan Straits, and then compares it with other five aspects: students 'early cognition of design review, the standardization of design review, the requirements of design review, the training of linking practice with design review. Finally, it points out that design review education in Taiwan has comprehensively constructed a system that takes students' practical abilities into account. And a standardized process for future career needs, which is closely tied to design achievements. And the teaching reform of architectural design review in the future should also be standardized, strengthen students,' cognition of the knowledge of design review, and follow-up extension of design review.

Keywords: Design review; Architectural design course; Teaching reform

1　前言

引导学生阐述完整自身设计方案内容与概念，是建筑教育体系训练中很重要的一个环节。单看建筑设计教学阶段与期末的图纸成果，虽然能够直观对学生的设计评价，但此种方式属于单向的设计表现，除了不能完整呈现学生的想法以外，教师也可能会对学生的设计概念产生盲点，忽略表现技巧较差学生的设计发展可能性。同时，学生也缺乏与他人沟通设计成果的机会，以及观察别人对自己设计作品的正确评价。建筑设计课的评图就是基于上述理由，为了让学生便于展现自己设计思路与设计沟通，所建构的一个教学平台。

评图最早运用到设计课教学，源自于18世纪法国艺术学院在课程中所采用的回馈渐增（Incremental Feedback）设计教育[1]。到了20世纪，评图逐渐推广到全球建筑学设计课程教育体系中。由于要求学生进行设计概念的介绍与解释，也引入专业意见的讨论与评估，进一步让学生不成熟的方案能够改进与强化。因此，评图教学被建筑教育界广泛认同，认为其能对学生学习建筑设计有很大的帮助。

我国台湾地区从20世纪70年代，就开始有建筑院校开始引进评图制，并发展为建筑设计的教学常态制度。我国其他地区则是从近二十年起，各校才开始陆续推动建筑设计课的评图教学制度。目前，两岸不少建筑院校已经将评图环节作为设计教学的重要过程，并用来验证学生设计课的学习成果。而两岸建筑教育经过长时间的交流与相互影响，我国建筑设计课的评图教学机制已日趋成熟。但仔细分析两岸建筑教育，可以评图教学发现在许多方面仍存在着不少的差异，也还有提升与相互学习的空间。本文尝试先从评图教学在两岸的发展概况进行梳理，再藉由对比两岸评图教学的差异，找出良好评图教学机制运作的关键，作为我国未来完善建筑教育教学改革时的参考。

2 评图教学在设计课程的概况

2.1 两岸的评图教学发展

我国台湾地区很早就引进评图教学制度。汉宝德先生于1967-1977年任东海大学建筑系主任时，为了要让学生养成“先动脑思考、分析，理清因果关系后，再操作设计的理性设计习惯”，逐步推动了以每个设计题目作为评图节点的评图制度，并强制各年级与毕业设计都要进行评图[3]。而之后的台湾地区各建筑院校也相继模仿，陆续将评图制度纳入设计课的教学体系之中，并扩大运用范围到学习营、工作坊与联合教学，以及推广至建筑相关科系的设计课学习系统中。

经过50年的发展，设计课以评图来评鉴设计课的学习成果，早已是台湾所有建筑系设计课教育的共识，不论是教师、建筑系的毕业生，或是在校的学生都有参与评图的丰富经验，甚至成为建筑设计学习的一种传承与特色。

相对于我国台湾地区，我国的建筑设计课评图教学则施行的较晚。在2000年以前我国所采用的建筑设计课教学方法，多是由教师一对一直接向学生在图面上进行指导，由于能直接指出学生的问题，能确保学生专业技术学习的正确性。但相对的，学生会出现过度依赖老师，缺少独立思考能力的问题。同时，也较不会关注其他同学的设计，来提升自身设计能力[2]。

2000年之后，随着两岸建筑教育界的频繁交流与联合教学，以及海外归国教师的价值，以同济大学、东南大学与清华大学为首的重点高校，开始建构具我国特色的设计课评图教学改革，并扩大影响至其他高校。发展至今，我国建筑教育的评图教学，不但在各校的各年级设计课都普遍执行评图，也已成为建筑设计课的一种常态教学模式。

2.2 评图教学的训练目标

(1) 引导学生梳理设计逻辑

建筑设计的教学过程中，常见到学生由于设计经验不足，只着眼在造型处理与图面效果，或是过度执着形态、个人喜好与理念的情况。忽视了最基本的设计逻辑的结果，造成初学者无法判断自己设计的正确性，并形成设计内容的空洞化，更无法获得教师正面的评价。长此以往的结果，就容易打击了初学者对建筑设计的学习热情。

评图的能力传递过程（图1），让学生在操作建筑设计后，直接能对自己的设计进行逻辑论证，并将设计思路予以透明化。评审能借此直接对设计逻辑进行审视并提供建议，协助于学生如何进行调整，让设计能力获得强化。当然，设计逻辑是在设计过程的几个重要节点逐渐形成，学生设计完整逻辑则会在正图的评图中呈现。

(2) 训练学生表达自己的设计

我国建筑学学生与同年级的国外学生相比，在制图与专业度的能力差异不大，但对本身设计表述与逻辑陈述能力则明显是短板。会出现此现象，主因是我国建筑设计课程的知识传递，习惯采用教师对学生的单向交流，重视专业知识与技能的强化，缺乏让学生表达自己想法的过程。在从事建筑设计教育的经验中，可以发现在东方教育成长的学生，由于从小受权威教育影响，大部分人很难有勇气，或是不知道怎样将自身想法陈述。缺乏与他人沟通能力的结果，造成部分不擅表现的学生在后续表现更为封闭，或是出现异常执着主观想法与个人美学的情况，上述情况都对学生接受建筑教育与未来建筑设计工作的发展，产生了不利的影响。

评图则可以提供学生将自己设计想法摊开，并藉由沟通与其他人分享，即使是不成熟的构想，都能因此获得回馈。此外，评图也适用在不同教育、文化与语言背景状态下的设计教学沟通，由于能直接看到作品，观察到设计者陈述语调、表情与动作，其沟通效果远远比只依赖个人理解，交谈或是文字所进行的沟通，更为全面与有效。

(3) 提升学生的设计能力

评图也可以借助外力，触发学生对于设计的理解。评图主要是藉由其他设计课教师与专业人士，从不同角度对学生的设计进行观察与评论，经过专业的评审、批判、肯定与引导，学生能借鉴专家意见，反思自己的设计，并在过程中以观察、表述、沟通与评价他人设计思维与自己的差异，进一步将经验内化到自身的设计思维，强化与更新本身设计的质量（图2）。

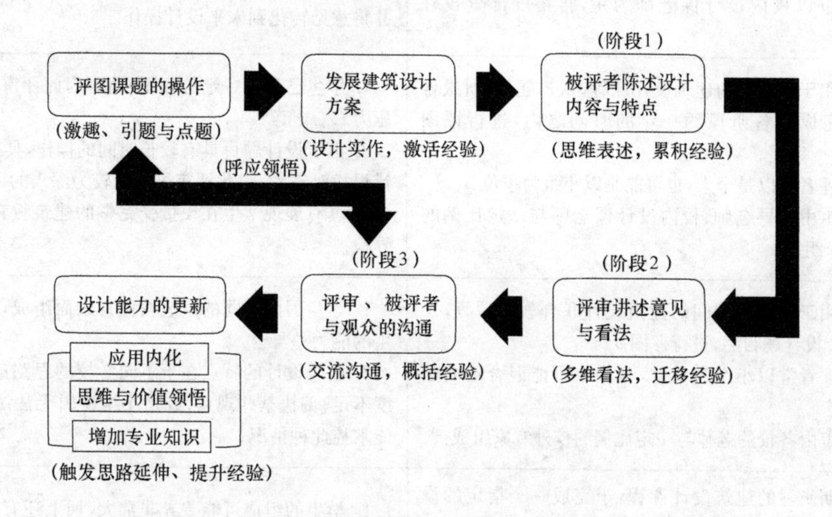

图1 评图能力的传递过程

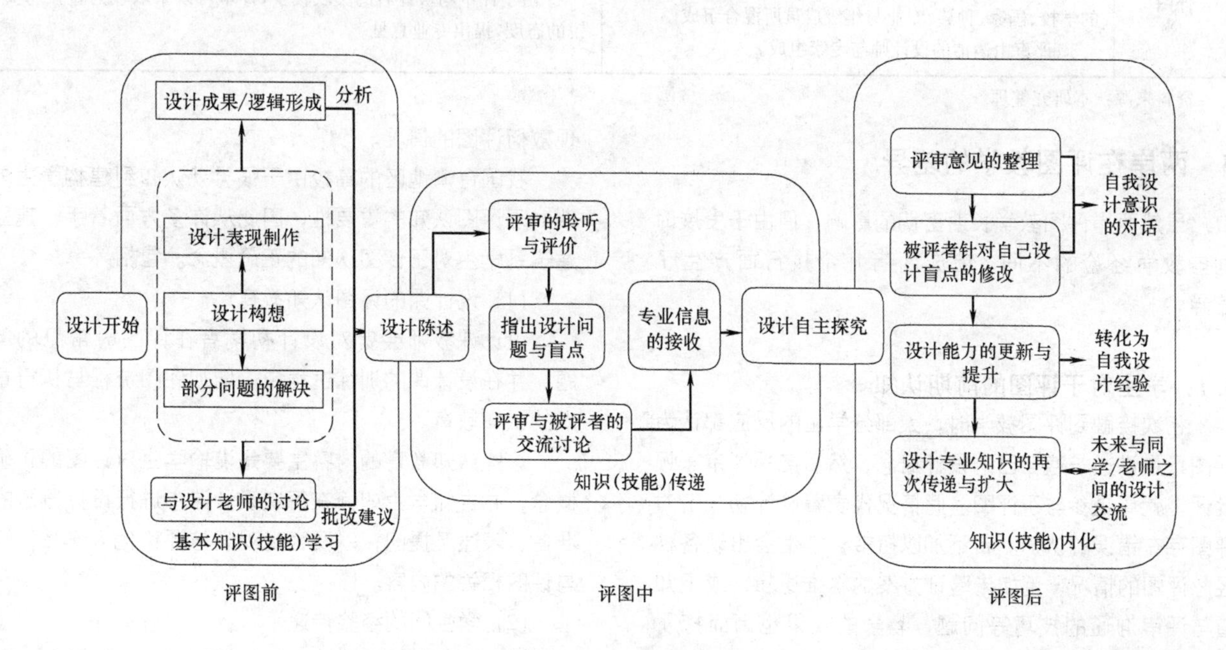

图2 评图提升学生设计能力的机制

藉由上述评图机制，学生需要专注去思考自己的设计，以及观察别人的设计，并将这些过程转化为自己的经验，因此能在短时间能让设计快速成长的良好途径。

2.3 评图的运用范围

经过长期的演变，现今两岸建筑设计课程的评图教学，已从教学设计课教学节点的成果验证，发展为可以针对不同阶段与教学目的而设计的多样性教学活动[4]。

表1是现今常见运用评图的类型与执行重点。从中可以看到评图的种类已从初步的建筑设计推广到毕业设计，再演变到跨年级、跨校、跨文化，甚至是跨专业领域团队的模式进行评图，而评图的执行重点也因教学目

标不同，而各自有所差异。

现今常见的评图种类与执行重点 **表1**

类别	采用模式	执行重点
一般设计课期中/期末评图	1. 适用于除五年级以外建筑设计课程，于一个设计题目结束后进行组织。 2. 评审以校内设计课老师为主，再搭配部分校外评审。	1. 学生评图经验较少，评审要注意学生的理解与抗压程度。 2. 允许学生在专业上有一定的错误，引导学生往下再思考设计，并将意见转化到未来设计操作。
毕业设计评图	1. 专用于五年级的建筑设计课程，从选题、调研报告到设计完成的各阶段约一年的时间之内，进行评图组织。 2. 被评者可以是个人，也可能是以小组为单位。 3. 评审由指导老师、校内设计课老师与一定比例的校外专家组成。	1. 学生已具有一定的评图经验，因此评审可适度增加被评者的压力。 2. 由于设计题目具有较长时间的操作，具有一定深度，且设计的错误相对较少，因此评审可进行较为深入的评价。 3. 具有展现学生在校接受完整的建筑教育的程度表现，并被业界检视。
联合评图	1. 适用于不同学校间的建筑设计联合教学课程，于完成一个设计题目后，进行评图。 2. 被评者常以小组为单位，其中也可能混合不同学校的成员。 3. 评审由各校的老师与一定比例的校外专家组成。	1. 学生因由不同的建筑教育背景而组成，评审需要考虑各校学生的能力差异。 2. 联合设计的特点在于不同学校的思路碰撞，但可能会造成深度不足，偏执某些观点，或是小组逻辑无法统一的情况，评审需要能掌控此种情况。
设计研习营评图	1. 短期研习的建筑设计课程，于完成一个指定的设计工作后，进行评图。 2. 被评者常以工作室或是小组为单位，可能由不同的学校、国家、种族、专业与年级成员所混合组成。 3. 评审由邀请的设计师与专家组成。	1. 学生的组成可能差异非常大，加上还有可能有语言沟通上的障碍，评审需要具有语言能力与国际观的视野。 2. 由于评审与被评者的关联较少，评审可以采取较为直接与尖锐的态度，提出专业意见。

资料来源：本研究整理

3　两岸在评图教学的差异

虽然两岸评图教学长期密切的影响，但由于发展时间与教学经验的不同，造成两者几个执行面产生了差异。

3.1　学生对于评图的前期认知

初次接触到评图教学时，大部分学生的反应都认为评图只是讲述一遍自己的设计概念，然后接受评审一顿批评，就算是参与了评图。此情况代表着设计初学者对评图存在错误的认知。若不加以扭转，学生会出现各种轻忽评图的情况，例如未验证方案的思维逻辑，或不知道与评审沟通的技巧等问题，教学的效果也因而打了折扣。

现今我国的高校评图教学，普遍缺乏对学生预先指导评图正确观念的步骤。大多只是设计课授课教师在评图之前，简单介绍评图的流程，叮咛需要准备的事项，或是让学生去参观高年级的评图，自行摸索怎样进行评图。而此种做法由于未考虑初学者对于建筑设计的理解能力，常造成学生产生对评图的错误态度，即使到了毕业评图，也还常见到学生对于评图环节的生疏，或是出现敷衍评图的情况。

我国台湾地区的高校由于很早就认知到建构学生前期对于评图认知的重要性，因此从许多方面着手，建立建筑系学生对于评图认知的正确概念。包括：

(1) 设计课的评图认知教育

设计课教师会针对设计初学者在评图时常见的问题，并在设计课的训练过程中，增加评图流程与执行重点的认知教育。

这些认知教育的内容主要是灌输学生对评图的正确概念，并告知学生如何在每次设计课中进行设计概念的准备、表述及提问，以及客观观察与评价他人作品，等与评图相关的内容。

(2) 学生间的经验传递

学生对于同侪经验传递往往较不排斥，效果会比由教师授课好很多。因此，台湾地区建筑院校另一个增强评图前期认知的途径，就是利用高年级建筑系学生对低年级学生进行评图的经验传递。

此途径藉由纵向的家族编制（即对应在校每届同样学号，编成一个纵向关系体系，组成课后建筑经验与技能学习小组），在正式评图前，就能让低年级学生具备了一定的基本概念，以及评图所需的能力与技巧。

（3）鼓励学生参与各类评图

我国台湾地区的建筑院校，对于设计评图视为设计课的一个重要展示过程，因为希望更广泛的人都能有机会参与，也鼓励学生参与跨年级、不同专业或是其他学校的公开评图，藉由扩大参与的方式，来增加学生对于评图的正确认知。而部分评图在时间足够的状况下，多半会允许非该班的参与者进行自由提问。当学生累积到足够的参加次数，也能让学生从中获得对于评图的正确认知，并建立学生对面评图的严肃态度（图3）。

图3　鼓励各年级参与的开放式评图
（资料来源：台湾中华大学建筑系评图）

3.2　评图程序规范化

评图程序规范化是我国台湾地区建筑设计课教学的一个特点，这是因为密集与长期进行评图教学，为了便于掌控所而演变出的特性。此部分我国的建筑院校尚在发展阶段，较少有学校制定明确的评图规范内容。台湾地区评图所规范的内容，主要包括下列几个方面：

（1）被评者的准备

要求学生在评图前，对于设计理念的讲述与问答阶段进行模拟练习。藉此降低学生在评图现场，出现思路混乱、语焉不详与无法承受压力的状况。由于重视对于被评者的要求，即使在台湾建筑系的低年级评图，也可看出学生的主控能力较强，并能够说明较为深入的设计思路。

（2）明确流程

明确流程主要是为了让讲述者与评审者双方都有遵循的依据，也藉由创造仪式感来增加评图的效果。内容基本涵盖了评图的理念讲述、教师讲评、提问与交流等三个过程。此外，这些流程的规范也会根据过去学生常见问题、评图的经验与教学要求，提醒学生与教师需要注意的事项。

3.3　评图对评审的要求

为了让学生能确实吸收到评审的专业意见，我国台湾地区建筑院校还会根据评图执行的经验，针对评审在评图常出现的问题进行一些要求，确保评审能将专业意见传递到学生身上。

（1）要求评审方的语气与公正性

评图执行的过程中，评审可能会出现语气失控与被质疑公正性情况，这将会引起被评者与评审双方的争执，并严重影响评图执行，因此在评图执行前，通常会要求评审要注意控制陈述的语气，一旦下列状况出现时，其他评审有责任要控制评图的交流氛围[5]（图4）。

图4　评审对评图交流气氛的控制
（资料来源：苏州科技大学建筑系期末评图）

常见的三种情况中，一是当被评者不同意评审的观点，或被评者过度捍卫自己的设计，也可能因评审的权威性被挑战，而引发争论；二是评审之间互相较劲，对学生的成果过度挑错，导致出现打击被评者的情况。三是评审过度强调本身所推崇的理论、流派与专业，在评审过程中无视学生与墙上的成果，虽然发言仍在议题的范围，但已经偏离评图的目标。

（2）评审内容的陈述要求

评审陈述的要求主要针对低年级的评图，以及评审缺乏经验的情况，针对此类评审常出现的问题进行要求。

首先，要求评审陈述避免出现拐弯抹角的情况。由于台湾的评图都是长时间的进行，对评审的精神与体力都是极大的负担，很容易出现因评审精神不集中，发言失准的情况，因此要求评审发言需要精准与聚焦针对学生的作品缺失进行发言，并在限定的时间之内讲完。其次，是要求讲评的内容与语气要考虑到学生的理解能力，避免评审说出学生无法理解评语内容的情况。

3.4 实务与评图的衔接训练

为了要让评图教学不脱离实务，我国设计课也很关注如何将评图教学与实务结合，并要求将设计院的专业人员纳入评审体系。而我国台湾地区建筑教育因为长期坚持教育与实务相结合，也为了贴近建筑师事务所制度的执业标准，非常讲究评图教学的职业训练，更特意加强评图与实务的联结[6]。

除了聘用在事务所工作，具有实务经验的设计人员担任设计课讲师，以及评审中需有一定比例是执业建筑师与专业技术人员以外，我国台湾地区建筑院校对于评图的实务衔接训练，还具有以下特点：

（1）教学过程的实务模拟

为了确保学生能够体验实务情境，除了流程的规范化外，还要求评审控制陈述的现场氛围。并在讲评与询问上，尽量接近实际的评图情况。让学生学习在一定的压力，以及处于不利于本身的状态下，还能快速反应回答问题与进行陈述，顺利完成评图环节。

（2）与实务相同的规范要求

在我国台湾地区的评图现场，很少看到学生出现态度敷衍或不重视评图的情况。这主要是从第一次设计作业开始，就严格执行交图时间、正图与模型的呈现方式、陈述方法与时间控制，甚至是要求男女学生在评图时要穿着规定的正装，否则不能参与评图。可以说在每个方面，都要求从细节尽量贴近实务强况。虽然，这样造成学生很大的压力，但其目的是养成学生参与评图的良好习惯，从大一开始就能正视评图与重视评图，很容易将此态度带到未来的职场中，展现出本身的设计能力（图 5、图 6）。

图 5　模拟实际讲标环境的评图
（资料来源：苏州科技大学建筑系毕业评图）

图 6　模拟建筑师事务所参与评图情况
（资料来源：台湾中华大学建筑系评图现场）

3.5 其他

除了上述内容外，还因教学体制的不同，两岸建筑设计课的评图在两方面存在着较大的不同。

（1）评图与设计成绩的连结

我国台湾地区建筑院校大多非常重视评图的成果，评图发展到与设计成绩形成了紧密的连结，影响了学生对于设计学习的习惯。在评图过程中，学生陈述与应对和图纸、模型完成度都各占有一定的比例，光只有图纸精美以及完成度高，但无法顺利说明设计内容，设计成绩也可能会很低；相反的，有能让评审欣赏的设计概念，即使图纸表现或是专业技术能力较差，也可能会拿到高分。以上的情况，就让学生在整个方案发展的过程中，需要不断的检讨设计概念是否足够出色，思考怎样让评审接受自己的设计概念，但是相对的也影响学生缺乏对正图表现技法与完成度的重视。

（2）评图后的持续修改

部分我国台湾地区的建筑院校在评图进行完后，并非直接将图纸入袋结束设计课，而是要求学生在寒暑假期间，依据评审意见对图纸进行修改，到下一学期开始作为作业提交，确保学生能将评审的意见，内化到自己的设计经验之中。

4 结语

随着对于设计理念的重视，评图成为了建筑设计教育训练的一个重要环节。评图不是走过场的表演秀，或是决定分数高低的残酷舞台，是一个展现设计者对于设计的理解、设计成果的追求、专业技法与设计能力的评价过程。

笔者由于自身学习建筑的背景，以及后来在高校工作参与建筑设计课的教学经验，亲身经历过两岸之间的评图过程，也深刻体验到两者的差异性，发现两岸评图教学产生差距的主要原因，在于我国台湾地区已根据教学经验，在以提高学生设计能力的基础上，全面性的建构了一个考虑学生实际能力、针对未来职业需要，以及标准化流程的评图机制，学生从一进建筑系开始就有固定的评图知识传承。同时，评图与学生的设计成绩也紧密捆绑，上述要素也让评图教学能够稳定的运行。因此，在严格执行评图五年之后，大部分台湾建筑系学生都具备快速梳理与分析设计逻辑的能力，并能立刻投入业界运用。

最后，也建议我国未来应该针对现今评图的教学问题，也应该朝规范化，加强学生对评图知识的认知，以及评图后续延伸等方面进行改善。才能有效提高学生从评图执行过程中所获得的经验，确保学生能理解与运用评图，从评图中获得更多的帮助，提升自己的设计能力。

参考文献

[1] 范丽娅，王雪强. CRIT评图模式在建筑学设计课程中的借鉴研究 [J]. 课程教育研究，2015 (26)：215-216.

[2] 鲍鲲鹏，姜小宇. 高等建筑教育学生职业能力的培养 [J]. 高等建筑教育，2013，4 (22)：20-22.

[3] 黄圣钧. 近期建筑踢馆没 [J]. 台湾建筑师杂志，2017，571 (44)：80-85.

[4] 贯凡. 台湾大学部建筑教育体系研究 [D]. 天津：天津大学，2014.

[5] 李乾朗. 汉宝德纪念专辑：一个时代的结束 [J]. 台湾建筑师杂志，2015，485 (41)：110-113.

[6] 郑泰升. 谈成大建筑教育的改革与实践 [J]. 台湾建筑师杂志，2014，476 (40)：90-95.

何崴
中央美术学院建筑学院；hewei23@126.com
He Wei
School of Architecture，China Central Academy of Fine Arts

海峡两岸建筑本科毕业设计比较
——从“TEAM 20 建筑与规划新人奖”谈起

The Comparison of Graduation Design for Architecture School between Chinese Mainland and Taiwan
——A Talk from “TEAM 20 Architecture and Urban Planning Competition”

摘　要：本文从持续 6 届的海峡两岸建筑本科毕业作业评选："TEAM 20 建筑与规划新人奖”为切入点，对比两岸建筑毕业设计的差异，并从组织方式、选题、表述等几个方面阐述了笔者对这些差异的分析和总结。

关键词：毕业设计，两岸建筑教育，TEAM 20

Abstract： This text compares the differences of architectural graduation design between the two sides of the Strait from the perspective of “TEAM 20 Architecture and Urban Planning Competition”，and the cross strait graduation project selection which has been lasted for 6 sessions. The author analyzes and summarizes these differences from the aspects of organization，topic selection and presentation.

Keywords： Graduation design；Cross-strait（Chinese mainland and Taiwan）architectural education；TEAM 20

1 相关背景

时间回到 2013 年，由台湾都市计划学会和皇延创新股份有限公司共同主办的“TEAM 20 海峡两岸建筑新人奖”在这一年正式开始举行。这个活动最早由台湾方面发起，发起人是毕业于台湾成功大学建筑系，并在南京大学攻读博士学位的魏孝秦先生。活动的宗旨是“秉持多元交流的宗旨，聚焦建筑、城乡发展、环境规划等人与土地的议题。鼓励二十世代青年发声，以创新角度，跨域的思维提出独到的见解与主张，邀请两岸三地优秀的大专院校应届毕业设计作品，用设计与世界对话，发现属于二十世代青年的新力”[1]。

活动伊始，海峡两岸学校分别为 10 所，一起共 20 所，这也就是活动名称“TEAM 20”的由来，即 20 个战队，20 所大学之意。但随着活动影响力的扩大，越来越多的海峡两岸建筑学校都积极要求参与，至 2018 年（第六届）参赛学校已经增至 32 所，学校所在地也从大陆和台湾，变为大陆、中国台湾和中国香港两岸三地；评选组别从最初的建筑拓展到建筑和规划两个组别。

从 2013 的“TEAM 20 海峡两岸建筑新人奖”到 2018 年“TEAM 20 建筑与规划新人奖”，活动规模不断扩大，现在它已经成为两岸三地建筑教育领域规模最大的学生毕业作品竞赛；而“TEAM 20”的含义也从最初的 20 所大学转变为 20 岁一代。

2 两岸毕业作品差异

很荣幸作为见证者，笔者代表中央美术学院建筑学院连续 6 年参加了新人奖，连贯的了解了海峡两岸建筑教育在这6年中的变化与坚持，同时也因为看到两岸最具代表性的毕业作品，对海峡两岸建筑本科教育有了些许感受。这也是写作此文的缘由和初衷。笔者认为近年来，海峡两岸建筑学毕业作品的差异主要体现在组织方式、选题、图面表达和口头表述几个领域上，而具体表现又可以总结为如下几个方面：

2.1 集群VS个人

近年来，大陆建筑专业的毕业设计多以小组方式出现，小组成员少则3人，多则7～8人。在具体分工上或集体讨论，共同创作；或前期共同完成，后期根据个人意愿进行工作细分，独立完成。这种小组作业的方式一方面有利于较庞大，较复杂题目的开展，也有助于学生之间协作的训练；但另一方面，因为是合作的形式，小组成员中势必有能力强弱之分，容易出现强者主导整个设计，而能力较弱的同学丧失主动性和独立思考的情况。

在学校内部小组作业的基础上，大陆学校也广泛的进行多校联合教学，如影响最大的“8＋1＋1联合教学”就是此类联合教学的典范。10所大学共用一个题目进行毕业设计，题目由当年的轮值主办学校拟定。这种联合教学方式有利于各个大学之间的交流，让彼此了解不同学校的教学思路和成果，特别是当传统老校和有艺术背景的学院在一起时，多元思维的碰撞往往会对彼此都产生巨大的启发。因此，在举办初期，“8＋1＋1联合教学”对于大陆高校的交流起到了非常大的推动作用；但随着联合教学模式的普吉，信息的扁平化和透明化，各个学校之间的差异性也在减小，一种趋同性开始逐渐显现。

与大陆毕业设计小组作业，联合教学形式不同，台湾大学的毕业设计几乎100%为个人作业；当然相应的毕业设计的时间也比大陆的1个学期长，多为2个学期。在交流方式上，与大陆的联合教学，共同评图不同，台湾的毕业作业在校内完成答辩后有多个跨学校的，不同规格的“大评图”或者毕业设计竞赛，如本文提到的TEAM 20新人奖，每年在宜兰罗东文化工厂举行的毕业作业展览和大评图等。这种展览和跨校评图的模式在某种程度上完成了校际交流的任务，让台湾的老师和学生了解周边人在做什么，想什么。

2.2 宏大叙事VS身边琐事

毕业选题规模是两岸建筑教学中最为明显的差异之一。大陆的毕业作业多由辅导老师或者学院指定，选题方向多为时下的焦点“大事件”“大命题”，往往和城市更新，乡村振兴等国家宏观政策有关。如2018年中央美术学院建筑学院的参赛作品“共生机体——新型工业艺术游乐馆”的研究对象是重庆九龙半岛启动计划中的重庆发电厂更新问题；天津大学的参赛作品“脊椎再造术——巨型作为发展触媒”则以重庆黄桷坪地区为对象，讨论巨型（megaform）对城市边界的影响；厦门大学的参赛作品“苏州古城25好街坊‘琴棋书画’精品民宿建筑与城市设计”讨论的是苏州城市更新和“苏式”生活之间的关系等等[2]。这些毕设的选题都非常好，作业完成度也很高，对于学生学习如何从宏观政策到城市设计，再到建筑设计的流程非常有效。

台湾的毕业设计选题和大陆有较大区别。一般来讲，毕业题目都由学生自己提出，并不会由老师指定。这就使台湾的毕业选题不可能过于宏大，相反选题一般都很小，往往是针对自己身边发生的事情。如2017年新人奖的一等奖作品，台北科技大学林晓韩同学的“须弥伊甸园：公众澡堂”就设计了台北火车站后巷的一个公共澡堂方案，虽然多少带有点乌托邦式的畅想，但的确是学生可触及的领域[3]。此类题目在台湾同学的毕设中非常普遍，或多或少反映了台湾建筑学界的一种趋势，即相比社会大命题，更关注身边琐事。

对比大陆和台湾学生毕设选题的规模，可以看出两岸建筑教育明显的侧重，很难简单的评价孰好孰坏，但透过这些现象多少可以映射出一些两岸建筑设计和建筑教育的现状。

2.3 物质VS精神

除了选题规模的不同，两岸毕设在选题方向和设计气质上也有些差异。大陆学生的毕设更着重现实和物质性，无论是城市更新、历史街区改造、厂区改造，还是乡建和民宿、传统村落改造等，设计的出发点和目的性都相对明确，设计逻辑也相对严谨，学生对于概念到空间的转换基本上是基于现实的，可实现逻辑的。

与之相比，台湾同学则呈现出一种“浪漫主义”情怀。如在选题上，除了关注身边琐事，台湾同学有很大一部分会选择设计精神性的场所，如墓园、告别室等。以2018年参赛作品为例，31件建筑设计参赛作品中有7件与死亡直接有关，有6件与精神、记忆直接相关，占1/3多的比例。这种现象除了“酷”的因素外，多少反映了台湾社会对精神世界的关注。在设计手法上，台湾同学也相对浪漫，很多处理方式在现实中很难实现，如大范围的修改防洪堤，将主要交通干道大面积入地等手法，这点与大陆学生的现实主义倾向形成了较明显的对比。

对于这种差异形成的原因，笔者认为除了传统上，台湾社会对精神性诉求比大陆普及外，也和大陆建筑市场近几十年的火热有关，大量的现实项目，物质诉求需要建筑从业者来完成，而这些也倒逼建筑教育必须更多的关注现实问题和物质属性的实现。

2.4 视觉 VS 触觉

当然，浪漫主义并不是台湾同学的专利。在两岸毕业作业的表达上，浪漫主义的倾向逐年在提升：图面表达越来越酷炫，叙事性、文本性的内容比例在提升，工程性内容的比例在降低。笔者认为这种变化有好有坏：好的方面在于这有利于学生从使用者、气氛、场所精神等层面来思考建筑的本质问题，将建筑从纯粹的物理搭建上升为一种与艺术或者精神相关的行为；同时这种表达方式也有利于建筑在大众领域的认同和传播。而坏的方面在于当表达只是为了表达时，或者一味强调图面表达的“酷炫”感时，建筑就容易变异成为建筑连环画，建筑师也容易变异成为动漫画家。这种变异在个体身上不是问题，正相反是好事情，但出现在群体现象中是值得警惕的。

与这一现象相反，笔者也注意到海峡两岸一些学生的毕设已经开始走出纸面的二维世界，希望用身体去完成三维的真实建构。如今年的台湾东海大学杨迪同学的作品就是在真实土地上的真实建构——学生亲自动手改建旧城区空屋，将其变为美术馆；又如 2014 年台北科技大学的参赛作品也是由三位同学自己筹资、设计，并改建一个猪圈为祈祷室。两件作品时隔 4 年，但大致立意，方式方法是相同的。大陆方面，中央美术学院建筑学院第十工作室 2018 年的毕业设计：重回现场——劳动、工作与行动，9 个学生用 9 个 1：1 的构筑物重新讨论身体、搭建和空间的关系，也反映了类似的思考。

2.5 系统 VS 个案

在几年和台湾建筑教育同仁的交流中，台湾老师普遍认为大陆学生的口头表述能力强于台湾同学，他们认为大陆学生临场表现的系统性和自信比台湾同学要强很多。笔者观察的确如此，究其原因，笔者认为一方面来自于毕业选题的系统性，如上文所述大陆毕业设计题目近年来呈现出城市设计-建筑设计一体化的趋势，小组作业往往从城市概念入手，再以建筑单体结束。这种题目有利于学生系统的思考问题。台湾同学的毕业设计更强调个体性，个人体验，也自然在系统性上弱于大陆。另一方面，也可能获益于大陆建筑教育这些年的发展，扎实的基本技能，系统的设计题目，加之校际、国际之间的交流，大陆学生可以说“身经百战”，很自然在此类表述中更胜一筹。

3 结语

随着交流的增加，海峡两岸建筑教育者开始越来越多的了解彼此，学生毕业作业从某种程度上也反映了两岸建筑教学的侧重和异同。本文并不希望全面系统的对比两岸的建筑教育，只是笔者在过去 6 年间，参与两岸毕业作品交流心得的一个小结，因此也难免有管中窥豹之嫌，不足和不正确之处，请各位同行指正。

交流使我们熟悉对方，对比使我们熟悉自己。希望在未来，两岸的建筑教育交流更加频繁和深入。

参考文献

[1] TEAM 20 建筑与规划新人奖 2018 活动手册：8.

[2] TEAM 20 建筑与规划新人奖 2018 活动手册：54-72.

[3] 2017 TEAM 20 建筑与规划新人奖：64.

邱婉婷[1]　李华珍[1]　黄木锦[2]　吴征[1]
1. 福建工程学院建筑与城乡规划学院；2472601466@qq.com
2. 马来西亚槟城黄木锦建筑师事务所；ooibokkim@gmail.com
Chiu Wanting　Li Huazhen　Ooi Bok Kim　Wu Zheng
1. College of Architecture & Urban Planning，Fujian University of Technology
2. B. K. Ooi Architect

跨三地合作的槟城建筑社会实践工作营再思考*

The Rethinking Through Penang Architecture Social Practice Workshop by the Cooperation Across Three Places

摘　要：社会实践的意义是让学生走出学校，认识广大生活世界，以其实际的工作劳动参与到不同社会族群的生活，广增个人的视野阅历，进而回到学校后，能对未来的专业执业生涯有更清晰的体认。本次的社会实践队，选址于联合国教科文组织世界文化遗产城，马六甲海峡的历史城市，马来西亚的槟城乔治市的姓林桥。姓氏桥是当地著名的景点，分为七座桥，有姓王，林、周、陈、李、杂姓和杨。由中国的福建工程学院、台湾云林科技大学和当地马来西亚槟城赤道学院，三地三所学校师生共同进行创生社区营造工作营，为期六天。参与工作营讨论的除了三地三所大学师生外，姓林桥社区的主席、居民以及相关的研究学者和政府官员也广泛参与其中。姓林桥相对于周边其他姓氏桥开发最晚也保存最好，居民想长久居住，不想有过多商业行为，所以期待有别于姓周桥的做法，规划成带有中国原乡建筑与马来本土建筑相结合的原居形式，最终完成姓林桥社区四个节点的设计方案，从而达成此次三地三校参与式设计体验，达到扩展学生的国际视野、社会交流、专业学习能力的目的。

关键词：社会实践；槟城姓林桥；参与式设计；社区营造；原乡建筑；马来本土建筑

Abstract：The meaning of social practice is to make students walk out of the classroom and get to know the real life living world. By extending personal experiences with actual labor，students get involved in the lives of different social groups and obtain specific recognition for their future careers when they return to schools. This time，the social practice team came from universities in China. The chosen site was the Lim Jetty located in the UNESCO World Heritage Site，Historic Cities of the Straits of Malacca，George Town of Penang，Malaysia. The Clan Jetties are a famous tourist attraction comprised of seven jetties：Ong Jetty，Lim Jetty，Chew Jetty，Tan Jetty，Lee Jetty，Mixed Clan Jetty and Yeoh Jetty. The students，who came from Fujian University of Technology in China，National Yunlin University of Science and Technology in Taiwan，and local Equator College in Penang，Malaysia，three schools from the three places jointly created the six-day Design Inter-

* 福建省本科高校一般教育教学改革研究项目：新工科视角下建筑类专业人才培养模式研究与实践（BJG20180102）资助。

vention community-building workshop at Lim Jetty. Along with the teachers and teaching assistants from the schools above，the main audience of the workshop was the president，committee members and residents of Lim Jetty Community. Compared to other Clan Jetties nearby，Lim Jetty is one of the oldest and best preserved. Residents would like to keep it as a long term residence rather than make it too commercialized. For that reason，Lim Jetty is designed toward to maintain their mixture of Chinese ethnic architecture and local Malay vernacular architecture. Finally the workshop came up with a design outline with four nodes for the Lim Jetty Community. It also accomplished the purpose of extending the students' international? perspective，social exchange，and professional learning capability through participatory design.

Keywords：Social practice；Penang Lim Jetty；Participatory design；Community development；Ethnic architecture；Malay vernacular architecture.

1 前言：姓林桥社会实践教育

2018年7月21至30日，为期10天，由福建工程学院建筑与城乡规划学院及云林科技大学建筑与室内设计系师生共同移地赴马来西亚槟城乔治市（世界文化遗产城市）进行一项实地考察、研究与设计工作。

1.1 研究想法与目的

工作营的名称定为“一带一路之槟城姓林桥公共空间创生社区营造设计国际工作营”，其内容包括：

（1）实地勘查与测绘：学员实地感受、了解基地——姓林桥的空间场域与特色，并藉由当地管理者、研究者与居民的解说，理解其对基地未来的需求与想象，再共同讨论出设计的几处地点后，进行实地的测量绘图。

（2）环境与生活地景调查：学员对基地全面性的调查，访谈当地居民，找到不同的想法，与居民讨论对话，将彼此的想法拉近，提出更着重居民与设计地点的需求的改善对策。

（3）研拟构想和举办工作会议：藉由多次的学员互动激荡，与师生的对话，与居民的会议，也尝试以不同讨论媒介，如模型、图面、照片等，帮助厘清观念，找到更接近彼此的设计方案。

（4）工作成果发表：在六天的工作结束后，开展一场有地方官员、学术单位、广大社区居民、建筑历史与社会学等“产官学”者，与三地三校“教学研”的老师与学生共同参与的成果发布会，展示、反馈社区节点改造设计的成果，并获取各界的讨论与反馈。

以上对本工作营的大学生参与社会实践的预期成果为：

① 增进参与学生国际视野；

② 藉由世界文化遗产保育规划与活化之实务，具体推动跨地域技术与研究合作交流；

③ 研拟姓氏桥发展构想与经营方针供参酌；

④ 建立世界文化遗产长期合作计划典范；

⑤ 本次是针对姓林桥社会文化、历史以及建筑议题提出初步社区营造参与式设计的建议方案。

1.2 研究对象与内容

参与本次跨地域工作坊的三个的学校与主要策划为：

（1）中国福州地区福建工程学院建筑与城乡规划学院（Fujian University of Technology，College of Architecture and Urban Planning）建筑学与风景园林专业；

（2）马来西亚槟城地区赤道学院（Equator College is a leading Art，Media and Design College in Malaysia）建筑与室内设计专业；

（3）台湾地区云林科技大学（National Yunlin University of Science and Technology）建筑与室内设计专业；

（4）当地主要策划单位为马来西亚黄木锦建筑师事务所（B. K. Ooi Architect）。

来自三所学校的大学生与研究生约30名，采取混合组队的方式，分成4组，共同完成姓林桥的4个节点设计初步方案。以下为本次工作营10天课程策划表（表1）。

1.3 研究地点与方法

姓林桥调研与设计基地（分4组实施）介绍，详见下表2：

课程策划表 **表 1**

Time时间	Day 1(7/21) 星期六	Day 2(7/22) 星期日	Day 3(7/23) 星期一	Day 4(7/24) 星期二	Day 5(7/25) 星期三
早上 (9 a.m.-1p.m.)	搭机	早餐(8 a.m.-9 a.m.)			
		-正式引见 -基地与历史脉络介绍 -分组讨论	-访谈居民 -数据收集、访谈	-概念成形	-绘图、3D & 模型
中午		午餐(1p.m.-3p.m.)			
-下午 (3p.m.-6p.m.)	到达槟城,入住	-基地调查 -数据收集 & 分析 -初步简报	-概念发展阶段	-绘图,3D & 模型	-准备第二次发表
晚上(6p.m.-10p.m.)	晚餐(6p.m.-8p.m.)				与社区居民讨论
	休息	整理数据	整理数据	整理数据	整理数据

Time时间	Day 6(7/26) 星期四	Day 7(7/27) 星期五	Day 8(7/28) 星期六	Day 9(7/29) 星期日	Day 10(7/30) 星期一
早上 (9 a.m.-1p.m.)	早餐(8 a.m.-9 a.m.)				
	-设计方向修正	-准备最终发表	-参观乔治市	-参观升旗山 Penang Hill	搭机
中午	中餐(1p.m.-3p.m.)				
下午(3p.m.-6p.m.)	-设计方向修正	-准备最终发表	-参观乔治市	-参观升旗山 Penang Hill	
	晚餐(6p.m.-8p.m.)	告别晚餐	晚餐(6p.m.-8p.m.)		
晚上(6p.m.-10p.m.)	整理数据	-最终发表	休息	休息	回家、回学校

分组基地与说明表 **表 2**

总图	分组基地		目标
图 1	A	庙前停车场 Temple Square	1. 入口标志性牌楼 2. 停车空间 3. 景观改造
	B	钓鱼解说平台 Fishing Pavilion	1. 展示传统捕鱼技巧 2. 钓鱼平台 3. 观景与休息的亭子 4. 提升厕所合理性
	C	主要街道 Central Path	1. 两个亭子 2. 一个码头 3. 故事性的廊道
	D	出口休闲公园 Resort Garden	1. 景观整治 2. 休憩平台 3. 厕所 4. 卖纪念品的摊位 5. 连接中央亭子的桥梁

2 姓林桥未来发展可能性

2.1 社会实践文献与问题解决

大学生参与社会实践，简称 USR（University Social Responsibility，USR）[1]，是指一种跨领域、研究单一或多个议题、成员包含全校型团队，结合在地公民团体进行实际操作，协助解决当地问题，建立创新与社会实践的模式，规划以地区、区域与国际层次阶段方式，逐步达成目标。

本次工作营希望能在三个层次上有所贡献：

（1）在地区层次：仔细分析评估在地议题、地区案例并发展出可行性较高的在地实际操作，同时规划以文本、媒体网站或电子报等媒介出版，累积系统性的经验，藉由研究成果发展解决问题的实作方案，推展至地区大专院校。

（2）在全国层次，藉由固定讨论与相互观摩，各区域交流成功经验，并透过知识的学习和移转操作，将有效的问题解决方案推广至其他地区。

（3）在国际层次，参与国际学术社群，发表社会实践的范例，并链接其他国家创新与社会实践的经验和研究，提升学术与社会实践的能力与影响力。

大学社会实践目的是期望大学能展现出使命感，走出学术的象牙塔，深入接触与碰触在地的需求、响应及解决既有的问题。但仍必须强调，实践不能变成缺乏学术的借口[2]。社会上每个角落都有可以被学习的地方，藉由社会实践之推动，为学者及社区或部落带来一些推动，让大学重新检视学术发表、教学与实践（社会服务）的比重，期待能为跨学科知识建立新典范，并彰显大学的公共性。同时藉由大学社会责任的实践过程，扮演地方创新治理发展的支持系统。

2.2 社会实践想法与成果

本着上述精神的本工作营成员实践的成果将主要分成三个阶段发展："调研与分析""成果展示"以及"发表与外界回馈"，借此来检视与不断调整设计成果，以期最终成果更有地域性与可行性（表3）：

实践成果的三个阶段发展表　　表3

调研与分析	图2	图3	图4	图5
	现场调研	数据搜集、分析	与居民双向讨论	模型制作
成果展示	图6	图7	图8	图9
	A组：庙前停车场 Temple Square 海报	B组：钓鱼解说平台 Fishing Pavilion 海报	C组：主要街道 Central Path 海报	D组：出口休闲公园 Resort Garden 海报

续表

发表与外界回馈	图10	图11	图12	图13
	最终发表	彭加兰哥打区州议员魏子森给予学生指导	星洲日报报导 2018-7-29	光明日报报导 2018-7-29

3 结语：姓林桥合作经验与反馈

3.1 姓林桥社会实践目标的一致性

此次工作营的策划与协调人——黄木锦建筑师多年在槟城执业，参与多项的世界遗产建筑修复与改造工作，为此次工作营的基地选址于协调、方案规划做了大量的前期工作。三地三校师生进驻后，黄建筑师、师生们积极与姓林桥社区的公共社群进行多方的沟通交流，协力合作推展各项设计方案观念的改进与优化[3]，协调者、工作营成员皆期盼藉以营造出一个以居民愿景为主的姓氏桥发展规划作为经验性分享。

3.2 姓林桥公共性的创新与支持

地方创新治理是全球化与政府改造的主旋律之一，也是当前世界各国都高度关注的重要公共管理课题。如何促进地方治理的前瞻发展，具备专业知识的大学，其实可扮演关键性协力角色。综观本国际工作营，大学生参与社会实践时与居民的互动密集而正向，在很短时间就产生了对地方清晰的概念认知，最终更以建筑相关专业的技术导入于成果的呈现方式，使外界具体了解设计规划的想法与实施的可行性。

3.3 姓林桥教学研与产官学的协力与支持机制

鼓励大学透过国际、校际性的资源与制度整合，与地方基层社群共同创发新的协力治理模式。既彰显大学的公共性，同时藉由大学社会责任的实践过程，扮演地方创新治理发展的支持系统。其中，三校包含三个专业（建筑、景观、室内设计）的聚合，还有产官学单位与人员的整合意见，再加上居民的公共性讨论，能综合出更有创新交流与发展的议题与解决方案。

本次社会实践开展的时间虽短促，但鉴于团队的用心努力，展示的初步成果能符合居民真正的需求[4]，姓林桥的居民对于师生的成果也给予了较高的认可。同时，社会各界在听取简报后也给予了高度的评价，马国的重要报纸也广泛报导了此事（表3），带来了一定的社会影响与正面导向。当然，囿于仓促性，本设计还有待于继续深化与调整，也期望有朝一日期望能看到成果的真正落地与实现[5]。

参考文献

[1] 张力亚. 大学的社会实践——以营造水沙连大学城为例 [R/OL]. (2016-11-01) [2018-08-08]. https://communitytaiwan.moc.gov.tw/Item/Detail/.

[2] 廖敦如. 大学艺术与设计专业课程融入社会实践之探究——以地方文化加值设计为例 [J]. 教育科学研究期刊，2018：207-245.

[3] 黄世辉. 从社区开始改变——人文创新与社会实践的机会 [J]，人文与社会科学简讯，2012：17-25.

[4] 赵吉云，张伟，杜廷勇. 基地项目相结合的大学生社会实践活动探析 [J]，当代教育实践与教学研究，2017 (2)：193.

[5] 赵杨. 应用型本科院校大学生社会实践能力创新研究 [J]. 农村经济与科技，2017 (28-24)：193.

谢振宇　李社宸　姜睿涵　孙逸群
同济大学建筑与城市规划学院；xiezhenyu@tongji. edu. cn
Xie Zhenyu　Li Shechen　Jiang Ruihan　Sun Yiqun
College of Architecture and Urban Planning，Tongji University

校企联合的研究生课程设计探索与思考

——记 2017 同济—凯德中国联合设计工作坊

The Exploration and Reflection on College-enterprise Coalition Graduate Course Design Based on 2017 Tongji-CapitaLand China Studio

摘　要：硕士阶段课程设计的开放性、实践性和研究性，是同济大学建筑系持续提倡的教学特点；面向社会需求、面向行业发展、面向学科前沿，是其持续追求的教学目标。其中校企联合的课程组织模式是近年来重要的教学探索方向。本文通过“城市共生：面向未来的来福士城”的联合设计项目，探讨了课程在选题方式、研究模式和多元价值取向下的课程价值。文章既是对联合设计工作坊的回眸，也是对硕士阶段课程设计模式的探索与思考。

关键词：校企联合；课程设计；课程选题；研究指向；价值取向

Abstract：Openness，practicalness and research-oriented learning are the characteristics that the architectural department of Tongji Universtiy has been promoting. Satisfying the needs of society，facing the trends in industry development and responding to the architectural subject frontiers are the goals that we have been pursuing. And college-enterprise coalition is an important direction in teaching exploration. This article illustrates the “Urban Symbiosis：Raffle City Refresh” studio，presenting its topic selection，research method，and the course′s meaning based on value differences. The article is not only a reflection on this studio，but also an exploration of the mode of graduates′studio.

Keywords：Tongji-CapitaLand China studio；College-enterprise coalition；Graduates course design；Exploration and reflection

引言

2017 年，同济大学和凯德中国协力组织了“城市共生：面向未来的来福士城”联合设计工作坊。凯德中国是新加坡凯德置地集团在华全资子公司，有丰富的综合体实践经验，来福士广场为其旗下综合体品牌。同济大学的城市综合体设计课程是建筑系研究生教学的品牌课程，师生以上海高密度城市背景为依托，对城市综合体的未来进行研究探索。

本次课程为期一学期，团队主要由来自同济大学建筑与城市规划学院 A4 公共建筑梯队的 20 名同学、4 位教师，及来自凯德中国的 4 位专家组成。学生分五组完成设计，由校企合作指导，企业方全程密切参与：设计初期共享资料、主办系列讲座，分享设计经验；设计过程中多次听取学生汇报、交流意见，并邀请媒体宣传；最终汇报时，凯德邀请 Safdie Moshe 先生、李虎先生等职业建筑师和 CTBUH 专家对学生方案进行评价；汇报结束后邀请校方师生赴新加坡凯德总部参观交流（图 1）。

阶段	授课时间	课程主题	课程内容	授课老师
前期研究	第1周	课程启动	开场讲座	校方教师
			教学计划介绍	
			分组及课程研究主题词分配	
	第2周	城市综合体专题研究	专题讲座	校方教师
		凯德系列讲座	专题公开讲座	企业专家
	第3周	城市综合体专题研究	学生课程研究主题词汇报	校方教师
			基地文脉特征主题词分配	
概念设计	第3周	学生自主研究	基地调研	
			基地文脉特征研究	
	第5周	课程讨论	学生基地文脉特征主题词汇报	
			概念提出	校方教师
	第6周	城市研究 阶段成果汇报	专题讲座	企业专家 校方教师
			学生基地调研&主题词研究汇报	
			长宁来福士参观	
	第7周	概念方案讨论	前期研究整理	校方教师
			概念讨论	
			场地模型及概念模型制作	
中期答辩	第8周	中期汇报	中期汇报	企业专家 校方教师
设计发展	第9周	方案调整	设计方案调整	校方教师
	第10-11周	方案发展	设计方案发展	校方教师
	第12周	阶段成果交流	设计方案发展阶段成果交流	企业专家 校方教师
设计深化	第13-14周	方案深化	设计方案深化	校方教师
	第15-16周	方案完善 汇报准备	方案表现及答疑	校方教师
			模型、多媒体汇报文件制作	
终期答辩	第17周	最终答辩	最终答辩	企业专家 校方教师 职业建筑师等
海外考察		凯德新加坡总部参观		

图 1　课程安排

本次联合设计对各方参与者都有着积极影响。企业可以推广开发项目和企业精神，学生的设计、研究和实践能力得到提升，学校也推动了教学探索，对课程选题、组织模式等都有所启发。

1　以真实项目为依托的课程选题

1.1　项目概况

本次工作坊采取了真题真做的形式。与传统的研究生课程设计多为假题假做（虚拟场地、任务书、开发商）或者真题假做（真实场地、任务书和虚拟开发商）不同，本次设计依托于具体场地、真实项目、且需学生直面经验丰富的真实开发商需求。

设计场地选址为上海长宁来福士广场所在基地，位于长宁区中山公园商圈的长宁路、凯旋路交界处，周边覆盖多个公交站点和线路，交通便利、区位优势明显；场地内有圣玛利亚女中历史建筑，下方有地铁线路穿过(图 2)。在工作坊开始时，综合体建筑主体基本完成，商业部分尚未开放，部分办公区域已投入使用。现有的长宁来福士设计聚焦以下几点：

• 重视建筑活力。通过多元化目的地场所，吸引更大范围的消费者。

• 重视场地历史文化价值。充分挖掘张爱玲这一文化符号。

• 为城市创造更多的绿地及公共空间。

• 以获得 LEEDS 认证为目标。

• 力求平衡政府及周边社区的交通、环境、能源等需求。

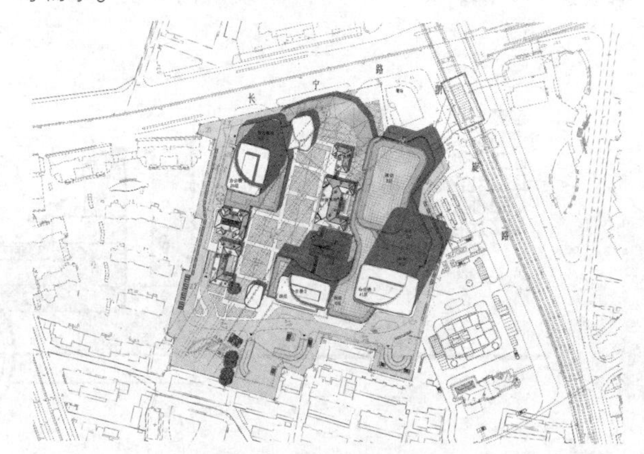

图 2　长宁来福士总平面图

现有项目体现出了尊重历史文化、激发城市活力的开发意向，但针对这一场地否还有更优解？“城市共生：面向未来的来福士城”联合设计即是希望学生以长宁来福士广场所在基地为对象，以原有设计为参照，推敲现有项目的优点和不足，以来福士城为载体畅想城市综合体的未来。

1.2　选题的积极意义

校企联合过程中，学院和企业的开发立场和认识背景存在差异，双方评价标准可能不同。以真实项目为依托的课程选题为解决矛盾提供了思路。

首先，真实项目使双方研究有了共同参照。因为企业方已在该基地上完成了方案设计，所以对基地特征和矛盾都有着清晰认识，对学生设计中可能遇到的问题也有预判。因此，企业与学生的交流就更有针对性，避免了信息不对等造成的消耗。

其次，真实项目有助于建立共同的评价依据。由于真实项目和真实开发商的介入，设计的社会价值、经济效益都成为了评价的重要指标。而现有设计代表了企业开发意向，学生在设计时可以更清晰地确定设计目标、把握评价标准。

最后，真实项目推动了校企双方的研究。对校方而言，这是一次宝贵的研究经验，可以既面对真实的基地环境和开发商，又跳出实际约束，进行更深入、更具创新性的研究。对企业而言，面对学生研究性设计与实际设计的成果对比，能更好地反思现有项目，思考未来设计的可能性。

如，通过前期调研，学生和企业都发现从场地中间斜穿的地铁是设计的不利因素，建筑主要结构无法布置在地铁上方，场地中央区域难以有效利用。因此，校企双方对方案的一个重要评价依据就是能否通过设计有效解决这一矛盾。某组同学以“公交导向开发”和“环境”为主题，在场地中央设计了一个过滤腔体，利用地铁产生的风压热压、带动腔体空气流动，经过滤系统净化建筑内部空气，同时也将新鲜空气反哺城市（图3)。这一设计对于学院，拓展了“TOD”的研究内涵，为建筑与交通系统、建筑与城市的关系提供了思路；对于企业，也引发其思考，在实际项目中除避开地铁线路外，是否还有其他更具创意的可能性。

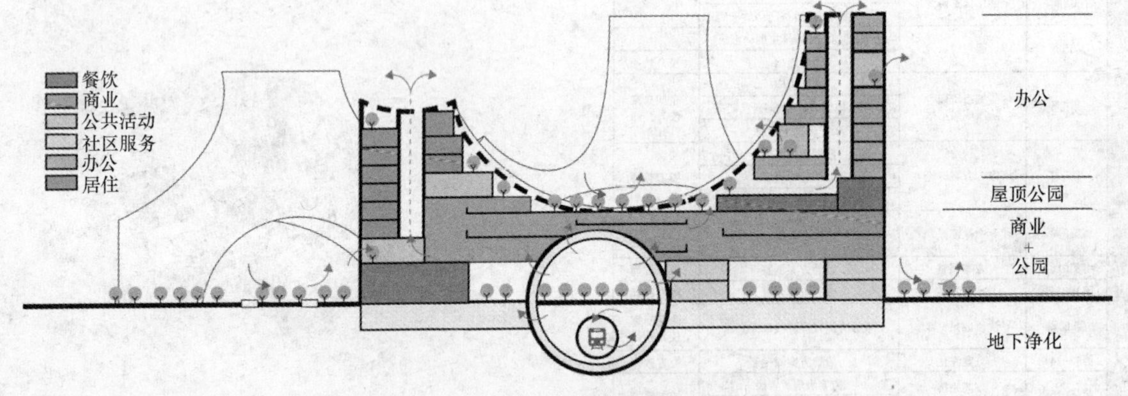

图3　结合轨道交通的综合体通风系统

2　以主题词为共同语境的研究模式

2.1　主题词策划

概念的提出是建筑设计的重要环节。本次工作坊采用了主题词设定的方式，基于主题词研究提取设计概念。工作坊使用的主题词分为两个层级，由校企双方讨论决定。

第一层级主题词代表研究方向。主题词涵盖城市综合体的主要发展趋势，有“垂直城市”“公交导向开发(TOD)”“公私合作模式（PPP)”“物联网”和“互联网+”。其中，“垂直城市”“公交导向开发”“公私合作模式”侧重于探讨综合体与城市的关系；“物联网”“互联网+”是凯德出于商业敏感和时代特征提出的主题词，侧重于综合体设计的未来趋势。每组同学选取一个关键词，通过理论研究和案例分析来讨论城市综合体的外延。

第二层级主题词代表具体的场地要素。学生基于城市背景和基地研究，在“环境”“历史文化”“法规政策”“基础设施”“产业”中再选取一个主题词，提出针对现有场地的具体策略，建立纲领性的设计概念。每组两个主题词组合，成为设计的支点。

2.2　主题词在教学过程中的价值

主题词虽然对设计有一定限制，但同时也有助于针对性地研究、交流和宣传，搭建起一个校企交流的共同平台。

站在校方立场上，学生能以主题词为中心进行更有深度、广度的挖掘，也能了解城市综合体的研究热点。两个层级的主题词交叉，产生了更多的着眼点和可能性。“互联网+”和“产业”组合，能否创造以线上购物为前提的无店综合体?“垂直城市”是空间上的高密度，能否推演至时间上的高密度?主题词的含义随着研究的深入，变得更加丰富。将这些概念落实于设计，创新地探究未来城市综合体发展趋势，即是本次设计训练的重点和难点，也是研究的主要内容。

站在企业方立场上，主题词的使用能建立起清晰的评价标准，便于校企交流和企业宣传。校企双方策划主题词本身就是一个交流意见、达成共识的过程。最终确定的主题词也便于简洁高效地表达各组方案核心思想，提高企业对外宣传的辨识度。这些主题词就像每个方案的标签。主题词是否逻辑清晰地反映在设计中，同时又能否满足企业提出要求，这是企业方关注的重点和评价的核心准则。如一个小组选择了“PPP”作为主题词，企业方就会关注他们在设计中能否平衡各方利益，建立有效的合作机制，对综合体和城市都有积极贡献。

主题词有着明确立意和丰富意向，在交流中既能表达概念，也能激发思考。学生通过主题词的延伸、复合、抽象、提取，构建出创新的设计概念。如，某小组选取了“物联网”和“基础设施”两个主题词。他们以“基础设施”为背景，拓展了“物联网”的内涵：物联网的本质是共享，而在物联网作为城市基础设施的时代，不仅物品、服务，甚至是容纳它们的空间也可以共享。该组同学以无人驾驶汽车为载体，使移动中的交通工具成为容纳功能的共享空间，而城市综合体将成为无人车共享空间网络的节点。地面以上的非必要功能被置于共享的无人车模块中，密集存放于地下，需要时被运到地上使用（图 4）。至此，两个主题词的内涵广度得以延伸，并以无人车系统为载体，与建筑空间设计紧密联系起来。

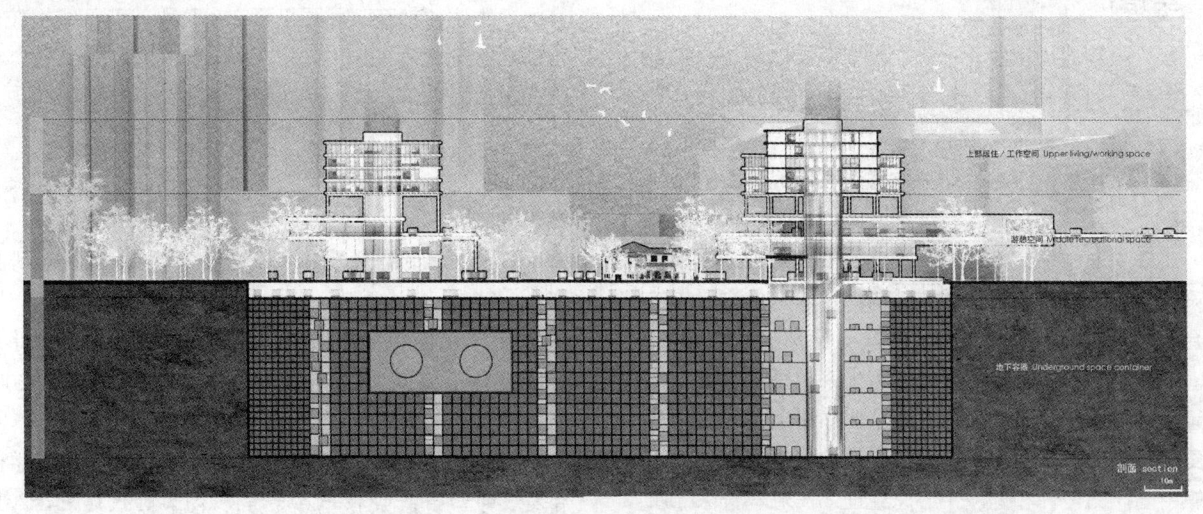

图 4　基于“物联网”+“基础设施”的城市综合体

学生推进设计的同时，也丰富了主题词的内涵，探究了城市综合体的发展可能。在此过程中，由于主题词的使用，设计逻辑始终清晰，看似复杂的设计理念得以有效传递；在最终评图时，虽然很多评委第一次听到学生的设计概念，但也迅速通过主题词抓住了重点。

3　多元化价值取向在课程设计中的呈现与反思

本次工作坊从汇报交流到成果呈现，各环节都体现出校企价值取向差异。虽然双方出发点相似，但思考过程却不尽相同：如，虽然两方都认同城市综合体设计应以人的需求为本，但是校方强调空间品质、文化内涵、社会价值；企业方面则更关注社会需求、利益前景、城市影响力。因此，本次工作坊中，时常出现校企双方对同一主题词的解读不同，或对同一设计的评价不同的情况。

如，某组以“互联网 +”结合“产业”为主题词，该组学生从“产业”中提取社区产业，与“互联网 +”结合。在主题词解读上，企业和学生意见不一。企业期望学生构建以创客社区为主题的综合体，但是学生提出了利用信息技术解放底层空间、支持社区产业的概念。他们以“互联网 +”模式实现云购物，从而再分配综合体空间，抬升建筑体量，把传统综合体中被商业占据的底层空间解放给社区。

这一概念提出后，校方和企业给出的评价也有所不同。校方老师肯定了学生的思路，同时希望建筑上部体量更灵活通透，提升空间品质；企业方虽然对学生追求居民利益的理念持理解态度，但同时也站在地产企业的立场指出，该模式公益性强，希望能兼顾经济利益。深化中，该组学生延续了解放底层空间、供给社区公共活动的思路，同时也从经济角度出发，置入健身跑道，串联建筑中的目的场所（图 5），通过底层品质的提高和社区氛围的构建，打造丰富活动，吸引人流，最终提高综合体整体商业价值。这一策略在最终汇报时也得到了校企双方肯定。

图 5　构建综合体底部的社区氛围

在这次校企联合的教学探索中，多方意见交流始终是主旋律。企业方以其商业敏感和市场意识，强调城市综合体要能回应市场需求、吸引人流，继而创造社会经济利益。校方则立足于教学、研究，重视概念逻辑、社会意识、以及能把概念落实到设计中的能力，期望建筑能对城市产生积极作用。多元化价值取向相互摩擦，更能激发学生创造力，同时也有助于他们对方案进行更全面更深入的思考，对自己的职业定位进行一定反思。

4 结语

本次课程以城市综合体为研究对象，以校企合作教学的方式，对城市、环境、社会问题进行了研究和思考。与我们之前的校际联合设计、境外联合设计相比，校企联合工作坊把学术性研究与实践性研究真正的结合起来。

工作坊对学生们来说是一次宝贵的经历，从原本完成设计作业时的单向设计思维转向综合考虑各方要求的复合思维；对教学团队来说是一次有意义的教学探索，能够使研究和教学更有实践性，为未来的联合设计工作选题、模式等积累了经验；对于企业来说也是一次创意与灵感的碰撞，是对他们设计思路的启发与触动。正如凯德中国产品设计和开发中心总经理郑民对本次课程所评价的："（同济大学）这些受专业培训的年轻建筑师正代表着一种未来可能。他们面对一个真实的城市背景和建筑基地，却不用被预算经费、施工实施等因素束缚，可以在创意和设计灵感上大开脑洞，前行得更远一些。……凯德十分愿意帮助同济大学的研究生们共同深度发掘，探讨未来（图6）。"

图6 于凯德中国总部答辩合影

校企联合的研究生课程设计不仅对直接参与方有积极作用，而且为企业宣传企业精神、学校向社会传播其价值观和设计理念提供了平台，对社会设计大环境也有积极意义。如果条件允许，我们希望能增加这样校企联合的工作坊，甚至不局限于研究生阶段，而且能把校企互动渗透到本科教育中，进一步提高我院教育的创新性、实践性和研究性，也让学生为走向社会做好准备。

参考文献

[1] 王桢栋."合"当代城市建筑综合体研究[D]. 上海：同济大学，2008.

[2] 王桢栋，谢振宇，汪浩. 以认知拓展为导向的城市综合体设计教学探索[J]. 建筑学报，2017（1）：45-49.

[3] 李振宇. 从现代性到当代性. 同济建筑学教育发展的四条线索和一点思考. [J] 时代建筑，2017（3）：75-79.

[4] 丁沃沃. 过渡与转换——对转型期建筑教育知识体系的思考[J]. 建筑学报，2015.（5）：1-4.

[5] 仲德崑. 走向多元化与系统的中国当代建筑教育[J]. 时代建筑，2007（3）：11-13.

[6] 卜德清，张勃. 基于"卓越工程师培养计划"的建筑学专业校企联合培养机制[J]. 华中建筑，2015.（7）：160-163.

图片来源

图1、图3～图5为学生自绘；图2，来自设计任务书，图6；来自凯德拍摄。

严凡[1]　常悦[2]
1. 河北工业大学建艺学院建筑系；yan@arch. ethz. ch
2. 吉林建筑大学建筑与规划学院；14023685@qq. com
Yan Fan　Chang Yue
1. Hebei University of Technology
2. Jilin Jianzhu University

十个小练习—ETH 建筑系 2017-2018 学年设计基础课程评析

Ten Exercises in the Grundkurs of Architecture Dept. of ETH

摘　要：自 2017 年秋季学期开始，ETH 建筑系一年级的设计基础课程由原先的两门课程“建筑设计”和“建筑构造”被合并成一门“设计与构造 I、II”课程，由德普拉泽斯（Deplazes）教授负责。该课程贯穿一学年，由四大板块组成（十小练习、城市集合住宅、迷宫、城市住宅）。其具体教学方法体现在：从城市入手，结合空间与功能确定建筑类型，并最终落实到构造的层面。通过梳理 ETH 设计基础课程的历史与现状，对现行课程做出评析。

关键词：设计基础课程；瑞士苏黎世联邦理工学院（ETH）

Abstract：Since 2017，the Grundkurs（Basic Course）of the architecture department of the ETH Zurich has been merged from two separate courses into one，namely “Entwurf & Konstruktion I，II”（Design and Construction I，II）. It consists of four different exercises. The teaching process begins with the analyses of the city，followed by the categorizing of each student-project into different types and ends with the construction design. By comparing with its forerunners，this thesis tries to analyze the characteristics of the current course.

Keywords：Grundkurs（Basic Course）；ETHZ

1　历史回顾

瑞士苏黎世联邦理工学院（Eidgenoessische Technische Hochschule Zuerich，以下简称 ETH）的建筑学基础教程，有着清晰的传承关系，但同时又带着不同时期任教的教授各自的鲜明特点。自 1961 年始至今，该门课程共经历了六任教授担任其负责人。由赫斯利（Bernhard Hoesli，自 1961 年至 1982 年）教授开始，历经了希图德（E. Studer，自 1982 年至 1984 年），克莱墨尔（Herbert Kramel，自 1985 年至 1996 年），昂杰利（Marc Angelil，自 1996 年至 2009 年），克雷兹（Christian Kerez，自 2009 年至 2017 年）和德普拉泽斯（Andrea Deplazes，自 2017 至今）等六位教授。早在 1960 年代，已由赫斯利奠定了 ETH 基础课教学的教学模式：从课程设置上看，建筑设计、构造设计和艺术（之前称为视觉设计）这三大课程是其一年级的主要基础课程，各由相关教席负责，各门课占用每周一整天的学时（约 9 学时）。除了这三大基础板块（设计、构造、艺术）之外所有的理论基础课，集中在周四、周五这两个整天之内，包括：城市设计，建筑材料，建筑力学，建筑中的数学思维，历史建筑保护，社会学，建筑历史等共七门，每门课程由不同的教席承担教学任务。从具体的教学理念上看，其建筑设计课程强调理性的设计方法，教学环节的设置环环相扣，高度结构化。对具体的建筑方案的基本价值判断是要求设计过程的逻辑清晰(schluessig)。这些特点，与ETH建筑系所在的理工科院校的特点契合。同时，相对于其他院校，他们特别重视建筑构造教学，将其独立地平行于建筑设计课程而设置，并形成了完整的理论和教学体系。其之后的各教授基本在这样的框架下面延续着各自的教学。

2 德普拉泽斯的课程体系

自2017年秋季学期开始，ETH的入门教程进行了较大的改革，合并了原先的建筑设计和构造设计两门课程为一门课程，称为“设计与构造Ⅰ，Ⅱ”，并全部由A·德普拉泽斯（Andrea Deplazes）教授负责。这种类似的模式在之前的克莱墨尔教授负责基础课程期间也进行过探索：克莱墨尔教授在全面负责一年级的设计课程之前，是负责一年级的构造课程的；而德普拉泽斯教授也有类似的负责构造教学的经历。他于1980年代在ETH接受了建筑学教育，之后他一直在负责一年级或二年级的构造课程或设计课程的工作室（Studio），并著述了《建构建筑手册》等专著，其设计作品包括提契诺州议会大厦等。接手了建筑学一年级的基础课程之后，其教学的特点，体现在如下几个方面：

2.1 课程内容

一年级上学期的教学由两大板块组成：预热练习和城市集合住宅设计。新生进校之始，首先面对的是为期5周的预热练习（Propaedeutikum），该练习共由10个小练习组成，其具体内容以下会详细介绍。在预热练习结束之后，教席会集中为每个学生打分，主要判断学生学习建筑学的潜力如何，并进行一对一的咨询解释，指出每个学生的强项和弱项，期望其在今后的学习中做到心中有数。对那些分值太低的同学（约占学生总数10%），会劝导其更换专业。接下来是为期6周的一个完整的城市集合住宅设计。最后一周是集中评图周，会请其他院校的教授和设计一线的建筑师来共同对一部分选出来的学生作业（约占作业总数的25%）进行批评、讨论。一年级下学期的教学也由两个板块组成，首先是“迷宫设计”（Labyrinth），类似于平面构成和立体构成的训练，为期五周。然后继续是一个完整的城市住宅设计，为期九周。最后一周同样是评图周。ETH的教学学期长度一般在13周左右。

2.2 教学组织

入学初始，一年级新生总共有300人左右（一年级末恒定在240人左右，因为中途有学生退出），这300个学生被分成10组，每组由一位助教（Assistent）负责指导，包括任务讲解，日常改图，最终判分等工作。除此之外教授还配备有3～5人的资料搜集助理，主要负责教学资料的搜集整理以及技术支持工作。这些助教大多都是设计一线的青年建筑师，他们除了40%的时间（每周二天）在大学里工作外，其余时间会在各事务所参与具体项目设计。最终教席的工作是教授负责制，教授负责制定教学计划，主持每周4学时的讲座（Vorlesung）。所有的助教也由教席自行雇佣，每位助教在学校工作的年限原则上不能超过6年。

2.3 工作方法

具体到工作方法上，教学过程当中主要鼓励学生利用模型来思考，推敲建筑，并辅助以徒手草图来表达自己的想法。最终的成果也要求模型和图纸并重的表达方式。

以下详细介绍课程中的前十个小练习。每个练习基本耗时都在4到7个学时之间，一天之内完成。

3 十个小练习

3.1 练习一：泥塑空间（空间生成）

步骤一：用给的一块泥，做一个没有比例的空间构成作品。给的泥块必须用完，同时还必须形成空间。空间的数量自定，但不得少于两个。

步骤二：根据第一步制作好的模型，想象将你的模型水平剖切一次，再垂直剖切两次。将其剖面图徒手绘制在A3绘图纸上（无比例）。

步骤三：根据前两个步骤中的模型和剖面图，按照剖面图的剖切位置，用线将模型实际剖切开来。拍摄各个剖切面的两侧，并比较这些照片和步骤二的成果中的剖面图的异同。

3.2 练习二：木围栏设计（构造）

用木棍设计构造一个围栏，围栏的高度至少6米，并需要一个不宽于2米的出入口。学生自行准备不同种类的木条（比如方形截面的，圆形截面的等），并自行决定采用何种构造方式来制作1∶33的模型。连接节点最好用线捆扎。最终的模型要求坚固并自承重。

3.3 练习三：城市拼图（城市认知）

用给定的12个几何图形，设计一个城市的平面图形和三维模型。

步骤一：尝试以不同方案组合这12个图形。构思过程中，要时刻把这些图形和底板想象成城市黑图中的图形和图底。然后再赋予每个图形一定的高度，使其变成三维。最终选取三个方案，用轴侧图的方式把它们表达出来。

步骤二：在上一阶段的三个方案中选择一个，用卡纸模型将其实际建造出来。把模型底板上没有图形的部分剪掉，然后把组内所有同学的模型拼在一起，放置在专业教室中间的评图区内，形成类似某虚拟城市的形态。拼合模型的时候注意，每个模型之间需要建立某种相互呼应的关系。

3.4 练习四：校园速写（观察，手绘表达）

每个学生被分配到三个校园建筑。学生需要徒手绘制每个建筑的某个角度的外部空间，内部空间和细部。

3.5 练习五：广场（城市空间认知）

制作一个给定的城市广场的模型。先徒手绘制广场周边建筑的立面和剖面图，比例尺 1：200，然后将立面图贴在卡纸上，利用卡纸制作广场模型。注意通向广场的道路部分（约选取 5～10m 长度）也要制作出来。

3.6 练习六：城市空间地图（城市空间认知）

教师在苏黎世市区选取 8 条徒步路线，每个学生选一条线路去徒步探索。回来之后要求学生用图像的形式记录他走过的线路。同时思考一些重要的因素，比如空间的比例（宽度、长度、广、窄、高度等），导向性的构件、纪念物、地形特征，材料和建筑表面的处理，特殊的形式等等。

3.7 练习七：六个空间（空间构成）

在选取的真实的城市里的一块虚拟空地上，两堵防火墙之间，建造 6 个空间，每个空间的大小介于 $10m^2$ 到 $50m^2$ 之间，平面形式自由选择，空间的高度至少 3m，所有的空间都应有直接天然采光，同时所有的空间都应具有可达性。

3.8 练习八：一个房子的施工图（构造）

撰写一份给出的某传统建筑的施工说明书。要求逻辑清晰，用建筑学的术语解释它的建造过程，包括其构思，功能，材料和建造方式。利用目前已经掌握的建筑图示语言（平面图、剖面图、轴测图、细节大样图）来表达，必要时可以加以关键词或者短句来说明。

3.9 练习九：市场 1（综合小设计）

为练习五中的广场，设计一个市场。设计过程中思考以下问题：

- 如何在你的广场上安排市场？
- 市场与周边建筑应该是怎样的关系？
- 市场如何到达？其内部的动静交通流线如何组织？
- 每个不同摊位之间的关系是怎样的？
- 市场需要顶吗？
- 每个摊位的具体形式是怎样的？
- 摊位是临时的还是永久的？可折叠吗？
- 摊位由什么材料如何构造而成？

3.10 练习十：市场 2（综合小设计-构造）

练习 9 中设计的摊位将要施工。请为施工方出一套施工图纸。出 1：10 的平面图，剖面图，立面图，轴测图，以便清晰说明建造过程

4 评析

综合以上十个练习，从知识点的分布上看，关于城市的题目占 3 个，空间构成的 2 个，构造设计 3 个，综合练习 1 个，观察与表达 1 个。当然城市和空间部分有很多重合的地方，因为城市空间也是空间的一类。作业训练知识点的分布基本符合课程定位为“设计与构造Ⅰ，Ⅱ”的要求。同时我们也看到，除了延续 ETH 传统，对空间，构造的探讨之外，该教学方案对于城市问题的关注。这十个小练习之后的两个长期的设计题目，也都是从研讨城市空间入手开始进行的。这一点，可以回溯到罗西（A. Rossi）的影响。

德普拉泽斯教授对于建筑形式的来源的理解，大约体现在如下图表中。他的教学，也围绕着这三个关键词而展开：地形（Topology），类型（Typology），建构

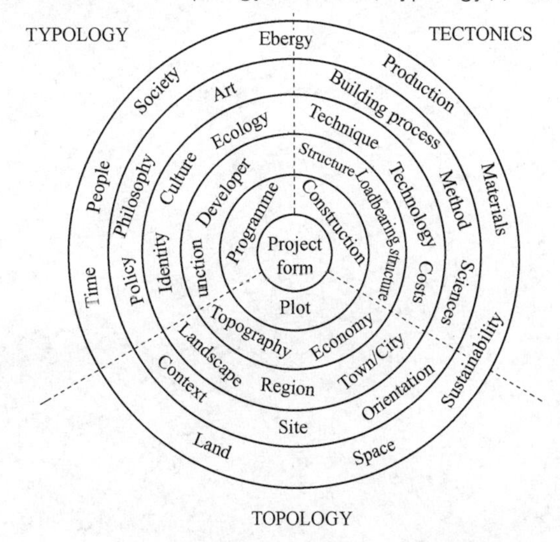

插图一　形式生成过程（摘自《建构建筑手册》）

(Tectonics)。具体体现在：从城市入手，结合空间与功能确定建筑类型，并最终落实到构造的层面。

参考文献

[1] Andrea DepLazes. Canstructing Architecture: Materials, Structures, Pracesses: A Handbook[M]. Boston: Birkhaellser, 2005.（中文版：德普拉泽斯. 建构建筑手册[M]. 大连：大连理工出版社，2007.）

张明皓　Thomas Will
中国矿业大学建筑与设计学院建筑系，德累斯顿工业大学建筑学院；archmz@163. com
Zhang Minghao　Thomas Will
Department of Architecture，School of Architecture and Design，China university of mining and technology；Faculty of Architecture，Technology University of Dresden

遗产保护观念下的德国建筑教育——以德累斯顿工业大学建筑学院为例*

Architecture Education in Germany with the Concept of Heritage Preservation

——A Case Study of the Faculty of Architecture in TU Dresden

摘　要：城市化进程的不断加快，对高校中遗产保护的理论教学与设计研究提出了新的要求。本文以德国德累斯顿工业大学的遗产保护教学为案例，分析了德国高等建筑院校中遗产保护专业的教学类型与架构，同时结合案例分析了德工大建筑学院的遗产保护教学体系、课程设置与教学特点，即课题选择的多样性、课题教学的灵活性以及案例教学的实践性等，其中部分内容值得国内的建筑院校借鉴与学习。

关键词：遗产保护；建筑教育；德累斯顿工业大学

Abstract：With the accelerating process of urbanization，new requirements had been put forward in the theoretical teaching and design research for the heritage preservation course in the university. This paper takes the teaching of heritage preservation in TU Dresden as an example and analyzes the type and structure of heritage preservation major in the university of Germany. Meanwhile，this paper also analyzes the teaching system，curriculum and characteristics of heritage preservation in the faculty of architecture in TU Dresden. Some of these characteristics should be studied in the university of China，such as the diversity of subject selection，the flexibility of subject teaching and the practicality of case teaching.

Keywords：Heritage preservation；Architecture education；TU Dresden

作为历史载体的建筑遗产，不仅承载了城市与乡村厚重的历史文化，而且拉近了现代生活与历史之间的距离，在不断更新的现代生活中为人们留下了印象深刻的历史回忆，最终形成独具特色的地域建筑文化。近年来尽管对于建筑遗产保护的关注度已逐渐提高，但由于城市化进程的不断加快，社会上有意或无意针对各类建筑遗产的破坏活动仍然时有发生，部分案例甚至被树立为了反面典型。作为培养合格建筑设计人才的重要机构，国内的建筑院校在提升学生建筑设计能力的同时也肩负起提高学生在遗产保护方面意识的重任。长期以来，国外尤其是欧洲对城市及建筑遗产的成绩有目共睹，这一成绩与欧洲建筑院校长期灌输的遗产保护意识有很大关

*本文受中国矿业大学“十三五”品牌专业建设项目、中国矿业大学教育教学改革与课程建设项目（项目号：2015CG02，2017YB42，）资助。

联性。本文即以德国德累斯顿工业大学建筑学院为例，剖析遗产保护教学内容在德国建筑教育中的现状。

1 德国高校的遗产保护类教学架构

1.1 德国的重要建筑院校

德国高校可分为综合性大学（Universitaet）、应用科技大学（Fachhochschule）、艺术院校（Kunsthochschule）和音乐学院（Musikhochshule）四大类，其中综合性大学重点强调系统理论知识，属于教学科研并重的高等学校，如工业大学（Technische Universität，TU）、师范大学（Pädagogische Universität/Hochshule，PU/PH）等，而应用科技大学的专业特色比较突出，多偏重于应用类型，重点培养具有解决生产中实际问题能力的专门人才，因此这两类高校在人才培养的导向方面是有较大区别的。

德国工业大学（Technische Universität）九校联盟是由德国 9 所著名的工业大学所组成的联盟 TU9①（表1），其中部分学校还曾经入选过德国精英大学名录。除了这 9 所工业大学之外，实力较强或有较大影响力的高校还包括魏玛包豪斯大学、多特蒙德工业大学等。上述这些重要的德国建筑院校基本都招收本科及硕士研究生，有的高校也招收博士研究生。值得一提的是，目前德国的硕士学位仍分为 Master 和 Diplom 两类。Diplom 学位类似于国内的本硕连读型，是德国曾经长期采用的一种学位类型，学生经过 11 个学期全日制的学习后直接获得硕士学位，目前仅有部分德国高校仍然保留这种教学架构。而德国的大部分高校都已逐渐改为两阶段学位，即学士（Bachelor）和硕士（Master）学位，这种学位设置的模式也是国际通行的模式，与国内高校的情况也大致相似。

1.2 德国遗产保护教学架构的分类

从表 1 中可知，目前德国的重要建筑院校对遗产保护方面的教学大致可分为两种类型，第一种以慕尼黑工业大学、柏林工业大学和卡尔斯鲁厄理工大学为代表，这三个学校专门设立了遗产保护的相关专业，以修复技术、保护科学等授课内容为核心，学制为 4 个学期，最终授予硕士学位。另外一种分布较为广泛，即在各个建筑院校中以建筑史研究、遗产保护等研究所而存在，这些研究所大多开设历史理论与遗产保护的课程设计，以课程设计的模式在设计过程中提升学生对遗产保护的理论知识与实践能力。

目前，这两种模式在国内建筑院校的教学中也都存在，自 2003 年以来，同济大学、北京建筑大学、西安建筑大学等高校先后开设了“历史建筑保护工程”这一专业，为国内遗产保护尤其是建筑遗产的保护工作培养了专业人才，国内其他部分院校则在课程教学体系中增加遗产保护类的课程，以弥补这一方面的不足。

德国 TU9 联盟院校遗产保护教学情况一览表（根据各学校官网信息整理而成）　　表 1

类型	序号	德国重要建筑院校	遗产保护相关内容或专业名称	所学时间	学位
遗产保护专类	1	慕尼黑工业大学	修复、保护与艺术技术与保护科学硕士学位(Restoration-Conservation, Art Technology and Conservation Science)	4 学期	Master
	2	柏林工业大学	历史建筑研究与遗产保护(Historical Building Research and Heritage Conservation)	4 学期	Master
	3	卡尔斯鲁厄理工大学	老建筑修复(Old-Building Renovation)	4 学期	Master
研究所类	4	亚琛工业大学	历史建筑保护研究所(Historic Building Conservation and Research)		
	5	斯图加特大学	建筑史研究所(Baugeschichte)		
	6	达姆施塔特工业大学	建筑历史与理论研究所、建筑与艺术史研究所(Historische Grundlagen)		
	7	德累斯顿工业大学	建筑史(Baugeschichte)、建筑理论(Architekturtheorie und Architekturkritik)、遗产保护与设计研究所(Denkmalpflege und Entwerfen)		
	8	布伦瑞克工业大学	建筑史研究所(Baugeschichte)、历史建筑与城市理论研究所(Geschichte + Theorie der Architektur und Stadt)		
	9	汉诺威大学	历史与建筑理论研究所(Institut für Geschichte und Theorie der Architektur)		

① https://zh.wikipedia.org/wiki/德国理工大学九校联盟

2 德累斯顿工大的遗产教学体系

德累斯顿工业大学（简称德工大，下同）位于德国东部萨克森自由州首府德累斯顿市，该校成立于 1828 年，作为德国理工大学 T9 联盟的成员之一，在德国及国际上都享有盛誉，其电子工程与信息技术实力很强，被誉为欧洲的硅谷。

德工大建筑学院是目前德国国内为数不多的保留 Diplom 学位的建筑院校之一，其学位共设置有 11 个学期，其中第 1 和第 2 学期为入门课程阶段，第 3 至第 7 学期为基础课程阶段，第 8 至第 10 学期为主干课程阶段，最终的第 11 学期则为硕士学位准备期。德工大建筑学院由 5 个研究所组成，即建筑史、建筑理论和历史保护研究所、建筑气候学研究所、设计与视觉基础研究所、城市规划与区域规划研究所、建筑理论与设计研究所，其余还有景观建筑系、结构独立系等两个系，共 20 多位教授，1400 余名学生。建筑史、建筑理论和历史保护研究所是德工大建筑学院内一个重要的研究所，其中分为三个方向，即偏重于东德及欧洲建筑史的建筑史方向，偏重于现代建筑历史的建筑理论方向及偏重于纪念物保护与设计的方向。

2.1 德工大建筑学的模块化教学体系

德工大的建筑教学体系采用模块化教学的模式，这与国内的教育体系部分相似（图 1）。这些模块包括形态设计与设计展示、建筑设计、城市规划与景观建筑、建造与技术、历史与理论、语言与能力、项目与设计及专业实践等组成。其中入门课程阶段以形态设计与设计展示模块中的设计基础、画法几何、艺术作品设计等课程为主，同时辅以建造与技术模块中的建筑建造、结构科学基础、可持续建筑与材料等课程，历史与理论模块中的建筑史、建筑理论与建筑科学入门等课程。进入基础课程阶段则以住宅建筑、社会与医疗建筑、公共建筑与工业建筑为主干理论课程，同时辅以室内设计、建筑科学研究与建筑建造设计等课程设计项目形成主体内容，在建造与技术模块中进一步强化结构、经济、气候与建造逻辑等内容，在历史与理论模块中增加了建筑史 2 与遗产保护等课程。在第 8 至 10 学期，以各个模块中大量的选修课程进一步强化各个模块中的重要教学内容，同时辅以建筑设计与综合等多个课程设计，形成最终的主干课程教学内容。

总体而言，德工大的建筑教学体系不仅仅单纯以建筑设计为核心课程，而是将建筑设计课程与其他理论课程相结合突出研究性教学这一特点，如建筑设计模块和建造与技术模块相结合，在建造设计中强化建

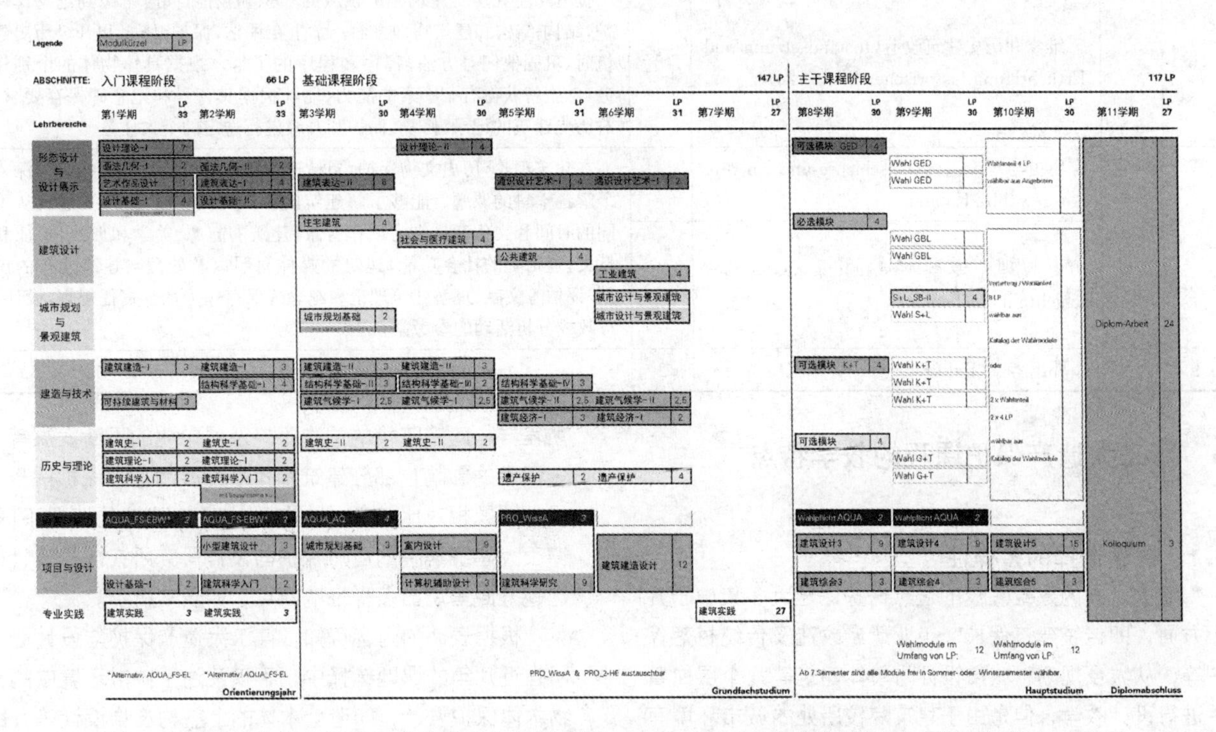

图 1　德累斯顿工业大学建筑学院教学知识结构图（来源：德工大建筑学院官网，部分内容进行翻译）

筑建造、结构科学基础与建筑气候学等内容，形成建筑设计与建筑综合的设计环节。在其课程设计中也不仅仅关注于方案的设计与表达，而是加强对方案的多方面考虑，包括城市环境、节点构造、材料表达及室内设计等内容。对于遗产保护的课程也突出了研究性与实践性的特点，通过遗产保护理论、课程设计与实践环节来强化对遗产保护领域的设计能力。

2.2　德工大遗产保护课程的授课体系

德工大建筑学院的遗产保护与设计研究所负责整个遗产保护相关课程的授课任务，包括入门课程阶段的建筑科学入门及其课程设计，基础课程阶段的遗产保护及建筑科学研究设计，主干课程阶段可选模块中的维修和历史建筑改造等课程。各个阶段课程的关注内容及具体细节详见表 2。

德工大建筑学院遗产保护课程的授课体系（根据学院官网内容整理翻译而成）　表 2

序号	阶段	课程名称	学分	授课内容
1	入门课程阶段	建筑科学入门理论（Architekturwissenschaftliches Propädeutikum）	2	学生获得建筑领域科学工作的基本技能：文学研究和文本分析，历史结构和形式的描述和分类，不同的研究和规划方法，并理解建筑相关的感知，观察和描述过程，建筑或景观的书面和图形表示，学生可以独立调查，分析，口头和图形化地记录建筑、景观建筑的作品，并以生动的方式呈现结果。
2		建筑科学入门设计（Architekturwissenschaftliches Propädeutikum）	2	
3	基础课程阶段	遗产保护理论（Denkmalpflege）	2	学生们将了解纪念碑的科学原理，纪念碑的保护和保护及其实际应用。培养系统地研究和评估历史古迹或总体结构的能力，并指出修复、补充和适应的适当可能性，以便在实际练习中进一步使用。除了传授保护和消除损害的方法之外，对历史遗产价值的敏感性和对威胁（老化，使用，现代化）的原因的认识也变得更加敏锐。
4			4	
5		建筑科学研究（遗产保护方向）（Wissenschaftliche Arbeit）	9	建筑领域的科学工作需要在分析和评估建筑环境时采用自己的特定主题的方法。向学生介绍这种方法，并可以基于给定的架构问题以面向目标的方式应用它，同时意识到科学项目的复杂性，并能够在内容和时间方面构建处理所需的工作步骤。可以检查建筑物，描述和文献，档案，电子媒体和数据库（文字，图片，图画，电影）研究和评估出给定的问题，并可能进行测试。
6	主干课程阶段	维修和历史建筑改造（Instandsetzung und Ertüchtigung historischer Bauwerke）	8	提升学生在历史建筑保护领域的知识和技能，同时考虑到纪念碑保护，结构-结构和建筑物理方面。学生在评估，保护，修复和升级历史建筑时，巩固他们对方法，程序和程序的了解。根据具体物体的个别任务，学生将获得有条不紊的能力，能够根据其背景和纪念碑保存要求，对历史建筑的记录，修复，保护和升级进行选定的个人任务。
7		历史与理论选读（Geschichte und Theorie Ausgewählte Kapitel）	4	在建筑理论，历史文物保护，园林建筑和艺术史的方面选择一个深入了解各学科的课题。能够了解建筑的思维方式和设计，以及建筑从不同的时间和文化背景作为创作背景，建筑的起源、美学和形式，象征和意义，建筑史的社会功能，建筑的媒体写照以及处理与建筑遗产的识别，评估等文献，理解建筑理论和纪念碑保存作为社会责任规划，设计，行政或分析活动的参考学科。
8		历史与理论专题（Vertiefungsmodul Geschichte und Theorie）	8	
9		外出考察（Exkursion）	2	

3　德工大遗产保护课程的教学特点

3.1　课题选择的多样性

目前，国内建筑院校的遗产保护课题大多集中于几个方面，即传统建筑保护、工业遗产改造及传统村落保护等，从城乡规划、城市设计与单体建筑等几个层面着手进行设计教学，但是由于建筑院校所处的城市环境有所差异、建筑院校的层次不一及城市化的不断发展等诸多因素的影响，部分建筑院校所开展的遗产保护课程的设计课题相对比较单一。与国内建筑院校的情况不同，德工大建筑学院的遗产保护与设计研究所在课程设计的选题方面呈现出多样性的特点，如表 3 所示。

根据表 2 的内容可知，德工大遗产保护与设计研究所在近几年的课题选择中，不仅关注于城市环境中的文物本体保护设计，如遗址本体的上盖构筑物设计等（图

2)，而且也不断针对城市、乡村等整体环境中历史建筑的保护与再利用进行研究（图 3)。此外，在课题设计中还针对教堂等重要遗产的室内进行改造设计，而这一涉及室内设计的改造类型在国内建筑院校选题中并不多见。总体来看，德工大的遗产保护课程教学并不仅仅停留在针对遗产进行保护设计的层面，而且还针对遗产的利用可行性进行了一定程度的挖掘，探索其合理的利用途径与保护模式。

德工大遗产保护与设计研究所近年课程设计信息表（根据作者搜集及网络内容整理） 表 3

序号	时间	课题地点	课题类型与内容
1	2017 年夏季学期	Tharandt	建筑遗址的保护与再利用
2	2017 年夏季学期	Lukaskirche Dresden	教堂室内改造设计
3	2017 年夏季学期	Kalapodi	遗址本体上盖构筑物设计
4	2016 年冬季学期	Torgau	历史建筑的扩建与再利用
5	2016 年夏季学期	Flöha	历史建筑的扩建与再利用
6	2015 年冬季学期	Stralsund	港口建筑遗产的扩建与再利用
7	2015 年夏季学期	Brno	城市语境下的建筑再生
8	2014 年冬季学期	Danzig	内河城市环境下的艺术中心设计
9	2014 年夏季学期	Pirna	历史街区中的历史建筑扩建设计

图 2 遗址本体上盖构筑物设计（来源：研究所主页）

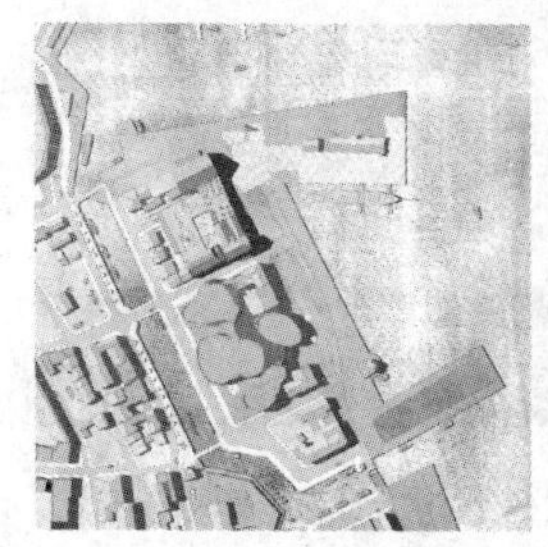

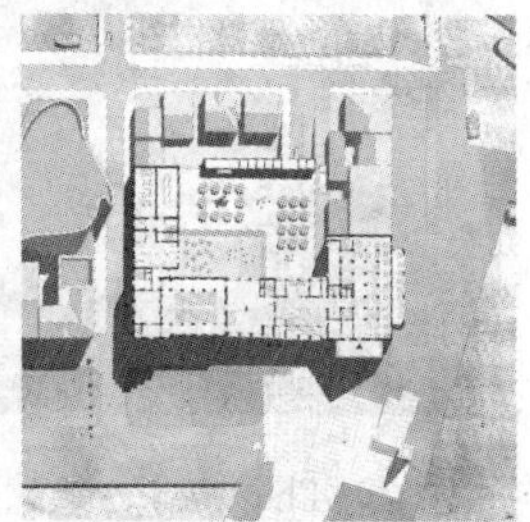

图 3 施特拉尔松德港口历史建筑扩建设计（来源：研究所主页）

3.2 课题教学的灵活性

总体而言，德工大建筑学院的教学灵活性体现在以下几个方面：

首先，授课对象的交叉性。即在指导课程设计的学生选择方面打破了年级之间的界限，每一个课程设计都可以由不同阶段的学生进行选课，如 2017 年夏季学期的 Tharandt 课题，是一个古堡遗址的再利用研究课题。如（图 4)，由于地形相对比较复杂，因此该课题如在国内一般会建议大三年级以上的学生选择该课题。但是在德工大选择该课题的学生从入门阶段的大一新生至毕业阶段第十一学期的毕业生都可以选择。尽管不同年级学生选择同一课题会带来一些问题，如低年级学生的认识深度不足、各年级课题评价标准不同等，但是同时也会带来一些优点，如在课题设计中高年级对低年级学生设计的带动作用，在低年级阶段就率先植入保护遗产与尊重遗产的设计理念等。

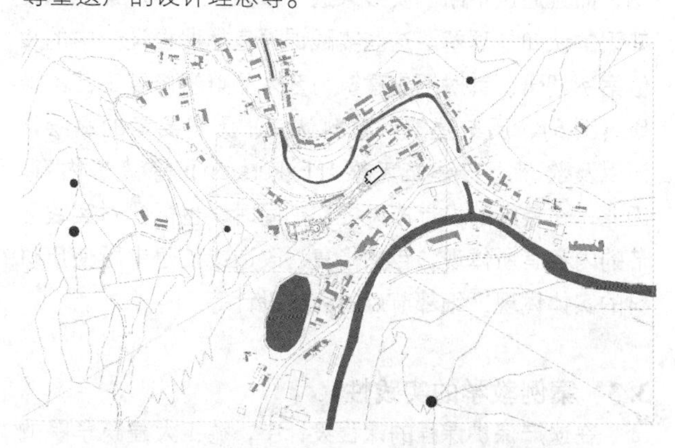

图 4 Tharandt 古堡遗址地形（来源：研究所设计任务书）

其次，课程授课模式的多样性。由于学生人数有限，不像国内的高校每个年级动辄几个班，因此德工大的建筑课程授课多以教授与学生的一对一教学模式为主，整个学期的课程设计也与国内相似有两到三个环节进行集中评图或答辩，作为课程设计中重要的过程控制内容。但是，最终的成果提交环节则与国内有所不同。针对不同的课题内容，有时会邀请参与课程设计课题拟定的甲方，如政府部门或遗产管理部门的人员参与其中，以这种方式在全面权衡学生设计的可行性与实用性。此外，有的课程设计还会以工作坊的模式进行最终结题答辩，如笔者所参与的 2017 年维滕堡工作坊（图 5），由维滕堡地方教会组织邀请了慕尼黑工大、凯泽斯劳滕工大、菲利普大学马尔堡教堂建筑研究所等几个单位来共同参与。工作坊期间，由各个单位来组织相关学生汇报本学期各自的设计作业与模型，由参与单位的教授共同给予相应的分数等级，作为学生本学期结题的最终成绩。

图 5　维滕堡工作坊

第三，理论与实践结合的多层次教学体系。

德工大建筑学院的遗产保护类课程呈现了多层次的教学体系，尤其是重视理论与实践的结合。不仅在理论课程中介绍各类国际与国内的重要宪章、法律与保护条例，而且通过不断的实践来进一步强化学生对理论课程知识的认知与理解。这些实践课程包括课程设计中的相似案例调研、针对历史建筑与艺术品雕塑修复工艺的调研（图 6）、历史建筑的材料认知、历史要素的测绘调研以及欧洲历史建筑考察（Exkursion）等诸多内容。因此，在最终的设计成果提交的同时，也需要对实践环节的内容有所体现，包括修复、改造或扩建中所使用材料的实体体现、细部节点的大样设计等。

3.3　案例教学的实践性

在遗产保护课程的课程设计中，德工大建筑学院的教师们尤其关注于整个设计的实践性与可行性。以 Tharandt 城堡遗址的课题设计为例，Tharandt 城堡遗址是笔者访学期间所接触到的一个课程设计课题，该城堡坐落在一个河口，与 Tharandt 小镇相邻，周边森林茂密，遗址清晰可见，（图 7）。该课程设计需要考虑遗

图 6　艺术家工作室调研

址四周的景观与视觉联系，同时利用遗址的相关历史元素，重新保护或利用现有的遗址，最终形成一个可行性较高的规划设计框架。

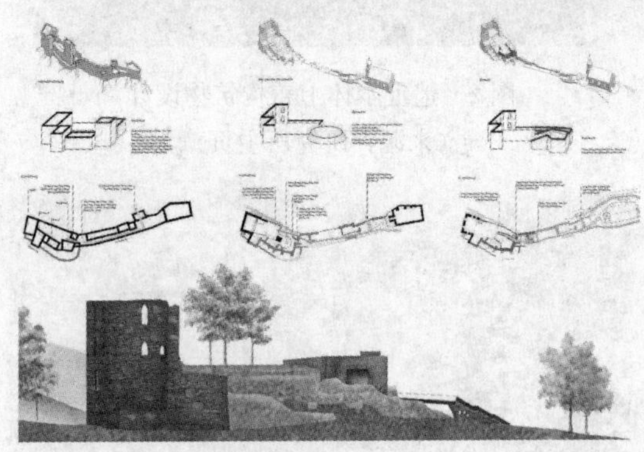

图 7　Tharandt 古堡遗址现状与课程作业分析
（来源：自摄与研究所）

该遗址地形相对复杂，高差起伏较大，同时还需要考虑遗址周边的自然景观，该课题有一定的难度。在整个设计指导的过程中，建筑学院的教师们重点关注于以下几个方面的内容：首先是调查游客来游玩的可行性，并结合这一可行性形成完善的旅游路线，在游览路线中要关注一些具体的细节处理，包括游览路线的无障碍处

理，救援路线，防坠落设备，楼梯坡道的处理，栏杆扶手以及照明方案、指示标牌等内容。其次，遗址与周边景观之间的视觉联系，从不同方向的解读与分析景观视线之间的关联度。第三，如将遗址设计为露天舞台，需要考虑舞台及后台的区域，地下地窖的负荷承载，游客所需的各类服务设施等问题。

4 结语

德工大建筑学院遗产保护与设计研究所主要关注于东德地区的遗产保护与修复等教学与科研工作，因此是该学院特色鲜明与热门的研究所之一。尽管该学院在整体水平方面与慕尼黑工大、柏林工大等高校有一定的距离，在学位方面也未采用国际通行的两阶段硕士学位体制，但是在遗产保护方面的教学工作仍然有声有色，包括遗产保护完善的教学体系，课题选择的多样性、课题教学的灵活性以及案例教学的实践性等方面都值得国内的部分建筑院校加以学习。

（本文撰写的部分资料来源于德工大遗产保护与设计研究所的 Thomas Will 教授与 Franziska 女士，在此深表感谢。）

张示霖　吴征
福建工程学院建筑与城乡规划学院；shihlin. chang@qq. com
Zhang Shilin　Wu Zheng
College of Architecture and Urban Planning Fujian University of Technology

"实构筑"建筑设计教学方法：以"中建海峡杯"实体建构大赛参赛作品为例*

The "Real Construction" Architectural Design Teaching Method: A Case of the Two Works of the "CSCEC Cup" Real Construction Competition

摘　要：建筑设计的教学应建立在行为、空间、营建与意义四个人造环境的基本性质上，并以此作为各个阶段设计课程的习作主题。同时，在教学过程中应藉助设计方法的导引，不断要求学生对于承载、跨越、容纳、穿透、移动、连续六个空间与形体设计的基本任务进行思考与探索，且以真实的材料、真实的尺寸与真实的营造作为低年级设计习作的基础要求，来以使训练的成果具有扎实的内涵，让学生充分具备面对"真实"复杂性的态度与能力。

关键词：建筑教育；建筑设计教学；实构筑；设计方法

Abstract: The teaching of architectural design should built on the four basic characters of the artificial environment: "behavior", "space", "construction" and "meaning", and use these as the practice theme in each stage of design course. In the teaching process, we should rely on the guidance of the design method, and constantly ask students to think and explore the six basic tasks of space and physical design——"bearing", "crossing", "accommodating", "penetrating", "moving" and "continuous". At the same time, we should use the "real material", "real scale" and "real construction" as the basic requirements for the design works of middle and low grades, so that the training results have a solid connotation, and the students have full attitudes and abilities to face the "real" complexity.

Keywords: Architecture education; Architectural design teaching; Real construction; Design methods

1　关于建筑设计教学的基本观点

自古以来，"建筑"始终是一门实作的学问，而非虚无的空谈。因此，建筑设计教育应以人造环境的四个基本性质：行为、空间、营建与意义，作为各个阶段设计课程的习作主题。因为人的"行为"需要"空间"予以容纳；由于营建使得空间能够成形；而所有的虚实安排则因意义的赋予，才能成为设计。

在面对这些基本主题时，各个阶段的设计习作应不断地以"承载""跨越""容纳""穿透""移动"与"连续"

* 福建省本科高校一般教育教学改革研究项目：新工科视角下建筑类专业人才培养模式研究与实践（BJG20180102）资助。

六个课题进行探讨。“承载”“容纳”与“移动”是从形体构造的效能加以考虑，而“跨越”“穿透”与“连续”则是从构件的组成形式来思考。这六个课题是空间与形体设计的基本任务，因此一个完整的建筑设计必须显示设计者如何在前述四个习作主题中处理这六个基本任务。换言之，建筑设计的教学内容不仅仅是对现实案例的模拟，出题教师还必须先拟定出一个设计需求内容，以显示其对“行为”“空间”“营建”与“意义”四个主题的思考；而修课学生的最终设计成果，则代表他在此习题中对于“承载”“跨越”“容纳”“穿透”“移动”与“连续”六个课题的思考结论。

此外，既然“建筑”是一门实作的学问，面对“真实”应有的复杂性正是一种对于建筑设计的“基本态度”。因此，“真实的材料”“真实的尺寸”与“真实的营造”是对中、低年级设计习作的基础要求，修课学生必须学习操作一些机械工具，来得以具备处理真实材料的能力。

2 “中建海峡杯”实体建构大赛的竞赛要求

“中建海峡杯”海峡两岸大学生实体建构大赛为福建省学生联合会、中华青年交流协会、中建海峡建筑发展有限公司等单位所联合举办的全国性高校建筑学专业暑期交流活动，自2014年起，至今已迈入第五个年头。其目的除了“推动海峡两岸大学生的交流，展示大学生独特的建构创意，进一步推动两岸青年学生加强沟通、增进了解、深化友谊、交流互鉴”外，更在“培养两岸大学生的创新、实践与团队协作能力，让参与者对建筑的材料性能、建造方式及结构有更直观的了解与学习”。因此，每年的竞赛除赋予“生态”“荷载”“细部·逻辑”等不同的设计主题外，更要求所有参与团队必须以合理的经费及可重复再利用的环保材料完成实体建构，且其中50%须以木或竹构建。

此外，参赛作品占地不得大于3m×3m，且须能简易快速地重新组装，以便后续能在不同地点展示。

3 福建工程学院“实构筑”建筑设计教学的应对

福建工程学院（以下简称本校）自2017年起，连续两年应邀参与“中建海峡杯”实体建构大赛，其中2017年以“竹技·对话”获得优秀作品奖；今年又以“钩玄猎秘”获得铜奖。

参与竞赛过程中，本校并非放任参赛学生自由创作，而是站在前述对于建筑设计教学的基本观点上，将“实构筑”竞赛视为建筑设计教学的一部分，因此在创作指导上导入了设计方法，按部就班地采取了六项应对措施，分述如下：

3.1 建立“空间基元”的行为属性认知

“空间基元”是指某项特定活动中，参与活动的人及支持活动发生的设施物之间所建立的一种“最精简的空间行为关系”，可依参与元素多寡，将空间区分为“个人空间”“众人空间”“个人事务空间”“众人事务空间”及“事物空间”等五种“基本行为属性”。

因此，对应“中建海峡杯”的竞赛内容，要求学生必须在3m立方的占地范围内分割出数个空间，使设计草案中至少具备上述五种基本行为属性空间各一个。

3.2 掌握“单元分析”的尺寸意义

“单元分析”是建立学生对于尺寸意义的认知观念，包括平面宽、深尺寸与立面高度尺寸两部分，皆与人体动作有关，可分为“活动指认”“设施指认”“尺寸指认”“区位指认”及“发展变体”五个操作步骤。

尺寸意义的有效认知有助于空间尺度变化的掌握与

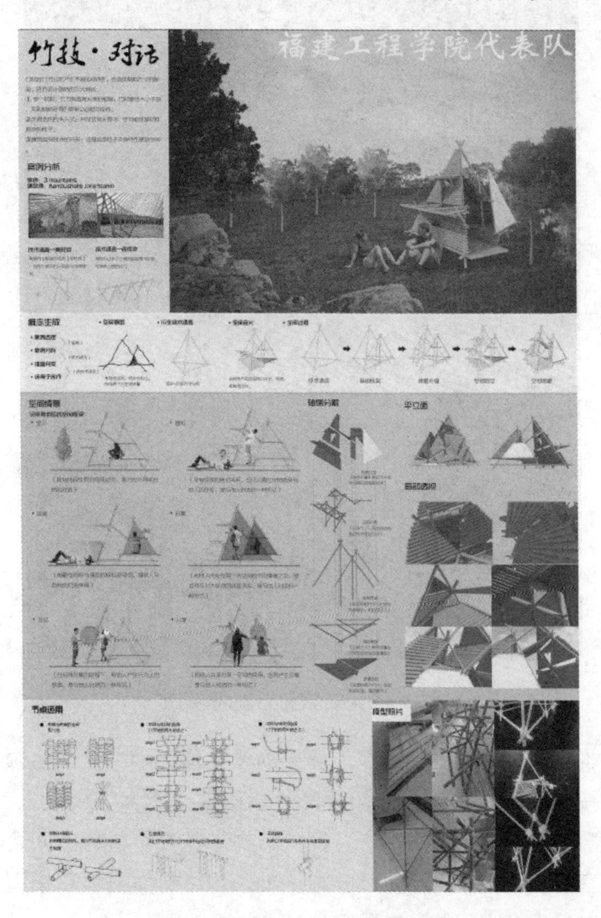

图1 “竹技·对话”竞赛图版

图 2 “竹技·对话”实构成果

图 3 “钩玄猎秘”竞赛图版

构筑系统的建立，是极为重要的设计基础训练。学生须按上述五个操作步骤，将设计草案中“个人”“众人”“个人事务”“众人事务”及“事物”等五种行为空间合宜的长、宽、高三种尺寸指认出来，并制作框架草模型以呈现各空间单元的尺度。

图 4 “钩玄猎秘”实构成果

3.3 建立空间形式的“基本几何关系”

空间可视为一种虚构的几何形体，故其形式的“基本几何关系”即为几何形体彼此间的组构关系，包括“分离”“接触”“重叠”与“包含”四种。其中“接触”“重叠”“包含”三种为空间形体与形体之间的直接碰触关系，而“分离”则是两个空间藉由彼此的边线、对角线、轴线等“延伸参考线”或“共同参考点”建立相应的“空间对位关系”。

空间组合的趣味性在于组合后的空间具有多重阅读性。为使建构空间产生有趣的组合变化，学生们必须利用“平移”“错置”“旋转”“翻转”“镜射”“拉伸”等操作手法，将前述“个人”“众人”“个人事务”“众人事务”及“事物”等五种行为属性的空间单元彼此间建立“分离”“接触”“重叠”“包含”四种形式组合关系，且每种关系必须在整体方案中至少体现一次。

空间形式关系建立的同时，学生还需依据“单元分析”的尺寸掌握，重新校正各空间的尺寸大小，以确保建构完成后所有空间均能让人体验和使用。

3.4 建立空间形式的“基本界面关系”

空间须被界定，方能有形。两两空间之间因“基本几何关系”存在，而有“界面”产生。空间形式的“基本界面关系”包括“望见”“感知”“互动”“退避”“分享”与“归属”六种。其中“望见”和“感知”与视觉强弱有关，且“望见”须有视觉的主题目标；“互动”和“退避”与行为关系的直接与否有关；而“分享”和“归属”则与空间的封闭程度有关。

学生们必须依据“个人”“众人”“个人事务”“众人事务”及“事物”等五种行为属性空间的“公共、私密”性质差异，设定不同空间彼此间的界面形式关系。

界面形式关系的建立，可使不同空间有其独特性而可辨识，并能进一步诱发符合此独特性的其他非预设行为发生于该空间之中，增加容纳活动的丰富性。

3.5 掌握建构材料的“基本材质特性”

为使学生充分掌握木、竹的基本材质特性，以便后续在实构筑方案中体现“承载”“跨越”“容纳”“穿透”“移动”与“连续”等六个基本构造课题，本校自2017年暑假与台湾淡江大学合作开办“跨地域建构工作坊”，除引进淡江大学建筑学系“实构筑”建筑设计教学的经验之外，也藉此培养种子学员，使其熟练各项机具的性能与操作，作为将来“实构筑”建筑设计教学与乡村建设项目的实践骨干。

3.6 建立实体构造的“建构系统”

材料形状越特殊、尺寸越复杂、接合方式越奇特，其回收再利用的可能性便越低。因此，要使建构材料“可持续回收再利用”，实体构造方式必须形成一套“建构系统”，以使所有材料在系统的控制下，发挥其最大的效益，满足最多样的空间形式变化需求，并且储备未来回收再利用的最大可能性。

图5 “跨地域建构工作坊”成果（一）
“离岸·启航”

图6 “跨地域建构工作坊”成果（二）
“生命树·栖惜”

图7 “跨地域建构工作坊”成果（三）
“萍亭·游憩”

图8 “跨地域建构工作坊”成果（四）
“瀑布·初沏”

图9 “跨地域建构工作坊”成果（五）
“心岛·碁局”

“建构系统”的内容至少应包括材料自身长、宽、深的“尺寸模矩”“接合构件”“接合形式”与“接点位置”，且须满足加工最少、拆组容易、安全稳固的基本要求。

因此，本校在对应“中建海峡杯”竞赛作品规范时，摒弃了多数学校利用数字激光切割出形状独特的组合元件，再以元件相互崁接组构成形的方式进行实体建构，而是依循前述对于材料回收再利用的观点，配合“单元分析”所建立的尺寸意义观念，以及木、竹材料的建构选择，建立一套实验性的初阶“建构系统”，作为实构筑设计方案体现“承载”“跨越”“容纳”“穿透”“移动”与“连续”六个空间形式基本课题的建构工具。

4 结语

传统的建筑设计教学多为天才式的教育，尤其在中、低年级的基础训练上，往往单纯地以功能复杂程度作为课程内容的安排依据，并以模拟实例的方式作为学生习作的重点，但是对于课程训练的主题、任务与意义却鲜少讨论，使得教学成果越来越偏离“实作”的本质。

有鉴于此，本校认为建筑设计的教学应建立在“行为”“空间”“营建”与“意义”四个人造环境的基本性质上，并以此作为各个阶段设计课程的习作主题。同时，在教学过程中应藉助设计方法的导引，不断要求学生对于“承载”“跨越”“容纳”“穿透”“移动”“连续”六个空间与形体设计的基本任务进行思考与探索，且以“真实的材料”“真实的尺寸”与“真实的营造”作为中、低年级设计习作的基础要求，以使训练的成果具有扎实的内涵，让学生充分具备面对“真实”复杂性的态度与能力。

参考文献

[1] 陈耀如. 涵蕴：空间设计之规范理论［D］. 台南：成功大学. 1989.

[2] 王靖雅. 涵容性建筑设计之操作系统［D］. 台南：成功大学. 1993.

[3] 王奕伟. 空间基元：一种形式与行为的还原分析［D］. 台南：成功大学. 1997.

[4] 郭典昌. 空间字汇与构成：空间意涵的表达理论与方法［D］. 台南：成功大学. 1993.

[5] 张示霖. 书写空间：浅谈空间的形塑与意涵的表达［R］. 台南：立德管理学院营建科技学系2005学年度第二学期“建筑设计”课程专题演讲. 2005.

张雪伟　蔡永洁
同济大学建筑与城市规划学院；zhangxuewei@tongji. edu. cn
Zhang Xuewei　Cai Yongjie
College of Architecture and Urban Planning，Tongji University

他山之石，可以攻玉
——记夏威夷大学建筑学院 Concentration Design Studio 教学实践及对国内建筑教育改革的借鉴

The Jade may be Refined from Stones Coming from Other Hills
——Teaching Practice of Concentration Design Studio at SOA in UHM & Reference to domestic Architectural Education Reform

摘　要：本文以笔者在夏威夷大学建筑学院承担的 Concentration Design Studio 教学过程为例，从目标设定、过程控制及成果评价等方面探讨国际交流背景下的建筑设计教学组织，并总结了夏威夷大学建筑学院教学中的特点，以及对国内建筑学教学带来的启示和帮助。
关键词：国际交流；课程组织；教学实践；建筑设计教学改革；
Abstract：This paper takes the teaching process of Concentration Design Studio at School of Architecture in UHM（University of Hawaii at Manoa）as an example，discusses the organization in architectural design teaching from the aspects of goal setting，process control and achievement evaluation，summarizes the teaching characteristics at SOA in UHM，Reference and inspiration to the domestic architectural teaching.
Keywords：International communication；Course organization；Teaching practice；Reform of architectural design teaching

1　课程背景

随着国际交流的日渐增多，国内外建筑院校之间的合作教学形式也越来越多，有短期的联合设计或工作坊，也有较长时间互派学生的“双学位”项目。在这种国际化的设计课程中，如何让学生在这样一个跨文化的环境和指导下获得与以往不同的专业视野及能力，是一个值得思考的问题。

2015 年，笔者参与了同济大学建筑城规学院与美国夏威夷大学建筑学院共同设立的“Global track/China focus”的硕博联培项目，赴美国夏威夷大学马诺阿分校进行了一年的交流，参与了他们的设计教学并独立承担了其中一个 Concentration Design Studio 的教学工作，获得了一些宝贵的经验。

夏威夷大学建筑学院拥有 35 年的悠久历史，长期致力于亚洲—太平洋地区建筑研究。建筑学院本科学制四年。Concentration Design Studio 是夏威夷大学马诺阿分校（University of Hawaii at Manoa）建筑学院面向四年级上学期的学生开设的设计课程，课程代号：ARCH 415，课程时长一个学期总计 16 周，共 6 个学分。采用 studio 的形式，每组一位老师，12 位学生。由于是四年级的上学期，又是一个学期的长题目，因此这个

Concentration Design studio 类似于我们国内的毕业设计。重点是对学生建筑学及相关专业知识及学术研究能力的综合强化与训练，为学生毕业走向工作岗位打下坚实的基础。

2 课程设置与组织

2.1 题目设置的国际化尝试

Concentration Design Studio 作为夏威夷大学建筑学院本科教育中一个重要环节，是对学生本科阶段学习成果的一次全面梳理与总结，也是对其掌握正确的思考及设计方法，并且能够全面、综合地解决实际问题的一次综合能力培养。同时，由于部分学生毕业后将参加“Global Track China focus”项目，到中国来继续深造，甚至有可能留在中国的事务所工作，这就要求题目设置必须体现国际化的特色，使学生尽早了解中国国情，以适应未来的需求。

基于以上几点考虑，我没有选择夏威夷当地的基地，而选择了位于上海浦东新区北蔡镇的一块真实的基地，面积约 4200m²，南侧为一个 50000m² 的已建成住宅小区。题目是一个老年社区规划及一栋多功能的老年公寓综合体。之所以选择这个题目，是因为人口老龄化已成为当今世界一个突出的社会问题①。在人口快速老龄化的背景下，提供多种养老方式是各国均面临的探索和挑战。因此，这个题目将推动学生去关注老龄化问题，研究老年人生活需求。只有通过对老年人的生理、心理、行为等特点的调查与分析，对居住空间、社区环境及空间功能等问题进行深入地探索研究，才能找出适合老年人的设计方法并满足老年人的空间需求。

2.2 教学目标：研究型的设计教学

近年来，研究型设计教学正成为一种趋势。它所关注的是当前建筑设计实践中所面临的热点问题，比如城市化问题、绿色建筑问题、居住问题等等。学生在参与这类研究性教学的过程中所学到的不仅仅是解决当前设计焦点问题的特定方法，而且学到了进行设计研究的工作方法[1]。Concentration Design Studio 的课程简介为：Professional experience combined with scholarly and research activity with a focus on architectural concentration areas。因此，教学目标的设定既要强化学生对建筑学及相关专业知识的综合运用能力，又要有对学生学术研究能力的培养和训练。因此，希望题目设定能够引导学生关注社会热点问题，并培养调查与学术研究能力，以及根据研究结果推进设计和创新的方法。

因此，题目设置应该要求学生在不同阶段达到不同的训练效果，并且能够层次分明、层层递进。不仅仅是单纯的设计技巧和方法的训练，而在于发展出新的设计知识和设计方法。

其次，题目设置应该引导学生将研究与设计联系起来，让研究成果指导方案设计。因此要求学生通过调研来制定和完善任务书。在给定的建筑规模及规划控制条件下，除了必须满足的 60 间不同房型的老年公寓、日间看护中心及必需的老年人活动、康复设施之外，还希望能够给周边社区居民提供基础的医疗服务，并创造让各年龄层的居民能够安全、舒适地进行交流的空间。

这种任务书设定的灵活性带来了设计的差异化。也促使学生在制定任务书之前进行详尽的参观调研，以便找到自己的设计策略及构思出发点。这种以研究为导向的设计教学模式也是我们这次 Concentration Design Studio 的教学重点之一，并将研究成果与设计策略作为最终成果的评价标准之一。

考虑到对学生综合能力的训练，要求学生完成一个从概念规划到建筑单体方案的完整设计流程。第一阶段，我们把基地范围扩大到一个 50000m² 的地块，要求先完成一个包括老年公寓在内的居住区规划。要求通过对老年人生活方式的研究，将老年住宅、配套服务设施及其与养老公寓的关系作为重点，重点考虑公共空间及景观品质；第二阶段则聚焦于建筑单体设计，在满足不同层次的护理、康复功能的前提下，要求为老年人创造舒适、愉快的生活环境，并且在空间组织及公共空间的品质上做出创新。

图 1 设计成果建筑单体模型

---

① 截至 2015 年，全球 60 岁及以上人口约 9.01 亿，占世界人口 12.3%。目前中国是世界上老龄人口最多的国家，有 2.09 亿。来源：《全球老龄化状况及其应对措施》，新华网，2015 年 10 月 1 日。

2.3 课程组织与安排

本 studio 的周期共 16 周，除了最后一周为集体评图外，共分为四个阶段：

第一阶段共三周，主要是讲座、基地分析、案例研究、参观调研及任务书设定。研究老年人人的心理、行为需求，以及地域与文化的关系。

第二阶段共五周，主要是案例研究及讨论、公共空间的使用方式及营造策略的建立，以及老年社区的概念规划；在此阶段，每周进行内部汇报一次，要求每位学生通过案例研究 PPT 及 1：500 的体块模型，介绍自己的设计推进情况以及遇到的问题。第二阶段结束后安排一次中期评图，邀请校内老师参加，对同学们的前期成果进行检验，并提出建设性意见。

第三阶段共五周，包括了规划方案的确定与单体设计的深化。学生需要掌握相关老年建筑及养老设施的设计规范，并以此作为单体建筑深化设计的依据。

在深化设计阶段，除了功能以外，主要引导学生关注空间与形态构成的技术支撑，包括构造技术、结构技术、设备技术、绿色技术等等[2]。让学生在课程设计中认识到建筑技术对于实现设计目标的作用和价值，提高运用技术的能力和自觉性[3]。除了图纸外，还要求学生用大比例模型作为推进设计的辅助手段。

最后两周为设计成果制作阶段，包括制图、排版及成果模型的制作，Final Review 准备。

2.4 研究与调研

由于基地选址在上海，所以首要任务是研究上海的城市空间、地理及气候特点、老龄化状况及养老方式。我事先准备了一些 PPT，给同学们做了一系列的讲座，包括城市文化，以及基地和周边环境的介绍，然后要求同学们去做基地分析和案例研究。试图通过基地调研和案例研究，帮助学生有效完成逻辑整理阶段工作[4]。

美国学生的自主学习和资料搜集能力很强，通过互联网，他们不仅找到了很多上海老龄化资料和数据，甚至还研究了中国的计划生育政策及其对老龄化的影响。在案例研究上，不仅选择了美国本土及夏威夷本地的养老设施，还有欧洲、亚洲国家的案例并做了深入分析，研究的深度和广度都超过我的预期。这也证明了一个国际化的选题更能激发学生的兴趣，而且互联网的发达使得跨国界的设计和研究成为可能。

由于养老建筑与普通的公共建筑不同，在功能上有许多特殊之处。因此，现场参观和调研就显得非常重要了。于是，我联系了夏威夷著名的 Arcadia Retirement Residence，这是一家设施齐全的养老社区，称为 Continuing Care Retirement Community（持续护理退休社区）。除了大小不同的公寓房间，还有各种医疗康复及娱乐健身设施，可以为老年人提供独立生活、陪助型及专业护理三个层次的服务。

图 2　同学们参观 Arcadia Retirement Residence

通过提前预约，养老院为我们安排了专人介绍情况，并全程陪同参观。我们不仅参观了各种户型的公寓房间及康复、健身设施，还观摩了老人们的各种日常娱乐、兴趣活动。同学们认真记录，还提了很多问题。通过这次参观，使得同学们对养老设施的构成要素及功能要求有了直观的认识，为任务书的制定提供了依据。

除了统一组织的参观之外，同学们还主动参观调研了自己熟悉的养老设施，并且调研了住在其中的老年人的生活习惯及需求。例如有些同学研究了夏威夷的老年人年龄分布、不同养老方式的比例及医疗保险的覆盖率，并且以这些数据为依据，提出了自己对公共空间规划及养老设施构成的设想。

2.5 设计成果要求

最后的成果为 6 张 A0 的图纸。除了前期研究成果之外，概念规划部分包括：总平面图 1：500，以及功能分析、形态构成、交通分析、景观分析等各种分析图；建筑单体部分包括：平、立、剖面图 1：200，以及空间组合、形态构成、结构系统、内部流线等分析图，公共空间节点室内设计图 1：50，单元平面及节点设计图 1：20。

此外，还要求 1：500 的规划模型及 1：200 的单体模型，外加 1：50 的局部剖面模型。

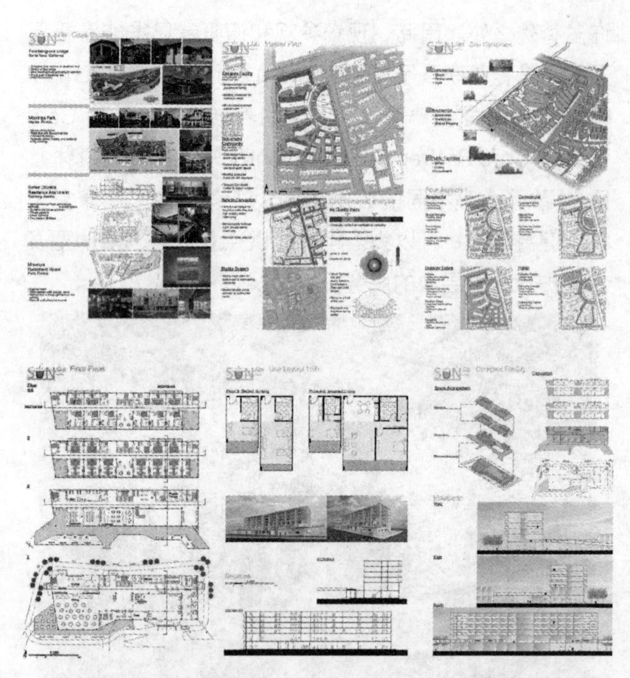

图 3　学生设计成果图纸（图片来源：学生作业）

3　教学过程与评价

设计课是学生在本科生阶段最重要的主干课程，是专业能力培养的主要载体。对于国际化背景下的建筑设计课程，除了培养学生的国际化视野，以及搜集、分析信息的能力，掌握设计及操作方法，能够进行全面、综合、创新的建筑或城市规划设计外，还应该着重训练学生研究性设计和应对策略方面的能力。因此，在这次studio教学中，我尝试将这些方面的训练内容与国际化的特色融合起来，进一步提高教学的效率和Concentration Design Studio作为集中强化教学载体的功能。

3.1　教学选题的开放性

夏威夷大学建筑学院（简称SOA）的studio教学的特别之处在于设计题目是开放的，由每位授课教师自己制定设计题目，只要达到学校教学大纲的要求就可以。其次是学生可以自主选老师，而不是事先分组，或老师选学生。授课老师需要在上个学期结束前就制定好课题及教案，然后在全院大会上做宣讲，学生根据自己的兴趣来选择不同的studio，并且在学校网站上完成选课。当然每个studio是有人数限制的，基本保证了每个studio的人数一致。

在这种体制下，教师可以根据自己的研究方向来制定设计题目，学生也可以根据自己的兴趣来选择studio和老师，使得studio课程更加多样化和个性化。同时，这样做也无形中给老师带来了压力，每位老师必须精心选择设计题目，制定详细的课程组织和计划，并且要制作海报，在全院大会上展示自己。

3.2　教学过程的控制

传统的设计课程中，学生是被动接受知识的一方，对课堂的参与程度也比较弱。因此，除了指定的设计课之外，教师在平时也要加强与学生的沟通和交流，这样才能及时了解学生的进度及遇到的问题，使得课程能够顺利推进。

与国内的大学生不同的是，美国的大学生较为独立，基本上都要靠打工来维持自己的学习。还有些已经有了家庭和孩子，需要牵扯更多的时间和精力，仅仅靠每周两个半天的设计课是无法满足教学要求的。在此，夏威夷大学的Laulima系统发挥了较大的作用。

Laulima是夏威夷大学马诺阿分校创建的教学信息系统。它是一种面向全校师生的校园网络系统，对于课外学习和教学评估均起着重要的作用。该平台的四个功能区域：“信息区”“讨论区”“资源区”“邮件区”[5]。

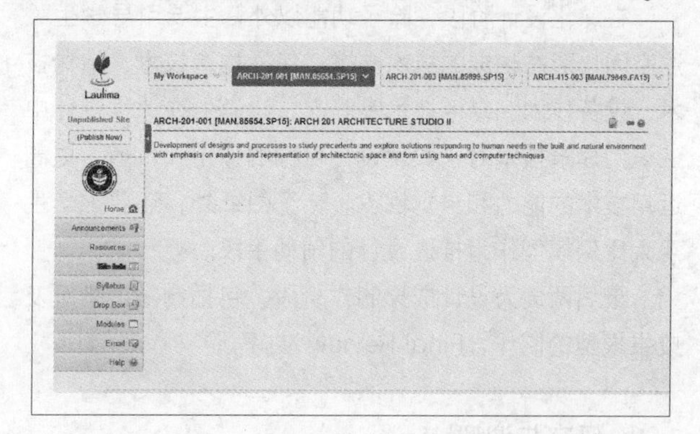

图 4　夏威夷大学的Laulima教学信息系统

有了这个系统，极大地方便了师生之间课后的交流。上课前，我可以把相关的参考资料发布在“资源区”，供学生下载和学习；可以在“公告区”发布课堂讨论的题目，让学生提前准备；学生也可以在“讨论区”提出自己设计中遇到的问题请老师解答。在“邮件区”里，教师和学生可互相发送电子邮件。借助于Laulima系统的帮助，打破了固定的时间、空间的限制，极大地提高了老师和学生交流的频率及效率，对课程的顺利推进起到了很大的作用。这说明除了课堂授课以外，教师还需要在课下投入更多的精力，以保持对前、中、后期不同阶段学习的有效引导，以保证整个教学环节有序高效地推进。

3.3　设计成果评价的国际化

为了让学生对自己的设计成果获得更全面的评价，

除了夏威夷大学的老师之外，我们特意聘请了参与Global Track项目的三位同济大学建筑系的老师来参加中期评图。三位老师从基本的平、立、剖面图的表达方式，到建筑设计的空间、功能、尺度、比例、形态的推敲，全方位地对同学们的设计提出了意见和建议，同学们也都感觉从教学的国际化中受益良多。

图5　期末评图 Final Review

在最后的Final Review中，学院会邀请夏威夷当地的一些青年建筑师来参与评图，他们从实践角度对建筑空间、结构形式、建造方式等问题进行了分析和评价，增强了同学们对建筑设计的认知和感受。

3.4　设计成果的教师评议

按照夏威夷大学建筑学院的传统，Final Review结束后的第二天是Stuff meeting，主要议程是教师的教学成果展示与相互评议，院长及所有授课教师参加。这既是一个互相学习的过程，也是一个互相检验的过程，评议过程中老师们的意见有时会比较尖锐，但大家最终会取得共识，为今后的教学总结经验。

这种针对老师的开题答辩和评图，无形中也给每位授课教师带来了压力，促使每位教师认真准备设计题目，认真把控每个教学环节。

图6　期末 Stuff meeting/教师互评，左起第三人为UHM建筑学院院长 Daniel Friedman

4　结语

目前，研究型的设计教学正在成为一种大趋势。建筑设计课的教学应该以此为导向进行相应的调整和变革，在诸如题目设计、过程把控、成果评价等方面做出更加大胆的尝试和变革。在夏威夷大学建筑学院的Concentration Design Studio教学实践，也使我对国内的建筑学教育提供了一些有益的思考。

首先，他们的studio教学形式打破了以往统一设计题目的教学方式，在给予教师根据自己的兴趣和研究方向选题的灵活性的同时，也带来了教学上的压力。这就促使每位教师必须认真选题、认真备课，设计好每一个教学环节。同时，他们的studio教学也吸引当地的一些知名建筑师参加，为教学注入了活力。

其次，期末评图结束以后的教师互评，既是一次相互学习的机会，也是对每一位授课教师的考察和评价。这样不仅给每一位教师带来竞争的压力，同时也可以取长补短，有利于教师提高和改进自己的教学。

	周期	专题名称	指导教师	特邀评委
01	17周长题	结构几何——机器人建造的城市微空间	袁烽	Neil Leach/Stefano Passeri/吴迪/李麟学/Max Kuo
02		热力学建筑原型	李麟学	Inaki Abalos/Renata Sentkiewicz/卜冰/Stefano Passeri/薛广庆/周渐佳/刘旸
03		文化活动中心设计	胡滨	王方戟
04		服务学习:社区更新与声所营造	姚栋	薛名辉/张若曦/刘悦来
05		New Mall City:A Cavalier Plan	Max Kuo	Stefano Passeri/陈如慧/胡炜/袁烽/李麟学
06	8.5周短题	共享建筑设计	李振宇	范凌/何勇
07		综合为老服务中心设计	李斌 李华	郭晓峰
08		精品酒店室内设计	阮忠	Kai Haag/胡晓军/郑鸣
09		超级步行街区城市设计	孙彤宇	王一/王志军
10		交通建筑设计	魏崴	程愚/张少森
11		创意型办公室内设计	阮忠	郑鸣/陈铮

图7　2018同济大学建筑系四年级专题建筑设计选题

与国外学生相比，国内的学生习惯了被动地接受知识，而自主学习能力不够强。这也需要我们在教学设置上做出革新，以研究型的设计课题来吸引学生，促进学生的自主学习能力。

近年来，在国际交流不断加深的背景下，同济大学建筑系的教学也在不断改革，例如五年制建筑学专业的四年级第二学期的课程设计，统一改为“专题建筑设计”。

与夏威夷大学的Concentration Design studio教学相同，“专题建筑设计”也是在学生完成三年系统的建筑设计训练之后，为学生能力的提高和拓展而提供的自选型设计教学板块，而且将近一半的课程为 17 周的长题。相比较全年级统一命题和组织的课程设计，专题课程设计突出教师的研究专长，提供多样化专门化的课程选题。同时，17 周的长题设计也有利于推动学生的认知拓展及设计深度的提升。

图 8　2018 同济大学建筑系四年级专题建筑设计成果海报

他山之石，可以攻玉。这正是国际化交流给同济大学建筑教育带来的启示和意义。

参考文献

[1] 顾大庆. 作为研究的设计教学及其对中国建筑教育发展的意义 [J]. 时代建筑，2007 (3)：14-19.

[2] 凌峰. “研究式”设计方法在毕业设计课程中的应用探讨 [C] //全国高等学校建筑学学科专业指导委员会. 2016 全国建筑教育学术研讨会论文集. 北京：中国建筑工业出版社，2016：127-130.

[3] 王一. 建筑设计教学的技术维度 [M]. 上海同济大学出版社，2015：12-14.

[4] 王桢栋，谢振宇，汪浩. 以认知拓展为导向的专题型设计教学探索 [C] //全国高等学校建筑学学科专业指导委员会. 2016 全国建筑教育学术研讨会论文集. 北京：中国建筑工业出版社，279-285.

[5] 谭晓丽，廖冬芳，张伟香，胡玉晖. 夏威夷大学网络教学信息系统 Laulima 与教学评估 [J]. 计算机光盘软件与应用，2013 (21)：205-207.

周立军　崔馨心　史立刚
哈尔滨工业大学建筑学院；
Zhou Lijun　Cui Xinxin　Shi Ligang
School of architecture，Harbin Institute of Technology

中国“室内设计 6＋”联合毕业设计成果评价模式的探讨

Discussion on the Evaluation Model of China “Interior Design 6＋” Joint Graduate Design Achievement

摘　要：本文主要结合中国“室内设计 6＋”联合毕业设计的成果评价模式与学生反馈，提出形成性评价、开放性评价、综合性评价三种评价模式，分析原理与操作过程，探讨如何更为科学系统地完善学生教育评价模式。

关键词：毕业设计；形成性评价；开放性评价；综合性评价

Abstract：This paper mainly combines the full set of evaluation models and students'feedback of " Interior Design 6＋" joint graduation design in China，puts forward three evaluation models：formative evaluation，open evaluation and comprehensive evaluation，analyzes the principle and operation process，and discusses how to improve the student education evaluation model more scientifically and systematically.

Keywords：Graduation design；Formative assessment；Open evaluation；Comprehensive evaluation

中国建筑学会室内设计分会联合了六家国内知名建筑院校和设计企业，主办“室内设计 6＋”联合毕业设计，此活动每年确定一个主题，由各参加高校分别联合相关企业，从所在区域中选定具体设计内容，形成“7 所参与高校—7 家合作企业—7 类建筑设计课题”的活动新格局，彰显“联合命题、纷显特色；联合指导、服务需求”的新成效，秉承这一宗旨，今年又成功举办了第六届。在这种多元联合模式的毕业设计中，如何检验各高校的教学成效，评价制度研究至关重要。依据当今社会发展现状，以人才培养为目标，评价标准建立的科学性研究，是推进学生学习过程的制度保障，也是引导学生明确自我定位、自信自强、努力成才的保证。毕业设计评价模式本身也是传统评价模式转型的一个重要方面。因此，总结几年来中国“室内设计 6＋”联合毕业设计的成果评价模式，在传统的建筑设计评图方式基础上，呈现出了形成性评价、开放性评价、综合性评价相结合的评价理念。

1　形成性评价

形成性评价（过程评价）是美国哈佛大学斯克瑞文（M. Scriven）于 1967 年首次提出的，他试图借此指导课程及课题研究的有效开发。1968 年布卢姆（B. S. Bloom）将这个概念引入到学生学习中，这是一个系统的评价方式，目的是改进教学和学习的效率和方式，他主张，评价与评分不是同一个意义。

形成性评价不是单一地针对结果评分，而是把一个完整的学习过程分成若干学习单元，再把每一单元拆分成若干要素，基于期望达到的教学目标，结合不同学习要素确立学习任务的层次框架体系，针对每个层次过渡阶段设置相应的形成性测验，检验学生知识领悟接受程度，保证学生在层层递进的学习任务中，逐次掌握每一部分的内容。

形成性评价从被评价者的需求出发，侧重整个学习过程，主要任务是对整个过程中学生的表现、阶段性测验成绩、思维方式、态度、作业效果变化幅度等方面作出评价，重视过程中被评价者的反馈。这种评价模式使学生在阶段性的肯定中获得认可感、满足感，建立自信，努力进取。

传统的课程评价方式存在很多弊端，往往强调总结性评价而忽略了过程，在联合毕业设计的评价模式中提出侧重形成性评价，同时与总结性评价相结合的新理念，形成从开题、中期检查、最终答辩等一系列的过程式累加的评价体系。开题阶段旨在开拓学生设计思维，学生在各自任课教师的指导下完成前期调研，并进行第一阶段开题调研报告的汇报工作；同时通过开办开题讲座、联合开题答辩等活动，帮助学生发散思维，催化初步方案的形成（图1）。中期检查是毕业设计评价深化阶段，旨在完善方案的进一步完善，重点评价学生的设计概念推导过程和方案生成过程，注重设计整体而非只关注局部，明确设计不仅仅是技术方面的体现，同时也是设计师的生活体验、人文感受等多方面因素的结合。保持学生本有的“灵气”和创造性（图2）。最终评价采用答辩方式验收整体设计成果，主要评价方案设计的各个构成元素：平面功能流线合理、立面形式美的表达、模型建构、整体图面效果等，同时进行优秀作品评选、展览以及毕业设计教学成果的图书出版（图3）。

2 开放性评价

开放性评价主要是指面向社会、相关专业领域、学校、教师、学生展示参评成果，对学生的发展状况做出评价，这种评价方式不仅涉及到学生知识掌握的状况，也包括学生情感、价值观层面。开放式评价优化于以往由任课教师主观评定的方式，选择在公共公开的场景中进行，将课程设计、过程作品集等公开展示，由本专业教师、相关专业教师、相关领域工作者等共同组成评议组，公开评价程序和结论。同时评价方案要结合考虑学生个体之间存在的差异性、不同个体对知识的获取能力水平、兴趣点侧重以及专业知识的多样化。开放性评价特别强调促进学生潜能的发挥，以及识别出个体智能强项特点。开放性评价应结合于形成性评价之中，贯穿整个学习过程，无论是课上专业知识学习，还是业余设计实践中，均含在评价范围之内，并明确专业评价与大众

图1 2018 中国“室内设计 6+”联合毕业设计开题讲座与汇报

图2 2018 中国“室内设计 6+”联合毕业设计中期检查现场

图3 2018 中国“室内设计 6+”联合毕业设计图书出版及优秀作品评奖

评价各自所占比重的合理性。

如联评式评价，是指扩展原有评价主体与客体范围，主体包含教研组全体教师、相关专业教师、知名学者以及设计单位工作人员；而客体则从单一的设计图纸到作品装置、多媒体文件等。哈尔滨工业大学建筑学院便将这种联评式评价模式应用于建筑设计系列课程作业评价中，社会层面将设计作业面向全部学生，吸收更广泛的意见，专业层面采纳指导教师以外评审主体的打分，评审组均公开、独立完成打分过程；评审结束进行相关主题沙龙讲座，作业公开展览，学生从中积极得到学习成果反馈，便于相关交叉学科的知识汲取与补充（图 4）。

图 4　哈尔滨工业大学 2018 年春季作业集体联评现场

展览式评价常结合于联评式评价，这种评价模式主体范围更为开放，学生作品在经过专业化评价的同时，直接与潜在使用群众接触。这种评价方式使学生作品有机会经历社会舆论的沉淀，在思维发散的基础上更贴合实际需求，社会层面的深度补充远非专业评价可给予。展览式评价起初适用于空间建构、模型制作等课程单元，毕业设计中完成了展览式与联评式的巧妙结合：择取校园内开阔场地以获取更大布展空间，所有参评作品集体公开展示，评审情景开放自由，评审组针对不同设计组进行评审的同时，其他组成员亦可参与学习、提出疑问与见解，促进师生之间、学生之间的高效互动，深化教学深度，拓展学生设计后的反思与领悟（图 5）。

图 5　哈尔滨工业大学 2018 年
春季作业阳光大厅展览盛况

3　综合性评价

众所周知，培养学生核心素养的主旨就是培养全面发展的人。综合性评价，让学生有了更多的选择和机会。综合性评价不同于一次性试卷测试，能够涵盖学生核心素养的各个方面，由于评价和考核涵盖面广，涉及范围大，跨越时间长，形式灵活，更贴切学生的成长规律，贴切教育自身的规律，贴切社会发展的规律，学生会在潜意识里自觉地进行针对性练习和学习。特别值得关注的是，这种评价还兼顾了学生的个性差异，能够让每一个学生都能在不同方面体验到成功的快乐，增强自信，让学生最终实现自我管理、自我促进、主动发展的目标（图 6）。

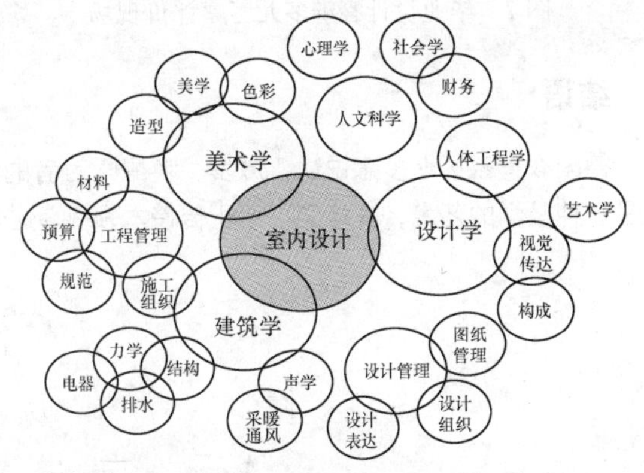

图 6　建筑专业综合性评价元素气泡图

建筑学专业的毕业设计是建筑学本科生五年建筑设计系列课程的收官课程，其评价模式尤为需要权威合理，综合性评价可以更为科学系统地完善补充设计作业的评价体系（图 7）。毕业设计过程历时半年，是学生专业综合能力的集中体现。综合性评价一方面是指毕业设计成果的综合性，如作业和图纸，不仅展示作品的设计和设计逻辑，还有表达建筑的空间、功能和技术理念，审查设计图纸的规范性和完成度。同时，学生还应同步提高表达能力，实时通过图纸、模型和多媒体与教师进行方案设计进展汇报和交流，不断完善进步；另一方面是指评价主体的综合性：专业评委与相关专业评委、指导教师与非指导教师、校内评委与校外评委以及国外和企业评委等有机融合，突出了多学科交叉融合、国内外文化差异融合、教学与社会实践项目融合、校企融合等特色。综合性评价方式的开展上还可以继续探讨新型的评价方式，如今是网络时代，评价方式可以借助多媒体的相关工作展开。同时，目前课程评价一直限于本专业，也可以去试图通过网络投票的方式进行公众评价，在整个学校的师生之间，甚至在社会上开展相关评价。

图7　毕业设计答辩多元考察评价现场

4　结语

德国教育家第斯多惠说过：激发、唤醒学习者的潜能是一种教学的艺术，其意义不亚于传授本领[1]。这句话充分肯定的每一个学子的内在价值，科学建立学生评价模式是挖掘出学生潜能的得力工具。评价也是一门艺术，对学生的优质评价可激励学生探知自己的特点优势，每个学生所具备的特质与潜能因人而异，好的教育引导方式可以启发思维，激发求知欲，充分发挥个体的优势与潜力，保证不同潜质的学生都可以通过教学评价更客观地认知自己，肯定自己，激发建筑设计学习的自信与兴趣；同时借助小组评价模式，培养学生团结协作的精神，在求知过程中享受竞争与合作的快感，使得未来踏入社会的脚步更稳健。

因此，建筑学毕业设计的评价模式，应该多方位开发、多角度引导、多层次检验、多元化肯定，让“学”成为一种自觉、主动以及独立的行为，对其他类似学科也具有一定的借鉴意义。

参考文献

[1]（德）第斯多惠．德国教师培养指南［M］．袁一安译．北京：人民教育出版社，2001：72-74.

[2] Richard I. Stiggins. 促进学生的学习参与式课堂评价［M］．国家基础教育课程改革“促进教师发展与学生成长的评价研究”项目组译．北京：中国轻工业出版社，2005：155-185.

[3] 张咏梅，孟庆茂．新课程下的学业成就评定：观念与方法［J］．全球教育展望，2003（11）：34-37.

[4] Deci，E. L.，Vallerand，R. J.，Pelletier，L. D. &Ryan，R. M. Motivation and Education: The Self-determination Per-spective［J］．Educational Psychologist，1991（26）：325.